T0255146

Karl Esser · Rudolf Kuenen

# Genetik der Pilze

Ergänzter Neudruck

Mit 75 Abbildungen

Springer-Verlag Berlin Heidelberg New York 1967

Karl Esser
Dr. phil., o. Professor an der
Ruhr-Universität Bochum

Rudolf Kuenen
Dr. rer. nat., Oberstudienrat in Köln

ISBN-13: 978-3-540-03286-1     e-ISBN-13: 978-3-642-49210-5
DOI: 10.1007/978-3-642-49210-5

© by Springer-Verlag Berlin · Heidelberg 1965 and 1967
Library of Congress Catalog Card Number 64-8761.

Titel-Nr. 0219

# Vorwort

Die Bedeutung, welche die Genetik heute im Bereich der Biologie besitzt, beruht zum großen Teil auf den Erkenntnissen, die man durch Verwendung von Pilzen als Versuchsobjekte erhalten hat. Infolge ihrer kurzen Generationsdauer, ihrer relativ einfachen Vermehrung unter Laboratoriumsbedingungen und der Möglichkeit, die vier Produkte der Meiosis durch Tetradenanalyse zu erfassen, haben sich die Pilze den klassischen Objekten der Genetik wie Drosophila, Mais u.a. als überlegen erwiesen. Da sie sowohl die Untersuchung der genetischen Feinstruktur als auch die biochemische Analyse der Funktion des genetischen Materials erlauben, können Pilze ebenso wie Bakterien und Viren zu molekularbiologischen Forschungen verwendet werden. Darüber hinaus eignen sich die Pilze auf Grund ihrer einfachen Organisation zur Bearbeitung der genetischen und physiologischen Grundlagen der Morphogenese und der extrachromosomalen Vererbung.

Mit dieser Monographie wird der Versuch unternommen, die Ergebnisse genetischer Grundlagen-Forschung an Pilzen nach gemeinsamen Gesichtspunkten zusammenzufassen und zu erläutern. Dabei läßt es sich nicht vermeiden, daß die Zusammenstellung der Originalarbeiten und die Interpretation der Versuchsergebnisse vielfach durch unsere subjektive Auffassung beeinflußt wird.

Das vorliegende Werk ist nicht als Lehrbuch der Genetik gedacht. Die Kenntnis der grundlegenden genetischen Tatsachen setzen wir voraus. Das Buch spricht deshalb in erster Linie den an pilzgenetischen Problemen interessierten Leser an. Wir haben uns jedoch bemüht, auch dem allgemein interessierten Leser spezielle Fragen und Methoden, z.B. die Tetradenanalyse, näherzubringen, welche bisher nur wenig Eingang in die Lehrbücher der Genetik gefunden haben. Eine lehrbuchartige Darstellung haben wir nur für solche Problemkreise gewählt, die an Pilzen wenig oder überhaupt nicht bearbeitet wurden (z.B. Replikation), auf deren Erörterung wir wegen ihrer allgemeinen Bedeutung nicht verzichten wollten.

Bei der Einteilung des Stoffes sind wir nach folgenden Gesichtspunkten vorgegangen: Nach einigen einleitenden Bemerkungen über die historische Bedeutung von Pilzen als Objekte biologischer Forschung stellen wir im Kapitel „Ontogenese" die Besonderheiten des Fortpflanzungsverhaltens der Pilze, ihre Einordnung in das Pflanzensystem und die Entwicklungsgeschichte der wichtigsten Forschungsobjekte dar.

Anschließend werden im Kapitel ,,Fortpflanzung" die genetischen Grundlagen der Morphogenese und der sexuellen Fortpflanzung besprochen.
Entsprechend den grundlegenden Eigenschaften des genetischen Materials haben wir die weitere Einteilung in die Kapitel ,,Replikation", ,,Re-
kombination", ,,Mutation" und ,,Funktion" vorgenommen. Im letzten
Kapitel werden Phänomene der extrachromosomalen Vererbung besprochen und interpretiert. Die enge Verknüpfung der einzelnen For-
schungsbereiche findet ihren Ausdruck durch zahlreiche Hinweise im
Text, die durch ein Sachverzeichnis ergänzt werden. In jedem Kapitel
werden die wesentlichen Befunde nach einem oder mehreren Abschnitten
zusammengefaßt. Die Literaturhinweise befinden sich am Ende des
betreffenden Kapitels. Um die Übersicht zu erleichtern, haben wir die
weniger wichtigen Textstellen, z.B. Beschreibung von Methoden und
einzelnen Experimenten, in Kleindruck setzen lassen. Wenn sich der
Leser nur eine allgemeine Information verschaffen will, können diese
Stellen übergangen werden, ohne daß der allgemeine Zusammenhang
darunter leidet.

Es ist uns eine angenehme Verpflichtung, allen Kollegen und Freun-
den zu danken, die uns bei der Abfassung des vorliegenden Buches durch
Kritik und Anregungen unterstützt haben. Insbesondere möchten wir
den Herren D. M. Bonner, C. Bresch, R. H. Davis, H. Faillard,
R. W. Kaplan, J. R. Raper, P. Starlinger und W. Stubbe für kriti-
sche Durchsicht einzelner Kapitel unseren Dank aussprechen. Für ihre
Hilfe bei den Schreibarbeiten und bei der Anfertigung der Register
danken wir Frau I. Tesche bzw. Frau A. Gebauer. Nicht zuletzt
fühlen wir uns auch dem Verlag gegenüber zu Dank verpflichtet. Er
hat sich bemüht, alle unsere Wünsche hinsichtlich des Umfanges und der
Ausstattung des Buches zu erfüllen.

Köln, im Winter 1963          Karl Esser,  Rudolf Kuenen

# Inhalt

Seite

Einleitung . . . . . . . . . . . . . . . . . I

Kapitel I:   Ontogenese. . . . . . . . . . . . . 5

Kapitel II:  Fortpflanzung . . . . . . . . . . . 37

Kapitel III: Replikation . . . . . . . . . . . 129

Kapitel IV:  Rekombination . . . . . . . . . . 137

Kapitel V:   Mutation . . . . . . . . . . . . 273

Kapitel VI:  Funktion . . . . . . . . . . . . 347

Kapitel VII: Extrachromosomale Vererbung . . . . 445

# Einleitung

B. O. DODGE, dem wir die ersten grundlegenden Arbeiten über *Neurospora* verdanken, hat im Jahre 1950 in einem Referat über den damaligen Stand der genetischen Untersuchungen an Pilzen gesagt: *"The results as reported are such as would have been unbelievable ten years ago"* (DODGE 1952). Die gleiche Feststellung können wir heute, ein Dutzend Jahre später, wiederum machen; denn die Pilze haben im Rahmen der stürmischen Entwicklung der Vererbungslehre, die in den letzten Jahren bis zur Genetik auf molekularer Ebene führte, ihren Platz als bevorzugte Untersuchungsobjekte behaupten können. Es bedarf eines kurzen Exkurses in die Geschichte der Biologie, um zu zeigen, auf welche Weise die Pilze, die in der biologischen Forschung lange Zeit eine untergeordnete Rolle gespielt haben, ihre heutige Bedeutung erlangt haben.

Schon im Altertum wußte man von der Existenz der Pilze. Man kannte nämlich die makroskopisch erkennbaren Fruchtkörper der Basidiomycetes. Die Griechen nannten die Pilze *„mykes"* (THEOPHRAST) und schienen trotz des Fehlens von *„Ast, Sprossen, Blättern, Blüte, Frucht, Rinde, Mark, Fasern und Adern"* nicht an ihrer pflanzlichen Natur zu zweifeln. Bei PLINIUS taucht das Wort *„fungus"* auf; er benennt ferner verschiedene Pilze. Man nimmt an, daß sich von dem Terminus *„boletus"*, der auf PLINIUS zurückgeht, das seit dem 16. Jahrhundert verwendete Wort *„Pilz"* ableitet, und zwar über das althochdeutsche Wort *„buliz = puliz"* und das mittelhochdeutsche *„bilz = bülez"*.

Vielfach werden jedoch in den *„Kräuterbüchern"* des Mittelalters die Pilze auch als *„Schwämme"* bezeichnet. Dieses Wort ist noch heute, vor allem im süddeutschen Raum, in manchen idiomatischen Abänderungen in der Umgangssprache vorhanden.

Obwohl schon THEOPHRAST die Pilze offenbar zu den Pflanzen rechnete, verbanden viele Gelehrte des Altertums und auch des Mittelalters teilweise recht mystische Vorstellungen mit diesen Organismen.

So schreibt HIERONYMUS BOCK in seinem Kräuterbüchlein (1552): *„Alle Schwemme sind weder kreutter noch wurtzeln, weder blumen noch samen, sondern eittel überflüssige feuchtigkeit der erden, der beume, der faulen höltzer und anderer faulen dingen. Von solcher feuchtigkeit wachsen alle Tubera und Fungi. Das kan man daran war nemen, alle obgeschribene schwemme (sonderlich die in den kuchen gebraucht werden) wachsen am meisten, wenn es dondern oder regnen will, sagt AQUINAS PONTA. Darumb die alten sonderlich acht darauff gehabt und gemeint, das die tubera (dieweil sie von keinem samen aufkommen) mit dem Himel etwas vereinigung haben. Auff dise weiß redet auch PORPHYRIUS, und spricht: der Götter kinder heißen Fungi und Tubera, darumb das sie von samen und nit wie andere Leut geboren werden."*

Sogar noch 200 Jahre später sind nach LINNÉ (1767) die Pilze wie die Moose und Farne zwar Pflanzen ohne Blätter und ohne ein Analogon der Frucht, aber trotzdem spricht er von einem *„Mehl oder Samen"*, das

sich in lauem Wasser zu kleinen Würmchen entwickelt, und diese sollen
*„ein unendlich feines Gespinst weben, an welchem sie unbeweglich haften,
bis sie wieder zu Schwämmen anschwellen".*

Aber nicht alle Naturwissenschaftler hatten so abwegige Vorstellungen über die Pilze. v. HALLER, ein Zeitgenosse von LINNÉ, ordnete
in sein Pflanzensystem die Pilze als eine natürliche Klasse ein. Es ist
auffallend, daß man in jener Zeit immer das Fehlen von anatomischen
und morphologischen Differenzierungen der Pilze hervorhob, aber niemals die durch das Fehlen von Chlorophyll bedingte Heterotrophie
erkannte. Erst DE CANDOLLE schreibt 1831, daß die Pilze nicht in der
Lage sind, *„im Sonnenlicht Kohlensäure zu zerlegen".*

Unabhängig von den Spekulationen über das Wesen der Pilze machten jedoch die *exakten Beschreibungen und die systematische Einordnung
der Pilze* in diesen Jahrhunderten stetige Fortschritte. Hier sind vor
allem die Veröffentlichungen von SCHAEFFER (1762), NES VAN ESEN-
BECK (1817), PEERSON (1825) und FRIES (1821—1829) zu erwähnen.
Parallel zu den systematisch ausgerichteten Untersuchungen begann man
auch mit dem Studium der *Entwicklungsgeschichte* der Pilze. In der
gleichen Richtung wirkten in der zweiten Hälfte des 19. Jahrhunderts die
Gebrüder TULASNE und DE BARY. Die Erkenntnisse dieser Zeit über
die Pilze, zu denen man nun außer den *„Schwämmen"* auch die Gattungen ohne auffällige Fruchtkörper rechnete, haben ihren Niederschlag
in DE BARYs Buch *„Morphologie und Physiologie der Pilze, Flechten und
Myxomyceten"* (1866) gefunden. In diesem Werk wurde zum ersten
Male der Stand einer auf exakten Beobachtungen basierenden myko-
logischen Forschung in Form eines Lehrbuches zusammengefaßt. [Die
bisher zitierte Literatur stammt aus MÖBIUS (1937).]

Entsprechend den damaligen, fast ausschließlich deskriptiven Methoden der Biologie dachte man noch nicht daran, mit Pilzen zu experi-
mentieren und etwa Vererbungsversuche durchzuführen. Mit den *ersten
genetischen Experimenten an Pilzen* begann man erst zu Anfang unseres
Jahrhunderts, kurze Zeit nach der Wiederentdeckung der Mendelschen
Regeln (BLAKESLEE, BURGEFF, EDGERTON und ihre Mitarbeiter).

BLAKESLEE (1904, 1906) führte als erster Kreuzungsexperimente durch
und erkannte, daß bei den Mucoraceae Arten mit zwei erblich determinierten
Kreuzungstypen existieren (S. 48). BURGEFF (1912, 1914, 1915) konnte
durch systematische genetische Analysen nachweisen, daß für die Existenz dieser
dieser +- und —-Typen ein Allelenpaar verantwortlich ist. Die ersten
Kreuzungsversuche an Eumycetes (*Glomerella*, Ascomycet) wurden von
EDGERTON (1912, 1914) unternommen.

Ungeachtet des Erfolges der ersten Ansätze genetischer Experimente mit den zu den Phycomycetes gehörenden Mucoraceae und dem
Ascomycet *Glomerella* verlagerte sich in den folgenden Jahren das
Schwergewicht genetischer Forschung auf die Basidiomycetes. Es war
vor allem KNIEP, der sich von 1919 bis zu seinem frühen Tode, Anfang
der dreißiger Jahre, mit der Genetik der Sexualität dieser Gruppe
befaßte. Ihm verdanken wir auch die ersten zusammenfassenden Darstellungen über die Genetik der Pilze (KNIEP 1928, 1929).

Der große Aufschwung der Pilzgenetik wurde durch die Arbeiten von DODGE an Ascomycetes eingeleitet, vor allem durch das Studium der neu aufgestellten Gattung *Neurospora* (SHEAR und DODGE 1927). Es gelang DODGE nicht nur die Ontogenese und das Sexualverhalten der drei *Neurospora*-Arten *crassa*, *sitophila* und *tetrasperma* aufzuklären, sondern er konnte auch die laboratoriumsgemäßen Kulturbedingungen für diese Pilze schaffen. Er erkannte, daß die Arten *crassa* und *sitophila* selbstincompatibel sind und Fruchtkörper nur nach Kreuzung zwischen allelen +- und —-Stämmen bilden. Damit war die Voraussetzung für die umfangreichen Untersuchungen von LINDEGREN (1932—1934) geschaffen, der die Formalgenetik von *Neurospora* ausarbeitete und vor allem den durch die lineare Anordnung der Ascosporen bedingten großen Vorteil der Tetradenanalyse (S. 151 ff.) erkannte. (Eine Zusammenfassung der Geschichte der *Neurospora*-Genetik findet sich bei BEADLE 1945.)

Aber trotz aller dieser Fortschritte war der Beitrag der Pilzgenetik zu grundlegenden genetischen Fragestellungen relativ gering. Dies änderte sich schlagartig, als BEADLE und TATUM um 1940 erkannten, daß der Ascomycet *Neurospora crassa* sich zum Studium der physiologischen Wirkungen der Erbfaktoren in vorzüglicher Weise eignete. Die neue Arbeitsrichtung, die sog. *biochemische Genetik*, war schon vorher in begrenztem Umfang an Insekten betrieben worden (KÜHN, BUTENANDT, EPHRUSSI, BEADLE, Literatur s. Kapitel *Funktion*). Sie konnte sich aber erst durch die Wahl von *Neurospora* voll entfalten und bis in den Bereich der molekularen Genetik vordringen. Es handelt sich dabei vor allem um eine Vertiefung unseres Wissens von Struktur und Funktion des genetischen Materials. So ist zu verstehen, daß der Genetiker heute nicht mit Pilzen um ihrer selbst willen experimentiert. Er verwendet sie, weil sie sich neben Bakterien und Viren zur Lösung vieler aktueller Probleme der Genetik eignen.

Die Betrachtung der historischen Entwicklung zeigt, welcher lange Weg beschritten wurde, um von einer stark mystisch geprägten Auffassung vom Wesen der Pilze bis zu einer durch genetische Experimente erhaltenen Erkenntnis über Grundphänomene des Lebens zu gelangen.

Abschließend möchten wir noch auf das Buch von FINCHAM und DAY (Fungal Genetics 1963) hinweisen, das kurz nach Fertigstellung unseres Manuskriptes erschienen ist. In diesem Buch wird ebenfalls der gesamte Bereich der Pilzgenetik behandelt.

## Literatur

BEADLE, G. W.: Genetics and metabolism in *Neurospora*. Physiol. Rev. 25, 643—663 (1945).

BLAKESLEE, A. F.: Sexual reproduction in the Mucorineae. Proc. Amer. Acad. Arts Sci. 40, 205—319 (1904).

— Zygospore germination in the Mucorineae. Ann. Mycol. 4, 1—28 (1906).

BURGEFF, H.: Über Sexualität, Variabilität und Vererbung bei *Phycomyces nitens* KUNZE. Ber. dtsch. bot. Ges. 30, 679—685 (1912).

— Untersuchungen über Variabilität, Sexualität und Erblichkeit bei *Phycomyces nitens* KUNZE. I. Flora (Jena) 107, 259—316 (1914). II. Flora (Jena) 108, 353—448 (1915).

DODGE, B. O.: The fungi come into their own. Mycologia (N.Y.) **44**, 273—291 (1952).

EDGERTON, C. W.: Plus and minus strains in an ascomycete. Science **35**, 151 (1912).

— Plus and minus strains in the genus *Glomerella*. Amer. J. Bot. **1**, 244—254 (1914).

FINCHAM, J. R. S., and P. R. DAY: Fungal genetics. Oxford 1963.

KNIEP, H.: Die Sexualität der niederen Pflanzen. Jena 1928.

— Vererbungserscheinungen bei Pilzen. Bibl. genet. **5**, 371—475 (1929).

LINDEGREN, C. C.: The genetics of *Neurospora*. I. The inheritance of response to heat treatment. Bull. Torrey bot. Club **59**, 81—102 (1932a).

— II. The segregation of the sex factors in the asci of *N. crassa, N. sitophila* and *N. tetrasperma*. Bull. Torrey bot. Club **59**, 119—138 (1932b).

— III. Pure breed stocks and crossing-over in *N. crassa*. Bull. Torrey bot. Club **60**, 133—154 (1933).

— IV. The inheritance of *tan* versus normal. Amer. J. Bot. **21**, 55—65 (1934a).

— V. Self-sterile bisexual heterokaryons. J. Genet. **28**, 425—435 (1934b).

— VI. Bisexual akaryotic ascospores from *N. crassa*. Genetica **16**, 315—320 (1934c).

MÖBIUS, M.: Geschichte der Botanik. Jena 1937.

SHEAR, C. L., and B. DODGE: Life histories and heterothallism of the red bread mould fungi of the *Monilia sitophila* group. J. agric. Res. **34**, 1019—1042 (1927).

Kapitel I

# Ontogenese

Seite

A. Grundbegriffe der Ontogenese . . . . . . . . . . . . . . . 5
B. Systematik und Ontogenese der wichtigsten Objekte der Pilzgenetik  8
   I. Klasse: Phycomycetes . . . . . . . . . . . . . . . . 8
  II. Klasse: Eumycetes . . . . . . . . . . . . . . . 10
      1. Unterklasse: Ascomycetes . . . . . . . . . 11
        a) Protoascomycetes . . . . . . . . . . . . 11
        b) Euascomycetes . . . . . . . . . . . . . . 13
           Plectascales . . . . . . . . . . 14
           Pseudosphaeriales . . . . . . . . 15
           Sphaeriales . . . . . . . . 16
           Pezizales . . . . . . . . . 22
      2. Unterklasse: Basidiomycetes . . . . . . . . . 22
        a) Holobasidiomycetes . . . . . . . . . . 23
        b) Phragmobasidiomycetes . . . . . . . . 25
           Uredinales . . . . . . . . . 25
           Ustilaginales . . . . . . . . 27
   Literatur . . . . . . . . . . . . . . . . . . 30

Als Grundlage für die in den folgenden Kapiteln zu beschreibenden genetischen Experimente wollen wir zunächst die Ontogenese und die systematische Stellung der wichtigsten Objekte genetischer Forschungen besprechen. Diesen Ausführungen wird eine kurze Darstellung der morphologischen Besonderheiten und des Fortpflanzungsverhaltens der Pilze vorangeschickt. Auf die genetischen Grundlagen der Fortpflanzung gehen wir im nächsten Kapitel ein.

Zu einer ausführlicheren Information über die Ontogenese verweisen wir auf die einschlägigen Lehrbücher, z.B. Wolf und Wolf (1947), Bessey (1950), Alexopoulos (1962), Troll (1959), Ingold (1961), Harder et al. (1962), Gäumann (1964) und die Literaturübersichten von Kniep (1928), Greis (1943), Olive (1953), Raper und Esser (1964).

## A. Grundbegriffe der Ontogenese

Die Pilze sind infolge des Fehlens von Chromatophoren nicht zur Assimilation befähigt. Sie leben als *Parasiten* oder *Saprophyten* im Süßwasser und auf dem Lande, selten im Meer. Die Saprophyten lassen sich fast ausschließlich im Laboratorium auf Nährböden kultivieren. Manche Arten sind nicht nur für *Kohlenstoff und Stickstoff heterotroph*, sondern auch für verschiedene Wirkstoffe. Parasitische Arten können ebenfalls vereinzelt auf Nährmedien herangezogen werden.

Der Vegetationskörper der Pilze besteht im allgemeinen aus verzweigten schlauchartigen Zellen, die häufig mehr als einen haploiden Kern enthalten. Die Wände dieser sog. Hyphen werden meist aus Chitin, seltener aus Zellulosen gebildet. Die Gesamtheit der *Hyphen* wird als *Myzelium* bezeichnet.

Einige als Einzeller lebende Arten der Phycomycetes und Ascomycetes bilden keine Myzelien aus. Die Myxomycetes besitzen völlig anders gestaltete, membranlose Vegetationskörper. Da die letzteren bisher nicht in nennenswertem Umfang genetisch bearbeitet wurden, scheiden sie aus unseren Betrachtungen aus.

Unter den myzelbildenden Pilzen gibt es Arten, deren Hyphen durch Querwände septiert sind und solche, denen diese Differenzierungen fehlen. Bei den unseptierten Formen ist das gesamte Myzelium als eine einzige vielkernige Zelle anzusehen (Coenocyt). Querwände werden bei diesen Organismen nur zur Abtrennung von Fortpflanzungsorganen gebildet. Auch die septierten Ascomyceten und viele Fungi imperfecti müssen als Coenocyten angesprochen werden. Ihre Querwände behalten, da die Synthese der zentripetal einwachsenden Wand vorzeitig eingestellt wird, einen zentralen, unterschiedlich großen Porus. Dieser Porus ermöglicht nicht nur einen plasmatischen Kontakt benachbarter Zellen, sondern auch einen Übertritt von Zellkernen und anderen Zellorganellen (SHATKIN und TATUM 1959).

Nur bei Basidiomyceten besteht eine Unterteilung des Myceliums in echte, den höheren Pflanzen vergleichbare Zellen. Der von einem Membranwulst umgebene Zentralporus der Querwand liegt in der Größenordnung von Plasmodesmen (GIRBARDT 1960, GIESY und DAY 1965).

Die Hyphen der höheren Pilze können bei der Ausbildung von Fruchtkörpern zu einem Scheingewebe zusammenwachsen. Solche *Plectenchyme* bestehen aus einem dichten Hyphengeflecht, das bei oberflächlicher Betrachtung ein echtes Gewebe vortäuschen kann.

Hinsichtlich ihres Fortpflanzungsverhaltens zeigen die Pilze eine große Mannigfaltigkeit. Neben Arten mit asexueller Fortpflanzung durch Agameten und sexueller Fortpflanzung durch Gameten gibt es solche, denen der eine, der andere oder beide Fortpflanzungsmodi fehlen. Alle Arten, die sich nicht sexuell vermehren können, werden als *fungi imperfecti* bezeichnet.

Die *asexuelle Vermehrung* der im Wasser lebenden Pilze erfolgt durch begeißelte *Zoosporen*, die endogen in Zoosporangien gebildet werden. Die Landformen dagegen erzeugen nur unbewegliche Sporen, die je nach ihrer Bildungsart als *Sporangiosporen, Konidien* bzw. *Oidien* bezeichnet werden.

Die Sporangiosporen entstehen endogen in Sporangien (Phycomycetes). Die Konidien werden exogen von einer besonderen Trägerzelle (Phialide) abgeschnürt. Die Oidien entstehen durch Zerfall einer Hyphe in Einzelsporen. Konidien und Oidien sind für die Eumycetes typisch. Sowohl die aquatischen als auch die terrestrischen Pilze können unter ungünstigen Lebensbedingungen derbwandige, unbewegliche Dauersporen (Gemmen oder Chlamydosporen) ausbilden.

Die *sexuelle Vermehrung* wird durch Plasmogamie eingeleitet, die auf unterschiedliche Weise realisiert werden kann:

*Gametogamie:* Zwei morphologisch oder nur physiologisch unterscheidbare Gameten kopulieren.

*Gametangiogamie:* Zwei morphologisch oder nur physiologisch unterscheidbare Gametangien kopulieren.

*Oogamie:* Ein mehr oder minder deutlich morphologisch differenziertes weibliches Geschlechtsorgan (Oogonium) wird von männlichen Gameten oder von männlich determinierten Zellkernen befruchtet.

*Somatogamie:* Zwei nicht als spezifische Sexualzellen differenzierte Thalluszellen (z.B. Hyphen oder Konidien) fusionieren miteinander und tauschen ihre Kerne aus.

Es gibt vereinzelt Arten, bei denen keine Plasmogamie stattfindet. Die mehrkernigen weiblichen Geschlechtsorgane entwickeln sich dann zu Fruchtkörpern, ohne daß sie durch männliche Gametangien, Gameten oder als solche wirkende Zellkerne befruchtet werden (Apandrie). Die Karyogamie erfolgt als Autogamie.

*Zwischen die Plasmogamie und die Karyogamie* kann eine mehr oder minder lange *dikaryotische Phase* eingeschoben werden, in der sich die haploiden väterlichen und mütterlichen Kerne in meist typischen, nach der Plasmogamie entstehenden Hyphen vegetativ vermehren. *Auf die Karyogamie folgt unmittelbar die Meiosis.* Aus den vier durch die Reifungsteilung gebildeten haploiden Kernen entstehen entweder sofort oder nach weiteren Mitosen *Sporen.* Die *Pilze sind* demnach *Haplonten.* Eine Ausnahme bilden lediglich einige Hefen, die Diplonten sind, und einige niedere Pilze, die einen Generationswechsel zwischen einer haploiden und einer diploiden Generation aufweisen.

Es gibt eine große Anzahl von Pilzen, bei denen sich der Sexualvorgang nicht zwischen beliebigen, männlich und weiblich determinierten Organen, Zellen oder Zellkernen abspielt, sondern nur in bestimmten Kombinationen verschiedener Sexualpartner möglich ist. Diese Erscheinung, die als *sexuelle Unverträglichkeit* oder *Incompatibilität* bekannt ist, führt dazu, daß *zwittrige Myzelien nicht mehr in der Lage sind, die gesamte Ontogenese durchzuführen.* Sie bedürfen dazu eines physiologisch verschiedenen Partners, der morphologisch gleichartig sein kann. Für diesen ausschließlich physiologischen Unterschied zwischen hermaphroditen Myzelien, der die Existenz von mindestens zwei sog. Kreuzungstypen bedingt, sind Erbfaktoren verantwortlich. Entsprechend der weiten Verbreitung der Incompatibilität innerhalb der Pilze und der großen Bedeutung, die sie für das Fortpflanzungsverhalten dieser Organismen besitzt, werden wir diese Erscheinung im Kapitel *Fortpflanzung* ausführlicher besprechen (S. 53 ff.).

Unter den Pilzen, die zur geschlechtlichen Vermehrung zwei verschiedene Kreuzungstypen benötigen, gibt es eine Reihe von Arten, deren Sexualverhalten sich nicht durch Incompatibilität charakterisieren läßt. Es handelt sich dabei um solche Arten, bei denen die Plasmogamie durch Fusion von morphologisch gleichartigen Gametangien oder Gameten erfolgt. Da infolge des Fehlens von jeglichen morphologischen Sexualdifferenzierungen die einzelnen Kreuzungstypen nicht als hermaphrodit angesehen werden können, läßt sich die fehlende Selbstfertilität eines +- oder —-Myzeliums weder durch sexuelle Unverträglichkeit noch durch Diözie erklären. Wir haben, wie ebenfalls im Kapitel *Fortpflanzung* näher ausgeführt wird (S. 50 ff.), diese Arten als physiologisch diözisch bezeichnet.

# B. Systematik und Ontogenese
## der wichtigsten Objekte der Pilzgenetik

Die echten Pilze oder Fungi werden in zwei Klassen unterteilt. Die *Phycomycetes* (niedere Pilze, Algenpilze) besitzen entweder einen *querwandlosen Vegetationskörper* oder bis auf wenige Ausnahmen (Entomophthoraceae) querwandlose Hyphen. Die *Eumycetes* (höhere Pilze) haben *septierte Hyphen* oder teilen sich durch Sprossung. Bevor wir mit einer kurzen systematischen Klassifizierung und der Besprechung von einzelnen, genetisch bedeutsamen Arten beginnen, wollen wir noch einige technische Bemerkungen vorausschicken.

Die halbschematische Wiedergabe der Entwicklungszyklen wird in Anlehnung an die von WALTER (1961) in seinem Lehrbuch gewählte Darstellungsweise stets durch ein Begriffsschema ergänzt. Aus diesem Schema ist der Kernphasenwechsel zu erkennen (P = Plasmogamie, K = Karyogamie, M = Meiosis). Die haploide Phase ist durch eine dünne Linie, die zwischen Plasmogamie und Karyogamie zum Teil vorhandene dikaryotische Phase durch eine Doppellinie und die diploide Phase durch eine dicke Linie charakterisiert. Bei Arten mit verschiedenen Kreuzungstypen haben wir in den Abbildungen die +- und −-Kerne schwarz bzw. weiß gezeichnet. Die vor allem bei den Basidiomycetes weitverbreiteten komplizierten Fortpflanzungs-Systeme mit mehr als zwei Kreuzungstypen werden im Kapitel „Fortpflanzung" genauer behandelt. Im vorliegenden Kapitel haben wir immer den einfachsten Fall, nämlich zwei Kreuzungstypen, angenommen.

Verläuft die Entwicklung nahe verwandter Formen (verschiedene Arten der gleichen Gattung bzw. verschiedene Gattungen derselben Familie) bis auf geringfügige Abweichungen in der gleichen Weise, so wird in unserer Darstellung ein repräsentativer Vertreter abgebildet und besprochen. Im Text gehen wir dann auf die Merkmale und Eigenschaften ein, durch welche sich die anderen Formen von der abgebildeten unterscheiden.

Am Ende dieses Kapitels (S. 28—29) haben wir die für den Genetiker interessanten Merkmale und Eigenschaften der im folgenden zu besprechenden Pilze übersichtlich zusammengestellt (Tabelle I-1).

## I. Klasse: Phycomycetes

Zu den Phycomycetes gehören sowohl land- als auch wasserbewohnende Arten. Nur relativ wenige Vertreter dieses Taxons sind genetisch bearbeitet worden. Diese stammen vor allem aus der Familie Mucoraceae (Ordnung: Zygomycetales) und wachsen meist saprophytisch auf pflanzlichen und tierischen Produkten. Wir wollen als repräsentatives Beispiel für diese Gruppe die Ontogenese von *Phycomyces blakesleeanus* BURG. besprechen, der unter dem Synonym *P. nitens* (KZE.) v. T. et le M. von BLAKESLEE (1904, 1906a, b) als erster Pilz zu genetischen Untersuchungen verwendet wurde (S. 2).

*P. blakesleeanus* kann sich vegetativ durch meist mehrkernige Sporangiosporen vermehren. Die sexuelle Vermehrung des physiologisch diözischen Pilzes wird durch eine Gametangiogamie eingeleitet, die nur zwischen zwei durch + und − bezeichneten haploiden Kreuzungstypen stattfinden kann.

Da *P. blakesleeanus* auch vielfach als Objekt physiologischer Untersuchungen diente, gibt es eine Fülle von Veröffentlichungen über diesen Pilz, die meist auch deskriptive Angaben über die Ontogenese enthalten.

Diese Daten sind in jüngster Zeit von HARM in einer bisher nicht veröffentlichten Arbeit zusammengefaßt worden. Es handelt sich dabei in der Hauptsache um die Publikationen von BURGEFF (1915, 1924, 1925, 1928), KEENE (1919), ORBAN (1919), BURGEFF und SEYBOLD (1927), WESENDONCK (1930), OORT (1931), ROBBINS und KAVANAGH (1942), ROBBINS et al. (1942, 1943), SJÖWALL (1945), JOHANNES (1950), HESSELTINE (1955).

Wie wir aus Abb. I-1 ersehen, entsteht aus einer +- oder −-Zygotospore (1) ein Myzelium (2), an dem sich schon nach 2 Tagen die senkrecht in die Höhe wachsenden Träger der Sporangien bilden. Sie erreichen eine Höhe von 12—15 cm. An ihrem Scheitel schnüren sich die Sporangien (3) ab, die bis zu $10^4$ mehrkernige Sporen ausbilden (4), welche ohne Ruhephase zu neuen Myzelien auskeimen können.

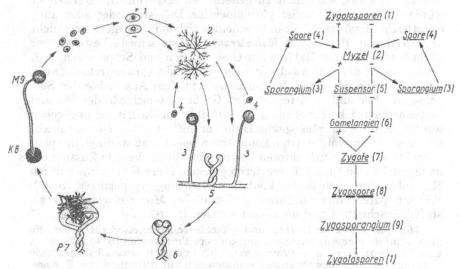

Abb. I-1. Ontogenese von *Phycomyces blakesleeanus*

*P. blakesleeanus* schreitet zur sexuellen Vermehrung, wenn sich die Hyphenspitzen von +- und −-Myzelien treffen. Die Spitzen umwinden sich mehrfach, heben sich vom Substrat ab und erreichen eine Höhe von mehreren Millimetern. Die nun Suspensoren (5) genannten Hyphenspitzen bilden eine Art Schlaufe und schnüren an ihren Enden Gametangien (6) ab, die bis zu 100 Kerne enthalten können. Die beiden Gametangien fusionieren zu einer vielkernigen Zygote (7), welche sich mit einer derben, schwarzgefärbten Membran umgibt. Von den Suspensoren her wird die Membran von hirschgeweihartig verzweigten dünnen Hyphen umwachsen, die später ebenfalls schwarz werden. Es wird angenommen, daß sich während dieses Sexualvorganges die Kerne der beiden Gametangien bzw. der Zygote weiter mitotisch teilen. Der größte Teil der haploiden Kerne fusioniert paarweise. Die übrigen degenerieren. Die Zygosporen gehen nun in eine 4—6 Monate dauernde Ruheperiode über. Erst nach dieser Zeit keimen sie mit einem Keimschlauch aus (8), an dessen Spitze sich ein Zygosporangium bildet (9), das den vegetativ gebildeten Sporangien (3) gleicht. Genetische und zytologische Untersuchungen lassen die bisher noch nicht genau bewiesene Annahme zu, daß sich bei der Keimung nur ein diploider Kern der Zygospore meiotisch teilt und daß alle übrigen absterben. Aus diesen vier Meiosisprodukten, von denen zwei den Kreuzungstyp + und zwei den Kreuzungstyp − besitzen, entstehen durch zahlreiche Mitosen die im Zygosporangium befindlichen Kerne. In diesem Behälter bilden sich mehrere tausend zwei-

bis sechskernige Zygotosporen. Die Keimrate dieser Sporen, die keine Ruhephase haben, kann durch kurze Hitzebehandlung wesentlich erhöht werden.

Aus genetischen Experimenten (S. 88) kann man schließen, daß sich
bei der Bildung dieser Sporen in ihnen zunächst nur ein Kern befindet,
der sich während der Sporenreifung mitotisch teilt. Allerdings gelangt in
Ausnahmefällen mehr als ein Kern in eine junge Spore. Wenn diese Kerne
verschiedene Kreuzungstyp-Gene tragen, entstehen heterokaryotische Myzelien (S. 89).

Die Sexualreaktion wird durch Gamone ausgelöst, die von beiden Kreuzungspartnern gebildet werden und durch Diffusion im Nährmedium ihre
Wirkungsorte erreichen (S. 94).

Die *übrigen Arten der Mucoraceae,* von denen vor allem *Mucor
mucedo* (L.) Fres. wiederholt zu genetischen Experimenten verwendet
wurde, sind ebenfalls meist physiologische Diözisten oder aber auch
selbstfertile Monözisten. Sie unterscheiden sich in ihrer Ontogenese nicht
prinzipiell von *Phycomyces blakesleeanus.* Unterschiede bestehen vor
allem hinsichtlich des Habitus der Gametangien und Suspensoren, z.B.
bei *M. mucedo* umwinden sich die Suspensoren nicht; es unterbleibt auch
die Ausbildung der für *P. blakesleeanus* typischen Auswüchse der Suspensoren. Für andere Arten werden Größenunterschiede der +- und
−-Gametangien beschrieben. Es kann aber vielfach nicht angegeben
werden, ob diese morphologische Differenz auf eine echte Diözie zurückzuführen ist. Bei einigen Arten konnte man zeigen, daß sie durch morphogenetisch wirksame Erbfaktoren bedingt ist, die in keinem Zusammenhang mit der sexuellen Differenzierung stehen. Diese Gene können durch
Rekombination auch in den konträren Kreuzungstyp gelangen (S. 47).
Wie wir später näher ausführen, sind auch bei *Mucor mucedo* ,,Sexual-
stoffe'' beschrieben und analysiert worden (S. 93).

*Allomyces arbuscula* Butler und verschiedene *Blastocladiella*-Arten, die
im Verlauf unserer Ausführungen nur kurz erwähnt werden (S. 44, 325, 328),
gehören ebenfalls zu den *Phycomycetes* (Ordnung: Blastocladiales). Beide
Gattungen sind Erdbewohner und zeichnen sich mit Ausnahme von *B. emersonii* durch einen Generationswechsel aus. An dem haploiden Gametophyten
entstehen begeißelte Gameten. Aus der Zygote keimt ein dem Gametophyten
morphologisch gleicher Sporophyt. Dieser bildet nach Reduktionsteilung
haploide Zoosporen, die zu Gametophyten auskeimen. *B. variabilis* Harder
und Sörgel und *B. stübenii* Couch und Whiffen sind physiologische
Diözisten mit isomorphen +- und −-Gametophyten. Der Gametophyt von
*A. arbuscula* ist monözisch und bildet Anisogameten; der Sporophyt kann
sich vegetativ durch diploide Zoosporen vermehren. *B. ermersonii* Cant.
unterscheidet sich von den drei Arten durch das Fehlen eines Sexualzyklus.

Der Entwicklungszyklus von *Achlya ambisexualis* Raper (Ordnung:
Oomycetales) wird im Kapitel *Fortpflanzung* bei der Besprechung der
für diesen im Wasser lebenden Pilz typischen Sexualstoffe beschrieben
(S. 85 und Abb. II-8).

*Literatur:* *Blastocladiella* (Cantino 1951), *Allomyces* (Zusammenstellung
der Literatur bei Stumm 1958), *Achlya* (Raper 1940).

# II. Klasse: Eumycetes

Die Eumycetes sind ausschließlich Landbewohner und vermehren
sich vegetativ durch Konidien oder Oidien. Ihrer Einteilung in zwei
Unterklassen liegt der Habitus der Meiosporangien zugrunde. Für die
*Ascomycetes* ist ein schlauchförmiges Sporangium, der Ascus, typisch.

In diesem werden die sog. Ascosporen (meist 8) durch freie Zellbildung endogen erzeugt. Die *Basidiomycetes* gliedern ihre Sporen (meist 4) von einer keulenförmigen Basidie exotop ab. Sowohl im Ascus als auch in der Basidie findet vor der Sporenbildung die Karyogamie mit anschließender Meiosis statt.

## 1. Unterklasse: Ascomycetes

Den primitiven Vertretern dieses Taxon fehlt die dikaryotische Phase. Die Zygote wandelt sich sofort in einen Ascus um. Fruchtkörper fehlen (Protoascomycetes). Die zweite Gruppe, die Euascomycetes, bildet nach der Plasmogamie dikaryotische Hyphen aus, an deren Ende sich die Asci abschnüren. Diese sind in Vielzahl zu Hymenien vereinigt und befinden sich im Innern von Fruchtkörpern. Eine Literaturübersicht, die sich speziell mit der Ontogenese der Ascomycetes befaßt, wurde von MARTENS (1946) veröffentlicht.

### a) Protoascomycetes

Zu den Protoascomycetes gehört vor allem die genetisch interessante Familie der Saccharomycetaceae (Hefepilze, Ordnung: Endomycetales) mit den Gattungen *Saccharomyces* und *Schizosaccharomyces*. Die Arten beider Gattungen bilden im allgemeinen keine echten Hyphen aus. Sie leben als kugelig, ellipsoid oder zylindrisch geformte Einzeller, die sich durch Sprossung *(Saccharomyces)* oder Querteilung *(Schizosaccharomyces)* vegetativ vermehren. Ihre sexuelle Vermehrung ist durch Somatogamie gekennzeichnet. (Literaturübersichten: STELLING-DEKKER 1931, MRAK und PHAFF 1948, ROMAN 1957, WINDISCH und LASKOWSKI 1960.)

*Saccharomyces.* Die für genetische Untersuchungen bedeutsamste Art ist *S. cerevisiae* HANSEN, bekannt als Bier- und Bäckerhefe. Der durch zwei Kreuzungstypen charakterisierte Fortpflanzungsmodus dieses physiologischen Diözisten kann durch genetische und nichtgenetische Faktoren weitgehend modifiziert werden (S. 90). Plasmo- und Karyogamie finden meist bereits zwischen keimenden Ascosporen, teilweise noch im Ascus, statt; die aus diesem Prozeß hervorgehenden vegetativen Zellen sind also diploid. Die vier Sporen im Ascus können mehr oder weniger linear angeordnet sein (HAWTHORNE 1955).

*Literatur:* GORODKOWA (1908), GUILLIERMOND (1920, 1928, 1940), KATER (1927), WINGE (1935, 1939), WINGE und LAUTSEN (1937), HENRICI (1941), GRAHAM und HASTINGS (1941), ADAMS (1949), LINDEGREN (1949), FOWELL (1952), HARTELINS und DITLEVSEN (1953), PAZONYI (1954), TREMAINE und MILLER (1954).

Vor allem gebührt WINGE der Verdienst, gegenüber den morphologisch beschreibenden Studien der älteren Autoren eine eindeutige, experimentell überprüfte Erklärung für die Ontogenese von *S. cerevisiae* geliefert zu haben (s. Abb. I-2).

Die diploiden vegetativen Hefezellen haben eine ellipsoide Form (4—8). Sie können sich bis zur Erschöpfung günstiger Ernährungsbedingungen durch Sprossung vermehren (5—7). Unter speziellen physiologischen Bedingungen, z.B. auf Gips oder Zementblöcken, auf nährstoffarmem Sporulationsagar oder in flüssigen Mangelmedien wandeln sich die Zellen zu Asci um.

Der diploide Zellkern teilt sich meiotisch in vier haploide Kerne; um jeden von ihnen bildet sich eine Spore (9, 10, 1).

Die in der Regel bereits zwischen Ascosporen von verschiedenem Kreuzungstyp eintretende Kopulation (2, 3) läßt sich experimentell dadurch verhindern, daß man mit Hilfe des Mikromanipulators die haploiden Sporen vor der Keimung voneinander trennt. Durch diese Technik lassen sich haploide Klone herstellen, deren Zellen durch ihre kugelige Form leicht von Diplonten zu unterscheiden sind und zu Kreuzungsexperimenten benutzt werden können.

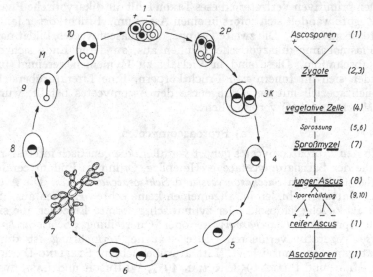

Abb. I-2. Ontogenese von *Saccharomyces cerevisiae*

*Schizosaccharomyces.* Die Gattung *Schizosaccharomyces* stimmt in vielen Eigenschaften mit *Saccharomyces* überein. Als besonders interessant für genetische Untersuchungen hat sich *S. pombe* erwiesen. Dieser Hefepilz wurde bereits 1893 von LINDNER beschrieben. Allerdings ist er erst mehr als ein halbes Jahrhundert später durch die Arbeiten von LEUPOLD (1950, 1958) zu einem Objekt für genetische Studien geworden. Er ist physiologisch diözisch und besitzt zwei morphologisch identische Kreuzungstypen (+ und −).

LEUPOLD benutzte einen Stamm, den ursprünglich OSTERWALDER aus Traubensaft isoliert und als *S. liquefaciens* OSTERWALDER erstmals beschrieben hat. Da sich der Stamm im wesentlichen nur durch die Fähigkeit, Gelatine zu verflüssigen, von *S. pombe* unterscheidet, wurde er von STELLING-DEKKER als *S. pombe* LINDNER, Rasse *liquefaciens* OSTERWALDER zu *S. pombe* gestellt.

*Literatur:* LINDNER (1893), BEYERINK (1894), GUILLIERMOND (1903, 1940), OSTERWALDER (1924), LEUPOLD (1950).

Die vegetative Phase ist durch haploide, in Bierwürze zylindrische, auf Malzagar ellipsoide bis rundliche Zellen gekennzeichnet. Die vegetative Vermehrung erfolgt im Gegensatz zu *Saccharomyces* nicht durch Sprossung, sondern durch einfache Querteilung der Zellen in zwei Tochterzellen gleicher Größe. Die Sporenbildung wird durch die paarweise Kopulation isogamer +- und −-Zellen eingeleitet. Die Diplophase ist auf die Zygote beschränkt, welche sogleich zur Reduktionsteilung übergeht und einen Ascus mit meist vier haploiden Sporen liefert. Die Sporenbildung wird besonders leicht auf Malzagar ausgelöst. Nach Übertragung in frische Nährlösung keimen die Sporen wieder zu haploiden vegetativen Zellen aus.

## b) Euascomycetes

Abgesehen von einigen primitiven Formen liegt der Ascusbildung eine Folge von Kernteilungen und Wandbildungen zugrunde. Durch diesen als Hakenbildung bezeichneten Entwicklungsschritt wird erreicht, daß in die Ascusanlage je ein mütterlicher und väterlicher Kern gelangt.

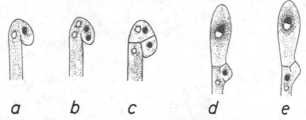

Abb. I-3a—e. Hakenbildung bei Ascomycetes. Das Ende einer ascogenen Hyphe krümmt sich nach rückwärts zu einem gestielten Haken um (a). Das Kernpaar dieser Zelle teilt sich darauf konjugiert (b). Von den beiden Paaren bleibt je ein Kern in der Spitze des Hakens liegen, die anderen Kerne wandern in den Haken bzw. in den Stiel der Traghyphe. Stiel und Haken grenzen sich nun durch Querwände von der Spitze ab, so daß ein drei-zelliges Gebilde entsteht (c). Die Spitzenzelle ist die Ascusanlage, in der nun die Karyogamie erfolgt. Haken und Stiel fusionieren danach miteinander. Der dikaryotische Zustand ist für die Stielzelle wiederhergestellt (d). Sie kann erneut zum Ausgangspunkt eines Hakens werden. (Aus Greis 1943)

Nach der Karyogamie und den beiden meiotischen Teilungen kommt es im Ascus meist zu einer weiteren Kernteilung, einer Mitose. Auf die Bildung der Sporenwände um die acht Kerne, die paarweise je ein Produkt der Meiosis darstellen, folgen im Verlauf der Sporenreifung weitere Mitosen, so daß die Sporen im reifen Zustand mehrkernig sind. Bedingt durch eine typische Anordnung der Spindeln während der Kern-teilung liegen die Ascosporen vielfach linear (s. Abb. IV-4). Sie können in diesen Fällen als sog. geordnete Tetraden (S. 151) isoliert und analy-siert werden.

Von den insgesamt neun Ordnungen der Euascomycetes, die nach dem Habitus ihrer Fruchtkörper klassifiziert werden, sind in der Haupt-sache die Vertreter von vier Ordnungen für die Genetik von Bedeutung. Die *Plectascales* bilden kugelige, geschlossene stecknadelkopfgroße Fruchtkörper (Kleistothezien), aus denen die Asci passiv nach Zerfall der Fruchtkörper frei werden. Die *Pseudosphaeriales* und die *Sphaeriales* bilden krugförmige Perithezien, die nur ein wenig größer als die Kleist-othezien sind. Die Sporen werden durch eine am Scheitel des Peri-theziums befindliche Öffnung aktiv ausgeschleudert. Ebenfalls ausge-schleudert werden die Sporen aus den Apothezien der *Pezizales*. Bei diesen Fruchtkörpern, die zum Teil mehrere Millimeter Durchmesser haben können, handelt es sich um becher- bis schüsselförmige Gebilde, welche die Hymenien an ihrer Oberfläche tragen.

## Plectascales

Die für genetische Aspekte interessante Familie[1] dieser Ordnung ist die der Aspergillaceae mit den aus meist imperfekten Arten bestehenden Gattungen *Aspergillus* und *Penicillium*. Die perfekten Formen von *Aspergillus* und *Penicillium* werden manchmal *Eurotium* bzw. *Talaromyces* genannt. Vertreter beider Gattungen leben vielfach saprophytisch auf verschiedenartigen organischen Substraten wie Lebensmittel, Leder, Früchte usw. Sie vermehren sich vegetativ durch Konidien, die meist

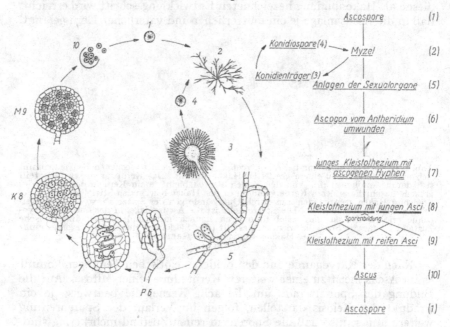

Abb. I-4. Ontogenese von *Aspergillus nidulans*. (Nach WALTER 1961, verändert)

exogen in Ketten an besonderen Konidienträgern gebildet werden. Einige Formen sind als Produzenten von Antibiotika wichtig geworden, so die *Penicillium-notatum-chrysogenum*-Gruppe für Penicillin.

*Aspergillus*. Für genetische Untersuchungen hat man am häufigsten *A. nidulans* (EIDAM) WINT. benutzt, eine Art, deren sexuelles Verhalten durch Gametangiogamie gekennzeichnet ist. Die Kleistothezien enthalten Asci mit acht Ascosporen, die sich wegen ihrer außerordentlichen Kleinheit schlecht zur Tetradenanalyse eignen.

Weitere wichtige Vertreter der Aspergillaceae sind *A. niger* v. T. und *P. chrysogenum* THOM. Beide sind imperfekt und können deshalb nur zur

[1] Einige Arten der Gattung *Ophiostoma* (syn. Ceratocystis) aus der nahe verwandten Familie der Ophiostomaceae wurden in den letzten Jahren mehrfach zu Mutationsexperimenten herangezogen. Die Ontogenese von *Ophiostoma* zeigt nur unwesentliche Abweichungen vom Entwicklungszyklus der perfekten Aspergillaceae.

Analyse mitotischer Rekombinationsprozesse benutzt werden (S. 98 und S. 211 ff.).

Die beiden zuletzt genannten Arten und drei imperfekte weitere Arten (s. Tabelle II-5), die seltener verwendet wurden, zeigen im vegetativen Zyklus keine wesentlichen Abweichungen von *A. nidulans*. Wir beschränken uns deshalb auf die Darstellung der Ontogenese von *A. nidulans* (Abb. I-4).

*Literatur:* DE BARY und WORONIN (1870), BREFELD (1872), EIDAM (1883), DANGEARD (1907), OLIVE (1944), THOM und RAPER (1945), PONTECORVO et al. (1953), PONTECORVO (1954, 1956), PONTECORVO und SERMONTI (1954).

Aus einer Ascospore (1) bildet sich ein Myzel (2), das zahlreiche Konidien ausbildet. Diese entstehen an den kugelig angeschwollenen Enden von Konidienträgern (3). Auf kurzen Sterigmen werden allseitig radial ausstrahlende, perlschnurförmig angeordnete, teilweise mehrkernige Konidien (4) abgeschnürt (bei *Penicillium* auf verzweigten Trägern). Diese Konidien sind haploid und können wiederum zu einem Myzel auswachsen.

Der Sexualvorgang beginnt damit, daß zwei keulenförmig angeschwollene mehrkernige Hyphen sich aneinanderlegen und spiralig umwinden (5): die eine differenziert sich zum Antheridium, die andere zum Ascogon (6). Nach der Plasmogamie septiert sich das Ascogon, es entstehen zahlreiche, sich verzweigende ascogene Hyphen (7). Auf diese dikaryotische Phase erfolgt unter Hakenbildung in dem zum Kleistothezium (8) umgewandelten Ascogon die Karyogamie, die Meiosis und die Bildung achtsporiger Asci (9). Die äußerst kleinen Sporen dieser runden Asci (10) gelangen erst nach Zerfall der äußeren Schicht (Rindenschicht = Peridie) des Kleistotheziums ins Freie. Aus den Ascosporen entstehen wiederum haploide Myzelien.

## Pseudosphaeriales

Aus dieser systematischen Gruppe wurde in der Hauptsache *Venturia inaequalis* (CKE.) WINT [syn. *Endostigme inaequalis* (CKE.) SYD.] genetisch bearbeitet. Die neueren entwicklungsgeschichtlichen und genetischen Untersuchungen an diesem pflanzenpathogenen Pilz (Erreger der Schorfkrankheit bei Äpfeln und Birnen) sind von KEITT und Mitarbeitern durchgeführt worden.

*Literatur:* KILLIAN (1917), KEITT und PALMITTER (1938), KEITT (1952, Literaturübersicht), MÜLLER und v. ARX (1962).

Da der Entwicklungszyklus von *V. inaequalis* in seinen wesentlichen Zügen dem von *Neurospora crassa* (S. 16 ff. und Abb. I-5) entspricht, können wir uns auf die folgende kurze Darstellung beschränken. Die Ascosporen sind zweizellig. Jede Zelle enthält einen Kern. Im Frühjahr infizieren die Ascosporen die jungen Triebe der Obstpflanzen. Ihr Myzel dringt bei Blättern nur zwischen Kutikula und Außenwand ein, bei Früchten und Sprossen wächst es auch in die Gewebe. Schon wenige Tage nach der Infektion bricht die Kutikula an den Infektionsstellen auf. Es entstehen Lager mit zahlreichen einkernigen Konidien, welche Neuinfektionen hervorrufen (vegetativer Zyklus). Die Geschlechtsorgane (Ascogone und Antheridien) bilden sich erst im Herbst. Die Befruchtung des Ascogons erfolgt mit Hilfe einer Trichogyne (Oogamie). Die Asci werden im folgenden Frühjahr ausgebildet. Das Myzel kann aber auch in lebenden Trieben überwintern und im Frühjahr sofort wieder Konidien herstellen.

*V. inaequalis* ist incompatibel. Die beiden Kreuzungstypen reagieren nach dem Modus der bipolaren Incompatibilität miteinander. Man kann diesen Pilz auch auf künstlichen Nährböden kultivieren und zur Fruktifikation bringen. Allerdings benötigen die Ascosporen vor der Keimung eine Ruheperiode von 2—3 Monaten.

## Sphaeriales

Mit einer Ausnahme *(Glomerella)* gehören alle hier zu besprechenden
Gattungen und Arten zur Familie der Sordariaceae. In diesem Taxon
werden vorwiegend saprophytische Pilze zusammengefaßt, deren Perithezien frei stehen und nicht von plectenchymatischem Stroma umgeben
sind. Sie sind mit Ausnahme von *Neurospora* meist auf den Fäkalien
von Herbivoren zu finden.

Die verschiedenen Gattungen unterscheiden sich hauptsächlich durch
die Struktur ihrer Asci und Ascosporen.

*Neurospora.* Die Gattung wurde von SHEAR und DODGE (1927) aufgestellt. Sie umfaßt die rötlich gefärbten Brotschimmelpilze, die man
früher als imperfekt ansah und mit *Monilia* bezeichnete. Zu genetischen
Untersuchungen wurden vorwiegend die Arten *crassa, sitophila* und
*tetrasperma* verwendet. *N. crassa* und *N. sitophila*, die sich nur durch
geringfügige morphologische Charakteristika wie Größe der Konidien,
Perithezien und Ascosporen unterscheiden, haben beide die gleiche Entwicklungsgeschichte. Sie sind incompatibel und besitzen zwei Kreuzungstypen, die in der Literatur vielfach anstelle von + und − mit *A* und *a*
gezeichnet werden. Die Plasmogamie zwischen verschiedenen Kreuzungstypen erfolgt durch Oogamie, aber auch Somatogamie ist möglich.
Die Asci enthalten acht linear angeordnete Sporen, die sich als geordnete
Tetraden genetisch verwenden lassen. Die vegetative Vermehrung erfolgt, wie auch bei *N. tetrasperma*, durch Konidien. Entsprechend der
großen Bedeutung, die vor allem *N. crassa* als genetisches Forschungs-
objekt erlangt hat, wollen wir die Ontogenese dieses Pilzes ausführlicher
darstellen (Abb. I-5) und daran anschließend kurz auf die ontogene-
tischen Besonderheiten von *N. tetrasperma* eingehen.

*Literatur:* DODGE (1927, 1928, 1930, 1932, 1935, 1936a, 1946), WILCOX
(1928), KÖHLER (1930), MORUZI (1932), ARONESCU (1933), SCHÖNFELDT
(1935), WÜLKER (1935), MOREAU und MORUZI (1936), BACKUS (1939), LINDE-
GREN und LINDEGREN (1941a, 1941b), McCLINTOCK (1945), SANSOME (1946,
1947), SINGLETON (1953), SOMERS et al. (1960).

Eine ausführliche Darstellung der Ontogenese von *Neurospora* gibt
BEADLE (1945).

Leider sind die vielen Autoren, die sich mit der Entwicklungsgeschichte
von *Neurospora* befaßt haben, oft zu widersprechenden Ergebnissen gelangt.
Diese Tatsache müssen wir bei den folgenden Ausführungen berücksichtigen.

Aus einer haploiden +- oder −-Ascospore (1) entsteht ein reich ver-
zweigtes rasch wachsendes Myzelium (2) mit zahlreichen Lufthyphen. Unter
optimalen Bedingungen beträgt die radiale Zuwachsrate etwa 9 cm/d.
Schon nach wenigen Tagen schnüren sich an den Spitzen vieler Lufthyphen
kettenartig Makrokonidien ab ( ⌀ 10—12 μ), die meist mehr als einen Kern
enthalten (3). Neben diesen exogen gebildeten Konidien entstehen endogen
in gedrungenen Zellen einkernige Mikrokonidien ( ⌀ 1—2 μ) (4). Sie bleiben
nach Verlassen ihrer Mutterzelle als traubige Anhäufungen an dieser haften.
Beide Konidienarten können ohne jede Ruhephase zu neuen Myzelien auskeimen. Die vegetative Vermehrung von *N. crassa* kann also auf dreierlei
Art erfolgen: 1. durch Hyphen- oder Myzelfragmente, 2. durch Makrokonidien, 3. durch Mikrokonidien.

Die für die sexuelle Vermehrung erforderlichen weiblichen Geschlechtsorgane, die Ascogone, entstehen als sich einrollende Ausstülpungen an
3—4 Tage alten Hyphen (5). Sie werden schon nach wenigen Stunden

von einem dichten Geflecht von Hüllhyphen umwachsen, die von der Traghyphe ausgehen. Parallel zu diesem Entwicklungsschritt wächst aus der
Endzelle der Ausstül-
pung, dem eigentlichen
Ascogon, eine als Emp-
fängnishyphe dienende
Trichogyne heraus. Die
Hülle des weiblichen Se-
xualorgans, das nun Protoperithezium genannt wird,
besitzt zahlreiche strah-
lenartige Hyphen, denen
von manchen Autoren
eine Trichogynenfunktion
zugeschrieben wird.

Männliche Geschlechts-
organe und männliche
Gameten existieren nicht.
Als Spender des männli-
chen Kerns können Koni-
dien (6) oder auch vegetative Hyphen des anderen
Kreuzungstyps dienen,
mit denen die Trichogy-
nenspitze fusioniert (Plasmogamie). Die Kerne der
betreffenden Myzelstruk-
turen durchwandern die
Trichogyne und leiten in
der Ascogonzelle den Be-
ginn der dikaryotischen
Phase ein.

Die +-Protoperithe-
zien können also nur von
—-Kernen und die —-Pro-
toperithezien nur von
+-Kernen befruchtet wer-
den. In der Ascogonzelle
vermehren sich die müt-
terlichen und väterlichen
Kerne durch zahlreiche
konjugierte Mitosen. Es
ist zur Zeit noch unklar,
ob diese Teilungsvorgänge
von einem oder mehreren
Initialkernpaaren ausge-
hen, da keine genauen
Angaben über die Anzahl
der im Ascogon befind-
lichen Kerne vorliegen.
Nach genetischen Daten
von SANSOME (1947) schei-
nen in manchen Fällen
jedoch mehrere Kern-
paare vorhanden zu sein.

An den Enden der aus
dem Ascogon wachsenden

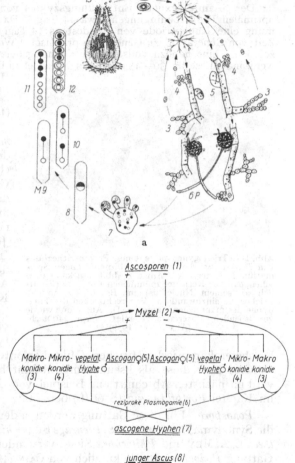

Abb. I-5 a u. b. Ontogenese von *Neurospora crassa*

ascogenen Hyphen entstehen durch Hakenbildung sukzedan die Ascusanlagen
(7). Nach der Karyogamie (8), der Meiosis (9, 10) und der postmeiotischen Mitosis sind im Ascus je vier +- und —-Kerne vorhanden (11). Während der Ascus-

bildung vergrößert sich die Hülle des Protoperitheziums, bis die typische Gestalt des Peritheziums erreicht wird, das durch Einlagerung von Melaninpigmenten schwarzgefärbt ist. Die Asci schleudern ihre acht schwarzen Sporen (12) durch die am Scheitel des Peritheziums befindliche Öffnung aus (13).

Der gesamte sexuelle Entwicklungszyklus von *N. crassa* beträgt unter optimalen Kulturbedingungen etwa 14 Tage. Da die Ascosporen zur Keimung eine Ruheperiode von mindestens 14 Tagen benötigen, beträgt die Zeit von Generation zu Generation praktisch 4 Wochen. Nach dieser Ruhezeit kann eine nahezu vollständige Keimung der Sporen erhalten werden, wenn man diese für 30—45 min einer Hitzebehandlung von 60⁰ C aussetzt.

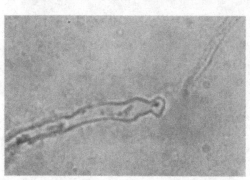

Methodische Einzelheiten sind der detaillierten Arbeitsanweisung von RYAN (1950) zu entnehmen.

*Neurospora tetrasperma* unterscheidet sich von den beiden bisher besprochenen Vertretern dieser Gattung lediglich dadurch, daß in den Asci nur vier linear angeordnete Sporen entstehen. Jede Spore enthält als Initialkerne zwei der nach den Teilungsvorgängen im Ascus entstandenen acht Kerne (S. 156). Wenn die beiden Kerne einer Spore verschiedene Kreuzungstyp-Gene tragen, entste-

Abb. I-6. Trichogynenspitze eines Protoperitheziums von *P. anserina*, die mit einem birnenförmigen Spermatium fusioniert hat. Auf der Abbildung kann man sehen, daß der Kern des männlichen Gameten (kenntlich an seinem Nucleolus) im Begriff ist, in die Trichogyne einzuwandern. Von rechts oben die Traghyphe des männlichen Gameten. Die Aufnahme wurde von lebendem Material angefertigt. Vergr. 2400fach. (Aus ESSER 1959)

hen heterokaryotische Myzelien (Miktohaplonten), die selbstfertil sind. Näheres über diese als Pseudocompatibilität bezeichnete Erscheinung wird im nächsten Abschnitt am Beispiel von *Podospora anserina* und im Kapitel *Fortpflanzung* (S. 66 ff.) berichtet.

*Podospora.* Für diese Gattung werden in der Literatur vielfach auch die Synonyma *Bombardia* FR., *Pleurage* FR., *Schizothecium* CORDA, *Schizotheca* C. A. MEY und *Philocopra* SPEG. verwendet. Eine Neuordnung der Gattung *Podospora* wurde kürzlich von CAIN (1962) vorgenommen. Die beiden in diesem Zusammenhang zu erwähnenden Arten sind *Podospora anserina* (CES.) REHM und *Bombardia lunata* ZCKL. Gegenüber *Neurospora* lassen sich diese Arten durch die folgenden entwicklungsgeschichtlichen Merkmale abgrenzen.

*1. Die Plasmogamie erfolgt als Spermatisierung.* Die Spermatien werden in sog. Spermogonien gebildet. Gemäß ihrer Entstehung und ihrem Habitus entsprechen sie den Mikrokonidien von *Neurospora*. Der Unterschied gegenüber den Mikrokonidien ist nur funktionell: Die einkernigen, birnenförmigen Spermatien sind männliche Gameten. Sie können mit der Spitze einer Trichogyne fusionieren (Abb. I-6) und nur unter ganz speziellen Kulturbedingungen in geringem Umfang als Konidien auskeimen und zur vegetativen Vermehrung beitragen (Beisson-Schecroun 1963).

Im Gegensatz zu den noch nicht eindeutig abgeklärten Befruchtungsvorgängen von *Neurospora* wissen wir, daß bei *P. anserina* die Ascogonzelle nur einen Initialkern besitzt (Rizet und Engelmann 1949). Die Spitze der Trichogyne fusioniert mit einem einzigen einkernigen Spermatium, dessen Kern danach rasch in die Ascogonzelle einwandert (Esser 1959). Die Befruchtungsvorgänge von *B. lunata* laufen in derselben Weise ab (Zickler 1952).

Die beiden *Podospora*-Arten besitzen also einen *morphologisch klar ausgeprägten hermaphroditen Charakter.*

*2. Der vegetative Zyklus fehlt.* Makrokonidien oder andere, der vegetativen Vermehrung dienende Fortpflanzungszellen werden nicht ausgebildet. Die vegetative Fortpflanzung beider Arten kann durch Myzelübertragung erfolgen.

Der wesentliche Unterschied zwischen *B. lunata* und *P. anserina* besteht vor allem in der Zahl und der Morphologie der Ascosporen und in der Dauer des Entwicklungszyklus (Tabelle I-1).

*B. lunata* enthält in den Asci acht relativ kleine, linear angeordnete, halbmondförmige Sporen. Der Entwicklungszyklus dauert 4—5 Wochen. In den Asci von *P. anserina* dagegen befinden sich vier relativ große, ellipsoide Sporen, die ähnlich wie bei *N. tetrasperma* zwei Initialkerne besitzen (Abb. I-7 und I-8). Der Entwicklungszyklus ist nach 2 Wochen abgeschlossen.

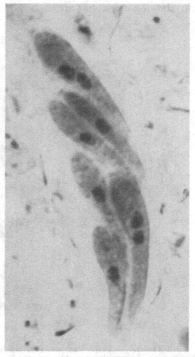

Abb. I-7. Junger Ascus von *Podospora anserina.* In jeder Ascushälfte sind neben einer zweikernigen Spore zwei einkernige Sporen zu erkennen. Bei der Reife runden sich die zunächst keulenförmigen Sporen zu Rotationsellipsoiden ab. Vergr. 1000fach. (Aus Franke 1958)

Das Fortpflanzungsverhalten beider Arten wird durch Incompatibilität bestimmt, und zwar liegen zwei alternative Kreuzungstypen ($+$ und $-$) vor. Infolge der Zweikernigkeit der Sporen und der hohen Postreduktionsfrequenz der $+$- und $-$-Faktoren entstehen jedoch bei *P. anserina* vorwiegend heterokaryotische Myzelien, die pseudocompatibel sind (S. 67, 155). In 1—2% aller Asci bilden sich allerdings anstelle einer zweikernigen Spore zwei einkernige Sporen (Abb. I-7, I-8). Da diese einkernigen Sporen stets zu homokaryotischen Myzelien auskeimen, wird durch Verwendung dieser sog. anormalen Asci die Tetradenanalyse erleichtert (S. 156).

*Literatur:* Dowding (1931), Ames (1932, 1934), Zickler (1934, 1952), Dodge (1936b, 1936c), Rizet (1941a, b, c), Rizet und Engelmann (1949), Moreau und Moreau (1951), Esser (1956, 1959), Franke (1957, 1962).

*Gelasinospora.* Die uns interessierende Art *G. tetrasperma* Dowding gleicht im Habitus und im physiologischen Verhalten *P. anserina*. Die Asci enthalten vier linear angeordnete Sporen, die meist zu pseudocompatiblen Miktohaplonten auskeimen.

Den Myzelien fehlen die Spermogonien und Spermatien. Die Befruchtung zwischen verschiedenen Kreuzungstypen, die ebenso wie bei *Podospora* aus kleineren monokaryotischen Sporen hervorgehen, erfolgt somatogam. Nach Anastomosenbildung wandern die +- und —-Kerne in die Hyphen des komplementären Partners und vermehren sich dort. In den beiden zu Heterokaryen gewordenen Kreuzungspartnern gelangen die +- und

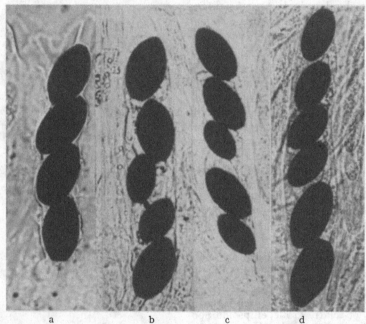

   a           b           c           d

Abb. I-8a—d. Asci von *Podospora anserina*. Normaler viersporiger Ascus mit zweikernigen Sporen (a). Anormaler Ascus mit einem Paar einkerniger Sporen anstelle einer zweikernigen Spore (b, c). Anormaler Ascus mit zwei Paaren von einkernigen Sporen (d). Vergr. 460fach. (b und c aus Marcou 1961)

—-Kerne paarweise in die Ascogone. Die Ascus- und Perithezienbildung verläuft dann wie bei *Podospora* (Dowding 1933, Dowding und Baker-Spigel 1954, 1956).

*Sordaria.* Von dieser Gattung sind besonders zwei Arten wiederholt zu genetischen Experimenten herangezogen worden: *S. fimicola* (Rob.) Ces. et de Not. und *S. macrospora* Auersw. Beide sind selbstfertil und besitzen in den Asci acht linear angeordnete Sporen, die sich als geordnete Tetraden verwenden lassen (Asci von *S. macrospora* s. Umschlagbild und Abb. IV-3). Sie unterscheiden sich lediglich durch die Sporengröße (Tabelle I-1). Als ein weiteres entwicklungsgeschichtliches Unterscheidungskriterium der beiden *Sordaria*-Arten wurde mehrfach der Befruchtungsmodus herangezogen.

Nach Greis (1941) soll die Trichogyne des Ascogons von *S. fimicola* entweder mit einem hyphenartigen Antheridium oder mit vegetativen Nachbarzellen fusionieren. Bei *S. macrospora* werden keine Trichogynen oder antheridienartige Gebilde angelegt. Die Ascogone kopulieren nach Beobachtungen von DENGLER (1937) mit einer benachbarten Hyphe.

Im Gegensatz zu diesen durch Gametangiogamie charakterisierten Sexualvorgängen ergaben neuere Untersuchungen übereinstimmend, daß bei diesen Arten die Entwicklung der Fruchtkörper apandrisch und die Befruchtung autogam erfolgt (CARR und OLIVE 1958 an *S. fimicola*, ESSER und STRAUB 1958 an *S. macrospora*).

Trichogynen werden, wie schon vorher RITCHIE (1937) angibt, auch bei *S. fimicola* nicht ausgebildet. Antheridien oder als solche fungierende Hyphen konnten bei beiden Objekten nicht erkannt werden. Die Hyphen, denen bei *S. macrospora* eine Antheridien-Funktion zugeschrieben wird, sind Hüllhyphen, welche die Entstehung der Protoperithezienwand einleiten.

Der für beide Arten geltende Entwicklungszyklus ist in Abb. II-1 dargestellt. (S. 42).

Aus einer Ascospore wächst ein Myzel (1) heran, an dem als einzige Differenzierungsgebilde Ascogone entstehen (2). Männliche Geschlechtsorgane oder Konidien werden nicht ausgebildet. Die Ascogonzelle wird von Hüllhyphen umwachsen und zum Protoperithezium umgestaltet (3). Die im Ascogon befindlichen Kerne teilen sich konjugiert und wandern paarweise in die ascogenen Hyphen, aus denen auf die gleiche Weise, wie bei *N. crassa* beschrieben wurde, die Asci entstehen. Die Generationsdauer beträgt 7 Tage. Für *S. macrospora* konnte durch genetische Experimente nachgewiesen werden, daß die Ascogonzelle mehr als ein Initialkernpaar enthält (ESSER und STRAUB 1958).

Die Kreuzung von *Sordaria*-Stämmen erfolgt, wie bei *Gelasinospora tetrasperma*, auf dem Wege über eine Heterokaryonbildung in der Kontaktzone der beiden Partner. Die genetisch verschiedenen Kerne gelangen gemäß den Gesetzen des Zufalls in die Ascogonanlagen. Bedingt durch die Selbstfertilität dieses Pilzes bilden sich neben Kreuzungsperithezien auch sog. Selbstungsperithezien, die nur Kerne des einen oder anderen Elters enthalten. Zur Unterscheidung dieser beiden Fruchtkörpertypen haben sich Sporenfarb-Gene als Marken bewährt (S. 152).

*Glomerella* (Gnomoniaceae). Die Gattung *Glomerella* umfaßt pflanzenpathogene Pilze, welche die Bitterfäule auslösen. Die für genetische Untersuchungen vorwiegend verwendete Art ist *G. cingulata* (STONEMAN) SPAULD. & V. SCHR. Sie wurde schon 1912 von EDGERTON isoliert und ist wahrscheinlich der erste höhere Pilz, an dem genetische Experimente vorgenommen wurden (EDGERTON 1914). Die von diesem Autor begonnenen genetischen Versuche wurden später von WHEELER, CHILTON, MARKERT u. a. fortgesetzt (Literatur bei: MARKERT 1949, WHEELER 1954 und S. 41). *G. cingulata* kann sich vegetativ durch Konidien fortpflanzen. Die sexuelle Vermehrung des selbstfertilen Pilzes wird durch Gametangiogamie eingeleitet. Die Asci enthalten acht nicht linear angeordnete Sporen. Der Entwicklungszyklus beträgt 9 Tage.

*Literatur:* LUCAS (1946), WHEELER et al. (1948), McGAHEN und WHEELER (1951), OLIVE (1951).

Der sexuelle Zyklus beginnt mit zwei einkernigen Initialzellen, die als kurze Verzweigung von benachbarten Hyphensepten auswachsen. HÜTTIG (1935) bezeichnete diese beiden Zellen auf Grund von Untersuchungen an

*G. lycopersici* KRÜGER als Antheridium und Ascogonium. Durch Untersuchungen an lebenden Kulturen und an gefärbtem Material konnten jedoch McGAHEN und WHEELER diese Auffassung widerlegen. Sie fanden, daß im Verlauf der weiteren Differenzierung aus einer Zelle die Wand des Protoperitheziums entsteht, welche das sich aus der anderen Zelle bildende knäuelartige Ascogon umgibt. Bevor die Ausbildung der Wand abgeschlossen ist, fusioniert das Ascogon mit einer sog. Kopulationshyphe. Diese stammt von einer der Protoperithezienanlage benachbarten Hyphe. Nach der Plasmogamie erfolgt die weitere Entwicklung bis zur Sporenreife entsprechend dem für *N. crassa* beschriebenen Modus.

In Kreuzungen zwischen verschiedenen selbstfertilen Stämmen können die Ascogone durch antheridiale Hyphen des Kreuzungspartners befruchtet werden. Da auch Selbstbefruchtungen vorkommen, entstehen, ebenso wie in *Sordaria*-Kreuzungen, Selbstungs- und Kreuzungsperithezien.

### Pezizales

Von dieser Ordnung interessiert uns vor allem die Gattung *Ascobolus*, die zur Familie der Pyronemaceae gehört. Die Arten *A. stercorarius* (BULL.) SCHROET (Synonym: *A. furfurcarceus* PERS.) und *A. immersus* PERS. leben auf den Exkrementen von Herbivoren und auf faulenden Pflanzenteilen. Ihre Apothezien sind nicht von einem Stroma umgeben. Die acht ellipsoiden Ascosporen sind nicht linear angeordnet. Die Sporenmembran besitzt im reifen Zustand eine dunkelviolette Farbe. Ein wesentlicher Unterschied zwischen beiden Arten besteht in der Sporengröße (Tabelle I-1). *A. immersus* besitzt von allen genetisch bearbeiteten Ascomycetes die größten Sporen (Länge bis 60 $\mu$), die sich sehr leicht isolieren lassen (S. 277). Sowohl *A. stercorarius* als auch *A. immersus* sind incompatibel; es existieren zwei mit + und — bezeichnete Kreuzungstypen.

Der *Entwicklungszyklus von A. stercorarius* entspricht im Prinzip dem von *N. crassa*. Die vegetative Vermehrung erfolgt durch Oidien. Der sexuelle Zyklus wird durch eine Dikaryotisierung eingeleitet. Die Trichogynenspitze der Ascogone kann entweder mit Oidien oder mit den Spitzen von vegetativen Hyphen fusionieren. Schon vor der Plasmogamie wird das Ascogon meist von Hüllhyphen umwachsen, aus denen sich im Verlauf der weiteren Ontogenese die typischen, bei der Reife offenen Apothezien entwickeln. Die dikaryotische Phase und die Entwicklung der Asci erfolgt, soweit bekannt, wie für *N. crassa* beschrieben.

Die Ontogenese von *Ascobolus immersus* PERS. ist nicht genau untersucht worden. Nach Angaben von RAMLOW (1915) weist dieser Pilz eine apandrische Entwicklung auf. Ähnlich wie bei *Sordaria macrospora* sind an den Myzelien nur Ascogone vorhanden. Männliche Gametangien oder Gameten fehlen. Die Befruchtung zwischen +- und —-Myzelien erfolgt somatogam.

*Literatur:* JANCZEWSKI (1871), WELSFORD (1907), DOWDING (1931), SCHWEIZER (1932), RIZET (1939), BJÖRLING (1941), DODGE und SHEAR (1946), OLIVE (1956), BISTIS (1956, 1957).

## 2. Unterklasse: Basidiomycetes

Die *Basidie*, das charakteristische Organ dieser Unterklasse, ist bei den *Holobasidiomycetes einzellig* (Abb. I-9) und bei den *Phragmobasidiomycetes* septiert (Abb. I-10).

## a) Holobasidiomycetes

Zu dieser systematischen Einheit gehören die auf faulenden Pflanzenteilen, Holz und Mist wachsenden Fungi, deren bis mehrere Dezimeter große Fruchtkörper vom Laien als „Pilze" oder „Schwämme" bezeichnet werden.

Die Holobasidiomycetes lassen sich durch folgende Merkmale charakterisieren:

1. Sie bilden keinerlei Sexualorgane aus; die Plasmogamie erfolgt durch Fusion von haploiden Hyphen (Somatogamie).

2. Ihr Sexualverhalten wird in den meisten Fällen durch Incompatibilität bestimmt. Infolge dieser sexuellen Unverträglichkeit sind bei den betreffenden Arten mindestens zwei alternative Kreuzungstypen vorhanden (S. 54 ff.).

Trotz des Fehlens von Geschlechtsorganen müssen wir das Sexualverhalten der Holobasidiomycetes als Incompatibilität bezeichnen; denn bei der Plasmogamie kommt es regelmäßig zu einem Kernaustausch. Dies läßt auf eine zwittrige Potenz der einzelnen Kreuzungstypen schließen. Auf dieses Problem werden wir noch genauer im Kapitel *Fortpflanzung* eingehen (S. 50).

3. In den als Folge der Plasmogamie entstehenden dikaryotischen Hyphen wird durch den Mechanismus der sog. Schnallenbildung sichergestellt, daß nach der Querwandbildung die beiden entstandenen Zellen je einen der von beiden Kreuzungspartnern stammenden Kerne erhalten (Abb. I-9). Die Schnallenbildung beruht auf den gleichen Entwicklungsvorgängen wie die Hakenbildung an den dikaryotischen Hyphen der Ascomycetes (vgl. Abb. I-5).

4. Im Gegensatz zu den Ascomycetes, bei denen die Hüllen und das Stroma der Fruchtkörper aus haploiden Hyphen bestehen, erfüllen diese Aufgabe bei den Holobasidiomycetes die dikaryotischen Hyphen.

5. Die in typischen Fruchtkörpern sich bildenden Basidien sind den Asci homolog und analog. In ihnen erfolgt die Karyogamie und anschließend die Reduktionsteilung. Im Gegensatz zu den Ascomycetes unterbleibt jedoch meist die postmeiotische Mitose, so daß nur vier Sporen entstehen, die sich nicht in der Basidie, sondern in Ausstülpungen der Basidie bilden (Abb. I-9).

Man nahm früher an, daß die Basidiosporen von der Basidie exogen wie Konidien abgeschnürt werden. Neuere Untersuchungen haben jedoch ergeben, daß die Sporen sich in den Ausstülpungen der Basidie endogen bilden. Sie besitzen also eine doppelte Membran, ihre eigene und die der Basidie, und entstehen demnach exotop.

Die vielen hundert Arten der Holobasidiomycetes werden in zwei Ordnungen zusammengefaßt: die Hymenomycetales und die Gastromycetales. Bei den ersteren bilden sich die Basidien in Lagern (Hymenien), die sich vielfach auf typischen Strukturen an der Oberfläche der Fruchtkörper befinden. Bei den letzteren werden sie ungeordnet im Inneren rundlicher Fruchtkörper angelegt. Von Bedeutung für die Genetik sind vor allem die beiden vielfach bearbeiteten Gattungen *Schizophyllum* und *Coprinus* aus der Familie der Agaricaceae (Hymenomycetales). Vertreter der Gastromycetales sind nur in geringem Maße von

genetischem Interesse (S. 62). Für die Agaricaceae ist typisch, daß die
Hymenien auf lamellaren Differenzierungen an der Unterseite der meist
gestielten Fruchtkörper entstehen (Lamellenpilze). Zur gleichen Familie
gehören auch die weiter unten erwähnten Gattungen *Collybia, Pleurotus*
und *Lentinus* (S. 64).

*Schizophyllum.* Der bekannteste Vertreter dieser Gattung ist *S. commune* FR., der auf Holz lebt. Seine randförmig sich vom Substrat abhebenden Fruchtkörper werden mehrere Zentimeter groß. Die Lamellen
sind strahlenartig angeordnet (Abb. I-9). Sie spalten sich bei der Reife

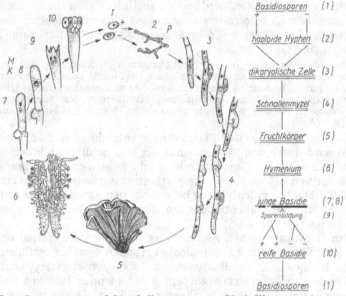

Abb. I-9. Ontogenese von *Schizophyllum commune.* (Nach WALTER 1961, verändert)

der Länge nach auf und rollen sich nach außen um (daher der Name der
Gattung). Die weißen Basidiosporen sind im Vergleich zu Ascosporen
sehr klein (Tabelle I-1). Sie lassen sich nur unter großen Schwierigkeiten im Tetradenverband isolieren (PAPAZIAN 1950 beschreibt eine
Methode). Eine vegetative Vermehrung durch Oidien oder Konidien ist
nicht vorhanden. Der Entwicklungszyklus ist in Abb. I-9 dargestellt.

*Literatur:* WAKEFIELD (1909), LINDER (1933), SINGER (1936), BULLER
(1941), WHITEHOUSE (1949), RAPER (1953), RAPER und MILES (1958),
PRÉVOST (1962).

Wie aus Abb. I-9 zu ersehen ist, gehen aus den haploiden Basidiosporen (1)
Myzelien mit einkernigen Zellen hervor (2). Sobald zwei Hyphen mit unter-
schiedlichem Kreuzungstyp in Kontakt geraten, erfolgt Plasmogamie und
Kernaustausch. Infolge der Perforation der Hyphenquerwände sind die
Kerne in der Lage, nach der Plasmogamie bis zu mehreren Zentimetern
in das Myzel des Kreuzungspartners einzuwandern. Sie vermehren sich
dabei mitotisch. Aus der Fusionsstelle oder aus Zellen, die durch Wander-
kerne zweikernig wurden, wachsen dikaryotische Schnallenmyzelien heraus (3, 4), an denen sich unter geeigneten Ernährungsbedingungen die

Fruchtkörper differenzieren (5). In den Fruchtkörpern entwickeln sich die Lamellen und die Hymenien (6, 7). Nach der Karyogamie (8) und der ebenfalls in den Basidien stattfindenden Meiosis (9) schnüren sich die Basidiosporen ab (10). Während der Reifungsperiode finden in den ursprünglich einkernigen Sporen weitere Mitosen statt. Die reifen Sporen werden durch einen besonderen Schleudermechanismus von ihren Stielen (Sterigmen) abgeschleudert.

*Coprinus.* Die Arten der Gattung *Coprinus* leben auf Dung oder humusreichen Böden. Ihre gestielten, mit einem „Hut" versehenen Fruchtkörper erreichen eine Länge bis zu 10 cm. Die Lamellen sind an der Unterseite des Hutes radial angeordnet. Die Sporen werden nicht aktiv abgeschleudert, sondern „tropfen" infolge einer Autolyse der Hymenien bei der Reife vom Rande des Hutes ab. Die *Coprinus*-Arten können sich vegetativ durch Oidien vermehren. Der sexuelle Zyklus entspricht dem von *S. commune.*

Die einzelnen Arten werden nach dem Habitus der Fruchtkörper unterschieden. Als Objekte genetischer Forschung dienen: *Coprinus macrorhizus* FR. ex BOLT (synonym: *C. stercorarius* ss RICK, *C. cinereus* ss KOHR), *Coprinus radiatus* FR. ex BOLT (synonym: *C. fimetarius* ss RICK, *C. lagopus* ss LANGE), *C. lagopus* FR., *C. sphaerosporus* KUHN JOSS (synonym: *C. funarium* METROD).

*Literatur:* PRÉVOST (1962) hat kürzlich in einer Monographie die über die Ontogenese und Genetik der Gattung *Coprinus* veröffentlichte Literatur zusammengestellt.

## b) Phragmobasidiomycetes

Von den insgesamt vier Ordnungen dieser Gruppe sind für unsere Ausführungen nur die beiden letzten Ordnungen, die *Uredinales* (Rostpilze) und die *Ustilaginales* (Brandpilze), erwähnenswert, deren Arten als Pflanzenparasiten leben und teilweise nur unter Schwierigkeiten im Laboratorium auf Nährböden kultiviert werden können. Das Interesse des Genetikers an diesen Arten galt neben der Pathogenität vor allem dem Studium ihrer meist durch Incompatibilität bestimmten Fortpflanzungsverhältnisse (s. Kapitel *Fortpflanzung*).

Charakteristisch für diese Erreger von Pflanzenkrankheiten ist, daß sie im allgemeinen weder ein Schnallenmyzel noch Fruchtkörper ausbilden.

## Uredinales

Der Entwicklungszyklus der Uredinales ist vielfach mit einem Wirtswechsel verbunden. Die Plasmogamie erfolgt durch Dikaryotisierung oder Somatogamie. Wir wollen hier nur die Ontogenese von *Puccinia graminis* PERS. (Familie: Pucciniaceae) besprechen (Abb. I-10). *P. graminis* verursacht die Rostkrankheit des Getreides. Die Entwicklungszyklen der anderen Arten dieser Gattung weisen zum Teil Abweichungen von diesem Standardtyp auf, wie aus der unten zitierten Literatur und vor allem aber aus GÄUMANN (1964) zu entnehmen ist. *P. graminis* ist nur in der dikaryotischen Phase, die auf einem Zwischenwirt durch die Plasmogamie zwischen +- und —-Kreuzungstypen eingeleitet wird, in der Lage, die Getreidepflanze zu infizieren. Die vegetative Fortpflanzung kann durch die auf dem Hauptwirt entstehenden Konidien erfolgen.

26 Ontogenese

*Literatur:* CRAIGIE (1927, 1931, 1942), HANNA (1929), ALLEN (1932, 1934), LAMB (1935), BROWN (1935), MITTER (1936), SAVILE (1939), KULKARNI (1956).

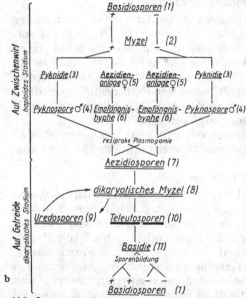

Die +- und —-Basidiosporen (1) infizieren zunächst einen Zwischenwirt. Als solche dienen im vorliegenden Falle *Berberis*-Arten (Berberitze). Die Keimschläuche (2) der Basidiosporen wachsen durch die Blattepidermiszellen und bilden im Inneren des Blattes ein Myzelium aus. An diesem entstehen auf der Blattoberseite Anhäufungen von Spermogonien (hier meist Pyknidien genannt) (3). Durch die in diesen Lagern gebildeten Spermatien (Pyknosporen) kann keine Neuinfektion hervorgerufen werden. Auf der Blattunterseite differenzieren sich zur gleichen Zeit die Aezidienanlagen (5). Aezidiosporen können jedoch erst gebildet werden, wenn die Dikaryotisierung (Plasmogamie) eingetreten ist, die auf folgende Weise vor sich gehen kann: Ein Spermatium (4) kopuliert mit einer Empfängnishyphe (6) eines Spermogoniums vom entgegengesetzten Kreuzungstyp oder mittels eines Keimschlauches mit einer vegetativen Hyphe dieses Typs. Wenn ein Blatt nur durch Sporen eines einzigen Kreuzungstyps infiziert worden ist, kann der andere durch Übertragung von Pyknosporen (Insekten) hinzukommen. Der Spermatienkern wandert im Myzel zu den Aezidienanlagen, wo er in der Basalzelle mit dem dort vorhandenen Kern ein Dikaryon bildet. Die Spermogonien können demnach als männliche und die Basalzellen der Aezidienanlagen als weibliche Geschlechtsorgane aufgefaßt werden. Die Plasmogamie kann aber außerdem auch durch Fusion von +- und —-Myzelien somatogam erfolgen. Die dikaryotische Basalzelle schnürt kettenartig Aezidiosporenmutterzellen ab, die sich in zwei Zellen teilen. Die apikale Zelle wird zur dikaryotischen Aezidio-

Abb. I-10a u. b. Ontogenese von *Puccinia graminis*. In der Mitte von a ein rostkrankes Getreideblatt. (Nach WALTER 1961, verändert)

spore (7), die nach der Öffnung des Aezidiums ins Freie gelangt. Die basale Zelle degeneriert. Die Aezidiosporen (7) infizieren durch die Spaltöffnungen die Getreidepflanze (8). Ihr dikaryotisches Myzel bildet meist auf der Blattunterseite des neuen Wirtes dikaryotische Uredosporen (Konidien) aus, die wiederum die gleiche oder andere Pflanzen infizieren können (vegetativer Zyklus) (9). Am Ende der Vegetationsperiode entstehen am dikaryotischen Myzel die zweizelligen Teleutosporen (10), in denen durch die Karyogamie die dikaryotische Phase ihren Abschluß findet. Nach Über-

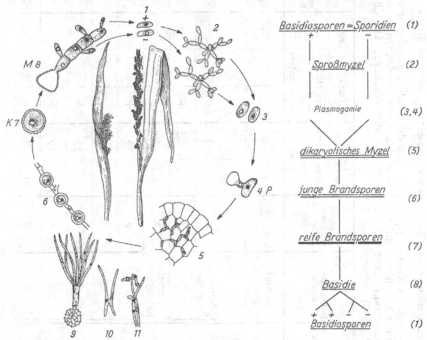

Abb. I-11. Ontogenese von *Ustilago tritici* (1—8) und Stadien der Basidiosporenbildung von *Tilletia tritici* (9—11). In der Mitte von Brandpilzen befallene Weizenähren, links *Ustilago*, rechts *Tilletia*. (Nach WALTER 1961, verändert)

winterung keimt jede Zelle der diploiden Teleutospore unter Reduktionsteilung zu einer quergeteilten Basidie aus (11), an der vier Basidiosporen exotop abgeschnürt werden (1).

## Ustilaginales

Im Gegensatz zu den Rostpilzen ist bei den Brandpilzen die haploide Phase stark reduziert oder ganz unterdrückt. Infektionsfähig sind nur die dikaryotischen Zellen. Das dikaryotische Myzel kann in seltenen Fällen Schnallen aufweisen (SEYFERT 1927). Die Basidie ist quergeteilt oder auch einzellig (s. Abb. I-11). Die Plasmogamie erfolgt somatogam; Geschlechtsorgane oder diesen vergleichbare Differenzierungen fehlen. Eine sexuelle Determination ist jedoch insoweit gegeben, als bei der Plasmogamie jede vegetative Zelle als Kern-Donor und auch als Kern-Akzeptor fungieren kann. Aus diesem Grund liegt bei Vorhandensein von mehreren Kreuzungstypen Incompatibilität vor (S. 50, 59ff.).

Tabelle I-1. *Zusammenstellung der wesentlichen Merkmale von Pilzen, die vorwiegend zu genetischen Studien verwendet wurden*

Das in der Spalte „Tetradenanalyse" verwendete Zeichen (+) besagt, daß die Analyse geordneter bzw. ungeordneter Tetraden nur bedingt möglich ist. Die Daten der Tabelle verdanken wir, soweit sie nicht aus den Originalarbeiten stammen, persönlichen Mitteilungen von KEEPING, LASKOWSKI, LEUPOLD, OLIVE, RAPER und WHEELER. Die Chromosomenzahlen wurden zum Teil der Übersicht von DELAY (1953) entnommen.

| Objekt | Vegetativer Zyklus durch | Sexualverhalten | Befruchtungsmodus | Anzahl der Sporen im Sporangium | Größe der Sporen (Mittelwerte in μ) Länge | Breite | Tetradenanalyse möglich geordnet | möglich ungeordnet | nicht möglich | Generationsdauer in Tagen unter optimalen Bedingungen | Anzahl der Chromosomen (haploid) |
|---|---|---|---|---|---|---|---|---|---|---|---|
| **1. Phycomycetes** *Phycomyces blakesleeanus* | Sporangiosporen | physiologisch diözisch | Gametangiogamie | 100—200 | 13 | 9 | | | + | 130—180 | 6 |
| **2. Eumycetes** **a) Ascomycetes** *Saccharomyces cerevisiae* | vegetative Zellen | physiologisch diözisch | Somatogamie | 4 | 3 | 3 | (+) | + | | 12 | ≧11 |
| *Schizosaccharomyces pombe* | vegetative Zellen | | Somatogamie | 4 | 3,5 | 3,5 | + | | | 8—14 | ≧2 |
| *Aspergillus nidulans* | | compatibel | Gametangiogamie | 8 | 4,2 | 3,8 | | + | | 7—10 | 8 |
| *Neurospora crassa* | Konidien | incompatibel | Oogamie | 8 | 28 | 14 | + | | | 28 | 7 |
| *Neurospora sitophila* | Konidien | incompatibel | | 8 | 24 | 14 | + | | | 28 | 7 |
| *Neurospora tetrasperma* | | pseudocompatibel | | 4 | 31 | 15 | + | | | 28 | 7 |
| *Podospora anserina* | — | pseudocompatibel | | 4 | 37 | 19 | + | | | 14 | 7 |
| *Bombardia lunata* | — | incompatibel | | 8 | 20 | 8 | + | | | 28—35 | 7 |

Tabelle I-1 (Fortsetzung)

| Objekt | Vegetativer Zyklus durch | Sexualverhalten | Befruchtungsmodus | Anzahl der Sporen im Sporangium | Größe der Sporen (Mittelwerte in μ) | | Tetradenanalyse | | | Generationsdauer in Tagen unter optimalen Bedingungen | Anzahl der Chromosomen (haploid) |
|---|---|---|---|---|---|---|---|---|---|---|---|
| | | | | | Länge | Breite | möglich | | nicht möglich | | |
| | | | | | | | geordnet | ungeordnet | | | |
| *Gelasinospora tetrasperma* | — | pseudo-compatibel | Somatogamie | 4 | 24 | 15 | + | | | 7 | 7 |
| *Sordaria fimicola* | — | compatibel | Autogamie bzw. in Kreuzungen Somatogamie | 8 | 17 | 10 | + | | | 7 | 8 |
| *Sordaria macrospora* | — | compatibel | Somatogamie | 8 | 28 | 18 | + | | | 7 | 7 |
| *Glomerella cingulata* | Konidien | compatibel | Gametangiogamie | 8 | 24 | 5 | | + | | 9 | 4 |
| *Ascobolus immersus* | — | incompatibel | Oogamie | 8 | 60 | 32 | | + | | 10—13 | 16 |
| *Ascobolus stercorarius* | Oidien | incompatibel | Oogamie | 8 | 25 | 13 | | + | | 8—10 | 16 |
| b) Basidiomycetes *Schizophyllum commune* | — | | Somatogamie | 4 | 6 | 3 | | (+) | + | 7 | 3 |
| *Coprinus radiatus* | Oidien | | Somatogamie | 4 | 10 | 7 | | + | | 12 | 8—9 |

Als Beispiel soll die Ontogenese von *Ustilago tritici* (PERS.) JENS (Weizenflugbrand) besprochen und auf die Besonderheit der Bildung der Basidiosporen bei *Tilletia tritici* (BJERK.) WINT. (Weizenstinkbrand) hingewiesen werden.

*Literatur:* Das Buch von FISCHER (1951) mit einer umfangreichen Biographie, dem Einzelheiten entnommen werden können. Speziell über *U. tritici:* RAWITSCHER (1912), WANG (1934), THREN (1937, 1941), WESTERN (1937), und über *T. tritici:* RAWITSCHER (1922), SARTORIS (1924), WANG (1934), BECKER (1936).

Wie aus Abb. I-11 hervorgeht, entsteht aus den haploiden +- und —-Basidiosporen (1), die auch Sporidien genannt werden, ein Sproßmyzel (2), das sich saprophytisch ernähren kann. Erst nach der Plasmogamie, die zwischen +- und —-Sproßzellen erfolgt (3, 4), werden die Pflanzen durch das dikaryotische Myzel infiziert. Die Myzelien wachsen von ihrer Infektionsstelle durch die Pflanze (5) bis zur Blütenregion. Dort zerfällt das dikaryotische Myzel oidienartig in die zunächst noch dikaryotischen Brandsporen (6). Durch die Brandsporenlager werden die Fruchtstände der befallenen Pflanzen völlig deformiert. Die Brandsporen sind Probasidien. Sie entsprechen den Teleutosporen der Uredinales. Sie keimen nach einer Ruhephase zu einer quergeteilten Basidie aus (8), an der sich vier Basidiosporen (Sporidien) bilden. Vor der Auskeimung der Brandspore hat die Karyogamie stattgefunden (7). Während der Basidienbildung erfolgt die Meiosis. Den Basidien von *Tilletia* fehlen die Querwände, die Sporen werden zu vier oder acht scheitelständig angelegt (9). Die Plasmogamie erfolgt meist schon zwischen den Basidiosporen und führt zur Bildung eines dikaryotischen Myzels (10, 11).

## Schlußbemerkungen

Abschließend möchten wir noch einmal betonen, daß die in diesem Kapitel gemachten Ausführungen über die Ontogenese der Pilze keineswegs den Anspruch auf Vollständigkeit erheben. Sie sind speziell auf die Belange der Pilzgenetik zugeschnitten. Da es sich schon bei dieser Darstellung um einen zusammenfassenden Überblick handelt, können wir auf eine erneute Zusammenfassung, die wir in den übrigen Kapiteln den einzelnen Abschnitten beifügen, verzichten. Wir halten es jedoch für angebracht, noch einmal die für den Genetiker interessanten Merkmale der in der Hauptsache als Forschungsobjekte dienenden Pilze in Form einer Tabelle zusammenzustellen (Tabelle I-1). Aus dieser Übersicht geht neben dem Fortpflanzungsverhalten der einzelnen Objekte auch ihre Eignung für genetische Experimente hervor.

## Literatur

ADAMS, A. M.: A convenient method of obtaining ascospores from bakers yeast. Canad. J. Res. **27**, 179—189 (1949).
ALEXOPOULOS, C. J.: Introductory mycology. New York: Wiley 1962.
ALLEN, R. F.: A cytological study of heterothallism in *Puccinia coronata*. J. agric. Res. **45**, 513—541 (1932).
— A cytological study of heterothallism in flax rust. J. agric. Res. **49**, 765—791 (1934).
AMES, L. M.: An hermaphrodite self-sterile but cross-fertile condition in *Pleurage anserina*. Bull. Torrey bot. Club **59**, 341—345 (1932).
— Hermaphroditism involving self-sterility and cross-fertility in the ascomycete *Pleurage anserina*. Mycologia (N.Y.) **26**, 392—414 (1934).

ARONESCU, A.: Further studies on *Neurospora sitophila*. Mycologia (N.Y.) **25**, 43—54 (1933).

BACKUS, M. P.: The mechanism of conidial fertilization in *Neurospora sitophila*. Bull. Torrey bot. Club **66**, 63—76 (1939).

BARY, A. DE, u. M. WORONIN: Beiträge zur Morphologie und Physiologie der Pilze. III. Abh. senckenberg. naturforsch. Ges. **7**, 95 S. (1870).

BEADLE, G. W.: Genetics and metabolism in *Neurospora*. Physiol. Rev. **25**, 643—663 (1945).

BECKER, T.: Untersuchungen über Sexualität bei *Tilletia tritici* (BJERK.) im Rahmen der Immunitätszüchtung. Phytopath. Z. **9**, 187—228 (1936).

BEISSON-SCHECROUN, J.: Incompatibilité cellulaire et interactions nucleo-cytoplasmiques dans les phénomènes de barrage chez *Podospora anserina*. Ann. Génét. **4**, 3—50 (1963).

BESSEY, E. A.: Morphology and taxonomy of the fungi. New York: McGraw-Hill Book Co. 1950.

BEYERINK, M. W.: *Schizosaccharomyces octosporus*, eine achtsporige Alkoholhefe. Zbl. Bakt., **16**, 49—58 (1894).

BISTIS, G.: Sexuality in *Ascobolus stercorarius*. I. Morphology of the ascogonium; plasmogamy; evidence for a sexual hormonal mechanism. Amer. J. Bot. **43**, 389—394 (1956).

— Sexuality in *Ascobolus stercorarius*. II. Preliminary experiments on various aspects of the sexual process. Amer. J. Bot. **44**, 436—443 (1957).

BJÖRLING, K.: Zur Kenntnis der Kernverhältnisse im Ascus von *Ascobolus stercorarius*. Förh. K. Fysiogr. Sällsk. Lund **11**, 42—62 (1941).

BLAKESLEE, A. F.: Sexual reproduction in the Mucorineae. Proc. Amer. Acad. Arts Sci. **40**, 205—319 (1904).

— I. Zygospore germinations in the Mucorineae. Ann. Mycol. **4**, 1—28 (1906a).

— II. Differentiation of sex in thallus, gametophyte and sporophyte. Bot. Gaz. **42**, 161—178 (1906b).

BREFELD, O.: Untersuchungen aus dem Gesamtgebiet der Mycologie. II. *Penicillium*. Leipzig u. Münster 1872.

BROWN, C. A.: Morphology and biology of some species of *Odontia*. Bot. Gaz. **96**, 640—675 (1935).

BULLER, A. H. R.: The diploid cell and the diploidization process in plants and animals with special reference to higher fungi. Bot. Rev. **7**, 335—331 (1941).

BURGEFF, H.: Untersuchungen über Variabilität, Sexualität und Erblichkeit bei *Phycomyces nitens* KUNZE. II. Flora (Jena) **108**, 353—448 (1915).

— Untersuchungen über Sexualität und Parasitismus bei Mucorineen. I. Bot. Abh., herausgeg. v. GOEBEL **4**, 135 S. (1924).

— Über Arten und Artkreuzung in der Gattung *Phycomyces* KUNZE. Flora (Jena) **18**, 40—46 (1925).

— Variabilität, Vererbung und Mutation bei *Phycomyces blakesleeanus* BGFF. Z. indukt. Abstamm.- u. Vererb.-L. **49**, 26—94 (1928).

— u. A. SEYBOLD: Zur Frage der biochemischen Unterscheidung der Geschlechter. Z. Bot. **19**, 497—537 (1927).

CAIN, R. F.: Studies on coprophilous ascomycetes. VIII. New species of *Podospora*. Canad. J. Bot. **40**, 447—490 (1962).

CANTINO, E. C.: Metabolism and morphogenetics in a new *Blastocladiella*. Antonie v. Leeuwenhoek **17**, 325—362 (1951).

CARR, A. J. H., and L. S. OLIVE: Genetics of *Sordaria fimicola*. II. Cytology. Amer. J. Bot. **45**, 142—150 (1958).

CRAIGIE, J. N.: Experiments on sex in rust fungi. Nature (Lond.) **120**, 116—117 (1927).

— An experimental investigation of sex in the rust fungi. Phytopathology **21**, 1001—1040 (1931).

— Heterothallism in the rust fungi and its significance. Trans. roy. Soc. Can., Sect. V **36**, 19—40 (1942).

DANGEARD, P. A.: Recherches sur le développement du périthèce des Ascomycètes. 2me partie. Botaniste **10**, 1—385 (1907).

DELAY, C.: Nombres chromosomiques chez le cryptogames. Rev. Cyt. Biol. végét. **14**, 59—107 (1953).

DENGLER, I.: Die Entwicklungsgeschichte von *Sordaria macrospora, S. uvicola* und *S. Brefeldii*. Jb. wiss. Bot. **84**, 427—448 (1937).

DODGE, B. O.: Nuclear phenomena associated with heterothallism and homothallism in the Ascomycete *Neurospora*. J. agric. Res. **35**, 289—305 (1927).

— Unisexual conidia from bisexual mycelia. Mycologia (N.Y.) **20**, 226—234 (1928).

— Breeding albinistic strains of the *Monilia* bread mold. Mycologia (N.Y.) **22**, 9—38 (1930).

— The non-sexual and the sexual functions of microconidia of *Neurospora*. Bull. Torrey bot. Club **59**, 347—360 (1932).

— The mechanics of sexual reproduction in *Neurospora*. Mycologia (N.Y.) **27**, 418—438 (1935).

— Reproduction and inheritance in ascomycetes. Science **83**, 169—175 (1936a).

— Spermatia und nuclear migration in *Pleurage anserina*. Mycologia (N.Y.) **28**, 284—291 (1936b).

— Facultative and obligate heterothallism in ascomycetes. Mycologia (N.Y.) **28**, 399—409 (1936c).

— Self-sterility in "bisexual" heterokaryons of *Neurospora*. Bull. Torrey bot. Club **73**, 410—416 (1946).

—, and F. J. SHEAR: Species of ascobolus for genetic study. Mycologia (N.Y.) **38**, 639—651 (1946).

DOWDING, E. S.: The sexuality of *Ascobolus stercorarius* and the transportation of the oidia by mites and flies. Ann. Bot. **45**, 621—638 (1931).

— *Gelasinospora*, a new genus of pyrenomycetes with pitted spores. Canad. J. Res. **9**, 294—305 (1933).

—, and A. BAKERSPIGEL: The migrating nucleus. Canad. J. Microbiol. **1**, 68—78 (1954).

— — Poor fruiters and barrage mutants in *Gelasinospora*. Canad. J. Bot. **34**, 231—240 (1956).

EDGERTON, C. W.: Plus and minus strains in an ascomycete. Science **35**, 151 (1912).

— Plus and minus strains in the genus *Glomerella*. Amer. J. Bot. **1**, 244—254 (1914).

EIDAM, E.: Zur Kenntnis der Entwicklung bei den Ascomyceten. Cohns Beitr. Biol. Pflanzen **3**, 377—433 (1883).

ESSER, K.: Die Incompatibilitätsbeziehungen zwischen geographischen Rassen von *Podospora anserina* (CES.) REHM. I. Genetische Analyse der Semi-Incompatibilität. Z. indukt. Abstamm.- u. Vererb.-L. **87**, 595—624 (1956).

— Die Incompatibilitätsbeziehungen zwischen geographischen Rassen von *Podospora anserina* (CES.) REHM. II. Die Wirkungsweise der Semi-Incompatibilitäts-Gene. Z. Vererbungsl. **90**, 29—52 (1959).

—, u. J. STRAUB: Genetische Untersuchungen an *Sordaria macrospora* AUERSW., Kompensation und Induktion bei genbedingten Entwicklungsdefekten. Z. Vererbungsl. **89**, 729—746 (1958).

FISCHER, G. W.: The smut fungi. A guide to the literature with bibliography. New York 1951.

FOWELL, R. R.: Sodium acetate agar as a sporulation medium for yeast. Nature (Lond.) **170**, 578 (1952).

FRANKE, G.: Die Cytologie der Ascusentwicklung von *Podospora anserina*. Z. indukt. Abstamm.- u. Vererb.-L. **88**, 159—160 (1957).

— Versuche zur Genomverdoppelung des Ascomyceten *Podospora anserina* (CES.) REHM. Inaug.-Diss. der Math.-Naturwiss. Fakultät der Univ. Köln 1958.

— Versuche zur Genomverdoppelung des Ascomyceten *Podospora anserina*. Z. Vererbungsl. **93**, 109—117 (1962).

GÄUMANN, E.: Die Pilze. 2. Aufl. Basel 1964.

GIESY, R. M., and P. R. DAY: The septal pores of *Coprinus lagopus* in relation to nuclear migration. Amer. J. Bot. **52**, 287—293 (1965).

GIRBARDT, M.: Licht- und elektronenoptische Untersuchungen an *Polystictus versicolor* (L.) I. Der Wassergehalt des Hyaloplasmas vegetativer Zellen. Ber. dtsch. bot. Ges. **73**, 227—240 (1960).

GORODKOWA, A. A.: Über das Verfahren, rasch die Sporen von Hefepilzen zu gewinnen. Bull. jard. imp. bot. St. Petersburg **8**, 169—170 (1908).

GRAHAM, V. E., and E. G. HASTINGS: Studies on film-forming yeasts. I. Media and methods. Canad. J. Res., Sect. C **19**, 251—256 (1941).

GREIS, H.: Mutations- und Isolationsversuche zur Beeinflussung des Geschlechtes von *Sordaria fimicola* (ROB.). Z. Bot. **37**, 1—116 (1941).

— Bau, Entwicklung und Lebensweise der Pilze. In: Die natürlichen Pflanzenfamilien (H. HARMS u. J. MATTFELD, Hrsg.), Bd. 5a I. Leipzig 1943.

GUILLIERMOND, A.: Contributions à l'étude cytologique des Ascomycètes. C. R. Acad. Sci. (Paris) **137**, 938—939 (1903).

— The yeasts. New York 1920.

— Clef dichotomique pour la détermination des levures. Paris 1928.

— Sexuality, developmental cycle and phylogeny of yeasts. Bot. Rev. **6**, 1—24 (1940).

HANNA, W. F.: Studies in the physiology and cytology of *Ustilago zeae* and *Sorosporium reilanum*. Phytopathology **19**, 415—442 (1929).

HARDER, R., F. FIRBAS, W. SCHUMACHER u. D. v. DENFFER: Lehrbuch der Botanik für Hochschulen, 28. Aufl. Stuttgart 1962.

HARM, H.: *Phycomyces blakesleeanus*, its life history, cultural characteristics and some genetical considerations. (Unveröffentl.)

HARTELINS, V., and E. DITLEVSEN: Cement blocks, heat-stable blocks for ascospore-formation in yeast. C. R. Lab. Carlsberg **25**, 7, 213—239 (1953).

HAWTHORNE, D. C.: The use of linear asci for chromosome mapping in *Saccharomyces*. Genetics **40**, 511—518 (1955).

HENRICI, A. T.: The yeasts. Genetics, cytology, variation, classification and identification. Bact. Rev. **5**, 97—179 (1941).

HESSELTINE, C. W.: Genera of mucorales with notes on their synonymy. Mycologia (N.Y.) **47**, 344—363 (1955).

HÜTTIG, W.: Die Sexualität bei *Glomerella lycopersici* KRÜGER und ihre Vererbung. Biol. Zbl. **55**, 74—83 (1935).

INGOLD, C. T.: The biology of fungi. London 1961.

JANCZEWSKI, E. G.: Morphologische Untersuchungen über *Ascobolus furfuraceus*. Bot. Z. **29**, 271—279 (1871).

JOHANNES, H.: Ein sekundäres Geschlechtsmerkmal des isogamen *Phycomyces blakesleeanus* BURGEFF. Biol. Zbl. **69**, 463—468 (1950).

KATER, J. McA.: Cytology of *Saccharomyces cerevisiae* with special reference to nuclear division. Biol. Bull. Mar. biol. Labor. **52**, 436—448 (1927).

KEENE, M. L.: Studies of zygospore formation in *Phycomyces nitens* KUNZE. Trans. Wisconsin Acad. Sci. **19**, 1195—1220 (1919).

KEITT, G. W.: Inheritance of pathogenicity in *Venturia inaequalis* (CKE.) WINT. Amer. Naturalist **86**, 373—390 (1952).

—, and D. H. PALMITTER: Heterothallism and variability in *Venturia inaequalis*. Amer. J. Bot. **25**, 338—345 (1938).

KILLIAN, K.: Über die Sexualität von *Venturia inaequalis* (LOOKE) HEL. Z. Bot. **9** 353—398 (1917).

KNIEP, H.: Die Sexualität der niederen Pflanzen. Jena 1928.

KÖHLER, E.: Zur Kenntnis der vegetativen Anastomosen der Pilze. II. Ein Beitrag zur Frage der spezifischen Pilzwirkungen. Planta (Berl.) **10**, 495—522 (1930).

KULKARNI, V. K.: Initiation of the dicaryon in *Puccinia penniseti* ZIM. Trans. Brit. mycol. Soc. **39**, 48—50 (1956).

LAMB, I. M.: The initiation of the dicaryophase in *Puccinia phragmitis* (SCHUM.) KORN. Ann. Bot. **49**, 403—438 (1935).

LEUPOLD, U.: Die Vererbung von Homothallie und Heterothallie bei *Schizosaccharomyces pombe*. C. R. Lab. Carlsberg, Sér. Physiol. **24**, 381—480 (1950).

LEUPOLD, U.: Studies on recombination in *Schizosaccharomyces pombe*. Cold
    Spr. Harb. Symp. quant. Biol. **23**, 161—170 (1958).
LINDEGREN, C. C.: The yeast cell, its genetics and cytology. St. Louis (Mo.)
    USA 1949.
—, and G. LINDEGREN: X-ray and ultraviolet induced mutations in *Neuro-
    spora*. J. Hered. **32**, 404—414 (1941a).
— — X-ray and ultraviolet mutations in *Neurospora*. II. Ultraviolet
    mutations. J. Hered. **32**, 435—440 (1941b).
LINDER, D. H.: The genus Schizophyllum. I. Species of the western hemi-
    sphere. Amer. J. Bot. **20**, 552—564 (1933).
LINDNER, P.: *Schizosaccharomyces pombe n. sp.*, ein neuer Gärungserreger.
    Wschr. Brauerei **10**, 1298—1300 (1893).
LUCAS, G. B.: Genetics of *Glomerella*. IV. Nuclear phenomena in the ascus.
    Amer. J. Bot. **33**, 802—806 (1946).
MARCOU, D.: Notion de longévité et nature cytoplasmique de déterminant
    de la sénescence chez quelques champignons. Ann. Sci. Nat. Bot. **2**,
    653—764 (1961).
MARKERT, C. L.: Sexuality in the fungus *Glomerella*. Amer. Naturalist **83**,
    227—231 (1949).
MARTENS, P.: Cycle de dévelopement et sexualité des ascomycètes. Cellule
    **50**, 125—310 (1946).
MCCLINTOCK, B.: Cytogenetic studies of *Maize* and *Neurospora*. Dept. of
    Genetics, Carn. Inst. of Washington Year Book **44**, 108—112 (1945).
MCGAHEN, J. W., and H. E. WHEELER: Genetics of *Glomerella*. IX. Peri-
    thecial development and plasmogamy. Amer. J. Bot. **38**, 610—617 (1951).
MITTER, J. H.: Some contributions to our knowledge of heterothallism in
    fungi. J. Indian bot. Soc. **15**, 183—192 (1936).
MOREAU, F., et Mme MOREAU: Observations cytologiques sur les Asco-
    mycètes du genre *Pleurage* FR. Rev. Mycol. **16**, 198—207 (1951).
—, et C. MORUZI: Recherches sur la génétique des Ascomycètes du genre
    *Neurospora*. Rev. gén. Bot. **48**, 393 (1936).
MORUZI, C.: Recherches cytologiques et expérimentales sur la formation
    des périthèces chez les Ascomycètes. Thèse Fac. Sci. Paris 1932. Rev.
    gén. Bot. **44**, 217 (1932).
MRAK, E. M., and H. J. PHAFF: Yeasts. Ann. Rev. Microbiol. **2**, 1—46 (1948).
MÜLLER, E., u. J. A. v. ARX: Einige Aspekte zur Systematik pseudo-
    sphärialer Ascomycetes. Ber. schweiz. bot. Ges. **60**, 329—397 (1962).
OLIVE, L. S.: Development of the perithecium in *Aspergillus* FISCHERI WEH-
    MER, with a description of crozier formation. Mycologia (N.Y.) **36**,
    266—275 (1944).
— Homothallism and heterothallism in *Glomerella*. Trans. N.Y. Acad. Sci.
    **13**, 238—242 (1951).
— The structure and behavior of fungus nuclei. Bot. Rev. **19**, 439—586 (1953).
— Taxonomic differentiation between *Ascobolus stercorarius* and *A. furfura-
    ceus*. Mycologia (N.Y.) **46**, 105—109 (1956).
OORT, A. J. P.: The spiral-growth of *Phycomyces*. Proc. roy. Acad. Amsterd.
    **34**, 564—575 (1931).
ORBAN, G.: Untersuchungen über die Sexualität von *Phycomyces nitens*.
    Beih. bot. Zbl. I **36**, 1—59 (1919).
OSTERWALDER, A.: *Schizosaccharomyces liquefaciens n. sp.* eine gegen schwef-
    lige Säure widerstandsfähige Gärhefe. Mitt. Lebensmittelunters. **15**, 5
    (1924).
PAPAZIAN, H. P.: A method of isolating the four spores from a single basi-
    dium in *Schizophyllum commune*. Bot. Gaz. **112**, 139—140 (1950).
PAZONYI, B.: Studies on sporulation in yeasts and some problems of im-
    proving yeast strains. A method of the submerged culture type for
    inducing mass ascospore formation in yeasts. Acta microbiol. Acad.
    Sci. hung. **1**, 49—70 (1954).
PONTECORVO, G.: Mitotic recombination in the genetic system of filamentous
    fungi. Caryologia, Suppl. **6**, 192—200 (1954).

PONTECORVO, G.: The parasexual cycle in fungi. Ann. Rev. Microbiol. **10**, 393—400 (1956).
—, J. A. ROPER, and E. FORBES: Genetic recombination without sexual reproduction in *Aspergillus nidulans*. J. gen. Microbiol. **8**, 198—210 (1953).
—, and G. SERMONTI: Parasexual recombination in *Penicillium chrysogenum*. J. gen. Microbiol. **11**, 94—104 (1954).
PRÉVOST, G.: Étude génétique d'un basidiomycète *Coprinus radiatus* FR. ex BOLT. Thèse Fac. Sci. Univ. Paris 1962.
RAMLOW: (1915) zit. nach GREIS 1943.
RAPER, J. R.: Sexuality in *Achlya ambisexualis*. Mycologia (N.Y.) **32** 710—727 (1940).
— Tetrapolar sexuality. Quart. Rev. Biol. **28**, 233—259 (1953).
—, and K. ESSER: The Fungi. The Cell, Bd.VI, S. 139—244. New York 1964.
—, and P. G. MILES: The genetics of *Schizophyllum commune*. Genetics **43**, 530—546 (1958).
RAWITSCHER, F.: Beiträge zur Kenntnis der Ustilagineen. I. Z. Bot. **4**, 673—706 (1912).
— Beiträge zur Kenntnis der Ustilagineen. II. Z. Bot. **14**, 273—296 (1922).
RITCHIE, D.: The morphology of the perithecium of *Sordaria fimicola* (ROB.) CES. and DE NOT. J. Elisha Mitchell Sci. Soc. **53**, 334—342 (1937).
RIZET, G.: Sur les spores dimorphes et l'héridité et leur caractère chez un nouvel *Ascobolus* héterothallique. C. R. Acad. Sci. (Paris) **208**, 1669—1671 (1939).
— Sur l'analyse génétique des asques du *Podospora anserina*. C. R. Acad. Sci. (Paris) **212**, 59—61 (1941a).
— La ségrégation des sexes et de quelques caractères somatiques chez *Podospora anserina*. C. R. Acad. Sci. (Paris) **213**, 42—45 (1941b).
— La valeur génétique des périthèces sur des souches polycaryotiques chez *Podospora anserina*. Bull. Soc. bot. France **88**, 517—520 (1941c).
—, et G. ENGELMANN: Contribution à l'étude génétique d'un Ascomycète tétrasporé: *Podospora anserina* (CES.) REHM. Rev. Cytol. Biol. végét. **11**, 202—304 (1949).
ROBBINS, W. J., and F. KAVANAGH: Hypoxanthine, a growth substance for Phycomyces. Proc. nat. Acad. Sci. (Wash.) **28**, 65—69 (1942).
— V. W. KAVANAGH, and F. KAVANAGH: Growth substances and dormancy of spores of *Phycomyces*. Bot. Gaz. **104**, 224—242 (1942/43).
ROMAN, W. (edit.): Yeasts. New York: Academic Press 1957.
RYAN, F. J.: Selected methods of *Neurospora* genetics. Meth. Med. Res. **3**, 51—75 (1950).
SANSOME, E. R.: Heterokaryosis, mating-type factors and sexual reproduction in *Neurospora*. Bull. Torrey bot. Club **73**, 339—396 (1946).
— The use of heterokaryons to determine the origin of the ascogeneous nuclei in *Neurospora crassa*. Genetica **24**, 59—64 (1947).
SARTORIS, G. B.: Studies in the life history and physiology of certain smuts. Amer. J. Bot. **11**, 617—647 (1924).
SAVILE, D. B. O.: Nuclear structure and behavior in species of Uredinales. Amer. J. Bot. **26**, 585—609 (1939).
SCHÖNFELDT, M.: Entwicklungsgeschichtliche Untersuchungen bei *Neurospora tetrasperma* und *N. sitophila*. Z. indukt. Abstamm.- u. Vererb.-L. **69**, 193—20 (1935).
SCHWEIZER, G.: Studien über die Kernverhältnisse im Archikarp von *Ascobolus furfuraceus*. Ber. dtsch. bot. Ges. **50**A, 14—23 (1932).
SEYFERT, R.: Über Schnallenbildung im Paarkernmyzel der Brandpilze. Z. Bot. **19**, 577—601 (1927).
SHATKIN, A. J., and E. L. TATUM: Electron microscopy of *Neurospora crassa* mycelia. J. biophys. biochem. Cytol. **6**, 423—426 (1959).
SHEAR, C. L., and B. O. DODGE: Life histories and heterothallism of the red bread mould fungi of the *Monilia sitophila* group. J. agric. Res. **34**, 1019—1042 (1927).
SINGER, R.: Studien zur Systematik der Basidiomyceten. I. Beih. bot. Zbl. B **56**, 137—156 (1936).

SINGLETON, J. R.: Chromosome morphology and the chromosome cycle in the ascus of *Neurospora crassa*. Amer. J. Bot. **40**, 124—144 (1953).

SJÖWALL, M.: Studien über Sexualität, Vererbung und Zytologie bei einigen diözischen Mucoraceen. Lund 1945.

SOMERS, C. E., R. P. WAGNER, and T. C. HSU: Mitosis in vegetative nuclei of *Neurospora crassa*. Genetics **45**, 801—810 (1960).

STELLING-DEKKER, N. M.: Die Hefesammlung des „Centraalbureau voor Schimmelcultures". I. Teil. Die sporogenen Hefen. Verh. kon. Akad. Wet. Amsterd., Afd. Natuurk., Sect. 2 **28**, 1—524 (1931).

STUMM, C.: Die Analyse von Genmutanten mit geänderten Fortpflanzungseigenschaften bei *Allomyces arbuscula* BUTL. Z. Vererbungsl. **89**, 521—539 (1958).

THOM, C., and K. RAPER: A manual of the *Aspergilli*. New York: Williams & Wilkins Co. 1945.

THREN, R.: Gewinnung und Kultur von monokaryotischem und dikaryotischem Myzel. Z. Bot. **31**, 337—391 (1937).

— Über Zustandekommen und Erhaltung der Dikaryophase von *Ustilago nuda* (JENSEN) KELLERM. et Sw. und *Ustilago tritici* (PERSOON) JENSEN. Z. Bot. **36**, 449—498 (1941).

TREMAINE, J. H., and J. J. MILLER: Effect of six vitamins on ascospore formation by an isolate of bakers yeast. Bot. Gaz. **115**, 311—322 (1954).

TROLL, W.: Allgemeine Botanik, 3. Aufl. Stuttgart 1959.

WAKEFIELD, E. M.: Über die Bedingungen der Fruchtkörperbildung, sowie das Auftreten fertiler und steriler Stämme bei Hymenomyceten. Naturwiss. Z. Forst- u. Landwirtschaft **7**, 521—551 (1909).

WALTER, H.: Einführung in die Phytologie. II. Grundlagen des Pflanzensystems, 2. Aufl. Stuttgart 1961.

WANG, D. T.: Contribution à l'étude des Ustilaginées. (Cytologie du parasite et pathologie de la cellule hôte.) Botaniste **26**, 539—647 (1934).

WELSFORD, E. J.: Fertilization in *Ascobolus furfuraceus* PERS. New Phytologist **6**, 151—161 (1907).

WESENDONCK, J.: Über sekundäre Geschlechtsmerkmale bei *Phycomyces blakesleeanus* BGFF. Planta (Berl.) **10**, 456—494 (1930).

WESTERN, J. H.: Sexual fusion in *Ustilago avenae* under natural conditions. Phytopathology **27**, 547—553 (1937).

WHEELER, H. E.: Genetics and evolution of heterothallism in *Glomerella*. Phytopathology **44**, 342—345 (1954).

— L. S. OLIVE, C. T. ERNEST, and C. W. EDGERTON: Genetics of *Glomerella*. V. Crozier and ascus development. Amer. J. Bot. **35**, 722—729 (1948).

WHITEHOUSE, H. L. K.: Multiple allelomorph heterothallism in the fungi. New Phytologist **48**, 212—244 (1949).

WILCOX, M. S.: The sexuality and the arrangement of the spores in the ascus of *Neurospora sitophila*. Mycologia (N.Y.) **20**, 3—17 (1928).

WINDISCH, S., u' W. LASKOWSKI: Die Hefen, Bd. I, S. 23—208. Nürnberg 1960.

WINGE, Ö.: On haplophase and diplophase in some Saccharomycetes. C. R. Lab. Carlsberg, Sér. Physiol. **21**, 77 (1935).

— *Saccharomyces Ludwigii* HANSEN, a balanced heterozygote. C. R. Lab. Carlsberg, Sér. Physiol. **22**, 357—370 (1939).

—, and O. LAUTSEN: On two types of spore germination and on genetic segregation in *Saccharomyces*, demonstrated through single-spore cultures. C. R. Lab. Carlsberg, Sér. Physiol. **22**, 99—116 (1937).

WOLF, F. A., and F. T. WOLF: The fungi, vols. I and II. New York 1947.

WÜLKER, H.: Untersuchungen über die Tetradenaufspaltung bei *Neurospora sitophila* SHEAR et DODGE. Z. indukt. Abstamm.- u. Vererb.-L. **69**, 210—248 (1935).

ZICKLER, H.: Genetische Untersuchungen an einem heterothallischen Ascomyceten *(Bombardia lunata nov. spec.)*. Planta (Berl.), **22** 573—613 (1934).

— Zur Entwicklungsgeschichte des Ascomyceten *Bombardia lunata* ZCKL. Arch. Protistenk. **98**, 1—70 (1952).

# Kapitel II

# Fortpflanzung

Seite

A. Morphogenese . . . . . . . . . . . . . . . . . . . . . . . . 38
B. Systeme der sexuellen Fortpflanzung . . . . . . . . . . . . . 46
  I. Begriffsbestimmungen . . . . . . . . . . . . . . . . . . 46
  II. Fortpflanzungs-Systeme der Monözisten . . . . . . . . . 52
    1. Compatible Arten . . . . . . . . . . . . . . . . . . 53
    2. Incompatible Arten . . . . . . . . . . . . . . . . . . 53
      a) Homogenische Incompatibilität . . . . . . . . . . 54
        Der bipolare Mechanismus . . . . . . . . . . . . 55
        Der tetrapolare Mechanismus . . . . . . . . . . . 57
        Multiple Allele der Incompatibilitäts-Faktoren . . . 61
        Struktur der Incompatibilitäts-Faktoren . . . . . 62
        Kreuzungen zwischen Monokaryen und Dikaryen
          (Buller-Phänomen) . . . . . . . . . . . . . . . 65
        Pseudocompatibilität . . . . . . . . . . . . . . . 67
      b) Heterogenische Incompatibilität . . . . . . . . . . 69
        Selbstcompatible Arten . . . . . . . . . . . . . . 70
        Selbstincompatible Arten . . . . . . . . . . . . . 70
      c) Mutabilität und Incompatibilität . . . . . . . . . 75
      d) Genphysiologie der Incompatibilität . . . . . . . . 76
        Euascomycetes, homogenische Incompatibilität . . . 77
        Euascomycetes, heterogenische Incompatibilität . . . 79
        Holobasidiomycetes . . . . . . . . . . . . . . . 80
        Phragmobasidiomycetes . . . . . . . . . . . . . 82
  III. Fortpflanzungs-Systeme der Diözisten . . . . . . . . . . 83
    1. Morphologische Diözie . . . . . . . . . . . . . . . 83
    2. Physiologische Diözie . . . . . . . . . . . . . . . . 87
      a) Genetische Grundlagen . . . . . . . . . . . . . . 87
        Mucoraceae . . . . . . . . . . . . . . . . . . . 87
        Saccharomycetaceae . . . . . . . . . . . . . . . 89
      b) Genphysiologie . . . . . . . . . . . . . . . . . 91
        Mucoraceae . . . . . . . . . . . . . . . . . . . 91
        Saccharomycetaceae . . . . . . . . . . . . . . . 94
C. Alternativen zur sexuellen Fortpflanzung . . . . . . . . . . 96
D. Relative Sexualität . . . . . . . . . . . . . . . . . . . . . 100
E. Vegetative Incompatibilität . . . . . . . . . . . . . . . . . 103
F. Evolution . . . . . . . . . . . . . . . . . . . . . . . . . 106
  I. Reduktion der Geschlechtsorgane . . . . . . . . . . . . 107
  II. Incompatibilität und Diözie . . . . . . . . . . . . . . . 109
  Literatur . . . . . . . . . . . . . . . . . . . . . . . . . 111

Die *genetische Kontrolle der Fortpflanzung* umfaßt zwei verschiedene Bereiche: *Differenzierungsprozesse* im Verlauf der Ontogenese (Bildung von vegetativen und sexuellen Fortpflanzungszellen) und das *Zustandekommen des Sexualvorganges* (Karyogamie und Meiosis). Das Zusammenspiel dieser beiden Kontrollfunktionen während der Evolution kann für die große Mannigfaltigkeit verantwortlich gemacht werden, mit der sich uns die Pilze heute in morphologischer Hinsicht und in ihrem Sexualverhalten darbieten.

Die ersten genetischen Untersuchungen an Pilzen, die von BLAKES-LEE, BURGEFF, KNIEP u. Mitarb. durchgeführt wurden, dienten fast ausschließlich dem Studium von Mechanismen der sexuellen Fortpflanzung. Infolge der von DODGE, LINDEGREN, BEADLE und TATUM induzierten Ausweitung der Pilzgenetik auf formalgenetische bzw. genphysiologische Fragestellungen sind in den vergangenen 25 Jahren die mit der Fortpflanzung zusammenhängenden Probleme relativ weniger bearbeitet worden. In jüngster Zeit allerdings sind wieder zahlreiche Arbeiten erschienen, die diesem Forschungsgebiet neuen Auftrieb gegeben haben, und zwar handelt es sich bei diesen Veröffentlichungen in der Hauptsache um genetische Analysen der sexuellen Unverträglichkeit, der sog. Incompatibilität. Dagegen sind unsere Kenntnisse über die Genetik der Morphogenese, die im Zusammenhang mit der vegetativen und sexuellen Fortpflanzung stehen, noch sehr lückenhaft und unvollständig.

*Literaturübersichten:* KNIEP (1928, 1929a, b), BRIEGER (1930), CAYLEY (1931), VANDENDRIES (1938), BULLER (1941), CRAIGIE (1942), HARTMANN (1943 bzw. 1956), MATHER (1942), LINDEGREN (1948), WHITEHOUSE (1949a, b, 1951a, b), QUINTANILHA und PINTO-LOPES (1950), RAPER (1951, 1953, 1954, 1955a, b, 1959, 1960, 1963), LEWIS (1954, 1956), BURNETT (1956a), PAPAZIAN (1958), ESSER (1962, 1965), RAPER und ESSER (1964), JOLY (1964).

# A. Morphogenese

Die Morphogenese führt bei Pilzen im wesentlichen zu drei verschiedenen Differenzierungsgebilden: 1. den Myzelien, 2. den der vegetativen Fortpflanzung dienenden Zellen nebst ihren Behältern oder Trägern, 3. den Geschlechtsorganen bzw. den aus ihnen sich entwickelnden Fruchtkörpern. Die Ausprägung morphologischer Merkmale ist natürlich nicht allein vom Genotyp, sondern weitgehend von Außeneinflüssen abhängig. Im Rahmen unserer Ausführungen wollen wir nur auf die Befunde eingehen, die über das *Eingreifen von Erbfaktoren in morphogenetische Prozesse* bekannt sind. Angaben über die Rolle der Umweltfaktoren bei der Morphogenese können den Büchern von LILLY und BARNETT (1951), HAWKER (1957) und COCHRANE (1958) entnommen werden.

Der genetischen Untersuchung der Morphogenese liegt die Fragestellung zugrunde, auf welche Weise die Erbfaktoren physiologische Vorgänge einleiten oder steuern, die für die Durchführung eines Differenzierungsschrittes oder die Bildung eines Organs verantwortlich sind. Um dieses Ziel zu erreichen, ist es zunächst notwendig, mit Hilfe von entsprechenden Defektmutanten festzustellen, wie viele Gene an der Ausprägung eines bestimmten morphologischen Merkmals beteiligt sind. Handelt es sich bei dem gewählten Beispiel um mehr als einen Erbfaktor, so muß versucht werden, entsprechend der Reihenfolge des Eingreifens der einzelnen Gene in das Entwicklungsgeschehen eine Sequenz der Genwirkungen zu ermitteln. Daran wird sich der Versuch anschließen, die von den einzelnen Erbfaktoren gelenkten physiologischen Prozesse biochemisch zu erfassen.

In Tabelle II-1 haben wir eine Anzahl Pilze aufgeführt, bei denen genbedingte morphologische Veränderungen bekannt geworden sind. Wie aus dieser Zusammenfassung hervorgeht, sind zahlreiche Beispiele für die *Änderung des Myzelhabitus* durch Genmutationen bekannt.

Diese können z. B. folgende Merkmale betreffen: unterschiedliches Wuchsverhalten der Lufthyphen oder der submers wachsenden Hyphen; Häufigkeit und Art der Hyphenverzweigungen oder Hyphenmißbildungen; Farbe der Myzelien, bedingt durch Neubildung oder Ausbleiben von bestimmten Pigmenten; zyklische Wuchsmuster, die sich z. B. bei *Neurospora* in einer periodischen Bildung von Luftmyzel und Makrokonidien manifestieren (STADLER 1959).

Bei vielen der genauer analysierten Objekte (z. B. *Sordaria, Glomerella*) konnte festgestellt werden, daß *mit den morphologischen Veränderungen des Myzelhabitus häufig auch Entwicklungsdefekte an Organen der vegetativen oder sexuellen Vermehrung verbunden* sind (pleiotrope Genwirkung).

Zahlreiche Versuche an verschiedenen Objekten (z. B. an *Neurospora crassa:* MURRAY und SRB 1962), morphologische Defekte durch Zugabe von Protein- oder Nucleinsäurebausteinen oder durch Vitamingaben zu kompensieren, sind erfolglos geblieben. Eine Ausnahme bilden die Befunde von FULLER und TATUM (1956).

Tabelle II-1. *Zusammenstellung von genbedingten morphologischen Veränderungen an Pilzen*
[unter Verwendung der von MURRAY und SRB (1962) veröffentlichten Liste]

| Manifestation der Mutation | Objekt | Referenz |
|---|---|---|
| Myzel | *Aspergillus* | SCHWARTZ 1928, RAPER et al. 1945, COY und TUVESON 1964 |
| | *Colletotrichum* | CHENA und HINGORANI 1950, HALDEMAN 1950 |
| | *Coprinus* | QUINTANILHA und BALLE 1940, PRÉVOST 1962 |
| | *Eurotium* | BARNES 1928 |
| | *Helminthosporium* | STEVENS 1922 |
| | *Mucor* | BLAKESLEE 1920 |
| | *Neurospora* | LINDEGREN 1933, WÜLKER 1935, LINDEGREN und LINDEGREN 1941 a, b, BARRATT und GARNJOBST 1949, MITCHELL 1954, FULLER und TATUM 1956, SRB 1957, MURRAY und SRB 1962, SUSSMAN et al. 1964 |
| | *Penicillium* | HAENICKS 1916, SANSOME 1947, 1949, RAPER und THOM 1949 |
| | *Phoma* | CHODAT 1926 |
| | *Phycomyces* | BURGEFF 1914, 1915 |
| | *Phytophthora* | LEONIAN 1926, BUDDENHAGEN 1958 |
| | *Podospora* | RIZET und ENGELMANN 1949, ESSER 1956 b |
| | *Schizophyllum* | PAPAZIAN 1950, RAPER und SAN ANTONIO 1954, DICK 1960 |

Tabelle II-1 (Fortsetzung)

| Manifestation der Mutation | Objekt | Referenz |
|---|---|---|
| Agameten bzw. deren Behälter oder Träger | Aspergillus | Schiemann 1912, Haenicks 1916, Chodat 1926, Raper et al. 1945, Thom und Raper 1945 |
| | Glomerella | Wheeler und McGahen 1952 |
| | Neurospora | Grigg 1958, 1960 |
| | Penicillium | Staufer und Backus 1956 |
| | Phytophthora | Leonian 1926 |
| | Verticillium | Presley 1941 |
| Geschlechtsorgane und Fruchtkörper | Allomyces | Stumm 1958 |
| | Alternaria | Roberts 1924 |
| | Aspergillus | Mahony und Wilkie 1962 |
| | Bombardia | Zickler 1934, 1937, 1952, Laibach et al. 1954, 1955 |
| | Colletotrichum | Burger 1921, Haldeman 1950 |
| | Glomerella | Wheeler 1954a |
| | Hypomyces | Hansen und Snyder 1943, 1946, El-Ani 1954a, b |
| | Mucor | Blakeslee 1920 |
| | Neurospora | Aronescu 1933, Wülker 1935, Lindegren und Lindegren 1941a, b, Dodge 1946, Srb 1957, Barbesgaard und Wagner 1959, Horowitz et al. 1960, Murray und Srb 1961, 1962, Fitzgerald 1963 |
| | Phoma | Chodat 1926 |
| | Podospora | Esser 1956b |
| | Schizophyllum | Raper und Krongelb 1958, Jürgens 1958 |
| | Sordaria | Esser und Straub 1956, 1958, Olive 1956, Heslot 1958, Carr und Olive 1959 |
| | Verticillium | Tompkins und Ark 1941 |

Eine morphologische Mutante von *Neurospora crassa* konnte durch Inositzugabe zu normalem Wuchs veranlaßt werden  Da das Inosit im normal wachsenden Myzel zu 86% an Phospholipoide gebunden und in den bei Inositmangel wachsenden Mutanten nur $^1/_5$ des normalen Phospholipoidgehaltes vorhanden ist, nahmen Fuller und Tatum an, daß die Phospholipoide in einem Zusammenhang mit der Myzeldifferenzierung des Wildstammes stehen

In keinem der bisher untersuchten Fälle ist es gelungen, mehr als ein Gen mit einer bestimmten Myzelaberration in Zusammenhang zu bringen. Ferner ist unbekannt (Ausnahme Inosit-Mutante), an welchen Stellen die für die Myzelmorphologie verantwortlichen Gene in den Stoffwechsel eingreifen. *Daher fehlt zur Zeit jede Vorstellung über einen physiologischen Mechanismus, mit dem das genetische Material den Myzelhabitus bestimmt.*

*Dies trifft auch für die Agameten und die für ihre Entstehung verantwortlichen Differenzierungsgebilde zu.* Man kennt zwar bei einer Reihe von Organismen Gene, die die Bildung dieser Strukturen steuern (Tabelle II-1), und sogar bei *Neurospora, Aspergillus* und *Glomerella* mehrere

Gene, von denen jedes einzelne die Konidienbildung auslöst. Jedoch ist weder eine Korrelation dieser Gene untereinander noch eine solche mit bestimmten physiologischen Prozessen bekannt.

Über den *Einfluß des Genotyps auf die Ausbildung von Geschlechtsorganen und Fruchtkörpern* liegen relativ mehr Untersuchungen vor. Schon seit langem weiß man, daß bei zwittrigen Phyco- und Ascomycetes durch Ein-Gen-Mutationen die Ausbildung von männlichen oder weiblichen Geschlechtsorganen verhindert wird (Tabelle II-1). Auf Grund dieser Befunde nahm man früher an, daß die zur Differenzierung der Geschlechtsorgane bzw. Gameten notwendigen entwicklungsgeschichtlichen Vorgänge von einer einzigen Erbeinheit bestimmt würden. In die gleiche Richtung schienen die Beobachtungen zu weisen, daß bei *einigen Pilzen die Differenzierung der Sexualorgane durch Stoffe ausgelöst werden kann, die vom Kreuzungspartner gebildet werden.*

Die bekanntesten Beispiele für die *Auslösung von Differenzierungen durch stoffliche Einflüsse des Kreuzungspartners* sind die am *Wasserpilz Achlya ambisexualis und* an dem *Schimmelpilz Mucor mucedo* gemachten Beobachtungen, auf die wir später (S. 86 bzw. S. 91 ff.) noch genauer eingehen werden.

Bei der diözischen *A. ambisexualis* wird die Differenzierung der Oogonie und der Antheridien durch stoffliche Wechselwirkungen zwischen dem männlichen und weiblichen Myzel hervorgerufen (Zusammenfassung bei RAPER 1947, 1951, 1952, 1957). Da die Zygosporen von *Achlya* nicht keimen (BARKSDALE 1960, RAPER, pers. Mitteilung), ist die genetische Basis für diese morphogenetischen Vorgänge unbekannt[1].

Die Differenzierung und das Aufeinanderzuwachsen der Gametangien von *Mucor mucedo* wird gleichfalls durch eine Wechselwirkung von Sexualstoffen der beiden Kreuzungspartner ausgelöst. Die betreffenden Substanzen konnten isoliert werden. In diesem Fall scheint es ziemlich sicher, daß sich die beiden Kreuzungspartner nur durch ein Gen unterscheiden (BURGEFF 1924, PLEMPEL 1957, 1960).

Auch bei Ascomycetes sind solche Fragestellungen bearbeitet worden. DODGE (1920) fand, daß *Ascobolus magnificus* nur Ascogone und Antheridien bildet, wenn der Kreuzungspartner zugegen ist. Zu ähnlichen Ergebnissen gelangte BISTIS (1956, 1957) in seinen ausführlichen Untersuchungen an der nahe verwandten Art *Ascobolus stercorarius*. Bei diesem Pilz kann die Differenzierung der Ascogonanlagen durch ein von den Oidien des komplementären Kreuzungstyps ausgehendes stoffliches Prinzip induziert werden. In beiden Fällen unterscheiden sich die Kreuzungspartner nur durch ein Gen (S. 78).

Genetische und entwicklungsgeschichtliche Untersuchungen an mehreren Ascomycetes haben dagegen gezeigt, daß hier bei der *Differenzierung der Geschlechtsorgane und Fruchtkörper nicht nur ein Gen, sondern eine ganze Reihe von Erbfaktoren eine Rolle spielen.*

Es handelt sich dabei um die Objekte *Glomerella cingulata* (LUCAS et al. 1944, CHILTON et al. 1945, MARKERT 1949, 1952, McGAHEN und WHEELER 1951, WHEELER und McGAHEN 1952, WHEELER 1954a, WHEELER et al. 1959), *Sordaria fimicola* (OLIVE 1954, 1956, CARR und OLIVE 1959), *Sordaria macrospora* (ESSER und STRAUB 1956, 1958, HESLOT 1958) und *Podospora anserina* (ESSER 1956b und unveröff.).

---

[1] MULLINS und RAPER (1965) gelang es vor kurzem, die Oosporen von *Achlya ambisexualis* zur Keimung zu bringen.

Wenn man von geringfügigen Unterschieden in der Entwicklungsgeschichte dieser vier Objekte absieht, haben diese Arbeiten zu vollkommen übereinstimmenden Ergebnissen geführt, die wir am Beispiel
von *Sordaria macrospora* genauer darstellen wollen.

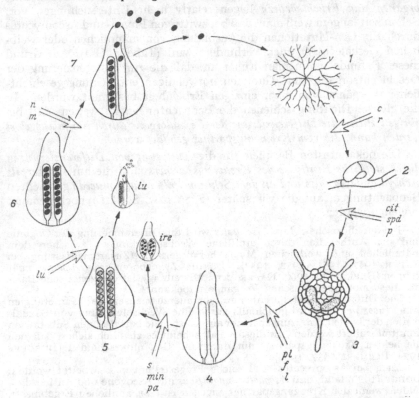

Abb. II-1. Ontogenese von *Sordaria macrospora*. Die wesentlichen Entwicklungsstadien
sind: Myzelbildung (*1*), Differenzierung der Ascogone (*2*), Umwandlung der Ascogone in
Protoperithezien (*3*), dikaryotische Phase, Karyogamie und Ascusbildung (*4*), Meiosis und
Sporenbildung (*5*), Reifung der Ascosporen (*6*), Ausschleudern der Ascosporen (*7*). Männliche Geschlechtsorgane werden bei diesem sich apandrisch entwickelnden Pilz nicht ausgebildet (s. auch Kapitel *Ontogenese*). Die mit Gensymbolen versehenen Pfeile zeigen an,
nach welchem Entwicklungsstadium die Differenzierung der betreffenden Mutanten
blockiert ist. Weitere Erläuterungen s. Text. (Nach Esser und Straub 1958, verändert)

Für den Ablauf des gesamten Entwicklungszyklus der monözischen,
selbstfertilen *S. macrospora* sind mindestens 15 nichtallele Gene verantwortlich, die verschiedene Entwicklungsschritte steuern. Es ist jedoch
nicht ausgeschlossen, daß bei einer weiteren intensiven Suche nach
morphologischen Mutanten noch wesentlich mehr solcher morphogenetisch wirksamen Erbfaktoren gefunden werden.

Eine mutative Veränderung an einem einzelnen Locus blockiert von
der entsprechenden Wirkungsstelle ab die weitere Differenzierung. Dies
führt zur Sterilität der betreffenden Mutante, wenn der Block vor der
Sporenbildung liegt. Entsprechend dem Entwicklungszyklus von *S.*

*macrospora* (Abb. II-1) lassen sich die morphologischen Mutanten nach ihrem Habitus in einer Sequenz anordnen.

Aus der Abb. II-1 ist zu entnehmen, daß die Differenzierung der weiblichen Geschlechtsorgane durch fünf Gene gesteuert wird, und zwar sind zwei Gene für die Ausbildung der Ascogone und drei für deren Weiterentwicklung zu Protoperithezien verantwortlich. Bei der Fruchtkörperbildung spielen zehn Gene eine Rolle: drei für die Dikaryophase bis zur Ascusbildung, drei für die Reifungsteilung und Sporenbildung, eins für die lineare Anordnung der Sporen, eins für die Pigmentbildung und zwei für das Ausschleudern der Sporen. Alle diese Gene sind nicht allel. Multiple Allele, die für drei Loci gefunden wurden, sind nicht in der Abbildung vermerkt.

Durch das Gen *lu* (Abb. II-1, Stadium 5) wird zwar die Ausbildung des schwarzen Melaninpigmentes der Sporen unterdrückt, aber nicht der Schleudermechanismus. Die *lu*-Sporen sind gelbgefärbt, Das Gen *ire* bewirkt, daß die Sporen nicht linear angeordnet sind, es führt zu einer Abweichung von der Normalentwicklung, die für die Systematik der Gattung *Sordaria* von Bedeutung sein könnte. Ein ähnlich wirkendes Gen wurde bei *Neurospora crassa* von MURRAY und SRB (1962) gefunden.

Das Eingreifen von mehreren Genen in den gleichen Entwicklungsabschnitt besagt jedoch nicht, daß diese nichtallelen Erbfaktoren identische genetische Wirkungen haben. Im Gegenteil, es konnte gezeigt werden, daß die betreffenden Gene an verschiedenen Stellen des gleichen Abschnittes wirksam werden.

Zum Beispiel bilden die Mutanten *min, pa* und *s* alle sterile Fruchtkörper aus. Zytologische Untersuchungen ergaben, daß in den Asci von *min*- und *pa*-Stämmen keine Reifungsteilung stattfindet, während die Weiterentwicklung von *s*-Asci erst nach der Meiosis blockiert ist.

Die Übereinstimmung der an den Gattungen *Glomerella*, *Sordaria* und *Podospora* gemachten Beobachtungen legt die *Annahme nahe, daß auch bei anderen Pilzen die Differenzierung der Geschlechtsorgane und Fruchtkörper polygen determiniert wird.*

Hierfür liefern z. B. die Untersuchungen von RAPER und KRONGELB (1958) an *Schizophyllum commune* Anhaltspunkte. Bei diesem Basidiomyceten ist nämlich die Fruchtkörperbildung ein quantitatives Merkmal, das sich in bezug auf Anzahl und Habitus der Fruchtkörper unterschiedlich manifestiert. Die beiden Autoren beschreiben fünf verschiedene Fruchtkörperanomalien, die alle genetisch bedingt sind. Die Reaktionsnorm der einzelnen Gene ist weitgehend von Außenbedingungen (Licht, Nährmedium usw.) abhängig. In keinem Falle konnte jedoch bei Mutanten mit anormalen Fruchtkörpern durch Außenbedingungen ein dem Wildstamm entsprechender Fruchtkörperhabitus erzielt werden.

Anhaltspunkte für die *physiologische Wirkung dieser morphogenetischen Erbfaktoren* brachten Komplementationsversuche mit Mutanten der oben zitierten Ascomycetes. Heterokaryen von *S. macrospora*, die Kerne nichtalleler Mutanten enthalten, unterscheiden sich phänotypisch nicht vom Wildstamm, da die Einzeldefekte durch die entsprechenden Wildallele des Partnerkerns kompensiert werden. Dies ist besonders deutlich zu erkennen, wenn man Mutanten verwendet, bei denen die Sterilitäts-Gene eine pleiotrope Wirkung haben, d.h. neben der Blockierung des Entwicklungszyklus noch Veränderungen des Myzelhabitus

bedingen. Der *Komplementationseffekt* entspricht vollständig den von
BEADLE und COONRADT (1944) gemachten Beobachtungen über die
Komplementation auxotropher *Neurospora*-Mutanten (S. 396).

Einen weiteren Hinweis auf die Möglichkeit einer genphysiologischen
Analyse der morphologischen Mutanten bot das sog. *Induktionsphänomen*
(ESSER und STRAUB 1958). Als Induktion bezeichnet man in diesem
Zusammenhang die Erscheinung, daß von einem Heterokaryon, dessen
Kerne aus nichtallelen, *sterilen* Mutanten stammen, nicht nur Kreuzungs-
perithezien, sondern auch Selbstungsperithezien gebildet werden.
Während die Asci der Kreuzungsperithezien beide Kernarten ent-
halten, sind in den Asci der Selbstungsperithezien nur die Kerne des
einen oder des anderen Mutantentyps vorhanden.

Die Induktion beruht demnach auf einer Komplementation, deren
Wirkung über die Einzelzelle hinausgreift. So lag die Annahme nahe,
daß die für die Induktion bzw. Komplementation verantwortlichen
Genprodukte diffundierbare Substanzen seien, die unter Umständen im
Kulturfiltrat zu finden sein müßten.

Bei *Sordaria macrospora* gelang es trotz umfangreicher experimenteller
Bemühungen nicht, derartige ins Nährmedium diffundierende Stoffe nachzuweisen. Hier scheint es sich bei Induktion und Komplementation um
einen intrazellulären, an das Zytoplasma gebundenen Prozeß zu handeln
(ESSER und STRAUB 1958).

Bei *Glomerella cingulata* konnten DRIVER und WHEELER (1955) in einem
Fall allerdings die Fruchtkörperbildung einer Mutante, die normalerweise
nur wenige fertile Perithezien bildet, durch Zugabe des Kulturfiltrats des
Wildstammes quantitativ erhöhen. Die Isolation einer für diese Erscheinung verantwortlichen Substanz war nicht möglich. Sterile Mutanten von
*Glomerella* ließen sich durch Zugabe von Kulturfiltraten nicht zur Perithezienbildung induzieren.

CARR und OLIVE (1959) zeigten, daß das Kulturfiltrat einer sterilen
Mutante von *Sordaria fimicola* die Fruchtkörperbildung des Wildstammes
unterdrückt. Ob es sich dabei um einen Hemmstoff oder um einen Sekundär-
effekt, wie z.B. eine pH-Verschiebung, handelt, ist nicht bekannt. Gegen
die Existenz eines Hemmstoffes spricht jedenfalls die Tatsache, daß im
Heterokaryon die Eigenschaft dieser Mutante nicht zur Wirkung gelangt.

Der im wesentlichen *negative Verlauf* der zahlreichen Experimente
an Ascomycetes, *morphogenetisch wirksame Genprodukte nachzuweisen
und zu isolieren*, läßt darauf schließen, daß zumindest in den bisher
untersuchten Fällen diese Substanzen hochmolekulare Stoffe sind, die
nicht aus den Hyphen diffundieren. Es besteht allerdings auch die
Möglichkeit, daß diese Stoffe sehr instabil sind und beim Verlassen des
Protoplasten unwirksam werden.

Eine Reihe anderer Autoren hat sich damit befaßt, bestimmte
Enzyme mit morphogenetischen Vorgängen in Beziehung zu setzen.

CANTINO u. Mitarb. konnten bei *Blastocladiella emersonii* mehrere Enzyme in einen Zusammenhang mit bestimmten Differenzierungsschritten
bringen (McCURDY und CANTINO 1960, LOVETT und CANTINO 1960). Auf
Grund von umfangreichen biochemischen und zytochemischen Untersuchungen entdeckte TURIAN (1960, 1961a, b, TURIAN und SEYDOUX 1962)
ebenfalls enzymatische Systeme, die für die sexuelle Differenzierung bei
monözischen *Allomyces*-Stämmen (Hybriden von *A. macrogynus* × *A. arbuscula*) und bei *Neurospora crassa* verantwortlich sind. Für *N. crassa* postu-

lieren Hirsch (1954,) Westergaard und Hirsch (1954), daß die Phenoloxydase Tyrosinase bzw. der Tyrosinasestoffwechsel für die Bildung der Protoperithezien verantwortlich ist. In beiden Fällen handelt es sich jedoch um Experimente mit dem Wildstamm, so daß die entsprechenden Erbfaktoren nicht bekannt sind.

Als Weiterführung der Experimente von Hirsch können die Studien von Barbesgaard und Wagner (1959) und Horowitz et al. (1960) angesehen werden. Diese Autoren konnten feststellen, daß weiblich sterile Mutanten von *N. crassa* auch die Fähigkeit zur Bildung von Tyrosinase weitgehend verloren haben. Es ist aber sehr zu bezweifeln, daß die Tyrosinase selbst mit der Fruchtkörperbildung korreliert ist, denn nach einer durch Zusatz von aromatischen Aminosäuren bedingten induktiven Enzymbildung (S. 384) wird die Sterilität nicht aufgehoben.

Einen neuen Aspekt für die Aufklärung der genphysiologischen Grundlagen der Morphogenese hat die an Bakterien gemachte Entdeckung erbracht, daß die Synthese von Enzymen durch ein Zusammenspiel von Erbfaktoren (Struktur- und Regulatorgene) und Umweltsbedingungen (Gegenwart bzw. Abwesenheit von Induktoren) gesteuert wird (S. 419 ff.). Da die Beschaffenheit eines Organismus weitgehend von den in ihm ablaufenden enzymatisch gesteuerten Prozessen abhängig ist, kann man annehmen, daß Wachstum und Differenzierung eines Lebewesens durch eine Verkettung von Enzymreaktionen bestimmt werden, von denen einige ständig funktionieren und andere nur in Abhängigkeit von den zellulären und extrazellulären Umweltsbedingungen wirksam sind. Ob diese Modellvorstellung auch auf die viel komplizierteren morphogenetischen Vorgänge von mehrzelligen Organismen angewandt werden kann, bleibt abzuwarten. Jedenfalls ist durch dieses Konzept ein Weg aufgezeigt, der zu einer genaueren Vorstellung über die Morphogenese führen könnte.

## Zusammenfassung

1. Bei zahlreichen Pilzen wurden Erbfaktoren ermittelt, die morphogenetische Vorgänge steuern. Diese Gene zeigen vielfach eine pleiotrope Wirkung. Sie beeinflussen einerseits den Myzelhabitus und sind andererseits auch für die Morphogenese von Organen der asexuellen und sexuellen Fortpflanzung verantwortlich.

2. Der Ablauf des normalen Entwicklungszyklus wird bei verschiedenen Arten der Ascomycetes durch eine Sequenz von Genen bestimmt. Durch spezifische Mutationen wird der Zyklus von einer typischen Stelle an blockiert. Nichtallele Defektgene können sich in Heterokaryen komplementieren. Die für die einzelnen Entwicklungsschritte verantwortlichen Genprodukte ließen sich bisher nicht erfassen.

3. Die Differenzierung der Geschlechtsorgane erfolgt bei einer Reihe Phycomycetes und Ascomycetes durch stoffliche Einflüsse, die vom Kreuzungspartner ausgehen. Mit einer Ausnahme *(Mucor mucedo)* können diese morphogenetischen Substanzen aber nicht mit bestimmten Erbfaktoren korreliert werden.

4. Eine definitive Vorstellung über die Kette von biochemischen und biophysikalischen Prozessen, die von der genetischen Information zur Zell-, Gewebe- oder Organdifferenzierung führt, existiert nicht.

# B. Systeme der sexuellen Fortpflanzung

Die Pilze zeigen eine große Variabilität in der Ausprägung von Geschlechtsmerkmalen. Vom Fehlen jeglicher morphologischer Sexualdifferenzierung bis zur klar ausgeprägten Monözie oder Diözie sind alle Übergangsstufen vorhanden. Deswegen ist es äußerst schwierig, die Pilze gemäß ihrem Fortpflanzungsverhalten in bestimmte Systeme einzuordnen. Diese Schwierigkeit spiegelt sich in der Vielzahl von teilweise synonymen oder sogar falsch angewendeten Begriffen wieder. Es handelt sich dabei vor allem um die Vermischung der Begriffe *Sexualität* und *Incompatibilität*, auf die wir im folgenden Abschnitt näher eingehen werden.

Wie schon HARTMANN (1943) und WHITEHOUSE (1951b) betonten, besteht das *Wesen der sexuellen Fortpflanzung in der Aufeinanderfolge von Karyogamie und Meiosis*. Bei diesem für die *Neukombination der genetischen Information notwendigen Vorgang* spielt es eine untergeordnete Rolle, ob morphologisch unterscheidbare Geschlechtsorgane oder Geschlechtszellen vorhanden sind, die man als männlich oder weiblich bezeichnen kann. Daraus ergibt sich die Notwendigkeit, einen klaren begrifflichen Unterschied zwischen sexueller Vermehrung und sexueller Differenzierung zu machen (DARLINGTON 1937). *Sexuelle Differenzierung* liegt nur dann vor, wenn ein Organismus morphologische Strukturen besitzt, die für das Zustandekommen der Karyogamie verantwortlich sind (Gameten, Gametangien usw.). Diese Unterscheidung ist in besonderem Maße für die Pilze von Bedeutung, da bei diesen, im Gegensatz zu den anderen Pflanzen und zu den Tieren, sexuelle Vermehrung nicht immer mit morphologisch erkennbarer Differenzierung gekoppelt ist.

Bevor wir auf die Genetik der sexuellen Fortpflanzung der Pilze eingehen, erscheint es uns angebracht, zunächst einmal die in der Literatur im Zusammenhang mit der sexuellen Vermehrung verwendeten Begriffe zu analysieren und den Versuch zu unternehmen, eine dem gegenwärtigen Stand unseres Wissens angepaßte Einteilung der Pilze in bestimmte Fortpflanzungs-Systeme durchzuführen. Eine solche Einteilung kann natürlich nur eine Approximation an die wirklichen Verhältnisse liefern, ähnlich wie die in der Taxonomie gebräuchliche Aufstellung von Pflanzen-Systemen.

## I. Begriffsbestimmungen

Bei den höheren Pflanzen gilt als Kriterium für zwei alternative Fortpflanzungs-Systeme das Vorhandensein von männlichen und weiblichen Geschlechtsorganen auf einem Individuum (Monözie) oder auf zwei verschiedenen Individuen (Diözie). Ein *monözischer, zwittriger Organismus* ist im allgemeinen in der Lage, sich *selbst sexuell fortzupflanzen*. Die durch die *Diözie* bedingte *Getrenntgeschlechtlichkeit* erfordert für die *sexuelle Vermehrung eine weibliche und eine männliche Pflanze*. Die Selbstfertilität monözischer Arten kann jedoch durch die sog. sexuelle Unverträglichkeit oder Incompatibilität eingeschränkt werden. Als *Incompatibilität* bezeichnet man jede *genotypisch bestimmte Hemmung der Karyogamie* innerhalb eines sexuellen Fortpflanzungs-Systems *bei Monözisten*, die nicht durch Sterilitätsdefekte der Gameten oder Gametenkerne verursacht wird.

Wenn die Kreuzungsbeziehungen in einer Rasse oder Art durch ein Incompatibilitäts-System bestimmt werden, kann dadurch sowohl bei jedem zwittrigen Individuum die Selbstbefruchtung als auch bei verschiedenen Individuen die Kreuzungsbefruchtung verhindert werden. Im ersten Falle spricht man von Selbstincompatibilität und im zweiten Falle von Kreuzungsincompatibilität. Da beide Erscheinungsformen der Incompatibilität vielfach miteinander verknüpft sind, hat es sich eingebürgert, das Vorliegen von sexueller Unverträglichkeit einfach als „Incompatibilität" zu bezeichnen.

In der Literatur wird häufig anstelle des Ausdrucks Incompatibilität (engl. incompatibility, STOUT 1916) der von JOST (1907) geprägte Terminus Selbststerilität (engl. self-sterility) verwendet. Eine Gleichsetzung dieser beiden Ausdrücke ist jedoch nicht korrekt, denn Selbststerilität ist nur mit Selbstincompatibilität identisch. Die andere Erscheinungsform der sexuellen Unverträglichkeit, die Kreuzungsincompatibilität, müßte man dann richtigerweise als eine Kreuzungssterilität bezeichnen, die auf dem gleichen Effekt wie die Selbststerilität beruht. Abgesehen von dieser komplizierten Ausdrucksweise, ist durch die Verwendung des Wortes „Incompatibilität" auch begrifflich eine weitaus klarere Unterscheidung gegenüber der echten Sterilität gegeben, bei der die fehlende Zygotenbildung auf Entwicklungsdefekten der Geschlechtsorgane oder Gameten beruht. Die von SIRKS (1917) und BRIEGER (1930) vorgeschlagenen Bezeichnungen „autoinconceptibilité" bzw. „Parasterilität" haben sich in der Literatur nicht durchgesetzt.

Da alle Blütenpflanzen männliche und weibliche Geschlechtsorgane besitzen, kann jede höhere Pflanze eindeutig dem monözischen oder diözischen Fortpflanzungs-System zugeordnet werden. Wenn Monözisten keine Samen bilden, läßt sich durch entsprechende Kreuzungsexperimente leicht feststellen, ob Incompatibilität oder Sterilität vorliegt. Bei Thallophyten, insbesondere bei Pilzen ist eine klare Unterteilung in Monözisten und Diözisten nicht ohne weiteres möglich, denn bei vielen Arten fehlen entweder die Geschlechtsorgane, oder sie sind morphologisch nicht unterscheidbar. Um dieser Schwierigkeit Rechnung zu tragen, werden häufig als Einteilungskriterien die Begriffe homothallisch und heterothallisch verwendet (BLAKESLEE 1904a, b). Bei der Einführung dieser Begriffe ging BLAKESLEE von den entwicklungsgeschichtlichen Verhältnissen der Mucoraceae aus, an deren Gameten keinerlei Geschlechtsunterschiede zu erkennen sind.

Zwar wurden mehrfach bei den Mucoraceae Größenunterschiede zwischen den Gametangien einzelner Stämme der gleichen Art beobachtet (BURGEFF 1915, ORBAN 1919, WESENDONCK 1930, PLEMPEL und BRAUNITZER 1958), jedoch konnte schon BURGEFF zeigen, daß es sich dabei nicht um „Sexualdifferenzen" handelt, sondern um morphologische Merkmale, die innerhalb der Kreuzungsnachkommenschaft frei mendeln.

BLAKESLEE bezeichnete solche Arten als *homothallisch*, die in *Einsporkulturen Zygosporen* bildeten. Arten (z.B. *Rhizopus nigricans*), bei denen der *Entwicklungszyklus* nur nach *Kreuzung von zwei morphologisch*

*nicht unterscheidbaren Einspormyzelien* abläuft, nannte er *heterothallisch*.
Die beiden nur physiologisch bezüglich ihres Kreuzungsverhaltens unterscheidbaren Individuengruppen einer heterothallischen Art wurden mit
+ und — bezeichnet. Die Einführung dieser Terminologie bei Haplonten, anstelle der bei Blütenpflanzen üblichen Ausdrücke monözisch und
diözisch, geschah von BLAKESLEE unter der Voraussetzung, daß die
+- und —-Stämme das weibliche bzw. männliche Geschlecht in reduzierter Form darstellen.

Um diese Annahme zu prüfen, führten SATINA und BLAKESLEE (1928,
1929) umfangreiche Teste zwischen homothallischen und heterothallischen
Mucoraceae durch. Die selbstfertilen, homothallischen Arten besaßen Mikro-
und Makrogametangien, sie wurden daher als Hermaphroditen mit männlichen
und weiblichen Geschlechtsorganen angesehen. Die Autoren fanden, daß
die „Mikrogametangien" von *Zygorhynchus moelleri*, *Absidia glauca* und
einer Art von *Dicranophora* nur mit den +-Kreuzungstypen und entsprechend die „Makrogametangien" nur mit den —-Kreuzungstypen der heterothallischen Pilze reagierten. Der aus diesen Versuchen gezogene Schluß, daß
die +-Kreuzungstypen als weiblich und die —-Stämme als männlich anzusehen sind, ist jedoch nicht zutreffend, denn *Zygorhynchus heterogamus* verhielt sich genau umgekehrt: Die Stämme mit Mikrogametangien fusionierten
mit den —-Testern und die mit Makrogametangien mitden +-Testern.

Da es bisher noch nicht gelungen ist, die zwischen den +- und —-
Stämmen der Mucoraceae bestehenden physiologischen Unterschiede auf
eine sexuelle Differenz im Sinne einer Diözie zurückzuführen, ist man
dazu übergegangen, anstelle von +- und —-Geschlecht von +- und
—-*Kreuzungstyp* (engl. mating type) zu sprechen.

Gemäß der Definition von BLAKESLEE wurden in der Folgezeit alle
Arten der Thallophyten, die zur sexuellen Fortpflanzung zwei Kreuzungstypen benötigen, heterothallisch genannt. Dies führte schließlich
zu der auch in einigen Lehrbüchern vertretenen Auffassung, ganz allgemein bei Thallophyten anstelle von monözisch und diözisch von homothallisch und heterothallisch zu sprechen (z.B. HARDER et al. 1962).
Diese Gleichsetzung ist nach unserer Meinung falsch. Unter dem Begriff heterothallisch sind nämlich zwei verschiedene Fortpflanzungssysteme zusammengefaßt: 1. die echten Diözisten, die bei Pilzen nur
vereinzelt vorkommen (S. 83 ff.); 2. selbstincompatible Monözisten, die
innerhalb der Pilze relativ zahlreich sind (S. 53 ff.) (s. Abb. II-2). Diese
Inkonsequenz in der Einteilung kann man darauf zurückführen, daß
bei der Durchführung dieser Klassifizierung die Entwicklungsgeschichte
vieler Pilze noch nicht genau bekannt war. Wenn eine Art zwei
Kreuzungstypen aufwies, wurde sie als heterothallisch bezeichnet. Eine
ähnliche Konfusion bestand auch lange Zeit innerhalb des homothallischen Systems. Es gibt nämlich eine Reihe von scheinbar selbstfertilen
Asco- und Basidiomycetes (z.B. *Podospora anserina*, *Psalliota campestris*
*f. bispora*), deren Asco- bzw. Basidiosporen zwei Kerne besitzen, die von
verschiedenen Meiosisprodukten abstammen (S. 155 f.). Wenn die
beiden Kerne einer Spore für den Kreuzungstyp heterogen sind, entstehen heterokaryotische Myzelien. Die Selbstfertilität dieser Heterokaryen ist jedoch nur vorgetäuscht, denn in Wirklichkeit sind die betreffenden Arten selbstincompatibel. Man trennt sie deshalb vielfach

als sog. sekundär homothallische von den übrigen homothallischen Pilzen ab (s. auch Abb. II-2).

An Einwänden gegen die Verwendung der Begriffe homo- und heterothallisch und an Vorschlägen für andere Einteilungsprinzipien hat es in der Literatur nicht gefehlt (CORRENS 1913, 1928, HARTMANN 1918, 1929, 1943, 1956, KNIEP 1929a, b, WHITEHOUSE 1949a, KORF 1952, BURNETT 1956a). WHITEHOUSE schlägt vor, die Heterothallie in physiologische (Incompatibilität) und morphologische (Diözie) zu unterteilen. Nach dieser Klassifizierung ist jedoch eine Einordnung der Mucoraceae (s. Abb. II-2) nicht möglich.

Diese Phycomycetes sind, sofern ihre Arten zwei Kreuzungstypen aufweisen, nicht diözisch, da ihre Gametangien isomorph gestaltet sind. Sie können aber auch nicht als selbstincompatibel bezeichnet werden, da ihnen der für dieses Fortpflanzungs-System vorausgesetzte Charakter der Zwittrigkeit fehlt.

KORF und HARTMANN fordern die Abschaffung der Ausdrücke Homo- und Heterothallie. HARTMANN betont vor allem die widersinnige Anwendung dieser Termini im tierischen Bereich, d.h ,,die Unmöglichkeit ihrer Übertragung auf tierische Formen, bei denen sich doch die prinzipiell gleichen Erscheinungen finden''. BURNETT schlägt eine vollkommen neue, jedoch äußerst komplizierte Terminologie vor.

Auf Grund dieser Schwierigkeiten, die Pilze in Fortpflanzungs-Systeme einzuteilen, haben wir bereits an anderer Stelle den Versuch unternommen (ESSER 1959), in Analogie zu den höheren Pflanzen auch bei den Pilzen die *Begriffe monözisch und diözisch als Grundlage eines Einteilungsprinzips* zu verwenden. Allerdings bedarf es dazu einer Ausweitung dieser beiden Begriffe (s. auch LEWIS 1954), die der zum großen Teil unvollkommenen oder fehlenden sexuellen Differenzierung bei Pilzen Rechnung trägt. Da das Wesen der sexuellen Fortpflanzung in einer Aufeinanderfolge von Karyogamie und Meiosis besteht, hielten wir es für gerechtfertigt, die Existenz oder das Fehlen von Geschlechtsorganen bei der Definition der Begriffe monözisch und diözisch völlig zu vernachlässigen und diese beiden Termini nicht nach morphologischen, sondern nach physiologischen Gesichtspunkten zu definieren. Als *Sexualkriterium betrachten wir die Fähigkeit eines Organismus, einen oder beide Kerne zur Karyogamie beizusteuern.* Unter einem *Monözisten* verstehen wir demnach ein Individuum, das in der Lage ist, als *Kern-Donator (männlich) und auch als Kern-Akzeptor (weiblich) für die Karyogamie* zu fungieren. Ein Individuum, das *nur die eine oder die andere Potenz* besitzt, nennen wir *diözisch*.

Es ist durchaus möglich, daß für einen Botaniker, der die Begriffe monözisch und diözisch auf das Vorhandensein von männlichen und weiblichen Geschlechtsorganen bezieht, die von uns vorgenommene Verallgemeinerung der beiden Ausdrücke nicht annehmbar ist. Wir möchten daher nochmals betonen, daß zwischen Pilzen, die keine Sexualorgane besitzen, und höheren Pflanzen, die Sexualorgane ausbilden, kein prinzipieller Unterschied besteht. Bei beiden ist nämlich der Sexualmechanismus gleich. Ferner wollen wir keine neuen Termini schaffen, um nicht die durch die Vielzahl der bereits vorhandenen Termini entstandene begriffliche Verwirrung noch zu vergrößern. Man könnte in diesem Zusammenhang z. B. an die Einführung der Ausdrücke ,,monogam" und ,,digam" denken. Welche Kategorie ist dann mit monogam und welche mit digam zu bezeichnen ? Vom Wort her bietet sich die Analogisierung von monözisch mit monogam bzw. diözisch mit digam an. Vom Begriff her könnte man jedoch an eine umgekehrte Zuordnung denken.

Nach dieser Definition gehören zu den *monözischen* Pilzen:

1. Alle Arten, die *männliche und weibliche Geschlechtsorgane am gleichen Myzel* ausbilden. Solche sind innerhalb der Euascales und Uredinales vorhanden.

2. Alle Arten *ohne Geschlechtsorgane*, bei denen *jedes einzelne Myzel als Kern-Donor und auch als Kern-Akzeptor* fungieren kann. Vertreter dieser Gruppe finden sich in allen Taxa der Pilze.

Der Kernaustausch zwischen verschiedenen Myzelien wurde für die Holobasidiomycetes von BULLER (1931) und QUINTANILHA (1939) zuerst klar nachgewiesen. HOLTON (1942) entdeckte dieses Phänomen bei den Ustilaginales.

Wenn ein *Monözist* sich nicht ohne Partner sexuell vermehren kann, liegt *Incompatibilität* vor.

Durch *Diözie* sind ebenfalls zwei Gruppen von Pilzen gekennzeichnet:

1. Alle Arten, deren *Myzelien entweder nur weibliche oder männliche* Geschlechtsorgane ausbilden *(morphologische Diözisten)*. Zu dieser Gruppe gehören nur wenige Phyco- und Ascomycetes.

2. Alle *Arten mit zwei Kreuzungstypen,* deren *Zygotenbildung* durch die Fusion von *Isogameten oder Isogametangien* erfolgt. Hierhin gehören zahlreiche Mucoraceae und Protoascomycetes. Die beiden Kreuzungstypen solcher Arten (z. B. *Mucor mucedo, Saccharomyces cerevisiae*) lassen sich morphologisch nicht unterscheiden und zeigen auch beim Sexualvorgang keinerlei Kernaustausch, sondern nur eine Fusion von ein- oder mehrkernigen Zellen. Wir können sie also weder als morphologische Diözisten noch als selbstincompatible Monözisten bezeichnen. Da ihr Sexualverhalten lediglich durch eine physiologische Differenz der beiden Kreuzungstypen bestimmt wird, haben wir diese Gruppe *physiologische Diözisten* genannt.

Es ist nicht von der Hand zu weisen, daß diese Klassifizierung eine Notlösung ist, die mit der Vereinigung aller Pilze ohne sexuelle Vermehrung in der Gruppe der Fungi imperfecti zu vergleichen ist. Um eine klare Übersicht zu erhalten, erschien uns jedoch die Schaffung dieser künstlichen Gruppe der physiologischen Diözisten als wünschenswert.

In Abb. II-2 sind die bisher üblichen Klassifizierungen der Fortpflanzungs-Systeme bei Pilzen der von uns vorgeschlagenen Einteilung gegenübergestellt. In dem Schema haben wir für einige der bekanntesten Objekte genetischer Forschung eine Zuordnung zu diesen Systemen vorgenommen. Der Vorteil der von uns gewählten Einteilung liegt vor allem darin, daß es in diesem System keinerlei Überschneidungen gibt. Jeder Pilz kann nämlich eindeutig eingeordnet werden, indem er entweder als monözisch (compatibel oder incompatibel) oder diözisch (morphologisch oder physiologisch) klassifiziert wird.

Einige Hinweise mögen dies verdeutlichen:

1. Eine zum Verständnis der Fortpflanzungs-Systeme nicht unerhebliche Schwierigkeit des alten Systems ist die Überschneidung von Monözie durch Homothallie-Heterothallie einerseits und durch Incompatibilität anderer-

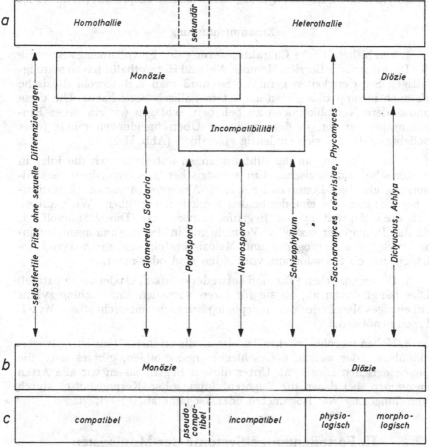

Abb. II-2a—c. Fortpflanzungs-Systeme bei den Pilzen. a Zusammenstellung der bisher verwendeten Einteilungsprinzipien unter Berücksichtigung der generellen Unterteilung in homo- und heterothallische Arten. b Vorgeschlagene neue Einteilung nach einer erweiterten Fassung der Begriffe Monözie und Diözie. c Unterteilung der Monözisten und Diözisten in verschiedene Fortpflanzungs-Systeme. Die Gruppe der pseudocompatiblen Pilze gehört grundsätzlich zu den incompatiblen. Sie sind von diesen durch eine unterbrochene Linie abgetrennt. Die Länge der einzelnen Blocks steht in keinem Zusammenhang mit der zahlenmäßigen Verteilung der einzelnen Systeme in der Natur. Zur besseren Veranschaulichung der von uns vorgeschlagenen Einteilung haben wir einige der bekannteren Pilze in das Schema eingezeichnet. Nähere Erläuterungen s. Text.

seits. Diese Komplikation ist bei dem von uns gewählten Einteilungsprinzip nicht gegeben.

2. Durch die Erweiterung der Begriffe Monözie und Diözie haben wir die Lücken, die im alten System zwischen den beiden Begriffen bestanden, geschlossen. Jeder Pilz kann eindeutig als diözisch oder monözisch klassifiziert werden.

4*

3. Durch die Schaffung der Gruppe „physiologische Diözie" lassen sich auch Pilze wie die Mucoraceae eindeutig einordnen. Nach dem alten Schema war nicht zu entscheiden, ob diese heterothallischen Arten in ihrem Fortpflanzungsverhalten durch sexuelle Unverträglichkeit oder eine reduzierte morphologische Diözie charakterisiert sind. Nach unserem System lassen sie sich jedoch eindeutig als physiologische Diözisten ansprechen (s. Abb. II-2).

### Zusammenfassung

1. Die bisher übliche Charakterisierung der Fortpflanzungs-Systeme der Pilze durch die Begriffe Homothallie und Heterothallie hat zu mannigfaltigen Schwierigkeiten geführt. So muß man z.B. sowohl diözische als auch incompatible Arten als heterothallisch bezeichnen. Um diese und andere Komplikationen zu beheben, schlagen wir ein neues Einteilungsprinzip vor, in dem es keine Überschneidungen gibt. Jeder beliebige Pilz läßt sich eindeutig einordnen (Abb. II-2).

2. In Anlehnung an die Blütenpflanzen unterteilen wir die Pilze in monözische und diözische. Ein monözischer Pilz kann beim Sexualvorgang als Kern-Donor und als Kern-Akzeptor fungieren. Ein diözischer Pilz kann nur eine der beiden Funktionen ausüben. Wir glauben, daß diese Ausweitung der Begriffe Monözie und Diözie sinnvoll ist, da das Prinzip der sexuellen Vermehrung in der regelmäßigen Aufeinanderfolge von Karyogamie und Meiosis besteht und nicht davon abhängig ist, ob Sexualorgane vorhanden sind oder nicht.

3. Die monözischen Pilze sind entweder compatibel oder incompatibel. Dies hängt davon ab, ob sie für ihren normalen Entwicklungszyklus ein einziges Myzel oder zwei morphologisch nicht unterscheidbare Myzeltypen benötigen.

4. Neben morphologischen Diözisten, die an ihren Myzelien entweder männliche oder weibliche Geschlechtsorgane bilden, gibt es noch die physiologischen Diözisten. Unter diesem Begriff fassen wir alle Arten zusammen, bei denen die Zygotenbildung ohne Kernaustausch durch Verschmelzung von Isogameten oder Isogametangien erfolgt.

## II. Fortpflanzungs-Systeme der Monözisten

In allen Klassen der Pilze sind monözische Arten, die selbst- und kreuzungscompatibel sind, sehr zahlreich vertreten. Incompatible Arten kommen jedoch mit Sicherheit nur in den Klassen der Asco- und Basidiomycetes vor. Bisher ist bei etwa 50 Arten der Ascomycetes und bei etwa 370 Arten der Basidiomycetes sexuelle Unverträglichkeit nachgewiesen worden.

Mehrfach wurden Listen veröffentlicht, in denen compatible und incompatible Arten der Eumycetes zusammengestellt worden sind: WHITEHOUSE 1949a (Euascales), WHITEHOUSE 1949b (Holobasidiomycetes), WHITEHOUSE 1951b (Ustilaginales), QUINTANILHA und PINTO-LOPES 1950 (Holobasidiomycetes), CRAIGIE 1942 (Uredinales), NOBLES et al. 1957 (Holobasidiomycetes), ESSER 1967 (Euascales, Holo- und Phragmobasidiomycetes).

# 1. Compatible Arten

Von den compatiblen monözischen Arten hat man fast ausschließlich Ascomycetes zu genetischen Untersuchungen verwendet. Es ist allerdings nicht ohne weiteres möglich, die bei Kreuzung von zwei selbstfertilen Myzelien entstehenden Fruchtkörper von denen zu unterscheiden, die durch Selbstbefruchtung der beiden Partner gebildet werden. Diese Schwierigkeit läßt sich auf zweierlei Weise überwinden:

1. Kreuzung von mehr oder minder sterilen Mutanten, die nur in der Kontaktzone wenige fertile Fruchtkörper bilden.

2. Markierung der beiden Kreuzungspartner durch Gene, welche die Sporenfarbe bestimmen. In den Fruchtkörpern kann man die durch Kreuzung entstandenen Asci infolge der Aufspaltung der Farbsporgene von den einheitlich gefärbten Sporen der Selbstungsasci unterscheiden.

Die erste Methode wurde von LUCAS et al. (1944), EDGERTON et al. (1945) und später von WHEELER und seinen Mitarbeitern (s. Zusammenfassung WHEELER 1954a) an *Glomerella cingulata* und von GREIS (1941) an *Sordaria fimicola* verwendet.

*Glomerella* ist übrigens der erste selbstfertile monözische Pilz, an dem genetische Untersuchungen durchgeführt wurden (EDGERTON 1912, 1914), wie WHEELER (1954b) in einer kurzen Literaturuntersuchung nachweist.

Farbsporgene und auch Sterilitäts-Faktoren benutzten OLIVE (1956), CARR und OLIVE (1959), HESLOT (1958), ESSER und STRAUB (1958), ITO (1960) zu ihren genetischen Experimenten mit *Sordaria fimicola* bzw. *Sordaria macrospora* (s. Umschlagbild und Abb. IV-3)

Alle diese Untersuchungen haben, wie bereits im Abschnitt *Morphogenese* ausführlich beschrieben wurde, gezeigt, daß bei den compatiblen monözischen Pilzen eine Mehrzahl von Genen für die Ausbildung des Myzelhabitus und für die der sexuellen Fortpflanzung dienenden Differenzierungsgebilde verantwortlich sind. Eine darüber hinausgehende genetische Kontrolle dieses Fortpflanzungs-Systems ist nicht bekannt.

# 2. Incompatible Arten

Bei Pilzen kennt man zwei verschiedene Systeme der sexuellen Unverträglichkeit, für die wir die Ausdrücke homogenische und heterogenische Incompatibilität eingeführt haben (ESSER 1959b, 1961, 1962, 1967). Der prinzipielle Unterschied zwischen den beiden Systemen liegt in den genetischen Voraussetzungen, die für das Auftreten der sexuellen Unverträglichkeit erforderlich sind. Durch *homogenische Incompatibilität* wird die Zygotenbildung verhindert, wenn die *Kreuzungspartner die gleichen Incompatibilitäts-Gene* tragen. Eine *heterogenische Incompatibilität* liegt vor, wenn die beiden unverträglichen Partner *an allen Incompatibilitäts-Loci verschiedene Allele* tragen. In Tabelle II-2 geben wir eine Zusammenstellung über das Vorkommen der sexuellen Unverträglichkeit innerhalb der Eumycetes. Für niedere Pilze ist bisher Incompatibilität nicht eindeutig nachgewiesen. Auf die Einzelheiten der

Tabelle II-2. *Systeme, Mechanismen und Verbreitung der sexuellen Unverträglichkeit bei Pilzen.* Die zahlenmäßige Verteilung der Incompatibilität auf die einzelnen Arten ist einer an anderer Stelle (ESSER 1965) publizierten listenartigen Zusammenstellung entnommen.

| System | homogenisch | | | | | | heterogenisch | | |
|---|---|---|---|---|---|---|---|---|---|
| Mechanismus | bipolar | | tetrapolar | | | unbekannt | Semi-Incompatibilität | unbekannt | |
| Zahl der Faktoren | 1 | | 2 (z.T. genetisch komplex) | | | — | je 2 | — | |
| Vorkommen | Euascomycetes | Holobasidiomycetes | Phragmobasidiomycetes | Holobasidiomycetes | Ustilaginales | Basidiomycetes | Euascomycetes | Euascomycetes | Basidiomycetes |
| Zahl der Arten | 46 | 92 | 37 | 170 | 4 | 62 | 1 | 2 | 4 |
| hiervon multiple Allelie | unbekannt | 21 | 1(?) | 36 | 2 | — | unbekannt | — | — |

Tabelle werden wir in den folgenden Ausführungen noch mehrfach eingehen und hinweisen.

### a) Homogenische Incompatibilität

Homogenische Incompatibilität ist unabhängig voneinander von BENSAUDE (1918) an *Coprinus fimetarius*, von KNIEP (1918, 1920) an *Schizophyllum commune* und von DODGE (1920) an *Ascobolus stercorarius* entdeckt worden. In den folgenden Jahren haben KNIEP, seine Mitarbeiter und andere Arbeitsgruppen zeigen können, daß die sexuelle Unverträglichkeit innerhalb der Eumycetes eine weit verbreitete Erscheinung ist, die bei etwa 90% aller Holobasidiomycetes, bei zahlreichen Phragmobasidiomycetes und Ascomycetes auftritt (Tabelle II-2 und die auf S. 52 zitierten Listen). Soweit genauere genetische Daten vorliegen, lassen sich diese Incompatibilitätserscheinungen fast ausnahmslos in das homogenische System einordnen.

*Homogenische Incompatibilität kann* entweder *durch einen oder durch zwei Faktoren gesteuert* werden. Da im ersten Falle mindestens zwei Kreuzungstypen und im zweiten mindestens vier vorhanden sind, spricht man vom *bipolaren bzw. vom tetrapolaren Mechanismus.*

## Der bipolare Mechanismus

Im einfachsten Falle existieren von dem Genort, der für die bipolare Incompatibilität verantwortlich ist, zwei Allele. Diese werden im allgemeinen als $+$ und $-$ bezeichnet und sind für das Sexualverhalten der beiden Kreuzungstypen verantwortlich.

Bei *Neurospora crassa* werden allerdings meist die beiden Kreuzungstypen mit *A* bzw. *a* bezeichnet, obwohl ursprünglich von LINDEGREN (1933) die Benennung $+$ und $-$ eingeführt worden war. Die Verwendung der Gensymbole $+$ und $-$ erscheint uns jedoch logischer, da die Benennung *A/a* eine Dominanz von *A* über *a* vortäuscht, die bisher noch nicht nachgewiesen werden konnte. In der *Saccharomyces*-Genetik benutzt man zur Benennung der beiden Kreuzungstypen die Symbole *a* und α (s. S. 87).

Gemäß der Definition der homogenischen Incompatibilität sind *alle Myzelien mit dem gleichen Kreuzungstyp selbst- und kreuzungsincompa-*

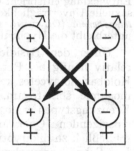

Abb. II-3. Genetische Grundlagen des bipolaren Incompatibilitätsmechanismus. Die Rechtecke stellen zwei homokaryotische Individuen dar, die einen verschiedenen Kreuzungstyp besitzen. In jedem Kreuzungstyp ist ein männlich und ein weiblich determinierter Kern eingezeichnet. Die Symbolisierung des hermaphroditen Charakters der Individuen durch sexuell verschiedene Kerne wurde gewählt, da dieses Schema sowohl für Ascomycetes (mit Geschlechtsorganen) als auch für Basidiomycetes (ohne Geschlechtsorgane) gilt. Die gestrichelt gezeichneten blockierten Pfeile deuten die Selbstincompatibilität (bzw. Kreuzungsincompatibilität zwischen gleichen Kreuzungstypen) an. Zygotenbildung kann nur zwischen verschiedener Kreuzungstypen erfolgen ( Pfeile), und zwar sind zwei reziproke Kreuzungen möglich: ♀ $+$ × ♂ $-$; ♀ $-$ × ♂ $+$.

*tibel* ($+$× $+$; $-$× $-$). Eine *Befruchtung* erfolgt nur *zwischen verschiedenen Kreuzungstypen* ($+$× $-$). Da jeder Kreuzungstyp als Kern-Donor und als Kern-Akzeptor fungieren kann, sind zwischen $+$- und $-$-Myzelien zwei reziproke Kreuzungen möglich (Abb. II-3).

Durch Genomverdoppelung kann man incompatible Pilze zur Fruchtkörperbildung bringen, wenn die diploiden Kerne für $+$ und $-$ heterozygot sind (FRANKE 1962 an *Podospora anserina*). Der gleiche Effekt wurde bei *Neurospora crassa* durch Disomie erreicht (MARTIN 1959).

Wie aus Tabelle II-2 zu ersehen ist, wird bei den Euascomycetes die homogenische Incompatibilität ausschließlich durch den *bipolaren Mechanismus* bestimmt. Alle selbstincompatiblen Arten dieser Gruppe bilden weibliche Geschlechtsorgane aus. Entsprechend der verschiedenartigen Entstehung der männlichen Kerne wird durch die sexuelle Unverträglichkeit entweder die Gametangiogamie, die Oogamie oder die Somatogamie verhindert, und zwar meist *vor der Plasmogamie*.

*Gametangiogamie:* Das meist mit einer Trichogyne versehene Ascogon fusioniert mit dem mehrkernigen männlichen Gametangium (Plasmogamie). Nach Übertritt der männlichen Kerne in das vielkernige Ascogon wandern weibliche und männliche Kerne paarweise in die aus dem Ascogon auswachsenden ascogenen Hyphen (dikaryotische Phase) und verschmelzen in den jungen Asci (Karyogamie) (z.B. *Ascobolus magnificus:* DODGE 1920).

*Oogamie (Spermatisierung):* Die Befruchtung des Ascogons erfolgt mit Hilfe der Trichogyne durch einkernige Gameten (= Spermatien), die in Gametangien (= Spermogonien) gebildet werden. Nach Fusion zwischen Trichogynenspitze und Spermatium (Plasmogamie) wandert der Kern des Spermatiums durch die Trichogyne in das meist einkernige Ascogon, von

dem durch konjugierte Kernteilungen die Bildung ascogener Hyphen ausgeht, deren Enden sich zu Asci umwandeln (z. B. *Podospora anserina:*
DOWDING 1931, AMES 1932, *Bombardia lunata:* ZICKLER 1952).

*Oogamie (Dikaryotisierung):* Die Trichogyne des Ascogons kann mit jeder
lebensfähigen, kernhaltigen Myzelstruktur (Oidien, Konidien, Keimschläuche
der Ascosporen, Hyphenspitzen usw.) die Plasmogamie vollziehen. Nach
Eindringen des männlichen Kerns erfolgt die Entwicklung wie beim Spermatisierungstyp (z. B. *Ascobolus stercorarius:* BISTIS 1957, *Neurospora sitophila:* BACKUS 1939). Nach BISTIS und RAPER (1963) ist es jedoch möglich,
daß zwischen aktivierten Oidien und Trichogynenspitzen des gleichen Kreuzungstyps von *Ascobolus stercorarius* auch eine Plasmogamie erfolgt, die
jedoch nicht zur Karyogamie führt.

*Somatogamie:* Nach Fusion zwischen +- und —-Hyphen (Plasmogamie)
erfolgt der Kernaustausch zwischen den beiden Kreuzungspartnern. In der
Kontaktzone entstehen heterokaryotische Hyphen, an denen sich Ascogone
bilden, die +- und —-Kerne enthalten (dikaryotische Phase). Die weitere
Entwicklung entspricht dem Spermatisierungstyp. Als einziges Beispiel für
sexuelle Unverträglichkeit bei dieser Art der Befruchtung ist *Gelasinospora
tetrasperma* (DOWDING 1933) bekannt. Zwischen incompatiblen Partnern
unterbleibt die Hyphenfusion.

Unter den Basidiomycetes kommt die bipolare Incompatibilität
relativ häufig bei Phragmobasidiomycetes vor (Tabelle II-2). Da die
Holobasidiomycetes keine Geschlechtsorgane besitzen, erfolgt die Plasmogamie somatogam. Diese Hyphenfusion zwischen verschiedenen
Kreuzungstypen ermöglicht einen Kernaustausch. Die nach der Fusion
einsetzenden Querwandauflösungen und Kernwanderungen führen
schließlich zu dikaryotischen Zellen, die Schnallen bilden (LANGE 1966).
Das Schnallenmyzel wird allgemein als „Dikaryon" bezeichnet. Durch
die Schnallenbildung wird die gleichmäßige Weitergabe der sich konjugiert teilenden +- und —-Kerne bis zur Karyogamie sichergestellt.
Im Gegensatz zu den Ascomycetes ist bei den Holobasidiomycetes auch
zwischen incompatiblen Partnern Plasmogamie und Kernaustausch
möglich. In diesen Fällen entstehen entweder gar keine oder nur unvollständig ausgebildete Schnallenmyzelien. Als *Kriterium für Compatibilität* ist daher die *Schnallenbildung* anzusehen.

Es sind einige Fälle bekannt, in denen nach der Somatogamie die Donor-
Kerne durch das Akzeptormyzel wandern und an verschiedenen Stellen die
Bildung eines Schnallenmyzels auslösen (BULLER 1931).

Bei den Ustilaginales, die ebenfalls keine Geschlechtsorgane ausbilden, erfolgt die Befruchtung durch Kopulation von +- und —-Spori-
dien. Jedes Sporidium kann sowohl seinen Kern in den Kreuzungspartner abgeben als auch dessen Kern aufnehmen (HOLTON 1942). Das
*Kriterium für Compatibilität ist die Infektionsfähigkeit des Dikaryons*
nach der Sporidienfusion.

Die Sexualitätsverhältnisse der *Uredinales* sind mit denen der Euascomycetes vergleichbar. Die Pyknosporen (= Spermatien) sind als
männliche Gameten und die Aezidienanlagen als weibliche Geschlechtsorgane aufzufassen  (LAMB 1935, MITTER 1936). Da Einspormyzelien
stets zwittrig sind (ALLEN 1932), sind zwei reziproke Kreuzungen zwischen den +- und —-Kreuzungstypen möglich. Die *Bildung von Aezidiosporen* gilt als *Kriterium für Compatibilität.*

## Der tetrapolare Mechanismus

Tetrapolare Incompatibilität ist bisher nur bei Arten der Holobasidiomycetes und Ustilaginales nachgewiesen worden (Tabelle II-2).

Für diesen Mechanismus sind zwei meist nicht gekoppelte Erbfaktoren verantwortlich, die man mit $A$ und $B$ bezeichnet. Die Allele dieser beiden Loci werden mit einer Zahl als Index zu $A$ bzw. $B$ gekennzeichnet. Im einfachsten Falle existieren vier Kreuzungstypen: $A_1B_1$, $A_2B_2$, $A_1B_2$, $A_2B_1$. Für die *Sexualbeziehungen zwischen den vier selbstincompatiblen Kreuzungstypen* gilt die von KNIEP (1920) formulierte *Regel: Keines der beiden Faktorenpaare kann sich homozygot zur Karyogamie vereinigen.*

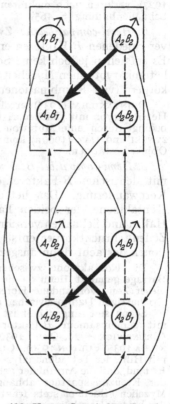

Betrachten wir zunächst die Holobasidiomycetes. Von den sechs Kreuzungen (s. Abb. II-4), die zwischen den vier Kreuzungstypen durchgeführt werden können, sind nur zwei compatibel, und zwar: $A_1B_1 \times A_2B_2$ und $A_1B_2 \times A_2B_1$. Alle übrigen führen nicht zur Zygotenbildung. Genauere genetische und entwicklungsgeschichtliche Untersuchungen an *Schizophyllum commune* (PAPAZIAN 1950, RAPER und SAN ANTONIO 1954, PARAG und RAPER 1960) und *Coprinus lagopus* (SWIEZYNSKI und DAY 1960a, b) haben gezeigt, daß sich die incompatiblen Kombinationen nicht einheitlich verhalten. Nach diesen Untersuchungen lassen sich die in Abb. II-4 dargestellten Kreuzungsbeziehungen in vier Gruppen unterteilen (RAPER 1961a).

Abb. II-4. Genetische Grundlagen des tetrapolaren Incompatibilitäts-Mechanismus der Holobasidiomycetes. Darstellungsweise wie in Abb. II-3. Kerne mit verschiedenen Incompatibilitätsfaktoren sind compatibel (stark ausgezogene Pfeile), sie bilden Dikaryen. Kerne mit gleichem $A$- oder $B$-Faktor sind hemi-compatibel (dünn ausgezogene Pfeile), sie bilden Heterokaryen. Kerne mit gleichen Incompatibilitätsfaktoren sind incompatibel.

*1. Compatibel:* Myzelien mit verschiedenen $A$- und $B$-Faktoren fusionieren und führen reziproken Kernaustausch durch. Es entsteht ein schnallenbildendes Dikaryon (vier Kombinationen, stark ausgezogene Pfeile).

Ähnlich wie bei den bipolar incompatiblen Holobasidiomycetes sind nach der Dikaryonbildung die Donor-Kerne in der Lage, in das Akzeptormyzel einzudringen und dieses zu durchwandern (BULLER 1941, BRODIE 1948, FULTON 1950, KIMURA 1954b, SNIDER und RAPER 1958, TERRA 1958, SWIEZYNSKI und DAY 1960b, SNIDER 1963a, b). Die Wanderungsgeschwindigkeit ist abhängig vom Genotyp der beiden Partner und von den Kulturbedingungen (PRÉVOST 1962).

Es ist zur Zeit noch unklar, ob mit dem Kernaustausch bei der Bildung des Dikaryons auch ein Austausch von Zytoplasma verbunden ist (S. 466). Eines ist jedoch gewiß: Die normale Schnallenbildung kann nur in Gegenwart und nur durch ein Zusammenwirken der beiden Kerne ausgelöst werden. Dikaryen, denen operativ eine Kernkomponente entfernt wurde (HARDER 1927), verloren nach mehreren Dutzend Zellgenerationen die Fähigkeit zur Schnallenbildung (S. 465).

2. *Hemi-compatibel-A:* Zwischen Myzelien mit identischen *A*- und verschiedenen *B*-Faktoren erfolgt Kernaustausch und Kernwanderung. Es entstehen jedoch keine Schnallen. An den nur spärlich wachsenden heterokaryotischen Myzelien unterbleibt meist die Bildung von Fruchtkörpern (vier Kombinationen der acht dünn ausgezogenen Pfeile).

QUINTANILHA (1935) erwähnt, daß bei *Coprinus fimetarius* an einem Heterokaryon mit gleichen *A*-Faktoren ein Fruchtkörper auftrat, und zwar bedingt durch eine Mutation von einem der beiden *A*-Faktoren. SWIEZYNSKI und DAY (1960a) konnten diese Beobachtungen später am gleichen Objekt bestätigen.

3. *Hemi-compatibel-B:* Zwischen Myzelien mit verschiedenen *A*- und mit identischen *B*-Faktoren erfolgt ebenfalls Kernaustausch, aber ohne Kernwanderung. Das heterokaryotische Myzel existiert nur in der Kontaktzone der beiden Partner und bildet defekte Schnallen. Die Haken und Schnallen verschmelzen nämlich nicht mit den subterminalen Zellen. Fruchtkörper entstehen im allgemeinen nicht (vier Kombinationen der acht dünn ausgezogenen Pfeile).

Die Kontaktzone zwischen hemi-compatiblen *B*-Myzelien wird auch Barrage genannt, denn da die Kernwanderung ausbleibt, bietet das nur in dieser Zone vorhandene Heterokaryon einen makroskopisch erkennbaren, strichartigen Damm zwischen den Partnern.

Schon seit langer Zeit ist bekannt, daß gelegentlich an Heterokaryen mit gemeinsamem *B*-Faktor vereinzelt fertile Fruchtkörper entstehen (BRUNSWICK 1924, OORT 1930, VANDENDRIES und BRODIE 1933, QUINTANILHA 1935, FULTON 1950). QUINTANILHA war der erste, der dieses Phänomen mit Hilfe der Tetradenanalyse bearbeitete, und zwar an *Coprinus fimetarius*. Er fand, daß die Anzahl der gebildeten „illegitimen" Fruchtkörper vom Alter der Kreuzungspartner abhängt. Bei Verwendung von frisch gekeimten Myzelien erhielt er stets fruktifizierende Heterokaryen. Da die Verteilung der beiden Kernkomponenten ($A_1 B_1$ und $A_2 B_1$) in den Heterokaryen nicht gleichmäßig war, entstanden in jedem Fruchtkörper mehrere Tetradentypen, und zwar vorwiegend dikrate mit je zwei Sporen der beiden Elterntypen, aber auch monokrate, die entweder vier $A_1 B_1$- oder vier $A_2 B_1$-Sporen enthielten. Cytologische Analysen ergaben, daß die dikraten Tetraden völlig normal nach Karyogamie und Meiosis der beiden Kernkomponenten entstehen. Die Bildung der monokraten Tetraden dagegen geht von einem haploiden Kern ohne Meiosis aus (apomiktische Sporenbildung). In den meisten Fällen degenerieren jedoch die einkernigen Basidien vor oder nach der ersten Kernteilung. Dies erklärt die weitaus geringere Zahl der in den Fruchtkörpern enthaltenen monokraten Tetraden.

Erst 25 Jahre später wurde dieselbe Problematik von RAPER und PARAG (1960) an *Schizophyllum commune* wieder aufgegriffen. Auch hier zeigte die genetische Analyse der Sporen von „illegitimen" Fruchtkörpern, die unter Verwendung von Markierungsgenen durchgeführt wurde, daß der Sporogenese eine Karyogamie und Meiosis vorausgegangen war. Bei diesem Objekt beruhte die Durchbrechung der Incompatibilität (von einer Ausnahme abgesehen) allerdings auf einer durch Spontanmutation entstandenen Veränderung eines der beiden *B*-Faktoren. Diese Versuche wurden von PARAG (1962a) fortgeführt. Er konnte durch Behandlung von einem „gemeinsamen *B*-Heterokaryon" mit Senfgas zwei weitere mutierte *B*-Faktoren erhalten.

Testkreuzungen ergaben, daß die Mutationsstelle in beiden Fällen innerhalb der genetischen Region des *B*-Faktors lag. Da die zwei Mutanten mit 55 verschiedenen *B*-Faktoren compatibel waren, nimmt PARAG an, daß durch die Mutation die *B*-Funktion unterbunden wurde und auf diese Weise die tetrapolare Incompatibilität zu einer bipolaren geworden ist. Ebenfalls durch Mutation erklären SWIEZYNSKI und DAY (1960a) die Fruchtkörperbildung in hemi-compatiblen Heterokaryen von *Coprinus lagopus.*

4. *Incompatibel:* Zwischen Myzelien mit identischen *A*- und *B*-Faktoren findet zwar in geringem Umfang in der Kontaktzone Plasmogamie und Kernaustausch statt. Kernwanderung und Schnallenbildung treten jedoch nicht ein. Fruchtkörper werden nicht gebildet. Diese vier Kombinationen sind in Abb. II-4 nicht eingezeichnet; sie werden jedoch durch die blockierten Pfeile zwischen den Kernen jedes einzelnen Kreuzungstyps symbolisiert.

Tabelle II-3. *Zusammenstellung einiger Phänokopien von Dikaryen und Heterokaryen, die durch Genmutation oder Disomie bedingt sind und an verschiedenen Homokaryen von Schizophyllum und Coprinus beobachtet wurden* Mutationen der Incompatibilitätsfaktoren sind mit „$x$" und Mutationen an anderen Genorten mit „$M$" bezeichnet. (Aus RAPER und ESSER 1964, ergänzt)

| Myzeltyp | Genotyp der Wildform | Genotyp der Phänokopie verändert durch: | | | |
|---|---|---|---|---|---|
| | | Mutation | (Objekt) | Disomie | (Objekt) |
| Dikaryon | $(A_1B_1+$ $A_2B_2)$ | $A_1$-$M$ $B_x$ oder $A_x B_x$ | (*S. commune*) | $A_1 B_2 B_1 B_2$ | (*S. commune*) |
| Heterokaryon mit gemeinsamen *A*-Faktoren | $(A_1B_1+$ $A_1B_2)$ | $A_1 B_x$ | (*S. commune*) | $A_1 B_1 B_2$ | (*S. commune, C. fimetarius* |
| Heterokaryon mit gemeinsamen *B*-Faktoren | $(A_1B_1+$ $A_2B_1)$ | $A_x B_1$ $A_1$-$M$ $B_1$ | (*C. lagopus*) (*S. commune, C. lagopus*) | $A_1 B_2 B_1$ | (*S. commune*) |

RAPER und RAPER (1964) konnten kürzlich zeigen, daß die sexuelle Verträglichkeit von *S. commune* nicht ausschließlich durch die beiden Incompatibilitäts-Faktoren *A* und *B* bestimmt wird, sondern auch von sog. „Modifikatorgenen" abhängig ist. Sie fanden nämlich 9 Mutanten von mindestens 3 (nicht mit den *A*- und *B*-Faktoren gekoppelten) Loci, welche die Heterokaryosis zwischen den einzelnen Kombinationen der vier Kreuzungstypen beeinflussen. Alle 9 Mutanten steigern die Lebensfähigkeit der Heterokaryen mit gemeinsamem *A*-Faktor und lösen in diesen die Bildung von Pseudoschnallen aus. 8 dieser Mutanten greifen in die normalen Entwicklungsvorgänge der aus compatiblen Kombinationen entstandenen Dikaryen ein: Es entstehen auch in diesen Myzelien Pseudoschnallen, so daß der normale Kernverteilungsmechanismus gestört und die Bildung von Fruchtkörpern verhindert wird.

Das *Incompatibilitätskriterium der Holobasidiomycetes* besteht also in einem *Ausbleiben der Karyogamie.* Der regelmäßige Eintritt von Kernaustausch und teilweise von Schnallenbildung in den hemi-compatiblen Kombinationen stellt offenbar die gleiche Erscheinung dar, die schon von VANDENDRIES (1923) und BRUNSWICK (1924) beobachtet und von letzterem als „Durchbrechungskopulation" bezeichnet wurde.

Homokaryotische Stämme können in Ausnahmefällen auch den Habitus von Dikaryen oder Heterokaryen annehmen (Tabelle II-3). Solche

Phänokopien entstehen entweder infolge von suppressorartig wirkenden
Mutationen an Incompatibilitätsfaktoren bzw. anderen Genen oder durch
Disomie (PRUD'HOMME und GANS 1958, RAPER und OETTINGER 1962).

Ein ähnlicher tetrapolarer Mechanismus wie bei den Holobasidiomycetes findet sich auch bei mehreren Arten der Ustilaginales (Tabelle II-2). Ausgehend von den grundlegenden Untersuchungen von
BAUCH (1930, 1931, 1932a, b, 1934) ergab sich vor allem durch die

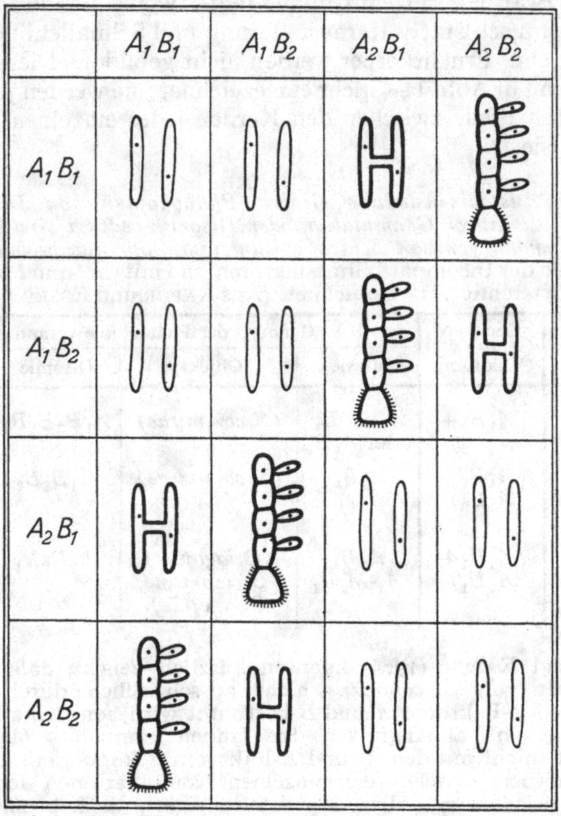

Abb. II-5. Genetische Grundlagen des tetrapolaren Incompatibilitäts-Mechanismus der
Ustilaginales. In den incompatiblen Kombinationen findet keine Fusion der Sporidien
statt, die als langgestreckte Zellen dargestellt sind. Hemi-Compatibilität ist durch
Plasmogamie charakterisiert, und Compatibilität ist durch eine auskeimende Brandspore
dargestellt, die als Produkt des Sexualvorganges entstanden ist.

Versuchsergebnisse von ROWELL (1955) das in Abb. II-5 dargestellte
Reaktionsschema. Auch hier gilt die *Kniepsche Regel*, daß nur Stämme
mit *nichtidentischen Incompatibilitätsfaktoren eine Zygote bilden können*.
Der Unterschied gegenüber den Holobasidiomycetes besteht in einer
funktionellen Differenz (vgl. Abb. II-4 mit Abb. II-5). Eine Hemi-
Compatibilität ist nämlich nur gegeben, wenn die B-Faktoren identisch
sind. Allerdings ist das auf diese Weise entstandene Heterokaryon nicht
infektionsfähig. Bei *Incompatibilität* (Identität von A-Faktoren bzw.
von A- und B-Faktoren) *bleibt die Plasmogamie aus*.

BAUCH (1934) verwandte die Gensymbole $A$ und $B$ im umgekehrten Sinne. Er bezeichnete mit $A$ die Faktoren, welche den Entwicklungszyklus nach der Plasmogamie blockieren, und mit $B$ die Faktoren, welche die Plasmogamie verhindern. Diese Nomenklatur ist jedoch von anderen Autoren nicht übernommen worden (vgl. die Literaturübersicht von WHITE-HOUSE 1951 b).

Da die beiden Incompatibilitäts-Faktoren der Ustilaginales im homo-karyotischen Zustand den Entwicklungszyklus an verschiedenen Stellen hemmen (die $A$-Gene vor der Plasmogamie und die $B$-Gene nachher), hat HARTMANN (1956) versucht, die Incompatibilität der Ustilaginales mit einem bipolaren Mechanismus zu erklären, der nur durch die ,,kopula-tionshemmenden" $A$-Faktoren bestimmt werden soll. Die $B$-Gene sind nach HARTMANN ,,entwicklungshemmende" Faktoren oder ,,Letalfak-toren". Diese Bezeichnung der $B$-Faktoren trifft nicht ihr Wesen. Gewiß sind die $B$-Faktoren entwicklungshemmend wie alle Incompa-tibilitäts-Gene; ob diese Hemmung nun vor oder nach der Plasmogamie eintritt, ist nur ein gradueller und kein prinzipieller Unterschied. Der gleiche Unterschied liegt auch zwischen den Incompatibilitäts-Faktoren der Asco- und Holobasidiomycetes vor (s. oben); die ersteren blockieren im allgemeinen vor und die letzteren nach der Plasmogamie. Die $B$-Fak-toren können auch nicht als Letalfaktoren angesprochen werden, denn ihre Wirkung zeigt sich nicht in monokaryotischen Zellen, sondern nur in Kreuzungen bei Kombinationen bestimmter Allele. Wir sind daher der Meinung, daß es sich sowohl bei den $A$- als auch bei den $B$-Faktoren um echte Incompatibilitäts-Gene handelt.

Eine ähnliche Auffassung wie HARTMANN vertritt auch WHITEHOUSE (1951b). Nach seiner Meinung sind die $B$-Faktoren nicht für die Incompati-bilität, sondern nur für die Pathogenität verantwortlich. Dem läßt sich entgegenhalten, daß die Pathogenität bei einem obligaten Parasiten ein wesentlicher Bestandteil seiner Normalentwicklung ist. Jede Blockierung dieser Funktion ist auch gleichzeitig eine Unterbrechung seines Entwick-lungszyklus. Gene, die einen derartigen physiologischen Block setzen, sind ,,per definitionem" Incompatibilitäts-Gene.

Wir schließen uns WHITEHOUSE an, der in seiner kritischen Lite-raturübersicht (1951b) auf die oft unklaren und unschlüssigen Ver-suchsergebnisse älterer Arbeiten über ,,multipolare" Incompatibilität bei Brandpilzen hinweist. Klarheit in diesen strittigen Fällen dürfte eine Überprüfung dieser Experimente mit Hilfe zytologischer Unter-suchungsmethoden bringen, wie sie z.B. von ROWELL (1955) zur ein-deutigen Feststellung der tetrapolaren Incompatibilität bei *Ustilago zeae* verwendet wurden.

## Multiple Allele der Incompatibilitäts-Faktoren

Schon von KNIEP (1920, 1922) wurden *multiple Allele der Incompa-tibilitäts-Faktoren* gefunden. Mit der Zeit erkannte man, daß diese Er-scheinung *sowohl unter den bipolar als auch unter den tetrapolar incompa-tiblen Holobasidiomycetes* weitverbreitet ist (Tabelle II-2). Multiple Allele sind *auch für den B-Faktor der Ustilaginales* in zwei Fällen mit Sicherheit bekannt geworden (*Ustilago longissima*, BAUCH 1934; *U. zeae*, ROWELL 1955). Die Existenz multipler Allelomorpher ist für den $A$-Locus der Brandpilze umstritten (WHITEHOUSE 1951 b). Für die incompatiblen Arten der Euascales und Uredinales kennt man bisher noch keine multiplen Allele (WHITEHOUSE 1949b, NELSON 1957).

Wenn bei einer Art multiple Allelie vorkommt, sind mehr als zwei Kreuzungstypen vorhanden. Man verwendet deshalb beim *bipolaren* Mechanismus zur Kennzeichnung des Incompatibilitäts-Locus nicht die Symbole $+/-$, sondern den Buchstaben $a$. Die einzelnen Gene werden durch Zufügen einer Zahl als Index charakterisiert, z.B. $a_1$, $a_2$, $a_3$, ... $a_n$. Entsprechend wird beim *tetrapolaren* Mechanismus die Bezeichnung $A_1$, $A_2$, $A_3$, ... $A_n$ bzw. $B_1$, $B_2$, $B_3$, ... $B_n$ gebraucht.

Die Anzahl der für jeden Genort bekannten multiplen Allele ist verschieden und natürlich abhängig von der Intensität, mit der die betreffende Species analysiert wurde. WHITEHOUSE (1949b) schätzte auf Grund der bis zu diesem Zeitpunkt vorliegenden Daten die mögliche Zahl der multiplen Allele für jeden Genort tetrapolar incompatibler Basidiomycetes bis zu 100.

ROSHAL (1950) konnte aus der Nachkommenschaft von 12 Fruchtkörpern von *Schizophyllum commune*, die er auf einer Fläche von etwa 28 ha fand, 23 $A$- und 21 $B$-Faktoren isolieren. EGGERTSON (1953) untersuchte 24 Fruchtkörper von *Polyporus obtusus*, die in einem begrenzten Areal gesammelt wurden. Er entdeckte 39 Allele für die beiden Faktoren.

Die ausgedehnten Untersuchungen von RAPER et al. (1958b) an 114 homokaryotischen Stämmen von *Schizophyllum commune*, die von verschiedenen Fundorten aus allen fünf Erdteilen stammen, ergaben für den $A$-Faktor 96 und für den $B$-Faktor 56 Allele.

Unter der Annahme einer zufallsgemäßen Verteilung der beiden Faktoren innerhalb der gesamten Population und einer gleichen Häufigkeit der Faktoren in beiden Serien ließen sich mit statistischen Methoden für $A$ 339 (Grenzwerte 217 und 562, bei $P = 0,05$) und für $B$ 64 (Grenzwerte 53 und 79, bei $P = 0,05$) Allele berechnen.

Da Untersuchungen in diesem Umfang an Gastromycetes nicht durchgeführt wurden, können wir für diese Gruppe nur auf ältere Daten (FRIES und TROLLE 1947, FRIES 1948) zurückgreifen, welche für die Zahl der multiplen Allele beider Incompatibilitätsfaktoren auf eine Größenordnung von 10 schließen lassen.

Innerhalb der Sporen eines Fruchtkörpers einer bipolar incompatiblen Art treten natürlich nur zwei verschiedene Incompatibilitäts-Allele (z.B. $a_2$ und $a_7$) auf, die im Verhältnis 1:1 auf die Basidiosporen verteilt werden. Entsprechend findet man unter sämtlichen Sporen des Fruchtkörpers einer tetrapolar incompatiblen Art ebenfalls je Genort nur zwei Allele, die infolge von Rekombinationsvorgängen als vier verschiedene Genotypen zu erkennen sind, z.B. $A_3 B_9$, $A_1 B_{10}$, $A_3 B_{10}$, $A_1 B_9$. *Die sexuelle Verträglichkeit der zahlreichen Kreuzungstypen, die infolge der multiplen Allele existieren*, wird natürlich durch die Grundregel der homogenischen Incompatibilität bestimmt: *Zwei Stämme sind nur compatibel, wenn sie für alle Incompatibilitäts-Faktoren heterogen sind.*

### Struktur der Incompatibilitäts-Faktoren

KNIEP (1923) hatte sich schon Gedanken über die Entstehung der multiplen Allelie bei den incompatiblen Pilzen gemacht. Seine

Annahme, daß neue Incompatibilitäts-Gene durch Spontanmutationen entstehen, war sehr einleuchtend, denn man fand nur in seltenen Fällen neue Allele in den Kreuzungsnachkommenschaften incompatibler Stämme. PAPAZIAN (1951) wies darauf hin, daß spontane Mutationen nicht die einzige Erklärungsmöglichkeit für die Entstehung neuer Allele sind. An *Schizophyllum commune* konnte er nämlich mit Hilfe von Tetradenanalysen zeigen, daß für den *A*-Locus im Verlauf der Meiosis als seltenes Ereignis paarweise „neue" Allele gebildet werden können. Schematisch dargestellt, ergibt sich unter Fortlassung der *B*-Faktoren folgendes Bild:

$$A_1 \times A_2 \rightarrow \text{Meiosis} \rightarrow A_1, A_2, A_x, A_y$$

Diese Befunde führten zu der Annahme, daß der *A*-Locus komplex ist und aus mindestens zwei genetischen Untereinheiten besteht. Beide Untereinheiten wirken zusammen und realisieren das Merkmal *A*. Die beiden Untereinheiten müssen sehr eng gekoppelt sein, denn zwischen ihnen findet ein Austausch nur mit einer sehr geringen Häufigkeit statt. Wenn aber eine reziproke Rekombination erfolgt, entstehen Einheiten mit veränderten physiologischen Eigenschaften: die neuen Faktoren $A_x$ und $A_y$.

Die umfangreichen Untersuchungen von RAPER und Mitarbeitern am gleichen Objekt (RAPER 1953, VAKILI 1953, RAPER und MILES 1958, RAPER et al. 1958a, c, RAPER et al. 1960, RAPER 1961a) haben die Befunde von PAPAZIAN nicht nur bestätigt, sondern auch wesentlich erweitert und präzisiert. RAPER konnte auf Grund seiner Experimente die folgenden Vorstellungen über die Konstitution und Wirkungsweise der Incompatibilitäts-Faktoren entwickeln:

*Sowohl der A- als auch der B-Faktor von S. commune bestehen aus mindestens zwei Untereinheiten, die α und β genannt werden. Bei beiden handelt es sich um gekoppelte Mutationsbereiche, die durch crossing over neu kombiniert werden können.*

Für den *A*-Faktor konnten bisher 9 verschiedene $A_\alpha$ und 26 verschiedene $A_\beta$ identifiziert werden. Die crossing-over-Werte zwischen den $A_\alpha$ und den $A_\beta$ schwanken zwischen 1 und 23%. Für den *B*-Faktor sind je drei $B_\alpha$ und $B_\beta$ bekannt, die einen Abstand von zwei Morgan-Einheiten besitzen. Innerhalb der α- und β-Untereinheiten konnte keine Rekombination festgestellt werden.

*Die physiologische Spezifität der A- und B-Faktoren wird durch die jeweilige Kombination der α- und β-Untereinheiten bestimmt.* *A*-Faktoren bzw. *B*-Faktoren besitzen die gleiche physiologische Wirkung, wenn sie gleiche α- und β-Untereinheiten haben. Ihre physiologische Spezifität ist verschieden, wenn eine oder beide Untereinheiten verschieden sind. Es verhält sich z.B. $A_{\alpha1\beta1}$ anders als $A_{\alpha1\beta2}$. Zwei Kreuzungstypen sind also nur dann incompatibel, wenn beide *A*- und *B*-Faktoren jeweils die gleichen α und β tragen. Eine sexuelle Verträglichkeit von zwei Stämmen kommt schon im einfachsten Falle zustande, wenn für jeden Faktor eine α- oder eine β-Differenz vorliegt (z.B. $A_{\alpha1\beta1} B_{\alpha3\beta3} \times A_{\alpha1\beta2} B_{\alpha2\beta3}$).

Auf Grund dieser Versuchsergebnisse hat RAPER vorgeschlagen, *A und B nicht als Gene, sondern als Faktoren zu bezeichnen.* In dem bisher

Gesagten sind wir dieser Anregung schon weitgehend gefolgt. Unter dem
Begriff Faktor ist in diesem Zusammenhang ein aus zwei Genen ($\alpha$ und $\beta$)
bestehender Komplex zu verstehen. Beide Gene haben eine ähnliche
Funktion. Sie liefern die genetische Information für die Reaktionsnorm
des Incompatibilitätsfaktors (z.B. $A_1$). RAPER spricht von einer ,,physio-
logischen Einheit''.

Da die Verwendung dieses Terminus leicht zu Mißverständnissen führen
kann, erscheint es uns angebracht, darauf hinzuweisen, daß eine in diesem
Sinne definierte ,,physiologische Einheit'' nicht mit dem Ausdruck ,,Funk-
tionseinheit'' verwechselt werden darf. Als Funktionseinheit bezeichnet
man im allgemeinen ein einzelnes Gen (S. 218ff.).

Der Beweis, daß $A$ und $B$ tatsächlich physiologische Einheiten sind,
wird durch die Tatsache geliefert, daß schon die unterschiedliche genetische Konstitution von nur *einem* $\alpha$ oder *einem* $\beta$ die Faktorspezifität
ändert. Wir brauchen also bei der Beschreibung dieses Incompatibilitäts-
Mechanismus nicht umzudenken (octopolarer Mechanismus!). Wir können
weiter von *tetrapolarer Incompatibilität* sprechen und als *Determinanten*
dieses Mechanismus *die beiden physiologischen Einheiten A und B* bezeichnen, *deren Wirkungsspezifität durch je zwei Gene bestimmt wird*.

Eine Verallgemeinerung dieser neuen Vorstellung über die Struktur
der $A$- und $B$-Faktoren scheint möglich zu sein: denn bei einer Reihe
von weiteren Objekten, die einer genauen genetischen Analyse unter-
zogen wurden, konnten ebenfalls Untereinheiten für einen oder für beide
Faktoren festgestellt werden (Tabelle II-4).

Tabelle II-4. *Zusammenstellung von Versuchsergebnissen über die komplexe
Struktur der A- und B-Faktoren von tetrapolar incompatiblen Basidiomycetes*
    Soweit Daten vorliegen, sind für die betreffenden Faktoren mindestens
je zwei Untereinheiten gefunden worden, zwischen denen reziproke Rekombination möglich ist (— = noch keine Analysen).

| Organismus | Rekombinations-häufigkeit in % innerhalb von Faktor | | Referenz |
|---|---|---|---|
| | $A$ | $B$ | |
| *Collybia velutipes* | 0,5—1,3 | 19,4 | TAKEMARU 1957a, b |
| *Coprinus lagopus* | 0,068—0,88 | — | DAY 1960, 1963a, b |
| *Coprinus sp.* | — | 7,4 | TAKEMARU 1961 |
| *Lentinus edodes* | — | 7,5 | TAKEMARU 1961 |
| *Pleurotus spodoleucus* | — | 8,3 | TAKEMARU 1961 |
| *Pleurotus ostreatus* | — | — | TERAKAWA 1957 |
| *Schizophyllum commune* | 0,9—22,8 | 2,0 | RAPER et al. 1958a, 1960 |
| *Schizophyllum commune* | 18,3 | 1,9 | TAKEMARU 1961 |

In Tabelle II-4 haben wir der Vollständigkeit halber auch die Untersuchungen von RAPER, die schon oben besprochen wurden, aufgeführt.
Da bei *Collybia* und *Schizophyllum* mit $A$ und $B$ einander entsprechende
Faktoren bezeichnet wurden, ergibt sich bei diesen Pilzen für die Distanz
der beiden Untereinheiten von $A$ und $B$ das umgekehrte Bild. Während
bei *Collybia* die Gene des Faktors $B$ einen relativ weiten Abstand haben,
ist dies bei *Schizophyllum* für die Untereinheiten des $A$-Faktors der Fall.

## Kreuzungen zwischen Monokaryen und Dikaryen (Buller-Phänomen)

BULLER (1931, 1933, 1941) führte in großem Umfange Kreuzungen zwischen dikaryotischen und monokaryotischen Myzelien durch. Er fand, daß aus den Dikaryen Kerne in die Monokaryen übertreten. Diese Erscheinung wurde von QUINTANILHA (1937) als „Buller-Phänomen" bezeichnet. Bei der Besprechung solcher „Di-Mon"-Kreuzungen wollen wir uns der von PAPAZIAN (1950) vorgeschlagenen Nomenklatur bedienen, die sich durch ihre Übersichtlichkeit auszeichnet. Folgende Kombinationen sind bei einer tetrapolar incompatiblen Art möglich:

*1. Compatible Di-Mon-Kreuzungen* sind solche, in denen der Kern des Monokaryons mit jedem Kern des Dikaryons compatibel ist: $(A_1B_1 + A_2B_2) \times A_3B_3$.

Die Bezeichnung eines Dikaryons erfolgt, indem man die $A$- und $B$-Faktoren, welche die Spezifität der beiden Kernkomponenten bestimmen, mit einem $+$ verbindet und das Ganze mit einer Klammer umschließt. Die genetische Kennzeichnung der einzelnen Faktoren durch Untereinheiten unterbleibt, um die Übersichtlichkeit zu wahren.

Es wäre zu erwarten, daß bei einer Reihe von verschiedenen Di-Mon-Kreuzungen die beiden Kernkomponenten des Dikaryons mit gleicher Häufigkeit in das Monokaryon einwandern. Dies ist jedoch nicht immer der Fall. Schon QUINTANILHA (1939) konnte bei entsprechenden Kreuzungen mit *Coprinus fimetarius* Abweichungen vom 1:1-Verhältnis der neugebildeten Dikaryen feststellen. Zu den gleichen Ergebnissen gelangten KIMURA (1954a, b, 1958), SWIEZYNSKI (1961), ELLINGBOE und RAPER (1962b), PRÉVOST (1962) und CROWE (1960, 1963) in ihren Untersuchungen an *Collybia velutipes*, *Coprinus macrorhizus f. microsporus*, *Coprinus lagopus*, *Pleurotus ostreatus*, *Schizophyllum commune* bzw. *Coprinus radiatus*.

KIMURA schloß aus seinen Experimenten, daß für die Dikaryotisierung neben mehreren Loci, deren Incompatibilitäts-Faktoren nicht identisch sind, noch extrachromosomale Faktoren verantwortlich sind. Dieser Auffassung hat sich auch PRÉVOST angeschlossen. Da in den Versuchen von ELLINGBOE und RAPER weitgehend isogene Stämme verwendet wurden, kommen für die Di-Mon-Kreuzungen bei *Schizophyllum* extrachromosomale Determinanten nicht in Frage. Hier scheinen sowohl die Incompatibilitäts-Loci selbst als auch weitere, mit ihnen nichtidentische Gene das Sexualverhalten zu bestimmen. Da in jedem Fall beide Kernarten in das Monokaryon übertreten, muß die Selektion des dikaryotisierenden Kerns im Monokaryon erfolgen. Die kürzlich von CROWE veröffentlichten experimentellen Daten scheinen diese Auffassung zu bestätigen.

*2. Halb-compatible Di-Mon-Kreuzungen* sind solche, in denen der Kern des Monokaryons mit einer Kernart des Dikaryons compatibel und mit der anderen incompatibel ist: z.B. $(A_1 B_1 + A_2 B_2) \times A_1 B_1$.

*3. Incompatible Di-Mon-Kreuzungen* sind solche, in denen der Kern des Monokaryons mit den beiden Kernen des Dikaryons hemi-compatibel ist, d.h. er hat mit beiden Kernen einen Faktor gemeinsam: z.B. $(A_1B_1 + A_2B_2) \times A_1B_2$.

Die Tatsache, daß in compatiblen und halb-compatiblen Kreuzungen Kerne aus dem Dikaryon in das Monokaryon übertreten, ist verständlich und zu erwarten. Im ersten Falle kann das Monokaryon von den beiden

Kernen dikaryotisiert werden und im zweiten nur von der verträglichen Kernart. Es war jedoch nicht vorauszusehen, daß *auch in incompatiblen Di-Mon-Kreuzungen, in denen keine der beiden Kernarten des Dikaryons mit dem Monokaryon verträglich ist, sehr oft eine Dikaryotisierung des Monokaryons erfolgen kann.* Dieser Sonderfall des Buller-Phänomens wurde an verschiedenen Objekten beobachtet (CHOW 1934, DICKSON 1934, 1935, 1936, NOBLE 1937, QUINTANILHA 1937, 1938a, b, 1939, OIKAWA 1939, PAPAZIAN 1950, 1954, TERRA 1953, KIMURA 1954a, b, 1957, 1958, GANS und PRUD'HOMME 1958, CROWE 1960, TAKEMARU 1961, PRUD'HOMME 1962, PRÉVOST 1962, ELLINGBOE und RAPER 1962b, SWIEZYNSKI 1962, 1963, ELLINGBOE 1963).

Für Dikaryotisierung in incompatiblen Di-Mon-Kreuzungen gibt es zwei Möglichkeiten:

*1. Beide Kerne des Dikaryons wandern in das Monokaryon, ersetzen dessen Kerne und lösen auf diese Weise die Bildung eines dikaryotischen Schnallenmyzels aus.* Dieser schon von BULLER vertretenen Erklärung haben sich CHOW, DICKSON und OIKAWA angeschlossen. Einen experimentellen Beweis lieferte erstmals QUINTANILHA (1939) und später PAPAZIAN und CROWE.

*2. Im Dikaryon findet ein genetischer Austausch zwischen den beiden Kernkomponenten statt, der zur Bildung eines mit dem Monokaryon verträglichen Kerns führt.* Diese Interpretation stammt von QUINTANILHA (1933) und konnte später von dem gleichen Autor durch entsprechende Tetradenanalysen an *Coprinus fimetarius* experimentell belegt werden (1938b, 1939). Weitere Beweise für eine solche Neukombinationstheorie gehen aus den Arbeiten von PAPAZIAN, GANS und PRUD'HOMME, CROWE, PRUD'HOMME, KIMURA, SWIEZYNSKI, ELLINGBOE und RAPER hervor. Man verwendete Dikaryen, in denen sowohl der A- als auch der B-Faktor durch eng gekoppelte Gene markiert war. Die genetische Analyse der in den Fruchtkörpern des ursprünglichen Monokaryons entstandenen Sporen ließ eindeutig erkennen, daß im Dikaryon ein Genaustausch stattgefunden haben muß.

Der *Mechanismus* eines derartigen Austauschvorganges, der eine Vereinigung der beiden Kerne im Dikaryon voraussetzt, ist noch unklar. Aus den Untersuchungen von CROWE weiß man, daß die aus dem Dikaryon auswandernden Kerne haploid sind. Für die Neuentstehung von haploiden Kernen kann *entweder mitotische Rekombination oder meiotische Rekombination* verantwortlich sein (s. Abschnitt *Alternativen zur sexuellen Fortpflanzung*, S. 96ff.).

Neben diesen beiden klassischen Mechanismen der Rekombination scheint in Dikaryen von *Schizophyllum commune noch ein weiterer, völlig unbekannter Rekombinationsvorgang* stattzufinden, der zur Bildung von compatiblen Kernen führt (S. 99, 211).

ELLINGBOE (1963) fand nämlich, daß in incompatiblen Di-Mon-Kreuzungen, in denen die Kernkomponenten hinreichend mit Genmarken versehen waren, nur die Incompatibilitäts-Faktoren und nicht die in deren Nähe gelegenen Markierungsgene ausgetauscht wurden. Eine Erklärung dieses Phänomens kann zur Zeit noch nicht gegeben werden.

## Pseudocompatibilität

*Es gibt monözische Ascomycetes und Basidiomycetes, deren Selbst-fertilität nicht auf einer Selbstcompatibilität beruht* (Tabelle II-2; Abb. II-2). Für dieses Phänomen der *Pseudocompatibilität* sind in der Literatur mehrere Ausdrücke verwendet worden: sekundäre Homothallie (Dodge 1927), Amphithallie (Lange 1952), Pseudo-Monothallie (Ahmad 1954, Homo-Heteromixie (Burnett 1956a). Pseudocompatibilität tritt bei den tetrasporen Ascomycetes und bisporen Basidiomycetes auf. Als tetraspor bezeichnet man einen Ascomyceten, der im Ascus anstelle von acht einkernigen Sporen vier meist zweikernige enthält (z. B. *Podospora anserina, Neurospora tetrasperma, Gelasinospora tetrasperma*). Die bisporen Basidiomycetes entwickeln an der Basidie statt vier ein-kernigen Sporen nur zwei zweikernige. Eine Übersicht über die Ver-breitung der Bisporie innerhalb der Hymenomycetes gibt Bauch (1926).

Wenn wir hier von einkernigen und zweikernigen Sporen sprechen, ver-stehen wir darunter den Zustand der Sporen zum Zeitpunkt der Entstehung der Sporenwand. Es ist bekannt, daß während der Sporenreife der Ini-tialkern bzw. die Initialkerne sich weiter mitotisch teilen können (z.B. Dowding und Bakerspigel 1954, Franke 1962).

Das Zustandekommen der Pseudocompatibilität ist bei *Podospora anserina* eingehend genetisch und zytologisch untersucht worden (Rizet und Engelmann 1949, Franke 1957, 1962) (S. 155). Wie aus dem in Abb. IV-6 dargestellten Schema der Kernteilungsvorgänge und Sporenbildung zu ersehen ist, enthält jede der vier Ascosporen von *Podospora anserina* zwei Meiosisprodukte. Das für die bipolare In-compatibilität verantwortliche Allelenpaar $+/-$ besitzt eine Postreduk-tionsfrequenz von etwa 97%. Es entstehen in den Asci daher fast ausschließlich heterokaryotische Sporen. Myzelien, die aus solchen Sporen auskeimen, sind Heterokaryen (Miktohaplonten). Sie bilden männliche und weibliche Geschlechtsorgane, die entweder einen $+$- oder einen $-$-Kern enthalten. Perithezien werden entsprechend dem bipolaren Mechanismus nur durch eine Sexualreaktion zwischen $+$- und $-$-Or-ganen gebildet. *Infolge der heterokaryotischen Konstitution der Myzelien wird eine Selbstcompatibilität vorgetäuscht.* Die Asci (3%), in denen das Allelenpaar $+/-$ präreduziert wird (s. Abb. IV-6), enthalten Sporen, die sich zu selbstincompatiblen Myzelien entwickeln.

In 1—2% aller Asci werden jedoch anstelle einer oder mehrerer zwei-kerniger Sporen Paare von einkernigen Sporen gebildet, die sich durch ihre geringe Größe deutlich von den zweikernigen Sporen unterscheiden lassen. Die aus den einkernigen Sporen entstehenden Myzelien sind ebenfalls selbstincompatibel. Sie besitzen entweder den Kreuzungstyp $+$ oder $-$ (S. 19, Abb. I-7 und I-8).

Ähnliche Verhältnisse sind auch bei *Neurospora tetrasperma* (Dodge 1927, 1928) und *Gelasinospora tetrasperma* (Dowding 1933, Dowding und Bakerspigel 1956) gegeben.

Allerdings ist bei *N. tetrasperma* die Postreduktionsfrequenz des $+/-$-Genpaares sehr gering, so daß selbst-incompatible Myzelien mit größerer Häufigkeit zu erwarten wären. Dies ist aber nicht der Fall. Nach Angaben von Colson (1934) sind nämlich für die erhöhte Frequenz von heterokaryotischen Sporen Kernverschiebungen verantwortlich, die im Ascus infolge einer positiven Affinität (S. 156) zwischen +- und —-Kernen eintreten können. Diese Befunde bedürfen aber noch einer weiteren genetischen und zytologischen Überprüfung. Angaben über die Postreduktionsfrequenz von + und — liegen für *G. tetrasperma* nicht vor.

Die Pseudocompatibilität von bisporen Basidiomycetes beruht ebenfalls auf der Bildung von heterokaryotischen Sporen, deren Kerne verträgliche Incompatibilitäts-Gene tragen. Die Bildung solcher Sporen wird, wie bei *N. tetrasperma*, als Folge einer positiven Affinität zwischen genetisch verschiedenen Kernen angenommen, die gemeinsam in ein Stigma der Basidie einwandern (SASS 1929, OIKAWA 1939, SKOLKO 1944).

KUHNER (1954) berichtet, daß die Basidiosporen von *Clitocybe lituus* nur zu zwei Dritteln mit heterokaryotischen Myzelien auskeimen. Die übrigen Sporen bilden Monokaryen. Da die meisten Sporen der letzten Kategorie nur einen Kern enthalten, ist es möglich, daß die monokaryotischen Myzelien zum Teil infolge von Unregelmäßigkeiten bei der Kernverteilung entstehen können. Die Bildung der übrigen Monokaryen könnte man auf Präreduktion der Incompatibilitäts-Faktoren zurückführen. Da bei diesem Objekt keine Tetradenanalysen vorliegen, kann man nicht zwischen diesen beiden Möglichkeiten unterscheiden.

Nach den Untersuchungen von LAMOURE (1957) scheint die Pseudocompatibilität nicht nur auf die bisporen Basidiomycetes beschränkt zu sein. Sie soll auch bei der tetrasporen Art *Coprinus lagopus* vorkommen. Genauere genetische und zytologische Untersuchungen dieses bisher einzigen Beispiels stehen noch aus. Desgleichen bedürfen auch die Befunde über das Vorkommen von Pseudocompatibilität bei dem Rostpilz *Puccinia arenariae* (LINDFORS 1924) und dem Brandpilz *Cintracta montagnei* (RAWITSCHER 1922) einer genetischen Nachprüfung.

Die Pseudocompatibilität muß nicht immer obligatorisch für eine bestimmte Art sein, sondern sie kann auch fakultativ auftreten. Dies haben Untersuchungen von BURNETT und BOULTER (1963) an dem Gastromyceten *Mycocalia denudata* ergeben.

Das Sexualverhalten dieses tetrasporen Basidiomyceten wird durch bipolare Incompatibilität bestimmt. Normalerweise sind die vier Sporen einer Basidie einkernig und zeigen eine 1:1-Aufspaltung für die Kreuzungstyp-Allele. Durch das dominante Gen *P* wird jedoch in den jungen Basidien einer Mutante nach der Meiosis eine weitere Mitosis ausgelöst. Die auf diese Weise entstandenen acht Basidienkerne werden zufallsgemäß auf die vier Sporen verteilt. Aus den zweikernigen Sporen entstehen entsprechend ihrem Gehalt an Kreuzungstyp-Genen entweder incompatible homokaryotische oder pseudocompatible, heterokaryotische Myzelien.

## Zusammenfassung

1. Homogenische Incompatibilität liegt vor, wenn die beiden unverträglichen Kreuzungspartner die gleichen Incompatibilitäts-Allele besitzen. Sie kann durch einen oder zwei Faktoren gesteuert werden. Da im ersten Falle mindestens zwei alternative Kreuzungstypen und im zweiten mindestens vier existieren, spricht man vom bipolaren bzw. tetrapolaren Mechanismus.

2. Der bipolare Mechanismus ist für das Sexualverhalten aller incompatiblen Ascomycetes und Uredinales verantwortlich. Die in-

compatiblen Holobasidiomycetes reagieren vorwiegend nach dem tetrapolaren Mechanismus. Tetrapolare Incompatibilität kommt auch bei einigen Ustilaginales vor.

3. Durch sexuelle Unverträglichkeit wird bei den Ascomycetes die Plasmogamie verhindert. Die Incompatibilität der Basidiomycetes zeigt sich meist erst zwischen Plasmogamie und Karyogamie.

4. Von den Incompatibilitäts-Faktoren der Holobasidiomycetes sind vielfach multiple Allele bekannt. Ihre Anzahl kann hundert überschreiten. Für die tetrapolaren Ustilaginales sind multiple Allelomorphe nur in zwei Fällen sicher nachgewiesen worden.

5. Die Incompatibilitäts-Faktoren einiger tetrapolar incompatibler Holobasidiomycetes sind komplexe genetische Strukturen. Sie bestehen aus zwei miteinander gekoppelten Genen, die eine „physiologische Einheit" bilden.

6. Kreuzungen zwischen Monokaryen und dikaryotischen Myzelien, die zwei miteinander compatible Kerne enthalten (Buller-Phänomen), haben erkennen lassen, daß zwischen den Kernen des Dikaryons mitotische und vielleicht auch meiotische Rekombinationen stattfinden können.

7. Eine Reihe von Pilzen bilden infolge von spezifischen Kernverteilungsmechanismen in den Asci bzw. an den Basidien zweikernige Sporen, die für die Incompatibilitäts-Faktoren heterokaryotisch sind. Die aus diesen Sporen auswachsenden Miktohaplonten sind pseudocompatibel.

### b) Heterogenische Incompatibilität

*Heterogenische Incompatibilität* kann beobachtet werden, *wenn man Rassen der gleichen Art, die von verschiedenen Fundorten stammen, miteinander kreuzt.* Wie aus Tabelle II-2 hervorgeht, sind bisher nur wenige Fälle von heterogenischer Incompatibilität bekannt.

Dies mag zum großen Teil daran liegen, daß der Genetiker bestrebt ist, nicht mit verschiedenen Rassen, sondern mit möglichst isogenen Stämmen einer Rasse zu arbeiten. Außerdem war es bis vor kurzem noch nicht möglich, in Kreuzungen von selbstfertilen Rassen zu erkennen, ob die Fruchtkörper durch Selbstung oder Kreuzung gebildet werden. Erst die Einführung von geeigneten Marken (z.B. Genen der Sporenfarbe) erlaubte es, festzustellen, ob zwei selbst-compatible Rassen kreuzungscompatibel sind (S. 53). In Rassenkreuzungen von homogenisch incompatiblen Pilzen hatte man zwar mehrfach ein Ausbleiben der Fruchtkörperbildung gefunden, jedoch ist diese Erscheinung meist als Kreuzungssterilität bezeichnet und nicht weiter verfolgt worden.

Seitdem die heterogenische Incompatibilität in Rassenkreuzungen des Ascomyceten *Podospora anserina* entdeckt wurde und ihre genetischen Grundlagen geklärt werden konnten (s. die zusammenfassenden Darstellungen ESSER 1962, 1965), war es möglich, auch einige in der Literatur erwähnte Fälle von Kreuzungssterilität als heterogenische Incompatibilität anzusprechen. Eine genauere Analyse von Rassenkreuzungen bei weiteren Pilzen dürfte noch mehr Beispiele für heterogenische Incompatibilität bringen.

Dieses System der sexuellen Unverträglichkeit ist, ebenso wie die homogenische Incompatibilität, nicht auf die Pilze beschränkt. Es kommt auch bei höheren Pflanzen vor (*Oenothera:* STEINER 1961). Das Sexualverhalten geographischer Rassen von Mücken (*Culex pipiens:* LAVEN 1957a, b) kann gleichfalls durch heterogenische Incompatibilität erklärt werden.

*Die heterogenische Incompatibilität* nimmt eine Sonderstellung unter den Fortpflanzungs-Systemen der Pilze ein. Sie kann sowohl zwischen *den einzelnen Rassen einer compatiblen Art als auch zwischen den Rassen einer homogenisch incompatiblen Art vorhanden sein.* Wenn man die obenerwähnten Untersuchungen an getrenntgeschlechtlichen Mückenrassen in Betracht zieht, erscheint es nicht ausgeschlossen, daß heterogenische Incompatibilität auch das Sexualverhalten der Ökotypen diözischer Pilze bestimmen kann. Wir haben davon abgesehen, diese Sonderrolle der heterogenischen Incompatibilität in Abb. II-2 darzustellen, da die übrigen Systeme der Fortpflanzung sowohl für Intra- als auch für Inter-Rassenkreuzungen gelten. Der Wirkungsbereich der heterogenischen Incompatibilität dagegen umfaßt nur die Inter-Rassenkreuzungen und paßt deswegen nicht in diesen Rahmen.

## Selbstcompatible Arten

Bei selbst-compatiblen Arten ist die heterogenische Incompatibilität der einzige Regulations-Mechanismus der sexuellen Fortpflanzung. OLIVE (1956) untersuchte die Kreuzungsbeziehungen zwischen 19 verschiedenen selbstfertilen Rassen von *Sordaria fimicola*. Durch Verwendung von Rassen, die mit Genen der Sporenfarbe markiert waren, konnte er zeigen, daß nicht alle Rassen miteinander kreuzbar waren, z. B. die Rassen $A_1$ und $C_1$. Beide Rassen ließen sich jedoch mit einer dritten ($C_4$) kreuzen. Man kann daher annehmen, daß das Ausbleiben der Perithezienbildung zwischen den Stämmen $A_1$ und $C_1$ nicht durch Kreuzungssterilität (chromosomale Divergenzen usw.) verursacht wird, sondern der Ausdruck einer heterogenischen Incompatibilität ist. Da Einspormyzelien jeder Rasse selbstfertil sind, muß die Rassen-Incompatibilität durch Genverschiedenheit der einzelnen Stämme bedingt sein. Ähnliche Erscheinungen von heterogenischer Incompatibilität konnten auch in Rassenkreuzungen von *Sordaria macrospora* beobachtet werden (ESSER, unveröffentlicht). Der genetische Mechanismus, der beiden Fällen zugrunde liegt, ist noch unbekannt.

## Selbstincompatible Arten

*Die sexuelle Fortpflanzung von selbstincompatiblen Arten wird durch ein Zusammenspiel von heterogenischer und homogenischer Incompatibilität gesteuert.* Während das erste System für die Kreuzungen zwischen einzelnen Rassen verantwortlich ist, wird durch das zweite System die sexuelle Vermehrung innerhalb jeder einzelnen Rasse reguliert. Das soll im folgenden an Hand der bei *Podospora anserina* erzielten Versuchsergebnisse dargestellt werden. Jede geographische Rasse dieses Pilzes besitzt zwei Kreuzungstypen (+ und —), die miteinander nach dem bipolaren Mechanismus der homogenischen Incompatibilität sexuell reagieren.

Ein Myzel, das aus einer homokaryotischen Spore hervorgeht, bildet weibliche und männliche Geschlechtsorgane aus (Ascogone und Spermogonien). Da eine Zygotenbildung nur in der Kombination $+\times-$ erfolgen kann, entstehen in der Kontaktzone zwischen den beiden selbst-incompatiblen $+$- und $-$-Stämmen eine Reihe von Perithezien, die ein Gemisch aus den beiden reziproken Kreuzungen $♀+\times♂-$ und $♀-\times♂+$ darstellen (Abb. II-6, linke Hälfte).

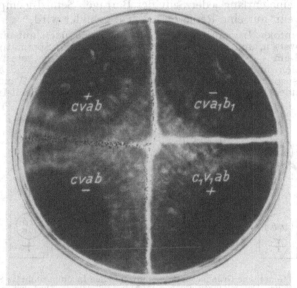

Abb. II-6. Die genetischen Grundlagen der heterogenischen Incompatibilität bei *Podospora anserina*, dargestellt an Hand der Kreuzungsbeziehungen zwischen vier verschiedenen Myzelien, deren Genotyp eingezeichnet ist. Näheres s. Text. (Aus ESSER 1956c)

Bei *Kreuzungen zwischen acht verschiedenen Podospora-Rassen* wurden *häufig Abweichungen von der reziproken Compatibilität zwischen +- und —-Kreuzungstypen* gefunden, und zwar:

1. *Eine nichtreziproke Incompatibilität*, die *Semi-Incompatibilität* genannt wurde. Die Ascogone des einen Kreuzungspartners können von den männlichen Gameten des anderen befruchtet werden. Die reziproke Kreuzung ist incompatibel (Abb. II-6, obere und untere Hälfte, Abb. II-7, a und b).

2. *Eine reziproke Incompatibilität*. Zwischen +- und —-Stämmen aus verschiedenen Rassen werden keine Fruchtkörper gebildet (Abb. II-6, rechte Hälfte, Abb. II-7, c). In beiden Fällen wird die Normalentwicklung vor der Plasmogamie blockiert.

Ein wichtiges Hilfsmittel zur Identifizierung der Semi-Incompatibilität ist die Barragebildung. Es handelt sich bei dieser Erscheinung um eine in Abb. II-6 deutlich erkennbare pigmentfreie Zone in der Kontaktlinie zweier Stämme. In dieser Zone unterbleibt in den Hyphenspitzen der beiden Partner die Bildung der grün-schwarzen Melanin-pigmente. Die Barragebildung, die zuerst von RIZET (1952) beobachtet wurde (S. 453 ff.), tritt niemals zwischen den Stämmen einer Rasse auf. Sie entsteht nur in Rassenkreuzungen, und zwar unabhängig vom Kreuzungstyp, also auch zwischen +-Stämmen und zwischen —-Stäm-men. Da in der Barragezone keine Fruchtkörper entstehen, werden die Perithezien der beiden reziproken Kreuzungen zwischen +- und —-Typen getrennt. Normalerweise entstehen zwei Reihen von Frucht-körpern, je eine entlang jeder Seite der Barrage. Semi-Incompatibilität liegt vor, wenn nur eine Reihe Perithezien gebildet wird.

Nichtreziproke Incompatibilität läßt sich auch noch auf eine andere Weise nachweisen, und zwar mit Hilfe von sogenannten Spermatisierungen. Ein +- und ein —-Stamm, die auf ihr Fertilitätsverhalten getestet werden sollen, werden in verschiedenen Petrischalen angezogen und mit einer Spermatiensuspension des Kreuzungspartners übergossen. Wenn nur auf einer der beiden Platten Perithezien gebildet werden, liegt Semi-Incompati-bilität vor.

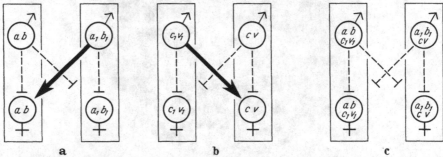

**a**        **b**        **c**

Abb. II-7a—c. Genetische Grundlagen des heterogenischen Incompatibilitäts-Systems von *Podospora anserina*. Darstellungsweise wie in Abb. II-3. Die Partner von jeder der drei dargestellten Kreuzungen haben einen verschiedenen Kreuzungstyp. Der besseren Übersicht wegen wurden die +- und —-Symbole nicht in das Schema eingezeichnet. Die Pfeile zeigen die compatiblen und die blockierten Pfeile die incompatiblen Kombinationen an. a und b Semi-Incompatibilität, c totale Incompatibilität. Näheres s. Text. (Aus ESSER 1965)

*Das Auftreten von Semi-Incompatibilität beweist, daß die Fertilitäts-störungen zwischen Rassen von P. anserina auf sexuelle Unverträglichkeit und nicht auf Kreuzungssterilität zurückzuführen sind.* Würde Kreu-zungssterilität vorliegen, so wäre es unverständlich, daß eine der beiden reziproken Kombinationen fertil und die andere steril ist. Die Er-scheinung der Semi-Incompatibilität bietet einen Ansatzpunkt zur genetischen Analyse, die bei vollkommener Incompatibilität nicht mög-lich ist, da keine Fruchtkörper gebildet werden. Die Ergebnisse dieser Analyse (RIZET und ESSER 1953, ESSER 1954a, b, 1955, 1956c, 1958, 1959a) ließen auch die genetischen Bedingungen für die totale In-compatibilität erkennen. Die Resultate sind in Abb. II-6 und Abb. II-7 dargestellt. Wie aus diesen Abbildungen hervorgeht, sind *für die sexuelle Unverträglichkeit verschiedener Rassen vier Loci mit nur je zwei Allelen verantwortlich (a, b, c, v). Diese Gene sind nicht gekoppelt. Je zwei Gene steuern die Semi-Incompatibilität,* die nur in den Kreuzungen $ab \times a_1b_1$ und $cv \times c_1v_1$ in Erscheinung tritt.

Das Sexualverhalten der Rekombinanten der beiden Gen-Mechanismen $(ab_1 \times a_1b$ bzw. $cv_1 \times c_1v)$ kann nicht geprüft werden, da die Genotypen $a_1b$ und $c_1v$ vermindert lebensfähig sind (S. 75) und keine Ascogone ausbilden. Die Semi-Incompatibilität tritt nur durch ein Zusammenwirken von $a$- und $b$- oder von $c$- und $v$-Genen auf. $a$- und $v$-Gene oder andere als die oben genannten Kombinationen der $a$-, $b$-, $c$-, $v$-Gene stören die reziproke sexuelle Verträglichkeit nicht.

Die *reziproke Incompatibilität* wird nur durch die Kombination $abc_1v_1 \times a_1b_1cv$ ausgelöst. Wie man aus den Abbildungen ersehen kann, kommt sie *durch Überlagerung der beiden für die Semi-Incompatibilität verantwortlichen Mechanismen* zustande. Die Grundlage der vollkommenen Incompatibilität ist demnach die Semi-Incompatibilität.

Heterogenische Incompatibilität ist also bei *P. anserina* nur zwischen $+$- und $-$-Stämmen verschiedener Rassen zu beobachten, bei denen die Voraussetzung zu sexueller Verträglichkeit gemäß dem bipolaren Mechanismus der homogenischen Incompatibilität gegeben ist. Die beiden Kreuzungspartner sind demnach für die Incompatibilitäts-Gene beider Systeme heterogen.

*Der Wirkungsbereich der heterogenischen Incompatibilität umfaßt nicht nur die sexuelle, sondern auch die vegetative Phase. Durch spezifische Kombination der Incompatibilitäts-Gene wird in Homokaryen und in Heterokaryen die Lebensfähigkeit der Kerne beeinträchtigt.*

1. Homokaryotische Myzelien mit dem Genotyp $a_1b$ oder $c_1v$, die als Rekombinationstypen unter den Nachkommen semi-incompatibler Kreuzungen auftreten, wachsen sehr spärlich. In den Hyphen degenerieren die meisten Kerne schon nach wenigen Stunden, sie zerfallen in Bruchstücke. Die Myzelien sterben bald ab. Geschlechtsorgane entstehen nicht (s. auch S. 75).

2. Die Gene $a_1$ und $b$ (bzw. $c_1$ und $v$) sind nicht nur miteinander unverträglich, wenn sie sich im gleichen Kern befinden, sondern auch, wenn sie in verschiedenen Kernen eines Heterokaryons lokalisiert sind. Solche Heterokaryen (z.B. $ab + a_1b_1$) zeigen zwar keine Wuchsanomalien, aber die Vermehrungsfähigkeit der Kerne, die das Gen $a_1$ tragen, wird so stark herabgesetzt, daß schon nach wenigen Tagen das Heterokaryon zum Homokaryon geworden ist. Es enthält nur noch die $ab$-Kerne. Entsprechende Erscheinungen können auch durch die $c_1v$-Unverträglichkeit in $(cv + c_1v_1)$-Heterokaryen ausgelöst werden. Hier überleben die $cv$-Kerne.

Auf Grund von genetischen Untersuchungen an einer anderen Rasse von *P. anserina* konnte BERNET (1963a, b) drei Allelenpaare $(C/c, D/d$ bzw. $E/e)$ identifizieren, die in bestimmten Kombinationen $(Ce \times cE$ bzw. $Cd \times Cd)$ sowohl eine Semi-Incompatibilität als auch Vitalitätsstörungen in Homo- und Heterokaryen hervorrufen. Das Erscheinungsbild dieser bei heterogener Konstitution auftretenden Genwirkungen entspricht im Prinzip den obenbeschriebenen Phänomenen. Der einzige Unterschied besteht darin, daß die Wirkung des Gens $D$, dessen Effekt mit dem von $b$ oder $v$ vergleichbar ist, von der Temperatur abhängt. Sie kann sich nur bei Temperaturen von 20° C manifestieren. Im Temperaturbereich um 32° C ist sie nicht erkennbar. Es ist noch unklar, ob die $C$-$D$-Gene mit den bereits bekannten Genen der heterogenischen Incompatibilität identisch sind oder ob es sich um weitere Loci handelt, welche die gleichen Erscheinungen hervorrufen.

Wie schon oben kurz erwähnt wurde (S. 69), finden sich in einigen älteren Veröffentlichungen Angaben über Kreuzungs-Sterilität, die mühelos im Sinne von heterogenischer Incompatibilität interpretiert werden können.

BAUCH (1927) führte umfangreiche Kreuzungen mit verschiedenen Rassen des Antherenbrandes *(Ustilago violacea)* durch. Er fand, daß innerhalb jeder Rasse dieser bipolar incompatiblen Art die beiden Kreuzungstypen miteinander verträglich sind. In Rassenkreuzungen konnte dagegen zwischen konträren Kreuzungstypen sexuelle Unverträglichkeit beobachtet werden, die sich sowohl als Semi-Incompatibilität als auch als vollkommene Incompatibilität manifestierte. BAUCH nahm an, daß es sich hierbei um sekundäre physiologische Geschlechtsmerkmale handle. Morphologische Differenzen zwischen den einzelnen Rassen waren nämlich nicht mit Sicherheit festzustellen. Nach unserer Meinung liegt hier ein klarer Fall von heterogenischer Incompatibilität vor.

GRASSO (1955) stellte in Rassenkreuzungen von *Ustilago avenae* und *Ustilago levis* in einigen Kombinationen Ausfälle fest. Diese als ,,Semi-Letalität" bezeichnete Erscheinung entspricht in ihrem Wesen der heterogenischen Incompatibilität. Die Rassen der beiden bipolar incompatiblen Arten wurden von verschiedenen Fundorten in Italien und von einer Stelle in den USA isoliert.

Ebenfalls als heterogenische Incompatibilität können auch die von VANDENDRIES (1927, 1929) als Sterilität bezeichneten Phänomene in Rassenkreuzungen des tetrapolar incompatiblen Basidiomyceten *Coprinus micaceus* gedeutet werden. Entsprechende Beobachtungen werden von KUHNER et al. (1947) an anderen Stämmen der gleichen Art und von MORRISON (1960) an Rassen von *Erysiphe cichoreacearum* beschrieben.

MOREAU und MORUZI (1933) fanden in Rassenkreuzungen der bipolar incompatiblen *Neurospora sitophila*, daß zwei miteinander sexuell verträgliche Rassen sich beide nicht mit einer dritten kreuzen ließen. ,,Kreuzungs-Sterilität" in Rassen von• *N. crassa* wurde auch von LINDEGREN (1934) beobachtet.

Leider sind in diesen Fällen keine genetischen Analysen durchgeführt worden, die eine Vorstellung über den Gen-Mechanismus der heterogenischen Incompatibilität liefern könnten.

### Zusammenfassung

1. Heterogenische Incompatibilität liegt vor, wenn die beiden unverträglichen Kreuzungspartner an allen Incompatibilitäts-Loci verschiedene Allele besitzen. Sie kann nur zwischen den Rassen einer Art und niemals innerhalb eines Ökotyps beobachtet werden. Die heterogenische Incompatibilität ist von den anderen Fortpflanzungs-Systemen unabhängig, da sie sowohl innerhalb von compatiblen als auch von homogenisch incompatiblen Arten wirksam sein kann.

2. Bisher sind bei Pilzen nur wenige Beispiele von heterogenischer Incompatibilität bekannt. Ihre genetischen Grundlagen konnten nur in einem Falle genau analysiert werden, und zwar bei dem Ascomyceten *Podospora anserina*.

3. Für die heterogenische Incompatibilität zwischen verschiedenen Rassen der *P. anserina* sind mindestens vier nichtgekoppelte Gene verantwortlich.

4. Durch die heterogenische Incompatibilität wird nicht nur das Sexualverhalten, sondern auch die vegetative Vermehrung der Kerne in homokaryotischen oder heterokaryotischen Myzelien negativ beeinflußt.

### c) Mutabilität und Incompatibilität

Im Zusammenhang mit der genetischen Analyse der sexuellen Unverträglichkeit konnte mehrfach beobachtet werden, daß *bei bestimmten Kombinationen von Incompatibilitäts-Genen spezifische Mutationen auftraten oder die Mutationshäufigkeit in bestimmter Richtung wesentlich erhöht wurde.*

Stämme von *Podospora anserina*, die infolge bestimmter Kombinationen der für die heterogenische Incompatibilität verantwortlichen Gene vermindert lebensfähig sind, zeigen regelmäßig die gleiche Mutation. Wenn in solchen Myzelien, die den Genotyp $a_1b$ oder $c_1v$ besitzen (S. 73), die Zahl der Kerne bis auf etwa $10^7$ angewachsen ist, treten unter diesen Kernen Mutationen nach *ab* bzw. *cv* auf. Mutationen an anderen Genorten konnten nicht beobachtet werden (ESSER 1959a). Diese Erscheinung findet ihre Erklärung auf folgende Weise: Wie genetische Experimente ergaben, gehen von den Genen *b* (bzw. *v*) spezifische Wirkungen aus, auf die nur die Gene $a_1$ (bzw. $c_1$), aber nicht deren Allele *a* oder *c* ansprechen. Als Folge dieser Genwirkungen ist die Vermehrungsfähigkeit der $a_1b$- und $c_1v$-Kerne sehr gering. Sie weisen Deformationen auf und sterben vorzeitig ab. Die betreffenden Myzelien wachsen nur langsam. Bedingt durch diese Anomalien hat theoretisch jede Mutante, die zu normal lebensfähigen Kernen führt, einen Selektionsvorteil. Praktisch wird dieses Ziel aber nur von einer einzigen Mutation erreicht, nämlich durch die Mutation von $a_1$ nach *a* (bzw. $c_1$ nach *c*). Alle anderen mutativen Veränderungen führen nicht zur Bildung von Kernen mit normaler Lebensfähigkeit. Somit wird klar, daß infolge der Genwirkungen von *b* bzw. *v* in den vermindert lebensfähigen Myzelien ein ,,Selektionssieb" vorhanden ist, daß nur eine einzige Mutation passieren läßt. Durch diesen genbedingten Selektionsmechanismus wird eine ,,gerichtete Mutation" vorgetäuscht.

Sehr ähnliche Befunde über den Zusammenhang zwischen der Wirkung von Incompatibilitäts-Faktoren und der Auslösung von Mutationen ergaben auch die Untersuchungen von PAPAZIAN (1951), RAPER et al. (1958c), DICK (1960), DICK und RAPER (1961) an *Schizophyllum commune*. Heterokaryen dieses Pilzes, deren Kerne den gleichen *A*-Faktor tragen, zeigen ein anormales Wuchsverhalten (S. 58). Sie bilden keine Schnallen und wachsen kümmerlich. PAPAZIAN konnte beobachten, daß in solchen Heterokaryen häufig Sektoren mit normal wachsenden Hyphen entstehen, deren Kerne vielfach gleichsinnig mutiert sind. RAPER und seine Mitarbeiter bestätigten diese Versuchsergebnisse. Sie fanden ferner, daß das Spektrum der aus den Heterokaryen entstehenden Mutanten völlig verschieden von dem ist, das man nach Bestrahlung homokaryotischer Stämme erhält. DICK prüfte die Frage, ob dieses spezifische Mutationsspektrum durch die Incompatibilitäts-Faktoren ausgelöst wird. Er konnte nachweisen, daß auch in homokaryotischen

Myzelien, welche jeweils eine der beiden Kernarten des Heterokaryons besitzen, zahlreiche morphologische Mutanten spontan entstehen. Sowohl die Mutationsrate als auch das Mutationsspektrum des Heterokaryons und der zugehörigen Homokaryen entsprachen einander. Der Unterschied zwischen den beiden Myzeltypen besteht darin, daß die morphologischen Mutanten nur in den spärlich wachsenden Heterokaryen einen Selektionsvorteil besitzen und auf diese Weise leicht zu erkennen sind. In den sehr rasch wachsenden Homokaryen ist dies nicht der Fall.

Sowohl bei *P. anserina* als auch bei *S. commune* kann demnach *keine Korrelation zwischen Mutabilität und Incompatibilitätsfaktoren nachgewiesen werden. In beiden Fällen wird lediglich die Entdeckung von spontan entstandenen Mutanten erleichtert, da ihnen bestimmte Myzeltypen, die durch spezifische Wirkungen der Incompatibilitätsfaktoren anormal wachsen, einen Selektionsvorteil bieten.*

## Zusammenfassung

Es konnte mehrfach beobachtet werden, daß bei bestimmten Kombinationen von Incompatibilitätsfaktoren spezifische Mutanten auftreten oder die Mutationshäufigkeit generell erhöht wird. Aus dieser Erscheinung läßt sich keine Korrelation zwischen Mutabilität und der Wirkung der Incompatibilitäts-Faktoren ableiten. Die Wirkung der Incompatibilitäts-Faktoren besteht vielmehr darin, daß sie die Vitalität einzelner Myzeltypen herabsetzen und somit allen Spontanmutationen, die zu einer Normalisierung des Wuchses führen, einen Selektionsvorteil bieten.

### d) Genphysiologie der Incompatibilität

Über die Natur der physiologischen Vorgänge, die von den Incompatibilitäts-Genen beeinflußt werden, haben wir bisher keine definitiven Vorstellungen. Dies kann in erster Linie auf technische Schwierigkeiten zurückgeführt werden. Bevor wir einige dieser Schwierigkeiten kurz andeuten, wollen wir uns vor Augen halten, daß die normale Sexualreaktion sehr komplex ist. Sie besteht zunächst in einer Zellwandauflösung, welche die Plasmogamie einleitet. Daran schließt sich eine unilaterale Kernwanderung (Euascomycetes, Uredinales) bzw. ein Kernaustausch (Hymenomycetes, Ustilaginales) und eine mehr oder minder ausgedehnte dikaryotische Phase an, die schließlich zur Karyogamie führt. Zweifellos ist für diese Entwicklungsfolge eine Vielzahl von physiologischen Reaktionsketten verantwortlich, an denen hochmolekulare Substanzen beteiligt sind (s. auch Kapitel *Morphogenese*). Die Isolierung solcher Substanzen aus Myzelextrakten oder Kulturfiltraten setzt voraus, daß man einen geeigneten Test kennt, um ihre Wirkung zu prüfen. Dieser Test besteht in dem Versuch, die normale Sexualreaktion von incompatiblen Stämmen durch Zufügen von Extrakten des compatiblen Partners in Gang zu setzen.

Bei den Ascomycetes und Uredinales spielt sich die Sexualreaktion zwischen typischen Sexualorganen ab. Die Gewinnung von ausreichenden Mengen von Extrakten scheitert an der Kleinheit dieser Gebilde. Bei den Holobasidiomycetes sind die Hyphen in ihrer Gesamtheit an der Sexualreaktion beteiligt. Die Herstellung von Myzelextrakten bietet keine Schwierigkeiten. Jedoch ist hier die Compatibilität an den dikaryotischen Zustand gebunden, der durch Zufügen von Extrakten nicht kopiert werden kann. Dikaryen, denen man operativ eine Kernkomponente entfernt (HARDER 1927), verlieren nämlich schon nach wenigen Kerngenerationen die Fähigkeit zur Schnallenbildung. Soweit wir bisher unterrichtet sind, benötigen auch die Ustilaginales beide Kernkomponenten der haploiden Gameten zur Bildung einer Brandspore.

Wenn man zu einer Konzeption über die Genwirkungen der Incompatibilitätsfaktoren kommen will, ist man in der Hauptsache auf entwicklungsgeschichtliche Beobachtungen angewiesen. Physiologische und biochemische Experimente zu dieser Fragestellung sind nur in Einzelfällen durchgeführt worden. Diese Arbeiten lassen zwar die Bildung von Modellvorstellungen zu, die jedoch weitgehend mit Spekulation behaftet sind. Wir wollen bei unseren Betrachtungen von *zwei Modellen* ausgehen, die man auf Grund ausgedehnter experimenteller Untersuchungen über die homogenische sexuelle Unverträglichkeit der Blütenpflanzen aufgestellt hat (Literatur bei LEWIS 1954). Es handelt sich dabei um den *komplementären* (complementary-stimulant) und um den *oppositionellen* (oppositional inhibitor) *Mechanismus*, die beide auf der Unverträglichkeit genetisch gleicher Incompatibilitätsfaktoren basieren. Beide kommen natürlich für die Deutung der heterogenischen Incompatibilität nicht in Frage.

Der komplementäre Mechanismus ist in der compatiblen Kombination wirksam. Infolge einer sich ergänzenden Wirkung der Genprodukte der heterogenen Kreuzungspartner kommt es zur Zygotenbildung. Die Incompatibilität beruht auf dem Fehlen einer derartigen Förderung, wenn die Kreuzungspartner homogen sind und die gleichen Genprodukte absondern.

Der oppositionelle Mechanismus dagegen ist nur in der incompatiblen Kombination wirksam. Er basiert auf einer Hemmung des Sexualvorganges durch eine Reaktion gleicher Genprodukte. Zwischen ungleichen Genprodukten spielt sich diese Hemmung nicht ab (Compatibilität) (s. auch STRAUB 1958).

Wie es bereits an anderer Stelle in ausführlicherer Form geschehen ist (ESSER 1965), wollen wir versuchen, diese beiden Vorstellungen auf die bei incompatiblen Pilzen gemachten Beobachtungen anzuwenden. Da bei den einzelnen Pilzgruppen das Kriterium der Incompatibilität verschieden ist, werden die physiologischen Grundlagen der Incompatibilität für die einzelnen Gruppen getrennt diskutiert.

### Euascomycetes, homogenische Incompatibilität

Bei den Euascomycetes wird die homogenische Incompatibilität ausschließlich durch den bipolaren Mechanismus bestimmt, und zwar unterbleibt meist die Plasmogamie (S. 55).

Mehrere Autoren erblickten in dem gerichteten Wuchs der Trichogynen, die nur auf Konidien bzw. Spermatien des entgegengesetzten Kreuzungstyps hinwachsen, einen Ansatzpunkt zur Aufklärung des bipolaren Incompatibilitäts-Mechanismus. Diese Erscheinung wurde zuerst von DODGE (1912) an *Ascobolus carbonarius* beobachtet und später von ZICKLER (1952) an *Bombardia lunata* näher analysiert.

*Bombardia lunata* gehört zum Spermatisierungstyp (S. 55). ZICKLER konnte durch sinnreiche physiologische Versuche nachweisen, daß von den +- und —-Spermatien offenbar diffundierbare Substanzen ausgeschieden werden, auf die nur die Trichogynen vom komplementären Kreuzungstyp reagieren. Obwohl es sich bei diesen Stoffen um spezifische Genprodukte der +- und —-Kerne handelt, kann das Ausbleiben der Anlockungsreaktion zwischen Trichogyne und Spermatium des gleichen Kreuzungstyps nicht für deren Incompatibilität verantwortlich gemacht werden. Wenn nämlich eine Trichogynenspitze zufällig mit einem genetisch gleichen Spermatium in Kontakt gerät oder künstlich mit diesem in Berührung gebracht wird, erfolgt keine Plasmogamie. Ähnliche Untersuchungen an *Ascobolus stercorarius* zeigten, daß die Anlockung der Trichogyne durch die männlichen Gameten unspezifisch ist (BISTIS und RAPER 1963).

Die bipolare Incompatibilität zwischen Geschlechtsorganen des gleichen Kreuzungstyps beruht demnach nicht auf einer fehlenden Anlockung, sondern auf der Unfähigkeit beider Organe, die Plasmogamie zu vollziehen.

Fox und GRAY (1950) haben berichtet, daß bei *Neurospora crassa* nur ein Kreuzungstyp *(A)* die Polyphenoloxydase Tyrosinase bildet. Da diese Angaben offenbar auf einem experimentellen Fehler beruhen, wie HOROWITZ und SHEN (1952) nachweisen konnten, erübrigt es sich, diese Experimente hier in Betracht zu ziehen.

KUWANA (1954, 1955) hatte beobachtet, daß sich in Mischkulturen von *A*- und *a*-Kreuzungstypen der *N. crassa* Tyrosinase in größeren Mengen bildet als in Einzelkulturen der beiden Stämme. Es wurde zunächst angenommen, daß diese Erscheinung in einem Zusammenhang mit der Compatibilitäts-Reaktion zwischen *A* und *a* steht. Nach Durchführung von genetischen Analysen stellte sich jedoch heraus, daß für die Steigerung der Tyrosinase-Produktion nicht der *A/a*-Locus, sondern mindestens drei mit diesem nichtgekoppelte Erbfaktoren verantwortlich sind, deren Allele sich in dem durch die Mischkulturen hergestellten heterokaryotischen Zustand komplementieren können (KUWANA 1956, 1958).

Hinweise für einen Mechanismus, der die Incompatibilitätsreaktion erklären könnte, enthalten Untersuchungen von BISTIS (1956, 1957) an *Ascobolus stercorarius* und von ITO (1956) an *Neurospora crassa*. Bei *A. stercorarius* (S. 56) werden die als männliche Gameten dienenden Oidien nur durch die Hyphenspitzen des komplementären Kreuzungstyps „aktiviert". Sie können daraufhin die Bildung der Ascogonanlagen anregen. Bei *N. crassa* können die von jedem Kreuzungstyp gebildeten Protoperithezien durch Zugabe von Kulturfiltraten des komplementären Partners zur Bildung von sterilen Fruchtkörpern veranlaßt werden.

Da *Ascobolus stercorarius* bezüglich seiner Sexualreaktion zum Dikaryotisierungstyp gehört, ist die Oidienbefruchtung nur eine von mehreren Möglichkeiten. Die spezifischen Genwirkungen der Incompatibilitäts-Faktoren können daher nicht in unmittelbaren Zusammenhang mit der sexuellen Verträglichkeit gebracht werden. Sie dienen vielmehr der Steuerung von morphogenetischen Prozessen vor der Befruchtung. Dagegen kann die durch Substanzen des komplementären Kreuzungstyps ausgelöste Bildung der Fruchtkörperhüllen bei *N. crassa* unmittelbar mit der Compatibilitätsreaktion in Verbindung gesetzt werden. Denn im letzteren Falle handelt es sich um Differenzierungsschritte, die normalerweise erst im Verlauf der Sexualreaktion ablaufen.

Es ist äußerst schwierig, aus diesen Untersuchungsergebnissen bindende Schlüsse auf einen physiologischen Mechanismus der bipolaren

Incompatibilität zu ziehen. Man kann nur sagen, daß *keine Befunde gegen einen komplementären Mechanismus sprechen,* der von LEWIS (1954) für diese Gruppe postuliert wurde. Das würde bedeuten, daß von den +- und —-Organen komplementäre Genprodukte produziert werden, die sich nach dem „Schlüssel-Schloß-System" ergänzen und die Sexualreaktion ermöglichen. Gegen einen oppositionellen Mechanismus sprechen die Befunde von ITO (1956). Es ist nämlich schwer zu verstehen, wie nach Zugabe von Kulturfiltrat eine beim komplementären Partner vorliegende Entwicklungshemmung aufgehoben werden kann.

### Euascomycetes, heterogenische Incompatibilität

Anhaltspunkte über die Physiologie der heterogenischen Incompatibilität konnten bei *Podospora anserina* durch genetische und entwicklungsgeschichtliche Analysen semi-compatibler Kreuzungen gewonnen werden (ESSER 1959a).

In der compatiblen Kombination einer semi-incompatiblen Kreuzung (Abb. II-7) verläuft der Befruchtungsvorgang normal. Die Trichogyne wächst gerichtet auf die Spermatien zu. Sobald ihre Spitze mit einem Spermatium in Berührung kommt, setzt gleichzeitig mit der Fusion beider Organe (Plasmogamie, Abb. I-6) die Degeneration der Trichogynenkerne ein. In der reziproken Kombination, die incompatibel ist, erfolgt zwar die Anlockung der Trichogyne, die Plasmogamie bleibt aber aus. Die Kerne der Trichogyne degenerieren nicht. Die Trichogynenspitze wächst weiter und verzweigt sich mehrfach. Jedes Zweigende wächst auf andere Spermatien zu, ohne mit diesen zu verschmelzen.

Die asymmetrische Fruchtkörperbildung in semi-incompatiblen Kreuzungen (vgl. Abb. II-6) kann auf Grund experimenteller Daten folgendermaßen erklärt werden: Die Semi-Incompatibilität (z.B. in der Kreuzung $+ab \times -a_1b_1$) beruht auf einer von dem Gen $b$ ausgehenden Hemmung der Plasmogamie, die nur wirksam wird, wenn $b$ im Spermatienkern lokalisiert ist und die Trichogynenkerne $a_1$ enthalten ($\female -a_1b_1 \times \male +ab$). Die in dieser Kombination durch die Gene $+$ und $-$ katalysierte Wandauflösung zwischen Trichogyne und Spermatium wird gehemmt. Dagegen unterbleibt diese Hemmwirkung in der reziproken Kreuzung $\female +ab \times \male -a_1b_1$, in der sich das Gen $b$ in den Trichogynenkernen und das Gen $a_1$ im Spermatienkern befindet, denn die Trichogynenkerne degenerieren mit dem Beginn der Wandauflösung und verlieren ihre normale Reaktionsfähigkeit.

Bei dem zweiten Mechanismus der Semi-Incompatibilität, der sich in der Kreuzung $cv \times c_1v_1$ zeigt, wird die Plasmogamie in der incompatiblen Kombination entsprechend durch Genwirkungen des Faktors $v$ verhindert.

Die reziproke Incompatibilität (Abb. II-6 und II-7) ermöglicht den beiden Erbfaktoren $b$ und $v$ ihre Wirkung zu entfalten. $b$ blockiert die Plasmogamie in der einen und $v$ in der anderen der beiden reziproken Kreuzungen zwischen Stämmen vom Genotyp $abc_1v_1$ und $a_1b_1cv$.

Über die stofflichen Grundlagen der heterogenischen Incompatibilität ist bisher bekannt, daß die vom Gen $b$ (bzw. $v$) ausgehenden Wirkungen nur bei einem Kontakt zwischen Trichogyne und Spermatium oder im

Heterokaryon erfolgen können. Die Produkte dieser Gene diffundieren nicht ins Nährmedium. Ihre Wirkung kann in Mischkulturen semi-incompatibler Myzelien, in denen die Hyphen in engem Kontakt miteinander wachsen und sich teilweise heterokaryotisieren, erkannt werden. *b* und *v* rufen nämlich in diesen Kulturen eine Hemmung der Eiweißsynthese hervor, die ihren Ausdruck in einer serologisch nachweisbaren Veränderung der Proteinspezifität findet (ESSER 1959b).

*Die heterogenische Incompatibilität läßt sich also bei P. anserina auf eine Unverträglichkeit von zwei nichtallelen Genen zurückführen. Dies sind die Gene b und $a_1$ bzw. v und $c_1$. Ihre Reaktion manifestiert sich infolge der entwicklungsgeschichtlichen Besonderheiten des Befruchtungsvorganges nur in einer der beiden reziproken Kreuzungen zwischen zwittrigen semi-incompatiblen Stämmen. Man kann diesen Mechanismus als heterogen-oppositionell bezeichnen.*

## Holobasidiomycetes

Sowohl der bipolare als auch der tetrapolare Incompatibilitäts-Mechanismus der Holobasidiomycetes verhindert die Karyogamie. Die Plasmogamie, deren Ausbleiben bei den meisten incompatiblen Ascomycetes als ein Indikator für Incompatibilität dienen kann, tritt in allen hemi-compatiblen und sogar manchmal auch in incompatiblen Kombinationen der Basidiomycetes ein (S. 57ff. und Abb. II-4). Unser Wissen über die physiologischen Grundlagen der Incompatibilität stammt in der Hauptsache aus den Ergebnissen von Untersuchungen an tetrapolar incompatiblen Arten. PAPAZIAN (1950, 1951, 1954) und RAPER und SAN ANTONIO (1954) fanden bei *Schizophyllum commune* spezifische Wechselwirkungen zwischen genetisch verschiedenen Myzeltypen, welche eine Vorstellung über den Mechanismus der sexuellen Unverträglichkeit ermöglichen. Diese Befunde konnten auch durch das Studium anderer tetrapolar incompatibler Arten bestätigt werden (ASCHAN 1954, Literaturübersicht: PAPAZIAN 1958). Für bipolar incompatible Arten liegen keine Versuchsdaten vor, die Rückschlüsse auf die Genphysiologie der Incompatibilität zulassen.

PAPAZIAN untersuchte die Heterokaryen, welche in hemi-compatiblen Kombinationen entstehen. Der anormale Habitus, das verlangsamte Wachstum und die Instabilität der Heterokaryen mit gemeinsamem *A*- oder *B*-Faktor läßt auf eine gegenseitige negative Beeinflussung der Kerne schließen. Für diese Annahme sprechen auch die experimentellen Befunde von RAPER und SAN ANTONIO. Dieser Antagonismus beeinträchtigt sowohl die normalen Funktionen der Kerne als auch die Lebensfähigkeit der gesamten Zelle.

Durch solche Störungen der Zellfunktion kann auch die Tatsache erklärt werden, daß in Kreuzungen zwischen Heterokaryen und Homokaryen die ersteren nur als Kern-Donor und nicht als Kern-Akzeptor dienen können.

Da die geschilderten physiologischen Charakteristika der Incompatibilitätsfaktoren bisher noch nicht durch biochemische Daten ergänzt sind, ist jeder Versuch, den physiologischen Mechanismus der tetrapolaren Incompatibilität zu erklären, mit großen Schwierigkeiten verbunden.

Die Existenz eines *komplementären* Mechanismus kann auf Grund der folgenden Tatsachen als unwahrscheinlich angesehen werden:

1. Das Vorkommen von multiplen Allelen der Incompatibilitäts-Faktoren.

Von jedem der bis zu 100 Incompatibilitäts-Allele wird ohne Zweifel ein spezifisches Genprodukt gebildet. Ein komplementärer Mechanismus erfordert, daß jedes einzelne Produkt zwar nicht sich selbst, jedoch alle anderen ergänzen kann. Dies würde eine äußerst komplizierte Struktur der Genprodukte voraussetzen, die nicht im Bereich des Möglichen zu liegen scheint.

2. Der Kernantagonismus in Heterokaryen aus hemi-compatiblen Kreuzungspaaren.

Das Fehlen eines komplementären Genproduktes dürfte in Kreuzungen mit gleichen *A*- oder *B*-Faktoren keinerlei Hemmungserscheinungen zur Folge haben.

3. Die Aufhebung der Incompatibilitätsreaktion durch Mutation.

Mutationen innerhalb des *B*-Faktors, wie sie von PARAG (1962a) beschrieben wurden (S. 58), heben die Incompatibilitätsreaktion auf. Will man diesen Befund im Sinne eines komplementären Mechanismus interpretieren, so müßte man annehmen, daß die Mutanten eine Substanz produzieren, die sämtlichen Genprodukten der zahlreichen *B*-Faktoren komplementär ist. Es ist sehr unwahrscheinlich, daß ein solches „Universal-Genprodukt" existiert.

Bei Annahme eines *oppositionellen* Mechanismus dagegen, der auf einer durch die Reaktion gleicher Genprodukte bedingten Hemmwirkung beruhen würde, besteht folgende Erklärungsmöglichkeit: Jeder der beiden Incompatibilitäts-Faktoren bildet entsprechend seiner genetischen Struktur ein spezifisches Genprodukt. Gleiche Genprodukte sind miteinander unverträglich und hemmen den normalen Entwicklungszyklus vor der Karyogamie. Dies zeigt sich vor allem in der Unverträglichkeit von Kreuzungspartnern mit gleichen *A*- und *B*-Faktoren. In hemi-compatiblen Kreuzungen (gemeinsame *A*- oder *B*-Faktoren) ist nur die antagonistische Wirkung der Genprodukte eines Faktors vorhanden. Die Plasmogamie wird zwar realisiert, aber die Bildung eines Schnallenmyzeliums und die Karyogamie erfolgen nicht. Bei der Kreuzung compatibler Myzelien (verschiedene *A*- und *B*-Faktoren) tritt keinerlei Hemmwirkung auf. Der normale Sexualzyklus, bestehend aus Plasmogamie, Kernaustausch, dikaryotischer Phase, Karyogamie und Meiosis kann ablaufen.

Die in Heterokaryen aus hemi-compatiblen Kreuzungspartnern beobachteten Wuchsstörungen können als das Resultat eines Gegeneinanderwirkens von zwei Prozessen angesehen werden: Durch die Heterogenität an einem der beiden Loci (z.B. $B_1 + B_2$) werden die zum Ablauf des normalen Entwicklungszyklus notwendigen physiologischen Vorgänge eingeleitet. Dazu antagonistisch wirkt der durch die Homogenität am anderen Locus $(A_1 + A_1)$ ausgelöste Hemm-Mechanismus. In homokaryotischen Myzelien laufen diese entgegengesetzten Prozesse nicht ab. Diese Myzelien sind normal lebensfähig.

Neuere Untersuchungen an *Schizophyllum commune* (RAPER und OETTINGER 1962, MIDDLETON 1964, SNIDER und RAPER 1965) widersprechen jedoch der Annahme eines solchen oppositionellen Mechanismus, denn

1. Kerne mit identischen *A*- und *B*-Faktoren sind unter speziellen Bedingungen in Heterokaryen miteinander verträglich.

Normalerweise bilden Myzelien mit identischen *A*- und *B*-Faktoren in der Kontaktzone keine Heterokaryen (S. 58). MIDDLETON konnte jedoch zeigen, daß nichtallele Mangelmutanten relativ häufig auf Minimalmedium prototrophe Heterokaryen bilden, die allerdings häufig Entmischungserscheinungen zeigen.

2. Zusätzliche identische Faktoren stören die normale Entwicklung eines Dikaryons nicht.

Bei Vorliegen von Disomie (z.B. $A_1B_1A_2+A_2B_2$) hat das zusätzliche Chromosom mit dem Faktor $A_2$ der einen Kernkomponente keinen hemmenden Einfluß auf die andere Kernart mit dem gleichen Faktor.

Der derzeitige Stand der Erforschung der *Genphysiologie der tetrapolaren Incompatibilität erlaubt* demnach *nicht, einen der beiden klassischen physiologischen Mechanismen der sexuellen Unverträglichkeit in Betracht zu ziehen*. Die bisher bekannten Versuchsdaten lassen sich weder im Sinne eines komplementären noch eines oppositionellen Mechanismus befriedigend erklären. Man muß sich fragen, ob man überhaupt mit Hilfe von genetischen Analysen über die Funktion der Incompatibilitätsfaktoren weitere Aufschlüsse erhalten kann. Biochemische Untersuchungen, welche es erlauben, die Aktivitätsprodukte der Incompatibilitätsfaktoren zu erfassen und zu charakterisieren, dürften erfolgversprechender sein.

Einen ersten Ansatzpunkt in dieser Richtung geben immunologische Untersuchungen an *S. commune* (RAPER und ESSER 1961). Es konnte nämlich festgestellt werden, daß ein Dikaryon und seine beiden monokaryotischen Komponenten unterschiedliche Proteinspektren besitzen. Da die beiden homokaryotischen Stämme, aus denen das Dikaryon hergestellt wurde, isogen waren, müssen diese Proteinunterschiede einer unterschiedlichen Wirkung der Incompatibilitäts-Faktoren in Homokaryen und im Dikaryon zugeschrieben werden.

Es bleibt noch zu erwähnen, daß gewisse Anhaltspunkte für einen Zusammenhang zwischen Zytoplasma und Incompatibilitätsreaktion vorliegen (HARDER 1927, FRIES und ASCHAN 1952, KIMURA 1954a, b, PAPAZIAN 1958) (S. 465 ff.). Diese Befunde lassen jedoch die Bildung einer experimentell fundierten Theorie nicht zu.

### Phragmobasidiomycetes

Für die bipolar incompatiblen Arten der Uredinales und Ustilaginales sind keine Versuchsdaten bekannt, die einen Einblick in die Physiologie der sexuellen Unverträglichkeit ermöglichen.

Von den tetrapolar incompatiblen Ustilaginales weiß man nur, daß in den hemi-compatiblen Kombinationen Heterokaryen entstehen, deren Lebensfunktionen in ähnlicher Weise wie bei den Heterokaryen der Holobasidiomycetes gestört sind. Eine verallgemeinernde Interpretation dieser Befunde erscheint uns verfrüht.

## Zusammenfassung

1. Modellvorstellungen über die Genphysiologie der sexuellen Unverträglichkeit stammen in der Hauptsache aus den Ergebnissen genetischer und entwicklungsgeschichtlicher Untersuchungen und nur zu einem sehr geringen Teil aus physiologischen oder biochemischen Experimenten.

2. Die Realisierung der homogenischen Incompatibilität scheint auf verschiedenen Mechanismen zu beruhen. Im ersten Falle (Euascomycetes) kann man annehmen, daß die sexuelle Verträglichkeit durch eine wechselseitige Ergänzung der von den +- und —-Kreuzungstypen gebildeten unterschiedlichen Genprodukte gesteuert wird. Diese Komplementation ist zwischen den Produkten gleicher Kreuzungstypen nicht möglich (Incompatibilität). Im zweiten Falle (Holobasidiomycetes) kann ein derartiger komplementärer Mechanismus ausgeschlossen werden. Aber ein oppositioneller Mechanismus, der auf einem Antagonismus gleicher Genprodukte beruht, erklärt die experimentellen Daten auch nicht befriedigend. Es ist zur Zeit unmöglich, für diese Gruppe eine plausible Modellvorstellung über die Funktion der Incompatibilitätsfaktoren zu bilden.

3. Die heterogenische Incompatibilität beruht auf einer Unverträglichkeit von zwei Genen verschiedener Loci, die sich nicht nur beim Sexualvorgang, sondern auch in vegetativen Hyphen zeigt. Die physiologische Wirkung dieser Gene scheint darin zu bestehen, daß durch ein Genprodukt des einen Gens die Aktivität des anderen gehemmt wird.

# III. Fortpflanzungs-Systeme der Diözisten

## 1. Morphologische Diözie

Es gibt nur wenige Arten von Pilzen, die eine sexuelle Differenzierung in morphologisch unterscheidbare männliche und weibliche Pflanzen zeigen. *Morphologische Diözie kommt nur bei einigen Arten der Phycomycetes und Ascomycetes vor* (Tabelle II-5). Für Myxomycetes und Basidiomycetes ist dieses Fortpflanzungs-System nicht bekannt.

Die von GREIS (1942) für den Basidiomyceten *Solenia anomala* postulierte Diözie ließ sich nach Analyse seiner Versuchsdaten (RAPER 1959) auf Incompatibilität zurückführen.

Wie aus Tabelle II-5 hervorgeht, ist das Vorkommen von Diözie schon sehr lange bekannt. Genetische Analysen dieser Erscheinung sind aber bisher nur in Einzelfällen möglich gewesen, denn die Durchführung von Kreuzungen und die Aufzucht ihrer Nachkommenschaften sind vielfach an technischen Schwierigkeiten gescheitert (Blastocladiales und Chytridiales). In manchen Fällen unterbleibt auch die Weiterentwicklung der Zygote (*Achlya*, S. 41). Eines der wenigen Objekte, für die genetische Daten vorliegen, ist *Stromatinia narcissi*. Hier fand man in der $F_1$ eine 1:1-Aufspaltung

6*

Tabelle II-5. *Zusammenstellung von Arten der Phycomycetes und Ascomycetes, die morphologische Diözie aufweisen*
Die Angaben beruhen zum Teil auf einer Liste von WHITEHOUSE (1949a).

| Systematische Taxa | | Referenz |
|---|---|---|
| **Phycomycetes** | | |
| Entomophthorales | *Ancylistes closterii* PFIT. | PFITZNER 1872 |
| | *Zoophagus insidians* SOM. | ARNAUDOW 1925 |
| Peronosporales | *Phytophthora palmivora* BUTL. (syn. *Ph. faberi* MAUBL.) | ASHBY 1922 |
| | *Phytophthora omnivora* DE BARY | LEONIAN 1931 |
| | *Peronospora parasitica* (PERS. ex FR.) TUL. | BRUYN 1935, 1936 |
| Lagenidiales | *Lagenidium rabenhorstii* ZOPF *Lagena radicola* VANT & LED | ZOPF 1884, VANTERPOOL und LEDINGHAM 1930 |
| Leptomitales | *Sapromyces reinschii* (SCHROET) FRITSCH | WESTON 1938 BISHOP 1940 |
| Saproleginales | *Dictyuchus monosporus* LEITG. | COUCH 1926 |
| | *Achlya bisexualis* COKER | COKER 1927, RAPER 1936 |
| | *Achlya regularis* COKER & LEITN. | COKER und LEITNER 1938 |
| | *Achlya ambisexualis* RAPER | RAPER 1939a, 1940b |
| Blastocladiales | *Blastocladiella variabilis* HARDER & SÖRGEL | HARDER und SÖRGEL 1938 |
| Chytridiales | *Zygorhizidium willei* LÖWENTH. | LÖWENTHAL 1905 |
| | *Olpidiopsis saprolegniae* CORNU | BARRET 1912 |
| | *Dangeardia mammillata* SCHRÖD. | CANTER 1946 |
| | *Rhizophydium columaris* CANTER | CANTER 1947 |
| | *Polyphagus euglenae* NOW. | NOWAKOWSKI 1876, KNIEP 1928 |
| **Ascomycetes** | | |
| Taphrinales | *Ascosphaera apis* MAASSEN (syn. *Pericystis apis* MAASSEN) | CLAUSSEN 1921, SPILTOIR 1955 |
| Helotiales | *Stromatinia narcissi* DRAYTON & GROVES | DRAYTON und GROVES 1952 |
| Laboulbeniales | *Amorphomyces falagriae* THAXTER | THAXTER 1896 |
| | *Laboulbenium formicarum* THAXTER | BENJAMIN und SHANOR 1950 |

für männliche und weibliche Individuen. Es ist *nicht bekannt, ob dieser Vererbungsmodus durch zwei Allele eines einzigen Genortes oder analog wie bei höheren Organismen durch Geschlechtschromosomen bestimmt wird*. Die Aussicht, diese Alternative durch zytologische Untersuchungen zu klären, ist sehr gering, da bekanntlich die Chromosomen der Pilze äußerst klein und schwer zu unterscheiden sind. Nach Angaben von

COUCH (1926) scheint bei dem Oomyceten *Dictyuchus monosporus* sogar mehr als ein Erbfaktor für den sexuellen Dimorphismus verantwortlich zu sein. Genaueres über die Wirkung dieser Faktoren wissen wir allerdings nicht.

Zu einer weiteren Verwirrung unserer Vorstellung über die Determinanten der sexuellen Differenzierung hat die Beobachtung geführt, daß bei *Achlya ambisexualis* in älteren Kulturen der diözischen Stämme gelegentlich zwittrige Sektoren entstehen (RAPER 1947). Diesen Befund kann man durch die Annahme erklären, daß bei *A. ambisexualis* in den coenozytischen Hyphen einzelne Kerne mutieren. Da von der Species *A. ambisexualis* neben männlich und weiblich reagierenden Stämmen auch monözische bekannt sind, erhebt sich die Frage, ob es sich bei den sexuell differenzierten Myzelien nicht um Defektmutanten handelt, die gelegentlich rückmutieren. Solch eine Diözie vortäuschende Mutante kennen wir bei *Hypomyces solani*. Es erscheint uns in diesem Zusammenhang angebracht, näher auf die an *H. solani* gemachten Untersuchungen einzugehen.

Der Ascomycet *H. solani f. cucurbitae* ist monözisch. Sein Kreuzungsverhalten wird durch bipolare Incompatibilität bestimmt (DIMOCK 1937). In den Kulturen von HANSEN und SNYDER (1943, 1946) traten gelegentlich männliche und weibliche Stämme auf. Die männlichen Myzelien bildeten keine Protoperithezien aus und die weiblichen keine befruchtungsfähigen Konidien. Eine Kreuzung zwischen den beiden Sexualtypen erbrachte in der Nachkommenschaft unter anderem sogenannte neutrale Myzelien. Diese hatten zwar den Habitus der männlichen Stämme, ließen sich aber nicht kreuzen. HIRSCH (1949) glaubte, auf Grund von zytologischen Untersuchungen die verschiedenen Sexualpotenzen der *Hypomyces*-Stämme auf Unterschiede in der Chromosomenzahl zurückführen zu können. Der monözische Wildstamm von *H. solani* besitzt im haploiden Satz vier Chromosomen, ein großes, ein kleines und zwei mittelgroße. Das weibliche Myzel sollte durch den Verlust eines der mittelgroßen Chromosomen und das männliche Geschlecht durch den Verlust des anderen charakterisiert sein. Das neutrale Myzel sollte keines der beiden mittelgroßen Chromosomen aufweisen. EL-ANI (1954a, b) konnte durch genetische und zytologische Untersuchungen nachweisen, daß diese Befunde von HIRSCH, die das erste Beispiel für die Existenz von Geschlechtschromosomen bei Pilzen wären, unrichtig sind. Alle vier Typen haben die gleiche Anzahl von Chromosomen, nämlich n = 4. Die männlichen und weiblichen Stämme sind Einfaktormutanten. Die beiden für diese Differenzierungs-Defekte verantwortlichen Gene scheinen nicht gekoppelt zu sein. Das neutral reagierende Myzel stellt die Doppelmutante dar.

Aus den bisherigen Ausführungen ist zu entnehmen, daß wir zur Zeit *keine allgemein gültigen Vorstellungen über die genetischen Grundlagen der Diözie bei Pilzen haben.* Dies ist um so mehr zu bedauern, da gerade bei dem Wasserpilz *Achlya ambisexualis* umfangreiche Daten über die Physiologie des Sexualvorganges vorliegen (RAPER 1939a, b, 1940a, b, 1942a, b, 1950a, b, RAPER und HAAGEN-SMIT 1942, Zusammenfassung: RAPER 1951).

RAPER konnte nachweisen, daß bei diözischen Stämmen dieses Phycomyceten *sowohl die Morphogenese der Geschlechtsorgane als auch die Sexualreaktion durch eine Reihe von miteinander korellierten „sexual hormones" (= Gamone) gesteuert werden.* Im ganzen wurden vier Grup-

pen von Gamonen (A—D) identifiziert. Die Reihenfolge ihrer Entstehung beruht auf einer Wechselwirkung zwischen männlichen und
weiblichen Stämmen. Die einzelnen Entwicklungsschritte bzw. physio-

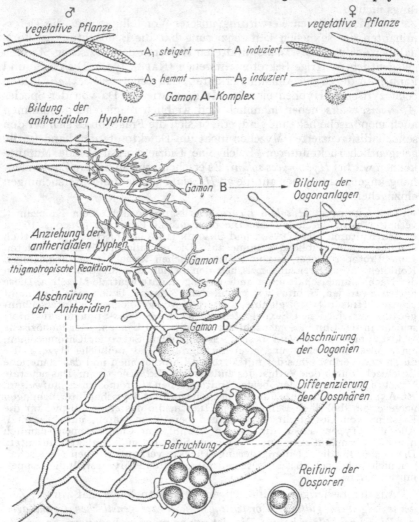

**Abb. II-8.** Halbschematische Darstellung des durch Gamone kontrollierten Sexualvorganges zwischen männlichen und weiblichen Stämmen von *Achlya ambisexualis*. Jede mit
einem Buchstaben gekennzeichnete Linie zeigt den Ursprung und die Wirkung eines
bestimmten Gamonkomplexes an. Die gestrichelt gezeichnete Linie (Befruchtung) beruht
auf noch nicht mit Sicherheit erwiesenen Versuchsdaten. (Nach RAPER 1955b, verändert)

logischen Vorgänge, die von den vier Gamonkomplexen kontrolliert
werden, sind aus der Abb. II-8 zu ersehen.

Da es erst kürzlich gelang, die Oosporen von *Achlya ambisexualis* in
einem geringen Ausmaß zur Keimung zu bringen (MULLINS und RAPER

1965), kann man hoffen, daß auch mit diesem Pilz genetische Untersuchungen durchgeführt werden. Es müßte dann möglich sein, die oben beschriebenen Versuchsergebnisse für die Aufklärung der Erbgrundlagen von Morphogenese und Diözie heranzuziehen.

### Zusammenfassung

1. Morphologisch diözische Pilze sind relativ selten (18 Arten der Phycomycetes und 4 Arten der Ascomycetes).

2. Es ist ungewiß, ob die Diözie durch Gene oder durch Geschlechtschromosomen bestimmt wird.

3. Bei dem diözischen Wasserpilz *Achlya ambisexualis* wird sowohl die Bildung der Geschlechtsorgane als auch die Sexualreaktion durch eine Reihe von miteinander korrelierten Gamonen gesteuert. Die genetische Basis dieser morphogenetischen und physiologischen Vorgänge ist nicht bekannt.

## 2. Physiologische Diözie

*Arten mit zwei nur physiologisch unterscheidbaren Kreuzungstypen finden sich unter den Myxomycetes, Phycomycetes und Ascomycetes.* Bei den Myxomycetes sind dies in der Hauptsache die nichtzellulären Arten, wie *Didymium nigripes, D. difforme, D. iridis* und *Physarum polycephalum* [SKUPIENSKI 1918, 1926; COLLINS 1961 (Literaturübersicht), 1963; COLLINS und LING 1964; DEE 1960]. Von den Phycomycetes sind die Mucoraceae (s. Liste bei KNIEP 1928) und von den Ascomycetes die Hefen mit zahlreichen Arten als physiologische Diözisten bekannt. Vereinzelt ist auch physiologische Diözie in den Phycomycetes-Ordnungen der Chytridiales und Blastocladiales beschrieben worden (Literatur bei WHITEHOUSE 1949a).

### a) Genetische Grundlagen

Soweit bis heute das Fortpflanzungsverhalten von physiologischen Diözisten untersucht wurde, konnten nur zwei komplementäre Kreuzungstypen entdeckt werden. Man bezeichnet diese mit ihren Gensymbolen als + und − und bei den Hefen meist als *a* und α (S. 55). In allen genetisch geprüften Fällen werden *die beiden Kreuzungstypen* durch *zwei Allele eines Genortes* und nicht durch Geschlechtschromosomen *bestimmt.* Während bei physiologisch diözischen Myxomycetes keine weiteren genetischen Untersuchungen bekannt sind, die über die Feststellung des Kreuzungstyps hinausgehen, sind solche an Mucoraceae und in großem Umfange an Hefen gemacht worden.

### Mucoraceae

Genetische Experimente an Mucoraceae sind sehr zeitraubend, denn die Keimruhe der Zygosporen beträgt bis zu sechs Monaten. Außerdem ist noch immer nicht für alle diese Schimmelpilze bekannt, ob die im Keimsporangium der Zygosporen gebildeten 500—2000 Sporen alle von einer oder mehreren meiotischen Teilungen herrühren (S. 9). BURGEFF (1928) hat schon vor Jahren diese Fragestellung an *Phycomyces blakesleeanus* genetisch überprüft. Er führte eine Dreifaktor-Kreuzung durch. In der $F_1$ dieser Kreuzung erwartet man acht verschiedene Genotypen, wenn die entsprechenden Gene nicht gekoppelt sind und mehr als ein Kern die Meiose durchläuft. BURGEFF fand unter den Nachkommen eines Keimsporangiums stets nur vier Genotypen. Dies läßt darauf schließen, daß *in einem einzelnen Zygosporangium sich nur ein Kern meiotisch teilt.* Aus den vier Meiosisprodukten dieses Kerns entstehen dann durch Mitosen die Kerne der einzelnen Sporen. Vor kurzer Zeit konnte HARM (unveröff.) diese Ergebnisse experimentell bestätigen. Zytologische Untersuchungen von SJÖWALL (1945) wiesen in die gleiche Richtung. Er fand, daß zwar in den Keimsporangien neben haploiden Kernen auch diploide vorkommen, die sich jedoch im Ruhezustand befinden und sich nicht teilen. Der Mechanismus, der ihre Teilung verhindert, ist unbekannt.

Ein anderes Problem war bei den Mucoraceae die Frage nach der Anzahl der Kreuzungstypen. Durch die Arbeiten von BURGEFF (1912, 1914, 1915), BLAKESLEE et al. (1927) und KNIEP (1929a, b) *konnte für eine Reihe von Arten klar bewiesen werden, daß nur zwei Kreuzungstypen existieren.*

BLAKESLEE und seine Mitarbeiter führten umfangreiche Kreuzungsteste an etwa 2000 Mucoraceae-Rassen von insgesamt 34 Arten und 12 Gattungen durch. In etwa 10000 verschiedenen Kombinationen wurden Rassen der gleichen Art miteinander gekreuzt. In keinem Fall konnten mehr als zwei Kreuzungstypen gefunden werden.

Jedoch schon in seinen ersten Arbeiten an *Phycomyces nitens* erhielt BLAKESLEE (1906a, b) aus einem Keimsporangium neben +- und —-Myzelien einen dritten Kreuzungstyp, der neutral reagierte. Er konnte sowohl mit +- als auch mit —-Stämmen gekreuzt werden. Diese Erscheinung wurde in der Folgezeit häufig beobachtet und von manchen Autoren fälschlicherweise als Beweis für das Vorhandensein von mehr als zwei Kreuzungstypen angesehen.

Wie wir heute wissen, sind die *neutral reagierenden Myzelien Heterokaryen.* Sie entstehen bei der Sporenbildung mit einer bestimmten, zufallsbedingten Häufigkeit, wenn anstelle von einem Kern zwei für +- und —-heterogene Kerne von der Sporenwand umschlossen werden. Es ist aber nicht auszuschließen, daß auch diploide Kerne, die sich im weiteren Entwicklungsverlauf meiotisch teilen, für die Entstehung der neutral reagierenden Myzelien verantwortlich sind. Die zur Entscheidung dieser Möglichkeit notwendigen Kreuzungen von Partnern mit hinreichend genetisch markierten Kernen fehlen.

Unter den neutral reagierenden Myzelien kann man bei *Phycomyces blakesleeanus* zwei Typen unterscheiden:

1. Solche mit *verminderter Vitalität* (BLAKESLEE 1906a, ORBAN 1919). Diese Stämme bilden selten vegetative Sporangien, jedoch eine große Zahl von sog. Pseudophoren aus, die in Größe und Gestalt an die Suspensoren einer Zygote erinnern. Die Pseudophoren wandeln sich selten in Zygoten („Binnenzygoten", ORBAN 1919) um. Häufiger wachsen aus ihnen kleine Sporangiosporen heraus. Außerdem entstehen an diesem Heterokaryontyp auch sterile Zygoten, die nicht auskeimen. Über die Kern- und Meiosisverhältnisse,

die mit der Bildung von Zygoten und Sporangien verbunden sind, ist nichts bekannt. Eine Sexualreaktion der Heterokaryen mit homokaryotischen +- und —-Stämmen erfolgt im allgemeinen nicht.

2. Solche mit *normaler Vitalität* (HARM, unveröff.). Diese Heterokaryen bilden Pseudophoren in der Kreuzungsregion mit den beiden homokaryotischen Kreuzungstypen. Aber nur die Hälfte der Zygoten gelangt zur Reife. In vielen Fällen wachsen aus den vom Heterokaryon gebildeten Suspensoren, die zu abortiven Zygoten führen, Sporangien aus. An den Heterokaryen entstehen auch Selbstungszygoten. Der Grad der Fertilität dieses Heterokaryon-Typs mit homokaryotischen +- und —-Stämmen ist von Fall zu Fall verschieden. Er hängt wahrscheinlich mit der Kernverteilung in den coenozytischen Heterokaryen zusammen.

Aus dem Kreuzungsverhalten der Heterokaryen kann man schließen, daß in diesen Myzelien haploide +- und —-Kerne vorhanden sind. Diese Auffassung fand ihre Bestätigung durch die experimentelle Herstellung von Heterokaryen. BURGEFF (1915) und ORBAN (1919) injizierten nämlich kernhaltiges Zytoplasma von einem Homokaryon in Myzelien des komplementären Kreuzungstyps. Sie erhielten mit dieser Versuchstechnik Heterokaryen vom Typ 1.

*Die Wuchs- und Sexualanomalien der Heterokaryen lassen auf eine gewisse Unverträglichkeit der +- und —-Kerne in vegetativen Hyphen schließen.* Über die Art und Weise dieser Incompatibilität und ihre Bedeutung für den Mechanismus der physiologischen Diözie sind keine experimentellen Befunde vorhanden.

Schon in seiner ersten Arbeit an Mucoraceae (1904a) konnte BLAKESLEE beobachten, daß die Sexualreaktion, d.h. die Bildung von Zygophoren, die sich aneinanderlegen oder umwinden, auch zwischen den komplementären Kreuzungstypen verschiedener Arten und manchmal sogar zwischen verschiedenen Gattungen auftrat. Keimfähige Zygosporen entstanden in solchen Kombinationen jedoch nicht. Diese sog. imperfekte Hybridisierung wurde noch in ausführlicherer Weise von BURGEFF (1924) und CALLEN (1940) studiert. Mit Hilfe dieser Reaktion gelang es BLAKESLEE und CARTLEDGE (1927), die Kreuzungstypen von mehreren Arten und Gattungen gegen zwei vorgegebene Teststämme von *Mucor hiemalis* zu standardisieren. Auch monözische Mucoraceae ließen sich teilweise in dieses Schema einordnen, wenn sie entweder nur mit einem +- oder nur mit einem —-Tester reagierten. Die Ergebnisse dieser Versuche berechtigen zu der Annahme, *daß die für die Sexualreaktion verantwortlichen Stoffe nicht art- oder gattungsspezifisch sind.* PLEMPEL (S.94) konnte dies später durch seine physiologischen Versuche bestätigen.

## Saccharomycetaceae

*Das Sexualverhalten der physiologisch diözischen Hefen wird durch zwei Kreuzungstypen bestimmt.* Dies wurde erstmalig von GUILLIERMOND (1936, 1940) festgestellt und später von WINGE und LAUTSEN (1939a, b) bestätigt. LINDEGREN und LINDEGREN (1943) konnten auf Grund ihrer Kreuzungsversuche und Ascusanalysen nachweisen, daß ein Allelenpaar (a/α) die genetische Information für die beiden Kreuzungstypen enthält.

Es hat sich jedoch herausgestellt, daß bei einigen *Hefen* dieses *Fortpflanzungs-System* durch eine Reihe verschiedener Faktoren *modifiziert* werden kann. RAPER (1960) unterscheidet in seiner zusammenfassenden Darstellung fünf verschiedene Modifikationstypen:

*1. Genetische Labilität des Kreuzungstyp-Locus.* Im Gegensatz zu der extremen Stabilität der Determinanten ($+/-$) der bipolaren homogenischen Incompatibilität mutieren die Gene $a$ und $\alpha$ relativ häufig, und zwar entweder zum komplementären Kreuzungstyp oder zu einem nichtfunktionellen, sterilen Typus. Diese Erscheinung wurde mehrfach für verschiedene Arten beschrieben (LINDEGREN und LINDEGREN 1943, 1944, LEUPOLD 1950, AHMAD 1952, 1953).

Die Veränderung des Kreuzungstyps bei *S. cerevisiae* kann nicht nur durch Genmutation innerhalb des $a/\alpha$-Locus bedingt sein, sondern auch durch Chromosomenmutation. HAWTHORNE (1963) fand, daß eine Veränderung des Kreuzungstyps von $a$ nach $\alpha$ durch eine Deletion hervorgerufen wird, die sich, ausgehend vom Kreuzungstyp-Locus, über 30 KE erstreckt.

*2. Komplexe Struktur des Kreuzungstyp-Locus.* Bei *Schizosaccharomyces pombe* ließen sich eine Reihe von multiplen Allelen des Kreuzungstyp-Locus nachweisen (LEUPOLD 1950), die neben der physiologischen Diözie auch Selbstfertilität und vollständige Sterilität auslösen können. Die einzelnen Allele scheinen innerhalb der genetischen Region des Kreuzungstyps linear angeordnet zu sein, denn als seltenes Ereignis traten in der Nachkommenschaft von zwei verschiedenen Kreuzungstypen mit einer Häufigkeit von 0,3 % selbstfertile Stämme auf (LEUPOLD 1958a, b). Diese können als das Ergebnis intragenischer Rekombinationen angesehen werden (S. 228).

*3. Zusätzliche Gene, die das Sexualverhalten steuern.* WINGE und ROBERTS (1949) fanden in Hybriden zwischen der selbstfertilen *Saccharomyces chevalieri* und der diözischen *S. cerevisiae* ein dominantes Gen $D$, das aus der Art *chevalieri* stammt. Es veranlaßt bei haploiden Stämmen eine Diploidisierung, die unabhängig vom Kreuzungstyp eintritt. Solche Diplonten reagieren weder mit $a$- noch mit $\alpha$-Stämmen. Nur Haplonten mit dem rezessiven Gen $d$ ließen sich mit dem komplementären Kreuzungstyp paaren. Eine ähnliche Situation fanden TAKAHASHI et al. (1958) in Rassenkreuzungen zwischen selbstfertilen und diözischen Stämmen der *Saccharomyces cerevisiae*. Der Unterschied zu den Befunden von WINGE und ROBERTS besteht darin, daß die von TAKAHASHI verwendeten selbstfertilen Stämme entsprechend ihrer Ausrüstung mit $a$ oder $\alpha$ eine positive Paarungsaffinität zum komplementären Partner haben. In einer weiteren Arbeit konnte TAKAHASHI (1958) diese Beobachtungen ergänzen und zeigen, daß das Diploidisierungs-Gen aus einer Reihe von komplementären Faktoren zusammengesetzt ist.

*4. Polyploidie.* Polyploidie wurde bei Hefen häufig entdeckt. Abgesehen von einigen unerklärbaren Kreuzungsreaktionen der Polyploiden verhielten sich die meisten diploiden Hefen entsprechend dem Schema der physiologischen Diözie, d.h. homozygote Diplonten ($a/a$ bzw. $\alpha/\alpha$)

waren selbststeril und reagierten nur mit Stämmen des entgegengesetzten Kreuzungstyps. Die Heterozygoten (a/α) waren selbstfertil und zeigten keine Sexualreaktion mit anderen Stämmen (LINDEGREN und LINDEGREN 1951, ROMAN et al. 1951, 1955, SUBRAMANIAM 1951, POMPER et al. 1954, LEUPOLD 1956) (s. auch Abschnitt *Genommutationen* S. 324ff.).

5. *Anormale Aufspaltungen.* Unregelmäßigkeiten der Kernteilung und der Verteilung der Meiosisprodukte können in den Asci zu anormalen Aufspaltungen führen. Durch Konversion (S. 231ff.) oder durch postmeiotische Mitosen werden ebenfalls die zu erwartenden Aufspaltungen verändert (WINGE 1951, WINGE und ROBERTS 1954). Im letzten Falle entstehen in den Asci mehr als vier Kerne, so daß die vier Sporen zum Teil heterokaryotisch werden (S. 231).

Trotz aller dieser Komplikationen sind die Hefen in großem Umfange zu begehrten Objekten genetischer Untersuchungen geworden.

## b) Genphysiologie

In gleicher Weise wie bei der Besprechung der Monözisten haben wir die Absicht, in diesem Abschnitt nur auf physiologische Befunde näher einzugehen, soweit diese auf genetischer Grundlage basieren und zur Aufklärung von Genwirkungen beitragen.

### Mucoraceae

Die Mucoraceae sind nicht nur die ersten Pilze, an denen genetische Untersuchungen durchgeführt wurden, sondern auch die ersten Objekte, die zu genphysiologischen Studien verwendet wurden. Zahlreiche Versuche sind unternommen worden, um die physiologischen Unterschiede zwischen den beiden morphologisch nicht unterscheidbaren Kreuzungstypen zu erfassen und mit ihren Determinanten, den Genen + und —, in Verbindung zu bringen.

Von den geprüften physiologischen Merkmalen wollen wir nur einige Beispiele herausgreifen: Gehalt an reduzierenden Zuckern, an Lipoiden und an oxydierenden Enzymen, Manilov-Reaktion (SATINA und BLAKESLEE 1925, 1926, 1927, 1928, 1929, BURGEFF und SEYBOLD 1927, YOUNG 1930, 1931); Nährstoffaufnahme (SCHOPFER 1928); freie Aminosäuren (RITTER 1955); Sauerstoffverbrauch von Homokaryen gegenüber +- und —-Mischkulturen (BURNETT 1953a, b). Verschiedene Auffassungen herrschen über die Beteiligung von Karotinoiden an der Sexualreaktion. Über diese Fragestellung liegt eine Fülle von Arbeiten vor, die bei HESSELTINE (1961) zusammengefaßt sind. BURGEFF (1924), SCHOPFER (1928, 1930), KÖHLER (1935) bemerkten, daß Unterschiede im Karotingehalt der einzelnen Kreuzungstypen nicht mit Sicherheit nachzuweisen sind. HESSELTINE (1961) konnte feststellen, daß der Karotingehalt von +/—-Mischkulturen wesentlich höher ist als in Einzelkulturen oder in Mischkulturen von +- und —-Myzelien, die ihre sexuelle Aktivität verloren haben. Danach hat es den Anschein, als ob die Karotinbildung erst durch ein Zusammenwirken der beiden Kreuzungstypen in höherem Maße in Gang gesetzt wird. Es ist dann nicht weiter verwunderlich, daß Einzelkulturen keine Unterschiede zeigen. Mit dieser Vorstellung stehen allerdings die Versuchsergebnisse von BURNETT (1956b) nicht in Übereinstimmung. BURNETT wies nach, daß bei *Phycomyces blakesleeanus* eine Korrelation zwischen Sexualreaktion und der Bildung von $\beta$-Karotin nicht gegeben ist, die von anderer Seite postuliert wurde (GARTON et al. 1951, GOODWIN und LIJINSKY 1951, GOODWIN 1952, GOODWIN und WILLMER 1952).

Bei den meisten dieser Untersuchungen wurden tatsächlich *physiologische Unterschiede zwischen den beiden Kreuzungstypen aufgefunden*, aber vielfach hat man nur einzelne Stämme geprüft. Vor *allem fehlen meist die entsprechenden genetischen Untersuchungen*, die zeigen müßten, ob solche Unterschiede auch wirklich den Kreuzungstyp-Genen zuzuschreiben sind. Es könnte nämlich andererseits möglich sein, daß sie durch weitere, nur physiologisch wirksame Gene bestimmt werden, die bei sorgfältiger genetischer Analyse herausspalten würden, z.B. Gametangiengröße vieler Mucoraceae (S. 47). Derartige Bedenken hat auch schon BURNETT (1956b) geäußert. In seiner sorgfältigen Analyse der einschlägigen Literatur fand er, daß bei Nachanalysen bestimmte physiologische Differenzen zwischen +- und —- Stämmen oft entweder nicht vorhanden waren oder in genau umgekehrter Relation zueinander standen. Verbindliche Aussagen sind also nur möglich, wenn man 1. mehrere verschiedene Stämme der gleichen Art auf physiologische Differenzen prüft und 2. diese Untersuchungen an genetisch definierten, möglichst isogenen Stämmen durchführt.

Um zu zeigen, welche Verwirrung durch Experimente hervorgerufen werden können, denen solche Voraussetzungen fehlen, möge ein Beispiel genügen: UTIGER (1953) beschrieb, daß bei *Phycomyces blakesleeanus* zerquetschte —-Myzelien mit 30%iger NaOH eine intensive Rotfärbung ergaben. +-Myzelien zeigten diese Reaktion nicht. Eine auf breiter Basis von BRUCKER (1954, 1955) am gleichen Objekt durchgeführte Überprüfung dieser Methode zum Nachweis einer physiologischen Differenz zwischen zwei Kreuzungstypen führte zu anderen Ergebnissen. BRUCKER konnte zeigen, daß die Farbstoffbildung bei +-Stämmen anderer Herkunft auftreten kann und nicht an den Kreuzungstyp gebunden ist. Als Ursache für die Entstehung der roten Pigmente konnte er Phenolderivate vom Typ der Gallussäure identifizieren, die sich in alkalischem Medium zu roten Hallachromen oxydieren.

*Aus den bisher angeführten Untersuchungen läßt sich keine Korrelation zwischen physiologischen Unterschieden von +- und —- Stämmen und den für die Kreuzungstypen verantwortlichen Genen ableiten.* In dieser Hinsicht war *eine von* BURGEFF *angeregte Versuchskonzeption erfolgreich*. Diese geht von dem Gedanken aus, die für die einzelnen Differenzierungsschritte der Sexualreaktion verantwortlichen Substanzen zu isolieren. Die Existenz von derartigen Sexualstoffen (Gamone) hatte BURGEFF schon 1924 postuliert. Er konnte nämlich beobachten, daß +- und —-Stämme von *Mucor mucedo*, die durch eine Kolloidinmembran getrennt kultiviert werden, nach 2—3 Tagen auf beiden Seiten der Membran mit der Bildung von Zygophoren beginnen. Wie bei der typischen Sexualreaktion krümmen sich beide Zygophoren-Arten auf die Membran zu, d.h. in Richtung auf den Kreuzungspartner. Da die Hyphen die Membran nicht durchdringen können, kann diese Reaktion nur durch die Wirkung von diffundierbaren Stoffen ausgelöst werden. Entsprechende Beobachtungen machte KÖHLER (1935) am gleichen Objekt und KRAFCZYK (1935) an *Pilobolus crystallinus*.

Nach vergeblichen Versuchen anderer Autoren (VERKAIK 1930, RONSDORF 1931, KÖHLER 1935, KEHL 1937, BANBURY 1954a, b) gelang es PLEMPEL durch Anwendung einer sinnreichen Technik, die *Sexualstoffe von Mucor mucedo zu isolieren* (BURGEFF und PLEMPEL 1956, PLEMPEL 1957, PLEMPEL und BRAUNITZER 1958, PLEMPEL 1960, 1963a, b, PLEMPEL und DAWID 1961).

Auf Grund dieser physiologischen und biochemischen Versuche erhielt man folgende Vorstellung über den Ablauf der Sexualreaktion:

Wie aus Abb. II-9 hervorgeht, umfaßt diese mehrere Differenzierungsschritte. Sie wird mit der Bildung der Zygophoren eingeleitet und findet mit der Fusion der Gametangien (Plasmogamie) ihren Abschluß. *Der gesamte Vorgang wird von drei verschiedenen Sexualstoffen gesteuert: Progamone, Gamone und zygotropische Wirkstoffe.*

Jeder Kreuzungstyp bildet in Einzelkulturen ein spezifisches Progamon, das ins Substrat ausgeschieden wird und beim entgegengesetzten Kreuzungstyp die Bildung des eigentlichen Sexualwirkstoffes, des Gamons, induziert. Die Gamone lösen die Bildung der

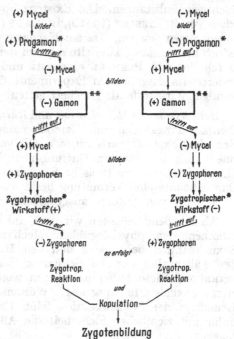

Abb. II-9. Schema der Sexualreaktion von *Mucor mucedo*, * im biologischen Test nachgewiesen, ** in kristalliner Form isoliert. (Nach PLEMPEL 1960, verändert)

typischen Sexualorgane (Zygophoren) beim komplementären Kreuzungstyp aus. Es gelang, die beiden spezifischen +- und —-Gamone zu isolieren und in kristalliner Form darzustellen. Sie können als mehrfach ungesättigte aliphatische Polyhydroxycarbonylverbindungen angesprochen werden. Die aus der Elementaranalyse und aus Molekulargewichtsbestimmungen errechnete Summenformel lautet: $C_{20}H_{25}O_5$. Der letzte Schritt der Sexualreaktion, das Aufeinanderzuwachsen der Zygophoren, wird durch geschlechtsspezifische gasförmige Wirkstoffe gesteuert, die von den Gametangien abgesondert werden. Diesen Wirkstoffen können zwei Eigenschaften zugeschrieben werden: 1. Sie fungieren als Wuchsstoffe und sind für die zygotropische Reaktion der Gametangien verantwortlich. 2. Sie erhalten die Funktionsfähigkeit der Zygophoren, die ohne Einwirkung dieser Stoffe nach kurzer Zeit in Träger von vegetativen Sporangien umgewandelt werden. Die stoffliche Natur dieser gasförmigen Wirkstoffe kennt man noch nicht. Über die Physiologie der sich an

die Sexualreaktion anschließenden Vorgänge von der Plasmogamie bis
zur Keimung der Zygoten liegen keine Experimente vor.

Die Beteiligung von gasförmigen Wirkstoffen an der Sexualreaktion
wurde von HEPDEN und HAWKER (1961) ebenfalls bei *Rhizopus sexualis*
nachgewiesen. Erste Analysen sprechen für eine basische Natur dieser
flüchtigen Substanzen. Die Existenz von volatilen Sexualstoffen war
schon von BLAKESLEE (1904b), BURGEFF (1924) und BANBURY (1954a, b)
angenommen worden. Da ein Nachweis trotz vielfacher Bemühungen
jedoch nicht gelang, zweifelte man an der Richtigkeit dieser Annahme.
Durch die von PLEMPEL einerseits und von HEPDEN und HAWKER
andererseits ausgeführten Experimente dürfte das Vorhandensein gas-
förmiger Wirkstoffe als gesichert gelten.

Bei *Phycomyces blakesleeanus* und *Rhizopus nigricans* konnte PLEMPEL
ebenfalls Progamone und Gamone nachweisen. Die *Wirkung* beider
*Sexualstoffe ist nicht artspezifisch.* Die von *Mucor* isolierten Substanzen
rufen auch bei anderen Gattungen und Arten der Mucoraceae und
Choanephoraceae die typische Sexualreaktion hervor (PLEMPEL 1957).
Damit konnte eine Vermutung bestätigt werden, die früher schon von
einer Reihe von Autoren ausgesprochen wurde (S. 89).

Abschließend möchten wir noch auf die Parallelität hinweisen, die
zwischen den physiologischen Mechanismen herrscht, welche die
Sexualreaktion bei *Achlya* und den Mucoraceae bestimmen. In beiden Fällen sind mit der Sexualreaktion morphogenetische Vorgänge
verknüpft. Diese Differenzierungen werden durch wechselseitig induzierte Sexualstoffe ausgelöst. Während bei *Achlya* die genetische
Grundlage der Sexualreaktion fehlt, kann man bei den Mucoraceae
dafür mit ziemlicher Sicherheit die Allele $+$ und $-$ verantwortlich
machen.

Die von PLEMPEL verwendeten Stämme sind der Kollektion BAARN
entnommen und dort jahrelang vegetativ vermehrt worden. Es wäre
wünschenswert, diese Stämme genetisch zu analysieren und isogene Kreuzungstypen herzustellen. An einem solchen Pilzmaterial dürfte der eindeutige Nachweis, daß die Sexualstoffe durch Genwirkungen des $+/-$-Locus
induziert werden, keine Schwierigkeit bereiten.

## Saccharomycetaceae

Physiologische Untersuchungen über das Zustandekommen der
Sexualreaktion zwischen den beiden Kreuzungstypen wurden bei Hefen
von LEVI (1956) und BROCK (1958a, b, 1959) ausgeführt. LEVI prüfte
an drei verschiedenen Rassen von *Saccharomyces cerevisiae* die Kopula-
tionsreaktion. Er fand in allen möglichen Kombinationen zwischen *a*-
und α-Kreuzungstypen der drei Rassen, daß nur die *a*-Zellen einen
Kopulationsfortsatz ausbilden. Diese Differenzierung scheint durch eine
diffusible Substanz bedingt zu sein, die vom α-Partner ausgeht; denn
*a*-Zellen, die durch eine Membran von α-Zellen getrennt waren, zeigten
die gleiche Reaktion. Die *a*-Zellen bilden auch dann einen Kopulations-

fortsatz, wenn sie auf ein Agarmedium gebracht werden, auf dem sich vorher α-Zellen befanden. Die Interpretation dieser Befunde im Sinne einer Gamonwirkung entsprechend den Verhältnissen bei *Achlya* und den Mucoraceae läßt sich nicht von der Hand weisen. Inwieweit diese Parallelität wirklich besteht, müßten genauere Untersuchungen erbringen. Von einer Verallgemeinerung kann zur Zeit keine Rede sein, denn BROCK gelangt durch seine Untersuchungen an *Hansenula wingei* zu völlig andersartigen Vorstellungen über die Sexualreaktion der physiologisch diözischen Hefen. Er möchte als das Prinzip der Zellfusion von verschiedenen haploiden Kreuzungstypen eine Antigen-Antikörper-Reaktion ansehen: Ein Protein (Antikörper), das sich auf der Oberfläche von Zellen des einen Kreuzungstyps befindet, soll mit einem Polysaccharid (Antigen), das auf der Zelloberfläche des anderen lokalisiert ist, reagieren und eine Art Agglutination der Zellen vom entgegengesetzten Kreuzungstyp auslösen. In welcher Beziehung diese Zellagglutination jedoch zum eigentlichen Sexualvorgang der Plasmogamie und Karyogamie steht, muß offen bleiben, da mit der Zusammenlagerung keinerlei Differenzierung, wie etwa die Keimschlauchbildung (*S. cerevisiae*, LEVI) oder Entstehung von Geschlechtsorganen (*Achlya* und Mucoraceae), verbunden ist.

## Zusammenfassung

1. Arten mit nur zwei physiologisch unterscheidbaren Kreuzungstypen finden sich unter den Myxomycetes, den Phycomycetes und den Ascomycetes. Genetische und genphysiologische Untersuchungen wurden in großem Umfang an Mucoraceae und Hefen durchgeführt.

2. Die beiden Kreuzungstypen einer physiologisch diözischen Art werden durch zwei Allele eines Genortes bestimmt. Multiple Allelomorphe sind nur bei Hefen bekannt.

3. In den vielkernigen Keimsporangien der Mucoraceae scheint nur eine einzige Meiosis stattzufinden. Aus den vier Produkten dieses Teilungsvorganges entstehen durch Mitosen die Kerne der einzelnen Sporen. Die Sporen können heterokaryotisch sein.

4. Das Fortpflanzungs-System der physiologisch diözischen Hefen kann durch eine Vielzahl von genetischen Faktoren modifiziert werden.

5. Die zahlreichen an Mucoraceae unternommenen Versuche, die Genphysiologie der den Kreuzungstyp bestimmenden Erbfaktoren aufzuklären, waren nur in einem Fall erfolgreich. Bei *Mucor mucedo* gelang es, die für die Sexualreaktion verantwortlichen Stoffe zu erfassen und teilweise zu isolieren. Die Wirkung dieser Sexualstoffe ist nicht art- oder gattungsspezifisch.

6. Genphysiologische Untersuchungen an Hefen haben nicht zu einer bestimmten Vorstellung über den Mechanismus der Sexualreaktion geführt.

# C. Alternativen zur sexuellen Fortpflanzung

Die sexuelle Fortpflanzung wurde lange Zeit als der einzige Mechanismus angesehen, der für die Neukombination des genetischen Materials verantwortlich ist. Von diesem Monopol der sexuellen Fortpflanzung aus betrachtet, war die Evolution von vielen Mikroorganismen (z. B. Bakterien und Fungi imperfecti), die in ihrem Zyklus keine Karyogamie und Meiosis aufweisen, schwer zu verstehen. Die Annahme, daß bei diesen Arten nur Mutationen ohne jeden Austausch von genetischem Material die Evolution bestimmen, war nicht sehr zwingend (MULLER 1947). Es ist das Verdienst der Mikroben-Genetiker, hier einen Ausweg gezeigt zu haben. Man kennt heute mehrere Mechanismen, die zwar verschieden in ihren genetischen Grundlagen sind, jedoch alle das Prinzip der sexuellen Vermehrung verwirklichen: die Neukombination der genetischen Information.

Die meisten dieser Mechanismen sind nur bei Bakterien gefunden worden: Transformation (GRIFFITH 1928), Transduktion (ZINDER und LEDERBERG 1952), bakterielle Konjugation (TATUM und LEDERBERG 1947), Lysogenisation (LWOFF 1953, JACOB und WOLLMAN 1957) und Sexduktion (JACOB und ADELBERG 1959). Einzelheiten über die Wirkungsweise dieser Systeme sind dem Buch von JACOB und WOLLMAN (1961) zu entnehmen.

*Für Pilze konnte bisher nur die somatische Rekombination als eine Alternative der sexuellen Fortpflanzung entdeckt werden.* Mit diesem Begriff bezeichnet man ganz allgemein die Erscheinung, daß auch in vegetativen Zellen eine Rekombination des Erbmaterials erfolgen kann. Somatische Rekombination wurde bei Ascomycetes bzw. bei den ihnen verwandten Fungi imperfecti und bei Basidiomycetes nachgewiesen (Tabelle II-6 und Literaturübersicht von BRADLEY, 1962).

Es ist bisher nur ein einziges Beispiel bekannt, wo trotz intensiver Analyse keine somatische Rekombination festgestellt werden konnte. DUTTA und GARBER (1960) untersuchten etwa eine Million Konidien von heterokaryotischen Stämmen des imperfekten Pilzes *Colletotrichum lagenarium*, ohne diploide, heterozygote Kerne zu entdecken.

*Der bekannteste genetische Mechanismus,* der somatischen Austauschvorgängen zugrunde liegt, ist die *mitotische Rekombination* (S. 211 ff.). Sie wurde zuerst von STERN (1936) in diploiden, heterozygoten Gewebezellen von *Drosophila* beobachtet und ist als das Resultat von crossing over zwischen homologen Chromosomen im Verlauf von Mitosen anzusehen.

Die als Voraussetzung für mitotische Rekombination erforderliche Diploidie und Heterozygotie kann auch in seltenen Fällen in den Hyphen haploider Pilze verwirklicht werden. ROPER (1952) fand, daß in Heterokaryen des Ascomyceten *Aspergillus nidulans* vereinzelt diploide Kerne entstehen, die solche Rekombinationen zeigen. Da diese Vorgänge zum gleichen Effekt führen wie die meiotischen Rekombinationen im Verlauf der sexuellen Fortpflanzung, schlug PONTECORVO (1954) vor, diese Erscheinung Parasexualität zu nennen.

Der *parasexuelle Zyklus* besteht im Prinzip aus folgenden Schritten (Einzelheiten bei PONTECORVO et al. 1953 b), PONTECORVO 1956a, b, 1958:

*1. Heterokaryonbildung.* Zwei haploide Myzelien fusionieren und bilden ein Heterokaryon.

*2. Kernfusion.* In den Heterokaryen treten als seltene Ereignisse (etwa $10^{-6}$) Kernverschmelzungen ein, die zur Bildung von diploiden, heterozygoten Kernen führen. Haploide und diploide Kerne können sich in den Heterokaryen durch Mitosen vermehren. Gelegentlich erfolgt aber eine Entmischung. Es entstehen dann sowohl haploide, heterokaryotische als auch diploide, heterozygote Sektoren.

*3. Mitotisches crossing over.* Mit einer Häufigkeit von etwa $10^{-2}$ pro Kerngeneration erfolgt in den diploiden Kernen mitotisches crossing over.

*4. Haploidisierung.* Ebenfalls mit relativ konstanter Häufigkeit (etwa $10^{-3}$ pro Kernteilung) werden die diploiden Kerne wieder zu haploiden herabreguliert. Sie können dabei verschiedene Stadien von Aneuploidie durchlaufen. Dieser Wechsel der Ploidiestufe scheint nicht durch Meiosis bedingt zu sein (KÄFER 1961).

Mitotische Rekombinationen und Haploidisierung verlaufen parallel. Die Verbreitung der haploiden Kerne mit neu kombinierter genetischer Information kann entweder durch Entmischung der Heterokaryen (Sektorbildung) oder durch einkernige Konidien erfolgen.

Es ist anzunehmen, daß in Heterokaryen und in Homokaryen auch genetisch gleiche Kerne zu diploiden verschmelzen, mitotische Rekombinationen durchlaufen und sich zur haploiden Stufe herabregulieren können. Dies hat jedoch keinen genetischen Effekt. Daher ist die unbedingte Voraussetzung für die genetische Wirksamkeit des parasexuellen Zyklus die Heterokaryosis. Ihr entspricht bei der sexuellen Fortpflanzung die Heterozygotie.

Ein parasexueller Zyklus ist mit Sicherheit auch bei *Aspergillus niger* und *Penicillium chrysogenum* nachgewiesen worden. Da beide Arten imperfekt sind, ist für sie die Parasexualität der einzige Mechanismus zur genetischen Rekombination. Auch bei den anderen, in der Tabelle II-6 genannten imperfekten Ascomycetes ist mit großer Wahrscheinlichkeit die mitotische Rekombination mit einem parasexuellen Zyklus verbunden.

*Die praktische Bedeutung der Entdeckung des parasexuellen Zyklus besteht vor allem darin, daß auch an imperfekten Pilzen genetische Untersuchungen vorgenommen werden können.*

Die an Basidiomycetes beobachteten somatischen Austauschvorgänge ließen sich bisher nicht mit einem parasexuellen Zyklus in Verbindung bringen. Während bei *Ustilago maydis* eindeutig mitotisches crossing over nachgewiesen werden konnte, ist dies für die Brandpilze fraglich. Hier könnte eventuell ein meiosisartiger Austausch vorliegen (ELLINGBOE 1961).

Somatische Rekombinationen treten bei den Holobasidiomycetes *(Schizophyllum* und *Coprinus)* regelmäßig in Kreuzungen zwischen Dikaryen und Homokaryen auf, und zwar in den incompatiblen Kombinationen (s. Buller-Phänomen, S. 64ff.). Als genetische Mechanismen kommen mitotische Rekombinationen (CROWE 1960) oder meiosisartige Umkombinationen (ELLINGBOE und RAPER 1962a, ELLINGBOE 1963)[1] in Frage.

[1] *Anmerkung bei der Korrektur:* Neuere Untersuchungen von ELLINGBOE (1964) bestätigen diese Annahme und verstärken den Eindruck, daß tatsächlich meiotische Rekombinationen stattfinden.

Tabelle II-6. *Zusammenstellung von Beispielen für somatische Rekombination bei Pilzen*

Bei einigen Objekten können mehrere Mechanismen für die somatische Rekombination verantwortlich gemacht werden.

| Objekt | Sexuelle Fort-pflanzung | Mechanismus | | | Referenz |
|---|---|---|---|---|---|
| | | mitoti-sches crossing over | meioti-sches crossing over | anders-artig | |
| **Protoascomycetes** | | | | | |
| *Saccharomyces cerevisiae* | + | ? | ? | ? | WILKIE und LEWIS 1963 |
| **Euascomycetes** | | | | | |
| *Aspergillus fumigatus* | | + | | | STRØMNAES und GARBER 1963 |
| *nidulans* | + | + | | | ROPER 1952, PONTECORVO et al. 1953b, 1954, PONTE-CORVO und ROPER 1952 |
| *niger* | | + | | | KÄFER 1958, 1961, PONTECORVO et al. 1953a |
| *oryzae sojae* | | + | | | ISHITANI 1956, ISHITANI et al. 1956, IKEDA et al. 1957 |
| *Cephalosporium mycophyllum* | | + | | + | TUVESON und COY 1961 |
| *Cochliobolus sativus* | + | + | | | TINLINE 1962 |
| *Penicillium chrysogenum* | | + | | | PONTECORVO und SERMONTI 1954, SERMONTI 1957 |
| *expansum* | | + | | | BARRON 1962, BARRON und MACNEILL 1962 |
| *italicum* | | + | | | STRØMNAES et al. 1964 |
| *Fusarium oxysporum f. pisi* | | + | | | BUXTON 1956, TUVESON und GARBER 1959 |
| *oxysporum f. cubense* | | + | | | BUXTON 1962 |
| *Verticillium albo-atrum* | | + | | | HASTIE 1962 |
| **Holobasidiomycetes** | | | | | |
| *Coprinus fimetarius* | + | + | | + | GANS und PRUD'HOMME 1958, PRUD'HOMME 1962, 1963 |
| *lagopus* | + | ? | | ? | SWIEZYNSKI 1962 |
| *macrorhizus* | + | ? | | ? | KIMURA 1954a, b |

Tabelle II-6 (Fortsetzung)

| Objekt | Sexuelle Fortpflanzung | Mechanismus | | | Referenz |
|---|---|---|---|---|---|
| | | mitotisches crossing over | meiotisches crossing over | andersartig | |
| *Schizophyllum commune* | + | ? | ? | ? | CROWE 1960, RAPER 1961a, ELLINGBOE und RAPER 1962a, PARAG 1962b, ELLINGBOE 1963, 1964 |
| Uredinales | | | | | |
| *Puccinia recondita f. tritici* | + | | | + | VAKILI und CALDWELL 1957 |
| *graminis f. tritici* | + | | ? | ? | BRIDGEMON 1959, WATSON 1957, 1958, ELLINGBOE 1961, WATSON und LUIG 1962 |
| Ustilaginales | | | | | |
| *Ustilago maydis* | + | + | | | HOLLIDAY 1961a, b |

Die somatischen Rekombinationen in Di-Mon-Kreuzungen lassen sich aber nicht ausschließlich durch diese beiden Mechanismen erklären, wie die Versuchsergebnisse von ELLINGBOE und RAPER ergaben. Über den Mechanismus dieser Neukombination besteht noch keine definitive Vorstellung.

Somatischer Austausch des Erbmaterials tritt bei *Schizophyllum* nicht nur in Verbindung mit dem Buller-Phänomen auf. Mit einer Häufigkeit von etwa 1% können in Dikaryen Rekombinationstypen für die Incompatibilitäts-Faktoren beobachtet werden (RAPER 1961b, PARAG 1962b).

Die Voraussetzung für eine Aufklärung der noch unbekannten Mechanismen der somatischen Rekombination ist die Ausarbeitung von geeigneten Methoden, die eine Selektion der selten auftretenden Austauschprodukte ermöglichen. Es ist anzunehmen, daß diesen Vorgängen der Umkombination des genetischen Materials vor allem bei imperfekten Pilzen eine größere Bedeutung für die Evolution zukommt, als man bisher glaubte.

## Zusammenfassung

1. Bei Bakterien und Pilzen ist der Austausch des genetischen Materials nicht notwendigerweise mit sexueller Fortpflanzung verknüpft. Es sind eine Reihe von Mechanismen bekannt, die bei somatischen Kernen eine Neukombination der genetischen Information ohne die typische Aufeinanderfolge von Karyogamie und Meiosis ermöglichen. Damit sind echte Alternativen zur sexuellen Fortpflanzung entdeckt worden.

7*

2. Der bekannteste und bei Pilzen genau analysierte Mechanismus ist das mitotische crossing over. Auf Grund des bei Aspergillaceae gefundenen sogenannten parasexuellen Zyklus ist auch eine genetische Bearbeitung von imperfekten Pilzen möglich geworden.

3. Untersuchungen an Basidiomycetes lassen darauf schließen, daß auch meiosisartige Vorgänge für somatische Rekombinationen verantwortlich sein können.

# D. Relative Sexualität

„Das Gesetz der relativen Stärke der geschlechtlichen Determinierung" ist eines von den drei Gesetzen, auf denen die *Hartmannsche Sexualitätstheorie* der Befruchtung (HARTMANN 1956, S. 408) basiert. Nach dieser Gesetzmäßigkeit wird angenommen, daß die *sexuelle Determination der Gameten in männlich und weiblich* nicht absolut, sondern *relativ* ist. Dies kann im Extremfall dazu führen, daß ein normalerweise weiblicher Gamet $A$ sich gegenüber einem männlichen Gameten $B$ zwar als weiblich, jedoch gegenüber einem stärker weiblichen Gameten $A_1$ als männlich verhalten kann (HARTMANN 1956, S. 121).

HARTMANN (1909) nannte dieses Phänomen relative Sexualität. Durch die langjährigen, umfangreichen Untersuchungen von HARTMANN, seinen zahlreichen Schülern und anderen Autoren über das Sexualverhalten von Pflanzen und Tieren, die in der ersten Auflage seines Buches „Sexualität" (1943) ausführlich dargestellt und interpretiert sind, war HARTMANN zu dem Schluß gekommen, daß relative Sexualität eine mit der sexuellen Differenzierung fest verknüpfte Erscheinung ist.

Die Theorie der relativen Sexualität stützt sich vor allem auf Untersuchungen an Algen und Protisten. Nach HARTMANN läßt sich auch eine Reihe von experimentellen Befunden bei *Pilzen* im Sinne dieser Theorie erklären. Auf diese Experimente wollen wir näher eingehen, da einige der *älteren Versuchsdaten sich mittlerweile auf Grund neuerer Experimente nicht mehr durch relative Sexualität erklären lassen.*

Als eindeutiger Beweis für das Vorkommen von relativer Sexualität werden von HARTMANN die Untersuchungen von GREIS (1941) an *Sordaria fimicola* herangezogen. GREIS hatte bei diesem monözischen Ascomyceten nach Röntgenbestrahlung eine große Anzahl von sterilen Varianten erhalten, deren Entwicklung an verschiedenen Stellen des normalen Zyklus blockiert war. Myzelien, die keine Ascogone ausbildeten, nannte er „Männchen" und solche, die zwar Ascogone zeigten, aber keine Fruchtkörper zur Reife brachten, „Weibchen". „Männchen" und „Weibchen" waren miteinander kreuzbar. In einigen Fällen ließen sich jedoch auch „Männchen" untereinander und „Weibchen" untereinander kreuzen. GREIS schrieb diesen „Männchen" und „Weibchen" eine verschieden starke sexuelle Potenz zu und erklärte seine Befunde auf der Grundlage von relativer Sexualität. Diese Interpretation konnte sowohl durch Untersuchungen an *S. macrospora* als auch durch eine nach den heutigen Kenntnissen der Tetradenanalyse durchgeführten Auswertung der Greisschen Versuchsdaten von ESSER und STRAUB (1958) eindeutig widerlegt werden. Wie schon im Kapitel *Morphogenese* ausführlich dargestellt wurde (S. 42ff.), handelt es sich bei den *Mutanten mit ,,unterschiedlicher männlicher und weiblicher Potenz" um Defektmutanten. Wenn diese Entwicklungsdefekte durch nichtallele Gene bedingt sind, ist infolge einer Kompensationswirkung zwischen den entsprechenden Wildgenen eine Kreuzung der Mutanten möglich. Mutanten mit allelen Defekten zeigen diese Kompensation nicht und können demnach nicht gekreuzt werden.* Zu den gleichen Ergebnissen gelangten auch HESLOT (1958) und CARR und OLIVE (1959) in ihren Untersuchungen an *Sordaria macrospora* bzw. *S. fimicola.*

Bei einem anderen monözischen, selbstincompatiblen Ascomyceten, *Glomerella lycopersici,* führte HÜTTIG (1935) die Kreuzbarkeit steriler Stämme mit fertilen Varianten ebenfalls auf relative Sexualität zurück. Die Unhaltbarkeit dieser Vorstellung haben bereits WHEELER und seine Mitarbeiter in mehreren Veröffentlichungen dargelegt (Zusammenfassung bei WHEELER 1954a). Sie konnten nachweisen, daß bei *Glomerella cingulata* sterile Myzelien, die entweder männliche oder weibliche Geschlechtsorgane ausbildeten, nur dann miteinander kreuzbar sind, wenn ihre Sexualdefekte durch nichtallele Gene bedingt sind. Dabei ist es gleichgültig, ob der Defekt die Differenzierung der weiblichen oder männlichen Organe betrifft.

Es liegt der Kreuzbarkeit von morphologischen Mutanten, also auch bei *Glomerella,* das gleiche Prinzip wie bei *Sordaria* zugrunde: die Kompensierbarkeit nichtalleler Gendefekte. Diese Kompensationswirkung erfolgt in beiden Fällen über ein Heterokaryon, das sich stets in der Kontaktzone zwischen den beiden Kreuzungspartnern bildet. Die heterokaryotischen Hyphen sind infolge der Kompensationswirkung befähigt, den normalen Entwicklungszyklus des Wildstammes ablaufen zu lassen.

Dies wird am besten veranschaulicht, wenn man kleine heterokaryotische Myzelstücke aus der Kontaktzone von sterilen Partnern entnimmt und diese auf ein frisches Agarmedium überträgt. Die sich hier bildenden Myzelien unterscheiden sich in keiner Weise von den entsprechenden homokaryotischen Wildstämmen.

Neben den von HARTMANN als eindeutige Beweise für das Vorkommen von relativer Sexualität zitierten Untersuchungen an *Sordaria* und *Glomerella* werden noch eine Reihe von weiteren Befunden an Pilzen im Sinne dieser Theorie interpretiert (HARTMANN 1956, S. 124ff.), wobei jedoch eingeräumt wird, daß in diesen Fällen keine eindeutige Klarheit herrscht. Der Vollständigkeit halber wollen wir diese Beispiele kurz diskutieren.

Bei dem diözischen Phycomyceten *Dictyuchus monosporus* konnte COUCH (1926) beobachten, daß ein weiblicher Stamm *(N),* wenn er mit einem anderen weiblichen Stamm *(A)* gekreuzt wurde, neben Oogonien auch Antheridien ausbildet, die sich an die Oogonien von *A* anlegen. Ein ähnliches Umschlagen von Diözie zur Monözie trat auch bei einem anderen Phycomyceten *Achlya ambisexualis* (RAPER 1947 und S. 85) mehrfach auf und konnte hier als von Außenbedingungen abhängig erkannt werden. In beiden Fällen ist jedoch nicht klar, ob es sich wirklich um echte Diözie handelt, denn die genetischen Grundlagen für diese sexuelle Differenz sind noch unklar.

BLAKESLEE et al. (1927), BLAKESLEE und CARTLEDGE (1927) führten, wie schon an anderer Stelle erwähnt (S. 47), umfangreiche Rassen-, Art- und Gattungskreuzungen von zahlreichen Mucoraceae durch, die der Feststellung und Standardisierung der Kreuzungstypen dienten. Sie konnten in einigen Kombinationen eine verschieden starke Reaktion von +- und —-Kreuzungstypen miteinander beobachten, die sich in der Anzahl der gebildeten Zygosporen manifestierte. Ähnliche Differenzen traten auch in Kreuzungen zwischen monözischen Mucoraceae auf.

Zunächst einmal spricht in diesen Fällen gegen relative Sexualität, daß bisher den beiden Kreuzungstypen der Mucoraceae keinerlei sexuelle Differenzierung zugeschrieben werden kann. Weiterhin wissen wir, und das trifft auch für *Achlya* und wahrscheinlich für *Dictyuchus* zu, daß die Differenzierung der Sexualorgane durch die von den beiden Kreuzungspartnern aufeinander einwirkenden Sexualstoffe erfolgt. Es ist gar nicht anders zu erwarten, daß bei verschiedenen Rassen, Arten und Gattungen, deren für die Produktion der Sexualstoffe verantwortliche Erbfaktoren unterschiedliche genetische Konstitution besitzen, die Genprodukte nur in bestimmten Kombinationen verträglich sind und somit die Sexualreaktion ermöglichen. Solange wir keinen genauen Bescheid über die genetischen Grundlagen wissen, die für die Ausprägung der verschiedenen Geschlechter bzw. Kreuzungstypen verantwortlich sind, können diese Befunde unmöglich als Ausdruck einer relativen Sexualität angesehen werden.

An dem Hymenomyceten *Solenia anomale* beschreibt GREIS (1942) das Vorkommen von morphologisch unterschiedlichen Mutanten. Die sogenannten männlichen Myzelien besitzen sehr dünne Hyphen und wachsen langsam. Die sogenannten weiblichen Myzelien haben den Habitus und den Wuchscharakter des Wildstammes. In Kreuzungen zwischen beiden Typen fungieren die „männlichen" Myzelien ausschließlich als Kern-Donor und die „weiblichen" als Kern-Akzeptor. Diese Donor-Akzeptor-Funktion ist jedoch relativ, denn auch Kreuzungen innerhalb der „männlichen" und innerhalb der „weiblichen" Mutanten waren möglich. RAPER und MILES (1958) konnten in ihren genetischen Untersuchungen an dem mit *Solenia* verwandten Basidiomyceten *Schizophyllum commune* zeigen, daß solche Unilateralität im Kreuzungsverhalten häufig auftritt und durch ein Gen gesteuert wird, das eng mit dem für den Kreuzungstyp verantwortlichen Genort gekoppelt ist. Damit ist diese Art von sexueller Differenzierung irreal. Die Kreuzbarkeit der verschiedenen *Solenia*-Mutanten läßt sich auf das schon bei den Ascomycetes diskutierte Prinzip zurückführen: Kompensation von Defektgenen im Heterokaryon.

Die Deutung der Untersuchungen von BAUCH (1923, 1934) an Ustilaginaceae und von QUINTANILHA (1935) an Hymenomycetes (Buller-Phänomen) im Sinne einer relativen Sexualität basiert auf der Vorstellung, daß bei diesen tetrapolar incompatiblen Basidiomycetes einer der beiden Faktoren ein Sexual-Faktor und der andere ein Sterilitäts-Faktor ist. Da dies, wie wir heute mit Sicherheit wissen, nicht der Fall ist (Literaturübersicht bei ESSER 1965), sondern beide Faktoren als Incompatibilitäts-Faktoren anzusprechen sind (s. auch S. 61), erübrigt sich hier eine weitere Diskussion.

## Zusammenfassung

Auf Grund der bisher bei Pilzen durchgeführten genetischen Untersuchungen konnte innerhalb dieser Gruppe relative Sexualität nicht nachgewiesen werden.

# E. Vegetative Incompatibilität

Von mehreren Autoren (DODGE 1935, BEADLE und COONRADT 1944, SANSOME 1945, 1946) wurde beobachtet, daß bei *Neurospora sitophila* bzw. *N. crassa* die Bildung von Heterokaryen nur zwischen incompatiblen Stämmen (gleicher Kreuzungstyp) möglich ist. SANSOME konnte in ihren zahlreichen Experimenten nur einmal die Entstehung eines Heterokaryons zwischen sexuell verträglichen +- und —-Stämmen feststellen. Diese Befunde haben zu der Annahme geführt, daß die Heterokaryosis durch Genwirkungen der Incompatibilitäts-Faktoren verhindert wird. SANSOME wies bereits auf die Schwierigkeit hin, in diese Hypothese die Tatsache einzuordnen, daß bei der Fruchtkörperbildung in den ascogenen Hyphen der heterokaryotische Zustand zwischen +- und —-Kernen nicht gestört wird. Sie nahm deshalb an, daß die *Heterokaryonbildung möglicherweise nicht durch die Incompatibilitäts-Faktoren selbst, sondern durch andere Gene verhindert wird.* Diese Vermutung konnte durch die Untersuchungen von GARNJOBST u. Mitarb. an *N. crassa* bestätigt werden (GARNJOBST 1953, 1955, GARNJOBST und WILSON 1956, 1957, WILSON et al. 1961).

Unter Verwendung von Mangelmutanten erbrachte GARNJOBST den Beweis, daß *für die Heterokaryonbildung zwei nichtgekoppelte Allelenpaare (C/c und D/d) verantwortlich* sind. Eine Heterokaryonbildung kann nur erfolgen, wenn die Partner an beiden Loci die gleichen Allele tragen. In allen anderen Fällen, wenn einer oder beide Faktoren heterogen verteilt sind, entsteht kein Heterokaryon. *Die Wirkung der „CD"-Gene ist in keiner Weise mit der Wirkung der Incompatibilitäts-Gene korreliert,* d.h., einerseits spielt es bei gleicher „CD"-Konfiguration keine Rolle für das Zustandekommen eines Heterokaryons, ob die Partner sexuell verträglich sind oder nicht; andererseits wird bei ungleicher „CD"-Konfiguration, die ein Ausbleiben der Heterokaryonbildung zur Folge hat, die sexuelle Verträglichkeit von +- und —-Stämmen unerklärlicherweise nicht beeinflußt.

Mikroskopische Beobachtungen ließen erkennen, daß in den heterokaryon-negativen Kombinationen die Hyphenfusion und der darauf unmittelbar folgende Austausch von Protoplasma völlig normal verläuft. Unmittelbar nach der Plasmaverschmelzung beginnt an der Kontaktstelle eine Denaturierung des Zytoplasmas (Vakuolenbildung, Zusammenballung), die sich auch auf die benachbarten Septen erstrecken kann und schon nach wenigen Stunden zu einem Absterben der betreffenden Hyphenregion führt. Die weiter von der Kontaktstelle entfernt liegenden Hyphensepten, die offenbar nicht von der Plasmavermischung betroffen wurden, grenzen sich an ihren Querwänden durch einen Plasmapfropf oder eine deutlich erkennbare Plasmamembran von der degenerierten Zone ab. In den heterokaryon-positiven Kombinationen machen sich keinerlei Anzeichen von einer derartigen „protoplasmatischen Incompatibilität" (GARNJOBST) bemerkbar. Nach der Anastomosenbildung und dem Plasmaaustausch, mit dem gleichzeitig ein Kernaustausch verbunden ist, erfolgt von der Kontaktstelle die Heterokaryonbildung durch Kernwanderung oder Ausbildung von neuen heterokaryotischen Hyphen.

Wir sind der Meinung, daß der Ausdruck „protoplasmatische Incompatibilität" unglücklich gewählt ist. Er kann bei oberflächlicher Betrachtung leicht zu der Auffassung führen, daß diese Unverträglichkeit ausschließlich durch Faktoren des Plasmons ausgelöst werden könnte. Ferner bedarf aber auch das Wort „Incompatibilität" einer klaren Abgrenzung gegenüber den Erscheinungen von sexueller Unverträglichkeit, für welche sich die Bezeichnung Incompatibilität allgemein durchgesetzt hat. Um beiden Einwänden Rechnung zu tragen, schlagen wir vor, anstelle von „protoplasmatische Incompatibilität" den Ausdruck *vegetative Incompatibilität* zu verwenden.

Die Anwendung einer Mikro-Injektions-Technik (WILSON 1961) ermöglichte es, die vegetative Incompatibilität genauer zu untersuchen. Die Injektion von compatiblen, zellfreien Myzelextrakten fügte den Hyphen keinerlei Schaden zu. Nach Injektion von Extrakten aus incompatiblen Partnern trat an der Injektionsstelle und in den benachbarten Septen die gleiche Plasma-Denaturierung ein wie nach der Anastomosenbildung von heterokaryon-negativen Partnern. Mit dieser Testmethode wurden Zellextrakte überprüft, die mit verschiedenen physikalischen und chemischen Methoden vorbehandelt waren (Zentrifugation, Hitzebehandlung, Ammoniumsulfatfällung usw.). Die Versuche ließen den Schluß zu, daß das für die vegetative Incompatibilität verantwortliche Prinzip in der Fraktion der löslichen Proteine zu suchen ist.

Durch Untersuchungen von GROSS (1952), HOLLOWAY (1955) und DE SERRES (1962) konnte bestätigt werden, daß bei *Neurospora crassa* die Heterokaryonbildung durch eine Anzahl von Genen gesteuert wird, die nicht mit den Faktoren der homogenischen Incompatibilität identisch sind. Ob es sich dabei um die gleichen Loci handelt, die von GARNJOBST analysiert wurden, läßt sich nicht feststellen.

Ein weiteres Beispiel für vegetative Incompatibilität bei *Neurospora crassa* beschreiben PITTENGER und BRAWNER (1961). Diese Autoren fanden ein Allelenpaar *(I/i)*, das für die Teilungsfähigkeit der Kerne im Heterokaryon verantwortlich ist. Wenn der Anteil an *i*-Kernen in einem *(I+i)*-Heterokaryon kleiner als 70% ist, wird deren Teilungsfähigkeit so stark herabgesetzt, daß die *I*-Kerne zahlenmäßig zunehmen, bis schließlich aus dem heterokaryotischen Myzel ein *I*-Homokaryon geworden ist. Durch entsprechende Teste an Homokaryen konnte ausgeschlossen werden, daß diese zwischen *I*- und *i*-Kernen bestehende Unverträglichkeit auf zytoplasmatischen Unterschieden oder auf einer unterschiedlichen Teilungsfrequenz der beiden Kernarten beruht[1]. Nach Einbau von verschiedenen Gen-Marken in die Kernkomponenten der Heterokaryen fand man, daß die *I/i*-Unverträglichkeit im allgemeinen

---

[1] *Anmerkung bei der Korrektur:* PITTENGER (1964) stellte kürzlich fest, daß nach längerer vegetativer Vermehrung die Unverträglichkeit zwischen den beiden Kernkomponenten eines Heterokaryons nicht mehr in Erscheinung tritt, und zwar infolge von genetischen Veränderungen der Incompatibilitäts-Gene. Es ist noch unklar, ob diese Erscheinung durch Mutation oder durch somatische Rekombination ausgelöst wird.

von der genetischen Umwelt unabhängig ist. Auch in diesem Fall wird (wie bei den *CD*-Genen) die *sexuelle* Verträglichkeit nicht von den *I/i*-Allelen beeinflußt. Teste, in denen der *I*-Locus mit den *C*- und *D*-Loci der von GARNJOBST verwendeten Stämme verglichen wurde, machen es sehr wahrscheinlich, daß es sich um verschiedene Gene handelt. Diese Auffassung wird noch durch die Tatsache bestätigt, daß die phänotypische Manifestierung der vegetativen Incompatibilität in beiden Fällen unterschiedlich ist.

Die vegetative Incompatibilität ist nicht eine typische Besonderheit von *Neurospora*. GRINDLE (1963), JINKS und GRINDLE (1963) fanden, daß Wildisolate von *Aspergillus nidulans* sich entsprechend ihrer Fähigkeit, Heterokaryen zu bilden, in verschiedene Gruppen einordnen lassen. Wie genetische Analysen an wieder entmischten „Heterokaryen" ergaben, sind für diese vegetative Incompatibilität chromosomale Erbfaktoren verantwortlich, die allerdings noch nicht näher analysiert werden konnten.

Aus Untersuchungen von BEISSON-SCHECROUN (1962) und BERNET (1963a, b) geht hervor, daß das *Barrage-Phänomen von Podospora* (RIZET 1952) *der makroskopisch erkennbare Ausdruck einer vegetativen Incompatibilität* ist. Im allgemeinen wird die Bildung einer Barrage (S. 72) durch die heterogene Konstitution zweier Myzelien ausgelöst. In dem von RIZET und BEISSON-SCHECROUN näher analysierten Beispiel sind für die *Entstehung der Barrage nicht nur Genom-, sondern auch Plasmondifferenzen verantwortlich.* Aus diesem Grunde soll diese spezielle Erscheinung von vegetativer Incompatibilität ausführlich im Kapitel *extrachromosomale Vererbung* besprochen werden (S. 453 ff.).

Prinzipiell verschieden von den bisher besprochenen Beispielen bezüglich ihrer genetischen Grundlage ist noch eine Erscheinung der vegetativen Incompatibilität, die von CHEVAUGEON und VAN HUONG (1961) an *Pestalozzia annulata* beobachtet wurde und die wir nur der Vollständigkeit halber erwähnen wollen. Bei diesem Pilz ist die Anastomosenbildung an einem aus einer Spore ausgekeimten Myzelium nur zwischen gleich alten Hyphen möglich. Junge Hyphen fusionieren nicht mit Hyphen, die schon älter als 90 Stunden sind. Da sich diese Phänomene an homokaryotischen Myzelien zeigen, können sie auf Differenzierungen in den Hyphen zurückgeführt werden, die nicht genetisch bedingt sind. Ein Vergleich mit den bei *N. crassa* gemachten Befunden ist nicht möglich.

*Die vegetative Incompatibilität läßt sich in mehreren Beziehungen mit der heterogenischen Incompatibilität vergleichen:*

1. Die Existenz beider Systeme ist lange Zeit übersehen worden.

Dafür kann man folgende Gründe anführen: Wenn man mit Pilzen genetisch arbeiten will, genügt es festzustellen, daß sich die betreffenden Stämme miteinander sexuell vermehren lassen. Ob sie in der Lage sind, in der vegetativen Phase ein Heterokaryon zu bilden, ist dabei von nebensächlicher Bedeutung. Ebenfalls von untergeordneter Bedeutung ist es, ob sich Rassen der gleichen Art miteinander kreuzen lassen oder nicht; denn man trachtet danach, mit möglichst isogenen Stämmen einer Rasse seine genetischen Experimente durchzuführen.

2. Bei beiden Systemen ist die Unverträglichkeit gegeben, wenn die Partner verschiedene Incompatibilitäts-Gene tragen.

Demnach müßten wir also von „heterogenischer vegetativer Incompatibilität" sprechen. Wir wollen diesen schon ohnehin als Zungenbrecher wirkenden Ausdruck „heterogenische Incompatibilität" nicht noch durch ein neues Attribut belasten, solange nur ein Genmechanismus für die vegetative Incompatibilität bekannt ist und wir keine genetische Alternative kennen.

3. In beiden Fällen führt die Unverträglichkeit von zwei Kreuzungspartnern zu Komplikationen bei der Heterokaryonbildung.

*Der wesentliche Unterschied zwischen den zwei Systemen besteht eigentlich nur darin, daß die vegetative Incompatibilität sich ausschließlich in der vegetativen Phase manifestiert, während die heterogenische Incompatibilität auch ihre Wirkung bei der sexuellen Vermehrung entfalten kann.*

### Zusammenfassung

1. Bei *Neurospora crassa* wurde mehrfach beobachtet, daß zwischen bestimmten Myzelien eine Heterokaryonbildung möglich ist. Diese Erscheinung wird als vegetative Incompatibilität bezeichnet.

2. Verschiedene Autoren haben eine Anzahl von Genen identifiziert, die für die vegetative Incompatibilität verantwortlich sind. Ihr Mechanismus ist heterogenisch, d.h., zwei Myzelien sind nur dann nicht in der Lage, ein Heterokaryon zu bilden, wenn sie verschiedene Allele der betreffenden Incompatibilitäts-Faktoren tragen.

3. Im Gegensatz zur heterogenischen Incompatibilität beeinflußt die vegetative Incompatibilität das Sexualverhalten nicht.

# F. Evolution

Die Evolution ist ein Prozeß, der Form und Eigenschaften aller Lebewesen kontinuierlich verändert. Ihre wesentlichen Faktoren sind Mutabilität und Selektion. Spontan auftretende Mutationen können nur innerhalb einer Population verbreitet und schließlich als neue konstante Merkmale fixiert werden, wenn sie einen Selektionsvorteil bedingen. Hierbei spielen natürlich Umwelteinflüsse eine entscheidende Rolle. Die Voraussetzung für die Verbreitung von Änderungen des genetischen Materials schafft vor allem die sexuelle Fortpflanzung. Durch stetigen Wechsel von Karyogamie und Meiosis ist die genetische Information einer ständigen Umkombination unterworfen. Diese Aufgabe kann auch in begrenztem Maße durch somatische Rekombination (S. 210 ff.) übernommen werden.

Die Pilze sind das Produkt eines langen Evolutionsgeschehens. Sie zeichnen sich gegenüber den meisten anderen Stämmen des Pflanzenreiches durch eine große Mannigfaltigkeit in der sexuellen Differenzierung und durch eine Vielzahl von verschiedenen Fortpflanzungs-Systemen aus. Der Weg, den die Evolution von den „Urpilzen" bis zu den rezenten Formen eingeschlagen hat, kann nur mit großen Schwierigkeiten zurückverfolgt werden. Es fehlen nämlich fast vollständig Fossilien, die z.B. bei den Pteridophyta eine relativ klare Rekonstruktion phylogenetischer Zusammenhänge ermöglichen. Anhaltspunkte über die

Evolution der Pilze kann man aus einer vergleichenden Betrachtung von Anatomie, Morphologie und Entwicklungsgeschichte und vor allem mit Hilfe von genetischen Experimenten gewinnen. Die Schlüsse, die aus solchen Untersuchungen gezogen werden können, sind leider weitgehend mit Spekulation verbunden. Ihr absoluter Aussagewert ist deswegen gering.

Wir sehen es nicht als unsere Aufgabe an, im Rahmen dieses Buches eine allgemeine Vorstellung über die Evolution der Pilze zu entwickeln. Wir wollen vielmehr an einigen Beispielen versuchen, genetische Befunde mit einem Minimum an Spekulation evolutionistisch auszuwerten.

# I. Reduktion der Geschlechtsorgane

Eine der Hauptentwicklungstendenzen bei den Pilzen ist die Reduktion der Geschlechtsorgane. In fast allen größeren systematischen Taxa lassen sich Entwicklungsreihen aufstellen, die alle möglichen Übergänge zwischen Individuen mit klar ausgeprägten männlichen und weiblichen Geschlechtsorganen und solchen ohne jegliche Sexualdifferenzierungen umfassen. In den meisten Lehrbüchern wird die Auffassung vertreten, daß eine *Ausbildung von Geschlechtsorganen bei Pilzen als ursprünglich und alle Vereinfachungen als abgeleitet anzusehen* sind. Die bisher zu dieser Frage bekannten genetischen Untersuchungen weisen in die gleiche Richtung. Man hat nämlich durch Mutationen noch nie eine Neubildung oder höhere Differenzierungsstufe von Sexualorganen auslösen können, sondern nur Verlust oder Rückbildung. Wie wir bereits im Abschnitt *Morphogenese* (S. 38 ff.) dargestellt haben, sind besonders bei Ascomycetes Beispiele bekannt, in denen durch monogene Mutationen die Ausbildung von Geschlechtsorganen verhindert wird.

Die *Konsequenzen solcher Defektmutationen für die Evolution* können verschieden sein. Ist der Pilz, der die Fähigkeit zur Ausbildung von männlichen oder weiblichen Geschlechtsorganen verliert, ein Hermaphrodit (z.B. *Bombardia lunata*, ZICKLER 1934), so erhält man unisexuelle Stämme, welche die Grundlage für die *Entstehung einer diözischen Art* bilden können. Bei Arten mit apandrischer Entwicklung, die keine männlichen Geschlechtsorgane ausbilden (z.B. *Sordaria macrospora*, ESSER und STRAUB 1958), kann schon durch einen einfachen Mutationsschritt jegliche sexuelle Differenzierung unterbunden werden. Eine solche Mutante ist praktisch zum *Fungus imperfectus* geworden.

In diesem Zusammenhang muß jedoch betont werden, daß die Fungi imperfecti sich durchaus nicht mehr in einer „Sackgasse der Evolution" befinden. Denn gerade bei einer Reihe von solchen Pilzen hat es sich gezeigt, daß Austausch und Neukombination des genetischen Materials durch somatische Rekombinationen möglich ist (S. 97 ff.).

Diese beiden Evolutionsrichtungen zur Diözie bzw. zum Fungus imperfectus sind jedoch nur dann möglich, wenn die betreffenden Mutanten einen Selektionsvorteil besitzen. Ein solcher kann z.B. in einer besseren Anpassung an die natürlichen Ernährungsbedingungen bestehen oder durch eine ökologische Isolation erzwungen sein.

Ein Beispiel für die erste Möglichkeit bietet ein bestimmter Typ von weiblich sterilen Mutanten des Ascomyceten *Podospora anserina*. Diese sog. „*incoloris*"-Mutanten entstehen spontan nach längerer vegetativer Vermehrung. Sie können als farblose Sektoren in älteren *Podospora*-Kulturen erkannt werden. Da die Wuchsrate der Mutanten größer als die des Wildstammes ist, verliert jeder Wildstamm nach kürzerer oder längerer Zeit die Fähigkeit, als Weibchen zu reagieren. Für die *incoloris*-Mutation sind eine Reihe von teilweise nichtgekoppelten Genorten verantwortlich (ESSER, unveröff.).

Eine Isolation kann durch genetische Mechanismen ausgelöst werden, wie z.B. durch vegetative Incompatibilität (S. 103ff.). Sterile Stämme (*Sordaria*, Abb. II-1, S. 43ff.) können normalerweise Heterokaryen bilden, in denen sich nichtallele Defekte kompensieren. Einer Fruchtkörperbildung steht dann nichts mehr im Wege. Dies ist nicht möglich, wenn die Heterokaryosis durch vegetative Incompatibilität verhindert wird. Die gleiche Wirkung kann auch von der heterogenischen Incompatibilität ausgehen. Auf die Isolationswirkung dieses Incompatibilitäts-Systems soll noch weiter unten näher eingegangen werden.

Ein interessantes Beispiel für eine in der Natur aufgefundene Isolation, die auf einer Anpassung basiert, beschreibt GORDON (1954). Er untersuchte die Sexualbeziehungen zwischen verschiedenen Stämmen von *Gibberella cyanogena*, die aus Kanada, England, Neuseeland und Tasmanien stammten. *G. cyanogena* ist bipolar incompatibel und die perfekte Form von *Fusarium sambucinum*. GORDON fand, daß die beiden Kreuzungstypen dieser Art, von einer Ausnahme abgesehen, nie zusammen in der Natur vorkommen. Offenbar hat der als Einzelkreuzungstyp pflanzenpathogene Pilz optimale Umweltbedingungen, die für die Erhaltung der Art keine sexuelle Vermehrung erfordern.

Die genetischen Untersuchungen an sterilen Defektmutanten sind auch noch für ein anderes Problem richtungweisend: *Die Evolution der Fortpflanzungs-Systeme*. Mehrfach sind Überlegungen angestellt worden, *welches Fortpflanzungs-System das ursprünglichere ist: Monözie verbunden mit Selbstcompatibilität oder Monözie verbunden mit homogenischer Incompatibilität (bzw. Diözie)* (WHITEHOUSE 1949a, 1951a, BURNETT 1956a, OLIVE 1958). OLIVE hat sich in seiner Literaturübersicht besonders mit der Alternative Compatibilität/Incompatibilität auseinandergesetzt. Er gelangte zu der Meinung, daß die Incompatibilität als abgeleitet anzusehen ist. Diese Auffassung konnte er durch kürzlich veröffentlichte experimentelle Daten begründen (EL-ANI und OLIVE 1962).

Die Untersuchungen wurden an dem selbstcompatiblen monözischen Ascomyceten *Sordaria fimicola* durchgeführt. Von *Sordaria* sind viele Mutanten bekannt, die den normalen Entwicklungszyklus an verschiedenen Stellen blockieren (Abb. II-1. Sterile Mutanten sind nur dann kreuzbar, wenn ihre Defekte nichtallele Loci betreffen. Nach einer intensiven Analyse von Röntgenmutanten fanden EL-ANI und OLIVE schließlich zwei sterile, extrem eng gekoppelte Mutanten, die sich jedoch miteinander kreuzen ließen. Die beiden Mutanten, die durch abortive Asci bzw. abortive Ascosporen charakterisiert sind, erzeugten in Kreuzungen Perithezien mit normalen Sporen. 504 Asci wurden genetisch analysiert. Rekombinationen zwischen den beiden Defektgenen traten nicht auf. Diese Experimente berechtigen zu der Annahme, daß beide Marken verschiedene Mutationsstellen innerhalb eines Genortes darstellen.

Diese Versuchsergebnisse werden von den beiden Autoren als ein Modellbeispiel für die Entstehung von bipolarer Incompatibilität angesehen. Durch voneinander unabhängige mutative Ereignisse sind bei einem selbstcompatiblen Pilz zwei selbstincompatible „Kreuzungstypen" entstanden. Nach diesem ersten grundsätzlichen Schritt von der Selbstfertilität zur Sterilität müßten im Verlauf der weiteren Evolution die einzelnen Mutanten die Fähigkeit, sterile Fruchtkörper zu bilden, verlieren.

Eine Verallgemeinerung dieses Beispiels erfordert die Annahme, daß die einzelnen Incompatibilitäts-Mechanismen sich bei den Pilzen ganz unabhängig voneinander gebildet haben. Dagegen spricht aber die Tatsache, daß wir nur ganz wenige Incompatibilitäts-Mechanismen kennen, die in den einzelnen Pilzgruppen weit verbreitet sind. Da diese Mechanismen die gleichen Merkmale besitzen (z. B. bei allen bipolar incompatiblen Ascomycetes erfolgt keine Plasmogamie), scheinen sie bezüglich ihrer Evolution zumindest verwandt, wenn nicht gleichen Ursprungs zu sein.

Zu einer umgekehrten Ansicht wie OLIVE kann man gelangen, wenn man die von RAPER (Tabelle II-3) veröffentlichten Daten über Mutationen an den Incompatibilitäts-Faktoren von Basidiomycetes betrachtet. RAPER fand bei der tetrapolar incompatiblen *Schizophyllum commune*, daß sowohl der *A*- als auch der *B*-Faktor durch Mutation seine Incompatibilitätswirkung verlieren kann. In den beiden unabhängig voneinander eingetretenen Mutationsereignissen wurde der tetrapolare Typus zum bipolaren verändert. Durch entsprechende Kreuzungen müßte sich aus diesen mutierten *A*- und *B*-Typen leicht ein selbstcompatibler Stamm herstellen lassen.

Die vergleichende Betrachtung der sich widersprechenden Befunde von OLIVE und RAPER macht eine *Entscheidung unmöglich, ob das ursprüngliche Fortpflanzungs-System der Pilze generell durch Compatibilität oder Incompatibilität charakterisiert war.*

## II. Incompatibilität und Diözie

Die Wirksamkeit der sexuellen Vermehrung als Mittel zur Rekombination des genetischen Materials steigt, wenn die Inzucht, d. h. die Befruchtung zwischen genetisch gleichen Gametenkernen, herabgesetzt oder verhindert wird. Das ist vor allem bei Diözisten der Fall. Der gleiche Effekt wird auch bei vielen monözischen Arten durch die homogenische Incompatibilität erreicht. Alle bei Pilzen und Blütenpflanzen bekannten Mechanismen dieses Unverträglichkeits-Systems haben trotz vieler genetischer und physiologischer Unterschiede eine gemeinsame Eigenschaft: die Incompatibilität genetisch gleicher Gametenkerne. *Durch homogenische Incompatibilität wird also eine Verminderung der Inzucht und eine Förderung des „outbreeding" hervorgerufen.* Daher sind die Wildrassen homogenisch incompatibler Arten weitgehend heterogen bzw. bei Diplonten die einzelnen Individuen heterozygot. Diese Heterogenität ist jedoch nicht bei den Rassen pseudocompatibler Arten vorhanden, deren Sporen fast ausschließlich zwei Kerne mit verschiedenen Incompatibilitäts-Genen enthalten (S. 66ff.). Infolge der Selbstfertilität der aus den zweikernigen Sporen hervorgehenden Myzelien wird der outbreeding-Effekt der homogenischen Incompatibilität aufgehoben. So ist die Tatsache zu erklären, daß alle bisher isolierten Wildstämme von *Podospora anserina* (mit Ausnahme der $+/—$-Gene) homogen waren (ESSER 1959a, BERNET et al. 1960).

Eine weitere Einschränkung des outbreeding von homogenisch incompatiblen Arten ist durch die *heterogenische Incompatibilität* gegeben (S. 69ff.); denn diese beruht auf der Unverträglichkeit genetisch verschiedener Gametenkerne. Sie setzt den Austausch der genetischen Information zwischen den Rassen einer Art herab und *fördert durch Inzucht die Isolation der einzelnen Rassen*. So wird bei *Podospora anserina* durch die heterogenische Incompatibilität, die das Sexualverhalten der Wildrassen bestimmt, der durch die Pseudocompatibilität hervorgerufene Inzucht-Effekt noch verstärkt.

Reziproke heterogenische Incompatibilität führt zu vollständiger Isolierung von *Podospora*-Rassen. Aber auch die Semi-Incompatibilität trägt zur Isolierung der einzelnen Rassen bei, denn durch spezifische Wirkungen ihrer Gene wird die Bildung bestimmter Rekombinationstypen verhindert (S. 73).

Die gleiche Isolationswirkung hat die heterogenische Incompatibilität, auch wenn sie nicht in Verbindung mit homogenischer Incompatibilität, sondern bei selbstcompatiblen Arten auftritt. Diese Verhältnisse liegen bei *Sordaria fimicola* vor (S. 70).

Die Beeinflussung der Evolution durch die verschiedenen genetischen Grundlagen der einzelnen Fortpflanzungs-Systeme läßt sich auf folgenden allgemeinen Nenner bringen: In Arten, deren Sexualverhalten durch homogenische Incompatibilität oder Diözie bestimmt wird, ist infolge der geringen Inzucht-Möglichkeiten mit einer ständigen Neukombination des Erbmaterials zu rechnen. Spontan auftretende Mutationen werden rasch innerhalb der gesamten Art verbreitet, die demzufolge in ihrer Gesamtheit am Evolutionsgeschehen beteiligt ist. Dieser outbreeding-Effekt kann entweder durch Pseudo-Compatibilität, durch heterogenische Incompatibilität oder durch beide Erscheinungen aufgehoben werden. In solchen Fällen werden mutative Veränderungen nur in geringem Maße oder gar nicht auf andere Rassen übertragen. Nicht mehr die Art, sondern die Rasse stellt die kleinste Evolutionseinheit dar.

## Zusammenfassung

1. Die Ergebnisse genetischer Untersuchungen bestätigen die bisher allgemein vertretene Auffassung, daß die Ausbildung von Geschlechtsorganen bei den Pilzen ein ursprüngliches Merkmal ist. Alle Vereinfachungen müssen als abgeleitet angesehen werden.

2. Eine Entscheidung der Alternative, ob das ursprüngliche Fortpflanzungs-System monözischer Pilze durch Compatibilität oder durch homogenische Incompatibilität charakterisiert war, kann nicht getroffen werden. Die vorliegenden Versuchsdaten lassen beide Möglichkeiten zu.

3. Homogenische Incompatibilität und Diözie haben den gleichen Evolutionseffekt. Beide Systeme setzen die Inzucht herab und fördern das outbreeding.

4. Die heterogenische Incompatibilität dagegen ist ein Isolations-
mechanismus. Sie fördert die Inzucht und vermindert das outbreeding.
Nicht mehr die Art, sondern jede einzelne Rasse ist zur kleinsten
Evolutionseinheit geworden. Eine ähnliche Wirkung hat auch die
Pseudocompatibilität.

## Literatur

AHMAD, M.: Single-spore cultures of heterothallic *Saccharomyces cerevisiae*
    which mate with both tester strains. Nature (Lond.) **170**, 546—547
    (1952).
— The mating system in *Saccharomyces*. Ann. Bot., N.S. **17**, 329—342
    (1953).
— A consideration of the terms and mechanisms of heterothallism. Pak.
    J. Sci. **5**, 59 (1954).
ALLEN, C. E.: Sex-inheritance and sex-determination. Amer. Naturalist
    **66**, 97—107 (1932).
AMES, L. M.: An hermaphrodite self-sterile but cross-fertile condition in
    *Pleurage anserina*. Bull. Torrey bot. Club **59**, 341—345 (1932).
ARNAUDOW, N.: Untersuchungen über den tierefangenden Pilz *Zoophagus
    insidians* SOM. Flora (Jena) **18/19**, 1—16 (1925).
ARONESCU, A.: Further studies on *Neurospora sitophila* Mycologia (N.Y.)
    **25**, 43—54 (1933).
ASCHAN, K.: Some facts concerning the incompatibility groups, the
    dicaryotization and the fruitbody production in *Collybia velutipes*.
    Svensk bot. T. **48**, 603—625 (1954).
ASHBY, S. F.: Oospores in cultures of *Phytophtora faberi*. Kew Bull. 257—262
    (1922).
BACKUS, M. P.: The mechanism of conidial fertilization in *Neurospora
    sitophila*. Bull. Torrey bot. Club **66**, 63—76 (1939).
BANBURY, G. H.: Processes controlling zygophore formation and zygotropism
    in *Mucor mucedo* BREFELD. Nature (Lond.) **173**, 499—500 (1954a).
— Physiological studies in the Mucorales. III. J. exp. Bot. **6**, 235—274
    (1954b).
BARBESGAARD, P. O., and S. WAGNER: Further studies on the biochemical
    basis of protoperithecia formation in *Neurospora crassa*. Hereditas
    (Lund) **45**, 564—572 (1959).
BARKSDALE, A. W.: Inter-thallic sexual reactions in *Achlya*, a genus of the
    aquatic fungi. Amer. J. Bot. **47**, 14—23 (1960).
BARNES, B.: Variations in *Eurotium herbariorum* (WIGG.) LINK induced by
    the action of high temperatures. Ann. Bot. **42**, 783—812 (1928).
BARRATT, R. W., and L. GARNJOBST: Genetics of a colonial microconidiating
    mutant strain of *Neurospora crassa*. Genetics **34**, 351—369 (1949).
BARRET, J. D.: Development and sexuality of some species of *Olpidiopsis*
    (CORNU) FISCHER. Ann. Bot. **26**, 209—238 (1912).
BARRON, G. L.: The parasexuel cycle and linkage relationships in the
    storage root fungus *Penicillium expansum*. Canad. J. Bot. **40**, 1603—1614
    (1962).
—, and B. H. MACNEILL: A simplified procedure for demonstrating the
    parasexual cycle in *Aspergillus*. Canad. J. Bot. **40**, 1321—1327 (1962).
BAUCH, R.: Über *Ustilago longissima* und ihre Varietät *macrospora*. Z. Bot.
    **15**, 241—279 (1923).
— Untersuchungen an zweisporigen Hymenomyceten. I. Haploide Par-
    thenogenesis bei *Camarophyllus virgineus*. Z. Bot. **18**, 337—387 (1926).
— Rassenunterschiede und sekundäre Geschlechtsmerkmale beim Antheren-
    brand. Biol. Zbl. **47**, 370—383 (1927).
— Über multipolare Sexualität bei *Ustilago longissima*. Arch. Protistenk.
    **70**, 417—466 (1930).

BAUCH, R.: Geographische Verteilung und funktionelle Differenzierung der Erbfaktoren bei der multipolaren Sexualität von *Ustilago longissima*. Arch. Protistenk. **75**, 101—132 (1931).
— *Sphacelotheca Schweinfurthiana*, ein neuer multipolar sexueller Brandpilz. Ber. dtsch. bot. Ges. **50**, 17—24 (1932a).
— Die Sexualität von *Ustilago Scorzonerae* und *Ustilago Zeae*. Phytopath. Z. **5**, 315—321 (1932b).
— Über Kreuzungen zwischen bipolar und multipolar sexuellen Brandpilz-arten. Z. indukt. Abstamm.- u. Vererb.-L. **67**, 242—245 (1934).
BEADLE, G. W., and V. L. COONRADT: Heterocaryosis in *Neurospora crassa*. Genetics **29**, 291—308 (1944).
BEISSON-SCHECROUN, J.: Incompatibilité cellulaire et interactions nucléo-cytoplasmiques dans les phénomènes de "Barrage" chez le *Podospora anserina*. Ann. Génét. **4**, 4—50 (1962).
BENJAMIN, R. K., and L. SHANOR: The development of male and female individuals in the dioecious species *Laboulbenia formicarum*. Amer. J. Bot. **37**, 471—476 (1950).
BENSAUDE, M.: Recherches sur le cycle évolutif et la sexualité chez les Basidiomycètes. Thèse Némours (Paris) 1918.
BERNET, J.: Sur les modalités d'expression de gènes pouvant conduire à une incompatibilité cytoplasmique chez le champignons *Podospora anserina*. C. R. Acad. Sci. (Paris) **256**, 771—773 (1963a).
— Action de la temperature sur les modifications de l'incompatibilité cytoplasmique et les modalités de la compatibilité sexuelle entrecertaines souches de *Podospora anserina*. Ann. Sci. nat. Bot., Sér. XII, **4**, 205—233 (1963b).
— K. ESSER, D. MARCOU et J. SCHECROUN: Sur la structure génétique de l'espèce *Podospora anserina* et sur l'interêt de cette structure pour certain recherches de génétique. C. R. Acad. Sci. (Paris) **250**, 2053—2055 (1960).
BISHOP, H.: A study of sexuality in *Sapromyces Reinschii*. Mycologia (N.Y.) **32**, 505—529 (1940).
BISTIS, G.: Sexuality in *Ascobolus stercorarius*. I. Morphology of the ascogonium; plasmogamy; evidence for a sexual hormonal mechanism. Amer. J. Bot. **43**, 389—394 (1956).
— Preliminary experiments on various aspects of the sexual process. Amer. J. Bot. **44**, 436—443 (1957).
BISTIS, G. N., and J. R. RAPER: Heterothallism and sexuality in *Ascobolus stercorarius*. Amer. J. Bot. **50**, 880—891 (1963).
BLAKESLEE, A. F.: Zygospore formation, a sexual process. Science **19**, 864—866 (1904a).
— Sexual reproduction in the Mucorineae. Proc. Amer. Acad. Arts Sci. **40**, 205—319 (1904b).
— Zygospore germinations in the Mucorineae. Ann. Mycol. **4**, 1—28 (1906a).
— II. Differentiation of sex in thallus, gametophyte and sporophyte. Bot. Gaz. **42**, 161—178 (1906b).
— Mutations in Mucors. J. Heredity **11**, 278—284 (1920).
—, and J. L. CARTLEDGE: Sexual dimorphism in mucorales. II. Inter-specific reactions. Bot. Gaz. **84**, 51—58 (1927).
— D. S. WELCH, and A. D. BERGNER: Sexual dimorphism in mucorales. II. Intraspecific reactions. Bot. Gaz. **84**, 27—50 (1927).
BRADLEY, S. G.: Parasexual phenomena in Microorganisms. Ann. Rev. Microbiol. **16**, 35—52 (1962).
BRIDGEMON, G. H.: Production of new races of *Puccinia graminis var. tritici* by vegetative fusion. Phytopathology **49**, 386—388 (1959).
BRIEGER, F.: Selbststerilität und Kreuzungssterilität im Pflanzenreich und Tierreich. Berlin 1930.
BROCK, T. D.: Mating reaction in the yeast *Hansenula wingei*. J. Bact. **75**, 697—701 (1958a).

BROCK, T. D.: Protein as a specific cell surface component in the mating reaction of *Hansenula wingei*. J. Bact. **76**, 334—335 (1958b).
— Biochemical basis for mating in yeast. Science **129**, 960—961 (1959).
BRODIE, H. J.: Tetrapolarity and unilateral diploidization in the bird's nest fungus, *Cyathus stercoreus*. Amer. J. Bot. **35**, 312—320 (1948).
BRUCKER, W.: Über *Utigers* Reaktion zur Geschlechtsbestimmung von *Phycomyces blakesleeanus*. Naturwissenschaften **41**, 309 (1954).
— Über *Utigers* Reaktion zur geschlechtlichen Differenzierung von Phycomyces-Stämmen. Arch. Protistenk. **100**, 339—350 (1955).
BRUNSWICK, H.: Untersuchungen über die Geschlechts- und Kernverhältnisse bei der Hymenomycetengattung *Coprinus*. Bot. Abh. **5**, 152 (1924).
BRUYN, H. G. L.: Heterothallism in *Peronospora parasitica*. Phytopathology **25**, 8 (1935).
— Heterothallism in *Peronospora parasitica*. Genetica **19**, 553—608 (1936).
BUDDENHAGEN, I. W.: Induced mutations and variability in *Phytophtora cactorum*. Amer. J. Bot. **45**, 355—365 (1958).
BULLER, A. H. R.: Researches on fungi., vol. 4. London 1931.
— Researches on fungi, vol. 5. London 1933.
— The diploid cell and the diploidization process in plants and animals with special reference to higher fungi. Bot. Rev. **7**, 335—431 (1941).
BURGEFF, H.: Über Sexualität, Variabilität und Vererbung bei *Phycomyces nitens* KUNZE. Ber. dtsch. bot. Ges. **30**, 679—685 (1912).
— Untersuchungen über Variabilität, Sexualität und Erblichkeit bei *Phycomyces nitens* KUNZE. I. Flora, N.F. **107**, 259—316 (1914).
— Untersuchungen über Variabilität, Sexualität und Erblichkeit bei *Phycomyces nitens* KUNZE. II. Flora, N.F. **108**, 353—448 (1915).
— Untersuchungen über Sexualität und Parasitismus bei Mucorineen. I. Bot. Abh. **4**, 135 (1924).
— Variabilität, Vererbung und Mutation bei *Phycomyces blakesleeanus*. Z. indukt. Abstamm.- u. Vererb.-L. **48**, 26—94 (1928).
—, u. M. PLEMPEL: Zur Kenntnis der Sexualstoffe bei Mucorineen. Naturwissenschaften **43**, 473—474 (1956).
—, u. A. SEYBOLD: Zur Frage der biochemischen Unterscheidung der Geschlechter. Z. Bot. **19**, 497—537 (1927).
BURGER, O. F.: Variations in *Colletotrichum gloeosporioides*. J. Agr. **20**, 723—736 (1921).
BURNETT, J. H.: Oxygen consumption during sexual reproduction of some Mucoraceae. New Phytologist **52**, 58—64 (1953a).
— Oxygen consumption of mixtures of heterothallic and homothallic species in relation to "imperfect hybridization" in the Mucoraceae. New Phytologist **52**, 86—88 (1953b).
— The mating systems of fungi. I. New Phytologist **55**, 50—90 (1956a).
— Carotene and sexuality in Mucoraceae, especially *Phycomyces blakesleeanus*. New Phytologist **55**, 45—49 (1956b).
—, and M. E. BOULTER: The mating system of fungi. II. Mating systems of the Gasteromycetes *Mycocalia denudata* and *M. duriaeana*. New Phytologist **62**, 217—236 (1963).
BUXTON, E. W.: Heterokaryosis and parasexual recombination in pathogenic strains of *Fusarium oxysporum*. J. gen. Microbiol. **15**, 133—139 (1956).
— Parasexual recombination in the banana-wilt *Fusarium*. Trans. Brit. mycol. Soc. **45**, 274—279 (1962).
CALLEN, O. E.: The morphology, cytology and sexuality of the homothalic *Rhizopus sexualis* (SMITH) CALLEN. Ann. Bot. (Lond.) N.S. **4**, 791—818 (1940).
CANTER, H. M.: Studies on British Chytrids. I. *Dangeardia mammillata* SCHRÖDER. Trans. Brit. mycol. Soc. **29**, 128—134 (1946).
— Studies on British Chytrids. III. *Zygorhizidium Willei* LÖWENTHAL and *Rhizopodium columnaris*, n.sp. Trans. Brit. mycol. Soc. **31** 128—135 (1947).

CARR, A. J. H., and L. S. OLIVE: Genetics of *Sordaria fimicola*. III. Cross-compatibility among self-fertile and self-sterile cultures. Amer. J. Bot. **46**, 81—91 (1959).

CAYLEY, D. M.: The inheritance of the capacity for showing mutual aversion between monospore-mycelia of *Diaporthe perniciosa* MARCHAL. J. Genet. **24**, 1—63 (1931).

CHENA, B. L., and M. K. HINGORANI: Mutation in *Colletotrichum falacatum* WENT. The casual organism of sugarcane red rot. Phytopathology **40**, 221—227 (1950).

CHEVAUGEON, J., et N. VAN HUONG: L'auto-incompatibilité. Conséquence régulière de la différenciation chez le *Pestalozzia annulata*. C.R. Acad. Sci (Paris) **252**, 4183—4185 (1961).

CHILTON, S. J. P., G. B. LUCAS, and C. W. EDGERTON: Genetics of *Glomerella*. III. Crosses with a conidial strain. Amer. J. Bot. **32**, 549—554 (1945).

CHODAT, F.: Mutations chez les champignons. Bull. Soc. bot. Genève **18**, 41—144 (1926).

—, et W. H. SCHOPFER: Carotène et sexualité. C. R. Soc. Phys. Hist. Nat. Genève **44**, 176—179 (1927).

CHOW, C. H.: Contribution à l'étude de dévelopement des coprins. Botaniste **26**, 89—232 (1934).

CLAUSSEN, P.: Entwicklungsgeschichtliche Untersuchungen über den Erreger der als „Kalkbrut" bezeichneten Krankheit der Bienen. Arb. biol. Abt. (Reichsanst.) Berl. **10**, 467—521 (1921).

COCHRANE, V. W.: Physiology of fungi. New York and London 1958.

COKER, W. C.: Other water molds from the soil. J. Elisha Mitchell Sci. Soc. **42**, 207—226 (1927).

—, and J. LEITNER: New species of *Achlya* and *Apodachlya*. J. Elisha Mitchell Sci. Soc. **54**, 311—318 (1938).

COLLINS, O. R.: Heterothallism and homothallism in two Myxomycetes. Amer. J. Bot. **48**, 674—683 (1961).

— Multiple alleles at the incompatibility locus in the myxomycete *Didymium iridis*. Amer. J. Bot. **50**, 477—480 (1963).

—, and H. LING: Further studies in multiple allelomorph heterothallism in the myxomycete *Didymium iridis*. Amer. J. Bot. **51**, 315—317 (1964).

COLSON, B.: The cytology and morphology of *Neurospora tetrasperma*. Ann. Bot. **48**, 211—224 (1934).

CORRENS, C.: Geschlechtsverteilung und Geschlechtsbestimmung bei Pflanzen. In: Handwörterbuch der Naturwissenschaften, Bd. 4, S. 975. Jena 1913.

— Bestimmung, Vererbung und Verteilung des Geschlechts bei den höheren Pflanzen. In: Handbuch der Vererbungswissenschaften, II C, S. 138. Berlin 1928.

COUCH, J. N.: Heterothallism in *Dictyuchus*, a genus of the water molds. Ann. Bot. **40**, 848—881 (1926).

COY, D. O., and R. W. TUVESON: Genetic control of conidiation in *Aspergillus rugulosus*. Amer. J. Bot. **51**, 290—293 (1964).

CRAIGIE, J. N.: Heterothallism in the rust fungi and its significance. Trans. roy. Soc. Can., Sect. V **36**, 19—40 (1942).

CROWE, L. K.: The exchange of genes between nuclei of a dikaryon. Heredity **15**, 397—405 (1960).

— Competition between compatible nuclei in the estabilshment of a dikaryon in *Schizophyllum commune*. Heredity **18**, 525—533 (1963).

DARLINGTON, C. D.: What is hybrid? J. Hered. **28**, 308 (1937).

DAY, P. R.: The structure of the *A* mating type locus in *Coprinus lagopus*. Genetics **45**, 641—650 (1960).

— Mutants of the *A* mating type factor in *Coprinus lagopus*. Genet. Res. Camb. **4**, 55—64 (1963a).

— The structure of the *A* mating type factor in *Coprinus lagopus*: Wild alleles. Genet. Res. Camb. **4**, 323—325 (1963b).

DEE, J.: A mating type system in an acellular slime mould. Nature (Lond.)
185, 780—781 (1960).
DICK, S.: The origin of expressed mutations in *Schizophyllum commune*.
Thesis Havard Univ. (Cambridge, Mass., USA) 1960.
— and J. R. RAPER: Origin of expressed mutations in *Schizophyllum
commune*. Nature (Lond.) 189, 81—82 (1961).
DICKSON, H.: Studies in *Coprinus sphaerosporus*. I. The pairing behavior
and the characteristics of various haploid and diploid strains. Ann.
Bot. 48, 527—547 (1934).
— Studies on *Coprinus sphaerosporus*. II. Ann. Bot. 49, 181—204 (1935).
— Observations on inheritance in *Coprinus macrorhizus* (PERS.) REA. Ann.
Bot. 50, 719—734 (1936).
DIMOCK, A. W.: Observations on sexual relations in *Hypomyces ipomeae*.
Mycologia (N.Y.) 29, 116—127 (1937).
DODGE, B. O.: Methods of culture and the morphology of the archicarp of
certain species of the Ascobolaceae. Bull. Torrey bot. Club 39, 139—197
(1912).
— The life history of *Ascobolus magnificus*. Mycologia (N.Y.) 12, 115—134
(1920).
— Nuclear phenomena associated with heterothallism and homothallism
in the Ascomycete *Neurospora*. J. agric. Res. 35, 289—305 (1927).
— Unisexual conidia from bisexual mycelia. Mycologia (N.Y.) 20, 226—234
(1928).
— The mechanism of sexual reproduction in *Neurospora*. Mycologia (N.Y.)
27, 418—438 (1935).
— Self-sterility in "bisexual" heterocaryons of *Neurospora*. Bull. Torrey
bot. Club 73, 410—416 (1946).
DOWDING, E. S.: The sexuality of the normal, giant and dwarf spores of
*Pleurage anserina* (CES.) KUNTZE. Ann. Bot. 45, 1—14 (1931).
— *Gelasinospora*, a new genus of pyrenomycetes with pitted spores. Canad.
J. Res. 9, 294—304 (1933).
—, and A. BAKERSPIGEL: The migrating nucleus. Canad. J. Microbiol. 1,
68—78 (1954).
— — Poor fruiters and barrage mutants in *Gelasinospora*. Canad. J. Bot.
34, 231—240 (1956).
DRAYTON, F. D., and J. W. GROVES: *Stromatinia narcissi*, a new dimorphic
discomycete. Mycologia (N.Y.) 44, 119—140 (1952).
DRIVER, C. H., and H. E. WHEELER: A sexual hormone in *Glomerella*.
Mycologia (N.Y.) 47, 311—316 (1955).
DUTTA, S. K., and E. D. GARBER: Genetics of phytopathogenic fungi.
III. An attempt to demonstrate the parasexual cycle in *Colletotrichum
lagenarium*. Bot. Gaz. 122, 118—121 (1960).
EDGERTON, C. W.: Plus and minus strains in an ascomycete. Science 35,
151 (1912).
— Plus and minus strains in the genus *Glomerella*. Amer. J. Bot. 1, 244—254
(1914).
— S. J. P. CHILTON, and G. B. LUCAS: Genetics of *Glomerella*. II. Fertiliza-
tion between strains. Amer. J. Bot. 32, 115—118 (1945).
EGGERTSON, E.: An estimate of the number of alleles at the loci for hetero-
thallism in a local concentration of *Polyporus obtusus* BERK. Canad. J.
Bot. 31, 750—759 (1953).
EL-ANI, A. S.: The genetics of sex in *Hypomyces solani f. cucurbitae*. Amer.
J. Bot. 41, 110—113 (1954a).
— Chromosomes of *Hypomyces solani f. cucurbitae*. Science 120, 323—324
(1954b).
—, and L. S. OLIVE: The induction of balanced heterothallism in *Sordaria
fimicola*. Proc. nat. Acad. Sci. (Wash.) 48, 17—19 (1962).
ELLINGBOE, A. H.: Somatic recombination in *Puccinia graminis tritici*.
Phytopathology 51, 13—15 (1961).

ELLINGBOE, A. H.: Illegitimacy and specific factor transfer in *Schizophyllum commune*. Proc. nat. Acad. Sci. (Wash.) **49**, 286—292 (1963).
— Somatic recombination in dikaryon *K* of *Schizophyllum commune*. Genetics **49**, 247—251 (1964).
—, and J. R. RAPER: Somatic recombination in *Schizophyllum commune*. Genetics **47**, 85—98 (1962a).
— — The Buller phenomenon in *Schizophyllum commune*. Nuclear selection in fully compatible dikaryotic-homokaryotic matings. J. Bot. **49**, 454—459 (1962b).
ESSER, K.: Sur le déterminisme génétique d'une nouveau type d'incompatibilité chez *Podospora*. C. R. Acad. Sci. (Paris) **238**, 1731—1733 (1954a).
— Genetische Analyse eines neuen Incompatibilitätstypes bei dem Ascomyceten *Podospora anserina*. Compt. rend. 8, Congr. intern. Bot. (Paris) Sect. **10**, 72—77 (1954b).
— Genetische Untersuchungen an *Podospora anserina*. Ber. dtsch. bot. Ges. **68**, 143—144 (1955).
— Wachstum, Fruchtkörper- und Pigmentbildung von *Podospora anserina* in synthetischen Nährmedien. C. R. Lab. Carlsberg, Sér. Physiol. **26**, 103—116 (1956a).
— Gen-Mutanten von *Podospora anserina* (CES.) REHM mit männlichem Verhalten. Naturwissenschaften **43**, 284 (1956b).
— Die Incompatibilitätsbeziehungen zwischen geographischen Rassen von *Podospora anserina* (CES.) REHM. I. Genetische Analyse der Semi-Incompatibilität. Z. Indukt. Abstamm.- u. Verb.-L. **87**, 595—624 (1956c).
— The significance of Semi-Incompatibility in the evolution of geographic races in *Podospora anserina*. Proc. X. intern. Congr. of Genetics **2**, 76—77 (1958).
— Die Incompatibilitätsbeziehungen zwischen geographischen Rassen von *Podospora anserina* (CES.) REHM. II. Die Wirkungsweise der Semi-Incompatibilitäts-Gene. Z. Vererbungsl. **90**, 29—52 (1959a).
— Die Incompatibilitätsbeziehungen zwischen geographischen Rassen von *Podospora anserina* (CES.) REHM. III. Untersuchungen zur Genphysiologie der Barragebildung und der Semi-Incompatibilität. Z. Vererbungsl. **90**, 445—456 (1959b).
— Incompatibilität bei Pilzen. Ber. dtsch. bot. Ges. **74**, 324—325 (1961).
— Die Genetik der sexuellen Fortpflanzung bei den Pilzen. Biol. Zbl. **81**, 161—172 (1962).
— Die Verbreitung der Incompatibilität. In: Handbuch der Pflanzenphysiologie, Bd. 18. Berlin-Göttingen-Heidelberg 1967 (im Druck).
—, u. J. STRAUB: Fertilität im Heterocaryon aus zwei sterilen Mutanten von *Sordaria macrospora* AUERSW. Z. indukt. Abstamm.- u. Vererb.-L. **87**, 625—626 (1956).
— — Genetische Untersuchungen an *Sordaria macrospora* AUERSW. Kompensation und Induktion bei genbedingten Entwicklungsdefekten. Z. Vererbungsl. **89**, 729—746 (1958).
FITZGERALD, P. H.: Genetic and epigenetic factors controlling female sterility in *Neurospora crassa*. Heredity **18**, 47—62 (1963).
FOX, A. S., and W. D. GRAY: Immunogenetic and biochemical studies of *Neurospora crassa:* differences in tyrosinase activity between mating types of strain. 15,300 (albino-2). Proc. nat. Acad. Sci. (Wash.) **36**, 538 (1950).
FRANKE, G.: Die Cytologie der Ascusentwicklung von *Podospora anserina*. Z. indukt. Abstamm.- u. Vererb.-L. **88**, 159—160 (1957).
— Versuche zur Genomverdoppelung des Ascomyceten *Podospora anserina*. Z. Vererbungsl. **93**, 109—117 (1962).
FRIES, N.: Heterothallism in some Gasteromycetes and Hymenomycetes. Svensk bot. T. **42**, 158—168 (1948).
—, and U. TROLLE: Combination experiments with mutant strains of *Ophiostoma multiannulatum*. Hereditas (Lund) **33**, 377—384 (1947).

FRIES, N., and K., ASCHAN: The physiological heterogeneity of the dikaryotic mycelium of *Polyporus abietinus* investigated with the aid of micrurgical technique. Svensk bot. T. **46**, 429—445 (1952).

FULLER, R. C., and E. L. TATUM: Inositol phospholipoid in *Neurospora* and its relationship to morphology. Amer. J. Bot. **43**, 361—365 (1956).

FULTON, I.: Unilateral nuclear migration and the interactions of haploid mycelia in the fungus *Cyathus stercoreus*. Proc. nat. Acad. Sci. (Wash.) **36**, 306—312 (1950).

GANS, M., et N. PRUD'HOMME: Echanges nucléaires chez le basidiomycète *Coprinus fimetarius* (FR.). C. R. Acad. Sci. (Paris) **247**, 1895—1897 (1958).

GARNJOBST, L.: Genetic control of heterokaryosis in *Neurospora crassa*. Amer. J. Bot. **40**, 607—614 (1953).

— Further analysis of the genetic control of heterokaryosis in *Neurospora crassa*. Amer. J. Bot. **42**, 444—448 (1955).

—, and J. F. WILSON: Heterokaryosis and protoplasmic incompatibility in *Neurospora crassa*. Proc. nat. Acad. Sci. (Wash.) **42**, 613—618 (1956).

— — Heterokaryosis and protoplasmic incompatibility in *Neurospora crassa*. Proc. intern. Growth Symp. (Suppl. Vol. Cytologia) 539—542 (1957).

GARTON, J. A., T. W. GOODWIN, and W. LIJINSKY: Studies in carotogenesis. I. General conditions governing carotene synthesis by the fungus *Phycomyces blakesleeanus* BURGEFF. Biochem. J. **48**, 154—163 (1951).

GOODWIN, T. W.: Studies in carotenogenesis. III. Identification of minor polyene components of the fungus *Phycomyces blakesleeanus* and a study of their synthesis under various cultural conditions. Biochem. J. **50**, 550—558 (1952).

—, and W. LIJINSKY: Studies in Carotenogenesis. II. Carotene production by *Phycomyces blakesleeanus*: the effect of different aminoacids when used in media containing low concentrations of glucose. Biochem. J. **50**, 268—273 (1951).

—, and J. S. WILLMER: Studies in Carotogenesis. IV. Nitrogen metabolism and carotine synthesis in *Phycomyces blakesleeanus*. Biochem. J. **51**, 213—217 (1952).

GORDON, W. L.: Geographical distribution of mating types in *Gibberella cyanogena* (DESM.) SACC. Nature (Lond.) **173**, 505—506 (1954).

GRASSO, V.: Studies sulla genetica dei carboni dell'avena: *Ustilago avenae* e *U. levis*. Boll. staz. Pat. veget. **12**, 115—126 (1955).

GREIS, H.: Mutations- und Isolationsversuche zur Beeinflussung des Geschlechts von *Sordaria fimicola* (ROB.). Z. Bot. **37**, 1—116 (1941).

— Relative Sexualität und Sterilitätsfaktoren bei dem Hymenomyceten *Solenia*. Biol. Zbl. **62**, 46—92 (1942).

GRIFFITH, F.: The significance of pneumococcal types. J. Hyg. (Camb.) **27**, 113—156 (1928).

GRIGG, G. W.: The genetic control of conidiation in a heterokaryon of *Neurospora crassa*. J. gen. Microbiol. **19**, 15—22 (1958).

— Temperature-sensitive genes affecting conidiation in *Neurospora*. J. gen. Microbiol. **22**, 667—670 (1960).

GRINDLE, D. J.: Heterokaryon compatibility of closely related wild isolates *Aspergillus nidulans*. Heredity **18**, 397—405 (1963).

GROSS, S. R.: Heterokaryosis between opposite mating types in *Neurospora crassa*. Amer. J. Bot. **39**, 574—577 (1952).

GUILLIERMOND, A.: Nouvelles observations sur la sexualité des levures et quelques considerations sur la phylogénie de ces champignons. Rev. gén. Bot. **48**, 403—426 (1936).

— Sexuality, developmental cycle and phylogeny of yeasts. Bot. Rev. **6**, 1—24 (1940).

HAENICKS, A.: Vererbungsphysiologische Untersuchungen an Arten von *Penicillium* und *Aspergillus*. Z. Bot. **8**, 225—343 (1916).

HALDEMAN, Q. L.: Some falcate-spored *Colletotrichums* on legumes. Phytopathology **40**, 12 (1950).

HANSEN, H. N., and W. C. SNYDER: The dual phenomenon and sex in
    *Hypomyces solani f. cucurbitae*. Amer. J. Bot. **30**, 419—422 (1943).
— — Inheritence of sex in fungi. Proc. nat. Acad. Sci. (Wash.) **32**, 272—273
    (1946).
HARDER, R.: Zur Frage nach der Rolle von Kern und Protoplasma im
    Zellgeschehen und bei Übertragung von Eigenschaften. Z. Bot. **19**,
    337—407 (1927).
— F. FIRBAS, W. SCHUMACHER u. D. v. DENFFER: Lehrbuch der Botanik
    für Hochschulen, 28. Aufl. Stuttgart 1962.
—, u. G. SÖRGEL: Über einen neuen plano-isogamen Phycomyceten mit
    Generationswechsel und seine phytogenetische Bedeutung. Nachr. Ges.
    Wiss. Göttingen, math.-physik. Kl. N.F. VI (Biol.) **3**, 119—127 (1938).
HARTMANN, M.: Autogamie bei Protisten und ihre Bedeutung für das Be-
    fruchtungsproblem. Verh. Dtsch. Zool. Ges. 24. Jahresverslg Freiburg,
    1909, S. 15.
— Theoretische Bedeutung und Terminologie der Vererbungserscheinungen
    bei haploiden Organismen. *(Chlamydomonas, Phycomyces, Honigbiene.)*
    Z. indukt. Abstamm.- u. Vererb.-L. **20**, 1—26 (1918).
— Fortpflanzung und Befruchtung als Grundlage der Vererbung. In:
    Handbuch der Vererbungswissenschaften, Bd. 1 A, S. 1—103. Berlin
    1929.
— Die Sexualität, 1. Aufl. Jena 1943; 2. Aufl. Stuttgart 1956.
HASTIE, A. C.: Genetic recombination in the hop-wilt fungus *Verticillium
    albo-atrum*. J. gen. Microbiol. **27**, 373—382 (1962).
HAWKER, L. E.: The physiology of reproduction in fungi. Cambridge 1957.
HAWTHORNE, D. C.: A deletion in yeast and its bearing on the structure
    of the mating type locus. Genetics **48**, 1727—1729 (1963).
HEPDEN, P. M., and L. E. HAWKER: A volatile substance controlling early
    stages of zygospore formation in *Rhizopus sexualis*. J. gen. Microbiol.
    **24**, 155—164 (1961).
HESLOT, H.: Contribution a l'étude cytogénétique et génétique des Sor-
    dariacies. Rev. Cytol. Biol. végét. **19** (Suppl. 2), 1—209 (1958).
HESSELTINE, C. W.: Carotinoids in the fungi Mucorales. Techn. Bull.
    No 1245, US Dept. of Agriculture. 33 P. Washington (D.C.) 1961.
HIRSCH, H. E.: The cytogenetics of sex in *Hypomyces solani f. cucurbitatae*.
    Amer. J. Bot. **36**, 113—121 (1949).
HIRSCH, H. M.: Environmental factors influencing the differentiation of
    protoperithecia and their relation to tyrosinase and melanin formation
    in *Neurospora crassa*. Physiol. Plantarum (Copenh.) **7**, 72—97 (1954).
HOLLIDAY, R.: The genetics of *Ustilago maydis*. Genet. Res. **2**, 204—230
    (1961a).
— Induced mitotic crossing-over in *Ustilago maydis*. Genet. Res. **2**, 231—248
    (1961b).
HOLLOWAY, B. W.: Genetic control of heterocaryosis in *Neurospora crassa*.
    Genetics **40**, 117—129 (1955).
HOLTON, C. S.: Extent of pathogenicity of hybrids of *Tilletia tritici* and
    *T. levis*. J. agric. Res. **65**, 555—563 (1942).
HOROWITZ, N. H., and S. C. SHEN: *Neurospora* tyrosinase. J. biol. Chem.
    **197**, 513—520 (1952).
— M. FLING, H. L. MACLEOD, and N. SUEOKA: Genetic determination and
    enzymatic induction of tyrosinase in *Neurospora*. J. molec. Biol. **2**,
    96—104 (1960).
HÜTTIG, W.: Sexualität bei *Glomerella lycopersici* KRÜGER und ihre Ver-
    erbung. Biol. Zbl. **55**, 74—83 (1935).
IKEDA, Y., C. ISHITANI, and K. NAKAMURA: A high frequency of hetero-
    zygous diploids and somatic recombination induced in imperfect fungi
    by ultraviolett light. J. gen. appl. Microbiol. **3**, 1—11 (1957).
ISHITANI, C.: A high frequency of heterozygous diploids and somatic recom-
    bination produced by ultra-violet light in imperfect fungi. Nature
    (Lond.) **178**, 706 (1956).

ISHITANI, C., Y. IKEDA, and K. SAKAGUCHI: Hereditary variation and genetic recombination in Koji-molds *(Aspergillus oryzae* and *Asp. sojae).* VI. Genetic recombination in heterozygous diploid. J. gen. appl. Microbiol. (Japan) **2**, 401—430 (1956).

ITO, T.: Fruit body formation in red bread mould, *Neurospora crassa.* I. Effect of culture filtrate on perithecial formation. Bot. Mag. (Tokyo) **69**, 369—372 (1956).

— Genetic study on the expression of the color factor of the ascospores in *Sordaria fimicola.* I. Segregation of the dark- and lightcolored ascospores. Res. Bull. Obihiro Zootechn. Univ., Ser. I **3**, 223—230 (1960).

JACOB, F., et E. A. ADELBERG: Transfer de caractères génétique par incorporation au facteur sexuel d'*Escherichia coli*. C. R. Acad. Sci. (Paris) **249**, 189—191 (1959).

—, and E. L. WOLLMAN: Genetic aspects of lysogeny. In: McELROY and B. GLASS (edits.), The chemical basis of heredity, pp. 468—499. Baltimore 1957.

— — Sexuality and the genetics of bacteria. New York 1961.

JINKS, J. L., and M. GRINDLE: The genetical basis of heterokaryon incompatibility in *Aspergillus nidulans.* Heredity **18**, 407—411 (1963).

JOLY, P.: Données récentes sur la génétique des champignons supérieurs (Ascomycètes et Basidiomycètes). Rev. Mycol. (Paris) **29**, 115—186 (1964).

JOST, L.: Über die Selbststerilität einiger Blüten. Bot. Ztg **65**, Abt. 1, 77—117 (1907).

JÜRGENS, C.: Physiologische und genetische Untersuchungen über die Fruchtkörperbildung bei *Schizophyllum commune.* Arch. Mikrobiol. **31**, 388—421 (1958).

KÄFER, E.: An 8-chromosome map of *Aspergillus nidulans.* Advanc. Genet. **9**, 105—145 (1958).

— The processes of spontaneous recombination in vegetative nuclei of *Aspergillus nidulans.* Genetics **46**, 1581—1609 (1961).

KEHL, H.: Ein Beitrag zur Morphologie und Physiologie der Zygosporen von *Mucor mucedo.* Arch. Mikrobiol. **8**, 379—406 (1937).

KIMURA, K.: On the diploidisation by the double compatible diploid mycelium in the Hymenomycetes. Bot. Mag. (Tokyo) **67**, 238—242 (1954a).

— Diploidisation in the Hymenomycetes. Biol. J. Okayama Univ. **1**, 226—233 (1954b).

— Nuclear conjugation in diploidisation by the double compatible diploid mycelium in the Hymenomycetes. Bot. Mag. (Tokyo) **70**, 391—395 (1957).

— Diploidisation in the Hymenomycetes. II. Nuclear behavior in the Buller phenomenon. Biol. J. Okayama Univ. **4**, 1—59 (1958).

KNIEP, H.: Über die Bedingungen der Schnallenbildung bei den Basidiomyceten. Flora (Jena) **111**, 380—395 (1918).

— Über morphologische und physiologische Geschlechtsdifferenzierung. Verh. phys.-med. Ges., N.F. **46**, 1—18 (1920).

— Über Geschlechtsbestimmung und Reduktionsteilung. Verh. phys.-med. Ges., N.F. **47**, 1—28 (1922).

— Über erbliche Änderungen von Geschlechtsfaktoren bei Pilzen. Z. indukt. Abstamm.- u. Vererb.-L. **31**, 170—183 (1923).

— Die Sexualität der niederen Pflanzen. Jena 1928.

— Vererbungserscheinungen bei Pilzen. Bibl. genet. **5**, 371—475 (1929a).

— Geschlechtsverteilung bei den Pflanzen. Tabul. biol. ('s-Grav.) **5**, 115—171 (1929b).

KÖHLER, F.: Beitrag zur Kenntnis der Sexualreaktion von *Mucor mucedo* BREF. Planta (Berl.) **23**, 358—375 (1935).

KORF, R. P.: The terms homothallism and heterothallism. Nature (Lond.) **170**, 534—535 (1952).

KRAFCZYK, H.: Die Bildung und Keimung der Zygosporen von *Pilobolus crystallinus* und sein heterokaryotisches Mycel. Beitr. Biol. Pflanz. **23**, 349—396 (1935).

KUHNER, R.: L'amphithallie et ses causes dans la forme bisporique tétrapolaire de *Clitocybe lituus* FR. Bull. Soc. mycol. France **69**, 307—325 (1954).

120     Fortpflanzung

KUHNER, R., H. ROMAGNESI et H. C. YEN: Différences morphologiques entre plusieurs souches de *coprins* de la section *micacei* et confrontation de leur haplontes. Bull. Soc. mycol. France 63, 169—186 (1947).
KUWANA, H.: Melanine formation in the sexual generation in *Neurospora*. J. Genet. 29, 163 (1954).
— Tyrosinase appearing in the sexual generation in *Neurospora*. Medicine and Biol. 36, 187—191 (1955).
— Mating type alleles and tyrosinase activity in relation to genetic background in *Neurospora crassa*. Ann. Rep. Sci. Works Fac. Sci. 4, 117—131 (1956).
— Melanization in the mycelium due to the interaction of two strains of *Neurospora crassa*. Bot. Mag. (Tokyo) 71, 841—842 (1958).
LAIBACH, F., F. J. KRIBBEN u. F. HEILINGER: Die Sexualvorgänge bei *Bombardia lunata* ZCKL. I. Beitr. Biol. Pflanz. 30, 239—248 (1954).
— — — Die Sexualvorgänge bei *Bombardia lunata* ZCKL. II. Beitr. Biol. Pflanz. 31, 137—152 (1955).
LAMB, I. M.: The initiation of the dicaryphase in *Puccinia phragmitis* (SCHUM.) KORN. Ann. Bot. 49, 403—438 (1935).
LAMOURE, D.: Hétérocaryose chez les Basidiomycètes amphitalles. C. R. Acad. Sci. (Paris) 244, 2841—2843 (1957).
LANGE, I.: Das Bewegungsverhalten der Kerne in fusionierten Zellen von *Polystictus versicolor* (L.). Flora, Abt. A 156, 487—497 (1966).
LANGE, M.: Species in the genus *Coprinus*. Dansk. bot. Ark. 14, 6 (1952).
LAVEN, H.: Vererbung durch Kerngene und das Problem der außerkaryotischen Vererbung bei *Culex pipiens*. I. Kernvererbung. Z. indukt. Abstamm.- u. Vererb.-L. 88, 443—477 (1957a).
— Vererbung durch Kerngene und das Problem der außerkaryotischen Vererbung bei *Culex pipiens*. II. Außerkaryotische Vererbung. Z. indukt. Abstamm.- u. Vererb.-L. 88, 479—516 (1957b).
LEONIAN, L. H.: The morphology and the pathogenicity of some *Phytophthora* mutations. Phytopathology 16, 723—730 (1926).
— Heterothallism in *Phytophthora*. Phytopathology 21, 941—955 (1931).
LEUPOLD, U.: Die Vererbung von Homothallie und Heterothallie bei *Schizosaccharomyces pombe*. C. R. Lab. Carlsberg, Ser. Physiol. 23, 349—39 (1950).
— Some data on polyploid inheritance in *Schizosaccharomyces pombe*. C. R. Lab. Carlsberg, Ser. Physiol. 26, 221—251 (1956).
— Studies on allelism in *Schizosaccharomyces pombe*. Proc. X. Int. Congr. Gen. 2, 165—166 (1958a).
— Studies on recombination in *Schizosaccharomyces pombe*. Cold Spr. Harb. Symp. quant. Biol. 23, 161—170 (1958b).
LEVI, J. D.: Mating reaction in yeast. Nature (Lond.) 177, 753—754 (1956).
LEWIS, D.: Comparative incompatibility in angiosperms and fungi. Advanc. Genet. 6, 235—285 (1954).
— Incompatibility and plant breeding. Brookhaven Symp. in Biol. 9, 89—100 (1956).
LILLY, V. G., and H. L. BARNETT: Physiology of fungi. New York 1951.
LINDEGREN, C. C.: The genetics of *Neurospora*. III. Pure breed stocks and crossing-over in *N. crassa*. Bull. Torrey bot. Club 60, 133—154 (1933).
— The genetics of *Neurospora*. VI. Bisexual and akaryotic ascospores from *N. crassa*. Genetica 16, 315—320 (1934).
— Genetics of the fungi. Ann. Rev. Microbiol. 2, 47—70 (1948).
—, and G. LINDEGREN: X-ray and ultraviolet induced mutations in *Neurospora*. J. Hered. 32, 404—414 (1941a).
— — X-ray and ultraviolet induced mutations in *Neurospora*. II. Ultraviolet mutations. J. Hered. 32, 435—440 (1941b).
— — Segregation, mutation and copulation in *Saccharomyces cerevisae*. Ann. Missouri bot. Gard. 30, 453—468 (1943).
— — Instability of the mating type alleles in *Saccharomyces*. Ann. Missouri bot. Gard. 31, 203—218 (1944).
— — Tetraploid *Saccharomyces*. J. gen. Microbiol. 5, 885—893 (1951).

LINDFORS, T.: Studien über den Entwicklungsverlauf bei einigen Rostpilzen aus zytologischen und taxonomischen Gesichtspunkten. Svensk bot. T. **18**, 34—37 (1924).
LÖWENTHAL, W.: Weitere Untersuchungen an Chytridiaceen. Arch. Protistenk. **5**, 221—239 (1905).
LOVETT, J. S., and E. C. CANTINO: The relation between biochemical and morphological differentiation in *Blastocladiella emersonii*. II. Nitrogen metabolism in synchronous cultures. Amer. J. Bot. **47**, 550—560 (1960).
LUCAS, G. B., S. J. P. CHILTON, and C. W. EDGERTON: Genetics of *Glomerella*. I. Studies on the behavior of certain strains. Amer. J. Bot. **31**, 233—239 (1944).
LWOFF, A.: Lysogeny. Bact. Rev. **17**, 269—337 (1953).
MAHONY, M., and D. WILKIE: Nucleo-cytoplasmic control of perithecial formation in *Aspergillus nidulans*. Proc. roy. Soc. B **156**, 524—532 (1962).
MARKERT, C. L.: Sexuality in the fungus *Glomerella*. Amer. Naturalist **83**, 227—231 (1949).
— Radiation induced nutritional and morphological mutants of *Glomerella*. Genetics **37**, 339—352 (1952).
MARTIN, P. G.: Apparent self-fertility in *Neurospora crassa*. J. gen. Microbiol. **20**, 213—222 (1959).
MATHER, K.: Heterothally as an outbreeding mechanism in fungi. Nature (Lond.) **149**, 54—56 (1942).
McCURDY jr., H. D., and E. C. CANTINO: Isocitritase, glycine-alanine transaminase and development in *Blastocladiella emersonii*. Plant Physiol. **35**, 463—476 (1960).
McGAHEN, J. W., and H. E. WHEELER: Genetics of *Glomerella*. IX. Perithecial development and plasmogamy. Amer. J. Bot. **38**, 610—617 (1951).
MIDDLETON, R. B.: Evidences of common-*AB* heterokaryosis in *Schizophyllum commune*. Amer. J. Bot. **51**, 379—387 (1964).
MITCHELL, M. B.: A partial map of linkage group D. in *Neurospora crassa*. Proc. nat. Acad. Sci. (Wash.) **40**, 436—440 (1954).
MITTER, J. H.: Some contributions to our knowledge of heterothallism in fungi. J. Indian bot. Soc. **15**, 183—192 (1936).
MOREAU, F., et C. MORUZI: Sur de nouvelles irrégularités de la bipolarité sexuelle chez les ascomycètes du genre *Neurospora*. Bull. Soc. bot. France **80**, 574—576 (1933).
MORRISON, R. M.: Compatibility of several clonal lines of *Erysiphe cichoracearum*. Mycologia (N.Y.) **52**, 786—794 (1960).
MULLER, H. J.: Genetic fundamentals: the dance of the genes. In: Genetics, Medicine and Man, pp. 35—65. Cornell Univ. Press, Ithaka (N.Y., USA). 1947.
MULLINS, I. T., and J. R. RAPER: The genetical basis of heterothallism in biflagellatae aquatic fungi. Amer. J. Bot. **52**, 634 (1965).
MURRAY, J. C., and A. M. SRB: A mutant locus determining abnormal morphology and ascospore lethality in *Neurospos*. J. Hered. **4**, 149—153 (1961).
— — The morphology and genetics of wild-type and seven morphological mutant strains of *Neurospora crassa*. Canad. J. Bot. **40**, 337—349 (1962).
NELSON, R. R.: A major locus for compatibility in *Cochliobolus heterostrophus*. Phytopathology **47**, 742—743 (1957).
NOBLE, M.: The morphology and cytology of *Typhula trifolii* ROSTR. Ann. Bot., N.S. **1**, 67—98 (1937).
NOBLES, M. K., R. MACRAE, and B. P. TOMLIN: Results of interfertility tests on some species of Hymenomycetes. Canad. J. Bot. **35**, 377—387 (1957).
NOWAKOWSKI, L.: Beitrag zur Kenntnis der Chytridiaceen. II. *Polyphagus Euglenae*. Beitr. Biol. Pflanz. **2**, 201—219 (1876).
OIKAWA, K.: Diploidisation and fruit-body formation in the *Hymenomycetes*. Sci. Rep. Tohoku Univ. **14**, 245—260 (1939).
OLIVE, L. S.: Cross-karyogamy and segregation in a homothallic fungus. Bull. Torrey bot. Club **81**, 95—97 (1954).

OLIVE, L. S.: On the evolution of heterothallism in fungi. Amer. Naturalist **92**, 233—251 (1958).
— Genetics of *Sordaria fimicola*. I. Ascospore color mutants. Amer. J. Bot. **43**, 97—107 (1956).
OORT, A. J. P.: Die Sexualität von *Coprinus fimetarius*. Rec. Trav. bot. néerl. **27**, 85—148 (1930).
ORBAN, G.: Untersuchungen über die Sexualität von *Phykomyces nitens*. Beih. bot. Zbl. I. **36**, 1—59 (1919).
PAPAZIAN, H. P.: Physiology and incompatibility factors in *Schizophyllum commune*. Bot. Gaz. **112**, 143—163 (1950).
— The incompatibility factors and a related gene in *Schizophyllum commune*. Genetics **36**, 441—459 (1951).
— Exchange of incompatibility factors between the nuclei of a dikaryon. Science **119**, 691—693 (1954).
— The Genetics of Basidiomycetes. Advanc. Genet. **9**, 41—69 (1958).
PARAG, Y.: Mutation in the *B* incompatibility factor of *Schizophyllum commune*. Proc. nat. Acad. Sci. (Wash.) **48**, 743—750 (1962a).
— Studies on somatic recombination in dikaryons of *Schizophyllum commune* Heredity **17**, 305—318 (1962b).
—, and J. R. RAPER: Genetic recombination in a common-B cross of *Schizophyllum commune*. Nature (Lond.) **188**, 765—766 (1960).
PFITZNER, E.: *Ancylistes Closterii*, ein neuer Algen-Parasit aus der Ordnung der Phycomyceten. Mber. Akad. Wiss. Berl. 379—398 (1872).
PITTENGER, T. H.: Spontaneous alterations of heterokaryon compatibility factors in *Neurospora*. Genetics **50**, 471—484 (1964).
—, and T. G. BRAWNER: Genetic control of nuclear selection in *Neurospora* heterokaryons. Genetics **46**, 1645—1663 (1961).
PLEMPEL, M.: Die Sexualstoffe der Mucoraceae, ihre Abtrennung und die Erklärung ihrer Funktion. Arch. Mikrobiol. **26**, 151—174 (1957).
— Die zygotropische Reaktion bei Mucorineen. I. Planta (Berl.) **55**, 254—258 (1960).
— Die Mucorineen-Gamone. Naturwissenschaften **50**, 226 (1963a).
— Die chemischen Grundlagen der Sexualreaktion bei Zygomyceten. Planta (Berl.) **59**, 492—508 (1963b).
—, u. G. BRAUNITZER: Die Isolierung der Mucorineen-Sexualstoffe. I. Z. Naturforsch. **13**, 302—305 (1958).
—, u. W. DAWID: Die zygotropische Reaktion bei Mucorineen. II. Planta (Berl.) **56**, 438—446 (1961).
POMPER, S., K. M. DANIELS, and D. W. McKEE: Genetic analysis of polyploid yeast. Genetics **39**, 343—355 (1954).
PONTECORVO, G.: Mitotic recombination in the genetic system of filamentous fungi. Caryologia, Suppl. **6**, 192—200 (1954).
— Allelism. Cold Spr. Harb. Sym. quant. Biol. **21**, 171—174 (1956a).
— The parasexual cycle in fungi. Ann. Rev. Microbiol. **1**, 393—400 (1956b).
— Trends in genetic analysis. New York 1958.
—, and J. A. ROPER: Genetic analysis without sexual reproduction by means of polyploidy in *Aspergillus nidulans*. J. gen. Microbiol. **6** VII (Abstr.) (1952).
—, and G. SERMONTI: Parasexual recombination in *Penicillium chrysogenum*. J. gen. Microbiol. **11**, 94—104 (1954).
— — and E. FORBES: Genetic recombination without sexual reproduction in *Aspergillus niger*. J. gen. Microbiol. **8**, 198—210 (1953a).
— J. A. ROPER, L. M. HEMMONS, K. D. MACDONALD, and A. W. J. BUFTON: The genetics of *Aspergillus nidulans*. Adv. Genet. **5**, 141—238 (1953b).
PRESLEY, J. T.: Saltants from a monosporic culture of *Verticillium alboatrum*. Phytopathology **31**, 1135—1139 (1941).
PRÉVOST, G.: Etude génétique d'un Basidiomycète *Coprinus radiatus*. FR. et BOLT. Thèse Fac. Sci. Paris 1962.

PRUD'HOMME, N.: Echanges nucléaires chez *Coprinus fimetarius* au cours du phénomène de Buller compatible. C. R. Acad. Sci. (Paris) **253**, 3044—3046 (1962).
— Recombinaisons chromosomiques extra-basidiales chez un basidiomycète *"Coprinus radiatus"*. Ann. Génét. **4**, 63—66 (1963).
—, et M. GANS: Formation de noyaux partiellement diploides au cours du phénomène de Buller. C. R. Acad. Sci. **247**, 2419—2421 (1958).
QUINTANILHA, A.: Cytologie et génétique de la sexualité chez les Hyménomycètes. Bol. Soc. Brot. **10**, 289—332 (1935).
— Contribution à l'étude génétique du phénomène de Buller. C. R. Acad. Sci. (Paris) **205**, 745 (1937).
— Deuxième à l'étude génétique du phénomène de Buller. C. R. Soc. Biol. (Paris) **127**, 1245 (1938a).
— Troisième contribution à l'étude génétique du phénomène du Buller. C. R. Soc. Biol. (Paris) **129**, 730—734 (1938b).
— Etude génétique du phénomène de Buller. Bol. Soc. Brot. **13**, 425—486 (1939).
—, and S. BALLE: Etude génétique des phénomène de nanisme chez les Hyménomycètes. Bol. Soc. Brot. **14**, 17—46 (1940).
—, et J. PINTO-LOPES: Apercu sur l'état actuel de nos connaissances concernent la "conduite sexuelle" des espèces d' Hyménomycètes. I. Bol. Soc. Brot. **24**, 115—290 (1950).
RAPER, C. A., and J. R. RAPER: Mutations affecting heterokaryosis in *Schizophyllum commune*. Amer. J. Bot. **51**, 503—512 (1964).
RAPER, J. R.: Heterothallism and sterility in *Achlya* and observations on the cytology of *Achlya bisexualis*. J. Elisha Mitchell Sci. Soc. **52**, 274—289 (1936).
— Sexual hormons in *Achlya*. I. Indicative evidence for a hormonal coordinating mechanism. Amer. J. Bot. **26**, 639—650 (1939a).
— Role of hormones in the sexual reaction of heterothallic *Achlyas*. Science **89**, 321—322 (1939b).
— Sexual hormones in *Achlya*. II. Distance reactions, conclusive evidence for a hormonal coordinating mechanism. Amer. J. Bot. **27**, 162—173 (1940a).
— Sexuality in *Achlya ambisexualis*. Mycologia (N.Y.) **32**, 710—727 (1940b).
— Sexual hormones in *Achlya*. III. Hormone *A* and the initial male reaction. Amer. J. Bot. **29**, 159—166 (1942a).
— Sexual hormones in *Achlya*. V. Hormone *A* 1, a male-secreted augmenter or activator of hormone *A*. Proc. nat. Acad. Sci. (Wash.) **28**, 509—516 (1942b).
— On the distribution and sexuality of *Achlya ambisexualis*. Amer. J. Bot. **34**, 31a (1947).
— VI. The hormones of the *A*-complex. Proc. nat. Acad. Sci. (Wash.) **36**, 524—533 (1950a).
— VII. The hormonal mechanism in homothallic species. Bot. Gaz. **112**, 1—24 (1950b).
— Sexual hormones in *Achlya*. Amer. Sci. **39**, 110—121 (1951).
— Chemical regulation of sexual processes in the Thallophytes. Bot. Rev. **18**, 447—545 (1952).
— Tetrapolar sexuality. Quart. Rev. Biol. **28**, 233—259 (1953).
— Life cycles, sexuality and sexual mechanism in the fungi. In: D. H. WENRICH et al. (edits.), Sex in microorganism, pp. 42—81. Washington (D.C.) 1954.
— Heterokaryosis and sexuality in fungi. Trans. N.Y. Acad. Sci., Ser. II **17**, 627—635 (1955a).
— Some problems of specifity in the sexuality of plants. In: E. G. BUTLER (edit.), Biological specifity and growth, pp. 119—140. Princeton (New Jersey) 1955b.

RAPER, J. R.: Hormones and sexuality in lower plants. Symp. Soc. exp. Biol. **11**, 143—165 (1957).
— Sexual versatility and evolutionary processes in fungi. Mycologia (N.Y.) **51**, 107—125 (1959).
— The control of sex in fungi. Amer. J. Bot. **47**, 794—808 (1960).
— Incompatibilität bei dem Basidiomyceten *Schizophyllum commune*. Ber. dtsch. bot. Ges. **74**, 326—328 (1961a).
— Parasexual phenomena in Basidiomycetes. In: Recent Advances in Botany. Toronto (Canad.): Univ. of Toronto Press. 1961b.
— Patterns of sexuality in fungi. Mycologia (N.Y.) **55**, 79—92 (1963).
— M. G. BAXTER, and A. H. ELLINGBOE: The genetic structure of the incompatibility factors of *Schizophyllum commune*. The *A* factor. Proc. nat. Acad. Sci. (Wash.) **46**, 833—842 (1960).
— — and R. B. MIDDLETON: The genetic structure of the incompatibility factors in *Schizophyllum commune*. Proc. nat. Acad. Sci. (Wash.) **44**, 889—900 (1958a).
—, and K. ESSER: Antigenic differences due to the incompatibility factors in *Schizophyllum commune*. Z. Vererbungsl. **92**, 439—444 (1961).
— — The fungi. The Cell, vol. VI, pp. 139—244. New York 1964.
—, and A. J. HAAGEN-SMIT: Sexual hormones in *Achlya*. IV. Properties of hormone *A* of *A. bisexualis*. J. biol. Chem. **143**, 311—320 (1942).
—, and G. S. KRONGELB: Genetic and enviromental aspects of fruiting in *Schizophyllum commune*. Fr. Mycologia (N.Y.) **50**, 707—740 (1958).
— — and M. G. BAXTER: The number and distribution of incompatibility factors in *Schizophyllum*. Amer. Naturalist **92**, 221—232 (1958b).
—, and P. G. MILES: The genetics of *Schizophyllum commune*. Genetics **43**, 530—546 (1958).
—, and M. T. OETTINGER: Anomalous segregation of incompatibility factors in *Schizophyllum commune*. Rev. Biol. (Lisboa) **3**, 205—221 (1962).
—, and J. P. SAN ANTONIO: Heterokaryotic mutagenesis in Hymenomycetes. I. Heterokaryosis in *Schizophyllum commune*. Amer. J. Bot. **41**, 69—86 (1954).
— — and P. G. MILES: The expression of mutations in common *A* heterokaryons of *Schizophyllum commune*. Z. Vererbungsl. **89**, 540—558 (1958c).
RAPER, K. B., and C. THOM: Manual of *Penicillia*. Baltimore 1949.
— R. D. COGHILL, and A. HOLLAENDER: The production and characterization of U.V. induced mutations in *Aspergillus terreus*. II. Cultural and morphological characteristics of the mutations. Amer. J. Bot. **32**, 165—176 (1945).
RAWITSCHER, F.: Beiträge zur Kenntnis der Ustilaginaceen. Z. Bot. **14**, 273—296 (1922).
RITTER, R.: Physiologische Untersuchungen an Zygomyceten. Arch. Mikrobiol. **22**, 248—284 (1955).
RIZET, G.: Les phénomènes de barrage chez *Podospora anserina*. I. Analyse génétique des barrages entre souches *S*. et *s*. Rev. Cytol. Biol. végét. **13**, 51—92 (1952).
—, et C. ENGELMANN: Contribution a la étude génétique d'un ascomycète tétrasporé: *Podospora anserina*. (CES.) REHM. Rev. Cytol. Biol. végét. **11**, 202—304 (1949).
—, et K. ESSER: Sur des phénomènes d'incompatibilité entre souches d'origines différentes chez *Podospora anserina*. C. R. Acad. Sci. (Paris) **237**, 760—761 (1953).
ROBERTS, J. W.: Morphological characters of *Alternaria mali* ROBERTS. J. agric. Res. **27**, 699—708 (1924).
ROMAN, H. D., C. HAWTHORNE, and H. C. DOUGLAS: Polyploid in yeasts and its bearing on the occurrence of irregular genetic ratios. Proc. nat. Acad. Sci. (Wash.) **37**, 79—84 (1951).
— M. M. PHILLIPS, and S. M. SANDS: Studies of polyploid *Saccharomyces*. I. Tetraploid segregation. Genetics **40**, 546—561 (1955).
RONSDORF, L.: Über die chemischen Bedingungen von Wachstum und Zygotenbildung bei *Phycomyces blakesleeanus*. Planta (Berl.) **14**, 482—514 (1931).

ROPER, J. A.: Production of heterozygous diploids in filamentous fungi. Experientia (Basel) **8**, 14—15 (1952).

ROSHAL, J. Y.: Incompatibility factors in a population of *Schizophyllum commune*. Thesis Univ. of Chicago (Ill., USA) 1950.

ROWELL, J. B.: Functional role of compatibility factors and an in vitro test for sexual compatibility with haploid lines of *Ustilago zea*. Phytopathology **45**, 370—374 (1955).

SANSOME, E.: Heterokaryosis and the mating type factors in *Neurospora*. Nature (Lond.) **156**, 47 (1945).

— Heterokaryosis, mating type factors and sexual reproduction in *Neurospora*. Bull. Torrey bot. Club **73**, 397—409 (1946).

— Spontaneos variation in *Penicillium notatum* strain. N.R.R.L. 1249b 21. Trans. brit. mycol. Soc. **31**, 66—79 (1947).

— Spontangous mutation in standard and "gigas" forms of *Penicillium notatum* strains. Trans. Brit. mycol. Soc. **32**, 305—314 (1949).

SASS, J. E.: The cytological basis for homothallism and heterothallism in the Agaricaceae. Amer. J. Bot. **16**, 663—701 (1929).

SATINA, S., and A. F. BLAKESLEE: Studies on biochemical differences between *( +)* and *( − )* sexes in Mocurs. I. Tellurium salts as indicator of the reduction reaction. Proc. nat. Acad. Sci. (Wash.) **11**, 528—534 (1925).

— — II. A Preliminary report on the MANILOV reaction and other tests. Proc. nat. Acad. Sci. (Wash.) **12**, 191—196 (1926).

— — Further studies on biochemical differences between sexes in plants. Proc. nat. Acat. Sci. (Wash.) **13**, 115—122 (1927).

— — Studies on biochemical differences between sexes in Mucors. V. Quantitative determinations of sugars in *( +)* and *( −)* races. Proc. nat. Acad. Sci. (Wash.) **14**, 308—316 (1928).

— — Criteria of male and female in bread moulds (Mucors). Proc. nat. Acad. Sci. (Wash.) **15**, 735—740 (1929).

SCHIEMANN, E.: Mutationen bei *Aspergillus niger* VAN TIEGHEM. Z. indukt. Abstamm.- u. Vererb.-L. **8**, 1—35 (1912).

SCHOPFER, W. H.: Recherches sur le dimorphisme sexuel biochemique. C. R. Soc. Phys. Hist. Nat. Genève **45**, 14—18 (1928).

— Recherches physiologiques sur la sexualité d'un champignon *(Phycomyces)*. C. R. Soc. Phys. Hist. Nat. Genève **47**, 101—105 (1930).

SCHWARTZ, W.: Entwicklungsphysiologische Untersuchungen über die Gattung *Aspergillus* und *Penicillium*. Flora (Jena) **123**, 386—440 (1928).

SERMONTI, G.: Analysis of vegetative segregation and recombination in *Penicillium chrysogenum*. Genetics **42**, 433—443 (1957).

SERRES, F. J. DE: Heterokaryon-incompatibility factor interaction in tests between *Neurospora* mutants. Science **138**, 1342—1343 (1962).

SIRKS, M. J.: Stérilité, auto-inconceptabilité et différentiation sexuelle physiologique. Arch. néerl. Sci. exact. nat., Sér. B **3**, 205—235 (1917).

SJÖWALL, M.: Studien über Sexualität, Vererbung und Zytologie bei einigen diözischen Mucoraceen. Lund 1945.

SKOLKO, A. J.: A cultural and cytological investigation of a two-spored Basidiomycete. *Aleurodiscus canadiensis* n. sp. Canad. J. Res. **22**, 251—271 (1944).

SKUPIENSKI, F.-X.: Sur la sexualité chez les champignons Myxomycètes. C. R. Acad. Sci. (Paris) **167**, 31—33 (1918).

— Sur le cycle évolutif chez une espèce de Myxomycète endosporée *Didymium difforme* (DUBY). C. R. Acad. Sci. (Paris) **182**, 150—152 (1926).

SNIDER, P. J.: Estimation of nuclear ratios directly from heterokaryotic mycelia in *Schizophyllum*. Amer. J. Bot. **50**, 255—262 (1963a).

— Genetic evidence for nuclear migration in Basidiomycetes. Genetics **48**, 47—55 (1963b).

—, and J. R. RAPER: Nuclear migration in the Basidiomycete *Schizophyllum commune*. Amer. J. Bot. **45**, 538—546 (1958).

— — Nuclear ratios and genetic complementation in common-*A* heterokaryons. Amer. J. Bot. **52**, 547—552 (1965).

SPILTOIR, CH. F.: Life cycle of *Ascosphaera apis (Pericystis apis)*. Amer. J. Bot. **42**, 501—508 (1955).

SRB, A. M.: Exotic growth forms in *Neurospora*. J. Hered. **48**, 146—153 (1957).

STADLER, D. R.: Genetic control of a cyclic growth pattern in *Neurospora*. Nature (Lond.) **184**, 170 (1959).

STAUFER, J. R., and M. P. BACKUS: Spontaneous and induced variation in selected strains of *Penicillium chrysogenum* series. Ann. N.Y. Acad. Sci. **60**, 35—49 (1956).

STEINER, E.: Incompatibilität bei den Komplex-Heterozygoten von *Oenothera*. Ber. dtsch. bot. Ges. **74**, 379—381 (1961).

STERN, C.: Somatic crossing over and segregation in *Drosophila melanogaster*. Genetics **21**, 625—730 (1936).

STEVENS, F. L.: The *Helminthosporium* foot-rot of wheat with observation on the morphology of *Helminthosporium* and on the occurence of saltation in the genus. III. Nat. Hist. Surv. Bull. **14**, 78—185 (1922).

STOUT, A. B.: Self- and cross-pollinations in *Cichorium intybus* with reference to sterility. Mem. N.Y. bot. Gard. **6**, 333—354 (1916).

STRAUB, J.: Das Überwinden der Selbststerilität. Z. Bot. **46**, 98—110 (1958).

STRØMNAES, Ø., and E. D. GARBER: Heterocaryosis and the parasexual cycle in *Aspergillus fumigatus*. Genetics **48**, 653—662 (1963).

— E. D. GARBER, and L. BERAHA: Genetics of phytopathogenic fungi. IX. Heterocaryosis and the parasexual cycle in *Penicillium italicum* and *Penicillium digitatum*. Canad. J. Bot. **42**, 423—427 (1964).

STUMM, C.: Die Analyse von Genmutanten mit geänderten Fortpflanzungseigenschaften bei *Allomyces arbuscula*. BUTL. Z. Vererbungsl. **89**, 521—539 (1958).

SUBRAMANIAN, M. K.: Tetraploidy in yeasts. Cellule **54**, 143—148 (1951).

SUSSMAN, A. S., R. J. LOWRY, and T. DURKEE: Morphology and genetics of a periodic colonial mutant of *Neurospora crassa*. Amer. J. Bot. **51**, 243—252 (1964).

SWIEZYNSKI, K. M.: Exchange of nuclei between dikaryons in *Coprinus lagopus*. Acta Soc. Bot. Pol. **30**, 535—552 (1961).

— Analysis of an incompatible di-mon mating in *Coprinus lagopus*. Acta Soc. Bot. Pol. **31**, 169—184 (1962).

— Somatic recombination of two linkage groups in *Coprinus lagopus*. Genetica Pol. **4**, 21—36 (1963).

—, and P. R. DAY: Heterokaryon formation in *Coprinus lagopus*. Genet. Res. **1**, 114—128 (1960a).

— — Migration of nuclei in *Coprinus lagopus*. Genet. Res. **1**, 129—139 (1960b).

TAKAHASHI, T.: Complementary genes controlling homothallism in *Saccharomyces*. Genetics **43**, 705—715 (1958).

— T. H. SAITO, and Y. IKEDA: Heterothallic behavior of a homothallic strain in *Saccharomyces* yeast. Genetics **43**, 249—260 (1958).

TAKEMARU, T.: Genetics of *Collybia velutipes*. IV. "Interpolarity" occuring in the strain NL. 55. Bot. Mag. (Tokyo) **70**, 238—243 (1957a).

— V. Mating patterns between $F_1$ mycelia of legitimate and illegitimate origins in the strain NL. 55. Bot. Mag. (Tokyo) **70**, 244—249 (1957b).

— Genetical studies on fungi. X. The Mating in hymenomycetes and its genetical mechanism. Biol. J. Okayama Univ. **7**, 133—211 (1961).

TATUM, E. L., and J. LEDERBERG: Gene recombination in the bacterium *Escherichia coli*. J. Bact. **53**, 673—684 (1947).

TERAKAWA, H.: The nuclear behavior and the morphogenesis in *Pleurotus ostreatus*. Sci. Papers of Gen. Educ. Univ. Tokyo **7**, 61—68 (1957).

TERRA, P.: Détermination de la polarité sexuelle de trente espèces de Basidiomycètes saprophytes. C. R. Acad. Sci. (Paris) **236**, 115—117 (1953).

— Recherches expérimentales sur l'hétérothallie et l'amphithallie des Basidiomycètes. Thèse Lyon 1958.

THAXTER, R.: Contribution towards a monograph of the Laboulbeniaceae. Mem. Amer. Acad. Arts Sci. 12, 187—429 (1896).

THOM, D., and K. B. RAPER: Manual of the *Aspergilli*. Baltimore 1945.

TINLINE, R. E.: *Cochliobolus sativus*. V. Heterokaryosis and parasexuality. Canad. J. Bot. 40, 425—437 (1962).

TOMPKINS, G. M., and P. A. ARK: *Verticillium* wilt of strawflower. Phytopathology 31, 1130—1134 (1941).

TURIAN, G.: Déficiences du métabolisme oxydatif et la différenciation sexuelle chez *Allomyces* et *Neurospora*, activité d'une DPN-deshydrogénase lactique chez *Allomyces*. Path. et Microbiol. (Basel) 23, 687—699 (1960).

— Cycle glyoxylique, transaminase-alanine-glyoxalate et différenciation sexuelle chez *Allomyces* et *Neurospora*. Path. et Microbiol. (Basel) 24, 819—839 (1961 a).

— Nucleic acids and sexual differentiation in *Allomyces*. Nature (Lond.) 190, 825 (1961 b).

—, et J. SEYDOUX: Déficience d'activité de la deshydrogénase succinique dans les mitochondries isolées du *Neurospora* en condition d'induction isocitratasique par culture sur acétate. C. R. Acad. Sci. (Paris) 255, 755—757 (1962).

TUVESON, R. W., and D. O. COY: Heterocaryosis and somatic recombination in *Cephalosporium mycophyllum*. Mycologia (N.Y.) 53, 244—253 (1961).

—, and E. D. GARBER: Genetics of phytopathogenic fungi. II. The parasexual cycle in *Fusarium oxysporum f. pisi*. Bot. Gaz. 121, 69—74 (1959).

UTIGER, H.: Eine neue chemische Reaktion zur geschlechtlichen Differenzierung von *Phycomyces blakesleeanus* + und —. Naturwissenschaften 40, 292 (1953).

VAKILI, N. G.: On the genetics of the *A* factor in *Schizophyllum commune*. Thesis University of Chicago (Ill., USA) 1953.

—, and R. M. CALDWELL: Recombination of spore color and pathogenicity between uredial clones of *Puccinia recondita f. sp. tritici*. Phytopathology 47, 536 (1957).

VANDENDRIES, R.: Nouvelles recherches sur la sexualité des Basidiomycètes. Bull. Soc. bot. Belg. 56, 73—97 (1923).

— Les mutations sexuelles, l'héterothallisme et la sterilité entre races geographiques de *Coprinus micaceus*. Mem. Acad. roy. Belg., Cl. Sci. 9, 1—50 (1927).

— Les relations entre souches étrangères expliquées par les aptitudes sexuelles de individus parthénogéniques chez *Coprinus micaceus*. Bull. Soc. mycel. France 45, 216—248 (1929).

— Les multiples aspects de la sexualité dans le monde des champignons. Bull. Acad. roy. Belg., Cl. Sci. 24, 842—856 (1938).

—, et H. J. BRODIE: Nouvelles investigations dans le domaine de la sexualité des Basidiomycètes et étude expérimentale des barrages sexuels. Cellule 42, 163—210 (1933).

VANTERPOOL, T. C., and G. A. LEDINGHAM: Studies on browning root rot of cereals. I. The association of *Lagena radicicola n. gen. n. sp.* with root injury of wheat. Canad. J. Res. 2, 171—194 (1930).

VERKAIK, C.: Über das Entstehen von Zygophoren von *Mucor mucedo ( + )* unter Beeinflussung eines von *Mucor mucedo (—)* abgeschiedenen Stoffes. Proc. roy. Acad. (Amsterd.) 33, 656—658 (1930).

WATSON, I. A.: Further studies on the productions of new races of *Puccinia graminis var tritici* on wheat seedlings. Phytopath. 47, 510—512 (1957).

— Somatic hybridization in *Puccinia graminis var. tritici*. Proc. Linnéan Soc. N. S. Wales 83, 190—195 (1958).

—, and N. H. LUIG: Asexual intercrosses between somatic recombinants of *Puccinia graminis*. Proc. Linnean Soc. N. S. Wales 87, 99—104 (1962).

WESENDONCK, J.: Über sekundäre Geschlechtsmerkmale bei *Phykomyces blakesleeanus* Bgff. Planta (Berl.) 10, 456—494 (1930).

WESTERGAARD, M., and H. HIRSCH: Enviromental and genetic control of differentiation in *Neurospora*. Proc. VII. Symp. Colston Res. Soc. 171—183 (1954).

WESTON, W. H.: Heterothallism in *Sapromyces reinschii*. Mycologica (N.Y.) **30**, 245—253 (1938).

WHEELER, H. E.: Genetics and evolution of heterothallism in *Glomerella*. Phytopathology **44**, 342—345 (1954a).

— Genetics of homothallic fungi. Science **120**, 718—719 (1954b).

—, C. H. DRIVER, and C. CAMPA: Cross- and self-fertilization in *Glomerella*. Amer. J. Bot. **46**, 361—365 (1959).

—, and J. W. MCGAHEN: Genetics of *Glomerella*. X. Genes affecting sexual reproduction. Amer. J. Bot. **39**, 110—119 (1952).

WHITEHOUSE, H. L. K.: Heterothallism and sex in the fungi. Biol. Rev. **24**, 411—447 (1949a).

— Multiple allelomorph heterothallism in the fungi. New Phytologist **48**, 212—244 (1949b).

— The significance of some sexual phenomena in the fungi. Indian Phytopath. **4**, 91—105 (1951a).

— A survey of heterothallism in the Ustilaginales. Trans. Brit. mycol. Soc. **34**, 340—355 (1951b).

WILKIE, D., and D. LEWIS: The effect of ultraviolet light on recombination in yeast. Genetics **48**, 1701—1716 (1963).

WILSON, J. F.: Micrurgical techniques for *Neurospora*. Amer. J. Bot. **48**, 46—51 (1961).

— L. GARNJOBST, and E. L. TATUM: Heterocaryon incompatibilities in *Neurospora crassa*, microinjection studies. Amer. J. Bot. **48**, 299—305 (1961).

WINGE, Ö.: The relation between yeast cytology and genetics. A critique. C. R. Lab. Carlsberg, Sér. Physiol. **25**, 85—99 (1951).

—, and O. LAUTSEN: On 14 new yeasts types, produced by hybridization. C. R. Trav. Lab. Carlsberg, Sér. Physiol. **22**, 337—355 (1939a).

— *Saccharomyces Ludwigii*, a balanced heterozygote. C. R. rend. Trav. Lab. Carlsberg, Sér. Physiol. **22**, 357—370 (1939b).

—, and C. ROBERTS: A gene for diploidization in yeast. C. R. Lab. Carlsberg, Sér. Physiol. **24**, 341—346 (1949).

— Causes of deviations from 2:2 segregations in the tetradie of monohybrid yeasts. C. R. Lab. Carlsberg, Sér. Physiol. **25**, 285—329 (1954).

WÜLKER, H.: Untersuchungen über die Tetradenaufspaltung bei *Neurospora sitophila* SHEAR et DODGE. Z. indukt. Abstamm.- u. Vererb.-L. **69**, 210—248 (1935).

YOUNG, L.: Etude biologique des phénomènes de la sexualité chez les Mucorinées. Rev. gén. Bot. **42**, 144—158, 205—218, 283—296, 348—365, 409—428, 491—504, 535—552, 618—639, 681—704, 722—752 (1930). **43**, 30—43 (1931).

ZICKLER, H.: Genetische Untersuchungen an einem heterothallischen Askomyceten (*Bombardia lunata* nov. spec.) Planta (Berl.) **22**, 573—613 (1934).

— Die Vererbung des Geschlechts bei dem Askomyceten *Bombardia lunata* ZCKL. Z. indukt. Abstamm.- u. Vererb.-L. **73**, 403—418 (1937).

— Zur Entwicklungsgeschichte des Askomyceten *Bombardia lunata*. Arch. Protistenk. **98**, 1—70 (1952).

ZINDER, N. D., and J. LEDERBERG: Genetic exchange in *Salmonella*. J. Bact. **64**, 679—699 (1952).

ZOPF, W.: Zur Kenntnis der Phycomyceten. I. Zur Morphology und Biologie der Ancylisteen und Chytridiaceen. Nova Acta Leopold. Carol. **47**, 143—236 (1884).

Kapitel III

# Replikation

Seite
A. DNS als Träger der genetischen Information . . . . . . . . . . 129
B. Struktur der DNS . . . . . . . . . . . . . . . . . . . . . . . 131
C. Biosynthese der DNS . . . . . . . . . . . . . . . . . . . . . 133
   Literatur . . . . . . . . . . . . . . . . . . . . . . . . . . . . 135

Die *Weitergabe der genetischen Information* von Zellgeneration zu Zellgeneration *erfordert vor jeder Zellteilung eine identische Verdoppelung der erbtragenden Substanz*. Diese Autoduplikation erfolgt *nach vorgegebenem Muster*. Sie besteht also in einer Kopierung der schon in der Zelle vorhandenen Erbanlagen und wird als *Replikation* bezeichnet.

Seitdem man erkannt hat, daß die Desoxyribonucleinsäure (DNS) Träger der genetischen Information ist, sind zahlreiche Experimente unternommen worden, um die Struktur und die Replikationsweise der DNS aufzuklären (S. 131 ff. bzw. 133 ff.). Die entscheidenden Untersuchungen sind an Bakterien und Viren gemacht worden. Pilze dagegen erwiesen sich als ungeeignete Untersuchungsobjekte. Es liegen deshalb keine experimentellen Daten von Pilzen zu dieser Fragestellung vor. Dennoch wollen wir zum besseren Verständnis der in den nachfolgenden Kapiteln beschriebenen Untersuchungsergebnisse eine kurzgefaßte, lehrbuchartige Darstellung des Problems geben.

*Literatur allgemeiner Art:* Außer den einschlägigen Lehrbüchern der Biochemie sind folgende Übersichten zu nennen: ZAMENHOF (1959), SAGER und RYAN (1961), KORNBERG (1962), SINSHEIMER (1962), PERUTZ (1962), CAIRNS (1963), BRESCH (1964), HAYES (1964), STAHL (1964).

Eine Reihe von weiteren Arbeiten können den von McELROY und GLASS (1957), KASHA und PULLMAN (1962), ALLEN (1962) und TAYLOR (1963) herausgegebenen Büchern sowie den Cold Spring Harbor Symposia of quantitative Biology, Band **23** (1958) und **28** (1963), entnommen werden.

## A. DNS als Träger der genetischen Information

Zu einer Zeit, als man von Bau und Replikation der DNS noch keinerlei Vorstellung hatte, vermutete man bereits, daß die DNS bei der Weitergabe der Erbanlagen unmittelbar beteiligt ist. Durch die Untersuchungen von AVERY und Mitarbeitern konnte dann 1944 der experimentelle Beweis erbracht werden, daß die genetische Information in Molekülen der DNS niedergelegt ist. Wir wollen die wichtigsten Daten, die zu dieser Vorstellung geführt haben, im folgenden kurz aufzählen:

*1. Chromosomen als DNS-haltige Erbträger.* Die vollkommene Parallelität zwischen Genverteilung und zytologisch zu beobachtender Chromosomenverteilung läßt erkennen, daß die Chromosomen Träger der genetischen Information sind. Hierfür sprechen auch Untersuchungsergebnisse über Chromosomenmutationen. Die chemische Analyse ergab, daß Chromosomen zu einem hohen Prozentsatz aus DNS bestehen.

*2. Konstanz des DNS-Gehalts pro Zelle.* Diploide somatische Kerne aus verschiedenen Zellbereichen desselben Organismus besitzen die gleiche Menge an DNS. Für die haploiden Gameten oder für andere haploide Zellen findet man den halben Wert (S. 326). Dieser Befund entspricht der Erwartung.

*3. Transformation.* Hierunter versteht man den Einbau fremder DNS in das Genom einer Zelle (bisher nur bei Bakterien gesichert, bei Pilzen noch umstritten, S. 300). Die Transformation besteht darin, daß das DNS-empfangende Bakterium (Rezeptor) bestimmte Eigenschaften des DNS-spendenden Stammes (Donor) erwirbt und stabil beibehält. Der Nachweis, daß die transformierende Substanz tatsächlich DNS ist, gelang zuerst AVERY u. Mitarb. (1944).

*4. Phagen-Infektion.* Bei der Infektion wird der aus DNS bestehende Inhalt des Phagenpartikels in die Bakterienzelle injiziert, während die Proteinhülle des Phagen an der Oberfläche des Bakteriums zurückbleibt. Dies konnten HERSHEY und CHASE (1952) beim Phagen $T2$ zeigen, indem sie die DNS mit radioaktivem Phosphor und das Protein mit radioaktivem Schwefel markierten.

*5. Stabilität der DNS im Stoffwechsel.* Im Gegensatz zu anderen Zellbestandteilen erweist sich die DNS als sehr stabil und bleibt als großmolekularer Verband im Verlaufe des Stoffwechsels erhalten. Auf dieser Stabilität beruht die Konstanz, mit welcher die genetische Information von Zellgeneration zu Zellgeneration weitergegeben wird.

*6. Mutationsauslösung durch UV-Strahlen.* Ihre stärkste mutagene Aktivität zeigen UV-Strahlen für Wellenlängen zwischen 250 und 270 m$\mu$. Das ist ein Bereich, der mit dem UV-Absorptionsmaximum der DNS zusammenfällt (S. 293). Diese Parallelität spricht dafür, daß UV-induzierte Mutationen Veränderungen der DNS sind.

*7. Mutationsauslösung durch chemische Agenzien.* Die mutagene Wirkung von Basenanaloga, Diäthylsulfat, salpetriger Säure und anderen Substanzen läßt sich — wie im Kapitel *Mutation* ausführlich dargelegt wird (S. 300ff.) — auf Änderungen in der Sequenz der DNS-Basen zurückführen. Auch hier erweist sich wieder die DNS als Träger der genetischen Information.

Diese kurze Darstellung mag genügen, die hervorragende Rolle der Desoxyribonucleinsäure bei der Weitergabe der Erbinformation aufzuzeigen. Der Vollständigkeit halber wollen wir erwähnen, daß auch andere Strukturen gegebenenfalls diese Aufgabe übernehmen können, z.B. Ribonucleinsäure (RNS) im Tabakmosaikvirus (GIERER und SCHRAMM 1956).

# B. Struktur der DNS

*Kettenstruktur der DNS.* Nucleinsäuren sind hochmolekulare Polynucleotide, an deren Zusammensetzung bei der DNS bis zu $10^6$ *Nucleotide*
beteiligt sind. Jedes dieser Bauelemente besteht seinerseits aus drei
Komponenten, 1. einer stickstoffhaltigen *Base* (Purin oder Pyrimidin),

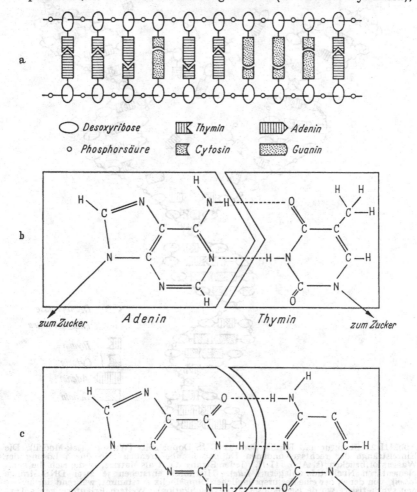

Abb. III-1a—c. Struktur der DNS. a Teil eines DNS-Doppelstranges ohne Berücksichtigung der Spiralisierung (vgl. Abb. III-2). Die beiden DNS-Stränge werden durch spezifische Paarung zwischen komplementären Basen zusammengehalten. Hierbei paart Adenin
immer mit Thymin, Guanin stets mit Cytosin. Man beachte die gegenläufige Polarität.
b und c Ausschnitt aus Darstellung a unter Berücksichtigung der betreffenden Struktur-
formeln: Paarung zwischen der Purinbase Adenin und der Pyrimidinbase Thymin (b)
bzw. zwischen Guanin und Cytosin (c). Im ersten Fall (b) sind die Basen durch zwei
Wasserstoffbrücken miteinander verknüpft, im zweiten Fall (c) sind drei H-Brücken
vorhanden. Weitere Erläuterungen s. Text

2. einem *Zucker* (Pentose) und 3. einer *Phosphorsäure*. Diese sind, wie aus Abb. III-1 ersichtlich, in der Reihenfolge Phosphorsäure — Pentose — Phosphorsäure — Pentose — usw. miteinander verknüpft, während

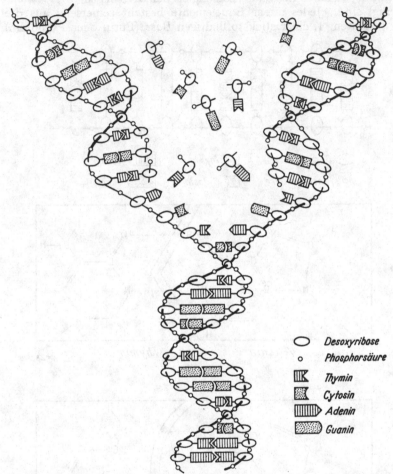

Abb. III-2. Struktur und Replikation der DNS-Doppelhelix (Watson-Crick-Modell). Die Einzelstränge der rechtsgewundenen Doppelschraube trennen sich durch Lösung der Wasserstoffbrücken (s. Abb. III-1). Jeder Strang dient als Matrize, an die sich die komplementären Nucleotide anlagern (*Mitte*). Hierdurch entstehen je zwei DNS-Stränge (*oben*), von denen der eine der ursprünglichen Doppelhelix entstammt, während der andere neu synthetisiert wurde (semikonservative Replikation). Weitere Erläuterungen s. Text

die Basen als Seitenglieder am Zuckermolekül ansetzen. Die DNS unterscheidet sich von der RNS hinsichtlich ihrer Zuckerkomponente und ihrer Basenzusammensetzung. Während die Nucleotide der DNS als Pentose eine 2'-Desoxyribose sowie als Basen *Adenin, Guanin, Cytosin* und *Thymin* enthalten (Abb. III-1 und III-2), besitzt die RNS als Zucker eine Ribose und anstelle von Thymin die Base *Uracil*. Von einigen weiteren, bisher nur selten gefundenen Basen (5-Methylcytosin, 5-Hydroxymethylcytosin) sei hier abgesehen. Die Verbindungen aus Basen und Zuckern nennt man Nucleoside; diese sind also Nucleotide ohne Phosphatgruppe.

*Doppelspiralstruktur der DNS.* WATSON und CRICK entwickelten 1953 auf Grund röntgenographischer und chemischer Daten ein Struktur-modell der DNS, welches durch später folgende Untersuchungen in den wesentlichen Punkten bestätigt werden konnte (WATSON und CRICK 1953 a, b, c; WILKINS und RANDALL 1953; WILKINS et al. 1953; CHARGAFF 1950). Dieses nach seinen Entdeckern benannte Modell wird heute allgemein anerkannt und bildet die Grundlage für die hypothetischen Molekular-mechanismen der Rekombination (S. 253ff. und Abb. IV-24), Mutation (S. 300ff. und Abb. V-6) und Funktion (S. 349ff. und Abb. VI-1). Aus der in Abb. III-2 gegebenen Darstellung kann man folgendes ersehen:

1. Ein DNS-Molekül besteht aus *zwei unverzweigten Polynucleotid-strängen*, die in Form einer *rechtsgewundenen Doppelschraube* um eine gemeinsame Achse laufen. Die beiden Stränge besitzen eine *gegenläufige Polarität*.

Man kann jeder Zucker-Phosphat-Kette eine Polarität, d. h. einen Rich-tungssinn, zuschreiben, da jede Phosphorsäure zur einen Seite an das 5'-C-Atom des Zuckers, zur anderen Seite an das 3'-C-Atom gebunden ist.

2. Die zwei Stränge der Doppelhelix werden durch *spezifische Paarung gegenüberliegender Basen* zusammengehalten. Diese Verknüpfung besteht in Wasserstoffbindungen zwischen den benachbarten Amino- und Keto-gruppen der entsprechenden Basen (Abb. III-1). Adenin ist hierbei stets mit Thymin, und Guanin ist stets mit Cytosin gepaart. *Die beiden Stränge sind also nicht identisch, sondern komplementär.*

Die Doppelhelix-Struktur der DNS wurde auf Grund kristallographi-scher Untersuchungen ermittelt (zusammenfassende Darstellung bei LUZ-ZATI 1963). Eine Schraubenwindung umfaßt 10 Nucleotide pro Strang. Der Komplementärcharakter von Purin- und Pyrimidinbasen ließ sich durch quantitative biochemische Analysen nachweisen (CHARGAFF 1950). Es zeigte sich hierbei nämlich, daß die relativen Häufigkeiten von Adenin und Thymin einerseits und von Guanin und Cytosin andererseits stets gleich sind, während das molare Verhältnis von Thymin zu Cytosin bzw. Adenin zu Guanin bei den einzelnen Organismen starken Schwankungen unterworfen ist.

3. *Die Sequenz der verschiedenen Basenpaare ist aperiodisch*, d. h. sie besteht in einer unregelmäßigen Anordnung der einzelnen Bausteine. Durch diese eindimensionale, nichtperiodische Aufeinanderfolge von nur vier Elementen ist schriftartig die genetische Information der Organismen festgelegt (s. *Genetischer Code*, S. 352ff.).

## C. Biosynthese der DNS

Auf Grund des von WATSON und CRICK entwickelten Modells und der durch die in-vivo- und in-vitro-Untersuchungen verschiedener Arbeits-gruppen gewonnenen Erkenntnisse hat man den Mechanismus der DNS-Replikation in wesentlichen Punkten aufklären können:

*In vivo:* 1. MESELSON und STAHL (1958) konnten durch Isotopenversuche bei *E. coli* nachweisen, daß die Replikation einer DNS-Doppelspirale zu zwei Doppelhelices führt, von denen jede einen „alten" und einen neu synthetisierten Strang enthält. Man nennt diesen Replikationsmodus „semi-konservativ". Auch die Befunde beim Phagen λ und bei *Chlamydomonas* sprechen für eine semikonservative DNS-Replikation (MESELSON und WEIGLE 1961; ARBER und DUSSOIX 1962 bzw. SUEOKA 1960). Durch diese Experimente wird die Vorstellung widerlegt, nach der ein Doppelstrang dadurch repliziert wird, daß neben ihm ein identischer, *nur* aus neu synthetisierter DNS bestehender zweiter Doppelstrang aufgebaut wird („konservative" Replikation).

2. Aus weiteren Versuchen mit *E. coli* geht hervor, daß ein DNS-Molekül von einer Stelle aus fortschreitend repliziert wird (CAIRNS 1963).

*In vitro:* Untersuchungen an zellfreien Systemen, die vor allem von KORNBERG u. Mitarb. durchgeführt wurden, haben wesentlich zum Verständnis der Enzymwirkung während der DNS-Replikation beigetragen (KORNBERG et al. 1959, KORNBERG 1960, 1961; weitere Literatur bei BOLLUM 1963). Wir wollen hier einige wenige Einzelergebnisse herausgreifen:

1. DNS kann in vitro mit Hilfe spezifischer Polymerasen unter genauer Beachtung der Nucleotidsequenz repliziert werden.

2. Die Polymerasen benötigen hierzu als Substrat die Triphosphate aller vier Nucleotide: Desoxyadenosin-, Desoxyguanosin-, Desoxycytidin-, Desoxythymidin-Triphosphat. Außerdem ist zur Synthese DNS unerläßlich. Diese wird als „primer" bezeichnet und dient als „Starter" für die Reaktion. Die in vitro synthetisierte DNS und die „Starter"-DNS entsprechen einander in der Basenzusammensetzung. Die primäre DNS dient also als Matrize, die mit Hilfe der Polymerasen kopiert werden kann.

3. Das DNS-synthetisierende Enzym ist nicht artspezifisch: Aus *E. coli* gewonnene Polymerase kann DNS verschiedener Herkunft (z.B. Kalbsthymus, Weizenkeimlinge) kopieren.

Unter Zugrundelegung dieser Fakten kommt man zu dem in Abb. III-2 schematisch dargestellten Mechanismus der DNS-Replikation, der in einigen Punkten noch hypothetisch ist. Es lassen sich folgende Syntheseschritte erkennen:

1. Durch Trennung der Wasserstoffbrücken zwischen den Basenpaaren lösen sich die beiden DNS-Einzelstränge voneinander, wie die zwei Hälften eines Reißverschlusses. Man nimmt an, daß die Trennung von einer festen Stelle aus fortschreitend erfolgt.

2. Die freien Basen jedes Einzelstranges binden komplementäre Basen an sich. Hierdurch entsteht jeweils eine Sequenz neuer Nucleotide, welche mit der des komplementären „alten" Stranges identisch ist.

3. Unter Mitwirkung von Enzymen, den sog. DNS-Polymerasen, werden die an den Einzelsträngen aufgereihten neuen Nucleotide zu Ketten verbunden. Dadurch bildet sich an jedem der als Matrizen dienenden „alten" DNS-Stränge je ein neuer Einzelstrang mit komplementärem Nucleotidmuster *(semikonservative Replikation)*.

Als Ergebnis liegen also zwei komplette DNS-Moleküle vor: *Die ursprüngliche Doppelspirale hat sich identisch verdoppelt*. Die gegenläufige Polarität der beiden Stränge bleibt bei diesem Prozeß erhalten.

Eine Aufteilung in zwei Untereinheiten ist nicht nur bei der Replikation einzelner DNS-Moleküle, sondern auch bei der identischen Verdoppelung kompletter Chromosomen zu finden. Dies geht aus Versuchen mit radioaktiv markiertem Thymidin hervor (*Vicia faba:* TAYLOR 1957, 1958; *E. coli:* CAIRNS 1963). Es liegt nahe, diese Untereinheiten mit den Einzelsträngen einer DNS-Doppelhelix zu identifizieren (S. 238).

## Zusammenfassung

1. Die Desoxyribonucleinsäure (DNS) ist Träger der genetischen Information. Entscheidend für diese Entdeckung war vor allem der Nachweis, daß genetisch markierte DNS einer Zelle durch Transformation in das Genom einer anderen Zelle eingebaut werden kann.

2. Ein DNS-Molekül besteht aus zwei unverzweigten Polynucleotidsträngen, die in Form einer rechtsgewundenen Doppelschraube um eine gemeinsame Achse laufen (Watson-Crick-Modell). Jeder der beiden DNS-Stränge setzt sich aus vielen Nucleotiden zusammen, die zu einer Kette verknüpft sind. Hierbei sind Pentose und Phosphorsäure alternierend miteinander verbunden, während die vier Basen der Nucleotide als Seitenglieder jeweils am Zuckermolekül ansetzen. Die zwei DNS-Stränge der Doppelspirale werden durch Wasserstoffbrücken zwischen je zwei gegenüberliegenden komplementären Basen zusammengehalten (Adenin mit Thymin bzw. Guanin mit Cytosin).

3. Die Synthese der DNS erfolgt stets nach vorgegebenem Muster: Nach dem Auseinanderweichen der beiden Polynucleotidstränge binden die nunmehr freien Basen ihre komplementären Basen an sich. Diese werden durch Enzyme zu Ketten verknüpft, so daß neue DNS-Stränge mit genau komplementärem Nucleotidmuster entstehen. Als Endergebnis der Synthese liegen also zwei komplette, aus je einem „alten" und einem „neuen" DNS-Strang bestehende, Doppelhelices vor (semikonservative Replikation).

## Literatur

ALLEN, J. M. (edit.): The molecular control of cellular activity. New York-Toronto-London 1962.

ARBER, W., and D. DUSSOIX: Host specificity of DNA produced by *Escherichia coli*. I. Host controlled modification of bacteriophage λ. J. molec. Biol. 5, 18—36 (1962).

AVERY, O. T., C. M. MACLEOD, and M. MCCARTY: Studies on the chemical nature of the substance inducing transformation of pneumococcal types Induction of transformation by a desoxyribonucleic acid fraction isolated from *pneumococcus* type III. J. exp. Med. 79, 137—158 (1944).

BOLLUM, F. J.: "Primer" in DNA polymerase reactions. Progr. in Nucl. Ac. Res. 1, 1—26 (1963).

BRESCH, C.: Klassische und molekulare Genetik. Berlin-Göttingen-Heidelberg: Springer 1964.

CAIRNS, J.: The bacterial chromosome and its manner of replication as seen by autoradiography. J. molec. Biol. 6, 208—213 (1963).

CHARGAFF, E.: Chemical specificity of nucleic acids and mechanism of their enzymatic degradation. Experientia (Basel) 6, 201—240 (1950).

GIERER, A.: Molekulare Grundlagen der Vererbung. Naturwissenschaften 48, 283—289 (1961).

—, and G. SCHRAMM: Infectivity of ribonucleic acid from tobacco mosaic virus. Nature (Lond.) 177, 702—703 (1956).

HAYES, W.: The genetics of bacteria and their viruses. Studies in basic genetics and molecular biology. Oxford 1964.

HERSHEY, A. D., and M. CHASE: Independent functions of viral protein and nucleic acid in growth of bacteriophage. J. gen. Physiol. 36, 39—56 (1952).

KASHA, M., and B. PULLMAN (edits.): Horizons in biochemistry. New York and London 1962.

KORNBERG, A.: Biologic synthesis of deoxyribonucleic acid. Science **131**, 1503—1508 (1960).
— Enzymatic synthesis of DNA. New York 1961.
— Biologic synthesis of deoxyribonucleic acid. In: J. M. ALLEN, The molecular control of cellular activity, p. 245—257. New York-Toronto-London 1962.
— S. B. ZIMMERMAN, S. A. KORNBERG, and J. JOSSE: Enzymatic synthesis of deoxyribonucleic acid. VI. Influence of bacteriophage *T2* on the synthetic pathway in host cells. Proc. nat. Acad. Sci. (Wash.) **45**, 772—785 (1959).
LUZZATI, V.: The structure of DNA as determined by x-ray scattering techniques. Progr. in Nucl. Ac. Res. **1**, 347—368 (1963).
McELROY, W. D., and B. GLASS (edits.): The chemical basis of heredity. Baltimore 1957.
MESELSON, M., and F. W. STAHL: The replication of DNA in *Escherichia coli*. Proc. nat. Acad. Sci. (Wash.) **44**, 671—682 (1958).
—, and J. J. WEIGLE: Chromosome breakage accompanying genetic recombination in bacteriophage. Proc. nat. Acad. Sci. (Wash.) **47**, 857—868 (1961).
PERUTZ, M. F.: Proteins and nucleic acids. Structure and function. Amsterdam-London-New York 1962.
SAGER, R., and F. J. RYAN: Cell heredity. An analysis of the mechanism of heredity at the cellular level. New York and London 1961.
SINSHEIMER, R.: The structure of DNA and RNA. In: J. M. ALLEN, The molecular control of cellular activity, p. 221—243. New York-Toronto-London 1962.
STAHL, F. W.: The mechanics of inheritance. Englewood Cliffs, New Jersey: Prentice-Hall, Inc. 1964.
SUEOKA, N.: Mitotic replication of deoxyribonucleic acid in *Chlamydomonas reinhardi*. Proc. nat. Acad. Sci. (Wash.) **46**, 83—91 (1960).
TAYLOR, J. H.: The time and mode of duplication of chromosomes. Amer. Naturalist **91**, 209—221 (1957).
— Sister chromatid exchanges in tritium-labeled chromosomes. Genetics **43**, 515—529 (1958).
— (edit.): Molecular genetics, part I. New York and London 1963.
WATSON, J. D., and F. H. C. CRICK: A structure for deoxyribose nucleic acid. Nature (Lond.) **171**, 737—738 (1953a).
— — Genetical implications of the structure of deoxyribonucleic acid. Nature (Lond.) **171**, 964—967 (1953b).
— — The structure of DNA. Cold Spr. Harb. Symp. quant. Biol. **18**, 123—131 (1953c).
WILKINS, M. H. F., and J. T. RANDALL: Crystallinity in sperm heads: Molecular structure of nucleoprotein in vivo. Biochim. biophys. Acta (Amst.) **10**, 192 (1953).
— A. R. STOKES, and H. R. WILSON: Molecular structure of deoxypentose nucleic acids. Nature (Lond.) **171**, 738—740 (1953).
ZAMENHOF, S.: The chemistry of heredity. Springfield 1959.

## Kapitel IV

# Rekombination

Seite

A. Interchromosomale Rekombination . . . . . . . . . . . . . . . . 139
  I. Meiosis. . . . . . . . . . . . . . . . . . . . . . . . . . . . . . . 139
  II. Der Verteilungsmechanismus . . . . . . . . . . . . . . . . . . 140
  III. Präreduktion und Postreduktion . . . . . . . . . . . . . . . . 142
  IV. Polarisierte Verteilung homologer Chromosomen. . . . . . . . 144
  V. Polarisierte Verteilung nichthomologer Chromosomen (Affinität) 146
  VI. Mitotische Rekombination . . . . . . . . . . . . . . . . . . . 149

B. Intrachromosomale intergenische Rekombination . . . . . . . . 151
  I. Methoden der Analyse . . . . . . . . . . . . . . . . . . . . . . 151
    1. Geordnete Tetraden . . . . . . . . . . . . . . . . . . . . . . 151
    2. Ungeordnete Tetraden. . . . . . . . . . . . . . . . . . . . . 156
    3. Einzelstränge . . . . . . . . . . . . . . . . . . . . . . . . . 159
  II. Koppelung . . . . . . . . . . . . . . . . . . . . . . . . . . . . 162
    1. Rekombination und crossing over. . . . . . . . . . . . . . . 163
      a) Geordnete Tetraden . . . . . . . . . . . . . . . . . . . . 163
      b) Ungeordnete Tetraden . . . . . . . . . . . . . . . . . . . 167
      c) Einzelstränge . . . . . . . . . . . . . . . . . . . . . . . . 170
    2. Koppelungsgruppen. . . . . . . . . . . . . . . . . . . . . . 171
    3. Unterschiede in den Rekombinationshäufigkeiten . . . . . 172
      a) Genetische Faktoren . . . . . . . . . . . . . . . . . . . . 172
      b) Temperatur . . . . . . . . . . . . . . . . . . . . . . . . . 175
      c) Chemikalien und Strahlen . . . . . . . . . . . . . . . . . 180
  III. Interferenz . . . . . . . . . . . . . . . . . . . . . . . . . . . . 183
    1. Chromatiden-Interferenz . . . . . . . . . . . . . . . . . . . 184
      a) Bestimmungsmethoden . . . . . . . . . . . . . . . . . . 184
      b) Chromatiden-Interferenz über das Centromer . . . . . 186
      c) Chromatiden-Interferenz innerhalb eines Chromosomen-
         schenkels . . . . . . . . . . . . . . . . . . . . . . . . . . . 188
      d) Chromatiden-Interferenz und Schwesterstrangaustausch 190
    2. Chromosomen-Interferenz . . . . . . . . . . . . . . . . . . 192
      a) Bestimmungsmethoden . . . . . . . . . . . . . . . . . . 192
      b) Chromosomen-Interferenz über das Centromer . . . . . 194
      c) Chromosomen-Interferenz innerhalb eines Chromosomen-
         schenkels . . . . . . . . . . . . . . . . . . . . . . . . . . . 196
    3. Chromatiden-Interferenz, Schwesterstrangaustausch und
       Chromosomen-Interferenz in ihrer gemeinsamen Wirkung
       auf den Austausch genetischer Marken . . . . . . . . . . . 199
  IV. Genetische Chromosomenkarten. . . . . . . . . . . . . . . . . 201
    1. Kartierungseinheit und Kartenabstand . . . . . . . . . . . 201
    2. Interferenzmodelle und Kartierungsfunktionen . . . . . . 203
      a) Einzelstranganalyse . . . . . . . . . . . . . . . . . . . . 204
      b) Tetradenanalyse . . . . . . . . . . . . . . . . . . . . . . 204
    3. Koppelungsgruppen und Chromosomenkarten . . . . . . . 207

                                                                    Seite
    V. Somatische Rekombination . . . . . . . . . . . . . . . . 210
        1. Mitotisches crossing over . . . . . . . . . . . . . . . 211
        2. Chromosomenkarten . . . . . . . . . . . . . . . . . . . 214
            a) Koppelungsgruppen . . . . . . . . . . . . . . . . . 214
            b) Reihenfolge genetischer Marken . . . . . . . . . . 215
            c) Kartenabstand zwischen genetischen Marken . . . . 216
 C. Intrachromosomale intragenische Rekombination . . . . . . . 217
    I. Genfeinstruktur . . . . . . . . . . . . . . . . . . . . . 218
        1. Genkarten . . . . . . . . . . . . . . . . . . . . . . . 218
        2. Negative Interferenz . . . . . . . . . . . . . . . . . 224
        3. Rekombinierbarkeit des genetischen Materials . . . . . 226
        4. DNS und Rekombination . . . . . . . . . . . . . . . . . 229
    II. Nichtreziproke Rekombination . . . . . . . . . . . . . . 230
        1. Crossing over und Konversion . . . . . . . . . . . . . 231
        2. Polarisierte nichtreziproke Rekombination . . . . . . 235
        3. Interferenz . . . . . . . . . . . . . . . . . . . . . . 237
        4. Konversion zwischen Halbchromatiden . . . . . . . . . 238
 D. Erklärungsmöglichkeiten für die intrachromosomale Rekombination 240
    I. Crossing over und Konversion . . . . . . . . . . . . . . . 241
    II. Rekombinationsmechanismen . . . . . . . . . . . . . . . . 243
        1. Bruch und Fusion . . . . . . . . . . . . . . . . . . . 243
        2. Copy choice . . . . . . . . . . . . . . . . . . . . . . 245
        3. Partielle Replikation . . . . . . . . . . . . . . . . . 247
    III. Rekombinationsmodelle . . . . . . . . . . . . . . . . . . 249
        1. Switch-Hypothese . . . . . . . . . . . . . . . . . . . 249
        2. Modifizierte Switch-Hypothese . . . . . . . . . . . . 250
        3. Polaron-Hypothese . . . . . . . . . . . . . . . . . . . 251
        4. Modifizierte Polaron-Hypothese . . . . . . . . . . . . 251
        5. Hybrid-DNS-Hypothese . . . . . . . . . . . . . . . . . 253
    Literatur . . . . . . . . . . . . . . . . . . . . . . . . . . 257

Das genetische Material besitzt die Fähigkeit zur identischen Verdoppelung. Hierbei bleibt nicht nur die Summe aller Einzelinformationen erhalten, sondern auch ihre Ordnung innerhalb des Genoms. Jedes durch Autoduplikation entstandene Tochtergenom enthält im allgemeinen eine genaue Kopie der ursprünglichen genetischen Information. Bei jeder mitotischen Teilung werden solche Kopien an die Tochterzellen weitergegeben. Dadurch ist die Identität des genetischen Materials für jede Zelle eines vielzelligen Organismus sichergestellt. Jedoch würde eine derartig starre Weitergabe des Erbgutes eine Evolution verhindern. Dieser Nachteil wird durch zwei Grundmerkmale des genetischen Materials ausgeglichen, nämlich durch Rekombination und Mutation.

*Als Rekombination bezeichnet man die Umgruppierung des Genoms im Verlaufe von Kernteilungsvorgängen.* Sie erfolgt regelmäßig in den Meiozyten während des Kernphasenwechsels *(meiotische Rekombination)*. Jedoch können Neukombinationen in seltenen Fällen auch in vegetativen Zellen vorkommen; diese nennt man *somatische Rekombinationen* (S. 149f. und 210ff.). Ihre bekannteste Erscheinungsform ist eine Umkombination, die in diploiden Somazellen während der Mitosis stattfindet *(mitotische Rekombination)*. Vereinzelt lassen sich somatische Rekombinationen auch auf *meiosisartige Vorgänge* zurückführen (S. 211).

Sowohl meiotische als auch mitotische Rekombinationen können darin bestehen, daß entweder größere Teilstrecken des Genoms, die Chromosomen, als Ganzes neu kombiniert oder kleinere Stücke, d. h. Chromosomensegmente, ausgetauscht werden. Wir sprechen im ersten Fall von *inter*chromosomaler, im zweiten Fall von *intra*chromosomaler Rekombination. Im Gegensatz zu Mutationen, mit denen wir uns im nächsten Kapitel beschäftigen werden, bleibt *bei Rekombinationen das genetische Material in seinem Informationsgehalt, in seiner Ordnung und in seiner Quantität unverändert.*

Um Rekombinationen im genetischen Material festzustellen, muß man auf dem Chromosom Markierungspunkte haben, deren Erbgang leicht zu verfolgen ist. Hierzu verwendet man im allgemeinen Gene. Häufig benutzt man auch das Centromer zur Markierung eines Chromosoms. Alle derartigen Markierungspunkte bezeichnet man kurz als *Marken*. In diesem Kapitel haben die Gene lediglich die Bedeutung von Marken des genetischen Materials. Ihre funktionellen Eigenschaften spielen dabei keine Rolle und werden auch im einzelnen nicht erwähnt.

*Literatur allgemeiner Art:* Außer den einschlägigen Lehrbüchern (z. B. BRESCH 1964) sind folgende Übersichten zu nennen: LUDWIG (1938), PONTECORVO (1958), SHULT und LINDEGREN (1959), KAPLAN (1960), DEMEREC (1962), EMERSON (1963), PRITCHARD (1963), ROMAN (1963), STENT (1963), HAYES (1964), STAHL (1964), WESTERGAARD (1964), BERNSTEIN (1964), JOLY (1964).

Weitere Arbeiten können entnommen werden aus: Cold Spring Harbor Symposia on quantitative Biology, Band **21** (1956) und **23** (1958); The chemical basis of heredity 1957 (Hrsg. McELROY und GLASS).

# A. Interchromosomale Rekombination

Notwendige Voraussetzungen für den Mechanismus der interchromosomalen Rekombination sind 1. die Vereinigung zweier verschiedener haploider Genome durch Karyogamie und 2. die Reduktion des diploiden auf den haploiden Chromosomensatz im Verlaufe der Meiosis oder mehrerer irregulärer Mitosen. Wir wollen uns in den ersten Abschnitten nur mit den Chromosomen-Rekombinationen befassen, welche regelmäßig während *meiotischer* Teilungen erfolgen. Im letzten Abschnitt werden wir über die viel seltener auftretenden mitotischen Rekombinationen berichten (S. 149f.).

## I. Meiosis

Zytogenetische Untersuchungen der Meiosis bei Pilzen haben gezeigt, daß diese weitgehend mit entsprechenden Vorgängen bei höheren Organismen übereinstimmt (z. B. bei *N. crassa:* McCLINTOCK 1945, SINGLETON 1953). Unsere grundlegenden Kenntnisse über den Ablauf der Meiosis beruhen jedoch nicht auf Studien an Pilzen, da diese sich wegen der Kleinheit ihrer Chromosomen für mikroskopische Untersuchungen schlecht eignen. Wir werden im folgenden nur so weit auf die einzelnen meiotischen Phasen eingehen, wie es uns für das Verständnis des Rekombinationsprozesses wichtig erscheint (vgl. hierzu Abb. IV-1).

*Meiosis I. Prophase I, Leptotän:* Jedes Chromosom ist zu diesem Zeitpunkt bereits in ein Paar Schwesterchromatiden längs geteilt. Die Autoduplikation des genetischen Materials muß also vorher stattgefunden haben. Über den Zeitpunkt der Verdoppelung herrscht noch Unklarheit. *Zygotän:* Dieses Stadium beginnt mit der Paarung homologer Chromosomen (Synapse), welche eine notwendige Voraussetzung für intrachromosomale Rekombinationsprozesse ist (S. 241). Man hat noch keine befriedigende Erklärung für das Zusammenfinden homologer Partner zu Bivalenten und für das exakte Zusammenpassen bis in kleinste Abschnitte. *Pachytän:* Die Paarung ist vollständig. Die Chromosomen beginnen sich zu spiralisieren und erscheinen dadurch dicker und kürzer. *Diplotän:* Die vier Chromatiden eines Bivalents sind jetzt deutlich als Tetrade sichtbar. Je zwei Schwesterchromatiden bleiben durch das noch ungeteilte Centromer miteinander verbunden. Beim Auseinanderweichen der Chromatidenpaare sind häufig zwischen Nicht-Schwesterchromatiden einer Tetrade Überkreuzungsstellen, sog. Chiasmata, zu beobachten. *Diakinese:* Die Spiralisierung und die daraus resultierende Verkürzung der Chromosomen hat zu diesem Zeitpunkt ihr Maximum erreicht. *Metaphase I:* Die Kernmembran löst sich auf, und eine Polspindel wird gebildet, deren Fasern bei Pilzen im Gegensatz zu den meisten anderen Pflanzen von vorher geteilten Centrosomen ausgehen können (HESLOT 1958). Die Bivalente ordnen sich in der Äquatorialebene. Die Spindelfasern greifen an den Centromeren (= Spindelfaseransatzstellen) an, und zwar sind die beiden Centromere eines Bivalents jeweils an Spindelfasern geknüpft, die von verschiedenen Polen herkommen. *Anaphase I:* In diesem Stadium trennen sich die noch ungeteilten Centromere und mit ihnen die beiden Chromatidenpaare eines jeden Bivalents und gelangen zu entgegengesetzten Polen der Zelle (z. B. zum oberen bzw. unteren Teil des jungen Ascus). Hierbei werden die Chiasmata gelöst. *Telophase I:* Der Trennungsvorgang ist beendet. An den beiden Spindelpolen entstehen zwei Tochterkerne, wobei die Chromosomen ihre Spiralen lockern. *Interphase:* Die Chromosomen sind stark entspiralisiert und erscheinen als dünne Fäden.

*Meiosis II. Prophase II:* Die Chromosomen beginnen wieder mit der Spiralisation und werden kürzer. Die Centromere teilen sich längs. *Metaphase II:* Die Chromosomen sind stark verkürzt. Von den Centrosomen ausgehend wird eine Polspindel gebildet, deren Richtung meist durch einen festen Winkel zur Spindelrichtung der Metaphase I festgelegt ist. *Anaphase II:* Die Schwesterchromatiden trennen sich voneinander in Richtung auf die entgegengesetzten Spindelpole. Jedes Centromer ist nur noch mit einem einzigen Chromatid verbunden. *Telophase II:* Nach Beendigung des Trennungsvorganges bilden sich aus den vier Chromosomensätzen vier Kerne (*Tetrade*), die häufig eine ganz bestimmte Lage zueinander einnehmen (S. 151). Jeder der vier Kerne wird entweder sofort in eine Spore eingeschlossen (z. B. *Saccharomyces cerevisiae*, Abb. I-2; *Schizophyllum commune*, Abb. I-9) oder er teilt sich nochmals mitotisch. Im letzten Fall entstehen insgesamt acht Kerne (z. B. *Neurospora crassa*, Abb. I-5) oder andere Vielfache von vier Kernen (z. B. *Phycomyces blakesleeanus*, Abb. I-1), welche zur Bildung von entsprechend vielen einkernigen oder mehrkernigen Sporen führen.

## II. Der Verteilungsmechanismus

Die *Verteilung der Chromosomen* im Verlaufe der Meiosis erfolgt immer so, daß *jeder der beiden Tochterkerne von jedem Bivalent genau ein Chromosom erhält* (Abb. IV-1). Es entstehen auf diese Weise *reziproke Genome,* da durch den Verteilungsmechanismus verhindert wird,

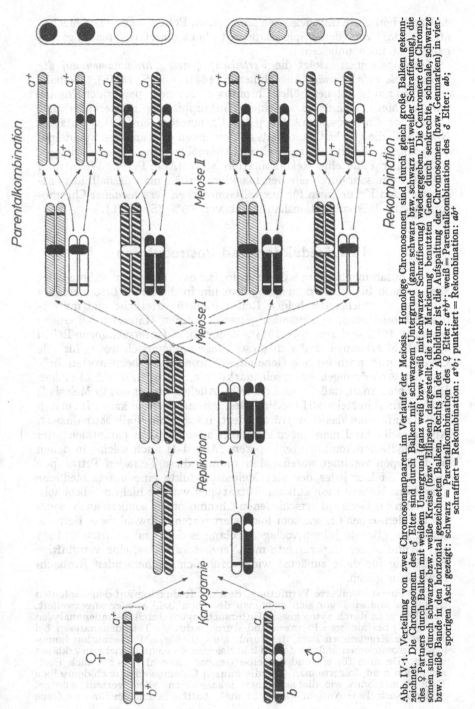

Abb. IV-1. Verteilung von zwei Chromosomenpaaren im Verlaufe der Meiosis. Homologe Chromosomen sind durch gleich große Balken gekennzeichnet. Die Chromosomen des ♂ Elter sind durch Balken mit schwarzem Untergrund (ganz schwarz bzw. schwarz mit weißer Schraffierung), die des ♀ Partners durch Balken mit weißem Untergrund (ganz weiß bzw. weiß mit schwarzer Schraffierung) wiedergegeben. Die Centromere der Chromosomen sind durch schwarze bzw. weiße Kreise (bzw. Ellipsen) dargestellt, die zur Markierung benutzten Gene durch senkrechte, schmale, schwarze bzw. weiße Bande in den horizontal gezeichneten Balken. Rechts in der Abbildung ist die Aufspaltung der Chromosomen (bzw. Genmarken) in viersporigen Asci gezeigt: schwarz = Parentalkombination des ♀ Elter: $a^+b^+$; weiß = Parentalkombination des ♂ Elter: $ab$; schraffiert = Rekombination: $a^+b$; punktiert = Rekombination: $a\,b^+$

daß zwei homologe Chromosomen zum selben Pol gelangen. Der Mechanismus des von dem Spindelapparat kontrollierten Trennungsvorganges ist noch unbekannt.

Im allgemeinen erfolgt die *Verteilung ganzer Chromosomen auf die Spindelpole zufallsgemäß* (Ausnahmen S. 144 ff. und S. 146 ff.). Deshalb entstehen nur in seltenen Fällen Chromosomensätze in parentaler Kombination. Meist kommt es zu einer Umgruppierung mütterlicher und väterlicher Chromosomen. Da jedes Chromosom eines Bivalents im Normalfall die gleiche Chance hat, zu dem einen oder anderen Spindelpol zu gelangen, findet für je zwei nichthomologe Chromosomen in der Hälfte aller Fälle eine Rekombination statt (Abb. IV-1). Wenn man jedes Chromosom durch ein Gen markiert, erhält man deshalb aus entsprechenden Kreuzungen für je zwei Genmarken verschiedener Chromosomen eine Rekombinationshäufigkeit von 50% (S. 163 ff.).

# III. Präreduktion und Postreduktion

Im Zusammenhang mit den zytologischen Vorgängen während der Meiosis fand bis in die dreißiger Jahre hinein die Frage besondere Beachtung, in welcher der beiden Reifeteilungen väterliche und mütterliche Chromosomen voneinander getrennt werden (Literatur bei GOLDSCHMIDT 1932 und BRIEGER 1933). Genetische Untersuchungen ließen schon bald erkennen, daß sich diese Frage summarisch weder für alle Chromosomen noch für alle Gene eines Chromosoms beantworten ließ. Aus den Anordnungen genetisch markierter Sporen in den Asci einiger Pilze schloß man, daß ein und dasselbe Allelenpaar einmal in Meiosis I, ein andermal in Meiosis II voneinander getrennt werden kann. Im ersten Fall nannte man das Gen *prä*reduziert, im zweiten Fall *post*reduziert. Andererseits fand man neben Asci mit ausschließlich parentalen oder ausschließlich rekombinanten Sporen (Abb. I-1) auch solche, in denen beide Typen vereinigt waren. Man nannte diese Tetraden Tetratypen (S. 157), da hier jedes der vier Meiosisprodukte eine unterschiedliche genetische Konstitution aufwies. Tetratypen wurden nicht nur beobachtet, wenn die Gene auf verschiedenen Chromosomen, sondern auch, wenn sie auf demselben Chromosom lokalisiert waren. Obwohl diese Befunde schon vor etwa 40 Jahren vorlagen, gelang es doch erst LINDEGREN 1933 auf Grund seiner Experimente mit *Neurospora crassa*, eine vernünftige Erklärung für diese zunächst widersprüchlich erscheinenden Beobachtungen zu geben.

Die zuerst geäußerte Vermutung, daß die Reduktion auf den haploiden Status in Meiosis I vor sich gehe, wurde schon bald wieder angezweifelt, nachdem man durch zytologische Untersuchungen, durch Tetradenanalysen (S. 151 ff.) bei niederen Pflanzen und durch indirekte Tetradenanalysen bei Tieren zu Ergebnissen kam, die durch ausschließliche Präreduktion homologer Chromosomen und der darauf lokalisierten Gene nicht mehr zu erklären waren. Da man für ein und dasselbe Genpaar sowohl Prä- als auch Postreduktion fand, folgerte man, daß die ganzen Chromosomen nach demselben Reduktionsmodus wie die auf ihnen lokalisierten Allele verteilt würden. Jedoch auch diese Ansicht war nicht mehr haltbar, nachdem für zwei Gene

desselben Chromosoms Tetratypen nachgewiesen werden konnten. BRUNS-
WICK (1926) und BOHN (1933) diskutierten diesen neuen Befund und gelangten zu einer ähnlichen Erklärung, wie sie LINDEGREN (1933) auf Grund
seiner unabhängig von diesen Autoren geführten Experimente fand.

Das Neue in der Deutung LINDEGRENs bestand darin, daß er eine
klare Unterscheidung zwischen der Verteilung homologer ganzer Chromosomen und der Verteilung der auf ihnen lokalisierten Gene traf. LINDE-
GREN postulierte: 1. *Homologe Centromere* werden immer in der ersten

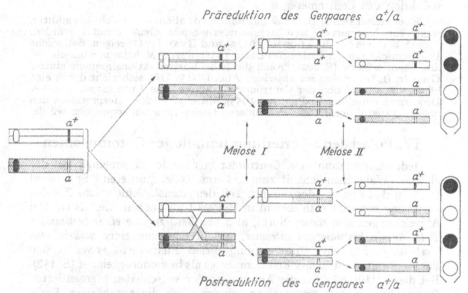

*Präreduktion des Genpaares* $a^+/a$

*Postreduktion des Genpaares* $a^+/a$

Abb. IV-2. Verteilung des Allelenpaares $a^+/a$ bei Prä- und Postreduktion, d. h. bei Trennung der Allele in Meiosis I bzw. II. *Oben:* Verteilung der vier Chromatiden, ohne daß
eine Rekombination zwischen dem Centromer und der Genmarke stattgefunden hat (vgl.
Abb. IV-1). *Unten:* Verteilung der vier Chromatiden, von denen zwei durch ein crossing
over zwischen Centromer und Genmarke neu kombiniert sind. Weiße bzw. schraffierte
horizontale Balken = homologe Chromosomen der beiden Eltern. Centromere und Genmarken wie in Abb. IV-1. Weiße bzw. schwarze Kreise (rechts) = Sporen mit $a$- bzw.
$a^+$-Marken in einem viersporigen Ascus.

Reifeteilung voneinander getrennt; sie werden also *stets präreduziert.*
Mit ihnen werden die den Centromeren benachbarten Chromosomensegmente bis zur ersten Austauschstelle präreduziert. 2. *Die Postreduktion eines Allelenpaares resultiert aus einem intrachromosomalen Austausch (crossing over, S. 151) zwischen Centromer und dem betreffenden
Genlocus. 3. Crossing over findet auf dem Vierstrangstadium statt;* es sind
jeweils zwei der vier Chromatiden beteiligt. Diese Forderungen haben
zu dem in Abb. IV-2 dargestellten Verteilungsmodus geführt.

Zum Beweis seiner Hypothese ging LINDEGREN (1933) von der bekannten
Vorstellung aus, daß die Häufigkeit, mit der zwei gekoppelte Genmarken
durch crossing over getrennt und rekombiniert werden, ein Maß für den
Abstand dieser beiden Gene voneinander liefert (S. 201f.). LINDEGREN folgerte, daß entsprechend die Postreduktionsfrequenz eines Gens ein Maß
für den Abstand zwischen Genlocus und Centromer sein müsse. Man würde
dann erwarten, daß der Abstand zweier Gene entweder gleich der Summe

oder gleich der Differenz der Abstände jedes Gens von seinem Centromer ist, je nachdem die Gene auf verschiedenen Seiten oder auf derselben Seite des Centromers liegen (S. 167). LINDEGREN (1933, 1936a) fand diese Überlegungen in seinen Experimenten an *N. crassa* bestätigt.

Die Richtigkeit der Theorie LINDEGRENs konnte nicht nur mehrfach bei *N. crassa*, sondern auch bei allen bisher genetisch und zytologisch analysierten Objekten bestätigt werden. Dennoch sind immer wieder Bedenken erhoben worden, so gegen die Ausschließlichkeit der Präreduktion des Centromers.

Es erwiesen sich z. B. die Genabstände vor allem dann nicht als additiv, wenn zur Markierung weit auseinanderliegende Gene benutzt wurden. Jedoch konnten bereits LUDWIG (1937a) und RYAN (1943) zeigen, daß solche Unstimmigkeiten (z. B. bei WÜLKER 1935) durch Mehrfachaustausch bedingt sein können (S. 202). Auch die hohe Postreduktionsfrequenz einiger Gene (z. B. bei *Podospora anserina;* Abb. IV-15) läßt sich nicht durch eine häufige Postreduktion der Centromere erklären, wie LEDERBERG in einer Diskussion vorschlug (s. PERKINS 1955), da eine solche Interpretation den hohen Präreduktionsfrequenzen anderer Genmarken widersprechen würde.

## IV. Polarisierte Verteilung homologer Chromosomen

Jedes Chromosom bzw. Centromer gelangt im allgemeinen mit der gleichen Wahrscheinlichkeit zum „oberen" oder „unteren" Spindelpol (z. B. in den oberen oder unteren Teil des Ascus). Eine solche Zufallsverteilung erwartet man sowohl in Meiosis I als auch in Meiosis II. Bei Abweichungen von dieser Norm, also bei *Bevorzugung eines bestimmten Pols für ein bestimmtes Centromer*, spricht man von einer *polarisierten Verteilung*. Für eine Untersuchung dieses Phänomens erweisen sich Farbspormutanten einiger Euascomycetes als besonders geeignet (S. 152). Bei diesen läßt nämlich die Anordnung der verschieden pigmentierten Sporen in den Asci unmittelbar erkennen, ob die zugehörigen Farbmarken prä- oder postreduziert sind (S. 142 und Abb. IV-2 und IV-3).

Über die *Verteilung homologer Centromere in Meiosis I* gibt das Verhältnis der beiden Präreduktionstypen (vgl. Abb. IV-4) Auskunft. Nach einer zufallsgemäßen Verteilung sind die beiden Typen mit gleichen Häufigkeiten zu erwarten (Typ 1 : Typ 2 = 1 : 1; Tabelle IV-1). Die *Verteilung der Centromere in Meiosis II* wirkt sich dagegen nicht auf die Häufigkeit der Prä-, sondern nur auf die der Postreduktionstypen aus. Jedoch ist für das Zahlenverhältnis dieser Typen außerdem noch entscheidend, welches Chromatidenpaar jeweils am crossing over beteiligt ist. Laufen beide Vorgänge zufallsgemäß ab, so ist für die vier Postreduktionstypen (Abb. IV-4) eine Aufspaltung Typ 3 : Typ 4 : Typ 5 : Typ 6 = 1 : 1 : 1 : 1 zu erwarten (Tabelle IV-1). Dasselbe Verhältnis kommt aber auch dann zustande, wenn nur für einen dieser beiden Prozesse eine Zufallsverteilung vorliegt.

Da man meist von der unbewiesenen Voraussetzung ausging, daß homologe Chromosomen in beiden meiotischen Teilungen zufallsgemäß verteilt werden, hat man nur selten auf Unterschiede in den Aufspaltungen geachtet. Es liegen infolgedessen nur wenige Untersuchungsergebnisse vor, die eine Analyse des meiotischen Verteilungsmechanismus erlauben. Im allgemeinen sprechen die Befunde für eine Zufallsverteilung sowohl in Meiosis I als auch in Meiosis II. Jedoch zeigen einige Daten auch eine signifikante Abweichung von der Zufallserwartung (Tabelle IV-1).

Tabelle IV-1. *Beispiele für die Verteilung von Genmarken in geordneten Tetraden* (S. 151 ff.) *im Verlaufe der Meiosis*

Die sechs Tetradentypen 1 bis 6 entsprechen den in Abb. IV-4 dargestellten Ascustypen 1 bis 6. Die einzelnen Kreuzungen bei *S. macrospora* (KUENEN unveröffentlicht) und *A. stercorarius* (BISTIS 1956) wurden unter verschiedenen Temperaturen, die Kreuzungen bei *N. crassa* (LINDEGREN 1932b, STADLER 1956a) mit verschieden markierten Stämmen durchgeführt. Die eingerahmten Zahlen zeigen eine Abweichung von der Zufallserwartung. Erläuterungen s. Text.

| Objekt und Genmarke | Kreuzung Nr. | Präreduktionstypen | | Typ 1 / Typ 2 | Postreduktionstypen | | | | Typ (3+4) / Typ (5+6) |
|---|---|---|---|---|---|---|---|---|---|
| | | | | | asymmetrisch | | symmetrisch | | |
| | | Typ 1 | Typ 2 | | Typ 3 | Typ 4 | Typ 5 | Typ 6 | |
| | | $a^+a^+aa$ | $aaa^+a^+$ | | $a^+aa^+a$ | $aa^+aa^+$ | $aa^+a^+a$ | $a^+aaa^+$ | |
| *Sordaria macrospora* | | | | | | | | | |
| Marke: *al* | 1 | 150 | 164 | 0,9 | 200 | 174 | 171 | 153 | 1,2 |
| | 2 | 208 | 184 | 1,1 | 176 | 184 | 184 | 169 | 1,0 |
| | 3 | 131 | 192 | 0,7 | 191 | 185 | 185 | 157 | 1,1 |
| | 4 | 161 | 171 | 0,9 | 179 | 188 | 165 | 147 | 1,1 |
| | 5 | 173 | 194 | 0,9 | 192 | 185 | 172 | 174 | 1,1 |
| summiert aus 10 Kreuzungen | | 1660 | 1748 | 0,9 | 1772 | 1807 | 1706 | 1635 | 1,1 |
| *Neurospora crassa* | | | | | | | | | |
| Marke: *a* | 1 | 105 | 129 | 0,8 | 9 | 5 | 16 | 10 | 0,5 |
| Marke: *asco* | 1 | 5020 | | | 280 | | 276 | | 1,0 |
| | 2 | 4157 | | | 300 | | 297 | | 1,0 |
| | 3 | 793 | | | 86 | | 106 | | 0,8 |
| | 4 | 553 | | | 53 | | 88 | | 0,6 |
| | 5 | 481 | | | 62 | | 90 | | 0,7 |
| summiert aus 16 Kreuzungen | | 18375 | | | 2202 | | 2287 | | 0,9 |
| *Ascobolus stercorarius* | | | | | | | | | |
| Marke: *l* | 1 | 1071 | | | 422 | | 311 | | 1,4 |
| | 2 | 1964 | | | 388 | | 382 | | 1,0 |
| Marke: *t* | 1 | 160 | | | 174 | | 185 | | 0,9 |
| | 2 | 266 | | | 260 | | 232 | | 1,1 |
| | 3 | 942 | | | 1030 | | 1000 | | 1,0 |

PRAKASH (1963a) fand bei *N. crassa* Abweichungen von der bei Zufallsverteilung erwarteten Aufspaltung, wenn er unterschiedliche Wildstämme für seine Kreuzungen benutzte (s. auch S. 172ff.). Bei *Ascobolus stercorarius* erhielt BISTIS (1956) nach Erniedrigung der Temperatur nicht nur mehr asymmetrische als symmetrische Postreduktionstypen (Tabelle IV-1), sondern gleichzeitig höhere Postreduktionswerte (Abb. IV-10). Der Autor interpretiert beide Befunde durch ein Überlappen der Spindeln in der zweiten meiotischen Teilung. Diese Erklärung liegt um so näher, wenn man bedenkt, daß *A. stercorarius* Asci erzeugt, in denen die Sporen nur teilweise linear geordnet sind. Auf die gleiche Art versucht SHAW (1962) Daten über *Sordaria brevicollis* zu erklären. Er fand wie BISTIS auffallend viele Postreduktionstypen mit asymmetrischer Verteilung. Auch THRELKELD (1962a) konnte ein verstärktes Auftreten asymmetrischer Typen bei *Neurospora crassa* feststellen, wenn er die Stämme auf einem 5-Bromuracil enthaltenden Nährmedium wachsen ließ. WHITEHOUSE und HALDANE (1946) machen für die bei *Neurospora sitophila* und *Bombardia lunata* beobachteten Abweichungen eine anormale Verteilung der Centromere in Meiosis II verantwortlich.

Im Gegensatz zu BISTIS, SHAW und THRELKELD erhielt MATHIESON (1956) bei *Bombardia lunata* ähnliche Ergebnisse wie LINDEGREN und STADLER bei *N. crassa* (vgl. Tabelle IV-1): Bei Postreduktion von Farbmarken war der symmetrische Ascustyp häufiger vorhanden als der asymmetrische. Auch für die beiden Präreduktionstypen konnten Abweichungen von dem erwarteten 1:1-Verhältnis nachgewiesen werden. Auf Grund zytologischer Untersuchungen nimmt der Autor an, daß für die polarisierte Aufspaltung keine chromosomalen Unterschiede zwischen den Kreuzungspartnern verantwortlich sind. Er vermutet, daß die Polarisation erst nach der Reifeteilung erfolgt und auf der Wirkung physiologischer Faktoren beruht, die mit der Lebensfähigkeit der mutierten Sporen in Zusammenhang stehen.

Eine Deutung der Befunde ist schwierig, da auch sekundäre Vorgänge, wie das Überlappen der Verteilungsspindeln oder das Vorbeigleiten von Kernen, zu abnormen Aufspaltungen führen können. *Der Wert dieser Untersuchungen besteht also vor allem darin, gezeigt zu haben, daß nicht immer eine Zufallsverteilung für Prä- und Postreduktionstypen vorliegt.* Befunde von MITCHELL (1959, 1960a, b, 1964) bei *N. crassa* lassen ferner erkennen, daß die Aufspaltungen zweier gekoppelter Marken in den Asci desselben Peritheziums nicht immer unabhängig voneinander sind. MITCHELL beobachtete nämlich häufig, daß nacheinander isolierte Asci dieselbe Markenverteilung zeigten, wenn die Asci demselben Fruchtkörper entnommen waren und den gleichen Reifungsgrad besaßen.

Es ist noch unbekannt, welcher Mechanismus einer nicht zufallsgemäßen Verteilung homologer Chromosomen zugrunde liegt. Möglicherweise sind diese Unregelmäßigkeiten die Folge der im nächsten Abschnitt zu besprechenden Affinität zwischen nichthomologen Chromosomen.

# V. Polarisierte Verteilung
## nichthomologer Chromosomen (Affinität)

Bei *Saccharomyces cerevisiae, Neurospora crassa* und *Ascobolus immersus* konnte mehrfach beobachtet werden, daß ungekoppelte Gene im Verlauf der Meiosis nicht zufallsgemäß verteilt werden (*Saccharomyces:* SHULT und LINDEGREN 1956b, 1959, SHULT und DESBOROUGH 1960, HAWTHORNE und MORTIMER 1960, SHULT et al. 1962, LINDEGREN et al. 1962; *Neurospora:* PRAKASH 1963a, b; *Ascobolus:* SURZYCKI und PASZEWSKI 1964). Anstelle des bei zufälliger Aufspaltung von zwei Genen zu erwartenden Rekombinationswertes von 50% fand man entweder wesentlich niedrigere oder wesentlich höhere Werte. Diese lagen

für die einzelnen Genpaare im Bereich von 20—35% oder 58—73%
(Tabelle IV-2; Kriterien für Koppelung bzw. Nichtkoppelung s. Tabelle
IV-6). Da im ersten Fall mehr Parentaltypen als Rekombinationstypen auftreten, wird eine Koppelung der auf verschiedenen Chromosomen lokalisierten Gene vorgetäuscht (*Quasi-Koppelung*, vgl. Tabelle IV-6). Im zweiten Fall dagegen übersteigt die Anzahl der Rekombinationstypen die der Parentaltypen. Für diese Erscheinung wurde der
Ausdruck „*reverse*" oder „*umgekehrte Koppelung*" (vgl. Tabelle IV-6)
eingeführt. Beide Phänomene beruhen offenbar auf einer nicht zufallsgemäßen Verteilung der Chromosomen in der Meiosis.

Bevor man diese Unregelmäßigkeiten bei Pilzen beobachtete, fanden
MICHIE und WALLACE die gleichen Erscheinungen im Verlaufe ihrer genetischen Untersuchungen an der Hausmaus (MICHIE 1953, 1955, WALLACE
1953, 1958a, b, 1959, 1961). Ein ähnliches Phänomen konnte WALLACE
(1960a, b) bei der Tomate und bei der Baumwolle feststellen.

Zur Erklärung dieser Erscheinungen haben MICHIE (1953) und
WALLACE (1953) eine Hypothese vorgeschlagen: Nach ihrer Vorstellung
existieren auf den Chromosomen bestimmte Stellen, die eine Affinität
zu ähnlichen Stellen nichthomologer Chromosomen haben. Bei jedem
Organismus soll es mindestens zwei verschiedene Typen von Affinitätsstellen geben (z. B. $\alpha$ und $\beta$). Wenn zwei nichthomologe Chromosomen
Affinitätsstellen vom gleichen Typ besitzen ($\alpha\alpha$ bzw. $\beta\beta$), so besteht in
der Meiosis I die Tendenz zu einer gemeinsamen Segregation zum
selben Spindelpol (Quasi-Koppelung). Bei verschiedenen Affinitäts-
typen ($\alpha\beta$) wird eine gemeinsame oder zufällige Aufspaltung verhindert
(reverse Koppelung).

Der Verteilungsmechanismus soll an einigen hypothetischen Beispielen
erläutert werden. Wir berücksichtigen hierbei nur zwei Paar homologer
Chromosomen. Die Chromosomen I und II sollen von dem einen Partner
stammen, die homologen Chromosomen I' und II' vom anderen Partner.

*1. Fall:* I($\alpha$) II($\alpha$) $\times$ I'($\beta$) II'($\beta$). Da die beiden Chromosomen I und II
einerseits und I' und II' andererseits gleiche Affinitätsstellen haben (näm-
lich $\alpha$ bzw. $\beta$), gelangen die Chromosomen bevorzugt in parentaler Kombination zu den Spindelpolen (Quasi-Koppelung).

*2. Fall:* I($\alpha$) II($\beta$) $\times$ I'($\beta$) II'($\alpha$). Die Chromosomen I und II' bzw. II
und I' besitzen die gleiche Affinität, d. h. sie wandern bevorzugt in dieser
(nichtparentalen) Kombination zu den Polen (reverse Koppelung).

*3. Fall:* I($\alpha$) II($\beta$) $\times$ I'($\alpha$) II'($\beta$). Es kommt zu einer Zufallsverteilung
der Chromosomen, da nichthomologe Chromosomen in jeder Kombination
(z. B. I—II und I—II') verschiedene Affinitätsstellen haben.

*4. Fall:* I($\alpha$) II($\alpha$) $\times$ I'($\beta$) II'($\alpha$). Auch hier werden die Chromosomen
zufallsgemäß auf die Pole verteilt. Denn es besteht keine bevorzugte Affini-
tät von I bzw. I' zu II bzw. II'.

Quasi-Koppelung und reverse Koppelung werden also nach dieser
Hypothese durch die Wirkung derselben Affinitätsstellen hervorgerufen,
nur mit dem Unterschied, daß die Eltern im ersten Fall gleiche Affini-
tätstypen, im zweiten Fall verschiedene Typen beigesteuert haben. Bei
einem Austausch der Affinitätsstellen durch inter- oder intrachromosomale Rekombination sollte man deshalb erwarten, daß Quasi-Koppelung
in reverse Koppelung und umgekehrt überführt werden kann. Für

diese Vorstellung sprechen vor allem die unterschiedlichen Koppelungs-
verhältnisse derselben Genpaare in verschiedenen Rassen von *Saccharomyces cerevisiae* (Tabelle IV-2).

Tabelle IV-2. *Beispiele für Quasi-Koppelung und reverse Koppelung von
Genmarken, die auf nichthomologen Chromosomen liegen* (Objekt: *Saccharomyces cerevisiae*)
Kriterien für Quasi- und reverse Koppelung s. Tabelle IV-6. Die Tetradentypen *P*, *R* und *T* (ungeordnete Tetraden) sind in den Abb. IV-5 und
IV-8 dargestellt und dort im Text erklärt. *p*, *r* und *t* bezeichnen die Häufigkeiten der entsprechenden Tetradentypen (s. auch S. 163). (Nach Daten
von DESBOROUGH und LINDEGREN 1959.)

| Marken-Kombination | „Familie" | Tetradenverteilung | | | Prozent-satz der Tetratypen | Rekom-binations-wert (in %) |
|---|---|---|---|---|---|---|
| | | P | R | T | | |
| *Quasi-Koppelung: p>r und t<2/3* | | | | | | |
| *th—ur* | 108 | 64 | 3 | 69 | 50,7 | 27,6 |
| *ch—th* | 108 | 82 | 0 | 62 | 43,1 | 21,5 |
| *cu—ch* | 98 | 15 | 4 | 33 | 63,5 | 39,4 |
| | 99 | 16 | 2 | 11 | 37,9 | 25,9 |
| | 111 | 38 | 1 | 37 | 48,7 | 25,7 |
| | 118 | 13 | 1 | 13 | 48,1 | 27,7 |
| *cu—ur* | 118 | 12 | 4 | 14 | 46,7 | 36,7 |
| *cu—th* | 98 | 23 | 2 | 31 | 55,4 | 31,3 |
| | 99 | 8 | 1 | 10 | 52,6 | 31,6 |
| | 111 | 30 | 2 | 34 | 51,5 | 28,8 |
| *α—ch* | 107 | 13 | 3 | 17 | 51,5 | 34,8 |
| *ga—ur* | 97 | 7 | 1 | 12 | 60,0 | 35,0 |
| *α—ga* | 108 | 52 | 27 | 67 | 45,9 | 41,4 |
| *ad—ga* | 97 | 11 | 0 | 7 | 38,9 | 19,4 |
| *Reverse Koppelung: p<r und t<2/3* | | | | | | |
| *cu—th* | 108 | 10 | 37 | 40 | 46,0 | 73,1 |
| *cu—ch* | 108 | 6 | 48 | 56 | 50,9 | 69,1 |
| *cu—ur* | 108 | 12 | 35 | 88 | 65,2 | 58,5 |
| *α—ur* | 118 | 4 | 13 | 11 | 39,3 | 66,1 |
| *ad—ur* | 91 | 10 | 26 | 7 | 16,3 | 68,6 |
| *α—ga* | 85 | 3 | 12 | 16 | 51,6 | 64,5 |
| | 107 | 7 | 22 | 18 | 38,3 | 66,0 |
| *ad—ga* | 86 | 9 | 21 | 4 | 11,8 | 67,6 |

   Die Analyse der Kreuzung *UR-ch CU* × *ur-CH cu* in „Familie" 108
ließ — wie aus Tabelle IV-2 hervorgeht — eine reverse Koppelung zwischen
*CU/cu* einerseits und *UR/ur-CH/ch* andererseits erkennen. Man sollte deshalb erwarten, daß die hier willkürlich gewählten Affinitätsstellen α und β
in der folgenden Weise verteilt sind: *UR-ch* (α) *CU* (β) × *ur-CH* (β) *cu* (α).
In einer zweiten Kreuzung wählte man als Eltern Stämme, welche durch
dieselben Gene, jedoch in einer neuen Kombination, markiert waren („Familie" 118): *UR-ch cu* × *ur-CH CU*. Man beobachtete nunmehr anstelle der
reversen eine Quasi-Koppelung zwischen *CU/cu* und den beiden anderen
Genen. Offenbar waren die Affinitätsstellen in „Familie" 118 in derselben
Weise mit „ihren" Genmarken wie in „Familie" 108 gekoppelt: *UR-ch* (α)
*cu* (α) × *ur-CH* (β) *CU* (β). Solche experimentell erzeugten Koppelungs-
umkehrungen gelangen bei *Saccharomyces* mehrfach (s. auch SHULT und
LINDEGREN 1959).

MICHIE und WALLACE nahmen an, daß Affinitätsstelle und Centromer identisch sind. Für diese Vorstellung sprechen auch Befunde bei *S. cerevisiae;* man fand nämlich, daß die Affinitätsstelle sehr eng mit dem Centromer gekoppelt ist (DESBOROUGH und LINDEGREN 1959, LINDEGREN et al. 1962). Jedoch konnte diese Hypothese durch Untersuchungsergebnisse bei *Ascobolus immersus* nicht bestätigt werden. Hier zeigte sich nämlich, daß die „Affinitäts-Region" durch Austausch vom Centromer trennbar ist (SURZYCKI und PASZEWSKI 1964).

Es bleibt abzuwarten, ob und inwieweit sich diese Befunde, die bis jetzt nur auf wenigen Untersuchungen basieren, verallgemeinern lassen. Vor allem besteht bei *S. cerevisiae* zur Zeit noch eine große Unstimmigkeit über die Anzahl der Chromosomen (s. Tabelle I-1). Ferner ist bei diesem Objekt eine Korrelation zwischen Chromosomen und bestimmten Koppelungsgruppen nicht gegeben. Es ist daher nicht mit Sicherheit auszuschließen, ob vielleicht Translokationen oder andere chromosomale Mutationen einen Einfluß auf das Zustandekommen von Quasi-Koppelung oder reverser Koppelung haben, zumal es sich bei den von LINDEGREN u. Mitarb. verwendeten Stämmen offenbar um verschiedene Rassen handelt.

## VI. Mitotische Rekombination

Außer der bisher besprochenen Umgruppierung ganzer Chromosomen während der Meiosis gibt es auch *interchromosomale Rekombinationen in somatischen Zellen*. Es handelt sich hierbei um eine *gelegentlich in diploiden Mitosen vorkommende irreguläre Chromosomenverteilung, welche in einigen wenigen Fällen zu balancierten haploiden Kernen führen kann* (mitotische Rekombination; PONTECORVO 1953 a, b). Diese können neue Kombinationen der vorher in verschiedenen Kernen lokalisierten Gene enthalten.

Mitotische Rekombinationen sind vor allem für die Gattungen *Aspergillus* und *Penicillium* beschrieben worden (ROPER 1952; PONTECORVO 1953 a, b, 1954; PONTECORVO und ROPER 1952; KÄFER 1958, 1961 bzw. PONTECORVO und SERMONTI 1954; SERMONTI 1957). Sie sind jedoch auch für einige Basidiomycetes bekannt, so für *Coprinus radiatus* (PRUD'HOMME 1963) und *C. lagopus* (SWIEZYNSKI 1963). Genauere Untersuchungen liegen von KÄFER (1961) über *A. nidulans* vor. Die Autorin nimmt an, daß die Umkombination von Chromosomen in zwei Schritten erfolgt:

1. Im Verlauf des parasexuellen Zyklus entstehen in seltenen Fällen innerhalb des Heterokaryons durch Fusion haploider Kerne heterozygote diploide Kerne. Diese können gelegentlich (1—2%) infolge eines „Fehlers" („non-disjunction") bei der mitotischen Chromosomenverteilung in je zwei reziproke aneuploide Kerne geteilt werden, von denen der eine trisomisch und der andere monosomisch ist.

Bei Vorliegen von Trisomie kann nicht nur ein Chromosom dreifach vorhanden sein $(2n + 1)$, sondern auch zwei nichthomologe Chromosomen können dreimal vertreten sein $(2n + 2)$. Die Formeln der entsprechenden monosomischen Kerne müßten dann die Konfiguration $2n - 1$ bzw. $2n - 2$

aufweisen. KÄFER fand, daß die Mehrzahl der analysierten Aneuploiden vom Typ $2n + 1$ oder $2n + 2$ waren (56 von 78). Die entsprechenden monosomischen Chromosomen-Konfigurationen wurden allerdings nicht beobachtet.

2. In den aneuploiden Kernen kann sich der Prozeß der irregulären Chromosomenverteilung so lange wiederholen, bis lebensfähige diploide, aneuploide oder haploide Kerne entstehen. Die Herabregulierung auf den haploiden Status (in etwa 0,02%) erfolgt hierbei durch einen schrittweisen Verlust von Chromosomen und bewirkt im allgemeinen eine Neukombination der genetischen Information.

Interchromosomale Rekombinationen als Folge von „non-disjunction" sind sehr selten. MORPURGO (1962a, b) fand in seinen Untersuchungen mit *A. nidulans,* daß eine mitotische Rekombination weit häufiger durch mitotisches crossing over (S. 211 ff.) als durch Nichttrennung und anschließende Umgruppierung der Chromosomen zustandekommt. Nach KÄFER (1961) sind die Häufigkeiten für inter- und intrachromosomale Rekombinationen in somatischen Zellen ungefähr gleich.

Auf die Bedeutung der mitotischen Rekombination für eine genetische Analyse der Fungi imperfecti haben wir bereits in einem früheren Kapitel hingewiesen (S. 97).

### Zusammenfassung

1. Die Verteilung ganzer Chromosomen in der Meiosis wird mit Hilfe eines noch unbekannten Spindel-Mechanismus gesteuert. Die durch ihn bewirkte Rekombination ist stets reziprok.

2. Die Reduktion des diploiden auf den haploiden Chromosomensatz erfolgt in der ersten meiotischen Teilung. Jedoch werden allele Marken, deren Koppelung mit dem Centromer durch ein crossing over durchbrochen wird, erst in Meiosis II voneinander getrennt, d. h. sie werden postreduziert. Dagegen wird das Centromer und das zwischen diesem und der ersten Austauschstelle liegende Chromosomensegment stets präreduziert.

3. Im allgemeinen erfolgt die Verteilung der Chromosomen auf die Spindelpole zufallsgemäß. Jedoch beobachtete man vereinzelt, daß Chromosomen bzw. ihre Centromere bevorzugt zu einem bestimmten Pol gelangen (polarisierte Verteilung). Ferner fand man mehrfach, daß ungekoppelte Gene anstelle des bei Zufallsverteilung erwarteten Rekombinationswertes von 50% entweder wesentlich niedrigere oder wesentlich höhere Werte ergaben (Affinität). Beide Phänomene beruhen offenbar auf einer nicht zufallsgemäßen Verteilung der Chromosomen in der Meiosis. Der für diese abweichenden Aufspaltungen verantwortliche Mechanismus ist noch unbekannt.

4. Außer der Neukombination ganzer Chromosomen während der Meiosis sind Umgruppierungen im Verlaufe von Mitosen bekannt. Mitotische Rekombinationen kommen dadurch zustande, daß gelegentlich aus der Teilung diploider Somazellen aneuploide Kerne hervorgehen, welche dann stufenweise zu balancierten haploiden Kernen herabregulieren können.

# B. Intrachromosomale intergenische Rekombination

Während bei interchromosomalen Rekombinationen alle Genmarken eines Chromosoms immer nur als „Block" mit den gekoppelten Genmarken eines anderen Chromosoms rekombinieren können, führen Rekombinationen innerhalb eines Chromosoms zu einer Durchbrechung der Koppelung, d. h. zu einer Umgruppierung von Genmarken derselben Koppelungsgruppe (S. 162ff.). Der Mechanismus dieser intrachromosomalen Rekombination im molekularen Bereich ist trotz vieler experimenteller Ansätze, die vor allem an Phagen und Bakterien unternommen wurden, noch ungeklärt (s. *Erklärungsmöglichkeiten für die intrachromosomale Rekombination*; S. 240ff.).

Nach der klassischen Vorstellung erfolgt eine Rekombination durch Doppelbruch an homologen Stellen in zwei der vier Chromatiden einer Tetrade und anschließende Wiedervereinigung der Bruchenden (Bruch-Fusions-Hypothese; S. 243ff.). Dieser Mechanismus, der „*crossing over*" genannt wurde, erklärt die Reziprozität der Rekombination und wurde bis zur Entdeckung seltener, nichtreziproker Aufspaltungen in den fünfziger Jahren kaum ernsthaft in Frage gestellt. Wenn wir im folgenden den Begriff „crossing over" benutzen, so wollen wir uns damit nicht auf einen bestimmten Molekularmechanismus (etwa den klassischen, S. 243ff.) festlegen, sondern wir wollen ihn als *Ursache einer reziproken Rekombination zwischen Marken verschiedener Gene* verstanden wissen. In derselben Weise ist das crossing over auch in den Abbildungen zur Darstellung einer reziproken Rekombination verwendet worden.

## I. Methoden der Analyse

Der Vorteil vieler Pilze vor den klassischen Objekten der Genetik (z. B. *Drosophila*, Mais) besteht vor allem darin, daß die vier Produkte jeder Meiosis in Form von Asco- oder Basidiosporen zu Tetraden vereinigt bleiben und durch Analysen direkt zu erfassen sind. Außerdem ist es in einigen Fällen möglich, aus der Anordnung der Sporen im Sporangium auf bestimmte Austauschvorgänge und auf die Verteilung der Chromatiden während der Meiosis rückzuschließen. Diese Möglichkeit ist dann gegeben, wenn die Spindeln in den beiden Reifeteilungen und gegebenenfalls auch in der postmeiotischen Mitose so orientiert sind, daß die *Kerne* bzw. *Sporen* eine *bestimmte, immer wiederkehrende Ordnung im Sporangium* einnehmen. Man nennt solche Kern- bzw. Sporentetraden *geordnet*. Wenn sich jedoch Spindeln ohne erkennbare Gesetzmäßigkeit überlappen oder Kerne regellos aneinander vorbeigleiten, entstehen *Sporangien, bei denen die Lage der Sporen keine Auskunft über den meiotischen Verteilungsmodus zuläßt*. In diesem Fall spricht man von *ungeordneten* Tetraden.

### 1. Geordnete Tetraden

Die Summe aller Einzelinformationen ist bei der Analyse geordneter Tetraden größer als bei der Analyse ungeordneter Tetraden (vgl. Tabelle IV-5). Diese zusätzlichen Informationen betreffen vor allem die

Unterscheidungsmöglichkeit zwischen Prä- und Postreduktion eines
Allelenpaares. Da Postreduktion eines Gens auf crossing over zwischen
dem Centromer und diesem Gen beruht (S. 143), ist *bei der Untersuchung
geordneter Tetraden das Centromer als zusätzliche Marke zu verwenden*.
Diese Tatsache spielt eine wichtige Rolle bei der Behandlung einiger
genetischer Teilprobleme (vgl. Tabelle IV-5).

Für eine Analyse geordneter Tetraden eignen sich vor allem Vertreter der Gattungen *Neurospora*, *Sordaria* und *Podospora* aus der

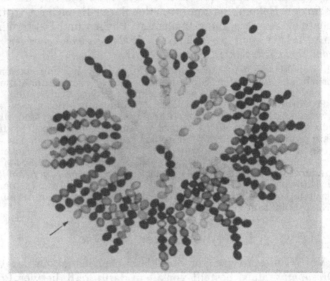

Abb. IV-3. Inhalt eines Peritheziums von *Sordaria macrospora*. Die Asci entstammen
einer Kreuzung schwarzsporig (*g⁺*) × grausporig (*g*). Bis auf eine Ausnahme zeigen alle
Asci eine Aufspaltung 4*g⁺*:4*g*. Ein Ascus (Pfeil) besitzt sechs schwarze und zwei graue
Sporen (6*g⁺*:2*g*). (Erläuterungen zu dieser anormalen Aufspaltung S. 231 ff.)

Familie der Sordariaceae (Tabelle I-1). Als besonders wertvoll erwiesen
sich bei diesen Objekten Mutanten, die sich in einem Sporenmerkmal
(z. B. Farbe, Größe) von der Wildform unterscheiden. Bei einer Kreuzung zwischen einer solchen Mutante und dem Wildtyp ist nämlich die
Aufspaltung des betreffenden Allelenpaares direkt an den Sporen abzu-
lesen (Abb. IV-3 und Umschlagbild).

Mutanten der Sporenfarbe sind z. B. bei folgenden Objekten beobachtet
worden: *Neurospora crassa* (STADLER 1956a, b; NAKAMURA 1961, THRELKELD
1965), *Sordaria fimicola* (BISTIS und OLIVE 1954; OLIVE 1956; ITO 1960),
*Sordaria macrospora* (HESLOT 1958; ESSER und STRAUB 1958), *Podospora
anserina* (KUENEN 1962b; MARCOU pers. Mitt.), *Ascobolus immersus* (RIZET
et al. 1960a, b) und *Aspergillus nidulans* (PONTECORVO und KÄFER 1958,
APIRION 1963). Die beiden zuletzt genannten Ascomycetes haben keine
geordneten Tetraden. Mutanten mit veränderter Sporengröße wurden z. B.
bei *Podospora anserina* und *Glomerella cingulata* gefunden (RIZET und ENGEL-
MANN 1949 bzw. WHEELER und DRIVER 1953).

Am Beispiel *Neurospora crassa* wollen wir darstellen, wie die lineare
Anordnung von acht genetisch markierten Sporen im Ascus zustande-

kommt (Abb. IV-4). Entscheidend dabei sind 1. die Lage der Pol-spindeln, 2. die Verteilung der Kerne und 3. die Reduktionsmodi der zur Markierung verwendeten Gene.

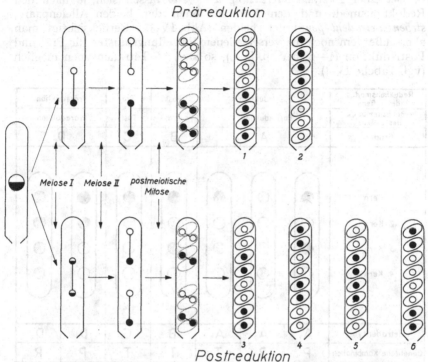

Abb. IV-4. Bildung der linear geordneten Sporen in den Asci eines achtsporigen Asco-myceten (z.B. *N. crassa*). Die Asci sind aus einer Einfaktor-Kreuzung hervorgegangen. Es lassen sich 2 Präreduktionstypen (1, 2) und 4 Postreduktionstypen (3—6) unterscheiden (vgl. hierzu Tabelle IV-1 und IV-4). Weißer Kreis bzw. Halbkreis = Marke des ersten Elter. Schwarzer Kreis bzw. Halbkreis = allele Marke des zweiten Elter. Erläuterungen s. Text

Die Spindeln in Meiosis I und II sind in Richtung der Ascuslängsachse orientiert (Abb. IV-4). Die in der ersten meiotischen Teilung gebildeten Kerne rücken im allgemeinen so weit auseinander, daß die entstehenden Tochterkerne in der Anaphase II nur sehr selten aneinander vorbeigleiten können. Die Spindeln in der postmeiotischen Mitose liegen fast ausschließ-lich schräg zur Längsachse, ohne sich gegenseitig zu überlappen (Abb. IV-4). Durch diesen Verteilungsmechanismus wird sichergestellt, daß jeder Kern bzw. jede Spore eine bestimmte Stelle im Ascus einnimmt (McClintock 1945, Singleton 1953).

Eine *Einfaktor-Kreuzung* $a^+ \times a$ führt bei *N. crassa* und einigen anderen Euascomycetes (S. 152) zu *sechs unterscheidbaren Tetradentypen* (Abb. IV-4, vgl. auch Tabelle IV-1 und IV-4).

Zwei dieser Typen (1, 2) kommen dadurch zustande, daß die Trennung der beiden Allele in Meiosis I erfolgt (Präreduktionstypen), die übrigen vier Typen (3—6) resultieren aus einer Trennung der Allele in Meiosis II (Post-reduktionstypen). Die Typen 3 und 4 zeigen eine asymmetrische, die Typen 5 und 6 eine symmetrische Aufspaltung. Bei einer zufallsgemäßen

Aufteilung der Centromere in den beiden Reifeteilungen entstehen die Prä-reduktionstypen im Verhältnis 1:1 und die Postreduktionstypen im Verhältnis 1:1:1:1 (Ausnahmen s. S. 144ff.).

Bei einer *Zweifaktor-Kreuzung* $a^+b^+ \times ab$ lassen sich, je nach den Reduktionsmodi und den Kombinationen der beiden Allelenpaare, *sieben Tetradentypen* unterscheiden (Abb. IV-5). Berücksichtigt man aber außerdem noch die verschiedenen Verteilungsmuster für Prä- und Postreduktion (1—6 in Abb. IV-4), so sind 36 Tetradentypen möglich (vgl. Tabelle IV-4).

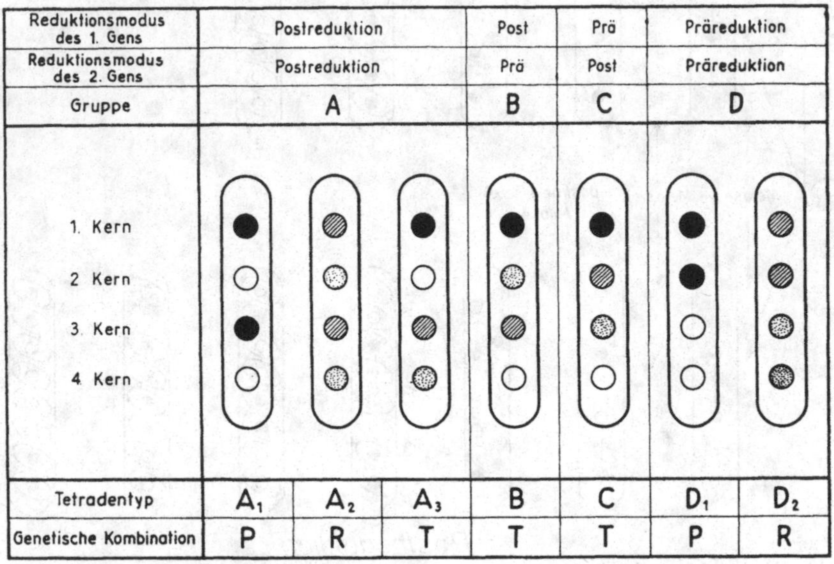

| Reduktionsmodus des 1. Gens | Postreduktion | | | Post | Prä | Präreduktion | |
|---|---|---|---|---|---|---|---|
| Reduktionsmodus des 2. Gens | Postreduktion | | | Prä | Post | Präreduktion | |
| Gruppe | A | | | B | C | D | |
| 1. Kern | | | | | | | |
| 2 Kern | | | | | | | |
| 3. Kern | | | | | | | |
| 4 Kern | | | | | | | |
| Tetradentyp | $A_1$ | $A_2$ | $A_3$ | B | C | $D_1$ | $D_2$ |
| Genetische Kombination | P | R | T | T | T | P | R |

● Parentalkombination $a^+b^+$     ◐ Rekombination $a^+b$
○ Parentalkombination $ab$     ◓ Rekombination $ab^+$

Abb. IV-5. Die sieben theoretisch möglichen Typen geordneter Tetraden bei einer Zwei-faktor-Kreuzung $a^+b^+ \times ab$ (vgl. auch Tabelle IV-4). Die Kerne, welche im Verlaufe der Meiosis durch zweimalige Teilung aus dem Zygotenkern entstehen, sind durch Kreise gekennzeichnet. Bei achtsporigen Ascomycetes teilt sich jedes dieser Meiosisprodukte mitotisch in zwei identische Tochterkerne. Erläuterungen s. Text. (Aus KUENEN 1962a)

In Abb. IV-5 ist die Situation bei *N. crassa* vor der postmeiotischen Mitose wiedergegeben, da die nachfolgende mitotische Teilung für jeden Kern zu einem genetisch identischen Kern- bzw. Sporenpaar führt und deshalb keine Verschiebung mit sich bringt. Wie aus dieser Abbildung zu ersehen ist, können die vier Gruppen *A*, *B*, *C* und *D*, welche durch die Reduktionsmodi der beiden Gene bestimmt sind, teilweise weiter unterteilt werden. Man unterscheidet 1. Tetraden mit ausschließlich parentaler Genkombination ($A_1$ und $D_1$), sog. Parental-Ditypen (*P*); 2. Tetraden mit ausschließlich nichtparentaler Genkombination ($A_2$ und $D_2$), sog. Rekombinations-Ditypen (*R*); 3. Tetraden, deren vier Kerne bezüglich ihrer genetischen Konstitution alle untereinander verschieden sind ($A_3$, *B* und *C*), sog. Tetratypen (*T*).

Differieren die Kreuzungspartner in mehr als zwei Faktoren, nimmt die Zahl der unterscheidbaren Tetradentypen exponentiell zu (vgl. Tabelle IV-4). In der großen Zahl der Unterscheidungsmöglichkeiten liegt der Vorteil geordneter Tetraden vor ungeordneten Tetraden oder Einzelsporen, da man zu spezifizierteren Daten gelangt.

Die für Ein- und Mehrfaktor-Kreuzungen beschriebenen Tetraden-typen sind charakteristisch für Pilze, die den gleichen Kernverteilungs-mechanismus wie *Neurospora crassa* aufweisen. Hierzu zählen die acht-sporigen Euascomycetes *Neurospora sitophila*, *Sordaria macrospora*, *S. fimicola* und *Bombardia lunata* (Tabelle I-1).

In etwas abgewandelter Form vollzieht sich die Sporenbildung bei *Podospora anserina* (Abb. IV-6), *Neurospora tetrasperma* und *Gelasino-spora tetrasperma*. Diese Pilze haben in ihren Asci nur jeweils vier Sporen. Jedoch ist jede Spore dikaryotisch (S. 18 und S. 19f.). Auch hier ist eine Analyse geordneter Tetraden durchführbar.

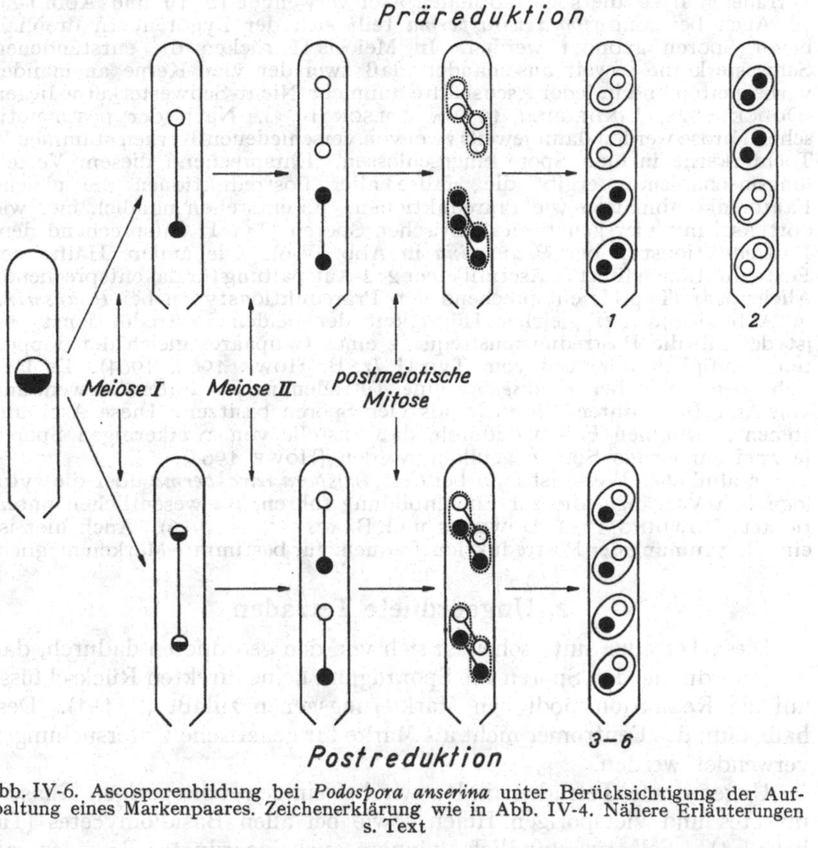

*Präreduktion*

*Meiose I*    *Meiose II*    *postmeiotische Mitose*

*Postreduktion*

Abb. IV-6. Ascosporenbildung bei *Podospora anserina* unter Berücksichtigung der Auf-spaltung eines Markenpaares. Zeichenerklärung wie in Abb. IV-4. Nähere Erläuterungen s. Text

Bei *Podospora anserina* wird die Verteilung der Kerne ähnlich wie bei *N. crassa* durch die Lage der Kernspindeln gelenkt. In den beiden meioti-schen Teilungen liegen die Spindeln in Längsrichtung, in der postmeiotischen Mitose jedoch schräg zur Ascuslängsachse (Abb. IV-6). Gemäß der aus dieser Lage der Spindeln resultierenden Anordnung der Kerne im Ascus bildet sich um je zwei Nicht-Schwesterkerne der postmeiotischen Mitose eine Spore. Dieser von RIZET und ENGELMANN (1949) auf Grund genetischer Untersuchungen postulierte Mechanismus der Kernverteilung konnte von FRANKE (1957, 1962) zytologisch nachgewiesen werden (Abb. I-7). Aller-dings konnte FRANKE auch sehr häufig beobachten, daß in Meiosis II die

Spindeln schräg und in der postmeiotischen Mitose längs gerichtet sind. Auch diese Spindelanordnung hat auf die Kernverteilung den gleichen Effekt. Entsprechend den beiden Verteilungsmechanismen sind bei der Präreduktion eines Allelenpaares die zwei Sporen der einen Ascushälfte für das eine, die zwei Sporen der anderen Hälfte für das andere Allel homogen (Typ 1 und 2 in Abb. IV-6). Bei Postreduktion sind alle vier Sporen heterogen. Eine Unterscheidung der vier Postreduktionstypen (Typ 3—6 wie in Abb. IV-4) ist im Gegensatz zu *N. crassa* nicht möglich. Bei bifaktoriellen Kreuzungen sind statt sieben (vgl. Abb. IV-5) nur fünf Tetradentypen direkt erkennbar. Jedoch besteht die Möglichkeit, durch eine weitere Analyse dikaryotischer Sporen der Ascustypen *A* die fehlenden Tetradentypen aufzufinden (RIZET und ENGELMANN 1949, ESSER 1956, 1959a, b; KUENEN 1962b). Eine weitere Möglichkeit ist gegeben, wenn man zur Tetradenanalyse die sog. anormalen Asci verwendet (S. 19 und Abb. I-8).

Auch bei *Neurospora tetrasperma* teilt sich der Zygotenkern dreimal, bevor Sporen gebildet werden. In Meiosis II rücken die entstandenen Schwesterkerne soweit auseinander, daß zwei der vier Kerne aneinander vorbeigleiten und in jeder Ascushälfte nunmehr Nicht-Schwesterkerne liegen (DODGE 1928, LINDEGREN 1932b, COLSON 1934). Nach der postmeiotischen Mitose werden dann jeweils zwei von verschiedenen Kernen stammende Tochterkerne in eine Spore eingeschlossen. Entsprechend diesem Verteilungsmechanismus ergibt die Hälfte aller Postreduktionen die gleiche Faktorenkombination wie Präreduktionen. Es entstehen nämlich hier wie dort Asci mit vier genetisch identischen Sporen (Typ I; entsprechend dem Postreduktionstyp bei *P. anserina* in Abb. IV-6). Die andere Hälfte der Postreduktionen führt zu Asci mit einer 2:2-Aufspaltung für das entsprechende Allelenpaar (Typ II; entsprechend den Präreduktionstypen bei *P. anserina* in Abb. IV-6). Bei gleicher Häufigkeit der beiden Postreduktionstypen ist deshalb die Postreduktionsfrequenz eines Genpaares gleich der doppelten Häufigkeit der Asci vom Typ II (z. B. HOWE 1963, 1964). Es läßt sich ebenso wie bei *P. anserina* eine Tetradenanalyse unter Verwendung von Asci durchführen, die mehr als vier Sporen besitzen. Diese Asci entstehen in seltenen Fällen dadurch, daß anstelle von zweikernigen Sporen je zwei einkernige Sporen gebildet werden (HOWE 1964).

In ähnlicher Weise ist man bei *Gelasinospora tetrasperma* über die zytologischen Vorgänge, die zur Sporenbildung führen, im wesentlichen unterrichtet (DOWDING 1933, DOWDING und BAKERSPIGEL 1956). Auch hier ist eine Bestimmung der Postreduktionsfrequenz für bestimmte Marken möglich.

## 2. Ungeordnete Tetraden

Diese Tetraden unterscheiden sich von den geordneten dadurch, daß die Anordnung der Sporen im Sporangium keine direkten Rückschlüsse auf die Reduktionsmodi von Markierungsgenen zuläßt (S. 151). Deshalb kann das Centromer nicht als Marke für genetische Untersuchungen verwendet werden.

Ungeordnete Tetraden finden wir bei einigen achtsporigen Euascomycetes und viersporigen Hefen sowie bei allen Basidiomycetes (Tabelle I-1). Selbstverständlich können auch geordnete Tetraden als „ungeordnet" aufgefaßt werden, wenn man die Reihenfolge der Sporen im Ascus unberücksichtigt läßt. Zur schnellen Isolierung ungeordneter Tetraden sind spezielle Methoden entwickelt worden, z.B. für *Schizophyllum commune* (PAPAZIAN 1950b), *Neurospora crassa* (STRICKLAND 1960), *Ascobolus immersus* (LISSOUBA und RIZET 1960).

*Einfaktor-Kreuzungen* ($a^+ \times a$) lassen nur erkennen, ob die Aufspaltung reziprok ($4a^+:4a$) oder nichtreziprok ist (z. B. $6a^+:2a$; Abb. IV-3, vgl. Tabelle IV-5 und S. 230ff.). Prä- und Postreduktionstypen sind nicht zu unterscheiden. Bei *Zweifaktor-Kreuzungen* entstehen drei Tetradentypen: *Parental-Ditypen* (*P*), *Rekombinations-Ditypen* (*R*) und *Tetratypen* (*T*) (vgl. Abb. IV-5, untere Reihe, und Abb. IV-8).

Unterscheiden sich die Kreuzungspartner in drei Allelenpaaren, beträgt die Zahl der verschiedenen Tetradentypen bei vollständiger Analyse 12 (Tabelle IV-4). Wenn man dagegen nicht die Genotypen der einzelnen Sporen, sondern lediglich die Tetradentypen für je zwei Gene berücksichtigt (unvollständige Analyse), sind nur 11 Typen erkennbar. Die TTT-Typen fallen dann nämlich in eine einzige Gruppe (Tabelle IV-3 und IV-4).

Tabelle IV-3. *Die theoretisch möglichen Verteilungsmodi bei drei Markenpaaren in ungeordneten Tetraden*

Der Markenverteilung liegt die Dreifaktor-Kreuzung $a^+b^+c^+ \times a\ b\ c$ zugrunde. Mit der konstanten Folge $a^+a^+a\ a$ (2. Zeile, 2. Spalte) werden sowohl die 6 möglichen Folgen für $b^+/b$ (2. Spalte) als auch die 6 möglichen Folgen für $c^+/c$ (2. Zeile) kombiniert. So entstehen $6 \cdot 6 = 36$ Kombinationsmöglichkeiten. Diese lassen sich auf 11 bzw. 12 verschiedene Typen reduzieren (s. auch Text). In den Dreierkombinationen von P, R und T gibt der erste Buchstabe jeweils den Tetradentyp für $a^+/a$ und $b^+/b$ an (1. Spalte), der zweite Buchstabe den Tetradentyp für $b^+/b$ und $c^+/c$ und der dritte Buchstabe den Tetradentyp für $a^+/a$ und $c^+/c$ (1. Zeile). *Beispiel:* Es bedeutet die Dreierkombination RRP (4. Zeile, 3. Spalte): Rekombinations-Dityp (R) für $a^+/a$ und $b^+/b$, also $a^+b$, $a^+b$, $ab^+$, $ab^+$; Rekombinations-Dityp (R) für $b^+/b$ und $c^+/c$, also $bc^+$, $bc^+$, $b^+c$, $b^+c$; Parental-Dityp (P) für $a^+/a$ und $c^+/c$, also $a^+c^+$, $a^+c^+$, $ac$, $ac$. Die vier Meiosisprodukte dieser Tetrade besitzen folglich die Genotypen $a^+bc^+$, $a^+bc^+$, $ab^+c$, $ab^+c$. (Nach WHITEHOUSE 1942, verändert.)

| Tetradentypen für $a^+/a$ und $b^+/b$ | | Tetradentypen für $a^+/a$ und $c^+/c$ | P | R | T | | | |
|---|---|---|---|---|---|---|---|---|
| | | $a^+$ $\quad$ $a^+$ $\quad$ $a$ $\quad$ $a$ | $c^+$ $\ c$<br>$c^+$ $\ c$<br>$c$ $\ \ c^+$<br>$c$ $\ \ c^+$ | $c$ $\ \ c^+$<br>$c$ $\ \ c^+$<br>$c^+$ $\ c$<br>$c^+$ $\ c$ | $c^+$ $\ c$<br>$c$ $\ \ c^+$<br>$c^+$ $\ c$<br>$c$ $\ \ c^+$ | | $c$ $\ \ c^+$<br>$c^+$ $\ c$<br>$c$ $\ \ c^+$<br>$c^+$ $\ c$ | |
| P | | $b^+$ $\ b^+$ $\ b$ $\ \ b$ | PPP | PRR | PTT | | | |
| R | | $b$ $\ \ b$ $\ \ b^+$ $\ b^+$ | RRP | RPR | RTT | | | |
| T | | $b^+$ $\ b$ $\ \ b^+$ $\ b$<br>$b$ $\ \ b^+$ $\ b$ $\ \ b^+$ | TTP | TTR | TPT $\ $ TRT<br>TRT $\ $ TPT | | TTT | |
| | | $b^+$ $\ b$ $\ \ b$ $\ \ b^+$<br>$b$ $\ \ b^+$ $\ b^+$ $\ b$ | | | TTT | | TPT $\ $ TRT<br>TRT $\ $ TPT | |

Die in zwei Feldern der Tabelle IV-3 (letzte Zeile, vorletzte Spalte und vorletzte Zeile, letzte Spalte) zusammengefaßten Dreierkombinationen TTT lassen sich auf zwei genotypisch unterscheidbare Tetradentypen zurückführen. Entsprechend dem Beispiel in der Legende zu dieser Tabelle werden durch das Symbol TTT folgende zwei Tetradentypen erfaßt: $a^+b^+c^+$, $a^+bc$, $abc^+$, $ab^+c$ (Typ 1) und $a^+b^+c$, $a^+bc^+$, $ab^+c^+$, $abc$ (Typ 2).

Bei steigender Zahl der eingekreuzten Gene nimmt die Zahl der unterscheidbaren Tetradentypen exponentiell zu (Tabelle IV-4).

Da man bei Verwendung ungeordneter Tetraden Prä- und Postreduktionstypen nicht unterscheiden kann (S. 157), hat man Methoden entwickelt, um auf indirektem Weg die Postreduktionsfrequenz und damit die *Lage des Centromers* zu bestimmen.

Eine dieser Methoden besteht darin, aus den Daten einer Dreifaktor-Kreuzung die drei Tetratyphäufigkeiten zu bestimmen und mit Hilfe dieser Werte die Postreduktionsfrequenz der drei beteiligten Gene zu berechnen (WHITEHOUSE 1949, 1950, 1957b; PERKINS 1949; PAPAZIAN 1951, 1952). Folgende Voraussetzungen müssen jedoch hierbei erfüllt sein: 1. Die drei Gene sind auf mindestens zwei verschiedenen Chromosomen lokalisiert, 2. die Verteilung der Centromere in der Meiosis ist zufallsgemäß (S. 144), 3. Chromosomen- (S. 192ff.) und Chromatiden-Interferenz (S. 184ff.) fehlen.

Bei einer anderen Methode verwendet man Centromer-Markierer, d. h. Gene, welche in unmittelbarer Nachbarschaft von Centromeren liegen und infolgedessen fast immer präreduziert werden. Jedoch muß man hier zuvor auf andere Weise die Postreduktionsfrequenz dieses Centromer-Markierungsgens bestimmt haben.

Zur Untersuchung der meisten genetischen Probleme benötigt man mindestens zwei genetische Regionen, also mindestens drei Marken (vgl. Tabelle IV-5). Eine begrenzte Information ist auch schon bei Verwendung von nur zwei Genen aus der Verteilung der Tetradentypen $P$, $R$ und $T$ möglich (SHULT und LINDEGREN 1956b, 1957, 1959; DESBOROUGH und LINDEGREN 1959). Von Bedeutung sind vor allem fünf Tetradenverteilungen, welche wir im folgenden kurz beschreiben (vgl. hierzu Tabelle IV-6).

Die aus den Daten einer Zweifaktor-Kreuzung bestimmbaren Häufigkeiten der Parental-Ditypen ($P$), Rekombinations-Ditypen ($R$) und Tetratypen ($T$) werden im folgenden mit $p$, $r$ bzw. $t$ bezeichnet.

1. *N-Verteilung* (*no* linkage): $p:r:t = 1:1:4$; $p=r$; $t=2/3$.

Deutung: a) Zwei Gene auf demselben Chromosom rekombinieren frei miteinander. Dieser Fall kann nur eintreten, wenn die Marken weit auseinanderliegen, d. h. wenn häufiges crossing over zwischen ihnen möglich ist.

b) Zwei Gene auf verschiedenen Chromosomen, von denen eines oder beide frei mit ihren zugehörigen Centromeren rekombinieren. Mindestens eine Genmarke liegt also weit vom Centromer entfernt (s. auch WHITEHOUSE 1949).

2. *F-Verteilung* (excess of *first* division segregation): $p=r$; $t<2/3$.

Deutung: Zwei Gene auf verschiedenen Chromosomen rekombinieren relativ selten mit ihren zugehörigen Centromeren. Die Centromere werden zufallsgemäß in Meiosis I verteilt. Als Folge erhält man niedrige Postreduktionsfrequenzen für beide Gene (Centromer-Markierungsgene).

3. *L-Verteilung* (direct *linkage*): $p>r$; $t<2/3$.

Deutung: a) Zwei Gene liegen dicht zusammen auf demselben Chromosom („direkte Koppelung"); der Rekombinationswert ist klein, da die Parentaltypen überwiegen.

b) Zwei Gene auf verschiedenen Chromosomen liegen nah an ihrem zugehörigen Centromer; die Centromere trennen sich vorzugsweise in parentaler Kombination während der Meiosis I („Quasi-Koppelung", S. 147ff. und Tabelle IV-6).

4. *R-Verteilung* (*reverse* linkage): $p<r$; $t<2/3$.

Deutung: a) Zwei Gene auf demselben Chromosom, zwischen ihnen findet häufiger Vier- als Zweistrang-Doppel-crossing-over statt (positive Chromatiden-Interferenz). Der Rekombinationswert ist größer als 50%.

b) Zwei Gene auf verschiedenen Chromosomen liegen nahe an ihren zugehörigen Centromeren; die Centromere spalten vorzugsweise in nicht-parentaler Kombination während Meiosis I („umgekehrte Koppelung"; S. 147ff. und Tabelle IV-6). Dieser Fall kann z. B. bei einer Synapse nicht-homologer Centromere in der ersten Reifeteilung eintreten (LINDEGREN und SHULT 1956; SHULT und LINDEGREN 1957).

5. *T-Verteilung* (excess of *tetratype*): $p = r$; $t > 2/3$.

Deutung: a) Zwei Genmarken auf demselben Chromosom oder auf verschiedenen Chromosomen; zwischen diesen Genen bzw. zwischen mindestens einem Gen und dem zugehörigen Centromer findet sehr häufig ein Einfach-crossing-over statt (starke positive Chromosomen-Interferenz).

b) Zwei Gene auf demselben Chromosom; zwischen ihnen findet häufiger, als bei Zufallsverteilung erwartet, Dreistrang-Doppel-crossing-over statt (Chromatiden-Interferenz).

Da in der Regel zwei Möglichkeiten zur Interpretation einer bestimmten Verteilung gegeben sind, muß eine von ihnen durch zusätzliche Daten ausgeschlossen werden. Es gibt hierzu verschiedene Wege, wie DESBOROUGH und LINDEGREN (1959) zeigten, z. B. durch den eindeutigen Nachweis von Koppelung oder Nichtkoppelung oder durch Bestimmung der Kartenabstände zweier Gene oder eines Gens von seinem zugehörigen Centromer.

Tabelle IV-4. *Zahl der theoretisch möglichen Tetradentypen bzw. Genotypen bei Berücksichtigung von 1, 2, 3, 4, 5 ... n Marken.* (Nach FISHER 1950, PAPAZIAN 1952 und BENNET 1956.)

| Art der Analyse | Zahl der Kombinationsmöglichkeiten | | | | | |
|---|---|---|---|---|---|---|
| | 1 | 2 | 3 | 4 | 5 | n-Faktoren |
| Geordnete Tetraden (vollständige Analyse) | 6 | 36 | 216 | 1296 | 7776 | $6^n$ |
| Geordnete Tetraden (unvollständige Analyse) | 2 | 7 | 32 | 172 | 4860 | $\dfrac{6^n + 5 \cdot 2^n}{8}$ |
| Ungeordnete Tetraden (vollständige Analyse) | 1 | 3 | 12 | 60 | 336 | $\dfrac{6^{n-1} + 3 \cdot 2^{n-1}}{4}$ |
| Ungeordnete Tetraden (unvollständige Analyse) | 1 | 3 | 11 | 48 | 236 | $\dfrac{6^n + 3 \cdot 4^n + 15 \cdot 2^n}{48}$ |
| Einzelstränge | 2 | 4 | 8 | 16 | 32 | $2^n$ |

## 3. Einzelstränge

Wenn die für eine Tetradenanalyse erforderlichen zytologischen Vorbedingungen nicht erfüllt sind, ist man darauf angewiesen, einzelne Sporen zu isolieren und zu untersuchen. Da man mit einer solchen Untersuchung nur jeweils eines der vier Meiosisprodukte, also nur jeweils ein Chromatid (Strang) einer Tetrade erfaßt, hat man diese Art der Untersuchung Einzelstranganalyse genannt. Bei Pilzen ist sie besonders dann notwendig geworden, wenn die Sporen den engen Zusammenhalt innerhalb einer Tetrade verlieren. Dieser Fall trifft z. B. für alle Phycomycetes zu (Tabelle I-1). Jedoch wendet man die Einzelstranganalyse oft auch bei Organismen mit geordneten oder ungeordneten Tetraden an, wenn man rasch größere Mengen von Sporen benötigt

Tabelle IV-5. *Zusammenstellung der experimentellen Möglichkeiten zur*
Die in der zweiten Spalte benutzten Abkürzungen bedeuten: g = geordnete
der in den Spalten 3—5 verwendeten

| Teilproblem | Minimalzahl der zur Untersuchung erforderlichen Genmarken | zur Untersuchung geordnete Tetraden (g) |
|---|---|---|
| 1. Präreduktion des Centromers | 2 (g) | Tetradentypen $(A_1\text{-}D_2)$ |
| 2. Rekombination im Vierstrangstadium | 2 (g) | Tetratypen $(A_3, B, C)$ |
| 3. Verteilung homologer Chromosomen in | | |
| a) Meiosis I | 1 (g) | Präreduktionstypen |
| b) Meiosis II | 1 (g) | Postreduktionstypen |
| 4. Verteilung nichthomologer Chromosomen in der Meiosis | 2 (g, u) | Tetradentypen $(A_1\text{-}D_2)$ |
| 5. Reziproke Rekombination | 1 (g, u) | Prä- oder Postreduktionstypen |
| 6. Koppelung | | |
| a) zwischen Genmarken | 2 (g, u, e) | Tetradentypen $(A_1\text{-}D_2)$ |
| b) zwischen Genmarken und Centromer | 1 (g) | Prä- und Postreduktionstypen |
| 7. Chromatiden-Interferenz | | |
| a) über das Centromer | 2 (g) 3 (u) | Tetradentypen $(A_1, A_2, A_3)$ |
| b) innerhalb eines Schenkels | 2 (g) 3 (u) | Tetradentypen $(A_3, B)$ |
| 8. Chromosomen-Interferenz | | |
| a) über das Centromer | 2 (g) 3 (u, e) | Tetradentypen $(A_1\text{-}D_2)$ |
| b) innerhalb eines Schenkels | 2 (g) 3 (u, e) | Tetradentypen $(A_1\text{-}D_2)$ |
| 9. Lokalisation und Kartierung von | | |
| a) Genmarken | 2 (g, u, e) | Tetratypen $(A_3, B, C)$ |
| b) Centromeren | 1 (g) | Postreduktionstypen |
| 10. Intragenische Rekombination | 2 (g, u, e) | Rekombinations-Ditypen und Tetratypen $(A_2, A_3, B, C, D_2)$ bzw. aberrante Tetradentypen |
| 11. Negative Interferenz | 3 (g, u, e) (meist 4) | Tetradentypen $(A_1\text{-}D_2)$ |
| 12. Nichtreziproke Rekombination | 1 (g, u) meist 2) | aberrante Prä- oder Postreduktionstypen |

*Behandlung der in diesem Kapitel dargestellten genetischen Teilprobleme*
Tetraden, u = ungeordnete Tetraden, e = Einzelstränge. Die Erklärung
Zeichen ist bereits im Text erfolgt.

| erforderliche Tetraden- bzw. Genotypen | | Hinweis auf Seite |
|---|---|---|
| ungeordnete Tetraden (u) | Einzelstränge (e) | |
| | | 143 |
| Tetratypen ($T$) | | 143 |
| | | 144 ff. |
| Tetradentypen ($P, R, T$) | | 146 ff. |
| Tetradentypen | | 151 ff. |
| Parental und Rekombinations-Ditypen ($P, R$) | Parental- und Rekombinationstypen ($P_1, P_2, R_1, R_2$) | 162 ff. |
| Tetradentypen ($TPT, TTT, TRT$), unter Verwendung eines Centromer-Markierers | | 184 ff. |
| Tetradentypen ($TPT, TTT, TRT$) | | |
| Tetradentypen ($P, R, T$), unter Verwendung eines Centromer-Markierers | Parental- und Rekombinationstypen ($P_1, P_2, R_1, R_2$), unter Verwendung eines Centromer-Markierers | 192 ff. |
| Tetradentypen ($P, R, T$) | Parental- und Rekombinationstypen ($P_1, P_2, R_1, R_2$) | |
| Tetratypen ($T$) | Rekombinationstypen ($R_1, R_2$) | 201 ff. |
| Rekombinations-Ditypen und Tetratypen ($R, T$) bzw. aberrante Tetradentypen | Rekombinationstypen ($R_1, R_2$) | 217 ff. |
| Tetradentypen ($P, R, T$) | Parental- und Rekombinationstypen ($P_1, P_2, R_1, R_2$) | 224 ff. |
| aberrante Tetradentypen | | 230 ff. |

und sich die mühevolle Isolierung einzelner Asci oder Basidien ersparen will.

Die Analyse einzelner Meiosisprodukte ermöglicht im wesentlichen nur die Berechnung des Rekombinationswertes und ist deshalb besonders geeignet für den Nachweis von Koppelung (S. 171) (PERKINS 1953), für die Lokalisation genetischer Marken (S. 201 ff.) und für die Bestimmung von Chromosomen-Interferenz (S. 192 ff., Tabelle IV-5).

Für alle genetischen Untersuchungen sind mindestens zwei Gene zur Markierung notwendig. Bei *Zweifaktor-Kreuzungen* erhält man *zwei Parentaltypen* ($P_1$ und $P_2$) und *zwei Rekombinationstypen* ($R_1$ und $R_2$), also insgesamt vier verschiedene Genotypen. Bei jedem weiteren Faktor verdoppelt sich die Zahl der unterscheidbaren Genotypen (Tabelle IV-4).

Abschließend geben wir in Tabelle IV-5 eine Übersicht über die experimentellen Möglichkeiten, welche dem Genetiker gegeben sind, die in diesem Kapitel behandelten Probleme in Angriff zu nehmen.

### Zusammenfassung

1. Eine große Zahl von Pilzen hat sich als besonders vorteilhaft für genetische Untersuchungen erwiesen, da die vier Produkte jeder Meiosis zu Tetraden vereinigt bleiben und direkt analysiert werden können. Eine Analyse geordneter Tetraden ist jedoch nur dann möglich, wenn der Mechanismus der Kernverteilung zu einer gesetzmäßigen linearen Anordnung der Sporen im Sporangium (Ascus) führt.

2. Die Summe aller Einzelinformationen ist bei Verwendung geordneter Tetraden am höchsten; es folgen mit abnehmendem Informationsgehalt ungeordnete Tetraden und mit großem Abstand Einzelsporen. Dieselbe Tendenz zeigt sich in den Zahlen der unterscheidbaren Tetradentypen bzw. Genotypen bei fest vorgegebener Zahl eingekreuzter Genmarken (Tabelle IV-4).

3. Geordnete Tetraden informieren im Gegensatz zu ungeordneten Tetraden über den Reduktionsmodus von Allelenpaaren und dadurch über die Lage der Centromere. Jedoch sind Isolierung und Analyse von ungeordneten Tetraden und erst recht von Einzelsporen weniger zeitraubend und führen deshalb bei der Lösung bestimmter genetischer Teilprobleme schneller zum Ziel.

4. Die Verwendungsfähigkeit der drei Analysenarten zur Untersuchung genetischer Probleme ist in Tabelle IV-5 beschrieben.

## II. Koppelung

Von *Koppelung zwischen genetischen Marken* spricht man im allgemeinen, *wenn diese im Kreuzungsexperiment vorwiegend in parentaler Kombination an die Nachkommen weitergegeben, also nicht frei kombiniert werden.* Die Menge aller untereinander gekoppelten Gene bezeichnet man als *Koppelungsgruppe.* Gene verschiedener Koppelungsgruppen nennt man *ungekoppelt.* Durch vergleichende zytologische und genetische Untersuchungen stellte man fest, daß die Zahl der Koppelungsgruppen der Zahl der Chromosomen im haploiden Satz entspricht (vgl. hierzu Tabelle I-1 und S. 172). Wegen dieses engen Zusammenhanges zwischen

Koppelungsgruppe und Chromosom werden die beiden Begriffe häufig synonym verwendet.

Die Koppelung von Genmarken einer Koppelungsgruppe ist nicht absolut. Meist kann man nur eine *partielle Koppelung* feststellen, die zwischen den beiden Extremen der totalen Koppelung und der Zufallsverteilung liegt. Eine *totale Koppelung* würde dann vorliegen, wenn Gene ausschließlich in parentaler Kombination an die Nachkommen weitergegeben würden. Bei einer *Zufallsverteilung* dagegen entstehen Parental- und Rekombinationstypen zu gleichen Teilen.

Es läßt sich im Experiment nur dann Koppelung zwischen Marken nachweisen, wenn man die aus entsprechenden Kreuzungen hervorgegangenen Meiosisprodukte analysiert. Wir haben in Tabelle IV-6 die Kriterien zusammengestellt, die zum Nachweis von Koppelung bzw. zum Nachweis der Unabhängigkeit zweier Gene üblich sind, und in Tabelle IV-7 hierzu einige Beispiele angegeben. In den folgenden zwei Abschnitten werden wir an verschiedenen Stellen auf diese beiden Tabellen hinweisen.

# 1. Rekombination und crossing over

Die Durchbrechung der Koppelung erfolgt durch crossing over; dieses führt jedoch nicht immer zu einer Rekombination der im Experiment verwendeten Marken. Für die Analyse der partiellen Koppelung sind deshalb vor allem solche Genkombinationen und Tetradentypen interessant, welche *direkte* Rückschlüsse auf Zahl und Art der stattgefundenen crossing over zulassen.

Man spricht, je nach der Zahl der in einer Tetrade gleichzeitig auftretenden crossing over, von Einfach- oder Mehrfach-crossing-over. Unter den letzteren sind vor allem die Doppel-crossing-over zu erwähnen. Man unterscheidet Zweistrang (2 Str.)-, Dreistrang (3 Str.)- und Vierstrang (4 Str.)-Doppelcrossing-over, je nach der Zahl der Chromatidenstränge, welche an einem Doppel-crossing-over beteiligt sind (vgl. hierzu Abb. IV-8, IV-9 und IV-11).

Da wir in den folgenden Abschnitten einige Symbole wiederholt benutzen werden, setzen wir einheitlich fest: Tetradentypen werden wie bisher durch große Buchstaben bezeichnet, z. B. $A_1$, $B$, $D_2$, $P$, $R$ (vgl. z.B. Abb. IV-5). Dieselben Symbole verwenden wir auch, wenn wir die gefundene Zahl der entsprechenden Tetradentypen ausdrücken wollen, z. B. $A_1 = 243$. Zur Kennzeichnung der Tetradentyp-Häufigkeiten wählen wir kleine Buchstaben, z. B. $a_1$, $b$, $d_2$, $p$, $r$. Durch Multiplikation der Häufigkeiten mit 100 kann man die zugehörigen Prozentsätze bestimmen, z. B. $100 \times a_1 =$ Prozentsatz der $A_1$-Typen. In analoger Weise gibt der Rekombinationswert den Prozentsatz der Rekombinationen an, ist also 100mal größer als die entsprechende Rekombinationsfrequenz ($\varrho$).

## a) Geordnete Tetraden

*1. Kreuzungsanalyse.* Aus einer Zweifaktor-Kreuzung $a^+b^+ \times ab$ erwartet man höchstens 7 Tetradentypen (Abb. IV-5), wenn man die Meiosisprodukte als geordnete Tetraden analysiert. Diese Zahl ist unabhängig davon, ob die beiden Genmarken gekoppelt oder ungekoppelt sind. Sie hängt ferner nicht davon ab, ob und wie viele crossing over bei Koppelung zwischen den Marken stattfinden. Somit steht der kleinen Zahl von 7 Tetradentypen eine bedeutend größere, theoretisch sogar unbegrenzte Anzahl von verschiedenen crossing-over-Konfigurationen gegenüber. In Abb. IV-7 haben wir diejenigen ausgesucht, welche in einfachster Form die Entstehung der 7 Tetradentypen erklären.

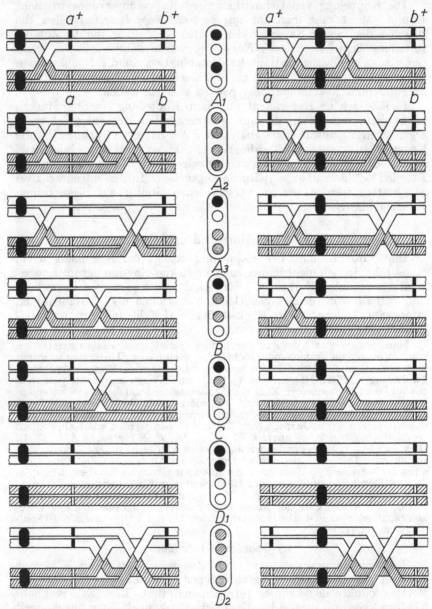

Abb. IV-7. Mögliche Deutung der sieben in Abb. IV-5 dargestellten Tetradentypen durch crossing over. Es sind nur die einfachsten crossing-over-Konfigurationen wiedergegeben. *Links:* Beide Genmarken liegen auf derselben Seite des Centromers, d. h. im selben Chromosomenschenkel. *Rechts:* Die zwei Genmarken liegen auf verschiedenen Seiten des Centromers, d. h. in verschiedenen Chromosomenschenkeln. Die Genotypen (*Mitte*) sind wie in Abb. IV-5 gekennzeichnet. Für die Darstellung der Chromosomen, Centromere und Genmarken sind dieselben Symbole wie in Abb. IV-2 verwendet worden

Aus dieser Abbildung ist zu ersehen:

a) Der einzige Tetradentyp, der *ohne crossing over* entstehen kann, ist der $D_1$-*Typ*, und zwar sowohl für den Fall (I), daß beide Genmarken auf derselben Seite des Centromers liegen (Abb. IV-7, links), als auch für den Fall (II), daß die zwei Gene verschiedene Chromosomenschenkel markieren (Abb. IV-7, rechts).

b) Ein *einfaches crossing over* ist zur Erklärung der *C-Typen* (in beiden Fällen) und der $A_1$-*Typen* in Fall I bzw. der *B-Typen* in Fall II erforderlich.

c) Ein *Doppel-crossing-over* muß in den folgenden Fällen gefordert werden: Vierstrang-Doppel-crossing-over in einer einzigen Region für $D_2$-*Typen* (Fall I und II); Zwei- bzw. Dreistrang-Doppel-crossing-over für *B*- bzw. $A_3$-*Typen* in Fall I; Zwei-, Drei- bzw. Vierstrang-Doppel-crossing-over für $A_1$-, $A_2$- bzw. $A_3$-*Typen* in Fall II.

Sowohl das Verhältnis $a_1 : a_2 : a_3$ in Fall II als auch die Proportion $a_3 : b$ in Fall I geben Auskunft über die Beteiligung der Chromatiden bei Doppel-crossing-over. Bei Zufallsbeteiligung erwartet man $a_1 : a_2 : a_3 = 1 : 1 : 2$ und $a_3 : b = 1 : 1$. Eine Abweichung von dieser Zufallserwartung spricht für Chromatiden-Interferenz (S. 184ff.).

d) Für das Zustandekommen des $A_2$-*Typs* in Fall I muß man sogar ein *dreifaches crossing over* postulieren.

Bei der Berechnung der crossing-over-Häufigkeit ist zu beachten, daß in Abb. IV-7 bei weitem nicht alle crossing-over-Konfigurationen berücksichtigt sind, selbst wenn man nicht mehr als zwei crossing over pro Region annimmt. Man würde z. B. auf Grund einer zufallsgemäßen Beteiligung der Chromatiden bei Doppelaustausch (2 Str.: 3 Str.: 4 Str. $= 1 : 2 : 1$; S. 184) erwarten, daß für $d_2 \neq 0$ einige $D_1$-Typen auch durch 2 Str.- und doppelt so viel C-Typen durch 3 Str.-Doppel-crossing-over entstehen, und zwar mit den Häufigkeiten $d_2$ bzw. $2d_2$ (s. Diskussion bei WHITEHOUSE 1942, 1949; PERKINS 1953, 1955; KUENEN 1962a).

*2. Nachweis von Koppelung.* Entsprechend der Definition (S. 162) ist die Koppelung zwischen zwei Marken um so enger, je mehr die Häufigkeit der Parentaltypen gegen 1, die der Rekombinationstypen gegen 0 und folglich das Verhältnis Rekombinationstypen:Parentaltypen gegen 0 strebt. Da eine Rekombination nur dann erfolgen kann, wenn mindestens ein crossing over zwischen den beiden Genen stattfindet, konvergiert auch die Häufigkeit der crossing over gegen 0. Daraus folgt, daß bei Koppelung $D_2$-Typen stets seltener als $D_1$-Typen entstehen $(d_1 > d_2)$. Außerdem sind für den in Abb. IV-7 (links) dargestellten Fall $A_2$-Typen seltener als $A_1$-Tetraden zu erwarten $(a_1 > a_2)$. Beide Ungleichungen sind hinreichende Bedingungen für den Nachweis von Koppelung (Tabelle IV-6 und IV-7). Allgemeiner gilt: Eine signifikante Abweichung der beobachteten Tetradenverteilung von der bei Nichtkoppelung erwarteten Zufallsverteilung ist *hinreichend* für Koppelungsnachweis.

Die Tetradenverteilung, die man bei freier Kombinierbarkeit zweier Markenpaare $a^+/a$ und $b^+/b$ erwarten würde, läßt sich berechnen. Die Postreduktionsfrequenzen der beiden Allelenpaare, welche unabhängig von dem Koppelungsverhalten bestimmt werden können, erlauben nämlich eine Einteilung in die vier Gruppen *A—D*: post $(a^+/a) \times$ post $(b^+/b) =$ Häufigkeit der Gruppe *A* $(= a$ mit $a = a_1 + a_2 + a_3)$; post $(a^+/a) \times$ prä $(b^+/b) =$ Häufigkeit der Gruppe *B* $(= b)$; prä $(a^+/a) \times$ post $(b^+/b) =$ Häufigkeit der Gruppe *C* $(= c)$ und prä $(a^+/a) \times$ prä $(b^+/b) =$ Häufigkeit der Gruppe *D* $(= d$ mit $d = d_1 + d_2)$.

Tabelle IV-6. *Zusammenstellung der Kriterien für Koppelung und Nicht-koppelung bei Berücksichtigung zweier Markenpaare*

Erläuterungen s. Text. Anwendung der ersten vier Kriterien in Tabelle IV-7 und der letzten beiden Kriterien in Tabelle IV-2. Die Bezeichnungen für die Tetradenverteilungen (ungeordnete Tetraden) wurden auf S. 158f. erklärt. (Nach KUENEN 1962a, erweitert.)

| Geordnete Tetraden | | Ungeordnete Tetraden | Einzel-stränge | Folgerungen |
|---|---|---|---|---|
| Tetraden-verteilung | Karten-abstand | Tetraden-verteilung | Rekombi-nations-frequenz | |
| $d_1 > d_2$　$a_1 > a_2$ | $w = y - x$ | $p > r$ $r : t < 1 : 4$ (L-Verteilung) | $\varrho < 0,5$ | Marken liegen gekoppelt auf derselben Seite des Centromers |
| $a_1 = a_2$ | $w = x + y$ | | | Marken liegen gekoppelt auf verschiedenen Seiten des Centromers |
| $d_1 = d_2$　$a_1 = a_2$ | $w = y - x$ oder $w = x + y$ | $p = r$ $r : t \leqq 1 : 4$ (N-, T-Verteilung) | $\varrho = 0,5$ $\varrho \leqq x + y$ | Es kann nicht entschieden werden, ob die Marken gekoppelt oder ungekoppelt sind |
| $d_1 = d_2$　$a_1 = a_2$ | $w \neq y - x$ und $w \neq x + y$ | $p = r$ $r : t > 1 : 4$ (F-Verteilung) | $\varrho = 0,5$ $\varrho > x + y$ | Marken sind nicht gekoppelt |
| $d_1 > d_2$　$a_1 > a_2$ | $w \neq y - x$ und $w \neq x + y$ | $p > r$ (L-Verteilung) | $\varrho < 0,5$ | Marken liegen auf verschiedenen Chromosomen, die im Verlaufe der Meiosis bevorzugt in parentaler Kombination auf die Spindelpole verteilt werden. Es wird Koppelung vorgetäuscht (Quasi-Koppelung: sehr selten! S. 148) |
| $d_1 < d_2$　$a_1 < a_2$ | $w \neq y - x$ und $w \neq x + y$ | $p < r$ (R-Verteilung) | $\varrho > 0,5$ | Marken liegen auf verschiedenen Chromosomen, die im Verlaufe der Meiosis bevorzugt in neuer Kombination auf die Spindelpole verteilt werden (reverse Koppelung: sehr selten! S. 148) |

Außerdem gelten bei Zufallsverteilung noch die Beziehungen $a_1 = a_2 = 1/2 a_3$ und $d_1 = d_2$, so daß die Berechnung der Häufigkeiten aller Tetradentypen möglich ist.

Die Gleichung $a_1 = a_2 = 1/2 a_3$ ist auch dann erfüllt, wenn die beiden Gene gekoppelt auf verschiedenen Seiten des Centromers liegen (Abb. IV-7, rechts) und keine Chromatiden-Interferenz nachweisbar ist (S. 184). Folglich ist diese Gleichung keine hinreichende, sondern nur eine notwendige Bedingung für Nichtkoppelung zweier Marken (S. 171).

Die Häufigkeit der crossing over zwischen zwei Marken ist ein Maßstab für ihren Abstand (S. 202). Bei Koppelung erwartet man deshalb, daß der Abstand $w$ der beiden Gene entweder gleich der Summe der beiden Abstände $x$ und $y$ zwischen den Genen und dem Centromer ($w = x + y$) oder gleich ihrer Differenz ($w = y - x$ für $x \leqq y$) ist, je nachdem ob die Gene auf verschiedenen Seiten oder auf derselben Seite des Centromers liegen (Abb. IV-7, rechts bzw. links und Tabelle IV-6 und IV-7).

In Abb. IV-7 kann man z. B. *w* als Abstand zwischen den Marken *a* und *b* wählen, *x* als Abstand zwischen *a* und dem Centromer und *y* als Kartenabstand zwischen *b* und dem Centromer. Die Abstände *x* und *y* entsprechen den halben Postreduktionsfrequenzen, der Abstand *w* der Rekombinations- bzw. der halben Tetratypfrequenz (Tabelle IV-7 und S. 203).

## b) Ungeordnete Tetraden

*1. Kreuzungsanalyse.* Wenn man aus einer Zweifaktor-Kreuzung ungeordnete Tetraden analysiert, findet man höchstens drei verschie-

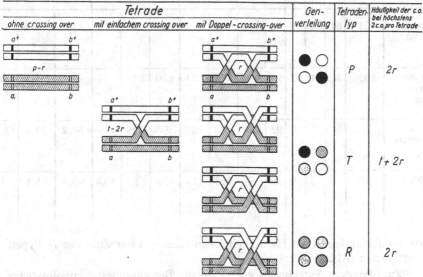

Abb. IV-8. Deutung der drei aus einer Zweifaktor-Kreuzung theoretisch zu erwartenden Typen ungeordneter Tetraden bei höchstens zwei crossing over in der markierten Region. Genotypen wie in Abb. IV-5. Chromosomen und Genmarken wie in Abb. IV-2. Rechts in der Abbildung ist unter vereinfachten Voraussetzungen gezeigt, wie man aus den Häufigkeiten *t* und *r* der Tetratypen (*T*) bzw. Rekombinations-Ditypen (*R*) die Häufigkeit der crossing over approximativ berechnen kann. *p* = Häufigkeit der Parental-Ditypen (*P*).
Erläuterungen s. Text

dene Typen, nämlich Parental-Ditypen (*P*), Tetratypen (*T*) und Rekombinations-Ditypen (*R*) (Abb. IV-5 und IV-8). Auch hier führen bestimmte crossing-over-Konfigurationen nicht zu einer Rekombination der zur Markierung benutzten Gene. In Abb. IV-8 ist der Zusammenhang zwischen Tetradentyp und crossing over bei höchstens zwei crossing over in der markierten Region dargestellt.

Aus dieser Abbildung geht hervor, daß im einfachsten Fall Parental-Ditypen (*P*) ohne crossing over, Tetratypen (*T*) durch ein einfaches crossing over und Rekombinations-Ditypen (*R*) durch ein Vierstrang-Doppel-crossing-over entstehen. Bei zufallsgemäßer Beteiligung der Chromatiden am Doppelaustausch werden neben 4 Str.- ebenso viele 2 Str.- und doppelt so viele 3 Str.-Doppel-crossing-over gebildet, welche zu Parental-Ditypen bzw. Tetratypen führen. Deshalb ist bei der Berechnung der crossing-over-Häufigkeit zu beachten, daß unter den *P*- und *T*-Tetraden auch solche enthalten sind, welche durch Doppel-crossing-

Tabelle IV-7. *Beispiele für die Anwendung der Erläuterungen s. Text und Tabelle IV-6 (Referenz:*

| Untersuchungsobjekt und Kreuzung | Zahl der analysierten Asci | Tetradentypen (geordnete Tetraden) | | | | | | | Tetradentypen (ungeordnete Tetraden) | | | Rekombinationswert (%) (100w) | Halber Postreduktionswert (%) für das | |
| | | $A_1$ | $A_2$ | $A_3$ | $B$ | $C$ | $D_1$ | $D_2$ | $P$ | $T$ | $R$ | | 1. Gen (100x) | 2. Gen (100y) |
|---|---|---|---|---|---|---|---|---|---|---|---|---|---|---|
| *Podospora anserina* $t_1 \times i$ | 615 | 67 | 1 | 6 | 2 | 399 | 136 | 4 | 203 | 407 | 5 | 33,9 | 6,2 | 38,5 |
| *Podospora anserina* $m \times un$ | 1036 | 20 | 24 | 47 | 76 | 692 | 166 | 11 | 186 | 815 | 35 | 42,7 | 8,1 | 37,8 |
| *Sordaria macrospora* $j_2 \times vo_1$ | 593 | 50 | 41 | 90 | 93 | 212 | 48 | 59 | 98 | 395 | 100 | 50,2 | 23,1 | 33,1 |
| *Podospora anserina* $t_1 \times m$ | 400 | 2 | 3 | 6 | 30 | 57 | 153 | 149 | 155 | 93 | 152 | 49,6 | 5,1 | 8,5 |

over entstanden. Ihre Häufigkeit kann man aus der Zahl der $R$-Typen bestimmen (Abb. IV-8).

Zum besseren Verständnis wollen wir die Berechnung der crossing-over-Häufigkeit unter vereinfachten Voraussetzungen für ein Beispiel aus Tabelle IV-7 durchführen (*Podospora anserina;* 1. Beispiel). Aus den Zahlen der Parental-Ditypen ($P = 203$), Tetratypen ($T = 407$) und Rekombinations-Ditypen ($R = 5$) ergeben sich folgende Häufigkeiten: $p = 0,33$, $t = 0,66$, $r = 0,01$. Unter der Annahme, daß höchstens zwei crossing over gleichzeitig in der markierten Region entstehen, gibt $r = 0,01$ die Häufigkeit der Vierstrang-Doppel-crossing-over an (Abb. IV-8). Unter den Parental-Ditypen und Tetratypen sind Tetraden enthalten, welche durch Zweistrang- bzw. Dreistrang-Doppel-crossing-over zustandegekommen sind. Bei fehlender Chromatiden-Interferenz (S. 184 f.) betragen die entsprechenden Häufigkeiten $r$ bzw. $2r$. Da jedes Doppel-crossing-over zweifach gezählt werden muß, erhält man als crossing-over-Häufigkeiten (vgl. Abb. IV-8) auf Grund der $P$-Tetraden ($r$ Doppel-crossing-over) : $2r = 0,02$, auf Grund der $T$-Tetraden ($2r$ Doppel-crossing-over und $t$—$2r$ Einfach-crossing-over) : $4r + (t — 2r) = t + 2r = 0,66 + 0,02 = 0,68$ und auf Grund der $R$-Tetraden ($r$ Doppel-crossing-over) : $2r = 0,02$. Die Häufigkeit der crossing over zwischen den beiden Genmarken $t_1$ und $i$ beträgt demnach auf Grund aller Tetraden: $2r + t + 2r + 2r = t + 6r = 0,72$, d.h. in 100 Tetraden findet 72mal ein crossing over statt. (Methoden für eine genauere Berechnung von crossing-over-Häufigkeiten s. S. 201 ff.).

**2. Nachweis von Koppelung.** Bei der Zufallsverteilung ungekoppelter Marken entstehen aus einer Kreuzung Parental- und Rekombinations-Ditypen mit gleichen Häufigkeiten ($p = r$). Eine statistisch gesicherte

*in Tabelle IV-6 beschriebenen ersten drei Kriterien*
*S. macrospora*: HESLOT 1958, *P. anserina*: KUENEN 1962b).

| Nachweis von Koppelung bzw. Nichtkoppelung durch Analyse von | | | | | Folgerungen |
|---|---|---|---|---|---|
| geordneten Tetraden | | | ungeordneten Tetraden | Einzel-strängen | |
| $D_1:D_2$ | $A_1:A_2$ | $100\,w:100\,(x+y)$ [+] $100\,w:100\,(y-x)$ [—] | $P:R$ | $R:T$ | $\varrho$ |
| 136:4 $d_1 > d_2$ | 67:1 $a_1 > a_2$ | 33,9:44,7 [+] 33,9:32,3 [—] $w \approx y - x$ | 203:5 $p > r$ | 5:407 $r:t < 1:4$ | 0,339 $\varrho < 0,5$ | Marken liegen gekoppelt auf derselben Seite des Centromers |
| 166:11 $d_1 > d_2$ | 20:24 $a_1 \approx a_2$ | 42,7:45,9 [+] 42,7:29,7 [—] $w \approx x + y$ | 186:35 $p > r$ | 35:815 $r:t < 1:4$ | 0,427 $\varrho < 0,5$ | Marken liegen gekoppelt auf verschiedenen Seiten des Centromers |
| 48:59 $d_1 \approx d_2$ | 50:41 $a_1 \approx a_2$ | 50,2:56,2 [+] 50,2:10,0 [—] $w \approx x + y$ | 98:100 $p \approx r$ | 100:395 $r:t \approx 1:4$ | 0,502 $\varrho \approx 0,5$ $\varrho < 0,562$ | Es kann nicht entschieden werden, ob die Marken gekoppelt oder ungekoppelt sind |
| 153:149 $d_1 \approx d_2$ | 2:3 $a_1 \approx a_2$ | 49,6:13,6 [+] 49,6:3,4 [—] $w \neq x + y$ $w \neq y - x$ | 155:152 $p \approx r$ | 152:93 $r:t > 1:4$ | 0,496 $\varrho \approx 0,5$ $\varrho > 0,136$ | Marken sind nicht gekoppelt |

Abweichung von dieser Verteilung ist eine *hinreichende* Bedingung für den Nachweis von Koppelung, falls die Zahl der Parental-Ditypen überwiegt ($p > r$; Tabelle IV-6 und IV-7).

Für diesen Koppelungsnachweis sind die seltenen Fälle ausgenommen, in denen eine Affinität zwischen nichthomologen Chromosomen zu einer Quasi-Koppelung führt und eine Lokalisation auf einem einzigen Chromosom vortäuscht (S.147f.). In allen anderen Fällen hat sich dieses Koppelungskriterium als sehr wertvoll erwiesen (RIZET und ENGELMANN 1949, CATCHESIDE 1951, PERKINS 1953, BARRATT et al. 1954).

Mit zunehmendem Abstand zwischen zwei Marken steigen die absolute Zahl der crossing over und infolgedessen auch die Häufigkeiten $t$ und $r$ der Tetratypen bzw. Rekombinations-Ditypen an. Der Quotient $r:t$ kann bei fehlender Interferenz nicht den Wert 1/4 überschreiten (Tabelle IV-6), da für $n \to \infty\, r(n)$ gegen 1/6 und $t(n)$ gegen 2/3 konvergieren (Tabelle IV-8).

Die Bedingung $r:t < 1:4$ ist für den Nachweis von Koppelung nicht hinreichend, da sie auch mit einer Nichtkoppelung vereinbar ist; denn die Tetratyp-Häufigkeit $t$ kann bei ungekoppelten Marken unabhängig von der Häufigkeit $r$ der Rekombinations-Ditypen alle Werte von 0—1 annehmen (WHITEHOUSE 1949, PERKINS 1953).

In ähnlicher Weise wie bei geordneten Tetraden lassen sich auch hier durch einen Vergleich der Abstände zwischen je zwei von drei Marken Anhaltspunkte über Koppelung und Lage der Marken finden (S. 167). Jedoch sind hierzu Dreifaktor-Kreuzungen notwendig.

Bezeichnet man die Abstände zwischen der ersten und der zweiten Marke mit $w_{1-2}$, entsprechend die Abstände zwischen der zweiten und dritten bzw. ersten und dritten Marke mit $w_{2-3}$ bzw. $w_{1-3}$, dann gilt bei Koppelung wegen der Additivität der Abstände entweder $w_{1-2} + w_{2-3} = w_{1-3}$ oder $w_{1-2} - w_{2-3} = w_{1-3}$ oder $w_{2-3} - w_{1-2} = w_{1-3}$. Im ersten Fall liegen die Marken in der Reihenfolge 1—2—3, im zweiten Fall 1—3—2, im dritten Fall 2—1—3.

Tabelle IV-8. *Die Häufigkeit der Parental-Ditypen (P), Tetratypen (T) und Rekombinations-Ditypen (R) bei ausschließlicher Berücksichtigung von 0, 1, 2, ... n crossing over zwischen zwei Genmarken*

Es wird zur Berechnung fehlende Chromatiden-Interferenz vorausgesetzt (S. 184 ff.). $p(n)$, $t(n)$ und $r(n)$ bedeuten die Häufigkeiten der $P$-, $T$- bzw. $R$-Tetradentypen bei $n$-fach-crossing-over. In der letzten Zeile sind die Grenzwerte der in der vorletzten Zeile aufgeführten Häufigkeiten für $n \to \infty$ angegeben. Weitere Erläuterungen s. Text.

| Zahl der crossing over | Häufigkeit der Tetradentypen | | |
|---|---|---|---|
| | $p(n)$ | $t(n)$ | $r(n)$ |
| 0 | 1 | 0 | 0 |
| 1 | 0 | 1 | 0 |
| 2 | $\frac{1}{4}$ | $\frac{1}{2}$ | $\frac{1}{4}$ |
| 3 | $\frac{1}{8}$ | $\frac{3}{4}$ | $\frac{1}{8}$ |
| 4 | $\frac{3}{16}$ | $\frac{5}{8}$ | $\frac{3}{16}$ |
| 5 | $\frac{5}{32}$ | $\frac{11}{16}$ | $\frac{5}{32}$ |
| ⋮ | ⋮ | ⋮ | ⋮ |
| $n$ | $\frac{1}{6} + \frac{1}{3}(-\frac{1}{2})^n$ | $\frac{2}{3} - \frac{2}{3}(-\frac{1}{2})^n$ | $\frac{1}{6} + \frac{1}{3}(-\frac{1}{2})^n$ |
| $n \to \infty$ | $\frac{1}{6}$ | $\frac{2}{3}$ | $\frac{1}{6}$ |

*Erläuterungen der Tabelle IV-8.* Wenn in der markierten Region kein crossing over ($n = 0$) stattfindet, entstehen nur Parental-Ditypen, d.h. $p(0) = 1$, $t(0) = r(0) = 0$. Bei genau einem crossing over ($n = 1$) treten ausschließlich Tetratypen auf: $t(1) = 1$, $p(1) = r(1) = 0$. Doppel-crossing-over ($n = 2$) dagegen führen zu je 25% Parental- und Rekombinations-Ditypen und zu 50% Tetratypen: $p(2) = r(2) = 1/4$, $t(2) = 1/2$. (Für $n = 0, 1, 2$ sind die Ergebnisse in Abb. IV-8 zusammengestellt.)

Für $n \geqq 3$ crossing over läßt sich die Aufspaltung in $P$-, $T$- und $R$-Typen jeweils aus den Tetradentyp-Häufigkeiten für $n - 1$ crossing over ableiten; denn alle Tetraden, die bei $n - 1$ crossing over Parental- und Rekombinations-Ditypen ergeben, werden bei Hinzunahme eines weiteren crossing over, d.h. bei $n$ crossing over, zu Tetratypen. Die bei $n - 1$ crossing over entstehenden Tetratypen gehen über in $P$-, $T$-, $R$-Typen im Verhältnis 1:2:1. Hieraus ergeben sich folgende Beziehungen: $p(n) = 1/4\ t(n-1)$; $t(n) = p(n-1) + r(n-1) + 1/4\ t(n-1)$; $r(n) = 1/4\ t(n-1)$. Aus diesen Häufigkeiten läßt sich mittels des Rekursionsverfahrens die in der vorletzten Zeile von Tabelle IV-8 für genau $n$ crossing over (mit $n \geqq 1$) angegebenen Häufigkeiten berechnen.

## c) Einzelstränge

*1. Kreuzungsanalyse.* Eine Zweifaktor-Kreuzung führt bei Zufallsverteilung und partieller Koppelung der Marken zu vier verschiedenen Genotypen. Diese sind auch dann zu erkennen, wenn die Produkte der Meiosis nicht im Tetradenverband analysiert werden (S. 159). Wenn Rekombinationstypen auftreten, muß mindestens ein crossing over in der markierten Region stattgefunden haben. Mehr als diese Beziehung zwischen crossing over und Rekombination kann bei einer digenen Differenz nicht abgeleitet werden.

Die Kombination zweier gekoppelter Marken ist abhängig von der Zahl der zwischen ihnen im selben Strang liegenden Austauschstellen. Ist diese gerade, so entstehen Parentaltypen (vgl. in Abb. IV-8: $P_1 =$ schwarz, $P_2 =$ weiß). Diese kommen natürlich auch dann zustande, wenn ein Einzelstrang an keinem crossing over beteiligt ist. Eine ungerade Zahl von Austauschstellen dagegen führt zu Rekombinationstypen (vgl. in Abb. IV-8: $R_1 =$ schraffiert, $R_2 =$ punktiert).

*2. Nachweis von Koppelung.* Bei der Zufallsverteilung zweier Marken werden die vier möglichen Genotypen mit gleichen Häufigkeiten gebildet. Die Häufigkeit der Rekombinationstypen, die sog. Rekombinationsfrequenz ($\varrho$), beträgt also bei fehlender Koppelung 0,5. Entsprechend der Definition (S. 162) gilt bei Koppelung $\varrho < 0,5$. Diese Bedingung ist *hinreichend* für den Nachweis von Koppelung (Tabelle IV-6 und IV-7).

Die Bedingung $\varrho < 0,5$ ist nicht notwendig, weil zwei Marken auch bei einer Rekombinationsfrequenz von 0,5 gekoppelt sein können (Tabelle IV-6 und IV-7). In diesem Fall ist die Koppelung dann nachweisbar, wenn sich eine weitere Marke finden läßt, welche mit jeder der beiden anderen Marken eine Rekombinationsfrequenz $\varrho < 0,5$ ergibt (LUDWIG 1938).

## 2. Koppelungsgruppen

Wenn zwei Marken *a* und *b* gekoppelt sind, dann ist eine dritte Marke *c* entweder mit beiden Marken gekoppelt oder mit beiden Marken nicht gekoppelt. Diese Beziehung zwischen drei Marken erlaubt eine eindeutige Zuordnung zu bestimmten Koppelungsgruppen.

Fehlende Koppelung zwischen zwei Marken äußert sich im Kreuzungsexperiment durch eine Zufallsverteilung dieser Marken. Es hat sich jedoch gezeigt, daß diese Bedingung zwar notwendig, aber nicht hinreichend für den Nachweis von Nichtkoppelung ist, da in seltenen Fällen auch bei freier Kombination der Marken Koppelung vorliegen kann (S. 165, S. 169 und s. o.). Eine *hinreichende Bedingung für den Nachweis fehlender Koppelung, d. h. für die Zugehörigkeit zu verschiedenen Koppelungsgruppen,* findet man bei der Verwendung dreier Marken, und zwar für den Fall, daß sich aus den Rekombinationshäufigkeiten keine lineare Anordnung für die Marken ergibt (Tabelle IV-6 und IV-7, viertes Beispiel).

Diese Bedingung bedeutet für die Analyse geordneter Tetraden, daß nur dann Koppelung zwischen zwei Genen mit Sicherheit ausgeschlossen werden kann, wenn weder die Summe noch die Differenz der beiden Abstände $x$ und $y$ zwischen den Genen und ihren Centromeren gleich dem „Abstand" $w$ der beiden Gene ist: $w \neq x + y$ und $w \neq y - x$ für $x \leqq y$ (Tabelle IV-6 und IV-7). Unter dem „Abstand" zweier ungekoppelter Marken verstehen wir hierbei den Wert, den man formal aus der Rekombinations- oder Tetratyphäufigkeit berechnen kann (vgl. hierzu S. 202).

Um die Unabhängigkeit mehrerer Koppelungsgruppen untereinander nachzuweisen, wählt man im allgemeinen aus jeder Gruppe eine Marke und zeigt für diese verschiedenen Marken, daß zwischen ihnen keine Koppelung besteht. Für diesen Unabhängigkeitsnachweis eignen sich besonders Centromer-Markierer (S. 158), da die Summe ihrer Abstände vom Centromer ($x + y$) und erst recht ihre Differenz ($y - x$) mit Sicherheit kleiner als ihre Rekombinationshäufigkeit ($\varrho$) und infolgedessen kleiner als ihr „Abstand" ($w$) ist.

Wenn sich drei Marken mit Hilfe ihrer Rekombinationswerte linear anordnen lassen, obwohl eine Zufallsverteilung für mindestens zwei dieser Marken besteht, dann ist *keine* Entscheidung zwischen Koppelung und Nicht-Koppelung möglich (Tabelle IV-6 und IV-7). Jedoch läßt sich auch in diesen Grenzfällen meist durch Einkreuzen weiterer Genmarken eine Zuordnung zu bestimmten Koppelungsgruppen treffen.

In einigen seltenen Fällen wird von „Quasi-Koppelung" und „umgekehrter Koppelung" zwischen Marken verschiedener Koppelungsgruppen berichtet (S. 146ff.). Hierbei werden die Marken nicht zufallsgemäß in der Meiose verteilt, sondern es ergeben sich einerseits Rekombinationshäufigkeiten unter 0,5, so daß Koppelung vorgetäuscht wird, andererseits Häufigkeiten über 0,5, welche weder mit einer Koppelung noch mit einer Zufallsverteilung vereinbar sind (Tabelle IV-2 und IV-6).

Trotz gewisser Schwierigkeiten beim Nachweis von Koppelung bzw. Nichtkoppelung (z. B. *Saccharomyces:* DESBOROUGH und LINDEGREN 1959) ist es im allgemeinen möglich, die Zahl der Koppelungsgruppen eines Organismus eindeutig zu bestimmen. Man muß allerdings hierbei voraussetzen, daß eine größere Zahl von Genmarken bekannt ist.

Die durch Kreuzungsanalyse gefundene Zahl der Koppelungsgruppen ist um so genauer, je mehr Marken für die Untersuchung verwendet werden. Wenn zu wenig Marken zur Verfügung stehen, ist es einerseits möglich, daß eine weitere Koppelungsgruppe existiert, von der bisher kein Gen bekannt ist. Andererseits können zwei infolge mangelhafter Markierung als getrennt vermutete Koppelungsgruppen Teile einer einzigen Gruppe sein. Dieser Fall kann eintreten, wenn die verwendeten Marken als Folge ihres großen Abstandes zufallsgemäß verteilt werden (vgl. Tabelle IV-6 und IV-7).

Alle für einen Organismus bekannten Genmarken lassen sich im allgemeinen einer relativ kleinen, konstanten Zahl von Koppelungsgruppen zuordnen. Diese Zahl ist wie die gleich große Zahl der Chromosomen im haploiden Satz für jeden Organismus charakteristisch (vgl. Tabelle I-1, Abb. IV-15 und IV-16).

## 3. Unterschiede in den Rekombinationshäufigkeiten

Der Grad der Koppelung zwischen zwei Marken, d. h. ihre Rekombinationshäufigkeit, erweist sich im Experiment unter gleichbleibenden Versuchsbedingungen als konstant. Eine Konstanz ist jedoch häufig nicht mehr gegeben, wenn man die Versuchsbedingungen variiert. Dieses Phänomen ließ es sinnvoll erscheinen, die Beeinflußbarkeit des Rekombinationsprozesses näher zu studieren, um durch die Kenntnis der inneren und äußeren Bedingungen Anhaltspunkte über den Mechanismus der Rekombination zu erhalten.

### a) Genetische Faktoren

Man beobachtete bei zahlreichen Organismen, daß *dieselben Marken mit unterschiedlichen Häufigkeiten postreduziert bzw. rekombiniert wurden, wenn man unter sonst unveränderten Versuchsbedingungen verschiedene Wildstämme für die Kreuzungen benutzte* (Tabelle IV-9 und IV-10). Kreuzungsversuche mit gleichen oder nahverwandten Wildstämmen führten dagegen im allgemeinen nicht zu signifikanten Differenzen.

Genetische Faktoren 173

Tabelle IV-9. *Organismen, bei denen durch Verwendung verschiedener Wild-stämme unterschiedliche Rekombinations- bzw. Postreduktionsfrequenzen ge-funden wurden* (unter Verwendung der von FROST 1961 zitierten Literatur)

| Objekt | Unterschiede in den | | Referenz |
| | Postre-duktions-frequen-zen | Rekom-bina-tionsfre-quenzen | |
|---|---|---|---|
| *Neurospora crassa* | + | | TEAS 1947; HOLLOWAY 1954; NAKAMURA 1961; STADLER und TOWE 1962 |
| | + | + | BARRATT et al. 1954; STADLER 1956a, c; FROST 1961 |
| | | + | MITCHELL und MITCHELL 1954; FROST 1955a, b; RIFAAT 1956, 1958; MITCHELL 1958; DE SERRES 1958a; TOWE 1958; PERKINS 1959 |
| *Neurospora sitophila* | + | | WÜLKER 1935; FINCHAM 1951 |
| *Saccharomyces cerevisiae* | | + | DESBOROUGH und LINDEGREN 1959 |
| *Schizophyllum commune* | | + | PAPAZIAN 1950a, 1951; RAPER et al. 1958 |
| *Coprinus lagopus* | | + | DAY 1958 |
| *Venturia inaequalis* | + | | BOONE und KEITT 1956 |

Tabelle IV-10. *Kreuzungen zwischen verschiedenen Wildstämmen von Neurospora crassa*

Es ist zu erkennen, daß die Postreduktionswerte für die gewählten vier Marken stark variieren, wenn man anstelle der $L$-Stämme andere Wildstämme benutzt. $L$ Lindegren-Stamm; $A$ Abbot-Stamm ($A_4$ und $A_{12}$); $E$ Emerson-Stamm ($E^{5297}$). (Unter Verwendung der von FROST 1961 zitierten Daten.)

| Marke (Isolations-Nummer) | Koppe-lungs-gruppe | Kreuzung | Zahl der analy-sierten Asci | Postreduk-tionswert | P-Wert für Abweichung gegenüber $L \times L$ | Referenz* |
|---|---|---|---|---|---|---|
| *Kreuzungstyp* | I | $L \times L$ | 827 | $13,1 \pm 1,2$ | — | 1–5 |
| | | $A_4 \times L$ | 282 | $4,6 \pm 1,2$ | $< 0,01$ | 2, 4, 6, 7 |
| | | $(A_4 \times L) \times A_4$ | 140 | $22,9 \pm 3,6$ | $< 0,01$ | 4 |
| | | $E \times L$ | 134 | $27,6 \pm 3,7$ | $< 0,01$ | 3, 4 |
| | | $(E \times L) \times (E \times L)$ | 169 | $32,5 \pm 3,6$ | $< 0,01$ | 3 |
| | | $(A_4 \times L) \times A_{12}$ | 77 | $26,0 \pm 5,0$ | $< 0,01$ | 4 |
| *al-1* (4637 T) | I | $L \times L$ | 298 | $11,1 \pm 1,8$ | — | } 4, 6 |
| | | $L \times A_4$ | 85 | $1,2 \pm 1,2$ | $< 0,01$ | |
| *me-3* (36104) | V | $L \times L$ | 60 | $55,0 \pm 6,4$ | — | } 2 |
| | | $L \times A_4$ | 19 | $26,3 \pm 10,1$ | $0,02—0,05$ | |
| *aur* (34508) | I | $L \times L$ | 270 | $52,2 \pm 3,0$ | — | } 4 |
| | | $[(A_4 \times L) \times L] \times E$ | 122 | $76,2 \pm 3,9$ | $< 0,01$ | |

* Referenz: [1] LINDEGREN 1932b, 1936b; [2] BUSS 1944; [3] HOLLOWAY 1953; [4] HOULAHAN et al. 1949; [5] REGNERY 1947; [6] SRB 1946; [7] DOERMANN 1946.

Dieses Phänomen ist vor allem bei *Neurospora crassa* genetisch analysiert worden. Wir beschränken uns deshalb in unserer Darstellung hauptsächlich auf dieses Objekt (Literatur bei BARRATT 1954 und FROST 1955 b, 1961).

Der Ursprung vieler Stämme von *N. crassa*, die heute in Laboratorien zu genetischen Untersuchungen verwendet werden, ist weitgehend unbekannt. Diese Stämme sind häufig Nachkommen aus verschiedenen Wildstämmen, deren Genome in einer Reihe aufeinanderfolgender Kreuzungen vollständig vermischt wurden. LINDEGREN (1932a) benutzte anfangs nur zwei Wildstämme von entgegengesetztem Kreuzungstyp. BEADLE und TATUM (1945) führten jedoch weitere Wildstämme ein, die sog. „Abbot"- und „Chilton"-Stämme, welche von E. V. ABBOT bzw. ST. J. P. CHILTON in Louisiana isoliert worden waren. Durch Kreuzungen zwischen „Abbot"- und „Lindegren"-Stämmen stellten EMERSON und CUSHING (1946) und ST. LAWRENCE (DE SERRES 1958b) neue „Wildtypen" her (vgl. auch FROST 1955a).

Aus Tabelle IV-10 ist ersichtlich, daß Kreuzungen mit den Stämmen $A_4$, $A_{12}$ und $E^{5297}$ (entstanden aus $A_{12} \times L$) für verschiedene Marken zu anderen Postreduktionswerten führen als Kreuzungen zwischen zwei „Lindegren"-Stämmen. Diese Befunde stimmen mit den Beobachtungen von STADLER (1956a, c) und NAKAMURA (1961) überein. Beide stellten bei Verwendung verschiedener Wildstämme eine ausgeprägte Heterogenität in den Postreduktionswerten fest. Die Analyse mehrerer tausend Asci (Marken für Sporenfarbe) ergab je nach Kreuzung einerseits Postreduktionswerte von 10—58%, andererseits Werte von 26—61%.

Wenn man den Versuch macht, die experimentellen Daten zu interpretieren, gelangt man zu dem Schluß, daß die *Unterschiede der Rekombinations- und Postreduktionsfrequenzen auf genetischen Differenzen zwischen den benutzten Wildstämmen beruhen.* Hierfür sprechen vor allem die folgenden Tatsachen:

1. Kreuzungsexperimente mit *Aspergillus nidulans* ergaben im Gegensatz zu Befunden bei *N. crassa* und anderen Objekten in keinem Fall heterogene Rekombinationswerte. Von den benutzten Mutantenstämmen ist jedoch bekannt, daß alle aus einem einzigen Wildstamm hervorgegangen sind (PONTECORVO 1953 b).

Bei *Coprinus fimetarius* fand WHITEHOUSE (1954) ebenfalls keine unterschiedlichen Rekombinationshäufigkeiten. Auch er benutzte Stämme, die alle von einem einzigen Wildstamm abstammten.

2. Durch Tetradenanalysen fand man in einem Ascus, der aus einer Kreuzung zwischen zwei verschiedenen Wildstämmen von *N. crassa* entstanden war, eine Aufspaltung für mindestens einen Faktor, welcher für die unterschiedlichen Postreduktionsfrequenzen in diesen Wildstämmen mitverantwortlich ist (FROST 1955 b).

Nach weiteren Untersuchungen von FROST (1961) muß man die Zahl der beteiligten Faktoren auf mindestens drei erhöhen. Auch die Befunde von STADLER (1956a), STADLER und TOWE (1962) und RIFAAT (1958) sprechen für eine größere Zahl von Faktoren, welche die crossing-over-Häufigkeit beeinflussen.

3. Die verschiedenen Wildstämme von *N. crassa* weisen zytogenetische und physiologische Unterschiede auf. Ähnliche Differenzen bestehen auch zwischen *N. crassa* und *N. sitophila*. Diese sind jedoch stärker ausgeprägt als zwischen verschiedenen Rassen derselben Art (FAULL 1930; TATUM und BELL 1946; SINGLETON 1948; FINCHAM 1950, 1951; HOLLOWAY 1953; GARNJOBST 1953; HIRSCH 1954).

Wir besitzen *keine definitive Vorstellung über den Mechanismus*, durch den Gene die Rekombination des genetischen Materials kontrollieren. Als Erklärungsmöglichkeit bieten sich zwei *Modellvorstellungen* an:

1. Die aus Kreuzungen zwischen verschiedenen Wildstämmen resultierende *Heterozygotie beeinflußt die effektive Paarung* zwischen homologen Strängen. Sie könnte z. B. *paarungshindernd* wirken. Da Paarung eine notwendige Voraussetzung für crossing over ist (S. 241 ff.), würden in diesem Fall bei Heterozygotie weniger crossing over als bei Homozygotie entstehen.

Für diese Vorstellung spricht möglicherweise der Befund, daß die Rekombinationshäufigkeit bei aufeinanderfolgenden Rückkreuzungen mit den gleichen Wildstämmen im allgemeinen zunimmt oder konstant bleibt, aber niemals abnimmt (STADLER 1956a, c; TOWE 1958; PERKINS 1959; NAKAMURA 1961; FROST 1961). Diese Zunahme könnte auf einem Rückgang der Heterozygotie, also auf einer zunehmenden Aufhebung der Paarungsbehinderung beruhen.

Ferner wird diese Vorstellung durch die Beobachtung gestützt, daß die Heterogenität der Rekombinationsfrequenzen nicht auf bestimmte Regionen oder Punkte eines Chromosoms beschränkt ist. Sie ist sowohl zwischen Heteroallelen (S. 218), zwischen Genen und Centromeren als auch n kürzeren Regionen proximal und distal vom Centromer nachweisbar.

2. Von bestimmten Stellen des Chromosoms geht eine *Interferenz* aus, welche die crossing-over-Häufigkeiten erniedrigt oder erhöht (FINCHAM 1950, 1951; FROST 1955b, 1961; STADLER 1956a; RIFAAT 1958). Diese Wirkung könnte darauf beruhen, daß der *Rekombinationsprozeß mittels eines spezifischen Enzyms kontrolliert* würde (BRESCH 1964). Ein mutativ verändertes Gen wäre dann nicht mehr imstande, die Synthese eines solchen Enzyms zu steuern und die Folge wäre eine Erniedrigung der crossing-over-Häufigkeit.

Unterschiede in den Postreduktionsfrequenzen der Kreuzungstyp-Marken bei *N. crassa* und *N. sitophila* führt FINCHAM (1950, 1951) auf eine Interferenz zurück, die möglicherweise vom Centromer ausstrahlt. Jedoch lassen sich nicht alle Befunde durch eine derartige Wirkung erklären, da auch für distal gelegene, gekoppelte Marken veränderte Rekombinationsfrequenzen nachweisbar sind.

## b) Temperatur

Durch zytologische Untersuchungen ist bekannt, daß sich Vorgänge während der Meiosis durch Temperaturwechsel beeinflussen lassen (vgl. OEHLKERS 1940a, b). Es lag deshalb der Gedanke nahe, auch die Beeinflußbarkeit des Rekombinationsprozesses durch die Temperatur mittels genetischer Methoden zu studieren. Experimente zu dieser Fragestellung wurden zuerst an *Drosophila* durchgeführt (PLOUGH 1917; STERN 1926; GRAUBARD 1934; SMITH 1936). Später folgten auch Untersuchungen an pflanzlichen Objekten. Einige der zahlreichen Befunde bei Pilzen haben wir in den Abb. IV-9 und IV-10 graphisch dargestellt bzw. in Tabelle IV-11 wiedergegeben. Diesen Übersichten können wir folgende wichtige Fakten entnehmen:

1. Die Postreduktionsfrequenz vieler Gene bleibt nicht konstant, wenn die Temperatur geändert wird (Abb. IV-9 und IV-10).

Die ersten genetischen Untersuchungen über den Einfluß der Temperatur auf Pilze wurden von HÜTTIG (1931, 1933a) an verschiedenen *Ustilago*-Arten durchgeführt. HÜTTIG fand für die Postreduktionswerte der Kreuzungstyp-Marke Differenzen bis zu 40%. Eine Beeinflussung durch die Temperatur konnte später von anderen Autoren wiederholt auch bei anderen Organismen bestätigt werden. Für einige wenige Marken wurde bei Variation der Temperatur allerdings keine Änderung der Rekombinations- bzw.

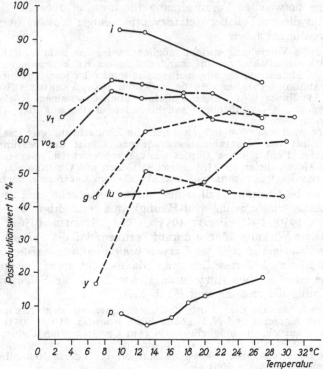

Abb. IV-9. Abhängigkeit der Postreduktionsfrequenz von der Temperatur. Es wurden nur solche Marken verwendet, für die mehr als zwei Temperaturstufen untersucht wurden. o———o *Podospora anserina* (Marken *i* und *p*; KEMPER und KUENEN, unveröff.; s. auch Abb. IV-16). o—·—·—o *Sordaria macrospora* (Marken $v_1$, $vo_2$ und *lu*; HESLOT 1958, JOUSSEN, unveröff.). o------o *Sordaria fimicola* (Marken *y* und *g*; OLIVE 1956)

Postreduktionshäufigkeit beobachtet; z. B. bei *Bombardia lunata* von ZICK-LER (1934a, b, 1937), bei *Neurospora sitophila* von WÜLKER (1935), bei *Ascobolus stercorarius* von BISTIS (1956), bei *Neurospora crassa* von STADLER (1959b) und bei *Sordaria macrospora* von KUENEN (unveröff.). (Vgl. hierzu die Diskussion zu Abb. IV-10 weiter unten.)

2. Die Veränderung der Postreduktionshäufigkeit ist für die verwendeten Marken nicht einheitlich. Bei Temperaturerhöhung findet man ebenso wie bei Temperaturerniedrigung, daß die Postreduktionswerte teils absinken, teils ansteigen (Abb. IV-9 und IV-10).

Diese ungleichsinnige Veränderung der Postreduktionswerte läßt sich nicht nur für Marken verschiedener Objekte, sondern auch für Marken von Organismen derselben Art, ja sogar derselben Rasse nachweisen. *Podospora anserina* und *Sordaria macrospora* sind hierfür die besten Beispiele.

Eine Ausnahme bildet *Aspergillus nidulans*. Bei diesem Ascomycet fand man nach Erhöhung der Temperatur von 25⁰ über 37⁰ auf 42⁰ C eine gleichartige Abnahme der Rekombinationswerte für vier verschiedene Regionen (ELLIOTT 1960a).

3. Die Abhängigkeit der Postreduktionsfrequenzen von der Temperatur ist im allgemeinen nicht linear, und nur in seltenen Fällen findet man ein klar definiertes Maximum oder Minimum (Abb. IV-9).

Ein *gleichmäßiger* Abfall oder Anstieg der Postreduktions- bzw. Rekombinationsfrequenzen über mehrere Temperaturstufen konnte nur in einigen Fällen nachgewiesen werden, z. B. bei *Aspergillus nidulans* (ELLIOTT 1960a), *Sordaria macrospora* (*lu*) und bei *Podospora anserina* (*i*). Kurven mit einem deutlichen Minimum wurden von HÜTTIG für drei *Ustilago*-Arten bestimmt. Dieser Autor fand die geringste Postreduktionsfrequenz jeweils für diejenige Temperaturstufe, welche sich für die Keimung der Brandsporen als optimal erwies. Eine solche Beziehung zwischen Rekombinations-Extremum und Optimaltemperatur wie bei *Ustilago* konnte bei anderen Objekten nicht bestätigt werden.

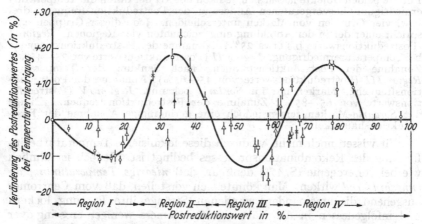

Abb. IV-10. Graphische Darstellung der Beziehung zwischen der Lage der Genmarken im Chromosom und der Temperaturbeeinflussung der Postreduktionshäufigkeit. Auf der Abszissenachse kann man jeweils ablesen, welchen Postreduktionswert eine Genmarke bei Normaltemperatur (25—28⁰ C) zeigt. Die Zahlen auf der Ordinatenachse geben an, um wieviel die Postreduktionswerte nach Temperaturerniedrigung (auf 10—13⁰ C) ansteigen (+) bzw. abfallen (—). Bei der Darstellung sind die einfachen mittleren Fehler berücksichtigt worden. Die Regionen I—IV bezeichnen Bereiche auf dem Chromosom mit unterschiedlicher Temperaturempfindlichkeit. Erläuterungen s. Text. *Referenz:* *Posdospora anserina*(○): RIZET und ENGELMANN 1949; MONNOT 1953; KEMPER und KUENEN, unveröff. *Sordaria macrospora* (△): HESLOT 1958; KEMPER, unveröff., JOUSSEN, unveröff., KUENEN, unveröff. *Sordaria fimicola* (□): OLIVE 1956. *Ascobolus stercorarius* (x): BISTIS 1956. *Neurospora sitophila* (●): WÜLKER 1935. *Neurospora crassa* (▲): TOWE und STADLER 1964 (s. auch McNELLY und FROST 1963)

4. *Eine gleichartige Korrelation zwischen Temperatur und Postreduktionshäufigkeit besteht nicht generell, sondern nur für Marken bestimmter genetischer Regionen.* Man kann nämlich feststellen, daß die verwendeten Marken je nach ihrer Lage im Chromosom eine für alle Organismen charakteristische Änderung ihrer Postreduktionsfrequenz bei Erniedrigung der Optimaltemperatur um etwa 15⁰ C zeigen. Entsprechend der Art der Temperaturbeeinflussung lassen sich vier Regionen unterscheiden (Abb. IV-10).

Die Optimaltemperatur, d. h. die Temperatur, welche sich für das Wachstum und die Sporenreife als besonders vorteilhaft erwiesen hat, liegt bei vielen Ascomycetes bei 25—28° C. Die Erniedrigung dieser Temperatur auf etwa 10—13° C führt für dicht benachbarte Marken meist zu einer weitgehend gleichsinnigen Änderung der Postreduktionsfrequenz. Diese Beziehung zwischen der Lage der Marken auf dem Chromosom und dem Modus der Temperaturbeeinflussung kann man durch sog. Temperatur-karten bzw. -kurven graphisch darstellen (Abb. IV-10). Regionen mit gleicher „Temperaturempfindlichkeit" sind ungefähr 10 Kartierungsein-heiten lang, d. h. entsprechen einem Postreduktionswert von etwa 20%. Da benachbarte Regionen ein gegensinniges Verhalten bezüglich der Tempe-ratureinwirkung zeigen, verläuft die zugehörige Temperaturkurve nach Art einer Sinuskurve. Für einen solchen Verlauf der Kurve spricht auch, daß an den Begrenzungsstellen der Regionen Marken gefunden wurden, deren Postreduktionsfrequenzen nur unwesentlich variieren (Abb. IV-10).

Da die meisten Daten zu dieser Fragestellung aus Experimenten mit *Podospora anserina* und *Sordaria macrospora* stammen, wollen wir anhand dieser Beispiele die in Abb. IV-10 dargestellte Temperaturkurve erklären. Für die beiden Objekte lassen sich, je nach der Art der durch die Temperatur-erniedrigung hervorgerufenen Änderung der Postreduktionsfrequenz, drei bzw. vier Gruppen von Marken unterscheiden. Jede dieser Gruppen ent-spricht einer der in der Abbildung eingezeichneten vier Regionen. *Region I* (Postreduktionswerte bis etwa 25%): Abnahme der Postreduktionsfrequenz bei Temperaturerniedrigung. *Region II* (Postreduktionswerte von 25—45%): Zunahme der Postreduktionsfrequenz nach Senkung der Temperatur. *Region III* (Postreduktionswerte von 45—65%): Abnahme der Postreduk-tionsfrequenz. Marken nur für *Sordaria* bekannt. *Region IV* (Postreduk-tionswerte von 65—85%): Zunahme der Postreduktionsfrequenz. Einige der *Sordaria*-Marken zeigen jedoch eine geringfügige Abnahme der Post-reduktionshäufigkeit.

Wir wissen noch nicht, wodurch diese lokalisierte Temperaturbeein-flussung des Rekombinationsprozesses bedingt ist. Jedoch ist ähnlich wie bei Heterogenie (S. 175) denkbar, daß *niedrige Temperaturen paa-rungshindernd* wirken. Man könnte sich vorstellen, daß vom Centromer ausgehend die umeinandergewundenen Stränge ihre Paarung lockern und infolgedessen in der Nähe des Centromers weniger crossing over bilden. Als Folge dieses Lockerungsprozesses könnten die Spiralen an bestimmten Stellen aneinandergedrängt werden, so daß die Partner-stränge dort enger als gewöhnlich paaren und mehr crossing over als bei höheren Temperaturen entstehen würden. Wenn man annimmt, daß für jede Temperaturstufe der Grad der Lockerung und der Ort für die „Stoßstellen" festgelegt sind, so ließe sich auf diese Weise die gegensinnige Änderung der Postreduktionsfrequenzen in benachbarten Regionen erklären.

Für diese Vorstellung sprechen Daten aus Experimenten mit gekoppelten Marken bei *P. anserina*. Hier beobachtete man nämlich gleichzeitig eine Abnahme der Postreduktionsfrequenz für Gene in Centromernähe und eine Zunahme für weiter entfernt liegende Gene (MONNOT 1953, KEMPER 1964). Diese gegensinnige Änderung wird von MONNOT als Folge einer temperatur-bedingten Verlagerung eines einzelnen crossing over innerhalb des Chromo-soms angesehen (vgl. auch RIZET und ENGELMANN 1949). Diese Arbeits-hypothese ist mit der Vorstellung einer paarungshemmenden Wirkung tiefer Temperaturen vereinbar.

Einige weitere Befunde könnten vielleicht ebenfalls diese Vorstellung stützen. Es wäre zu erwarten, daß bei mittleren Temperaturen, d. h. bei

Tabelle IV-11. *Daten über den Einfluß der Temperatur auf den Rekombinations-prozeß bei Sordaria macrospora und Podospora anserina*

Der Kartenabstand wurde aus den zugehörigen Postreduktions- bzw. Tetratypfrequenzen berechnet (S. 204 ff.). Der Interferenzwert gibt die Stärke der Chromosomen-Interferenz an. Er ist der Interferenz umgekehrt proportional (S. 192f.). Vgl. Abb. IV-9 und IV-10 und für die Genmarken von *P. anserina* Abb. IV-16 ($C$=Centromer) (Daten aus KEMPER 1964).

| Region | Karten-abstand | Inter-ferenz-wert | Karten-abstand | Inter-ferenz-wert | Karten-abstand | Inter-ferenz-wert | Zunahme (+), Abnahme (—) bzw. Konstanz (=) des Karten-abstandes | Inter-ferenz-wertes |
|---|---|---|---|---|---|---|---|---|
| *Sordaria macrospora* | $28^0$ | | $10^0$ | | $5^0$ | | | |
| $C$-$pe$ | 6,0 | 0,05 | 5,3 | 0,1 | 3,1 | 0,1 | — | + |
| $C$-$d$ | 10,0 | 0,1 | 6,4 | 0,2 | — | — | — | + |
| $C$-$a$ | 10,5 | 0,1 | 8,4 | 0,1 | 8,2 | 0,1 | — | = |
| $C$-$ire$ | 17,6 | 0,3 | 14,7 | 0,4 | — | — | — | + |
| $C$-$lu$ | 40,0 | 0,4 | 27,3 | 0,5 | 24,0 | 0,5 | — | + |
| $C$-$r_1$ | 45,5 | 0,4 | 43,2 | 0,5 | 41,9 | 0,5 | — | + |
| $C$-$le$ | 49,3 | 0,8 | 42,8 | 0,95 | — | — | — | + |
| $C$-$m$ | 61,0 | 0,55 | 53,8 | 0,6 | 50,9 | 0,6 | — | ≈ |
| $C$-$pal$ | 61,9 | 0,8 | 47,3 | 0,95 | — | — | — | + |
| $C$-$r$ | 100 | 0,9 | 87,3 | 1,0 | 72,2 | 1,0 | — | + |
| $r_1$-$a$ | 35,0 | 0,3 | 34,8 | 0,35 | 33,7 | 0,4 | — | + |
| $lu$-$pe$ | 34,0 | 0,4 | 22,0 | 0,5 | 20,9 | 0,5 | — | + |
| $lu$-$r$ | 60,0 | 0,6 | 60,0 | 0,5 | 48,2 | 0,6 | — | ≈ |
| $d$-$(C)$-$ire$ | 27,6 | 0,9 | 21,1 | 0,7 | — | — | — | + |
| $lu$-$(C)$-$a$ | 50,5 | 0,7 | 35,7 | 0,8 | 32,2 | 0,8 | — | + |
| $r_1$-$(C)$-$pe$ | 51,5 | 0,6 | 48,5 | 0,7 | 45,0 | 0,7 | — | + |
| *Podospora anserina* | $27^0$ | | $10^0$ | | | | | |
| $C$-$t_1$ | 5,9 | 0,1 | 1,6 | 0,05 | | | — | — |
| $C$-$p$ | 8,8 | 0,1 | 3,9 | 0,05 | | | — | — |
| $C$-$v_1$ | 20,9 | 0,3 | 31,4 | 0,1 | | | + | — |
| $C$-$la$ | 42,0 | 0,1 | 42,3 | 0,1 | | | = | = |
| $C$-$i$ | 42,3 | 0,1 | 49,6 | 0,05 | | | + | — |
| $C$-$z$ | 46,7 | 0,1 | 49,7 | 0,05 | | | + | — |
| $t_1$-$i$ | 36,4 | 0,1 | 48,0 | 0,05 | | | + | — |
| $p$-$z$ | 37,9 | 0,1 | 45,8 | 0,05 | | | + | — |
| $v_1$-$(C)$-$sp$ | 21,0 | 0,35 | 31,5 | 0,1 | | | + | — |
| $v_1$-$(C)$-$la$ | 62,9 | 0,6 | 73,7 | 0,6 | | | + | = |

Temperaturen zwischen $13^0$ und $25^0$ C, die Temperaturkurve zum Centromer hin verschoben ist. Demnach müßte es dann Marken geben, welche in einen anderen Empfindlichkeitsbereich überwechseln. Solche Marken sind tatsächlich bei *S. macrospora* (HESLOT 1958) und *S. fimicola* (OLIVE 1956) gefunden worden.

In einigen Fällen wurde beobachtet, daß die *Temperaturempfindlich-keit in der Nähe des Centromers besonders stark ist* (*N. crassa*: RIFAAT 1959; TOWE und STADLER 1964; *Drosophila*: Literatur bei LUDWIG

1938). Auch dieser Befund ist mit der Vorstellung vereinbar, daß der obenerwähnte Lockerungsprozeß am Centromer beginnt.

Die Wirkung der Temperatur ist noch komplexer, als es zunächst den Anschein hat. Dies zeigen neuere Untersuchungen von KEMPER (1964) an *Sordaria macrospora* und *Podospora anserina*. Dieser Autor stellte nämlich fest, daß sich *nach Temperaturänderung nicht nur der Kartenabstand* (S. 201 f.), *sondern auch der Interferenzwert* (S. 192 f.) *ändert* (Tabelle IV-11). Es fallen hier Unterschiede in dem Verhalten der beiden getesteten Objekte auf: Bei *P. anserina* zeigen die Interferenzwerte nach Temperaturerniedrigung fallende Tendenz, obwohl die Kartenabstände teils zu-, teils abnehmen. Bei *S. macrospora* dagegen steigen die Interferenzwerte im allgemeinen geringfügig an, während die Kartenabstände bei Erniedrigung der Temperatur fast immer absinken (vgl. hierzu die Resultate an *Aspergillus nidulans:* ELLIOTT 1960a).

Man sollte erwarten, daß die Interferenzwerte bei Temperaturänderung entweder konstant bleiben oder sich wie die Kartenabstände in gleicher Weise ändern. Denn wird z. B. die Zahl der crossing over durch die Wirkung der Temperatur herabgesetzt, so sollte man annehmen, daß dann nicht nur die absolute Zahl der Mehrfach-crossing-over, sondern auch ihre relative Zahl abnimmt. Es ist möglich, daß hier nicht nur die Chromosomen-Interferenz (S. 192ff.), sondern auch die Chromatiden-Interferenz (S. 184ff.), d. h. die Beteiligung der Chromatiden bei Doppel-crossing-over, eine Rolle spielt (vgl. Diskussion bei BISTIS 1956, KEMPER 1964). Experimente zu einer Klärung dieser Frage liegen noch nicht vor.

Wenn man zur Erklärung von Chromosomen-Interferenz räumlich-mechanische Modelle wählt (S. 199), könnte man eine Interferenzänderung auch hier wieder so deuten, daß die Temperatur die Paarung homologer Stränge durch Verschiebung der bei der Spiralisation entstehenden „Stoßstellen" beeinflußt. Eine andere mögliche Deutung wäre die, daß Rekombination mit Hilfe kurzlebiger, temperaturempfindlicher Enzyme erfolgt (S. 175), die periodisch während der kontinuierlich fortschreitenden Replikation ausgeschüttet werden (BRESCH 1964).

### c) Chemikalien und Strahlen

Es wurde wiederholt versucht, den meiotischen und vor allem den mitotischen Rekombinationsprozeß durch Bestrahlung oder durch Behandlung mit chemischen Agenzien zu beeinflussen.

Wir werden in einem der folgenden Abschnitte noch ausführlich über mitotische intrachromosomale Rekombinationen berichten (S. 210ff.). Jedoch wollen wir bereits hier — um den Zusammenhang mit entsprechenden meiotischen Untersuchungsergebnissen zu unterstreichen — einige Befunde zur Beeinflußbarkeit des mitotischen Austauschprozesses erwähnen.

Einige der Resultate aus Experimenten zu dieser Fragestellung haben wir in Tabelle IV-12 zusammengestellt. Die folgenden Punkte sind vor allem bemerkenswert:

*Chemikalien:* Im allgemeinen wurde bei Verwendung chemischer Agenzien eine *Erhöhung der crossing-over-Häufigkeit* festgestellt. Eine Abhängigkeit von Konzentration und Aktivität der verwendeten Chemikalien ist nur in wenigen Fällen zu beobachten (z. B. HÜTTIG 1933a, b). Bei *N. crassa* ist die crossing-over-Häufigkeit innerhalb

Tabelle IV-12. *Beispiele für die Beeinflußbarkeit der Rekombinationshäufigkeit durch chemische Agenzien und Strahlen*

| Agens | Objekt | Somatische Rekombination | Meiotische Rekombination | Referenz |
|---|---|---|---|---|
| Stickstofflost | *Penicillium chrysogenum* | + | | MORPURGO und SERMONTI 1959 |
| | *Aspergillus nidulans* | + | | MORPURGO 1962 b |
| Formalin | *Aspergillus nidulans* | + | | FRATELLO et al. 1960 |
| p-Fluor-phenylalanin | *Aspergillus nidulans* | + | | MORPURGO 1961 |
| Diepoxybutan | *Aspergillus nidulans* | + | | MORPURGO 1963 |
| Methyl-($\beta$-chloräthyl)-amin (HN-2) | *Aspergillus nidulans* | + | | MORPURGO 1963 |
| Mitomycin C | *Saccharomyces cerevisiae* | + | | HOLLIDAY 1964 a |
| | *Ustilago maydis* | + | | HOLLIDAY 1964 a |
| Äthylen-diamin-tetraessigsäure | *Neurospora crassa* | | + | PRAKASH 1963 b, 1964 |
| 8-Oxychinolin | *Neurospora crassa* | | + | PRAKASH 1963 b |
| Verschiedene Alkalisalze | *Ustilago avenae* | | + | HÜTTIG 1933 a, b |
| | *Ustilago hordei* | | + | |
| | *Ustilago decipiens* | | + | |
| Verschiedene Urethane | *Ustilago avenae* | | + | HÜTTIG 1933 a, b |
| UV-Strahlen | *Penicillium chrysogenum* | + | | MORPURGO und SERMONTI 1959 |
| | *Aspergillus nidulans* | + | | KÄFER und CHEN 1964 |
| | *Aspergillus sojae* | + | | IKEDA et al. 1957; ISHITANI 1956 |
| | *Saccharomyces cerevisiae* | + | | JAMES und LEE-WHITING 1955; ROMAN und JACOB 1958; FOGEL und HURST 1963; WILKIE und LEWIS 1963; HURST und FOGEL 1964 |
| | *Ustilago maydis* | + | | HOLLIDAY 1961 b, 1962 a, b, 1964 a |
| Röntgenstrahlen | *Aspergillus nidulans* | + | | MORPURGO 1962 a |
| $\gamma$-Strahlen (Cobalt-60) | *Aspergillus nidulans* | + | | KÄFER 1963 |

derselben Koppelungsgruppe regionalen Schwankungen unterworfen (PRAKASH 1963 b). Dies läßt nach Ansicht des Autors darauf schließen, daß die crossing-over-Frequenz unabhängig von der Aktivität der hier benutzten Chelatbildner ist (Tabelle IV-12). Die Schwankungen werden als unterschiedliche Wirkung der beiden Chemikalien auf die allgemeine intrazelluläre Ionenverteilung gedeutet. Besonders bemerkenswert ist in diesem Zusammenhang die Tatsache, daß durch bestimmte chemische Agenzien nicht nur die Häufigkeit der crossing over, sondern auch die Beteiligung der vier Stränge am Doppel-crossing-over beeinflußt werden kann. PRAKASH (1964) fand bei *N. crassa* nach Behandlung mit Äthylen-diamin-tetraessigsäure (EDTA) eine *Verschiebung von negativer zu positiver Chromatiden-Interferenz*, d.h. es waren in den Kontrollversuchen mehr 2 Strang- als 4 Strang- und nach Zugabe von EDTA mehr 4 Strang- als 2 Strang-Doppel-crossing-over nachweisbar (Einzelheiten S. 188 und S. 190).

Versuche, die Häufigkeit der Rekombination mit Hilfe von Substanzen zu beeinflussen, welche die Zahl der Chromosomenbrüche herabsetzen, verliefen negativ: Für keine der verwendeten Agenzien (Cystein, Thioharnstoff, 2-Mercapto-äthylamin) konnte eine statistisch signifikante Änderung der Postreduktionshäufigkeit für eine Sporenfarbmarke von *Sordaria fimicola* festgestellt werden (MILLER und BEVAN 1964).

*UV-Strahlen:* Die Zahl der crossing over nimmt nach Bestrahlung meist zu. Eine deutliche *Abhängigkeit der Rekombinationshäufigkeit von der UV-Dosis* konnte von FOGEL und HURST (1963) bei *S. cerevisiae* nachgewiesen werden.

Die Autoren fanden z. B. in einem Fall 0,2% Rekombinanten in der Kontrolle, 1,1% nach 60 sec und 2,45% nach 120 sec UV-Bestrahlung. Die Prozentzahlen beziehen sich jeweils auf die Überlebenden, bei einem Überlebensprozentsatz von 83% bzw. 25% nach 60 bzw. 120 sec Bestrahlungsdauer.

Eine Deutung des Behandlungseffektes ist in gewissem Umfange auf Grund von Experimenten an *Saccharomyces* und *Ustilago* möglich. Man nimmt an, daß die Erhöhung der Häufigkeit mitotischer crossing over zusammenhängt mit einer *Hemmwirkung* von UV-Strahlen und bestimmten Chemikalien (z.B. Mitomycin C) *auf die DNS-Replikation.* Durch diese künstliche Verzögerung der Replikation soll die *Chromosomen-paarung gefördert* und dadurch die Möglichkeit zur Rekombination gesteigert werden (HOLLIDAY 1961 b, 1962 a, b, 1964 a; WILKIE und LEWIS 1963; FOGEL und HURST 1963; HURST und FOGEL 1964). Diese Hypothese hat mit den beiden anderen, die zur Erklärung der Beeinflussung durch genetische Faktoren (S. 175) und Temperatur (S. 180) aufgestellt wurden, gemeinsam, daß sie die Änderung der Rekombinationshäufigkeit auf das veränderte Paarungsverhalten homologer Chromosomen zurückführt.

## Zusammenfassung

1. Die Durchbrechung der Koppelung erfolgt durch crossing over. Dieser Mechanismus führt stets zu reziproken Rekombinationen.

2. Koppelung von Genmarken, d. h. die Zugehörigkeit von Marken zu bestimmten Koppelungsgruppen (Chromosomen), kann mit Hilfe vo. Kriterien nachgewiesen werden, die in Tabelle IV-6 zusammengestellt sind

3. Die Zahl der Koppelungsgruppen entspricht der Zahl der Chromosomen im haploiden Satz. Sie ist für jedes Objekt charakteristisch. Die Unabhängigkeit von Koppelungsgruppen läßt sich auf Grund des in Tabelle IV-6 genannten Kriteriums nachweisen.

4. Die Häufigkeit der Rekombination zweier Marken, d. h. der Grad ihrer Koppelung, ist unter gleichbleibenden Versuchsbedingungen konstant. Jedoch ist diese Konstanz häufig nicht mehr gegeben, wenn man nichtidentische Wildstämme für die Kreuzungen benutzt oder wenn man die Nachkommen unter verschiedenen Temperaturen aufzieht. Auch durch Bestrahlung mit UV-, $\gamma$- und Röntgenstrahlen konnte man ebenso wie durch Behandlung mit einigen Chemikalien Änderungen in der Häufigkeit der crossing over erzielen.

## III. Interferenz

Als *Interferenz* bezeichnet man die Erscheinung, daß die *Verteilung der crossing over in den Chromatidentetraden nicht zufallsgemäß* erfolgt. Man unterscheidet zwei Arten der Interferenz. 1. *Chromatiden-Interferenz ist dann gegeben, wenn durch das Vorkommen eines crossing over die Wahrscheinlichkeit vermindert oder erhöht wird, daß ein zweites crossing over zwischen denselben Chromatiden entsteht.* Im ersten Fall nennt man die Interferenz positiv, im zweiten Fall negativ. In beiden Fällen führt Chromatiden-Interferenz zu einer von der Zufallserwartung abweichenden Aufspaltung in Zwei-, Drei- und Vierstrang-Doppel-crossing-over (Abb. IV-11). 2. *Chromosomen-Interferenz besteht dann, wenn durch das Vorkommen eines crossing over die Wahrscheinlichkeit verringert oder vergrößert wird, daß weitere crossing over in seiner Nähe gebildet werden.* Auch hier spricht man im ersten Fall von positiver, im zweiten Fall von negativer Interferenz. In beiden Fällen weichen die Häufigkeiten der Mehrfach-crossing-over von den bei einer Zufallsverteilung erwarteten Häufigkeiten ab. *Chromosomen-Interferenz bezieht sich also im Gegensatz zur Chromatiden-Interferenz nicht auf die Beteiligung der Stränge am Mehrfach-crossing-over, sondern auf die Verteilung der crossing over in den Tetraden.*

Das Phänomen der Interferenz läßt sich experimentell nur dann untersuchen, wenn mindestens zwei Regionen (d. h. mindestens drei gekoppelte Marken) zur Verfügung stehen. Da sowohl Chromatiden- als auch Chromosomen-Interferenz Einfluß auf die Rekombinationshäufigkeit haben, ist die Einzelstranganalyse (S. 159) nicht geeignet, zwischen den beiden Interferenzarten zu unterscheiden; denn die Zufallsanalyse erlaubt nur, die Existenz eines Doppel-crossing-over, nicht aber seinen Modus festzustellen. Solche spezifizierten Aussagen kann man nur mit Hilfe der Tetradenanalyse treffen, und zwar unter der Voraussetzung, daß kein Schwesterstrangaustausch (S. 190) stattfindet.

Über die genetische Rolle des Centromers ist erst wenig bekannt. Im allgemeinen benutzt man das Centromer wie eine Genmarke. Eine solche Gleichschaltung von Centromer und Gen scheint jedoch nicht immer gerechtfertigt, da man mehrfach feststellen konnte, daß crossing over zwar mit anderen crossing over im selben Chromosomenschenkel interferieren, nicht aber mit crossing over im gegenüberliegenden Schenkel. Dieses Phänomen könnte vielleicht dadurch zu erklären sein, daß der Rekombinationsprozeß am Centromer beginnt und sich von dort aus nach beiden Seiten fortsetzt (vgl. hierzu die modifizierte Polaron-Hypothese, S. 251 f.).

# 1. Chromatiden-Interferenz

## a) Bestimmungsmethoden

Entsprechend der Definition existiert Chromatiden-Interferenz, wenn die Beteiligung der Chromatiden am Doppel-crossing-over nicht zufällig erfolgt, d. h. wenn das *Zahlenverhältnis für die Doppelaustausch-typen 2 Str.:3 Str. (Typ I):3 Str. (Typ II):4 Str. von dem Verhältnis 1:1:1:1 abweicht* (vgl. Abb. IV-11, links). Die Schwierigkeit, Chromatiden-Interferenz experimentell nachzuweisen, besteht darin, daß ein Doppel-crossing-over nicht immer eindeutig als solches identifizierbar ist, sondern indirekt aus Chromatiden-Rekombinationen erschlossen werden muß.

Zwischen Chromatiden-Interferenz und Chromatiden-Rekombination besteht eine ähnliche Beziehung wie zwischen crossing over und der Rekombination genetischer Marken. In beiden Fällen sucht man auf Grund von Rekombinationsdaten auf zytologische Gegebenheiten rückzuschließen, nämlich auf Zahl und Modus der in einer mehrfach markierten Region stattgefundenen crossing over.

Aus Abb. IV-11 (links) ist zu ersehen, daß Zweistrang-Doppel-crossing-over zu Parental-Ditypen (*P*) für die beiden Außenmarken führen, entsprechend Drei- und Vierstrang-Doppel-crossing-over zu Tetratypen (*T*) bzw. Rekombinations-Ditypen (*R*). Bei fehlender Chromatiden-Interferenz erwartet man deshalb als Chromatiden-Rekombination das Verhältnis $p:t:r = 1:2:1$. Eine signifikante Abweichung von diesem Verhältnis ist ein Kriterium für den Nachweis von Chromatiden-Interferenz (S. 191).

Die Bedingung $p:t:r = 1:2:1$ ist jedoch nicht hinreichend für die gegenteilige Aussage, daß keine Interferenz existiere. *Fehlende Chromatiden-Interferenz kann* nämlich *vorgetäuscht werden*, und zwar vor allem durch die folgenden Ursachen:

*1. Schwesterstrangaustausch:* Selbst bei hoher positiver oder hoher negativer Interferenz zwischen Nicht-Schwesterchromatiden kann Schwesterstrangaustausch zu einer vorgetäuschten Zufallsverteilung führen (Abb. IV-11 rechts und S. 190ff.).

*2. Mehrfach-crossing-over:* Wenn die beiden Außenmarken weit auseinander liegen, so entstehen mit erhöhter Wahrscheinlichkeit *n*-fach-crossing-over ($n > 2$) in dieser Region. Diese können bewirken, daß trotz Interferenz das Verhältnis $p:t:r = 1:2:1$ zustandekommt.

Der Einfluß von Mehrfachaustausch in großen Regionen auf das Verhältnis $p:t:r$ ist unbedeutend, wenn dieses Verhältnis mit der Zufallserwartung ungefähr übereinstimmt. Deshalb führt die Methode, welche WHITEHOUSE (1956) zur ,,Korrektur" bei weit auseinander liegenden Marken angibt, nur dann zum Ziel, wenn bereits für die ,,unkorrigierten" Daten eine mehr oder minder starke Abweichung vom Verhältnis 1:2:1 vorliegt.

*3. Reichweite der Interferenz:* Bei Verwendung großer Regionen ist es möglich, daß Chromatiden-Interferenz nicht mehr nachweisbar ist, da die Außenmarken außerhalb der Reichweite der Interferenz liegen. Dies kann besonders dann der Fall sein, wenn die verwendeten Regionen nicht benachbart sind.

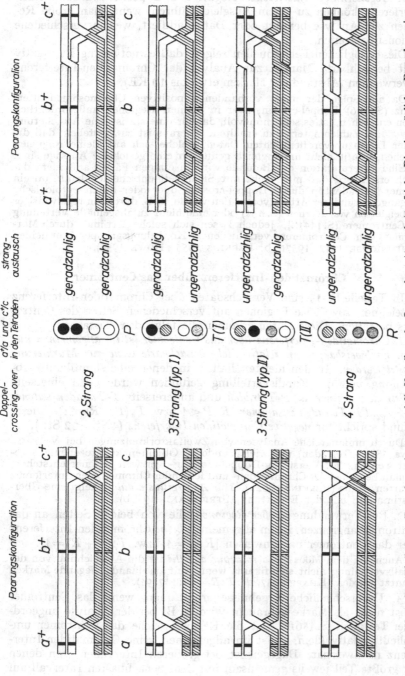

Abb. IV-11. Der Einfluß von Doppel-crossing-over auf die Verteilung der Genmarken $a^+/a$ und $c^+/c$. *Links:* Die vier möglichen Doppel-crossing-over-Typen unter der Annahme, daß kein Schwesterstrangaustausch stattfindet. *Rechts:* Zweistrang-Doppel-crossing-over zwischen Nicht-Schwestersträngen bei gleichzeitig erfolgtem Schwesterstrangaustausch. Diese crossing-over-Konfigurationen führen zur selben Markenverteilung (*Mitte*) wie die vier Doppel-crossing-over links. In analoger Weise ergeben Drei- und Vierstrang-Doppel-crossing-over in Kombination mit Schwesterstrangaustausch alle vier Tetradentypen. Darstellung der Genotypen wie in Abb. IV-5; Chromosomen, Centromere und Genmarken wie in Abb. IV-2. Erläuterungen s. Text

Doppel-crossing-over *mit* Schwesterstrangaustausch

Paarungskonfiguration

Doppel-crossing-over *ohne* Schwesterstrangaustausch

Paarungskonfiguration

Doppel-crossing-over

Schwester-strang-austausch

Verteilung der beiden Außenmarken $a^+/a$ und $c^+/c$ in den Tetraden

$a^+$ $b^+$ $c^+$

$a$ $b$ $c$

geradzahlig

geradzahlig

geradzahlig

ungeradzahlig

ungeradzahlig

geradzahlig

ungeradzahlig

ungeradzahlig

2 Strang

3 Strang (Typ I)

3 Strang (Typ II)

4 Strang

P

T (I)

T (II)

R

*4. Gegensinnige Interferenz:* Negative und positive Chromatiden-Interferenz können zu einem Ausgleich führen, wenn man große Regionen zur Analyse benutzt oder Daten addiert, welche verschiedene Regionen betreffen.

Diese möglichen Fehlerquellen zeigen, daß es notwendig ist, relativ dicht benachbarte Marken zur Analyse der Chromatiden-Interferenz zu verwenden (Abstand der Marken etwa bis 10 KE).

Da als Folge der meist vorhandenen positiven Chromosomen-Interferenz (S. 196) Doppel-crossing-over in kleinen Regionen außerordentlich selten entstehen, ist es sehr mühevoll, das für eine statistische Absicherung notwendige Zahlenmaterial zu erhalten. Hieraus ist zu verstehen, daß die in der Literatur veröffentlichten Daten, welche sich auf kleine Regionen beziehen, häufig nicht umfangreich genug für eine gesicherte Aussage sind.

Eine Interpretation der Befunde wird in einigen Fällen außerdem dadurch erschwert, daß man nicht mit Sicherheit entscheiden kann, ob ein seltener Tetradentyp durch Doppel-crossing-over oder durch zytologische Vorgänge sekundärer Art hervorgerufen wurde, z. B. durch ein regelwidriges Vorbeigleiten von Kernen (S. 151) oder eine nicht zufallsgemäße Verteilung der Centromere (S. 144 ff.). Jedoch lassen sich solche Irrtümer durch Markierung von Centromeren verschiedener Koppelungsgruppen vermeiden (WHITEHOUSE 1942, 1957a, b; PERKINS 1955; HOWE 1956).

### b) Chromatiden-Interferenz über das Centromer

In Tabelle IV-13 sind Versuchsdaten über Chromatiden-Interferenz verzeichnet, soweit sie Regionen auf verschiedenen Seiten des Centromers betreffen. Diese Daten erlauben die folgenden Aussagen:

*1. Chromatiden-Interferenz über das Centromer ist im allgemeinen nur dann nachweisbar, wenn relativ dicht benachbarte Gene zur Markierung benutzt werden.* In den meisten Fällen, in denen eine signifikante Abweichung von der Zufallsverteilung gefunden wurde, sind einerseits *R-Tetraden seltener als P-Tetraden* und andererseits *T-Tetraden seltener als P- und R-Tetraden zusammen* [$R:P < 1$ bzw. $T:(P+R) < 1$]. Dieser Befund spricht für *negative Chromatiden-Interferenz* (4 Str. < 2 Str.).

Durch umfangreiche Analysen von Zweifaktorkreuzungen bei *N. crassa* (etwa 58000 Tetraden) und vielen anderen Objekten konnte ebenfalls gezeigt werden, daß Vierstrang-Doppel-crossing-over weit seltener entstehen, als man bei fehlender Chromatiden- und fehlender Chromosomen-Interferenz erwarten würde (PERKINS 1962a). Nur *Aspergillus nidulans* zeigt eine Übereinstimmung mit der Erwartung (STRICKLAND 1958b).

2. Bei Verwendung *großer Regionen*, die von beiden Seiten an das Centromer angrenzen, ist im allgemeinen *keine* Chromatiden-Interferenz über das Centromer nachzuweisen [$R:P = 1$ bzw. $T:(P+R) = 1$].

Auch bei dem Moos *Sphaerocarpus donellii* ist die Abweichung von der Zufallsverteilung nicht signifikant, wenn weit auseinander liegende Marken benutzt werden (KNAPP 1937, $P:T:R = 79:147:91$).

3. Unterschiedliche Ergebnisse erhält man, wenn das Centromer selbst nicht als Marke gebraucht wird, z. B. bei der Analyse ungeordneter Tetraden (S. 156 ff.). Ist die Region, welche das Centromer umschließt, relativ klein, so ist im allgemeinen keine Chromatiden-Interferenz nachweisbar. Dagegen ist bei größeren Intervallen, von denen der größte Teil jeweils gemeinsam mit dem benachbarten Intervall auf

derselben Seite des Centromers liegt, in einigen Fällen die Abweichung von der Zufallsverteilung signifikant.

Diese Befunde stimmen mit der Beobachtung überein, daß in einheitlichen, d. h. nicht durch das Centromer unterbrochenen, Chromosomenschenkeln weniger $R$- als $P$-Tetraden entstehen (z. B. *S. cerevisiae*: SHULT und LINDEGREN 1959, DESBOROUGH et al. 1960).

Tabelle IV-13. *Chromatiden-Interferenz über das Centromer*

Die Daten sind für jedes Objekt nach dem Kartenabstand der in der Analyse benutzten Außenmarken geordnet und zusammengefaßt. Als Maß für die Chromatiden-Interferenz dienen die Quotienten $R:P$ und $T:(P+R)$. Die eingerahmten Zahlen zeigen eine Abweichung von der Zufallsverteilung. Nähere Erläuterungen s. Text. *Referenz*, auch für die Tabellen IV-14, IV-17 und IV-18, s. unten und nächste Seite.

| Objekt | Kartenabstand zwischen den beiden Außenmarken (in KE) | Chromatiden-Rekombination | | | $\frac{R}{P}$ | $\frac{T}{P+R}$ | Referenz [*] |
|---|---|---|---|---|---|---|---|
| | | $P$ (2 Str.) | $T$ (3 Str.) | $R$ (4 Str.) | | | |
| *Neurospora crassa* | bis 10 | 25 | 8 | 6 | 0,2 | 0,3 | 4, 6, 17a |
| | 11—20 | 96 | 69 | 47 | 0,5 | 0,5 | 1, 4, 5, 6, 7, 16, 17a |
| | 21—30 | 97 | 191 | 85 | 0,9 | 1,0 | 9, 16, 17a |
| | 31—40 | 31 | 66 | 32 | 1,0 | 1,0 | 16 |
| | zusammen: | 249 | 334 | 170 | 0,7 | 0,8 | |
| *Neurospora sitophila* | 50 | 15 | 31 | 10 | 0,7 | 0,8 | 18, 19 |
| *Podospora anserina* | 41—50 | 11 | 30 | 11 | 1,0 | 1,4 | 24 |
| | 51—60 | 19 | 44 | 18 | 0,9 | 1,2 | 24 |
| | zusammen: | 30 | 74 | 29 | 0,9 | 1,3 | |
| *Sordaria macrospora* | 41—50 | 18 | 21 | 20 | 1,1 | 0,6 | 21 |
| | 51—60 | 68 | 103 | 61 | 0,9 | 0,9 | 20 |
| | 61—70 | 46 | 88 | 45 | 1,0 | 1,0 | 21 |
| | zusammen: | 132 | 212 | 126 | 0,9 | 0,8 | |
| *Sordaria fimicola* | 51—60 | 4 | 7 | 2 | 0,5 | 1,2 | 22 |
| | 61—70 | 8 | 28 | 8 | 1,0 | 1,8 | 22 |
| | zusammen: | 12 | 35 | 10 | 0,8 | 1,6 | |
| *Saccharomyces cerevisiae* | 31—40 | 3 | 6 | 4 | 1,3 | 0,9 | 27, 28 |
| | 41—50 | 35 | 48 | 29 | 0,8 | 0,8 | 27, 28 |
| | 51—60 | 19 | 31 | 29 | 1,5 | 0,6 | 26, 28 |
| | über 70 | 51 | 53 | 19 | 0,4 | 0,8 | 26 |
| | zusammen: | 108 | 138 | 81 | 0,8 | 0,7 | |
| *Aspergillus nidulans* | 31—40 | 17 | 28 | 14 | 0,8 | 0,9 | 29 |
| | 41—50 | 21 | 26 | 23 | 1,1 | 0,6 | 29 |
| | über 50 | 6 | 16 | 13 | 2,2 | 0,8 | 29 |
| | zusammen: | 44 | 70 | 50 | 1,1 | 0,7 | |
| *Coprinus lagopus* | bis 10 | 12 | 1 | 0 | 0 | 0,1 | 31 |

[*] *Referenz zu den Tabellen IV-13, IV-14, IV-17, IV-18:*
*Neurospora crassa:* [1] LINDEGREN 1936b, [2] LINDEGREN und LINDEGREN 1937, [3] LINDEGREN und LINDEGREN 1939, [4] LINDEGREN und LINDEGREN

Durch Behandlung mit Äthylen-diamin-tetraessigsäure (EDTA) kann nicht nur die Häufigkeit der crossing over erhöht (PRAKASH 1963b), sondern auch der Modus der Chromatiden-Interferenz beeinflußt werden (S. 182). PRAKASH (1964) fand bei *N. crassa* in Kontrollversuchen eine ausgeprägte negative Chromatiden-Interferenz, d. h. mehr Zweistrang- als Vierstrang-Doppel-crossing-over (Tabelle IV-13). In Versuchen mit geeigneten Konzentrationen von EDTA ließen sich dagegen bis dreimal mehr Vierstrang- als Zweistrang-Doppel-crossing-over nachweisen. Diese *Umkehrung von negativer in positive Chromatiden-Interferenz* könnte dadurch gedeutet werden, daß EDTA *vor* der Verdoppelung, d. h. im Zweistrangstadium, wirksam ist (PRAKASH 1964), oder daß EDTA in besonderem Maße Brüche in Schwstersträngen induziert (STRICKLAND 1961; s. auch Abschnitt *Erklärungsmöglichkeiten für die intrachromosomale Rekombination*, S. 240ff.).

In den Kontrollversuchen erhielt PRAKASH für Regionen, die auf verschiedenen Seiten des Centromers in den Koppelungsgruppen I und VI liegen, die Aufspaltung 2 Str.:3 Str.:4 Str. = 53:24:15 (negative Chromatiden-Interferenz). Nach Behandlung mit drei verschiedenen Konzentrationen von EDTA ($4 \times 10^{-5}$, $10 \times 10^{-5}$ bzw. $20 \times 10^{-5}$) wurden folgende Werte bestimmt: 22:16:37 (schwache Interferenz), 16:33:56 bzw. 31:22:59 (in den beiden letzten Fällen positive Chromatiden-Interferenz). EVERSOLE und TATUM (1956) beobachteten bei *Chlamydomonas* ebenfalls ein verstärktes Auftreten von Vierstrang-Doppel-crossing-over nach Zugabe von EDTA.

## c) Chromatiden-Interferenz innerhalb eines Chromosomenschenkels

Wir haben zu dieser Fragestellung in Tabelle IV-14 die wichtigsten, durch Tetradenanalyse gewonnenen Ergebnisse aus Dreifaktor-Kreuzungen zusammengestellt. Die Auswertung dieser Experimente wird durch die Tatsache erschwert, daß das Centromer häufig als Außenmarke verwendet wird und infolgedessen eine Unterscheidung zwischen *P*- und *R*-Tetraden bzw. Zwei- und Vierstrang-Doppel-crossing-over nicht möglich ist (WHITEHOUSE 1942). Aus Tabelle IV-14 kann man entnehmen:

*1. Negative Chromatiden-Interferenz innerhalb eines Chromosomenschenkels ist sowohl bei Verwendung kleiner als auch bei Verwendung großer Regionen nachweisbar, d. h. es entstehen weniger Vier- als Zweistrang-Doppel-crossing-over ($R:P<1$).*

Mehr *P*- als *R*-Tetraden konnte man auch dann beobachten, wenn zur Analyse Regionen benutzt wurden, die durch ein mehr oder minder großes

1942, [5] HOULAHAN et al. 1949, [6] HOWE 1954, [7] BARRATT et al. 1954, [8] PERKINS 1956, [9] STADLER 1956b, [10] GILES et al. 1957, [11] PERKINS 1959, [12] PERKINS und ISHITANI 1959, [13] MALING 1959, [14] STRICKLAND et al. 1959, [15] STRICKLAND 1961, [16] BOLE-GOWDA et al. 1962, [17] PERKINS 1962b, [17a] PRAKASH 1964.
*Neurospora sitophila:* [18] WÜLKER 1935, [19] WHITEHOUSE 1956.
*Sordaria macrospora:* [20] HESLOT 1958, [21] JOUSSEN, pers. Mittlg.
*Sordaria fimicola:* [22] PERKINS et al. 1963, [17] PRAKASH 1964.
*Podospora anserina:* [23] MONNOT 1953, [24] KUENEN 1962b.
*Saccharomyces cerevisiae:* [25] SHULT und LINDEGREN 1956a, [26] SHULT und LINDEGREN 1959, [27] HAWTHORNE und MORTIMER 1960, [28] DESBOROUGH et al. 1960.
*Aspergillus nidulans:* [29] STRICKLAND 1958b, [30] KÄFER 1958.
*Coprinus lagopus:* [31] FINCHAM und DAY 1963, S. 87.

Tabelle IV-14. *Chromatiden-Interferenz innerhalb eines Chromosomenschenkels*
Die Daten sind für jedes Objekt nach dem Kartenabstand der in der Analyse benutzten Außenmarken geordnet und zusammengefaßt. Als Maß für die Chromatiden-Interferenz dienen die Quotienten $R:P$ und $T:(P+R)$. Die eingerahmten Zahlen zeigen eine Abweichung von der Zufallsverteilung. Nähere Erläuterungen s. Text. *Referenz unter Tabelle IV-13.

| Objekt | Kartenabstand zwischen den beiden Außenmarken (in KE) | Chromatiden-Rekombination | | | | $\dfrac{R}{P}$ | $\dfrac{T}{P+R}$ | Referenz* |
|---|---|---|---|---|---|---|---|---|
| | | $P$ (2Str.) | $T$ (3Str.) | $R$ (4Str.) | $P$ oder $R$ | | | |
| *Neurospora crassa* | bis 10 | 49 | 59 | 36 | 6 | 0,7 | 0,6 | 4, 6, 15, 16, 17a |
| | 11—20 | 42 | 52 | 27 | 4 | 0,6 | 0,7 | 1, 4, 17, 17a |
| | 21—30 | 68 | 122 | 32 | 22 | 0,5 | 1,0 | 3, 5, 7, 8, 16, 17 |
| | 31—40 | 87 | 167 | 81 | — | 0,9 | 1,0 | 16, 17 |
| | 41—50 | 20 | 27 | 11 | — | 0,5 | 0,8 | 17 |
| | 51—60 | 21 | 41 | 15 | — | 0,7 | 1,1 | 17 |
| | 61—70 | 52 | 108 | 42 | — | 0,8 | 1,1 | 17 |
| | 71—80 | 18 | 47 | 15 | — | 0,8 | 1,4 | 17 |
| | zusammen: | 357 | 623 | 259 | 32 | 0,7 | 1,0 | |
| *Sordaria fimicola* | 11—40 | 3 | 16 | 7 | — | 2,3 | 1,6 | 22 |
| | 51—60 | 5 | 10 | 4 | — | 0,8 | 1,1 | 22 |
| | zusammen: | 8 | 26 | 11 | — | 1,4 | 1,4 | |
| *Podospora anserina* | 25—45 | — | 12 | — | 5 | — | 2,4 | 24 |
| | 46—50 | — | 20 | — | 16 | — | 1,3 | 24 |
| | zusammen: | — | 32 | — | 21 | — | 1,5 | |
| *Saccharomyces cerevisiae* | 11—30 | 21 | 3 | 2 | — | 0,1 | 0,1 | 26, 28 |
| | 31—50 | 14 | 21 | 20 | 1 | 1,4 | 0,6 | 25, 27 |
| | 51—60 | 14 | 8 | 5 | — | 0,4 | 0,4 | 26 |
| | zusammen: | 49 | 32 | 27 | 1 | 0,6 | 0,4 | |
| *Aspergillus nidulans* | bis 20 | 19 | 30 | 16 | — | 0,8 | 0,9 | 29 |
| | 21—30 | 11 | 14 | 17 | — | 1,5 | 0,5 | 29 |
| | zusammen: | 30 | 44 | 33 | — | 1,1 | 0,7 | |

Zwischenintervall getrennt sind. Bei der Alge *Chlamydomonas reinhardi* ist die Abweichung vom Verhältnis 1:2:1 nicht signifikant (EBERSOLD und LEVINE 1959). Angaben über Chromatiden-Interferenz bei anderen Objekten, z. B. bei *Drosophila*, bei der Maus und einigen Pflanzen, finden sich bei LUDWIG (1938), WHITEHOUSE (1942), OWEN (1950) und CARTER (1954).

2. Bei *S. cerevisiae* wurden im Gegensatz zu *N. crassa* und *P. anserina* weniger *Dreistrang-Doppel-crossing-over* gefunden, als man bei einer Zufallsverteilung erwarten sollte. Die Häufigkeit der Tetratypen ist nämlich bei *Saccharomyces* niedriger als die Summe der Häufigkeiten von Rekombinations- und Parental-Ditypen $[T:(P+R)<1]$.

Das seltene Auftreten von Tetratypen stimmt mit den Daten von Experimenten überein, bei denen zwei verschiedene Chromosomenschenkel markiert sind (S. 186). Jedoch steht diese Tatsache in Widerspruch zu Beobachtungen an anderen Objekten; denn nicht nur bei *N. crassa* und

*P. anserina*, sondern auch bei *Chlamydomonas reinhardi* (EBERSOLD und LEVINE 1959) und *Sphaerocarpus donellii* (KNAPP 1937) sind die Differenzen zwischen Beobachtung und Erwartung nicht statistisch abzusichern.

Durch Behandlung mit spezifischen chemischen Agenzien ist eine *Modifizierung der Chromatiden-Interferenz* möglich. Auf Grund umfangreicher Versuche mit *N. crassa* konnte PRAKASH (1964) nämlich zeigen, daß sich die in Kontrollversuchen beobachtete negative Chromatiden-Interferenz (Tabelle IV-14) durch die Wirkung von EDTA in positive umkehren läßt. Dieser Befund stimmt mit den im vorangehenden Abschnitt (S. 188) beschriebenen Ergebnissen überein (s. auch S. 182).

PRAKASH fand folgende Zahlen für Doppel-crossing-over in den Schenkeln der Chromosomen I und VI: Kontrolle 2 Str.: 3 Str.: 4 Str. $= 30:7:6$; EDTA $4 \times 10^{-5}$ 17:8:26; EDTA $10 \times 10^{-5}$ 17:27:53; EDTA $20 \times 10^{-5}$ 20:12:46. In den beiden letzten Fällen ist eine deutliche Verschiebung zur positiven Chromatiden-Interferenz festzustellen.

### d) Chromatiden-Interferenz und Schwesterstrangaustausch

Wir haben bisher stets vorausgesetzt, daß crossing over nur zwischen Nicht-Schwesterchromatiden stattfindet. Der enge Zusammenhang zwischen Chromatiden-Interferenz und Schwesterstrangaustausch macht jedoch eine Überprüfung dieser Voraussetzung notwendig; denn Austausch zwischen Schwestersträngen kann zu Chromatiden-Rekombinationen führen, welche eine reale Chromatiden-Interferenz nicht oder nur in veränderter Weise erkennen lassen (S. 184). Bis in die fünfziger Jahre glaubte man auf Grund zytologischer Studien an Ringchromosomen von *Drosophila*, daß Austausch zwischen Schwesterchromatiden nicht vorkommt (MORGAN 1933, SCHWEITZER 1935; weitere Literatur bei LUDWIG 1938 und SCHWARTZ 1953, 1954). Erst 1953 wurde die Frage der Beteiligung der Chromatiden am crossing over wieder aufgenommen und neu zur Diskussion gestellt. Auch jetzt wurden die Untersuchungen an Ringchromosomen durchgeführt, diesmal bei Mais (SCHWARTZ 1953). Die zytologischen Bilder der Anaphasen ließen jedoch, im Gegensatz zu früher, den Schluß zu, daß Austausch zwischen Schwestersträngen sehr häufig stattfindet (weitere Experimente bei *Drosophila:* SCHWARTZ 1954, WELSHON 1955). Außer diesen zytologischen Befunden machten autoradiographische Studien an mitotischen Chromosomen Schwesterstrang-austausch wahrscheinlich[1] (TAYLOR 1957, 1958; TAYLOR et al. 1957).

Diese Versuchsergebnisse zeigen, daß eine Diskussion der Chromatiden-Interferenz nicht auf die Erörterung der Interferenz zwischen Nicht-Schwestersträngen beschränkt bleiben darf. Wir haben deshalb in Tabelle IV-15 und Abb. IV-11 (rechts) Doppel-crossing-over zwischen Nicht-Schwesterchromatiden mit entsprechenden Schwesterstrangaus-tauschen kombiniert. Aus diesen beiden Darstellungen sieht man:

1. Bei fehlender Chromatiden-Interferenz (2 Str.: 3 Str.: 4 Str. $= 1:2:1$) entsteht immer als Chromatiden-Rekombination das Verhältnis $p:t:r = 1:2:1$, unabhängig davon, ob Schwesterstrangaustausch vorkommt.

---

[1] Kürzlich fand WOLFF (1964), daß bei Verwendung radioaktiver Substanzen Schwesterstrangaustausch nicht spontan erfolgt, sondern von den inkorporierten Isotopen induziert wird.

Tabelle IV-15. *Der Einfluß von Schwesterstrangaustausch auf Chromatiden-Rekombination*
(bei Doppel-crossing-over zwischen Nicht-Schwchsterssträngen).

Die beiden Schwesterstrangpaare einer Tetrade sind mit 1—2 bzw. 3—4 bezeichnet (1. Spalte). Die Wirkung des Schwesterstrangaustausches bei gleichzeitigem 2-Strang-Doppel-crossing-over (3. Spalte) ist ausführlich in Abb. IV-11, rechts, dargestellt. Entsprechend sind die Spalten 4 bis 6 zu verstehen. (Weitere Erläuterungen s. Text und Tabelle IV-16).

| Schwester-stränge | Schwesterstrang-austausch | Chromatiden-Rekombination bei | | | |
|---|---|---|---|---|---|
| | | 2 Str. | 3 Str. (I) | 3 Str. (II) | 4 Str. |
| 1—2 3—4 | geradzahlig geradzahlig | $P$ | $T$ (I) | $T$ (II) | $R$ |
| 1—2 3—4 | geradzahlig ungeradzahlig | $T$ (I) | $P$ | $R$ | $T$ (II) |
| 1—2 3—4 | ungeradzahlig geradzahlig | $T$ (II) | $P$ | $R$ | $T$ (I) |
| 1—2 3—4 | ungeradzahlig ungeradzahlig | $R$ | $T$ (II) | $T$ (I) | $P$ |

Tabelle IV-16. *Der Einfluß von Chromatiden-Interferenz und Schwester-strangaustausch auf die Chromatiden-Rekombination*
Nähere Erläuterungen s. Text (vgl. auch Tabelle IV-15).

| Modus der Chromatiden-Interferenz | Chromatiden-Rekombination bei Schwesterstrangaustausch | | |
|---|---|---|---|
| | 1—2 geradzahlig 3—4 geradzahlig | 1—2 geradzahlig 3—4 ungeradzahlig | 1—2 ungeradzahlig 3—4 ungeradzahlig |
| Keine Interferenz 2 Str. = 4 Str. 3 Str. = (2+4) Str. | $p=r$ $t=p+r$ | $p=r$ $t=p+r$ | $p=r$ $t=p+r$ |
| Negative Interferenz 2 Str. > 4 Str. 3 Str. < (2+4) Str. | $p>r$ $t<p+r$ | $p=r$ $t>p+r$ | $p<r$ $t<p+r$ |
| Positive Interferenz 2 Str. < 4 Str. 3 Str. > (2+4) Str. | $p<r$ $t>p+r$ | $p=r$ $t<p+r$ | $p>r$ $t>p+r$ |

2. Existiert Chromatiden-Interferenz, so ist keine Abweichung $p:t:r$ von $1:2:1$ nachweisbar, wenn sehr häufig Austausch zwischen Schwestersträngen stattfindet, d. h. wenn die Häufigkeiten für gerad- und ungeradzahligen Austausch statistisch gleich groß sind.

3. Chromatiden-Interferenz ohne Schwesterstrangaustausch führt dagegen niemals zu einer Übereinstimmung mit der erwarteten Zufalls-verteilung.

4. *Eine statistisch gesicherte Abweichung $p:t:r$ von $1:2:1$ zeigt in jedem Fall, daß Chromatiden-Interferenz vorhanden ist. Es läßt sich jedoch niemals entscheiden, ob auch Schwesterstrangaustausch stattgefunden hat.*

Die in den beiden Tabellen IV-13 und IV-14 zusammengestellten Versuchsdaten haben gezeigt (S. 186 und 188f.), daß Parental-Ditypen häufiger entstehen als Rekombinations-Ditypen ($p>r$) und Tetratypen seltener als die beiden Ditypen zusammen $(t < p + r)$. Wie aus Tabelle IV-16 ersichtlich, lassen sich diese Befunde nicht nur unter der Annahme von negativer, sondern auch unter der Annahme von positiver Chromatiden-Interferenz erklären:

$p > r$ läßt sich einerseits zurückführen auf die Wirkung negativer Chromatiden-Interferenz bei fehlendem Schwesterstrangaustausch („geradzahlig—ungeradzahlig"), andererseits auf die Wirkung positiver Chromatiden-Interferenz, wenn man voraussetzt, daß sich an jeden Austausch zwischen Nicht-Schwestersträngen auf beiden Seiten ein Schwesterstrangaustausch anschließt („ungeradzahlig—ungeradzahlig").

$t < p + r$ kann ebenfalls in doppelter Weise als Folge einer Chromatiden-Interferenz interpretiert werden. Wenn mehr Dreistrang- als Zwei- und Vierstrang-Doppel-crossing-over gebildet werden, muß die Zahl der Schwesterstrangaustausche in den beiden Chromatidenpaaren ungleichartig sein („geradzahlig—ungeradzahlig"). Ist die Häufigkeit der Dreistrang-Doppel-crossing-over kleiner als die Häufigkeit der beiden anderen Typen, muß die entsprechende Zahl der Schwesterstrangaustausche gleichartig sein („geradzahlig—geradzahlig" bzw. „ungeradzahlig—ungeradzahlig").

*Die meisten Autoren führen eine Abweichung $p:t:r$ von $1:2:1$ im obengenannten Sinne auf die Wirkung einer negativen Chromatiden-Interferenz zurück.* Dies geschieht häufig unter der unbewiesenen Voraussetzung, daß entweder kein Austausch oder nur selten ein Austausch zwischen Schwestersträngen stattfindet. Die in großen Regionen beobachtete negative Interferenz läßt sich dann jedoch schlecht diesem Schema einfügen (s. auch Diskussion auf S. 199f. und MÖLLER 1959).

## 2. Chromosomen-Interferenz
### a) Bestimmungsmethoden

Gemäß der Definition (S. 183) besteht Chromosomen-Interferenz dann, wenn die Häufigkeiten der $n$-fachen crossing over $(n = 1, 2, 3 \ldots)$ von den bei einer Zufallsverteilung erwarteten Häufigkeiten signifikant abweichen. Zum Nachweis benötigt man im allgemeinen mindestens drei gekoppelte Marken. Es gibt im wesentlichen vier Methoden zur Bestimmung der Interferenz. Sie beruhen auf unterschiedlichen Voraussetzungen.

*1. Koinzidenz.* Das gebräuchlichste genetische Maß der Interferenz ist der Koinzidenzwert, der das Verhältnis zwischen den beobachteten und den theoretisch zu erwartenden Doppel-crossing-over darstellt. Die Koinzidenz ist der Interferenz umgekehrt proportional. *Bei positiver Interferenz ist der Koinzidenzwert kleiner als 1, bei negativer größer als 1. Bei fehlender Interferenz sind Zähler und Nenner des Quotienten gleich, d. h. der Koinzidenzwert ist gleich 1.* Bei absoluter Interferenz erhält man einen Wert von 0 (kein Doppel-crossing-over). Zur Bestimmung der Chromosomen-Interferenz kann die Koinzidenz jedoch nur dann benutzt werden, wenn man fehlende Chromatiden-Interferenz voraussetzt.

Auf ähnlichen Voraussetzungen beruhen auch einige andere Methoden zur Interferenzbestimmung, z. B. mit Hilfe des Kosambi-Faktors (KOSAMBI 1944), der Weinsteinschen Konstanten (WEINSTEIN 1955) oder des Interferenzwertes (KUENEN 1962a). In allen Fällen berechnet man nämlich aus den Häufigkeiten der in zwei Regionen *beobachteten* crossing over durch

Multiplikation die theoretisch bei Zufallsverteilung zu *erwartende* Häufigkeit der Doppel-crossing-over, d. h. die Häufigkeit, mit welcher in jeder der beiden Regionen *gleichzeitig* ein crossing over erwartet wird.

Der Vorteil dieser Methoden besteht darin, daß sehr schnell und ohne komplizierte Rechnung nicht nur die Existenz von Chromosomen-Interferenz, sondern auch der Interferenzmodus (positiv, negativ) bestimmt werden kann. Jedoch läßt sich die Stärke der Interferenz aus den folgenden Gründen nicht exakt angeben: 1. Die Häufigkeit der beobachteten crossing over ist bereits durch die Interferenz mitbestimmt und kann deshalb nicht zur Berechnung der bei fehlender Interferenz theoretisch zu erwartenden Doppel-crossing-over dienen (Kuenen 1962a). 2. Außerdem sind die zu dieser Berechnung erforderlichen „realen" crossing-over-Frequenzen ungenau, da es meist nicht möglich ist, alle crossing over in einer Region zu erfassen. Dies ist besonders dann der Fall, wenn die markierten Regionen groß sind.

*2. Poisson-Verteilung.* Eine Zufallsverteilung irgendwelcher Ereignisse (z. B. von crossing over) läßt sich mit der von Poisson aufgestellten Formel $p(n) = \dfrac{e^{-x} x^n}{n!}$ approximativ bestimmen. In dieser Gleichung bedeutet $p(n)$ die Häufigkeit, mit der bei Zufallsverteilung $n$ Ereignisse (crossing over) gleichzeitig stattfinden, und $x$ bezeichnet die durchschnittliche Häufigkeit aller Ereignisse. Durch Vergleich der beobachteten mit der nach dieser Methode bestimmten Zufallsverteilung kann man nachprüfen, ob Chromosomen-Interferenz existiert. *Bei positiver Interferenz ist $p(n)$ für $n \geqq 2$ stets größer, bei negativer Interferenz stets kleiner als die entsprechenden Häufigkeiten der beobachteten Mehrfach-crossing-over.*

Bei der Bestimmung der Interferenzstärke bestehen hier dieselben Einwände, wie wir sie bereits bei der Diskussion des Koinzidenzwertes vorgebracht haben (s. oben).

*3. Interferenzmodelle.* Mit Hilfe von Modellen werden jeweils die zu erwartenden crossing-over-Verteilungen bestimmt (S. 203 ff.). *Durch Vergleich der beobachteten Verteilung mit den Modellverteilungen kann man nicht nur die Existenz von Chromosomen-Interferenz nachweisen, sondern auch ihre Intensität, d. h. ihren Wirkungsgrad, festlegen.*

Diese Art der Interferenzbestimmung ist vor allem bei Tetradenanalysen angebracht, da hier bei gleicher Markenzahl ein besserer Vergleich der crossing-over-Verteilung als bei Einzelstranganalysen möglich ist (S. 204 ff.). Interferenzmodelle für Tetradenanalysen wurden von Barratt et al. (1954), Joussen und Kemper (1960) und Kuenen (1962a) entwickelt (S. 205). Auch bei dieser Methode ist die rechnerische Bestimmung des Interferenzgrades mit Schwierigkeiten verbunden; denn meist ist der funktionelle Zusammenhang zwischen Beobachtungsdaten und der Größe für Interferenzstärke so kompliziert, daß er eine explizite Darstellung unmöglich macht. Jedoch läßt sich diese Schwierigkeit umgehen, indem man den Interferenzgrad mit Hilfe graphischer Methoden ermittelt (S. 205 und 207).

*4. Postreduktions- und Tetratypwerte über 66,7%.* Bei fehlender Chromosomen- und fehlender Chromatiden-Interferenz beträgt der theoretisch zu erwartende maximale Postreduktions- bzw. Tetratypwert 66,7% (Mather 1935; s. in Tabelle IV-8: $t(n) \to \frac{2}{3}$ für $n \to \infty$, und in Abb. IV-13: Kartierungskurve für $Q = 1,0$). *Ein Überschreiten dieser bei Zufallsverteilung zu erwartenden oberen Grenze zeigt an, daß positive Chromosomen-Interferenz oder (und) Chromatiden-Interferenz existiert* (Tabelle IV-19).

Es gibt nicht nur für fehlende Interferenz, sondern für jeden Interferenzgrad eine theoretisch zu erwartende maximale Postreduktions- bzw. Tetratypfrequenz (JOUSSEN und KEMPER 1960, KUENEN 1962a). Es kann gezeigt werden, daß bei zunehmendem Abstand zweier Marken voneinander die entsprechenden Häufigkeiten jeweils gegen einen konstanten Höchstwert konvergieren (Abb. IV-13 und S. 205). Dieser liegt bei fehlender Interferenz wieder bei 66,7%, bei totaler Interferenz bei 100% und für die übrigen Interferenzgrade zwischen diesen Werten.

Bei gleichartiger Chromosomen-Interferenz in sog. Interferenzbereichen werden diese Höchstwerte nur dann erreicht, wenn eine „Sättigung" mit crossing over erfolgt. Dies bedeutet: Zu jedem Interferenzgrad gehört eine theoretisch zu erwartende maximale crossing-over-Häufigkeit (KUENEN 1962a). Ein Absinken der Postreduktions- bzw. Tetratypfrequenzen nach Durchlaufen eines Maximums läßt deshalb auf eine variable Interferenz schließen (z. B. bei *Neurospora crassa;* PERKINS 1956, 1962b; bei *Podospora anserina:* KUENEN 1962b).

### b) Chromosomen-Interferenz über das Centromer

*Im allgemeinen ist eine über das Centromer hinaus wirkende Chromosomen-Interferenz nicht nachweisbar* (Koinzidenzwert $K = 1$, Tabelle IV-17). Eine gute Übereinstimmung mit der Zufallserwartung kann man dann feststellen, wenn die zur Analyse benutzten Regionen groß sind.

Außer den in Tabelle IV-17 zitierten Autoren fanden auch andere keine Abweichung von der Zufallsverteilung, z. B. an *N. crassa:* STADLER (1956a), HOWE (1956), PERKINS (1959); an *S. cerevisiae:* SHULT und LINDEGREN (1956b). Meist wurden große Regionen zur Analyse benutzt. Die meisten Untersuchungen an anderen pflanzlichen oder an tierischen Objekten (z. B. Mais, *Sphaerocarpus, Drosophila*) geben ebenfalls keine Anhaltspunkte für das Vorhandensein einer Chromosomen-Interferenz über das Centromer (Literatur bei LUDWIG 1938 und OWEN 1950).

*In Einzelfällen ist jedoch eine Korrelation zwischen Austauschvorgängen rechts und links des Centromers gefunden worden* (Tabelle IV-17, s. auch Tabelle IV-11, S. 179).

1. *Positive Interferenz* wurde bei *Podospora anserina* und, mit geringerer Intensität, bei *Sordaria macrospora* (Tabelle IV-11) beobachtet ($K < 1$). Der Interferenzgrad ist abhängig von der Länge der zur Untersuchung gewählten Regionen. Bei weit auseinander liegenden Marken ist Chromosomen-Interferenz nicht mehr nachweisbar (Tabelle IV-17).

In seltenen Fällen fand man auch positive Interferenz bei *Drosophila* (z. B. PÄTAU 1941 aus Daten von GOWEN 1919).

2. *Negative Interferenz* kann man vereinzelt bei *Neurospora crassa* dann entdecken, wenn kleine Regionen in Centromernähe zur Analyse verwendet werden ($K > 1$, Tabelle IV-17).

Auch PAPAZIAN (1952) konnte bei *N. crassa* negative Interferenz auf Grund einer Analyse der Daten von BUSS (1944) nachweisen. Ferner ist bei *Drosophila* negative Interferenz über das Centromer beobachtet worden, wenn relativ kleine, centromernahe Regionen untersucht wurden (KIKKAWA 1935, PÄTAU 1941 aus Daten von GOWEN 1919).

Die Intensität der bei *Podospora* beobachteten *positiven Chromosomen-Interferenz* ist abhängig von dem Abstand, den die verwendeten Marken vom Centromer und voneinander haben. Das Ansteigen der

Tabelle IV-17. *Chromosomen-Interferenz über das Centromer*
(s. auch Tabelle IV-11)

Die Daten sind für jedes Objekt nach dem Kartenabstand der in der Analyse benutzten Außenmarken geordnet und zusammengefaßt. Als Maß für die Chromosomen-Interferenz dient der Koinzidenzwert (= Doppelaustausch beobachtet/Doppelaustausch erwartet). Die eingerahmten Werte zeigen eine Abweichung von der Zufallsverteilung. Nähere Erläuterungen s. Text. *Referenz unter Tabelle IV-13.

| Objekt | Kartenabstand zwischen den beiden Außenmarken (in KE) | Doppelaustausch beobachtet | Doppelaustausch erwartet | Koinzidenzwert | Referenz* |
|---|---|---|---|---|---|
| *Neurospora crassa* | bis 10 | 11 | 2,3 | 4,8 | 1, 2 |
|  |  | 30 | 30,4 | 1,0 | 16 |
|  | 11—20 | 35 | 9,7 | 3,6 | 1, 2 |
|  |  | 57 | 70,5 | 0,8 | 16, 17 |
|  | 21—30 | 170 | 174,1 | 1,0 | 16 |
|  | zusammen: | 303 | 287,0 | 1,1 |  |
| *Sordaria macrospora* | 41—50 | 38 | 32,6 | 1,1 | 21 |
|  | 51—60 | 232 | 221,0 | 1,0 | 20 |
|  | 61—70 | 91 | 91,2 | 1,0 | 21 |
|  | zusammen: | 361 | 344,8 | 1,0 |  |
| *Sordaria fimicola* | 51—60 | 15 | 18,3 | 0,8 | 22 |
|  | 61—70 | 50 | 52,8 | 0,9 | 22 |
|  | zusammen: | 65 | 71,1 | 0,9 |  |
| *Podospora anserina* | bis 20 | 8 | 32,3 | 0,2 | 24 |
|  | 41—50 | 122 | 167,5 | 0,7 | 24 |
|  | 51—60 | 155 | 152,7 | 1,0 | 24 |
|  | zusammen: | 285 | 352,5 | 0,8 |  |
| *Saccharomyces cerevisiae* | 31—40 | 10 | 12,2 | 0,8 | 28 |
|  | 41—50 | 115 | 124,3 | 0,9 | 27, 28 |
|  | 51—60 | 79 | 86,9 | 0,9 | 26, 28 |
|  | über 70 | 123 | 136,2 | 0,9 | 26 |
|  | zusammen: | 327 | 359,6 | 0,9 |  |
| *Aspergillus nidulans* | 31—40 | 108 | 96,5 | 1,1 | 29, 30 |
|  | 41—50 | 72 | 59,9 | 1,2 | 29, 30 |
|  | 51—60 | 122 | 121,6 | 1,0 | 29, 30 |
|  | 61—70 | 40 | 48,9 | 0,8 | 29, 30 |
|  | über 70 | 47 | 36,6 | 1,3 | 29, 30 |
|  | zusammen: | 389 | 363,5 | 1,1 |  |

Koinzidenzwerte bei zunehmendem Kartenabstand spricht dafür, daß die Reichweite der Interferenz beschränkt ist. Der Mechanismus der Interferenzwirkung ist noch unbekannt. Auch die Rolle, die das Centromer im Rekombinationsprozeß spielt, ist noch nicht geklärt (S. 183).

Zur Erklärung der *negativen Interferenz* bei *Drosophila* nimmt KIKKAWA (1933, 1935) an, daß die Stränge in der Nachbarschaft des Centromers zu einem geringen Bruchteil nicht paaren. In diesem Fall

13*

müßten Koinzidenzwerte über 1 selbst dann entstehen, wenn man voraussetzt, daß die Austauschvorgänge auf den beiden Seiten des Centromers unabhängig voneinander stattfinden. Nach dieser Interpretation wäre also eine negative Interferenz nur vorgetäuscht. Wir werden diese Deutung noch an anderer Stelle diskutieren (S. 226).

### c) Chromosomen-Interferenz innerhalb eines Chromosomenschenkels

Im Gegensatz zu den im vorhergehenden Abschnitt (S. 194ff.) geschilderten Befunden zeigen die im folgenden zu besprechenden Daten, daß *innerhalb centromerfreier Regionen meist positive Chromosomen-Interferenz besteht.*

Wir lassen hierbei zunächst Befunde aus Mehrpunktversuchen mit extrem eng gekoppelten Marken unberücksichtigt. Die dort beobachtete negative Interferenz soll erst im Zusammenhang mit der Besprechung der Genfeinstruktur diskutiert werden (S. 224ff.).

In den Tabellen IV-18 und IV-19 haben wir die wichtigsten Untersuchungsergebnisse zusammengestellt, welche uns Auskunft über Existenz und Stärke der Interferenz innerhalb eines Chromosomenschenkels geben können (s. auch Tabelle IV-11). Aus Tabelle IV-18 ist zu ersehen, daß der *Koinzidenzwert bei verschiedenen Objekten variiert und von der Lage und Größe der zur Analyse benutzten Regionen abhängig ist.* Im allgemeinen ist der Koinzidenzwert kleiner als 1, bei weit auseinander liegenden Marken findet man jedoch häufig Werte dicht bei 1, d. h. positive Chromosomen-Interferenz ist im allgemeinen nur in kleinen Regionen nachweisbar. *Für positive Interferenz sprechen außerdem die Postreduktions- und Tetratypwerte, die größer als 66,7% sind* (Tabelle IV-19).

Es sind wiederholt Bedenken gegen die Realität derartig hoher Postreduktions- und Tetratypwerte geäußert worden (vgl. Diskussion bei PERKINS 1955, BISTIS 1956). In einigen Fällen ist tatsächlich eine statistische Absicherung gegen 66,7% nicht möglich, z. B. bei *Glomerella cingulata* (WHEELER 1956) und *Schizosaccharomyces pombe* (LEUPOLD 1950). In anderen Fällen ist es ungewiß, ob die zytologischen Voraussetzungen für eine gesicherte Aussage gegeben sind (z. B. *Ustilago:* HÜTTIG 1931, 1933a, b). Es besteht jedoch auf Grund der übrigen Daten der Tabelle IV-19 kein Zweifel mehr, daß der bei fehlender Interferenz zu erwartende obere Grenzwert von 66,7% überschritten wird.

Auch für andere Organismen sind solche hohen Werte gefunden worden, z. B. für die Algen *Chlamydomonas reinhardi* und *C. eugametos* (HARTSHORNE, zitiert nach PERKINS 1955 bzw. GOWANS 1960), für das Moos *Sphaerocarpus donellii* (KNAPP 1936, 1937, 1960) und für die Taufliege *Drosophila melanogaster* (mit Hilfe von attached-x-Heterozygoten; Literatur bei PERKINS 1955).

Bei der Deutung der in Tabelle IV-19 zitierten Daten ist zu beachten, daß Postreduktions- und Tetratypwerte über 66,7% nicht nur bei positiver Chromosomen-Interferenz, sondern auch bei Chromatiden-Interferenz entstehen können. Im ersten Fall sollte man erwarten, daß mehr Einfach- und weniger Mehrfach-crossing-over stattfinden, im zweiten Fall, daß Dreistrang-Doppel-crossing-over besonders häufig sind. Da man jedoch durch Tetradenanalysen feststellen konnte, daß Dreistrang-Doppel-crossing-over im allgemeinen seltener als erwartet auftreten

Tabelle IV-18. *Chromosomen-Interferenz innerhalb eines Chromosomenschenkels* (s. auch Tabelle IV-11)
Die Daten sind für jedes Objekt nach dem Kartenabstand der in der Analyse benutzten Außenmarken geordnet und zusammengefaßt. Als Maß für die Chromosomen-Interferenz dient der Koinzidenzwert (= Doppelaustausch beobachtet/Doppelaustausch erwartet). Die eingerahmten Werte zeigen eine Abweichung von der Zufallsverteilung. Nähere Erläuterungen s. Text. *Referenz unter Tabelle IV-13.

| Objekt | Kartenabstand zwischen den beiden Außenmarken (in KE) | Doppelaustausch | | Koinzidenzwert | Referenz * |
|---|---|---|---|---|---|
| | | beobachtet | erwartet | | |
| *Neurospora crassa* | bis 10 | 153 | 586,5 | 0,3 | 10, 15, 16 |
| | 11—20 | 40 | 93,4 | 0,4 | 11, 16 |
| | 21—30 | 140 | 201,9 | 0,7 | 3, 16, 17 |
| | 31—40 | 125 | 246,9 | 0,5 | 11, 13, 17 |
| | 41—50 | 32 | 37,9 | 0,8 | 3, 11, 14 |
| | 51—60 | 65 | 60,1 | 1,1 | 11, 12, 17 |
| | 61—70 | 239 | 243,0 | 1,0 | 17 |
| | über 70 | 112 | 114,0 | 1,0 | 17 |
| | zusammen: | 906 | 1583,7 | 0,6 | |
| *Sordaria macrospora* | 51—60 | 122 | 239,3 | 0,5 | 21 |
| | 61—70 | 120 | 117,8 | 1,0 | 21 |
| | über 70 | 111 | 227,2 | 0,5 | 21 |
| | zusammen: | 353 | 584,3 | 0,6 | |
| *Sordaria fimicola* | 11—40 | 27 | 32,9 | 0,8 | 22 |
| | 51—60 | 19 | 27,2 | 0,7 | 22 |
| | zusammen: | 46 | 60,1 | 0,8 | |
| *Podospora anserina* | 21—30 | 8 | 50,9 | 0,2 | 23, 24 |
| | 41—50 | 15 | 129,0 | 0,1 | 24 |
| | 51—60 | 49 | 303,2 | 0,2 | 24 |
| | zusammen: | 72 | 483,1 | 0,1 | |
| *Saccharomyces cerevisiae* | 11—20 | 8 | 3,0 | 2,7 | 28 |
| | 21—30 | 18 | 14,8 | 1,2 | 26, 28 |
| | 41—50 | 18 | 36,1 | 0,5 | 26, 27 |
| | 51—60 | 27 | 32,2 | 0,8 | 26 |
| | über 60 | 21 | 22,3 | 0,9 | 25 |
| | zusammen: | 92 | 108,4 | 0,8 | |
| *Aspergillus nidulans* | 11—20 | 93 | 92,1 | 1,0 | 29, 30 |
| | 21—30 | 35 | 43,0 | 0,8 | 29, 30 |
| | zusammen: | 128 | 135,1 | 0,9 | |

(S. 186 und 189), ist es sehr wahrscheinlich, daß die 66,7% übersteigenden Werte auf Chromosomen-Interferenz zurückzuführen sind.

Positive Chromosomen-Interferenz wurde nicht nur bei Pilzen, sondern auch bei fast allen anderen genetisch untersuchten Objekten gefunden.

Tabelle IV-19. *Verschiedene Pilze, deren Postreduktions- und Tetratypwerte 66,7% überschreiten*

Die Tetratypwerte basieren auf Daten, die durch Experimente mit gekoppelten Marken gewonnen wurden. Für jedes Objekt werden nur die gefundenen Höchstwerte angegeben.

| Objekt | Postreduktionswert (± einf. m. F.) | Tetratypwert (± einf. m. F.) | Referenz |
|---|---|---|---|
| *Neurospora crassa* | — | 72,1 ± 1,5 | PERKINS 1962b |
| *Neurospora tetrasperma* | 91,4 ± 4,6 | — | HOWE 1963 |
| *Podospora anserina* | 98,8 ± 1,2 | 92,0 ± 2,6 | RIZET und ENGELMANN 1949, MONNOT 1953, KUENEN 1962b |
| *Sordaria macrospora* | 78,1 ± 1,3 | — | HESLOT 1958, KEMPER 1964 |
| *Venturia inaequalis* | 91,1 ± 3,8 | — | KEITT und BOONE 1954 |
| *Saccharomyces cerevisiae* | 76,9 ± 2,7 | 83,3 ± 4,5 | HAWTHORNE und MORTIMER 1960, DESBOROUGH et al. 1960 |
| *Coprinus fimetarius* | — | 80,4 ± 3,8 | QUINTANILHA 1933 |
| *Ustilago hordei* | 96,2 ± 0,7 | — | HÜTTIG 1931 |
| *Ustilago avenae* | 86,0 ± 1,1 | — | HÜTTIG 1933a |
| *Ustilago decipiens* | 98,7 ± 0,4 | — | HÜTTIG 1933a |

Befunde dieser Art sind z. B. bekannt für *Drosophila* (Literatur bei LUDWIG 1938, PARSONS 1958), für Mais (Literatur bei LUDWIG 1938, PARSONS 1957), für *Sphaerocarpus donellii* (KNAPP und MÖLLER 1955) und für *Chlamydomonas reinhardi* (EBERSOLD 1956; EVERSOLE 1956; EVERSOLE und TATUM 1956; LEVINE und EBERSOLD 1958; EBERSOLD und LEVINE 1959).

Auch das seltene Vorkommen von Rekombinations-Ditypen bei Zweifaktor-Kreuzungen spricht für die Existenz einer positiven Chromosomen-Interferenz (PERKINS 1962a). Es sollen hier nur Pilze genannt werden, welche noch nicht in Tabelle IV-18 aufgeführt wurden: *Neurospora sitophila* (WHITEHOUSE 1948, 1956; FINCHAM 1951), *Sordaria fimicola* (EL-ANI et al. 1961), *Glomerella cingulata* (WHEELER 1956), *Venturia inaequalis* (BOONE et al. 1956; WILLIAMS und SHAY 1957), *Ustilago maydis* (HOLLIDAY 1961a, b).

*Aspergillus nidulans* ist das einzige Objekt, für das bisher trotz intensiver Analysen noch keine Chromosomen-Interferenz nachgewiesen werden konnte, weder in kleinen noch in großen Regionen (Tabelle IV-18).

Die häufig beobachtete Abnahme der Interferenzstärke (Zunahme der Koinzidenzwerte) bei größer werdendem Abstand der genetischen Marken läßt sich unter der Voraussetzung verstehen, daß die *Reichweite der Interferenz beschränkt* ist. Für diese Vorstellung spricht auch der Befund aus der Analyse einer in fünf Intervalle unterteilten, 74 KE langen Region bei *N. crassa* (PERKINS 1962b). In dieser großen Region wurden nämlich insgesamt *mehr* Doppel-crossing-over gefunden (jedoch weniger Drei- und Vierfach-crossing-over), als bei einer Poisson-Verteilung zu erwarten waren. In den kleineren Teilintervallen dagegen wurden wie gewöhnlich *weniger* Doppel-crossing-over beobachtet.

Im Gegensatz zu den meisten anderen Objekten ist bei *P. anserina* auch dann eine hohe positive Chromosomen-Interferenz nachweisbar, wenn der Abstand der Marken groß ist (Tabelle IV-18).

Die Ursachen für die graduellen Unterschiede in der Interferenzwirkung bei verschiedenen Organismen bzw. in verschiedenen Chromosomen desselben Organismus kennen wir ebensowenig wie die Ursachen für die Interferenz selbst. Es ist versucht worden, positive Chromosomen-Interferenz auf die Wirkung *mechanischer Kräfte* zurückzuführen. Man nahm an, daß die Chromosomen in der Prophase der Meiosis, in deren Verlaufe Chiasmata auftreten, mehr oder minder halbstarre Fäden sind und daß ein an bestimmter Stelle gebildetes crossing over bzw. Chiasma seine nähere Umgebung vor dem gleichzeitigen Auftreten eines anderen crossing over bewahrt [s. auch die von MÖLLER (1959) vorgeschlagene Erklärung negativer Chromatiden- und Chromosomen-Interferenz in der Nähe des Centromers]. Eine andere mögliche Deutung von positiver Chromosomen-Interferenz wäre, daß die crossing over durch eine periodische Ausschüttung kurzlebiger Enzyme während der Replikation entstehen (S. 180). Diese Annahme würde zugleich die innerhalb von Genen gefundene hohe negative Interferenz (S. 224ff.) erklären (BRESCH 1964).

## 3. Chromatiden-Interferenz, Schwesterstrangaustausch und Chromosomen-Interferenz in ihrer gemeinsamen Wirkung auf den Austausch genetischer Marken

In früheren Jahren hat man oft Daten aus Untersuchungen über Chromatiden- und Chromosomen-Interferenz in mehr oder minder eindeutiger Weise interpretiert. Als einzig möglicher Rekombinationsmechanismus galt in dieser Zeit das klassische crossing over (Bruch-Fusions-Hypothese, S. 243f.). Jede Deutung basierte auf dieser Vorstellung. Heute ist man viel vorsichtiger mit Erklärungen des Interferenz-Phänomens geworden, da man sich mehr als früher der großen Schwierigkeiten einer Interpretation bewußt ist. Schwesterstrangaustausch war z. B. noch vor etwa 30 Jahren indiskutabel, da man *damals* an *Drosophila* zeigen konnte, daß ein solcher Austausch unwahrscheinlich ist (S. 190). Heute dagegen rechnet man mit der Möglichkeit von Schwesterstrangaustausch, nicht nur, weil man experimentelle Anhaltspunkte hierfür gefunden hat (S. 190), sondern auch aus theoretischen Erwägungen. Es gibt nämlich Modellvorstellungen vom Mechanismus der Rekombination, für welche unter anderem Austausch zwischen Schwestersträngen als Voraussetzung erforderlich ist (z. B. copy choice; S. 245f.).

Wegen der schwer durchschaubaren Verflechtung von Chromatiden-Interferenz, Schwesterstrangaustausch und Chromosomen-Interferenz in ihren Wirkungen auf die Austauschhäufigkeit haben wir in Abb. IV-12 versucht, die Zusammenhänge übersichtlich darzustellen. Es ist aus dieser Abbildung zu ersehen, daß Chromatiden-Interferenz und Schwesterstrangaustausch den *Austauschmodus* bestimmen, während die Chromosomen-Interferenz die *Häufigkeit der crossing over* beeinflußt. Durch Häufigkeit und Modus der im Experiment registrierbaren crossing over ist die *Tetradenverteilung* festgelegt, welche sich dann entsprechend auf die *Postreduktions-*, *Tetratyp-* und *Rekombinationsfrequenzen* aus-

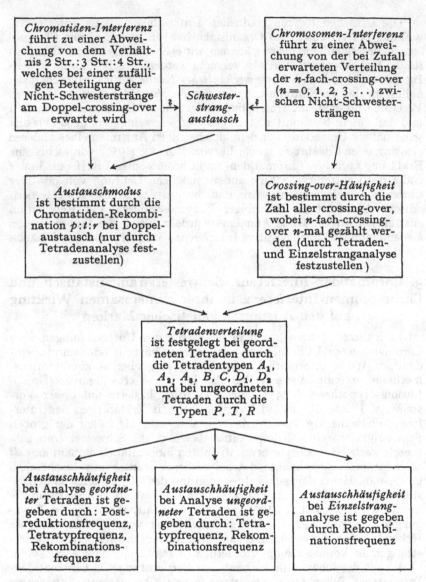

Abb. IV-12. Das Zusammenwirken von Chromatiden-Interferenz, Schwesterstrangaustausch und Chromosomen-Interferenz auf die Verteilung von Genmarken. Erläuterungen
s. Text

wirkt. Es ist nicht bekannt, ob Chromatiden- und Chromosomen-Interferenz auf crossing over in Nicht-Schwestersträngen beschränkt ist. Wir
haben deshalb einen möglichen Einfluß der Interferenz auf Rekombina-
tionsvorgänge innerhalb von Schwesterchromatiden in der Abbildung
berücksichtigt.

## Zusammenfassung

1. Chromatiden-Interferenz beeinflußt den Austauschmodus. Sie ist nachweisbar, wenn die relativen Häufigkeiten der durch Markierung zweier Regionen gefundenen Doppel-Austauschtypen von der Zufallserwartung signifikant abweichen, d. h. wenn 2 Str.:3 Str. (Typ I):3 Str. (Typ II):4 Str.$\neq$1:1:1:1 gilt. In allen Fällen nachweisbarer Chromatiden-Interferenz ist eine Bevorzugung einer Zweistrang-Beteiligung zu beobachten, d. h. es entstehen weniger Vier- als Zweistrang-Doppelcrossing-over. Ferner konnte man wiederholt beobachten, daß Dreistrang-Doppel-crossing-over seltener auftreten, als man bei einer Zufallsverteilung erwarten sollte.

2. Chromosomen-Interferenz hat Einfluß auf die Austauschhäufigkeit. Das gebräuchlichste genetische Maß ist der Koinzidenzwert. Nur in seltenen Fällen ist eine über das Centromer hinaus wirkende Chromosomen-Interferenz nachweisbar. Dagegen besteht innerhalb von Chromosomenschenkeln, d. h. in centromerfreien Regionen, meist positive Interferenz.

3. Die Zusammenhänge zwischen Chromatiden-Interferenz, Schwesterstrangaustausch und Chromosomen-Interferenz sind in Abb. IV-12 schematisch dargestellt.

# IV. Genetische Chromosomenkarten

*Als genetische Chromosomenkarten bezeichnet man graphische, lineare Darstellungen der Chromosomen, in welchen die den betreffenden Koppelungsgruppen zugehörigen Marken entsprechend ihren gegenseitigen relativen Abständen eingezeichnet sind.* Als Maßstab für den Kartenabstand zweier gekoppelter Marken dient die Häufigkeit der crossing over, welche zwischen diesen beiden Marken stattgefunden haben. Die Aufstellung genauer Chromosomenkarten hängt deshalb weitgehend davon ab, mit welchem Grad von Exaktheit man die Zahl der crossing over aus der Zahl der Rekombinationsereignisse bestimmen kann.

Die ersten genetischen Chromosomenkarten wurden von MORGAN und seinen Mitarbeitern für *Drosophila melanogaster* aufgestellt (MORGAN 1911a,b; Zusammenstellung in BRIDGES und BREHME 1944). Es folgten bald Karten für die übrigen klassischen Objekte der Genetik (Maus, Mais, Erbse usw.). Erst in jüngerer Zeit sind auch Kartierungen von Marken bei Moosen, Pilzen, Algen, Bakterien und Viren vorgenommen worden.

## 1. Kartierungseinheit und Kartenabstand

Kartierung ist die eindeutige Zuordnung von Marken zu bestimmten Stellen (Loci) einer linearen Struktur unter Berücksichtigung ihrer gegenseitigen Abstände. Diese Einordnung basiert auf den folgenden Fakten:

*1. Die Häufigkeit des Austausches zwischen zwei Marken ist unter gleichen Versuchsbedingungen konstant* (S. 172). Als Austauschhäufigkeiten können sowohl Rekombinations- als auch Tetratyp- bzw. Postreduktionsfrequenzen gewählt werden. In den beiden letzten Fällen sind Tetradenanalysen erforderlich.

*2. Bei drei gekoppelten Marken a, b und c ist immer der größte der drei Austauschwerte* $r_{a-b}$, $r_{a-c}$, $r_{b-c}$ *kleiner als die Summe der beiden kleineren Werte oder gleich dieser Summe*, z. B. $r_{a-b} + r_{b-c} \geqq r_{a-c}$, wenn Austausch zwischen *a* und *c* häufiger ist als zwischen den Marken *a*, *b* und *b*, *c*. Im allgemeinen gilt $r_{a-b} + r_{b-c} > r_{a-c}$, und nur bei enger Kopplung oder totaler positiver Chromosomen-Interferenz (S. 204) kann $r_{a-b} + r_{b-c} = r_{a-c}$ sein. Auf Grund dieser Beziehung läßt sich für *je drei Marken eindeutig eine bestimmte Reihenfolge* festlegen, und zwar liegt die dritte Marke stets zwischen den beiden Marken, welche die größte Austauschhäufigkeit zeigen. Zum Beispiel würde aus $r_{a-b} + r_{b-c} \geqq r_{a-c}$ als Markensequenz *a—b—c* bzw. *c—b—a* folgen.

Mit Hilfe der Austauschhäufigkeiten können Marken nur ungenau lokalisiert werden, da Rekombinations- bzw. Tetratypfrequenzen im allgemeinen nicht additiv sind, d. h. meist die Beziehung $r_{a-b} + r_{b-c} > r_{a-c}$ gilt. Die mittlere Marke (*b*) läßt sich nämlich in diesem Fall zwei verschiedenen Loci zuordnen, einerseits in bezug auf ihre „linke" (*a* bzw. *c*), andererseits in bezug auf ihre „rechte" benachbarte Marke (*c* bzw. *a*).

*3. Die Ursache für die meist fehlende Additivität der Austauschhäufigkeiten ist Mehrfach-crossing-over.* Wenn nämlich in zwei benachbarten Regionen (z. B. *a—b* und *b—c*) gleichzeitig mindestens ein crossing over stattfindet, kann dieses Mehrfach-crossing-over zu einer Rekombination zwischen den benachbarten Marken und gleichzeitig zu einer Parentalkombination für die beiden Außenmarken (*a* und *c*) führen.

Bei Zweistrang-Doppel-crossing-over entstehen z. B. Tetratypen für benachbarte Marken und Parental-Ditypen für die Außenmarken (Abb. IV-11). Auch die bei Einzelstranganalysen nachweisbaren Typen $ab^+c$ und $a^+bc^+$ sind das Resultat eines Doppel-crossing-over, wenn man voraussetzt, daß diese Rekombinationstypen aus der Kreuzung $a^+b^+c^+ \times abc$ hervorgegangen sind und die Marken in der Reihenfolge *a—b—c* im Chromosom liegen.

*4. Die für eine exakte Kartierung notwendigen Werte sind die crossing-over-Frequenzen, denn diese sind im Gegensatz zu den Austauschhäufigkeiten additiv*, d. h. die Summe der crossing-over-Frequenzen für zwei benachbarte Regionen (z. B. *a—b* und *b—c*) ist gleich der Häufigkeit der crossing over, welche in der gesamten Region (*a—c*) entstanden sind.

Liegen Marken dicht nebeneinander, so daß die entsprechenden Austauschhäufigkeiten gering sind, läßt sich meist auch eine Additivität von Rekombinationswerten feststellen. Durch Summierung solch kleiner Werte gelang es MORGAN (1926) bei *Drosophila*, sukzessiv eine große Zahl von teilweise weit auseinander liegenden Marken genau zu lokalisieren. *Der durch einen Austauschwert von 1% charakterisierte Abstand zweier Marken wurde später Morgan-Einheit genannt.*

Als Maß für den Kartenabstand zweier Marken benutzt man im allgemeinen statt der crossing-over-Frequenz die entsprechende Häufigkeit der in dieser Region stattfindenden Brüche (S. 151). Man hat damit zur Festlegung von Markenabständen dieselbe Dimension gewählt, der auch die in der klassischen Genetik übliche Morgan-Einheit angehört. Analog zu der Definition dieser Einheit bezeichnet man als *Kartierungseinheit (KE) den Abstand zweier Marken, zwischen denen in 1% der Fälle ein Bruch eintritt.*

Crossing-over-Frequenzen und Bruchhäufigkeiten unterscheiden sich durch den Faktor 2, da an jedem in einer Tetrade auftretenden *crossing over* nur die Hälfte der vier Stränge an einem *Bruch* beteiligt ist. Die gleiche Beziehung besteht zwischen Postreduktions- bzw. Tetratyphäufigkeiten und Rekombinationsfrequenzen (S. 204).

Das Problem der Kartierung von Marken besteht also darin, die Häufigkeit der crossing over bzw. Brüche experimentell zu bestimmen. Unter vereinfachten Voraussetzungen lassen sich diese aus den entsprechenden Austauschhäufigkeiten (Rekombinations-, Tetratyp-, Postreduktionsfrequenzen) berechnen (S. 168f.). Für eine exakte Bestimmung der crossing-over-Zahl reichen diese Voraussetzungen jedoch nicht aus. Wir haben im folgenden die Fragen zusammengestellt, die hierbei von Bedeutung sein könnten. Nur ein kleiner Teil dieser Fragen kann beantwortet werden (s. Seitenhinweise).

*1. Welcher Mechanismus liegt der Rekombination von Marken zugrunde?* (S. 243 ff.) Sind immer zwei Stränge an einem Austausch beteiligt, d. h. führt ein Austausch immer zu reziproken Rekombinationen? (S. 230ff.)

*2. Welche Stränge sind am crossing over beteiligt?* Findet ein Austausch zwischen je zwei beliebigen Strängen oder nur zwischen Nicht-Schwessersträngen statt? (S. 190) Erfolgt die Beteiligung der Stränge bei Doppel-crossing-over zufallsgemäß, oder gibt es bevorzugte Stränge? (S. 184ff.)

*3. Wie häufig findet crossing over statt?* Sind crossing over zufallsgemäß über die gesamte Länge der Strangtetrade verteilt, oder gibt es bevorzugte bzw. gemiedene Stellen? Sind $n$-fach-crossing-over ($n =$ 1,2, ...) zufallsgemäß verteilt, oder beeinflussen sich benachbarte Austauschvorgänge? (S. 192ff.) Finden Schwesterstrang- und Nicht-Schwesterstrangaustausch unabhängig voneinander statt, oder besteht eine Interferenz zwischen beiden Vorgängen (vorausgesetzt, daß Schwesterstrangaustausch allgemein existiert!)?

*4. In welchem Zusammenhang stehen intergenische und intragenische Rekombinationsprozesse?* Handelt es sich um gleiche oder verschiedene Rekombinationsmechanismen? (S. 231ff.)

## 2. Interferenzmodelle und Kartierungsfunktionen

Den funktionellen Zusammenhang zwischen crossing over und experimentell nachweisbarem Austausch von Marken kann man unter vereinfachten Voraussetzungen mit Hilfe sog. Interferenzmodelle mathematisch erfassen. Die mathematische Formulierung dieser Beziehung führt einerseits zu Kartierungsfunktionen, die eine Lokalisierung von Marken erlauben, und ermöglicht andererseits die Bestimmung der Intensität der Chromosomen-Interferenz. Für die Ableitung von Interferenzmodellen wird häufig vorausgesetzt, daß keine Chromatiden-Interferenz und kein Schwesterstrangaustausch existiert. Wie wir heute wissen, sind diese Annahmen fragwürdig (S. 190 und 199).

## a) Einzelstranganalyse

Da die Einzelstrang- oder Zufallsanalyse nur die Unterscheidung zwischen Parental- und Rekombinationstypen ermöglicht (S. 162), hat man empirische und theoretische Kartierungsfunktionen abgeleitet, mit deren Hilfe man aus der Häufigkeit der Rekombinationen den Kartenabstand zweier Marken bestimmen kann. Die von MORGAN (1926) entwickelte Methode, auf Grund von Rekombinationswerten eng benachbarter Marken den Kartenabstand zwischen weiter auseinander liegenden Marken festzulegen (S. 202), ist nur dann anzuwenden, wenn genügend Marken für ein Objekt bekannt sind. In allen anderen Fällen ist eine direkte Proportionalität zwischen Rekombinationsfrequenz ($\varrho$) und Bruchhäufigkeit ($x$) nur bei *totaler positiver Chromosomen-Interferenz* gegeben ($\varrho = x$). Von HALDANE (1919, 1931) wurde zum erstenmal eine theoretische Kartierungsfunktion für *fehlende Interferenz* aufgestellt, und zwar mit Hilfe der Poisson-Verteilung (S. 193); die Funktion lautet $\varrho = \frac{1}{2}(1-e^{-2x})$. Zwischen diesen beiden Grenzkurven (für totale positive und für fehlende Interferenz) liegen sowohl alle empirischen als auch alle für positive Interferenzgrade hergeleiteten theoretischen Kartierungsfunktionen (vgl. BARRAT et al. 1954).

*Empirische Funktionen* können nur für genetisch gut untersuchte Organismen aufgestellt werden. Bei solchen Objekten läßt sich nämlich durch Verwendung einer großen Zahl von Marken eine so feine Unterteilung der Chromosomenkarte erzielen, daß mit großer Wahrscheinlichkeit jedes crossing over bzw. jeder Bruch erfaßt werden kann. Empirische Funktionen wurden z. B. für *Drosophila* (LUDWIG 1934), für die Maus (CARTER und FALCONER 1951) und für einige pflanzliche Objekte (KOSAMBI 1944) abgeleitet (Literatur bei OWEN 1950 und BARRATT et al. 1954).

*Theoretische Kartierungsfunktionen* und Interferenzmodelle wurden unter verschiedenen Voraussetzungen entwickelt und diskutiert, so von RADEMACHER (1932), FISHER et al. (1947), OWEN (1950), SPIEGELMAN (1952), CARTER und ROBERTSON (1952), BARRAT et al. (1954), FISHER (1955), PERKINS (1955), PAYNE (1956, 1957), WALLACE (1957), PAPAZIAN (1960), KUENEN (1962a) und KEMPER (1964).

## b) Tetradenanalyse

Auch bei Organismen, deren Meiosisprodukte als Tetraden zusammenbleiben (S. 151), benutzt man Kartierungsfunktionen zur Lokalisierung von Marken. Diese erlauben die Berechnung der crossing-over-Frequenz auf Grund von Postreduktions- und Tetratyphäufigkeiten. Mit Hilfe der Postreduktionswerte läßt sich die relative Lage des Centromers festlegen. Eine solche Kartierung des Centromers wurde zuerst von LINDEGREN (1933) durchgeführt (S. 143). Dieser Autor wählte als Kartenabstand zwischen dem Centromer und einem Markierungs-Gen die Hälfte des zugehörigen Postreduktionswertes (S. 203). In analoger Weise kann man den Abstand zweier Gen-Marken mit Hilfe der entsprechenden halben Tetratypfrequenz bestimmen. Jedoch führt diese Methode meist zu einer ungenauen Kartierung, da die hierbei benutzte Kartierungsfunktion $t = 2x$ nur bei *totaler positiver Chromosomen-Interferenz* gültig ist ($t =$ Postreduktions- bzw. Tetratypfrequenz, $x =$ Bruchhäufigkeit bzw. $2x =$ crossing-over-Häufigkeit). Rizet und Engelmann (1949) und Papazian (1951) leiteten unabhängig voneinander aus der Poisson-Verteilung eine Kartierungsfunktion für *fehlende Interferenz* her; sie lautet $t = \frac{2}{3}(1 - e^{-3x})$. Damit existieren wie für Einzelstranganalysen zwei Grenzkurven für fehlende und totale positive Interferenz, zwischen denen alle empirischen und theoretisch für verschiedene Interferenzgrade aufgestellten Kartierungskurven liegen.

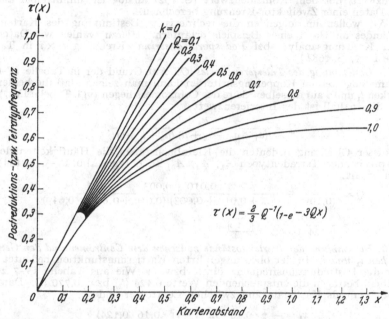

Abb. IV-13. Graphische Darstellung von Tetraden-Kartierungsfunktionen für elf verschiedene Interferenzgrade ($k = 0$: totale Interferenz; $Q = 0,1$ bis $Q = 0,9$: positive Interferenz; $Q = 1,0$: fehlende Interferenz, d. h. Zufallsverteilung). Erläuterungen s. Text. (Aus Kuenen 1962a)

Für *ungeordnete Tetraden* wurde zuerst von Barratt et al. (1954), für *geordnete Tetraden* von Kuenen (1962a) ein Interferenzmodell entwickelt (Abb. IV-13). Beide Modelle bieten die Möglichkeit, für verschiedene Interferenzgrade Kartierungsfunktionen abzuleiten und aus der Tetradenverteilung die Intensität der Chromosomen-Interferenz zeichnerisch (im zweiten Fall auch rechnerisch) zu bestimmen. Die Voraussetzungen für beide Modelle sind im wesentlichen die gleichen: 1. eine Chromatiden-Rekombination $p:t:r = 1:2:1$ (S. 184), 2. eine gesetzmäßige Wirkung der Chromosomen-Interferenz zwischen benachbarten Nicht-Schwesterstrang-crossing-over (S. 192ff.). In dem Modell für ungeordnete Tetraden wird die Tetratypfrequenz als Funktion der crossing-over-Frequenz und des Koinzidenzfaktors dargestellt, welcher als Maß für die Interferenzstärke dient. In dem zweiten Modell (für geordnete Tetraden) wird außer diesen beiden Größen die sog. maximale crossing-over-Häufigkeit (S. 194) berücksichtigt, d. h. die Häufigkeit der crossing over in dem größten Bereich einer Koppelungsgruppe, in dem die Chromosomen-Interferenz gleichförmig wirkt (= Interferenzbereich).

Mit Hilfe des Interferenzmodelles für geordnete Tetraden läßt sich die Kartierungsfunktion: $x = -\frac{1}{3}Q^{-1}\ln(1-\frac{2}{3}Qt)$ ableiten (KUENEN 1962a). Die in Abb. IV-13 verwendete Funktion $\tau(x)$ gibt denselben Zusammenhang nur in expliziter Darstellung für $t = \tau(x)$ wieder (Bedeutung der Symbole s. Abb. IV-13). Der Interferenzwert $Q$ ist eine Funktion des Koinzidenzfaktors und der maximalen Bruchhäufigkeit. Jedoch kann man den Interferenzwert, der dem Koinzidenzwert (S. 192) analog ist, unmittelbar aus den Daten einer Zweifaktor-Kreuzung berechnen.

Wir wollen im folgenden die rechnerische Bestimmung des Kartenabstandes an Hand eines Beispiels erläutern. Hierzu wählen wir Daten einer Kreuzungsanalyse bei *Podospora anserina* (Kreuzung $t_1 \times i$ in Tabelle IV-7, S. 168f.).

*1. Bestimmung des Interferenzwertes Q.* Auf Grund der in Tabelle IV-6 zusammengestellten Koppelungskriterien kann man zeigen, daß die beiden Marken $t_1$ und $i$ auf derselben Seite des Centromers liegen (vgl. Tabelle IV-7). Für diesen Fall ist der Interferenzwert

$$Q = \frac{a_3 + b}{(a_1 + a_2 + a_3 + b)(a_3 + b + c)}.$$

In dieser Gleichung bedeuten die Kleinbuchstaben die Häufigkeiten der entsprechenden Tetradentypen $A_1$, $A_2$, $A_3$, $B$, $C$ (vgl. Abb. IV-5, S. 154). Man erhält:

$$Q = \frac{0,010 + 0,003}{(0,109 + 0,002 + 0,010 + 0,003)(0,010 + 0,003 + 0,649)}$$

$$= \frac{0,013}{0,124 \cdot 0,662} = \boxed{0,16}$$

*2. Bestimmung der Kartenabstände zwischen dem Centromer und den Genmarken $t_1$ und $i$.* In der oben angeführten Kartierungsfunktion bedeutet $t$ hier die Postreduktionsfrequenz für $t_1$ bzw. $i$. Wie aus Tabelle IV-7 zu ersehen, betragen die entsprechenden Werte 0,124 ($t_1$) bzw. 0,770 ($i$). Dann erhält man als Kartenabstand zwischen Centromer und $t_1$:

$$x_1 = -\tfrac{1}{3} \cdot 0,16^{-1}\ln(1 - \tfrac{2}{3} \cdot 0,16 \cdot 0,124)$$

$$= -2,083 \ln 0,97024 = \boxed{0,0628}$$

und als Kartenabstand zwischen Centromer und $i$ entsprechend:

$$x_2 = -\tfrac{1}{3} \cdot 0,16^{-1}\ln(1 - \tfrac{2}{3} \cdot 0,16 \cdot 0,770)$$

$$= -2,083 \ln 0,8152 = \boxed{0,4254}$$

*3. Bestimmung des Kartenabstandes zwischen den Genmarken $t_1$ und $i$.* In diesem Fall steht $t$ für die Häufigkeit der Tetratypen. Aus $T = 407$ (Tabelle IV-7) folgt $t = 0,662$. Der Kartenabstand beträgt also:

$$x_3 = -\tfrac{1}{3} \cdot 0,16^{-1}\ln(1 - \tfrac{2}{3} \cdot 0,16 \cdot 0,662)$$

$$= -2,083 \ln 0,84112 = \boxed{0,3631}$$

Die berechneten Kartenabstände sind additiv. Da das Centromer außerhalb der durch $t_1$ und $i$ markierten Region liegt, muß gelten: $x_2 - x_1 = x_3$, in Zahlen: $0,4254 - 0,0628 = 0,3626 \approx 0,3631$. Man kann sich in Abb. IV-13 leicht davon überzeugen, daß die Punkte $P_1$ (0,0628/0,124), $P_2$ (0,4254/0,770) und $P_3$ (0,3631/0,662) zwischen den beiden Kurven für $Q = 0,1$ und $Q = 0,2$ liegen; d.h. für $Q = 0,16$ findet man bei vorgegebenen Ordinatenwerten (Postreduktions- bzw. Tetratypfrequenzen) die berechneten Abszissenwerte (Kartenabstände).

Im Gegensatz zu der Kartierungsfunktion von Kuenen ermöglicht die von Barratt et al. (1954) entwickelte Funktion keine explizite Darstellung für die Bruchhäufigkeit. Infolgedessen ist eine direkte Bestimmung des Kartenabstandes durch Rechnung nicht durchführbar. Man ist vielmehr auf die graphische Darstellung der Kartierungsfunktionen angewiesen. Derselbe Mangel kennzeichnet auch die von Joussen und Kemper (1960) für ungeordnete Tetraden abgeleitete Funktion.

Shult und Lindegren (1956a, b) beschreiben ebenfalls Kartierungsfunktionen für ungeordnete Tetraden. Hierbei werden sowohl gekoppelte als auch ungekoppelte Marken berücksichtigt. Die beiden Autoren untersuchen nicht nur den Einfluß von Chromosomen-Interferenz, sondern auch die Wirkung von Chromatiden-Interferenz und Schwesterstrangaustausch auf die Verteilung der crossing over (vgl. auch Perkins 1955).

Allen hier dargestellten Modellen zur Markenkartierung liegt die unbewiesene Vorstellung zugrunde, daß Rekombinationen des genetischen Materials durch einen „crossing-over-artigen" Mechanismus zustande kommen. Dies allerdings ist nicht die einzige unbewiesene Voraussetzung, wie wir häufig betont haben (S. 199f. und 203). Jedoch würde bei Berücksichtigung aller Prozesse, die eine Kartierung beeinflussen könnten, die Zahl der in ein mathematisches Modell aufzunehmenden unbekannten Größen zu umfangreich. Ein solches Modell würde zu kompliziert und unübersichtlich und damit für eine praktische Kartierung von Marken unbrauchbar.

## 3. Koppelungsgruppen und Chromosomenkarten

Bei Pilzen ist eine Kartierung von Marken nach der „*Drosophila*-Methode" von Morgan (S. 202) im allgemeinen nicht möglich, da die Zahl der hier zur Verfügung stehenden Marken zu klein und der Abstand zwischen je zwei Markierungspunkten zu groß ist. Die Lokalisierung mit Hilfe der entsprechenden Austauschhäufigkeiten führt deshalb in der Regel zu ungenauen Chromosomenkarten. Man bedient sich aus diesem Grund häufig einer der oben beschriebenen Kartierungsfunktionen (S. 204f.). Diese erlauben eine mühelose Kartierung von Genen und Centromeren, wenn die Intensität der Chromosomen-Interferenz bekannt ist. Genetische Chromosomenkarten sind für viele Organismen aufgestellt worden (Tabelle IV-20). Jedoch sind diese häufig lückenhaft, besonders dann, wenn ein Objekt noch nicht genügend analysiert ist. In einigen Fällen kann man aus vergleichenden genetischen und zytologischen Untersuchungen schließen, daß noch nicht alle Koppelungsgruppen (Chromosomen) eines Organismus durch Markierungsgene erfaßt sind, z. B. bei *Venturia inaequalis*, für die sieben Chromosomen, aber nur sechs Koppelungsgruppen gezählt wurden (Day et al. 1956, Keitt und Boone 1956). In den Abb. IV-14 und IV-15 haben wir für zwei relativ gut untersuchte Objekte, *Neurospora crassa* und *Podospora anserina*, die Karten von jeweils sieben Chromosomen wiedergegeben. Für beide Organismen stimmt die Zahl der Koppelungsgruppen mit der Zahl der zytologisch nachgewiesenen Chromosomen überein (*N. crassa:* McClintock 1945, Singleton 1953, Barrat et al. 1954; *P. anserina:* Franke 1962, Kuenen 1962b).

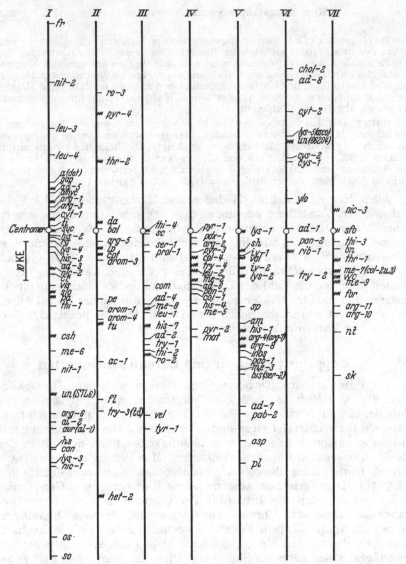

Abb. IV-14. Chromosomenkarten für die sieben Koppelungsgruppen von *Neurospora crassa*. Die Chromosomen sind als schwarze Balken dargestellt, die Centromere durch weiße Kreise. Die „linken" Schenkel der Chromosomen sind jeweils vom Centromer ausgehend nach oben gezeichnet, die „rechten" Schenkel entsprechend nach unten. Gene, deren Lage im Chromosom relativ gut bekannt ist, sind durch kleine, von den schwarzen Balken ausgehende Seitenstriche wiedergegeben. Die kleinen Zickzacklinien wurden für solche Gene gewählt, deren Lage zum Centromer oder anderen Genmarken noch nicht genau festgelegt werden konnte. Die Lokalisierung der Genmarken wurde meist auf Grund von Analysen ungeordneter Tetraden oder Einzelsporen vorgenommen, seltener auf Grund von Analysen geordneter Tetraden; d. h. die Einordnung der Genmarken in den einzelnen Koppelungsgruppen beruht im allgemeinen auf der Bestimmung der Kartenabstände zu anderen Genmarken und nur zum Teil auf einer Abstandsbestimmung zum Centromer. Die erste zusammenfassende Kartierung von Genmarken wurde von BARRAT et al. (1954) durchgeführt. Wir haben in dieser Abbildung soweit wie möglich alle Gene berücksichtigt, die in diesem Buch erwähnt werden (Referenz s. Tabelle IV-20). Eine Zusammenstellung und Einordnung in die sieben Koppelungsgruppen aller bisher bekannten Gene (ohne Kartierung) findet sich bei BARRATT und OGATA (1964a, b)

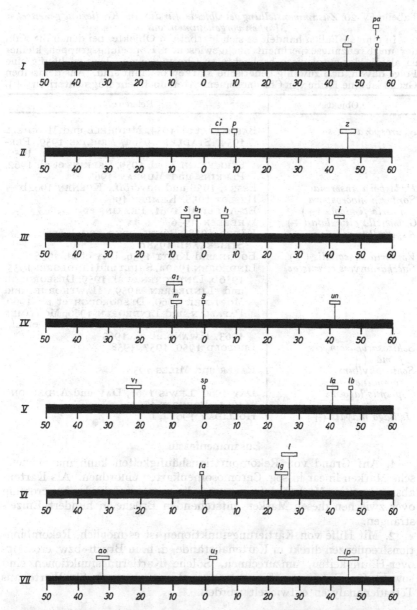

Abb. IV-15. Chromosomenkarten für die sieben Koppelungsgruppen von *Podospora anserina*. Die Chromosomen sind wie in Abb. IV-14 als schwarze Balken dargestellt. Für die Kartierung der Genmarken wurden die von KUENEN (1962a) entwickelten Kartierungsfunktionen benutzt (Abb. IV-13). Da die Lokalisierung ausschließlich auf Analysen geordneter Tetraden beruht (Postreduktionsfrequenzen), sind zur Festlegung der Genorte die Centromere als Orientierungspunkte (Nullpunkte) verwendet worden. Auf den Zahlenskalen kann abgelesen werden, welchen Kartenabstand zum Centromer die durch kleine, nach oben weisende Seitenstriche gekennzeichneten Gene haben. Die aus dem dreifachen mittleren Fehler berechnete Fehlerbreite ist jeweils durch ein kleines Rechteck angegeben. (Nach KUENEN 1962b, ergänzt durch Daten von ESSER, unveröff.)

Tabelle IV-20. *Zusammenstellung der Objekte, für die eine Kartierung genetischer Marken vorgenommen wurde*

In einigen Fällen handelt es sich hierbei um Objekte, bei denen die Zahl der im Kreuzungsexperiment nachgewiesenen Koppelungsgruppen kleiner ist als die der zytologisch beobachteten Chromosomen. Dies ist häufig eine Folge davon, daß zuwenig genetische Marken bekannt sind. Aus demselben Grund ist eine Reihe von Chromosomenkarten noch sehr fragmentarisch (+).

| Objekt | Referenz |
|---|---|
| *Neurospora crassa* | BARRATT et al. 1954, MITCHELL und MITCHELL 1954, STADLER 1956a, PERKINS 1959, PERKINS und ISHITANI 1959, MALING 1959, STRICKLAND et al. 1959, PERKINS et al. 1962, PERKINS und MURRAY 1963 |
| *Podospora anserina* | ESSER, 1956 und unveröff., KUENEN 1962b |
| *Sordaria macrospora* | HESLOT 1958, KEMPER 1964 |
| *Sordaria fimicola* (+) | EL-ANI et al. 1961, PERKINS et al. 1963 |
| *Glomerella cingulata* (+) | WHEELER 1956 |
| *Aspergillus nidulans* | KÄFER 1958, PONTECORVO und KÄFER 1958, STRICKLAND 1958b |
| *Venturia inaequalis* (+) | BOONE und KEITT 1956, DAY et al. 1956 |
| *Saccharomyces cerevisiae* | LINDEGREN 1949a, SHULT und LINDEGREN 1955, 1956b, LINDEGREN et al. 1959, DESBOROUGH und LINDEGREN 1959, HAWTHORNE und MORTIMER 1960, DESBOROUGH et al. 1960, PAPAZIAN und LINDEGREN 1960, MORTIMER und HAWTHORNE 1963, LINDEGREN et al. 1963, HWANG et al. 1963 |
| *Schizosaccharomyces pombe* (+) | LEUPOLD 1950, 1957, 1958 |
| *Schizophyllum commune* (+) | RAPER und MILES 1958 |
| *Coprinus lagopus* | DAY 1960, LEWIS 1961, DAY und ANDERSON 1961, PREVOST 1962 |
| *Ustilago maydis* (+) | HOLLIDAY 1961a, b |

## Zusammenfassung

1. Auf Grund von Rekombinationshäufigkeiten kann man genetische Marken linear in sog. Chromosomenkarten einordnen. Als Kartenabstand zweier Marken definiert man die mittlere Zahl der bei crossing over zwischen diesen Marken entstehenden Brüche in hundert Einzelsträngen.

2. Mit Hilfe von Kartierungsfunktionen ist es möglich, Rekombinationsfrequenzen direkt in Kartenabstände, d. h. in Bruch- bzw. crossing-over-Häufigkeiten, umzurechnen. Solche Kartierungsfunktionen sind sowohl für Daten aus Einzelstranganalysen als auch für Werte aus Tetradenanalysen entwickelt worden.

# V. Somatische Rekombination

Wie wir schon in der Einleitung dieses Kapitels erwähnten (S. 138), gibt es neben den Vorgängen, die im Verlaufe der Meiosis zur Neukombination der genetischen Information führen, auch Rekombinationsprozesse in somatischen Zellen. Während diese sog. somatischen Rekombinationen bei Umgruppierungen ganzer Chromosomen nur über mehrere irreguläre Mitosen abzulaufen scheinen (S. 149f.), sind für intrachromosomale Rekombinationen neben *mitotischen* Prozessen in seltenen Fällen auch *meiosisartige* Vorgänge bekannt (Referenz s. Tabelle II-6).

Nach Infektionsversuchen mit heterogenen Dikaryen von *Puccinia graminis tritici* konnte ELLINGBOE (1961) von den Wirtspflanzen eine Reihe von Stämmen isolieren, die für einzelne Marken neu kombiniert waren. Da die Austauschhäufigkeit die für mitotische Rekombination bekannten Werte wesentlich überschreitet, könnten nach Auffassung von ELLINGBOE während der vegetativen Vermehrung meiosisartige Austauscherscheinungen in Betracht gezogen werden.

Auch die Untersuchungsergebnisse von WILKIE und LEWIS (1963) über *Saccharomyces* lassen ein teilweise meiotisches Kernteilungsverhalten vermuten. Die Autoren nehmen an, daß sich dieser Kernteilungsmodus durch UV-Bestrahlung induzieren läßt (S. 182). Die beobachtete Häufigkeit der Rekombination gekoppelter Gene spricht jedoch gegen den üblichen meiotischen Rekombinationsmechanismus: crossing over im Vierstrangstadium. WILKIE und LEWIS halten ein meiotisches crossing over im *Zwei*strangstadium für wahrscheinlicher.

Für *Schizophyllum commune* kommen ebenfalls als genetische Mechanismen meiosisartige Umkombinationen in Frage (PARAG 1962; ELLINGBOE und RAPER 1962; ELLINGBOE 1963, 1964; MIDDLETON 1964).

Mitotische Rekombination wurde zuerst von STERN (1936) in diploiden, heterozygoten Somazellen von *Drosophila* beobachtet und in den fünfziger Jahren auch bei Pilzen *(Aspergillus, Penicillium)* entdeckt (Referenz s. Tabelle II-6). *Die Bedeutung dieser Entdeckung besteht vor allem darin, daß man in der somatischen Rekombination einen Mechanismus gefunden hat, welcher als Alternative zur sexuellen Fortpflanzung auch solche Organismen zu einer Neukombination ihres genetischen Materials befähigt, die sich nicht sexuell fortpflanzen können* (s. Kapitel *Fortpflanzung*, S. 97). Hieraus ergibt sich die Möglichkeit, auch an imperfekten Pilzen genetische Untersuchungen vorzunehmen.

# 1. Mitotisches crossing over

Man vermutete bereits früher, daß intrachromosomale Neukombinationen in somatischen Zellen durch einen *dem meiotischen crossing over vergleichbaren Mechanismus* zustande kämen (STERN 1936, PONTECORVO et al. 1953, PONTECORVO und ROPER 1953, ROPER und PRITCHARD 1955, PONTECORVO 1958, PONTECORVO und KÄFER 1958). Diesen Mechanismus nannte man *mitotisches crossing over.* Bestätigt wurde diese Vermutung jedoch erst später durch Experimente von KÄFER (1961) an *Aspergillus nidulans* und von HOLLIDAY (1961 b) an *Ustilago maydis.* Die Autoren analysierten diploide heterozygote Kerne, die aus einer Fusion haploider, genetisch verschiedener Kerne innerhalb von Heterokaryen im Verlauf des parasexuellen Zyklus hervorgegangen waren (S. 96f). Sie konnten zeigen, daß bei Rekombinationen je nach der Verteilung der Chromatiden entweder zwei sich entsprechende Tochterkerne mit je einem rekombinierten und einem parentalen Strang entstanden (Abb. IV-16, unten) oder daß sich zwei Kerne bildeten, von denen der eine beide rekombinierten Stränge und der andere nur parentale Chromosomen enthielt (Abb. IV-16, oben). Auf Grund dieser und weiterer Befunde erkannte man: 1. Das *mitotische crossing over findet ebenso wie das meiotische im Vierstrangstadium statt.* 2. *Immer nur zwei von vier Strängen sind am Austausch beteiligt.* 3. *Der mitotische Rekombinationsmechanismus erfolgt reziprok.*

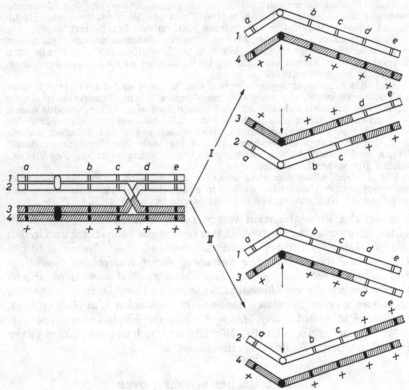

Abb. IV-16. Mitotisches crossing over in einer diploiden somatischen Zelle und Verteilung der Chromosomen im Verlaufe der Mitose. *Oben (I):* Der eine Kern erhält die beiden parentalen, der andere die beiden rekombinierten Stränge. *Unten (II):* Beide Kerne erhalten je einen parentalen und je einen rekombinierten Strang. Chromosomen, Genmarken und Centromere sind wie in Abb. IV-2 dargestellt. Erläuterungen s. Text. (Nach Pontecorvo 1958, verändert)

Während bei *A. nidulans, U. maydis* und einigen anderen Pilzen mitotische Rekombination in *diploiden* Kernen erfolgt, findet bei *N. crassa* mit großer Wahrscheinlichkeit das mitotische crossing over in *disomen* $(n+1)$ Kernen statt. Es folgt dann hier wie dort eine Haploidisierung (Mitchell et al. 1952; Pittenger 1954, 1958; Pittenger und Coyle 1963).

Durch mitotische Rekombinationen, die kurz vor der Meiosis zu einer Umgruppierung des genetischen Materials führen, können bei Kreuzungen unerwartete Aufspaltungen auftreten (*N. crassa:* Mitchell 1963).

*Mitotische Rekombinationen treten spontan nur sehr selten auf.* Analysen, wie sie von Käfer und Holliday zum Nachweis des reziproken crossing over durchgeführt wurden, sind deshalb mühevoll und zeitraubend, es sei denn, daß bestimmte Agenzien benutzt werden, welche die Häufigkeit der crossing over heraufsetzen (S. 180ff.). Im allgemeinen bedient man sich selektiver Methoden, um die seltenen haploiden oder diploiden Rekombinanten unter der großen Zahl der nicht rekombinierten Zellen aufzufinden. Zur *Selektion diploider Rekombinationstypen* verwendet man meist Marken, welche in der homozygoten Kombination einen von den heterozygoten Eltern leicht unterscheidbaren Phänotyp erzeugen und so leicht zur Entdeckung einer Rekombination in den durch Entmischung entstandenen diploiden Sektoren (S. 97) führen. Bei einem crossing over zwischen der „Selektor-Marke" und dem zugehörigen Centromer entstehen nämlich bei Zufallsverteilung der Chromatiden in der Hälfte aller Fälle Kerne, welche für den „Selektor" homozygot sind (Abb. IV-16, unten: „Selektor-Marke" *e* oder *d*).

PONTECORVO (1958) und PONTECORVO und KÄFER (1958) beschreiben fünf verschiedene Selektionsmöglichkeiten, die relativ leicht und ohne allzu großen Arbeitsaufwand zu genetischen Analysen Verwendung finden können: 1. Selektion für morphogenetisch wirksame Gene (z. B. Konidienfarbe, Marke *y* und *w*, Abb. IV-17). 2. Selektion für rezessive Suppressor-Gene (z. B. Marke *su-1-ad-20*). 3. Selektion für rezessive oder semidominante Resistenz gegenüber schädlichen Agenzien (z. B. *Acr-1* und *acr-2*). 4. Selektion für Gene, die Synthesen bestimmter Stoffe blockieren. 5. Selektion für unterschiedliche Heterozygotie. Eine solche Selektion ist nur dann möglich, wenn zwei Gene in der cis-Konfiguration einen anderen Phänotyp als in der trans-Konfiguration erzeugen (z. B. $cd/c^+d^+$ und $cd^+/c^+d$ in Abb. IV-16, unten).

*Rekombinationen in haploiden Kernen,* die durch schrittweisen Chromosomenverlust aus den diploiden Kernen entstehen (S. 97), können dadurch entdeckt werden, daß die durch Mitosen vermehrten Rekombinanten-Kerne infolge Entmischung zu Sektorbildungen in den Myzelien führen oder in einkernige Konidien einwandern. Auch hier verwendet man häufig zur Markierung Merkmale des Myzels oder der Konidien (z. B. Farbmutanten). Jedoch kommt man in diesem Fall nicht mit einer einzigen „Selektor-Marke" aus, da das Centromer als Markierungspunkt fortfällt. Man kann deshalb in haploiden Kernen nur Rekombinationen in Regionen nachweisen, welche durch zwei Gene markiert sind.

Die Häufigkeit des mitotischen crossing over kann durch UV-Bestrahlung (*Ustilago maydis:* HOLLIDAY 1961b, *Saccharomyces cerevisiae:* FOGEL und HURST 1963), durch Röntgenbestrahlung (*Aspergillus nidulans:* MORPURGO 1962a) und durch Verwendung einiger chemischer Agenzien (*Aspergillus nidulans:* MORPURGO 1962b, 1963) stark gesteigert werden (S. 180ff.). In diesen Fällen erübrigt sich oft eine selektive Methode zur Isolierung von Rekombinanten.

Wir wenden uns nun der Frage zu, wie häufig das mitotische crossing over vorkommt. Durch Verwendung distal gelegener Marken fand KÄFER (1961) für verschiedene Chromosomenschenkel von *A. nidulans*, daß der Prozentsatz der durch mitotische Rekombination zwischen Centromer und „Selektor-Marke" (z. B. *d* oder *e* in Abb. IV-16) entstandenen Homozygoten 0,05 bis 0,07 beträgt. Unter der Voraussetzung, daß die Verteilung der Chromosomen während der Mitosen zufallsgemäß erfolgt, d. h. daß jedem gefundenen Homozygotentyp (Abb. IV-16, unten) ein infolge Selektion nicht nachweisbarer Heterozygotentyp (Abb. IV-16, oben) entspricht, erhält man für die *Rekombinationshäufigkeit pro Mitose einen Wert von 2%*.

Der Berechnung liegt die Annahme zugrunde, daß im haploiden Chromosomensatz ($n = 8$) nur 14 etwa gleich lange Schenkel vorhanden sind. (Bei zwei Chromosomen liegt das Centromer terminal.) Bei einer Homozygoten-Häufigkeit von 0,07 %, d. h. bei einer Rekombinationshäufigkeit von $2 \cdot 0,07\% = 0,14\%$ pro Chromosomenarm, berechnet sich der Wert für das gesamte Genom durch Multiplikation mit der Zahl der Chromosomenschenkel ($14 \cdot 0,14 \approx 2$).

Da auf fünfzig Mitosen durchschnittlich nur ein einziges mitotisches crossing over entfällt, ist Doppelaustausch in einem Chromosomenschenkel sehr selten zu beobachten. Eine Interferenz zwischen crossing over in verschiedenen Schenkeln desselben Chromosoms oder verschiedener Chromosomen konnte nicht festgestellt werden (*A. nidulans*: KÄFER 1961).

## 2. Chromosomenkarten

Analog zu der auf Grund meiotischer Rekombinationen durchgeführten Kartierung von Marken kann man auch mit Hilfe mitotischer Rekombinationen eine Topographie von Chromosomen vornehmen. Die Aufstellung von Chromosomenkarten erfolgt in drei Schritten (PONTECORVO und KÄFER 1958, KÄFER 1958):

1. Durch Analyse der im Verlauf des parasexuellen Zyklus entstehenden haploiden Kerne wird festgestellt, welche Marken gekoppelt auftreten.

2. Durch Vergleich der crossing-over-Frequenzen werden die Reihenfolge und der Abstand der Marken pro Chromosomenschenkel bestimmt.

3. Durch Kombination von 1. und 2. werden zwei Chromosomenschenkel zu einem Chromosom vereinigt und damit die Lage des Centromers festgelegt.

### a) Koppelungsgruppen

Wegen der großen Seltenheit des mitotischen crossing over bleiben Marken derselben Koppelungsgruppe während der mitotischen Teilungen und während der stufenweisen Haploidisierung fast ausschließlich ungetrennt zusammen. Dagegen werden Marken verschiedener Koppelungsgruppen bei einer Herabregulierung des diploiden auf den haploiden Chromosomensatz zufallsgemäß kombiniert, d. h. zur Hälfte entstehen parentale Kombinationen und zur anderen Hälfte Rekombinanten. *Bei Koppelung zweier Marken ist daher die entsprechende Rekombinationsfrequenz gleich Null oder nur sehr wenig von Null verschieden, bei Nichtkoppelung beträgt die Rekombinationshäufigkeit etwa 50%.*

Die Einordnung einer beliebigen Marke $a$ ist besonders einfach, wenn man als Partner einen Stamm benutzt, in dem jede der bereits bekannten Koppelungsgruppen durch mindestens ein Gen markiert ist. Die Analyse einkerniger haploider Konidien, welche sich von den diploiden durch ihre geringere Größe unterscheiden (z. B. *A. nidulans*: ROPER 1952), ergibt dann, daß die Marke $a$ mit allen Marken anderer Chromosomen zufallsgemäß kombiniert ist und nur mit der Marke ihres eigenen Chromosoms keine Rekombination zeigt.

Mit Hilfe dieser Methode gelang es bei *Aspergillus nidulans*, eine größere Zahl von Genmarken in acht Koppelungsgruppen einzuordnen (KÄFER 1958). Für *Ustilago maydis* wurden zwei Koppelungsgruppen bestimmt (HOLLIDAY 1961a, b). Diese Ergebnisse stimmen mit entsprechenden Befunden aus Kreuzungsanalysen und zytologischen Untersuchungen (z. B. ELLIOTT 1960a) überein. Auch bei einer Reihe von anderen Pilzen wurde Koppelung zwischen Genmarken auf Grund mitotischer Rekombination gefunden, z. B. für *Penicillium expansum* (BARRON 1962), *Saccharomyces cerevisiae* (FOGEL und HURST 1963) und *Schizophyllum commune* (ELLINGBOE 1964).

Bei *Aspergillus fumigatus* beobachtete man jedoch, daß von 26 Genmarken nur drei gekoppelt waren. Für alle übrigen 23 konnte keine Koppelung nachgewiesen werden (STRØMNAES und GARBER 1962). Die Verfasser nehmen an, daß genetisch gesteuerte Selektionsvorgänge, die im Verlauf des parasexuellen Zyklus wirksam sind, den Koppelungsnachweis negativ beeinflussen.

Die Analyse mitotischer Rekombinationen hat gegenüber der Analyse entsprechender meiotischer Prozesse den Vorteil, daß der *Koppelungsnachweis immer eindeutig* ist. Während im zweiten Fall eine Koppelung bei zufallsgemäß kombinierten Marken häufig nicht ausgeschlossen werden kann (Tabelle IV-6, S. 166, und IV-7, S. 168—169), bedeutet Zufallsverteilung im ersten Fall *stets* Nicht-Koppelung.

### b) Reihenfolge genetischer Marken

Da ein mitotisches crossing over in einem heterozygoten diploiden Kern in der Hälfte aller Fälle eine Homozygotie für alle Marken bewirkt, welche distal von der Austauschstelle liegen (Abb. IV-16, unten), kann man die Reihenfolge von Marken auf Grund der Homo/Heterozygotie-Relation erschließen.

Wenn z. B. wie in Abb. IV-16 ein Chromosomenschenkel durch *b*, *c*, *d* und *e* markiert ist und *e* als ,,Selektor-Marke`` (S. 213) dient, wird ein crossing over zwischen *e* und dem Centromer zu einer Homozygotie für *e* und damit zu einer Selektion für *e* führen (Abb. IV-16, unten). Alle Marken distal von der Austauschstelle (z. B. *d*) werden ebenfalls homozygot auftreten, während alle Marken zwischen Centromer und der Stelle des crossing over heterozygot in Erscheinung treten. Da Doppel-crossing-over unwahrscheinlich ist (S. 214), darf man umgekehrt also schließen, daß die Marken, für die Heterozygotie nachgewiesen wird, näher zum Centromer liegen als die homozygot auftretenden Marken.

Eine solche *Festlegung der Markensequenz* ist jedoch *nur für einzelne Chromosomenschenkel* und nicht für ganze Chromosomen möglich; denn ein crossing over auf entgegengesetzter Seite des Centromers, d. h. in einem anderen Chromosomenschenkel (etwa zwischen der Marke *a* und dem Centromer in Abb. IV-16), kann nicht zu einer Homozygotie für die ,,Selektor-Marke`` (*e*) führen. Man kann also auf Grund von Analysen diploider Myzelien oder Konidien nicht zwischen zwei Schenkeln desselben Chromosoms und zwei Schenkeln verschiedener Chromosomen unterscheiden (PONTECORVO und KÄFER 1958). Diese Schwierigkeit läßt sich leicht beheben, da man jeweils die beiden Schenkel, deren Marken derselben Koppelungsgruppe angehören (S. 214), zu einem kompletten Chromosom zusammenfügen kann. Damit ist auch die *Lage des Centromers* festgelegt. Es liegt nämlich zwischen den beiden Genmarken, welche in jedem Schenkel dem Centromer unmittelbar benachbart sind.

Wenn man z. B. in dem einen Chromosomenschenkel für drei Marken die Reihenfolge *Centromer—a—b—c* und in dem anderen Schenkel für drei weitere Marken die Folge *Centromer—d—e—f* bestimmt hat, dann kann das Centromer nur zwischen den Genmarken *a* und *d* liegen, vorausgesetzt, daß alle sechs Marken untereinander gekoppelt sind (PONTECORVO und KÄFER 1958).

### c) Kartenabstand zwischen genetischen Marken

Als Maß für den Kartenabstand zwischen zwei Marken verwendet man analog zu „meiotischen" Chromosomenkarten die Häufigkeit der crossing

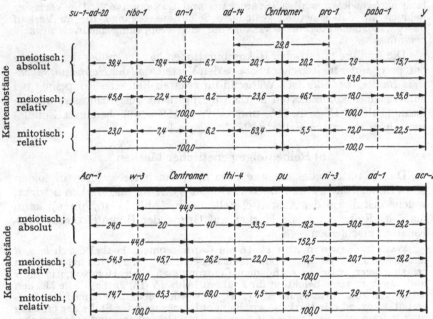

Abb. IV-17. Chromosomenkarten für die Koppelungsgruppen I (*oben*) und II (*unten*) von *Aspergillus nidulans*. Die Chromosomen sind als horizontale, schwarze Balken dargestellt. Die Festlegung der Kartenabstände zwischen den durch kleine Seitenstriche gekennzeichneten Marken beruht einerseits auf Analysen *meiotischer* Rekombinationsprozesse (vgl. Abb. IV-14 und IV-15), andererseits auf Analysen *mitotischer* Neukombinationen. Nähere Erläuterungen s. Text. (Nach KÄFER 1958, verändert)

over in dem entsprechenden Intervall. Da man aber zur Isolierung der mitotischen Rekombinanten meist selektive Methoden benutzt, ist es nicht möglich, die absolute Häufigkeit der crossing over zu bestimmen. *Kartenabstände sind deshalb relativ.* Die in Abb. IV-17 aufgeführten relativen „mitotischen" Kartenabstände eines Chromosomenschenkels geben also an, wie oft jeweils unter 100 „Selektor-Homozygoten" gleichzeitig die distal zum Centromer gelegene Marke homozygot und die proximal gelegene Marke heterozygot auftritt (vgl. Abb. IV-16). *Kartenabstände aus verschiedenen Chromosomenschenkeln sind nicht miteinander vergleichbar.*

Ein Vergleich zwischen „mitotischen" und „meiotischen" Chromosomenkarten ist in gewissem Umfange möglich. Hierüber geben uns ebenfalls Befunde bei *Aspergillus nidulans* (Abb. IV-17) und *Ustilago maydis* Auskunft (PONTECORVO und KÄFER 1958; KÄFER 1958, 1961 bzw. HOLLIDAY 1961 a, b).

1. Die Reihenfolge der Marken ist in ,,mitotischen`` und ,,meiotischen`` Chromosomenkarten die gleiche (Abb. IV-17).

2. Crossing over findet in mitotisch sich teilenden Kernen etwa tausendmal seltener als in meiotisch sich teilenden Kernen statt.

3. Die relativen Häufigkeiten der mitotischen crossing over in gleich markierten Regionen differieren stark von den entsprechenden Häufigkeiten der meiotischen crossing over (Abb. IV-17).

Wie man aus Abb. IV-17 erkennt, ist z. B. in der Nähe des Centromers mitotisches crossing over relativ häufiger als meiotisches crossing over (mit Ausnahme des rechten Schenkels von Chromosom I). Im linken Arm des Chromosoms I und im rechten Arm des Chromosoms II sind etwa 60—70% aller mitotischen crossing over in einem Intervall konzentriert, während in dieselben Intervalle nur ein Viertel aller meiotischen crossing over entfallen.

Wir haben also gesehen, daß das mitotische crossing over viele Eigenschaften mit dem meiotischen crossing over gemeinsam hat. Es bleibt jedoch abzuwarten, ob es mit Hilfe weiterer Experimente gelingt, eine Identität der beiden Mechanismen nachzuweisen.

## Zusammenfassung

1. Intrachromosomale Rekombination erfolgt nicht nur während der Meiosis, sondern in seltenen Fällen auch im Verlauf von Kernteilungsvorgängen in vegetativen Zellen. Diese sog. somatischen Rekombinationen finden im allgemeinen während der Mitosis in diploiden Somazellen statt (mitotische Rekombination). Vereinzelt lassen sie sich auch auf meiosisartige Vorgänge in somatischen Zellen zurückführen.

2. Mitotische Rekombinationen werden durch einen Mechanismus hervorgerufen, der wie das ,,meiotische`` crossing over zu reziproken Aufspaltungen führt. Man bezeichnet ihn deshalb als mitotisches crossing over. Eine Interferenz zwischen crossing over im selben oder in verschiedenen Chromosomen konnte nicht beobachtet werden.

3. Mitotische Rekombinationen sind sehr selten. Sie werden meist mit Hilfe selektiver Methoden nachgewiesen.

4. Auf Grund mitotischer Rekombinationen kann man ebenso wie durch meiotische Rekombinationen Genmarken in Chromosomen lokalisieren. Jedoch unterscheiden sich die mitotischen Chromosomenkarten von den ,,meiotischen`` in den relativen Häufigkeiten der crossing over in gleichmarkierten Regionen.

# C. Intrachromosomale intragenische Rekombination

Zu einer eindeutigen Ablehnung des klassischen Genbegriffs (Gen = Einheit der Rekombination, Mutation und Funktion) führten erstmals Befunde aus Mutations- und Rekombinationsexperimenten der fünfziger Jahre. Diese Versuche zeigten nämlich, daß die ,,*Funktionseinheit Gen*`` *an verschiedenen Stellen mutieren kann und daß diese Mutationsstellen untereinander rekombinierbar sind*[1]. Eine solche weitgehende Unterteilung des genetischen Materials wurde durch die Entwicklung geeigneter selektiver Methoden möglich, mit deren Hilfe man seltene mutative und rekombinatorische Veränderungen nachweisen und quantitativ erfassen konnte.

# I. Genfeinstruktur
## 1. Genkarten

Entsprechend der Kartierung von Genen in Chromosomen (S. 201 ff.) kann man auch die Mutationsstellen eines Gens lokalisieren und nebeneinander anordnen. Diese Einordnung führt zu sog. *Genkarten*. Analog der Definition von Chromosomenkarten (S. 201) versteht man unter dieser Bezeichnung *graphische lineare Darstellungen von kleinen Chromosomensegmenten, in welchen die der betreffenden Funktionseinheit (Gen) zugehörigen Mutationsstellen (Allele) entsprechend ihren gegenseitigen relativen Abständen eingezeichnet sind.* Als Maßstab für den Abstand zweier Allele dient auch hier wieder die Häufigkeit der zwischen diesen Stellen stattfindenden Rekombinationen. Man stellt diese als *intragenische* Rekombinationen den intergenischen Rekombinationen gegenüber. Letztere erfolgen im Gegensatz zu ersteren zwischen Mutationsstellen *verschiedener* Gene.

Als *Allele* bezeichnet man *verschiedene Konfigurationen eines Gens*, unabhängig davon, ob diese zu identischen oder verschiedenen Phänotypen führen. Will man die Verschiedenheit zweier Allele hervorheben, spricht man von *Heteroallelen* (ROMAN 1956). Zum Nachweis von Heteroallelie, d. h. für die Nicht-Identität von Allelen, berücksichtigt man nicht nur die rekombinatorischen, sondern auch die mutativen und funktionellen Eigenschaften des genetischen Materials:

*1. Rekombination.* Kreuzt man zwei unabhängig voneinander entstandene allele Mutanten $a_1$ und $a_2$ miteinander, so erhält man im allgemeinen mit geringen Häufigkeiten ($10^{-3}$ bis $10^{-7}$; Tabelle IV-21) Wildtypen, welche durch Rekombination zwischen $a_1$ und $a_2$ erzeugt werden. Identische Mutationen dagegen können nicht miteinander rekombinieren. Jedoch sind auch aus einer Kreuzung zweier identischer Mutanten Wildtypen als Folge von Rückmutationen zu erwarten, deren Häufig-

---

[1] BENZER (1957) führte auf Grund seiner Untersuchungsergebnisse an Bakteriophagen für die funktionelle Einheit die Bezeichnung „Cistron" ein. Die Zuordnung von Mutanten zu einem Cistron erfolgt mit Hilfe des „cis/trans-Testes" auf folgende Weise: Wenn die Einzeldefekte zweier Mutanten *a* und *b* durch Vereinigung der Genome in einer Zelle (Phagen: nach Infektion einer Wirtszelle mit zwei Phagentypen; Pilze: in heterokaryotischen bzw. heterozygotischen Zellen) in der trans-Konfiguration ($ab^+/a^+b$) *nicht* aufgehoben werden, ist zu schließen, daß beide Mutanten in der gleichen Funktion eine Abänderung erfahren haben. In der cis-Konfiguration ($ab/a^+b^+$) tritt im allgemeinen der Wild-Phänotyp oder eine starke Annäherung an diesen auf. Da der Terminus „Cistron" jedoch mit der zur Zeit gebräuchlichen Fassung des Genbegriffs (Gen = Funktionseinheit) identisch ist, sind wir in diesem Buch bei der alten Bezeichnung „Gen" geblieben.

keit aber im allgemeinen weit unter der bei Heteroallelie beobachteten Rekombinationsfrequenz liegt.

2. *Rückmutation.* Da jedes mutierte Allel mit einer für diese Veränderung charakteristischen Häufigkeit rückmutiert, sprechen unterschiedliche Rückmutationsraten für Heteroallelie (S. 307ff.). Gleichheit von Rückmutationsraten ist jedoch kein Kriterium für die Identität von Allelen, da auch nichtidentische Allele mit gleicher Häufigkeit rückmutieren können. Ferner kann auf Heteroallelie geschlossen werden, wenn Rückmutanten unterschiedliche physiologische oder biochemische Eigenschaften aufweisen (S. 413ff.).

3. *Komplementation.* Auch mit Hilfe von Komplementationstesten (S. 396ff.) läßt sich nachprüfen, ob zwei Mutationen an verschiedenen Stellen erfolgt sind. Wenn z. B. von zwei Mutanten $a_1$ und $a_2$ die eine ($a_1$) durch ein drittes Allel $a_3$ komplementierbar und die andere ($a_2$) nicht komplementierbar ist, so spricht dieser Befund für die Heteroallelie von $a_1$ und $a_2$. Gleiches Komplementationsverhalten ist dagegen kein Kriterium für die Identität von Allelen.

Wie wir schon oben (S. 218) andeuteten, hat man mit Erfolg versucht, Allele innerhalb eines Gens ebenso linear einzuordnen wie Gene innerhalb eines Chromosoms. Für eine solche Kartierung sind vor allem zwei Methoden von Bedeutung (vgl. auch Komplementationskarten z. B. CASE und GILES 1960 und S. 399ff.).

1. *Kartierung von Mutationsstellen auf Grund ihrer gegenseitigen Abstände.* Als Maß für den Abstand zweier Allele $a_1$ und $a_2$ dient die Häufigkeit der in einer Kreuzung $a_1 \times a_2$ durch Rekombination erzeugten Wildtypen. Da in fast allen Fällen auxotrophe Mutanten zur Analyse verwendet werden, entstehen als Rekombinanten Prototrophe, die leicht selektiv zu erfassen sind (vgl. hierzu die Selektions-Methoden zur Isolierung von Rückmutanten, S. 285). Die Kartierung beruht auf der Annahme, daß die Wildtypen durch irgendeinen Rekombinationsprozeß (und nicht etwa durch einen Mutationsprozeß) entstanden sind und daß die Rekombinationswahrscheinlichkeit mit zunehmender Entfernung zweier Mutationsstellen ebenfalls größer wird. Die zur Aufstellung von Genkarten verwendeten Maßeinheiten sind nicht identisch mit den Karteneinheiten, die man zur Lokalisierung von Genen benutzt (S. 201 f.). Durch Tetradenanalysen konnte man nämlich nachweisen, daß intragenische Rekombinationen im Gegensatz zu intergenischen Prozessen meist nicht zu reziproken Aufspaltungen führen (S. 231ff.). Der Klasse der prototrophen Rekombinanten entspricht also nicht eine gleich große komplementäre Rekombinantenklasse von Doppelmutanten, die auf Grund der Selektion nicht erfaßt worden wäre.

Der in Abb. IV-18 dargestellten Genkarte des *ad-8*-Locus von *N. crassa* können wir einerseits entnehmen, daß eine *eindeutige lineare Anordnung der Mutationsstellen innerhalb des Gens* möglich ist. Andererseits sehen wir, daß die *Markenabstände nicht immer additiv* sind. Die Ursache für diese fehlende Additivität ist wahrscheinlich nicht (wie bei intergenischen Rekombinationen) auf Doppel-Rekombinationen in benachbarten Regionen zurückzuführen, da häufig bei drei in der Reihen-

Tabelle IV-21.  *Daten aus Kreuzungen*

Alle Kreuzungen sind in der Form $b\,(a_1\,a_2^+)\ c^+ \times b^+\,(a_1^+\,a_2)\ c$ dargestellt des $a$-Locus, $b$ und $c$ zwei auf verschiedenen Seiten des $a$-Locus liegende gegeben, $b—(a_1—a_2)—c$. Die in der Tabelle aufgeführten Kombinationen lierten prototrophen Wildtyp-Rekombinanten $a_1^+a_2^+$ (Zufallsanalyse). Daten im wesentlichen übereinstimmen, sind in einigen Fällen zusammengefaßt. weils durch ein bestimmtes Symbol (2. Spalte) gemeint sind: $nic$-$1$: $x = 3$; $paba$-$1$: $x+y=14$. Die Daten für den $paba$-Locus sind nach den Karten- und $K_2$ (drittletzte und vorletzte Spalte) sind auf S. 225 und S. 226 besind auch an anderen Objekten durchgeführt worden, z. B. bei Hefen

| Objekt, Koppelungs- gruppe und Genlocus ($a$) | Reihenfolge der Marken | | Kartenabstand der Außen- marken zum Gen $a$ | | Häufigkeit der Prototrophen $a_1^+\,a_2^+$ ($\times\,10^{-5}$) | Zahl der analy- sierten Proto- tro- phen |
|---|---|---|---|---|---|---|
| | Region I  Region II  Region III $b$ — ($a_1$ — $a_2$) — $c$ | | $b$—$a$ | $a$—$c$ | | |
| *Neurospora crassa* | | | | | | |
| I    $nic$-$1$ | $lys$-$3$—($nic^1$—$nic^2$)—$os$ | | 1 | 19 | 57 | 117 |
| | $nic^3$—$nic^2$ | | | | 55 | 73 |
| | $nic^4$—$nic^x$ | | | | 4—25 | 107 |
| IV    $me$-$2$ | $try$-$4$—($me^\alpha$—$me^\beta$)—$pan$-$1$ | | 6 | 4 | 4—8 | 545 |
| | $me^\alpha$—$me^\gamma$ | | | | 4—73 | 2900 |
| | $me^\alpha$—$me^\delta$ | | | | 10—110 | 1181 |
| | $me^\beta$—$me^\gamma$ | | | | 7—19 | 1564 |
| | $me^\beta$—$me^\delta$ | | | | 18—32 | 555 |
| | $me^\gamma$—$me^\delta$ | | | | 10—37 | 1154 |
| | $me^\gamma$—$me^\gamma$ | | | | 1—7 | 890 |
| V    $his$-$1$ | $iv$-$2$—($his^2$—$his^1$)—$inos$ | | 20 | 6 | 1 | 82 |
| | $his^1$—$his^3$ | | | | 3 | 134 |
| | $his^2$—$his^3$ | | | | 5 | 219 |
| V    $pab$-$1$ | $inos$—($pab^1$—$pab^5$)—$me$-$3$ | | 1 | 1 | 12 | 274 |
| | $pab^1$—$pab^7$ | | | | 59 | 421 |
| | $pab^5$—$pab^7$ | | | | 29 | 254 |
| V    $am$ | $sp$—($am^2$—$am^3$)—$inos$ | | 7 | 3 | 2 | 90 |
| VI    $pan$-$2$ | $try$-$2$—($pan^{B3}$—$pan^{B5}$)—$ylo$ | | 8 | 3 | 90—630 | 1000 |
| | $pan^{B3}$—$pan^{B3}$ | | | | 20—120 | 860 |
| | $pan^{B5}$—$pan^{B5}$ | | | | 0,9—3 | 46 |
| VI    $cys$ | $lys$-$5$—($cys^A$—$cys^B$)—$ylo$ | | 6 | 9 | 97—146 | 1637 |
| | $cys^B$—$cys^B$ | | | | 5—41 | 680 |
| | $cys^A$—$cys^A$ | | | | 0,9—2,5 | 39 |
| *Aspergillus nidulans* | | | | | | |
| I    $ad$-$8$ | $y$—($ad^{19}$—$ad^{11}$)—$bi$-$1$ | | 0,2 | 6 | 8 | 268 |
| | $ad^{16}$—$ad^{19}$ | | | | 7 | 243 |
| | $ad^{16}$—$ad^{11}$ | | | | 21 | 113 |
| I    $paba$-$1$ | $ad$-$9$—($paba^x$—$paba^y$)—$y$ | | 0,5 | 16 | 0,06—0,09 | 125 |
| | | | | | 0,1—1,0 | 716 |
| | | | | | 1,2—5,1 | 476 |
| | | | | | 14—26 | 930 |
| | | | | | 40—51 | 347 |

*zwischen auxotrophen allelen Mutanten*

(vgl. Abb. IV-19). Hierbei bedeuten $a_1$ und $a_2$ zwei heteroallele Marken Außenmarken. Die Reihenfolge der vier Marken ist, wie in Spalte 2 an- der Außenmarken beziehen sich auf die mittels selektiver Methoden iso- aus reziproken Kreuzungen oder aus solchen Kreuzungen, deren Ergebnisse Die folgenden Zahlen geben an, wieviel verschiedene Mutationsstellen je- *me-2*: $\alpha = 7$, $\beta = 1$, $\gamma = 9$, $\delta = 2$; *pan-2*: $B3 = 6$, $B5 = 5$; *cys*: $A = 3$, $B = 4$; abständen geordnet. Bedeutung und Berechnung der Koinzidenzwerte $K_1$ schrieben. Weitere Erläuterungen s. Text. Entsprechende Experimente von KAKAR (1963).

| Zahl der Prototrophen mit | | | | Koinzidenzwert | | Referenz |
|---|---|---|---|---|---|---|
| parentaler Kombination der Außenmarken und Austausch in Region | | Rekombination der Außenmarken und Austausch in Region | | | | |
| I+II Typ $P_1$ | II+III Typ $P_2$ | II Typ $R_1$ | I+II +III Typ $R_2$ | $K_1$ | $K_2$ | |
| 38 | 22 | 35 | 22 | 98,9 | 1,0 | St. Lawrence 1956 |
| 22 | 28 | 12 | 11 | 79,3 | 0,6 | |
| 20 | 31 | 41 | 15 | 73,7 | 1,0 | |
| 64 | 235 | 194 | 52 | 39,8 | 0,9 | Murray 1963 |
| 331 | 1208 | 1025 | 336 | 48,3 | 1,0 | |
| 117 | 635 | 273 | 156 | 54,7 | 0,9 | |
| 335 | 549 | 455 | 225 | 60,0 | 0,8 | |
| 98 | 249 | 128 | 80 | 60,0 | 0,8 | |
| 209 | 555 | 235 | 155 | 56,0 | 0,7 | |
| 169 | 349 | 271 | 101 | 47,3 | 0,7 | |
| 21 | 28 | 13 | 20 | 20,3 | 0,8 | Freese 1957a |
| 41 | 43 | 29 | 21 | 13,1 | 0,7 | |
| 53 | 64 | 57 | 45 | 17,1 | 0,9 | |
| 81 | 46 | 136 | 11 | 495 | 0,6 | Freese 1957b |
| 124 | 97 | 179 | 21 | 617 | 0,5 | |
| 57 | 69 | 122 | 6 | 300 | 0,7 | |
| 40 | 19 | 18 | 13 | 890 | 0,7 | Pateman 1960a, b |
| 257 | 242 | 364 | 137 | 62,2 | 0,9 | Case und Giles 1958b |
| 124 | 106 | 499 | 131 | 69,2 | 2,1 | |
| 1 | 26 | 10 | 9 | 89,1 | 1,2 | |
| 510 | 346 | 489 | 292 | 37,7 | 0,9 | Stadler und Towe |
| 152 | 183 | 137 | 208 | 56,6 | 1,0 | 1963 |
| 18 | 8 | 9 | 4 | 19,0 | 0,6 | |
| 42 | 52 | 167 | 7 | 229,5 | 0,7 | Pritchard 1960 |
| 53 | 30 | 154 | 6 | 216,8 | 0,7 | |
| 16 | 25 | 71 | 1 | 77,5 | 0,3 | |
| 13 | 37 | 66 | 9 | 9,0 | 1,1 | Siddiqi 1962 |
| 93 | 186 | 416 | 21 | 3,7 | 1,2 | |
| 58 | 137 | 268 | 13 | 3,4 | 0,6 | |
| 25 | 312 | 589 | 4 | 0,5 | 0,4 | |
| 3 | 104 | 236 | 4 | 1,4 | 1,8 | |

folge $a_1$, $a_2$, $a_3$ nebeneinanderliegenden Allelen die Summe der beiden Abstände $a_1$—$a_2$ und $a_2$—$a_3$ kleiner als der Abstand $a_1$—$a_3$ ist. Eine Erklärung für diese Diskrepanz dürfte bei Verwendung dreifach markierter Gene zu erwarten sein (Ansätze hierzu bei CASE und GILES 1958b, 1964).

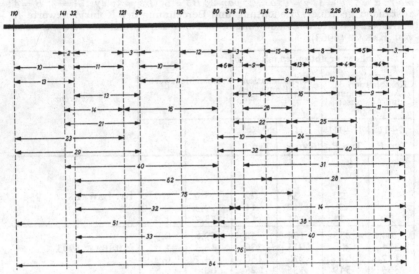

Abb. IV-18. Genkarte des *ad-8*-Locus von *Neurospora crassa*. Die Mutationsstellen sind durch ihre Isolationsnummern gekennzeichnet. Die Kartenabstände zwischen den Mutationsstellen geben an, wieviel Prototrophe jeweils unter $10^5$ überlebenden Ascosporen gefunden wurden. (Nach ISHIKAWA 1962, verändert)

### 2. Kartierung von Mutationsstellen auf Grund des Abstandes zu zwei benachbarten Außenmarken

(s. z. B. CATCHESIDE et al. 1964). Diese Methode basiert auf der Annahme, daß die gesamte genetische Information eines Chromosoms linear angeordnet ist und daß nicht etwa die DNS der einzelnen Gene als Seitenketten von einem Hauptstrang ausgehen. Zur Markierung wählt man im allgemeinen zwei Marken $b$ und $c$, welche rechts und links von dem mutativ veränderten Gen $a$ in möglichst enger Nachbarschaft liegen. Man sollte dann als Ergebnis einer Kreuzung $b(a_1 a_2^+) c^+ \times b^+ (a_1^+ a_2) c$ erwarten, daß die Außenmarken unter den prototrophen Rekombinanten $a_1^+ a_2^+$ fast nur in einer einzigen, von der relativen Lage der Stellen $a_1$ und $a_2$ abhängigen Kombination auftreten (Abb. IV-19, links; Typ $R_1$).

Liegt z. B. $a_1$ näher bei $b$ und dementsprechend $a_2$ näher bei $c$ (also Reihenfolge $b$—$a_1$—$a_2$—$c$; Abb. IV-19, links), dann würde man als Außenmarken-Kombination $b^+(a_1^+ a_2^+)c^+$ erwarten, bei einer umgekehrten Reihenfolge $b$—$a_2$—$a_1$—$c$ dagegen die Kombination $b(a_1^+ a_2^+)c$.

Die Untersuchungsergebnisse, die wir in Tabelle IV-21 zusammengestellt haben, zeigen jedoch, daß nicht nur die erwartete Außenmarken-Kombination $R_1$ vorkommt, sondern daß auch die drei übrigen Kombinationen $P_1$, $P_2$ und $R_2$ (Abb. IV-19) relativ häufig sind. Diese Befunde sprechen für hohe negative Interferenz, über die wir im folgenden Abschnitt berichten wollen (S. 224 ff.). Trotz dieses unerwarteten Ergebnisses ist es möglich, die Mutationsstellen eines Gens untereinander und in bezug auf die Außenmarken linear anzuordnen, und zwar auf Grund der unterschiedlichen Zahl von Außenmarken-Rekombinanten: Wie wir

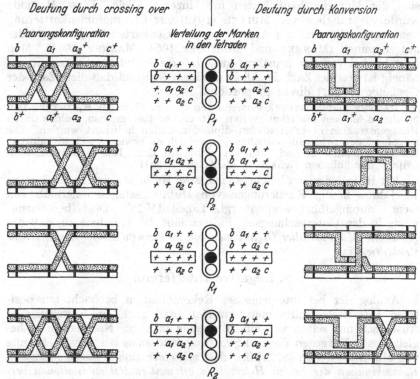

Abb. IV-19. Das Zustandekommen der vier Außenmarken-Kombinationen $P_1$, $P_2$, $R_1$ und $R_2$ bei gleichzeitiger Rekombination der Heteroallele $a_1$ und $a_2$ (Außenmarken = $b$ und $c$; vgl. Tabelle IV-21); *links:* unter der Annahme, daß die Rekombination stets reziprok erfolgt (crossing over); *rechts:* unter der Annahme, daß die Rekombination nicht reziprok erfolgt (Konversion). In der Mitte der Abbildung sind die prototrophen Rekombinanten $a_1^+a_2^+$ durch Umrahmung bzw. durch schwarze Kreise (Sporen) besonders hervorgehoben. Diese Abbildung nimmt eine zentrale Stellung innerhalb des Abschnittes C ein. Erläuterungen an verschiedenen Stellen des Textes, z. B. S. 222f., S. 225f., S. 237f.

aus Tabelle IV-21 ersehen, ist nämlich der eine der beiden Typen (hier $R_1$) fast immer um ein Vielfaches häufiger vorhanden als der andere Rekombinationstyp ($R_2$). Wir wollen diese Kartierungsmethode im folgenden an einem Beispiel erläutern.

Von dem *pab-1*-Gen von *N. crassa* sind die drei Mutationsstellen *1, 5* und *7* bekannt (Tabelle IV-21). Die Außenmarken *inos* und *me-3* liegen beide 0,9 KE vom *pab*-Locus entfernt. Da jeweils $R_1 > R_2$ gilt, folgt als Reihenfolge im ersten Fall *inos-pab¹-pab⁵-me*, im zweiten Fall *inos-pab¹-pab⁷-me* und im dritten Fall *inos-pab⁵-pab⁷-me*. Aus diesen drei Angaben kann man auf die Markensequenz *inos-pab¹-pab⁵-pab⁷-me* schließen. Aus den entsprechenden reziproken Kreuzungen ergibt sich dieselbe Reihenfolge.

Die Abstände zwischen den einzelnen *pab*-Marken sind aus den entsprechenden Häufigkeiten der Prototrophen zu bestimmen. Da die Stelle *5* zwischen *1* und *7* liegt, ist die Häufigkeit der $pab^{1+}/pab^{7+}$-Prototrophen die größte unter den drei Werten (0,06).

Eine weitere Methode zur Allelen-Kartierung, welche sich grundsätzlich von den beiden anderen Möglichkeiten unterscheidet, bedient sich der Mutationshäufigkeiten für einzelne Allele. Diese Methode wurde ursprünglich von MULLER (1932) zur Chromosomenkartierung benutzt und kürzlich zur Aufstellung von Genkarten bei Hefen wieder aufgenommen (MANNEY und MORTIMER 1964; MANNEY 1964). Man geht hierbei von der Annahme aus, daß die Mutationschance nur abhängig ist von der Zahl der Allele in einem Gen und daß diese Zahl der Genlänge (S. 227) direkt proportional ist.

MANNEY und MORTIMER verwendeten bei der Hefe zur Kartierung von 29 allelen Marken die Häufigkeiten mitotischer Reversionen, welche durch Röntgenstrahlen in heteroallelen diploiden Zellen induziert wurden. Die so gefundenen Intervalle zwischen je zwei Allelen erwiesen sich als additiv. Die Karteneinheiten sind natürlich nicht mit den „Rekombinations-Einheiten" der üblichen Genkarten identisch (S. 201f.).

Mit Hilfe der zuerst beschriebenen zwei Methoden sind in den letzten 10 Jahren häufig Kartierungen von Mutationsstellen innerhalb von Genen durchgeführt worden (vgl. Tabelle IV-21). Die Übereinstimmung in den Untersuchungsergebnissen läßt die Annahme zu, daß das *genetische Material aller Organismen bis in kleinste Dimensionen linear strukturiert ist.*

## 2. Negative Interferenz

Analog der bei intergenischer Rekombination beobachteten positiven Interferenz sollte man erwarten, daß auch ein intragenischer Austausch nur selten von einem zweiten in enger Nachbarschaft begleitet ist. Entgegen dieser Erwartung fand man bei der Kartierung von Mutationsstellen (S. 218ff.), daß *mit einer zum Wildtyp führenden Rekombination der beiden Heteroallele oft weitere Rekombinationen verbunden* sind, welche die „unerwarteten" Außenmarken-Kombinationen $P_1$, $P_2$ und $R_2$ hervorrufen (Abb. IV-19 links und Tabelle IV-21). Dieses korrelierte Auftreten von Rekombinationen, welches ein Zeichen von negativer Interferenz ist, wurde zuerst von PRITCHARD (1955) bei der Analyse mitotischer Rekombinationen (S. 210ff.) innerhalb des *ad-8*-Locus von *Aspergillus nidulans* beobachtet (s. auch ELLIOTT 1960b). Bald darauf konnte dieses Phänomen auch bei Phagen (CHASE und DOERMANN 1958) und für meiotische Rekombinationen bei *N. crassa* und anderen Pilzen nachgewiesen werden (Referenz s. Tabelle IV-21 und für *Saccharomyces:* z. B. SHERMAN und ROMAN 1963).

Negative Interferenz kann man ebenso wie die positive Chromosomen-Interferenz mit Hilfe des Koinzidenzwertes messen (S. 192). Man erhält hier Koinzidenzwerte weit über 1 ($K_1$ in Tabelle IV-21). Unter der Annahme, daß intragenische ebenso wie intergenische Rekombinationen reziprok verlaufen, ergeben sich zur Erklärung der beobachteten Genotypen die in Abb. IV-19 (links) dargestellten crossing-over-Konfigurationen. Ein Vergleich der in Tabelle IV-21 verzeichneten Daten mit diesen Austauschbildern verstärkt jedoch den Eindruck, daß der Rekombinationsprozeß innerhalb eines Gens anderen Gesetzmäßigkeiten unterliegt als der Austauschprozeß zwischen verschiedenen Genen.

Man sollte z. B. erwarten, daß der in Abb. IV-19 (links) dargestellte Rekombinationstyp $R_1$ vorherrschend ist, da die zum Wildtyp führende Rekombination zwischen den beiden Heteroallelen $a_1$ und $a_2$ gleichzeitig eine Rekombination der beiden Außenmarken $b$ und $c$ zur Folge hat (z. B. für den cys-Locus von N. crassa in Tabelle IV-21, beobachtet:erwartet = 119:341,1). Dagegen müßte der Rekombinationstyp $R_2$ sehr selten auftreten, da sein Vorkommen nur durch ein dreifaches crossing over erklärbar wäre (29:1,7). Ferner wären die beiden Parentaltypen $P_1$ und $P_2$ nicht häufiger zu erwarten, als es den Kartenabständen zwischen den Genen $b$ und $a$ bzw. $c$ und $a$ entspricht (190:16,5 für $P_1$; 56:34,7 für $P_2$).

Der Koinzidenzwert $K_1$ in Tabelle IV-21 ist gleich dem Quotienten $K_1 = \dfrac{r_2}{x \cdot y}$. Hierbei bedeutet $r_2$ die Häufigkeit der gefundenen $R_2$-Genotypen (bezogen auf die Wildtyp-Rekombinanten) und $x$ bzw. $y$ die Häufigkeit der Rekombinationen zwischen $b$ und $a$ bzw. $c$ und $a$ ($=^1/_{100}$ Kartenabstand $b$—$a$ bzw. $c$—$a$).

Eine genauere Vorstellung von dem korrelierten Auftreten intragenischer Rekombinationen geben uns Kreuzungsexperimente, in denen mehr als zwei Mutationsstellen zur Markierung eines Gens verwendet werden.

CASE und GILES (1958a, b) benutzten z. B. in verschiedenen Kreuzungen jeweils drei Heteroallele des pan-2-Locus von N. crassa, und zwar die Doppelmutante mit den beiden distal gelegenen Mutationsstellen B5 und B36 und mehrere Einfachmutanten (im folgenden mit Bx bezeichnet), die alle zwischen B5 und B36 liegen. Auf Grund dieser Versuchsanordnung können nach einer Kreuzung B5 B36 × Bx nur dann Wildtypen entstehen, wenn gleichzeitig ein Austausch zwischen B5 und Bx einerseits und zwischen Bx und B36 andererseits stattgefunden hat. Aus den Häufigkeiten der pan-2-Prototrophen für B5 und Bx bzw. Bx und B36 kann man die erwartete Häufigkeit der Wildtyp-Rekombinanten (B5+ Bx+ B36+) berechnen. Es zeigt sich, daß solche Wildtypen etwa 50—100mal häufiger entstehen, als theoretisch bei fehlender Interferenz zu erwarten wäre. Diese hohe negative Interferenz tritt bei Berücksichtigung der Außenmarken-Kombinationen noch stärker in Erscheinung. Man findet nämlich unter den pan-2-Prototrophen den „selteneren" der beiden Parentaltypen bis zu 20%, obwohl für sein Zustandekommen mindestens vier Rekombinationen (je eine Rekombination zwischen benachbarten Marken) erforderlich sind.

Diesen Befunden aus Analysen intragenischer Rekombinationsprozesse scheinen Ergebnisse aus Untersuchungen von DE SERRES (1956) am ad-3-Locus von N. crassa zu widersprechen. DE SERRES fand nämlich bei Verwendung einiger eng gekoppelter Mutationsstellen keine negative Interferenz. Dies ist jedoch kein Widerspruch zu den oben beschriebenen Resultaten, da man zeigen konnte, daß die ad-3-Region strukturell und funktionell komplex ist und aus mindestens zwei eng benachbarten Genen (ad-3A und ad-3B; s. auch S. 323) besteht (DE SERRES 1964).

All diese Versuchsergebnisse zeigen, daß *Rekombinationen innerhalb eines bestimmten Gens nur sehr selten erfolgen und dann dazu neigen, eng benachbart aufzutreten.* Die Intensität der negativen Interferenz, d. h. die Größe des Koinzidenzwertes ($K_1$), scheint nicht so sehr von dem jeweiligen Abstand der Mutationsstellen, sondern von dem betreffenden Gen abzuhängen (Tabelle IV-21).

Zum Beispiel liegen die Koinzidenzwerte für einen bestimmten Locus meist in der gleichen Größenordnung, für verschiedene Loci in verschiedenen Größenordnungen; z. B. *nic-1:* 70—100; *me-2:* 40—60; *his-1:* 10—20; *pab-1:* 300—500 usw.

Ein anderes, jedoch verwandtes Phänomen betrifft die Frage, ob diese eng benachbarten Rekombinationen innerhalb des Gens zufallsgemäß verteilt sind. Die Daten aus Tabelle IV-21 sowie die Ergebnisse aus Kreuzungen mit dreifach markierten Genen (z. B. CASE und GILES 1958a, b) sprechen im allgemeinen für eine zufällige Verteilung. Nur in wenigen Fällen ist eine schwach „positive Interferenz" innerhalb des „negativen Interferenzbereiches" nachweisbar. Die Koinzidenzwerte $K_2$ in Tabelle IV-21 liegen zu einem großen Teil zwischen 0,6 und 1.

Die Koinzidenzwerte $K_2$ berechnen sich auf folgende Weise: Eine Rekombination zwischen $b$ und $a_1$ erfolgt in den $(a_1^+ a_2^+)$-Prototrophen mit der Häufigkeit $p_2 + r_2$, eine Rekombination zwischen $a_2$ und $c$ mit der Häufigkeit $p_1 + r_2$. $p_1$, $p_2$ und $r_2$ geben an, wie häufig die entsprechenden Außenmarken-Kombinationen $P_1$, $P_2$ und $R_2$ auftreten. Bei einer Zufallsverteilung sollte man mit der Häufigkeit $(p_1 + r_2) \cdot (p_2 + r_2)$ gleichzeitig eine Rekombination in den Regionen $b$—$a_1$ und $a_2$—$c$ erwarten. Der Koinzidenzwert ist dann gleich

$$K_2 = \frac{r_2}{(p_1 + r_2) \cdot (p_2 + r_2)}.$$

Unter der Voraussetzung, daß Rekombinationen innerhalb eines Gens nicht miteinander interferieren ($K_2 = 1$), entwickelte PAPAZIAN (1960) ein Modell, welches die Berechnung der durchschnittlichen Zahl der in einem Gen stattgefundenen Rekombinationen erlaubt. Außer einer zufallsgemäßen Verteilung setzte er voraus, 1. daß die mittlere Zahl der Rekombinationen für jedes Gen gleich groß ist und 2. daß die Rekombinationen in einem Gen keine Interferenz auf die Rekombinationen in einem anderen Gen ausüben.

PRITCHARD (1955, 1958) erklärte negative Interferenz durch die Annahme, daß *Rekombinationen* nicht an beliebiger Stelle der gepaarten Chromosomen, sondern *bevorzugt oder ausschließlich in „Bereichen effektiver Paarung"* stattfinden. Er ging hierbei von der Vorstellung aus, daß die Paarung nicht gleichmäßig entlang der ganzen Chromosomenstruktur erfolgt, sondern daß sich zufallsgemäß Stellen besonders enger Paarung ergeben, welche erst eine Verknüpfung von homologen Strängen ermöglichen.

Auf Grund einer anderen Deutung könnte man das gehäufte Auftreten eng benachbarter Rekombinationen auf die lokale Wirkung eines spezifischen Enzyms, einer sog. „Rekombinase", zurückführen (BRESCH 1964). Hierbei geht man von der Annahme aus, daß Rekombinationen enzymatisch kontrolliert werden (vgl. auch S. 175 und 180).

## 3. Rekombinierbarkeit des genetischen Materials

Die Beobachtung, daß jedes Gen verschiedene Mutationsstellen umfaßt, welche miteinander rekombinieren können, hat zu den folgenden Fragestellungen geführt: Wie weit ist das genetische Material durch Rekombinationen unterteilbar? An wieviel Stellen kann die genetische Information rekombiniert werden? Wie viele rekombinierbare Mutationsstellen liegen im gesamten Genom?

Die Frage nach der Zahl der Mutationsstellen kann nicht allein mit Hilfe von Mutationsexperimenten beantwortet werden, da die Mutabilität nicht an allen Stellen des Genoms gleich ist. Es gibt z. B. Orte erhöhter Mutabilität, sog. „hot-spots" (S. 305). Dieselbe Einschränkung müssen wir jedoch auch dann machen, wenn wir auf Grund von Rekombinationsdaten abschätzen wollen, wie viele rekombinierbare Stellen das Genom umfaßt. Eine solche approximative Bestimmung beruht nämlich auf den unbewiesenen Annahmen: 1. Rekombination findet mit gleicher Wahrscheinlichkeit an allen intragenischen Stellen einerseits und an allen intergenischen Stellen andererseits statt. 2. Die Mutationsstellen sind innerhalb des Gens und die Gene innerhalb des Chromosoms gleichmäßig verteilt. Auf Grund dieser Voraussetzungen haben wir in Tabelle IV-22 (Spalte a—d) die mittlere Zahl der Mutationsstellen pro Gen bestimmt.

Die Berechnung erfolgt in folgenden Schritten:

*1. Kartenlänge des Genoms.* Man ist hier auf Abschätzungen angewiesen; denn die gefundene Zahl der Kartierungseinheiten (bei *N. crassa* etwa 500 KE; s. Abb. IV-14) ist im allgemeinen kleiner als die „wirkliche" Kartenlänge des gesamten Genoms, da die Zahl der bekannten Gene in jedem Fall relativ klein ist. Für die in der Tabelle IV-22 verzeichneten Objekte haben wir eine einheitliche Kartenlänge von 800—1000 KE gewählt (vgl. hierzu PONTECORVO 1958; FINCHAM und DAY 1963).

*2. Minimaler Kartenabstand zweier Gene.* Als kleinste Rekombinationshäufigkeit für zwei „benachbarte" Gene hat man übereinstimmend bei *Neurospora crassa, Aspergillus nidulans* und *Ascobolus immersus* Werte zwischen 0,01—0,05% gefunden (DE SERRES 1956, 1963, 1964; PRITCHARD 1955 bzw. LISSOUBA et al. 1962). In Tabelle IV-22 wird ein mittlerer Wert von 0,03 KE angenommen.

*3. Zahl der Gene eines Genoms.* Unter der oben gemachten Voraussetzung einer gleichmäßigen Rekombinierbarkeit und Verteilung der Gene im Genom berechnet man die Zahl der Gene, indem man die Kartenlänge des Genoms durch den Minimal-Kartenabstand dividiert. Man erhält auf diese Weise etwa $10^4$—$10^5$ Gene pro Genom. (Bei einem Kartenabstand von 0,03 KE zwischen „benachbarten" Genen sind es etwa $3 \times 10^4$ Gene.) Da inter- und intragenische Kartenabstände nicht miteinander vergleichbar sind (S. 218ff.), darf man nicht (wie PONTECORVO 1958) die Zahl der Gene durch Verwendung der „Genlänge" berechnen; denn die Bestimmung der „Genomlänge" beruht auf reziproken Rekombinationen, die „Kartenlänge eines Gens" wird dagegen auf Grund nichtreziproker Rekombinationen (S. 231ff.) festgelegt, welche anderen Gesetzmäßigkeiten unterworfen sind (S. 241f.).

*4. Kartenlänge eines Gens.* Hierunter versteht man den Kartenabstand zwischen zwei Mutationsstellen, die an den „Enden" eines Gens liegen (Tabelle IV-22, Spalte a). Dieser Kartenabstand ist meist nicht identisch mit der in diesem Gen gemessenen höchsten Rekombinationsfrequenz, da intragenische Rekombinationswerte nicht additiv sind (S. 219).

*5. Minimaler Kartenabstand zwischen zwei Mutationsstellen.* Als „minimalen Kartenabstand" bezeichnet man die kleinste gemessene Rekombinationsfrequenz innerhalb eines Gens (Tabelle IV-22, Spalte b). Sind nur zwei Heteroallele innerhalb eines Gens bekannt, fallen die Werte für die „Kartenlänge des Gens" mit dem „Minimalwert" zusammen.

*6. Zahl der Mutationsstellen pro Gen.* Diese Berechnung erfolgt wiederum unter der Annahme, daß die Mutationsstellen innerhalb des Gens gleichmäßig verteilt sind und Rekombination an allen Stellen des Gens gleich wahrscheinlich ist. Wir haben in Tabelle IV-22 die Zahl der Mutationsstellen auf zweifache Art approximativ bestimmt, einerseits durch Ver-

Tabelle IV-22. *Daten über intragenische Rekombination zur Berechnung „genetischer"* (Spalte c und d) *und „chemischer"* (Spalte e und f) *Dimensionen einzelner Gene*

Im Kopfteil der Spalten c bis f ist angegeben, durch welche Rechenmanipulationen die Werte der betreffenden Spalten bestimmt wurden. Mit $b*$ (Spalte d) ist der jeweils kleinste Kartenabstand des betreffenden Untersuchungsobjektes bezeichnet. Der kleinste Wert ist in Spalte b jeweils durch $*$ gekennzeichnet. Die Zahl $N$ in Spalte e und f bedeutet die mittlere Zahl der Nucleotidpaare pro Gen. $N$ wird berechnet, indem man die Zahl der Nucleotidpaare pro Kern durch die Zahl der Gene pro Genom dividiert (S. 229). Es wird angenommen, daß die mittlere Zahl der Gene für jedes Objekt $3 \times 10^4$ beträgt (S. 227) und daß der DNS-Gehalt von *Ascobolus* dem von *Neurospora* und der DNS-Gehalt von *Schizosaccharomyces* dem von *Saccharomyces* entspricht. Die Zahl der Nucleotidpaare pro haploiden Kern beträgt für *N. crassa* $4,3 \times 10^7$ (HOROWITZ und MACLEOD 1960), für *A. nidulans* $4,1 \times 10^7$ (HEAGY und ROPER 1952, PONTECORVO und ROPER 1956), für *S. cerevisiae* $2,2 \times 10^7$ (OGUR et al. 1952). Als mittlere Zahl $N$ der Nucleotidpaare pro Gen (Spalte e und f) erhält man dann für *N. crassa* und *A. immersus* $1,43 \times 10^3$, für *A. nidulans* $1,37 \times 10^3$ und für *S. pombe* $0,73 \times 10^3$. Weitere Erläuterungen s. Text.

| Objekt, Gen | Kartenabstand zwischen den | | Mittlere Zahl der Mutationsstellen pro Gen | | Mittlere Zahl der Nucleotidpaare zwischen „benachbarten" Mutationsstellen des Gens | | Referenz |
|---|---|---|---|---|---|---|---|
| | terminal liegenden Mutationsstellen des Gens | am engsten benachbarten Mutationsstellen des Gens | $\left(\dfrac{a}{b}\right)$ | $\left(\dfrac{a}{b*}\right)$ | $\left(\dfrac{N}{c}\right)$ | $\left(\dfrac{N}{d}\right)$ | |
| | a | b | c | d | e | f | |
| *Neurospora crassa* | | | | | | | |
| *cys* | 0,30 | 0,002 | 150 | 1500 | 10 | 1 | STADLER und TOWE 1963 |
| *pan-2* | 0,82 | 0,002 | 410 | 4100 | 3 | 0,3 | CASE und GILES 1958b |
| *pab-1* | 0,12 | 0,024 | 5 | 600 | 287 | 2 | FREESE 1957b |
| *me-2* | 0,10 | 0,0004 | 250 | 500 | 6 | 3 | MURRAY 1960a, b, 1963 |
| *his-1* | 0,01 | 0,002 | 5 | 50 | 287 | 29 | FREESE 1957a |
| *pyr-3* | 0,034 | 0,001 | 34 | 170 | 42 | 8 | SUYAMA et al. 1959 |
| *am* | 0,017 | 0,0002* | 85 | 85 | 17 | 17 | PATEMAN 1960a, b |
| *ad-8* | 0,17 | 0,004 | 42 | 850 | 34 | 2 | ISHIKAWA 1962 |
| *Aspergillus nidulans* | | | | | | | |
| *ad-8* | 0,16 | 0,05 | 3 | 5300 | 456 | 0,3 | PRITCHARD 1955, 1960 |
| *bi* | 0,10 | 0,04 | 2,5 | 3300 | 547 | 0,4 | ROPER 1950 |
| *paba-1* | 0,051 | 0,00003* | 1700 | 1700 | 1 | 1 | ROPER 1950, SIDDIQI 1962 |
| *pro-3* | 0,0001 | 0,0001 | — | — | — | — | FORBES 1956 |
| *Ascobolus immersus* | | | | | | | |
| *Serie 46* | 1,26 | 0,053 | 24 | 63000 | 60 | 0,02 | ⎫ |
| *Serie 19A* | 0,002 | 0,00004 | 50 | 100 | 29 | 14 | ⎬ LISSOUBA et al. 1962 |
| *Serie 19B+C* | 0,16 | 0,00002* | 8000 | 8000 | 0,2 | 0,2 | ⎭ |
| *Schizosaccharomyces pombe* | | | | | | | |
| *ad-2* | 0,04 | 0,015 | 3 | 250 | 244 | 3 | LEUPOLD 1957 |
| *ad-7* | 0,15 | 0,00024 | 625 | 940 | 1 | 1 | LEUPOLD 1957, 1961 |
| *ad-8* | 0,0013 | 0,00016* | 8 | 8 | 90 | 90 | LEUPOLD 1961 |

wendung des im selben *Gen* gemessenen Minimalwertes (a/b; Spalte c), andererseits durch Verwendung des im selben *Genom* gemessenen Minimalwertes (a/b\*; Spalte d).

*7. Zahl der Mutationsstellen im Genom.* Diese Zahl läßt sich durch Multiplikation der in einem Gen gefundenen Zahl der Mutationsstellen mit der Zahl der im gesamten Genom bestimmten Gene berechnen.

Aus Tabelle IV-22 ist ersichtlich, daß die Abstände zwischen je zwei „benachbarten" Mutationsstellen im allgemeinen in der Größenordnung $10^{-3}$ bis $10^{-4}$ liegen (bei *Ascobolus* sogar bis $10^{-5}$), während die Gene selbst Dimensionen $\leq 1$ KE erreichen können. Als Abschätzung ergibt sich eine Zahl von etwa 100—1000 Mutationsstellen pro Gen. Bei $10^4$ bis $10^5$ Genen pro Genom entfallen also auf die Gesamtheit aller Chromosomen etwa $10^6$ bis $10^8$ Mutationsstellen. (Bei $3 \times 10^4$ Genen ergibt sich eine Zahl von $3 \times 10^6$ bis $3 \times 10^7$ Stellen.)

# 4. DNS und Rekombination

Als Träger der genetischen Information ist die DNS unmittelbar an der Rekombination beteiligt. Wir wissen zwar noch nicht, *wie* die DNS rekombiniert wird; jedoch ist man seit der Entdeckung intragenischer Rekombinationen daran interessiert, zu erfahren, *ob der auf formalgenetischem Wege durchgeführten Unterteilung des genetischen Materials eine entsprechende substanzielle Gliederung der DNS entspricht.* Hierbei ist man insbesondere der Frage nachgegangen, ob ein Nucleotid die kleinste Einheit der Rekombination darstellt, oder ob die untere Grenze für die Rekombinierbarkeit einige Größenordnungen höher liegt. Untersuchungen zu dieser Fragestellung wurden zuerst an Phagen durchgeführt (BENZER 1955, 1957; STREISINGER und FRANKLIN 1956) und dann auch an Pilzen (zuerst bei *A. nidulans:* PONTECORVO und ROPER 1956).

In Tabelle IV-22 haben wir für einige Objekte die mittlere Zahl der Nucleotide zwischen eng benachbarten Mutationsstellen eines Gens approximativ bestimmt. Die Berechnung beruht auf der Annahme, daß *der DNS-Gehalt eines haploiden Kerns (gemessen in Nucleotidpaaren) der gesamten Kartenlänge des Genoms entspricht:*

*1. DNS-Gehalt pro Kern.* Mittels biochemischer Methoden ist es möglich, den DNS-Gehalt von Kernen zu bestimmen. Man fand, daß die DNS-Menge der Zahl der Chromosomensätze direkt proportional ist (S. 326). Für *A. nidulans* erhielt man z. B. für haploide Kerne $4,4 \times 10^{-14}$ und für diploide $9,0 \times 10^{-14}$ g DNS pro Kern (HEAGY und ROPER 1952, PONTECORVO und ROPER 1956).

*2. Zahl der Nucleotidpaare pro Kern.* Aus biochemischen Daten (Molekulargewicht usw.) läßt sich berechnen, wie viele Nucleotidpaare einem bestimmten DNS-Gehalt entsprechen. Für *A. nidulans* sind es z. B. $4,1 \times 10^7$ Nucleotidpaare (Tabelle IV-22).

*3. Zahl der Nucleotidpaare pro Gen.* Unter der Annahme, daß der DNS-Gehalt eines haploiden Kerns (gemessen in Nucleotidpaaren) dem Genom dieses Kerns (gemessen in Kartierungseinheiten) entspricht, kann man die mittlere Zahl der Nucleotidpaare pro Gen dadurch bestimmen, daß man die Zahl der in einem Kern vorhandenen Nucleotidpaare durch die Zahl der Gene dividiert. Bei $4,1 \times 10^7$ Nucleotidpaaren pro Kern *(A. nidulans)* und $10^4$—$10^5$ Genen pro Genom (S. 227) erhält man z. B. 400—4000 Nucleotidpaare pro Gen. Dieses Resultat stimmt mit folgender Überlegung überein:

Wenn man annimmt, daß *ein* Gen *ein* aus etwa 100—300 Aminosäuren bestehendes Polypeptid determiniert und daß eine Dreiergruppe (Triplett) von Nucleotiden für *eine* Aminosäure codiert (S. 350), dann folgt aus dieser quantitativen Abschätzung, daß ein Gen etwa 300—900 Nucleotide umfassen muß.

*4. Zahl der Nucleotidpaare zwischen „benachbarten" Mutationsstellen.* Die Zahl der Mutationsstellen (S. 227) und die der Nucleotidpaare pro Gen entsprechen einander. Durch Division erhält man einen Wert, der angibt, wieviel Nucleotidpaare auf den Bereich entfallen, der zwischen zwei „benachbarten" Mutationsstellen liegt. Nimmt man an, daß die Mutationsstellen im Gen direkt nebeneinander, d. h. ohne „Leerstellen", aufgereiht sind, gibt der Wert des Quotienten ebenfalls Auskunft über die Dimensionen einer einzelnen Mutationsstelle (Tabelle IV-22, Spalte e und f).

Die Berechnung erfolgt ferner unter den im vorangehenden Abschnitt (S. 227) diskutierten Voraussetzungen: 1. Mutationsstellen und Gene sind innerhalb des Genoms gleichmäßig verteilt. 2. Intragenische Rekombinationen finden an allen Stellen des Gens und intergenische Rekombinationen an allen Stellen des Chromosoms mit gleicher Wahrscheinlichkeit statt. Unter Zugrundelegung dieser zahlreichen Annahmen können wir nur eine grobe Abschätzung treffen (Tabelle IV-22): *Dicht benachbarte Mutationsstellen werden durch eine relativ kleine Anzahl von Nucleotiden getrennt.* In mehreren Fällen wurden nur 1—3 Nucleotide berechnet. Es liegt deshalb der Schluß nahe, daß *unmittelbar benachbarte Nucleotide durch Rekombinationsereignisse trennbar sind* (vgl. hierzu den in Abb. IV-23 und IV-24 dargestellten hypothetischen Rekombinationsmechanismus, S. 253 ff.).

### Zusammenfassung

1. Innerhalb eines Gens kann Rekombination an vielen Stellen erfolgen, d. h. die Mutationsstellen eines Gens sind miteinander rekombinierbar.

2. Auf Grund der Rekombinationshäufigkeiten lassen sich Mutationsstellen eines Gens linear in sog. Genkarten einordnen. Gene haben also wie die Koppelungsgruppen eine eindimensionale Struktur.

3. Intragenische Rekombinationen finden nur selten statt. Sie neigen in diesen seltenen Fällen dazu, eng benachbart aufzutreten (negative Interferenz).

4. Die Zahl der Mutationsstellen pro Gen liegt in der Größenordnung $10^2 - 10^3$. Auf ein Gen entfallen etwa 300—1500 Nucleotidpaare; diese Zahl entspricht der Erwartung, wenn man annimmt, daß ein Gen ein aus etwa 100—300 Aminosäuren bestehendes Polypeptid determiniert. Benachbarte rekombinierbare Mutationsstellen werden nur durch wenige Nucleotide, möglicherweise nur durch ein einziges Nucleotid, voneinander getrennt.

## II. Nichtreziproke Rekombination

Die regelmäßige Verteilung von Allelenpaaren im Verhältnis 1:1 auf die vier (bzw. acht) Meiosisprodukte einer Tetrade führte zu der Meinung, daß der Rekombinationsprozeß ausschließlich reziprok verliefe.

Erst 1955 ergaben einwandfreie Befunde bei Pilzen und auch bei Bakteriophagen, daß neben diesem reziproken Verteilungsmodus auch nichtreziproke Rekombinationen vorkommen (MITCHELL 1955 a, b bzw. BRESCH 1955). Die Untersuchungsergebnisse lassen auch zeitlich zurückliegende Beobachtungen über abnorme Tetradenaufspaltungen in neuem Licht erscheinen. Man hatte aberrante Tetraden früher häufig auf technische Fehler bei der Isolierung zurückgeführt und ihnen deshalb nur wenig Aufmerksamkeit geschenkt.

Schon vor fast 40 Jahren wurde von abnormen Tetradenaufspaltungen berichtet: BRUNSWICK (1926) bei *Coprinus fimetarius*, BURGEFF (1928) bei *Phycomyces blakesleeanus*, KNIEP (1928) bei *Aleurodiscus polygonius*, DICKINSON (1928) bei *Ustilago levis*, HANNA (1929) bei *Ustilago zeae* und bereits 1924 von WETTSTEIN bei dem Laubmoos *Funaria hygrometrica*. Einige Jahre später wurden auch bei einigen Ascomycetes Aufspaltungsanomalien gefunden: ZICKLER (1934 b) bei *Bombardia lunata*, WÜLKER (1935) bei *Neurospora sitophila*, LINDEGREN und LINDEGREN (1942) bei *Neurospora crassa*, LINDEGREN (1949a, b, 1955), MUNDKUR (1949, 1950), WINGE und ROBERTS (1950, 1954a, b), ROMAN et al. (1951), LEUPOLD und HOTTINGUER (1954) bei *Saccharomyces cerevisiae*.

Es ist erstaunlich, daß trotz der relativ häufig beobachteten Nichtreziprozität erst Anfang der fünfziger Jahre intensive Tetradenanalysen durchgeführt wurden. So fanden LINDEGREN u. Mitarb. in den Asci von *Saccharomyces cerevisiae* wiederholt abweichende Tetradenaufspaltungen, die sie durch die Annahme „allelbedingter Mutationen" zu erklären versuchten (LINDEGREN 1949a, b, 1955; LINDEGREN et al. 1956). Zur Benennung dieser Erscheinung verwendeten sie den von WINKLER (1930) eingeführten Ausdruck „Konversion". Hierunter verstand WINKLER die Mutation eines Gens unter dem Einfluß seines entgegengesetzten Allels. Er schlug vor, nicht nur die schon damals bekannten Abweichungen von der Mendel-Spaltung, sondern auch alle Rekombinationen gekoppelter Marken auf solche Konversionen zurückzuführen. Während sich WINKLER mit dieser Auffassung gegen die klassische Bruch-Fusions-Hypothese (S. 243ff.) stellte, beschränkte sich die Lindegren-Gruppe unter Beibehaltung der klassischen Vorstellung darauf, Konversionen nur für nichtreziproke Rekombinationen verantwortlich zu machen. WINGE und ROBERTS (1950, 1954a, b, 1957), die ebenfalls in den Asci haploider und diploider Hefestämme abnorme Aufspaltungen beobachteten, konnten allerdings zeigen, daß die Nichtreziprozität auch durch andere Prozesse, wie postmeiotische Mitosen und nachfolgende Diploidisierung oder Dikaryotisierung, hervorgerufen werden kann. Auch Untersuchungen von MUNDKUR (1949, 1950) und LEUPOLD und HOTTINGUER (1954) am gleichen Objekt brachten nicht die gewünschte Entscheidung. Die ungeklärte Situation bei *Saccharomyces* trug dazu bei, daß man dieses Phänomen zunächst nicht weiter verfolgte.

## 1. Crossing over und Konversion

Erst durch die Arbeiten von MITCHELL (1955a, b) über *Neurospora crassa* erwachte wieder das Interesse an Tetraden mit abnormen Aufspaltungen. Die Autorin konnte nämlich den einwandfreien Nachweis führen, daß die ungewöhnlichen Markenverteilungen in den Asci dieses Pilzes durch nichtreziproke Rekombinationen entstanden sein mußten. Dieser Befund gab in den darauffolgenden Jahren Anlaß für eine Reihe weiterer Untersuchungen bei *Neurospora* (Tabelle IV-23) und anderen Objekten (z. B. *Ascobolus:* Tabelle IV-23; *Sordaria:* OLIVE 1956, 1959, EL-ANI et al. 1961, KITANI et al. 1961; *Aspergillus:* STRICKLAND 1958a;

*Saccharomyces:* ROMAN 1958; *Salpiglossis:* REIMANN-PHILIPP 1955).
Immer wieder konnte bestätigt werden, daß die Rekombination in
seltenen Fällen auch nichtreziprok erfolgen kann.

Man ist übereingekommen, den Mechanismus, welcher diesem Prozeß
zugrunde liegt, „*Konversion*" zu nennen, um ihn durch diesen Namen
gegen den stets zu reziproken Rekombinationen führenden crossing-over-
Mechanismus abzugrenzen. Trotz vieler experimenteller Ansätze konnte
bisher noch keiner der beiden Mechanismen aufgeklärt werden. Es ist
deshalb fehl am Platze, mit den Begriffen „Konversion" und „crossing
over" die Vorstellung eines bestimmten Molekularmechanismus zu verbinden. Wir werden im Abschnitt D (S. 240ff.) zeigen, welche Schwierigkeiten sich bei einer Deutung der beiden Prozesse auf molekularer
Grundlage ergeben. Obwohl ursprünglich beide Termini zur Benennung
eines ganz bestimmten Molekularmechanismus benutzt wurden (S. 151
und 231), haben sich die hier dargelegten Definitionen von Konversion
und crossing over in den letzten Jahren mehr und mehr durchsetzen
können.

Aberrante Tetradenaufspaltungen lassen sich besonders gut bei Verwendung von Sporenfarb-Marken entdecken. Abb. IV-3 zeigt z. B.
einen Ascus von *Sordaria macrospora* mit 6 schwarzen und 2 weißen
Sporen. Zur Analyse dieser Anomalien hat man, zumindest bei *Neurospora crassa*, zunächst ausschließlich heteroallele auxotrophe Mutanten
benutzt (Tabelle IV-23). Zum besseren Verständnis der Tabelle wollen
wir an dem klassischen Beispiel von MITCHELL erklären, wie man die
Nichtreziprozität von Rekombinationen nachweist.

MITCHELL fand unter 585 Asci, die aus einer Kreuzung zwischen zwei
heteroallelen pyridoxin-auxotrophen Mutanten von *N. crassa* hervorgegangen waren, vier Asci, in denen ein Teil der Sporen sich als prototroph
erwies. Zum Beispiel zeigten drei von diesen vier Asci eine Aufspaltung
6 auxotroph:2 prototroph. Eine weitere Analyse der sechs auxotrophen
Sporen ergab, daß vier von ihnen nur das eine Allel (z. B. *pdx*) trugen,
während die übrigen zwei Sporen nur das entsprechende Heteroallel (*pdxp*)
besaßen. Keine der pyridoxin-auxotrophen Sporen war *pdx/pdxp;* die nach
der klassischen crossing-over-Theorie erwartete Doppelmutante blieb also
aus. Der Ascus zeigte in diesem Fall die Aufspaltung *2 pdx⁺pdxp*:4 *pdx
pdxp⁺*:2 *pdx⁺pdxp⁺*, oder, wenn man die Aufspaltung für die beiden Marken
getrennt schreibt, *4 pdx⁺*:4 *pdx* und *6 pdxp⁺*:2 *pdxp*. Die Rekombination
zwischen den zwei Heteroallelen hat also für die *pdxp*-Marke zu einer abnormen 6:2-Verteilung geführt.

Die in Tabelle IV-23 zusammengestellten Ergebnisse aus Tetradenanalysen lassen erkennen, daß *intragenische Rekombination fast ausschließlich zu aberranten Tetradenaufspaltungen führt, also nichtreziprok erfolgt.*
Nur in vereinzelten Fällen konnte ein reziproker Austausch, d. h. das
Vorkommen von Doppelmutanten, nachgewiesen werden.

Man beobachtete zwar mehrfach reziproke Rekombinationen zwischen eng gekoppelten Marken. Jedoch gehörten in einem Teil dieser
Fälle die gewählten Marken nicht demselben Gen, sondern verschiedenen
(wenn auch „verwandten") Funktionsbereichen an (z. B. für die Loci
*ad-3A* und *ad-3B* von *N. crassa:* DE SERRES 1956, 1963, 1964; GILES
et al. 1957, s. auch S. 225). In anderen Fällen gelang es, auf Grund

umfangreicher Ascusanalysen reziproken und nichtreziproken Rekombinationen getrennte genetische Bereiche zuzuordnen (*Ascobolus immersus:* LISSOUBA et al. 1962). Abb. IV-20 zeigt ein kleines Chromosomen-

**Tabelle IV-23.** *Daten aus Analysen aberranter Tetraden*

Die zur Markierung benutzten Mutationsstellen sind im Kopf der Tabelle mit $a_1$ und $a_2$, die entsprechenden Wildallele mit $a_1^+$ bzw. $a_2^+$ bezeichnet. Im allgemeinen wurden zur Isolierung der aberranten Tetraden selektive Methoden verwendet, d.h. es wurden nur Tetraden mit $a_1^+ a_2^+$-Sporen ausgewählt (Kreuzungen vom Typ $a_1 a_2^+ \times a_1^+ a_2$). In den selteneren Fällen, in denen vollständige Tetradenanalysen durchgeführt wurden, fand man zusätzlich noch andere Ascustypen (s. vorletzte Spalte): z.B. $2a_1^+ : 6\,a_1$ oder $2a_2^+ : 6a_2$ oder *gleichzeitig* $6\,a_1^+ : 2\,a_1$ und $2\,a_2^+ : 6\,a_2$ bzw. $2\,a_1^+ : 6\,a_1$ und $6\,a_2^+ : 2a_2$ (s. auch Daten von THRELKELD 1962b). Weitere Erläuterungen s. Text.

| Objekt, Koppelungsgruppe und Gen | Mutationsstellen $a_1$—$a_2$ | Rekombination zwischen $a_1$ und $a_2$ in % | Zahl der analysierten Asci | Zahl der Asci mit reziproker Rekombination (mit Doppelmutante) $4a_1^+ : 4a_1$ $4a_2^+ : 4a_2$ | Zahl der Asci mit nichtreziproker Rekombination (ohne Doppelmutante) | | | Referenz[*] |
|---|---|---|---|---|---|---|---|---|
| | | | | | $6a_1^+ : 2a_1$ $4a_2 : 4a_2$ | $4a_1 : 4a_1$ $6a_2 : 2a_2$ | andere Aufspaltungstypen | |
| **Neurospora crassa** | | | | | | | | |
| IV: *pdx-1* | *pdx* —*pdxp* | 0,17 | 4 | . — | 1 | 2 | 1 | 1 |
| VI: *pan-2* | *B 3*—*B 5* | 0,27 | 19 | 2 | 5 | 6 | 6 | 2 |
| | *B 23*—*B 72* | 0,18 | 10 | 2 | 4 | — | 4 | |
| | *B 72*—*B 36* | 0,13 | 4 | — | 1 | — | 3 | } 3 |
| | *B 23*—*B 36* | 0,30 | 11 | 2 | 4 | — | 5 | |
| II: *td* | *3—11* | 0,16 | 5 | 1 | — | 4 | — | 4 |
| VI: *cys* | *c—t* | 0,21 | 3 | — | 1 | 2 | — | 5 |
| | *17—64* | 0,11 | 28 | — | 16 | 12 | — | |
| | *4—38* | 0,14 | 6 | — | 5 | 1 | — | } 6 |
| | *38—64* | 0,04 | 5 | — . | 2 | 3 | — | |
| | *9—64* | 0,03 | 6 | — | 3 | 3 | — | |
| **Ascobolus immersus** Serie 46 | *188—63* | 0,08 | 8 | — | 8 | — | — | |
| | *188—46* | 0,12 | 2 | — | 2 | — | — | |
| | *188—w* | 0,50 | 10 | — | 10 | — | — | |
| | *188—138* | 0,94 | 11 | — | 11 | — | — | |
| | *63—46* | 0,05 | 2 | — | 2 | — | — | |
| | *63—w* | 0,28 | 18 | — | 18 | — | — | |
| | *63—1216* | 0,29 | 5 | 1 | 4 | — | — | 7 |
| | *63—138* | 1,29 | 35 | — | 35 | — | — | |
| | *46—w* | 0,07 | 7 | — | 7 | — | — | |
| | *46—138* | 1,15 | 22 | — | 22 | — | — | |
| | *w—1216* | 0,09 | 18 | — | 18 | — | — | |
| | *w—138* | 0,83 | 15 | — | 15 | — | — | |
| | *1216—137* | 0,84 | 2 | — | 2 | — | — | |

\* Referenz: [1] MITCHELL (1955a), [2] CASE und GILES (1958b), [3] CASE und GILES (1964), [4] WEIJER (1959), [5] STADLER (1959a), [6] STADLER und TOWE (1963), [7] LISSOUBA et al. (1962).

segment von *A. immersus* mit Mutationsstellen aus verschiedenen Bereichen. Nur die Stellen *231* und *322* gehören demselben Bereich an. (Weitere Diskussion dieses Phänomens s. S. 235.)

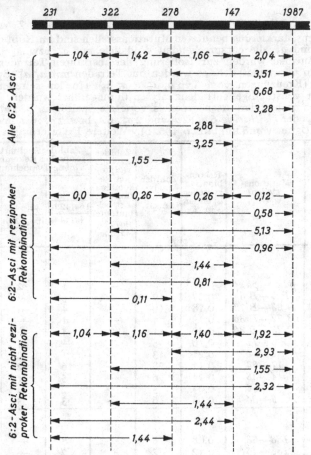

**Abb. IV-20.** Lineare Darstellung eines kleinen Chromosomensegmentes von *Ascobolus immersus* als Beispiel für das Vorkommen reziproker und nichtreziproker Rekombinationen zwischen eng gekoppelten Marken. Die hier verwendeten, in der Serie 75 zusammengefaßten Mutanten unterscheiden sich vom Wildtyp durch eine helle Sporenfarbe (S. 277). Die Mutationsstellen sind durch ihre Isolationsnummern gekennzeichnet. Die Kartenabstände zwischen den Mutationsstellen geben an, wie häufig Asci mit sechs weißen und zwei schwarzen Sporen gefunden wurden (gemessen in %). Unten und in der Mitte sind diese Häufigkeiten getrennt für Konversions- und crossing-over-Asci aufgeführt. (Nach Lissouba et al. 1962, verändert)

Wegen der unverhältnismäßig geringen Häufigkeit *reziproker Rekombinationen* innerhalb eines Gens ist man versucht, diese seltenen Fälle als *zufällige Doppelereignisse* anzusehen und intragenische Rekombinationen schlechthin auf nichtreziproke Prozesse zurückzuführen. Auf diese Frage werden wir noch im Abschnitt D näher eingehen (S. 241 f.). Die 3:1- bzw. 6:2-Tetraden können jedenfalls nicht nach der herkömmlichen Methode durch Bruch und Wiedervereinigung von Strängen erklärt werden. Die Nichtreziprozität kann vielmehr nur darauf beruhen, daß der eine der beiden Elternstränge in einem bestimmten Abschnitt zweimal repliziert wird. Eine solche Deutung liegt den in Abb. IV-19 (rechts) dargestellten Paarungskonfigurationen zugrunde.

## 2. Polarisierte nichtreziproke Rekombination

Von entscheidender Bedeutung für das Verständnis des Rekombinationsprozesses sind Befunde aus Analysen aberranter Tetraden von *Ascobolus immersus* und *Neurospora crassa*, welche eine *bevorzugte „Rekombinationsrichtung"* erkennen lassen. RIZET, LISSOUBA u. Mitarb., die als erste eine solche Polarität bei *Ascobolus* beobachteten, benutzten für ihre Untersuchungen Sporenfarb-Mutanten. Diese eignen sich besonders gut für eine Analyse aberranter Tetraden, da eine Aufspaltung direkt an den Sporen abgelesen werden kann (RIZET et al. 1960a, b; LISSOUBA und RIZET 1960; LISSOUBA et al. 1962).

Die von RIZET u. Mitarb. verwendeten Mutanten sind spontan entstanden. Ihre Sporen bilden in ihrer Membran nicht die braunvioletten Pigmente des Wildstammes aus. Durch entsprechende Kreuzungen gelang es, die etwa 2000 weißsporigen Mutanten in „Serien" zu unterteilen. Alle Mutanten einer Serie sind extrem eng gekoppelt. Die einzelnen Serien können in mehr oder minder weitem Abstand auf den gleichen Chromosomen oder in verschiedenen Chromosomen liegen. Man vermutete zunächst, daß jeder Serie ein Gen entspricht, möglicherweise auch eine kleine Anzahl von Genen mit ähnlicher Funktion. Wenn man Mutanten derselben Serie miteinander kreuzte, erhielt man im allgemeinen Asci mit acht hellen Sporen. In seltenen Fällen beobachtete man jedoch Asci mit zwei dunklen und sechs hellen Sporen. Dabei zeigte sich, daß ein Teil der Asci durch reziprokes crossing over zwischen den beiden Mutationsstellen entstanden war (2 Wildsporen, je 2 Mutantensporen, 2 Doppelmutantensporen). Den übrigen Asci fehlte die Doppelmutante. Es handelte sich hier also um aberrante Tetraden, in denen eine Marke „zuviel" vorhanden war.

Die Analyse solcher aberranter Tetraden ließ erkennen, daß bei Verwendung von Marken der gleichen Serie fast ausschließlich immer nur eine der beiden Marken doppelt kopiert war, während die andere stets normal (4:4) aufspaltete (Tabelle IV-23). Außerdem stellte man fest, daß die Seite der Doppelkopierung in allen Kreuzungen dieselbe war, d.h. die „zuviel" gebildete Marke lag entweder immer links oder immer rechts von der normalmendelnden Stelle. Aus diesen Befunden zogen RIZET und seine Mitarbeiter den Schluß, daß *innerhalb eines Gens die Häufigkeit für Konversionen von einem zum anderen Ende kontinuierlich anwächst. Sie nannten einen solchen Bereich mit gleichgerichteten Konversionen „Polaron"* (S. 242 und 251). Man kann auf Grund neuerer Untersuchungen annehmen, daß der Strukturbereich, den wir bisher als Gen bezeichnet haben, mit dem Polaron identisch ist (ROSSIGNOL 1964). Es konnte nämlich mit Hilfe des *cis/trans*-Testes (S. 218) nachgewiesen werden, daß die Allele der *Serie 46* (Tabelle IV-23) derselben Funktionseinheit angehören. Zu diesem Test wurden zweikernige, heterokaryotische Sporen verwendet, die sich in seltenen Fällen in den Asci von *A. immersus* bilden. (Diese Sporen sind dicker als die normalen und entsprechen zwei einkernigen Sporen.)

Diese ausgeprägte Korrelation zwischen der Lage von Marken innerhalb des Gens und der Stelle für die Doppelkopierung wurde bisher nur für bestimmte Gene von *Ascobolus* gefunden. Vor kurzem ließ sich zeigen, daß es bei diesem Pilz auch Gene gibt, in denen Konversionen sowohl an der links gelegenen als auch an der rechts gelegenen Mutationsstelle erfolgen können (RIZET und ROSSIGNOL 1963; ROSSIGNOL 1964; MAKAREWICZ 1964). Bei *Neurospora crassa* und *Aspergillus nidulans* sind die in einer Kreuzung verwendeten intragenischen Marken fast immer zu gleichen Teilen an Konversionen beteiligt (Tabelle IV-23 bzw. SIDDIQI und PUTRAMENT 1963). Jedoch konnte man auch für diese beiden Objekte durch Verwendung von Außenmarken nachweisen, daß der Rekombinationsprozeß polarisiert ist. Wir haben in Tabelle IV-24 als Beispiel einige Daten über den *cys*-Locus von *N. crassa* zusammengestellt. Hieraus geht hervor, daß die rechts vom *cys*-Locus liegende Außenmarke *ylo* fast ausschließlich in parentaler Kombination mit der *cys*-Marke auftritt, welche dreimal vorkommt (*ylo cys*$^{1+}$ bzw. *ylo*$^+$ *cys*$^{2+}$). Dagegen ist die links von *cys* liegende Außenmarke *lys* zufallsgemäß auf die *cys*$^+$-Rekombinanten verteilt.

Von 21 Asci (Tabelle IV-24), in welchen die *cys*$^+$-Rekombinanten die rechts von *cys*$^1$ im selben Strang liegende Marke *ylo*$^+$ tragen, sind 20 durch eine doppelte Kopierung am *cys*$^1$-Allel gekennzeichnet. In analoger Weise besteht eine Korrelation zwischen *ylo* und der 3:1-Aufspaltung für *cys*$^2$, nämlich in 22 von 24 Fällen.

Tabelle IV-24. *Ergebnisse aus einer Analyse von 45 Asci mit 3:1-Aufspaltungen bei Neurospora crassa*

Es sind in der Tabelle nur jeweils die Genotypen der durch Allelen-Rekombination entstandenen Wildtypen aufgeführt. Die Asci sind aus Kreuzungen vom Typ *lys cys*$^1$ *cys*$^{2+}$ *ylo*$^+$ × *lys*$^+$ *cys*$^{1+}$ *cys*$^2$ *ylo* hervorgegangen. Mit *cys*$^1$ und *cys*$^2$ sind jeweils zwei Heteroallele des *cys*-Locus bezeichnet (vgl. Tabelle IV-23); *lys* und *ylo* sind Außenmarken mit einem Kartenabstand *lys*-6-*cys*-9-*ylo* (in KE). Erklärung der Kombinationstypen für die Außenmarken s. Abb. IV-19. (Nach Daten von STADLER und TOWE 1963).

| Genotyp der *cys*$^+$-Rekombinanten | Kombinationstyp für Außenmarken | Doppelte Kopierung von | |
|---|---|---|---|
| | | *cys*$^{1+}$ | *cys*$^{2+}$ |
| *lys*$^+$ *cys*$^+$*ylo* | $P_1$ | 1 | 14 |
| *lys* *cys*$^+$ *ylo*$^+$ | $P_2$ | 12 | 0 |
| *lys*$^+$ *cys*$^+$ *ylo*$^+$ | $R_1$ | 8 | 1 |
| *lys* *cys*$^+$ *ylo* | $R_2$ | 1 | 6 |
| zusammen: | | 22 | 23 |

Auch SIDDIQI und PUTRAMENT (1963) fanden in ihren Versuchen mit *Aspergillus nidulans*, daß eine Rekombination im *paba-1*-Locus wesentlich häufiger mit einem weiteren Austausch in der distal benachbarten als mit einem solchen in der proximal benachbarten Region verbunden ist.

Es wird aus diesen Befunden bei *Neurospora* und *Aspergillus* geschlossen, daß der Rekombination ein Vorgang zugrunde liegt, der von einer Seite zur anderen auf dem Chromosom fortschreitet und mit der Bildung effektiv gepaarter Regionen im Zusammenhang steht (S. 226ff.). Hierfür spricht auch die Beobachtung bei *N. crassa*, daß bei weit auseinander liegenden Marken die distal gelegene Stelle häufiger als die proximal gelegene doppelt kopiert wird.

Leider wurden bei *Ascobolus* keine Außenmarken verwendet. Wir können also nicht sagen, ob der Rekombinationsprozeß außerhalb der markierten Genregion genauso wie bei *Neurospora* und *Aspergillus* fortgesetzt wird. Die in allen drei Fällen beobachtete Polarität läßt allerdings vermuten, daß *intragenische nichtreziproke Rekombinationen stets während der kontinuierlich in einer Richtung fortschreitenden Replikation erfolgen* (vgl. hierzu *Rekombinationsmodelle*, S. 249ff.).

## 3. Interferenz

Aus der Verteilung der Außenmarken auf die nach intragenischer Rekombination entstandenen Prototrophen hatten wir geschlossen (S. 224ff.), daß Rekombinationen innerhalb kleiner Bereiche dazu neigen, eng benachbart aufzutreten (negative Interferenz). Wie wir aber in den beiden letzten Abschnitten gesehen haben, erfolgt die Rekombination innerhalb eines Gens wahrscheinlich ausschließlich nichtreziprok. Es ergibt sich daher die Frage: Sind für die beobachtete Aufspaltung der Außenmarken nur Konversionen verantwortlich, oder beruht negative Interferenz auf einer Korrelation zwischen intragenischen nichtreziproken (Konversionen) und intergenischen reziproken Rekombinationen (crossing over)?

Wenn man annimmt, daß alle oder zumindest der größte Teil der allelen Wildtyp-Rekombinanten durch Konversion (Abb. IV-19, rechts) und nicht durch crossing over (Abb. IV-19, links) entstehen, ist jede der vier Außenmarken-Kombinationen nur dadurch zu erklären, daß sowohl zwischen den beiden Heteroallelen als auch in mindestens einer der beiden angrenzenden Regionen ein Austausch stattfindet. *Dieses korrelierte Auftreten eng benachbarter Rekombinationen läßt vermuten, daß immer nur ein kleines Segment zweifach kopiert wird.* Aus dem Vorkommen der Außenmarken-Kombinationen $P_1$, $P_2$ und $R_2$ (s. Abb. IV-19, rechts) kann man ferner schließen, daß zumindest innerhalb kleiner Bereiche immer nur *ein* Strang an der „falschen" Kopierung beteiligt ist, d. h. *die meisten „Kopierungsfehler" werden in unmittelbarer Nachbarschaft wieder korrigiert.* Ergebnisse aus Experimenten mit dreifach markierten Genen und vor allem aus Tetradenanalysen bestätigen nicht nur diese Schlußfolgerungen, sondern zeigen außerdem, daß eine solche Doppelkopierung innerhalb eines Gens mehr als einmal erfolgen kann (z. B. CASE und GILES 1958a, b; STADLER und TOWE 1963; TOWE und STADLER 1964). *Negative Interferenz beruht also zumindest teilweise auf einer Anhäufung intragenischer Konversionen.*

Wir wenden uns nun dem zweiten Teil der Frage zu, ob Konversionen und crossing over in enger Nachbarschaft korreliert auftreten. Hier sind es vor allem Befunde aus Tetradenanalysen, die eine Beantwortung dieser Frage ermöglichen. Man stellte nämlich bei der Untersuchung aberranter Tetraden fest, daß *eine intragenische nichtreziproke Rekombination häufig* (bis zu 50%) *von einem reziproken Austausch außerhalb der in diesem Gen verwendeten Marken begleitet ist* (z. B. bei *N. crassa*: CASE und GILES 1958a, b, 1964; STADLER und TOWE 1963; bei *S. fimicola*: EL-ANI et al. 1961, KITANI et al. 1961, KITANI 1962). In diesen Fällen war der *Konversionsstrang*, d. h. der Strang mit zusätzlicher Kopierung, *meist gleichzeitig an dem reziproken crossing over beteiligt.* Entsprechende Resultate sind aus Analysen von 5:3-Asci bei *S. fimicola* bekannt (S. 239). Für eine solche Korrelation sprechen auch die mittels selektiver Methoden nachgewiesenen Außenmarken-Rekombinanten vom Typ $R_2$ (Abb. IV-19, rechts). Negative Interferenz klingt jedoch schnell ab, wenn man weiter entfernte Marken benutzt. In nicht benachbarten Regionen finden Konversionen und crossing over vollkommen unabhängig voneinander statt (STADLER 1959b).

Abschließend wollen wir noch auf einen Befund bei *Sordaria fimicola* hinweisen, welcher eine *Bevorzugung eines der beiden Parentalstränge für Doppelkopierung* wahrscheinlich macht. Die aus Kreuzungen zwischen einer grausporigen Mutante (*g*) und dem Wildstamm (*g+*) entstandenen aberranten Asci zeigten nämlich fünfmal häufiger eine Aufspaltung *2g:6g+* als *6g:2g+* (OLIVE 1956, 1959; EL-ANI et al. 1961; KITANI et al. 1961, 1962). Die bevorzugte Kopierung der *g+*-Marke ist möglicherweise darauf zurückzuführen, daß die Replika des *g*-Stranges durch eine replikationshindernde Stelle im Bereich des *g*-Locus veranlaßt wird, seine Matrize zu wechseln und die *g+*-Marke zu kopieren.

## 4. Konversion zwischen Halbchromatiden

OLIVE u. Mitarb. fanden bei *Sordaria fimicola* außer den im letzten Abschnitt erwähnten 6:2-Asci mit etwa derselben Häufigkeit 5:3-Tetraden (Abb. IV-21, oben). In einigen wenigen Fällen wurden auch 7:1-, 8:0- und irreguläre 4:4-Aufspaltungen (Abb. IV-21, unten) beobachtet. Über ähnliche Befunde wird bei *Ascobolus immersus* und ganz vereinzelt bei *Neurospora crassa* berichtet (RIZET et al. 1960a, b; LISSOUBA 1960; LISSOUBA et al. 1962 bzw. STADLER und TOWE 1963; CASE und GILES 1964).

Ein 5:3-Verhältnis bedeutet, daß ein Sporenpaar aus genetisch verschiedenen Sporen besteht, obwohl man eine Identität erwarten sollte, da ihre Kerne durch eine Mitose aus einem einzigen Meiosisprodukt entstanden sind (s. Abb. IV-4). Mit Hilfe von drei Markierungsgenen konnte man ausschließen, daß diese Anomalie durch Absterben regulärer Kerne und deren Ersatz durch andere Kerne hervorgerufen wurde, welche infolge zusätzlicher postmeiotischer Mitosen entstanden sein könnten. Alle drei Marken zeigten nämlich immer eine 4:4-Aufspaltung. *5:3-Tetraden verlangen die Existenz von zwei Untereinheiten in jedem Chromatidstrang einer Tetrade während des Rekombinationsvorganges.* Allerdings muß dabei vorausgesetzt werden, daß die Rekombination vor oder während der Meiosis I und nicht im Verlaufe der Meiosis II stattfindet. Nichtreziproke Konversionen erfolgen also möglicherweise ausschließlich auf dem Achtstrangstadium (Abb. IV-21). 6:2-Asci wären dann so zu erklären, daß beide Untereinheiten gleichzeitig — aber nicht notwendigerweise an derselben Stelle (vgl. Abb. IV-23 und IV-24) — an einer Konversion beteiligt sind.

Abnorme 4:4-Asci (Abb. IV-21, unten), in denen nicht nur ein, sondern zwei Sporenpaare verschieden sind (3/4 bzw. 5/6), entstehen dadurch, daß ein reziproker Austausch zwischen den zwei Untereinheiten verschiedener Parentalchromatiden erfolgt. Diese Reziprozität müßte dann auf einer crossing-over-artigen oder einer konversionsartigen Doppelrekombination beruhen (s. auch KITANI 1962).

In Übereinstimmung mit den Beobachtungen an 6:2-Asci (S. 237f.) fanden OLIVE u. Mitarb. bei der Analyse von 5:3-Asci eine *stark ausgeprägte Korrelation zwischen den nichtreziproken Konversionen und den reziproken crossing over in enger Nachbarschaft* (vgl. z. B. Abb. IV-21, oben).

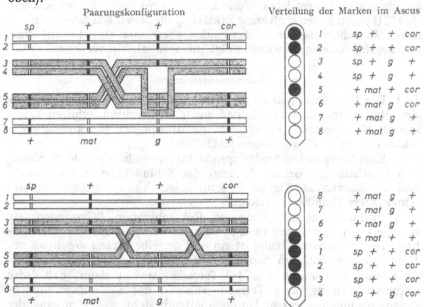

Abb. IV-21. Zwei aberrante Tetraden von *Sordaria fimicola* als Beispiel für Rekombinationen zwischen Halbchromatiden. *Oben:* Ascus mit nichtreziproker Halbchromatiden-Rekombination am *g*-Locus und benachbartem crossing over zwischen den Chromatiden *3/4* und *5/6*. Die Farbmarke *g* spaltet auf im Verhältnis *5* grausporig (weißer Kreis): *3* schwarzsporig (schwarzer Kreis). *Unten:* Ascus mit zweimaliger reziproker Halbchromatiden-Rekombination. Im Verlauf der Präreduktion der Außenmarke *sp* sind die Halbchromatiden *1—4* in die untere Ascushälfte und die Stränge *5—8* in die obere Ascushälfte gewandert. Diese Strangverteilung, die aus der Numerierung neben dem Ascus zu erkennen ist, hat zu folgender Aufspaltung der Farbmarke geführt: *3* grausporig: *4* schwarzsporig: *1* grausporig. In beiden Fällen sind die Matrizenstränge weiß, die Replikastränge punktiert wiedergegeben. Das Centromer ist nicht eingezeichnet; es liegt 46 KE links von der Außenmarke *sp*. (Nach KITANI et al. 1961, verändert)

Unter 61 Asci mit 5:3-Aufspaltungen zeigten z. B. 26 Asci ein crossing over in einem rechts von *g* liegenden Intervall von 3,4 KE Länge und 29 Asci ein crossing over in einem links an *g* angrenzenden, nur 1 KE umfassenden Intervall. In 14 Fällen (23%) wurde sogar eine reziproke Rekombination gleichzeitig in beiden Regionen gefunden. Dieser Wert übersteigt etwa das 160fache der bei Zufall zu erwartenden Zahl (0,14%). Durch Verwendung einer noch näher am *g*-Locus liegenden Marke (Abstand 0,4 KE) konnte nachgewiesen werden, daß crossing over bevorzugt in der Region des *g*-Locus stattfindet, wenn gleichzeitig eine Konversion für *g* eintritt.

Einige Daten aus der Analyse aberranter Tetraden haben zu der Vermutung geführt, daß die *Entstehung nichtreziproker Rekombinationen* nicht nur vom Zufall abhängig ist, sondern auch *genetisch kontrolliert* wird. Man beobachtete nämlich sowohl bei *Sordaria* (KITANI et al. 1961, 1962) als auch bei *Ascobolus* (RIZET et al. 1960a, b), daß bei Kreuzung bestimmter Mutanten gegen den Wildtyp in einigen Fällen überhaupt keine abnormen Tetraden, in anderen Fällen nur 6:2-, aber keine 5:3- (bzw. 7:1-) Asci auftraten. In Übereinstimmung mit diesen Resultaten fand man auch bei der Analyse reziproker Rekombinationsprozesse, daß unterschiedliche crossing-over-Häufigkeiten durch genetische Differenzen zwischen den verwendeten Wildstämmen verursacht werden können (S. 172ff.). Wir haben noch keine Erklärung für diesen Kausalzusammenhang. Möglicherweise beruht das Fehlen aberranter Tetraden auf einer paarungshindernden Wirkung infolge intragenischer Inversionen.

### Zusammenfassung

1. Das Vorkommen aberranter Tetraden (6:2 und 5:3) beweist, daß eine Rekombination reziprok und auch nichtreziprok erfolgen kann. Die als Konversionen bezeichneten nichtreziproken Rekombinationen finden nur innerhalb von Genen statt.

2. Eine Reihe von Befunden spricht für eine polarisierte Rekombination innerhalb von Genen. Es liegt der Schluß nahe, daß die intragenische Konversion während der kontinuierlich in einer Richtung fortschreitenden Replikation erfolgt.

3. Intragenische nichtreziproke Rekombination (Konversion) ist korreliert mit einem reziproken Austausch (crossing over) in unmittelbarer Nachbarschaft. Häufig ist ein und derselbe Strang sowohl an der Konversion als auch am crossing over beteiligt.

4. Das Vorkommen von 5:3-Tetraden spricht dafür, daß jeder Chromatidenstrang einer Tetrade während des Rekombinationsvorganges aus mindestens zwei Untereinheiten besteht, welche miteinander rekombinieren können.

# D. Erklärungsmöglichkeiten für die intrachromosomale Rekombination

Im Verlaufe unserer Ausführungen haben wir drei verschiedene Prozesse kennengelernt, durch die das genetische Material neu kombiniert werden kann.

1. Die *Verteilung ganzer Chromosomen* in der Meiosis durch den Spindelmechanismus, der immer eine *reziproke* Merkmalsaufspaltung bewirkt (S. 140ff.).

2. Die Durchbrechung der Koppelung durch *crossing over*. Dieser Vorgang erfolgt ebenfalls stets *reziprok* (S. 163ff.).

3. Die Trennung alleler Marken eines Gens durch *Konversion*, welche zu *nichtreziproken* Rekombinationen führt (S. 231ff.).

Im Gegensatz zu dem Spindelmechanismus lösen crossing over und Konversionen Änderungen innerhalb des Chromosoms aus. Im folgenden wollen wir versuchen, auf Grund der in den Abschnitten B und C dargestellten Untersuchungsergebnisse eine Deutung des reziproken crossing over und der nichtreziproken Konversion zu geben.

## I. Crossing over und Konversion

Für beide Prozesse ist eine Paarung homologer Chromosomen erforderlich. Diese Gleichartigkeit gibt zu der Frage Anlaß, *ob reziproke und nichtreziproke Rekombinationen auf einem einzigen Mechanismus beruhen, oder ob es zwei verschiedene Mechanismen gibt*, von denen der eine immer genau reziprok (crossing over) und der andere stets nichtreziprok erfolgt (Konversion). Dieses Problem muß man im Zusammenhang mit der teilweise schon in früheren Abschnitten behandelten Frage sehen, *ob reziproke und nichtreziproke Rekombinationen an beliebiger Stelle des Genoms stattfinden können, oder ob es prädeterminierte Orte gibt*, an denen entweder ausschließlich crossing over oder ausschließlich Konversion möglich ist (s. auch Diskussion bei ST. LAWRENCE und BONNER 1957, OLIVE 1962, BERNSTEIN 1962, 1964, WESTERGAARD 1964).

Ein experimenteller Ansatz zur Lösung des *ersten Problems* besteht darin, die Häufigkeiten von crossing over und Konversionen unter verschiedenen Versuchsbedingungen miteinander zu vergleichen. Während Temperaturexperimente von STADLER (1959b) bei *N. crassa* erfolglos blieben, führten entsprechende Versuche von MITCHELL (1957) zu veränderten Konversionshäufigkeiten ohne einen gleichsinnigen Wechsel in der Häufigkeit der crossing over. Zu einem analogen Ergebnis kamen ROMAN und JACOB (1958) nach Behandlung von Hefezellen mit UV-Strahlen. Auch die in mitotischen Zellen von Hefe beobachteten Konversionen erwiesen sich bei Änderung der Versuchsbedingungen als unabhängig von crossing over (ROMAN 1956). *Diese Befunde sprechen für die Existenz von zwei getrennten Mechanismen.* Auch die Ergebnisse aus Experimenten mit verschieden markierten *Neurospora*-Stämmen lassen sich in dieser Weise interpretieren (STADLER 1959a).

Die von STADLER benutzten Stämme stimmten darin überein, daß sie zwei gleiche heteroallele Marken des *cys*-Locus trugen. Sie unterschieden sich durch zusätzliche Gene. Ein Vergleich der Kreuzungsergebnisse ergab, daß in einigen Fällen — bedingt durch die Heterogenität der benutzten Stämme — die Häufigkeit der crossing over zwischen den beiden Außenmarken bis auf das Vierfache angestiegen war (vgl. hierzu S. 172f.). Die Häufigkeit der Konversionen dagegen blieb konstant oder sank sogar ab.

Die Vermutung, daß zwei getrennte Rekombinationsmechanismen vorliegen, wird ferner durch die Beobachtung gestützt, daß Konversionen keine Interferenz auf crossing over in weiter entfernt liegenden Regionen ausüben (STADLER 1959b).

Andere experimentelle Daten könnten auch dahingehend interpretiert werden, daß crossing over und Konversion nur verschiedene Erscheinungsformen desselben Mechanismus sind. In diesem Zusammenhang sollte man vor allem berücksichtigen: Nichtreziproke Konversionen sind häufig von reziproken crossing over in unmittelbarer Nachbarschaft begleitet. Diese Korrelation besteht nicht nur für Konversionen zwischen ganzen Chromatiden (6:2 bzw. 3:1), sondern auch für solche zwischen Halbchromatiden (5:3). Die Tatsache, daß der Konversionsstrang in vielen Fällen unmittelbar an dem benachbarten crossing over beteiligt ist (S. 237f.), könnte den Eindruck erwecken, daß ein kausaler Zusammenhang zwischen den beiden Rekombinationsprozessen besteht. Möglicherweise beruht jedoch diese Korrelation zwischen Konversion und crossing over nur darauf, daß bestimmte Bereiche besonders enger Paarung (S. 226) sowohl den einen als auch den anderen Rekombinationsmechanismus in gleicher Weise begünstigen.

Bei *Saccharomyces* beobachteten FOGEL und HURST (1963), daß sich durch UV-Bestrahlung sowohl die Häufigkeit von Genkonversionen als auch von mitotischen crossing over erhöht. Hierbei wurde eine deutliche Dosis-Abhängigkeit nachgewiesen, z. B. für Konversionen 0,08%, 0,32%, 0,66% und für crossing over 0,2%, 1,1%, 2,45% nach 0 sec, 60 sec bzw. 120 sec UV. Die Prozentzahlen beziehen sich jeweils auf die Überlebenden, bei einem Überlebensprozentsatz von 83% bzw. 24% nach 60 bzw. 120 sec UV. Die Autoren erklären diese Korrelation zwischen nichtreziproker Konversion und reziprokem crossing over durch die Annahme, daß für die beiden Vorgänge gemeinsame Vorbedingungen erforderlich sind. Es wird vermutet, daß durch die UV-Bestrahlung die effektive Paarung der homologen Chromosomen gefördert wird (S. 182).

An einem Rekombinationsmodell werden wir an anderer Stelle zeigen, daß ein korreliertes Auftreten beider Rekombinationsmodi mit der Annahme von zwei verschiedenen Mechanismen vereinbar ist (S. 251 ff.).

Wir wollen uns nun der *zweiten Frage* zuwenden, ob crossing over und Konversionen an beliebigen Stellen des Genoms stattfinden können, oder ob bestimmte, aber unterschiedliche Orte für jeden dieser Rekombinationsmodi existieren. Die in den vorangehenden Abschnitten beschriebenen Resultate aus Analysen aberranter Tetraden machen wahrscheinlich, daß *nichtreziproke* Rekombinationen ausschließlich *innerhalb* von Genen, *reziproke* Rekombinationen dagegen nur *zwischen* verschiedenen Genen möglich sind. Auf Grund der zahlenmäßigen Überlegenheit nichtreziproker Prozesse innerhalb von Genen (Tabelle IV-22) ist man versucht, die seltenen Ausnahmen als Doppelkonversionen mit reziprokem Ergebnis aufzufassen.

Nach einem Vorschlag von RIZET u. Mitarb. (Referenz: S. 235) sollen Regionen (= Polaronen) mit ausschließlich nichtreziproken Rekombinationen mit Regionen (= linkage structures) abwechseln, in denen nur reziproke Rekombinationen stattfinden. Danach würde also ein Polaron dem Bereich entsprechen, den wir bisher immer als Gen bezeichnet haben. Neuere Untersuchungen machen eine solche Identität sehr wahrscheinlich (S. 235). Jedoch könnte diese Unterteilung Anlaß geben, selten auftretende reziproke Rekombinanten innerhalb eines kleinen Bereichs mit gleicher Funktion im Sinne einer Rekombination zwischen zwei verschiedenen Genen (= Polaronen) zu interpretieren. Nach einem anderen Vorschlag (STADLER und TOWE 1963) sind die Enden eines Gens gleichzeitig die Stellen für eine reziproke Rekombination (S. 251 ff.).

Die Diskussion der beiden Fragen hat gezeigt, daß eine Reihe von Befunden für die *Existenz von zwei verschiedenen Rekombinationsmechanismen mit verschiedenem Wirkungsbereich spricht. Der eine von ihnen (Konversion) greift nur innerhalb von Genen an und führt zu nichtreziproken Rekombinationen, der andere (crossing over) ist nur zwischen Genen möglich und ruft reziproke Rekombinationen hervor.* Man muß abwarten, ob weitere Experimente diese Zwei-Mechanismen-Hypothese bestätigen werden.

## II. Rekombinationsmechanismen

Das Problem der Rekombination erschöpft sich nicht in der Frage nach der *Zahl* der Mechanismen. Von größerer Bedeutung ist die Frage nach dem *Modus* der Mechanismen, die Frage also, *wie* crossing over und Konversion zustandekommen, d. h. *wie* das genetische Material neu kombiniert wird. Neben dem klassischen Bruch-Fusions-Modell sind zwei weitere Modelle in der Diskussion: copy choice und partielle Replikation. Als einheitliche, d. h. zur Deutung von crossing over und Konversion in gleicher Weise geeignete Mechanismen kommen nur die beiden zuletzt genannten Modelle in Frage. Der klassische Bruch-Fusions-Mechanismus kann nur reziproke Aufspaltungen erklären, da hier die Rekombination nicht während der Replikation erfolgt (zusammenfassende Darstellung und Diskussion z. B. bei BRESCH 1964).

### 1. Bruch und Fusion

Nach der klassischen Vorstellung erfolgt eine Rekombination dadurch, daß *zwei der vier Chromatiden einer Tetrade an exakt homologen Stellen brechen und sich anschließend kreuzweise wieder zusammenschließen* (Bruch-Fusions-Hypothese; Abb. IV-22a). Dieser Vorstellung liegt die sog. Chiasmatypie-Hypothese zugrunde. Sie wurde 1909 von JANSSENS zur Deutung von Überkreuzungsfiguren (Chiasmata) aufgestellt, die in der Prophase der Meiosis zwischen Chromatiden sichtbar werden (S. 140). DARLINGTON (1930) verwendete sie später zur Interpretation des genetischen crossing over. Der Chiasmatypie-Hypothese zufolge findet ein crossing over nach abgeschlossener Paarung im Pachytän statt und entspricht einem beim Auseinanderweichen der Chromatidenpaare im Diplotän sichtbar werdenden Chiasma. Wenn auch im Pachytän noch keine Längsteilung der Chromosomen zu beobachten ist, kann man voraussetzen, daß zu diesem Zeitpunkt das genetische Material bereits verdoppelt ist. Durch Tetradenanalysen ist nämlich bewiesen (S. 143), daß zur Zeit der Rekombination schon mindestens vier Stränge vorliegen, von denen je zwei an einem crossing over beteiligt sind.

*Nach der Bruch-Fusions-Hypothese findet also eine Rekombination immer nach vollendeter Replikation statt. Dieser Mechanismus kann deshalb nur reziproke Rekombinationen und keine Konversionen erklären;* denn die Bruchstellen liegen immer an genau homologen Stellen der beiden rekombinierenden Stränge, so daß stets nur reziproke Chromatidensegmente ausgetauscht werden. Jedoch bleiben auch dann noch

16*

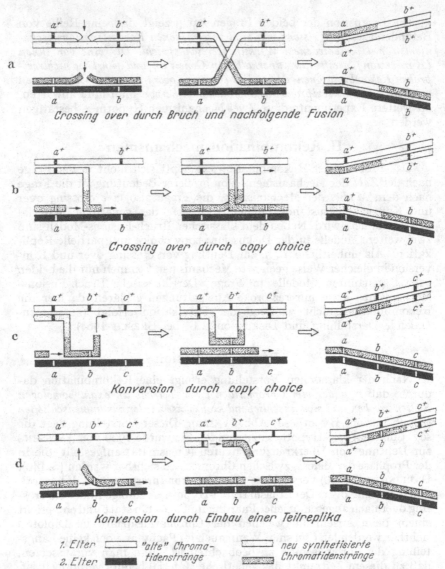

a   Crossing over durch Bruch und nachfolgende Fusion

b   Crossing over durch copy choice

c   Konversion durch copy choice

d   Konversion durch Einbau einer Teilreplika

1. Elter ⬜ "alte" Chroma-     ⬜ neu synthetisierte
2. Elter ⬛ tidenstränge      ▨ Chromatidenstränge

**Abb. IV-22.** Hypothetische Mechanismen zur Deutung reziproker und nichtreziproker Rekombinationen. Es sind jeweils drei Zeitphasen der Rekombination dargestellt. *a* und *b*: Deutung des reziproken crossing over nach dem Bruch-Fusions- bzw. copy-choice-Mechanismus. *c* und *d*: Deutung der nichtreziproken Konversion nach dem copy-choice-Mechanismus bzw. nach dem Mechanismus der partiellen Replikation. Nähere Erläuterungen s. Text

viele Fragen unbeantwortet, wenn man den Bruch-Fusions-Mechanismus auf die Erklärung des stets reziprok verlaufenden crossing over beschränkt:

1. Wie kommt es zu *Brüchen* innerhalb bereits fertiggestellter Strukturen? Welches sind die Ursachen?

2. Wie ist zu erklären, daß *Brüche* stets *in zwei Strängen gleichzeitig* erfolgen? Induziert etwa der erste Bruch den zweiten, oder werden beide durch eine einzige Ursache gleichzeitig ausgelöst? Warum beschränken sich dann aber Brüche nur auf zwei Stränge, d. h. warum brechen nicht mehr als zwei Chromatiden? Oder entstehen auch Einzelbrüche, die durch Fusion an den Bruchstellen wieder repariert werden, wenn kein zweiter an homologer Stelle des anderen Stranges entsteht?

3. Wie ist zu verstehen, daß *zwei Stränge an exakt homologen Stellen brechen*? Gibt es etwa prädestinierte, verschieden strukturierte Orte für Brüche, so daß ein Doppelbruch nur an Stellen mit gleicher Spezifität zustandekommen kann?

4. Wie läßt sich die auf den Bruch zweier Chromatiden folgende *Wiedervereinigung der Bruchstücke* erklären? Wie finden die Bruchstellen verschiedener Stränge zusammen? Oder ist es auch möglich, daß Bruchstücke keinen Anschluß finden und verlorengehen?

Auf keine dieser Fragen gibt es bisher eine befriedigende, experimentell begründbare Antwort.

## 2. Copy choice

Eine andere Deutung des Rekombinationsprozesses wurde zu Beginn der dreißiger Jahre von BELLING (1933) vorgeschlagen. Nach dieser findet eine *Rekombination nicht* erst *nach* Verdoppelung des genetischen Materials zwischen fertig ausgebildeten Strukturen statt, sondern *bereits während der Replikation zwischen den sich neu bildenden Strängen* (Abb. IV-22 b, c). Geraten die beiden Parentalstränge während ihrer Reduplikation in gegenseitigen Kontakt, so können die sich replizierenden Strukturen von einer Matrize zur anderen überwechseln. Ebenso wie bei der Bruch-Fusions-Hypothese entstehen auch nach dieser Vorstellung im Normalfall reziproke Rekombinanten, selbst wenn die Replikation an beiden Matrizen nicht synchron verläuft (Abb. IV-22b). Eine Replika, die etwa einen Vorsprung vor der zweiten hat und an irgendeiner Stelle auf die andere, noch freie Parentalstruktur überwechselt, zwingt die „langsamere" Replika an der Stelle des Matrizenwechsels ebenfalls zu einem Wechsel.

Das Bellingsche Modell, welches später von LEDERBERG (1955) „copy choice" genannt wurde, erweist sich zunächst in einigen Punkten der Bruch-Fusions-Hypothese als überlegen. Es macht nämlich die nach der klassischen Vorstellung unverständlichen Doppelbrüche an genau homologen Chromatidenstellen überflüssig, da bei copy choice die eine Replika zwangsläufig an genau derselben Stelle auf die andere Parentalstruktur überwechselt, an der sie ihre Matrize bereits durch die andere Replika besetzt findet. Trotz dieser Überlegenheit traf das Bellingsche Modell zunächst auf Ablehnung, da sich eine wesentliche Schwierigkeit dadurch ergab, daß man mit Hilfe von Tetradenanalysen nicht nur in zwei Strängen (nämlich in den zwei sich replizierenden Strängen), sondern in allen vier Strängen einer Chromatidentetrade Rekombinationen nachweisen konnte. BELLING suchte diese Schwierigkeit dadurch zu beheben, daß er *Austausch zwischen Matrizen- und Replikastrukturen* postulierte. Diese Forderung fand in den dreißiger Jahren Widerspruch, da man auf Grund zytologischer Untersuchungen an Ringchromosomen Schwesterstrangaustausch für unwahrscheinlich hielt (S. 190). Inzwischen weiß man zwar, daß Schwesterstrangaustausch stattfinden *kann* (S. 190). Trotzdem verliert die copy-choice-Hypothese ihren wesentlichen Vorteil gegenüber der Bruch-Fusions-Hypothese, da *auch sie nicht ohne Brüche in zwei Strukturen auskommt.*

Bei einer Deutung des copy choice auf der Basis der DNS-Struktur und ihrer semikonservativen Replikation (vgl. Kapitel *Replikation*, S. 133 f.) ergeben sich neue Schwierigkeiten. Entsprechend unserer heutigen Kenntnis sind nämlich die beiden Schwesterstränge nicht als Matrize und Replika anzusprechen, sondern jede der beiden Schwesterstränge erhält je einen „alten" und einen neu synthetisierten DNS-Einzelstrang. Schwesterstrangaustausch würde also nicht gleichbedeutend sein mit einem Austausch zwischen einer Matrize und ihrer Replika, sondern zwischen zwei aus alten und neuen DNS-Strängen bestehenden Doppelstrukturen (BRESCH 1964). Ein derartiger Austausch würde also auch hier Brüche — zumindest in den alten Strängen — erforderlich machen.

Diese hypothetische Forderung, Brüche in bereits replizierten Strängen anzunehmen, findet durch Untersuchungen an Bakteriophagen ihre experimentelle Bestätigung (vgl. hierzu den in Abb. IV-23 und IV-24 dargestellten hypothetischen Rekombinationsmechanismus). Man fand nämlich im λ-Phagen von *E. coli*, daß genetische Rekombination ohne gleichzeitige Replikation möglich ist (MESELSON und WEIGLE 1961; KELLENBERGER et al. 1961; IHLER und MESELSON 1963). Auch Befunde bei Hefen lassen vermuten, daß Rekombination nicht nur während, sondern auch nach der DNS-Synthese vorkommen kann (SHERMAN und ROMAN 1963).

Trotz dieses Nachteils ist der copy-choice-Mechanismus in den letzten 10 Jahren wiederholt zur Erklärung zweier Phänomene herangezogen worden, nämlich zur Deutung der sog. negativen Chromatiden-Interferenz (1) und vor allem zur Interpretation aberranter Tetraden (2).

1. Da der Begriff der Chromatiden-Interferenz nur dann sinnvoll anzuwenden ist, wenn beide Schwesterstränge des einen Elter mit beiden Schwestersträngen des anderen Elter rekombinieren können, ist beim copy-choice-Mechanismus das Problem der Chromatiden-Interferenz im strengen Sinne nicht gegeben. Hier sind nämlich immer nur die beiden Replikastränge miteinander vertauschbar. Dennoch lassen die in einem früheren Abschnitt (S. 186 und 188) geschilderten Befunde über *negative Chromatiden-Interferenz* in gewissem Umfang Rückschlüsse auf den in Frage stehenden Rekombinationsmechanismus zu. Man beobachtete nämlich in vielen Fällen, daß an einem doppelten crossing over häufiger als erwartet dieselben zwei Chromatiden beteiligt sind. Auf der Basis eines copy-choice-Mechanismus wäre eine solch bevorzugte Zweistrang-Beteiligung zu erwarten. Für copy choice spricht möglicherweise auch der Befund, daß der innerhalb eines Gens durch Doppelkopierung rekombinierte Strang gleichzeitig an einem crossing over beteiligt ist (S. 237 f.). Eine solche Korrelation zwischen Konversion und crossing over ist in diesem Zusammenhang besonders deshalb interessant, weil hier ein Rekombinationsprozeß im Spiele ist, der nur *während* der Replikation denkbar ist.

2. Es handelt sich bei diesem Prozeß um die zu aberranten Tetraden führenden nichtreziproken Rekombinationen innerhalb eines Gens (S. 230 ff.). Weder eine 6:2- (bzw. 3:1-) noch eine 5:3-Tetrade ist durch Stückaustausch zwischen bereits replizierten Strängen zu erklären. Die Nicht-Reziprozität bei 3:1-Tetraden kann nur darauf beruhen, daß der eine Parentalstrang in einem bestimmten Abschnitt doppelt, der andere Elternstrang in diesem Bereich überhaupt nicht kopiert wird (Abb. IV-22c). Auch das Vorkommen von 5:3-Tetraden verlangt eine doppelte Kopierung. Jedoch wird hierbei nicht ein ganzes Chromatidensegment, sondern nur eine Längshälfte von ihm kopiert. Man ist versucht, in diesen Fällen jede der beiden Untereinheiten eines Chromatids als DNS-Einzelstrang anzusprechen und eine Rekombination (Konversion) bei semikonservativer Replikation (S. 133 f.) anzunehmen. Allerdings bleibt dann die Entstehung von 6:2-Tetraden unverständlich, welche zumindest in kleinen Bereichen einen konservativen Replikationstypus wahrscheinlich macht.

Der copy-choice-Mechanismus besitzt zweifellos einige Vorteile vor dem Bruch-Fusions-Mechanismus. Jedoch gibt es auch hier noch eine Reihe ungelöster Probleme (vgl. hierzu die Diskussion bei WHITEHOUSE 1963):

1. Was veranlaßt den sich replizierenden Strang, seine Matrize zu verlassen und auf die andere überzuwechseln?

2. Wie findet die überwechselnde Replikastruktur die richtige Ansatzstelle im anderen Parentalstrang?

3. Wie sind Brüche in bereits fertig replizierten Strängen bei Schwesterstrangaustausch zu erklären? (s. Bruch-Fusions-Hypothese, S. 243 f.).

4. Wie ist es möglich, daß in einigen Fällen ganze Chromatidenstränge, in anderen nur ihre Untereinheiten zweifach kopiert werden?

5. Wie ist copy choice mit semikonservativer Replikation zu vereinbaren? Oder erfolgt die Replikation größtenteils semikonservativ und nur gelegentlich in kleinen Regionen konservativ, in denen dann Konversionen auftreten können?

Obwohl am copy-choice-Mechanismus vieles rätselhaft bleibt, hat man ihn in den letzten Jahren wiederholt in modifizierter Form zur Deutung der Rekombinationsprozesse verwendet (S. 249 ff.). Sein Vorteil vor dem Bruch-Fusions-Mechanismus besteht vor allem darin, daß er, bedingt durch das zeitliche Zusammentreffen von Rekombination und Replikation, nicht nur das reziproke crossing over, sondern auch die nichtreziproke Konversion zu erklären vermag.

## 3. Partielle Replikation

Diese Vorstellung einer partiellen Replikation wurde ursprünglich von LURIA (1947) zur Erklärung der bei Bakteriophagen beobachteten Rekombinationen entwickelt und einige Jahre später von HERSHEY (1952) in einigen Punkten abgeändert. In der abgewandelten Form ist diese Hypothese auch auf Vererbungserscheinungen bei Pilzen übertragbar (z. B. MITCHELL 1955a, b; BRESCH 1964). Insbesondere stellt sie eine mögliche Deutung für die Entstehung aberranter Tetraden dar.

Die Rekombination findet nach dem sog. „partial-replica"-Mechanismus, ebenso wie nach dem copy-choice-Mechanismus, *während und nicht nach der Replikation* statt. Zur Deutung der in Phagen ablaufenden Rekombinationsprozesse wird angenommen (BRESCH 1962), daß die Neubildung von Tochterstrukturen an beliebigen Stellen des Parentalstranges beginnt und in einer Richtung fortgesetzt wird (Abb. IV-22 d). Trifft während dieses Vorganges ein sich replizierendes Teilstück auf ein anderes, so kann es geschehen, daß die Teilreplika sich unter die andere schiebt und diese zur Ablösung zwingt. Im allgemeinen Fall könnten dann mehrere solcher abgeworfener Genomstücke zu ganzen Strängen komplettiert werden.

Zur Deutung der 3:1-Tetraden bei Pilzen könnte man annehmen, daß ein *Replikastück, welches sich an einem der beiden Parentalstränge gebildet und von ihm abgelöst hat, während der Verdoppelung in die Replika des anderen Chromatids eingebaut wird* (Abb. IV-22d). Auch hier wird wie bei copy choice innerhalb eines kleinen Abschnittes die eine Elternstruktur doppelt, die andere gar nicht kopiert. Jedoch erfolgt bei der partiellen Replikation diese Kopierung nicht kontinuierlich durch ein Überwechseln der replizierenden Struktur von einer Matrize zur anderen, sondern durch den *Einbau einer abgetrennten, freibeweglichen Teilreplika*. Eine solche Deutung der 3:1-Tetraden ist nur auf der Basis einer konservativen Replikation (S. 133 f.) möglich, zumindest in kleinen Bereichen. Für einen semikonservativen Replikationsmodus spricht dagegen auch hier wieder (wie bei copy choice) das Vorkommen von 5:3-Tetraden, wenn man von der naheliegenden, jedoch unbewiesenen Annahme ausgeht, daß die beiden Untereinheiten eines Chromatids mit den beiden Strängen der DNS-Doppelspirale identisch sind. Auch im Modell der partiellen Replikation ist man, soweit es sich um höhere Organismen handelt, auf Brüche in den beiden Parentalstrukturen angewiesen; denn wie beim copy-choice-Mechanismus können nur Replikastrukturen rekombinieren, und es ist wohl kaum anzunehmen, daß ausschließlich Replikastrukturen zu einem vollständigen Genom zusammentreten.

Mit dieser für eukaryotische Organismen notwendigen Einschränkung geht dem partial-replica-Mechanismus ein wesentlicher Vorteil verloren: eine Rekombination *ohne Bruch* und *ohne Matrizenwechsel* bei einer Komplettierung des Genoms aus Replikastücken.

Eine weitere Schwierigkeit ergibt sich, wenn man den partial-replica-Mechanismus auch zur Deutung reziproker Rekombinationen heranziehen will. Man müßte in diesem Fall postulieren, daß mit dem Einbau eines Teilstückes in die Replika des einen Elter gleichzeitig ein zweiter entsprechender Einbau einer homologen Teilreplika beim anderen Elter verbunden ist. Es wäre zwar nicht erforderlich, daß beide Replikastücke identisch sind. Für eine verschiedene Länge der Teilstücke, verbunden mit einer unterschiedlichen genetischen Information an den Enden der Segmente, könnte z. B. die Korrelation zwischen benachbarten Konversionen und crossing over sprechen (S. 237f.). Jedoch ist ein solcher Vorgang nur schwer zu verstehen.

Auch bei der partiellen Replikation bleibt eine Reihe von Fragen offen. Diese decken sich zum Teil mit den unbeantworteten Fragen, welche sich aus der Diskussion von copy choice ergaben (S. 247).

1. Wie ist der Einbau korrespondierender Teilreplikae bei reziproken Rekombinationen zu erklären?

2. Wie kommen Brüche in „alten" Chromatiden oder Halbchromatiden zustande? (s. copy choice).

3. Wie ist das Vorkommen von 3:1-Tetraden mit einer semikonservativen Replikation vereinbar? (s. copy choice).

Die Diskussion hat einerseits gezeigt, daß nichtreziproke Rekombinationen nur dadurch zu erklären sind, daß der Rekombinationsprozeß bereits während und nicht erst nach der Replikation beginnt. Dies ist der Vorteil von copy choice und partial-replica. Andererseits ergab sich bei allen drei Mechanismen die Notwendigkeit, Brüche in bereits fertig replizierten Strukturen anzunehmen. Man gewinnt den Eindruck, *daß Rekombination ein komplexer Vorgang ist, der sowohl während der Replikation an sich neu bildenden Strukturen als auch nach der Replikation an bereits fertiggestellten Strukturen erfolgt.*

## III. Rekombinationsmodelle

Die im letzten Abschnitt beschriebenen Rekombinationsmechanismen bilden in modifizierter Form die Grundlage für Modelle, die man zur Deutung experimenteller Daten entwickelt hat. In den Mittelpunkt unserer Diskussion wollen wir zwei in ihrer Grundkonzeption vollkommen verschiedene Rekombinationsmodelle stellen. Das eine wurde von STADLER und TOWE (1963), das andere von WHITEHOUSE (1963) vorgeschlagen[1]. Beiden Modellen ist gemeinsam, daß zur Erklärung des Rekombinationsprozesses auch die Replikationsweise und Struktur der DNS weitgehend berücksichtigt wird. Ihre Charakteristika werden besonders in der Abgrenzung gegen andere, teilweise bereits widerlegte Modellvorstellungen deutlich. Wir schicken deshalb eine kurze Beschreibung von drei anderen Hypothesen voraus.

### 1. Switch-Hypothese

*Häufiger Matrizenwechsel in zufallsgemäß über das Chromosom verteilten Regionen.* Nach diesem von FREESE (1957a, b) vor einigen Jahren entwickelten und inzwischen bereits überholten Modell werden crossing over und Konversionen durch einen einzigen Mechanismus erklärt. Der Autor nahm an, daß die Replikation eines sich neu bildenden Stranges im allgemeinen kontinuierlich an derselben Matrize erfolgt. Nur in

---

[1] *Anmerkung bei der Korrektur:* Ein weiteres Rekombinationsmodell wurde kürzlich von HOLLIDAY (1964b) beschrieben und ausführlich diskutiert. Ein kurzer Hinweis findet sich in der Fußnote auf S. 256. Man beachte ferner die Diskussion bei BERNSTEIN (1962, 1964) und WESTERGAARD (1964).

kleinen, zufallsgemäß über das Chromosom verteilten Regionen sollte es möglich sein, daß ein sich replizierender Strang seine Matrize verlassen und an genau homologer Stelle auf die andere Matrize überwechseln könne, um diese in einem mehr oder minder kleinen Bereich zu kopieren. Der Autor postulierte ferner, daß die übergewechselte Replika wieder auf den ursprünglichen Elternstrang zurückkehren und dann von neuem einen Matrizenwechsel vornehmen könne. Die zweite Replika braucht die ,,Sprünge" der ersten nicht mitzumachen. Es ist nur erforderlich, daß sie noch innerhalb der Umschalt-Region (region of switching) gegebenenfalls auf die unbesetzte Matrize überwechselt, um so eine reziproke Rekombination für die Außenmarken sicherzustellen.

Bei häufigem Matrizenwechsel innerhalb kleiner Regionen sollte man erwarten, daß die vier Kombinationen $P_1$, $P_2$, $R_1$ und $R_2$ für die Außenmarken (Abb. IV-19) etwa mit gleichen Häufigkeiten unter den $(a_1^+ a_2^+)$-Rekombinanten auftreten, wenn $a_1$ und $a_2$ sehr dicht benachbarte Mutationsstellen desselben Gens sind. Bei größerem Abstand sollte man nach der Switch-Hypothese mehr Parental- als Rekombinationstypen, jedoch weiterhin gleich viele $P_1$- wie $P_2$-Typen, vorfinden. Während die Befunde von FREESE (1957a, b) bei N. crassa diese Erwartung zu bestätigen schienen (Tabelle IV-21; S. 220f.), sind inzwischen wiederholt widersprechende Beobachtungen gemacht worden, die zu einer Ablehnung des Modells führten (Tabelle IV-21: PRITCHARD 1960, SIDDIQI 1962; MURRAY 1963, STADLER und TOWE 1963).

## 2. Modifizierte Switch-Hypothese

*Häufiger Matrizenwechsel in prädeterminierten Regionen.* Auch in diesem Modell, welches auf einen Vorschlag von STAHL (1961) zurückgeht, beruht die reziproke Rekombination zweier Markierungsgene auf einem meist mehrfachen nichtreziproken Matrizenwechsel in kleinen Regionen zwischen diesen Marken. Jedoch wird hier im Unterschied zur Switch-Hypothese postuliert, daß diese Umschalt-Regionen nicht zufallsgemäß über das Chromosom verteilt sind, sondern spezifisch strukturierten Chromosomensegmenten entsprechen. Es wird angenommen, daß nur in diesen prädeterminierten Bereichen und nur bei effektiver Paarung ein Matrizenwechsel möglich ist. Auf Grund dieser zusätzlichen Annahme sollte man bei allelen Kreuzungen erwarten, daß die parentalen Außenmarken-Kombinationen $P_1$ und $P_2$ immer dann mit unterschiedlicher Häufigkeit entstehen, wenn eines der beiden verwendeten Heteroallele dicht am Ende einer solchen besonders eng gepaarten Umschalt-Region liegt.

Obwohl durch dieses Modell einige Befunde ihre Erklärung finden, die bei der Switch-Hypothese unverständlich blieben, liegen auch hier Versuchsergebnisse vor, welche sich nicht widerspruchslos einordnen lassen. Man sollte nämlich nach der modifizierten Switch-Hypothese erwarten, daß eine Mutationsstelle, welche an einem Ende einer Umschalt-Region liegt, in Kreuzungen mit anderen allelen Marken *immer* zu unterschiedlichen Häufigkeiten für die parentalen Außenmarken-Kombinationen $P_1$ und $P_2$ (in den Wildtyp-Rekombinanten) führt. Diese Erwartung konnte jedoch in mehreren Fällen nicht bestätigt werden, z. B. bei N. crassa von STADLER und TOWE (1963) und bei *Aspergillus nidulans* von SIDDIQI und PUTRAMENT (1963).

## 3. Polaron-Hypothese

*Einmaliger Matrizenwechsel in prädeterminierten Regionen bei polarisierter Replikation.* In diesem von RIZET u. Mitarb. für *Ascobolus immersus* vorgeschlagenen Rekombinationsmodell werden ebenfalls besondere Strukturen angenommen, in denen ein Matrizenwechsel stattfinden kann. Dieses Modell unterscheidet sich von den beiden vorher beschriebenen in drei Punkten:

1. Innerhalb der Umschalt-Region wechselt eine Replika im allgemeinen nur einmal die Matrize und bleibt von der Stelle des Sprunges an bis zum Ende der Region an der fremden Matrize, ohne daß die zweite Replika ebenfalls ihre Matrize verläßt. Der Bereich zwischen Sprungstelle und Ende der Umschalt-Region wird also bei dem einen Elter doppelt, bei dem anderen Elter gar nicht kopiert.

2. Die Replikation der neuen Stränge erfolgt immer in einer bestimmten Richtung. Die Polarität äußert sich darin, daß die Doppelkopierung immer nur ein und dieselbe Seite der Umschalt-Region (= Polaron, S. 235), d. h. immer die distal gelegene Mutationsstelle, betrifft (S. 235f.).

3. Reziproke Rekombinationen können nur zwischen zwei getrennt liegenden Polaronen in sog. „linkage structures" stattfinden. Ein nichtreziproker Matrizenwechsel in einem Polaron kann also durch einen Sprung der homologen Replika im selben Polaron nicht „korrigiert" werden.

Gegen eine Übertragung dieser Vorstellung auf andere Organismen spricht vor allem der Befund (Tabelle IV-23 und IV-24), daß jeweils beide Mutationsstellen innerhalb eines Gens mehr oder minder die gleiche Chance haben, durch einseitigen Matrizenwechsel doppelt kopiert zu werden und nicht, wie bei *Ascobolus*, nur jeweils eine Stelle innerhalb eines Polaron. Man könnte diese Tatsache zwar unter Aufrechterhaltung des Polaron-Modells durch die Annahme deuten, daß die beiden Mutationsstellen in verschiedenen Polaronen liegen; jedoch würde man bei einer solchen Interpretation auch reziproke Rekombinationen zwischen den beiden Heteroallelen erwarten. Dies konnte jedoch nicht beobachtet werden (vgl. hierzu die Diskussion bei STADLER 1963 und STADLER und TOWE 1963).

## 4. Modifizierte Polaron-Hypothese

*Matrizenwechsel unter häufiger Rückkehr zur ursprünglichen Matrize in prädeterminierten Regionen bei polarisierter Replikation.* Dieses Modell entwickelten STADLER und TOWE (1963) zur Deutung ihrer Befunde bei *Neurospora crassa*, indem sie das Polaron-Modell in zwei Punkten abänderten.

1. Die Autoren nehmen — im Gegensatz zur Polaron-Hypothese — an, daß die übergewechselte Replika sehr häufig noch innerhalb des Polaron wieder zu der ursprünglichen Matrize zurückkehrt, und zwar soll der zweite Replika-Sprung in unmittelbarer Nähe des ersten erfolgen. Jedoch sollen auch Einzelsprünge möglich sein, die besonders häufig dann auftreten, wenn die beiden Allele weit auseinander liegen. In diesem Fall wird bevorzugt die distal gelegene Mutationsstelle doppelt kopiert.

Auf Grund dieser Modifizierung können folgende experimentelle Ergebnisse erklärt werden:

a) Nichtreziproke Rekombinationen finden nur innerhalb von Genen statt.

b) Selbst bei extrem eng gekoppelten Mutationsstellen ist eine Doppelkopierung jeder Stelle möglich, auch wenn die Replika wieder zur ursprünglichen Matrize zurückkehrt.

c) Bei weiter auseinander liegenden Mutationsstellen wird häufig oder ausschließlich nur eine Stelle (die distal gelegene) doppelt kopiert. Nach STADLER und TOWE beruhen möglicherweise die unterschiedlichen Ergebnisse bei *Ascobolus* und *Neurospora* darauf, daß die relative Häufigkeit von Einzel- und Doppelsprüngen bei den beiden Organismen nicht gleich ist.

2. Ferner postulieren STADLER und TOWE unter der Annahme einer polarisierten Replikation (wie bei der Polaron-Hypothese), daß die beiden replizierenden Stränge am distalen Ende des Polaron mit der gleichen Wahrscheinlichkeit auf die andere Matrize überwechseln oder ihre ursprünglichen Matrizenstränge weiter kopieren können. Einzelsprünge, bei denen die Doppelkopierung bis zum Ende des Polaron bestehenbleibt (vgl. Polaron-Hypothese), werden an dieser Stelle „korrigiert", d. h. die übergewechselte Replika kehrt entweder zu ihrer ursprünglichen Matrize zurück oder kopiert weiterhin die „fremde" Struktur, während die zweite Replika an dieser Stelle auf die andere Matrize überspringt. Sowohl bei Doppel- als auch bei Einzelsprüngen besteht also an den Enden des Polaron die Möglichkeit für ein reziprokes crossing over.

Durch die zusätzliche Annahme finden auch folgende Befunde ihre Erklärung:

a) Reziproke Rekombinationen kommen nicht innerhalb von Genen vor (S. 231 ff.).

b) Es besteht eine Korrelation zwischen intragenischen nichtreziproken Rekombinationen und der reziproken Aufspaltung der Außenmarken (S. 237 ff.).

c) Der Konversionsstrang ist häufig einer der beiden am crossing over beteiligten Stränge (S. 237).

d) Die bei vorgegebener Replikationsrichtung proximal gelegenen Außenmarken sind mit den allelen Marken gekoppelt (S. 236).

e) Die distal gelegenen Außenmarken sind unter den Wildtyp-Rekombinanten zufallsgemäß verteilt, d. h. sie sind mit den allelen Marken nicht gekoppelt (S. 236).

Die modifizierte Polaron-Hypothese stellt ein formal-genetisches Modell der Rekombination dar und erklärt einen großen Teil der experimentellen Befunde. Jedoch ergeben sich auf molekularer Ebene einige Schwierigkeiten, die wir kurz diskutieren wollen.

Es ist einerseits bekannt, daß die Replikation semikonservativ erfolgt (s. Kapitel *Replikation*); andererseits spricht die Existenz von 3 : 1-Tetraden für einen konservativen Replikationsmodus (S. 134). Ferner ist bewiesen, daß alle vier Stränge einer Tetrade rekombinieren können (S. 143). Ein copy-choice-artiger Mechanismus erklärt jedoch nur Rekombinationen zwischen Replikasträngen, bei semikonservativer Replikation also nur Austausch zwischen Untereinheiten (= DNS-Einzelsträngen?) der in der Meiosis vorliegenden vier Strukturen. Zur Deutung dieser sich scheinbar widersprechenden Fakten nehmen STADLER und TOWE an, daß der größte Teil des genetischen Materials vor der Synapsis semikonservativ repliziert wird. Es soll jedoch kleine Bereiche (= Polaronen) geben, in denen die Replikation erst später, und zwar nach dem konservativen Modus, erfolgen kann. In diesen Abschnitten, so folgern die Autoren, könne dann ein Matrizenwechsel zu nichtreziproken Rekombinationen führen, vorausgesetzt, daß die Strukturen eng gepaart seien.

Unter Berücksichtigung dieser Erwägungen fordern STADLER und TOWE für den Verlauf der Rekombination folgende Schritte:

1. Die Chromatiden weichen nach der Synapsis bis zu den Punkten auseinander, an denen die Replikation unterblieben ist.

2. An den Enden der nichtreplizierten Region brechen die „alten" Stränge eines Chromatids. Das Bruchstück wird im „Schwesterchromatid" eingebaut.

3. Die Synthese des vierten, noch nicht replizierten Chromatidensegmentes erfolgt nur von einer Seite, vom „proximalen" Ende her (Polarisation). Hierbei können die Replikastrukturen zur anderen Eltern-Matrize überwechseln und diese in einem kleinen Bereich kopieren (Konversion). Wenn nur einer der beiden sich neu bildenden Stränge auf die fremde Matrize überspringt, kann es zu 5:3-Aufspaltungen kommen.

4. Das andere, distal gelegene, freie Ende des noch nicht fertig replizierten Chromatids kann sich entweder mit den „ankommenden" Replikastrukturen zusammenschließen (ohne crossing over) oder sich mit einem der beiden Nicht-Schwesterchromatiden verknüpfen (mit crossing over). Im letzten Fall ist erforderlich, daß ein Chromatid, bestehend aus einem „alten" und einem „neuen" Strang, am distalen Ende des Polaron bricht.

5. Nach der Verknüpfung öffnet sich die Tetrade, und die Chromatiden weichen bis zur nächsten nichtreplizierten Region auseinander. Dort kann sich der Vorgang wiederholen.

STADLER und TOWEs Modell einer partiell konservativen Replikation kann, ebenso wie alle anderen Modelle, nicht ohne Brüche in bereits fertiggestellten Strukturen auskommen. Eine polarisierte Replikation wird hier nur in den Bereichen gefordert, die erst nach der Synapsis vollständig repliziert werden, d. h. nur für die Bereiche mit konservativer Replikation. STADLER und TOWE vermuten, daß die Replikationsrichtung in einem Polaron von dessen relativer Lage im Chromosom abhängt. Diese Vermutung beruht auf Versuchsdaten bei *N. crassa* und *A. nidulans*, welche zeigen, daß die Replikation stets an der Seite des Polaron beginnt, auf welcher das Centromer liegt (*N. crassa: me*-Locus, MURRAY 1960a, b, 1963; *cys*-Locus, STADLER und TOWE 1963; *A. nidulans: paba-1*-Locus, SIDDIQI und PUTRAMENT 1963). Auf Grund dieser Befunde kann man annehmen, daß die Replikation von Polaron-Strukturen in der Richtung fortschreitet, welche durch die vermutlich am Centromer beginnende und nach beiden Seiten sich fortsetzende Trennung der beiden Chromatidenpaare bestimmt ist.

## 5. Hybrid-DNS-Hypothese

*Bildung hybrider DNS-Segmente nach Brüchen in zwei DNS-Einzelsträngen und zusätzlicher Replikation im Bereich der Bruchstellen.* Der von STADLER und TOWE vorgeschlagene Molekularmechanismus ist nicht der einzige, der den Befunden aus Rekombinations- und Replikationsexperimenten einigermaßen gerecht wird. WHITEHOUSE (1963) entwickelte unter stärkerer Berücksichtigung der Replikationsweise und

Struktur der DNS ein Modell, welchem ein vollständig anderer Molekularmechanismus zugrunde liegt. Nach diesem Modell sind folgende Schritte vorgesehen (Abb. IV-23; vgl. auch Abb. IV-24):

1. In zwei komplementären DNS-Doppelhelices (= Chromatiden?) bricht je ein DNS-Einzelstrang. Der Bruch braucht nicht, wie beim Bruch-Fusions-Mechanismus (S. 243), notwendig an exakt homologen Stellen zu erfolgen, sondern kann auch an nah benachbarten Punkten stattfinden (Abb. IV-23 a).

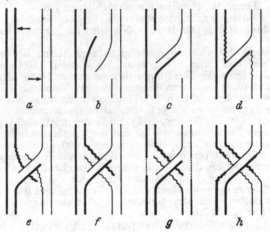

1. Elter ———}DNS-Strang (alt) ∿∿∿} neu synthetisierte DNS
2. Elter ———

Abb. IV-23 a—h. Acht Zeitphasen des Rekombinationsprozesses nach der Hybrid-DNS-Hypothese. Anstelle von vier DNS-Doppelhelices sind hier nur die zwei wiedergegeben, welche unmittelbar an der Rekombination beteiligt sind. Aus Gründen der übersichtlichen Darstellung wurden diese nicht als Spiralen, sondern als nebeneinanderliegende Stränge gezeichnet. Die im Bereich der Bruchstellen (Pfeile in a) neu synthetisierte DNS ist durch Wellenlinien und die als Folge der Neusynthese überschüssige DNS in den „alten" Strängen durch punktierte Linien (Zeitphase g) dargestellt. Weitere Erläuterungen s. Text. (Nach WHITEHOUSE 1963, verändert)

2. In diesem Fall lösen sich die beiden durchtrennten DNS-Stränge im Bereich zwischen den Bruchstellen von ihren „Schwestersträngen" ab (Abb. IV-23 b) und finden durch Basenpaarung zusammen (Abb. IV-23 c und Abb. IV-24).

3. Die Lücken, die in diesem Bereich durch das Ablösen der Einzelstränge in jedem der beiden Doppelhelices entstehen, werden durch zusätzliche Replikation an den noch intakten Strängen wieder ausgefüllt (Abb. IV-23 d).

4. Die neu synthetisierten DNS-Einzelstränge lösen sich nun ebenfalls von ihren Matrizen ab (Abb. IV-23 e), legen sich zusammen und bleiben infolge von Basenpaarung gepaart (Abb. IV-23 f und Abb. IV-24). Durch diese zweifache Verknüpfung zwischen den abgelösten Teilsträngen aus verschiedenen DNS-Doppelhelices kommt es zu einer Überkreuzung (crossing over). Im Bereich der Überkreuzung sind die DNS-Doppelmoleküle deshalb hybrid.

5. Die an dem „crossing over" unbeteiligten Stränge, d. h. jeder der beiden intakt gebliebenen Einzelstränge in den zwei DNS-Doppelhelices, werden nun auch aufgetrennt (Abb. IV-23g) und verbinden sich mit den DNS-Überhängen der beiden anderen Einzelstränge. Eventuell vorhandene Lücken, die durch die Brüche entstehen können, werden durch neu synthetisierte Nucleotide ausgefüllt (Abb. IV-23h).

WHITEHOUSE zeigt, daß auch Brüche an exakt homologen Stellen der DNS-Einzelstränge bei zusätzlicher Replikation zu hybriden DNS-Doppelsträngen führen können. Im Unterschied zu dem in Abb. IV-23 dargestellten Rekombinationsmodell lagern sich hier nicht zwei „alte" und zwei neu synthetisierte Stränge aneinander, sondern je ein „alter" und ein „neuer" Strang.

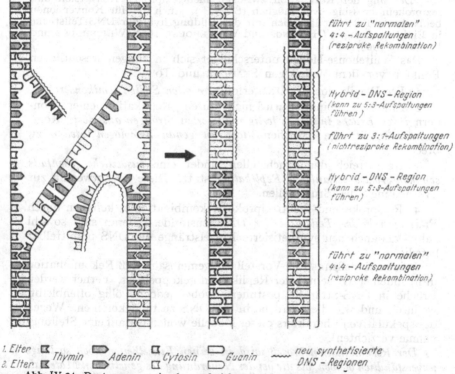

*führt zu "normalen"*
*4:4 – Aufspaltungen*
*(reziproke Rekombination)*

*Hybrid – DNS – Region*
*(kann zu 5:3-Aufspaltungen*
*führen )*

*führt zu 3:1-Aufspaltungen*
*( nichtreziproke Rekombination)*

*Hybrid – DNS – Region*
*(kann zu 5:3-Aufspaltungen*
*führen )*

*führt zu "normalen"*
*4:4 – Aufspaltungen*
*(reziproke Rekombination)*

1. Elter ▨ Thymin ◨ Adenin ◧ Cytosin ◨ Guanin ~~~ neu synthetisierte
2. Elter ▨       ◨        ◧         ◨           DNS - Regionen

Abb. IV-24. Deutung von reziproker und nichtreziproker Rekombination nach der Hybrid-DNS-Hypothese. Die links dargestellte Situation entspricht der in Abb. IV-23e wiedergegebenen und dort im Text erklärten Zeitphase der Rekombination. Die rechte Darstellung zeigt die Endphase, d.h. das Ergebnis des Rekombinationsprozesses. Da der Hybrid-DNS-Hypothese das in Abb. III-2 dargestellte Watson-Crick-Modell zugrunde liegt, sind in dieser Abbildung weitgehend die gleichen Symbole wie in Abb. III-2 verwendet worden. Aus Gründen der Übersichtlichkeit bleibt die Spiralisierung der DNS-Doppelstränge unberücksichtigt. Aus demselben Grunde sind von den einzelnen Nucleotiden jeweils nur die Basen gezeichnet. Nähere Erläuterungen zu dieser Darstellungsweise finden sich in den Legenden der Abb. III-1 und III-2 sowie in dem zugehörigen Text.
(Nach WHITEHOUSE 1963, verändert)

Die Modellvorstellung von WHITEHOUSE bietet die Möglichkeit, relativ zwanglos das Zustandekommen von 6:2- und 5:3-Tetraden zu erklären (Abb. IV-24). Denn durch den Verlust einzelner Nucleotide und infolge der zusätzlichen Replikation im Bereich der Überkreuzung ist es möglich, daß ein Basenpaar des einen Elter durch ein alleles Basenpaar des anderen Elter ersetzt wird. Wenn es sich hierbei um verschiedene Basenpaare handelt (in Abb. IV-24 *nicht* berücksichtigt), kommt es zu einer 6:2-Aufspaltung für das betreffende Allelenpaar. In den meisten Fällen führt die Komplettierung der DNS-Stränge zur Bildung von Hybrid-Regionen (Abb. IV-24). Marken, welche in diesen Abschnitten liegen, können im Verhältnis 5:3 aufspalten, wenn nicht die Hybridisierung im Verlaufe des Rekombinationsprozesses wieder rückgängig gemacht wird.

Durch den von WHITEHOUSE vorgeschlagenen Mechanismus wird auch eine Deutung der Korrelation zwischen nichtreziproker Konversion und reziprokem crossing over möglich (S. 237f.). Auch die für Konversionen beobachtete Polarität läßt sich mit der Bildung hybrider DNS-Teilstücke in Einklang bringen (HASTINGS und WHITEHOUSE 1964, WHITEHOUSE und HASTINGS 1965).

Das Whitehouse-Modell unterscheidet sich in einigen wesentlichen Punkten von dem Modell von STADLER und TOWE:

1. Die Replikation der DNS erfolgt *an allen Stellen semikonservativ.*

2. Eine Rekombination wird nicht durch „Replikationsfehler", sondern *durch Brüche in bereits fertig replizierten Strängen ausgelöst.* Komplementäre Stränge brauchen *nicht an genau homologen Stellen* zu brechen.

3. Im Bereich der Bruchstellen findet eine *zusätzliche, ebenfalls semikonservativ verlaufende Replikation* statt. Diese ist notwendig zur „Verheilung" der Bruchstellen.

4. Reziproke und nichtreziproke Rekombinationen kommen durch *Bildung hybrider Teilstücke der DNS* zustande. Hieran sind sowohl „alte" als auch neu synthetisierte Einzelstränge der DNS unmittelbar beteiligt.

Beiden Modellen ist die Vorstellung gemeinsam, daß Rekombination in irgendeiner Weise mit der Replikation gekoppelt ist. Ferner werden Brüche in DNS-Strängen postuliert, wobei jedoch völlig offenbleibt, wodurch und wie diese Brüche in der DNS zustandekommen. Wegen des spekulativen Charakters dieser Modelle wollen wir auf eine Stellungnahme verzichten[1].

*Der Rekombinationsprozeß wird in seinen Einzelheiten noch so lange unverständlich bleiben, bis die bei der Neuordnung des genetischen Materials im molekularen Bereich ablaufenden Vorgänge bekannt sind. Eine genauere Kenntnis der Chromosomenstruktur und der Replikationsweise der DNS*

---

[1] *Anmerkung bei der Korrektur:* Kürzlich wurde von HOLLIDAY (1964b) ein Modell vorgeschlagen, nach dem ebenfalls nichtreziproke Rekombinationen in Hybrid-DNS-Regionen stattfinden. Der Unterschied zum Whitehouse-Modell besteht darin, daß bei Heterogenität in diesen Bereichen nichtkomplementäre Basen, begünstigt durch das Fehlen der Paarung, gegen „passende" freie Basen ausgetauscht werden können. Dieser Basenaustausch ist vergleichbar dem Ersatz von Basenanaloga bei der Entstehung neuer Mutanten (HOLLIDAY 1962b; s. auch Abb. V-6 im Kapitel *Mutation*). Er kann zu 6:2-Aufspaltungen führen, falls nicht ein erneuter Basenwechsel den ersten rückgängig macht.

*wird zweifellos dazu beitragen, den Zusammenhang zwischen Rekombination und Replikation zu klären und dadurch den Rekombinationsmechanismus verstehen zu lernen.*

## Zusammenfassung

1. Eine Reihe von Befunden spricht für die Vorstellung, daß zwei verschiedene Rekombinationsmodi mit verschiedenem Wirkungsbereich existieren. Der eine von ihnen, die Konversion, ist nur innerhalb von Genen möglich und führt zu nichtreziproken Rekombinationen. Der andere Modus, das crossing over, findet nur zwischen Genen statt und ruft reziproke Rekombinationen hervor.

2. Der Verlauf der Rekombination ist noch unbekannt. Es existieren drei hypothetische Mechanismen zur Deutung des Rekombinationsprozesses. Nach der Bruch-Fusions-Hypothese findet die Rekombination nach vollendeter Replikation durch Bruch und Wiedervereinigung zweier Chromatidenstränge statt. Der copy-choice-Mechanismus fordert, daß die Rekombination schon während der Replikation zwischen den sich neu bildenden Strängen erfolgt, indem die Replika des einen Elter auf den als Matrize dienenden Strang des anderen Elter überspringt. Auch nach dem Mechanismus der partiellen Replikation kommt Rekombination während und nicht nach der Replikation vor, und zwar durch den Einbau einer abgetrennten, frei beweglichen Teilreplika. Der Vorteil der beiden zuletzt genannten Mechanismen gegenüber dem Bruch-Fusions-Mechanismus besteht vor allem darin, daß dieser, bedingt durch das zeitliche Zusammentreffen von Rekombination und Replikation, nicht nur das reziproke crossing over, sondern auch die nichtreziproke Konversion zu deuten vermögen.

3. Die Diskussion von einigen speziellen Rekombinationsmodellen zeigt, daß eine Interpretation des Rekombinationsprozesses auf molekularer Basis so lange unbefriedigend bleiben muß, wie die Replikationsweise der DNS und die molekulare Struktur der Chromosomen nicht völlig aufgeklärt ist.

## Literatur

APIRION, D.: Formal and physiological genetics of ascospore colour in *Aspergillus nidulans*. Genet. Res. **4**, 276—283 (1963).

BARRATT, R. W.: A word of caution: genetic and cytological effects of Abbott stocks in *Neurospora crassa*. Microbial. Genet. Bull. **11**, 5—6 (1954).

— D. NEWMEYER, D. D. PERKINS, and L. GARNJOBST: Map construction in *Neurospora crassa*. Advanc. Genet. **6**, 1—93 (1954).

—, and W. N. OGATA: *Neurospora* stock list, second revision. Neurospora Newsletter **5**, 24—82 (1964a).

— — First supplement to *Neurospora* stock list, second revision as published in Neurospora Newsletter 5. Neurospora Newsletter **6**, 29—40 (1964b).

BARRON, G. L.: The parasexual cycle and linkage relationships in the storage rot fungus *Penicillium expansum*. Canad. J. Bot. **40**, 1603—1613 (1962).

BEADLE, G. W., and E. L. TATUM: *Neurospora*. II. Methods of producing and detecting mutations concerned with nutritional requirements. Amer. J. Bot. **32**, 678—685 (1945).

BELLING, J.: Crossing over and gene rearrangement in flowering plants. Genetics **18**, 388—413 (1933).

BENNETT, J. H.: Modes of tetrad formation. Amer. Naturalist **90**, 195—199 (1956).
BENZER, S.: Fine structure of a genetic region in bacteriophage. Proc. nat. Acad. Sci. (Wash.) **41**, 344—354 (1955).
— The elementary units of heredity. In: W. D. McELROY and B. GLASS (edits.), The chemical basis of heredity, pp. 70—93. Baltimore 1957.
BERNSTEIN, H.: On the mechanism of intragenic recombination. I. The *r II* region of bacteriophage *T 4*. J. theor. Biol. **3**, 335—353 (1962).
— On the mechanism of intragenic recombination. II. *Neurospora crassa*. J. theor. Biol. **6**, 347—370 (1964).
BISTIS, G.: Studies on the genetics of *Ascobolus stercorarius* (BULL.) SCHROT. Bull. Torrey bot. Club **83**, 35—61 (1956).
—, and L. S. OLIVE: Ascomycete spore mutants and their use in genetic studies. Science **120**, 105—106 (1954).
BOHN, W.: Einige Untersuchungen über die Tetradenaufspaltung bei Basidiomyceten. Z. indukt. Abstamm.- u. Vererb.-Lehre **67**, 435—445 (1933).
BOLE-GOWDA, B. N., D. D. PERKINS, and W. N. STRICKLAND: Crossing over and interference in the centromere region of linkage group I of *Neurospora*. Genetics **47**, 1243—1252 (1962).
BOONE, D. M., and G. W. KEITT: *Venturia inaequalis* (CKE) WINT. VIII. Inheritance of colour mutant characters. Amer. J. Bot. **43**, 226—233 (1956).
— J. F. STAUFFER, M. A. STAHMANN, and G. W. KEITT: *Venturia inaequalis* (CKE) WINT. VII. Induction of mutants for studies on genetics, nutrition and pathogenicity. Amer. J. Bot. **43**, 199—204 (1956).
BRESCH, C.: Zum Paarungsmechanismus von Bakteriophagen. Z. Naturforsch. **10b**, 545—561 (1955).
— Replication and recombination in bacteriophage. Z. Vererbungsl. **93**, 476—490 (1962).
— Klassische und molekulare Genetik. Berlin-Göttingen-Heidelberg: Springer 1964.
BRIDGES, C. B., and K. S. BREHME: The mutants of *Drosophila melanogaster*. Carnegie Inst. Wash. Publ., Washington (D.C.) **1944**, 552.
BRIEGER, F.: Die genaue Bestimmung des Zeitpunktes der Mendelspaltung. Züchter **5**, 34—44 (1933).
BRUNSWICK, H.: Die Reduktionsteilung bei den Basidiomyceten. Z. Bot. **18**, 481—498 (1926).
BURGEFF, H.: Variabilität, Vererbung und Mutation bei *Phycomyces blakesleeanus* BGFF. Z. indukt. Abstamm.- u. Vererb.-Lehre **49**, 26—94 (1928).
BUSS, H. R.: The genetics of methionineless mutants of *Neurospora crassa*. Ph. D. Thesis, Stanford University 1944.
CARTER, T. C.: A search for chromatid interference in the male house mouse. Z. indukt. Abstamm.- u. Vererb.-Lehre **86**, 210—223 (1954).
—, and D. S. FALCONER: Stocks for detecting linkage in the mouse, and the theory of their design. J. Genet. **50**, 307—323 (1951).
—, and A. ROBERTSON: A mathematical treatment of genetical recombination, using a fourstrand model. Proc. roy. Soc. B **139**, 410—426 (1952).
CASE, M. E., and N. H. GILES: Evidence from tetrad analysis for both normal and aberrant recombination between allelic mutants in *Neurospora crassa*. Proc. nat. Acad. Sci. (Wash.) **44**, 378—390 (1958a).
— — Recombination mechanisms at the *pan-2*-locus in *Neurospora crassa*. Cold Spr. Harb. Symp. quant. Biol. **23**, 119—135 (1958b).
— — Comparative complementation and genetic maps of the *pan-2* locus in *Neurospora crassa*. Proc. nat. Acad. Sci. (Wash. )**46**, 659—676 (1960).
— — Allelic recombination in *Neurospora*: Tetrad analysis of a threepoint cross within the *pan-2*-locus. Genetics **49**, 529—540 (1964).
CATCHESIDE, D. G.: The genetics of microorganisms. 223 pp. London: Pitmen 1951.
— A. P. JESSOP, and B. R. SMITH: Genetic controls of allelic recombination in *Neurospora*. Nature (Lond.) **202**, 1242—1243 (1964).

CHASE, M., and A. H. DOERMANN: High negative interference over short segments of the genetic structure of bacteriophage T 4. Genetics 43, 332—353 (1958).

COLSON, B.: The cytology and morphology of Neurospora tetrasperma DODGE. Ann. Bot. (Lond.) 48, 211—224 (1934).

DARLINGTON, C. D.: A cytological demonstration of „genetic" crossing over. Proc. roy. Soc. B 107, 50—59 (1930).

DAY, P. R.: The genetics of Coprinus lagopus. Rep. John Innes hort. Instn. 49, 16—18 (1958).

— The structure of the A mating type locus in Coprinus lagopus. Genetics 45, 641—650 (1960).

—, and G. E. ANDERSON: Two linkage groups in Coprinus lagopus. Genet. Res. 2, 414—423 (1961).

— D. M. BOONE, and G. W. KEITT: Venturia inaequalis (CKE) WINT. XI. The chromosome number. Amer. J. Bot. 43, 835—838 (1956).

DEMEREC, M.: The fine structure of the gene. In: J. M. ALLEN (edit.) The molecular control of cellular activity, pp. 167—177. New York-Toronto-London 1962.

DESBOROUGH, S., and G. LINDEGREN: Chromosome mapping of linkage data from Saccharomyces by tetrad analysis. Genetica 30, 346—383 (1959).

— E. E. SHULT, T. YOSHIDA, and C. C. LINDEGREN: Interference patterns in family y-1 of Saccharomyces. Genetics 45, 1467—1480 (1960).

DICKINSON, S.: Experiments on the physiology and genetics of the smut fungi. Cultural characters. I. Their permanence and segregation. Proc. roy. Soc. B 102, 174—176 (1928).

DODGE, B. O.: Spore formation in asci with fewer than eight spores. Mycologia (N.Y.) 20, 18—21 (1928).

DOERMANN, A. H.: Investigations of the lysine-requiring mutants of Neurospora crassa. Ph. D. Thesis, Stanford University 1946.

DOWDING, E. S.: Gelasinospora, a new genus of Pyrenomycetes with pitted spores. Canad. J. Res. 9, 294—305 (1933).

—, and A. BAKERSPIGEL: Poor fruiters and barrage mutants in Gelasinospora. Canad. J. Bot. 34, 231—240 (1956).

EBERSOLD, W. T.: Crossing over in Chlamydomonas reinhardi. Amer. J. Bot. 43, 408—410 (1956).

—, and R. P. LEVINE: A genetic analysis of linkage group I of Chlamydomonas reinhardi. Z. Verbungsl. 90, 74—82 (1959).

EL-ANI, A. S., L. S. OLIVE, and Y. KITANI: Genetics of Sordaria fimicola. IV. Linkage group I. Amer. J. Bot. 48, 716—723 (1961).

ELLINGBOE, A. H.: Somatic recombination in Puccinia graminis tritici. Phytopathology 51, 13—15 (1961).

— Illegitimacy and specific factor transfer in Schizophyllum commune. Proc. nat. Acad. Sci. (Wash.) 49, 286—292 (1963).

— Somatic recombination in dikaryon K of Schizophyllum commune. Genetics 49, 247—251 (1964).

—, and J. R. RAPER: Somatic recombination in Schizophyllum commune. Genetics 47, 85—98 (1962).

ELLIOTT, C. G.: The cytology of Aspergillus nidulans. Genet. Res. 1, 462—476 (1960 a).

— Non-localised negative interference in Aspergillus nidulans. Heredity 15, 247—262 (1960b).

EMERSON, S.: Meiotic recombination in fungi with special reference to tetrad analysis. In: W. J. BURDETTE (edit.), Methodology in basic genetics, pp. 167—208. San Franzisco 1963.

—, and J. E. CUSHING: Altered sulphonamide antagonism in Neurospora. Fed. Proc. 5, 379—389 (1946).

ESSER, K.: Die Incompatibilitätsbeziehungen zwischen geographischen Rassen von Podospora anserina (CES.) REHM. I. Die genetische Analyse der Semi-Incompatibilität. Z. indukt. Abstamm.- u. Vererb.-Lehre 87, 595—624 (1956).

Esser, K.: Die Incompatibilitätsbeziehungen zwischen geographischen Rassen von *Podospora anserina* (Ces.) Rehm. II. Die Wirkungsweise der Semi-Incompatibilitäts-Gene. Z. Vererbungsl. **90**, 29—52 (1959a).
— Die Incompatibilitätsbeziehungen zwischen geographischen Rassen von *Podospora anserina* (Ces.) Rehm. III. Untersuchungen zur Genphysiologie der Barragebildung und Semi-Incompatibilität. Z. Vererbungsl. **90**, 445—456 (1959b).
—, u. J. Straub: Genetische Untersuchungen an *Sordaria macrospora* Auersw., Kompensation und Induktion bei genbedingten Entwicklungsdefekten. Z. Vererbungsl. **89**, 729—746 (1958).
Eversole, R. A.: Biochemical mutants of *Chlamydomonas reinhardi*. Amer. J. Bot. **43**, 404—407 (1956).
—, and E. L. Tatum: Chemical alteration of crossing over frequency in *Chlamydomonas*. Proc. nat. Acad. Sci. (Wash.) **42**, 68—73 (1956).
Faull, A. F.: On the resistance of *Neurospora crassa*. Mycologia (N.Y.) **22**, 288—303 (1930).
Fincham, J. R. S.: Genetic and biochemical studies in *Neurospora*. Ph. D. Thesis, Cambridge University 1950.
— A comparative genetic study of the mating-type chromosomes of two species of *Neurospora*. J. Genet. **50**, 221—229 (1951).
—, and P. R. Day: Fungal genetics. Oxford 1963.
Fisher, R. A.: A class of enumerations of importance in genetics. Proc. roy. Soc. B **136**, 509—520 (1950).
— The experimental study of multiple crossing over. Caryologia (Firenze) **6**, Suppl. 227—231 (1955).
— M. F. Lyon, and A. R. G. Owen: The sex chromosome in the house mouse. Heredity **1**, 355—365 (1947).
Fogel, S., and D. D. Hurst: Coincidence relations between gene conversion and mitotic recombination in *Saccharomyces*. Genetics **48**, 321—328 (1963).
Forbes, E. C.: Recombination in the *pro* region of *Aspergillus nidulans*. Microbial Genet. Bull. **13**, 9—11 (1956).
Franke, G.: Die Zytologie der Ascusentwicklung von *Podospora anserina*. Z. indukt. Abstamm.- u. Vererb.-Lehre **88**, 159—160 (1957).
— Versuche zur Genomverdoppelung des Ascomyceten *Podospora anserina* (Ces.) Rehm. Z. Vererbungsl. **93**, 109—117 (1962).
Fratello, B., G. Morpurgo, and G. Sermonti: Induced somatic segregation in *Aspergillus nidulans*. Genetics **45**, 785—800 (1960).
Freese, E.: The correlation effect for a histidine locus of *Neurospora crassa*. Genetics **42**, 671—684 (1957a).
— Über die Feinstruktur des Genoms im Bereich eines *pab*-Locus von *Neurospora crassa*. Z. indukt. Abstamm.- u. Vererb.-Lehre **88**, 388—406 (1957b).
Frost, L. C.: A possible interpretation of the cytogenetic effects of Abbott stocks in *Neurospora crassa*. Microbial Genet. Bull. **12**, 7—9 (1955a).
— The genetics of some wild-type and mutant strains of *Neurospora crassa*. Ph. D. Thesis, Cambridge University 1955b.
— Heterogeneity in recombination frequencies in *Neurospora crassa*. Genet. Res. **2**, 43—62 (1961).
Garnjobst, L.: Genetic control of heterocaryosis in *Neurospora crassa*. Amer. J. Bot. **40**, 607—614 (1953).
Giles, N. H., C. W. H. Partridge, and N. J. Nelson: The genetic control of adenylo-succinase in *Neurospora crassa*. Proc. nat. Acad. Sci. (Wash.) **43**, 305—317 (1957).
Goldschmidt, R.: Prä- oder Postreduktion der Chromosomen? Die Lösung eines alten Problems. Naturwissenschaften **19**, 358—362 (1932).
Gowans, C. S.: Some genetic investigations on *Chlamydomonas eugametos*. Z. indukt. Abstamm.- u. Vererb.-Lehre **91**, 63—73 (1960).
Gowen, J. W.: A biometrical study of crossing over. Genetics **4**, 205—250 (1919).

GRAUBARD, M. A.: Temperature effect on interference and crossing over. Genetics 19, 83—94 (1934).

HALDANE, I. B. S.: The combination of linkage values, and the calculation of distances between the loci of linked factors. J. Genet. 8, 299—309 (1919).
— The cytological basis of genetical interference. Cytologia (Tokyo) 3, 54—65 (1931).

HANNA, W. F.: Studies in the physiology and cytology of Ustilago zeae and Sorosporium reilianum. Phytopathology 19, 415—442 (1929).

HASTINGS, P. J., and H. L. K. WHITEHOUSE: A polaron model of genetic recombination by the formation of hybrid deoxyribonucleic acid. Nature (Lond.) 201, 1052—1054 (1964).

HAWTHORNE, D. C., and R. K. MORTIMER: Chromosome mapping in Saccharomyces: centromere linked genes. Genetics 45, 1085—1110 (1960).

HAYES, W.: The genetics of bacteria and their viruses. Studies in basic genetics and molecular biology. Oxford 1964.

HEAGY, F. C., and J. A. ROPER: Deoxyribonucleic acid content of haploid and diploid Aspergillus conidia. Nature (Lond.) 170, 713 (1952).

HERSHEY, A. D.: Reproduction of bacteriophage. Int. Rev. Cytol. 1, 119—134 (1952).

HESLOT, H.: Contribution à l'étude cytogénétique et génétique des Sordariacées. Rev. Cytol. Biol. véget. 19, Suppl. 2, 1—235 (1958).

HIRSCH, H. M.: Temperature-dependent cellulase production by Neurospora crassa and its ecological implications. Experientia (Basel) 10, 180—182 (1954).

HOLLIDAY, R.: The genetics of Ustilago maydis. Genet. Res. 2, 204—230 (1961a).
— Induced mitotic crossing over in Ustilago maydis. Genet. Res. 2, 231—248 (1961b).
— Effect of photoreactivation on ultra-violet-induced segregation of heterozygous diploids. Nature (Lond.) 193, 95—96 (1962a).
— Mutation and replication in Ustilago maydis. Genet. Res. 3, 472—486 (1962b).
— The induction of mitotic recombination by mitomycin C in Ustilago and Saccharomyces. Genetics 50, 323—335 (1964a).
— A mechanism for gene conversion in fungi. Genet. Res. 5, 282—304 (1964b).

HOLLOWAY, B. W.: Heterocaryosis in Neurospora crassa. Ph. D. Thesis, California Institute of Technology 1953.
— Segregation of the mating-type locus in Neurospora crassa. Microbial Genet. Bull. 10, 15—16 (1954).

HOROWITZ, N. H., and H. MacLEOD: The DNA content of Neurospora nuclei. Microbial Genet. Bull. 17, 6—7 (1960).

HOULAHAN, M. B., G. W. BEADLE, and H. G. CALHOUN: Linkage studies with biochemical mutants of Neurospora crassa. Genetics 34, 493—507 (1949).

HOWE, H. B.: Crossing over in the first (sex) chromosome of Neurospora crassa. Genetics 39, 972—973 (1954).
— Crossing over and nuclear passing in Neurospora crassa. Genetics 41, 610—622 (1956).
— Markers and centromere distance in Neurospora tetrasperma. Genetics 48, 121—131 (1963).
— Sources of error in genetic analysis in Neurospora tetrasperma. Genetics 50, 181—189 (1964).

HÜTTIG, W.: Über den Einfluß der Temperatur auf die Keimung und Geschlechtsverteilung bei Brandpilzen. Z. Bot. 24, 529—577 (1931).
— Über physikalische und chemische Beeinflussung des Zeitpunktes der Chromosomenreduktion bei Brandpilzen. Z. Bot. 26, 1—26 (1933a).
— Über den Einfluß von Außenbedingungen auf die Chromosomenreduktion. Züchter 5, 243—249 (1933b).

HURST, D. D., and S. FOGEL: Mitotic recombination and heteroallelic repair in *Saccharomyces cerevisiae*. Genetics **50**, 435—458 (1964).

HWANG, Y. L., G. LINDEGREN, and C. C. LINDEGREN: Mapping the eleventh centromere in *Saccharomyces*. Canad. J. Genet. Cytol. **5**, 290—298 (1963).

IHLER, G., and M. MESELSON: Genetic recombination in bacteriophage λ by breakage and joining of DNA molecules. Virology **21**, 7—10 (1963).

IKEDA, Y., C. ISHITANI, and K. NAKAMURA: A high frequency of heterozygous diploids and somatic recombination induced in imperfect fungi by ultra-violet light. J. gen. appl. Microbiol. (Tokyo) **3**, 1—11 (1957).

ISHIKAWA, T.: Genetic studies of *ad-8* mutants in *Neurospora crassa*. I. Genetic fine structure of the *ad-8* locus. Genetics **47**, 1147—1161 (1962).

ISHITANI, C.: A high frequency of heterozygous diploids and somatic recombination produced by ultra-violet light in imperfect fungi. Nature (Lond.) **178**, 706 (1956).

ITO, T.: Genetic study on the expression of the color factor of the ascospore in *Sordaria fimicola*. I. Segregation of the dark- and lightcolored ascospore. Res. Bull. Obihiro Zootech. Univ. Ser. I **3**, 223—230 (1960).

JAMES, A. P., and B. LEE-WHITING: Radiation-induced genetic segregations in vegetative cells of diploid yeast. Genetics **40**, 826—831 (1955).

JANSSENS, F. A.: La theorie de la chiasmatypie. Nouvelle interprétation des cinèses de maturation. Cellule **25**, 389—411 (1909).

JOLY, P.: Données récentes sur la génétique des champignons supérieurs (Ascomycètes et Basidiomycètes). Rev. Mycol. (Paris) **29**, 115—186 (1964).

JOUSSEN, H., u. J. KEMPER: Ein neues Interferenzmodell zur Aufstellung von Tetraden-Kartierungsfunktionen. Z. Vererbungsl. **91**, 350—354 (1960).

KÄFER, E.: An 8-chromosome map of *Aspergillus nidulans*. Advanc. Genet. **9**, 105—145 (1958).

— The processes of spontaneous recombination in vegetative nuclei of *Aspergillus nidulans*. Genetics **46**, 1581—1609 (1961).

— Radiation effects and mitotic recombination in diploids of *Aspergillus nidulans*. Genetics **48**, 27—45 (1963).

—, and A. CHEN: UV-induced mutations and mitotic crossing-over in dormant and germinating conidia of *Aspergillus*. Microbial. Genet. Bull. **20**, 8—9 (1964).

KAKAR, S. N.: Allelic recombination and its relation to recombination of outside markers in yeast. Genetics **48**, 957—966 (1963).

KAPLAN, R. W.: Genetik der Mikroorganismen. Fortschr. Bot. **22**, 293—315 (1960).

KEITT, G. W., and D. M. BOONE: Induction and inheritance of mutant characters in *Venturia inaequalis* in relation to its pathologenicity. Phytopathology **44**, 362—370 (1954).

— — Use of induced mutations in the study of host-pathogen relationships. Genetics in Plant Breeding. Brookhaven Symp. in Biol. **9**, 209—217 (1956).

KELLENBERGER, G., M. L. ZICHICHI, and J. J. WEIGLE: Exchange of DNA in the recombination of bacteriophage. Proc. nat. Acad. Sci. (Wash.) **47**, 869—878 (1961).

KEMPER, J.: Temperaturabhängigkeit der Rekombinations- und Interferenzwerte bei *Sordaria macrospora* AUERSW. Diss. Math. Naturwiss. Fak. Univ. Köln 1964.

KIKKAWA, H.: Crossing over in the males of *Drosophila virilis*. Proc. Imp. Acad. (Tokyo) **9**, 535—536 (1933).

— Biological significance of coincidence in crossing over. Jap. J. Genet. **11**, 51—59 (1935).

KITANI, Y.: Three kinds of transreplication in *Sordaria fimicola*. Jap. J. Genet. **37**, 131—146 (1962).

— L. S. OLIVE, and A. S. EL-ANI: Transreplication and crossing over in *Sordaria fimicola*. Science **134**, 668—669 (1961).

— — — Genetics of *Sordaria fimicola*. V. Aberrant segregation at the *g* locus. Amer. J. Bot. **49**, 697—706 (1962).

KNAPP, E.: Zur Genetik von *Sphaerocarpus*. (Tetradenanalytische Untersuchungen.) Ber. dtsch. bot. Ges. **54**, 58—69 (1936).

KNAPP, E.: Crossing over und Chromosomenreduktion. Z. indukt. Abstamm.- u. Vererb.-Lehre **73**, 409—418 (1937).
— Tetrad analysis in green plants. Canad. J. Genet. Cytol. **2**, 89—95 (1960).
—, u. E. MÖLLER: Tetradenanalytische Auswertung eines Dreipunktversuches bei *Sphaerocarpus donellii* AUST. Z. indukt. Abstamm.- u. Vererb.-Lehre **87**, 298—310 (1955).
KNIEP, H.: Die Sexualität der niederen Pflanzen. Jena: Gustav Fischer 1928.
KOSAMBI, D. D.: The estimation of map distance from recombination values. Ann. Eugen. (Lond.) **12**, 172—175 (1944).
KUENEN, R.: Ein Modell zur Analyse der crossover-Interferenz. Z. Vererbungsl. **93**, 35—65 (1962a).
— Crossover- und Chromatiden-Interferenz bei *Podospora anserina* (CES.) REHM. Z. Vererbungsl. **93**, 66—108 (1962b).
LEDERBERG, J.: Recombination mechanisms in bacteria. J. cell. comp. Physiol. (Suppl. 2) **45**, 75—107 (1955).
LEUPOLD, U.: Die Vererbung von Homothallie und Heterothallie bei *Schizosaccharomyces pombe*. C. R. Lab. Carlsberg, Sér. Physiol. **24**, 381—480 (1950).
— Physiologisch-genetische Studien an adeninabhängigen Mutanten von *Schizosaccharomyces pombe*. Ein Beitrag zum Problem der Pseudoallelie. Schweiz. Z. allg. Path. **20**, 535—544 (1957).
— Studies on recombination in *Schizosaccharomyces pombe*. Cold Spr. Harb. Symp. quant. Biol. **23**, 161—170 (1958).
— Intragene Rekombination und allele Komplementierung. Arch. Klaus-Stift. Vererb.-Forsch. **36**, 89—117 (1961).
—, and H. HOTTINGUER: Some data on segregation in *Saccharomyces*. Heredity **8**, 243—258 (1954).
LEVINE, R. P., and W. T. EBERSOLD: Gene recombination in *Chlamydomonas reinhardi*. Cold Spr. Harb. Symp. quant. Biol. **23**, 101—109 (1958).
LEWIS, D.: Genetical analysis of methionine suppressors in *Coprinus*. Genet. Res. **2**, 141—155 (1961).
LINDEGREN, C. C.: The genetics of *Neurospora*. I. The inheritance of response to heat treatment. Bull. Torrey bot. Club **59**, 85—102 (1932a).
— The genetics of *Neurospora*. II. Segregation of the sex factors in asci of *Neurospora crassa*, *N. sitophila* and *N. tetrasperma*. Bull. Torrey bot. Club **59**, 119—138 (1932b).
— The genetics of *Neurospora*. III. Pure bred stocks and crossing over in *Neurospora crassa*. Bull. Torrey bot. Club **60**, 133—154 (1933).
— A six-point map of the sex chromosome of *Neurospora crassa*. J. Genet. **32**, 243—256 (1936a).
— The structure of the sex chromosome of *Neurospora crassa*. J. Hered. **27**, 251—259 (193 6b).
— Chromosome maps of *Saccharomyces*. Proc. of the 8th Internat. Congr. of Genet. (Hereditas Suppl. Vol.) 338—355 (1949a).
— The yeast cell, its genetics and cytology. St. Louis: Educational Publishers Ltd. 1949b.
— Non-mendelian segregation in a single tetrad of *Saccharomyces* ascribed to gene conversion. Science **121**, 605—607 (1955).
—, and G. LINDEGREN: Non-random crossing over in *Neurospora*. J. Hered. **28**, 105—113 (1937).
— — Non-random crossing over in the second chromosome of *Neurospora crassa*. Genetics **24**, 1—7 (1939).
— — Locally specific patterns of chromatid and chromosome interference in *Neurospora*. Genetics **27**, 1—24 (1942).
— — R. B. DRYSDALE, J. P. HUGHES, and A. BRENES-POMALES: Genetical analysis of the clones from a single tetrad of *Saccharomyces* showing non-mendelian segregation. Genetica **28**, 1—24 (1956).

LINDEGREN, C. C., G. LINDEGREN, E. E. SCHULT, and S. DESBOROUGH: Chromosome maps of *Saccharomyces*. Nature (Lond.) **183**, 800—802 (1959).

— — —, and Y. L. HWANG: Centromeres sites of affinity and gene loci on the chromosomes of *Saccharomyces*. Nature (Lond.) **194**, 260—265 (1962).

— — — — Chromosome maps of *Saccharomyces*. Microbial Gen. Bull., Suppl. to No 19 (1963).

—, and E. E. SHULT: Non-random assortment of centromeres with implications regarding random assortment of chromosomes. Experientia (Basel) **12**, 177 (1956).

LISSOUBA, P.: Mise en évidence d'une unité génétique polarisée et essai d'analyse d'un cas d'interférence négative. Ann. Sci. nat. Bot. **44**, 641—720 (1960).

— J. MOUSSEAU, G. RIZET, and J. L. ROSSIGNOL: Fine structure of genes in the ascomycete *Ascobolus immersus*. Advanc. Genet. **11**, 343—380 (1962).

—, et G. RIZET: Sur l'existence d'une unité génétique polarisée ne subissant que des échanges non réciproques. C. R. Acad. Sci. (Paris) **250**, 3408—3410 (1960).

LUDWIG, W.: Über numerische Beziehungen der crossover-Werte untereinander. Z. indukt. Abstamm.- u. Vererb.-Lehre **67**, 58—95 (1934).

— Über die Häufigkeit von Prä- und Postreduktion. Z. indukt. Abstamm.- u. Vererb.-Lehre **73**, 332—346 (1937a).

— Faktorenkoppelung und Faktorenaustausch bei normalem und aberrantem Chromosomenbestand. Leipzig: Georg Thieme 1938.

LURIA, S. E.: Reactivation of irradiated bacteriophage by transfer of self reproducing units. Proc. nat. Acad. Sci (Wash.) **33**, 253—263 (1947).

MAKAREWICZ, A.: First results of genetic analysis in series 726 of *Ascobolus immersus*. Acta Soc. Bot. Pol. **33**, 1—8 (1964).

MALING, B.: Linkage data for group IV markers in *Neurospora*. Genetics **44**, 1215—1220 (1959).

MANNEY, T. R.: Action of a super-suppressor in yeast in relation to allelic mapping and complementation. Genetics **50**, 109—121 (1964).

—, and R. K. MORTIMER: Allelic mapping in yeast using X-ray-induced mitotic reversion. Science **143**, 581—582 (1964).

MATHER, K.: Reductional and equational seperation of the chromosomes in bivalents and multivalents. J. Genet. **30**, 53—78 (1935).

MATHIESON, M. J.: Polarized segregation in *Bombardia lunata*. Ann. of Bot., N. S. **20**, 623—634 (1956).

McCLINTOCK, B.: *Neurospora*. I. Preliminary observations of the chromosomes of *Neurospora crassa*. Amer. J. Bot. **32**, 671—678 (1945).

McELROY, W. D., and B. GLASS (edits.): The chemical basis of heredity. Baltimore 1957.

McNELLY, C. A., and L. C. FROST: The effect of temperature on the frequency of recombination in *Neurospora crassa*. Genetics **48**, 900 (Abstr.) (1963).

MESELSON, M., and J. J. WEIGLE: Chromosome breakage accompanying genetic recombination in bacteriophage. Proc. nat. Acad. Sci. (Wash.) **47**, 857—868 (1961).

MICHIE, D.: Affinity: A new genetic phenomenon in the house mouse. Evidence from distant crosses. Nature (Lond.) **171**, 26—27 (1953).

— Affinity. Proc. rov. Soc. B **144**, 241—259 (1955).

MIDDLETON, R. B.: Sexual and somatic recombination in common-*AB* heterokaryons of *Schizophyllum commune*. Genetics **50**, 701—710 (1964).

MILLER, M. W., and E. A. BEVAN: Radio-protective chemicals and genetic recombination in *Sordaria fimicola*. Nature (Lond.) **202**, 716 (1964).

MITCHELL, H. K.: Crossing over and gene conversion in *Neurospora*. In: W. D. McELROY and B. GLASS (edits), The chemical basis of heredity, pp. 94—113. Baltimore 1957.

MITCHELL, M. B.: Aberrant recombination of pyridoxine mutants of *Neurospora*. Proc. nat. Acad. Sci. (Wash.) **41**, 215—220 (1955a).
— Further evidence of aberrant recombination in *Neurospora*. Proc. nat. Acad. Sci. (Wash.) **41**, 935—937 (1955b).
— Genetic recombination in *Neurospora*. Genetics **43**, 799—813 (1958).
— Detailed analysis of a *Neurospora* cross. Genetics **44**, 847—856 (1959).
— Ascus formation and recombinant frequencies in *Neurospora crassa*. Genetics **45**, 507—517 (1960a).
— Evidence of non-random distribution of ascus classes in fruiting bodies of *Neurospora crassa*. Genetics **45**, 1245—1251 (1960b).
— Indications of pre-ascus recombination in *Neurospora* crosses. Genetics **48**, 553—559 (1963).
— Phenotype distributions in asci of *Neurospora crassa*. Amer. J. Bot. **51**, 88—96 (1964).
—, and H. K. MITCHELL: A partial map of linkage group D in *Neurospora crassa*. Proc. nat. Acad. Sci. (Wash.) **40**, 436—440 (1954).
— T. H. PITTENGER, and H. K. MITCHELL: Pseudowild types in *Neurospora crassa*. Proc. nat. Acad. Sci. (Wash.) **38**, 569—580 (1952).
MÖLLER, E.: Über Chromatideninterferenz. Z. Vererbungsl. **90**, 409—420 (1959).
MONNOT, F.: Sur la localisation du gène *S* sur quelques particularités du crossing over chez *Podospora anserina*. C. R. Acad. Sci. (Paris) **236**, 2330—2332 (1953).
MORGAN, L. V.: A closed x-chromosome in *Drosophila melanogaster*. Genetics **18**, 250—283 (1933).
MORGAN, T. H.: An attempt to analyse the constitution of the chromosomes on the basis of sex-linked inheritance in *Drosophila*. J. exp. Zool. **11**, 365—415 (1911a).
— Random segregation versus coupling in mendelian inheritance. Science **34**, 384 (1911b).
— The theory of the gene. New Haven: Yale University Press 1926.
MORPURGO, G.: Somatic segregation induced by p-fluorophenylalanine. Aspergillus News Letter **2**, 10 (1961).
— Increased frequency of somatic crossing over by X rays in *Aspergillus nidulans*. Microbial Genet. Bull. **18**, 18—20 (1962a).
— Quantitative measurement of induced somatic segregation in *Aspergillus nidulans*. Sci. Rep. Ist. sup. Sanità (Roma) **2**, 324—329 (1962b).
— Induction of mitotic crossing over in *Aspergillus nidulans* by bifunctional alkylating agents. Genetics **48**, 1259—1263 (1963).
—, and G. SERMONTI: Chemically-induced instabilities in a heterozygous diploid of *Penicillium chrysogenum*. Genetics **44**, 137—152 (1959).
MORTIMER, R. K., and D. C. HAWTHORNE: Chromosome maps of *Saccharomyces*. Microbial Gen. Bull., Suppl. to No **19** (1963).
MULLER, H. J.: Further studies on the nature and causes of gene mutations. Proc. 6th Intern. Congr. Genet. **1**, 213—214 (1932).
MUNDKUR, B. D.: Evidence excluding mutations, polysomy, and polyploidy as possible causes of non-mendelian segregations in *Saccharomyces*. Ann. Missouri bot. Gard. **26**, 259—280 (1949).
— Irregular segregations in yeast hybrids. Curr. Sci. **19**, 84—85 (1950).
MURRAY, N. E.: The distribution of methionine loci in *Neurospora crassa*. Heredity **15**, 199—206 (1960a).
— Complementation and recombination between methionine-2 alleles in *Neurospora crassa*. Heredity **15**, 207—217 (1960b).
— Polarized recombination and fine structure within the *me-2* gene of *Neurospora crassa*. Genetics **48**, 1163—1184 (1963).
NAKAMURA, K.: An ascospore color mutant of *Neurospora crassa*. Bot. Mag. (Tokyo) **74**, 104—109 (1961).
OEHLKERS, F.: Meiosis und crossing over. Biol. Zbl. **60**, 337—348 (1940a).
— Meiosis und crossing over. Cytogenetische Untersuchungen an *Oenothera*. Z. indukt. Abstamm.- u. Vererb.-Lehre **78**, 157—168 (1940b).

OGUR, M., S. MINCKLER, G. LINDEGREN, and C. C. LINDEGREN: The nucleic acids in a polyploid series of *Saccharomyces*. Arch. Biochem. **40**, 175—184 (1952).

OLIVE, L. S.: Genetics of *Sordaria fimicola*. I. Ascospore colour mutants. Amer. J. Bot. **43**, 97—107 (1956).

— Aberrant tetrads in *Sordaria fimicola*. Proc. nat. Acad. Sci. (Wash.) **45**, 727—732 (1959).

— Mechanisms of genetic recombination in the fungi. In: G. DALLDORF (edit.), Fungi and fungous diseases. Springfield 1962.

OWEN, A. R. G.: The theory of genetical recombination. Advanc. Genet. **3**, 117—157 (1950).

PÄTAU, K.: Cytologischer Nachweis einer positiven Interferenz über das Centromer. (Der Paarungskoeffizient I.) Chromosoma (Berl.) **2**, 36—63 (1941).

PAPAZIAN, H. P.: Physiology of the incompatibility factors in *Schizophyllum commune*. Bot. Gaz. **112**, 143—163 (1950a).

— A method of isolating the four spores from a single basidium in *Schizophyllum commune*. Bot. Gaz. **112**, 139—140 (1950b).

— The incompatibility factors and a related gene in *Schizophyllum commune*. Genetics **36**, 441—459 (1951).

— The analysis of tetrad data. Genetics **37**, 175—188 (1952).

— Cluster model of crossing over. Genetics **45**, 1169—1175 (1960).

—, and C. C. LINDEGREN: A study of irregular quadruplets in *Saccharomyces*. Genetics **45**, 847—854 (1960).

PARAG, Y.: Studies on somatic recombination in dikaryons of *Schizophyllum commune*. Heredity **17**, 305—318 (1962).

PARSONS, P. A.: Genetical interference in maize. Nature (Lond.) **179**, 161—162 (1957).

— Genetical interference in *Drosophila spp*. Nature (Lond.) **182**, 1815—1816 (1958).

PATEMAN, J. A.: Aberrant recombination at the *am* locus in *Neurospora crassa*. Nature (Lond.) **181**, 1605—1606 (1958).

— High negative interference at the *am* locus in *Neurospora crassa*. Genetics **45**, 839—846 (1960a).

— Inter-relationships of the alleles at the *am* locus in *Neurospora crassa*. J. gen. Microbiol. **23**, 393—399 (1960b).

PAYNE, L. C.: The theory of genetical recombination: a general formulation for a certain class of intercept length distribution appropriate to the discussion of multiple linkage. Proc. roy. Soc. B **144**, 528—544 (1956).

— The theory of genetical recombination: effect of changing the $^1/_4 x^{\frac{3}{4}}$ intercept length distribution. Heredity **11**, 129—139 (1957).

PERKINS, D. D.: Biochemical mutants in the smut fungus *Ustilago maydis*. Genetics **34**, 607—626 (1949).

— The detection of linkage in tetrad analysis. Genetics **38**, 187—197 (1953).

— Tetrads and crossing over. J. cell. comp. Physiol. **45**, 119—149 (1955).

— Crossing over in a multiply marked chromosome arm of *Neurospora*. Microbial Genet. Bull. **13**, 22—23 (1956).

— New markers and multiple point linkage data in *Neurospora*. Genetics **44**, 1185—1208 (1959).

— The frequency in *Neurospora* tetrads of multiple exchanges within short intervals. Genet. Res. **3**, 315—327 (1962a).

— Crossing over and interference in a multiply marked chromosome arm of *Neurospora*. Genetics **47**, 1253—1274 (1962b).

— A. S. EL-ANI, L. S. OLIVE and Y. KITANI: Interference between exchanges in tetrads of *Sordaria fimicola*. Amer. Naturalist **97**, 249—252 (1963).

— M. GLASSEY, and B. A. BLOOM: New data on markers and rearrangements in *Neurospora*. Canad. J. Genet. Cytol. **4**, 187—205 (1962).

PERKINS, D. D., and C. ISHITANI: Linkage data for group III markers in *Neurospora*. Genetics **44**, 1209—1213 (1959).
—, and N. E. MURRAY: New markers and linkage data. Neurospora Newsletter **4**, 26—27 (1963).
PITTENGER, T. H.: The general incidence of pseudo-wild types in *Neurospora crassa*. Genetics **39**, 326—342 (1954).
— Mitotic instability of pseudo-wild types in *Neurospora*. Proc. 10th Intern. Congr. Genet. **2**, 218 (1958).
—, and M. B. COYLE: Somatic recombination in pseudowild-type cultures of *Neurospora crassa*. Proc. nat. Acad. Sci. (Wash.) **49**, 445—455 (1963).
PLOUGH, H. H.: The effect of temperature on crossing over in *Drosophila*. J. exp. Zool. **24**, 147—210 (1917).
PONTECORVO, G.: Mitotic recombination in the genetic systems of filamentous fungi. Proc. 9th Intern. Congr. Genet. 1953a.
— The genetics of *Aspergillus nidulans*. Advanc. Genet. **5**, 141—238 (1953b).
— Mitotic recombination in the genetic systems of filamentous fungi. Caryologia, Vol. suppl. 1—9 (1954).
— Trends in genetic analysis. New York: Columbia University Press 1958.
—, and E. KÄFER: Genetic analysis based on mitotic recombination. Advanc. Genet. **9**, 71—104 (1958).
—, and J. A. ROPER: Genetic analysis without sexual reproduction by means of polyploidy in *Aspergillus nidulans*. J. gen. Microbiol. **6**, VII (1952).
— — Diploids and mitotic recombination. Advanc. Genet. **5**, 218—233 (1953).
— — Resolving power of genetic analysis. Nature (Lond.) **178**, 83—84 (1956).
— — L. M. HEMMONS, K. D. MACDONALD and A. W. J. BUFTON: The genetics of *Aspergillus nidulans*. Advanc. Genet. **5**, 141—238 (1953).
—, and G. SERMONTI: Parasexual recombination in *Penicillium chrysogenum*. J. gen. Microbiol. **11**, 94—104 (1954).
PRAKASH, V.: Parental and non-parental association of centromeres in *Neurospora crassa*. 11th Intern. Congr. Genet. **2**. The Hague, 1963a (in press).
— Effects of chelating agents on crossing over in *Neurospora crassa*. Genetica **34**, 121—151 (1963b).
— Chromatid interference in *Neurospora crassa*. Genetics **50**, 297—321 (1964).
PRÉVOST, G.: Etude génétique d'un basidiomycète: *Coprinus radiatus* FR. ex BOLT. Thèse Fac. de Science, Université Paris 1962.
PRITCHARD, R. H.: The linear arrangement of a series of alleles of *Aspergillus nidulans*. Heredity **9**, 343—371 (1955).
— Recombination and negative interference in *Aspergillus nidulans*. Proc. 10th Intern. Congr. Genet. **2**, 223—224 (1958).
— Localized negative interference and its bearing on models of gene recombination. Genet. Res. **1**, 1—24 (1960).
— Mitotic recombination in fungi. In: W. J. BURDETTE (edit.), Methodology in basic genetics, pp. 228—246. San Francisco 1963.
PRUD'HOMME, N.: Recombinations chromosomique extra-basidales chez un basidiomycète «*Coprinus radiatus*» Ann. Génét. **4**, 63—66 (1963).
QUINTANILHA, A.: Le problème de la sexualité chez les Basidiomycètes. Recherches sur le genre „*Coprinus*". Bol. soc. Broteriana **8**, 1—99 (1933).
RADEMACHER, L.: Mathematische Theorie der Genkopplung unter Berücksichtigung der Interferenz. J.ber. schles. Ges. vaterl. Kultur **105**, 83—92 (1932).
RAPER, J. R., M. G. BAXTER, and R. B. MIDDLETON: The genetic structure of the incompatibility factors in *Schizophyllum commune*. Proc. nat. Acad. Sci. (Wash.) **44**, 889—900 (1958).
RAPER, J. R., and P. G. MILES: The genetics of *Schizophyllum commune*. Genetics **43**, 530—566 (1958).

REGNERY, D. C.: A study of the leucineless mutants of *Neurospora crassa*. Ph. D. Thesis, California Institute of Technology 1947.

REIMANN-PHILIPP, R.: Genetische Untersuchungen an den Tetraden einer höheren Pflanze (*Salpiglossis variabilis*). Z. indukt. Abstamm.- u. Vererb.-Lehre **87**, 187—207 (1955).

RIFAAT, O. M.: Genetical studies on the mating-type chromosome of *Neurospora crassa*. Ph. D. Thesis Cambridge 1956.

— A possible inversion in the mating-type chromosome of *Neurospora crassa*. Genetica **29**, 193—205 (1958).

— Effect of temperature on crossing over in *Neurospora crassa*. Genetica **30**, 312—323 (1959).

RIZET, G., et C. ENGELMANN: Contribution à l'étude génétique d'un ascomycète tetrasporé: *Podospora anserina*. Rev. Cytol. Biol. végét. **11**, 201—304 (1949).

— P. LISSOUBA et J. MOUSSEAU: Sur l'interférence négative au sein d'une série d'allèles chez *Ascobolus immersus*. C. R. Soc. Biol. (Paris) **11**, 1967—1970 (1960a).

— — — Les mutations d'ascospore chez l'ascomycète *Ascobolus immersus* et l'analyse de la structure fine des gènes. Bull. Soc. franç. Physiol. Vég. **6**, 175—193 (1960b).

—, et J. L. ROSSIGNOL: Sur la dissymmétrie de certaines conversions et sur la dimension de l'erreur de copie chez l'*Ascobolus immersus*. Revista Biol. **3**, 261—268 (1963).

ROMAN, H.: Studies of gene mutation in *Saccharomyces*. Cold Spr. Harb. Symp. quant. Biol. **21**, 175—185 (1956).

— Sur les recombinaisons non réciproques chez *Saccharomyces cerevisiae* et sur les problèms posés par ces phénomènes. Ann. Génét. **1**, 11—17 (1958).

— Genic conversion in fungi. In: W. J. BURDETTE (edit.), Methodology in basic genetics, pp. 209—227. San Francisco 1963.

— D. C. HAWTHORNE, and H. C. DOUGLAS: Polyploidy in yeast and its bearing on the occurrence of irregular genetic ratios. Proc. nat. Acad. Sci. (Wash.) **37**, 79—84 (1951).

—, and F. JACOB: A comparison of spontaneous and ultraviolet-induced allelic recombination with reference to the recombination of outside markers. Cold Spr. Harb. Symp. quant. Biol. **23**, 155—160 (1958).

ROPER, J. A.: A search for linkage between genes determing vitamin requirements. Nature (Lond.) **166**, 956 (1950).

— Production of heterozygous diploids in filamentous fungi. Experientia (Basel) **8**, 14—15 (1952).

—, and R. H. PRITCHARD: The recovery of the complementary products of mitotic crossing over. Nature (Lond.) **175**, 639 (1955).

ROSSIGNOL, J. L.: Phénomènes de recombinaison intragénique et unite fonctionnelle d'un locus chez l'*Ascobolus immersus*. Thèse Fac. de Science, Univ. Paris 1964.

RYAN, F. J.: Crossing over and second division segregation in fungi. Bull. Torrey bot. Club **70**, 605—611 (1943).

SCHWARTZ, D.: Evidence for sister-strand crossing over in maize. Genetics **38**, 251—260 (1953).

— Studies on the mechanism of crossing over. Genetics **39**, 692—700 (1954).

SCHWEITZER, M. D.: An analytical study of crossing over in *Drosophila melanogaster*. Genetics **20**, 497—527 (1935).

SERMONTI, G.: Analysis of vegetative segregation and recombination in *Penicillium chrysogenum*. Genetics **42**, 433—443 (1957).

SERRES, F. J. DE: Studies with purple adenine mutants in *Neurospora crassa*. I. Structural and functional complexity in the *ad-3* region. Genetics **41**, 668—676 (1956).

— Recombination and interference in the *ad-3* region of *Neurospora crassa*. Cold Spr. Harb. Symp. quant. Biol. **23**, 111—118 (1958a).

SERRES, F. J. DE: Studies with purple adenine mutants in *Neurospora crassa*. III. Reversion of x-ray-induced mutants. Genetics **43**, 187—206 (1958b).
— Studies with purple adenine mutants in *Neurospora crassa*. V. Evidence for allelic complementation among *ad-3B* mutants. Genetics **48**, 351—360 (1963).
— Genetic analysis of the structure of the *ad-3* region of *Neurospora crassa* by means of irreparable recessive lethal mutations. Genetics **50**, 21—30 (1964).
SHAW, J.: Asymmetrical segregation of mating type and two morphological mutant loci in *Sordaria brevicollis*. Bull. Torrey bot. Club **89**, 83—91 (1962).
SHERMAN, F., and H. ROMAN: Evidence for the types of allelic recombination in yeast. Genetics **48**, 255—261 (1963).
SHULT, E. E., and S. DESBOROUGH: The application to tetrad-analysis-data from *Saccharomyces*, of principles for establishing the linear order of genetic factors. Genetica **31**, 147—187 (1960).
— — and C. C. LINDEGREN: Preferential segregation in *Saccharomyces*. Genet. Res. **3**, 196—209 (1962).
—, and C. C. LINDEGREN: The determination of the arrangement of genes from tetrad data. Cytologia (Tokyo) **20**, 291—295 (1955).
— — A general theory of crossing over. J. Genet. **54**, 343—357 (1956a).
— — Mapping methods in tetrad analysis. I. Provisional arrangement and ordering of loci preliminary to map construction by analysis of tetrad distribution. Genetica **28**, 165—176 (1956b).
— — Orthoorientation: A new tool for genetical analysis. Genetica **29**, 58—72 (1957).
— — A survey of genetic methodology from mendelism to tetrad analysis. Canad. J. Genet. Cytol. **1**, 189—201 (1959).
SIDDIQI, O. H.: The fine genetic structure of the *paba-1* region of *Aspergillus nidulans*. Genet. Res. **3**, 69—89 (1962).
—, and A. PUTRAMENT: Polarized negative interference in the *paba-1* region of *Aspergillus nidulans*. Genet. Res. **4**, 12—20 (1963).
SINGLETON, J. R.: Cytogenetic studies of *Neurospora crassa*. Ph. D. Thesis, California Inst. of Technology 1948.
— Chromosome morphology and the chromosome cycle in the ascus of *Neurospora crassa*. Amer. J. Bot. **40**, 124—144 (1953).
SMITH, F. H.: Influence of temperature on crossing over in *Drosophila*. Nature (Lond.) **138**, 329—330 (1936).
SPIEGELMAN, S.: Mapping functions in tetrad and recombinant analysis. Science **116**, 510—512 (1952).
SRB, A. M.: Ornithine-arginine metabolism in *Neurospora* and its genetic control. Ph. D. Thesis, Stanford University 1946.
STADLER, D. R.: A map of linkage group VI of *Neurospora crassa*. Genetics **41**, 528—543 (1956a).
— Double crossing over in *Neurospora*. Genetics **41**, 623—630 (1956b).
— Heritable factors influencing crossing over frequency in *Neurospora*. Microbial. Genet. Bull. **13**, 32—34 (1956c).
— Gene conversion of cysteine mutants in *Neurospora*. Genetics **44**, 647—655 (1959a).
— The relationship of gene conversion to crossing over in *Neurospora*. Proc. nat. Acad. Sci. (Wash.) **45**, 1625—1629 (1959b).
— Observations on the polaron model for genetic recombination. Heredity **18**, 233—242 (1963).
—, and A. M. TOWE: Genetic factors influencing crossing over frequency in *Neurospora*. Genetics **47**, 839—846 (1962).

STADLER, D. R., and A. M. TOWE: Recombination of allelic cysteine mutants in *Neurospora*. Genetics **48**, 1323—1344 (1963).
STAHL, F. W.: A chain model for chromosomes. J. Chim. Phys. **56**, 1072—1077 (1961).
— The mechanics of inheritance. Englewood Cliffs, New Jersey: Prentice-Hall, Inc. 1964.
STENT, G. S.: Molecular biology of bacterial viruses. San Francisco and London 1963.
STERN, C.: An effect of temperature and age on crossing over in the first chromosome of *Drosophila melanogaster*. Proc. nat. Acad. Sci. (Wash ) **12**, 530—532 (1926).
— Somatic crossing over and segregation in *Drosophila melanogaster*. Genetics **21**, 625—730 (1936).
ST. LAWRENCE, P.: The *q* locus of *Neurospora crassa*. Proc. nat. Acad. Sci (Wash.) **42**, 189—194 (1956).
—, and D. M. BONNER: Gene conversion and problems of allelism. In: W. D. McELROY and B. GLASS (edits.), The chemical basis of heredity, pp. 114—122. Baltimore 1957.
STREISINGER, G., and N. FRANKLIN: Mutation and recombination at the host range genetic region of phage *T 2*. Cold Spr. Harb. Symp. quant. Biol. **21**, 103—109 (1956).
STRICKLAND, W. N.: Abnormal tetrads in *Aspergillus nidulans*. Proc. roy. Soc. B **148**, 533—542 (1958a).
— An analysis of interference in *Aspergillus nidulans*. Proc. roy. Soc. B **149**, 82—101 (1958b).
— A rapid method for obtaining unordered *Neurospora* tetrads. J. gen. Microbiol. **22**, 583—585 (1960).
— Tetrad analysis of short chromosome regions of *Neurospora crassa*. Genetics **46**, 1125—1141 (1961).
— D. D. PERKINS, and C. C. VEATCH: Linkage data for group V markers in *Neurospora*. Genetics **44**, 1221—1226 (1959).
STRØMNAES, Ø., and E. D. GARBER: Heterocaryosis and the parasexual cycle in *Aspergillus fumigatus*. Genetics **48**, 653—662 (1962).
SURZYCKI, S., and A. PASZEWSKI: Non-random segregation of chromosomes in *Ascobolus immersus*. Genet. Res. **5**, 20—26 (1964).
SUYAMA, Y., K. D. MUNKERS, and V. W. WOODWARD: Genetic analyses of the *pyr-3* locus of *Neurospora crassa:* the bearing of recombination and gene conversion upon intraallelic linearity. Genetica **30**, 293—311 (1959).
SWIEZYNSKI, K. M.: Somatic recombination of two linkage groups in *Coprinus lagopus*. Genetica Polonica **4**, 21—36 (1963).
TATUM, E. L., and T. T. BELL: *Neurospora*. III. Biosynthesis of thiamin. Amer. J. Bot. **33**, 15—20 (1946).
TAYLOR, J. H.: The time and mode of duplication of the chromosomes. Amer. Naturalist **91**, 209—221 (1957).
— The organization and duplication of genetic material. Proc. 10th Intern. Congr. Genet. **1**, 63 (1958).
— P. S. WOODS, and W. L. HUGHES: The organization and duplication of chromosomes as revealed by autoradiographic studies using tritium-labeled thymidine. Proc. nat. Acad. Sci (Wash.) **43**, 122—127 (1957).
TEAS, H. J.: The biochemistry and genetics of threonine-requiring mutants of *Neurospora crassa*. Ph. D. Thesis, California Inst. of Technology 1947.
THRELKELD, S. F. H.: Effect of 5-bromouracil on ascus patterns in some *Neurospora* crosses. Nature (Lond.) **193**, 1108—1109 (1962a).
— Some asci with nonidentical sister spores from a cross in *Neurospora crassa*. Genetics **47**, 1187—1198 (1962b).
— Pantothenic acid requirement for spore color in *Neurospora crassa*. Canad J. Genet. and Cytol. **7**, 171—173 (1965).
TOWE, A. M.: Factors influencing crossing over in *Neurospora*. Microbial Genet. Bull. **16**, 31—32 (1958).
—, and D. R. STADLER: Effects of temperature on crossing over in *Neurospora*. Genetics **49**, 577—583 (1964).

WALLACE, M. E.: Affinity, a new genetic phenomenon in the house mouse. Evidence within laboratory stocks. Nature (Lond.) **171**, 27—28 (1953).
— The use of affinity in chromosome mapping. Biometrics **13**, 98—110 (1957).
— Experimental evidence for a new genetic phenomenon. Phil. Trans. B **241**, 211—254 (1958a).
— New linkage and independence data for *ruby* and *jerker* in the mouse. Heredity **12**, 453—462 (1958b).
— An experimental test of the hypothesis of affinity. Genetica **29**, 243—255 (1959).
— A possible case of affinity in tomatoes. Heredity **14**, 275—283 (1960a).
— Possible cases of affinity in cotton. Heredity **14**, 263—274 (1960b).
— Affinity: evidence from crossing inbred lines of mice. Heredity **16**, 1—23 (1961).
WEIJER, J.: Aberrant recombination at the *td* locus of *Neurospora crassa* and its mendelian interpretation. Canad. J. Genet. Cytol. **1**, 147—160 (1959).
WEINSTEIN, A.: Unraveling the chromosomes. J. cell. comp. Physiol. **45**, Suppl. 2, 249—269 (1955).
WELSHON, W. J.: A comparative study of crossing over in attached x-chromosomes of *Drosophila melanogaster*. Genetics **40**, 918—936 (1955).
WESTERGAARD, M.: Studies on the mechanism of crossing over. I. Theoretical considerations. C. R. Lab. Carlsberg, Sér. Physiol. **34**, 359—405 (1964).
WETTSTEIN, F. v.: Morphologie und Physiologie des Formenwechsels. Z. indukt. Abstamm.- u. Vererb.-Lehre **33**, 1—236 (1924).
WHEELER, H. E.: Linkage groups in *Glomerella*. Amer. J. Bot. **43**, 1—6 (1956).
—, and C. H. DRIVER: Genetics and cytology of a mutant, dwarf-spored *Glomerella*. Amer. J. Bot. **40**, 694—702 (1953).
WHITEHOUSE, H. L. K.: Crossing over in *Neurospora*. New Phytologist **41**, 23—62 (1942).
— Genetics of ascomycetes. Ph. D. Thesis, Cambridge Univ. 1948.
— Multiple-allelomorph heterothallism in the fungi. New Phytologist **48**, 212—244 (1949).
— Mapping chromosome centromeres by the analysis of unordered tetrads. Nature (Lond.) **165**, 893 (1950).
— Analysis of unordered tetrads segregating for lethal or other epistatic factor. Nature (Lond.) **172**, 463—464 (1954).
— The use of loosely-linked genes to estimate chromatid interference by tetrad analysis. C. R. Lab. Carlsberg, Sér. Physiol. **26**, 407—422 (1956).
— Use of tetratype frequencies for estimating spindle overlapping at the second division of meiosis in "ordered" tetrads. Nature (Lond.) **179**, 162—163 (1957a).
— Mapping chromosome centromeres from tetratype frequencies. J. Genet. **55**, 348—360 (1957b).
— A theory of crossing over by means of hybrid deoxyribonucleic acid. Nature (Lond.) **199**, 1034—1040 (1963).
—, and J. B. S. HALDANE: Symmetrical and asymmetrical reduction in ascomycetes. J. Genet. **47**, 208—212 (1946).
—, and P. J. HASTINGS: The analysis of genetic recombination on the polaron hybrid DNA model. Genet. Res. (in press) (1965).
WILKIE, D., and D. LEWIS: The effect of ultraviolet light on recombination in yeast. Genetics **48**, 1701—1716 (1963).
WILLIAMS, E. B., and J. R. SHAY: The relationship of genes for pathogenicity and certain other characters in *Venturia inaequalis* (CKE) WINT. Genetics **42**, 704—711 (1957).

WINGE, Ö., and C. ROBERTS: Non-mendelian segregation from heterozygotic yeast asci. Nature (Lond.) **165**, 157—158 (1950).
— — On tetrad analysis apparently inconsistent with mendelian law. Heredity **8**, 295—304 (1954a).
— — Causes of deviations from 2:2 segregations in the tetrads of monohybrid yeasts. C. R. Lab. Carlsberg, Sér. Physiol. **25**, 285—329 (1954b).
— — Remarks on irregular segregations in *Saccharomyces*. Genetica **28**, 489—496 (1957).
WINKLER, H.: Die Konversion der Gene. Jena: Gustav Fischer 1930.
WOLFF, S.: Are sister chromatid exchanges sister strand crossovers or radiation-induced exchanges? Mutation Research **1**, 337—343 (1964).
WÜLKER, H.: Untersuchungen über Tetradenaufspaltung bei *Neurospora sitophila* SHEAR et DODGE. Z. indukt. Abstamm.- u. Vererb.-Lehre **69**, 210—248 (1935).
ZICKLER, H.: Das Sichtbarwerden der Mendelspaltung im Ascus von *Bombardia lunata*. Ber. dtsch. bot. Ges. **52**, 11—14 (1934a).
— Genetische Untersuchungen an einem heterothallischen Ascomyceten (*Bombardia lunata, nov. spec.*). Planta (Berl.) **22**, 573—613 (1934b).
— Die Vererbung des Geschlechts bei dem Ascomyceten *Bombardia lunata* ZCKL. Z. indukt. Abstamm.- u. Vererb.-Lehre **73**, 403—408 (1937).

# Kapitel V

# Mutation

Seite

A. Punktmutationen . . . . . . . . . . . . . . . . . . . . . . . . . . . 275
   I. Methoden zur Isolierung und Charakterisierung von Punkt-
     mutanten . . . . . . . . . . . . . . . . . . . . . . . . . . . . 276
     1. Morphogenetische Mutanten . . . . . . . . . . . . . . . 276
     2. Letalmutanten . . . . . . . . . . . . . . . . . . . . . . 278
     3. Biochemische Mutanten . . . . . . . . . . . . . . . . . 279
       a) Klassische Methode . . . . . . . . . . . . . . . . 279
       b) Stempeltechnik . . . . . . . . . . . . . . . . . . . 281
       c) Schichttechnik . . . . . . . . . . . . . . . . . . . . 282
       d) Filtertechnik . . . . . . . . . . . . . . . . . . . . 283
       e) Doppelmutanten-Methode . . . . . . . . . . . . . . 284
       f) Methode zur Isolierung von Rückmutanten . . . . . 285
       g) Methode zur Isolierung von Resistenzmutanten . . . 285
   II. Strahleninduzierte Mutagenese . . . . . . . . . . . . . . . 286
     1. Dosis-Effekt-Beziehung . . . . . . . . . . . . . . . . . 288
     2. Theorien zur Erklärung der Strahlenwirkung . . . . . . 291
     3. Phasen des Mutationsvorganges . . . . . . . . . . . . . 291
     4. Chemische Grundlage des strahleninduzierten Mutationsvor-
       ganges . . . . . . . . . . . . . . . . . . . . . . . . . . 293
   III. Chemische Mutagenese . . . . . . . . . . . . . . . . . . . 295
     1. Wirkung mutagener Chemikalien . . . . . . . . . . . . 295
     2. Hypothesen zur Deutung der chemischen Mutagenese . . 300
       a) Austausch zwischen normalen Basen . . . . . . . . 302
       b) Einbau von Basenanaloga anstelle normaler Basen . 302
       c) Chemische Veränderung normaler Basen . . . . . . 303
       d) Ausfall bzw. Einschub normaler Basen . . . . . . . 304
   IV. Elektive Mutabilität . . . . . . . . . . . . . . . . . . . . 305
     1. Intragenische Elektivität . . . . . . . . . . . . . . . . 305
       a) Hinmutationen . . . . . . . . . . . . . . . . . . . 305
       b) Rückmutationen . . . . . . . . . . . . . . . . . . . 307
     2. Intergenische Elektivität . . . . . . . . . . . . . . . . 311
   V. Spontane Mutationen . . . . . . . . . . . . . . . . . . . . 313
     1. Mutationsraten . . . . . . . . . . . . . . . . . . . . . 313
     2. Mutationsvorgang . . . . . . . . . . . . . . . . . . . . 316
B. Segmentmutationen . . . . . . . . . . . . . . . . . . . . . . . . 317
   I. Translokationen . . . . . . . . . . . . . . . . . . . . . . . 317
   II. Inversionen . . . . . . . . . . . . . . . . . . . . . . . . . 320
   III. Deletionen . . . . . . . . . . . . . . . . . . . . . . . . . 322
C. Genommutationen . . . . . . . . . . . . . . . . . . . . . . . . . 324
   I. Methoden zum Nachweis von Polyploidie . . . . . . . . . . 325
     1. Zytologische Methoden . . . . . . . . . . . . . . . . . 325
     2. Biochemische Methode . . . . . . . . . . . . . . . . . 326
     3. Genetische Methode . . . . . . . . . . . . . . . . . . 326
   II. Spontane und induzierte Polyploidie . . . . . . . . . . . . 327
   Literatur . . . . . . . . . . . . . . . . . . . . . . . . . . . . 331

Mutationen sind *diskontinuierliche, erbliche Veränderungen des genetischen Materials*. Im Gegensatz zu Rekombinationen, die durch Umgruppierung ganzer Chromosomen oder durch Austausch von Chromosomensegmenten ebenfalls für die Bildung neuer Genotypen verantwortlich sind, entstehen Mutationen *nicht als Folge sexueller oder parasexueller Vorgänge*. Sie treten sowohl *spontan* als auch unter dem Einfluß mutationsauslösender Agenzien *(Mutagene)* auf.

Abgesehen von extrachromosomalen Mutationserscheinungen, über die wir im letzten Kapitel berichten (S. 445 ff.), lassen sich alle übrigen Mutationen in Chromosomen bzw. ihren Äquivalenten (z.B. bei Bakterien) lokalisieren. Man unterscheidet im allgemeinen drei Gruppen karyotischer Erbänderungen:

*1. Punktmutationen: punktförmige Strukturänderungen innerhalb eines Gens*. Sie bewirken keine Veränderung in den Koppelungsbeziehungen zu anderen bekannten Genmarken. Den Ort der Mutation nennt man Mutationsstelle. Punktmutanten können durch einen weiteren Mutationsvorgang im selben Bereich so verändert werden, daß wieder der ursprüngliche Phänotyp ausgebildet wird (Rückmutation). Nach den Erkenntnissen der molekularen Genetik besteht eine Punktmutation in einer Umwandlung kleinster Bausteine der DNS, und zwar genügt bereits der Austausch einer einzigen DNS-Base durch eine andere.

Früher nannte man jede mutative Veränderung eines Gens eine Genmutation. Seitdem bekannt ist (S. 217 ff.), daß ein Gen keine Mutationseinheit darstellt, sondern an vielen unterschiedlichen Stellen mutieren kann, spricht man bei Veränderungen mit den obengenannten Eigenschaften von Punktmutationen.

*2. Segmentmutationen: Strukturveränderungen der Chromosomen durch Umlagerung oder Ausfall von Chromosomensegmenten*. Diese auch Chromosomenmutationen genannten Umbauten führen durch die Verlagerung einzelner Genmarken zu veränderten Rekombinationswerten. Sie kommen dadurch zustande, daß ein Chromosom in Stücke „zerbricht". Die Bruchstücke gehen entweder im Verlaufe weiterer Teilungen verloren oder fügen sich in anderer Kombination wieder zusammen. Diese Mutanten können nicht in einem Schritt zurückmutieren.

*3. Genommutationen: Veränderungen der Anzahl ganzer Chromosomen oder Chromosomensätze pro Kern*. Die Struktur der Chromosomen bleibt hierbei unverändert.

Genommutationen können wie bei höheren Organismen auch bei Pilzen meist durch mikroskopische Analyse zytologischer Präparate direkt erkannt werden. Sie führen auch zum Teil zu Änderungen der Strahlensensibilität; z.B. geben Haplonten lineare (eintreffrige), Polyploide gekrümmte (mehrtreffrige) Dosis-Effekt-Kurven der Inaktivierung durch Röntgenstrahlen (S. 288 ff. und 291). Umlagerungen oder Verluste sehr kleiner Chromosomenbruchstücke dagegen, deren Größe unterhalb der Grenze des optischen Auflösungsvermögens des Lichtmikroskopes liegt, sind mikroskopisch nicht mehr zu identifizieren. Deshalb ist man zur Unterscheidung von Punkt- und Segmentmutationen, die beide zu einer Veränderung der Chromosomenstruktur führen, meist auf genetische Kriterien angewiesen: Merkmalaufspaltung in der $F_1$-Generation, Koppelungsbeziehungen zu bekannten Markierungspunkten, Fähigkeit bzw. Unfähigkeit zur Rückmutation (vgl. hierzu S. 317ff.).

Da die neueren Erkenntnisse auf dem Gebiet der Mutationsgenetik auf Experimenten mit mutagenen Agenzien basieren, verdienen diese unsere besondere Aufmerksamkeit. Hierbei ist es unerläßlich, auch auf Befunde einzugehen, die an Bakterien und Phagen gewonnen wurden.

*Literatur allgemeiner Art:* DEMEREC (1955), GOLDSCHMIDT (1955), SWANSON (1957), KAPLAN (1957, 1959, 1962a), STRAUB (1958), ZAMENHOF (1959, 1963), STRAUSS (1960), LASKOWSKI (1960b), RÖBBELEN (1960, 1962, 1963), SAGER und RYAN (1961), ERRERA (1962), SCHULL (1962), AUERBACH (1962, 1964), STENT (1963), STAHL (1964), BRESCH (1964), HAYES (1964).

Eine Reihe weiterer Arbeiten können den von McELROY und GLASS (1957) und von STUBBE (1960, 1962) herausgegebenen Büchern sowie den Cold Spring Harbor Symposia of quantitative Biology, Band **16** (1951), **21** (1956) und **23** (1958), entnommen werden.

# A. Punktmutationen

Punktmutationen haben sich für die Bearbeitung vieler genetischer Probleme als besonders vorteilhaft erwiesen. Für diese Vorrangstellung lassen sich im wesentlichen zwei Gründe anführen:

1. Die Analyse von Rekombinationsprozessen erfordert eine punktförmige Markierung des genetischen Materials (s. Kapitel *Rekombination*).

2. Punktmutationen erlauben, Veränderungen in der Basensequenz der DNS zu analysieren (s. *Hypothesen zur Deutung der chemischen Mutagenese*, S. 300ff., und *Genetischer Code*, S. 352ff.).

Nicht alle Mutationen eignen sich in gleicher Weise für genetische Experimente. Die Mutationsforschung verlangt Mutantentypen, die eindeutig zu erkennen, leicht zu selektionieren und zu isolieren sein müssen. Diese Bedingungen sind für die meisten Alleldifferenzen in Wildpopulationen nicht erfüllt, obwohl sich im allgemeinen geographische Rassen in vielen, jedoch oft nicht stark divergierenden Merkmalen unterscheiden.

Genetische Untersuchungen beschränkten sich bis zur Entdeckung biochemischer Mutationen in den vierziger Jahren vor allem auf die von höheren Organismen her bekannten morphogenetischen Mutationen und Letalmutationen. *Morphogenetische Mutationen* sind Erbänderungen, die durch einen vom Wildtyp abweichenden Habitus direkt zu erkennen und dadurch relativ leicht zu isolieren sind.

Jedoch erweisen sich derartige Mutationen bei Pilzen nicht immer als vorteilhaft. Die Zahl der unterscheidbaren Habitus-Merkmale ist nämlich sehr begrenzt. Dadurch lassen sich morphogenetische Mutationen nur schlecht oder überhaupt nicht identifizieren, wenn sie zu mehreren kombiniert auftreten (z.B. Sterilität in Kombination mit einer veränderten Sporenfarbe).

Unter einer *Letalmutation* versteht man eine erbliche Veränderung des genetischen Materials, die zur Funktionsunfähigkeit und dadurch zum Absterben des Organismus führt.

Wenn es sich hierbei um eine *rezessive* Mutation handelt, kann der letale Effekt in Diplonten oder Heterokaryen durch ein anderes, nichtmutiertes Allel aufgehoben werden. Trotz dieser experimentellen Möglichkeit, den Erbgang von Letalmutationen auch in den meist haploiden Pilzen zu studieren, eignen sich solche Mutationen nur wenig zur Untersuchung genetischer Probleme allgemeiner Art.

*Biochemische Mutationen* erfüllen im Gegensatz zu morphogenetischen Mutationen und Letalmutationen alle experimentellen Anforderungen. Zu diesem Mutationstyp zählen Auxotrophie- und Resistenzmutationen. *Auxotrophiemutanten* haben die Fähigkeit verloren, bestimmte lebensnotwendige Stoffe selbst zu synthetisieren *(Mangelmutanten)*; sie können nur wachsen, wenn ihnen diese Stoffe im Nährmedium angeboten werden. Auxotrophe verhalten sich unter gewissen Bedingungen (auf Minimalmedium) wie Letalmutanten. Sie sind jedoch auf Komplettmedium lebensfähig (S. 279 ff.). *Resistenzmutanten* dagegen haben eine Fähigkeit hinzugewonnen: Sie können in Gegenwart von Stoffen leben, die als Gifte das Absterben der Wildform bewirken.

Biochemische Mutationen sind auch dann leicht zu identifizieren, wenn sie zu mehreren im selben Kern vorkommen. Entsprechende Mutanten können durch spezielle Selektionstechniken relativ schnell in größeren Mengen isoliert werden (S. 281 ff.).

Man unterscheidet bei Punktmutationen hin- und rückläufige Prozesse. Bei einer *Hinmutation* wird der Wildtyp an einer bestimmten Stelle eines Gens verändert.

Der Begriff „Wildtyp" ist keineswegs unproblematisch, besonders wenn man an die „Wildtypen" verschiedener geographischer Rassen denkt, die eine unterschiedliche genetische Ausstattung besitzen können (S. 174). In unseren Ausführungen ist immer der unmutierte Ausgangsstamm gemeint, an dem die Mutationsexperimente durchgeführt werden.

Von einer *Rückmutation* spricht man, wenn eine Mutation im selben Gen erfolgt, in dem vorher eine Hinmutation stattgefunden hat. Die Stelle der Rückmutation braucht nicht mit der Stelle der Hinmutation identisch zu sein (S. 413 ff.). Jedoch muß der zweite Mutationsvorgang die Wiederherstellung des Wild-Phänotyps bewirken. Manchmal kann eine Rückmutation durch die Mutation von Suppressorgenen außerhalb des hinmutierten Funktionsbereiches vorgetäuscht werden (S. 408).

# I. Methoden zur Isolierung und Charakterisierung von Punktmutanten

## 1. Morphogenetische Mutanten

Während höhere Pflanzen und Tiere sehr viele Form- und Farbmerkmale besitzen, die sich für Erbversuche eignen, sind diese bei Pilzen infolge der relativ einfachen morphologischen Ausgestaltung nur auf wenige beschränkt. Besonders stark tritt dieser Mangel an brauchbaren morphologischen Merkmalen bei den einzelligen Hefen in Erscheinung. Bei hyphenbildenden Pilzen findet man dagegen eine Reihe von Mutationen, die sich vor allem auf Myzeleigenschaften (Farbe, Wuchsform, Wachstumsgeschwindigkeit), auf Merkmale der Fruchtkörper (Form,

Größe) und auf Sporen- bzw. Konidieneigenschaften (Farbe, Form, Größe, Anordnung) beziehen (vgl. Tabelle II-1). Als besonders vorteilhaft für genetische Untersuchungen haben sich Merkmale von Sporen und Konidien erwiesen (S. 152). Hier manifestiert sich die Mutation in einer einzigen, sich vom Organismus loslösenden Zelle, die in besonders günstigen Fällen einkernig ist (z. B. Konidien von *Aspergillus nidulans*, S. 282).

Die im allgemeinen angewandte Methode zur Herstellung und Isolierung morphogenetischer Mutanten ist folgende: Sporen oder Konidien eines Pilzes werden bestrahlt oder mit mutagenen Chemikalien behandelt und dann auf einem Nährmedium ausgesät. Ein großer Teil dieser Zellen wird infolge der Behandlung abgetötet, die übrigen keimen zu Myzelien aus. An diesen können nach erfolgter Mutation die Veränderungen meist unmittelbar erkannt werden. Der wesentliche Nachteil dieser Methode besteht darin, daß keine Selektion möglich ist.

Bedeutend einfacher kann man *spontane* morphogenetische Mutationen an Sporen oder Konidien auffinden. Eine elegante Methode zur Isolierung solcher Mutanten haben z. B. RIZET u. Mitarb. für *Ascobolus immersus* entwickelt (RIZET et al. 1960a, b; LISSOUBA 1960; LISSOUBA et al. 1962).

Bei der Reife werden die acht Sporen aus den Asci herausgeschleudert. Sie können auf einer mit Agar gefüllten Petrischale aufgefangen werden, die zur Zeit der Sporenreife mit der Agarschicht nach unten auf die sporulierende Kultur gelegt wird. Auf diese Weise lassen sich pro Schale über tausend Asci getrennt auf Spontanmutationen untersuchen. Da die acht Sporen eines Ascus meist zusammenbleiben, lassen 4:4-Aufspaltungen bezüglich Sporenfarbe oder -form darauf schließen, daß einer der beiden Elternkerne vor der Karyogamie mutiert war. Mit Hilfe dieser Technik konnten in relativ kurzer Zeit etwa 2000 Spontanmutanten isoliert werden.

In vielen Fällen ist die Entdeckung von Mutanten durch Dominanzwirkungen im Heterokaryon erschwert. Dieser Fall tritt z. B. ein, wenn man die vielkernigen Makrokonidien von *N. crassa* oder die bei der Reife mehrkernigen Sporen von Ascomycetes (z. B. *Podospora anserina, Sordaria macrospora*) zur Erzeugung von Mutanten verwendet. Falls nämlich nur *ein* Kern einer solchen Fortpflanzungszelle mutiert ist, kann dessen Phänotyp infolge von Rezessivität oder einer geringeren Vermehrungsrate unentdeckt bleiben. Das heterokaryotische Myzel zeigt dann den Phänotyp der Wildform. Aus diesem Grund wählt man die Dosis der mutagenen Agenzien in solchen Fällen so hoch, daß die Wahrscheinlichkeit, mit der mehr als ein Kern pro Konidie bzw. Ascospore überlebt, sehr gering ist. Die Chance, rezessive Mutationen zu entdecken, wird dadurch erhöht. Ist man nicht an einer quantitativen Erfassung der Beziehung zwischen Dosis des Mutagens und Mutationsrate interessiert, führt eine Behandlung mehrkerniger Fortpflanzungszellen ebenso zum Ziel wie die Behandlung einkerniger Zellen. Bei *Neurospora crassa* hat man Wege gefunden, Dominanzeffekte im Heterokaryon zu vermeiden, indem man Mutantenstämme verwendet, welche nur die einkernigen Mikrokonidien bilden (*fluffy:* LINDEGREN und LINDEGREN 1941; *peach-microconidial:* TATUM et al. 1950).

## 2. Letalmutanten

Entstehung und Erbgang von Letalmutationen lassen sich nur dann untersuchen, wenn 1. die Mutationen *rezessiv* sind und 2. zu einer *balancierten heterozygoten oder heterokaryotischen* Zelle führen. Da in derartigen Zellen aber der Letaleffekt durch die dominante Wirkung des zugehörigen nichtmutierten „Wild"-Allels unterdrückt wird, sind besondere Methoden erforderlich, Letalmutationen als solche zu erkennen und ihren Erbgang zu studieren.

ATWOOD und MUKAI beschreiben eine Methode, bei welcher letal-mutierte Kerne durch „Symbiose" mit normalen Kernen im Heterokaryon unbegrenzte Zeit am Leben erhalten werden können. Nach der Konidienbildung lassen sie sich dann auf ihre Lebensfähigkeit bzw. -unfähigkeit im isolierten Zustand prüfen (ATWOOD 1950; ATWOOD und MUKAI 1953a, b, 1954a, b).

Die Autoren benutzten hierzu ein Heterokaryon von *N. crassa*, in dem der eine Kerntyp mit der Genmarke *or* und der andere Kerntyp mit der Marke *me* und *amyc* markiert war. *or*-Homokaryen waren auxotroph für Ornithin, Homokaryen mit *me amyc*-Kernen waren auxotroph für Methionin und wuchsen infolge hefeartiger Zellbildung sehr langsam. Das Heterokaryon war durch die Komplementation der nichtallelen Defekte prototroph (S. 396).

Makrokonidien eines solchen Heterokaryons wurden bestrahlt und auf Minimalmedium ausgesät. Die entstandenen Myzelien waren alle heterokaryotisch, da kein Homokaryontyp auf Minimalmedium wachsen konnte. Diese mit Sicherheit heterokaryotischen Myzelien wurden isoliert und weiter auf Minimalmedium gehalten, wo sie nach wenigen Tagen Konidien bildeten. Die Konidien eines jeden Isolates wurden dann auf einem Minimalmedium ausgesät, dem Methionin beigefügt war. Der Methioninzusatz erlaubte auch den *me*-Homokaryen zu wachsen.

Im allgemeinen beobachteten ATWOOD und MUKAI erwartungsgemäß neben morphologisch normalen (heterokaryotisch: *or* + *me amyc*) auch langsam wachsende Myzelien (homokaryotisch: *me amyc*). In seltenen Fällen jedoch fehlten letztere vollständig. Dieses unerwartete Ergebnis ließ sich nur dadurch erklären, daß bereits die *me amyc*-Kerne der bestrahlten Makrokonidien eine rezessive Letalmutation besaßen. Eine solche Mutation (hier *l* genannt) könnte schon vor der Konidienbildung (bei spontaner Mutation) oder in den Makrokonidien selbst (bei induzierter Mutation) stattgefunden haben. In jedem Fall führte sie zu einem lebensfähigen Heterokaryon mit *or*- und *me amyc l*-Kernen.

Die Konidien, die sich an einem solchen Heterokaryon bildeten, ergaben auf einem methioninhaltigen Minimalmedium nur dann normal wachsende Myzelien, wenn sie *beide* Kernsorten enthielten. Die zwei übrigen Konidientypen (homokaryotisch für *or* bzw. für *me amyc l*) starben ab, da sie auf diesem Minimalmedium entweder als Folge der Ornithin-Auxotrophie oder infolge der Letalmutation nicht lebensfähig waren. Auf diese Weise wurden 58 Mutanten von 2764 Isolaten erhalten. Von 26 nichtallelen Mutanten erwiesen sich nur zwei unter homokaryotischen Bedingungen als lebensfähig auf einem Vollmedium. Bei den anderen waren unentbehrliche Funktionen verlorengegangen.

Diese von ATWOOD und MUKAI entwickelte Heterokaryon-Methode wurde später häufig modifiziert, z.B. von DE SERRES und OSTERBIND (1962), ROYES (1962) und von MORROW (1964). Auch andere Objekte als *Neurospora* erwiesen sich zur Untersuchung rezessiver Letalmutationen als geeignet. Bei *Podospora anserina* z.B. entstehen bei Postreduktion eines Letalfaktors lebensfähige heterokaryotische Ascosporen (MARCOU 1963; vgl. hierzu Abb. IV-6). Im Gegensatz zu den stets haploiden Eumycetes *N. crassa* und *P. anserina*, bei denen Letalmutationen nur in balancierten Heterokaryen lebensfähig sind, bietet die Diploidie einiger Hefen eine weitere Möglichkeit zur Analyse rezessiver Letalmutationen. Da nämlich bei diesen Pilzen häufig die Kopulation bereits im Ascus zwischen Sporen mit verschiedenem Kreuzungstyp erfolgt (S. 12), können hier lebensfähige, letal-heterozygote, diploide Zellen entstehen, z. B. *Saccharomyces ludwigii:* WINGE und LAUSTSEN (1939), WINGE (1947).

## 3. Biochemische Mutanten

Entsprechend der Bedeutung auxotropher Mutanten für genetische Untersuchungen sind die meisten Isolationsmethoden für diesen Mutantentyp entwickelt worden. Resistenzmutanten dagegen haben in weit geringerem Umfange Berücksichtigung gefunden.

*Literatur:* BEADLE und TATUM (1945), FRIES (1947, 1948a, b), PONTECORVO (1949), REAUME und TATUM (1949), RYAN (1950), ROBERTS (1950), LEDERBERG und LEDERBERG (1952).

### a) Klassische Methode

Da man anfangs noch keine Methoden kannte, mit deren Hilfe man relativ schnell mutierte Zellen selektiv erfassen konnte, war man auf den viel mühsameren Weg angewiesen, durch Einzelprüfung unter einer großen Zahl von Zellen die wenigen mutierten herauszufinden. BEADLE und TATUM (1945) waren die ersten, die auf diese Art bei *Neurospora crassa* eine Reihe auxotropher Mutanten isolierten: Nach Bestrahlung von *Neurospora*-Konidien mit ultraviolettem Licht (S. 287ff.) wurden die Myzelien, welche sich aus den überlebenden Konidien entwickelten, mit dem Wildstamm gekreuzt und die entstehenden Sporen eines Ascus durch weiter unten beschriebene Testverfahren auf Auxotrophie geprüft. Hatte in einer Konidie eine Mutation zur Auxotrophie stattgefunden, so erhielt man unter den Sporen eines Ascus die Aufspaltung 4 auxotroph : 4 prototroph. Eine wesentliche Arbeitserleichterung bedeutete der Verzicht auf die Kreuzung *vor* dem Test. Man kreuzt nur solche Myzelien mit dem Wildstamm, für die auf Grund von Wuchstesten bereits ein Defekt nachgewiesen ist.

Wie wir in Abb. V-1 dargestellt haben, werden entsprechend dieser vereinfachten Methode Konidien oder Sporen eines Wildstammes nach der Behandlung mit mutagenen Agenzien auf einem Vollmedium ausgesät, das alle Substanzen enthält, welche Auxotrophe erwartungsgemäß benötigen. Von jedem Myzel, das aus den nicht abgetöten Zellen entsteht, wird eine Probe auf ein Minimalmedium übertragen, das nur dann Wachstum erlaubt, wenn der Pilz die lebensnotwendigen Stoffe (Aminosäuren, Vitamine usw.) selbst synthetisieren kann. Ist diese Fähigkeit in bezug auf einen einzigen Stoff infolge Mutation verlorengegangen, kann das auf Minimalmedium übergeimpfte Myzelstück nicht weiterwachsen und infolgedessen als Mutante isoliert werden. Mit einer Reihe von speziellen Testen wird nun festgestellt, für welche Substanz die Mangelmutante auxotroph ist. Man verwendet hierzu Minimalmedien, denen nur einzelne Vitamine oder Aminosäuren zugesetzt werden (Abb. V-1). Diese Testserien wählt man im allgemeinen so, daß die Zahl der Auxotrophie-Möglichkeiten für jede weitere Serie immer mehr abnimmt.

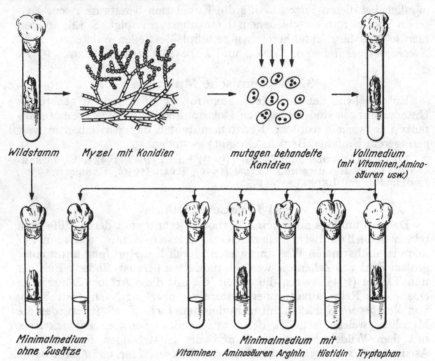

Wildstamm    Myzel mit Konidien    mutagen behandelte Konidien    Vollmedium (mit Vitaminen, Aminosäuren usw.)

Minimalmedium ohne Zusätze    Minimalmedium mit Vitaminen Aminosäuren Arginin Histidin Tryptophan

Abb. V-1. Schematische Darstellung der klassischen Methode zur Isolierung und Charakterisierung auxotropher Mutanten. Erläuterungen s. Text. (Nach BEADLE 1945, verändert)

Zur Erläuterung dieser sukzessiven Technik wollen wir annehmen, man habe in einer ersten Testserie eine Mutante gefunden, die nur auf einem Minimalmedium wachsen kann, wenn diesem eine Reihe von Aminosäuren zugefügt wird (Abb. V-1). In einer zweiten Testserie prüft man dann nach, für welche dieser beigefügten Aminosäuren eine Auxotrophie vorliegt. Hierzu stellt man verschiedene Minimalmedien her, von denen jedes einen anderen Aminosäure-Zusatz bekommt (z.B. Arginin, Histidin, Tryptophan usw.; Abb. V-1). Wenn die Mutante z.B. nur auf einem Tryptophan-Medium lebensfähig ist, so muß bei ihr an irgendeiner Stelle die Tryptophansynthese blockiert sein.

Die Zahl der direkt nachweisbaren Mutanten verringert sich, wenn mehrkernige Konidien oder Sporen verwendet werden. Falls nämlich nur einer von zwei oder mehreren Kernen mutiert ist, kann der betreffende Pilz mit Hilfe dieser „Wild"-Kerne alle lebensnotwendigen Stoffe selbst synthetisieren und dementsprechend auf Minimalmedium wachsen. Will man z.B. bei *N. crassa* diese für quantitative Auswertungen sehr lästige Heterokaryonwirkung ausschalten, kann man genetisch markierte Stämme benutzen, die infolge genetischer Veränderung nur die einkernigen Mikrokonidien bilden (S. 277).

Nach einer von PONTECORVO (1949) ausgebauten Technik lassen sich auch Zellen eines Mutantentyps auf einer mit Minimalmedium gefüllten Schale *gegen verschiedene Substanzen gleichzeitig testen (Auxanographie)*.

Eine Petrischale wird mit einer dünnen Schicht Agar-Minimalmedium gefüllt. Darüber gießt man eine weitere Schicht von geschmolzenem Agar (Minimalmedium), der eine Suspension der zu testenden auxotrophen Zellen enthält. Auf die erkaltete Oberfläche werden dann kleine Mengen verschiedener Substanzen an getrennten, markierten Punkten gelegt. Nur an den Stellen, an denen die für die betreffende Mutante lebensnotwendigen Stoffe in das Minimalmedium hineindiffundieren, entstehen Wachstumszonen. An allen anderen Stellen unterbleibt der Wuchs.

Eine spezielle Auxotrophie für Adenin läßt sich sowohl bei *Neurospora crassa* als auch bei *Schizosaccharomyces pombe* direkt erkennen, da die betreffenden Mutanten ein rötliches Pigment bilden. Dieses Pigment ist ein Derivat einer Vorstufe des Adenins (*ad-3*-Locus von *N. crassa:* DE SERRES und KØLMARK 1958; *ad-6-* und *ad-7*-Locus von *S. pombe:* LEUPOLD 1958, GUTZ 1961, 1963).

Die klassische Methode besitzt den Nachteil, daß es im allgemeinen nicht möglich ist, bestimmte Auxotrophietypen selektiv zu erfassen. Den Erfordernissen der modernen Genetik entsprechend wurden deshalb mehrere Selektionstechniken entwickelt, die wir im folgenden kurz beschreiben wollen.

### b) Stempeltechnik

LEDERBERG und LEDERBERG (1952) arbeiteten diese Methode ursprünglich für Bakterien aus. Jedoch fand die Stempeltechnik bald auch bei Hefen (*Saccharomyces cerevisiae:* TAKAHASHI 1959) und Brandpilzen (*Ustilago maydis:* HOLLIDAY 1956) Verwendung. Am besten eignen sich dazu Pilze, die keine Hyphen, sondern aus Einzelzellen bestehende Kolonien bilden.

Ein mit sterilem Samt überzogener, zylindrischer Holzblock dient als Stempel. Mit ihm lassen sich durch leichtes Berühren der auf einem festen Agar-Vollmedium wachsenden Kolonien einige Zellen von jedem Mutantenstamm auf andere Testmedien übertragen. Diese sind wieder Minimalmedien mit bestimmten Zusätzen, die so aufeinander abgestimmt sind, daß eine schnelle Identifizierung der getesteten Mutanten möglich ist.

Will man etwa eine große Zahl von Mutanten auf Auxotrophie für die fünf Substanzen A, B, C, D und E prüfen, so werden die zu testenden Mutanten-Kolonien durch fünfmaliges Stempeln auf fünf verschiedene Testmedien übertragen: Minimalmedium unter Zusatz von 1. A+B+C+D, 2. A+B+C+E, 3. A+B+D+E, 4. A+C+D+E, 5. B+C+D+E. Sind alle abgestempelten Mutantenzellen für keine der fünf auxotrophen Substanzen auxotroph, so ergibt sich auf jedem Testmedium genau dasselbe Muster von Kolonien wie auf dem Vollmedium. Kann jedoch ein Stamm auf einem der fünf Testmedien (z. B. auf einem A+B+D+E-Minimalmedium) nicht wachsen, so bleibt auf diesem Medium an der Übertragungsstelle eine Lücke. Folglich ist diese Mutante auxotroph für diejenige Substanz, die dem betreffenden Testmedium *nicht* zugefügt wurde (in unserem Beispiel C).

Die Anwendung der Stempeltechnik blieb nicht auf einzellige Organismen beschränkt. *Aspergillus nidulans* z. B. konnte man durch Zugabe von 0,08% Natriumoxycholat zum Agar dazu bringen, nur Mikrokonidien zu bilden. Das verwendete Agens erwies sich als nichtmutagen, und es beeinträchtigte auch nicht die Lebensfähigkeit von Konidien und Ascosporen. Von den so erzeugten Mikrokolonien ließen sich mit feuchtem, kurzgeschorenem Samt bis zu acht Replikaplatten stempeln (MACK-INTOSH und PRITCHARD 1963). Einen anderen Stempel benutzte RO-BERTS (1959). Dieser bestand aus einer Vielzahl dichtstehender, in eine Platte eingelassener Stahlnadeln. Mit diesem Stempel konnte ROBERTS Konidien kleinflächiger Myzelien von *A. nidulans* von einer Schale auf andere übertragen, wenn er die Nadelspitzen mit Agar anfeuchtete. MALING (1960) gelang auch bei *Neurospora crassa* die Übertragung von Konidien, und zwar mit Hilfe von Samt- und Filterpapierstempeln. Sie verwendete hierfür dichtwachsende und reichlich Konidien bildende Mutantenstämme. REISSIG (1956) ließ Sporen von *N. crassa* auf dünnem Papier wachsen, das einem Agar-Vollmedium fest auflag. Sobald die Hyphen durch das Papier hindurch in den Agar hineingewachsen waren, wurde das Papier abgehoben und auf ein Testmedium übertragen. Die in dem Papier zurückgebliebenen Hyphenstücke ergaben dasselbe Muster auf der Testplatte wie die in das Vollmedium hineingewachsenen Hyphen auf der Ausgangsplatte.

## c) Schichttechnik

Diese zuerst von REAUME und TATUM (1949) beschriebene Technik eignet sich besonders für die Isolierung und Charakterisierung mutierter auxotropher Hefezellen. Bestrahlte haploide Zellen werden in einer geeigneten Verdünnung auf festes Minimalmedium gebracht. Nach einer Inkubationszeit von einigen Tagen, in denen die überlebenden, nichtmutierten prototrophen Zellen bereits kleine Kolonien gebildet haben, wird die erste Schicht durch eine weitere Lage geschmolzenes Agar-Vollmedium überdeckt. Jetzt können auch die Zellen, welche durch Mutation die Fähigkeit verloren haben, bestimmte Stoffe selbst zu erzeugen, mit Hilfe der beigefügten Substanzen wachsen und in der zweiten Schicht Kolonien bilden. Diese lassen sich isolieren und auf Auxotrophie testen. Legt man Wert auf bestimmte Auxotrophietypen (z.B. Aminosäuremangel), fügt man der ersten Schicht Minimalmedium bereits alle lebensnotwendigen Substanzen mit Ausnahme der Aminosäuren zu. Dann können die Zellen, welche für eine Aminosäure auxotroph sind, nicht wachsen und so in der zweiten Agarschicht aufgefunden werden.

Dieser Selektionsvorteil für bestimmte Mutationstypen ist auch bei hyphenbildenden Pilzen gegeben, wenn man anstelle der Schichttechnik eine mikroskopische Untersuchung der ausgesäten behandelten Sporen oder Konidien durchführt. Allerdings wird ein Teil der auf diese Weise isolierten nicht oder nur spärlich gekeimten Sporen bzw. Konidien auch auf Vollmedium nicht wachsen, da einige Zellen infolge mutagener Behandlung abgetötet worden sind. Bei *Neurospora crassa* wurde diese Methode von LEIN et al. (1948) und bei *Venturia inaequalis* von BOONE et al. (1956) mit Erfolg angewandt.

## d) Filtertechnik

Sowohl die Stempel- als auch die Schichttechnik wurden ursprünglich für Organismen entwickelt, die aus einzelnen Zellen bestehen und Kolonien bilden (Bakterien, Hefen). Das verwendete Medium war in beiden Fällen ein Agarboden. Da die meisten genetisch interessanten Pilze ein vielzelliges Myzel besitzen, ergaben sich bei der Übertragung dieser Methoden naturgemäß Schwierigkeiten. Um so bemerkenswerter ist deshalb eine zuerst von FRIES (1947) für *Ophiostoma multiannulatum* entwickelte Technik für hyphenbildende Pilze, die sich in flüssigen Nährmedien kultivieren lassen. *Diese Technik ist eine der besten selektiven Methoden. Sie besteht in einer Eliminierung aller prototrophen Myzelien aus einer in flüssigem Minimalmedium gehaltenen Suspension behandelter Sporen oder Konidien durch wiederholte Filtrierung.* Die Hyphen der in Minimalmedium gekeimten, nichtmutierten prototrophen Konidien oder Sporen werden durch sterile Filter zurückgehalten (Watte: WOODWARD et al. 1954; Gaze: CATCHESIDE 1954). Wiederholt man diese Filtrierung in bestimmten Zeitabständen, werden die mutierten auxotrophen und deshalb nicht gekeimten Sporen bzw. Konidien ebenso wie die durch die Behandlung abgetöteten Zellen angereichert. Diese Suspension nichtgekeimter Zellen wird auf Agar-Medium verteilt, denen solche Substanzen beigegeben sind, für die eine Auxotrophie gesucht wird. Viele der auf diesem Medium wachsenden Myzelien erweisen sich jedoch als prototroph; denn einige der auxotrophen Zellen bilden Anastomosen, die zu prototrophen Heterokaryen führen. In anderen Fällen keimen prototrophe Konidien bzw. Sporen als Folge der mutagenen Behandlung verzögert. Unter günstigen Bedingungen ist jedoch die Ausbeute an bestimmten auxotrophen Mutanten bis 10% und mehr.

Um eine Fusion auxotropher Zellen möglichst zu verhindern, wird die Konidien-Suspension während der Inkubationszeit geschüttelt oder durchgelüftet, so daß ein längerer Kontakt zwischen verschiedenen Zellen vermieden wird. Eine weitere Erhöhung der Ausbeute kann durch eine günstige Wahl der Zeitspanne zwischen Versuchsbeginn und letzter Filtration erzielt werden. Wählt man das Zeitintervall zu lang, werden zwar auch die verzögert gekeimten, prototrophen Konidien durch die letzte Filtrierung eliminiert, aber die meisten auxotrophen Konidien sind dann bereits abgestorben. Bei einer zu kurzen Zeitspanne dagegen sind viele prototrophe Konidien noch nicht gekeimt. WOODWARD et al. (1954) führten die erste Filtrierung bei *Neurospora*-Konidien 18 Std nach Versuchsbeginn durch, ließen dann in der zweiten 18 Std-Periode weitere Filtrierungen in 3- bis 6stündigen Intervallen folgen, später in einem Rhythmus von 6—12 Std. Die Gesamtdauer der Prozedur (zwischen 2—4 Tagen) hängt von dem Grad der durch die mutagene Behandlung bewirkten Wachstumsverzögerung ab.

Die Anwendung der Filtertechnik ist auf bestimmte Typen von Auxotrophiemutanten beschränkt. Mutanten, die bereits in Gegenwart kleinster Mengen von Vitaminen oder anderen Stoffen wachsen können, werden in der Regel unentdeckt bleiben; denn Spuren dieser Substanzen sind immer in einer Suspension enthalten, da sich viele der toten Sporen auflösen. Auch andere Mutanten (z.B. Inosit-Auxotrophe), die in

Minimalmedien schnell absterben, können bei dieser Methode nicht gefunden werden.

Die Anreicherung auxotropher Mutanten durch wiederholtes Filtrieren gelang außer bei *Ophiostoma* und *Neurospora* auch bei *Saccharomyces cerevisiae* (TAKAHASHI 1959) und bei *Coprinus lagopus* (DAY und ANDERSON 1961). Um Hefen für die Filtertechnik geeignet zu machen, benutzte TAKAHASHI einen Mutantenstamm, bei dem sich die einzelnen Zellen nach der Teilung nicht voneinander trennen, sondern in einem Sproßmyzel zusammenbleiben.

### e) Doppelmutanten-Methode

Ausgehend von der Tatsache, daß bestimmte Doppel-Auxotrophe häufig länger als die betreffenden Einfachmutanten in Minimalmedien überleben, entwickelte FRIES (1948a, b) für *Ophiostoma multiannulatum* eine Methode zur selektiven Anreicherung von Mutanten. PONTECORVO et al. (1953) benutzten diese Methode für einen biotin-auxotrophen Stamm von *Aspergillus nidulans*. Konidien dieser Mutante wurden bestrahlt, auf Minimalmedium ausgesät und mit einer weiteren Schicht desselben Mediums überdeckt. Nach einer bestimmten Zeit (etwa 100 Std), während der erfahrungsgemäß die meisten der biotin-auxotrophen Einfachmutanten abgestorben waren, wurde eine weitere Lage Vollmedium hinzugefügt. Die noch nicht verhungerten Zellen konnten wachsen und Myzelien bilden.

Bei etwa 60% der Isolate erwiesen sich die Myzelien nicht nur für Biotin, sondern noch für einen zweiten Stoff als auxotroph. LESTER und GROSS (1959) erzielten mit einem inosit-auxotrophen Stamm von *Neurospora crassa* sogar bis 80% an Doppelmutanten. Weder bei *Aspergillus* noch bei *Neurospora* sind die physiologischen Hintergründe dieses Selektionsvorteils der Doppelmutanten bekannt.

Eine gesteigerte Lebensfähigkeit von Doppel-Auxotrophen wurde auch von MITCHELL und MITCHELL (1950) bei *Neurospora*, von FRIES (1953) bei *Ophiostoma* und von ROMAN (1955) bei *Saccharomyces* beobachtet. Die Steigerung beruhte in diesen Fällen auf einer zusätzlichen mutativen Veränderung derselben Funktion, und zwar auf einer doppelten Auxotrophie für Adenin bzw. Guanin.

Die Isolierung bestimmter Mutantentypen durch Selektion von Doppelmutanten liegt auch einer von REISSIG (1960) beschriebenen Methode zugrunde. Aus Untersuchungen von MITCHELL und MITCHELL (1952) an *Neurospora crassa* war bekannt, daß einige Mutationen innerhalb des *pyr-3*-Locus die Wirkung der *arg-2*-Auxotrophiemutation unterdrücken; die Doppelmutanten *pyr-3 arg-2* können also ohne Arginin-Zusatz wachsen (S. 411 f.). Diese Suppressorwirkung von *pyr-3* für *arg-2* benutzte REISSIG zur Isolierung vieler *pyr-3*-Mutanten. Hierzu säte er bestrahlte Konidien von *arg-2*-Stämmen auf ein Minimalmedium aus, dem er Pyrimidin, aber kein Arginin beifügte. Die Analyse der auf diesem Medium gewachsenen Myzelien ergab zwei verschiedene Mutantentypen: In einem Fall handelte es sich um Rückmutationen von *arg-2* nach *arg-2+*; die übrigen Mutanten waren durch Mutationen am *pyr-3*-Locus entstanden.

## f) Methode zur Isolierung von Rückmutanten

Reversionen von Auxotrophie zur Prototrophie zählen zu den am besten untersuchten Mutationen und eignen sich wegen der einfachen Isolationstechnik besonders gut zu quantitativen Bestimmungen der Häufigkeit von Mutationen. Zur Herstellung von Rückmutanten bringt man viele (z.B. $10^8$) Zellen eines auxotrophen Stammes auf Minimal-medium. Da nur mutierte prototrophe Zellen wachsen können, lassen sich selbst dann noch Rückmutationen feststellen, wenn ihre Häufigkeit äußerst klein (z.B. $10^{-7}$) ist.

Bei exakten quantitativen Analysen ist es notwendig, durch Kontroll-versuche nachzuweisen, daß mit dieser Isolationstechnik *alle* Mutationen zur Prototrophie erfaßt werden. Zur Kontrolle fügt man deshalb proto-trophe Zellen in bekannter Anzahl den auxotrophen Zellen zu und prüft ihre Wachstumsfähigkeit. Die Notwendigkeit derartiger Kontrollversuche geht aus den Befunden von GRIGG (1957) bei *N. crassa* hervor. Er fand, daß das Wachstum prototropher Konidien in Gegenwart hoher Konzen-trationen auxotropher Konidien unterdrückt wird. Eine zweite Schwierig-keit bei der Untersuchung von Reversionen ergibt sich aus der Tatsache, daß in einigen Fällen die beobachtete Prototrophie nicht durch Rück-mutation, sondern durch Hinmutation eines Suppressor-Gens ausgelöst wird (z.B. GILES 1951 bei *Neurospora crassa*, s. auch S. 408ff.).

## g) Methode zur Isolierung von Resistenzmutanten

Eine ähnliche Technik, wie sie zur Feststellung von Rückmutationen benutzt wird, ist zur Isolierung von Mutanten zu verwenden, die sich durch Resistenz gegenüber bestimmten Stoffen auszeichnen. ROPER und KÄFER (1957) konnten bei *Aspergillus nidulans* spontane Muta-tionen zur Acriflavin-Resistenz isolieren, indem sie Konidien in großer Menge auf einem Acriflavin-Medium aussäten. Die Konzentration des Giftstoffes war so gewählt, daß die Keimung der Wildtyp-Konidien vollständig unterdrückt wurde. In analoger Weise können auch Flüssig-keitskulturen Verwendung finden.

Mit Hilfe einer ähnlichen Technik konnte MORPURGO (1962) Mutanten von *A. nidulans* herstellen, welche gegen 8-Azaguanin und p-Fluorphenyl-alanin resistent waren. Bei *Venturia inaequalis* selektionierten LEBEN et al. (1955) Antimycin-Resistenzmutanten.

Bei *Neurospora crassa* führte diese Versuchsanordnung in mehreren Fällen nicht zum gewünschten Erfolg. Jedoch konnten entsprechende Mutanten durch UV-Bestrahlung hergestellt werden (HOWE und TERRY 1962). Man fand Resistenzmutationen für folgende Substanzen: Acriflavin, Cycloheximid, Natriumazid, Natriumbenzoat, Natriumcaprylat. Bei *Peni-cillium chrysogenum* ließen sich durch Behandlung mit Senfgas Mutanten erzeugen, die gegen 8-Azaguanin resistent waren (ARDITTI und SERMONTI 1962).

FUERST und SKELLENGER (1958) entwickelten ein Verfahren, wel-ches nicht nur die Herstellung von Resistenzmutanten erlaubt, son-dern auch die Möglichkeit bietet, den Einfluß bestimmter Substanzen (z.B. Adenin, Thiamin) auf die Wuchs-Hemmwirkung von Antibiotica zu prüfen (Einzelheiten zu dieser Methode sind der Originalarbeit zu ent-nehmen).

## Zusammenfassung

1. Infolge der einfachen morphologischen Ausgestaltung der Pilze sind nur wenige Habitus-Merkmale für genetische Untersuchungen brauchbar. Da die Isolationsmethoden im allgemeinen keine Selektion erlauben, lassen sich morphogenetische Mutanten in größerem Umfang nur unter erheblichem Arbeitsaufwand gewinnen. Als Einfachmutanten sind sie meist leicht zu identifizieren. Dagegen ist dies häufig nicht mehr der Fall, wenn mehr als eine Mutation im selben Kern vorkommt.

2. Letalmutationen können nur erkannt werden, wenn sie rezessiv sind und zusammen mit ihrem Wildallel in einer heterokaryotischen oder heterozygotischen Zelle vorliegen. Infolge dieser notwendigen Beschränkung eignen sich Letalmutationen im allgemeinen wenig zu genetischen Experimenten.

3. Biochemische Mutationen erfüllen im Gegensatz zu morphogenetischen und zu letalen Mutationen meist alle experimentellen Anforderungen. Ihr größter Vorteil besteht darin, daß sie durch spezielle Selektionstechniken relativ leicht und schnell in größeren Mengen isoliert werden können. Unter den Isolationsmethoden hat sich die Filtertechnik als besonders brauchbar erwiesen. Für quantitative Aussagen über die Häufigkeit von Mutationen eignen sich wegen der einfachen Isolationstechnik besonders gut Rückmutationen von Auxotrophie zur Prototrophie.

# II. Strahleninduzierte Mutagenese

Seit den grundlegenden Experimenten von MULLER (1927, 1928) ist mit Sicherheit bekannt, daß energiereiche Strahlen Veränderungen innerhalb des genetischen Materials hervorrufen. Als besonders wirkungsvoll haben sich Bestrahlungen mit *ionisierenden* Strahlen (Röntgenstrahlen, α-, β-, γ-Strahlen radioaktiver Substanzen) und mit kurzwelligen, *ultravioletten* Strahlen erwiesen. *Bei Pilzen sind vor allem Röntgen- und UV-Strahlen zur Mutationsauslösung benutzt worden* (Tabelle V-1). Aus dieser Tabelle ist zu ersehen, daß morphogenetische und biochemische Mutationen sowohl durch ionisierende als auch durch nichtionisierende Strahlen induziert werden können. Ferner geht aus dieser Zusammenstellung hervor, daß Strahlen nicht nur auf Hinmutationen Einfluß haben, sondern auch rückläufige mutative Prozesse begünstigen. Die Wirkung der beiden Strahlenarten ist jedoch verschieden, wie wir in den folgenden Abschnitten zeigen werden. In beiden Fällen können außer Punktmutationen auch Segmentmutationen (S. 317ff.) ausgelöst werden.

*Literatur:* BEAU und ALTENBURGER (1922), DESSAUER (1922), NADSON und FILLIPOV (1925, 1928), TIMOFEEFF-RESSOVSKY et al. (1935), KNAPP et al. (1939), KNAPP und SCHREIBER (1939), HOLLAENDER und EMMONS (1941), TIMOFEEFF-RESSOVSKY und ZIMMER (1947), SOMMERMEYER (1952), HOLLAENDER (1954, 1955, 1956), LEA (1956), MITCHELL et al. (1956), RAJEWSKY (1956), ZIMMER (1956), KAPLAN (1956, 1957), BACQ und ALEXANDER (1958), WALLACE und DOBZHANSKY (1959), FRITZ-NIGGLI (1959, 1962), HARRIS (1961), STUBBE (1962), RIEGER und BÖHME (1962), SZYBALSKI und LORKIEWICZ (1962), WOLFF (1963).

*Übersicht über die Literatur von 1896—1955:* SPARROW et al. (1958).

Tabelle V-1. *Beispiele für die mutationsauslösende Wirkung ionisierender (Röntgen- und γ-Strahlen) und ultravioletter Strahlen*

| Objekt | Art der Mutation | | | | Referenz |
|---|---|---|---|---|---|
| | Hinmutation | Rückmutation | morphogenetische Mutation | biochemische Mutation | |

**1. Röntgenstrahlen**

| Objekt | Hin | Rück | morpho | bioche | Referenz |
|---|---|---|---|---|---|
| Aspergillus terreus | + | | + | | STAPLETON et al. 1952, STAPLETON und HOLLAENDER 1952 |
| Glomerella cingulata | + | | + | + | MARKERT 1952, 1956 |
| Neurospora crassa | + | | | + | LINDEGREN und LINDEGREN 1941, SANSOME et al. 1945, DE SERRES und KØLMARK 1958 |
| | | + | | + | GILES 1951, KØLMARK 1953, DE SERRES 1958 |
| Ophiostoma multiannulatum | + | | | + | ZETTERBERG 1961, 1962 |
| Podospora anserina | + | | + | | ESSER, unveröff. |
| Schizosaccharomyces pombe | | + | | + | GUTZ 1961, 1963 |
| Sordaria macrospora | + | | + | | HESLOT 1958 |

**2. γ-Strahlen**

| Objekt | Hin | Rück | morpho | bioche | Referenz |
|---|---|---|---|---|---|
| Saccharomyces cerevisiae | | + | | + | DUPIN 1963 |
| Schizosaccharomyces pombe | | + | | + | HESLOT 1962 |

**3. UV-Strahlen**

| Objekt | Hin | Rück | morpho | bioche | Referenz |
|---|---|---|---|---|---|
| Aspergillus nidulans | + | | + | | APIRION 1963, KÄFER und CHEN 1964 |
| | | + | | + | KILBEY 1963a |
| Glomerella cingulata | + | | + | + | MARKERT 1952, 1953 |
| Neurospora crassa | + | | | + | LINDEGREN und LINDEGREN 1941, BEADLE und TATUM 1945, REISSIG 1960, 1963a, b, HOWE und TERRY 1962 |
| | | + | | + | GILES 1951, 1959, KØLMARK 1953, 1956, MALLING et al. 1959, VAHARU 1961, ISHIKAWA 1962, KILBEY 1963b |
| Ophiostoma multiannulatum | + | | | + | ZETTERBERG und FRIES 1958, ZETTERBERG 1960a, 1961, 1962 |
| Penicillium chrysogenum | + | | | + | AUERBACH und WESTERGAARD 1960 |
| Penicillium italicum | + | | + | + | BERAHA et al. 1964 |
| Penicillium digitatum | + | | + | + | BERAHA et al. 1964 |

Tabelle V-1 (Fortsetzung)

| Objekt | Art der Mutation | | | | Referenz |
|--------|---------|---------|---------|---------|---------|
|  | Hin-muta-tion | Rück-muta-tion | mor-pho-geneti-sche Muta-tion | bioche-mische Muta-tion |  |
| *Saccharomyces cerevisiae* | + + |  | + | + | WILKIE 1963 PITTMAN et al. 1963, COSTELLO et al. 1963 |
|  |  | + |  | + | DUPIN 1963, HAEFNER und LASKOWSKI 1963, HAEFNER 1964a, b |
| *Schizosaccharo-myces pombe* |  | + |  | + | HESLOT 1960, 1962, LEUPOLD 1961, CLARKE 1962, 1963 |
| *Ustilago maydis* | + | + |  | + | HOLLIDAY 1961, 1962 |
| *Venturia inaequalis* | + |  | + |  | BOONE et al. 1956 |
| *Verticillium albo-atrum* | + |  |  | + | BUXTON und HASTIE 1962 |

## 1. Dosis-Effekt-Beziehung

Die Art der Abhängigkeit zwischen Strahlendosis und Mutationshäufigkeit ist wesentlich für die Interpretation des strahleninduzierten
Mutationsvorganges. Die *graphische Darstellung dieser Beziehung zwischen Strahlendosis und Strahleneffekt führt zu sog. Dosis-Effekt-Kurven*
(Abb. V-2 und V-3).

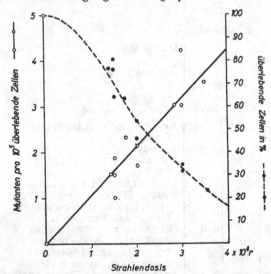

Bei der quantitativen
Bestimmung der Dosisab-
hängigkeit ist zu beach-
ten, daß der Bruchteil mutierter Zellen in einer Zellmenge (Mutantengehalt)
nicht immer mit der Häu-
figkeit der durch Bestrahlung hervorgerufenen Mu-
tationen (Mutationsrate)
identisch zu sein braucht.
Eine Zunahme des Mutan-
tengehaltes ist nämlich
nicht nur infolge Neu-
mutation, sondern auch
durch das bevorzugte
Überleben schon vor der
Bestrahlung vorhandener
spontaner Mutanten mög-
lich. Durch die Strahlen
wird meist ein hoher An-
teil der Zellen abgetötet,
und Mutanten haben oft

Abb. V-2. Mutagene Wirkung von Röntgenstrahlen. Beziehung zwischen der Strahlendosis und der Häufigkeit
von *inos+*-Rückmutationen in Mikrokonidien von *Neurospora crassa*. (Nach GILES 1951, verändert)

eine andereTötungschance als die Nichtmutierten. Ein Verdacht auf stärkere
Beteiligung von Selektion besteht besonders bei nichtlinearen Dosis-Effekt-
Kurven. Durch Experimente mit Mutantengemischen läßt sich der Anteil

dieser Selektion bestimmen und so die reine Mutationsauslösung feststellen (KAPLAN 1953).

Der *Verlauf der Dosis-Effekt-Kurven* bei Verwendung ionisierender Strahlen ist *bei Pilzen im wesentlichen der gleiche wie bei anderen Organismen:* In *mittleren Bereichen* ist die Rate der in den überlebenden Kernen induzierten Mutationen der Bestrahlungsdosis *direkt proportional* (Abb. V-2). Auch in *niederen Bereichen* dürfte meist eine *lineare Dosisabhängigkeit* bestehen, obwohl hier nur sehr wenige und zudem nicht widerspruchsfreie Ergebnisse — vor allem aus Bakterienexperimenten — vorliegen (SPENCER und STERN 1948; BONNIER und LÜNING 1949; DEMEREC et al. 1952, 1953, 1959, 1960; DEMEREC 1959; DEMEREC und SAMS 1960). Bei Einwirkung *hoher Strahlendosen* streben die Dosis-Effekt

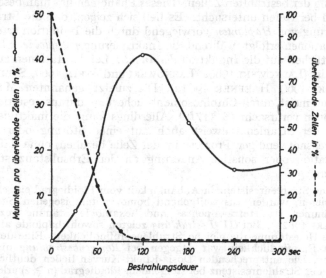

Abb. V-3. Mutagene Wirkung von UV-Strahlen (s. auch Abb. V-8 und V-9). Beziehung zwischen der Bestrahlungsdauer und der Häufigkeit von Hinmutationen in Konidien von *Glomerella cingulata*. (Nach MARKERT 1953, verändert)

Kurven im allgemeinen einem *Sättigungsniveau* zu (z.B. NEWCOMBE und McGREGOR 1954); nur selten sinken sie nach einem Maximum wieder ab.

Lineare Dosis-Effekt-Beziehungen wurden bei *N. crassa* sowohl für Hin- als auch für Rückmutationen verschiedener Auxotrophie-Loci nach Bestrahlung mit Röntgenstrahlen beobachtet (SANSOME et al. 1945; GILES 1951). Ähnliche Ergebnisse erhielten STAPLETON et al. (1952) und STAPLETON und HOLLAENDER (1952) bei *Aspergillus terreus* und MARKERT (1956) bei *Glomerella cingulata* für morphologisch erkennbare Hinmutationen. HESLOT (1962) fand bei *Schizosaccharomyces pombe* nach Bestrahlung mit γ-Strahlen von Cobalt 60 teils lineare (für *arg-1*), teils gekrümmte (für *leuc-3*) Dosis-Effekt-Kurven (s. auch Mutationsauslösung durch Zerfall von [32]P in Sporen von *Aspergillus nidulans:* STRIGINI et al. 1963).

Im Gegensatz zu der Wirkung ionisierender Strahlen wurden nach *Bestrahlung mit UV-Licht häufig gekrümmte Dosis-Effekt-Kurven* ge-

funden. Hierbei wird meist ein Maximum mit folgendem Abfall durchlaufen (Abb. V-3, V-8 und V-9).

Im Anfangspunkt der Dosis-Effekt-Kurven ist vielfach nicht nur die
Zahl der strahleninduzierten lebensfähigen Mutanten, sondern auch die
Zahl der durch Strahleneinwirkung abgetöteten Konidien der Bestrahlungsdosis mehr oder weniger proportional (z. B. KØLMARK 1953, BUXTON
und HASTIE 1962). Diese gleichartige Proportionalität legt den Gedanken nahe, daß die Tötung einer Zelle in einer Letalmutation (S. 275)
besteht. Dafür sprechen auch Untersuchungsergebnisse von NORMAN (1954),
der für *Neurospora*-Makrokonidien nachweisen konnte, daß die UV-Tötung
am Kern ansetzt. Jedoch zeigte ATWOOD (1950), daß echte Letalmutationen
bei Röntgenstrahlen nur bei niederen Dosen eine merkliche Rolle spielen.

Größere Dosen von UV- und Röntgenstrahlen führen zu einer Inaktivierung der bestrahlten Zellen. Dieses Phänomen hat man besonders
eingehend bei Hefen untersucht. Es ließ sich zeigen, daß die Strahleninaktivierung von *Haplonten* vorwiegend durch die Induktion *rezessiver*
Letalmutationen erfolgt, während die Inaktivierung *polyploider* Stämme
im wesentlichen auf die Induktion *dominanter* Letalmutationen zurückzuführen ist (LASKOWSKI 1960a, LASKOWSKI und STEIN 1960, STEIN und
LASKOWSKI 1960, HAEFNER 1964a). Die zuletzt genannten Mutationen werden meist durch Chromosomenbrüche und daraus resultierende
Aberrationen verursacht (S. 317ff.). Allerdings kann die inaktivierende
Wirkung der Strahlen teilweise auch auf einer Störung oder Hemmung lebensnotwendiger Prozesse in der Zelle beruhen, ohne daß eine
Letalmutation oder sonstige Änderung an der Erbsubstanz stattgefunden hat.

Um eine Strahlenresistenz in Abhängigkeit vom Ploidiegrad eingehender
zu analysieren, wurden aus weitgehend homozygoten, isogenen *Saccharomyces*-Stämmen tri-, tetra-, penta- und hexaploide Stämme gezüchtet
(LASKOWSKI 1962a). Bei *UV-Bestrahlung* zeigten sowohl haploide als auch
polyploide Hefestämme die gleiche Strahlenempfindlichkeit. Eine derartige
identische Empfindlichkeit war dagegen bei *Röntgenbestrahlung* nicht zu
beobachten. Die entsprechenden Dosis-Effekt-Kurven ließen deutlich eine
Abnahme der Strahlenresistenz bei steigendem Ploidiegrad ($n \geqq 2$) erkennen.
Diese Zunahme der Strahlenempfindlichkeit wird so interpretiert, daß für die
Inaktivierung in erster Linie die Induktion von Chromosomenaberrationen
(S. 317ff.) verantwortlich ist (LATARJET und EPHRUSSI 1949; CALDAS und
CONSTANTIN 1951; MORTIMER 1952; WARSHAW 1952; ZIRKLE und TOBIAS
1953; LUCKE und SARACHEK 1953; SARACHEK und LUCKE 1953; BEAM 1955;
POMPER und ATWOOD 1955; WEINFURTNER und VOERKELIUS 1955; LAS-
KOWSKI und STEIN 1960; STEIN und LASKOWSKI 1960; LASKOWSKI 1960a, b,
1962a, b; HAEFNER und LASKOWSKI 1963; LASKOWSKI und HAEFNER
1963; HAEFNER 1964a). Jedoch scheinen für Ploidiestufen >1 außerdem
noch Gene, welche die Synthese von Aminosäuren kontrollieren, einen
Einfluß auf die Resistenz gegenüber Röntgenstrahlen zu besitzen. Dies gilt
auch für die Wirkung von α-Strahlen (LASKOWSKI 1962a).

Weitere Bestrahlungsexperimente an *Saccharomyces cerevisiae* zeigten,
daß bei Verwendung von γ-Strahlen eine gesteigerte Strahlenresistenz
im Verlaufe der Meiosis auftritt (DUPIN 1963). Eine solche Resistenz
wurde nach UV-Bestrahlung nicht beobachtet. Der Autor schließt hieraus, daß UV-Strahlen und ionisierende Strahlen verschiedene Angriffs-
punkte haben.

## 2. Theorien zur Erklärung der Strahlenwirkung

Zur Erklärung der Tatsache, daß Mutationen immer nur in einem kleinen Bruchteil der bestrahlten Zellen entstehen, hat man zwei alternative Vorstellungen entwickelt:

*1. Variabilitätstheorie:* Sie setzt eine individuell unterschiedliche Strahlensensibilität der Zellen voraus. Eine Reihe entscheidender Beobachtungen spricht jedoch gegen diese Deutung und macht die zweite Vorstellung wahrscheinlicher (Literatur bei ZIMMER 1956, KAPLAN 1956, 1957).

*2. Treffertheorie: Bereits ein einziges mikrophysikalisches Elementarereignis, ein sog. „Treffer", oder gegebenenfalls wenige solcher Treffer können eine Mutation in einer Zelle auslösen.* Analog ungezielten „Schüssen" kommt es zu einer statistischen Wirkungsweise der Strahlen, so daß es dem Zufall überlassen bleibt, in welcher Zelle einer bestrahlten Zellmenge eine Mutation hervorgerufen wird (BLAU und ALTENBURGER 1922; DESSAUER 1922; weitere Literatur s. S. 286).

*Für* die Treffer- und *gegen* die Variabilitätstheorie spricht unter anderem die bei Verwendung von mittleren Dosen ionisierender Strahlen häufig beobachtete *lineare Abhängigkeit zwischen Strahlendosis und Mutationsrate* (Abb. V-2). Nach der Treffertheorie verhalten sich nämlich die Zellen wie die reagierenden Molekel bei einer Reaktion erster Ordnung, d.h. ein *einziger Treffer* genügt bereits zur Auslösung einer Mutation. Die nach UV-Bestrahlung gefundenen *gekrümmten Kurven* (S. 289) sind nach dieser Theorie als *Mehrtrefferkurven* verständlich. Für die Notwendigkeit mehrerer Treffer mag zum Teil der geringere Energiegehalt der UV-Quanten gegenüber Ionisationen verantwortlich sein (KAPLAN 1957).

## 3. Phasen des Mutationsvorganges

Die meisten Dosis-Effekt-Kurven zeigen bei höheren Dosen eine Abweichung von den einfachen Trefferkurven. Diese kann sich darin äußern, daß die Kurven einem konstanten Sättigungsgrad zustreben (Röntgenstrahlen, S. 289) oder nach einem Maximum wieder abfallen (UV-Licht, Abb. V-3). Die Ursache für den Kurvenabfall könnte in einer Heterogenität der bestrahlten Zellpopulation zu suchen sein.

So interpretiert z.B. MARKERT (1953) seine Befunde bei *Glomerella cingulata.* Nach seiner Deutung ist ein Teil der bestrahlten Zellen gegenüber Mutationen (mit und ohne Letaleffekt) resistent. Bei hohen Bestrahlungsdosen würde dann der prozentuale Anteil an Mutationen unter den noch überlebenden Zellen wieder absinken.

Andere Beobachtungen sprechen jedoch dafür, daß ein Teil der durch Strahlen ausgelösten Veränderungen vor ihrer Fertigstellung durch weitere „Treffer" wieder rückgängig gemacht werden kann. Auf Grund dieser und weiterer Experimente mit Bakterien nimmt man als sicher an, daß der Mutationsprozeß nicht in Sekundenbruchteilen beendet ist, sondern bis zur endgültigen Fertigstellung der Erbänderung mehrere Phasen durchläuft (Literatur bei HARM und STEIN 1956; KAPLAN 1957).

Neuere Befunde (Literatur bei KAPLAN 1962a) machen mindestens drei aufeinanderfolgende Schritte wahrscheinlich:

*1. Einleitungsphase.* Eine Mutation kann bereits durch ein einziges absorbiertes Strahlenquant oder eine Ionisation eingeleitet werden, sofern dieses physikalische Primärereignis eine besonders empfindliche Zellstruktur (Treffbereich) trifft. Diese primäre Veränderung findet meist direkt in der DNS statt (vgl. hierzu S. 300ff.).

Für eine direkte Mutabilität der DNS spricht z.B. die elektive Wirkung einiger Mutagene auf verschiedenartige Mutationsstellen (S. 305ff.). Diese Elektivität ist nämlich dann leicht verständlich, wenn man voraussetzt, daß die prämutativen Veränderungen in der verschieden strukturierten DNS der einzelnen Gene stattfinden.

Im Gegensatz zu dieser Vorstellung nehmen HAAS und DOUDNEY an, daß die primäre, durch UV-Strahlen induzierte Veränderung *nicht* an der DNS, sondern an Vorstufen der RNS erfolgt (HAAS und DOUDNEY 1957, 1959; DOUDNEY und HAAS 1958, 1959, 1960). Der Einbau dieser veränderten Vorstufen soll nach Ansicht der Autoren zur Synthese einer veränderten RNS führen. Die eigentliche Mutation, d.h. die endgültige erbliche Veränderung in der DNS selbst, würde dann erst durch die Übertragung der Mutationsvorstufe in der RNS auf die DNS bei deren Replikation entstehen. Diese Hypothese ist wiederholt auf Widerspruch gestoßen (z.B. KAPLAN 1962a; RIEGER und BÖHME 1962), da sie auf der (unbewiesenen) Vorstellung basiert, daß nicht nur die DNS an die RNS (S. 349), sondern auch umgekehrt die RNS an die DNS genetische Information weitergeben kann.

*2. Prämutationsphase.* Nach UV-Bestrahlung wird zunächst die DNS-Synthese eingestellt. Sie kann erst wieder aufgenommen werden, wenn die Protein- bzw. RNS-Synthese angelaufen ist (KELNER 1953; KANAZIR und ERRERA 1956, HAROLD und ZIPORIN 1958, DOUDNEY 1959, DRACULIC und ERRERA 1959). Durch Hemmung der Proteinsynthese (z.B. durch Chloramphenicol) kann der Zeitpunkt der neu einsetzenden DNS-Synthese hinausgeschoben werden. Dieser Zeitpunkt bildet anscheinend den Abschluß der prämutativen Phase (WITKIN 1959; LIEB 1960; WEATHERWAX und LANDMAN 1960).

Man beobachtete nach Bestrahlung mit UV- und Röntgenstrahlen eine starke Verminderung des Mutantenertrages, wenn man die Proteinsynthese experimentell blockierte (WITKIN 1956, 1959, 1961; DOUDNEY und HAAS 1958; KADA et al. 1960, 1961). Dieser Befund läßt sich durch eine infolge Verlängerung der Prämutationsphase erhöhte Chance der Reversion von prämutativen Zuständen erklären (KIMBALL et al. 1959, WITKIN 1961; vgl. hierzu die Experimente von VAHARU 1961 mit *N. crassa*).

Einen tieferen Einblick in die prämutative Phase gewähren uns Photoreversionsexperimente (S. 294). Durch eine Nachbehandlung mit sichtbarem Licht konnte man nämlich häufig die mutagene Wirkung der UV-Strahlen vermindern (z.B. KELNER 1949, KAPLAN und GUNKEL 1960; ZELLE et al. 1958). Diese Befunde zeigen, daß die UV-induzierte Mutationsauslösung nicht unmittelbar zu einer stabilen Veränderung des genetischen Materials führt (Übersichten bei DULBECCO 1955, JAGGER 1958, 1960; zur Deutung im molekularen Bereich s. S. 294).

Zur Charakterisierung der zu Mutationen führenden Strahlenläsionen haben auch Untersuchungen beigetragen, durch die man den Einfluß bestimmter Faktoren während der Bestrahlung zu erfassen suchte: *Sauerstoff* (z.B. ALPER und HOWARD-FLANDERS 1956; GLASS und METTLER 1958;

HOWARD-FLANDERS 1958, 1959), *Wassergehalt* (z. B. STAPLETON und HOL-
LAENDER 1952; KAPLAN und KAPLAN 1956; METZGER 1960), *Temperatur*
(z. B. ZAMENHOF und GREER 1958; KAPLAN 1962b; HAINZ undKAPLAN 1963;
KILBEY 1963b). Die Ergebnisse aus diesen Experimenten lassen sich ebenfalls so interpretieren, daß der Perfektierung der Mutation eine instabile,
reversible Veränderung vorangeht.

3. *Perfektierungsphase.* Diese Phase beginnt mit der neu einsetzenden DNS-Replikation. Die bis zu diesem Zeitpunkt nicht verschwun-
denen Veränderungen in der DNS bleiben auch weiterhin erhalten und
verursachen die Mutation offenbar infolge von Kopierfehlern während
der Replikation (vgl. hierzu NAKADA et al. 1960 und S. 300ff.).

Bei allen Bestrahlungsexperimenten konnte man feststellen, daß die
Empfindlichkeit gegenüber Strahlen vom Entwicklungszustand und von
anderen physiologischen Bedingungen abhängt.

Knospende Hefezellen sind z. B. strahlenresistenter als alte Zellen im
Ruhestadium (OSTER 1934a, b, c; OSTER und ARNOLD 1934; BEAM et al.
1954; SARACHEK 1954a, b). Dieser Befund ist verständlich, da bereits zu
Beginn des Knospungsvorganges das genetische Material verdoppelt vorliegt
(OGUR et al. 1953). Getrocknete Zellen von *Saccharomyces* (DUNN et al.
1948) und trockene Sporen von *Aspergillus* (STAPLETON und HOLLAENDER
1952) erwiesen sich ebenfalls als resistenter gegenüber Röntgenstrahlen als
normalfeuchte Zellen. Hierfür könnte eine durch die Trocknung hervorgerufene, interne Strukturänderung der DNS verantwortlich sein (KAPLAN
1957).

Bei Versuchen mit uracil (*u*)- und methionin (*m*)-auxotrophen Mutanten
von *Ophiostoma multiannulatum* beobachtete man, daß die Wirkung mutagener Agenzien auch durch Gene beeinflußt werden kann (ZETTERBERG
1962). Nach UV-Bestrahlung z. B. zeigte die zweifach-auxotrophe Mutante
*u m* eine signifikante Erniedrigung der Rückmutationsrate für $u \rightarrow u^+$ im
Vergleich mit der Einfach-Mutante *u*. Die Überlebensrate blieb völlig un-
beeinflußt. Ein ähnlicher Effekt wurde auch nach Röntgenbestrahlung
sowie nach Behandlung mit Stickstofflost Dimethylsulfat und N-Nitroso-N-
methylurethan gefunden [vgl. hierzu die gesteigerte Lebensfähigkeit von
Doppel-Auxotrophen (S. 284) und die vorgetäuschte Mutagen-Spezifität bei
Verwendung mehrfach markierter Stämme (S. 310)].

## 4. Chemische Grundlage des strahleninduzierten Mutationsvorganges

Bestrahlungsexperimente mit UV-Licht verschiedener Wellenlänge
zeigen, daß das Wirkungsspektrum der einzelnen Wellenlängen recht
gut mit dem UV-Absorptionsspektrum von DNS zusammenfällt (Pilze:
HOLLAENDER und EMMONS 1941; höhere Pflanzen: KNAPP und SCHREI-
BER 1939; KNAPP et al. 1939; STADLER und UBER 1942). Dieser Befund
spricht für die Vorstellung, daß *UV-Mutationen durch eine direkte photochemische Veränderung an Nucleinsäure* hervorgerufen werden können
(S. 130). In der gleichen Weise lassen sich auch neuere Untersuchungsergebnisse von WILKIE (1963) über anaerob und aerob gehaltene Hefe-
kulturen interpretieren.

Für haploide und diploide Stämme von *Saccharomyces cerevisiae* wurden
Dosis-Effekt-Kurven für die Induktion von „Kleinkolonie"-Mutationen
(S. 449) durch UV-Licht aufgestellt. WILKIE erhielt für die anaeroben Hefe-
kulturen Kurven mit Eintreffercharakter und für aerob gehaltene Kulturen
solche mit Mehrtreffercharakter, sowohl für haploide als auch für diploide

Stämme. Als Maß für die Dosis diente hierbei die Zahl der pro Zelle absorbierten Lichtquanten. Von den drei geprüften Wellenlängen (245, 265 und 280 m$\mu$) erwies sich 265 m$\mu$ als am wirksamsten. Es zeigte sich ferner, daß die Strahlungsintensität und die Temperatur während der Bestrahlung keinen Einfluß auf die Mutationshäufigkeit haben. WILKIE schloß aus diesen Befunden, daß es sich bei den absorbierenden Molekülen um Nucleinsäure handele. Die Ein- und Mehrtrefferkurven werden durch die Annahme erklärt, daß in anaerob wachsenden Zellen jeweils nur eine einzige Nucleinsäurematrize vorhanden ist, während in atmenden Zellen mehrere gleiche Matrizen vorkommen.

Zur Klärung des Bestrahlungseffektes im molekularen Bereich haben vor allem die von verschiedenen Arbeitsgruppen an Bakterien und Viren ausgeführten *Experimente zur chemischen Veränderung der DNS in vitro* beigetragen (BEUKERS et al. 1958, 1959, 1960; BEUKERS und BERENDS 1960; WACKER et al. 1960, 1961; SCHOLES und WEISS 1960). Aus den Versuchsergebnissen kann man ebenfalls schließen, daß die unter dem Einfluß des UV-Lichtes eintretende photochemische Reaktion am DNS-Molekül selbst ablaufen kann. Wenigstens ein Teil der UV-induzierten Prämutationen sind Dimere des Thymin in der DNS. Solche Thymindimerisierung durch UV wurde in vitro und in vivo an der DNS nachgewiesen (WACKER et al. 1960, 1961). Die Photoreversion von Mutationen (S. 292) beruht zum Teil auf der Spaltung dieses Dimers zum Monomer durch ein spezifisches Photoenzym in der Zelle (RUPERT 1962), zum Teil auf anderen photochemischen Prozessen an der DNS (KAPLAN 1963). Ein guter Hinweis für den direkten Angriff des UV auf die DNS ist, daß der Ersatz des Thymin durch 5-Bromuracil (S. 302) in der DNS zu einer verstärkten Strahlensensibilität der Zelle führt (GREER und ZAMENHOF 1957; LORKIEWICZ und SZYBALSKI 1960).

## Zusammenfassung

1. Bei Pilzen ist vor allem die mutagene Wirkung von Röntgen- und UV-Strahlen untersucht worden. Nach Bestrahlung treten sowohl Punkt- als auch Segmentmutationen auf.

2. Bei Röntgenbestrahlung steigt die Häufigkeit der in den überlebenden Kernen induzierten Mutationen mit zunehmender Dosis bis zu einem Sättigungsgrad meist linear an. Bestrahlung mit UV-Licht führt zum Teil zu gekrümmten Dosis-Effekt-Kurven und fast immer zu einem Abfall bei hohen Dosen.

3. Die durch Dosis-Effekt-Kurven veranschaulichte Strahlenwirkung läßt sich mit Hilfe der Treffertheorie interpretieren. Nach dieser Theorie kann bereits ein einziges mikrophysikalisches Elementarereignis (,,Treffer") eine Mutation auslösen. Bei Röntgenbestrahlung genügt im allgemeinen bereits ein einziger Treffer zur Auslösung einer Mutation (lineare Dosis-Effekt-Kurven=Eintrefferkurven); bei Bestrahlung mit UV-Licht sind zum Teil mehrere Treffer notwendig (gekrümmte Dosis-Effekt-Kurven=Mehrtrefferkurven).

4. Auf Grund von Ergebnissen, die im wesentlichen auf Experimenten an Bakterien basieren, nimmt man an, daß der strahleninduzierte Mutationsvorgang bis zur endgültigen Fertigstellung der Erbänderung minde-

stens drei Phasen durchläuft: Einleitungs-, Prämutations- und Perfektierungsphase. Über die chemische Grundlage dieses Mutationsprozesses sind einige vorläufige Vorstellungen, insbesondere für UV, entwickelt worden. Hiernach können UV-induzierte Prämutationen Dimere des Thymin in der DNS sein.

## III. Chemische Mutagenese

### 1. Wirkung mutagener Chemikalien

Bestimmte Chemikalien bringen in vitro an der DNS bekannte chemische Veränderungen hervor; z.B. verändert Hydroxylamin spezifisch das Cytosin, Nitrit auch andere Basen. Ferner wird in vivo 5-Bromuracil anstelle von Thymin in die DNS eingebaut (S. 302). Man versprach sich von der Analyse dieser Phänomene einen Einblick in den chemischen Ablauf des Mutationsgeschehens.

Einen großen Teil unserer Kenntnis von der mutagenen Wirksamkeit chemischer Verbindungen bei Pilzen verdanken wir den Arbeiten von WESTERGAARD u. Mitarb. Diese Arbeitsgruppe untersuchte bei *Neurospora crassa* die mutationsauslösende Wirkung einer großen Zahl von Chemikalien, die in Tabelle V-2 zusammengestellt sind. Außer diesen ist noch eine Reihe weiterer Substanzen von anderen Autoren getestet worden, zum Teil am selben Objekt, zum Teil an anderen Organismen. Von diesen Chemikalien erwies sich etwa ein Viertel bis ein Drittel als mutagen. Diese Mutagene haben wir, soweit sie nicht schon in Tabelle V-2 aufgeführt sind, in Tabelle V-3 zusammengefaßt.

*Literatur:* KØLMARK und WESTERGAARD (1949, 1952, 1953); JENSEN et al. (1949, 1950, 1951); KØLMARK (1953, 1956); KØLMARK und GILES (1955); WESTERGAARD (1957, 1960); MALLING et al. (1959); AUERBACH und WESTERGAARD (1960); KØLMARK und KILBEY (1962); AUERBACH et al. (1962a, b). Weitere Literatur bei STUBBE (1960) und in Tabelle V-3.

Über die Wirkung chemischer Mutagene geben uns Tabelle V-2 und die beiden Abb. V-4 und V-5 Auskunft:

*1. Jede der geprüften Substanzen ergibt eine charakteristische Mutationsrate.* Zum Beispiel erzeugt Diepoxybutan etwa 200—300mal mehr Rückmutanten als Formaldehyd (Tabelle V-2). Ein Vergleich mit entsprechenden Strahlenexperimenten läßt erkennen, daß durch einige Chemikalien eine bedeutend höhere Mutationsausbeute als durch Strahlen erzielt werden kann (vgl. hierzu Tabelle V-4).

Zum Beispiel induziert Diepoxybutan etwa 25—30mal mehr $ad$-$3^+$-Prototrophe bei *N. crassa* (Tabelle V-4) und sogar 100—300mal mehr $ar$-$3^+$-Prototrophe bei *E. coli* als UV- bzw. Röntgenstrahlen (WESTERGAARD 1960 bzw. GLOVER 1956). Die Überlebensrate beträgt unter optimalen Bedingungen maximaler Mutantenertrag) im allgemeinen 50—100%.

*2. Rückmutationsraten und Überlebensraten sind nicht miteinander korreliert.* Chemikalien mit gleicher mutagener Wirkung können sowohl einen starken als auch einen schwachen Abtötungseffekt zeigen; z.B. induzieren p-N-di($\beta$-Chloräthyl)phenylalanin und Propylenoxyd etwa die gleiche Zahl an Rückmutanten (21—22/$10^6$), während der Prozent-

Tabelle V-2. *Die Wirkung verschiedener mutagener Chemikalien auf die adenin-auxotrophe Mutante ad-3 von Neurospora crassa.* (Aus WESTERGAARD 1957)

Die Konzentration des Mutagens und die Dauer der Behandlung sind jeweils so aufeinander abgestimmt, daß die Ausbeute an Rückmutanten optimal ist. Da die verwendeten Makrokonidien mehrkernig sind (durchschnittlich 2—3 Kerne pro Konidie), kann man annehmen, daß die Häufigkeiten der Rückmutationen pro Kern die in der letzten Spalte der Tabelle angegebenen Werte um ein Mehrfaches übersteigt.

| Mutagenes Agens | Konzentration in Mol/l | Behandlungsdauer in Minuten | Überlebende Makrokonidien in % | Rückmutanten pro $10^6$ behandelte Makrokonidien |
|---|---|---|---|---|
| Diepoxybutan | 0,2 | 40 | 56 | 85 |
| Dimethylsulfat | 0,005 | 30 | 44 | 64 |
| Epichlorhydrin | 0,15 | 45 | 42 | 56 |
| Chloräthylmethansulfonat (CB 1506) | 0,1 | 13 | 58 | 51 |
| Glycidol | 0,5 | 60 | 26 | 34 |
| p-N-di ($\beta$-Chloräthyl)-phenylalanin CB 3025, L-Form | 0,03 | 40 | 100 | 22 |
| Propylenoxyd | 0,5 | 60 | 27 | 21 |
| Diäthylsulfat | 0,04 | 40 | 68 | 18 |
| Äthylmethansulfonat (CB 1528) | 0,1 | 12,5 | 14 | 17 |
| Äthylenoxyd | 0,025 | 15 | 63 | 17 |
| Äthylenimin | 0,05 | 30 | 75 | 16 |
| Wasserstoffperoxyd + ⎫ Formaldehyd ⎭ | 0,06 + ⎫ 0,3 ⎭ | 30 | 20 | 4,3 |
| Di ($\beta$-chloräthyl)-methyl-amin (Stickstofflost) | 0,0025 | 25 | 60 | 3,4 |
| 1,2-Monoepoxybutan | 0,2 | 40 | 47 | 3,2 |
| p-N-di ($\beta$-Chloräthyl)-phenylalanin CB 3026, D-Form | 0,03 | 120 | 90 | 3,1 |
| Epibromhydrin | 0,08 | 45 | 40 | 2,5 |
| Monochlor ($\beta$-chloräthyl)-dimethylamin | 0,005 | 60 | 80 | 1,7 |
| tert. Butylhydroperoxyd | 0,09 | 30 | 50 | 1,5 |
| Diepoxypropyläther | 0,1 | 20 | 65 | 0,7 |
| Triäthylen-melamin (TEM) | 0,02 | 50 | 55 | 0,6 |
| Diazomethan | 0,03 | 40 | 20 | 0,6 |
| Trimethylphosphat | 0,2 | 40 | 96 | 0,5 |
| Wasserstoffperoxyd | 0,2 | 45 | 10 | 0,4 |
| Formaldehyd | 0,01 | 180 | 80 | 0,3 |

satz an überlebenden Makrokonidien 26 bzw. 100 beträgt (Tabelle V-2). Vergleichsweise werden durch Bestrahlung, besonders bei Verwendung von Röntgenstrahlen, trotz der schwächeren mutagenen Wirkung (s. o.) meist mehr Zellen abgetötet als durch Behandlung mit chemischen Agenzien.

*3. Der Prozentsatz an Rückmutanten unter den überlebenden Zellen steigt meist an, wenn die Dauer der Behandlung verlängert oder die Konzentration des Mutagens erhöht wird* (Abb. V-4 und V-5). Der Verlauf

Tabelle V-3. *Zusammenstellung der wichtigsten mutagenen Chemikalien und der zur Mutationsauslösung verwendeten Organismen*

Es sind nur Substanzen aufgeführt, soweit sie noch nicht in Tabelle V-2 erwähnt wurden.

| Mutagenes Agens | Objekt | Referenz |
|---|---|---|
| Salpetrige Säure | *Neurospora crassa* *Schizosaccharomyces pombe* *Aspergillus nidulans* | BARNETT und DE SERRES 1963; REISSIG 1963a GUTZ 1961, 1963; HESLOT 1962; CLARKE 1962, 1963 SIDDIQI 1962; APIRION 1963 |
| N-Nitroso-N-methyl-urethan | *Ophiostoma multi-annulatum* *Saccharomyces cerevisiae* *Colletotrichum coccodes* | ZETTERBERG 1960b, 1961, 1962 MARQUARDT et al. 1964 LOPRIENO et al. 1964 |
| N-Nitroso-N-äthyl-urethan | *Saccharomyces cerevisiae* *Colletotrichum coccodes* | MARQUARDT et al. 1964 LOPRIENO et al. 1964 |
| Verschiedene Nitros-amine und Nitros-amide | *Saccharomyces cerevisiae* | MARQUARDT et al. 1964 |
| β-Methylcholanthren | *Neurospora crassa* | TATUM et al. 1950 |
| β-Propiolacton | *Neurospora crassa* *Aspergillus nidulans* | SMITH und SRB 1951; KILBEY 1963a |
| Coffein | *Ophiostoma multi-annulatum* *Saccharomyces cerevisiae* *Schizosaccharomyces pombe* | FRIES 1950; ZETTERBERG 1960a NAGAI 1962 HESLOT 1962 |
| Tri (β-chloräthyl)-methylamin (Stickstofflost) | *Saccharomyces cerevisiae* *Neurospora crassa* | REAUME und TATUM 1949 McELROY et al. 1947; TATUM et al. 1950 |
| n-Butylchloräthylsulfid | *Neurospora crassa* | STEVENS und MYLROIE 1953 |
| Di (β-chloräthyl)-sulfid | *Neurospora crassa* | HOROWITZ et al. 1946 |
| Acriflavin Pararosanilin Pyronin B Pyronin Y Acridinrot 3B | *Saccharomyces cerevisiae* | NAGAI 1962 |

Tabelle V-3 (Fortsetzung)

| Mutagenes Agens | Objekt | Referenz |
| --- | --- | --- |
| Verschiedene Sulfatester Verschiedene Epoxyde Verschiedene Äthylen- imine Verschiedene β-Halogen- äthylamine | *Schizosaccharo- myces pombe* | HESLOT 1962 |
| 5-Bromdesoxyuridin 5-Fluordesoxyuridin | *Neurospora crassa* | ISHIKAWA 1962; SCOTT 1964 |
| 2,6-Diaminopurin | *Saccharomyces cerevisiae* | PITTMAN et al. 1963 |
| 2-Aminopurin | *Neurospora crassa* | BROCKMAN und DE SERRES 1963 |

der Kurven läßt für einige der verwendeten mutagenen Agenzien analog dem mutagenen Effekt von Strahlen eine Wirkungsweise nach Art eines *Treffermechanismus* vermuten (S. 291): Eintrefferkurven z.B. bei *E. coli*

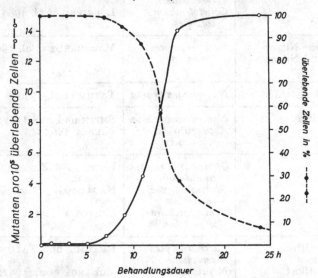

Abb. V-4. Mutagene Wirkung von Chloräthylmethansulfonat (vgl. Tabelle V-2). Beziehung zwischen der Behandlungsdauer und der Häufigkeit von *ad-3+*-rückmutierten Makrokonidien von *Neurospora crassa* bei einer Konzentration von 0,1 Mol/l. (Nach WESTERGAARD 1957 verändert)

(DEMEREC et al. 1952, 1953), Mehrtrefferkurven z.B. bei *N. crassa* (Abb. V-4 und KØLMARK und GILES 1955; KØLMARK 1956). Im ersten Fall würde also bereits ein einziges Molekül zum Start des Mutations- prozesses genügen, im zweiten Fall wären mehrere „Treffer" notwendig. Jedoch darf bei einer solchen Deutung nicht vergessen werden, daß weder die Zeitabhängigkeitskurven noch die Konzentrationskurven eindeutig sind.

Die Kurven werden in ihrem Verlauf nämlich nicht nur durch die in der Versuchsanordnung gegebenen Voraussetzungen (Dauer der Behandlung, Konzentration des Mutagens) festgelegt, sondern auch noch durch andere, nicht immer erfaßbare Bedingungen in den Zellen mitbestimmt: z.B. durch die Eindring- und Akkumulationsgeschwindigkeit. Hierdurch können gekrümmte Kurven entstehen, die eine Mehrtreffrigkeit vortäuschen.

Die Konzentrations- und Zeitabhängigkeitskurven durchlaufen häufig ein Maximum mit nachfolgendem Abfall (z.B. HESLOT 1962). Dieser Kurvenverlauf kann so gedeutet werden, daß der endgültigen Fertigstellung von chemisch induzierten Mutationen — ähnlich wie bei UV-Bestrahlung — prämutative Stadien vorangehen (S. 292).

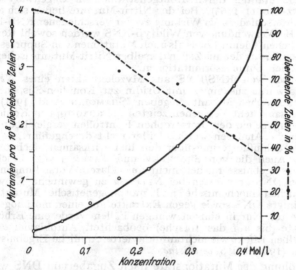

Abb. V-5. Mutagene Wirkung von 1,4-Butan-sulfonat. Beziehung zwischen der Konzentration des Mutagens und der Häufigkeit von *arg-1*$^+$-rückmutierten Zellen von *Schizosaccharomyces pombe* bei einer Behandlungsdauer von 1 Std. (Nach HESLOT 1962, verändert)

Tiefere Einblicke in den Mechanismus der Mutation erlauben uns Experimente mit Substanzen, welche bestimmten Bausteinen der DNS weitgehend gleichen, so daß sie in die DNS bei der Replikation eingebaut werden (Basenanaloga). Untersuchungen über die Wirksamkeit solcher Agenzien zur Mutationsauslösung sind vor allem bei Bakterien und Viren gemacht worden (hier auch chemische Behandlung von Nucleinsäure in vitro; z.B. Tabakmosaikvirus: MUNDRY und GIERER 1958). Pilze haben sich wegen experimenteller Schwierigkeiten bisher als weniger geeignet erwiesen. Jedoch hat man in letzter Zeit auch diese Organismen vereinzelt zu Versuchen herangezogen. Es zeigte sich, daß bei Pilzen ebenfalls durch *Behandlung mit basenanalogen Stoffen* Mutationen ausgelöst werden können (Tabelle V-3; Deutung der Ergebnisse s. S. 302f.).

Ferner sind bei *Neurospora crassa, Schizosaccharomyces pombe* und *Saccharomyces cerevisiae* Experimente unternommen worden, in denen man den *Einfluß von Nucleinsäuren auf den Mutationsprozeß* untersuchte (Oppenoorth 1960; Vaharu 1961; Shamoian et al. 1961; Shockley und Tatum 1962; Fritz-Niggli 1963). Man beobachtete in einigen Fällen eine Erhöhung der Mutationshäufigkeit, wenn man dem Nährmedium RNS oder DNS zusetzte, welche man aus Wild- oder Mutantenstämmen isoliert hatte.

Bei einer leucin-auxotrophen Mutante von *N. crassa* stieg die Rückmutationsrate an, wenn dem Kulturmedium nach der Bestrahlung mit niedrigen UV-Dosen RNS beigefügt wurde (Vaharu 1961). In gleicher Weise wird in einer nitrit-induzierten und in einer durch UV-Strahlen erzeugten adenin-auxotrophen Mutante von *S. pombe* die relative Häufigkeit prototropher Rückmutanten durch Röntgenstrahlen in Gegenwart von RNS erhöht (Fritz-Niggli 1963). Bei der Nitrit-Mutante ließen sich außerdem qualitative Unterschiede in der Wirkung zweier verschiedener RNS-Präparate nachweisen: Bei Verwendung von Wildtyp-RNS wurden sowohl Reversionen am ursprünglichen Adenin-Locus als auch Mutationen von Suppressor-Genen gefunden, nach Zusatz der aus Zellen derselben Nitrit-Mutante isolierten RNS dagegen lediglich Suppressormutationen.

Ein Gemisch von RNS/DNS aus Myzelextrakten eines *Neurospora*-Wildstammes wurde zusammen mit Uridin zur Konidien-Suspension einer pyrimidin-auxotrophen Mutante gegeben (Shamoian et al. 1961). In nur drei von insgesamt acht Versuchen zeigten die auxotrophen Konidien nach Nucleinsäurezugabe ein den prototrophen Kontrollen vergleichbares Wachstum. Genetische Analysen wurden leider nicht durchgeführt, so daß eine überzeugende Schlußfolgerung über den hier wirksamen Mechanismus unmöglich ist. Auch die von Shockley und Tatum (1962) beschriebenen Untersuchungsergebnisse reichen nicht aus, klarere Vorstellungen über die Wirkung von DNS-Präparaten bei *N. crassa* zu gewinnen. Es wurden in diesen Versuchen biochemische und morphogenetische Mutanten gegen partiell gereinigte DNS sowie gegen Extrakte aus einer morphogenetischen Mutante getestet. Nur in einigen wenigen Fällen wurde eine Erhöhung der Reversionsrate (bis auf das 10fache) beobachtet. Autoklavierte Extrakte hatten denselben Effekt wie nichtautoklavierte. Ähnliche Ergebnisse erzielte Oppenoorth (1960) bei *S. cerevisiae*.

Die Erhöhung der Mutationsrate nach Zugabe von DNS wurde von Oppenoorth, Shamoian et al. und anderen Autoren als *Transformationswirkung* der Nucleinsäuren interpretiert. Dieser Schluß erscheint uns jedoch zu gewagt, da die vorliegenden Untersuchungsergebnisse keinen überzeugenden Nachweis für einen solchen Mechanismus liefern. *Das Phänomen der genetischen Transformation*, welches für Bakterien gut gesichert ist, *bleibt deshalb für Pilze* und andere höhere Organismen *weiter ungeklärt*.

## 2. Hypothesen zur Deutung der chemischen Mutagenese

Zur Deutung der Wirkung chemischer Mutagene auf die DNS werden zur Zeit mehrere Hypothesen diskutiert. Die entsprechenden Experimente wurden fast ausschließlich an Viren ausgeführt. Auf Grund unserer Kenntnis über Struktur und Replikationsweise der DNS (S. 131 ff.) sollte man erwarten, daß bereits geringfügige Änderungen der Basensequenz Mutationen darstellen können. Solche Änderungen

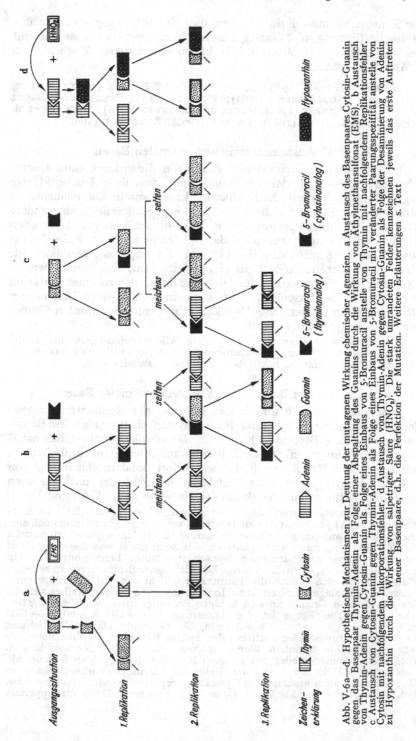

Abb. V-6a—d. Hypothetische Mechanismen zur Deutung der mutagenen Wirkung chemischer Agenzien. a Austausch des Basenpaares Cytosin-Guanin gegen das Basenpaar Thymin-Adenin als Folge einer Abspaltung des Guanins durch die Wirkung von Äthylmethansulfonat (EMS). b Austausch von Thymin-Adenin gegen Cytosin-Guanin als Folge eines Einbaus von 5-Bromuracil anstelle von Thymin mit nachfolgendem Replikationsfehler. c Austausch von Cytosin-Guanin gegen Thymin-Adenin als Folge eines Einbaus von 5-Bromuracil mit veränderter Paarungsspezifität anstelle von Cytosin mit nachfolgendem Inkorporationsfehler. d Austausch von Thymin-Adenin gegen Cytosin-Guanin als Folge der Desaminierung von Adenin zu Hypoxanthin durch die Wirkung von salpetriger Säure (HNO₄). Die stark umrandeten Felder kennzeichnen jeweils das erste Auftreten neuer Basenpaare, d.h. die Perfektion der Mutation. Weitere Erläuterungen s. Text

der Sequenz könnten darin bestehen, daß Nucleotide gegen andere ausgetauscht (FREESE u. Mitarb.), zusätzlich eingeschoben oder entfernt werden (BRENNER u. Mitarb.). Wir haben einige dieser Möglichkeiten in Abb. V-6 erläutert.

*Literatur:* FREESE (1959a, b, c); BAUTZ und FREESE (1960); FREESE, BAUTZ und BAUTZ-FREESE (1961); FREESE, BAUTZ-FREESE und BAUTZ (1961); BAUTZ-FREESE (1961); ORGEL und BRENNER (1961); BRENNER et al. (1958, 1961); LERMAN (1963); FREESE (1963); ZAMENHOF (1963).

### a) Austausch zwischen normalen Basen

Eine Base (z.B. Guanin) wird durch die Einwirkung eines spezifischen Mutagens (z.B. Äthylmethansulfonat) von ihrer Nucleotidkette abgespalten. Im Verlaufe der Replikation kann dann im komplementären Strang an der Stelle, welche dieser Lücke gegenüberliegt, eine andere Base (z.B. Thymin) eingebaut werden. Diese bindet bei der nachfolgenden Replikation ihre komplementäre Base (Adenin) an sich. Falls die inkorporierte Base nicht das Komplement der abgespaltenen Base ist, führt dieser Basenaustausch zu einer bleibenden, sich immer wieder replizierenden Veränderung des DNS-Moleküls, also zu einer Mutation (Abb. V-6a). Die Basenlücke ist folglich ein prämutativer Zustand der DNS, die später bei der DNS-Replikation mit einer bestimmten Chance zur Mutation perfektiert wird.

Als Mutagene spielen hier vor allem Alkylverbindungen eine Rolle. Einen ähnlichen Wirkungsmechanismus wie Äthylmethansulfonat zeigen nämlich Diäthylsulfat und Äthyläthansulfonat (Tabelle V-2).

### b) Einbau von Basenanaloga anstelle normaler Basen

Eine Base (z.B. Adenin) bindet während der Replikation anstelle der natürlichen komplementären Base (Thymin) ein unnatürliches Basenanalogon (z.B. 5-Bromuracil) an sich. Diese Inkorporation basenanaloger Verbindungen in die DNS beruht auf ihrer Strukturähnlichkeit mit natürlichen Basen. Sie führt nicht sofort, sondern erst infolge von späteren Einbau- oder Paarungsfehlern während der nachfolgenden DNS-Replikationen zur Perfektion der Mutation (Abb. V-6b und V-6c).

Als mutagenes Basenanalogon ist neben 5-Bromuracil (BU) auch 2-Aminopurin (AP) bekannt. Beide bewirken weder eine Abspaltung noch eine chemische Umwandlung von Basen (s. unten). Da BU im allgemeinen anstelle von Thymin eingebaut wird, paart es sich auch meist wie diese Base mit Adenin. Solange diese Paarungseigenschaft erhalten bleibt, entsteht kein mutierter Phänotyp. Die BU-haltige DNS ist also nicht mutiert. In seltenen Fällen scheint sich jedoch die Paarungsspezifität des BU als Folge einer tautomeren Umlagerung bzw. einer Ionisierung so zu ändern, daß es anstelle des Adenin nun Guanin an sich bindet (*Paarungs-* bzw. *Replikationsfehler*, Abb. V-6b). Die Folge ist die Transition $T\text{-}A \rightarrow BU\text{-}A \rightarrow BU\text{-}G \rightarrow C\text{-}G$ (C = Cytosin, T = Thymin, A = Adenin, G = Guanin). Da die Möglichkeit zu einem Paarungsfehler auch bei den später folgenden Replikationen als seltenes Ereignis bestehen bleibt, spalten solche BU-A-Nucleotidketten auch später immer wieder mit geringer Rate C-G-haltige DNS-Stränge ab.

Obwohl BU in der Regel die Stelle des Thymins einnimmt, kann es als Ausnahme auch anstelle von Cytosin inkorporiert werden (*Einbau-* bzw. *Inkorporationsfehler*; Abb. V-6c). Da es bei der nächsten DNS-Verdoppelung fast immer mit Adenin paart, entsteht die Transition C-G→BU-G→ BU-A→T-A und damit ein mutierter DNS-Strang (vgl. auch RUDNER 1960).

In analoger Weise kann auch AP Mutationen sowohl durch Inkorporationsfehler infolge Einbau von Guanin anstatt Adenin als auch durch Replikationsfehler infolge Paarung mit Cytosin anstelle Thymin erzeugen (NAKADA et al. 1960, STRELZOFF 1961, 1962).

Basenanaloge Verbindungen wurden auch bei Pilzen mit Erfolg als Mutagene benutzt (Tabelle V-3). Man fand, daß diese Substanzen stark elektiv wirken (S. 305).

### c) Chemische Veränderung normaler Basen

Eine Base (z.B. Adenin) wird durch die Wirkung eines spezifischen Mutagens (z.B. salpetrige Säure) so verändert, daß die veränderte Base (z.B. Hypoxanthin) eine andere Paarungsspezifität (wie Guanin) erhält und bei der Replikation mit einer anderen Base (Cytosin) paart. An diese lagert sich dann bei der nachfolgenden DNS-Verdopplung die komplementäre Base (Guanin) an. Dieser Austausch zweier Basenpaare (Adenin-Thymin gegen Guanin-Cytosin) führt also nicht vor der zweiten Replikation zur Perfektierung der Mutation (Abb. V-6d).

Die mutagene Wirkung der *salpetrigen Säure* kann auf die oxydative Desaminierung des Adenins und Cytosins zurückgeführt werden, deren 6-Aminogruppe in Hydroxylgruppen und weiter durch tautomere Umlagerung in Ketogruppen umgewandelt werden (SCHUSTER 1960, VIELMETTER und SCHUSTER 1960). Die Produkte dieser Desaminierung sind Hypoxanthin bzw. Uracil, die im Gegensatz zu den Ausgangsbasen die Paarungseigenschaften von Guanin bzw. von Thymin zeigen und deshalb bei der nachfolgenden Replikation mit Cytosin bzw. Adenin paaren. Diese binden bei erneuter DNS-Verdoppelung ihre normalen komplementären Partnerbasen Guanin bzw. Thymin an sich.

Außer der salpetrigen Säure führt auch *Hydroxylamin* zu einer veränderten Paarungsaffinität. Es bewirkt die Öffnung einer Doppelbindung des Ringes im Cytosin. Bei der nachfolgenden DNS-Verdoppelung paart sich das veränderte Cytosin nicht mehr mit Guanin, sondern mit Adenin.

Während die Desaminierung des Adenins und Cytosins zu einer Veränderung der Paarungsspezifität führt, zeigt Guanin nach Desaminierung keine Paarungstendenz zu anderen Basen. Infolgedessen stört sein Desaminierungsprodukt Xanthin die DNS-Replikation. Xanthin wird entweder wieder durch die ursprüngliche Base ersetzt oder bewirkt das Absterben des betreffenden Individuums.

Auch bei Pilzen erwies sich salpetrige Säure wiederholt als ein spezifisch wirkendes Mutagen (Tabelle V-3). Vor allem die Befunde von SIDDIQI (1962) an *Aspergillus nidulans* lassen vermuten, daß die salpetrige Säure in der Pilz-DNS ähnliche Veränderungen wie in der Phagen- und Bakterien-DNS hervorruft. SIDDIQI fand nämlich, daß in Myzelien, welche aus behandelten Konidien von *A. nidulans* entstanden waren, häufig Halb- und Viertel-Sektoren mit verändertem Phänotyp herausspalten. Diese Sektorierung läßt darauf schließen, daß durch die Wirkung der salpetrigen Säure nur eine Base eines Basenpaares verändert wurde, so daß im Endeffekt nur einer der beiden neu replizierten DNS-Stränge die Mutation trägt. Untersuchungsergebnisse über Spontanmutationen bei *E. coli* lassen denselben Schluß zu (RYAN und KIRITANI 1959).

### d) Ausfall bzw. Einschub normaler Basen

Durch die Wirkung spezifischer Mutagene (Acridine, z.B. Proflavin) werden bei der Replikation in der DNS einzelne Nucleotide ausgelassen oder hinzugefügt. Hier beruht also die Mutation nicht wie bei den drei anderen Hypothesen auf einem Basenaustausch, sondern auf einem Ausfall oder einem zusätzlichen Einschub einer oder mehrerer Basen. Wenn man voraussetzt, daß je drei benachbarte Nucleotidpaare eine Aminosäure determinieren (s. Kapitel *Replikation* und *Funktion*), so würde die Deletion oder Insertion eines Basenpaares in ein Triplett die Einteilung in Dreiergruppen für alle Paare seitlich verschieben und somit die ganze Information im Gen ändern. Als Folge würde ein stark verändertes Protein entstehen (Diskussion bei KAPLAN 1962a und LERMAN 1963). Ein Austausch im Sinne der anderen Hypothesen würde dagegen zu einem nur an einer einzigen Stelle veränderten Protein führen, da nur ein einziges Basenpaar in einem Triplett, nicht aber die gesamte Dreiergruppierung verändert würde (ROSEN 1961). Es bleibt abzuwarten, ob weitere Experimente einen solchen Wirkungsmechanismus der Acridine bestätigen werden (vgl. Tabelle V-3).

Auf Grund dieser Überlegungen ist verständlich, daß auch bei Behandlung mit mutagenen Chemikalien zunächst *prämutative Stadien* entstehen, welche erst später mit einer gewissen Chance als erbliche Änderung fixiert werden (S. 292f.). Der Zeitabschnitt zwischen der Inkorporation von Basenanaloga und der Fertigstellung der Mutation läßt sich z.B. in diesem Sinne als prämutative Phase interpretieren.

Bei *E. coli* konnte für coffein-induzierte Resistenz-Mutationen nachgewiesen werden, daß die Fixierung der Mutation einige Zellteilungen erfordert (KUBITSCHEK und BENDIGKEIT 1958, 1961). Coffein wurde auch bei Pilzen mit Erfolg als Mutagen benutzt (Tabelle V-3). Eine Interpretation der coffein-induzierten Mutagenese ist bisher noch schwierig, da man nicht weiß, ob Coffein als Purinanalogon in die DNS eingebaut wird und dadurch Mutationen hervorruft.

### Zusammenfassung

1. Eine große Zahl chemischer Substanzen erweist sich als mehr oder minder mutationsauslösend. Die einzelnen Mutagene unterscheiden sich jedoch beträchtlich in ihrem Wirkungsgrad. Mutations- und Inaktivierungsraten sind nicht miteinander korreliert.

2. Im allgemeinen nimmt die Häufigkeit der Mutationen unter den überlebenden Zellen zu, wenn die Dauer der Behandlung verlängert oder die Konzentration des Mutagens erhöht wird. Der Verlauf der Konzentrations- und Zeitabhängigkeitskurven läßt für einige Mutagene analog den Strahleneffekten auf eine Wirkungsweise nach Art eines Treffermechanismus schließen.

3. Man nimmt heute an, daß chemisch induzierte Mutationen meist durch Änderung der Basensequenz in der DNS entstehen. Hierbei können Basen gegen normale andere Basen ausgetauscht oder Nucleotide zusätzlich eingefügt oder herausgenommen werden oder auch ganze Segmente der DNS verlagert werden oder ausfallen.

# IV. Elektive Mutabilität

Die direkte und spezifische Wirkung einiger Agenzien auf bestimmte Bausteine der DNS führt zu der wichtigen Fragestellung, ob mit der im molekularen Bereich gefundenen Spezifität der Mutagene eine elektive Wirkung auf bestimmte Gene oder auf bestimmte Mutationsstellen eines Gens verbunden ist. Dieser Frage ist man in zahlreichen Experimenten an Viren, Bakterien und Pilzen nachgegangen. Eine solche *spezifische Mutagenwirkung* wurde tatsächlich vielfach gefunden. Jedoch darf man diese Elektivität nicht mit „gerichteten" Mutationen gleichsetzen. Ein solcher Effekt ist nach unserer heutigen Kenntnis über die Struktur der DNS von keinem der Mutagene zu erwarten.

## 1. Intragenische Elektivität

Als *intragenische Elektivität* bezeichnet man die Erscheinung, daß *ein Mutagen an bestimmten Stellen innerhalb eines Gens besonders viele Mutationen induziert* (KAPLAN 1962a). Auch wird diese Art der Elektivität oft Intra-Locus-Spezifität genannt (AUERBACH und WESTERGAARD 1960). *Intragenische Elektivität konnte sowohl für Hin- als auch für Rückmutationen nachgewiesen werden.*

### a) Hinmutationen

Als Beispiel einer spezifischen Mutagenwirkung auf Hinmutationen dienen die Experimente von LEUPOLD (1961) und GUTZ (1961, 1963) an *Schizosaccharomyces pombe*. Die Ergebnisse, die in Abb. V-7 zusammengefaßt sind, zeigen folgendes:

1. *Die innerhalb eines Gens unabhängig voneinander entstandenen Mutationen sind nicht zufällig über den gesamten Genbereich verteilt.* Neben zahlreichen Stellen, an denen nur wenige Mutationen geschehen sind, werden *hochmutable Stellen*, sog. „*hot spots*", beobachtet, die von WINKLER (1963) „Brennpunkte" von Mutationsereignissen genannt wurden.

Im *ad-7*-Locus von *S. pombe* entfallen von 152 UV-induzierten Mutationen 39 ($=26\%$), von 89 durch salpetrige Säure induzierten Mutationen 26 ($=29\%$) je auf eine einzige Mutationsstelle (Abb. V-7). Eine ähnliche Situation finden wir bei *Neurospora crassa*. Hier konzentrieren sich im *ad-8*-Locus sogar alle 15 durch Basenanaloga erzeugten Mutationen auf eine einzige Stelle (ISHIKAWA 1962). Dagegen ergaben Versuche mit UV-Licht, Röntgenstrahlen und salpetriger Säure am selben Objekt keine bemerkenswerten hot spots; wahrscheinlich war die Zahl der untersuchten Mutanten zu klein.

Bei dem Bakteriophagen *T4* wurden unter 753 unabhängig voneinander solierten spontanen Mutationen im Gen *rIIA* 39% an einem hot spot gefunden; im benachbarten Gen *rIIB* waren es unter 855 sogar 60% (BENZER 1959, 1961).

Wahrscheinlich gibt es von „normalen" Mutationsstellen zu hot spots einen gleitenden Übergang, wie die Untersuchungen an Phagen ergaben. Die Existenz von Mutationsbrennpunkten könnte zu der Annahme verleiten, daß alle diese Mutationen identische Veränderungen der DNS

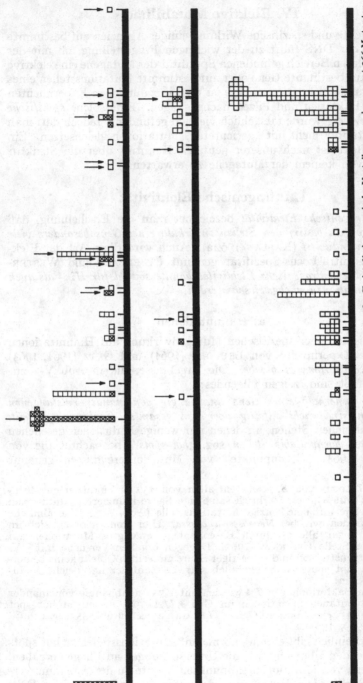

Abb. V-7a—c. Mutantenspektrum für den *ad-7*-Locus von *Schizosaccharomyces pombe*. Es ist die intragenische Verteilung von insgesamt 266 Mutanten auf 51 verschiedene Mutationsorte (kleine senkrechte Striche) dargestellt. a 89 Mutanten, die durch salpetrige Säure induziert wurden; b 25 durch Röntgenstrahlen erzeugte Mutanten; c 152 UV-induzierte Mutanten. ☐ Vollständig blockierte Mutanten; ☒ unvollständig blockierte, temperaturabhängige Mutanten. Die bei den Nitrit- und Röntgenmutanten im Vergleich zu den UV-Mutanten neu gefundenen Mutationsorte sind durch Pfeile gekennzeichnet. Vgl. die Genkarte in Abb. IV-19. (Nach LEUPOLD 1961, ergänzt durch GUTZ 1961, 1963.)

darstellen. Dies trifft jedoch nicht zu; denn BENZER konnte nachweisen, daß Mutanten einer einzigen Stelle sich in ihrer spontanen Rückmutabilität unterscheiden. Ein solch unterschiedliches Verhalten ist verständlich, da ein Nucleotid vier verschiedene allele Konfigurationen annehmen kann.

2. *Die Verteilung der Mutanten auf einen Genbereich wird* nicht nur durch das Gen selbst, sondern auch *durch die Art des verwendeten Mutagens bestimmt.* Diese Mutagenabhängigkeit läßt sich durch strukturelle Unterschiede innerhalb des Gens erklären: Jedes Mutagen wirkt spezifisch auf bestimmte Stellen der DNS. Die durch Röntgen- und UV-Bestrahlung erhaltenen Mutantenspektren bei *S. pombe* sind zwar relativ ähnlich; dagegen ergibt sich nach Behandlung mit salpetriger Säure ein vollständig anderes Verteilungsmuster. Es treten andere Stellen auf, welche unter den strahleninduzierten Mutanten nicht vertreten sind. Diese anderen Mutationsstellen sind in Abb. V-7 durch Pfeile gekennzeichnet. Die unterschiedliche Verteilung der Mutationen innerhalb des *ad-7*-Locus von *S. pombe* lassen auf spezifische Differenzen in der Wirkung von Strahlen und salpetriger Säure schließen (GUTZ 1961, 1963). Sie könnte darauf zurückzuführen sein, daß UV- und Röntgenstrahlen vor allem die Pyrimidine der DNS angreifen, während salpetrige Säure vorwiegend durch eine chemische Änderung der Purinbase Adenin Mutationen erzeugt (LASKOWSKI 1960b).

Im *ad-8*-Locus von *N. crassa* sind diese Unterschiede nicht stark ausgeprägt; die Zahl der getesteten Mutanten ist allerdings für eine gesicherte Aussage zu klein (ISHIKAWA 1962).

Diese Art der vergleichenden Analyse verschiedener Mutantenspektren wurde zuerst für das *rII*-Cistron des Bakteriophagen *T4* durchgeführt und erfaßt zur Zeit das größte System unabhängig voneinander entstandener Mutationen. Sie berücksichtigt sowohl spontane Mutationen als auch Mutationen, die durch eine Reihe verschiedener chemischer Mutagene erzeugt wurden (BENZER und FREESE 1958; FREESE 1959b; BENZER 1959, 1961).

### b) Rückmutationen

Neben diesen Ergebnissen, die auf Untersuchungen an Hinmutationen basieren, sprechen auch Befunde aus Rückmutationsexperimenten für eine intragenische Elektivität. *Eine solche Mutagenspezifität konnte bei Viren, Bakterien und Pilzen nachgewiesen werden* (BENZER 1961 bzw. RUDNER und BALBINDER 1960 bzw. GILES 1951; KØLMARK 1953; MALLING et al. 1959; HESLOT 1962). Einige der Untersuchungsergebnisse über die Loci *ad-3* und *inos* von *N. crassa* haben wir in Tabelle V-4 zusammengefaßt bzw. in den Abb. V-8 bis V-10 graphisch ausgewertet. Es zeigt sich, daß die Mutagene auf Hin- und Rückmutationen eine ähnliche Wirkung ausüben. Im einzelnen lassen sich aus der Tabelle und den Abbildungen folgende Schlüsse ziehen:

1. *Mutationsstellen verschiedener Gene oder verschiedene Mutationsstellen desselben Gens mutieren bei Verwendung eines bestimmten Mutagens mit unterschiedlichen Häufigkeiten zurück* (Tabelle V-4). Das Vorkommen solcher Unterschiede ist unabhängig von der Behandlungsdauer, d.h. die Rückmutationsraten zweier nichtidentischer Mutationsstellen sind

Tabelle V-4. *Die relative Spezifität mutagener Agenzien in ihrer Wirkung auf eine inosit- und adenin-auxotrophe Doppelmutante von Neurospora crassa*

Die Wirksamkeit der Mutagene wird unter „optimalen Bedingungen" miteinander verglichen (s. Tabelle V-2). (Aus WESTERGAARD 1960)

| Mutagenes Agens | Rückmutanten pro $10^6$ behandelte Makrokonidien | | Verhältnis |
|---|---|---|---|
| | $inos^+$ | $ad^+$ | $ad^+ : inos^+$ |
| Äthylmethansulfonat | 11,3 | 17,4 | 1,5 |
| Diäthylsulfat | 4,3 | 16,8 | 4 |
| Dimethylsulfat | 3,4 | 64,0 | 19 |
| Chloräthylmethansulfonat | 0,3 | 51,0 | 190 |
| Diepoxybutan | 0,2 | 89,0 | 445 |
| Bromäthylmethansulfonat | 0,04 | 152,0 | 3800 |
| Ultraviolettes Licht | 7,1 | 3,5 | 0,5 |
| Röntgenstrahlen | 0,2 | 3,2 | 16 |
| spontan | 0,02 | 0,2 | 10 |

sowohl nach kurzer als auch nach langer Behandlung verschieden (Abb. V-8, V-9 und V-10). Diese intragenische Elektivität ist wie bei den Hinmutationen dadurch zu erklären, daß Gene nicht einheitlich strukturiert sind und an bestimmten Stellen besonders empfindlich auf Mutagene reagieren. Auch hier treten neben Orten mit geringer Mutationshäufigkeit hochmutable Stellen auf. Es ist unwahrscheinlich, daß alle

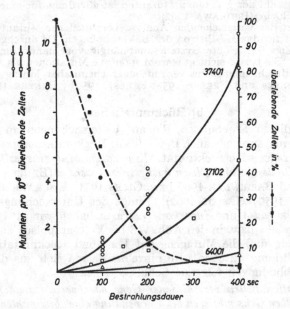

Abb. V-8. Mutagene Wirkung von UV-Strahlen auf drei unabhängig voneinander gewonnene inosit-auxotrophe Mutanten von *Neurospora crassa*. Isolationsnummern 37401: ○ bzw. ●; 37102: □ bzw. ■; 64001: △. Es ist die Beziehung zwischen der Bestrahlungsdauer und der Häufigkeit der rückmutierten *inos*+-Mikrokonidien dargestellt. (Nach GILES 1951, verändert)

Mutationen an einem „hot spot" identische Veränderungen darstellen. In einigen Fällen ließ sich nämlich zeigen, daß durch Rückmutation nicht der ursprüngliche Status auf molekularer Ebene wiederhergestellt wurde (S. 413 ff.).

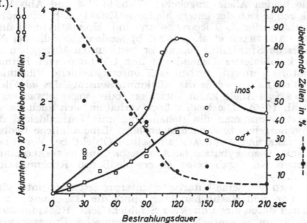

Abb. V-9. Mutagene Wirkung von UV-Strahlen auf eine inosit- und adenin-auxotrophe Doppelmutante von *Neurospora crassa* (vgl. Abb. V-10). Beziehung zwischen der Bestrahlungsdauer und der Häufigkeit der *inos+*- (○) bzw. *ad+*- (□) Rückmutationen in Makrokonidien. (Nach KØLMARK 1956, verändert)

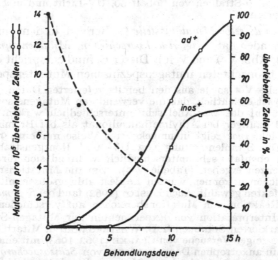

Abb. V-10. Mutagene Wirkung von Diäthylsulfat auf eine inosit- und adenin-auxotrophe Doppelmutante von *Neurospora crassa* (vgl. Abb. V-9). Beziehung zwischen der Behandlungsdauer und der Häufigkeit der *inos+*- (□) bzw. *ad+*- (○) Rückmutationen in Makrokonidien bei einer Konzentration von 0,07 Mol/l. (Nach KØLMARK 1956, verändert)

Wie aus Abb. V-8 zu ersehen ist, divergieren die für drei *inos*-Mutanten von *N. crassa* gewonnenen Mutationskurven bei zunehmender UV-Bestrahlungsdauer. Bei gleicher Behandlungsdauer mutiert die eine der drei Mutanten (37401) etwa doppelt so häufig wie die zweite (37102) und etwa 9mal so oft wie die dritte (64001) zurück. Bei Verwendung von Röntgenstrahlen verhielten sich diese Mutanten genau umgekehrt (GILES 1951, vgl. auch 1959). Ähnliche Ergebnisse erhielt KØLMARK (1953) mit Experimenten an der Doppelmutante *inos ad-3* von *N. crassa*. Die *inos*-Marke zeigte nur eine sehr schwache Reaktion auf Röntgenstrahlen, während die *ad*-Marke etwa 16mal stärker ansprach (Tabelle V-4). Auf UV-Bestrahlung reagierten die beiden Allele umgekehrt (Tabelle V-4 und Abb. V-9). Besonders stark zeigte sich der unterschiedliche Effekt nach Behandlung mit Chloräthylmethansulfonat, Diepoxybutan und Bromäthylmethansulfonat (Tabelle V-4). AUERBACH et al. (1962a, b) fanden ebenfalls bei *N. crassa* eine genspezifische Sensibilität gegenüber bestimmten Mutagenen.

Auch bei kombinierter Behandlung mit UV-Licht und Formaldehyd bzw. Wasserstoffsuperoxyd ergaben sich unterschiedliche Rückmutationsraten. In beiden Fällen wurde die Rückmutationsrate des *ad*-Allels stark erhöht, die des *inos*-Allels kaum verändert oder sogar etwas vermindert (MALLING et al. 1959). Die beiden Loci verhalten sich auch dann genau entgegengesetzt, wenn man die Behandlung mit Formaldehyd der UV-Bestrahlung vorangehen bzw. nachfolgen läßt. Eine ähnliche Beobachtung machten KØLMARK und AUERBACH am selben Objekt bei Vor- und Nachbehandlung mit Diepoxybutan (s. AUERBACH und WESTERGAARD 1960). Wasserstoffsuperoxyd ergab keine unterschiedlichen Rückmutationsraten MALLING et al. 1959).

WESTERGAARD und seine Mitarbeiter interpretieren die unterschiedliche Wirkung bei Vor- und Nachbehandlung durch die Hypothese, daß *inos$^+$*-Rückmutationen durch einen direkten Strahleneffekt, Rückmutationen des *ad*-Allels jedoch im wesentlichen durch chemische Prozesse verursacht werden.

Ähnliche Beziehungen wie bei *N. crassa* fand auch HESLOT (1962) für die beiden Gene *arg-1* und *leuc-3* von *Schizosaccharomyces pombe* nach Behandlung mit γ-Strahlen von Cobalt-60, UV-Licht und mehreren chemischen Mutagenen.

2. *Ein und dieselbe Mutationsstelle* (= Bereich, in dem eine Hinmutation stattgefunden hat) *reagiert auf verschiedene Mutagene unterschiedlich* (Tabelle V-4, Abb. V-9 und V-10). Dieser Befund entspricht den bei Hinmutationen beobachteten mutagenspezifischen Mutantenspektren.

Aus Tabelle V-4 sowie aus den bereits referierten Daten (s. oben) von GILES (1951) ist ersichtlich, daß die verwendeten Mutagene sowohl auf das *ad*- als auch auf das *inos*-Allel sehr unterschiedlich wirken. *ad* mutiert etwa 280mal häufiger bei Äthylmethansulfonat als bei Bromäthylmethansulfonat zurück, *inos* zeigt in umgekehrter Weise nur eine 9mal stärkere Reaktion. Die Strahlenwirkung von UV- und Röntgenstrahlen auf das *inos*-Allel ist ebenfalls sehr unterschiedlich, während sich für das *ad*-Allel keine Differenzen ergaben (Tabelle V-4). Um die Mutationsraten miteinander vergleichen zu können, wurden die Bestrahlungsdosen mit den gleichen Abtötungseffekten gewählt. Auch HESLOT (1962) fand bei *S. pombe* eine unterschiedliche Reaktion von Mutationsbereichen auf verschiedene Mutagene.

Bei der Interpretation von Experimenten zur Mutagen-Spezifität mit mehrfach markierten Stämmen (z. B. WESTERGAARD u. Mitarb.) ist Vorsicht geboten. Dies zeigen Versuche von CLARKE (1962, 1963) mit einer für Adenin und Methionin auxotrophen Doppelmutante von *Schizosaccharomyces pombe*. Die bei diesem Objekt beobachtete Mutagen-Spezifität (UV-Strahlen, salpetrige Säure) war weitgehend vorgetäuscht durch Unterdrückung der *ad$^+$*-Revertanten in Gegenwart von Methionin im Selektionsmedium. Diese Unterdrückung war bei UV-induzierten Rückmutationen stark ausgeprägt, bei $HNO_2$-induzierten nur wenig.

Einen Ansatzpunkt für die *Deutung der intragenischen Elektivität* liefern die „hot-spot"-Untersuchungen am Phagen *T 4* (ergänzt durch Befunde bei Pilzen) und Rückmutationsexperimente an Phagen und Bakterien. Man gelangt zu folgenden Vorstellungen:

1. Ein „hot spot" besteht wahrscheinlich aus einem einzigen Basenpaar, von dem mindestens ein Partner auf ein bestimmtes Mutagen besonders stark anspricht (s. *Hypothesen zur Deutung der chemischen Mutagenese*, S. 300ff.).

2. Die hohe Mutabilität eines „hot spot" wird nicht nur von der Art dieser einen Base verursacht, sondern auch durch den Einfluß benachbarter Basen auf diese eine Base (RUDNER und BALBINDER 1960; BENZER 1961; KAPLAN et al. 1963). Dies ist verständlich, da ein und dieselbe Base auch an sehr vielen anderen Stellen eines Gens wiederkehrt.

3. Ursächlich mit der Existenz von „hot spots" können außer den Nucleotiden der DNS auch gewisse in der Zelle ablaufende Stoffwechselprozesse verknüpft sein. Die dirigierende Rolle des Stoffwechsels könnte vielleicht darin bestehen, daß bestimmte DNS-Abschnitte durch gewisse Stoffwechselprodukte für ein Mutagen „aktiviert" oder „inaktiviert" werden, oder daß bestimmte prämutative Veränderungen an der DNS selektiv häufig, selten oder nie zu Mutationen fertiggestellt werden (vgl. hierzu WINKLER 1963).

## 2. Intergenische Elektivität

Als intergenische Elektivität (KAPLAN 1962a) oder Inter-Locus-Spezifität (AUERBACH und WESTERGAARD 1960) eines Mutagens bezeichnet man die Erscheinung, daß die *Gesamthäufigkeit der durch dieses Mutagen induzierbaren Mutationen pro Gen in verschiedenen Genen unterschiedlich ist* (WINKLER 1963). Solche Unterschiede konnte man bei Phagen und Bakterien, vereinzelt auch bei Pilzen (z.B. *Ophiostoma*) nachweisen. Der Ausprägungsgrad der intergenischen Elektivität ist meist abhängig von der Art des benutzten Mutagens. Hieraus kann man schließen, daß die festgestellten unterschiedlichen Mutationsraten nicht allein durch Unterschiede in der Länge der Gene zu erklären sind. Möglicherweise sind die Ursachen für inter- und intragenische Elektivität dieselben.

Um Heterogenitäten statistisch absichern zu können, ist man auf ein umfangreiches Untersuchungsmaterial angewiesen: Die Gesamtzahl der gefundenen Mutationen muß groß sein. Ferner hängt das Auffinden intergenischer Elektivität ab von der Zahl der Gene in jeder der zu vergleichenden Mutantengruppen. Diese dürfen nicht zu viele Mutationstypen umfassen, da sonst die Einteilung zu grob ist, d.h. es dürfen nicht zu viele Gene mit „hot spots" zum Vergleich herangezogen werden, da etwaige Differenzen zwischen verschiedenen Genen ausgeglichen und deshalb nicht erfaßt werden könnten. Da man mit Pilzen bisher noch nicht in dem erforderlichen Umfange Mutationsexperimente durchgeführt hat, ist es verständlich, daß die meisten Untersuchungen zu dieser Fragestellung für diese Objektgruppe negativ verliefen.

Experimente dieser Art sind für eine Reihe verschiedener Pilze gemacht worden. Es wurden jeweils mehrere mutagene Agenzien getestet; z.B. *Venturia inaequalis*: UV-Strahlen, Stickstofflost (BOONE et al. 1956), *Neurospora crassa*: UV-Strahlen, Röntgenstrahlen, Stickstofflost (BEADLE und

TATUM 1945; HOROWITZ et al. 1946), *Schizosaccharomyces pombe:* UV-Strahlen, Diäthylsulfat, Isopropylmethansulfat und Äthylenimin (HESLOT 1960, 1962), *Penicillium chrysogenum:* UV-Licht und Diepoxybutan (AUERBACH und WESTERGAARD 1960). In keiner dieser Untersuchungen ergaben sich deutliche Differenzen in den Typenspektren an morphogenetischen und auxotrophen Mutationen.

Die Befunde bei *Penicillium* sind besonders deshalb erwähnenswert, weil hier zwei Mutagene benutzt wurden, deren stark elektive Wirkung aus Versuchen an der Doppelmutante *ad inos* von *Neurospora crassa* bekannt ist (Tabelle V-4). Nach UV-Bestrahlung wurden 4,1%, nach Behandlung mit Diepoxybutan 3,9% biochemische Mutanten gefunden. Die weitere Klassifizierung der Mutanten ergab z.B. für Vitamin-Auxotrophie 0,8% (UV) bzw. 0,6% (Diepoxybutan), für Aminosäure-Auxotrophie 2,6% bzw. 2,5%, speziell für Methionin in beiden Fällen 1,0% (AUERBACH und WESTERGAARD 1960).

Eine *gewisse intergenische Elektivität wurde jedoch bei Ophiostoma multiannulatum beobachtet* (ZETTERBERG 1961). UV- und Röntgenstrahlen induzierten bei diesem Objekt etwa gleichviel Auxotrophe für Aminosäuren und Nucleotidbausteine, etwas weniger für Vitamine und Fettsäuren. Nach Behandlung mit N-Nitroso-N-methylurethan wurden dagegen fast ausschließlich Aminosäure-Mangelmutanten festgestellt.

Auch bei der Klassifizierung dieser Mutanten fand man deutliche Unterschiede zwischen den Typenspektren: Auxotrophe für Methionin, Arginin, Lysin und Histidin entstanden bei Verwendung von Methylurethan etwa mit gleicher Häufigkeit, während die Strahlen vorwiegend Methionin-, aber gar keine Histidin-Mutanten auslösten.

Befunde von LASKOWSKI (1960a) bei Hefen deuten ebenfalls auf eine intergenische Elektivität hin. Mit Hilfe eines mathametischen Modells (STEIN und LASKOWSKI 1958, 1959) konnte nämlich nachgewiesen werden, daß die Zahl der für rezessive Letalmutationen anfälligen Gene nach Röntgenbestrahlung viermal größer als nach UV-Bestrahlung war (vgl. auch STEIN 1962). Diese Ergebnisse sprechen nach Ansicht von LASKOWSKI für eine Sensibilität bestimmter Gengruppen für bestimmte mutagene Agenzien. AUERBACH und WESTERGAARD (1960) erklären die von LASKOWSKI gefundenen unterschiedlichen Strahleneffekte durch die Annahme, daß Röntgenstrahlen stärkere Schädigungen in der DNS als UV-Strahlen hervorrufen und infolgedessen mehr Letalmutationen auslösen.

Eine solche Deutung erlauben auch Experimente an *Drosophila*, bei der nach Behandlung mit einigen chemischen Mutagenen bedeutend weniger letale und mehr morphogenetische Mutationen als nach Röntgenbestrahlung beobachtet wurden (FAHMY und FAHMY 1956). Wieder sind es ionisierende Strahlen, die in höherem Maße als chemische Agenzien eine Änderung bzw. Schädigung im Chromosom erzeugen. Aus Experimenten mit *Vicia faba* (z.B. REVELL 1959; RIEGER und MICHAELIS 1960) ist bekannt, daß die meisten chemischen Mutagene häufiger in heterochromatischen als in euchromatischen Regionen Chromosomenbrüche induzieren. AUERBACH und WESTERGAARD (1960) schlagen deshalb zur Erklärung der intergenischen Elektivität der Mutagene vor, daß Gene, die vorzugsweise nach Behandlung mit Chemikalien mutieren, innerhalb oder in unmittelbarer Nähe heterochromatischer Chromosomensegmente lokalisiert sind. Die Prüfung dieser Hypothese ist bei Pilzen unmöglich, da die Chromosomen zu klein sind, um eine zytologische Differenzierung in hetero- und euchromatische Segmente zu erkennen.

## Zusammenfassung

1. Ein Gen umfaßt neben zahlreichen, relativ wenig mutablen Bereichen stets einige hochmutable Stellen, die sog. „hot spots". Entsprechend ergeben Mutationsstellen desselben Gens oder verschiedener Gene bei Verwendung eines bestimmten Mutagens unterschiedliche Rückmutationsraten.

2. Behandlung mit verschiedenen mutagenen Agenzien führt im allgemeinen zu unterschiedlichen Mutantenspektren innerhalb eines Gens. Entsprechend reagiert ein und derselbe Mutationsbereich auf verschiedene Mutagene mit unterschiedlichen Rückmutationsraten.

3. Sowohl hochmutable Stellen als auch mutagenspezifische Mutantenspektren zeigen an, daß die Mutationsstellen innerhalb eines Gens unterschiedlich auf Mutagene reagieren (intragenische Elektivität). Ferner findet man bei gut untersuchten Objekten, daß die Gesamthäufigkeit der durch ein Mutagen pro Gen ausgelösten Mutationen genspezifisch ist, d. h. daß bei verschiedenen Genen unterschiedliche Mutationsraten entstehen (intergenische Elektivität).

# V. Spontane Mutationen

*Erbänderungen, die ohne Anwendung eines Mutagens entstehen, nenn man spontane Mutationen.* Der Begriff der Spontaneität bedarf jedoch einer Präzisierung. Wir wissen, daß bestimmte Mutagene eine weit über das „normale" Maß hinausgehende Ausbeute an Mutanten erzeugen. Andererseits gibt es Strahlen (z.B. sichtbares Licht) und Substanzen (z.B. Wasserstoffperoxyd, organische Peroxyde), die entweder überhaupt nicht mutationsauslösend wirken oder eine kaum nennenswerte Erhöhung der bei Spontanmutation gefundenen Raten hervorrufen (z.B. MARQUARDT et al. 1963). Wir können uns in vereinfachter Weise eine nach ihrer Wirksamkeit geordnete Reihe mutagener Agenzien vorstellen, deren Wirkungsgrad bei bestimmten Strahlungsintensitäten oder Konzentrationen des Mutagens durch die Höhe der Mutationsrate bestimmt ist. Wenn man diese Reihe der Mutagene bei abnehmender Wirksamkeit weiter verfolgt, trifft man auf eine Gruppe *„natürlicher Mutagene"* (WESTERGAARD 1957), deren Effekt sich nicht mehr in einer von der Spontanmutationsrate signifikant abweichenden Rate erfassen läßt.

## 1. Mutationsraten

*Die Häufigkeit spontaner Mutationen ist im allgemeinen sehr gering. Eine direkte Bestimmung der Mutationsrate (= mittlere Anzahl von Mutationen pro Zeiteinheit und Kern) ist meist nicht möglich,* da man häufig weder den Zeitpunkt der Mutation noch die Zahl der Kerne (z.B. in wachsenden Myzelien) noch die Lebensfähigkeit und Teilungsgeschwindigkeit mutierter Kerne kennt (Diskussion z.B. bei KAPLAN 1957 und SCHULL 1962).

Den komplizierenden Einfluß des Selektionsvorteils bzw. Selektionsnachteils mutierter Kerne gegenüber nichtmutierten Kernen kann man mit Hilfe bestimmter Methoden weitgehend ausschließen, wenn man einzellige Organismen (z.B. Bakterien, Hefen) verwendet. Es würde zu weit führen, auf die einzelnen Techniken näher einzugehen. Wir wollen hier nur die zwei bekanntesten erwähnen: die Nullkultur-Methode (LURIA und DELBRÜCK 1943; LEA und COULSON 1949) und die Papillen-Methode (RYAN et al. 1955).

Bei hyphenbildenden Pilzen ist die Bestimmung von Spontanmutationsraten weit schwieriger und unsicherer als etwa bei Bakterien und Hefen. Eine Mutation manifestiert sich oft erst nach vielen Kernteilungen, d.h. lange nach ihrer Entstehung. Findet etwa eine Mutation spontan in irgendeinem Kern eines wachsenden vielkernigen Myzels statt, so wird man diese Veränderung im allgemeinen erst entdecken, wenn man Konidien oder Hyphenspitzen, in die ein mutierter Kern eingewandert ist, zufällig isoliert und aus ihnen neue Myzelien aufzieht.

Wenn man z.B. an einem einzelnen Myzel von *N. crassa* ungewöhnlich viele mutierte Konidien erkennt, kann man ungefähr den Zeitpunkt der Mutation auf den Wachstumsbeginn der Kultur festlegen. Wenn man dagegen nur einige wenige andersartige Konidien beobachtet, ist zu vermuten, daß die Mutation in den Konidien selbst oder einige Kernteilungen vor der Konidienbildung stattgefunden hat. Da der Zeitpunkt der Mutation selten genau festgelegt werden kann, ist die Häufigkeit derartiger Mutanten nur ein Näherungswert für die Häufigkeit der Mutationen pro Konidie. Bei mehrkernigen Konidien, wie bei den Makrokonidien von *N. crassa*, wird die Bestimmung von Mutationsraten noch durch heterokaryotische Dominanzeffekte bedeutend erschwert (S. 277).

Infolge dieser Schwierigkeiten ist es erklärlich, daß *nur wenige Daten über Spontanmutationsraten* bei Pilzen vorliegen. Dieser Mangel macht sich besonders bei spontanen *Hinmutationen* bemerkbar. Die Angaben über *Mutationsraten* sind hier meist ungenau; sie *liegen in der Größenordnung $10^{-7}$ bis $10^{-6}$ pro Kern und Kernteilung* für Auxotrophie-Mutationen und andere Mutationen.

Mit Hilfe selektiver Methoden fand z.B. WOODWARD (1956) unter $10^6$ Makrokonidien von *N. crassa* 5 citrullin-auxotrophe und etwa 80 glutaminsäure-auxotrophe Mutanten. Diese Zahlen informieren jedoch nur ungenau über die Mutationsrate eines einzelnen Gens oder etwa einer einzelnen Mutationsstelle, da eine Mutation zur Citrullin- bzw. Glutaminsäure-Auxotrophie an vielen Stellen des genetischen Materials erfolgen kann. Außerdem ist wegen der Verwendung der mehrkernigen Makrokonidien wahrscheinlich, daß die Häufigkeit der Mutationen pro Kern größer ist. TATUM et al. (1950) untersuchten ungefähr 3000 Mikrokonidien von *N. crassa* auf spontane Auxotrophie-Mutationen. Sie konnten nur eine einzige Mutante entdecken. Genauere Angaben findet man für die Häufigkeit der Mutationen *ad-3+ → ad-3 (N. crassa)* bei BARNETT und DE SERRES (1963). Jedoch schwanken auch hier die Raten zwischen $3,8 \times 10^{-7}$ und $1,6 \times 10^{-5}$. Bei *Aspergillus nidulans* wurden für Mutationen von Suppressorgenen *(Su-meth-1)* Häufigkeiten zwischen 1,1 und $5,7 \times 10^{-6}$ beobachtet. In Homo- und Heterokaryen von *Schizophyllum commune* fand man mit Hilfe der Nullkultur-Technik als Mutationsrate für spontane „*colonial*"-Mutationen etwa $10^{-7}$ pro Kern und Kernteilung (DICK und RAPER 1961).

Während Untersuchungen an Hinmutationen nur unsichere Schätzungen über Mutationsraten zulassen, kann man auf Grund von Rückmutationsexperimenten genauere Werte bestimmen. Wie aus Tabelle V-5 zu ersehen ist, liegen die *Häufigkeiten für Rückmutationen im allgemeinen zwischen $10^{-9}$ und $10^{-7}$*. Man stellt fest, daß diese Mutationsfrequenzen

Tabelle V-5. *Beispiele für die Häufigkeit spontaner Rückmutationen bei verschiedenen Organismen*

Bei *N. crassa* wurden meist die mehrkernigen Makrokonidien zur Untersuchung benutzt. Die entsprechenden Werte, die sich auf Analysen der einkernigen Mikrokonidien beziehen, sind jeweils in Klammern gesetzt.

| Objekt | Gen | Bezeichnung der Mutante | Zahl der Rückmutanten auf $10^6$ überlebende Zellen | Referenz |
|---|---|---|---|---|
| Neurospora crassa | inos | JH-5202 | 15,0 (15,0—726,3) | |
| | | 64001 | 0,1 (0,05) | |
| | | 37401 | 0,02 (0,01) | |
| | | 46316 | 0,02 (0,01) | GILES 1951 |
| | | 37102 | 0,01 (0,01) | |
| | | JH-2626 | 0,01 (0,01) | |
| | | 89601 | 0,002 (< 0,007) | |
| | ad-3 | 38701 | 0,008—0,06 | JENSEN et al. 1951 |
| | | 38701 | 0,1 —0,29 | KØLMARK und WESTERGAARD 1953; KØLMARK 1956 |
| | | 38701 | 0,1 —0,6 | MALLING et al. 1959 |
| | | 2-017-0137 | 4,3 | |
| | | 74A-OR-1 | 0,2 | |
| | | 74A-OR-2 | 0,05 —0,1 | |
| | | 74A-OR-11 | 0,01 —0,06 | BARNETT und DE SERRES 1963 |
| | | 74A-OR-10 | 0,01 —0,05 | |
| | | 74A-OR-12 | 0,0 | |
| | | 74A-OR-20 | 0,0 | |
| Ophiostoma multiannulatum | ur | 2657 | 4,7 —100* | |
| | | 2626 | 0,3 —9,6* | |
| | | 2615 | 0,01—2,9 | ZETTERBERG und FRIES 1958; ZETTERBERG 1960a |
| | | 2505 | 0,02—3,1* | |
| | | 2614 | <0,01—1,4 | |
| | me | 2668 | 0,01—0,11 | |
| | | 2511 | <0,01—0,26 | |
| | hy | 2494 | 0,01—2,5* | |
| Saccharomyces cerevisiae | ar-8 | | 0,93 | |
| | met-2 | | 0,42 | MAGNI 1963 |
| | hi-1 | | 0,02 | |
| | hi-1 | 10118 | 0,22 | |
| | | 10284 | 0,003 | MAGNI et al. 1964 |
| | can^r | 10284 | 0,037 | |
| | | 1060 | 0,004 | |
| | iv | M-23 | 2,6 —3,2 | |
| | | M-2 | 0,18—0,26 | |
| | | M-13 | 0,12—0,46 | KAKAR et al. 1964 |
| | | M-12 | 0,02—0,12 | |
| | | M-24 | 0,0 —0,02 | |
| Schizosaccharomyces pombe | arg-1 | | 5,0 —11,0 | |
| | ur-1 | | 0,2 — 0,64 | HESLOT 1962 |
| | leuc-3 | | 0,02— 0,03 | |
| Ustilago maydis | ad-1 | | 0,1 | |
| | inos-2 | | 0,01 | HOLLIDAY 1962 |
| | inos-3 | | 0,005 | |

* Werte liegen in einigen Versuchen über 100/$10^6$.

nur etwa den hundertsten Teil der entsprechenden Hinmutationsraten ausmachen. Dieser Unterschied ist aus der Tatsache verständlich, daß mit einer Hinmutationsrate alle Mutationen innerhalb eines Gens (oder sogar innerhalb verschiedener Gene) erfaßt werden. Einer Rückmutationsrate dagegen liegen nur Mutationen zugrunde, welche in dem Bereich der Hinmutation erfolgen, sofern nicht Suppressoren wirksam sind.

Aus Tabelle V-5 geht ferner hervor, daß die *Mutationshäufigkeiten selbst für verschiedene Mutationen desselben Gens oft recht unterschiedlich* sind. Durch besonders hohe Rückmutationsraten fallen bei *N. crassa* die strahleninduzierte *inos*-Mutante JH-5202 und die durch salpetrige Säure erzeugte Mutante 2-017-0137 des *ad-3A*-Locus auf (vgl. die „hot spots" auf S. 307). BARNETT und DE SERRES (1963), die diesem Phänomen am *ad-3*-Locus nachgingen, stellten fest, daß die prototrophen Rückmutanten ebenfalls wieder instabil waren und *ad-3*-Typen erzeugten, welche phänotypisch mit der ursprünglichen Mutante übereinstimmten und deren genetischer Defekt im gleichen Gen lag. Suppressoren oder Mutatorgene konnten als Ursache ausgeschlossen werden. Man gewinnt den Eindruck, daß neben stabilen Mutationen in seltenen Fällen auch hochmutable Allele entstehen, welche erst durch Rückmutation oder gegebenenfalls durch eine weitere Mutation in anderer Richtung in einen stabilen Zustand gelangen.

## 2. Mutationsvorgang

Eine Reihe von Ergebnissen aus Phagen-, Bakterien- und Pilzexperimenten läßt erkennen, daß nicht nur mutageninduzierte Mutationen, sondern auch die Spontanmutationen über prämutative Stadien ablaufen. AUERBACH (1959) fand z.B. bei *N. crassa*, daß kühlgehaltene Makrokonidien, welche eine herabgesetzte Mutationsbereitschaft zeigten, nach Erhöhung der Temperatur sehr schnell wieder die normale Mutabilität erlangten. Diese Fähigkeit zur raschen Angleichung läßt sich dadurch erklären, daß bereits bei Kälte irgendwelche Veränderungen in der DNS spontan entstehen, zu deren Perfektierung (S. 293) jedoch höhere Temperaturen erforderlich sind.

AUERBACH bestimmte in einem Stamm von *N. crassa* die Häufigkeit rezessiver Letalmutationen mit Hilfe der von ATWOOD und MUKAI (1953a, b) entwickelten Technik (S. 278), und zwar wöchentlich bei verschiedenen Temperaturen. Bei 30° C stieg die Mutationsrate innerhalb von 27 Wochen linear von 0 auf 9%. Dies entspricht einem wöchentlichen Zuwachs von etwa 0,3%. Bei 4° C betrug der Zuwachs pro Woche nur etwa den dritten Teil (0,1%), die Rate wuchs nur auf 2,3% in 22 Wochen. Setzte man die kühlgehaltenen Konidien nach 24 Wochen einer Temperatur von 30° C aus, so erreichte die Mutationsrate innerhalb von 4 Wochen den gleichen Wert (8—11%), der bei den Versuchen mit Dauerwärme gefunden worden war.

Die Versuche mit *N. crassa* von AUERBACH und weitere Experimente mit *E. coli* von RYAN u. Mitarb. zeigen ferner, daß spontane Mutationen, zumindest aber gewisse prämutative, noch reversible Veränderungen, auch ohne DNS-Synthese entstehen können (RYAN 1957; RYAN und KIRITANI 1959; RYAN et al. 1959, 1961). Während bei *E. coli* eindeutig nachgewiesen werden konnte, daß trotz fehlender DNS-Replikation in ruhenden Zellen Mutationen stattfinden können, beruht die entsprechende Aussage bei *N. crassa* auf der Annahme, daß in trockenen Konidien keine DNS-Synthese abläuft. Die Perfektierung der Mutationen könnte in diesem Falle erst bei der Keimung der Sporen, d. h. an replizierender DNS, vollzogen worden sein. Man kommt auf Grund dieser experimentellen Befunde zu der Schlußfolgerung: *In nichtreplizierender DNS können Änderungen (Prämutationen) entstehen, die später fertiggestellt werden (Mutationen), und zwar meist im Verlaufe der Replikation und nur selten ohne Replikation* (RYAN u. Mitarb.). Über die *Ursachen* der Spontanmutationen wissen wir jedoch noch nichts. Es gibt zwar einige Hypothesen, aber keine gilt allgemein, und keine ließ sich bisher beweisen.

### Zusammenfassung

1. Die Häufigkeit spontaner Mutationen ist meist sehr gering. Exakte Angaben über Mutationsraten existieren nur für Reversionen von Auxotrophie zur Prototrophie. Sie liegen in der Größenordnung $10^{-7}$—$10^{-9}$ pro Kern und Kernteilung.

2. Ähnlich wie die induzierten Mutationen scheinen auch spontane Mutationsvorgänge prämutative Stadien zu durchlaufen. Man vermutet, daß auch spontane Mutationen durch Änderungen der Basensequenz zustandekommen. Über die Ursache dieses Prozesses ist erst wenig bekannt.

## B. Segmentmutationen

Segmentmutationen unterscheiden sich von Punktmutationen durch das Ausmaß der im Chromosom auftretenden Veränderung. Nur in besonders günstigen Fällen lassen sie sich zytologisch nachweisen. Der Erfolg derartiger zytologischer Studien hängt sowohl von dem Umfang der Segmentmutation als auch von der Größe des betroffenen Chromosoms ab. Deshalb eignen sich Pilze wegen ihrer kleinen Chromosomen nur schlecht für zytologische Untersuchungen. Dieser Nachteil wird jedoch zum Teil aufgewogen durch die *Möglichkeit, Segmentmutationen durch Tetradenanalysen zu erfassen*. Durch diese genetische Methode ist nicht nur eine Unterscheidung zwischen Punkt- und Segmentmutationen möglich, sondern auch eine Differenzierung in Translokationen, Inversionen und Deletionen.

*Literatur:* STRAUB (1958), SHARMA und SHARMA (1960), DAVIDSON (1960), WOLFF (1960), RÖBBELEN (1960, 1963), KIHLMAN (1961), EVANS (1962), RIEGER und MICHAELIS (1962).

### I. Translokationen

*Als Translokationen bezeichnet man chromosomale Strukturveränderungen, bei denen ein Chromosomensegment an anderer Stelle im gleichen oder in ein anderes Chromosom eingesetzt wird. Es können auch zwei*

Segmente zwischen zwei verschiedenen Chromosomen *ausgetauscht* werden. In diesem Fall spricht man von *reziproken Translokationen*.

Bei der Synapsis entstehen gewöhnlich kreuzförmige Gebilde (Abb. V-11). Nur in seltenen Fällen führt die Reduktionsteilung im Verlaufe der Meiosis zu Chromosomensätzen, welche alle Gene genau einmal enthalten. Nimmt man z. B. an, daß kein crossing over zwischen Centromer und Translokationspunkt stattgefunden hat (Abb. V-11a) und daß die Centromere in Anaphase I zufallsgemäß auf die Pole verteilt werden (S. 144ff.), so erhält man nur in einem Drittel aller Fälle Asci mit acht lebensfähigen Sporen. Und zwar tritt diese Situation dann ein, wenn die kreuzweise gegenüberliegenden Centromere (vgl. Abb. V-11a, links) zu den gleichen Polen wandern. Alle übrigen Asci enthalten *Sporen mit unvollständigen Chromosomensätzen*. Solche Sporen sind meist an ihrem glasigen Aussehen direkt im Ascus zu erkennen. Sie sind nicht lebensfähig.

Crossing over auf den centromerfreien Armen bringen keine zusätzlichen Schwierigkeiten. Dagegen verhindern crossing over, welche zwischen einem Centromer und dem Translokationspunkt entstehen (Abb. V-11b—d), eine Trennung der Chromatiden und führen dadurch unter anderem zu Asci mit vier lebensfähigen und vier letalen Sporen. Einige dieser lebensfähigen Sporen tragen einen Teil der genetischen Information doppelt.

Auf Grund der zahlenmäßigen Verteilung der in Abb. V-11 wiedergegebenen Ascustypen können folgende Fragen beantwortet werden:

1. Handelt es sich um eine punktförmige Letalmutation oder um eine Segmentmutation? Im ersten Fall sind nur Aufspaltungen 4 letal: 4 lebensfähig zu erwarten, im zweiten Fall außerdem Asci mit 8 letalen oder mit 8 keimfähigen Sporen.

2. Liegt im Falle einer Segmentmutation eine Translokation vor (Abb. V-11), oder handelt es sich um eine Inversion (Abb. V-12) oder Deletion (S. 322ff.)? Das häufige Auftreten von Asci mit acht lebensunfähigen Sporen spricht meist für Translokationen (vgl. z. B. Abb. V-11 mit Abb. V-12).

3. Wie weit liegt im Falle einer Translokation der Translokationspunkt vom Centromer entfernt? Je näher die Translokationsstelle dem Centromer benachbart ist, um so weniger sind crossing over zwischen diesen beiden Punkten möglich, d. h. um so seltener entstehen Asci mit 4:4-Aufspaltungen.

4. Wie groß ist bei einer Translokation das ausgetauschte Chromosomensegment? Der Abstand zwischen Centromer und Translokations-

Abb. V-11 a—d. Die bei einer reziproken Translokation zu erwartende Verteilung letaler (weiße Kreise) und lebensfähiger Sporen (schwarze Kreise) in den Asci eines achtsporigen Ascomyceten. Die vier Chromatiden bzw. Chromatidensegmente des einen homologen Chromosomenpaares sind punktiert, die des anderen Chromosomenpaares weiß gezeichnet. Centromere und Genmarken sind wie in Abb. IV-2 wiedergegeben. Es wird hier nur höchstens ein crossing over zwischen Centromer und Translokationspunkt berücksichtigt. Nähere Erläuterungen s. Text. (Nach HESLOT 1958, verändert)

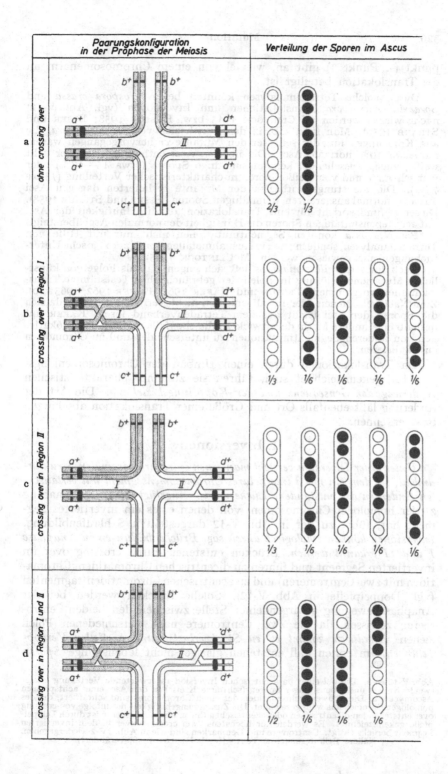

| | Paarungskonfiguration in der Prophase der Meiosis | Verteilung der Sporen im Ascus |
|---|---|---|
| a ohne crossing over | | |
| b crossing over in Region I | | |
| c crossing over in Region II | | |
| d crossing over in Region I und II | | |

punkt (s. Punkt 3) gibt an, wieviel von einem Chromosomenarm an der Translokation beteiligt ist.

Durch solche Tetradenanalysen konnten bei *Neurospora crassa* und *Sordaria macrospora* Translokationen und Inversionen (vgl. Abb. V-12) nachgewiesen werden (McClintock 1945 bzw. Heslot 1958; Esser und Straub 1958). Man fand z. B. in den Perithezien von *S. macrospora*, die aus Kreuzungen mit der selbstfertilen Mutante *cr* hervorgegangen waren, nur etwa 10% normale Asci. Die übrigen Asci enthielten entweder acht weiße, glasig aussehende, keimungsunfähige Sporen (etwa 15—17%) oder vier schwarze und vier weiße Sporen in charakteristischer Verteilung (73 bis 75%). Die Selbstungsperithezien der Mutante *cr* lieferten dagegen Asci mit acht normal ausgereiften, keimfähigen Sporen (Esser und Straub 1958). Dieser Befund spricht für eine Translokation, da die Häufigkeit der Asci mit acht lebensunfähigen Sporen die Häufigkeit der normalen Asci übersteigt.

Bei *N. crassa* konnten Segmentmutationen nicht nur mit Hilfe von Tetradenanalysen, sondern auch in Ausnahmefällen durch zytologische Untersuchungen nachgewiesen werden (McClintock 1945).

Auch für *Aspergillus nidulans* ließ sich zeigen, daß als Folge von künstlicher Mutationsauslösung in vielen der gebräuchlichen Teststämme Translokationen vorkommen (Tector und Käfer 1962; Käfer 1962, 1963a, b). Zum Nachweis dienen hier im allgemeinen nicht Tetradenanalysen, da sich die Sporen der Asci leicht aus dem Tetradenverband lösen. Käfer hat deshalb eine andere Methode entwickelt, die ebenfalls erlaubt, Translokationen von anderen Segmentmutationen zu unterscheiden und im Chromosom zu lokalisieren.

Da Translokationen durch einen Umbau der Chromosomenlängsstruktur gekennzeichnet sind, führen sie zu einer charakteristischen *Änderung der Gensequenz und der Koppelungsbeziehung*. Die Art der Änderung läßt ebenfalls Ort und Größe einer Translokation abschätzen bzw. erkennen.

## II. Inversionen

*Unter einer Inversion versteht man einen intrachromosomalen Strukturumbau, bei dem ein meist interkalares Chromosomensegment mit vertauschten Enden in die entstandene Lücke wieder eingefügt wird.* Die Paarung zweier homologer Chromosomen, von denen eines ein invertiertes Segment hat, führt zu der in Abb. V-12 dargestellten Schlaufenbildung. *Inversionen können zytologisch durch sog. Brückenbildungen in Anaphase I und II erkannt werden.* Brücken entstehen durch crossing over im invertierten Segment und führen zu dicentrischen Chromatiden (Chromatiden mit zwei Centromeren) und zu acentrischen Chromatidenfragmenten (vgl. Doppelpfeile in Abb. V-12). Solche Brücken werden bei der Anaphasebewegung an irgendeiner Stelle zwischen den beiden Centromeren zerrissen, da die zwei Centromere nach verschiedenen Polen ziehen. *Hierdurch kommt es zu Stückverlusten und partiellen Verdoppelungen.* Im ersten Fall entstehen glasige, nicht lebensfähige *Sporen*

Abb. V-12a—e. Die bei einer paracentrischen Inversion zu erwartende Verteilung letaler (weiße Kreise) und lebensfähiger Sporen (schwarze Kreise) in den Asci eines achtsporigen Ascomyceten. Die Schwesterchromatiden des einen Chromosoms sind schraffiert, die des homologen Chromosoms weiß gezeichnet. Die Zusammengehörigkeit der infolge von crossing over entstehenden dicentrischen oder acentrischen Chromatidenfragmente ist durch Doppelpfeile gekennzeichnet. Es werden nur höchstens zwei crossing over in dem invertierten Segment berücksichtigt. Centromere und Genmarken sind wie in Abb. IV-2 wiedergegeben. Nähere Erläuterungen s. Text. (Nach Heslot 1958, verändert)

| Paarungskonfiguration in der Prophase der Meiosis | Verteilung der Sporen im Ascus |
|---|---|

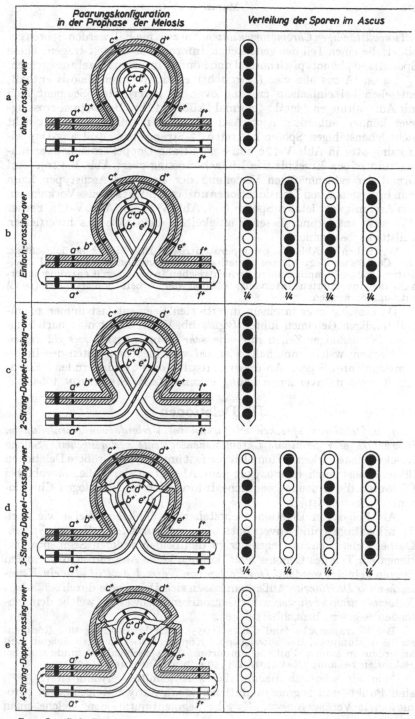

*mit unvollständigen Chromosomensätzen.* Im zweiten Fall werden Sporen gebildet, die einen Teil der genetischen Information doppelt tragen. Diese Sporen sind phänotypisch normal und können zu einem Myzel auswachsen.

Da ein Ascus alle vier (bzw. acht) Produkte einer Meiosis enthält, entstehen bei einfachem crossing over im invertierten Segment Asci mit Aufspaltungen 4 letal : 4 normal (Abb. V-12b). Bei Doppel-crossing-over können außerdem noch Asci mit acht normalen oder mit acht nicht lebensfähigen Sporen auftreten (2-Strang- bzw. 4-Strang-Doppel-crossing-over in Abb. V-12c und e. 3-Strang-Doppel-crossing-over führen zum selben Ergebnis wie Einfach-crossing-over: Abb. V-12d). Auf Grund der zahlenmäßigen Verteilung der einzelnen Ascustypen kann man Inversionen von Translokationen unterscheiden: seltenes Vorkommen von Asci mit acht letalen Sporen (vgl. Abb. V-11 mit Abb. V-12). Ferner läßt sich auf Grund dieser Häufigkeiten die Größe des invertierten Teilstücks bestimmen.

Wir haben in Abb. V-12 nur *para*centrische Inversionen berücksichtigt. Das Centromer liegt hierbei außerhalb des Inversionssegmentes. Einzelheiten über die komplizierteren *peri*centrischen Inversionen (Centromer innerhalb des invertierten Intervalls) können der Arbeit von HESLOT (1958) entnommen werden.

Da crossing over in einem invertierten Segment fast immer zu unvollständigen Genomen führen (vgl. Abb. V-12), erhält man nach Analysen lebensfähiger Zellen nur eine *sehr kleine crossing-over-Häufigkeit* für Marken, welche innerhalb oder auf verschiedenen Seiten des Inversionssegmentes liegen. An dieser „crossing-over-verhindernden" Eigenschaft werden Inversionen häufig erkannt (z.B. SINGLETON 1964).

## III. Deletionen

*Von Deletionen sprechen wir, wenn im Verlaufe von Kernteilungen interkalare oder terminale Chromosomensegmente verlorengehen.* Solche Stückverluste wirken in Homokaryen fast immer letal. Größere Deletionen führen meist auch heterozygot zum Absterben der Zelle, obwohl bei Diplonten die fehlende genetische Information im homologen Chromosom vorhanden ist.

Als Folge von Deletionen entstehen in ähnlicher Weise wie nach Translokationen und Inversionen *Asci mit nicht lebensfähigen Sporen.* Da bei Deletionen im Gegensatz zu den beiden anderen Segmentmutationen ein Teil des Genoms fehlt, können keine Asci mit acht normalen Sporen gebildet werden. *Das Fehlen von Normal-Asci ist also ein Kennzeichen für Deletionen.* Außerdem lassen sich Deletionen durch *veränderte Rekombinationshäufigkeiten* für Genmarken nachweisen, welche dem fehlenden Segment benachbart liegen.

Bei *N. crassa* z.B. fand GILES (1955) nach Bestrahlung mit Röntgenstrahlen Mutanten, die abweichende Koppelungsbeziehungen zeigten und außerdem in keinem Fall rückmutierten. Entsprechende Befunde sind bei Bakterien bekannt (KAUDEWITZ 1959a, b, c; DEMEREC 1960).

Wie wir schon zu Beginn dieses Abschnittes erwähnten (S. 317), sind Punkt- und Segmentmutationen quantitativ unterschiedene chromosomale Veränderungen. Es gibt Segmentmutationen, welche einen großen Teil eines Chromosoms umfassen. Es gibt jedoch auch Mutationen, meist *Deletionen, die* sehr viel kleiner sind und *nur einen Teil eines Gens umfassen, also sich in ihren Dimensionen bereits Punktmutationen mehr oder minder annähern.* Sie werden meist ,,*Blockmutationen*" genannt. Man hat sie sowohl bei Phagen und Bakterien als auch bei Pilzen beobachtet. *Im Gegensatz zu Punktmutanten liefern Blockmutanten mit mehreren nebeneinanderliegenden, ihnen homologen Mutationsstellen keine Wildtyp-Rekombinanten.* Die Länge einer Blockmutation ist erkennbar aus der Lage der Punktmutationen, die mit dieser Blockmutante nicht zum Wildtyp rekombinieren können. Sie überschreitet meist nicht die Länge eines Gens. Ein weiterer Unterschied zu Punktmutationen besteht darin, daß die meisten Blockmutationen nicht rückmutieren (SUYAMA et al. 1959; ISHIKAWA 1962; HAWTHORNE 1963; DE SERRES 1964).

Bei *N. crassa* fand man z. B. unter 70 getesteten *ad-8*-Mutanten 10 Blockmutanten, welche selbst nach UV-Bestrahlung nicht revertierten. Die Längen dieser Blockmutationen liegen zwischen 0,03 und 0,4 KE (ISHIKAWA 1962). DE SERRES (1964) untersuchte das Auftreten von Blockmutationen im *ad-3*-Bereich von *N. crassa*. Dieser Bereich enthält zwei Gene *(ad-3A* und *ad-3B)*, die durch eine genetische Region unbekannter Funktion getrennt sind. DE SERRES konnte zeigen, daß die irreparablen, rezessiven Letalmutationen Blockmutationen waren, deren Ausmaße größer als die eines Gens, z. T. sogar größer als die des gesamten *ad-3*-Bereichs waren. Dagegen sind die durch Adeninzusatz reparablen *ad-3*-Mutationen auf kleinere Veränderungen innerhalb der Gene *ad-3A* und *ad-3B* zurückzuführen.

Für einige der Blockmutationen beobachtete man Rückmutationen. Zur Erklärung dieses seltenen Phänomens haben GRIGG und SERGEANT (1961) folgende Hypothese entwickelt: Reversionen können an Loci, die aus einer Aufeinanderfolge gleichförmiger Abschnitte bestehen, durch ,,ungleichen Schwesterstrangaustausch" hervorgerufen werden. Dieser müßte dann in einem Strang zur Vermehrung, im anderen Strang zur Verminderung der gleichförmigen Abschnitte des Locus führen. Die Autoren konnten zeigen, daß diese Hypothese den Befunden weitgehend gerecht wird.

Das Vorkommen von Blockmutationen könnte zu der Vermutung Anlaß geben, daß Punkt- und Segmentmutationen (zumindest Deletionen) im wesentlichen auf gleichen Veränderungen der DNS beruhen. Dagegen spricht jedoch eine Reihe von Ergebnissen aus Versuchen mit mutagenen Agenzien. Diese Experimente zeigen nämlich, daß chemische Substanzen im allgemeinen nur in bezug auf Punktmutationen mutagen wirken, wahrscheinlich durch eine Änderung der Basensequenz innerhalb der DNS (S. 300ff.), daß sie aber nur sehr selten Segmentmutationen induzieren.

Bei *N. crassa* z. B. wurden Blockmutationen nur durch Röntgen-, UV-Strahlen und durch spontane Ursachen, nicht aber durch chemische Substanzen, wie salpetrige Säure, Basenanaloga, ausgelöst (ISHIKAWA 1962).

Auch bei *Salmonella* beobachtete man eine Mutagenspezifität. Etwa 40% aller spontanen und UV-induzierten *cys*-Mutationen erwiesen sich als Deletionen. Dagegen löste 2-Aminopurin nur Punktmutationen aus (DE-MEREC 1960).

Im Gegensatz zu den Befunden bei *Neurospora* und *Salmonella* fand man beim Phagen *T4*, daß salpetrige Säure nicht nur Punkt-, sondern auch Segmentmutationen hervorruft. Ferner stellte man fest, daß analog zu den „hot spots" der Punktmutationen (S. 305) zwei von den Deletionen bevorzugte Punkte innerhalb des Gens existieren, welche Anfangs- und Endpunkt der Deletionen darstellen (TESSMAN 1962).

Die Ursachen für die Entstehung von Deletionen sind noch nicht völlig aufgeklärt. Auf Grund von Phagen- und Bakterienexperimenten gelangt man zu der Vorstellung, daß der Ausfall eines längeren Genabschnittes durch Schlingen in der DNS während der Replikation zustandekommen kann (z.B. DEMEREC 1960). Eine solche Erklärung ist jedoch nur für spontan auftretende oder durch Chemikalien induzierte, kleine Deletionen möglich. Als mutagene Wirkung von Röntgenstrahlen wird angenommen, daß die Chromosomen beim Durchgang ionisierender Partikel zuerst direkt oder indirekt einen Primärschaden erfahren, der mehr oder weniger reversibel ist. Paarweise auftretende Schädigungen dieser Art können dann miteinander zum Umbau kooperieren, wenn die beiden Veränderungen zeitlich und räumlich dicht genug beieinander auftreten (RIEGER und BÖHME 1962).

### Zusammenfassung

1. Segmentmutationen in Pilzchromosomen lassen sich von Punktmutationen im allgemeinen nur auf Grund von Kreuzungsexperimenten unterscheiden. Zytologische Methoden erlauben meist keine definitiven Angaben. Vor allem bietet die Tetradenanalyse die Möglichkeit, aus der Anzahl und der Verteilung letaler Sporen in Asci auf die Art der Chromosomenmutation (Translokation, Inversion, Deletion) zu schließen.

2. Zur Auslösung von Segmentmutationen haben sich Röntgen- und UV-Strahlen als besonders wirksam erwiesen. Chemische Agenzien induzieren dagegen nur sehr selten größere Veränderungen innerhalb des Chromosoms. Segmentmutationen können auch spontan entstehen.

3. Das Vorkommen von Blockmutationen zeigt, daß kleine Deletionen innerhalb eines Gens liegen können.

# C. Genommutationen

Bei Genommutationen bleiben im Gegensatz zu Punkt- und Segmentmutationen die einzelnen Chromosomen selbst in ihrer Struktur unverändert. Sie werden nur in anderer Zusammenstellung mit mehr oder weniger Chromosomen pro Kern zusammengefügt. *Die meisten Genommutationen kommen durch Störungen des normalen Kernteilungsverlaufes während der Meiose und Mitose zustande.* Man unterscheidet hierbei:

*1. Euploidie: Vervielfachung kompletter Chromosomensätze.* Diese erfolgt in seltenen Fällen spontan, kann aber durch Strahlen, durch Hitzeschocks und besonders durch chemische Agenzien (vor allem Colchicin) induziert werden. Durch die Wirkung des Colchicins wird die Ausbildung des zur Verteilung der Chromosomen erforderlichen Spindelapparates gestört. Dadurch bleiben die bereits verdoppelten Chromosomen, die normalerweise auf zwei Tochterkerne verteilt werden, in einem Kern vereinigt, so daß der gesamte Chromosomensatz verdoppelt wird *(Polyploidie)*. Im einzelnen unterscheidet man je nach der Zahl der Chromosomengarnituren di-, tri-, tetra-, pentaploide (usw.) Kerne. Handelt es sich um Vervielfachung des arteigenen Genoms, so liegt *Autoploidie* vor. Die Vermehrung des Chromosomenbestandes durch Kombination artverschiedener Genome führt zur sog. *Alloploidie*.

EMERSON und WILSON (1949) erhielten z.B. durch Kreuzung polyploider Stämme von *Allomyces arbuscula* und *A. javanicus* eine alloploide Hybridenform.

2. *Aneuploidie: Vervielfachung oder Verlust einzelner Chromosomen*. Individuen mit überzähligen oder fehlenden Chromosomen können z.B. dadurch entstehen, daß sich die homologen Chromosomen eines Chromosomenpaares im Verlaufe der Kernteilung nicht voneinander trennen (non-disjunction). Ferner können einzelne Chromosomen in ungeradzahligen, polyploiden (z.B. triploiden) Kernen infolge mangelnder Paarungsmöglichkeiten während der Meiose verlorengehen. Der Verlust eines Chromosoms ist meist letal.

Bei *Aspergillus nidulans* fand man z.B. regelmäßig in somatischen Zellen infolge non-disjunction aneuploide Kerne (S. 149). Diese treten als Zwischenstufen während des Regulationsvorganges von der Diploidie zur Haploidie auf (KÄFER 1961, 1963b). Auch bei Hefen kommt gelegentlich Aneuploidie vor (COX und BEVAN 1962).

*Literatur:* STRAUB (1950, 1958), RÖBBELEN (1960, 1962, 1963), RIEGER (1963).

# I. Methoden zum Nachweis von Polyploidie

Die zum Nachweis polyploider Kerne entwickelten Methoden beruhen auf zytologischen, biochemischen oder genetischen Kriterien (vgl. Tabelle V-6).

## 1. Zytologische Methoden

*1. Chromosomenzählung.* Diese Methode besteht in der *mikroskopischen Beobachtung mitotischer oder meiotischer Kernteilungsbilder*. Sie erlaubt nicht nur, die Existenz polyploider Stadien nachzuweisen, sondern auch den Grad der Polyploidie zu bestimmen. Da sich Pilze infolge ihrer kleinen Chromosomen oft wenig zu zytogenetischen Studien eignen, hat man andere Methoden entwickelt, die ohne Chromosomenzählung auf den Ploidiegrad schließen lassen.

*2. Kernvolumenmessung.* Aus vielen Untersuchungen an höheren wie an niederen Pflanzen und Tieren ist bekannt, daß *diploide Kerne etwa das doppelte Volumen wie haploide* aufweisen.

KNIEP (1930) und SÖRGEL (1936, 1937) stellten z.B. bei *Allomyces arbuscula* fest, daß die Kernvolumina in Gametophyten und Sporophyten im Verhältnis 1:2 stehen. Ihre Vermutung, daß die geschlechtliche Generation die haploide und die ungeschlechtliche Generation die diploide Phase im Lebenszyklus dieses Pilzes ist, fand später durch zytologische Untersuchungen von EMERSON (1941, 1950), SPARROW (1943), EMERSON und WILSON (1949) und WILSON (1952) ihre Bestätigung.

SOST (1955) bestimmte ebenfalls bei *A. arbuscula* die Volumina haploider, diploider sowie tetraploider und oktoploider Kerne. Die berechneten Werte entsprachen ungefähr dem erwarteten Verhältnis 1:2:4:8. Durch Chromosomenzählung konnte der Grad der Polyploidie von Fall zu Fall nachgeprüft werden. Ähnliche quantitative Beziehungen zwischen der Anzahl der Chromosomensätze und den entsprechenden Kernvolumina fand man auch bei anderen Pilzen (z.B. *Podospora anserina:* FRANKE 1962).

3. *Bestimmung von Zellgröße und Zellform.* In Analogie zu höheren Pflanzen, bei denen die Volumina einkerniger Einzelzellen durch Genomverdoppelung um das 1,6—2,5fache steigen (STRAUB 1950), ist auch bei Pilzen eine *Vergrößerung einzelliger Gebilde,* wie Gameten, Konidien, Sporen, Hefezellen, *mit steigender Genomzahl* zu beobachten *(Gigasformen).*

SOST (1955) fand z.B. bei *Allomyces arbuscula* für die Zellvolumina haploider und diploider Meiosporen das Verhältnis 1:2,1 und für die Volumina diploider und oktoploider Zoosporen das Verhältnis 1:3,6. SANSOME (1946, 1949) erhielt bei *Penicillium notatum* für die Volumina haploider und diploider Konidien das Verhältnis 1:1,4. FRANKE (1962) stellte bei *Podospora anserina* fest, daß die Volumina mehrkerniger Ascosporen im diploiden Zustand durchschnittlich um das 1,5—1,7fache zugenommen hatten (Beschreibung der Methodik z.B. bei BAUCH 1942c, 1953).

Nicht nur in der Größe, sondern auch in der *Form* können haploide und diploide Zellen differieren. Die Hefen sind hierfür das bekannteste Beispiel: Bei *Saccharomyces cerevisiae* sind die haploiden Zellen kugelförmig, die diploiden sind größer und etwa wie Rotationsellipsoide geformt (s. Abb. I-2).

## 2. Biochemische Methode

Ausgehend von der Tatsache, daß die DNS wesentlich am Aufbau der Chromosomen beteiligt ist, sollte man erwarten, daß *der DNS-Gehalt der Kerne proportional der Polyploidiestufe anwächst.* In umfangreichen Untersuchungen an polyploiden Hefen, Schimmel- und Brandpilzen konnte die Richtigkeit dieser Vermutung nachgewiesen werden.

OGUR et al. (1952) bestimmten den DNS-Gehalt haploider (n), diploider (2n), triploider (3n) und tetraploider (4n) *Saccharomyces*-Zellen: $n:2n:3n:4n = 2,4:4,8:6,5:9,9$ (gemessen in $g/Kern \times 10^{-14}$). HEAGY und ROPER (1952) und PONTECORVO und ROPER (1956) fanden für haploide und diploide Kerne von *Aspergillus nidulans* das Verhältnis $n:2n = 4,4:9,0$, ISHITANI et al. (1956) bei *Aspergillus sojae* $n:2n = 7,3:14,6$, HOLLIDAY (1961) bei *Ustilago maydis* $n:2n = 19,0:39,5$.

## 3. Genetische Methode

Diese Methode beruht auf dem *Nachweis abnormer Merkmalaufspaltungen in den Meiosisprodukten.* Zur genetischen Analyse sind gut markierte Stämme erforderlich. Tri- bzw. tetraploide Zygoten, die aus der Verschmelzung eines diploiden Kerns mit einem haploiden bzw. mit einem weiteren diploiden Kern hervorgegangen sind, führen teilweise zu anderen als den zu erwartenden 2:2-Aufspaltungen in den meiotischen Kerntetraden. Die Häufigkeit der einzelnen Aufspaltungstypen (2:2, 3:1, 1:3, 4:0, 0:4) ist von mehreren Faktoren abhängig:

1. von der Dominanzwirkung der beteiligten Allele: $a^+$ dominant über $a$, oder $a$ dominant über $a^+$;

2. von der zahlenmäßigen Verteilung der beiden Allele im Zygotenkern, z.B. bei einer tetraploiden Zygote mit einer Dominanz von $a^+$ über $a$: Simplextyp $a^+ a\, a\, a$, Duplextyp $a^+ a^+ a\, a$, Triplextyp $a^+ a^+ a^+ a$;

3. von der Austauschhäufigkeit zwischen dem Genlocus und dem zugehörigen Centromer. Der Einfluß von Rekombinationen auf den Aufspaltungsmodus erklärt sich aus dem Paarungsverhalten der drei oder vier homologen Chromosomen im selben Kern. Trotz der Drei- oder Vierzahl findet eine Paarung immer nur zwischen *zwei* Chromosomenstrukturen statt. Hierbei kann ein einzelnes Chromosom allerdings in verschiedenen Bereichen mit verschiedenen homologen Chromosomen paaren. Während in einer triploiden Zygote häufig einzelne Chromosomenstücke keinen Paarungspartner finden, können in einer tetraploiden Zelle alle vier Chromosomen miteinander paaren. Hierbei entstehen die (in der Metaphase höherer Pflanzen mikroskopisch sichtbaren) charakteristischen Verteilungsbilder, entweder zwei Bivalente, ein Quadrivalent oder selten ein Trivalent mit einem Univalent. Je nach der Art der Paarung und dem Ort des Austausches gelangen deshalb in die vier diploiden Meiosisprodukte verschiedene Kombinationen von Allelen, die zu verschiedenen Phänotypen führen.

Ausgehend von einem tetraploiden Zygotenkern entstehen aus einem Duplextyp $a^+ a^+ aa$ (bei Dominanz von $a^+$ über $a$) bei fehlendem Austausch 2:2- und 4:0-Aufspaltungstypen im Verhältnis 1:2. Findet ein Austausch zwischen Genlocus und Centromer statt, erhält man 3:1- und 4:0-Aufspaltungen. Entsprechend beobachtet man bei Triplextypen (bzw. Simplextypen) bei fehlendem Austausch die Aufspaltung 4:0 (bzw. 2:2 bei Simplextypen), bei Austausch zwischen Locus und Centromer Tetraden vom Typ 3:1 (3:1) und 4:0 (2:2) [vgl. hierzu bei FINCHAM und DAY (1963) Tabelle 17, S. 121].

Die genetische Analyse wurde besonders bei Hefen zum Nachweis polyploider (meist diploider bzw. tetraploider) Zellen benutzt (z.B. *Saccharomyces*: LINDEGREN und LINDEGREN 1951, ROMAN et al. 1951, 1955; *Schizosaccharomyces*: LEUPOLD 1956a). Diese Methode hat sich jedoch auch für andere Objekte als sehr brauchbar erwiesen, so für *Penicillium notatum* (SANSOME 1946, 1949) und *Aspergillus nidulans* (PONTECORVO und ROPER 1952, ROPER 1952). Von ROMAN et al. (1955) und LEUPOLD (1956b, c) wurden Formeln entwickelt, die unter bestimmten Voraussetzungen die Bestimmung der Häufigkeit der verschiedenen Aufspaltungstypen (4:0, 3:1, 2:2) in Triplex-, Duplex- und Simplex-Tetraden erlauben.

## II. Spontane und induzierte Polyploidie

Im Gegensatz zu höheren Pflanzen ist über die Auslösung von Polyploidie bei Pilzen bisher relativ wenig berichtet worden. Tabelle V-6 gibt eine Übersicht über Organismen, mit denen Versuche zur Erzeugung von ploidiebedingten Gigasstämmen durchgeführt wurden. Die *zur Polyploidisierung verwendeten mutagenen Agenzien* stammen vor allem aus der Gruppe der *Kernspindelgifte* (z.B. Colchicin, Kampfer, Acenaphthen), der pflanzlichen *Wuchsstoffe* (z.B. Indol- und Naphthalinessigsäure) und der *carcinogenen Substanzen* (z.B. Benzpyren und Methylcholanthren). In seltenen Fällen erwiesen sich auch UV- und Radiumbestrahlung als ploidie-mutagen. Es zeigte sich ferner, daß polyploide Kerne auch *spontan* entstehen können. Der Polyploidienachweis erfolgt meist auf Grund mehrerer der im vorigen Abschnitt beschriebenen Kriterien.

Soweit von höheren Pflanzen bekannt ist, können auch Hitze- und Kälteschocks zu Zellen mit mehrfachen Chromosomensätzen führen. Bei

Tabelle V-6. *Beispiele für die Auslösung von Polyploidie bei Pilzen*

| Mutagenes Agens | Objekt | Methoden zum Nachweis der Polyploidie | | | | | | Referenz |
|---|---|---|---|---|---|---|---|---|
| | | zytologisch | | | | bio-che-misch | gene-tisch | |
| | | Kern-größe | Zell-größe | Zell-form | Chromo-so-men-zahl | | | |
| Kampfer | Achlya spec. | + | | | + | | | SANSOME und HARRIS 1963 |
| | Aspergillus nidulans | | + | | + | + | + | PONTECORVO und ROPER 1952, ROPER 1952, HEAGY und ROPER 1952 |
| | Aspergillus oryzae | | + | | + | | + | ISHITANI et al. 1956 |
| | Aspergillus sojae | | + | | + | + | + | ISHITANI et al. 1956 |
| | Neurospora crassa | + | + | | | | + | SANSOME 1956 |
| | Penicillium spec. | | + | | | | | KOSTOFF 1946 |
| | Penicillium notatum | + | + | | | | + | SANSOME 1946 |
| | Phytophtora cactorum | + | | | + | | | SANSOME und HARRIS 1963 |
| | Podospora anserina | + | + | | + | | | FRANKE 1962 |
| | Pythium debaryanum | + | | | + | | | SANSOME und HARRIS 1963 |
| | Saccharo-myces cerevisiae und andere Hefen | | + | + | | | | BAUCH 1941a,b, 1953, SKOV-STEDT 1948, SUBRAMA-NIAM 1945, RANGANA-THAN und SUBRAMA-NIAM 1950 |
| Colchicin | Allomyces arbuscula | + | + | | + | | | SOST 1955 |
| | Penicillium notatum | + | + | | | | | GORDON und McKEHNIE 1945 |
| | Podospora anserina | + | + | | + | | | FRANKE 1962 |
| Acenaphthen | Aspergillus oryzae | | + | | + | | + | ISHITANI et al. 1956 |
| | Aspergillus sojae | | + | | + | + | + | ISHITANI et al. 1956 |
| | Penicillium spec. | | + | | | | | KOSTOFF 1946 |

Tabelle V-6 (Fortsetzung)

| Mutagenes Agens | Objekt | Methoden zum Nachweis der Polyploidie | | | | | | Referenz |
|---|---|---|---|---|---|---|---|---|
| | | zytologisch | | | | bio-chemisch | gene-tisch | |
| | | Kern-größe | Zell-größe | Zell-form | Chromo-so-men-zahl | | | |
| | Saccharo-myces cerevisiae und andere Hefen | + | + | | | | | BAUCH 1941a,b, 1953, SUBRA-MANIAM 1945, SURBAMA-NIAM und RANGANA-THAN 1948 |
| Naphthalin-essigsäure, Benzpyren, Methylchol-anthren | Saccharo-myces cerevisiae | + | + | | | | | BAUCH 1953 |
| Radium | versch. Hefen | + | + | | | | | BAUCH 1944 |
| UV-Strahlen | Aspergillus oryzae | | + | | + | | + | ISHITANI et al. 1956 |
| | Aspergillus sojae | | + | | + | + | + | ISHITANI et al. 1956 |
| spontan | Aspergillus oryzae | | + | | + | | + | ISHITANI et al. 1956 |
| | Aspergillus sojae | | + | | + | + | + | ISHITANI et al. 1956 |
| | Cyathus stercoreus | | | | + | | | LU und BRODIE 1962, LU 1964 |
| | Penicillium notatum | + | + | | | | + | SANSOME 1949 |
| | Saccharo-myces cerevisiae | | + | + | | + | + | LINDEGREN und LINDE-GREN 1951, OGUR et al. 1952 |
| | Schizo-saccharo-myces pombe | | + | | | | + | LEUPOLD 1956a, b |

Pilzen sind Temperaturversuche meist negativ verlaufen. SUBRAMANIAM und RANGANATHAN (1947) berichten in einem Fall über „tetraploide Gigasrassen", die sie durch Kälteschock bei einer untergärigen Bierhefe erzeugten. Jedoch fehlt hier der überzeugende Nachweis einer Polyploidie.

Die *Wirkungsweise der Mutagene* kennt man nur in wenigen Fällen. Nach Behandlung mit *Colchicin* werden oft die für eine normale Chromosomentrennung erforderlichen Spindelfasern nicht mehr ausgebildet, so daß es zu einer Verdoppelung des ursprünglichen Chromosomensatzes kommt (S. 324). Eine ähnliche Wirkungsweise wird für *Kampfer* und *Acenaphthen* angenommen. Die Ursachen für den mutagenen Effekt der obengenannten Wuchsstoffe und carcinogenen Agenzien sind noch weitgehend unbekannt.

Während bei *Allomyces, Penicillium* und *Podospora* nach Zugabe von Colchicin stets polyploide Gigasstämme entstanden (Tabelle V-6), verliefen Colchicinisierungsversuche mit Hefen und *Sordaria macrospora* erfolglos (z.B. THAYSEN und MORRIS 1943; BAUCH 1941a, b, 1942a, b, 1953 bzw. HESLOT 1958).

Für mehrere Pilze konnte festgestellt werden, daß *polyploide Stämme regelmäßig nach einiger Zeit wieder zu normalen Myzelien herabregulieren.* Bei *Podospora anserina* verläuft dieser Regulationsvorgang, der durch Kernmessungen verfolgt werden kann, ungewöhnlich schnell (FRANKE 1962). Diese Eigenart wird durch die Tatsache erklärt, daß das coenocytische Myzel perforierte Querwände besitzt, so daß bei einer Herabregulation von diploid auf haploid die sich schneller teilenden haploiden Kerne von Zelle zu Zelle wandern und so rasch die Oberhand gewinnen können.

Das Phänomen der ,,somatischen Reduktion'' wurde schon von PONTE-CORVO et al. (1953) und später von KÄFER (1961) an *Aspergillus nidulans* sowie von SANSOME (1956) bei *Neurospora crassa* beobachtet. Der rückläufige Vorgang der Haploidisierung verläuft über verschiedene Aneuploidie-Stadien (S. 149f.). Auf diese Zwischenstadien deuten auch Befunde an Hefen hin (BAUCH 1953). Die Chromosomen eines Kerns scheinen also mehr oder weniger unabhängig voneinander zu haploidisieren.

Die von SOST (1955) an *Allomyces arbuscula* durchgeführten Polyploidisierungsversuche verdienen besondere Beachtung. Durch diese Untersuchungen sollte unter anderem die Frage geklärt werden, ob der heterophasische Generationswechsel dieses Phycomyceten experimentell zu beeinflussen ist. Durch Colchicinierung konnte SOST di- und tetraploide Gametophyten sowie tetra- und oktoploide Sporophyten herstellen. Diese Polyploidisierung von Gametophyt und Sporophyt zeigt klar, daß keine feste Koppelung zwischen Generationsart und Genomzahl besteht. Im Normalfall ist der Generationswechsel von *A. arbuscula* streng an die Kernphase gebunden (KNIEP 1930, SÖRGEL 1936, 1937). In dieselbe Richtung weisen Befunde von EMERSON und WILSON (1949), die bei *Allomyces arbuscula und A. javanicus* di-, tri- und tetraploide Gametophytenstämme herstellen konnten.

### Zusammenfassung

1. Die zum Nachweis polyploider Kerne üblichen Methoden beruhen auf zytologischen, biochemischen und genetischen Kriterien.

2. Bei den zur Polyploidisierung verwendeten mutagenen Agenzien handelt es sich vor allem um Mitosegifte, pflanzliche Wuchsstoffe und carcinogene Substanzen.

3. Nur für Colchicin und ähnliche Kernspindelgifte ist die mutagene Wirkungsweise bekannt. Die Behandlung mit Colchicin führt zu einer Störung des Spindelapparates, so daß die Anaphasebewegung der Chromosomen unterbleibt.

4. Polyploide Kerne regulieren meist nach einiger Zeit wieder zu normalen haploiden herab.

## Literatur

Alper, T., and P. Howard-Flanders: Role of oxygen in modifying the radiosensitivity of *E. coli B*. Nature (Lond.) **178**, 978—979 (1956).

Apirion, D.: Formal and physiological genetics of ascospore colour in *Aspergillus nidulans*. Genet. Res. **4**, 276—283 (1963).

Arditti, R. R., and G. Sermonti: Modification by manganous chloride of the frequency of mutation induced by nitrogen mustard. Genetics **47**, 761—768 (1962).

Atwood, K. C.: The role of lethal mutation in the killing of *Neurospora* conidia by ultraviolet light. Genetics **35**, 95—96 (1950).

—, and F. Mukai: Indispensable gene functions in *Neurospora*. Proc. nat. Acad. Sci. (Wash.) **39**, 1027—1035 (1953a).

— — High spontaneous incidence of a mutant of *Neurospora crassa*. Genetics **38**, 654 (Abstr.) (1953b).

— — Survival and mutation in *Neurospora* exposed at nuclear detonations. Amer. Naturalist **88**, 295—314 (1954a).

— — Homology patterns of x-ray-induced lethal mutations in *Neurospora*. Radiat. Res. **1**, 125 (Abstr.) (1954b).

Auerbach, C.: Spontaneous mutations in dry *Neurospora* conidia. Heredity **13**, 414 (Abstr.) (1959).

— Mutation. An introduction to research on mutagenesis, part I: Methods. Edinburgh 1962.

— Summary of the conference proceedings. I. Session on mutagenesis. Neurospora Newsletter **5**, 8—11 (1964).

— B. J. Kilbey, and G. Kølmark: Differences in dose-effect curves for UV-induced reverse mutations at two different loci. Neurospora Newsletter **2**, 4 (1962a).

— — — Response of two loci to interaction treatment. Neurospora Newsletter **2**, 4 (1962b).

—, and M. Westergaard: A discussion of mutagenic specificity. Abh. dtsch. Akad. Wiss. Berlin, Kl. Medizin **1**, 116—123 (1960).

Bacq, Z. M., and P. Alexander: Fundamentals of radiobiology. Deutsche Übersetzung herausgeg. von H. J. Maurer. Stuttgart 1958.

Barnett, W. E., and F. J. de Serres: Fixed genetic instability in *Neurospora crassa*. Genetics **48**, 717—723 (1963).

Bauch, R.: Experimentelle Mutationsauslösung bei Hefe und anderen Pilzen durch Behandlung mit Campher, Acenaphthen und Colchicin. Naturwissenschaften **29**, 503—504 (1941a).

— Experimentell erzeugte Polyploidreihen bei der Hefe. Naturwissenschaften **29**, 687—688 (1941b).

— Experimentelle Auslösung von Gigas-Mutationen bei der Hefe durch carcinogene Kohlenwasserstoffe. Naturwissenschaften **30**, 263—264 (1942a).

— Über Beziehungen zwischen polyploidisierenden, carcinogenen und phytohormonalen Substanzen. Auslösung von Gigas-Mutationen bei der Hefe durch pflanzliche Wuchsstoffe. Naturwissenschaften **30**, 420—421 (1942b).

— Experimentelle Mutationsauslösung bei der Hefe durch chemische Stoffe. Wschr. Brauerei, H. 1 u. 2 (1942c).

— Die Erblichkeit der durch Radiumbestrahlung bei der Hefe ausgelösten Riesenzellbildung. Arch. Mikrobiol. **13**, 352—364 (1944).

— Die Konstanz der chemisch induzierten Gigas-Rassen der Hefe. Wiss. Z. Univ. Greifswald, math.-nat. Reihe **3**, 123—158 (1953).

Bautz, E., and E. Freese: On the mutagenic effect of alkylating agents. Proc. nat. Acad. Sci. (Wash.) **46**, 1585—1594 (1960).

Bautz-Freese, E.: Transitions and transversions induced by depurinating agents. Proc. nat. Acad. Sci. (Wash.) **47**, 540—545 (1961).

Beadle, G. W., and E. L. Tatum: *Neurospora*. II. Methods of producing and detecting mutations concerned with nutritional requirements. Amer. J. Bot. **32**. 678—686 (1945).

BEAM, C. A.: The influence of ploidy and division stage on the anoxic protection of *Saccharomyces cerevisiae* against X-ray inactivation. Proc. nat. Acad. Sci. (Wash.) **41**, 857—861 (1955).
— R. K. MORTIMER, R. G. WOLFE, and C. A. TOBIAS: The relation of radioresistance to budding in *Saccharomyces cerevisiae*. Arch. Biochem. **49**, 110—122 (1954).
BENZER, S.: On the topology of the genetic fine structure. Proc. nat. Acad. Sci. (Wash.) **45**, 1607—1620 (1959).
— On the topography of the genetic fine structure. Proc. nat. Acad. Sci. (Wash.) **47**, 403—415 (1961).
—, and E. FREESE: Induction of specific mutations with 5-bromouracil. Proc. nat. Acad. Sci. (Wash.) **44**, 112—119 (1958).
BERAHA, L., E. D. GARBER, and O. STROMNAES: Genetics of phytopathogenic fungi. X. Virulence of color and nutritionally deficient mutants of *Penicillium italicum* and *Penicillium digitatum*. Canad. J. Bot. **42**, 429—436 (1964).
BEUKERS, R., and W. BERENDS: Isolation and identification of the irradiation product of thymine. Biochim. biophys. Acta (Amst.) **41**, 550—551 (1960).
— J. IJLSTRA, and W. BERENDS: The effect of ultraviolet light on some components of the nucleic acids. II. In rapidly frozen solutions. Rec. Trav. chim. Pays-Bas **77**, 729—732 (1958).
— — — The effect of ultraviolet light on some components of the nucleic acids. III. Apurinic acid. Rec. Trav. chim. Pays-Bas **78**, 247—251 (1959).
— — — The effect of ultraviolet light on some components of the nucleic acids. VI. The origin of the ultraviolet sensitivity of deoxyribonucleic acid. Rec. Trav. chim. Pays-Bas **79**, 101—104 (1960).
BLAU, M., u. K. ALTENBURGER: Über einige Wirkungen von Strahlen. II. Z. Physik **12**, 315—324 (1922).
BONNIER, G., and K. G. LÜNING: Studies on X-ray mutations in the *white* and *forked* loci of *Drosophila melanogaster*. I. A statistical analysis of mutation frequencies. Hereditas (Lund) **35**, 163—189 (1949).
BOONE, D. M., J. F. STAUFFER, M. A. STAHMANN, and G. W. KEITT: *Venturia inaequalis* (CKE.) WINT. VII. Induction of mutants for studies on genetics, nutrition and pathogenicity. Amer. J. Bot. **43**, 199—204 (1956).
BRENNER, S., L. BARNETT, F. H. C. CRICK, and A. ORGEL: The theory of mutagenesis. J. molec. Biol. **3**, 121—124 (1961).
— S. BENZER, and L. BARNETT: Distribution of proflavin-induced mutations in the genetic fine structure. Nature (Lond.) **182**, 983—985 (1958).
BRESCH, C.: Klassische und molekulare Genetik. Berlin-Göttingen-Heidelberg: Springer 1964.
BROCKMAN, H. E., and F. J. DE SERRES: Induction of *ad-3* mutants of *Neurospora crassa* by 2-aminopurine. Genetics **48**, 597—604 (1963).
BUXTON, E. W., and A. C. HASTIE: Spontaneous and ultraviolet irradiation-induced mutants of *Verticillium albo-atrum*. J. gen. Microbiol. **28**, 625—632 (1962).
CALDAS, L. R., et T. CONSTANTIN: Courbes de survie de levures haploides et diploides soumises aux rayons ultraviolets. C. R. Acad. Sci. (Paris) **232**, 2356—2358 (1951).
CATCHESIDE, D. G.: Isolation of nutritional mutants of *Neurospora crassa* by filtration enrichment. J. gen. Microbiol. **11**, 34—36 (1954).
CLARKE, C. H.: A case of mutagen specificity attributable to a plating medium effect. Z. Vererbungsl. **93**, 435—440 (1962).
— Suppression by methionine of reversions to adenine independence in *Schizosaccharomyces pombe*. J. gen. Microbiol. **31**, 353—363 (1963).
COSTELLO, W. P., E. A. BEVAN, and M. W. MILLER: A comparison of ultraviolet and ethyl methane sulphonate induced mutations of adenine loci in *Saccharomyces cerevisiae*. Proc. XI. Inter. Congr. Genetics **1**, 60 (1963).
COX, B. S., and E. A. BEVAN: Aneuploidy in yeast. New Phytologist **61**, 342—355 (1962).

DAVIDSON, D.: Protection and recovery from ionizing radiation: Mechanisms in seeds and roots. In: A. HOLLAENDER (edit.), Radiation protection and recovery, p. 175—211. Oxford-London-New York-Paris 1960.

DAY, P. R., and G. E. ANDERSON: Two linkage groups in *Coprinus lagopus*. Genet. Res. 2, 414—423 (1961).

DEMEREC, M.: What is a gene? — Twenty years later. Amer. Naturalist 89, 5—20 (1955).

— Genetic structure of the *Salmonella* chromosome. Proc. X. Inter. Congr. Genetics 1, 55—62 (1959).

— Frequency of deletions among spontaneous and induced mutations in *Salmonella*. Proc. nat. Acad. Sci. (Wash.) 46, 1075—1079 (1960).

— E. L. LABRUM, I. GALINSKY, J. HEMMERLY, A. M. M. BERRIE, J. F. HANSON, I. BLOMSTRAND, and Z. DEMEREC: Bacterial genetics. Carnegie Inst. Wash. Year Book 52, 210—221 (1953).

— E. L. LAHR, E. BALBINDER, T. MIYAKE, J. ISHIDSU, K. MIZOBUCHI, and B. MAHLER: Bacterial genetics. Carnegie Inst. Wash. Year Book 59, 426—441 (1960).

— — — — C. MACK, D. MACKEY, and J. ISHIDSU: Bacterial genetics. Carnegie Inst. Wash. Year Book 58, 433—439 (1959).

—, and J. SAMS: Induction of mutations in individual genes of *Escherichia coli* by low x-radiation. In: A. A. BUZZATI-TRAVERSO (edit.), Proc. Symposium on Immediate and Low-Level Effects of Ionizing Radiations, Venice, 1959, p. 238—291. Int. J. Radiat. Biol. Suppl. (1960).

— E. M. WITKIN, E. L. LABRUM, I. GALINSKY, J. F. HANSON, H. MONSEES, and T. H. FETHERSTON: Bacterial genetics. Carnegie Inst. Wash. Year Book 51, 193—205 (1952).

DESSAUER, F. R.: Über einige Wirkungen von Strahlen. I. Z. Physik 12, 38—47 (1922).

DICK, S., and J. R. RAPER: Origin of expressed mutations in *Schizophyllum commune*. Nature (Lond.) 189, 81—82 (1961).

DOUDNEY, C. O.: Macromolecular synthesis in bacterial recovery from ultraviolet light. Nature (Lond.) 184, 189—190 (1959).

—, and F. L. HAAS: Modification of ultraviolet-induced mutation frequency and survival in bacteria by post-irradiation treatment. Proc. nat. Acad. Sci. (Wash.) 44, 390—401 (1958).

— — Mutation induction and macromolecular synthesis in bacteria. Proc. nat. Acad. Sci. (Wash.) 45, 709—722 (1959).

— — Some biochemical aspects of the post-irradiation modification of ultraviolet-induced mutation frequency in bacteria. Genetics 45, 1481—1502 (1960).

DRACULIC, M., and M. ERRERA: Chloramphenicol sensitive DNA synthesis in normal and irradiated bacteria. Biochim. biophys. Acta (Amst.) 31, 459—463 (1959).

DULBECCO, R.: Photoreactivation. In: A. HOLLAENDER (edit.), Radiation biology, vol. II: Ultraviolet and related radiations, p. 455—486. New York-Toronto-London 1955.

DUNN, C. G., W. L. CAMPBELL, H. FRAM, and A. HUTCHINS: Biological and photo-chemical effects of high energy, electrostatistically produced roentgen rays and cathode rays. J. appl. Physiol. 19, 605—616 (1948).

DUPIN, M.: Mise en évidence d'une radiorésistance de *Saccharomyces cerevisiae* au course de la méiose. C. R. Soc. Biol. (Paris) 257, 282—284 (1963).

EMERSON, R.: An experimental study of the life cycles and taxonomy of *Allomyces*. Lloydia 4, 77—144 (1941).

— Current trends of experimental research on the aquatic Phycomycetes. Ann. Rev. Microbiol. 4, 169—200 (1950).

—, and C. M. WILSON: The significance of meiosis in *Allomyces*. Science 110, 86—88 (1949).

ERRERA, M.: Biochemical aspects of mutagenesis. R. C. Ist. Sci. Univ. Camerino 3, 3—36 (1962).

## 334                                      Mutation

ESSER, K., u. J. STRAUB: Genetische Untersuchungen an *Sordaria macro-spora* AUERSW., Kompensation und Induktion bei genbedingten Ent-wicklungsdefekten. Z. Vererbungsl. **89**, 729—746 (1958).

EVANS, H. J.: Chromosome aberrations induced by ionizing radiations. Int. Rev. Cytol. **13**, 221—321 (1962).

FAHMY, O. G., and M. J. FAHMY: Cytogenetic analysis of the action of carcinogens and tumour inhibitors in *Drosophila melanogaster*. V. Dif-ferential genetic response to the alkylating mutagens and x-radiation. J. Genet. **54**, 146—164 (1956).

FINCHAM, J. R. S., and P. R. DAY: Fungal genetics. Oxford 1963.

FRANKE, G.: Versuche zur Genomverdoppelung des Ascomyceten *Podo-spora anserina* (CES.) REHM. Z. Vererbungsl. **93**, 109—117 (1962).

FREESE, E.: The difference between spontaneous and base-analogue induced mutations of phage *T4*. Proc. nat. Acad. Sci. (Wash.) **45**, 622—633 (1959a).

— On the molecular explanation of spontaneous and induced mutations. Brookhaven Symp. Biol. **12**, 63—75 (1959b).

— The specific mutagenic effect of base analogues on phage *T4*. J. molec. Biol. **1**, 87—105 (1959c).

— Molecular mechanism of mutations. In: J. H. TAYLOR, Molecular gene-tics, part I, p. 207—269. New York and London 1963.

— E. BAUTZ, and E. BAUTZ-FREESE: The chemical and mutagenic specificity of hydroxylamine. Proc. nat. Acad. Sci. (Wash.) **47**, 845—855 (1961).

— E. BAUTZ-FREESE, and E. BAUTZ: Hydroxylamine as a mutagenic and inactivating agent. J. molec. Biol. **3**, 133—143 (1961).

FRIES, N.: Experiments with different methods of isolating physiological mutations of filamentous fungi. Nature (Lond.) **159**, 199 (1947).

— The nutrition of fungi from the aspect of growth factor requirements. Trans. Brit. Mycol. Soc. **30**, 118—134 (1948a).

— Viability and resistance of spontaneous mutations in *Ophiostoma* re-presenting different degree of heterotrophy. Physiol. plantarum (Kbh.) **1**, 330—341 (1948b).

— The production of mutations by caffeine. Hereditas (Lund) **36**, 134—149 (1950).

— Further studies on mutant strains of *Ophiostoma* which require guanine. J. biol. Chem. **200**, 325—333 (1953).

FRITZ-NIGGLI, H.: Strahlenbiologie, GrundlagenundErgebnisse. Stuttgart 1959.

— Rückmutationen in Abhängigkeit vom Zellzustand und vom Agens der Vorwärtsinduktion. In: H. FRITZ-NIGGLI (edit.), Strahlenwirkung und Milieu, p. 129—139. München u. Berlin 1962.

— Induktion von Rückmutationen und Suppressoren mit Ribonukleinsäure bei *Schizosaccharomyces Pombe*. Naturwissenschaften **50**, 530 (1963).

FUERST, R., and W. M. SKELLENGER: A *Neurospora* plate method for testing antimetabolites. Antibiot. and Chemother. **8**, 76—80 (1958).

GILES, N. H.: Studies on the mechanism of reversion in biochemical mutants of *Neurospora crassa*. Cold Spr. Harb. Symp. quant. Biol. **16**, 283—313 (1951).

— Forward and back mutation at specific loci in *Neurospora*. Brookhaven Symp. Biol. **8**, 103—125 (1955).

— Mutations at specific loci in *Neurospora*. Proc. 10th Int. Congr. Genet. (Montreal) **1**, 261—279 (1959).

GLASS, B., and L. E. METTLER: The oxygen effect in respect to point muta-tions in *Drosophila melanogaster*. Proc. 10th Int. Congr. Genet. (Montreal) **2**, 97—98 (1958).

GLOVER, S. W.: A comparative study of induced reversion in *Escherichia coli*. In: M. DEMEREC et al. (edits.), Genetic studies with bacteria, p. 121—136. Washington 1956.

GOLDSCHMIDT, R. B.: Theoretical genetics. Berkeley and Los Angeles 1955.

GORDON, W. W., and K. McKEHNIE: Colchicine induced autopolyploidy in *Penicillium notatum*. Lancet **1945**, 47—49.

GREER, S., and S. ZAMENHOF: Effect of 5-bromouracil in desoxyribonucleic acid of *E. coli* on sensitivity to ultraviolet irradiation. Amer. chem. Soc. Abstr. (131. meeting) 3C (1957).

GRIGG, G. W.: Competitive suppression and the detection of mutations in microbial populations. Aust. J. biol. Sci. 11, 69—84 (1957).

—, and D. SERGEANT: Compound loci and coincident mutation in *Neurospora*. Z. Vererbungsl. 92, 380—388 (1961).

GUTZ, H.: Distribution of X-ray and nitrous acid-induced mutations in the genetic fine structure of the *ad-7* locus of *Schizosaccharomyces pombe*. Nature (Lond.) 191, 1125—1126 (1961).

— Untersuchungen zur Feinstruktur der Gene $ad_7$ und $ad_8$ von *Schizosaccharomyces pombe* LIND. Habil.-Schr. der Technischen Universität Berlin, 111 S., 1963.

HAAS, F. L., and C. O. DOUDNEY: A relation of nucleic acid and protein synthesis on ultraviolet induced mutation in bacteria. Proc. nat. Acad. Sci. (Wash.) 43, 871—883 (1957).

— — Mutation induction and expression in bacteria. Proc. nat. Acad. Sci. (Wash.) 45, 1620—1624 (1959).

HAEFNER, K.: Zur Ploidiegradabhängigkeit strahleninduzierter Mutationsraten in einem System weitgehend homozygoter und isogener *Saccharomyces*-Stämme. Z. Naturforsch. 19b, 451—453 (1964a).

— Über die UV-Induktion prototropher Mutanten bei *Saccharomyces*. Biophysik 1, 413—417 (1964b).

—, u. W. LASKOWSKI: Zur Induktion prototropher *Saccharomyces*-Mutanten durch ultraviolettes Licht in Abhängigkeit von Dosis und Nachbehandlung. Z. Naturforsch. 18b, 301—309 (1963).

HAINZ, H., u. R. W. KAPLAN: Einfluß der Temperatur während der UV-Bestrahlung auf Inaktivierung und Mutation von *Serratia marcescens* sowie des Bakteriophagen *Kappa*. Z. allg. Mikrobiol. 3, 113—125 (1963).

HARM, W., u. W. STEIN: Zur Deutung von Maxima und Sättigungs-Effekten bei Dosis-Effekt-Kurven für strahleninduzierte Mutationen. Z. Naturforsch. 11b, 89—105 (1956).

HAROLD, F. M., and Z. Z. ZIPORIN: Synthesis of protein and of DNA in *Escherichia coli* irradiated with ultraviolet light. Biochim. biophys. Acta (Amst.) 29, 439—440 (1958).

HARRIS, R. J. C.: The initial effects of ionizing radiations on cells. London and New York 1961.

HAWTHORNE, D. C.: A deletion in yeast and its bearing on the structure of the mating locus. Genetics 48, 1727—1729 (1963).

HAYES, W.: The genetics of bacteria and their viruses. Studies in basic genetics and molecular biology. Oxford 1964.

HEAGY, F. C., and J. A. ROPER: Desoxyribonucleic acid content of haploid. and diploid *Aspergillus* conidia. Nature (Lond.) 170, 713—714 (1952).

HESLOT, H.: Contribution à l'étude cytogénétique et génétique des Sordariacées. Rev. Cytol. et Biol. végét. 19, Suppl. 2, 1—235 (1958).

— *Schizosaccharomyces pombe:* un nouvel organisme pour l'étude de la mutagenèse chimique. Abh. dtsch. Akad. Wiss. Berlin, Kl. Medizin 1, 98—105 (1960).

— Etude quantitative de réversions biochimiques induites chez la levure *Schizosaccharomyces pombe* par des radiations et des substances radiomimétiques. Abh. dtsch. Akad. Wiss. Berlin, Kl. Medizin 1, 193—228 (1962).

HOLLAENDER, A. (edit.): Radiation biology. New York-Toronto-London 1954 (vol. 1), 1955 (vol. 2), 1956 (vol. 3).

—, and C. W. EMMONS: Wave length dependence of mutation production in the ultraviolet with special emphasis on fungi. Cold Spr. Harb. Symp. quant. Biol. 9, 179—186 (1941).

HOLLIDAY, R.: A new method for the identification of biochemical mutants of micro-organisms. Nature (Lond.) 178, 987 (1956).

— The genetics of *Ustilago maydis*. Genet. Res. 2, 204—230 (1961).

— Mutation and replication in *Ustilago maydis*. Genet. Res. 3, 472—486 (1962).

Horowitz, N. H., M. B. Houlahan, M. G. Hungate, and B. Wright: Mustard gas mutations in *Neurospora*. Science **104**, 233—234 (1946).
Howard-Flanders, P.: Physical and chemical mechanisms in the injury of cells by ionizing radiations. Biol. med. Physics **6**, 544—603 (1958).
— Primary physical and chemical processes in radiobiology. In: Radiation Biology and Cancer, p. 29—40. Texas 1959.
Howe, H. B., and C. E. Terry: Genetic studies of resistance to chemical agents in *Neurospora crassa*. Canad. J. Genet. Cytol. **4**, 447—452 (1962).
Ishikawa, T.: Genetic studies of *ad-8* mutants in *Neurospora crassa*. I. Genetic fine structure of the *ad-8* locus. Genetics **47**, 1147—1161 (1962).
Ishitani, C., Y. Ikeda, and K. Sakaguchi: Hereditary variation and genetic recombination in Koji-molds (*Aspergillus oryzae* und *A. sojae*). VI. Genetic recombination in heterozygous diploids. J. gen. appl. Microbiol. **2**, 401—430 (1956).
Jagger, J.: Photoreactivation. Bact. Rev. **22**, 99—138 (1958).
— Photoreactivation. In: A. Hollaender (edit.), Radiation protection and recovery, p. 352—377. Oxford-London-New York-Paris 1960.
Jensen, K. A., J. Kirk, and M. Westergaard: Biological action of "mustard gas" compounds. Nature (Lond.) **166**, 1019 (1950).
— — G. Kølmark, and M. Westergaard: Chemically induced mutations in *Neurospora*. Cold Spr. Harb. Symp. quant. Biol. **16**, 245—261 (1951).
— G. Kølmark, and M. Westergaard: Back-mutations in *Neurospora crassa* induced by diazomethane. Hereditas (Lund) **35**, 521—525 (1949).
Kada, T., C. O. Doudney, and F. L. Haas: Some biochemical factors in X-ray induced mutation in bacteria. Genetics **45**, 995 (Abstr.) (1960).
— — — Some biochemical factors in X-ray induced mutation in bacteria. Genetics **46**, 683—702 (1961).
Käfer, E.: The processes of spontaneous recombination in vegetative nuclei of *Aspergillus nidulans*. Genetics **46**, 1581—1609 (1961).
— Translocations in stock strains of *Aspergillus nidulans*. Genetica **33**, 59—68 (1962).
— Origin and pedigree of a VI—VII translocation in *Aspergillus nidulans*. Microbial Genetics Bull. **19**, 12—13 (1963a).
— Radiation effects and mitotic recombination in *Aspergillus nidulans*. Genetics **48**, 27—45 (1963b).
—, and A. Chen: UV-induced mutations and mitotic crossing-over in dormant and germinating conidia of *Aspergillus*. Microbial Genetics Bull. **20**, 8—9 (1964).
Kakar, S. N., F. K. Zimmermann, and R. P. Wagner: Reversion behavior of isoleucine-valine mutants of yeast. Mutation Research **1**, 381—386 (1964).
Kanazir, D., and M. Errera: Alterations of intracellular deoxyribonucleic acid and their biological consequence. Cold Spr. Harb. Symp. quant. Biol. **21**, 19—29 (1956).
Kaplan, R. W.: Neuere Entwicklungen in der Mikrobengenetik. Zbl. Bakt., I. Abt. Orig. **160**, 181—193 (1953).
— Dose-effect curves of *s*-mutation and killing in *Serratia marcescens*. Arch. Mikrobiol. **24**, 60—79 (1956).
— Genetik der Mikroorganismen. Fortschr. Bot. **19**, 288—323 (1957).
— Strahlengenetik der Mikroorganismen. In: H. Schinz (Hrsg.), Strahlenbiologie, Nuklearmedizin und Krebsforschung, p. 109—156. Stuttgart: Georg Thieme 1959.
— Genetik der Mikroorganismen. Fortschr. Bot. **24**, 286—313 (1962a).
— Einfluß von Kälte oder Trockenheit während sowie von Behandlungen mit Biochemikalien nach der UV-Bestrahlung auf die Mutationsauslösung bei *Serratia*. Abh. dtsch. Akad. Wiss. Berlin, Kl. Medizin **1**, 167—170 (1962b).
— Photoreversion von vier Gruppen UV-induzierter Mutationen zur Giftresistenz in nichtphotoreaktivierbaren *E. coli*. Photochem. and Photobiol. **2**, 461—470 (1963).

KAPLAN, R. W., H. BECKMANN, and W. RÜGER: Different "spectra" of mutant types by extracellular treatment of phage *Kappa* with differing mutagens. Nature (Lond.) **199**, 932—933 (1963).
—, u. W. GUNKEL: Reversion der Mutationen und Reaktivierung durch sichtbares Licht sowie verschiedene Salzlösungen nach UV-Bestrahlung von *Serratia*. Arch. Mikrobiol. **35**, 63—91 (1960).
—, and C. KAPLAN: Influence of water content on UV-induced *s*-mutation and killing in *Serratia*. Exp. Cell Res. **11**, 378—392 (1956).
KAUDEWITZ, F.: Inaktivierende und mutagene Wirkung salpetriger Säure auf Zellen von *Escherichia coli*. Z. Naturforsch. **14b**, 528—537 (1959a).
— Linear transfer of a potentially mutant state in bacteria. Nature (Lond.) **183**, 871—873 (1959b).
— Production of bacterial mutants with nitrous acid. Nature (Lond.) **183**, 1829—1830 (1959c).
KELNER, A.: Effect of visible light on the recovery of *Streptomyces* conidia from ultraviolet irradiation injury. Proc. nat. Acad. Sci. (Wash.) **35**, 73—79 (1949).
— Growth, respiration and nucleic acid synthesis in ultraviolet-irradiated and photoreactivated *Escherichia coli*. J. Bact. **65**, 252—262 (1953).
KIHLMAN, B. A.: Biochemical aspects of chromosome breakage. Advanc. Genet. **10**, 1—59 (1961).
KILBEY, B. J.: Mutagenic studies with *Aspergillus nidulans*. Microbial Genetics Bull. **19**, 14 (1963a).
— The influence of temperature of the ultraviolet induced revertant frequencies of two auxotrophs of *Neurospora crassa*. Z. Vererbungsl. **94**, 385—391 (1963b).
KIMBALL, R. F., N. GAITHER, and S. M. WILSON: Reduction of mutation by postirradiation treatment after ultraviolet and various kinds of ionizing radiations. Radiat. Res. **10**, 490—497 (1959).
KNAPP, E., A. REUSS, O. RISSE u. H. SCHREIBER: Quantitative Analyse der mutationsauslösenden Wirkung monochromatischen UV-Lichtes. Naturwissenschaften **27**, 304 (1939).
—, u. H. SCHREIBER: Quantitative Analyse der mutationsauslösenden Wirkung monochromatischen UV-Lichtes in Spermatozoiden von *Sphaerocarpus*. Proc. 7th Internat. Genet. Congr., Edinburgh. Suppl., J. Genet. 175—176 (1939).
KNIEP, H.: Über den Generationswechsel von *Allomyces*. Z. Bot. **22**, 433—441 (1930).
KØLMARK, G.: Differential response to mutagens as studied by the *Neurospora* reverse mutation test. Hereditas (Lund) **39**, 270—276 (1953).
— Mutagenic properties of certain esters of inorganic acids investigated by the *Neurospora* back-mutation test. C. R. Lab. Carlsberg, Sér. physiol. **26**, 205—220 (1956).
—, and N. H. GILES: Comparative studies of monoepoxides as inducers of reverse mutations in *Neurospora*. Genetics **40**, 890—902 (1955).
—, and B. J. KILBEY: An investigation into the mutagenic after-effect of butadiene diepoxide using *Neurospora crassa*. Z. Vererbungsl. **93**, 356—365 (1962).
—, and M. WESTERGAARD: Induced back-mutations in a specific gene of *Neurospora crassa*. Hereditas (Lund) **35**, 490—506 (1949).
— — Validity of the *Neurospora* back-mutation test. Nature (Lond.) **169**, 626 (1952).
— — Further studies on chemically induced reversions at the adenine locus of *Neurospora*. Hereditas (Lund) **39**, 209—224 (1953).
KOSTOFF, D.: Gigantism in *Penicillium*, experimentally produced. Bull. chambre de culture nationale, Sér. Biologie, agriculture et silviculture Sofia **1**, 240 (1946).
KUBITSCHEK, H. E., and H. E. BENDIGKEIT: Delay in the appearance of caffeine-induced *T5* resistance in *Escherichia coli*. Genetics **43**, 647—661 (1958).

Kubitschek, H. E., and H. E. Bendigkeit: Latent mutants in chemostats. Genetics **46**, 105—122 (1961).

Laskowski, W.: Inaktivierungsversuche mit homozygoten Hefestämmen verschiedenen Ploidiegrades. I. Aufbau homozygoter Stämme und Dosiseffektkurven für ionisierende Strahlen, UV und organische Peroxyde. Z. Naturforsch. **15b**, 495—506 (1960a).

— Die hefeartigen Pilze. V. Entwicklungscyclen und Erbverhalten der Hefen. Die Hefen **1**, 178—208 (1960b).

— Inaktivierungsversuche mit homozygoten Hefestämmen verschiedenen Ploidiegrades. VI. Über den Aufbau weitestgehend isogener, homozygoter penta- und hexaploider Stämme sowie den Einfluß bestimmter mutierter Allele auf die Strahlenresistenz. Z. Naturforsch. **17b**, 93—108 (1962a).

— Strahleninaktivierung von *Saccharomyces* in Abhängigkeit von Ploidiegrad und Genotyp. Abh. dtsch. Akad. Wiss. Berlin, Kl. Medizin **1**, 171—177 (1962b).

—, and K. Haefner: Determination of radiation-induced mutation rates of recessive lethal alleles in *Saccharomyces*. Nature (Lond.) **200**, 795—796 (1963).

—, u. W. Stein: Inaktivierungsversuche mit homozygoten Hefestämmen verschiedenen Ploidiegrades. II. Mikroskopische Beobachtungen nach Inaktivierung mit ionisierenden Strahlen, UV und organischen Peroxyden. Z. Naturforsch. **15b**, 604—612 (1960).

Latarjet, R., et B. Ephrussi: Courbes de survie de levures haploides et diploides soumises aux rayons X. C. Rend. Acad. Sci. (Paris) **229**, 306—308 (1949).

Lea, D. E.: Actions of radiations on living cells, 2. Aufl. Cambridge 1956.

—, and C. A. Coulson: The distribution of the numbers of mutants in bacterial populations. J. Genet. **49**, 264—285 (1949).

Leben, C., D. M. Boone, and G. W. Keitt: *Venturia inaequalis* (Cke.) Wint. IX. Search for mutants resistent to fungicides. Phytopathology **45**, 467—472 (1955).

Lederberg, J., and E. M. Lederberg: Replica plating and indirect selection of bacterial mutants. J. Bact. **63**, 399—406 (1952).

Lein, J., H. K. Mitchell, and M. B. Houlahan: A method for the selection of biochemical mutants of *Neurospora*. Proc. nat. Acad. Sci. (Wash.) **34**, 435—442 (1948).

Lerman, L. S.: The structure of the DNA-acridine complex. Proc. nat. Acad. Sci. (Wash.) **49**, 94—102 (1963).

Lester, H. E., and S. R. Gross: Efficient method for selection of auxotrophic mutants of *Neurospora*. Science **129**, 572 (1959).

Leupold, U.: Tetraploid inheritance in *Saccharomyces*. J. Genet. **54**, 411—426 (1956a).

— Tetrad analysis of segregation in autotetraploids. J. Genet. **54**, 427—439 (1956b).

— Some data on polyploid inheritance in *Schizosaccharomyces pombe*. C. R. Lab. Carlsberg, Sér. physiol. **26**, 221—251 (1956c).

— Studies on recombination in *Schizosaccharomyces pombe*. Cold Spr. Harb. Symp. quant. Biol. **23**, 161—170 (1958).

— Intragene Rekombination und allele Komplementierung. Arch. Klaus-Stift. Vererb.-Forsch. **26**, 89—117 (1961).

Lieb, M.: Deoxyribonucleic acid synthesis and ultraviolet-induced mutation. Biochim. biophys. Acta (Amst.) **37**, 155—157 (1960).

Lindegren, C. C., and G. Lindegren: X-ray and ultraviolet induced mutations in *Neurospora*, I. X-ray mutations; II. Ultraviolet mutations. J. Hered. **32**, 405—412 (1941).

— — Tetraploid *Saccharomyces*. J. gen. Bact. **5**, 885—893 (1951).

LISSOUBA, P.: Mise en evidence d'une unité génétique polarisée et essai d'analyse d'un cas d'interférence négative. Ann. Sci. nat. bot. **44**, 641—720 (1960).

— J. MOUSSEAU, G. RIZET, and J. L. ROSSIGNOL: Fine structure of genes in the Ascomycete *Ascobolus immersus*. Advanc. Genet. **11**, 343—380 (1962).

LOPRIENO, N., G. ZETTERBERG, R. GUGLIELMINETTI, and E. MICHEL: The lethal and mutagenic effects of N-nitroso-N-methylurethane and N-nitroso-N-ethylurethane in *Colletotrichum coccodes*. Mutation Research **1**, 37—44 (1964).

LORKIEWICZ, Z., and W. SZYBALSKI: Genetic effects of halogenated thymidine analogs incorporated during thymidylate synthetase inhibition. Biochem. biophys. Res. Commun. **2**, 413—418 (1960).

LU, B. C.: Polyploidy in the basidiomycete *Cyathus stercoreus*. Amer. J. Bot. **51**, 343—347 (1964).

—, and H. J. BRODIE: Chromosomes of the fungus *Cyathus*. Nature (Lond.) **194**, 606 (1962).

LUCKE, W. H., and A. SARACHEK: X-ray inactivation of polyploid *Saccharomyces*. Nature (Lond.) **171**, 1014—1015 (1953).

LURIA, S. E., and M. DELBRÜCK: Mutations of bacteria from virus sensitivity to virus resistance. Genetics **28**, 491—511 (1943).

MACKINTOSH, M. E., and R. H. PRITCHARD: The production and replica plating of micro-colonies of *Aspergillus nidulans*. Genet. Res. **4**, 320—322 (1963).

MAGNI, G. E.: Mutation rates during the meiotic process in yeasts. In: F. H. SOBELS (edit.), Repair from genetic radiation damage and differential radiosensitivity in germ cells. Proc. Internat. Symp. Leiden 1962, p. 77—85. Oxford-London-New York-Paris 1963.

— R. C. V. BORSEL, and S. SORA: Mutagenic action during meiosis and antimutagenic action during mitosis by 5-aminoacridine in yeast. Mutation Research **1**, 227—230 (1964).

MALING, B. D.: Replica plating and rapid ascus collection of *Neurospora*. J. gen. Microbiol. **23**, 257—259 (1960).

MALLING, H., H. MILTENBURGER, M. WESTERGAARD, and K. G. ZIMMER: Differential response of a double mutant — adenineless, inositolless — in *Neurospora crassa* to combined treatment by ultra-violet radiation and chemicals. Int. J. Radiat. Biol. **1**, 328—343 (1959).

MARCOU, D.: Sur l'influence du mode d'association des gènes sur les propriétés de certains hétérocaryotes du *Podospora anserina*. C. R. Acad. Sci. (Paris) **256**, 768—770 (1963).

MARKERT, C. L.: Radiation-induced nutritional and morphological mutants of *Glomerella*. Genetics **37**, 339—352 (1952).

— Lethal and mutagenic effects of ultraviolet radiation in *Glomerella* conidia. Exp. Cell Res. **5**, 427—435 (1953).

— Response of *Glomerella* conidia to irradiation by x-rays and fast neutrons. Papers Mich. Acad. Sci. **91**, 27—31 (1956).

MARQUARDT, H., R. SCHWAIER u. F. K. ZIMMERMANN: Nicht-Mutagenität von Nitrosaminen bei *Neurospora crassa*. Naturwissenschaften **50**, 135—136 (1963).

— F. K. ZIMMERMANN u. R. SCHWAIER: Die Wirkung krebsauslösender Nitrosamine und Nitrosamide auf das Adenin-6—45-Rückmutations. system von *Saccharomyces cerevisiae*. Z. Vererbungsl. **95**, 82—96 (1964)

McCLINTOCK, B.: *Neurospora*. I. Preliminary observations of the chromosomes of *Neurospora crassa*. Amer. J. Bot. **32**, 671—678 (1945).

McELROY, W. D., J. E. CUSHING, and H. MILLER: The induction of biochemical mutations in *Neurospora crassa* by nitrogen mustard. J. cell. comp. Physiol. **30**, 331—346 (1947).

—, and B. GLASS (edits.): The chemical basis of heredity. Baltimore 1957.

METZGER, K.: Der Einfluß des Wassergehaltes auf Inaktivierung und Mutabilität von *Serratia marcescens* durch UV- und Röntgenbestrahlung. Z. allg. Mikrobiol. **1**, 29—45 (1960).

MITCHELL, J. S., B. E. HOLMES, and C. L. SMITH (edits.): Progress in radiobiology. Proc. IV. Internat. Conf. radiobiology, Cambridge 1955. Edinburgh and London 1956.

MITCHELL, M. B., and H. K. MITCHELL: The selective advantage of an adenineless double mutant over one of the single mutants involved. Proc. nat. Acad. Sci. (Wash.) 36, 115—119 (1950).

— — Observations on the behaviour of suppressors in Neurospora. Proc. nat. Acad. Sci. (Wash.) 38, 205—214 (1952).

MORPURGO, G.: A new method of estimating forward mutation in fungi: resistance to 8-azaguanine and p-fluorophenylalanine. Sci. Rep. Ist. sup. Sanità (Roma) 2, 9—12 (1962).

MORROW, J.: Dispensable and indispensable genes in Neurospora. Science 144, 307—308 (1964).

MORTIMER, R. K.: The relative radiation-resistance of haploid, diploid, triploid and tetraploid yeast cells. Med. and Health Physics Quart. p. 39—44. 1952.

MULLER, H. J.: Artificial transmutation of the gene. Science 66, 84—87 (1927).

— The production of mutations by X-rays. Proc. nat. Acad. Sci. (Wash.) 14, 714—726 (1928).

MUNDRY, K. W., u. A. GIERER: Die Erzeugung von Mutationen des Tabakmosaikvirus durch chemische Behandlung seiner Nucleinsäure in vitro. Z. Vererbungsl. 89, 614—630 (1958).

NADSON, G. A., et G. S. FILLIPOV: Influence des rayons x sur la sexualité et la formation des mutantes chez les champignons inférieurs (Mucoracéae). C. R. Soc. Biol. (Paris) 93, 473—475 (1925).

— — De la formation de nouvelles races stables chez champignons inférieur sous l'influence des rayons x. C. R. Soc. Biol. (Paris) 186, 1566—1568 (1928).

NAGAI, S.: Interferences between some induces of the respiration-deficient mutation in yeast. Exp. Cell Res. 27, 19—24 (1962).

NAKADA, D., E. STRELZOFF, R. RUDNER, and F. J. RYAN: Is DNA replication a necessary condition for mutation? Z. Vererbungsl. 91, 210—213 (1960).

NEWCOMBE, H. B., and J. F. McGREGOR: Dose-response relationships in radiation induced mutations. Saturation effects in Streptomyces. Genetics 39, 619—627 (1954).

NORMAN, A.: The nuclear role in the ultraviolet inactivation of Neurospora conidia. J. cell. comp. Physiol. 44, 1—10 (1954).

OGUR, M., S. MINCKLER, and D. O. McCLARY: Desoxyribonucleic acids and the budding cycle in the yeasts. J. Bact. 66, 642—645 (1953).

— — G. LINDEGREN, and C. C. LINDEGREN: The nucleic acids in a polyploid series of Saccharomyces. Arch. Biochem. 40, 175—184 (1952).

OPPENOORTH, W. F. F.: Modification of the hereditary character of yeast by investigation of cell-free extracts. Eur. Brewery Convention 1960, p. 180—207.

ORGEL, A., and S. BRENNER: Mutagenesis of bacteriophage T4 by acridines. J. molec. Biol. 3, 762—768 (1961).

OSTER, R. H.: Results of irradiating Saccharomyces with monochromatic ultra-violet-light. I. Morphological and respiratory changes. J. gen. Physiol. 18, 71—88 (1934a).

— Results of irradiating Saccharomyces with monochromatic ultra-violet-light. II. The influence of modifying factors. J. gen. Physiol. 18, 243—250 (1934b).

— Results of irradiating Saccharomyces with monochromatic ultra-violet-light. III. The absorption of ultra-violet-light energy by yeast. J. gen. Physiol. 18, 251—254 (1934c).

OSTER, R. H., and W. A. ARNOLD: Results of irradiating Saccharomyces with monochromatic ultra-violet-light. IV. Relation of energy to observed inhibitory effects. J. gen. Physiol. 18, 351—355 (1934).

PITTMAN, D., E. SHULT, A. ROSHANMANESH, and C. C. LINDEGREN: The procurement of biochemical mutants of *Saccharomyces* by the synergistic effect of ultraviolet radiation and 2,6-diamino purine. Canad. J. Microbiol. **9**, 103—109 (1963).

POMPER, S., and K. C. ATWOOD: Radiation studies on fungi. In: A. HOLLAENDER (edit.), Radiation biology, vol. II: Ultraviolet and related radiations, p. 431—453. New York-Toronto-London 1955.

PONTECORVO, G.: Auxanographic techniques in biochemical genetics. J. gen. Microbiol. **3**, 122—126 (1949).

—, and J. A. ROPER: Genetic analysis without sexual reproduction by means of polyploidy in *Aspergillus nidulans*. J. gen. Microbiol.: Proceedings **6**, 7—8 (1952).

— — Resolving power of genetic analysis. Nature (Lond.) **178**, 83—84 (1956).

— — L. M. HEMMONS, K. D. MACDONALD, and A. W. J. BUFTON: The genetics of *Aspergillus nidulans*. Advanc. Genet. **5**, 141—238 (1953).

RAJEWSKY, B.: Strahlendosis und Strahlenwirkung, 2. Aufl. Stuttgart 1956.

RANGANATHAN, B., and M. K. SUBRAMANIAM: Studies on the mutagenic action of chemical and physical agencies on yeasts. I. Induction of polyploidy by diverse agencies. J. Indian. Inst. Sci., Sect. A **32**, pt. 4, 51—72 (1950).

REAUME, S. E., and E. L. TATUM: Spontaneous and nitrogen mustard induced nutritional deficiencies in *Saccharomyces cerevisiae*. Arch. Biochem. **22**, 331—338 (1949).

REISSIG, J. L.: Replica plating with *Neurospora crassa*. Microbial Genetics Bull. **14**, 31—32 (1956).

— Forward and back mutation in the *pyr-3* region of *Neurospora*. I. Mutations from arginine dependence to prototrophy. Genet. Res. **1**, 356—374 (1960).

— Induction of forward mutants in the *pyr-3* region of *Neurospora*. J. gen. Microbiol. **30**, 317—325 (1963a).

— Spectrum of forward mutants in the *pyr-3* region of *Neurospora*. J. gen. Microbiol. **30**, 327—337 (1963b).

REVELL, S.: The accurate estimation of chromatid breakage and its relevance to a new interpretation of chromatid aberrations induced by ionizing radiations. Proc. roy. Soc. B **150**, 563—589 (1959).

RIEGER, R.: Die Genommutationen (Ploidiemutationen). In: H. STUBBE (Hrsg.), Genetik: Grundlagen, Ergebnisse und Probleme in Einzeldarstellungen. Jena 1963.

—, u. H. BÖHME: Strahleninduzierte Mutagenese — Gesichtspunkte des Genetikers. Abh. dtsch. Akad. Wiss. Berlin, Kl. Medizin **1**, 38—62 (1962).

—, u. A. MICHAELIS: Über die radiomimetische Wirkung von Äthylalkohol bei *Vicia faba*. Abh. dtsch. Akad. Wiss. Berlin, Kl. Medizin **1**, 54—65 (1960).

— — Die Auslösung von Chromosomenaberrationen bei *Vicia faba* durch chemische Agentien. Kulturpflanze **10**, 212—292 (1962).

RIZET, G., P. LISSOUBA et J. MOUSSEAU: Sur l'interférence négative au sein d'une série d'allèles chez *Ascobolus immersus*. C. R. Soc. Biol. (Paris) **11**, 1967—1970 (1960a).

— — — Les mutations d'ascospore chez l'ascomycète *Ascobolus immersus* et l'analyse de la structure fine des gènes. Bull. Soc. franç. Physiol. végétale **6**, 175—193 (1960b).

ROBERTS, C.: Methods in yeast genetics. Meth. med. Res. **3**, 37—50 (1950).

— A replica plating technique for the isolation of nutritionally exacting mutants of a filamentous fungus *(Aspergillus nidulans)*. J. gen. Microbiol. **20**, 540 (1959).

RÖBBELEN, G.: Cytogenetik. Fortschr. Bot. **22**, 316—346 (1960).

— Cytogenetik. Fortschr. Bot. **24**, 314—359 (1962).

— Cytogenetik. Fortschr. Bot. **25**, 393—417 (1963).

Roman, H.: A system selective for mutations affecting the synthesis of adenine in yeast. C. R. Lab. Carlsberg, Sér. physiol. **26**, 299—314 (1955).
— D. C. Hawthorne, and H. C. Douglas: Polyploidy in yeast and its bearing on the occurrence of irregularic genetic ratios. Proc. nat. Acad. Sci. (Wash.) **37**, 79—84 (1951).
— M. M. Phillips, and S. M. Sands: Studies of polyploid *Saccharomyces*. I. Tetraploid segregation. Genetics **40**, 546—561 (1955).
Roper, J. A.: Production of heterozygous diploids in filamentous fungi. Experientia (Basel) **8**, 14 (1952).
—, and E. Käfer: Acriflavine-resistant mutants of *Aspergillus nidulans*. J. gen. Microbiol. **16**, 660—667 (1957).
Rosen, R.: An hypothesis of Freese and the DNA-protein coding problem. Bull. math. Biophys. **23**, 305—318 (1961).
Royes, J.: The production of mosaic mutations in *Neurospora crassa*. Neurospora Newsletter **1**, 5—6 (1962).
Rudner, R.: Mutation as an error in base pairing. Biochem. biophys. Res. Commun. **3**, 275—280 (1960).
—, and E. Balbinder: Reversions induced by base analogues in *Salmonella typhimurium*. Nature (Lond.) **186**, 180 (1960).
Rupert, C. S: Photoenzymatic repair of ultraviolet damage in DNA. I. Kinetics of the reaction. J. gen. Physiol. **45**, 703—741 (1962).
Ryan, F. J.: Selected methods of *Neurospora* genetics. Meth. med. Res. **3**, 51—75 (1950).
— Natural mutation in non dividing bacteria. Trans. N.Y. Acad. Sci., Ser. 2, **19**, 515—517 (1957).
—, and K. Kiritani: Effect of temperature on natural mutation in *Escherichia coli*. J. gen. Microbiol. **20**, 644—653 (1959).
— D. Nakada, and M. J. Schneider: Is DNA replication a necessary condition for spontaneous mutation ? Z. Vererbungsl. **92**, 38—41 (1961).
— R. Rudner, T. Nagata, and Y. Kitani: Bacterial mutation and the synthesis of macromolecules. Z. Vererbungsl. **90**, 148—158 (1959).
— M. Schwartz, and P. Fried: The direct enumeration of spontaneous and induced mutations in bacteria. J. Bact. **69**, 552—557 (1955).
Sager, R., and F. J. Ryan: Cell heredity. An analysis of the mechanisms of heredity at the cellular level. New York and London 1961.
Sansome, E. R.: Induction of gigas forms of *Penicillium notatum* by treatment with camphor vapours. Nature (Lond.) **157**, 843 (1946).
— Spontaneous mutation in standard and "gigas" forms of *Penicillium notatum* strain 1249 B 21. Transact. Brit. Mycol. Soc. **32**, 305—314 (1949).
— Camphor-induced gigas forms in *Neurospora*. Transact. Brit. Mycol. Soc. **39**, 67—78 (1956).
— M. Demerec, and A. Hollaender: Quantitative irradiation experiments with *Neurospora crassa*. I. Experiments with X-rays. Amer. J. Bot. **32**, 218—226 (1945).
—, and B. J. Harris: The use of camphor-induced polyploidy to determine the place of meiosis in fungi. Microbial Genetics Bull. **19**, 20—21 (1963).
Sarachek, A.: X-ray inactivation of *Saccharomyces* during the budding cycle. Experientia (Basel) **10**, 377—378 (1954a).
— A comparative study of the retardation of budding and cellular inactivation by ultraviolet radiation in polyploid *Saccharomyces* with special reference to photoreactivation. Cytologia (Tokyo) **19**, 77—85 (1954b).
—, and W. H. Lucke: Ultraviolet inactivation of polyploid *Saccharomyces*. Arch. Biochem. **44**, 271—279 (1953).
Scholes, G., and J. Weiss: Organic hydroxy-hydroperoxides: a class of hydroperoxides formed under the influence of ionizing radiation. Nature (Lond.) **185**, 305—306 (1960).
Schull, W. J. (edit.): Mutations. Second conference on genetics. Ann. Arbor (Mich.): The University of Michigan Press 1962.

Schuster, H.: Die Reaktionsweise der Desoxyribonucleinsäure mit salpetriger Säure. Z. Naturforsch. 15b, 298—304 (1960).
Scott, W. M.: Pyrimidine analogs and the mutation of Neurospora crassa. Biochem. biophys. Res. Commun. 15, 147—150 (1964).
Serres, F. J. de: Studies with purple adenine mutants in Neurospora crassa. III. Reversion of X-ray-induced mutants. Genetics 43, 187—206 (1958).
— Genetic analysis of the structure of the ad-3 region of Neurospora crassa by means of irreparable recessive lethal mutations. Genetics 50, 21—30 (1964).
—, and H. G. Kølmark: A direct method for determination of forward mutation rates in Neurospora crassa. Nature (Lond.) 182, 1249—1250 (1958).
—, and R. S. Osterbind: Estimation of the relative frequencies of x-ray-induced viable and recessive lethal mutations in the ad-3 region of Neurospora crassa. Genetics 47, 793—796 (1962).
Shamoian, C. A., A. Canzanelli, and J. Melrose: Back-mutation of a Neurospora crassa mutant by a nucleic acid complex from the wild strain. Biochim. biophys. Acta (Amst.) 47, 208—211 (1961).
Sharma, A. K., and A. Sharma: Spontaneous and chemically induced chromosome breaks. Int. Rev. Cytol. 10, 101—136 (1960).
Shockley, T., and E. L. Tatum: A search for genetic transformation in Neurospora crassa. Biochim. biophys. Acta (Amst.) 61, 567—572 (1962).
Siddiqi, O. H.: Mutagenic action of nitrous acid on Aspergillus nidulans. Genet. Res. 3, 303—314 (1962).
Singleton, J. R.: A mechanism intrinsic to heterozygous inversions affecting observed recombination frequencies in adjacent regions. Genetics 49, 541—560 (1964).
Skovstedt, A.: Induced camphor mutations in yeast. C. R. Trav. Lab. Carlsberg, Sér. physiol. 24, 249—262 (1948).
Smith, H. H., and A. M. Srb: Induction of mutations with β-propiolactone. Science 114, 490—492 (1951).
Sörgel, G.: Über heteroploide Mutanten bei Allomyces Kniepii. Nachr. Ges. Wiss. Göttingen, Fachgr. VI, 2, 155—170 (1936).
— Untersuchungen über den Generationswechsel von Allomyces. Z. Bot. 31, 401—446 (1937).
Sommermeyer, K.: Quantenphysik der Strahlenwirkung in Biologie und Medizin. Leipzig 1952.
Sost, H.: Über die Determination des Generationswechsels von Allomyces arbuscula (Butl.) (Polyploidieversuche). Arch. Protistenk. 100, 541—564 (1955).
Sparrow, A. H., J. P. Binnington, and V. Pond: Bibliography on effects of ionizing radiations on plants: 1896—1955. New York 1958.
Sparrow jr., F. K.: Aquatic Phycomycetes exclusive of the Saprolegni aceae and Pythium. Ann Arbor (Mich.): The University of Michigan Press 1943.
Spencer, W. P., and C. Stern: Experiments to test the validity of the linear r-dose mutation frequency relation in Drosophila at low dosage. Genetics 33, 43—74 (1948).
Stadler, L. J., and F. M. Uber: Genetic effects of UV radiation in maize. IV. Comparison of monochromatic radiations. Genetics 27, 84—118 (1942).
Stahl, F. W.: The mechanics of inheritance. Englewood Cliffs, New Jersey: Prentice-Hall, Inc. 1964.
Stapleton, G. E., and A. Hollaender: Mechanism of lethal and mutagenic action of ionizing radiations on Aspergillus terreus. II. Use of modifying agents and conditions. J. cell. comp. Physiol. 39 (Suppl. 1), 101—113 (1952).
— — and F. L. Martin: Mechanism of lethal and mutagenic action of ionizing radiation on Aspergillus terreus. I. Relationship of relative biological efficiency to ion density. J. cell. comp. Physiol. 39 (Suppl. 1), 87—100 (1952).

STEIN, W.: Inaktivierungsversuche mit homozygoten Hefestämmen verschiedenen Ploidiegrades. V. Treffertheoretische Betrachtungen. Z.
Naturforsch. 17b, 179—187 (1962).
—, u. W. LASKOWSKI: Zur mathematischen Analyse der Strahleninaktivierung mikrobiologischer Objekte verschiedenen Ploidiegrades unter
Berücksichtigung genetischer und nichtgenetischer Anteile. Z. Naturforsch. 13b, 651—657 (1958).
— — Zur mathematischen Analyse der Strahleninaktivierung homozygoter
Hefestämme verschiedenen Ploidiegrades. Naturwissenschaften 46,
88—89 (1959).
— — Inaktivierungsversuche mit homozygoten Hefestämmen verschie-
denen Ploidiegrades. IV. Quantitative Deutung unter Berücksichtigung
genetischer und nichtgenetischer Anteile. Z. Naturforsch. 15b, 734—743
(1960).
STENT, G. S.: Molecular biology of bacterial viruses. San Francisco and
London 1963.
STEVENS, C. M., and A. MYLROIE: Production and reversion of biochemical
mutants of Neurospora crassa with mustard compounds. Amer. J. Bot.
40, 424—429 (1953).
STRAUB, J.: Wege zur Polyploidie. Berlin 1950.
— Cytogenetik. Fortschr. Bot. 20, 236—256 (1958).
STRAUSS, B. S.: An outline of chemical genetics. Philadelphia and London
1960.
STRELZOFF, E.: Identification of base pairs involved in mutations induced
by base analogues. Biochem. biophys. Res. Commun. 5, 384—388
(1961).
— DNA synthesis and induced mutations in the presence of 5-bromouracil.
II. Induction of mutations. Z. Vererbungsl. 93, 301—318 (1962).
STRIGINI, P., C. ROSSI, and G. SERMONTI: Effects of desintegration of in-
corporated ³²P in Aspergillus nidulans. J. molec. Biol. 7, 683—699
(1963).
STUBBE, H. (Hrsg.): Chemische Mutagenese. Erwin-Baur-Gedächtnisvorlesungen I, 1959. Abh. dtsch. Akad. Wiss. Berlin, Kl. Medizin 1, Berlin
1960.
— Strahleninduzierte Mutagenese. Erwin-Baur-Gedächtnisvorlesungen II,
1961. Abh. dtsch. Akad. Wiss. Berlin, Kl. Medizin 1, Berlin 1962.
SUBRAMANIAM, M. K.: Induction of polyploidy in Saccharomyces cerevisiae.
Curr. Sci. 14, 234 (1945).
—, and B. RANGANATHAN: Induction of mutations in yeast by low tem-
peratures. Sci. and Culture (Calcutta) 13, 102—105 (1947).
— — Chromosome constitution and characteristics of giant colonies in
yeasts. Proc. nat. Inst. Sci. India 14, 279—283 (1948).
SUYAMA, Y., K. D. MUNKERS, and V. W. WOODWARD: Genetic analyses of
the pyr-3 locus of Neurospora crassa: the bearing of recombination and
gene conversion upon intra-allelic linearity. Genetica 30, 293—311 (1959).
SWANSON, C. P.: Cytology and cytogenetics. Prentice-Hall 1957.
SZYBALSKI, W., and Z. LORKIEWICZ: On the nature of the principal target
of lethal mutagenic radiation effects. Abh. dtsch. Akad. Wiss. Berlin,
Kl. Medizin 1, 63—71 (1962).
TAKAHASHI, T.: Filtration methods for selecting auxotrophic mutants of
flocculent type yeast. Rep. Kihara Inst. Biol. Res. 10, 57—59 (1959).
TATUM, E. L., R. W. BARRATT, N. FRIES, and D. M. BONNER: Biochemical
mutant strains of Neurospora produced by physical and chemical treat-
ment. Amer. J. Bot. 37, 38—46 (1950).
TECTOR, M. A., and E. KÄFER: Radiation-induced chromosomal aberrations
and lethals in Aspergillus nidulans. Science 136, 1056—1057 (1962).
TESSMAN, I.: The induction of large deletions by nitrous acid. J. molec.
Biol. 5, 442—445 (1962).
THAYSEN, A. C., and M. MORRIS: Preparation of a giant strain of Torulopsis
utilis. Nature (Lond.) 152, 526—528 (1943).

TIMOFEEFF-RESSOVSKY, N. W., u. K. G. ZIMMER: Das Trefferprinzip in der Biologie. In: Biophysik, Bd. 1. Leipzig 1947.
— — u. M. DELBRÜCK: Über die Natur der Genmutationen und der Genstruktur. Nachr. Ges. Wiss. Göttingen, Kl. Biol. 1, 190—245 (1935).
VAHARU, T.: Modification in ultra-violet-induced mutation frequency in Neurospora crassa. Genetics 46, 247—256 (1961).
VIELMETTER, W., u. H. SCHUSTER: Die Basenspezifität bei der Induktion von Mutationen durch salpetrige Säure im Phagen T2. Z. Naturforsch. 15b, 304—311 (1960).
WACKER, A., H. DELLWEG u. E. LODEMANN: Strahlengenetische Veränderungen der Nucleinsäuren. Angew. Chem. 73, 64—65 (1960).
— — u. D. WEINBLUM: Strahlenchemische Veränderung der Bakterien-Desoxyribonucleinsäure in vivo. Naturwissenschaften 47, 477 (1961).
WALLACE, B., and T. DOBZHANSKY: Radiation, genes, and man. New York 1959.
WARSHAW, S. D.: Effect of ploidy in photoreactivation. Proc. Soc. exp. Biol. (N.Y.) 79, 268—271 (1952).
WEATHERWAX, R. S., and O. E. LANDMAN: Ultraviolet light-induced mutation and deoxyribonucleic acid synthesis in Escherichia coli. J. Bact. 80, 528—535 (1960).
WEINFURTNER, F., u. G. A. VOERKELIUS: Das Absterben von Hefen unter der Einwirkung von Noxen in Abhängigkeit vom Ploidiegrad. Z. Naturforsch. 10b, 257—267 (1955).
WESTERGAARD, M.: Chemical mutagenesis in relation to the concept of the gene. Experientia (Basel) 13, 224—234 (1957).
— Chemical mutagenesis as a tool in macromolecular genetics. Abh. dtsch. Akad. Wiss. Berlin, Kl. Medizin 1, 30—40 (1960).
WILKIE, D.: The induction by monochromatic UV light of respiratory-deficient mutants in aerobic and anaerobic cultures of yeast. J. molec. Biol. 7, 527—533 (1963).
WILSON, C. M.: Meiosis in Allomyces. Bull. Torrey bot. Club 79, 139—160 (1952).
WINGE, Ö.: The segregation in the ascus of Saccharomyces Ludwigii. C. R. Lab. Carlsberg, Sér. physiol. 24, 223—231 (1947).
—, and O. LAUSTSEN: Saccharomyces Ludwigii, a balanced heterozygote. C. R. Lab. Carlsberg, Sér. physiol. 22, 357—370 (1939).
WINKLER, U.: „Hot spots" oder „Brennpunkte" von Mutationsereignissen. Umschau 11, 342—345 (1963).
WITKIN, E. M.: Time, temperature and protein synthesis: A study of ultraviolet-induced mutation in bacteria. Cold Spr. Harb. Symp. quant. Biol. 21, 123—140 (1956).
— Post-irradiation metabolism and the timing of ultraviolet-induced mutations in bacteria. Proc. 10th Int. Congr. Genet. (Montreal) 1, 280—299 (1959).
— Modification of mutagenesis initiated by ultraviolet light through post-treatment of bacteria with basic dyes. J. cell. comp. Physiol. 58 (Suppl. 1), 135—144 (1961).
WOLFF, S.: Chromosome aberrations. In: A. HOLLAENDER (edit.), Radiation protection and recovery, p. 157—174. Oxford-London-New York-Paris 1960.
— (edit.): Radiation-induced chromosome aberrations. New York and London 1963.
WOODWARD, V. W.: Mutation rates of several gene loci in Neurospora. Proc. nat. Acad. Sci. (Wash.) 42, 752—758 (1956).
— J. R. DE ZEEUW, and A. M. SRB: The separation and isolation of particular biochemical mutants of Neurospora by differential germination of conidia, followed by filtration and selective plating. Proc. nat. Acad. Sci. (Wash.) 40, 192—200 (1954).

ZAMENHOF, S.: The chemistry of heredity. Springfield 1959.
— Mutations. Symp. Amer. J. Med. **34**, 609—626 (1963).
—, and S. GREER: Heat as an agent producing high frequency of mutations and unstable genes in *Escherichia coli*. Nature (Lond.) **182**, 611—613 (1958).
ZELLE, M. R., J. E. OGG, and A. HOLLAENDER: Photoreactivation of induced mutation and inactivation of *Escherichia coli* exposed to various wave lengths of monochromatic ultraviolet radiation. J. Bact. **75**, 190—198 (1958).
ZETTERBERG, G.: The mutagenic effect of 8-ethoxycaffein, caffein and dimethylsulfate in the *Ophiostoma* back-mutation test. Hereditas (Lund) **46**, 279—311 (1960a).
— The mutagenic effect of N-nitroso-N-methylurethan in *Ophiostoma multiannulatum*. Exp. Cell Res. **20**, 659—661 (1960b).
— A specific and strong mutagenic effect of N-nitroso-N-methylurethan in *Ophiostoma*. Hereditas (Lund) **47**, 295—303 (1961).
— Genetic influence on the back-mutation rate in biochemical mutant strains of *Ophiostoma*. Exp. Cell Res. **27**, 560—569 (1962).
—, and N. FRIES: Spontaneous back-mutations in *Ophiostoma multiannulatum*. Hereditas (Lund) **44**, 556—558 (1958).
ZIMMER, K. G.: The development of quantum biology during the last decade. Acta radiol. (Stockh.) **46**, 595—602 (1956).
ZIRKLE, R. E., and C. A. TOBIAS: Effects of ploidy and linear energy transfer on radiobiological survival curves. Arch. Biochem. **48**, 282—306 (1953).

# Kapitel VI

# Funktion

Seite

A. Übertragung der genetischen Information . . . . . . . . . . . . 348
    I. Die Rolle der Nucleinsäuren bei der Proteinsynthese . . . 349
    II. Genetischer Code . . . . . . . . . . . . . . . . . . . . 352

B. Gene und biochemische Reaktionen . . . . . . . . . . . . . 357
    I. Mutanten mit physiologischen Defekten (Mangelmutanten) . 358
    II. Blockierung von Synthesen . . . . . . . . . . . . . . . 360
        1. Monoauxotrophe Mutanten . . . . . . . . . . . . . 360
        2. Polyauxotrophe Mutanten . . . . . . . . . . . . . . 363
    III. Biochemische Syntheseketten . . . . . . . . . . . . . . 364

C. Gene und Enzyme . . . . . . . . . . . . . . . . . . . . . 380
    I. Genmutation und Enzymspezifität . . . . . . . . . . . . 381
        1. Direkte Wirkungen . . . . . . . . . . . . . . . . . 381
          a) Quantitative Wirkungen . . . . . . . . . . . . . 381
            Tyrosinase . . . . . . . . . . . . . . . . . . 384
            α-Glukosidase . . . . . . . . . . . . . . . . 385
            α-Glukomelizitase . . . . . . . . . . . . . . 385
            Enzyme der Histidin-Biosynthese . . . . . . . 386
          b) Qualitative Wirkungen . . . . . . . . . . . . . 387
            Tyrosinase . . . . . . . . . . . . . . . . . . 387
            Pyrrolin-5-carbonsäure-Reductase . . . . . . 388
            Glutaminsäure-Dehydrogenase . . . . . . . . 388
            Adenylosuccinase . . . . . . . . . . . . . . 389
            Tryptophan-Synthetase . . . . . . . . . . . . 389
        2. Indirekte Wirkungen . . . . . . . . . . . . . . . . 393
    II. Genstruktur und Enzymspezifität . . . . . . . . . . . . 396
        1. Intragenische Komplementation . . . . . . . . . . . 396
        2. Genfeinstruktur und Funktion . . . . . . . . . . . 405
        3. Suppressor-Gene . . . . . . . . . . . . . . . . . . 408
        4. Rückmutationen . . . . . . . . . . . . . . . . . . 413
    III. Genetische Kontrolle der Enzymbildung . . . . . . . . . 417
    Literatur . . . . . . . . . . . . . . . . . . . . . . . . 423

Die Erbsubstanz ist nicht nur in der Lage, sich identisch zu verdoppeln (Replikation: autokatalytische Funktion, S. 129ff.), sondern sie besitzt auch die Fähigkeit, die in ihr gespeicherte genetische Information zu realisieren (heterokatalytische Funktion). Beide Funktionen beruhen auf der Tatsache, daß die DNS als Matrize für die Synthese hochmolekularer Verbindungen aus niedermolekularen Bausteinen zu dienen vermag. Unter *Funktion im engeren Sinne* verstehen wir hier die *heterokatalytische Funktion der DNS*, d.h. ihre *Fähigkeit zur phänogenetischen Expression*.

Die genetische Information wird realisiert, indem die DNS durch das Muster ihrer Nucleotide das Muster der Aminosäuren in Proteinen determiniert. Dieser Vorgang erfolgt jedoch nicht unmittelbar, sondern die DNS bedient sich hierbei der RNS als Vermittler. Die auf diese Weise determinierten Proteine können auf Grund ihrer strukturellen Spezifität als Enzyme bestimmte Stoffwechselreaktionen katalysieren, welche zur Bildung der für den Bau- und Betriebsstoffwechsel notwendigen Substanzen führen. Mutative Veränderungen der genetischen Information, z.B. Änderungen der Nucleotidsequenz, werden durch die Übertragungsmechanismen exakt weitergegeben und treten als andersartig strukturierte Proteine in Erscheinung.

Diese zur Zeit geltenden Vorstellungen über die Genfunktion wurden jedoch in genau umgekehrter Reihenfolge gewonnen. Durch biochemische Analysen an Mangelmutanten (S. 276) stellte man zunächst fest, daß diese als Folge der Genmutation die Fähigkeit verloren haben, eine bestimmte Substanz (Aminosäure, Vitamin usw.) zu synthetisieren. Dann fand man, daß diese Auxotrophie durch das Fehlen von einer oder von mehreren bestimmten enzymatischen Aktivitäten hervorgerufen wird. Die Analyse der betreffenden Enzyme selbst führte einen Schritt weiter. Sie ließ erkennen, daß infolge der Genmutation entweder das Enzym gar nicht gebildet oder strukturell so weit verändert wird, daß es inaktiv ist. Erst dann begann man nach den Bindegliedern zwischen Gen und Enzym zu suchen.

Als Objekte zu diesen Untersuchungen dienten zunächst Pilze, und zwar in erster Linie der Ascomycet *Neurospora crassa*. Später wurden auch Bakterien (z.B. *Escherichia coli*) herangezogen, die vor allem zur Aufklärung der Informationsübertragung verwendet wurden.

Entsprechend dem Titel des vorliegenden Buches stehen die an Pilzen erzielten Ergebnisse im Mittelpunkt unserer Betrachtungen. Auf die an Bakterien erzielten Resultate können wir nur insoweit eingehen, als sie zum Verständnis der Kausalzusammenhänge erforderlich sind.

*Literaturübersichten allgemeiner Art:* KARLSON (1954), YANOFSKY und LAWRENCE (1960), LEVINTHAL und DAVIDSON (1961), RILEY und PARDEE (1962), FINCHAM (1962a), EGELHAAF (1962), KAUDEWITZ (1962), PERUTZ (1962), WINKLER und KAPLAN (1963), DELBRÜCK (1963), WAGNER und MITCHELL (1964).

Cold Spring Harbor Symposia on quantitative Biology, Band **26** (1961) und **28** (1963).

# A. Übertragung der genetischen Information

Die folgenden Ausführungen über die Weitergabe der genetischen Information sind trotz zahlreicher Experimente noch in vielen Punkten mit Spekulation behaftet. Sie können daher nur als Modellvorstellung angesehen werden, welche auf Grund weiterer Versuchsergebnisse sicherlich in Einzelheiten modifiziert werden muß.

*Literaturübersichten:* NOVELLI (1960), SUTTON (1960), GIERER (1961), ROSEN (1961), CRICK et al. (1961), LINDEGREN (1961), BROWN (1962), CHANTRENNE (1962), JUKES (1962), LANNI (1962), YCAS (1962), WOESE (1962), MELCHERS (1962), CAVALLIERI und ROSENBERG (1963), MEDVEDEN (1962), SPIEGELMAN (1963), WITTMANN (1963), WINKLER und KAPLAN (1963), TSUGITA und FRAENKEL-CONRAT (1962), VOLKIN (1963), WITTMANN und

WITTMANN-LIEBOLD (1963, 1964), WITTMANN-LIEBOLD und WITTMANN (1963, 1964), CRICK (1963), BRESCH (1964), HAYES (1964), HOROWITZ und METZGENBERG (1965).

Eine Reihe von weiteren Arbeiten können den von McELROY und GLASS (1957), KASHA und PULLMAN (1962), TAYLOR (1963) und STUBBE (1964) herausgegebenen Büchern entnommen werden.

# I. Die Rolle der Nucleinsäuren bei der Proteinsynthese

**1. DNS → Boten-RNS.** Die Realisierung der in der DNS niedergelegten Information beginnt damit, daß sich RNS-Moleküle entlang der DNS bilden. Bei der Synthese dieser RNS ist vermutlich ein ähnlicher Matrizenmechanismus wie bei der DNS-Synthese wirksam (S. 133 f.): Als Folge einer spezifischen Anlagerung freier Nucleotide an die DNS wird ein RNS-Molekül aufgebaut, welches in seiner Nucleotidsequenz komplementär zu der DNS-Matrize ist (Abb. VI-1, links). Hierbei paart, wie bei der Replikation der DNS, Cytosin mit Guanin; die zu Adenin komplementäre Base in der RNS ist jedoch nicht Thymin, sondern Uracil (S. 132). Im Verlaufe der RNS-Synthese wird in vivo wahrscheinlich nur ein Strang der DNS-Doppelhelix kopiert, der andere wird zur Synthese des zweiten DNS-Stranges verwendet (GEIDUSCHEK 1961, GEIDUSCHEK et al. 1961, 1962). In vitro können beide Stränge als Matrize dienen (CHAMBERLIN und BERG 1962, WOOD und BERG 1962). Da die RNS die von der DNS kopierte Information nicht unmittelbar realisiert, sondern zunächst zu distinkten Partikeln (Ribosomen) der Zelle hinträgt, nennt man sie Boten-RNS (messenger-RNS).

Im Zusammenhang mit der Frage nach der RNS-Synthese entlang der DNS sind Untersuchungen von Bedeutung, in denen in vitro nachgewiesen werden konnte, daß die Anwesenheit von DNS zur Bildung von RNS erforderlich ist. Enzyme, die diese Reaktion katalysieren, wurden zunächst in Leber (WEISS und GLADSTONE 1959), später auch in Bakterien (Literatur bei WITTMANN 1963) und in Pilzen (HUANG et al. 1960, SCHULMAN und BONNER 1962) gefunden.

Der Matrizencharakter der DNS bei der Synthese der Boten-RNS kann vor allem aus Untersuchungen an in vitro gebildeter RNS erschlossen werden, die mit der DNS vollkommen gepaarte DNS-RNS-Hybride ergibt (SPIEGELMAN 1961). Bei *Neurospora* ließ sich auch in vivo, also intrazellulär, die Synthese einer DNS-komplementären RNS nachweisen (SCHULMAN und BONNER 1962, WAINWRIGHT und McFARLANE 1962).

**2. Boten-RNS → Transfer-RNS.** Nach der Ablösung von der DNS-Matrize gelangt die Boten-RNS zu Ribosomen, an deren Oberfläche die Proteinsynthese stattfindet.

Ribosomen sind Zellorganellen, die aus RNS und Protein bestehen und teils frei im Plasma, teils auch in Zellkernen vorkommen. Die ribosomale RNS umfaßt den größten Teil der gesamten Zell-RNS (etwa 80%).

Nach der sogenannten Adaptor-Hypothese lagern sich die Aminosäuren der in Entstehung befindlichen Proteine nicht direkt an die Boten-RNS an, sondern werden von anderen RNS-Molekülen erst in die richtige Position gebracht. Diese Vermittlerrolle schreibt man einer weiteren RNS zu, die man Transfer-RNS nennt (Abb. VI-1). Die Transfer-RNS unterscheidet sich in Bau und Funktion von der Boten-RNS.

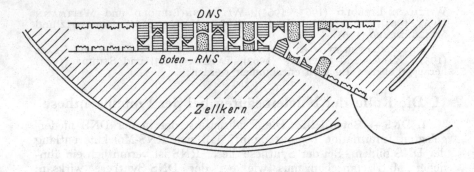

| | Uracil | | |
|---|---|---|---|
| | Thymin | | Adenin |
| | Cytosin | | Guanin |

Abb. VI-1. Übertragung der genetischen Information: Unter Vermittlung von Boten-RNS und Protein (*rechts*) festgelegt. Die für die einzelnen Basen der DNS und RNS verwendeten Sym- Thymin tritt, ist durch ein dem Thymin-Symbol ähnliches Zeichen dargestellt (vgl. auch

Analysen der Transfer-RNS ergaben, daß ihre Moleküle sehr viel kleiner sind als die aller anderen RNS-Sorten (etwa 70—90 Nucleotide). Dennoch ist ihre Basensequenz noch weitgehend unbekannt. Man weiß jedoch, daß die Reihenfolge der letzten drei Basen bei allen Transfer-RNS-Molekülen identisch ist, nämlich Cytosin-Cytosin-Adenin. Auf Grund weiterer Unter- suchungen vermutet man, daß die Moleküle in sich geschlossene Doppel- schrauben darstellen (Abb. VI-1).

Moleküle der Transfer-RNS legen sich nebeneinander, und zwar stets nur mit einer bestimmten Region an die als Matrize dienende Boten-RNS (Abb. VI-1, rechts). Man nimmt an, daß in der Boten- RNS Gruppen von jeweils drei benachbarten Nucleotiden für die Bindung spezifischer Transfer-RNS-Moleküle und damit für eine exakte Weiter- gabe der genetischen Information von der Boten- an die Transfer-RNS verantwortlich sind (S. 353).

Die Anlagerung der Transfer-RNS an die Boten-RNS erfolgt zum Teil durch Wasserstoffbrücken zwischen den komplementären Basen. Man vermutet als Anlagerungsstellen Dreiergruppen benachbarter Nucleotide, sogenannte Tripletts, da bei weniger als drei Nucleotiden eine eindeutige Übersetzung des genetischen Code (S. 352ff.) aus einer „Vier-Basen-Schrift" der Nucleinsäuren in eine aus 20 Elementen (Aminosäuren) bestehende „Schrift" der Polypeptide nicht gesichert wäre.

Es ist jedoch schwierig einzusehen, warum ein Transfer-RNS-Molekül aus etwa 80 Nucleotiden bestehen soll, wenn für die Codierung einer Amino- säure nur drei benachbarte Nucleotide benötigt werden.

MEDVEDEN (1962) vermutet, daß jeder Transfer-RNS-Strang durch eine Höhlung im Inneren des Moleküls geführt wird. (Einzelheiten müssen der Originalarbeit entnommen werden.)

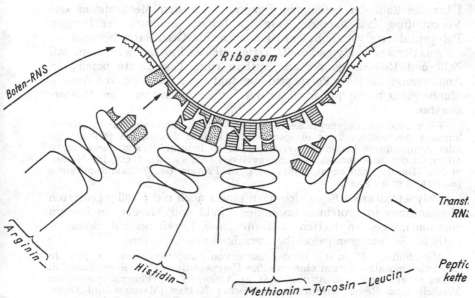

Transfer-RNS wird durch die Nucleotidsequenz der DNS (*links*) die Aminosäuresequenz im bole entsprechen denen in Abb. III-2. Die Base Uracil, welche in der RNS an die Stelle von Abb. III-1, IV-24 und V-6). Nähere Erläuterungen s. Text. (Nach NULTSCH 1964, verändert)

**3. Transfer-RNS → Aminosäuren.** Für jede der 20 Aminosäuren steht mindestens eine spezifische Transfer-RNS bereit, welche die Aminosäure in die von der Boten-RNS bestimmte Position bringt. Man nimmt an, daß eine bestimmte Stelle an der Transfer-RNS unter Mitwirkung eines Enzyms darüber entscheidet, welche der Aminosäuren an das Ende eines Transfer-RNS-Moleküls angehängt wird.

Die Anlagerung einer Aminosäure an die Transfer-RNS vollzieht sich in zwei Schritten. Der erste Schritt besteht in einer Aktivierung der Aminosäure in Gegenwart eines spezifisch wirkenden Enzyms. Im zweiten Schritt wird die aktivierte Aminosäure auf die Transfer-RNS übertragen.

Da sich viele verschiedene Moleküle der Transfer-RNS nur mit einer Seite an die Boten-RNS anlagern, entsteht an der anderen Seite ein Aminosäuremuster, welches das Basenmuster der Boten-RNS und damit auch das der DNS widerspiegelt (Abb. VI-1). Jede Aminosäure wird also von mindestens drei Basen der DNS determiniert, da ja für die Bindung eines Transfer-RNS-Moleküls ein Nucleotid-Triplett in der Boten-RNS erforderlich ist.

**4. Aminosäuren → Protein.** Die letzten Schritte der Proteinsynthese sind noch weitgehend unbekannt. Wenn ein Transfer-RNS-Molekül eine Aminosäure in die richtige Position gebracht hat, wird diese mit den bereits aufgereihten Aminosäuren durch eine Peptidbindung verknüpft. Hiernach löst sich die Transfer-RNS wieder von der Boten-RNS und von „ihrer" Aminosäure ab (Abb. VI-1, rechts). Diese sukzessive Verknüpfung zu einer Polypeptidkette wird enzymatisch katalysiert.

Über die Zahl der beteiligten Enzyme, über den Mechanismus der Verknüpfung und über die Vorgänge bei der Ablösung der fertigen Polypeptidkette vom Ribosom ist noch nichts Gesichertes bekannt.

Aus Strukturanalysen bereits fertiggestellter Proteine weiß man, daß Zahl und Reihenfolge der am Aufbau einer Peptidkette beteiligten Aminosäuren für jedes Polypeptid konstant sind. Die durch die Aminosäuresequenz bestimmte Struktur der Proteine nennt man ihre *Primärstruktur*.

Eine einzelne Polypeptidkette besteht im allgemeinen aus mehreren hundert Aminosäuren. In einigen Fällen konnte die genaue Reihenfolge aller Aminosäuren bestimmt werden, z.B. im Insulin (SANGER und SMITH 1957), in der Ribonuclease von Säugetieren (HIRS et al. 1960), im Hämoglobin (BRAUNITZER et al. 1961) und im Protein des Tabakmosaikvirus (ANDERER et al. 1960).

Polypeptidketten fügen sich nach einem noch nicht völlig geklärten Mechanismus zu Proteinen zusammen. Zahl und Art der ein Protein zusammensetzenden Ketten sind für jedes Eiweißmolekül charakteristisch. Sie variieren jedoch bei verschiedenen Objekten.

Man findet z.B. in der Ribonuclease von Säugetieren und im Protein des Tabakmosaikvirus nur eine einzelne Polypeptidkette pro Eiweißmolekül (HIRS et al. 1960 bzw. ANDERER et al. 1960), in der Phosphorylase von Muskeln eine Reihe vermutlich identischer Ketten (MADSEN und GURD 1956) und im Hämoglobin zwei verschiedene Arten von Polypeptiden (RHINESMITH et al. 1958).

Native Proteine bestehen nicht aus ausgestreckten Polypeptidketten, sondern jedes Peptid spiralisiert sich teilweise oder ganz. Wasserstoffbindungen dienen dazu, die Ketten in ihrer spiralisierten Lage zu halten. Diese Form der Proteine nennt man *Sekundärstruktur*. Sie kann durch Faltung der gewundenen Peptidketten in die sogenannte *Tertiärstruktur* übergeführt werden. In einigen Proteinen wird eine konstante und unveränderte Faltung durch Disulfidbrücken sichergestellt, die sich zwischen bestimmten Aminosäureresten (Cystein) in verschiedenen Teilen der Kette bilden. Solche monomeren Tertiärstrukturen können sich zu polymeren Strukturen zusammenlegen, die man als *Quartärstrukturen* bezeichnet. Die gefalteten Peptidspiralen fügen sich in spezifischer Weise ineinander und werden in einer noch unbekannten Art zusammengehalten.

## II. Genetischer Code

Wie wir im vorangehenden Abschnitt sahen, wird das Muster der Aminosäuren im Protein durch das Muster der Nucleotide in der DNS bestimmt. Im folgenden wollen wir uns mit einem Teilproblem in diesem Determinationsprozeß beschäftigen, mit der Frage nämlich, wie die in der Nucleotidsequenz der DNS- bzw. Boten-RNS verschlüsselt niedergelegte genetische Information in die Aminosäuresequenz der Proteine übersetzt wird. Dieses Übersetzungsproblem besteht darin, daß eine Nucleinsäureschrift aus 4 Buchstaben (= Basen) in eine Proteinschrift mit 20 Elementen (= Aminosäuren) übertragen werden soll. *Die Zuordnungsvorschrift zwischen den 4 Nucleotiden der DNS bzw. der Boten-RNS und den 20 Aminosäuren der Proteine bezeichnet man als gene-*

*tischen Code.* Die Zuordnung wird sichergestellt durch einen Adaptor, der wahrscheinlich mit der Transfer-RNS identisch ist (s. Modell in Abb. VI-1); denn dieser Adaptor trägt an der einen Seite eine bestimmte Aminosäure, am anderen Ende eine bestimmte Nucleotidgruppe (S. 351). Diese ist komplementär einer Nucleotidgruppe in der Boten-RNS und letztere wiederum komplementär einem DNS-Abschnitt. Dadurch besteht eine genaue Zuordnung zwischen einer bestimmten Nucleotidgruppe der DNS und einer bestimmten Aminosäure.

An der Entschlüsselung des Codes, d.h. der Aufklärung der zwischen Nucleotiden und Aminosäuren bestehenden Zuordnungsvorschrift, wird seit einigen Jahren in zahlreichen Laboratorien intensiv gearbeitet. Man hat hierbei im wesentlichen zwei Wege eingeschlagen: 1. Man untersucht die Auswirkung von meist chemisch induzierten Mutationen auf die Aminosäuresequenz von Proteinen (beim Bakteriophagen *T4*, beim Tabakmosaikvirus und bei der Tryptophansynthetase von *E. coli*). 2. Man verfolgt im zellfreien System, also in vitro, die Synthese von Proteinen mit Hilfe künstlicher Boten-RNS, deren Basenzusammensetzung man kennt.

**1. Nucleotidtriplett als Codierungseinheit (Codon).** Da 4 Nucleotid-„Buchstaben" 20 Aminosäure-„Buchstaben" gegenüberstehen, ist es unmöglich, daß eine Aminosäure nur durch ein einziges Nucleotid determiniert wird. Es müssen notwendig zwei oder mehr solcher Bauelemente an der Codierung einer Aminosäure beteiligt sein. *Eine Gruppe von Nucleotiden, die genau eine Aminosäure festlegt, nennt man Codierungseinheit oder Codon.* Nimmt man Codierungseinheiten von einheitlicher Länge an, so sind für die Codierung von 20 verschiedenen Aminosäuren mindestens drei Nucleotide pro Codon erforderlich. Denn zwei Nucleotide genügen nicht, da sich 4 Elemente (Basen) zu je zwei nur $4^2 = 16$mal kombinieren lassen, d.h. es könnten nur höchstens 16 verschiedene Aminosäuren durch sog. Duplett-Codonen determiniert werden. Dagegen gibt es bei drei Nucleotiden pro Codon $4^3 = 64$ verschiedene Dreierkombinationen (Tripletts), wenn man voraussetzt, daß unterschiedliche Anordnungen der drei Bauelemente innerhalb eines solchen Tripletts verschiedene Codonen ergeben (z.B. AGC verschieden von GAC). Experimentelle Hinweise bezüglich des Triplettcharakters von Codonen geben Untersuchungen an proflavininduzierten Mutanten des Phagen *T4* (CRICK et al. 1961) und nitritinduzierten Mutanten des Tabakmosaikvirus (WITTMANN 1961, 1962).

Während man bereits seit Jahren mehr oder minder klare Vorstellungen über die *Nucleotidzusammensetzung* der Codonen hatte (MATTHAEI et al. 1962, SPEYER et al. 1962, GARDNER et al. 1962, WAHBA et al. 1962), ist die Aufklärung der *Nucleotidsequenz* innerhalb der Tripletts erst in letzter Zeit gelungen. Man verwendete in *in-vitro*-Versuchen Trinucleotide mit definierter Nucleotidfolge, die eine spezifische Anheftung von Aminosäuren an die Ribosomen bewirkten (NIRENBERG et al. 1966, MATTHAEI et al. 1966). Durch diese und andere Methoden (z.B. OCHOA 1963, KHORANA et al. 1966) war es möglich, ein Code-Lexikon zusammenzustellen, in dem die Codewörter für die 20 Aminosäuren enthalten sind.

**2. Ablesen der Information.** Die Nucleinsäure der Boten-RNS entspricht einer fortlaufenden Reihe von Buchstaben, etwa in der folgenden

Art (vgl. Abb. VI-1):

... G U C A U C U A G U U A U ...

Eine solche Nucleotidsequenz kann theoretisch in verschiedener Weise von der Transfer-RNS in Tripletts gelesen werden:

1. Von einem festen Anfangspunkt aus, etwa von einem Ende des RNS-Moleküls fortschreitend (z.B. von „links" nach „rechts"), ohne Überlappung benachbarter Tripletts und ohne „Lücken" zwischen je zwei Tripletts („ohne Komma"), wie in Abb. VI-1:

. ... ... GUC AUC UAG UUA U.. ... ..

2. An beliebigen Stellen der RNS beginnend (z.B. einmal vom zweiten, ein andermal vom dritten Nucleotid aus), sonst wie bei 1.:

. ... ... UCA UCU AGU UAU ... ... ..

bzw.

. ... ... CAU CUA GUU AU. ... ... ..

In diesem Fall würde die Information nicht eindeutig sein.

3. Mit Überlappung benachbarter Tripletts, sonst wie bei 1.:

schwach überlappend:

. ... ... GUC CAU UCU UAG GUU UAU U.. ... ..

stark überlappend:

. ... ... GUC UCA CAU AUC UCU CUA ... ... ..

4. Mit Lücken zwischen benachbarten Tripletts („mit Komma"); z.B. könnten je zwei nebeneinander liegende Codonen durch ein *A* als „Komma" getrennt sein, sonst wie bei 1.:

. *A* ... *A* ... *A* GUC *A* UCU *A* GUU *A* U.. *A* ... *A* ..

Es sind noch weitere Möglichkeiten mit komplizierterem Code denkbar. *Alle experimentellen Hinweise sprechen jedoch für einen recht einfachen genetischen Code* (s. Fall 1 in Abb. VI-1). Experimente am Phagen *T4*, Proteinuntersuchungen an chemisch induzierten Mutanten des Tabakmosaikvirus und das Studium von polynucleotid induzierter Proteinsynthese in zellfreien Systemen machen nämlich die folgenden Schlußfolgerungen sehr wahrscheinlich:

*1. Die in der DNS und in der Boten-RNS niedergelegte genetische Information wird von festen Anfangspunkten fortschreitend gelesen* (BISHOP et al. 1960, DINTZIS 1961, CHAMPE und BENZER 1962, WAHBA et al. 1962, OCHOA 1963, KANO-SUEOKA und SPIEGELMAN 1962). Der Anfang einer Kette wird jeweils durch ein bestimmtes Triplett festgelegt (CAPECCHI 1966, MARCKER 1965; s. auch *Degeneration des Codes*).

*2. Benachbarte Codonen überlappen sich nicht.* Ein bestimmtes Nucleotid gehört also genau einem Codon an, nicht gleichzeitig zwei verschiedenen Tripletts (BRENNER 1957; YANOFSKY 1960; WITTMANN 1961, 1962, 1963; TSUGITA und FRAENKEL-CONRAT 1962; HENNING und YANOFSKY 1962b; YANOFSKY et al. 1963; INGRAM 1963).

*3. Der Code ist „ohne Komma"*, d.h. benachbarte Codonen sind nicht voneinander getrennt durch andere Nucleotide, die keinem Triplett angehören (CRICK et al. 1961). Die einzelnen Codonen ergeben sich also durch „Dreier-Abzählung" der Nucleotide.

**3. Degeneration des Codes.** Wie wir gesehen haben, stehen bei einem Triplett-Code für die Codierung von 20 Aminosäuren insgesamt 64 Nucleotidtripletts zur Verfügung. Hieraus ergeben sich zwei Möglichkeiten der Zuordnung zwischen Tripletts und Aminosäuren:

1. Jeder Aminosäure entspricht genau ein Triplett, d.h. nur 20 der 64 Tripletts determinieren eine Aminosäure, die übrigen sind sog. „Nichtsinn"-Tripletts.

2. Zur Codierung mancher (oder aller) Aminosäuren sind mehr als ein Triplett geeignet, d.h. es gibt mehr als 20 „Sinn"-Tripletts.

Im letzten Fall spricht man von einem *degenerierten Code*, entsprechend im ersten Fall von einem *nichtdegenerierten Code*. Zahlreiche *Untersuchungsergebnisse beweisen die Degeneration des Codes* (SUEOKA 1961; CRICK et al. 1961; WITTMANN 1961, 1962; MATTHAEI et al. 1962; SPEYER et al. 1962; SUEOKA und YAMANE 1962; WEISBLUM et al. 1962; BENZER und CHAMPE 1961, 1962; JONES und NIRENBERG 1962; GARDNER et al. 1962; NIRENBERG und JONES 1963; NIRENBERG et al. 1966, MATTHAEI et al. 1966, KHORANA et al. 1966). Die Experimente der drei zuletzt genannten Arbeitsgruppen zeigen außerdem, daß es nur zwei Tripletts gibt, die nicht für eine Aminosäure codieren, sondern „Kettenende" bedeuten. Ferner existiert ein Triplett, welches den Kettenbeginn festlegt, gleichzeitig aber auch das Codewort für Methionin ist (MARCKER 1965, CAPECCHI 1966). Die Degeneration des Codes zeigt gewisse Gesetzmäßigkeiten. In vielen Fällen sind z.B. die vier Tripletts, die sich nur im letzten Nucleotid unterscheiden, synonym, d.h. sie codieren für dieselbe Aminosäure.

**4. Universalität des Codes.** Für unsere Monographie ist besonders die Frage interessant, ob der genetische Code universal ist, d.h. bei allen Organismen gleich bzw. identisch ist. Eine Identität des Codes würde vorliegen, wenn bei allen Organismen die gleichen Codonen zu den gleichen Aminosäuren führen würden. Dagegen sprechen aber z.B. Ergebnisse aus Experimenten mit Bakteriophagen, bei denen „Nicht-Sinn"-Codonen in einem Bakterium zu „Sinn"-Codonen in einem anderen werden können („ambivalente" Mutanten: BENZER und CHAMPE 1961, 1962). Wir wollen die Definition der Universalität weiter fassen, indem wir den Code als universell bezeichnen, solange *nicht* ein und dasselbe Codon in verschiedenen Organismen *verschiedene* Aminosäuren festlegt.

*Für eine solche Universalität sprechen eine Reihe von Befunden:*

1. Die durch Analysen von Mutanten des Tabakmosaikvirus gefundenen Beziehungen zwischen Aminosäuren und Tripletts stimmen weitgehend überein mit den in zellfreien Bakteriensystemen gewonnenen Ergebnissen (WITTMANN 1962; MATTHAEI et al. 1962; SPEYER et al. 1962).

2. Durch Zusatz von RNS des Phagen *f2* zu Bakterienextrakten wird *f2*-Protein in vitro gebildet (ZINDER 1963).

3. In-vitro-Versuche mit synthetischen Polynucleotiden in zellfreien Bakterien- und Säugetier-Systemen führen im wesentlichen zu denselben Ergebnissen (ARNSTEIN et al. 1962; GRIFFIN und O'NEAL 1962; MAXWELL 1962; WEINSTEIN und SCHECHTER 1962).

4. In einem zellfreien System aus Kaninchen-Reticulocyten kann mit Hilfe aminosäurebeladener Transfer-RNS aus *E. coli* ein dem normalen Kaninchenhämoglobin entsprechendes Protein gebildet werden (EHRENSTEIN und LIPMAN 1961).

5. In einigen Fällen können aktivierende Enzyme eines Organismus die Transfer-RNS eines anderen Organismus mit bestimmten Aminosäuren beladen (z.B. Arginin an die Transfer-RNS von *E. coli* mit Enzymen aus *E. coli* und aus Kaninchenleber: BENZER und WEISBLUM 1961).

6. Durch Infektion von Zellen des *Bacillus subtilis* mit DNS-Präparaten aus Vakzineviren erhielt man nach Bebrütung und künstlicher Lyse infektiöse Vakzineviren. Dieser Befund läßt den Schluß zu, daß der DNS-Code der Viren nicht nur in Zellen höherer Tiere (Normalfall), sondern auch in Bakterien gelesen werden kann (ABEL und TRAUTNER 1964).

Da der Guanin-Cytosin-Anteil in der DNS verschiedener Organismen stark schwankt (von etwa 35—75%), ist eine Universalität des Codes nur dann möglich, wenn einige Aminosäuren mehrere synonyme Codonen besitzen, d.h. wenn der Code degeneriert ist. Die verschiedenen Synonyme für dieselbe Aminosäure müßten dann in verschiedenen Organismen unterschiedlich häufig sein (SUEOKA 1961).

## Zusammenfassung

1. Die Nucleotidsequenz der DNS determiniert unter Vermittlung der RNS die Aminosäuresequenz im Protein. Zuerst übernimmt eine RNS (Boten-RNS) von der DNS die genetische Information mit Hilfe eines Matrizenmechanismus. Dann trägt sie diese weiter zu Ribosomen, den Orten der Proteinsynthese. Dort lagern sich verschiedene Moleküle einer anderen RNS (Transfer-RNS) nebeneinander an die Boten-RNS an, und zwar ist hierbei jedes Molekül der Transfer-RNS an einem Ende mit drei Nucleotiden der Boten-RNS, am anderen Ende mit einer spezifischen Aminosäure verbunden. Auf diese Art entsteht eine Polypeptidkette, welche das Basenmuster der Boten-RNS und damit auch das der DNS spiegelbildlich wiedergibt.

2. Der genetische Code, d.h. die Zuordnungsvorschrift zwischen den 4 Nucleotiden der Nucleinsäure und den 20 Aminosäuren der Proteine, konnte bereits in einigen Punkten aufgeklärt werden, obwohl dieses Problem erst seit wenigen Jahren experimentell angreifbar ist. Auf Grund der vor allem an Viren und Bakterien gewonnenen Erkenntnisse nimmt man folgendes an: Die in der Boten-RNS niedergelegte genetische Information wird von einem Ende des Moleküls fortschreitend gelesen. Hierbei werden je drei benachbarte Nucleotide in der Boten-RNS von einem bestimmten Transfer-RNS-Molekül abgegriffen. Jedes

Nucleotid-Triplett legt also genau diejenige Aminosäure fest, die am anderen Ende der jeweiligen Transfer-RNS anhängt (Codierungseinheit oder Codon). Die Codonen in der Boten-RNS liegen unmittelbar nebeneinander („ohne Komma") und überlappen sich nicht. Der Code ist degeneriert, d. h. einige oder alle Aminosäuren können durch mehr als ein Triplett codiert werden. Man vermutet, daß der Code universal ist, d. h. ein und dasselbe Codon determiniert in verschiedenen Organismen nicht verschiedene Aminosäuren.

# B. Gene und biochemische Reaktionen

Im vorangehenden Abschnitt sahen wir, daß über den Mechanismus, der die exakte Übertragung der genetischen Information von der DNS auf Proteinmoleküle bestimmt, noch bis vor wenigen Jahren völlige Unklarheit herrschte. Dagegen hatte man einen Zusammenhang zwischen bestimmten Genen und spezifischen Stoffwechselreaktionen bereits zu Beginn unseres Jahrhunderts vermutet (WHELDALE 1903, GARROD 1909).

WHELDALE benutzte zur Untersuchung *Antirrhinum*, da sich dieses Objekt wegen seiner relativ leicht zu analysierenden Blütenfarbstoffe gut für vergleichende genetische und biochemische Studien eignete. Er fand, daß die Ausbildung der Anthozyane von einzelnen Genen abhängig ist. GARROD befaßte sich mit dem Studium der Alkaptonurie beim Menschen. Er vermutete, daß diese Krankheit durch Ausfall der Aktivität eines Enzyms hervorgerufen würde, das im gesunden Menschen eine spezifische biochemische Reaktion katalysiert. Den Verlust der enzymatischen Aktivität schrieb er der mutativen Veränderung eines einzelnen Gens zu.

Trotz der Einfachheit der von GARROD (1909, 1923) vorgeschlagenen Erklärung für das Auftreten der Alkaptonurie hatte seine Konzeption eines gen-abhängigen Verlustes enzymatischer Aktivität und der dadurch verursachten Blockierung von Reaktionsschritten relativ wenig Einfluß auf das Denken der Genetiker seiner Zeit. Erst Jahre später wurde dieses Problem erneut in Angriff genommen. DANNEEL (1938) untersuchte die Melaninbildung bei verschiedenen Kaninchenrassen und fand, daß die Konzentration der für die Melaninbildung verantwortlichen Enzyme in den Haarbildungszellen gen-abhängig ist. *Den ersten tieferen Einblick in die Wirkungsweise der Erbfaktoren* verdanken wir jedoch den unabhängig voneinander geführten *Untersuchungen der beiden Arbeitsgruppen* KÜHN-BUTENANDT *und* EPHRUSSI-BEADLE. Vergleichende genetische und biochemische Studien über die Augenpigmentbildung bei der Mehlmotte *Ephestia* bzw. bei der Taufliege *Drosophila* zeigten übereinstimmend, daß *Gene durch Bereitstellung von Enzymen in spezifische Stoffwechselschritte eingreifen* (BUTENANDT et al. 1940, 1942, 1943, 1949, 1951, KÜHN 1941, 1948, BUTENANDT und HALLMANN 1950, BEADLE und EPHRUSSI 1936, EPHRUSSI 1942). Darüber hinaus ließ die Entdeckung von Genwirkketten einen Weg für den Abbau des Tryptophans erkennen, der über den engeren Rahmen der Insektenpigmentierung hinaus Bedeutung hat.

*Genauere Vorstellungen über den Mechanismus dieser Genfunktion* wurden jedoch erst möglich, als TATUM und BEADLE (1942) die im Vergleich zu Insekten besonders vorteilhaften Eigenschaften von *Neurospora crassa* erkannten. Sie fanden, daß bei monogenen Mutanten dieses Pilzes stets nur ein einzelner Schritt einer biochemischen Synthesekette blockiert war. Da über die enzymatische Kontrolle von Stoffwechselschritten kein Zweifel herrschen konnte, führten diese experimentellen Befunde zur Aufstellung der sogenannten „*Ein-Gen-ein-Enzym*"-*Hypothese* (BEADLE 1945 a, b). Ihre klarste Formulierung fand diese Hypothese durch HOROWITZ (1950) auf Grund einer kritischen Prüfung aller wichtigen an *N. crassa* und anderen Pilzen gewonnenen experimentellen Daten. Sie lautet: „*Es existiert eine große Gruppe von Genen, von denen jedes einzelne Gen die Synthese oder Aktivität eines einzigen Enzyms steuert.*" Diese Hypothese, die als die Krönung der von WHELDALE und GARROD eingeleiteten Untersuchungen anzusehen ist, erwies sich infolge ihrer verblüffenden Einfachheit als äußerst wertvolle Grundlage für weitere Untersuchungen über die Genfunktion. Trotz mehrfacher Einwände, die zu einer präziseren Formulierung führten (S. 418f.), kann sie heute als gesichert gelten. Man muß sich vor Augen halten, daß bei der Aufstellung der Hypothese die im vorangehenden Abschnitt geschilderten Tatsachen über die Weitergabe der genetischen Information noch nicht bekannt waren. Daher ist die „Ein-Gen-ein-Enzym"-Hypothese als der erste wesentliche Schritt für die Aufklärung der Genfunktion anzusehen. Im folgenden wollen wir die experimentellen Befunde besprechen, die zur Aufstellung der Hypothese geführt haben.

*Literatur:* TATUM und BEADLE (1942), BEADLE (1945a, b, c, 1948, 1955, 1956, 1957, 1959a, b, 1960a, b, 1961), HOROWITZ et al. (1945), BONNER (1946b, 1951, 1956), TATUM (1949, 1959), HOROWITZ (1950, 1951), CAMPBELL (1954), ADELBERG (1955a), AMES (1955), BLACK und WRIGHT (1955a), DAVIS (1955), EHRENSVÄRD (1955), McELROY und GLASS (1955), RATNER (1955), SAKAMI (1955), VOGEL (1955), WORK (1955), YANOFSKY (1955), VOGEL und BONNER (1958), GREENBERG (1960, 1961), ABRAMS (1961), HELLMANN und LINGENS (1961).

## I. Mutanten mit physiologischen Defekten (Mangelmutanten)

Die zur biochemischen Analyse der Genfunktion benutzten *Mutantenstämme von Neurospora crassa haben die Fähigkeit verloren, bestimmte lebensnotwendige Stoffe selbst zu synthetisieren (Mangelmutanten).* Die Lebensfähigkeit solcher auxotropher Mutanten läßt sich im Experiment wiederherstellen, indem man dem Minimalmedium die Stoffe zusetzt, welche die Mutanten selbst nicht mehr produzieren können.

Die Methoden, die man zur Auslösung, Isolierung und Charakterisierung von Mangelmutanten entwickelt hat, wurden bereits ausführlich im Kapitel *Mutation* dargestellt (S. 276ff.). Sie beruhen vielfach auf einer Selektion für eine bestimmte Auxotrophie. Mit Hilfe dieser Techniken fand man z.B. bei *Neurospora* Mutanten mit physiologischen

Defekten für fast alle Aminosäuren sowie für Vitamine, Purine und Pyrimidine (Tabelle VI-2). In ähnlicher Weise wurden bei vielen anderen Pilzen (Tabelle VI-1) und auch bei einer Reihe von Bakterien Mangelmutanten hergestellt. Durch Rückkreuzung der Mutanten mit dem Wildstamm und durch genetische Analyse der Nachkommenschaft konnte in den meisten Fällen gezeigt werden, daß sich die Mutanten nur durch *ein* Gen vom Wildstamm unterscheiden.

Tabelle VI-1. *Zusammenstellung von Pilzen (mit Ausnahme von Neurospora crassa:* s. Tabelle VI-2), *von denen Mangelmutanten hergestellt werden konnten*

| Objekt | Referenz |
|--------|----------|
| *Ascobolus immersus* | YU-SUN 1964 |
| *Aspergillus nidulans* | PONTECORVO 1953 |
| *Cochliobolus sativus* | TINLINE 1962 |
| *Coprinus lagopus* | LEWIS 1961, DAY 1960, 1963 |
| *Coprinus radiatus* | CABET et al. 1962 |
| *Glomerella cingulata* | MARKERT 1952, WHEELER 1956 |
| *Ophiostoma multiannulatum* | FRIES 1947, FRIES und KIHLMAN 1948 |
| *Penicillium chrysogenum* | BONNER 1946a |
| *Penicillium notatum* | BONNER 1946a |
| *Penicillium expansum* | BARRON 1962 |
| *Podospora anserina* | PERHAM, unveröffentlicht |
| *Saccharomyces cerevisiae* | LINDEGREN 1949, POMPER und BURKHOLDER 1949 |
| *Schizophyllum commune* | RAPER und MILES 1958, ELLINGBOE und RAPER 1962 |
| *Schizosaccharomyces pombe* | HESLOT 1960, 1962 |
| *Sordaria fimicola* | EL-ANI et al. 1961, EL-ANI 1964 |
| *Torulopsis utilis* | EHRENSVÄRD et al. 1947, 1951, STRASSMAN und WEINHOUSE 1953, STRASSMAN et al. 1956 |
| *Ustilago maydis* | PERKINS 1949, HOLLIDAY 1961 |
| *Venturia inaequalis* | LAMEY et al. 1956. |

Sehr wesentlich war die Entdeckung, daß sich viele unabhängig voneinander isolierte Mutanten als nichtidentisch erwiesen, obwohl diese für dasselbe Endprodukt einer Synthesekette auxotroph waren. Diese Feststellung beruhte auf den folgenden Befunden:

1. Koppelungsanalysen ergaben, daß die für eine bestimmte Auxotrophie verantwortlichen Gene häufig an verschiedenen Stellen des Genoms, zum Teil in verschiedenen Chromosomen liegen.

2. Komplementationsteste zeigten, daß in vielen Fällen Defekte zweier Mutanten im Heterokaryon aufgehoben werden können (S. 396).

3. Wuchsteste führten zu dem Ergebnis, daß Intermediärprodukte aus einer Synthesekette nicht von allen Mutanten so verarbeitet werden können, daß sie ihre Lebensfähigkeit wiedererlangen.

Man nahm daher an, daß die Synthese einer Aminosäure oder eines Vitamins nicht etwa durch ein einzelnes Gen, sondern durch eine Reihe von Genen kontrolliert wird, die durch Bereitstellung spezifischer Biokatalysatoren an verschiedenen Stellen in die Synthesekette eingreifen.

# II. Blockierung von Synthesen

## 1. Monoauxotrophe Mutanten

Die in diesem Abschnitt zu besprechenden Fakten sollen durch ein hypothetisches Beispiel eingeleitet werden (Abb. VI-2; s. auch Abb. VI-5). Eine Substanz E, etwa eine bestimmte Aminosäure, wird aus einer noch unbekannten Vorstufe über die Zwischenstufen A, B, C und D synthetisiert. Als Biokatalysatoren für die einzelnen Syntheseschritte sind die Enzyme $\alpha$, $\beta$, $\gamma$, $\delta$ und $\varepsilon$ erforderlich. Ihre Bereitstellung erfolgt durch spezifische Wirkung der Gene $a^+$, $b^+$, $c^+$, $d^+$ und $e^+$. Durch Mutation ist das Gen $c^+$ so verändert ($c^+ \rightarrow c$), daß das Enzym $\gamma$ nicht mehr gebildet oder seine Aktivität stark vermindert wird. Als Folge dieser Mutation kann also B nicht mehr in C umgewandelt werden. Die Synthesekette ist zwischen B und C blockiert. Da das Endprodukt E nicht mehr hergestellt werden kann, ist die betreffende Mutante für E auxotroph. Man bezeichnet eine solche Mutante als monoauxotroph.

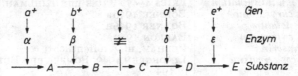

Abb. V I-2. Schema für das Eingreifen von Genen in eine unverzweigte Synthesekette (Erläuterungen s. Text)

In diesem Beispiel wird aus einer als bekannt vorausgesetzten Ursache (Mutation des Gens $c^+ \rightarrow c$) auf eine Wirkkette geschlossen. Im Experiment dagegen ist zunächst nur das Endglied der Wirkkette bekannt- und zwar der Ausfall des Endproduktes E. Durch genetische Analysen läßt sich relativ leicht nachprüfen, ob dieser Defekt auf einer Genmutation beruht. Unbekannt bleiben jedoch vorerst sämtliche Zwischen, glieder in dieser Wirkkette. Man kennt nämlich weder das Enzym, das seine Aktivität als Folge der Mutation eingebüßt hat, noch die Stelle, an der die Synthesekette unterbrochen ist, noch die Intermediärprodukte vor und nach der Blockierungsstelle. Wir wollen deshalb zunächst die experimentellen Möglichkeiten aufzeigen, welche man zur Aufklärung solcher gen-kontrollierter, biochemischer Syntheseketten entwickelt hat.

*1. Akkumulation von Intermediärprodukten aus der Synthesekette vor der Blockierungsstelle:* Ist eine biochemische Synthesekette bis zu der durch Genmutation verursachten Unterbrechungsstelle (zwischen B und C in Abb. VI-2) unversehrt, so ergibt sich zwangsläufig eine Anhäufung des Zwischenproduktes (B) unmittelbar vor dem Block; denn es wird ständig nachgeliefert, aber nicht mehr weiter verarbeitet. Beim Wildstamm sind Intermediärprodukte im allgemeinen infolge viel zu geringer Konzentration nicht nachweisbar und erst recht nicht isolierbar. In Mutantenstämmen dagegen, denen man das Endprodukt der blockierten Synthesekette (E) zum Wachsen anbietet, kann die Akkumulation einen so hohen Grad erreichen, daß sich das Zwischenprodukt aus den Zellen oder aus dem Medium isolieren und dann analysieren läßt. *Die Akkumulation eines bestimmten Stoffes läßt also erkennen, daß die Blockierung der Synthesekette unmittelbar nach der Fertigstellung dieses Stoffes erfolgte. Das Zwischenprodukt selbst kann durch eine chemische Analyse des Akkumulates identifiziert werden.*

Nicht immer erweisen sich die aus Kulturmedien isolierten Akkumulate als echte Zwischenprodukte einer Synthesekette. So wurden z. B. bei *Neurospora crassa* anstelle von Phosphorsäureester-Vorstufen des Histidins nur entsprechende entphosphorylierte Verbindungen gefunden (AMES et al. 1953, AMES und MITCHELL 1955, vgl. Abb. VI-5 und Tabelle VI-2, Nr. 1 f).

Andererseits können Komplikationen dadurch auftreten, daß sich vor der Blockierungsstelle labile Zwischenprodukte bilden. Diese können sich gegebenenfalls in Verbindungen umwandeln, welche die Fertigstellung einer Synthesekette trotz des genetischen Blocks ermöglichen. Als Beispiel diene die Phenylalanin-Synthese, die über die Vorstufen Shikimisäure und Phenylbrenztraubensäure führt (Abb. VI-6 und Tabelle VI-2, Nr. 1 g). Ist die Synthesekette infolge von Mutation zwischen diesen beiden Intermediärprodukten blockiert, dürfte die betreffende Mutante außerstande sein, Phenylbrenztraubensäure selbst herzustellen. Man hat jedoch in solchen Mutanten als labiles Zwischenprodukt Prephensäure nachweisen können, die schon bei pH $\leq$ 6 spontan in Phenylbrenztraubensäure übergeht. Dadurch können diese Mutanten den genetisch bedingten Block überbrücken.

*2. Wiederherstellung der Lebensfähigkeit durch Intermediärprodukte aus der Synthesekette nach der Blockierungsstelle:* Bietet man einer Mangelmutante im Kulturmedium einen der Stoffe an, die normalerweise vom Wildtyp *nach* der Blockierungsstelle als Zwischen- bzw. Endprodukt gebildet werden (C, D oder E in Abb. VI-2), so kann die Mutante den genetischen Block überwinden. Die Zugabe von Intermediärprodukten (A und B), die *vor* der Blockierungsstelle in der Synthesekette gebildet werden, bewirkt dagegen keine Wiederherstellung der normalen Vitalität. *Die Tatsache, daß eine Mutante nach Zugabe definierter Stoffe lebensfähig wird, zeigt also, daß die Synthesekette vor der Fertigstellung dieser Substanzen unterbrochen sein muß.* Die Reihenfolge der Intermediärprodukte sowie die Wirkkette der beteiligten Gene lassen sich feststellen, wenn man für die Wuchsversuche eine Reihe nichtidentischer Mutanten benutzt, welche die gleiche Auxotrophie für das Endprodukt einer Synthesekette zeigen.

Im vorliegenden Beispiel (Abb. VI-2) würde der von der Mutante *e* akkumulierte Stoff D die Lebensfähigkeit der übrigen Mutanten wiederherstellen. Die aus den Mutanten *d*, *c* und *b* isolierten Zwischenprodukte C, B bzw. A würden dagegen jeweils nur denjenigen Organismen das Wachstum ermöglichen, die in einem Syntheseschritt blockiert sind, welcher der Bildung des akkumulierten Stoffes vorangeht. Durch diese unterschiedliche Reaktion verschiedener Mutanten ist es möglich, die Reihenfolge von Syntheseschritten festzulegen, ohne die Intermediärprodukte selbst zu kennen.

Versuche mit biochemischen Mutanten werden manchmal dadurch erschwert, daß einige der aus Kulturmedien isolierten Akkumulate nicht, wie erwartet, die Lebensfähigkeit von Mutanten wiederherstellen. Die

angesammelten Stoffe sind in diesen Fällen keine echten Zwischenprodukte mehr, sondern chemisch veränderte Sekundärprodukte, welche
unter Versuchsbedingungen nicht wieder in die Ausgangsstoffe umgewandelt werden.

Anstelle der von Mutanten akkumulierten Stoffe kann man auch
synthetische Modellsubstanzen für Wachstumsversuche verwenden, wenn
bereits Anhaltspunkte für die Konstitution bestimmter Zwischenprodukte bestehen. *Modellsubstanzen können in günstigen Fällen die
Identifizierung von Intermediärprodukten einer Synthesekette ermöglichen.*

DAVIS (1951) verwendete polyauxotrophe Bakterienmutanten (S. 363f.)
die nur bei gleichzeitiger Zugabe von Phenylalanin, Tyrosin, Tryptophan,
p-Aminobenzoesäure und p-Hydroxybenzoesäure wachsen. Er fand unter
55 getesteten Modellsubstanzen eine einzige, die im Wuchstest das Gemisch
der erwähnten Verbindungen ersetzen konnte, nämlich Shikimisäure. Diese
Säure wurde später tatsächlich als Akkumulat in den Kulturmedien von
Bakterienmutanten (DAVIS und MINGIOLI 1953) und einer *Saccharomyces*-
Mutante (LINGENS und HELLMANN 1958) nachgewiesen. Auch bei *Neurospora crassa* ließ sich mit Hilfe von Wuchstesten zeigen, daß die Shikimisäure eine Vorstufe der aromatischen Aminosäuren ist (Abb. VI-6 und
Tabelle VI-2, Nr. 1g) (TATUM und PERKINS 1950, TATUM 1951, TATUM et al.
1954).

*3. Ausfall oder Inaktivierung von Enzymen an der Blockierungsstelle:*
Wie wir oben bereits darlegten, kommt es zur Blockierung einer Synthesekette, wenn ein Enzym, das im Wildstamm einen bestimmten
Syntheseschritt katalysiert, als Folge einer Mutation nicht mehr gebildet
wird oder in seiner Aktivität stark vermindert ist. Durch diesen Kausalzusammenhang zwischen Enzym und genetischem Block ergibt sich in
einigen Fällen die Möglichkeit, das betreffende Intermediärprodukt zu
identifizieren und dadurch die Blockierungsstelle festzulegen. Der Ausfall
oder die Inaktivierung eines vom Wildstamm her bekannten Enzyms in
der Mutante läßt nämlich den Schluß zu, daß das *Substrat dieses Enzyms
das Intermediärprodukt der betreffenden Synthesekette unmittelbar vor der
Blockierungsstelle ist.*

*4. Markierung von Intermediärprodukten:* Die geschilderten Methoden zur Aufklärung biochemischer Syntheseketten lassen sich durch
Verwendung radioaktiv markierter Verbindungen ergänzen. Denn die
*Markierung von Substanzen durch bestimmte Isotope macht es möglich,
das Schicksal definierter Atome oder Atomgruppen von Syntheseschritt zu
Syntheseschritt zu verfolgen*, wenn die markierten Verbindungen vom
Organismus als Intermediärprodukte in die Synthesekette eingebaut
werden. In vielen Fällen wurden auf diese Weise erste Anhaltspunkte
darüber gewonnen, wie die Umwandlung von Zwischenprodukten in
einer Synthesekette verläuft (Beschreibung der Methoden und Literatur
bei WEYGAND 1949, WEYGAND und SIMON 1955, ARANOFF 1957, BRODA
1958).

Bei *Neurospora crassa* konnte z.B. mit Hilfe von Carboxyl-$C^{14}$-markierter
Anthranilsäure nachgewiesen werden, daß der markierte Kohlenstoff vor
der Fertigstellung des Indols abgespalten wird (NYC et al. 1949). Versuche
mit $N^{15}$-markierter Anthranilsäure zeigten andererseits, daß der Stickstoff
der Anthranilsäure an der Bildung des Indolringes beteiligt ist (PARTRIDGE
et al. 1952, Tabelle VI-2, Nr. 1g).

## 2. Polyauxotrophe Mutanten

Im Gegensatz zu den monoauxotrophen Mutanten wird bei einigen anderen Mangelmutanten die Lebensfähigkeit erst dann wiederhergestellt, wenn man dem Kulturmedium mehr als einen Stoff beifügt. Es handelt sich in diesen Fällen oft nicht um Mehrfachmutanten, sondern um sogenannte polyauxotrophe Einfachmutanten. Polyauxotrophie läßt sich im allgemeinen auf zwei verschiedene Ursachen zurückführen:

1. Sie kann darauf beruhen, daß der *genetische Block vor der Verzweigung einer verzweigten Synthesekette* liegt (zwischen B und C in Abb. VI-3, s. auch Abb. VI-6). Hierdurch werden alle die von der Verzweigungsstelle fortführenden Syntheseketten stillgelegt und die

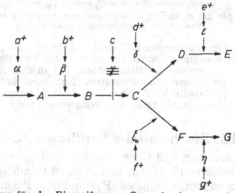

Abb. VI-3. Schema für das Eingreifen von Genen in eine verzweigte Synthesekette
(Erläuterungen s. Text)

Bildung der entsprechenden Endprodukte verhindert (E und G). Die Lebensfähigkeit einer solchen polyauxotrophen Mutante kann also nur dann wiederhergestellt werden, wenn man dem Medium entweder einen Stoff aus der Synthesekette zwischen Blockierungs- und Verzweigungsstelle (C in Abb. VI-3) oder aus jeder der sich abzweigenden Seitenketten ein Zwischen- oder Endprodukt beigibt (sowohl D oder E als auch F oder G).

Verzweigte Ketten sind z. B. für die Synthesen vieler Aminosäuren bekannt. So ist Glutaminsäure gleichzeitig Vorstufe von Prolin und Arginin (Tabelle VI-2, Nr. 1a). In ähnlicher Weise ist Homoserin eine von mehreren gemeinsamen Vorstufen für Methionin und Isoleucin (Tabelle VI-2, Nr. 1b). Phenylalanin, Tyrosin, Tryptophan und p-Aminobenzoesäure stammen ebenfalls aus einer Kette gemeinsamer Vorstufen (unter anderem Shikimisäure; Abb. VI-6, Tabelle VI-2, Nr. 1g). Mutanten mit einem genetischen Block in der Synthesekette vor der Verzweigungsstelle verlangen die gleichzeitige Zufuhr aller vier Endprodukte bzw. von entsprechenden Intermediärprodukten aus der Kette hinter der Verzweigung (TATUM 1949, 1951, TATUM et al. 1950, 1954, TATUM und PERKINS 1950).

2. Polyauxotrophie kann auch dadurch hervorgerufen werden, daß *getrennt verlaufende Syntheseketten durch den Ausfall oder die Inaktivierung eines einzigen Enzyms gleichzeitig blockiert werden* (sowohl zwischen $B_1$ und $C_1$ als auch zwischen $B_2$ und $C_2$ in Abb. VI-4; s. auch Abb. VI-7). Es handelt sich in diesen Fällen stets um Syntheseketten,

in denen ein Teil der Intermediärprodukte die gleiche chemische Umwandlung durchläuft. Durch diese Mehrfachblockierung wird in jeder der betroffenen Syntheseketten die Herstellung der Endprodukte verhindert ($E_1$ und $E_2$). Solche polyauxotrophen Mutanten sind nur dann wieder lebensfähig, wenn man dem Kulturmedium Zwischen- oder Endprodukte aus jeder der blockierten Syntheseketten hinter der Blockierungsstelle zufügt (sowohl $C_1$, $D_1$ oder $E_1$ als auch $C_2$, $D_2$ oder $E_2$).

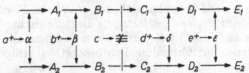

Abb. VI-4.  Schema für das gleichzeitige Eingreifen von Genen in zwei getrennte Syntheseketten (Erläuterungen s. Text)

Bei *Neurospora crassa* wurden z. B. polyauxotrophe Mutanten gefunden, die zum Wachsen sowohl Isoleucin als auch Valin benötigen. Es handelt sich hier um zwei getrennte Syntheseketten, die in den letzten Schritten so ähnlich sind, daß diese von denselben Enzymen katalysiert werden können (Abb. VI-7, Tabelle VI-2, Nr. 1 b und d; MEYERS und ADELBERG 1954. RADHAKRISHNAN et al. 1960, WAGNER et al. 1960, BERNSTEIN und MILLER 1961).

## III. Biochemische Syntheseketten

Seit der Entdeckung, daß Gene einzelne Schritte von Stoffwechselreaktionen kontrollieren (S. 357f.), sind in zunehmendem Maße die Synthesen von Aminosäuren, Vitaminen, Pyrimidinen, Purinen und anderen Stoffen aufgeklärt worden. Dabei hat sich gezeigt, daß die einzelnen Syntheseketten durchaus nicht immer linear verlaufen, sondern auch verzweigt oder in mehr oder minder komplizierter Weise miteinander verknüpft sein können. Aus der großen Anzahl der für *N. crassa* bekannten Beispiele für Syntheseketten haben wir vier typische ausgewählt und in den Abb. VI-5 bis VI-8 dargestellt. Die folgenden Erläuterungen betreffen in erster Linie die genetischen Grundlagen der Syntheseketten; die biochemischen Einzelheiten sind in Tabelle VI-2 zusammen mit weiteren Beispielen verzeichnet.

*Biosynthese von Histidin* (Abb. VI-5): Bisher wurden sieben Gene entdeckt, die für die Bildung dieser Aminosäure verantwortlich sind. Diese Erbfaktoren sind in vier verschiedenen Koppelungsgruppen lokalisiert (s. Abb. IV-14, S. 208). Drei dieser Gene steuern die Bildung von drei noch nicht im einzelnen aufgeklärten Vorstufen ($V_1$—$V_3$) der Imidazol-glyzerin-phosphorsäure. Bemerkenswert erscheint in diesem Zusammenhang, daß das Gen *his-3* nicht nur in die Synthese der Vorstufen eingreift, sondern auch für den letzten Schritt der Synthesekette verantwortlich ist. Eine Modellvorstellung zur Deutung dieser Doppelfunktion wird später diskutiert (S. 387).

*Biosynthese von Tryptophan, Tyrosin, Phenylalanin, p-Aminobenzoesäure und p-Hydroxybenzoesäure* (Abb. VI-6): Die vier allelen *arom*-Mutanten kontrollieren die Synthese des Benzolringes. Während es sich bei *arom-1, -3* und *-4* offenbar um Punktmutationen handelt, die je für einen Syntheseschritt verantwortlich sind, scheint *arom-2* eine Deletion mit polyfunktioneller Wirkung zu sein (s. auch S. 422). Die Ausgangssubstanz für die Bildung des Benzolringes ist die Shikimisäure. Die weitere Synthese verläuft über die 5-Phosphoshikimisäure, die dann über den Enolbrenztraubensäureäther dieser 5-Phosphoshikimisäure in die Chorisminsäure umgewandelt wird. An dieser

Stelle verzweigt sich die Synthesekette in Richtung auf die fünf aromatischen Verbindungen (Abb. VI-6 und S. 377).

Von den Mutanten *arom-1*, *-3* und *-4*, welche vor der Bildung des Benzolringes blockiert sind, werden zwei Enzyme (Dehydroshikimisäure-Reductase und Protocatechusäure-Oxydase) konstitutiv gebildet. Diese

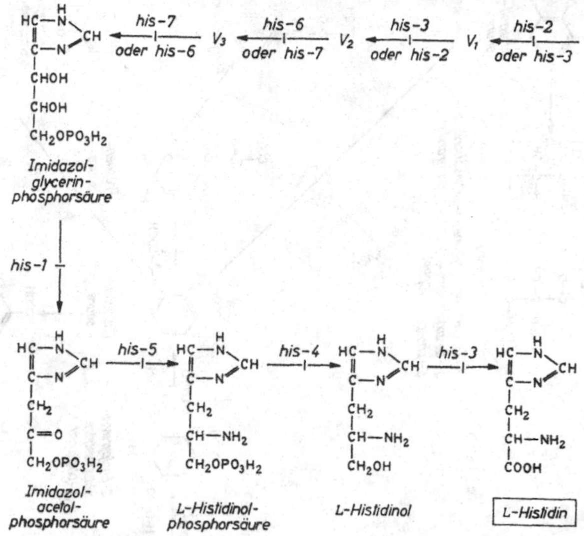

$$HC{-}NH\text{...}CH \quad \xleftarrow[\text{oder } his\text{-}6]{his\text{-}7} V_3 \xleftarrow[\text{oder } his\text{-}7]{his\text{-}6} V_2 \xleftarrow[\text{oder } his\text{-}2]{his\text{-}3} V_1 \xleftarrow[\text{oder } his\text{-}3]{his\text{-}2}$$

CHOH
CHOH
$CH_2OPO_3H_2$

*Imidazol-
glycerin-
phosphorsäure*

*his-1*

Imidazol: $HC{-}NH$ ... $CH$
$CH_2$
$C{=}O$
$CH_2OPO_3H_2$

*Imidazol-
acetol-
phosphorsäure*

$\xrightarrow{his\text{-}5}$

$HC{-}NH$ ... $CH$
$CH_2$
$CH{-}NH_2$
$CH_2OPO_3H_2$

*L-Histidinol-
phosphorsäure*

$\xrightarrow{his\text{-}4}$

$HC{-}NH$ ... $CH$
$CH_2$
$CH{-}NH_2$
$CH_2OH$

*L-Histidinol*

$\xrightarrow{his\text{-}3}$

$HC{-}NH$ ... $CH$
$CH_2$
$CH{-}NH_2$
$COOH$

*L-Histidin*

Abb. VI-5. Synthese von Histidin bei *Neurospora crassa* als Beispiel für eine unverzweigte Synthesekette (s. auch Tabelle VI-2, Nr. 1f und Abb. VI-2). (Nach CATCHESIDE 1960b und WEBBER und CASE 1960, verändert)

Enzyme, die in der Mutante *arom-2* nur in geringen Mengen nachgewiesen werden konnten und im Wildstamm bisher nicht entdeckt wurden, verhindern die Akkumulation der 5-Dehydroshikimisäure, indem sie diese Substanz zu Protocatechusäure und dann zu einem weiteren alipathischen Oxydationsprodukt verarbeiten.

Nach neueren Untersuchungen von DeMoss und WEGMAN bei *N. crassa* benötigt der von der Chorisminsäure zu Tryptophan führende Biosyntheseweg fünf Reaktionsschritte (Abb. VI-6 und S. 377) (DeMoss und WEGMAN 1965, WEGMAN und DeMoss 1965). Das Enzym (Anthranilat-Synthetase) welches den Schritt von Chorisminsäure nach Anthranilsäure katalysiert, wird durch die beiden Loci *try-1* und *try-2* kontrolliert (s. auch AHMAD et al. 1964). Der *try-1*-Locus ist ferner für die Bildung zweier anderer Enzyme verantwortlich, der Phosphoribosylanthranilat-Isomerase und der Indol-3-glycerinphosphat-Isomerase. Das erste Enzym katalysiert den Syntheseschritt von Phosphoribosylanthranilat (PRA) nach 1-(o-Carboxyphenyl-amino)-1-desoxyribulose-5-phosphat (CDRP), das zweite den Schritt von CDRP nach Indolglycerinphosphat. Folglich führen Mutationen im *try-1*-Locus im allgemeinen zum Verlust aller drei genannten Enzyme, vereinzelt jedoch auch zu einem Verlust entweder von Anthranilat-Synthetase oder von Indolglycerinphosphat-Isomerase plus Phosphoribosylanthranilat-Isomerase. Andererseits wird durch eine Mutation am *try-2*-Locus allein der Schritt von Chorisminsäure nach Anthranilsäure blockiert, d.h. die Anthranilat-Synthetase wird nicht mehr gebildet. Auf Grund von Komplementierungsversuchen mit *try-1*- und *try-2*-Mutanten nimmt CATCHESIDE (pers.Mitteilung) an, daß beide Loci für die Bildung eines polymeren Enzymproteins verantwortlich sind, welches die Synthese der Anthranilsäure kontrolliert. Auf die funktionellen Merkmale des Gens *try-3* (= *td*), welches für die Bildung der Tryptophan-Synthetase codiert, werden wir später genauer eingehen (S. 389ff.).

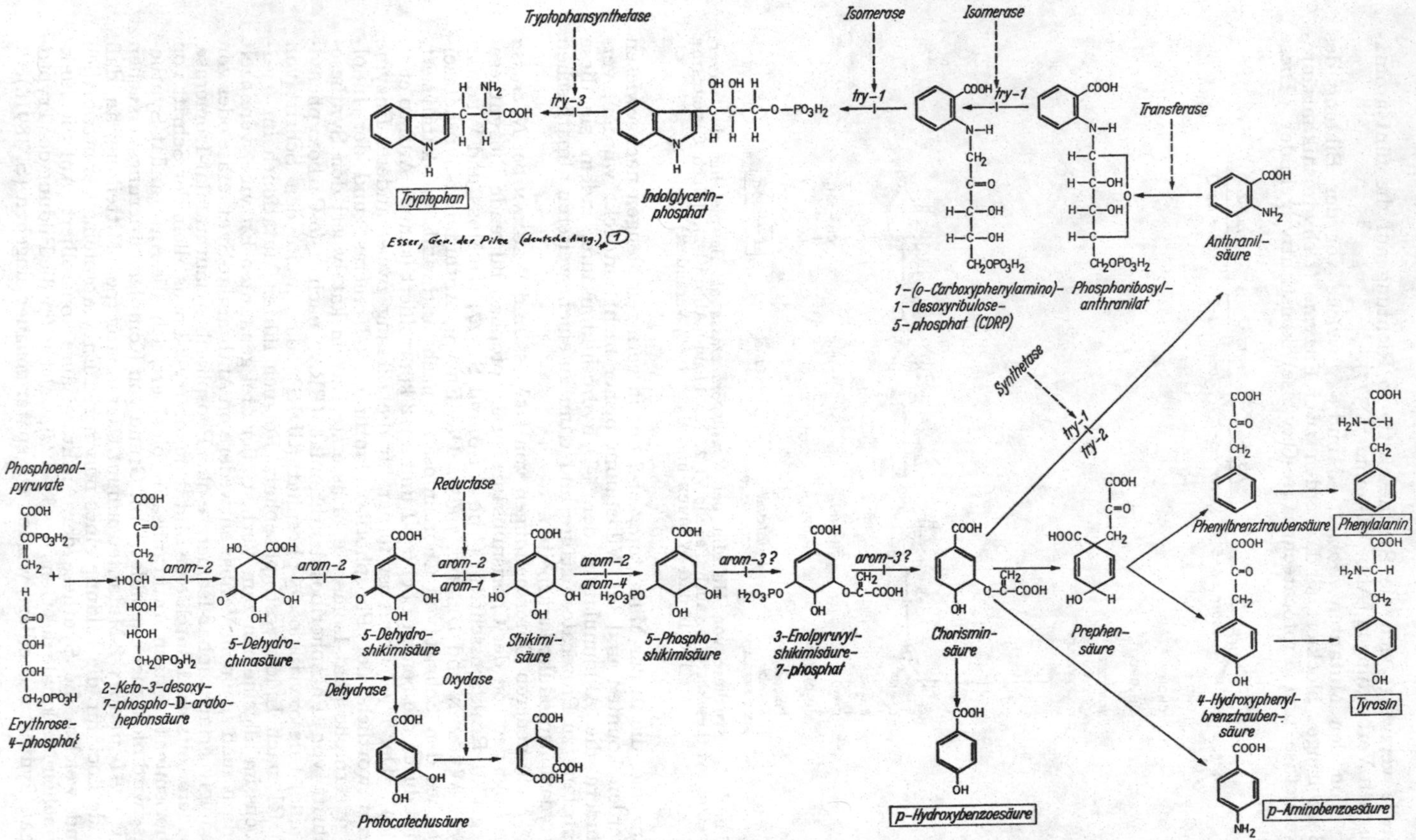

Abb. VI-6. Synthese von Tryptophan, Tyrosin, Phenylalanin, p-Aminobenzoesäure und p-Hydroxybenzoesäure als Beispiel für eine verzweigte Synthesekette (s. auch Tabelle VI-2, Nr. 1 g und Abb. VI-3).

*Biosynthese von Valin und Isoleucin* (Abb. VI-7): Während die ersten Schritte in der Synthese dieser beiden Aminosäuren stark voneinander differieren, laufen die hier dargestellten letzten Reaktionen fast in der gleichen Weise ab. Der einzige Unterschied besteht darin, daß jede der letzten Vorstufen des Isoleucins im Gegensatz zu den entsprechenden Vorstufen des Valins noch eine Methylgruppe zusätzlich besitzt. Auf dieser Ähnlichkeit beruht die gleichsinnige katalytische Wirkung derselben Enzyme für analoge Reaktionsschritte in der Valin- und Isoleucinsynthese. Die Aktivität der Isomerase und Reductase, welche zwei aufeinanderfolgende Syntheseschritte katalysieren, beruht wahrscheinlich auf der Doppelfunktion eines einzelnen Enzyms. Für diese Interpretation spricht die Tatsache, daß in *iv-2*-Mutanten weder Isomerase noch Reductase nachweisbar ist.

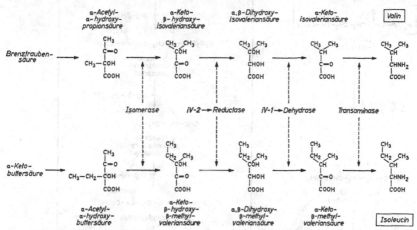

Abb. VI-7. Synthese von Valin und Isoleucin bei *Neurospora crassa* als Beispiel für die gleichsinnige katalytische Wirkung einer Serie von Enzymen auf zwei verschiedene Syntheseketten (s. auch Tabelle VI-2, Nr. 1 b und d sowie Abb. VI-4). (Nach FINCHAM und DAY 1963, verändert)

Ein weiteres Enzym, eine Dehydrase, ist für die Umwandlung der Dihydroxy- in Keto-Verbindungen verantwortlich; es wird von *iv-1*-Mutanten nicht gebildet. Als Biokatalysator für den letzten Schritt in der Synthese des Valins und des Isoleucins dient eine Transaminase. Dieses Enzym konnte in Wildstämmen nachgewiesen werden. Mutanten, denen die Transaminase fehlt, sind für *Neurospora* nicht bekannt (MEYERS und ADELBERG 1954, RADHAKRISHNAN et al. 1960, WAGNER et al. 1960, BERNSTEIN und MILLER 1961).

Neuerdings konnte gezeigt werden, daß die Synthese von Valin und Isoleucin von einer Partikelfraktion abhängig ist (WAGNER und BERGQUIST 1963). Es wurde eine für beide Aminosäuren auxotrophe Mutante von *Neurospora crassa* gefunden, welche zwar die zur Synthese von Valin und Isoleucin notwendigen Enzyme besitzt, bei der jedoch die Partikelfraktion inaktiv ist. Es wird hieraus geschlossen, daß die Enzyme an den Partikeln in bestimmter Weise orientiert oder gebunden sein müssen, um die gesamte Synthese der beiden Aminosäuren katalysieren zu können[1].

*Biosynthese von Uridylsäure, Arginin und Prolin* (Abb. VI-8): Einerseits ist eine doppelte Verknüpfung zwischen Pyrimidin-(Uridylsäure-) und Argininsynthese auf der Stufe zwischen Ornithin und Argininobernsteinsäure gegeben; andererseits sind Prolin- und Argininsynthese durch eine gemeinsame Vorstufe, die Glutaminsäure, miteinander verbunden.

---

[1] *Anmerkung bei der Korrektur:* Weitere genetische und biochemische Daten über Valin- und Isoleucin-Mutanten können der kürzlich erschienenen Arbeit von WAGNER et al. (1964) entnommen werden.

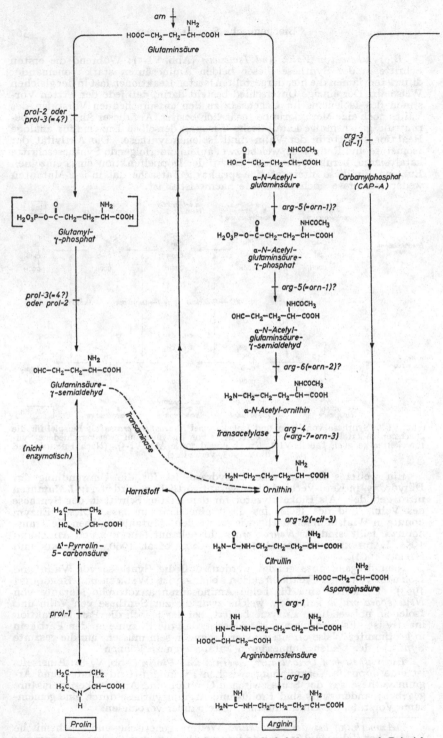

Abb. VI-8. Synthese von Uridylsäure, Arginin und Prolin bei *Neurospora crassa* als Beispiel
S. 411 ff.). (Nach DAVIS 1962a

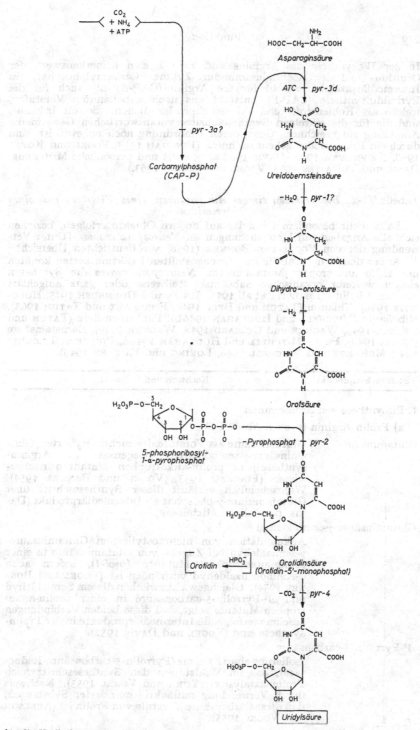

CO₂
+ NH₄
+ ATP

$$NH_2$$
$$HOOC-CH_2-CH-COOH$$
Asparaginsäure

ATC — pyr-3d

pyr-3a?

Carbamylphosphat
(CAP-P)

Ureidobernsteinsäure

−H₂O — pyr-1?

Dihydro−orotsäure

−H₂ — pyr-?

$H_2O_3P-O-CH_2$ ... $O-P-O-P-O$
OH OH
5-phosphoribosyl-
1-α-pyrophosphat

Orotsäure

−Pyrophosphat — pyr-2

$H_2O_3P-O-CH_2$
OH OH

Orotidin     HPO₃⁻

Orotidinsäure
(Orotidin-5'-monophosphat)

−CO₂ — pyr-4

$H_2O_3P-O-CH_2$
OH OH

Uridylsäure

für die Verflechtung von drei Syntheseketten (s. auch Tabelle VI-2, Nr. 1a und 3 sowie und persönliche Mitteilung)

In der Biosynthese des Arginins sind zwei Zyklen bemerkenswert, der Ornithin- und der Acetylglutaminsäure-Zyklus. Carbamylphosphat, ein Intermediärprodukt sowohl für die Arginin-(CAP-A) als auch für die Pyrimidinsynthese (CAP-P), entsteht aus noch unbekannten Vorstufen, welche als Kohlenstoff- und Stickstoffspender dienen. Soweit bekannt, sind die für die einzelnen Syntheseschritte verantwortlichen Gene in die Abbildung eingezeichnet. Gene, deren Einordnung noch ungewiß ist, sind durch ein Fragezeichen gekennzeichnet. (FINCHAM 1953, VOGEL und KOPAC 1960, NEWMEYER 1962, DAVIS 1962 a, b, 1963 und persönliche Mitteilung, DAVIS und THWAITES 1963, VOGEL und VOGEL 1963.)

Tabelle VI-2. *Biosynthesen einiger Aminosäuren, eines Vitamins und eines Pyrimidins*

Falls nicht besondere Hinweise auf andere Objekte erfolgen, beziehen sich alle Angaben auf Untersuchungen an *Neurospora crassa*. [Unter Verwendung der von VOGEL und BONNER (1958) veröffentlichten Übersicht.]

Außer den in der Tabelle zusammengestellten Reaktionsketten konnten mit Hilfe auxotropher Mutanten von *Neurospora crassa* die Synthesen einiger weiterer organischer Substanzen teilweise oder ganz aufgeklärt werden: Cholin (HOROWITZ et al. 1945, JUKES und DORNBUSH 1945, HOROWITZ 1946), Thiamin (TATUM und BELL 1946, EBERHART und TATUM 1963), Riboflavin (MITCHELL und HOULAHAN 1946b), Pantothensäure (TATUM und BEADLE 1945, WAGNER und GUIRARD 1948, WAGNER 1949), Bernsteinsäure (LEWIS 1948), Purin (MITCHELL und HOULAHAN 1946a, PIERCE und LORING 1945, McELROY und MITCHELL 1946, LORING und FAIRLEY 1948).

| Stoffwechselprodukt | Nachweis und Referenz |
|---|---|

**1. Biosynthese von Aminosäuren**

**a) Prolin-Arginin** (s. auch Abb. VI-8)

Glutaminsäure | Glutaminsäure als Vorstufe des nichtacetylierten Glutaminsäure-γ-semialdehyds (Gegensatz zur Argininsynthese!) in prolin-auxotrophen Mutanten nachgewiesen (FINCHAM 1953, VOGEL und BONNER 1954). Wahrscheinlich verläuft dieser Syntheseschritt über Glutaminsäure-γ-phosphat als Intermediärprodukt (DAVIS, persönliche Mitteilung).

Glutaminsäure-γ-semialdehyd

Akkumulation von nichtacetyliertem Glutaminsäure-γ-semialdehyd bei Zugabe von Glutaminsäure in einer prolin-auxotrophen Mutante (*prol-1*), sofern auch o-Aminobenzaldehyd vorhanden ist (VOGEL und BONNER 1954). Gleichgewicht zwischen diesem Semialdehyd und $\Delta^1$-Pyrrolin-5-carbonsäure in einer prolin-auxotrophen Mutante zeigt, daß diese beiden Verbindungen aufeinanderfolgende Intermediärprodukte in der Prolinsynthese sind (VOGEL und DAVIS 1952).

$\Delta^1$-Pyrrolin-5-carbonsäure

Isolierung eines Enzyms (Pyrrolin-5-carbonsäure-Reductase), das im Wildstamm den Syntheseschritt nach Prolin katalysiert (YURA und VOGEL 1955). Nachweis durch Verwendung radioaktiv markierter Substanzen, daß diese Carbonsäure Vorstufe von Prolin ist (ABELSON und VOGEL 1955).

Prolin

Tabelle VI-2 (Fortsetzung)

| Stoffwechselprodukt | Nachweis und Referenz |
|---|---|

**Glutaminsäure**

Nachweis durch Wuchsteste und durch Verwendung radioaktiv markierter Substanzen, daß Glutaminsäure Vorstufe von Ornithin ist (VOGEL und BONNER 1954, ABELSON und VOGEL 1955). Auch in Mutanten von *Penicillium notatum und P. chrysogenum* nachgewiesen (BONNER 1946a).

**α-N-Acetylglutaminsäure**

Im Gegensatz zur Prolinsynthese verläuft die Argininsynthese über acetylierte Intermediärprodukte (VOGEL und VOGEL 1963). Auch bei *Candida utilis* und *Saccharomyces cerevisiae* nachgewiesen (MIDDELHOVEN 1963, bzw. DE DEKEN 1962). Nachweis einer α-N-Acetylglutaminsäure-Reductase.

**α-N-Acetylglutaminsäure-γ-phosphat**

Als Intermediärprodukt zwischen α-N-Acetylglutaminsäure und dem entsprechenden Semialdehyd von VOGEL und VOGEL (1963) postuliert.

**α-N-Acetylglutaminsäure-γ-semialdehyd**

Durch Wuchs- und enzymatische Teste als Intermediärprodukt identifiziert (VOGEL und BONNER 1954, VOGEL und VOGEL 1963). Nachweis auch bei Hefen gelungen (DE DEKEN 1962). Isolierung eines Enzyms (Ornithin-δ-Transaminase), welches die Transaminierung des Semialdehyds zu Ornithin katalysiert (FINCHAM 1953).

**α-N-Acetyl-ornithin**

Vermutlich wird mittels einer Transacetylase das α-N-Acetylornithin zu Ornithin entacetyliert und gleichzeitig die Glutaminsäure acetyliert (VOGEL und VOGEL 1963). Auch bei Hefen Nachweis eines Enzyms (α-N-Acetylornithinase), welches den Schritt nach Ornithin katalysiert (DE DEKEN 1962).

**Ornithin + Carbamylphosphat**

Wiederherstellung der Lebensfähigkeit bei argininauxotrophen Mutanten nach Zugabe von Ornithin (SRB und HOROWITZ 1944). Ebenso Nachweis mit Hilfe radioaktiv markierter Substanzen (ABELSON und VOGEL 1955). Zur Bildung von Citrullin ist außer Ornithin auch Carbamylphosphat (CAP-A) notwendig, welches aus noch unbekannten Vorstufen entsteht (Block in *arg-3*-Mutanten, DAVIS 1962a). Nachweis eines Enzyms (Ornithin-Transcarbamylase), das den Schritt von Ornithin nach Citrullin katalysiert (MITCHELL und MITCHELL 1952, DAVIS 1962a, b, 1963, WOODWARD und SCHWARZ 1964). Ornithin kann nicht nur aus α-N-Acetyl-ornithin, sondern auch aus dem Endprodukt Arginin gebildet werden (Ornithinzyklus; Abb. VI-8).

**Citrullin + Asparaginsäure**

Wiederherstellung der Lebensfähigkeit bei argininauxotrophen Mutanten nach Zugabe von Citrullin (SRB und HOROWITZ 1944). Nachweis von Enzymen, welche die Umwandlung von Citrullin und Asparaginsäure zu Argininbernsteinsäure katalysieren (FINCHAM und BOYLEN 1955; s. auch Abb. VI-8).

24*

Tabelle VI-2 (Fortsetzung)

| Stoffwechselprodukt | Nachweis und Referenz |
|---|---|

**Argininbernsteinsäure**

Nachweis von Enzymen, welche die Umwandlung der Argininbernsteinsäure in Arginin und Fumarsäure katalysieren (FINCHAM und BOYLEN 1955, NEWMEYER 1962).

[ Arginin ]

**b) Methionin-Isoleucin**

**Asparaginsäure**

Nachweis durch Verwendung radioaktiv markierter Substanzen, daß Asparaginsäure Vorstufe von Homoserin ist (ABELSON und VOGEL 1955).

**β-Asparagin-phosphat**

In Hefen Entdeckung von Enzymen, welche die Umwandlung von β-Asparagin-phosphat in den entsprechenden Semialdehyd katalysieren (BLACK und GRAY 1953, BLACK und WRIGHT 1955a, b).

**Asparaginsäure-β-semialdehyd**

In Hefen Nachweis von Enzymen, welche den Syntheseschritt nach Homoserin steuern (BLACK und WRIGHT 1955c, d).

**Homoserin**

Wiederherstellung der Lebensfähigkeit von methionin isoleucin-doppelauxotrophen Mutanten nach Zugabe von Methionin und Threonin oder von Homoserin; folglich Verzweigung der Synthesekette hinter Homoserin Akkumulation von Homoserin (TEAS et al. 1948, FLING und HOROWITZ 1951).

**Cystathionin**

Wiederherstellung der Lebensfähigkeit von methionin auxotrophen Mutanten nach Zugabe von Cystathionin Akkumulation von Cystathionin (HOROWITZ 1947) Nachweis eines Enzyms, welches den Syntheseschritt nach Homocystein katalysiert (FISCHER 1954).

**Homocystein**

Wiederherstellung der Lebensfähigkeit von methionin auxotrophen Mutanten nach Zugabe von Homocystein (HOROWITZ 1947).

[ Methionin ]

**Asparaginsäure**
**β-Asparagin-phosphat** } s. Methioninsynthese
**Asparagin-β-semialdehyd**

**Homoserin**

Wiederherstellung der Lebensfähigkeit einer threonin (und methionin-)auxotrophen Mutante nach Zugabe von Homoserin (TEAS et al. 1948). Nachweis durch Verwendung radioaktiv markierter Substanzen, daß Homoserin Vorstufe von Threonin und Isoleucin ist (ABELSON und VOGEL 1955; s. auch KAPLAN und FLAVIN 1965).

**Threonin**

Nachweis durch Verwendung radioaktiv markierter Substanzen in Mutanten (ADELBERG 1954, 1955a, b und im Wildstamm (ABELSON und VOGEL 1955), da Threonin Intermediärprodukt in der Isoleucinsynthese ist. Umwandlung in α-Ketobuttersäure, wahrscheinlich durch Threonin-Dehydrase katalysiert (YANOFSKY und REISSIG 1953).

Tabelle VI-2 (Fortsetzung)

| Stoffwechselprodukt | Nachweis und Referenz |
|---|---|

α-Ketobuttersäure (s. auch Abb. VI-7)

Nachweis durch Verwendung radioaktiv markierter Substanzen in Mutanten, daß α-Ketobuttersäure Vorstufe des Isoleucins ist (ADELBERG 1954, 1955a, b, ADELBERG et al. 1955). Ähnliche Beobachtungen bei *Torulopsis utilis* (STRASSMAN et al. 1954).

α-Acetyl-α-hydroxy-buttersäure

Nachweis einer Isomerase, welche die Umwandlung dieses Buttersäurederivates in eine Methylvaleriansäure katalysiert (RADHAKRISHNAN et al. 1960, WAGNER et al. 1960, KIRITANI et al. 1966b).

α-Keto-β-hydroxy-β-methylvaleriansäure

Nachweis einer Reductase als Katalysator für die Umwandlung in die nachfolgende Dihydroxy-Verbindung (RADHAKRISHNAN et al. 1960, WAGNER et al. 1960, KIRITANI et al. 1966b).

α, β-Dihydroxy-β-methylvaleriansäure

Akkumulation dieser Valeriansäure und Isolierung dieser Substanz aus Kulturfiltraten einer isoleucin-auxotrophen Mutante (ADELBERG et al. 1951). Verwendung radioaktiv markierter Substanzen (ADELBERG 1955b). Nachweis eines Enzyms (Dehydrase), das die Umwandlung der Dihydroxy- in eine Keto-Verbindung katalysiert (MEYERS und ADELBERG 1954, KIRITANI et al. 1966a).

α-Keto-β-methylvaleriansäure

Nachweis einer Transaminase, welche die Transaminierung zu Isoleucin steuert (FINCHAM und BOULTER 1956, WAGNER et al. 1960).

Isoleucin

) Lysin

α-Ketoglutarsäure  Nachweis durch Verwendung radioaktiv markierter Substanzen, daß α-Ketoglutarsäure Intermediärprodukt in der Lysinsynthese ist (ANDERSSON-KOTTÖ et al. 1954, ABELSON und VOGEL 1955). Ähnliche Beobachtungen bei *Torulopsis utilis* (STRASSMAN und WEINHOUSE 1953, SAGISAKA und SHIMURA 1959).

α-Amino-adipinsäure

Wiederherstellung der Lebensfähigkeit von lysin-auxotrophen Mutanten nach Zugabe von α-Amino-adipinsäure (MITCHELL und HOULAHAN 1948) und ε-Hydroxynorleucin (GOOD et al. 1950). Vermutlich wird jede dieser Verbindungen durch Transaminierung der Aldehydgruppe in α-Amino-adipin-δ-semialdehyd umgewandelt.

α-Amino-adipin-δ-semialdehyd

Durch Verwendung radioaktiv markierter Substanzen als Vorstufe zu Lysin nachgewiesen (ABELSON und VOGEL 1955, TRUPIN und BROQUIST 1965). Ebenso bei *S. cerevisiae* nachgewiesen (JONES und BROQUIST 1965).

Tabelle VI-2 (Fortsetzung)

| Stoffwechselprodukt | Nachweis und Referenz |
| --- | --- |

Saccharopin      Syntheseschritt durch Analyse von Akkumulaten und Enzymen (Saccharopin-Reductase) bei *N. crassa* und *S. cerevisiae* nachgewiesen (TRUPIN und BROQUIST 1965 bzw. JONES und BROQUIST 1965).

↓

[ Lysin ]

### d) α-Alanin-Valin-Leucin

Brenztraubensäure    Nachweis durch Verwendung radioaktiv markierter Substanzen, daß Brenztraubensäure gemeinsame Vorstufe für α-Alanin, Valin und Leucin ist (ABELSON und VOGEL 1955). Umwandlung der Brenztraubensäure in α-Alanin wahrscheinlich durch Transaminierung (FINCHAM 1951a, FINCHAM und BOULTER 1956).

↓

[ α-Alanin ]

Brenztraubensäure (s. auch Abb. VI-7)

     Durch Verwendung radioaktiv markierter Substanzen als Intermediärprodukt in der Valinsynthese nachgewiesen (ABELSON und VOGEL 1955).

↓

α-Acetyl-α-hydroxy-propionsäure

     Nachweis eines Enzyms (identisch mit der Isomerase bei der Isoleucinsynthese), welches die Umwandlung der Acetomilchsäure in eine Hydroxy-isovaleriansäure katalysiert (RADHAKRISHNAN et al. 1960, WAGNER et al. 1960).

↓

α-Keto-β-hydroxy-isovaleriansäure

     Nachweis eines Enzyms (identisch mit der Reductase bei der Isoleucinsynthese), welches für die Umwandlung in die nachfolgende Dihydroxy-Verbindung verantwortlich ist (RADHAKRISHNAN et al. 1960, WAGNER et al. 1960).

↓

α, β-Dihydroxy-isovaleriansäure

     Akkumulation in Kulturfiltraten einer valin-auxotrophen Mutante (ADELBERG und TATUM 1950, ADELBERG et al. 1951). Nachweis einer Dehydrase, welche wie bei der Isoleucinsynthese die Umwandlung der Dihydroxy- in eine Keto-Verbindung katalysiert (MEYERS und ADELBERG 1954, WAGNER et al. 1960). Durch Verwendung radioaktiv markierter Substanzen als Vorstufe des Valins nachgewiesen (ADELBERG 1955a). Ähnliche Beobachtungen bei Hefen (STRASSMAN et al. 1953, McMANUS 1954, STRASSMAN und WEINHOUSE 1955).

↓

α-Keto-isovaleriansäure

     Wiederherstellung der Lebensfähigkeit einer valin-auxotrophen Mutante durch Zugabe dieser Ketoverbindung (BONNER et al. 1943). Nachweis einer Transaminase, welche wie bei der Synthese des Isoleucins die Transaminierung der Keto-valeriansäure katalysiert (FINCHAM und BOULTER 1956, WAGNER et al. 1960).

↓

[ Valin ]

Tabelle VI-2 (Fortsetzung)

| Stoffwechselprodukt | Nachweis und Referenz |
|---|---|

Brenztraubensäure    Durch Verwendung radioaktiv markierter Substanzen als Intermediärprodukt in der Leucinsynthese nachgewiesen (ABELSON und VOGEL 1955).

α-Acetyl-α-hydroxy-propionsäure
α-Keto-β-hydroxy-isovaleriansäure   }   s. Valinsynthese (und Abb. VI-7).
α-, β-Dihydroxy-isovaleriansäure

α-Keto-isovaleriansäure

Durch Verwendung radioaktiv markierter Substanzen als Vorstufe von Leucin nachgewiesen (ABELSON und VOGEL 1955). Ähnliche Ergebnisse bei *Torulopsis utilis* (EHRENSVÄRD et al. 1951, STRASSMAN et al. 1956).

α-Carboxy-β-hydroxy-isocapronsäure

Akkumulation bei leucin-auxotrophen Mutanten. Hinweis auf ein Enzym (Isomerase), welches die Isomerisation der β-Hydroxy- zu α-Hydroxy-isocapronsäure katalysiert. Das polymere Protein scheint aus nichtidentischen Monomeren zu bestehen, die durch die Gene *leu-2* bzw. *leu-3* kontrolliert wird (GROSS 1962). Möglicherweise läuft dieser Schritt über Isopropylmaleinsäure als Zwischenprodukt (JUNGWIRTH et al. 1963).

α-Hydroxy-β-carboxy-isocapronsäure

Akkumulation bei leucin-auxotrophen Mutanten. Hinweis auf ein Enzym, welches die Oxydation und die Decarboxylierung zur α-Keto-isocapronsäure katalysiert (JUNGWIRTH et al. 1963).

α-Keto-isocapronsäure

Wiederherstellung der Lebensfähigkeit einer leucinauxotrophen Mutante nach Zugabe von α-Ketoisocapronsäure (REGNERY 1944). Nachweis eines Enzyms, welches den Syntheseschritt nach Leucin katalysiert (FINCHAM und BOULTER 1956). Auch durch Verwendung radioaktiv markierter Substanzen wurde α-Ketoisocapronsäure als Vorstufe von Leucin nachgewiesen (ABELSON und VOGEL 1955).

Leucin

e) Glycin-Cystein

Serin

Nachweis, daß Serin gemeinsame Vorstufe von Glycin und Cystein ist, erfolgte auf Grund verschiedener Methoden (SAKAMI 1955). Wiederherstellung der Lebensfähigkeit bei einer glycin-auxotrophen Mutante nach Zugabe von Serin (TATUM 1949). Nachweis durch Verwendung radioaktiv markierter Substanzen, auch bei Hefen, unter anderem bei *Torulopsis utilis* (EHRENSVÄRD et al. 1947, ABELSON und VOGEL 1955; s. auch COMBÉPINE and TURIAN 1965).

Glycin

Serin

Durch Verwendung radioaktiv markierter Stoffe Serin als Vorstufe von Cystein nachgewiesen, ebenfalls bei *Torulopsis utilis* (ABELSON und VOGEL 1955).

Cystein

Tabelle VI-2 (Fortsetzung)

| Stoffwechselprodukt | Nachweis und Referenz |
|---|---|

**f) L-Histidin** (s. auch Abb. VI-5)

Imidazol-glycerin-phosphat

Akkumulation im Myzel von histidin-auxotrophen Mutanten (AMES 1955, AMES und MITCHELL 1955). In Kulturfiltraten wurde dieses Intermediärprodukt, ebenso wie die zwei nachfolgenden, nur in entphosphorylierter Form gefunden (S. 361). Nachweis von Enzymen, welche die Dehydratisierung von Imidazol-glycerin-phosphat zu Imidazol-acetol-phosphat katalysieren (AMES 1955). Bei Hefen Akkumulation von Imidazol-glycerin-phosphat als Folge einer Hemmung der Histidinsynthese durch 3-Amino-1,2,4-triazol. Wahrscheinlich betrifft die 3-AT-Hemmung die Imidazol-glycerin-phosphat-Dehydratase, welche die Umwandlung von Imidazol-glycerin-phosphat in Imidazol-acetol-phosphat katalysiert (KLOPOTOWSKI und HULANICKA 1963, FINK 1964).

Imidazol-acetol-phosphat

Akkumulation im Myzel einer histidin-auxotrophen Mutante (AMES 1955, AMES und MITCHELL 1955). Nachweis eines Enzyms (Glutaminsäure-phosphohistidinol-Transaminase), welches den Syntheseschritt nach L-Histidinol-phosphat katalysiert (AMES und HORECKER 1956). Auch bei *S. cerevisiae* durch Identifizierung von Akkumulaten und Enzymen als Intermediärprodukt nachgewiesen (FINK 1964).

L-Histidinol-phosphat

Akkumulation im Myzel einer histidin-auxotrophen Mutante (AMES 1955, AMES und MITCHELL 1955). Nachweis einer Phosphatase, welche die Umwandlung nach L-Histidinol katalysiert (AMES 1955). Auch bei *S. cerevisiae* nachgewiesen (FINK 1964).

L-Histidinol

Akkumulation in Kulturfiltraten einer histidin-auxotrophen Mutante (*his-3*) (AMES 1955). Nachweis eines Enzyms (L-Histidinol-Dehydrogenase), das die Umwandlung des L-Histidinols in L-Histidin katalysiert (CATCHESIDE 1960b). Auch bei *S. cerevisiae* nachgewiesen (FINK 1964).

L-Histidin

**g) Tryptophan-Tyrosin-Phenylalanin-p-Aminobenzoesäure-p-Hydroxybenzoesäure** (s. auch Abb. VI-6)

5-Dehydrochinasäure

Wiederherstellung der Lebensfähigkeit nach Zugabe von Chinasäure bei einer Mutante, die für alle fünf aromatischen Verbindungen auxotroph ist. Die Chinasäure wird vermutlich in 5-Dehydrochinasäure umgebaut (GORDON et al. 1950). Folglich ist 5-Dehydrochinasäure gemeinsame Vorstufe für alle fünf aromatischen Verbindungen. Durch Verwendung von radioaktiv markierten Substanzen als Vorstufe der Shikimisäure nachgewiesen (TATUM und GROSS 1956).

Biochemische Syntheseketten

377

Tabelle VI-2 (Fortsetzung)

| Stoffwechselprodukt | Nachweis und Referenz |
|---|---|

5-Dehydroshikimisäure

Akkumulation dieser Säure bei einer shikimisäureauxotrophen Mutante (Tatum et al. 1954). Nachweis eines Enzyms (Reductase), welches die Umwandlung der 5-Dehydroshikimisäure in Shikimisäure katalysiert (Gross 1958, Gross und Fein 1960).

Shikimisäure

Wiederherstellung der Lebensfähigkeit nach Zugabe von Shikimisäure bei Mutanten, die gleichzeitig für Tryptophan, Tyrosin, Phenylalanin und p-Aminobenzoesäure auxotroph sind (Tatum 1949, Tatum et al. 1950). Folglich ist Shikimisäure gemeinsame Vorstufe für diese vier aromatischen Verbindungen (Tatum und Perkins 1950, Tatum 1951, Davis 1951, Tatum et al. 1954). Neuere Untersuchungen zeigen, daß diese zu 5-Phosphoshikimisäure phosphoryliert wird (Davis, pers. Mitt., Lingens, pers. Mitt., DeMoss 1965a, b, Edwards und Jackman 1965).

5-Phosphoshikimisäure

Analysen von Akkumulaten und Enzymen ergaben, daß die Umwandlung von 5-Phosphoshikimisäure in Chorisminsäure über 3-Enolpyruvylshikimisäure-7-phosphat verläuft (Lingens, persönliche Mitteilung, DeMoss 1965a, b).

3-Enolpyruvylshikimisäure-7-phosphat

Nachweis bei Bakterien (Edwards und Jackman 1965). Für Pilze wahrscheinlich (Lingens, persönliche Mitteilung, DeMoss 1965a, b).

Chorisminsäure

Die Chorisminsäure bildet die Verzweigungsstelle für die weitere Synthese der fünf aromatischen Verbindungen. Isolierung von Anthranilat-Synthetase, welche den Syntheseschritt zur Anthranilsäure katalysiert (DeMoss 1965a, b, DeMoss und Wegman 1965, Wegman und DeMoss 1965). Auch bei S. cerevisiae als Zwischenprodukt nachgewiesen (Lingens et al., 1966a, b, c).

Anthranilsäure

Wiederherstellung der Lebensfähigkeit bei tryptophanauxotrophen Mutanten nach Zugabe von Anthranilsäure; Akkumulation dieser Säure in Kulturfiltraten (Tatum et al. 1944, 1954). Auch Akkumulation in Hefen (Lingens und Lück 1963). Analyse der Umwandlung von Anthranilsäure in Indol-glyzerinphosphat durch Verwendung radioaktiv markierter Substanzen (Nyc et al. 1949, Partridge et al. 1952). Diese Umwandlung verläuft über zwei Zwischenstufen. Der Syntheseschritt zu Phosphoribosylanthranilat wird von der Phosphoribosyl-Transferase katalysiert (DeMoss und Wegman 1965, Wegman und DeMoss 1965).

Phosphoribosylanthranilat (PRA)

Isolierung von PRA-Isomerase, welche den Schritt nach CDRP katalysiert (Lester 1963, Wegman und DeMoss 1965, DeMoss und Wegman 1965).

1-(o-Carboxyphenylamino)-1-desoxyribulose-5-phosphat (CDRP)

Durch Akkumulat- und Enzymanalysen nachgewiesen. Identifikation von Indol-3-glycerinphosphat-Isomerase,

Tabelle VI-2 (Fortsetzung)

| Stoffwechselprodukt | Nachweis und Referenz |
|---|---|

welche den Schritt nach Indolglycerinphosphat katalysiert (WEGMAN und DEMOSS 1965, DEMOSS und WEG-
MAN 1965).

Indol-glycerin-phosphat

Wiederherstellung der Lebensfähigkeit von tryptophanauxotrophen Mutanten nach Zugabe von Indol (TATUM
und BONNER 1943, 1944). Auch in zellfreien Extrakten
kann Tryptophan aus Indol und Serin synthetisiert
werden (UMBREIT et al. 1946). Nachweis eines Enzyms
(Tryptophan-Synthetase), welches diese Reaktion katalysiert (YANOFSKY 1952a, TATUM und SHEMIN 1954,
WEGMAN und DEMOSS 1965, DEMOSS und WEGMAN 1965)
(S. 389ff.). Mutanten, die keine Tryptophan-Synthetase
herstellen können, sind auxotroph für Tryptophan und
akkumulieren Anthranilsäure und zum Teil auch Indol
in ihren Kulturfiltraten (MITCHELL und LEIN 1948,
YANOFSKY 1952b, 1955). Später durchgeführte Untersuchungen über die Tryptophansynthese haben jedoch gezeigt, daß in vivo nicht das Indol, sondern
Indol-glyzerin-phosphat als Vorstufe des Tryptophans
anzusehen ist.

Tryptophan

5-Dehydrochinasäure
bis                      } s. Tryptophansynthese
Chorisminsäure

Nachweis durch Wuchsteste, radioaktiv markierte Substanzen und Isolierung von Enzymen, daß die Synthese
über die o.g. Zwischenstufen verläuft und daß sich bei
der Chorisminsäure die Synthesekette nach den fünf
aromatischen Verbindungen verzweigt (TATUM et al.
1954, s. auch DEMOSS und WEGMAN 1965, EDWARDS und
JACKMAN 1965).

p-Aminobenzoesäure + p-Hydroxybenzoesäure

5-Dehydrochinasäure
bis                      } s. Tryptophansynthese
Chorisminsäure

Abzweigung von den Syntheseketten für Tryptophan,
p-Aminobenzoesäure und p-Hydroxybenzoesäure. Chorisminsäure als Intermediärprodukt der Tyrosin- und
Phenylalaninsynthese durch Akkumulat- und Enzymanalysen und durch Verwendung radioaktiver Substanzen nachgewiesen (COLBURN und TATUM 1965, s. auch
TATUM et al. 1954). Die Umwandlung in Prephensäure
in *S. cerevisiae* wird wahrscheinlich (wie in Bakterien)
von zwei Isoenzymen katalysiert (LINGENS und GOEBEL
1965, LINGENS et al. 1966b).

Prephensäure

Der Syntheseschritt von Prephensäure nach Tyrosin über
4-Hydroxyphenylbrenztraubensäure wurde vor allem
bei Bakterien nachgewiesen (COTTON und GIBSON 1965,[1]

[1] Bedingt durch neuere Forschungsergebnisse mußte die Tabelle erweitert
werden. Um eine Veränderung der Paginierung zu vermeiden, findet sich
die Erweiterung am Schluß des Buches auf Seite 475.

Tabelle VI-2 (Fortsetzung)

| Stoffwechselprodukt | Nachweis und Referenz |
|---|---|

**3-Hydroxy-anthranilsäure**

Wiederherstellung der Lebensfähigkeit bei nicotinsäure-auxotrophen Mutanten nach Zugabe von 3-Hydroxy-anthranilsäure (MITCHELL und NYC 1948). Akkumulation und Isolation dieser Säure aus Kulturfiltraten (BONNER und BEADLE 1946, BONNER 1948). Nachweis durch Verwendung radioaktiv markierter Substanzen, daß 3-Hydroxy-anthranilsäure über Chinolinsäure in Nicotinsäure umgewandelt wird (YANOFSKY und BONNER 1951).

**Chinolinsäure**

Wiederherstellung der Lebensfähigkeit von nicotinsäure-auxotrophen Mutanten nach Zugabe von Chinolinsäure (YANOFSKY und BONNER 1951). Akkumulation von Chinolinsäure in Kulturfiltraten (HENDERSON 1949, BONNER und YANOFSKY 1949).

**Nicotinsäure**

## 3. Biosynthese eines Pyrimidins
**Uridylsäure** (s. auch Abb. VI-8)

**Asparaginsäure + Carbamylphosphat**

Nachweis durch Akkumulation und Wuchsteste, daß beide Substanzen Vorstufen der Uridylsäure sind (MITCHELL und HOULAHAN 1947). Beide bilden zusammen die Ureidobernsteinsäure (= Carbamylasparaginsäure), wie durch enzymatische Teste gezeigt werden konnte (z.B. REICHARD und HANSHOFF 1956 bei *E.coli*).

**Ureidobernsteinsäure**

Herstellung von pyrimidin-auxotrophen Mutanten *(pyr-1)*, welche Ureidobernsteinsäure akkumulieren. Es konnte jedoch nicht ausgeschlossen werden, daß gleichzeitig auch Dihydro-orotsäure angehäuft wird (DAVIS, persönliche Mitteilung).

**Dihydro-orotsäure**

Nachweis in pyrimidin-auxotrophen Mutanten *(pyr-1)*, daß Ureidobernsteinsäure nicht direkt, sondern nur über das Intermediärprodukt Dihydro-orotsäure in Orotsäure umgewandelt wird (DAVIS, persönliche Mitteilung).

**Orotsäure**

Akkumulation der Orotsäure in Kulturmedien von pyrimidin-auxotrophen Mutanten *(pyr-2)* (MITCHELL et al. 1948). Nachweis der Umwandlung von Orotsäure in Orotidinsäure durch ausführliche enzymatische Teste mit reinen Substraten; an der Bildung der Orotidinsäure ist gleichzeitig 5-Phosphoribosyl-1-$\alpha$-Pyrophosphat unter Abspaltung des Pyrophosphats beteiligt (DAVIS, persönliche Mitteilung). Nachweis bei Hefen durch Verwendung radioaktiv markierter Orotsäure, daß diese Säure Vorstufe der Uridylsäure ist (EDMONDS et al. 1952).

**Orotidinsäure**

Akkumulation von Orotidin, welches durch Dephosphorylierung der Orotidinsäure entsteht (MICHELSON et al. 1951). Nachweis eines ähnlichen Syntheseschrittes bei *Schizosaccharomyces pombe* (MEGNET 1959).

Tabelle VI-2 (Fortsetzung)

| Stoffwechselprodukt | Nachweis und Referenz |
|---|---|
| ↓<br><br>↓<br>Uridylsäure | Nachweis in pyrimidinauxotrophen Mutanten *(pyr-4)*, daß Orotidinsäure durch Decarboxylierung in Uridylsäure umgewandelt wird (TUTTLE, unveröffentlicht). Isolierung einer Decarboxylase, welche diesen Schritt katalysiert (LIEBERMANN et al. 1955). |

## Zusammenfassung

1. Monogene Mangelmutanten von Pilzen haben sich als besonders geeignet für die Aufklärung biochemischer Syntheseketten von Aminosäuren, Vitaminen, Purinen und Pyrimidinen erwiesen. Einige dieser Syntheseketten sind in den Abb. VI-5 bis VI-8 und in Tabelle VI-2 beschrieben.

2. Die Auxotrophie einer Mutante ist im allgemeinen auf den Verlust der Aktivität eines einzelnen Enzyms zurückzuführen. Man unterscheidet monoauxotrophe und polyauxotrophe Mutanten. In beiden Fällen handelt es sich um Einfachmutanten. Monoauxotrophe Mutanten haben die Fähigkeit verloren, ein bestimmtes Endprodukt einer Synthesekette zu bilden. Polyauxotrophie dagegen kann durch einen genetischen Block bedingt sein, der vor der Verzweigung einer verzweigten Synthesekette liegt. Sie kann aber auch dadurch hervorgerufen werden, daß durch Ausfall oder Inaktivierung eines einzigen Enzyms zwei verwandte, getrennt verlaufende Syntheseketten blockiert werden.

3. Die an Experimenten mit auxotrophen Mutanten gewonnenen Erkenntnisse führten zur Aufstellung der sog. „Ein-Gen-ein-Enzym"-Hypothese (s. auch S. 417ff.).

# C. Gene und Enzyme

Aus der Erkenntnis, daß einzelne Gene bestimmte Stoffwechselschritte kontrollieren und diese Funktion mit Hilfe von Enzymen ausüben, hat sich die Frage nach den Beziehungen zwischen Genen und Enzymen ergeben: Besteht stets eine direkte Korrelation zwischen der Struktur des genetischen Materials und der Enzymspezifität, oder greifen die Gene auch indirekt in die einzelnen Schritte einer enzymatisch gesteuerten Synthese ein? Im ersten Fall müßte die Blockierung eines bestimmten Syntheseabschnittes durch Verlust des Enzyms oder durch Veränderung seiner Wirkungsspezifität bedingt sein. Im zweiten Fall würde zwar das Enzym in unveränderter Form produziert, aber durch andere Substanzen an der Entfaltung seiner katalytischen Aktivität gehindert. Von derartigen Überlegungen ausgehend, versucht seit dem Ende der vierziger Jahre eine Reihe von Arbeitsgruppen, durch *vergleichende biochemische Untersuchungen an prototrophen Wildstämmen und auxotrophen monogenen Mutanten: 1. das für einen bestimmten Syntheseschritt verantwortliche Enzym zu erfassen, 2. die Auswirkung der mutativen Genveränderung auf das betreffende Enzym festzustellen, 3. eine Korrelation zwischen Genstruktur und Enzymspezifität zu finden.* Diese Untersuchungen haben gezeigt, daß beide Alternativen, nämlich die direkte und die indirekte Korrelation zwischen Gen und Enzym, vorhanden sind. Darüber hinaus haben diese Experimente, vor allem diejenigen an Bakterien, es ermöglicht, eine Modellvorstellung über die genetische Kontrolle der Enzymbildung zu entwickeln.

*Literatur:* Bonner (1951, 1952, 1955, 1956, 1959, 1964a, b), Horowitz (1951), Beadle (1956, 1957, 1960a, b, 1961), Fincham (1959a, 1960), Catcheside (1960a), Yanofsky (1960), Yanofsky und St. Lawrence (1960), Catcheside (1964).

# I. Genmutation und Enzymspezifität

Nachdem von Mitchell und Lein (1948) nachgewiesen werden konnte, daß eine Tryptophan-Mangelmutante von *Neurospora crassa* nicht in der Lage ist, ein Enzym zu bilden, das die Synthese dieser Aminosäure katalysiert, sind sowohl bei diesem Objekt als auch bei anderen Pilzen zahlreiche Enzyme, die für bestimmte Stoffwechselschritte verantwortlich sind, erfaßt und biochemisch analysiert worden. In vielen Fällen konnte auch der Modus der Genwirkung auf die Enzymbildung ermittelt werden.

## 1. Direkte Wirkungen

In Tabelle VI-3 haben wir Beispiele für eine direkte Einwirkung von mutativen Veränderungen auf Enzyme zusammengestellt. Aus der Tabelle geht hervor, ob durch die Genmutation das Enzym in quantitativer oder qualitativer Weise beeinflußt wird.

### a) Quantitative Wirkungen

Der am häufigsten beobachtete quantitative Effekt einer Genmutation führt zu einem Ausbleiben der Enzymbildung bei der betreffenden Mutante. In anderen Fällen besteht die Auswirkung der Mutation in einer Veränderung der gebildeten Enzymmenge. Meistens war die relative Aktivität herabgesetzt, und nur in einem Fall (Tavlitzki 1954) ergab sich bisher eine Zunahme (Tabelle VI-3).

Quantitative Änderungen der Enzymaktivität können nur eindeutig festgestellt werden, wenn der enzymatische Vergleich von Wildstamm und Mutanten auf folgenden Kriterien basiert: 1. gleiche Kultur- und Aufbereitungsbedingungen, 2. gleiches Bezugssystem für die verschiedenen Enzymaktivitäten, z.B. Aktivität/Proteingehalt = spezifische Aktivität, 3. Nachweis, daß eine qualitative Veränderung ausgeschlossen werden kann. Leider sind diese Voraussetzungen nur in wenigen Fällen alle erfüllt worden. Vor allem fehlt bei den meisten der in Tabelle VI-3 verzeichneten Beispiele für quantitative Enzymveränderungen eine intensive Analyse des betreffenden Enzyms auf qualitative Veränderungen. Eine qualitative Enzymveränderung liegt z.B. vor, wenn eine auxotrophe Mutante anstelle eines aktiven Enzyms nur noch ein dem Enzym verwandtes enzymatisch inaktives Protein bildet (Einzelheiten darüber S. 391).

Tabelle VI-3. *Beispiele für enzymatische Veränderungen in Mutanten verschiedener Pilze*

Mit Ausnahme der prototrophen Tyrosinase- und Laccase-Mutanten sind alle übrigen Mutanten auxotroph. Mutanten-Enzyme, für die mit Sicherheit strukturelle Veränderungen nachgewiesen wurden, sind mit + gekennzeichnet. Alle anderen Enzyme sind entweder nur quantitativ verändert oder noch nicht hinreichend auf qualitative Änderungen untersucht worden (unter Verwendung der Angaben von FINCHAM 1959a und CATCHESIDE 1960a).

| Objekt | Locus | Enzym | Enzymatische Aktivität der Mutanten | Qualitative Veränderung | Referenz |
|--------|-------|-------|------|------|----------|
| *Saccharomyces cerevisiae* | ? | Galaktokinase | Verlust | | DE ROBICHON-SZULMAJSTER 1958 |
| | ga-4 | Galaktokinase, Transferase, Epimerase | Verlust | | DOUGLAS und HAWTHORNE 1964 |
| | ga-7 | Transferase | Verlust | | |
| | ga-10 | Epimerase | Verlust | | |
| | ? | Diphosphothiamin-Phosphatase | Zunahme | | TAVLITZKI 1954 |
| | MZ | α-Glukomelizitase | Verlust | | PALLERONI und LINDEGREN 1953 |
| | M-1 bis M-6 | α-Glukosidase | Verlust | | HALVORSON et al. 1963 |
| *Aspergillus nidulans* | ? | Nitrat-Reductase | Verlust | | COVE und PATEMAN 1963, PATEMAN et al. 1964 |
| *Aspergillus oryzae* | ? | Amylase | Verlust | | SEARASHI 1962 |
| *Glomerella cingulata* | mehrere Loci | Tyrosinase | Abnahme | | MARKERT 1950, MARKERT und OWEN 1954 |
| *Podospora anserina* | mehrere Loci | Laccase | Abnahme | + | ESSER 1963, 1966 |
| *Neurospora crassa* | ad-4 | Adenylosuccinase | Verlust | + | GILES et al. 1957a, b |
| | ad-8 | Adenylosuccinat-Synthetase | Verlust | | ISHIKAWA 1960, 1962a, b |
| | am | Glutaminsäure-Dehydrogenase | Verlust | + | FINCHAM 1954, 1957, FINCHAM und PATEMAN 1957a, b, PATEMAN und FINCHAM 1958 |
| | arg-1 | Argininosuccinat-Synthetase | Verlust | | NEWMEYER 1957 |
| | arg-10 | Arginino-Succinase | Verlust | | FINCHAM und BOYLEN 1955 |
| | arom-1 | Dehydroshikiminsäure-Reductase | Verlust | | GROSS und FEIN 1960 |
| | car | Brenztraubensäure-Carboxylase | Abnahme | | STRAUSS 1953 |
| | his-1 | Imidazolglyzerin-phosphat-Dehydrase | Verlust | | AMES 1957a |
| | his-3 | L-Histidinol-Dehydrogenase | Verlust Abnahme | | AMES 1957b WEBBER 1960 |

Tabelle VI-3 (Fortsetzung)

| Objekt | Locus | |Enzym | Enzymatische Aktivität der Mutanten | Qualitative Veränderung | Referenz |
|---|---|---|---|---|---|
| *Neurospora crassa* | his-4 | L-Histidinolphosphat-Phosphatase | Verlust | | AMES 1957b |
| | his-5 | Glutaminsäure-phosphohistidinol-Transaminase | Verlust | | AMES und HORECKER 1956 |
| | iv-1 | α,β-Dihydroxy-isovaleriansäure-Dehydrase | Abnahme | | MEYERS und ADELBERG 1954, |
| | iv-2 | α-Acetyl-α-hydroxy-propionsäure-Isomerase, α-Keto-β-hydroxyisovaleriansäure-Reductase | Verlust | | WAGNER et al. 1960 |
| | leu-2 | β-Carboxy-β-hydroxy-isocapronsäure-Isomerase | Verlust | | GROSS 1962 |
| | ? | Lactase | Abnahme | | LANDMAN 1950 |
| | me-2 | Cystathionase II | Verlust u. | | FISCHER 1957 |
| | me-7 | Cystathionase I | Abnahme | | |
| | ? | Nitrat-Reductase | Verlust | | SILVER und McELROY 1954, McELROY und SPENCER 1956 |
| | oxD | D-Aminosäure-Oxydase | Verlust | | OHNISHI et al. 1962 |
| | prol-1 | Pyrrolin-5-carboxylat-Reductase | Abnahme | + | YURA 1959 |
| | pyr-3 | Aspartat-Transcarbamylase | Verlust | | DAVIS 1960, DAVIS und WOODWARD 1962 |
| | su pyr-3 | Ornithin-Transcarbamylase | Abnahme | + | DAVIS 1962a, b |
| | suc | Oxalessigsäure-Carboxylase | Abnahme | | STRAUSS 1957 |
| | td = tryp-3 | Tryptophan-Synthetase (syn. Tryptophan-Desmolase) | Abnahme Verlust | + | YANOFSKY 1952a, YANOFSKY und BONNER 1955a, SUSKIND et al. 1955, SUSKIND und KUREK 1959, MOHLER und SUSKIND 1960, DEMOSS und BONNER 1959, ESSER et al. 1960 |
| | thr-2 | Threonin-Synthetase | Verlust | | FLAVIN und SLAUGHTER 1960 |
| | T | Tyrosinase | verändert | + | HOROWITZ und FLING 1953, 1956, |
| | ty-1 ty-2 | | } Abnahme u. Verlust | | HOROWITZ et al. 1960, 1961a, b |
| | ? | Tyrosinase | Verlust | | Fox et al. 1963 |
| | ? | β-Glukosidase | Abnahme | | EBERHART et al. 1964 |

## Tyrosinase

Durch die Untersuchungen von HOROWITZ et al. (1960) an *N. crassa* wurde gezeigt, daß *Ein-Genmutationen die Enzymproduktion quantitativ beeinflussen können, ohne dabei die Struktur des Enzyms zu verändern.*

Die Tyrosinase, die in kristalliner Form kürzlich von FLING et al. (1963) dargestellt wurde, ist an der Synthese der Melaninpigmente beteiligt. Sie oxydiert Mono- und Dihydroxyphenolkörper. Phenoloxydasen sind bei Pilzen keine für den Wuchs essentiellen Enzyme. Der Wildstamm von *Neurospora crassa* bildet konstitutiv Tyrosinase nur unter Kulturbedingungen, die für die Myzelvermehrung und die Proteinsynthese ungünstig sind; z.B. nach Erschöpfung der Nährstoffvorräte des Kulturmediums (Fox et al. 1963). In einem synthetischen Medium mit geringer Sulfationen-Konzentration wird ebenfalls konstitutiv Tyrosinase synthetisiert (HOROWITZ und SHEN 1952). Die Enzymproduktion wird jedoch durch Erhöhung der Sulfationenkonzentration gehemmt. Tyrosinase entsteht induktiv, wenn man einem Nährmedium, das genügend Sulfationen für die Hemmung der konstitutiven Enzymsynthese enthält, aromatische Aminosäuren (z. B. Dihydroxyphenylalanin) zusetzt, die als Enzymsubstrate dienen können.

Die nichtallelen Mutanten *ty-1* und *ty-2* bilden unter Ernährungsbedingungen, welche für eine konstitutive Enzymbildung optimal sind, keine Tyrosinase. Sie können jedoch auf zweierlei Weise zur Enzymbildung veranlaßt werden: 1. In Heterokaryen durch die dominante Wirkung ihrer Wild-Allele, 2. induktiv, d. h. nach Zusatz der oben erwähnten, als Induktoren dienenden aromatischen Aminosäuren. Die in beiden Fällen gebildete Tyrosinase ist nicht vom Wildstamm-Enzym zu unterscheiden. Dies kann durch Markierung der Mutanten mit Genen, die für strukturelle Veränderungen der Tyrosinase verantwortlich sind (S. 387f.), bewiesen werden; denn sowohl in Heterokaryen als auch nach Induktion entsteht immer die für das Markierungs-Gen typische Phenoloxydase. Wie Versuche mit $C^{14}$-markiertem Valin ergaben, entsteht die Tyrosinase bei Enzyminduktion „de novo" aus Aminosäuren und nicht aus schon vorhandenen Proteinen.

Experimente, die auf eine quantitative Veränderung der Tyrosinaseproduktion schließen lassen, wurden auch von SCHAEFFER (1953), Fox und BURNETT (1962), Fox et al. (1963) an *N. crassa* und von MARKERT (1950), SUSSMAN et al. (1955) an *Glomerella cingulata* durchgeführt.

SCHAEFFER studierte eine Einfaktormutante, die gegenüber dem Wildstamm in erhöhtem Maße Melaninpigmente ausbildet. Es war allerdings nicht möglich zu entscheiden, ob die erhöhte Fermentaktivität durch eine Steigerung der Enzymbildung oder durch die Blockierung der Synthese eines Tyrosinasehemmstoffes hervorgerufen wird.

Fox und seine Mitarbeiter untersuchten einen *Neurospora*-Stamm, der keine Tyrosinaseaktivität besitzt. Dieser Stamm bildet auch kein der Tyrosinase verwandtes Protein; er enthält allerdings einen nichtdialysierbaren Faktor, der in der Lage ist, die Wildstamm-Tyrosinase zu aktivieren. Die genetische Situation dieser Befunde ist noch nicht abgeklärt.

Nach UV-Bestrahlung erhielt MARKERT bei *G. cingulata* eine Anzahl von monogenen Mutanten, die eine makroskopisch erkennbare mehr oder minder schwache Myzel-Pigmentierung aufwiesen. Die Mutanten zeigten große Unterschiede in der Tyrosinaseaktivität. Die Ergebnisse genetischer Analysen ließen vermuten, daß die Mutanten möglicherweise sechs verschiedenen Loci zugeordnet werden können.

Ob die von Markert in Mutanten beobachteten Veränderungen der Tyrosinaseaktivität wirklich in allen Fällen quantitativer Art sind, erscheint uns fraglich. 1. Die Enzymaktivität wurde nämlich auf das Gewicht eines dialysierten und lyophilisierten Rohextraktes und nicht auf den Proteingehalt der Lösung bezogen. 2. Die Tyrosinasebildung ist im Verlauf des Myzelwachstums starken Schwankungen unterworfen und von Umweltsbedingungen abhängig (Markert 1950, Sussman und Markert 1953). Das Optimum wird nach etwa 200 h erreicht, wenn man Petrischalen mit einer Konidiensuspension beimpft und bei 25° C kultiviert. Da alle Myzelien nach der gleichen Zeit geerntet wurden, ist es durchaus möglich, daß infolge von Wuchsverzögerungen bei einzelnen Mutanten das Optimum der Enzymbildung nicht erreicht und auf diese Weise eine Verringerung der Enzymaktivität vorgetäuscht wird.

Durch immunologische Untersuchungen konnte mit großer Wahrscheinlichkeit ausgeschlossen werden, daß die von den einzelnen Mutanten gebildete Tyrosinase qualitativ verändert ist (Markert und Owen 1954, Owen und Markert 1955). Die beiden Autoren erhielten nach Injektion von Tyrosinasepräparaten des Wildstammes in Kaninchen ein Antiserum, das die Tyrosinase rasch inaktiviert und langsam präzipitiert. Ein Test der aus den verschiedenen Mutanten stammenden Enzympräparate gegen diese Anti-Tyrosinase zeigte, daß die aus dem Reaktionsgemisch abgebundene Anti-Tyrosinase den zugegebenen Tyrosinasemengen proportional war. Kreuzreagierendes Material (S. 391) konnte nicht nachgewiesen werden.

## α-Glukosidase

Bei der Hefe steuern sechs nichtallele Gene *(M1—M6)* die Vergärung von Maltose. Diese Erbfaktoren stammen aus verschiedenen Arten (*S. cerevisiae:* Winge und Roberts 1948, 1950; *S. distaticus:* Gilliland 1954; *S. carlsbergensis:* Winge und Roberts 1950). Die *M*-Gene sind für die Bildung des Enzyms α-Glukosidase verantwortlich. Halvorson et al. (1963) prüften die Fragestellung, ob diese Gene die Entstehung von strukturell verschiedenen Enzymen bewirken, oder ob sie alle die Synthese des gleichen Enzyms steuern.

Es konnte festgestellt werden, daß alle geprüften *M*-Gene (Gen *M5* wurde nicht in die Experimente einbezogen) im rezessiven Status weder die Bildung von α-Glukosidase noch von einem diesem Enzym serologisch verwandten Protein ermöglicht. Ein dominantes Allel allein genügt für die konstitutive Bildung des Enzyms, dessen Menge durch Zugabe von Maltose noch induktiv erhöht werden kann. Die von den verschiedenen *M*-Stämmen gebildeten α-Glukosidasen wurden partiell gereinigt. Sie ließen sich durch die folgenden Kriterien nicht voneinander unterscheiden: Hitze-Inaktivierung, elektrophoretische Wanderung, Chromatographie an Zellulose oder DEAE-Zellulose, Substratspezifität und Neutralisierung mit spezifischen Antigenen. Halvorson und seine Mitarbeiter schlossen aus diesen Befunden, daß die einzelnen Enzyme möglicherweise in ihren Proteinträgern identische tertiäre Strukturen aufweisen.

Die *M*-Gene haben offenbar einen rein quantitativen Einfluß auf die Enzymsynthese. Diese Auffassung konnte noch durch die Beobachtung bestätigt werden, daß die Bildung der α-Glukosidase von der Dosis der *M*-Gene abhängig ist. Sie steigt proportional zur Anzahl der in einem Kern vorhandenen dominanten *M*-Faktoren (Rudert und Halvorson 1963).

## α-Glukomelizitase

Genmutationen haben nicht nur auf die konstitutiv gebildeten Gärungsfermente der Hefen einen quantitativen Effekt, sondern auch auf

die induzierbaren. Lindegren und seine Mitarbeiter fanden, daß Hefe-
stämme nach Kultur auf Melizitose, Turanose, Maltose, Saccharose oder
α-Methylglukosid adaptiv ein enzymatisches System ausbilden, das die
Hydrolyse dieser Substanzen erlaubt (Palleroni und Lindegren 1953).
Da die Fähigkeit, Melizitose zu spalten, stets mit einer hydrolytischen
Aktivität gegenüber den anderen vier Zuckern verbunden ist, nehmen
Palleroni und Lindegren an, daß ein einziges Enzym, die α-Glukomelizitase, für die Hydrolyse der fünf Zucker verantwortlich ist. Eine
Reihe von monogenen Mutanten wurden gefunden, die nicht mehr auf
alle, sondern nur auf einzelne Substrate mit adaptiver Enzymbildung
reagieren (Lindegren und Lindegren 1953). Die Lindegrens (1956)
erklären dieses Phänomen durch die Annahme, daß die Mutanten eine
Serie von multiplen Allelen des MZ-Locus sind, der für die adaptive
Enzymbildung verantwortlich ist. Gegen diese Interpretation wenden
sich Robertson und Halvorson (1957). Einerseits sind nämlich auch
andere mit dem MZ-Locus nichtidentische Gene bekannt, welche die
adaptive Fermentbildung beeinflussen; andererseits entstehen in allen
Kreuzungen zwischen den einzelnen Mutanten stets „neue Allele" des
MZ-Locus (Lindegren et al. 1956). Robertson und Halvorson
führen die Unterschiede zwischen den Mutanten auf eine durch Permeasen
bedingte verschiedenartige Durchlässigkeit der Membran für einzelne
Induktionssubstrate zurück. Derartige Permeasen wurden kurze Zeit
später von Robichon-Szulmajster (1958) für Galaktose-Mangel-
mutanten der Hefe nachgewiesen. Gegenargumente von Lindegren
(1957) haben nicht zu einer Klärung der Situation geführt.

### Enzyme der Histidin-Biosynthese
(vgl. Abb. VI-5 und Tabelle VI-2, Nr. 1 f)

Von dem his-3-Locus der Neurospora crassa kennt man etwa hundert
allele Mutanten, die sich mit Hilfe des Komplementationstestes (S. 396 ff.)
in verschiedene physiologische Gruppen einordnen lassen (Abb. VI-11,
Catcheside 1960 b). Gemäß den von diesem Genort gesteuerten enzymatischen Prozessen können die Komplementationsgruppen in verschiedene
Klassen zusammengefaßt werden (Ames et al. 1953, Ames 1955, 1957a, b,
Webber 1960).

Klasse I: Die Mutanten der Komplementationsgruppen C, D, E
und F (Abb. VI-11) bilden nach Zugabe von L-Histidin zum Nährmedium größere Mengen von L-Histidinol. Bei ihnen scheint der letzte
Schritt der Histidinsynthese blockiert zu sein. Biochemische Untersuchungen an einigen Mutanten ergaben, daß diesen das Enzym Histidinol-Dehydrogenase fehlt.

Klasse II: Mutanten der Komplementationsgruppen A und B
(Abb. VI-11) akkumulieren weder L-Histidinol noch ein anderes nach-
weisbares Imidazol. Diese Mutanten gehören zu drei verschiedenen
Kategorien: 1. Stämme mit einem L-Histidinol-Dehydrogenase-Defekt,
2. Stämme mit einer Enzymdefizienz in frühen Stadien der Histidinsynthese, 3. Stämme, denen beide Enzymsysteme fehlen.

Man könnte die unterschiedliche enzymatische Aktivität der einzelnen *his-3*-Mutanten auch auf qualitative Enzymveränderungen zurückführen. Das würde bedeuten, daß der *his-3*-Locus für die Bildung eines einzelnen Enzyms mit verschiedenen katalytischen Fähigkeiten verantwortlich ist, wie z.B. der *td*-Locus (S. 389ff.). Abgesehen davon, daß für diese Deutung keinerlei biochemische Daten vorliegen, sprechen auch die genetischen Untersuchungen von WEBBER (1960) gegen diese Erklärungsmöglichkeit. Seine Versuchsergebnisse lassen die Annahme zu, daß dieser Genort nicht nur strukturell, sondern auch funktionell komplex ist. Punktmutationen in verschiedenen Regionen blockieren quantitativ unterschiedliche Enzymsysteme.

## b) Qualitative Wirkungen

Einen weitaus tieferen Einblick in den funktionellen Zusammenhang zwischen Gen und Enzym haben die Fälle erbracht, in denen durch Mutationen qualitative Veränderungen von Fermenten ausgelöst wurden (Tabelle VI-3).

Der Nachweis einer qualitativen Enzymveränderung erfordert eine möglichst genaue Kenntnis der Eigenschaften des vom Wildstamm gebildeten Enzyms. Zur Charakterisierung des Wildenzyms können z.B. die folgenden Kriterien verwendet werden: Substratspezifität, Empfindlichkeit gegen Hemmstoffe oder in bestimmten pH-Bereichen, Hitzestabilität, Enzymkinetik, Verhalten im elektrischen Feld und im Schwerefeld, Molekulargewicht, Sequenzanalyse der Aminosäuren im Enzymprotein, immunologisches Verhalten. Zur Ermittlung dieser Merkmale ist in den meisten Fällen eine weitgehende Reinigung der betreffenden Enzyme notwendig. Beim Vergleich von Enzympräparaten, die von Stämmen mit unterschiedlicher genetischer Konstitution stammen, sind vor allem auch die drei schon oben bei der Besprechung von quantitativen Enzymveränderungen genannten Kriterien zu beachten (S. 381).

### Tyrosinase

Außer den im vorigen Abschnitt erwähnten Genen, welche die Tyrosinasebildung bei *Neurospora* quantitativ beeinflussen, konnten HOROWITZ und seine Mitarbeiter auch einen Genort identifizieren, der für die Struktur der Tyrosinase verantwortlich ist (HOROWITZ und FLING 1953, 1956, HOROWITZ et al. 1960, 1961a, b). Von diesem Genort sind vier Allele bekannt, die aus verschiedenen Wildstämmen isoliert wurden. Die unter dem Einfluß der einzelnen Allele gebildeten Enzyme

Tabelle VI-4. *Eigenschaften von Tyrosinase aus N. crassa, deren Bildung durch verschiedene Allele des T-Locus gesteuert wird.* (Nach HOROWITZ et al. 1961a)

| Genotyp | Thermostabilität (Halbwertzeiten in Minuten bei 59° C) | Elektrophoretische Wanderung mm/h auf Papier bei pH 6, 1,25 mA pro Papierstreifen |
|---|---|---|
| $T_S$ | 70 | 2 |
| $T_L$ | 5 | 2,25 |
| $T_{PR-15}$ | 20 | 1,5 |
| $T_{Sing-2}$ | 70 | 1,5 |

unterscheiden sich qualitativ hinsichtlich ihrer Hitzestabilität und ihrer Wanderungsgeschwindigkeit im elektrischen Feld (Tabelle VI-4).

Das Vorhandensein von strukturellen Unterschieden zwischen den vier verschiedenen Tyrosinasen konnte durch eine Enzymanalyse (Hitze-Inaktivierung, Elektrophorese) der in Heterokaryen gebildeten Tyrosinase bestätigt werden (z. B. $T_L + T_{Sing\text{-}2}$ und $T_L + T_{PR\text{-}15}$).

Die Hitze-Inaktivierung der einzelnen Tyrosinasen folgt stets einer Reaktion erster Ordnung. Dies läßt auf die Homogenität der einzelnen Enzymtypen schließen. Die Hitze-Inaktivierung eines Enzympräparates, das aus dem Heterokaryon $T_S + T_L$ gewonnen wurde, entspricht dagegen keiner Reaktion erster Ordnung. Sie hat den Verlauf, der zu erwarten ist, wenn beide Enzymformen in gleichen Mengen vorhanden sind. Zu den gleichen Ergebnissen führten auch entsprechende Untersuchungen mit dem Heterokaryon $T_L + T_{Sing\text{-}2}$. Die von diesem Heterokaryon gebildeten Tyrosinasen konnten auch elektrophoretisch getrennt werden. Sie waren auf dem Papierstreifen als zwei distinkte Banden zu erkennen.

Eine weitere Charakterisierung der $T_S$- und $T_L$-Tyrosinasen wurde von SUSSMAN (1961) vorgenommen. Er fand zwischen den beiden Enzymformen keine Unterschiede bezüglich der Substratspezifität des pH Optimums, der Michaelis-Konstanten und der Hemmstoffspezifität. Allerdings verliert das thermolabile Enzym nach Inkubation mit Hemmstoffen rascher seine Aktivität als das thermostabile.

**Pyrrolin-5-carbonsäure-Reductase** (Abb. VI-8 und Tabelle VI-2, Nr. 1a)

Pyrrolin-5-carbonsäure-Reductase (PC-Reductase) katalysiert den letzten Schritt der Prolin-Biosynthese: die bei Anwesenheit von Di- und Tripyridin-nucleotid erfolgende Reduktion von Pyrrolin-5-carbonsäure (YURA und VOGEL 1955). Die Mutante *prol-1* kann diesen Syntheseschritt nicht durchführen, sie benötigt zum Wachstum Prolin (BEADLE und TATUM 1945). MEISTER et al. (1958) konnten zeigen, daß dieser Stamm nur eine geringe PC-Reductase-Aktivität besitzt. YURA (1959) erbrachte den Nachweis, daß die verminderte Aktivität des Mutanten-Enzyms kein quantitativer Effekt ist oder durch einen Hemmstoff ausgelöst wird, sondern daß durch die Mutation am *prol*-Locus die Bildung einer qualitativ veränderten PC-Reductase hervorgerufen wird.

Die Untersuchung von partiell gereinigten Extrakten zeigte, daß die von der Mutante hergestellte PC-Reductase eine 3—4mal höhere Aktivierungsenergie erfordert und eine geringere Thermostabilität aufweist als die des Wildstammes. Nach Vermischung der beiden Extrakte behielt jeder der beiden Enzymtypen seine charakteristische Eigenschaft bei.

**Glutaminsäure-Dehydrogenase** (Abb. VI-8)

*Neurospora crassa* bildet zwei verschiedene Glutaminsäure-Dehydrogenasen (GAD), die entweder Diphosphorpyridin-nucleotid (DPN) oder Triphosphorpyridin-nucleotid (TPN) als Koenzym benötigen (FINCHAM 1951b, SANWAL und LATA 1961). FINCHAM und seine Mitarbeiter haben sich in den letzten Jahren mit genetischen und biochemischen Studien der TPN-spezifischen GAD befaßt (FINCHAM 1954, 1957, 1959a, 1962b, FINCHAM und PATEMAN 1957a, 1957b, FINCHAM und BOND 1960, PATEMAN 1957, FINCHAM und CODDINGTON 1963a, b). Die Reindarstellung der TPN-GAD wurde von BARRATT und STRICKLAND (1963) vorgenommen.

Dieses Enzym, für dessen Bildung der *am*-Locus verantwortlich ist, katalysiert die Bildung von Glutaminsäure aus α-Ketoglutarsäure und Amino-Ion. Für den *am*-Locus sind mittlerweile 13 allele Mutanten bekannt, die zum Ausgleich ihres Aminierungsdefektes auf die Zufuhr von α-Aminostickstoff angewiesen sind.

Die Bildung der DPN-abhängigen GAD wird durch keine der mutativen Veränderungen des *am*-Locus beeinträchtigt. Infolge der Anwesenheit dieses Enzyms können die *am*-Mutanten auf einem nicht supplementierten Medium nach einer Verzögerungsphase geringfügig wachsen.

Unter normalen Bedingungen zeigen die *am*-Mutanten weniger als 0,2% der GAD-Aktivität des Wildstammes. Weitgehend gereinigte Proteinpräparate, die von den Stämmen *am-2*, *am-3* und *am-12* gewonnen wurden, wiesen jedoch dann eine Enzymaktivität auf, wenn dem System TPN und Glutamat zugefügt und die Reaktion bei pH-Werten von mehr als 8 in Gang gesetzt wurde. Die Mutante *am-1* bildet ein Protein, das sich elektrophoretisch wie GAD verhält.

Da die Unterdrückung der normalen GAD-Reaktion durch Hemmstoffe ausgeschlossen werden konnte, lassen diese Versuche die Annahme zu, daß die Mutanten ein qualitativ verändertes Enzym bilden. Umfangreiche Untersuchungen der Fincham-Gruppe über die Aktivität und die Eigenschaften der GAD aus Heterokaryen der *am*-Mutanten und aus Rückmutanten mit partieller Restitution der Enzymaktivität (S. 413 ff.) haben die Existenz von strukturell veränderter GAD eindeutig bewiesen. In diesem Zusammenhang ist noch zu erwähnen, daß die verschiedenen Enzymtypen weitgehend gleiche physikalische und chemische Eigenschaften zu haben scheinen. Sie konnten nämlich weder durch elektrophoretische Kriterien noch an Hand der Aminosäurezusammensetzung („fingerprints") ihrer durch Trypsinspaltung erhaltenen Peptide unterschieden werden.

### Adenylosuccinase

Die Adenylosuccinase kann zwei verschiedene Reaktionen katalysieren: 1. Die Umwandlung von Adenosin-monophosphat-succinat (AMPS) in Adenosin-monophosphat durch Abspaltung der Bernsteinsäure, 2. die Abtrennung der Bernsteinsäure von 5-Amino-4-imidazol-(N-succinylocarboxyamid)-ribosid (SAICAR) (GOTS und GOLLUB 1957, PARTRIDGE und GILES 1957, BUCHANAN et al. 1957). Für die Bildung dieses Enzyms ist bei *Neurospora crassa* der *ad-4*-Locus verantwortlich. *ad-4*-Mutanten sind für Adenin auxotroph. GILES und seine Mitarbeiter haben sich sowohl mit genetischen als auch mit biochemischen Untersuchungen von *ad-4*-Mutanten beschäftigt (GILES et al. 1957a, b). Sie konnten diesem Genort 35, teilweise heteroallele Mutanten zuordnen. Alle diese Mutanten zeigen nur eine äußerst geringe Adenylosuccinase-Aktivität. Nach vorläufigen Ergebnissen scheint ein Stamm der *ad-4*-Serie ein qualitativ verändertes Enzym zu bilden (GILES 1958), das sich hinsichtlich der Thermostabilität vom Wildstamm-Enzym unterscheidet.

### Tryptophan-Synthetase (vgl. Abb. VI-6 und Tabelle VI-2, Nr. 1 g)

Die Tryptophan-Synthetase (früher Tryptophan-Desmolase genannt, Abkürzung T-ase) katalysiert bei *Neurospora crassa* und *Escherichia coli* den letzten Schritt der Tryptophansynthese (Abb. VI-9): Das Glyzerin-aldehyd-phosphat des vom Anthranilribosid abstammenden Indol-glyzerin-phosphates wird durch L-Serin substituiert. Außer dieser Um-setzung (Reaktion 1) kann das gleiche Enzym noch zwei weitere Reak-tionen steuern: Die Synthese von Indol und L-Serin zu Tryptophan (Reaktion 2) und die Aufspaltung von Indol-glyzerin-phosphat in Indol und Glyzerin-aldehydphosphat (Reaktion 3). Die letzte Reaktion ist reversibel (YANOFSKY 1952a, b, 1956, 1957, 1958, 1960, CRAWFORD und YANOFSKY 1958, DEMOSS und BONNER 1959, DEMOSS 1962). Für die Reaktionen 1 und 2 ist Pyridoxalphosphat als Kofaktor notwendig (UMBREIT et al. 1946). Da bei Wildstämmen Indol niemals als Zwischen-produkt aufgefunden werden konnte (YANOFSKY und RACHMELER 1958,

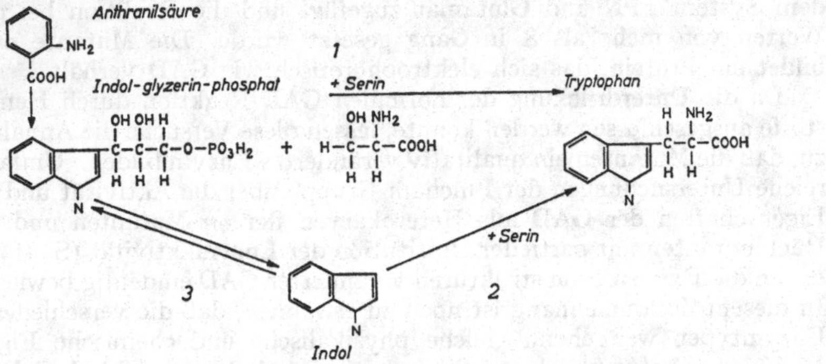

Abb. VI-9. Die von der Tryptophan-Synthetase. in *Neurospora crassa* und *Escherichia coli* gesteuerten Reaktionen. (Nach BONNER 1959, verändert)

DEMOSS et al. 1958, DEMOSS 1962), wird angenommen, daß die Reaktion 1 der natürliche Weg der Tryptophanbildung ist. Diese Annahme wurde durch kürzlich veröffentlichte Untersuchungen von CABET et al. (1962) an Tryptophan-Mangelmutanten von *Coprinus radiatus* bestätigt.

Die Tryptophan-Synthetase konnte in hochgradig gereinigter Form dar-gestellt werden (MOHLER und SUSKIND 1960). Ihr Molekulargewicht wird auf 140000 geschätzt[1]. Versuche über den Mechanismus der Bildung von T-ase in vitro und in vivo wurden von WAINWRIGHT (1959, 1963) bzw. LESTER (1961a) gemacht. WAINWRIGHT fand, daß in einem zellfreien Extrakt aus Konidien oder Myzelien, der mit der Ultrazentrifuge abtrenn-bare partikuläre Bestandteile enthält, nach geeigneter Supplementierung eine Synthese des Enzyms erfolgt. LESTER konnte feststellen, daß keimende Konidien des Wildstammes durch Zugabe von Indolylessigsäure zu einer Steigerung der Enzymproduktion veranlaßt werden. Tryptophan ruft diesen Effekt nicht hervor. Bei einer Tryptophan-Mangelmutante, deren Konidien in Anwesenheit von Tryptophan zur Keimung gebracht wurden, war eine Hemmung des für die Synthese der Anthranilsäure verantwortlichen enzy-matischen Systems zu beobachten.

Von BONNER und seinen Mitarbeitern konnten in den letzten Jahren mehr als 200 für Tryptophan auxotrophe monogene Mutanten isoliert werden, die sowohl spontan als auch nach UV-Bestrahlung entstanden

---

[1] *Anmerkung bei der Korrektur:* Eine weitere biochemische Charakteri-sierung der T-ase erfolgte kürzlich durch GARRICK und SUSKIND (1964a, b).

waren. Alle diese Mutanten waren allele Formen eines Genortes, des
*td*-Locus, der auch *try-3*-Locus genannt wird. Sie bildeten keine T-ase,
die Reaktion 1 katalysieren kann (YANOFSKY und BONNER 1955a,
SUSKIND et al. 1955, BONNER et al. 1960). Eine biochemische Analyse
von einer Reihe dieser Mutanten, die auf einem tryptophanhaltigen
Minimalmedium angezogen wurden, ergab jedoch Unterschiede, die eine
Unterteilung der Stämme in verschiedene Kategorien ermöglichte
(Tabelle VI-5). Für eine erste Unterteilung der Mutanten wurde der
schon mehrfach erwähnte KRM-Test (z.B. S. 381) verwendet.

Dieser Test basiert auf einer von COHN und TORRIANI (1952, 1953) aus-
gearbeiteten Methode. Durch Injektion von partiell gereinigtem Enzym in
Kaninchen wird ein Antikörper hergestellt. Im vorliegenden Fall wird die
T-ase durch Zugabe von Anti-T-ase schon nach wenigen Minuten inaktiviert
(SUSKIND et al. 1955). Durch Titration von Antiserum mit Wildstamm-
T-ase läßt sich der Gehalt des Serums an Anti-T-ase quantitativ bestimmen.

*Inaktivierung von Tryptophan-Synthetase durch Antiserum*

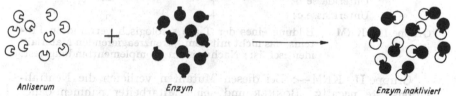

Antiserum                    Enzym                         Enzym inaktiviert

*Nachweis von kreuzreagierendem Material = KRM in enzymatisch inaktiven Extrakten*

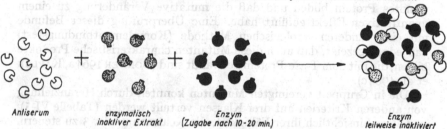

Antiserum        enzymatisch         Enzym                Enzym
                 inaktiver Extrakt   (Zugabe nach 10-20 min.)   teilweise inaktiviert

Abb. VI-10. Schema des KRM-Testes für die Tryptophan-Synthetase. (Näheres s. Text)

Nach Mischung von Mutantenextrakt und Anti-T-ase kann durch Rück-
titration des Gemisches gegen aktive T-ase festgestellt werden, ob Antikörper durch den enzymatisch inaktiven Extrakt abgebunden wird oder
nicht. Falls eine Reaktion des Mutantenextraktes mit dem Antikörper
erfolgt, kann man annehmen, daß die betreffende Mutante ein der T-ase
serologisch verwandtes Protein gebildet hat. Dieses wird als kreuzreagierendes Material (= KRM) bezeichnet. Der negative Ausfall des KRM-
Testes läßt auf das Fehlen von einem derartigen Protein schließen. Das
Prinzip des KRM-Testes ist in Abb. VI-10 schematisch dargestellt.

Mit Hilfe des KRM-Testes ließen sich die *td*-Mutanten in zwei
Gruppen unterteilen:

Gruppe I, KRM+: Die Mutanten bilden zwar keine für die Reak-
tion 1 aktive T-ase, aber ein dem Enzym serologisch verwandtes Protein
(= KRM). Die Genmutation hat eine qualitative Veränderung des
Enzyms ausgelöst (Tabelle VI-5).

Ein genauer biochemischer Vergleich der physikalischen Eigenschaften des von einer KRM-positiven *td*-Mutante gebildeten kreuzreagierenden Materials mit Wildstamm-T-ase hat gezeigt, daß es sich um fast identische Proteine handelt (SUSKIND 1957, MOHLER und SUSKIND 1960).

Tabelle VI-5. *Funktionelle Unterschiede zwischen Mutanten des td-Locus von Neurospora crassa.* (Nach BONNER et al. 1960, verändert)

| | |
|---|---|
| Gruppe I: KRM+, | Bildung eines der T-ase serologisch verwandten Proteins: Nachweis als „kreuzreagierendes Material" im Neutralisationstest. |

Klasse 1: Inaktiv für Reaktion 1, 2, 3
Klasse 2: Inaktiv für Reaktion 1 und 3, aktiv für Reaktion 2
Klasse 3: Inaktiv für Reaktion 1 und 2, aktiv für Reaktion 3
Kofaktorbedürfnisse für die Mutanten der Klasse 3

| | Pyridoxalphosphat | L-Serin |
|---|---|---|
| Unterklasse a: | — | — |
| Unterklasse b: | + | — |
| Unterklasse c: | + | + |

| | |
|---|---|
| Gruppe II: KRM—, | Bildung eines der T-ase serologisch verwandten Proteins, das nicht mit dem „kreuzreagierenden Material" identisch ist; Nachweis im Komplementbindungstest. |

Gruppe II, KRM—: Bei diesen Mutanten verliefen die Neutralisationsteste negativ. BONNER und seine Mitarbeiter nahmen daher zunächst an, daß die KRM-Mutanten kein der T-ase serologisch verwandtes Protein bilden und daß die mutative Veränderung zu einem quantitativen Effekt geführt habe. Eine Überprüfung dieser Befunde mit einer anderen serologischen Methode (Komplementbindungstest) hat jedoch gezeigt, daß auch diese Mutanten charakteristische Produkte bilden, die mit dem T-ase-Protein verwandt sind (BONNER 1964a, KAPLAN et al. 1964c).

Die in Gruppe I vereinigten Mutanten konnten durch Heranziehung von anderen Kriterien auf drei Klassen verteilt werden (Tabelle VI-5), und zwar hinsichtlich ihrer Fähigkeit, die Reaktion 2 oder 3 zu steuern. Der größte Teil der KRM+-Mutanten ist allerdings dazu nicht in der Lage. Es fand sich jedoch ein Stamm, der die Reaktion 2 katalysieren kann. Er wächst nach Zugabe von Indol (RACHMELER und YANOFSKY 1959, 1961). Eine ganze Reihe von Mutanten dagegen sind in der Lage, die Reaktion 3 durchzuführen. Sie benötigen zwar zum Wuchs Tryptophan, aber bilden erhebliche Mengen von Indol, das sie nicht weiterverarbeiten können. Diese Klasse ließ sich entsprechend der Kofaktorbedürfnisse in drei Unterklassen aufteilen (DEMOSS und BONNER 1959, SUSKIND und JORDAN 1959).

Eine weitere Klassifizierung der *td*-Mutanten kann noch vorgenommen werden, wenn man andere Kriterien wie Temperaturempfindlichkeit, Suppressorwirkungen (S. 408 ff.), Empfindlichkeit gegen Zink-Ionen und Verhalten des Enzyms nach Dialyse berücksichtigt (YANOFSKY und BONNER 1955a, b, SUSKIND und KUREK 1959, WUST 1961).

Diese Untersuchungen zeigen, daß der *td*-Locus, der nach Mutation die Bildung einer Vielzahl von funktionell verschiedenen Enzymen auslösen kann, eine komplexe genetische Struktur besitzen muß. Die Ergänzung dieser biochemischen Daten durch genetische Experimente über die Feinstruktur des *td*-Locus hat zu distinkten Vorstellungen über eine Korrelation zwischen Genstruktur und Enzymspezifität geführt (S. 405 ff.).

Entsprechende Ergebnisse haben auch die an *E. coli* gemachten biochemischen Analysen von *td*-Mutanten erbracht (Zusammenfassung bei YANOFSKY 1960, YANOFSKY und ST. LAWRENCE 1960).

## 2. Indirekte Wirkungen

Der am deutlichsten in Erscheinung tretende indirekte Effekt einer Genmutation auf ein Enzym ist die Bildung eines Hemmstoffes, der die Synthese oder Aktivität des betreffenden Fermentes beeinträchtigt. Es ist daher allgemein üblich, bei Mutanten, die eine verminderte Enzymaktivität gegenüber dem Wildstamm aufweisen, zunächst nach einem etwa vorhandenen Hemmprinzip zu suchen. Man prüft, ob nach einer Mischung von Mutanten-Extrakt und Wildstamm-Extrakt das vom prototrophen Stamm gebildete Enzym gehemmt wird. Nur in wenigen Fällen konnte bisher eine solche Genwirkung nachgewiesen werden.

SILVER und McELROY (1954) berichteten über eine Mutation bei *N. crassa*, die zur Bildung eines thermolabilen proteinartigen Produktes führt, das die von einem anderen Genort gesteuerte Bildung einer Nitrat-Reductase hemmt.

HOGNESS und MITCHELL (1954) fanden, daß verschiedene Loci von *N. crassa* einen quantitativen Hemmeffekt auf die Bildung von Tryptophan-Synthetase haben.

Es gibt bei *Neurospora* eine Reihe von Beispielen für gen-abhängige Ernährungsdefekte, die noch nicht eindeutig auf Enzymdefizienzen zurückgeführt werden konnten. FINCHAM hat in seiner Literaturübersicht (1960) einige von solchen, teilweise noch nicht veröffentlichten Daten verschiedener Autoren zusammengestellt, welche die Annahme einer indirekten Beeinflussung der betreffenden Enzyme zulassen.

1. Eine Mutante, die für Pantothensäure auxotroph ist, bildet trotzdem das für die Synthese dieses Peptids verantwortliche Enzym (WAGNER und GUIRARD 1948, WAGNER 1949, WAGNER und HADDOX 1951).

2. Eine Reihe von allelen Mutanten, deren Argininsynthese (vgl. Abb. VI-8 und Tabelle VI-2, Nr. 1a) vor der Citrullinbildung blockiert ist, wachsen nur nach Zugabe von Citrullin, obwohl sie das für die Umwandlung von Ornithin zu Citrullin notwendige Enzym Ornithin-Transcarbamylase und auch die für die Herstellung von Ornithin notwendige Enzymausrüstung besitzen (VOGEL und KOPAC 1959, FINCHAM 1960, s. auch S. 412).

Als Erklärung für dieses anormale physiologische Verhalten einzelner auxotropher Mutanten diskutiert FINCHAM mehrere Möglichkeiten, die sich als Grundlage für weitere experimentelle Arbeiten verwenden lassen. Wir können daher zur Zeit nur feststellen, daß zwar einige wenige Beispiele für eine indirekte Beeinflussung von Enzymen vorhanden sind, die es uns aber nicht erlauben, Schlüsse über den Mechanismus der von solchen Erbfaktoren ausgehenden Wirkungen zu ziehen.

Wenn wir abschließend die in diesen Abschnitten geschilderten Versuchsdaten über den Einfluß der einzelnen Gene auf die Enzymbildung überblicken, erhebt sich notwendigerweise die Frage, ob die unterschiedliche Art dieser Beeinflussung (quantitativ, qualitativ oder indirekt) durch verschiedene Kategorien von Genen bedingt ist, die sich in funktioneller Hinsicht unterscheiden. Durch umfangreiche Untersuchungen an Bakterien sind bisher zwei derartige Kategorien nachgewiesen worden (Literatur bei MONOD und COHN 1952, JACOB und MONOD 1961a, b.) Es sind dies: *Struktur-Gene*, welche durch Übertragung ihrer genetischen Information auf Proteine die Enzymstruktur festlegen, und *Regulator-Gene*, welche selbst keinen Einfluß auf die Enzymstruktur haben, sondern lediglich die Aktivität der Struktur-Gene steuern. Auf die Vorstellungen, die man über das Zusammenwirken dieser beiden Genarten bei der Enzymsynthese hat, soll im letzten Abschnitt dieses Kapitels eingegangen werden (S. 417ff.). Vorerst wollen wir die an Pilzen erhaltenen Daten betrachten und prüfen, in welchem Umfang es möglich ist, die für die Enzymsynthese verantwortlichen Gene in diese zwei Kategorien einzuordnen.

Wenn nach einer Mutation *qualitative Enzymänderungen* auftreten, kann angenommen werden, daß von der Erbänderung ein *Struktur-Gen* betroffen wurde. Wie man vermutet, wird durch die Mutation die genetische Information dieser Gene nur soweit verändert, daß die ursprüngliche Information in veränderter Form übertragen wird (Fehlsinn-Mutation = missense mutation).

Man muß sich allerdings darüber klar sein, daß ein Gen nur mit Sicherheit als Struktur-Gen angesprochen werden kann, wenn nachgewiesen ist, daß bei einer Mutante die Aminosäuresequenz (Primärstruktur, S. 352) eines Proteins bzw. Enzyms verändert ist. Dieser Beweis wurde bisher nur für Hämoglobin (INGRAM 1961), für RNS-abhängige Proteine des Tabakmosaikvirus (WITTMANN 1960, TSUGITA und FRAENKEL-CONRAT 1962) und für die Tryptophan-Synthetase von *E. coli* (Lit. bei YANOFSKY et al. 1963) erbracht. Alle anderen bisher festgestellten Änderungen der physikalischen oder chemischen Merkmale von Mutanten-Enzymen lassen höchstens einen eindeutigen Schluß auf eine Veränderung der Tertiär- oder Sekundärstruktur zu. Da jedoch der Modus der Sekundär- und Tertiärstrukturen von Proteinen mit großer Wahrscheinlichkeit durch die Primärstruktur bedingt ist, können derartige Veränderungen als Indizienbeweise für eine veränderte Aminosäuresequenz angesehen werden.

Weitaus schwieriger sind solche *Erbfaktoren* einzuordnen, die nach einer Mutation die *Enzymsynthese nur quantitativ* beeinflussen. Bei diesen Mutanten wird entweder die Bildung eines Enzyms mengenmäßig verändert oder vollständig unterbunden. Der ersten Gruppe von Genen kann allerdings nur mit Vorbehalt ein quantitativer Effekt zugesprochen werden, denn in keinem der bisher beschriebenen Fälle reichen die Versuchsdaten aus, um eindeutig eine strukturelle Veränderung der betroffenen Enzyme auszuschließen. Diese Gene scheiden demnach bei unseren Überlegungen aus. Es liegt nahe, den Genen der zweiten Gruppe, welche nach Mutation zu *keiner* Enzymsynthese befähigt sind, eine regulierende Funktion zuzuschreiben. Dies ist allerdings bisher nur in einem Falle bei Pilzen mit Sicherheit möglich gewesen.

Es handelt sich dabei um die *ty*-Gene von *N. crassa*, die in Abhängigkeit von physiologischen Umweltbedingungen entscheiden, ob die durch das Struktur-Gen *T* kontrollierte Tyrosinase gebildet wird oder nicht (S. 384).

Nach kürzlich veröffentlichten Daten von MATCHETT und DEMOSS (1962) scheint innerhalb des *td*-Locus von *N. crassa* eine Mutationsstelle (*td* 201) vorhanden zu sein, welche für eine Regulation der Tryptophan-Synthetase-Bildung verantwortlich ist. Die Funktion dieser Mutationsstelle ist noch nicht vollständig aufgeklärt.

Bei Bakterien sind jedoch Regulator-Gene mehrfach entdeckt worden (Literaturübersichten: MONOD und JACOB 1961, JACOB und MONOD 1961 a, b, STARLINGER 1963, WINKLER und KAPLAN 1963).

*Alle anderen Gene, die nach Mutation einen irreparablen Enzymverlust hervorrufen* und nicht weiter untersucht wurden, *könnten auch als Struktur-Gene aufgefaßt werden.* Man kann nämlich annehmen, daß durch das mutative Ereignis der genetische Code dieser Erbfaktoren so stark verändert wurde, daß eine Informationsübertragung auch in veränderter Form nicht mehr möglich ist (Nichtsinn-Mutation = nonsense mutation; S. 355).

Wie schon oben erwähnt, sind die nur vereinzelt beobachteten Fälle von indirekter Beeinflussung der Enzymsynthese durch Gene nicht in genügendem Maße untersucht, um sich im Rahmen der hier diskutierten Gesichtspunkte auswerten zu lassen. Es ist anzunehmen, daß eine genauere Analyse von Mutanten, deren Enzymbildung (soweit bekannt) quantitativ oder indirekt durch Gene kontrolliert wird, auch bei Pilzen zu einer klareren Konzeption der Gen-Funktion führen wird, wenn diese Experimente unter dem Aspekt der Existenz von strukturbestimmenden und regulierenden Genen erfolgen.

## Zusammenfassung

1. Die biochemische Analyse von auxotrophen Mutanten hat gezeigt, daß einzelne Gene die Bildung und Eigenschaften von Enzymen direkt oder indirekt bestimmen.

2. Gene können direkt die betreffenden Enzyme entweder quantitativ oder qualitativ beeinflussen. Hierfür sind zahlreiche Beispiele vorhanden.

3. Der quantitative Einfluß eines Gens kann sowohl bei konstitutiven als auch bei induzierbaren Enzymen eine völlige Unterbindung der Fermentsynthese oder eine Verringerung der gebildeten Enzymmenge hervorrufen.

4. Qualitative Beeinflussungen führen zur Bildung von strukturell veränderten Enzymen. Solche Änderungen der Enzymstruktur sind im allgemeinen mit einer Funktionsänderung des Fermentes verbunden, die im Extremfall durch den Verlust jeglicher katalytischer Aktivität gekennzeichnet ist.

5. Eine indirekte Wirkung von Genen kann entweder durch die Bildung eines Hemmstoffes oder durch die Verhinderung der Enzymtätigkeit auf eine noch unbekannte Weise erfolgen. Für diesen Geneffekt liegen bisher nur wenige Beispiele vor, die eine verallgemeinernde Erklärung nicht zulassen.

6. Neuere Untersuchungen an Bakterien über die Relation Gen — Enzym haben erkennen lassen, daß es offenbar zwei verschiedene Kategorien von Genen gibt, welche als sog. Struktur- bzw. Regulator-Gene

die Enzymbildung direkt oder indirekt steuern. Bei Pilzen war es bisher nur in einem Falle möglich, von einer nach Mutation festgestellten Enzymveränderung auf die betroffene Genkategorie zu schließen. In allen anderen Beispielen über eine direkte (quantitative bzw. qualitative) oder indirekte Beeinflussung eines Enzyms läßt sich entweder gar nicht oder nur mit Hilfe von Indizienbeweisen feststellen, ob ein Struktur-Gen oder ein Regulator-Gen mutativ verändert wurde.

## II. Genstruktur und Enzymspezifität

Die Ausführungen im vorigen Abschnitt zeigten, daß bestimmte Gene, die Struktur-Gene, als Matrize für den Aufbau der Enzymproteine dienen. Mutative Veränderungen innerhalb solcher Gene bedingen strukturelle Veränderungen der betreffenden Enzyme, die sich im einfachsten Falle als qualitative Änderungen erfassen lassen. Aus dieser Erkenntnis ist die Fragestellung nach der Korrelation zwischen den Strukturelementen eines Gens und den funktionellen Merkmalen eines Enzyms entstanden. Die Problemstellung ist bei Pilzen mit einer Reihe von unterschiedlichen Versuchskonzeptionen angegangen worden.

### 1. Intragenische Komplementation

Als *Komplementation* bezeichnet man die Erscheinung, daß *Funktionsdefekte von verschiedenen Mutanten phänotypisch nicht mehr zu erkennen sind, wenn sich ihre Genome in einer Zelle befinden.* Eine Komplementation ist nur möglich, wenn die beiden Mutanten an verschiedenen Stellen des genetischen Materials mutiert sind. Der durch die Mutation bedingte Funktionsverlust des einen Genoms wird nämlich durch die entsprechende nichtmutierte Stelle des Partner-Genoms ausgeglichen.

Seit der Entdeckung dieses Phänomens bei Mangelmutanten von *N. crassa* (BEADLE und COONRADT 1944) ist eine Komplementation nicht nur für weitere auxotrophe Mutanten dieses Pilzes und anderer Objekte, sondern auch für morphogenetische Mutanten (S. 43 f.) häufig beobachtet und analysiert worden. Sie erfolgt entweder in Heterokaryen (Haplonten), in Heterozygoten (Diplonten, z.B. *Saccharomyces cerevisiae*) oder nach abortiver Transduktion (Bakterien; HARTMAN et al. 1958). Als Resultat einer solchen wechselseitigen Ergänzung des genetischen Materials von Defektmutanten entstehen prototrophe bzw. morphologisch normale Stämme. Lange Zeit galt als Kriterium für das Zustandekommen einer Komplementation die nichtallele Beschaffenheit der betreffenden Mutanten. Deswegen benutzte man das Komplementationsphänomen zu Allelie-Testen (S. 219).

Die Untersuchungen von MITCHELL und MITCHELL (1956) über das Komplementationsverhalten der Allele des *pyr-3*-Locus von *N. crassa* zeigten jedoch, daß auch allele Mutanten sich in bestimmten Kombinationen komplementieren können. Da zur gleichen Zeit auch klar wurde, daß die Gene aus einer Vielzahl von linear angeordneten Mutationsstellen bestehen (S. 218ff.), schien eine Analyse dieser sog. *intragenischen oder interallelen Komplementation* vor allem im Hinblick auf die funktionellen Eigenschaften der Gene erfolgversprechend. Anhaltspunkte für eine Korrelation zwischen Genstruktur und Genfunktion konnten vor allem aus einer Analyse solcher Loci erwartet werden, die sich mit dem Ausfall eines bestimmten Enzyms in Verbindung bringen ließ (Literaturübersichten: LEUPOLD 1961, CATCHESIDE 1962).

In Tabelle VI-6 geben wir eine Zusammenstellung der bisher erfolgreich auf intragenische Komplementation untersuchten Loci verschiedener Objekte. Die Resultate dieser Experimente können nach folgenden Gesichtspunkten zusammengefaßt werden:

1. *Vorkommen.* Neben den in Tabelle VI-6 verzeichneten Genorten, deren allele Mutanten zur Komplementation befähigt sind, kennt man auch eine Reihe von komplexen Loci, für welche die Suche nach intragenischer Komplementation negativ verlief (z.B. 3 Loci von *N. crassa*, CATCHESIDE 1962; der *ad-7*-Locus von *Schizosaccharomyces pombe*, LEUPOLD 1957, 1961). Eine Komplementation kann meist nur zwischen einigen allelen Mutanten festgestellt werden, die übrigen zeigen dieses Phänomen nicht, z.B. von den 97 Mutanten des *his-3*-Locus komplementieren sich 53 weder untereinander noch mit irgendeiner anderen Mutante dieses Gens (Abb. VI-11). Eine Ausnahme bildet der *pyr*-Locus, dessen Mutanten sich alle in mindestens einer Kombination komplementieren.

Wie kürzlich DE SERRES (1962) nachwies, kann das Ausbleiben von intragenischer Komplementation durch zusätzliche Gene bedingt sein, welche die Heterokaryonbildung zwischen zwei auxotrophen Stämmen verhindern (s. auch *Vegetative Incompatibilität*, S. 103 ff.). Eine eindeutige Entscheidung über negativen Ausfall der Komplementationsreaktion kann also nur bei Verwendung isogener Stämme gefällt werden.

2. *Eigenschaften der durch Komplementation entstandenen Heterokaryen bzw. Diplonten.* Die meisten dieser Stämme besitzen nicht den normalen Phänotyp des Wildstammes. Sie zeigen eine große Variabilität bezüglich ihrer Wuchseigenschaften und ihres Myzelhabitus. Soweit die von den betreffenden Loci gesteuerten Enzyme überprüft wurden, ließen sich an den Enzymen, welche von den komplementierten heterokaryotischen bzw. diploiden Stämmen gebildet wurden, sowohl quantitative als auch qualitative Unterschiede gegenüber den Wildstamm-Enzymen feststellen.

WOODWARD et al. (1958) fanden, daß die von komplementationsfähigen Mutanten des *ad-4*-Locus von *N. crassa* gebildeten Mengen von Adenylosuccinase sehr stark schwankten. Mutanten eng benachbarter Stellen wiesen in Heterokaryen nur geringe Enzymaktivität auf, bei weiter voneinander entfernten steigerte sich diese auf 25% der Aktivität des Wildstammes.

Qualitative Enzymunterschiede konnten von FINCHAM (1959b, 1962b) für verschiedene komplementäre Kombinationen von Mutanten des *am*-Locus von *N. crassa* nachgewiesen werden. Es handelt sich dabei um Differenzen in Hitzestabilität und Substrataffinität der Enzyme von Heterokaryen untereinander und gegenüber dem Wildstamm. (Ähnliche Beobachtungen machte PARTRIDGE 1960 an komplementären *ad-4*-Heterokaryen.) Eine genauere Analyse der von einem Heterokaryon mit den beiden sich

Tabelle VI-6. *Zusammenstellung von Auxotrophie-Loci verschiedener Objekte, bei denen intragenische Komplementation festgestellt werden konnte*

Soweit bekannt, wird in der Tabelle auch das von diesen Loci kontrollierte Enzym angegeben.

| Objekt | Locus | Auxotrophie | Enzym | Referenz |
|---|---|---|---|---|
| Saccharo-myces cerevisiae | ad-2 ad-5 ad-7 ad-5/7 | Adenin | | BEVAN und WOODS 1962 ROMAN 1956, 1958 COSTELLO und BEVAN 1964, DORFMAN 1964 |
| Schizo-saccharo-myces pombe | ad-6 | | | LEUPOLD 1961 |
| Neurospora crassa | ad-3 B ad-4 | Adenin | Adenylosuccinase | DE SERRES 1956, 1963 GILES et al. 1957a, b, GILES 1958, WOODWARD et al. 1958, WOODWARD 1959, 1960 |
| | ad-8 | | Adenylosuccinat-Synthetase | ISHIKAWA 1960, 1962a, b, KAPULER und BERNSTEIN 1963 |
| | am | α-Amino-stickstoff | Glutaminsäure-Dehydrogenase | FINCHAM und PATEMAN 1957a, b, PATEMAN und FINCHAM 1958, FINCHAM 1957, 1959b, c, PATEMAN 1960, FINCHAM 1962b |
| | arg-1 | Arginin-bernstein-säure | Arginino-succino-Synthetase | CATCHESIDE und OVERTON 1958 |
| | arom-1 bis 4 | Tryptophan, Tyrosin, Phenyl-alanin, p-Amino-benzoe-säure | Dehydroshikimi-säure-Reductase, Dehydro-shikimisäure-Dehydrase, Protocatechu-säure-Oxydase | GROSS 1958, GROSS und FEIN 1960 |
| | his-1 his-2 his-3 | Histidin | L-Histidinol-Dehydrogenase | CATCHESIDE 1960b CATCHESIDE 1960b WEBBER 1960, CATCHESIDE 1960b |
| | his-5 | | Glutamat-phospho-histidinol-Transaminase | CATCHESIDE 1960b |
| | iv-2 iv-3 | Isoleucin Valin | | BERNSTEIN und MILLER 1961 |
| | leu-2 | Leucin | β-Carboxy-β-hydroxy-isocapronat-Isomerase | GROSS 1962 |
| | meth-2 pan-2 | Methionin Pantothen-säure | | MURRAY 1960 CASE und GILES 1958, 1960 |
| | pyr-3 | Pyrimidin | Aspartat-Trans-carbamylase | SUYAMA et al. 1959, WOODWARD 1962, WOODWARD und DAVIS 1963 |

Tabelle VI-6 (Fortsetzung)

| Objekt | Locus | Auxotrophie | Enzym | Referenz |
|--------|-------|-------------|-------|----------|
| | *td* | Tryptophan | Tryptophan-Synthetase | Lacy und Bonner 1958, 1961, Suyama und Bonner 1964 |
| | *tryp-1* | | Indol-glyzerin-phosphat-Synthetase/Anthranilsäure-Synthetase | Catcheside, pers. Mitteilung, Ahmad et al. 1964 |
| | *tryp-3 = td* | | Tryptophan-Synthetase | Ahmad und Catcheside 1960 |

komplementierenden Kernarten *am-1* und *am-3* gebildeten Glutaminsäure-Dehydrogenase ergab, daß neben den beiden Enzymproteinen der Mutanten auch noch ein weiteres Enzymprotein gebildet wird, das in seinen physikochemischen Eigenschaften der Glutaminsäure-Dehydrogenase des Wildstammes ähnelt (Fincham und Coddington 1963a).

Wie kürzlich Suyama und Bonner (1964) zeigen konnten, unterscheiden sich die nach intragenischer Komplementation von *td*-Mutanten gebildeten Enzyme vom Wildstamm-Enzym, und zwar bezüglich ihrer Substrataffinität, ihres Kofaktorbedürfnisses und ihrer Temperaturstabilität.

3. *Komplementation in vitro.* Von besonderer Wichtigkeit sind in diesem Zusammenhang die Untersuchungen von Woodward (1959, 1960). Ihm gelang es, in einer Mischung von Extrakten aus komplementären *ad-4*-Mutanten eine geringe Enzymaktivität nachzuweisen, die bis zu 20% der von den entsprechenden Heterokaryen gebildeten betrug. Da einerseits die Extrakte vor der Vermischung keine Aktivität aufwiesen und andererseits die gewählten Versuchsbedingungen normalerweise keine Proteinsynthese ermöglichten, kann diese Erscheinung nicht auf eine de-novo-Bildung des Enzyms, sondern nur auf eine in vitro erfolgte gegenseitige Ergänzung von inaktivem enzymatischem Material zurückgeführt werden.

Ähnliche Ergebnisse konnten auch Fincham und Coddington (1963a, b) erzielen. In einer Mischung aus gereinigten Enzymproteinen, welche sie aus den sich komplementierenden Mutanten *am-1* und *am-3* gewannen, wurde das gleiche Enzymspektrum beobachtet, das im Heterokaryon in vivo entsteht (s. oben), nämlich verschiedene Glutaminsäure-Dehydrogenasen mit den Eigenschaften der beiden Mutanten und den Charakteristika des Wildenzyms.

Komplementation in vitro ist auch zwischen allelen *td*-Mutanten möglich (Suyama 1963, Suyama und Bonner 1964). Die auf diese Weise gebildeten Tryptophan-Synthetasen unterscheiden sich qualitativ sowohl von den nach in-vivo-Komplementation entstehenden Enzymen als auch von der T-ase des Wildstammes.

4. *Komplementationskarten.* In allen Fällen, in denen eine genügend große Anzahl auxotropher Mutanten eines Genortes auf Komplementation geprüft wurde, ließen sich die Mutanten entsprechend dem positiven bzw. negativen Verlauf der Komplementation in Gruppen unterteilen. Innerhalb jeder Gruppe erfolgt keine Komplementation, sie ist nur

möglich zwischen Mutanten verschiedener Gruppen. Allerdings unterbleibt auch in einigen Fällen die Komplementation zwischen einzelnen Mutanten verschiedener Gruppen. Für jede Gruppe eines Genortes erhält man ein typisches Komplementationsmuster. In Abb. VI-11 (links) ist als Beispiel das Komplementationsmuster des *his-3*-Locus von *N. crassa* zu sehen. Die größte Gruppe (A) umfaßt alle die Mutanten, die keinerlei Komplementation zeigen. Ähnliches trifft auch für die Mutanten der Gruppe C zu, die sich nur mit B komplementieren. Die Mutanten der Gruppen B, D, E und F komplementieren sich dagegen mit allen Gruppen. Das Komplementationsmuster eines Locus läßt sich auch in Form einer sog. Komplementationskarte darstellen (Abbildung VI-11, rechts).

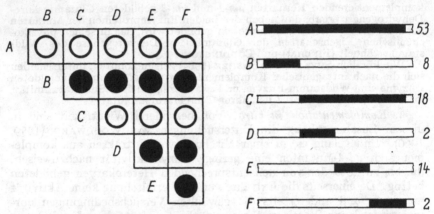

Abb. VI-11. Komplementationsmuster (links) und Komplementationskarte (rechts) für den *his-3*-Locus von *N. crassa*. Die Verteilung der insgesamt 97 untersuchten Mutanten auf die einzelnen Komplementationsgruppen ist aus den neben der Karte verzeichneten Zahlen zu ersehen. Schwarze Kreise = Komplementation; weiße Kreise = Fehlen von Komplementation. In der Karte werden die einzelnen Komplementationsgruppen so charakterisiert, als ob sie in dieser Region einen Defekt verursachen würden (schwarzes Segment). Nichtkomplementierende Mutanten haben überlappende Defekte, während die Defekte der komplementierenden sich nicht überlappen, z.B. für die sich nichtkomplementierende Gruppe A ist die gesamte Region schwarz gezeichnet und für die Gruppe B, die sich mit allen anderen komplementiert, nur ein kurzes Segment. (Aus CATCHESIDE 1960a)

Wie aus Abb. VI-11 hervorgeht, überlappen sich die einzelnen Gruppen innerhalb der Komplementationskarte. Hierfür hat man bisher noch keine befriedigende Erklärung gefunden. Da aber gerade diese Erscheinung sehr wesentlich für eine Vorstellung über den Zusammenhang zwischen Struktur und Funktion eines Gens ist, werden wir auf dieses Problem noch näher bei der abschließenden Besprechung des Mechanismus der intragenischen Komplementation eingehen.

Für eine Reihe von genauer untersuchten Genorten ließen sich ähnliche, lineare Komplementationskarten aufstellen (z.B. *td-*, *pan-2-*, *ad-4-*, *ad-8-* Locï von *N. crassa*; *ad-6*-Locus von *S. pombe* und *ad-2*-Locus von *S. cerevisiae*; Referenz: Tabelle VI-6).

Als ein Beweis für die Genauigkeit dieser Kartierungsmethode kann die fast vollständige Übereinstimmung der von LACY und BONNER (1958,

1961) und von AHMAD und CATCHESIDE (1960) unabhängig voneinander aufgestellten Komplementationskarten für den *td*-Locus von *N. crassa* angesehen werden.

Die Komplementationsgruppen eines Locus lassen sich jedoch nicht immer in Form einer linearen Karte anordnen. Als Beispiel sind die Mutanten des *his-1-*, *his-5-*, *lys-5*-Locus zu nennen (CATCHESIDE 1962). Diese Schwierigkeit kann man bei den *iv-3*-Mutanten umgehen, wenn die Komplementationsgruppen in Form eines Kreises angeordnet werden (BERNSTEIN und MILLER 1961). Solche kreisförmigen Komplementationskarten wurden auch für den *ad-8*-Locus (KAPULER und BERNSTEIN 1963) und den *leu-2*-Locus (GROSS 1962) aufgestellt [1]. Für die übrigen der oben genannten Loci hat man diese Art der Kartierung bisher nicht durchgeführt.

Welche Schlüsse können wir nun aus dem Phänomen der intragenischen Komplementation für die Genphysiologie ziehen? Die zunächst naheliegende Annahme ist, daß die Komplementierungskarte entsprechend den verschiedenen Gruppen eine Unterteilung des betreffenden Locus in verschiedene Funktionsbereiche widerspiegelt, von denen jeder mehrere Mutationsstellen umfaßt und als Matrix für eine der vielen Polypeptidketten des Enzymmoleküls dient. Diese ursprünglich von WOODWARD et al. (1958) entwickelte Vorstellung läßt sich heute aber aus folgenden Gründen nicht mehr vertreten:

1. Für die eingehend untersuchten Loci liegt die Zahl der Komplementierungsgruppen zwischen 10 und 20 (z. B. WOODWARD 1962 fand für den *pyr-3*-Locus 18 Gruppen). Es erscheint unwahrscheinlich, daß diesen Zahlenwerten die entsprechende Anzahl von Polypeptidketten im Enzymprotein gegenüberstehen.

2. Die Überlappung der einzelnen Gruppen kann mit einer linearen Anordnung der Mutationsstellen in einem Gen nicht in Übereinstimmung gebracht werden.

Man könnte zwar annehmen, daß die Mutanten einer Überlappungsgruppe (z. B. A in Abb. VI-11) keine Punktmutanten sind, sondern Defekte aufweisen, die auf eine größere Region des Genbereiches verteilt sind (z. B. Blockmutationen, S. 323; Mehrpunktmutationen). Dagegen sprechen aber die folgenden Befunde (CATCHESIDE 1960a): Mutanten aus Überlappungsgruppen zeigen einerseits eine normale Rückmutationsrate zum Wildtyp und ergeben andererseits in Kreuzungen untereinander mit normaler Häufigkeit Prototrophe. Weder bei Mehrpunktmutanten noch bei chromosomalen Veränderungen ist eine Restitution des Wildstamm-Merkmales durch Mutation oder Rekombination wahrscheinlich.

Eine andere Erklärungsmöglichkeit für die Überlappung beruht auf der Annahme, daß die einzelnen Funktionsbereiche ineinander übergreifen (ROMAN 1958). Eine Mutation in einer derartigen Überlappungszone würde zu einem Defekt in beiden Funktionsbereichen führen. Für den von uns als Beispiel gewählten *his-3*-Locus würde das bedeuten, daß alle Mutanten der Gruppe A (s. Abb. VI-11) in einem Bereich liegen, der alle anderen Bereiche überlappt. Dies ist jedoch unvereinbar mit einer linearen Genstruktur.

---

[1] *Anmerkung bei der Korrektur:* Kreisförmige Komplementationskarten stellten COSTELLO und BEVAN (1964) bzw. DORFMAN (1964) unabhängig voneinander für den *ad-5/7*-Locus von *Saccharomyces cerevisiae* auf.

3. Die von Komplement-Heterokaryen gebildeten Enzyme weisen zum Teil strukturelle Veränderungen auf.

Diese Argumente, die zu einer Ablehnung der oben beschriebenen Vorstellung führten, können aber nicht gegen eine zweite Theorie erhoben werden (BRENNER 1959, FINCHAM 1960), die von CATCHESIDE (1962) und ISHIKAWA (1962b) in ausführlicher Weise diskutiert wird.

Man wirft zunächst die Frage auf, an welcher Stelle des Weges vom Gen zum Enzym die Komplementation wirksam werden kann. Theoretisch könnte sie auf jeder Stufe dieses Weges von der DNS über die Boten-RNS, über die Bildung von Polypeptidketten bis zur Aggregation und Faltung der Proteine eintreten. Sie erfolgt sicherlich nicht zwischen der DNS der beiden komplementären Kerne im Heterokaryon, denn die beiden Kernarten lassen sich jederzeit unverändert aus dem Heterokaryon entfernen. Eine Komplementation zwischen RNS oder Polypeptiden erscheint möglich, aber erklärt nicht die Tatsache, daß einige heteroallele Mutanten sich komplementieren und andere nicht.

Es wird daher angenommen, *daß die Komplementation zwischen Enzymproteinen erfolgt, die sich schon zu ihrer Tertiärstruktur eingefaltet haben. Das bedeutet, daß im endgültigen aktiven Enzymmolekül zwei oder mehrere Moleküle der beiden allein nicht funktionsfähigen monomeren Mutantenproteine sich zu der quartären Struktur eines Hybridproteins vereinigen.* Das setzt allerdings voraus, daß intragenische Komplementation nur bei polymeren Enzymen vorkommen kann.

Eine polymere Struktur von Enzymproteinen wurde in letzter Zeit mehrfach nachgewiesen: z.B. von CRAWFORD und YANOFSKY (1958) für die Tryptophan-Synthetase von *E. coli* (S. 407); von KÄGI und VALLEE (1960) für die Alkohol-Dehydrogenase der Hefe; von GROSS (1962) für eine in der Leucinsynthese von *N. crassa* wirkende Isomerase. (Weitere Literatur bei ISHIKAWA 1962b.)

Die mutative Veränderung der DNS führt nach dieser Vorstellung über die RNS zu einer Veränderung in der Aminosäuresequenz, die sich in den monomeren Teilstücken als unterschiedliche Einfaltung manifestiert. *Die Aggregation der einzelnen Proteinkomponenten zu einem aktiven Enzym ist nur dann möglich, wenn ihre durch die Tertiärstruktur bedingte Form ineinander paßt.* Die für eine solche Hypothese erforderlichen Proteinwechselwirkungen sind in Abb. VI-12 schematisch dargestellt.

Mit Hilfe dieser Theorie, welche den großen Vorteil besitzt, den Begriff des Gens als funktionelle Einheit unangetastet zu lassen, kann man die folgenden experimentellen Befunde erklären:

1. Loci, die keine intragenische Komplementation zeigen, können für die Bildung von monomeren Enzymproteinen verantwortlich sein, die bei Veränderung ihrer Tertiärstruktur nicht durch Bildung eines Hybridproteins zu reparieren sind.

2. In einer Mischung aus Extrakten komplementierbarer Mutanten erfolgt gelegentlich in vitro eine Enzymbildung (S. 399).

3. Alle komplementierbaren Mutanten des *td*-Locus bilden stets ein dem Enzym immunologisches verwandtes Protein (KRM, S. 391) (LACY und BONNER 1961).

4. Auch die mehrfach festgestellten strukturell veränderten Enzyme sind mit der Hybridnatur der nach Komplementierung erhaltenen Proteine vereinbar.

Es erscheint in diesem Zusammenhang wesentlich, noch einmal darauf hinzuweisen, daß die von FINCHAM (1962b, s. auch S. 397) beschriebenen qualitativen Veränderungen an durch Komplementation erhaltenen Enzymen auf Veränderungen in der Tertiärstruktur schließen lassen.

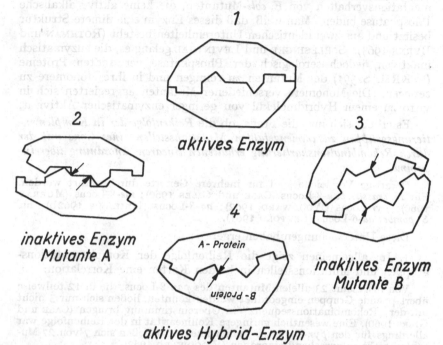

*1*

*aktives Enzym*

*2*

*3*

*4*

*inaktives Enzym*
*Mutante A*

*A - Protein*

*B - Protein*

*inaktives Enzym*
*Mutante B*

*aktives Hybrid-Enzym*

Abb. VI-12. Modell für intragenische Komplementation. Es wird ein dimeres Enzymprotein angenommen. Das aktive normale Enzym besteht aus zwei identischen Proteinen (1). Die beiden Mutanten A (2) und B (3) bilden Proteine, die sich in ihrer Tertiärstruktur vom Wildstamm-Protein unterscheiden (Pfeile). Die beiden homologen Enzymproteine passen nicht zusammen. Es wird kein aktives Enzym gebildet. Die beiden A- und B-Proteine können sich jedoch aggregieren und ein dimeres, in seiner Form dem Wildtyp-Protein ähnliches Hybrid-Enzymprotein bilden (4), das aktiv ist. (Aus CATCHESIDE 1962)

5. Die Wahrscheinlichkeit, daß zwei Mutanten in der Tertiärstruktur ihrer Proteine so verändert sind, daß sie zusammenpassen, ist allerdings gering. Dies würde die Tatsache erklären, daß ein großer Teil der Mutanten eines Locus nicht komplementieren und auf diese Weise für die Überlappungen innerhalb der Komplementationskarte verantwortlich sind.

6. Die unterschiedliche Ausdehnung und Überlappung der Komplementationsgruppen könnten nach LEUPOLD (1961) darauf beruhen, daß die durch Mutation veränderte Aminosäuresequenz der Polypeptidkette die Einfaltung beeinträchtigt. Eine Korrektur dieser Deformation würde nur in denjenigen Regionen der Kette eintreten, welche im endgültigen

Protein mit nicht deformierten homologen Regionen der Partnerkette verbunden werden. Sie müßte in jenen Regionen ausbleiben, in welchen beide Polypeptidketten Deformationen ihrer dreidimensionalen Struktur aufweisen.

7. Für die Annahme dieser Theorie sprechen ebenfalls die Untersuchungen von SCHLESINGER und LEVINTHAL (1963) über das Komplementationsverhalten von *E. coli*-Mutanten, die keine aktive alkalische Phosphatase bilden. Man weiß, daß dieses Enzym eine dimere Struktur besitzt und aus zwei identischen Untereinheiten besteht (ROTHMAN und BYRNE 1963). SCHLESINGER und LEVINTHAL gelang es, die enzymatisch inaktiven, jedoch serologisch der Phosphatase verwandten Proteine (= KRM, S. 391) der Mutanten zu reinigen und in ihre Monomere zu zerlegen. Die Monomere verschiedener Mutanten aggregierten sich in vitro zu einem Hybridmolekül von geringer enzymatischer Aktivität.

Es erhebt sich nun die Frage, ob die *Reihenfolge der in Komplementierungsgruppen zusammengefaßten Mutationsstellen eines Gens mit der durch Rekombinationskartierung erhaltenen linearen Anordnung übereinstimmt.*

Derartige Vergleiche sind für mehrere Genorte durchgeführt worden. Für *N. crassa: pan-2*-Locus (CASE und GILES 1960); *me-2*-Locus (MURRAY 1960); *pyr*-Locus (WOODWARD 1962); *ad-8*-Locus (ISHIKAWA 1962b); für *S. pombe: ad-6*-Locus (LEUPOLD 1961).

Diese Untersuchungen haben ergeben:

1. Im allgemeinen zeigt die Reihenfolge der Komplementationsgruppen und Mutationsstellen in beiden Karten eine Korrelation.

Von insgesamt 23 allelen Mutanten des *pan-2*-Locus, die in 12 teilweise überlappende Gruppen eingeordnet werden konnten, ließen sich nur 3 nicht mit der „Rekombinationssequenz" in Übereinstimmung bringen (CASE und GILES 1960). Eine wesentlich geringere Kollinearität in der Reihenfolge war allerdings für den *pyr*-Locus zu verzeichnen, hier ließen sich 7 von 27 Mutanten nicht entsprechend einordnen (WOODWARD 1962).

2. Die sich nicht komplementierenden Mutanten sind zufällig über den gesamten Rekombinationsbereich verstreut.

3. Der relative Abstand zwischen den einzelnen Komplementationsgruppen und den entsprechenden Mutationsstellen beider Karten ist unterschiedlich.

Diese Befunde lassen sich ebenfalls mit der Hybridmolekül-Theorie der intragenischen Komplementation erklären. Wenn man annimmt, daß auf einem Proteinmonomer die relative Lage der durch Mutation hervorgerufenen Schäden mit der Sequenz der Mutationsstellen im Gen übereinstimmt, ist es durchaus möglich, daß diese ursprünglich lineare Anordnung durch die Einfaltung des Proteinmoleküls völlig verändert wird. Die anfänglich zwischen Gen und Primärstruktur des Proteins vorhandene Kollinearität kann daher in der Tertiärstruktur nicht erkannt werden. Die zufallsgemäße Verteilung der sich nicht komplementierenden Mutationsstellen läßt sich durch die Annahme erklären, daß entweder die genetische Information dieser Stellen soweit gestört ist, daß keine Proteinsynthese erfolgen kann oder daß die betreffenden Proteine in ihrer Tertiärstruktur so verändert sind, daß sie keine Hybridmoleküle mehr bilden können.

Ein weiteres Modell zur Erklärung der intragenischen Komplementation wird von KAPULER und BERNSTEIN (1963) vorgeschlagen. Es basiert auf einem Vergleich einer kreisförmigen Komplementationskarte für den *ad-8*-Locus von *N. crassa* (S. 401) mit einer neuartigen, spiralig angeordneten Rekombinationskarte. Die beiden Autoren nehmen an, daß der *ad-8*-Locus die Bildung eines Polypeptides codiert, das in seiner Tertiärstruktur eine Spirale mit zwei Windungen darstellt. Es wird weiter angenommen, daß sich die einzelnen Polypeptidspiralen stapelartig zum Enzymmolekül vereinigen, so daß homologe Stellen benachbarter Spiralen sich berühren. Bei den Mutanten soll jede Polypeptidspirale an einer bestimmten Stelle einen Defekt aufweisen, der sich gleich einer Linie durch den gesamten „Proteinstapel" zieht. In einem Heterokaryon sollen jedoch die von beiden Kernen gebildeten Polypeptidspiralen zur Bildung des Proteinstapels beitragen. Unter Zugrundelegung eines derartigen Molekülaufbaues können auf molekularer Ebene die gleichen Voraussetzungen für Komplementation bzw. Nichtkomplementation gemacht werden wie auf der Komplementationskarte, d.h. Komplementation bei Nichtüberlappung und keine Komplementation bei Überlappung der Defekte. Leider stehen die experimentellen Beweise für dieses Modell noch aus.

*Die Untersuchungen über die intragenische Komplementation haben die Auffassung verstärkt, daß das Gen als strukturbestimmende Funktionseinheit anzusehen ist;* denn im Gegensatz zum Komplementationsverhalten nichtalleler Gene zeigen einzelne Mutationsstellen innerhalb eines Gens entweder gar keine oder nur unvollständige Komplementation. In den bisher genauer untersuchten Fällen konnte nämlich eine Wiederherstellung des normalen Wildtypmerkmals auf Grund von intragenischer Komplementation nicht festgestellt werden. Darüber hinaus ist auch noch durch diese Experimente klar geworden, daß die einzelnen Mutationsstellen eines Gens in unterschiedlicher Weise an der Bildung des Genproduktes beteiligt sind. Eine Kollinearität zwischen Lage und Funktion der Mutationsstellen erscheint möglich. In die gleiche Richtung weisen auch die im nächsten Abschnitt zu besprechenden Untersuchungen an *td*-Mutanten von *N. crassa*.

## 2. Genfeinstruktur und Funktion

Die durch die Untersuchungen über die intragenische Komplementation aufgeworfene Fragestellung nach einer Genkartierung entsprechend der Funktion der Mutationsstellen wurde von BONNER et al. (1960)[1] auf andere Weise angegangen. Diese Autoren haben die durch verschiedene Enzymspezifität gekennzeichneten Mutanten des *td*-Locus von *N. crassa* (Tabelle VI-5, S. 392) kartiert. Sie bedienten sich dabei der bereits im Kapitel *Rekombination* (S. 218ff.) ausführlich dargestellten Methodik. Überraschenderweise waren die funktionell verschiedenen Mutanten nicht zufallsgemäß über die gesamte genetische Region des *td*-

---

[1] Die Versuchsdaten sind mittlerweile in ausführlicher Form veröffentlicht worden: SUYAMA et al. (1964), KAPLAN et al. (1964a).

Locus verteilt, sondern es ergab sich eine Korrelation zwischen Lage und Funktion (Abb. VI-13).

Aus dem Schema der Abb. VI-13 und den Daten der Tabelle VI-5 läßt sich entnehmen, daß die genetische Region des *td*-Locus, welche die Bildung der Tryptophan-Synthetase (T-ase) kontrolliert, in mehrere Bereiche gegliedert werden kann, die den einzelnen Spezifitäten der KRM-positiven Mutantenklassen entsprechen (Tabelle VI-5, Gruppe I). Der Gesamtbereich beginnt mit den Mutanten der Klasse 2, welche nur nach Zugabe von Indol (Abb. VI-9) Tryptophan bilden können. Es folgt eine „genetisch stille" Region, in die bisher keine Mutanten eingeordnet werden konnten. Daran schließt sich die Region der Mutanten von Klasse 1 an, die nur KRM bilden und keinerlei enzymatische Aktivität besitzen. In die zweite Hälfte des Gesamtbereiches fallen alle Mutanten der Klasse 3, die in der Lage sind, das Indol-glycerin-phosphat zu Indol abzubauen.

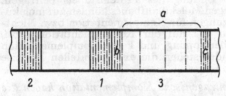

Abb. VI-13. Schema einer Genkarte für den *td* Locus von *N. crassa*. Durch die gestrichelten Längslinien ist die relative Lage der verschiedenen Mutationsstellen von *td*-Mutanten aus Gruppe I (Tabelle VI-5) gekennzeichnet. Die Unterteilung der gesamten Region entspricht der in Tabelle VI-5 verwendeten Klassifizierung der Mutanten in funktionelle Gruppen. Erläuterungen s. Text. (Nach BONNER et al. 1960, verändert)

Auch für diesen Teilbereich läßt sich entsprechend den Kofaktorbedürfnissen eine Korrelation zwischen Mutationsstelle und Funktion erkennen. An den beiden Enden dieser Region sind die Mutanten der Unterklassen b bzw. c zu finden, die zur Indolherstellung einen Kofaktor benötigen. Die Mutanten ohne jedes Kofaktorbedürfnis (Unterklasse a) sind verstreut zwischen diesen beiden Bereichen lokalisiert.

Die KRM-negativen Mutanten der Gruppe II (Tabelle VI-5) ließen sich nicht eindeutig kartieren (BONNER 1964a)[1].

Das Vorhandensein einer „genetisch stillen" Region bedarf noch einer kurzen Bemerkung. Da bisher eine relativ geringe Anzahl von Mutanten kartiert wurde, kann die Existenz einer solchen Region vorgetäuscht sein. Andererseits besteht aber auch die Möglichkeit, daß innerhalb eines Genbereiches Stellen vorhanden sind, an welchen mutative Veränderungen auftreten, die keinen substantiellen Einfluß auf die Funktionsfähigkeit des zu bildenden Enzyms haben. Die Tatsache, daß die Mutationsstellen, die für die Enzymspezifität verantwortlich sind, in Gruppen vorkommen, läßt vermuten, daß auch solche Stellen, die zwar einen Einfluß auf die Aminosäurezusammensetzung haben, ohne jedoch die katalytischen Merkmale des Enzyms zu beeinflussen, ebenfalls in bestimmten Regionen gruppiert sind.

Eine Besprechung dieser Befunde kann nur im Zusammenhang mit den Daten über die T-ase von *Escherichia coli* vorgenommen werden.

*Literatur:* YANOFSKY (1960), neuere Arbeiten: HELINSKI und YANOFSKY (1962a, b), HENNING und YANOFSKY (1962a, b), HATANAKA et al. (1962), HENNING et al. (1962), CARLTON und YANOFSKY (1962), YANOFSKY et al. (1963).

---

[1] *Anmerkung bei der Korrektur:* Weitere Daten über KRM⁻-Mutanten sind den kürzlich erschienenen Arbeiten von BONNER (1964b) und KAPLAN et al. (1964b) zu entnehmen.

Die T-ase dieses Bakteriums, die ebenfalls in reiner Form isoliert werden konnte, hat die gleichen katalytischen Eigenschaften wie die *N. crassa*-T-ase. Das reine Enzym, dessen Molekulargewicht etwa 140000 beträgt, läßt sich in die beiden Proteinkomponenten A und. B mit einem Molekulargewicht von 29500 bzw. 114000 (WILSON und CRAWFORD, pers. Mitt.) spalten. Obwohl die A- und B-Proteine in geringem Maße die Reaktionen 3 bzw. 2 (Abb. VI-9) katalysieren, kann die biologisch essentielle Funktion der T-ase (Reaktion 1) nur von dem Komplex beider Proteine gesteuert werden. Die Mutationsstellen, die für die beiden Proteine codieren, liegen in zwei sich nichtüberlappenden Bereichen. Im Gegensatz zu der Genfeinstruktur des *td*-Locus von *N. crassa* (Abb. VI-13) fallen bei *E. coli* die Mutanten, welche sowohl die A- als auch die B-Funktion verloren haben, nicht in einen dritten Bereich, sondern sind über beide Bereiche verteilt.

Durch vergleichende biochemische Analyse von Wild- und Mutanten-T-ase konnte ferner festgestellt werden, daß die *qualitative Enzymänderung einzelner Punktmutanten durch Änderung der Aminosäuresequenz bedingt ist.* Dieser klare Beweis, daß eine Punktmutation zu einer Veränderung der Primärstruktur eines Enzyms führt, konnte bisher an den bei Pilzen untersuchten Gen-Enzym-Systemen noch nicht erbracht werden.

Neben der von der Yanofsky-Gruppe bearbeiteten konstitutiv gebildeten T-ase fanden NEWTON und SNELL (1962) in Tryptophan-Mangelmutanten eine weitere induzierbare T-ase. Ihre Bildung wird durch hohe Konzentrationen von Tryptophan ausgelöst. Sie katalysiert nur die Synthese von Tryptophan aus Indol und Serin (Abb. VI-9, Reaktion 2). Auf die Reaktionen 1 und 3 (Abb. VI-9) hat sie keinen katalytischen Einfluß. Es wurde nachgewiesen, daß diese T-ase weder mit dem A- noch mit dem B-Protein der konstitutiv gebildeten T-ase identisch ist. Da eine Korrelation zwischen den biochemischen und den genetischen Daten noch nicht hinreichend ist, haben diese Experimente hier nur einen informativen Charakter.

Aus den Untersuchungen über die T-ase von *N. crassa* und *E. coli* geht hervor, *daß ein Gen zwar aus zahlreichen Mutationsstellen besteht, aber nur aus einer geringen Anzahl von Funktionsbereichen.* Der *td*-Locus von *E. coli* enthält die beiden sich nichtüberlappenden Bereiche A und B; aber auch die *Neurospora*-Daten lassen sich im Sinne von zwei Funktionsbereichen interpretieren, die A und B entsprechen (BONNER 1963).

Die Mutanten des sog. INGP-Bereiches (Abb. VI-13, Region 2) bilden eine T-ase, die nicht in der Lage ist, die Spaltung von Indol-glyzerin-phosphat zu katalysieren. Dieses Enzym, das in seiner Funktion dem B-Protein von *E. coli* entspricht, kann nur die Verbindung von Indol und Serin zu Tryptophan steuern (Reaktion 2, Abb. VI-9). Entsprechend wird von den Mutanten des Indolbereiches (Abb. VI-13, Region 3) ein Enzym hergestellt, das in seinen funktionellen Merkmalen dem A-Protein entspricht. Dieses Ferment kann die Indol-Serin-Reaktion nicht katalysieren, wohl aber die Abspaltung des Indols vom Indol-glyzerin-phosphat (Reaktion 3, Abb. VI-9). Die Mutanten der Region 1 (Abb. VI-13) bilden ein KRM, das weder eine katalytische Aktivität gegenüber INGP noch gegenüber Indol besitzt. BONNER nimmt an, daß sich in dieser Region der INGP- und Indolbereich der Region 2 bzw. 3 überlagern.

Der wesentliche Unterschied zwischen den beiden Funktionsbereichen, die für die Eigenschaften der Pilz- bzw. Bakterien-T-ase verantwortlich sind, besteht darin, daß sie sich im ersten Falle überlappen und im zweiten offenbar nicht. Man kann vermuten, daß in der Überlappungszone die genetische Information für beide Funktionen codiert. Dies spiegelt sich offenbar in der Proteinstruktur der *Neurospora*-T-ase wider, denn so ist es zu verstehen, daß es nicht gelungen ist, dieses Enzym in die beiden für *E. coli* typischen Proteinkomponenten A und B zu spalten.

Bei der Besprechung der intragenischen Komplementation (S. 405), deren Resultate ebenfalls zu der Erkenntnis geführt haben, daß ein Gen aus mehreren Funktionsbereichen besteht, sind wir zu dem Schluß gekommen, daß *das Gen trotzdem in seiner Gesamtheit als strukturbestimmende Funktionseinheit anzusehen ist*. Diese Annahme trifft auch für den *td*-Locus zu, denn jede Punktmutation innerhalb dieses Gens führt zur Tryptophan-Auxotrophie. Die betreffende Mutante hat die Fähigkeit verloren, ein Enzym zu bilden, das die in vivo ablaufende essentielle Reaktion 1 (Abb. VI-9) katalysiert.

Ansatzpunkte für eine Verallgemeinerung der beim *td*-Locus vorhandenen Korrelation zwischen Genfeinstruktur und Funktion sind den Versuchen von DAVIS (1960), DAVIS und WOODWARD (1962) mit *pyr-3*-Mutanten von *N. crassa* zu entnehmen.

30 für Pyrimidin auxotrophe Mutanten des *pyr-3*-Locus konnten auf Grund enzymatischer Analysen in zwei Klassen unterteilt werden: 7 Stämme bildeten auf einem supplementierten Minimalmedium die Wildform des Enzyms Aspartat-Transcarbamylase (ATC), die restlichen 23 nicht. Die beiden Mutantengruppen ließen sich auch durch weitere Kriterien unterscheiden. [Darauf wird im Zusammenhang mit der Besprechung von Suppressor-Genen näher eingegangen (S. 411 f.).] Während die ATC-positiven Mutanten, die den KRM+-Mutanten des *td*-Locus entsprechen (Gruppe I, Tabelle VI-5), mit einer Ausnahme in einer begrenzten genetischen Region lokalisiert sind, trifft dies für die ATC-negativen Mutanten (vergleichbar mit den KRM⁻-Stämmen) nicht zu. Ihre Mutationsstellen waren über den gesamten Genbereich verstreut.

### 3. Suppressor-Gene

*Durch ein Suppressor-Gen wird die Wirkung einer nichtallelen Mutation ganz oder teilweise aufgehoben.* Suppressor-Gene können sowohl mit den Loci, die auf ihre Einwirkung ansprechen, gekoppelt sein als auch auf einem anderen Chromosom liegen. Suppressormutationen lassen sich von Rückmutationen (S. 276, 413) durch Rückkreuzung mit dem Wildstamm unterscheiden.

Unter den Nachkommen aus einer Kreuzung zwischen Suppressormutanten und Wildstamm (*su a* × *su⁺ a⁺*) ist die einer Zweifaktor-Kreuzung entsprechende Aufspaltung zu finden. Die beiden Elterntypen und der Rekombinationstyp *su a⁺* zeigen Wildstamm-Merkmale. Der Rekombinationstyp *su⁺ a* dagegen hat die Mutantenmerkmale. Die Frequenz der beiden Rekombinationstypen hängt davon ab, ob Suppressor und mutierter Genort gekoppelt sind. Bei Zufallsverteilung erhält man z.B. 25% Rekombinationstypen *su⁺ a*.

Da eine Rückmutation innerhalb des gleichen Locus erfolgt, in dem die Hinmutation stattgefunden hat, ist in der Nachkommenschaft der Rückkreuzung (*a⁺* × *a⁺*) eine Uniformität für den Wildstamm-Phänotyp zu erwarten.

Diese Kreuzungsergebnisse gelten natürlich nur für den Fall einer vollständigen Restauration des Wildstamm-Charakters durch die Suppression bzw. Rückmutation. Bei unvollständiger Wiederherstellung der Wildeigenschaften erfolgt in der $F_1$ bei nichtgekoppelten Genen entweder eine 1:1-Aufspaltung für Rückmutante: Wild oder eine 2:1:1-Aufspaltung für Wild ($su^+$ $a^+$, $su$ $a^+$): supprimierte Mutante ($su$ $a$): ursprüngliche Mutante ($su^+$ $a$).

Wenn eine Tetradenanalyse möglich ist, genügt für eine Unterscheidung dieser beiden Phänomene die Analyse von wenigen Asci, sofern der Suppressor nicht eng mit dem mutierten Gen gekoppelt ist.

Das Phänomen der Suppressormutation ist im Zusammenhang mit der Besprechung von Struktur und Funktion des genetischen Materials von besonderem Interesse, weil es bei oberflächlicher Betrachtung den Anschein erweckt, als ob mehrere Genorte für die Struktur eines Enzyms verantwortlich seien. Diese Frage kann man klären, wenn man zum Studium der Suppressorwirkung ein Auxotrophie-Prototrophie-System verwendet, das sich enzymatisch analysieren läßt.

Suppressor-Gene wurden für auxotrophe Mutanten von Pilzen mehrfach beschrieben (GILES und PARTRIDGE 1953, STRAUSS und PIEROG 1954, LEWIS 1961). Biochemische Daten über die Wirkungsweise der Suppressor-Gene auf Enzyme kennt man nur für den $td$-Locus von *N. crassa* (und *E. coli*) (YANOFSKY 1952a, 1958, YANOFSKY und BONNER 1955b, YANOFSKY und CRAWFORD 1959, CRAWFORD und YANOFSKY 1959, SUSKIND und KUREK 1959, SUSKIND und JORDAN 1959) und den $pyr$-3-Locus von *N. crassa* (DAVIS 1961, 1962a, b, DAVIS und WOODWARD 1962, WOODWARD und DAVIS 1963, WOODWARD und SCHWARZ 1964).

Vom $td$-Locus der *N. crassa* wurden 25 allele Mutanten ($td$-$1$ bis $td$-$25$) auf spontan oder nach UV-Bestrahlung entstandene Suppressor-Gene geprüft. Aus etwa 50 Stämmen, die mehr oder minder stark prototroph geworden waren, ließen sich 4 Suppressor-Gene isolieren. Zwei der Suppressor-Gene sind untereinander und mit den beiden übrigen nicht gekoppelt. Die beiden anderen Gene scheinen entweder eng gekoppelt oder allel zu sein. Die Wirkungsweise dieser vier Suppressoren auf die verschiedenen $td$-Mutanten wurde genetisch und biochemisch untersucht.

Die Ergebnisse der Experimente mit $td$-Mutanten lassen sich nach folgenden Gesichtspunkten zusammenfassen:

1. *Unvollkommene Wiederherstellung des Wildstamm-Phänotyps.* In keinem Falle zeigen die supprimierten Mutanten auf Minimalmedium die gleichen Wuchseigenschaften wie der Wildstamm.

2. *Spezifität der Suppressor-Gene.* Durch Einkreuzung der Suppressor-Gene in die $td$-Mutanten konnte nachgewiesen werden, daß die Suppressoren spezifisch auf ein bestimmtes $td$-Allel wirken (Tabelle VI-7). Im allgemeinen ist keines der Suppressor-Gene in der Lage, den Tryptophanmangel bei mehreren Mutanten zu beheben. Da $td$-$3$ und $td$-$24$ die gleichen funktionellen Defekte besitzen, ist es verständlich, daß beide Mutanten durch die entsprechenden Suppressor-Gene supprimiert werden. Eine Ausnahme bildet das Gen $su$-$6$, das sowohl $td$-$6$ als auch $td$-$2$ supprimieren kann.

Aus Tabelle VI-7 ist ferner zu ersehen, daß weder in KRM-negativen Mutanten (S. 392) Suppressoren gefunden wurden, noch diese auf die Wirkung solcher Gene ansprechen. (Bei *E. coli* reagieren allerdings auch KRM⁻-Mutanten auf die Wirkung der Suppressor-Gene.) Umgekehrt müssen aber nicht notwendigerweise KRM-positive Mutanten supprimierbar sein (z.B. $td$-$7$).

Tabelle VI-7. *Wirkung der Suppressor-Gene auf td-Mutanten von N. crassa*
Der Index der Suppressor-Gene gibt an, aus welcher *td*-Mutante der betreffende Suppressor isoliert wurde. In der Spalte ,,KRM'' ist das Vorhandensein oder Fehlen von enzymatisch inaktivem, aber mit dem Enzym serologisch verwandtem Protein aufgetragen. In der Spalte ,,Suppressor-Gene'' bedeuten: $+ =$ Suppression; $— = $keine Suppression; $0 =$nicht geprüft. (Nach YANOFSKY 1960, ergänzt.)

| *td*-Stamm | KRM | Suppressor-Gene | | | |
|---|---|---|---|---|---|
| | | *su-2* | *su-6* | *su-3* | *su-24* |
| *td-1* . . . . . . | — | — | — | — | — |
| *td-16* . . . . . | — | — | — | 0 | 0 |
| *td-7* . . . . . . | + | — | — | — | — |
| *td-2* . . . . . . | + | + | + | — | — |
| *td-6* . . . . . . | + | — | + | — | — |
| *td-3* . . . . . . | + | — | — | + | + |
| *td-24* . . . . . | + | — | — | + | + |
| restliche 18 *td*-Stämme . | + oder — | — | — | — | — |

### 3. Eigenschaften der durch Suppressorwirkungen gebildeten Tryptophan-Synthetase.

Alle supprimierbaren Stämme bilden quantitativ weniger Tryptophan-Synthetase (T-ase) als der Wildstamm. Es lag natürlich nahe zu prüfen, ob die Suppressor-Gene neben diesem quantitativen Einfluß auf die Enzymbildung auch einen qualitativen besitzen. Wie die im folgenden beschriebenen Versuche zeigen, scheint dies in einem Fall zuzutreffen, in anderen jedoch nicht.

Die Mutante *td-2* bildet, wie man heute weiß, eine strukturell veränderte Tryptophan-Synthetase, welche nur die Hydrolyse von Indol-glyzerinphosphat katalysieren kann (Abb. VI-9, Reaktion 3). Unter der Einwirkung des Gens *su-2* wird von diesem Stamm jedoch neben dem defekten Enzym auch in geringen Mengen normale T-ase produziert. Entsprechende Beobachtungen konnten auch an Mutanten von *E. coli* gemacht werden, die ähnliche Enzymschäden aufweisen.

Ein biochemischer Vergleich der T-ase, die von der supprimierten Mutante *td-6 su-6* hergestellt wird, mit der Wildstamm-T-ase ergab jedoch bezüglich Substrataffinität, Aktivität und Stabilität keine qualitativen Unterschiede.

Einen eindeutigen Beweis für das Fehlen von einer strukturellen Beeinflussung der T-ase durch einen Suppressor haben die Experimente mit der Mutante *td-24* erbracht. Diese Mutante zeigt keine Enzymaktivität, wenn sie bei einer Temperatur von 25⁰ C kultiviert wird. Erhöht man jedoch die Temperatur auf 35⁰ C, so werden geringe Mengen von T-ase gebildet. Im Gegensatz zu der T-ase des Wildstammes ist dieses Enzym gegen Zn-Ionen empfindlich. Biochemische Analysen von partiell gereinigten Enzympräparaten ergaben, daß die Hemmung der Enzymbildung bei 25⁰ C durch einen Metall-Ionen enthaltenden Hemmstoff ausgelöst wird, dessen Wirkung nach Zugabe von Zn-Ionen verdoppelt werden kann. Nach Suppression dieser Mutante (sowohl durch *su-24* als auch durch *su-3*) wird zwar auch bei 25⁰ C das Enzym gebildet, es behält aber seine Zink-Sensitivität bei. Man kann daher annehmen, daß in diesem Falle durch den Suppressor der Hemmstoff unwirksam gemacht wird.

Welche Schlüsse können wir aus diesen Experimenten für den *Mechanismus der Suppressorwirkung* ziehen? Bei dem derzeitigen Stand der Versuchsergebnisse ist es *unmöglich, eine allgemeine Theorie abzuleiten.*

Auf Grund der spezifischen Wirkung der Suppressor-Gene und der Versuche mit der Mutante *td-24* könnte man annehmen, daß die Suppressor-Gene weder die Funktion des *td*-Locus übernehmen noch seine Funktion ersetzen können, d. h. keinen Einfluß auf die Enzymstruktur haben. Diese Vorstellung stimmt mit der gängigen Lehrmeinung überein, daß für jedes Enzym nur *ein* Struktur-Gen vorhanden ist. Betrachten wir aber nun die Versuche mit *td-2*-Mutanten. Hier wird offenbar durch den Suppressor ein vom Mutantenprotein qualitativ verschiedenes Enzym gebildet. Sollte dies ein erster experimenteller Ansatz für den Nachweis der Existenz von mehr als einem Struktur-Gen pro Enzym sein? Dies ist jedoch nicht der Fall, wie BRODY und YANOFSKY (1963) später durch ihre Analyse von Suppressor-Genwirkungen für den *td*-Locus von *E. coli* zeigen konnten. Auf Grund ihrer Untersuchungen kann man annehmen, daß durch das Suppressor-Gen die Sequenz von Aminosäuren beim Aufbau des Enzymproteins beeinflußt wird. Als Folge von „Einbaufehlern" wäre es möglich, daß die primär durch das mutierte Struktur-Gen festgelegte Aminosäuresequenz an einer oder an mehreren Stellen zufällig so verändert wird, daß ein funktionsfähiges Enzymmolekül entsteht. Es wäre daher angebracht, diese Fragestellung bei *N. crassa* erneut aufzugreifen. Eine Möglichkeit dazu bietet sich durch eine biochemische Analyse reiner T-ase vom Wildstamm und von supprimierten Mutanten, deren Herstellung seit kurzem möglich ist (S. 390).

Eine ganz andere Wirkungsweise als die Suppressoren des *td*-Locus zeigt ein Suppressor-Gen, das Mutanten des *pyr-3*-Locus zur Prototrophie für Pyrimidin verhilft.

*pyr*-Mutanten sind in einem der ersten Schritte der Pyrimidin-Synthese blockiert. Sie können Asparaginsäure nicht in Ureido-bernsteinsäure umwandeln (s. auch Abb. VI-8). Für diesen Stoffwechselschritt ist das Enzym Aspartat-Transcarbamylase (ATC) verantwortlich.

Wie schon oben erwähnt (S. 408), können die *pyr-3*-Mutanten in zwei Klassen unterteilt werden: in solche, die nach Zugabe von Pyrimidin oder einer der in der Synthesekette nach dem *pyr-3*-Block liegenden Vorstufe des Pyrimidins ATC bilden können, und in solche, die auf supplementiertem Minimalmedium keine ATC herstellen. Das Suppressor-Gen *s*, welches zuerst von HOULAHAN und MITCHELL (1947, 1948) entdeckt und analysiert wurde (MITCHELL und MITCHELL 1952), kann nur die Auxotrophie der ATC-positiven Mutantenklasse aufheben (DAVIS und WOODWARD 1962). Auf die Mutanten der ATC-negativen Klasse zeigt sich keinerlei Wirkung.

Schon die MITCHELLs hatten entdeckt, daß der Suppressor *s* ebenfalls die Auxotrophie von Prolin-Mangelmutanten der Loci *prol-2* und *prol-3* beheben kann. Dies ist verständlich, da Pyrimidin- und Prolinsynthese mit der Argininsynthese verknüpft sind (Abb. VI-8).

Auf einen engen Zusammenhang zwischen Pyrimidin- und Argininsynthese hat schon REISSIG (1960) hingewiesen. Er hatte nämlich gefunden, daß der *pyr-3*-Locus die durch den *arg-2*-Locus bedingte Arginin-Auxotrophie supprimiert, d. h. *pyr-3 arg-2*-Doppelmutanten sind nur für Pyrimidin auxotroph (S. 284).

Durch die umfangreichen genetischen und biochemischen Untersuchungen von DAVIS und WOODWARD, die oben zitiert wurden, ist die physiologische Wirkung des Suppressor-Gens *s* verständlich geworden:

1. Die ATC-positiven *pyr-3*-Mutanten, die durch s supprimiert werden, bilden eine qualitativ veränderte Ornithin-Transcarbamylase (OTC), deren spezifische Aktivität nur 2% des Wildstamm-Enzyms beträgt. (In *pyr-3* s⁺-Stämmen ist die OTC-Aktivität normal.)

2. Durch Zusatz von Arginin zum Nährmedium kann die Suppressorwirkung aufgehoben werden.

3. Durch das Arginin kann weder die Synthese noch die Aktivität der ATC gehemmt werden.

DAVIS nimmt an, daß die *Wirkung des Gens s*, abgesehen von seinem Einfluß auf die Struktur der OTC (DAVIS und THWAITES 1963), in der Hauptsache darin besteht, *durch eine Art „Schaltung" die den verschiedenen Syntheseketten gemeinsamen Vorstufen in eine bestimmte Richtung zu lenken.*

Durch Herabsetzung der OTC-Aktivität schafft s die Möglichkeit, daß ein Teil des arginin-spezifischen Glutaminsäure-semialdehyd (Abb. VI-8) für die Prolinsynthese zur Verfügung steht. Auf diese Weise kann der *prol*-Block überwunden werden, denn die *prol*-Mutanten können diese Substanz auch zur Prolinsynthese verwenden (VOGEL und KOPAC 1959, 1960).

Die Aufhebung des *pyr*-Defektes kann auf die gleiche Weise erklärt werden, wenn man annimmt, daß auch das Carbamylphosphat (CAP) in zwei verschiedenen Formen gebildet werden kann, eine für die Argininsynthese (CAP-A) und eine für die Pyrimidinsynthese (CAP-P). Den ATC-positiven *pyr*-Mutanten fehlt die CAP-P. Durch Verminderung der OTC-Aktivität infolge der Wirkung von s steht CAP-A für die Pyrimidinsynthese zur Verfügung. (Über die physiologische Bedeutung des CAP s. JONES 1963.)

Der Hemmeffekt des Arginins müßte dann auf eine Unterdrückung der CAP-A-Synthese zurückgeführt werden, denn diese Substanz wird bei Anwesenheit von Arginin im Nährmedium nicht mehr für die Argininsynthese benötigt. Experimentelle Hinweise, welche diese Hypothese zu bestätigen scheinen, sind kürzlich erbracht worden (DAVIS 1963).

Ein weiterer Beitrag zur Aufklärung der Funktion der Suppressor-Gene könnte sich aus einer enzymatischen Analyse der von HAWTHORNE und MORTIMER (1963) bei *Saccharomyces* entdeckten Suppressoren ergeben. Diese Autoren fanden nämlich, daß zwei nichtallele Suppressor-Gene eine spezifische Wirkung auf verschiedene Auxotrophien haben, die in keinem physiologischen Zusammenhang miteinander stehen. Auf die Wirkung der Suppressor-Gene sprechen jedoch nur einzelne Allele der untersuchten 14 Loci an.

Schon aus den in relativ geringem Umfang durchgeführten genphysiologischen Untersuchungen über Suppressor-Gene geht hervor, daß die *Suppressorwirkung* (Rückkehr auxotropher Stämme zur Prototrophie) zwar *einheitlich* ist, daß aber die *physiologischen Vorgänge, die zur Aufhebung eines Defektes führen, völlig unterschiedlich sein können.* Bei der T-ase führt die Suppressorwirkung zur *Reparatur eines Enzymdefektes.* Die Auxotrophie der *pyr*- und *prol*-Mutanten wird jedoch durch die *Induktion eines Enzymdefektes* supprimiert, der den Verbrauch von Substanzen ermöglicht, die normalerweise von den Mutanten nicht für die Pyrimidin- bzw. Prolinsynthese benutzt werden können. Die *Suppressor-Gene* scheinen demnach *in erster Linie als Regulator-Gene zu wirken.* Eine genauere biochemische und genetische Analyse von supprimierten Mutanten (auf der Basis der von JACOB und MONOD entwickelten Modellvorstellung S. 419ff.) könnte zu einer Bestätigung dieser Auffassung und gegebenenfalls zu einer Abschaffung des Begriffs „Suppressor" führen. Allerdings kann auch nicht mit Sicherheit ausgeschlossen werden, daß die Suppressor-Gene vielleicht in dem einen oder anderen Fall die Funktion von Struktur-Genen haben. Auch das wäre verständlich, wenn man annimmt, daß die betreffenden Enzyme eine polymere Struktur haben und aus nichtidentischen Monomeren zusammengesetzt sind.

## 4. Rückmutationen

Rückmutationen, welche den ursprünglichen Phänotyp wiederherstellen, sind bei Mikroorganismen oft beschrieben worden (z.B. GILES und LEDERBERG 1948, GILES 1951, 1953, 1958, KØLMARK und WESTERGAARD 1953). Sie lassen sich relativ leicht bei Mangelmutanten erfassen (S. 285). Im Gegensatz zu Suppressormutationen (S. 408ff.), die den gleichen phänotypischen Effekt haben, erfolgt eine Rückmutation stets innerhalb des gleichen Gens, in dem auch die Hinmutation aufgetreten ist. Eine Unterscheidung dieser beiden Mutationsereignisse kann rasch durch Rückkreuzung der normalisierten Stämme mit dem Wildtyp vorgenommen werden.

Wie wir schon im Kapitel *Mutation* angedeutet haben, *muß man sich fragen, ob durch eine Rückmutation der ursprüngliche Phänotyp auch auf molekularer Ebene wiederhergestellt wird.* Seitdem wir wissen, daß ein Gen aus vielen Mutationsstellen besteht, erscheint es unwahrscheinlich, daß durch eine in ihrer Richtung nicht lenkbare Mutation genau die Stelle der DNS, an der die Hinmutation stattgefunden hat, betroffen und in ihren ursprünglichen Zustand zurückversetzt wird. Diese Problemstellung kann angegangen werden, wenn man in gleicher Weise, wie bei der Analyse der Suppressor-Gene, ein Auxotrophie-Prototrophie-System benutzt und die von den Rückmutanten gebildeten Enzyme mit den Wildstamm-Enzymen biochemisch vergleicht. Positive Ergebnisse aus solchen Versuchen dürften nicht nur zu einem besseren Verständnis des Mutationsvorganges selbst führen, sondern vor allem auch wertvolle Hinweise für die uns in diesem Zusammenhang interessierende Relation zwischen Struktur und Funktion des genetischen Materials liefern.

Von GILES und seinen Mitarbeitern wurden Revertanten des *ad-4*-Locus von *N. crassa* enzymatisch analysiert (GILES 1958, WOODWARD et al. 1960). Der *ad-4*-Locus ist für die Bildung des Enzyms Adenylosuccinase verantwortlich (S. 389, Tabelle VI-5).

Die von verschiedenen heteroallelen Mutanten erhaltenen prototrophen Revertanten zeigten zum Teil quantitative Unterschiede bezüglich ihrer Enzymproduktion. Sie ließen sich in mehrere Klassen einordnen, deren Enzymgehalt wesentlich unter dem Niveau des Wildstammes lag.

Innerhalb der Revertanten der Mutante *F 12* fand man z.B. zahlreiche Stämme, die 3, 10 bzw. 25% der vom Wildstamm gebildeten Adenylosuccinase herstellten.

Es hat den Anschein, als ob diese quantitativen Enzymunterschiede zum Teil auf qualitative zurückgeführt werden können. Für solche strukturellen Änderungen der von einigen Revertanten gebildeten Adenylosuccinase spricht ein von dem Wildstamm-Enzym abweichendes Verhalten, das durch folgende Kriterien gekennzeichnet ist: Hitzestabilität, Substrataffinität, Stabilität in verschiedenen Puffern und Empfindlichkeit gegenüber Hemmstoffen.

Diese Befunde stehen in Übereinstimmung mit der von STADLER und YANOFSKY (1959) ausgesprochenen Vermutung, daß die quantitativen Enzymunterschiede, welche an Revertanten des *td*-Locus von *E. coli* nachgewiesen wurden, zum Teil durch Struktur-Unterschiede der neu gebildeten Enzyme erklärt werden können. Diese Vermutung fand ihre Bestätigung in späteren Untersuchungen. YANOFSKY et al. (1963) konnten nämlich zeigen, daß die infolge einer Hinmutation veränderte Aminosäure im Enzymprotein bei den Revertanten durch andere Aminosäuren ersetzt werden kann. Dies führt aber nur zu einer partiellen Wiederherstellung der Enzymaktivität. Weitere, an Bakterien gemachte Untersuchungen weisen in die gleiche Richtung (MAAS und DAVIS 1952, GAREN 1960).

Eine genauere Vorstellung über die biochemischen Eigenschaften von Revertanten besitzt man für den *td*-Locus von *N. crassa* (ESSER et al. 1960). Von einer KRM-bildenden Mutante *(td-2)*, die nach der in Tabelle VI-5 gegebenen Einteilung zur Gruppe I, Klasse 3, gehört, konnte nach UV-Bestrahlung eine größere Anzahl von Revertanten isoliert werden. Davon wurden 25 Stämme ausgewählt, die sich bezüglich ihrer Wuchsrate und ihres Myzelhabitus nicht vom Wildstamm unterscheiden ließen. Die enzymatische Aktivität der Revertanten wurde für die drei Reaktionen der T-ase festgestellt und auf die immunologisch erfaßbare Menge an Enzymprotein (KRM) bezogen. Gemäß dem Verhältnis Enzymaktivität/KRM war es möglich, die Revertanten in vier signifikant verschiedene Klassen einzuordnen. Die von den Revertanten der Klasse 1 (13 Stämme) gebildete T-ase läßt sich in qualitativer Beziehung nicht vom Wildstamm-Enzym unterscheiden. Dagegen besitzen die Vertreter von Klasse 2 (3 Stämme), Klasse 3 (8 Stämme) und Klasse 4 (1 Stamm) T-asen mit anderen strukturellen Merkmalen als das Wildenzym.

Wie kann man solche qualitativen Enzymunterschiede als das Ergebnis von Rückmutation erklären? Wenn die Existenz dieser Kategorien wirklich auf qualitativen Enzymunterschieden beruht, müssen innerhalb der 25 Revertanten mindestens vier oder vielleicht sechs alternative Enzymkonfigurationen vorhanden sein, die alle in der Lage sind, die drei Reaktionen des Wildenzyms durchzuführen. Daraus folgt, daß zumindest die gleiche Anzahl von alternativen Genkonfigurationen vorhanden sein muß, die für die Restauration der Wildstamm-Eigenschaften verantwortlich sind. Betrachtet man jedoch die zur Zeit diskutierten Theorien für einen genetischen Code (S. 352ff.), so erscheint es sehr unwahrscheinlich, daß so viele Genkonfigurationen als das Ergebnis von Rückmutationen an einer einzigen Mutationsstelle *(td-2)* auftreten können. Man kann daher vermuten, *daß die Reversion zumindest bei den Stämmen mit verändertem enzymatischem Verhalten durch eine mutative Veränderung an einer anderen Stelle des td-Locus* hervorgerufen werden kann. Für diese Erscheinung wurde der Ausdruck *„intragenische Suppression"* eingeführt. Diese Hypothese kann auch zur Erklärung ähnlicher Experimente, die an *td*-Mutanten von *E. coli* durchgeführt wurden, verwendet werden (HELINSKI und YANOFSKY 1963, ALLEN und YANOFSKY 1963).

Mit intragenischer Suppression erklärt WOODWARD (1962) die Veränderungen im Komplementationsmuster einer Sekundärmutante, die nach UV-Bestrahlung aus einer Mutante des *pyr-3*-Locus erhalten wurde. Wie genetische Untersuchungen ergaben, hat offenbar das zweite Mutationsereignis nicht die ursprüngliche Mutationsstelle getroffen, sondern irgendeine eng benachbarte Stelle innerhalb des *pyr*-Gens.

Umfangreiche enzymatische Untersuchungen sind an Revertanten des *am*-Locus von *N. crassa* durchgeführt worden (PATEMAN 1957, FINCHAM 1957, FINCHAM und BOND 1960, FINCHAM 1962 b). Der *am*-Locus ist für die Synthese der Glutaminsäuredehydrogenase (GAD) verantwortlich (S. 388 f.; Abb. VI-8, Tabelle VI-3).

Von den allelen Mutanten *am-1*, *am-2* und *am-3* wurden durch UV-Bestrahlung Revertanten hergestellt. Während alle *am-1*-Revertanten sich enzymatisch nicht vom Wildstamm unterscheiden ließen, produzieren die übrigen Revertanten sehr unterschiedliche Enzymmengen. Gereinigte Enzyme von drei dieser Revertanten, die unter Standardbedingungen quantitativ erheblich weniger Enzym als der Wildstamm herstellen, wurden biochemisch analysiert.

Alle drei Enzymvarietäten ließen sich entweder durch kurzfristige Hitzebehandlung (35—40⁰ C) oder durch Zusatz von Substrat (Ketoglutarsäure, Ammonium-Ion) und Kofaktor (TPN) auf einen Aktivitätsgrad von 50% oder mehr der GAD-Aktivität des Wildstammes bringen. Die Differenz zwischen den einzelnen Revertanten-Enzymen besteht in einer unterschiedlichen Reaktion auf diese Aktivierungskriterien. Außerdem zeigten alle drei Enzymarten eine charakteristische, niedrigere Hitzestabilität als die Wild-GAD.

Der Defekt der Enzymproteine scheint in diesem Falle nicht durch das Fehlen von katalytisch aktiven Gruppen, sondern in einer Deformation der Tertiärstruktur zu bestehen, die für die Funktion der aktiven Stellen verantwortlich ist. Während diese Struktur bei der normalen GAD sehr stabil ist, scheint sie bei den Revertanten-Enzymen weitgehend von Außenbedingungen abhängig zu sein. Man weiß noch nicht, ob solche Strukturmerkmale von Unterschieden in der Primärstruktur (Aminosäuresequenz) hervorgerufen werden.

Für eine Veränderung der Tertiärstruktur der Revertanten-Enzyme sprechen dagegen die enzymatischen Merkmale von einem dieser drei Stämme, deren GAD normalerweise inaktiv ist. Sein Enzym kann nach Hitzebehandlung aktiviert werden. Nach Abkühlung fällt die Aktivität der GAD wieder ab, um nach erneuter Hitzeeinwirkung wieder anzusteigen.

Aus den genetisch-biochemischen Untersuchungen an Revertanten geht hervor, daß die *durch Rückmutation bedingte Wiederherstellung der Prototrophie* von Mangelmutanten *sowohl in ihren genetischen Voraus-*

*setzungen als auch in ihrer physiologischen Manifestation völlig verschieden* sein kann. Man kann also den *Begriff „Rückmutation"* in gleicher Weise wie den Begriff „Suppression" (S. 412) *nur zur Charakterisierung eines bestimmten phänotypischen Effektes verwenden.* Im genetischen Sinne bedeutet Rückmutation: Restitution der genetischen Information durch mutative Veränderung innerhalb einer Genregion. Das mutative Ereignis erfolgt im Gegensatz zur Suppression stets innerhalb des von der Hinmutation betroffenen Gens. Wie aus den Versuchen mit *td*-Mutanten (S. 415) hervorgeht, braucht es aber nicht an der gleichen Stelle stattzufinden, an der die Hinmutation erfolgte. Der physiologische Effekt einer Rückmutation kann, ebenso wie der einer Suppression, zu einer vollständigen Restitution der katalytischen Funktionen eines Enzyms führen, dessen Proteinstruktur jedoch nicht mit der des Wildstammes identisch sein muß.

### Zusammenfassung

Ansatzpunkte über eine Korrelation zwischen den Strukturelementen eines Gens und den funktionellen Merkmalen eines Enzyms sind durch eine Reihe von unterschiedlichen Versuchskonzeptionen gewonnen worden.

1. Intragenische Komplementation. Allele auxotrophe Mutanten können im heterokaryotischen oder diploiden Zustand in begrenztem Maße ihre Defekte kompensieren. Es entstehen prototrophe Stämme, die allerdings sowohl in ihrem Habitus als auch in ihren physiologischen Eigenschaften nicht den Status des Wildstammes erreichen. Ein großer Teil der Mutanten eines Gens kann sich allerdings nicht komplementieren. Allele Mutanten lassen sich in Gruppen mit gleichem Komplementationsverhalten zusammenfassen, die in linearer oder zyklischer Form als sog. Komplementationskarte angeordnet werden können. Komplementations- und Rekombinationskarten sind nicht vollständig kollinear. Als Erklärungsmöglichkeit für die intragenische Komplementation kann man annehmen, daß die von den einzelnen Mutanten gebildeten defekten Proteine sich zu einem Hybridprotein zusammenlagern, welches in seiner Struktur in etwa dem Protein des Wildstamm-Enzyms entspricht.

2. Genfeinstruktur und Funktion. Die Mutantenklassen des *td*-Locus von *N. crassa*, welche durch Unterschiede in der Proteinstruktur der Tryptophan-Synthetase gekennzeichnet sind, zeigen eine Korrelation zwischen Lage und Funktion, d.h. die Mutanten jeder Klasse sind in einem engen Bereich des *td*-Genortes lokalisiert. Die einzelnen Bereiche und eine „genetisch stille" Region, in die bisher keine Mutanten eingereiht werden konnten, lassen sich linear in die *td*-Region einordnen.

3. Suppressor-Gene. Durch eine Suppressormutation wird die Wirkung einer nichtallelen Mutation ganz oder teilweise aufgehoben (z.B. Restitution der Prototrophie bei Mangelmutanten). Die physiologische Wirkung der Suppressor-Gene kann völlig unterschiedlich sein. Sie kann entweder zur Reparatur eines Enzymdefektes führen oder durch Induktion eines Enzymdefektes biochemische Reaktionen so umleiten, daß die Auxotrophie aufgehoben wird.

4. Rückmutationen haben den gleichen phänotypischen Effekt wie Suppressormutationen. Die Rückmutation erfolgt dagegen stets innerhalb des von der Hinmutation betroffenen Genortes. Sie braucht aber nicht unbedingt an der gleichen Mutationsstelle stattzufinden, die von der Hinmutation betroffen wurde. Durch eine Rückmutation werden zwar die katalytischen Funktionen eines Enzyms wiederhergestellt, die Proteinstruktur eines solchen Enzyms kann jedoch anders sein als die Struktur des Wildenzyms.

# III. Genetische Kontrolle der Enzymbildung

Die in den vorhergehenden Abschnitten dieses Kapitels beschriebenen Experimente haben gezeigt, daß die in der DNS gespeicherte genetische Information die Bildung von Enzymen kontrolliert. Die umfangreichen biochemischen Analysen von Mangelmutanten ließen erkennen, daß offenbar für die strukturellen Merkmale eines Enzyms eine einzige komplexe genetische Funktionseinheit verantwortlich ist, die mit der als Gen bezeichneten Erbeinheit identisch ist.

Es ließen sich z.B. mehr als 200 verschiedene tryptophan-auxotrophe Mutanten von *N. crassa* einem einzigen Genort zuordnen (BONNER et al. 1960) (S. 390ff.). Ähnliche Verhältnisse wurden sowohl für 35 Mutanten mit einem Adenylosuccinase-Defekt (GILES et al. 1957a, b, GILES 1958) als auch für verschiedene Mutanten mit einem Argininosuccinase-Defekt gefunden (NEWMEYER 1957). Das Studium der Histidinsynthese (CATCHESIDE 1960b, WEBBER und CASE 1960) und der Tyrosinasebildung bei *N. crassa* (HOROWITZ et al. 1960, 1961a, b) brachte weitere Beweise.

Diese Befunde stehen in voller Übereinstimmung mit der „Ein-Gen-ein-Enzym"-Hypothese. Allerdings dürfen wir nicht übersehen, daß auch eine Reihe von experimentell begründeten Einwänden gegen die ausschließliche Gültigkeit dieser Hypothese vorgebracht wurden.

1. Einwand: *Selektion.* Dieser Einwand beruht auf der Tatsache, daß ein hoher Prozentsatz von Mutationen zu irreparablen Defekten führt (Letalmutationen; S. 278f.), die nur in heterokaryotischen oder heterozygotischen Zellen durch die Wirkung des entsprechenden Wildallels kompensiert werden können (ATWOOD und MUKAI 1953). Unter diesen Mutationen könnten solche mit einfachen, aber auch solche mit multiplen Primäreffekten vorhanden sein. Eine experimentelle Entscheidung dieser Frage ist schwierig, weil Mutanten mit irreparablen Defekten auf keinem Medium lebensfähig sind und deshalb bei der Isolation infolge dieses Sektionsnachteils nicht als auxotrophe Mutanten entdeckt werden. Möglicherweise besteht der einzige Unterschied zwischen Mutanten mit irreparablen und solchen mit reparablen Defekten darin, daß im ersten Fall die dem Kulturmedium beigegebenen Stoffe die Zellwand nicht passieren und infolgedessen die Lebensfähigkeit nicht wiederherstellen können. Aber ebensogut kann man dieses Phänomen auch durch die Annahme multipler Primäreffekte erklären.

Untersuchungen von HOROWITZ und LEUPOLD (1951) an Temperaturmutanten von *N. crassa* und *E. coli* sprechen nicht für einen Selektionsvorteil von Mutanten mit einfachen Primäreffekten. Jedoch geben auch diese Befunde keine absolute Sicherheit dafür, ob die relativ einfachen

Genfunktionen, wie man sie bei auxotrophen Mutanten im allgemeinen beobachtet, repräsentativ für alle in der Natur vorkommenden Genwirkungen stehen. Eine eindeutige Widerlegung dieses Einwandes ist also zur Zeit nicht möglich (s. auch MORROW 1964).

2. Einwand: *Ein Gen → mehrere Enzyme*. Die pleiotrope Wirkung von Genen, die man sowohl bei höheren als auch bei niederen Lebewesen beobachten konnte, hielt man in einigen Fällen für nicht vereinbar mit der „Ein-Gen-ein-Enzym"-Hypothese. Jedoch zeigte die Analyse polyauxotropher Mutanten, daß multiple Endeffekte einer Genmutation durch den Verlust *eines* Enzyms bedingt sein können (Abb. VI-6 und S. 365). Weitere Beispiele weisen in die gleiche Richtung.

BÜRK und PATEMAN (1962) fanden in Rohextrakten aus *am*-Mutanten von *N. crassa* (S. 389) weder eine Glutaminsäure-Dehydrogenase-Aktivität noch eine Alanin-Dehydrogenase-Aktivität. Versuche, die beiden Enzyme zu isolieren, führten zu dem Befund, daß es sich nicht um zwei verschiedene Fermente handelt, sondern um ein einziges Proteinmolekül, das zwei katalytische Merkmale aufweist. Nach Untersuchungen von WOODWARD und DAVIS (1963) scheint der *pyr-3*-Locus von *N. crassa* ebenfalls für die Synthese eines Proteins mit zwei katalytischen Funktionen verantwortlich zu sein (s. auch Abb. VI-8 und Tabelle VI-2, Nr. 3).

3. Einwand: *Mehrere Gene → ein Enzym*. Schon kurz nach Aufstellung der Hypothese stellte es sich heraus, daß für die Bildung eines Enzyms mehrere Gene verantwortlich sein können (LANDMAN 1950 an *N. crassa*, MARKERT 1950 an *Glomerella cingulata*, LEDERBERG et al. 1951 an *E. coli*). Dieses Phänomen konnte auch später noch mehrfach beobachtet werden (z.B. HOROWITZ et al. 1961b an *N. crassa*, KURAHASHI 1957 an *E. coli*, GLASSMAN und MITCHELL 1959 an *Drosophila melanogaster*, ESSER 1963 an *Podospora anserina*).

Dieser Widerspruch zur „Ein-Gen-ein-Enzym"-Hypothese wurde vor allem durch die Untersuchungen von JACOB und MONOD (1961a, b) an *E. coli* beseitigt. Den beiden Autoren gelang nämlich der Nachweis, daß für die Synthese eines Enzyms zwei Kategorien von Erbfaktoren verantwortlich sind: Struktur-Gene und Regulator-Gene (S. 394). Nur die Struktur-Gene sind im Sinne der Hypothese als das „Ein-Gen" anzusehen, d.h. ein Struktur-Gen ist für die Bildung eines Enzyms verantwortlich. Diese Einwände haben demnach nicht die prinzipielle Bedeutung der „Ein-Gen-ein-Enzym"-Hypothese für die Erklärung der Genfunktion zu mindern vermocht, sondern nur zu einer genaueren Charakterisierung der für die Enzymbildung verantwortlichen Gene geführt.

Da das Hauptinteresse der sich bei Pilzen mit dem Studium von Gen-Enzym-Systemen befassenden Wissenschaftler vorwiegend auf die Aufklärung der Funktion von Struktur-Genen gerichtet war, wurde eine systematische Suche nach Regulator-Genen nicht durchgeführt. Mutanten, die keine qualitative Veränderung ihrer Enzyme erkennen ließen, wurden meist nicht weiter analysiert. Von den zahlreichen Genen, welche die Synthese eines Enzyms quantitativ oder indirekt beeinflussen (S. 381ff., 393), gelang es nur in wenigen Fällen (S. 384), Erbfaktoren eindeutig als Regulator-Gene zu charakterisieren.

Aber nicht nur der Begriff „Gen" sondern auch der Begriff „Enzym" bedarf einer präziseren Formulierung, die den neueren Erkenntnissen über die Weitergabe der genetischen Information und den strukturellen Aufbau der Proteine gerecht wird (S. 348ff.). Wir wissen, daß Proteine polymer und aus mehreren identischen oder auch nichtidentischen monomeren Polypeptiden aufgebaut sein können. Gerade in der letzten Zeit sind in zunehmendem Maße Enzyme entdeckt worden, die eine derartige quartäre Proteinstruktur aufweisen (S. 352). Es ist durchaus denkbar, daß bei einem polymeren Enzym, das aus nichtidentischen Monomeren besteht, verschiedene Gene für die einzelnen Monomere codieren können. Deswegen ist es zweckmäßig, *anstelle von einer „Ein-Gen-ein-Enzym-Relation" von einer „Ein-Struktur-Gen-ein-Polypeptid-Relation"* zu sprechen.

Man muß sich nun fragen, auf welche Weise strukturbestimmende und regulierende Gene bei der Enzymsynthese zusammenwirken. Auf Grund der bisher an Pilzen vorgenommenen Untersuchungen ist es noch nicht möglich, eine Vorstellung über die Kooperation dieser beiden Genkategorien zu gewinnen. Umfangreiche genetische und biochemische Experimente, die ausschließlich an Bakterien durchgeführt wurden, waren in dieser Hinsicht erfolgreicher (Literatur bei: PAIGEN 1962, FISHER 1962, STARLINGER 1963, WINKLER und KAPLAN 1963). Sie versetzten JACOB und MONOD (1961a) in die Lage, eine Theorie über die Kontrolle der Enzymbildung bei Bakterien zu formulieren.

JACOB und MONOD gehen von der Voraussetzung aus, daß in der Bakterienzelle die *Regulator-Gene für zwei Regelmechanismen der Enzymsynthese verantwortlich sind: Induktion und Repression.* Von einer Induktion (früher adaptive Enzymbildung genannt, S. 386) spricht man, wenn ein Enzym nur dann gebildet wird, falls sein Substrat im Nährmedium zugegen ist. Bei den Substraten solcher induzierbarer Enzyme handelt es sich meist um energiereiche Substanzen, die ohne das betreffende Enzym vom Organismus nicht verwendet werden können. Eine Repression der Enzym-Synthese liegt vor, wenn die Enzymbildung durch das Produkt ihrer katalytischen Aktivität gehemmt wird.

So kann die Bildung der Tryptophan-Synthetase von *E. coli* und von *N. crassa* bei bestimmten Stämmen nach Zusatz von Tryptophan zum Nährmedium gehemmt werden (MONOD und COHN 1952 bzw. LESTER 1961a, b). Entsprechendes gilt auch für die Tyrosinase von *N. crassa* (HOROWITZ et al. 1960).

Ein weiteres Repressor-Gen wurde bei *N. crassa* von METZENBERG (1962) entdeckt. Es handelt sich um eine Mutante, bei der die Repression der Synthese von Invertase und Trehalase durch Mannose nicht mehr auftritt.

Mit Hilfe dieser beiden Mechanismen kann die Bakterienzelle die Synthese ihrer Enzyme auf die jeweiligen Umweltbedingungen abstimmen, indem sie nur die *notwendigen* Biokatalysatoren herstellt und die Synthese von überflüssigen Enzymen verhindert.

Versuche, die an *E. coli* über Enzymsynthesen durchgeführt wurden, lassen vermuten, daß *Induktion und Repression verschiedene Manifestationen* des gleichen Regelmechanismus sind. Induktion der Enzymbildung beruht demnach auf der Hemmung einer Repression, die durch das als Induktor dienende Enzymsubstrat hervorgerufen wird. Umgekehrt wird angenommen, daß Substanzen, welche die Enzymsynthese reprimieren, auf noch unbekannte Weise einen sog. Repressor aktivieren. Eine solche Substanz, wie z.B. Tryptophan (s. oben), wird Korepressor genannt. Der Repressor ist wahrscheinlich ein Protein (GILBERT und MÜLLER-HILL 1966). Er wird als das Genprodukt eines Regulator-Gens angesehen. Man nimmt weiter an, daß er die Übertragung der genetischen Information vom Struktur-Gen auf die Boten-RNS verhindert und auf diese Weise die Enzymsynthese hemmt. Der Repressor soll in seiner Wirkung sehr spezifisch sein und nur ein einzelnes Enzym oder Enzyme desselben Reaktionssystems beeinflussen können, für die ein Struktur-Gen oder eine Reihe von eng benachbarten Struktur-Genen verantwortlich sind.

Das bekannteste Beispiel über eine Korrelation von Topographie und Funktion bieten die für die Histidinsynthese von *E. coli* verantwortlichen StrukturGene. In einer einzigen genetischen Region liegen alle Mutationsstellen, die für die verschiedenen Schritte der Biosynthese dieser Aminosäure verantwortlich sind (DEMEREC und HARTMAN 1959).

Eine solche Gruppe von Struktur-Genen, die von einem Repressor beeinflußt werden kann, nannten JACOB und MONOD ein *„Operon"*. Es stellt eine übergeordnete Funktionseinheit dar, in der jedoch einzelne Struktur-Gene durch Mutation ihre Funktion verlieren können, ohne die Funktion der anderen zu behindern. Eine Ausnahme bildet eine engumgrenzte genetische Region, die an einem Ende des Operons lokalisiert ist. Die Funktionsfähigkeit dieser Einheit, für welche die Bezeichnung *„Operator-Gen"* eingeführt wurde, ist die Voraussetzung für die Funktionsfähigkeit des Operons. Eine mutative Veränderung am Operator kann die Synthese aller vom Operon gesteuerten Enzyme unterbinden. Man nimmt daher an, daß das Operator-Gen in irgendeiner Weise das Ablesen der genetischen Information des Operons durch die Boten-RNS einleitet und daß ein spezifischer Repressor die Funktionsfähigkeit des Operators lähmen kann. Mutationen innerhalb des Operator-Gens können dieses gegenüber dem Repressor unempfindlich machen oder aber die Ausübung seiner Funktion unterbinden, auch wenn der Repressor nicht vorhanden ist.

Das Operon muß nicht immer eine ganze Reihe von Struktur-Genen enthalten. Es kann auch aus einem oder zwei Struktur-Genen bestehen, die mit einem Operator verknüpft sind.

*Nach dieser Theorie* gibt es also *drei verschiedene genetische Elemente, die für die Bildung eines Enzyms oder einer Gruppe von funktionell verwandten Enzymen verantwortlich sind: Struktur-Gene, Operator- und Regulator-Gen.* Während die Struktur-Gene mit dem Operator-Gen zu einem Operon verbunden sind, muß das Regulator-Gen mit dieser Region nicht notwendigerweise gekoppelt sein. Der für das Zusammenwirken dieser Gene bei der Enzymsynthese vorgeschlagene Mechanismus ist in Abb. VI-14 schematisch dargestellt. Je nachdem, ob der vom RegulatorGen gebildete Repressor durch Stoffwechselprodukte aktiviert oder gehemmt wird, liegt Repression oder Induktion der Enzymsynthese vor. Dieses Modell hat den Vorteil, daß es als gemeinsame genetische Basis für die Entstehung der konstitutiv und der induktiv gebildeten Enzyme herangezogen werden kann.

Wenn man prüfen will, ob das von Jacob und Monod entwickelte Modell zumindest als Arbeitshypothese für eine weitere Analyse der genphysiologischen Grundlagen der Enzymsynthese bei den eukaryotischen Pilzen benutzt werden kann, muß man zunächst klären, inwieweit bei diesen Pflanzen schon genetische Voraussetzungen für einen derartigen Mechanismus bekannt sind.

Auf Grund der schon mehrfach erwähnten Untersuchungen von Horowitz und seinen Mitarbeitern (S. 384, 387) weiß man mit Sicherheit, daß auch bei *Neurospora* Regulator-Gene vorkommen, welche die

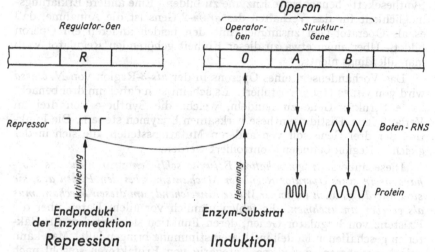

Abb. VI-14. Modellvorstellung über die genetische Steuerung der Enzymsynthese (Erläuterungen s. Text). (Nach Jacob und Monod 1961b, verändert)

Enzymsynthese induzieren können. Im Gegensatz zu den Befunden an Bakterien scheinen jedoch bei den Pilzen funktionell verwandte Gene nur ganz vereinzelt eng miteinander gekoppelt und in einer als Operon zu bezeichnenden Einheit lokalisiert zu sein. Einer großen Anzahl von Beispielen für eine zufallsgemäße Verteilung von Genen (aus einer Synthesekette) auf verschiedene Chromosomen (Literatur bei Pontecorvo 1958) stehen nur drei Fälle von Korrelation zwischen Lokalisation und Funktion gegenüber.

In der Koppelungsgruppe V von *N. crassa* (s. Abb. IV-14, S. 208) liegen mit einem Abstand von 4 KE zwei Gene (*iv-2* und *iv-1*), welche die Bildung von zwei verschiedenen Enzymen steuern, die für aufeinanderfolgende Schritte in der Synthesekette von Isoleucin und Valin verantwortlich sind (s. Abb. VI-7; Wagner et al. 1960, Bernstein und Miller 1961). Das Komplementationsmuster einer Reihe von allelen Mutanten dieser beiden Loci läßt jedoch die Annahme zu, daß sie in ihrer Funktion nicht vollkommen unabhängig sind. Bei *Saccharomyces cerevisiae* fanden Douglas und Hawthorne (1964) drei eng gekoppelte Gene, welche für die Synthese von drei verschiedenen Enzymen verantwortlich sind, die im Galaktose-Abbau nacheinander eingreifen (s. auch Tabelle VI-3).

Aufschlußreicher sind jedoch die Befunde, die GROSS und FEIN (1960) nach einer genetischen und biochemischen Analyse von vier gekoppelten *arom*-Mutanten erhielten, welche mit ihren Enzymen die Synthese des Benzolringes der aromatischen Substanzen kontrollieren (Abb. VI-6 und Tabelle VI-2, Nr. 1g). Drei dieser Loci *(arom-1, arom-2, arom-4)* sind eng benachbart, während der vierte *(arom-3)* in größerem Abstand lokalisiert ist (Abb. IV-14). *arom-1* und *arom-4* besitzen einen Kartenabstand von 0,3 KE und sind für die Bildung von zwei in der Benzolring-Synthese aufeinanderfolgenden Enzymen verantwortlich. *arom-2* dagegen scheint eine mehrere Gene umfassende Deletion zu sein. Diese Mutante ist nicht in der Lage, vier verschiedene funktionell in einer Synthesekette benachbarte Enzyme zu bilden. Eine andere Erklärungsmöglichkeit für das Verhalten des *arom-2*-Gens ist die Annahme, daß es als Operator-Gen zusammen mit den beiden anderen ein Operon bildet. Über einen etwa zu dieser Einheit gehörenden Regulator weiß man allerdings nichts.

Das Vorhandensein eines Operons in der *his-3*-Region von *N. crassa* wird von GILES (1964) postuliert. Es scheint sich dabei um drei benachbarte Struktur-Gene zu handeln, welche die Synthese von drei im Verlauf der L-Histidinsynthese wirksamen Enzymen steuern. Die Funktion der drei Gene soll von anderen Mutationsstellen, die sich in der gleichen Region befinden, kontrolliert werden.

Diese äußerst *fragmenthaften Befunde schließen zwar nicht das Vorhandensein eines Operator-Regulator-Mechanismus bei den Pilzen aus, sie sind allerdings auch in keiner Weise hinreichend, um diesen Mechanismus als gegeben anzunehmen.* Es fehlen nämlich vor allem Daten über die Existenz von Regulator-Genen, deren Funktion sich mit dem für Bakterien geschaffenen Modell in Übereinstimmung bringen läßt. Man kann jedoch annehmen, daß diese Kategorie von Erbfaktoren sowohl nach einer genaueren Analyse der bei *Neurospora* und den Hefen bekannten induzierbaren Enzymsysteme als auch nach einer weiteren Verfolgung der in den Abschnitten *Quantitative Wirkungen* (S. 381 ff.) und *Indirekte Genwirkungen* (S. 393 ff.) beschriebenen Phänomene gefunden werden könnte. Ferner dürfte auch eine endgültige Aufklärung der Funktion von Suppressor-Genen (S. 408 ff.) zu einer Identifizierung von einigen dieser Erbfaktoren mit Regulator-Genen führen.

Mit der Entdeckung dieser offenbar vorhandenen Koordination zwischen Regulator- und Struktur-Genen bei der Enzymsynthese ist ein Weg erkannt worden, auf dem der Organismus mit Hilfe seiner genetischen Information sinnvoll Stoffwechselvorgänge in Anpassung an innere und äußere physiologische Bedingungen steuern kann.

Die in diesem Kapitel beschriebenen und diskutierten Untersuchungen über die Genfunktion haben zusammen mit den in den Kapiteln *Replikation, Rekombination* und *Mutation* dargestellten Experimenten zu einer Präzisierung des Genbegriffes beigetragen. Der gegenwärtige Stand unserer wissenschaftlichen Erkenntnis ermöglicht es uns, dem Gen *die folgenden Merkmale zuzuschreiben: Es besitzt eine komplexe, lineare Struk-*

*tur, die aus einer Vielzahl von rekombinierbaren Mutationsstellen besteht. Im funktionellen Sinne jedoch ist das Gen nach wie vor als Einheit anzusehen.*

## Zusammenfassung

1. Neuere Untersuchungen über die Beziehungen zwischen Genen und Enzymen haben zu einer Modifikation und gleichzeitig zu einer Präzision der von BEADLE und TATUM aufgestellten „Ein-Gen-ein-Enzym"-Hypothese geführt. Es handelt sich dabei um die Entdeckung, daß a) die Bildung eines Enzyms von zwei verschiedenen Genkategorien, den Struktur-Genen und den Regulator-Genen, kontrolliert wird und b) die Enzyme vielfach eine polymere Struktur haben. Man spricht heute von einer „Ein-Struktur-Gen-ein-Polypeptid-Relation".

2. Auf Grund von genetischen und biochemischen Untersuchungen an Enzymsystemen von Bakterien war es möglich, eine Theorie über das Zusammenwirken von Struktur- und Regulator-Genen zu entwickeln. Da man bei Pilzen zwar umfangreiche Informationen über die Funktion der Struktur-Gene besitzt, aber nur in wenigen Fällen eindeutig Regulator-Gene kennt, kann man zur Zeit noch nicht feststellen, ob mit Hilfe dieser Modellvorstellung auch die genetische Steuerung der Enzymsynthese der eukaryotischen Pilze erklärt werden kann.

## Literatur

ABEL, P., and T. A. TRAUTNER: Formation of an animal virus within a bacterium. Z. Vererbungsl. **95**, 66—72 (1964).

ABELSON, P. H., and H. J. VOGEL: Amino acid biosynthesis in *Torulopsis utilis* and *Neurospora crassa*. Biol. Chem. **213**, 355—364 (1955).

ABRAMS, R.: Nucleic acid metabolism and biosynthesis. Ann. Rev. Biochem. **30**, 165—188 (1961).

ADELBERG, E. A.: Isoleucine biosynthesis from threonine. J. Amer. chem. Soc. **76**, 4241 (1954).

— The biosynthesis of isoleucine, valine and leucine. In: W. D. McELROY and B. GLASS (edits.), Amino acid metabolism, p. 419—429. Baltimore 1955a.

— The biosynthesis of isoleucine and valine. III. Tracer experiments with L-threonine. J. biol. Chem. **216**, 431—437 (1955b).

— D. BONNER, and E. L. TATUM: A precursor of isoleucine obtained from a mutant strain of *Neurospora crassa*. J. biol. Chem. **190**, 837—841 (1951).

— C. A. COUGHLIN, and R. W. BARRATT: The biosynthesis of isoleucine and valine. II. Independence of the biosynthetic pathways in *Neurospora*. J. biol. Chem. **216**, 425—433 (1955).

—, and E. L. TATUM: Characterization of a valine analog accumulated by a mutant strain of *Neurospora crassa*. Arch. Biochem. **29**, 235—236 (1950).

AHMAD, M., and D. G. CATCHESIDE: Physiological diversity amongst tryptophan mutants in *Neurospora crassa*. Heredity **15**, 55—64 (1960).

— MD. KHALIL, N. A. KHAN, and A. MOZMADAR: Structural and functional complexity at the tryptophan-1 locus in *Neurospora crassa*. Genetics **49**, 925—933 (1964).

ALLEN, K. M., and C. YANOFSKY: A biochemical and genetic study of reversion with the *A*-gene *A*-protein system of *Escherichia coli* tryptophan synthetase. Genetics **48**, 1065—1083 (1963).

AMES, B. N.: The biosynthesis of histidine. In: W. D. McELROY and B. GLASS (edits.), McCollum Pratt Symp. on amino acid metabolism. p. 357—372. Baltimore 1955.

AMES, B. N.: The biosynthesis of histidine: L-histidinol phosphate phosphatase. J. biol. Chem. 226, 583—593 (1957a).
— The biosynthesis of histidine: D-erythro-imidazole-glycerol phosphate dehydrase. J. biol. Chem. 228, 131—143 (1957b).
—, and B. L. HORECKER: The biosynthesis of histidine: Imidazole-acetol phosphate-transaminase. J. biol. Chem. 220, 113—128 (1956).
—, and H. K. MITCHELL: The biosynthesis of histidine: Imidazole-glycerol phosphate, imidazole-acetol phosphate and histidinol phosphate. J. biol. Chem. 212, 687—696 (1955).
— — and M. B. MITCHELL: Some new naturally occurring imidazoles related to the biosynthesis of histidine. J. Amer. chem. Soc. 75, 1015—1018 (1953).
ANDERER, F. A., H. UHLIG, E. WEBER, and G. SCHRAMM: Primary structure of the protein of tobacco mosaic virus. Nature (Lond.) 186, 922—925 (1960).
ANDERSSON-KOTTÖ, J., G. EHRENSVÄRD, G. HÖGSTRÖM, L. REIO, and E. SALUSTE: Amino acid formation and utilization in Neurospora. J. biol. Chem. 210, 455—463 (1954).
ARANOFF, S.: Technics of radiobiochemistry. Ames (Iowa): Iowa State College Press 1957.
ARNSTEIN, H. R. V., R. A. COX, and J. A. HUNT: Function of polyuridylic acid and ribonucleic acid in protein biosynthesis by ribosomes from mammalian reticulocytes. Nature (Lond.) 194, 1042—1044 (1962).
ATWOOD, K. C., and F. MUKAI: Indispensable gene functions in Neurospora. Proc. nat. Acad. Sci. (Wash.) 39, 1027—1035 (1953).
BARRATT, R. W., and W. N. STRICKLAND: Purification and characterization of a TPN-specific glutamic-acid dehydrogenase from Neurospora crassa. Arch. Biochem. 102, 66—76 (1963).
BARRON, G. L.: The parasexual cycle and linkage relationship in the storage root fungus Penicillium expansum. Canad. J. Bot. 40, 1603—1613 (1962).
BEADLE, G. W.: Biochemical genetics. Chem. Rev. 37, 15—96 (1945a).
— Genetics and metabolism in Neurospora. Physiol. Rev. 25, 643—663 (1945b).
— Genes and the chemistry of the organism. Amer. Scientist 34, 31—75 (1945c).
— Physiological aspects of genetics. Ann. Rev. Physiol. 10, 17—42 (1948).
— Gene structure and gene action. Fortschr. Chem. organ. Naturstoffe 12, 366—384 (1955).
— Some recent advances in Neurospora genetics. Proc. Internat. Genet. Symp. Cytologia (Tokyo), Suppl. Vol., 142—145 (1956).
— The role of nucleus in heredity. In: W. D. MCELROY and B. GLASS (edits.), The chemical basis of heredity, p. 3—22. Baltimore 1957.
— Genes and chemical reactions in Neurospora. Stockholm: Nobel Lecture 1959a.
— Genes and chemical reactions in Neurospora. The concepts of biochemical genetics with Garrod's "inborn errors" and have evolved gradually. Science 129, 1715—1719 (1959b).
— Physiological aspects of genetics. Ann. Rev. Physiol. 22, 45—74 (1960a).
— Evolution in microorganisms with special reference to the fungi. Proc. Internat. Colloq. Evoluzione e Genet., Acad. Nazl. Linnei, Rome 47, 301—319 (1960b).
— The language of the genes. Advanc. Sci. 17, 511—521 (1961).
—, and V. L. COONRADT: Heterocaryosis in Neurospora crassa. Genetics 29, 291—308 (1944).
—, and B. EPHRUSSI: The differentiation of eye pigments in Drosophila as studied by transplantation. Genetics 21, 225—247 (1936).
— H. K. MITCHELL, and J. F. NYC: Kynurenine as an intermediate in the formation of nicotinic acid from tryptophane by Neurospora. Proc. nat. Acad. Sci. (Wash.) 33, 155—158 (1947).
—, and E. L. TATUM: Neurospora. II. Methods of producing and detecting mutations concerned with nutritional requirements. Amer. J. Bot. 32, 678—686 (1945).

BENZER, S., and S. P. CHAMPE: Ambivalent *rII* mutants of phage *T4*. Proc. nat. Acad. Sci. (Wash.) **47**, 1025—1038 (1961).
— — A change form nonsense to sense in the genetic code. Proc. nat. Acad. Sci. (Wash.) **48**, 1114—1121 (1962).
—, and B. WEISBLUM: On the species specificity of acceptor RNA and attachment enzymes. Proc. nat. Acad. Sci. (Wash.) **47**, 1149—1154 (1961).
BERNSTEIN, H., and A. MILLER: Complementation studies with isoleucine-valine mutants of *Neurospora crassa*. Genetics **46**, 1039—1052 (1961).
BEVAN, E. A., and R. A. WOODS: Complementation between adenin requiring mutants in yeast. Heredity **17**, 141 (1962).
BLACK, S., and N. M. GRAY: Enzymatic phosphorylation of L-aspartate. J. Amer. chem. Soc. **75**, 2271—2272 (1953).
—, and N. G. WRIGHT: Intermediate steps in the biosynthesis of threonine. In: W. D. MCELROY and B. GLASS (edits.), Amino acid metabolism, p. 591—600. Baltimore 1955a.
— — β-aspartokinase and β-aspartyl phosphate. J. biol. Chem. **213**, 27—38 (1955b).
— — Aspartic β-semialdehyde dehydrogenase and aspartic β-semialdehyde. J. biol. Chem. **213**, 39—50 (1955c).
— — Homoserine dehydrogenase. J. biol. Chem. **213**, 51—60 (1955d).
BISHOP, J., J. LEAHY, and R. SCHWEET: Formation of the peptide chain of hemoglobin. Proc. nat. Acad. Sci. (Wash.) **46**, 1030—1038 (1960).
BONNER, D. M.: Production of biochemical mutations in *Penicillium*. Amer. J. Bot. **33**, 788—791 (1946a).
— Further studies of mutant strains of *Neurospora* requiring isoleucine and valine. J. biol. Chem. **166**, 545—554 (1946b).
— The identification of a natural precursor of nicotinic acid. Proc. nat. Acad. Sci. (Wash.) **34**, 5—9 (1948).
— Gene-enzyme relationship in *Neurospora*. Cold Spr. Harb. Symp. quant. Biol. **16**, 143—157 (1951).
— The genetic control of enzyme formation. In: W. D. MCELROY and B. GLASS (edits.), Phosphorus metabolism, vol. II, p. 153—163. Baltimore 1952.
— Aspects of enzyme formation. In: W. D. MCELROY and B. GLASS (edits.), Amino acid metabolism, p. 193—197. Baltimore 1955.
— The genetic unit. Cold Spr. Harb. Symp. quant. Biol. **21**, 163—170 (1956).
— Gene action. In: Genetics and Cancer, p. 207—225. Univ. of Texas 1959.
— Gene-enzyme relationship in micro-organisms. Proc. XI. Internat. Congr. of Genetics, vol. 2, p. 141—149. The Hague 1964a.
— Correlation of the gene and protein structure. J. exp. Zool. **157**, 9—20 (1964b).
—, and G. W. BEADLE: Mutant strains of *Neurospora* requiring nicotine amide or related compounds for growth. Arch. Biochem. **11**, 319—328 (1946).
— Y. SUYAMA, and J. A. DEMOSS: Genetic fine structure and enzyme formation. Fed. Proc. **19**, 926—930 (1960).
— E. L. TATUM, and G. W. BEADLE: The genetic control of biochemical reactions in *Neurospora*: A mutant strain requiring isoleucine and valine. Arch. Biochem. **3**, 71—91 (1943).
—, and C. YANOFSKY: Quinolinic acid accumulation in the conversion of 3-hydroxyanthranilic acid to niacin in *Neurospora*. Proc. nat. Acad. Sci. (Wash.) **35**, 576—581 (1949).
— — and C. W. H. PARTRIDGE: Incomplete genetic blocks in biochemical mutants of *Neurospora*. Proc. nat. Acad. Sci. (Wash.) **38**, 25—34 (1952).
BRAUNITZER, G., R. GEHRING-MÜLLER, N. HILLSCHMANN, K. HILSE, G. HOBAM, V. RUDLOFF u. B. WITTMANN-LIEBOLD: Die Konstitution des normalen adulten Humanhämoglobins. Hoppe-Seylers Z. physiol. Chem. **325**, 283—286 (1961).

BRENNER, S.: On the impossibility of all overlapping triplet codes in information transfer from nucleic acids to proteins. Proc. nat. Acad. Sci. (Wash.) **43**, 687—694 (1957).
— The mechanism of gene action. In: G. E. W. WOLSTENHOLME and C. M. O'CONNOR (edits.), Symp. on Biochemistry of human genetics. Ciba Found. and internat. Union of Biol. Sci., p. 304—317. London 1959.
BRESCH, C.: Klassische und molekulare Genetik. Berlin-Göttingen-Heidelberg: Springer 1964.
BRODA, E.: Radioaktive Isotope in der Biochemie. Wien: Franz Deuticke 1958.
BRODY, S., and C. YANOFSKY: Suppressor gene alteration of protein primary structure. Proc. nat. Acad. Sci. (Wash.) **50**, 9—16 (1963).
BROWN, G. L.: Ribonucleic acid and bacterial genetics. Brit. med. Bull. **18**, 10—13 (1962).
BUCHANAN, J. M., J. G. FLAKS, S. C. HARTMAN, B. LEVENBERG, L. N. LUKENS, and L. WARREN: The enzymatic synthesis of inosinic acid de novo. Ciba Found. Symp. on Chem. and Biol. of Purines, G. E. W. WOLSTENHOLME and C. M. O'CONNOR (edits.), p. 233—255. London 1957.
BÜRK, R. R., and J. A. PATEMAN: Glutamic and alanine dehydrogenase determined by one gene in *Neurospora crassa*. Nature (Lond.) **196**, 450—451 (1962).
BUTENANDT, A., u. G. HALLMANN: Neue Synthesen des d,l-Kynurenins und d,l-3-Oxy-kynurenins. Z. Naturforsch. **5b**, 444—446 (1950).
— P. KARLSON u. W. ZILLIG: Über das Vorkommen von Kynurenin in Seidenspinnerpuppen. Hoppe-Seylers Z. physiol. Chem. **288**, 125—132 (1951).
— W. WEIDEL u. E. BECKER: Kynurenin als Augenpigmentbildung auslösendes Agens bei Insekten. Naturwissenschaften **28**, 63—64 (1940).
— — u. W. v. DERJUGIN: Zur Konstitution des Kynurenins. Naturwissenschaften **30**, 51 (1942).
— — u. H. SCHLOSSBERGER: 3-Oxy-kynurenin als CN+-Gen, abhängiges Glied im intermediären Tryptophan-Stoffwechsel. Naturforsch. Z. **4b**, 242—244 (1949).
— — R. WEICHERT u. W. v. DERJUGIN: Über Kynurenin. Physiologie, Konstitutionsermittlung und Synthese. Hoppe-Seylers Z. physiol. Chem. **279**, 27—43 (1943).
CABET, D., C. ANAGNOSTOPOULOS et M. GANS: Contribution à l'étude de la biosynthèse du tryptophane chez le *Coprinus radiatus*. C. R. Acad. Sci. (Paris) **255**, 1007—1009 (1962).
CAMPBELL, J. J. R.: Metabolism of microorganisms. Ann. Rev. Microbiol. **8**, 71—104 (1954).
CAPECCHI, M. R.: Initiation of *E. coli* proteins. Proc. nat. Acad. Sci. (Wash.) **55**, 1517—1524 (1966).
CARLTON, B. C., and C. YANOFSKY: The amino terminal sequence of the *A* protein of tryptophan synthetase of *E. coli*. J. biol. Chem. **237**, 1531—1534 (1962).
CASE, M. E., and N. H. GILES: Recombination mechanism at the *pan-2* locus in *Neurospora crassa*. Cold Spr. Harb. Symp. quant. Biol. **23**, 119—135 (1958).
— — Comparative complementation and genetic maps of the *pan-2* locus in *Neurospora crassa*. Proc. nat. Acad. Sci. (Wash.) **46**, 659—676 (1960).
CATCHESIDE, D. G.: Relation of genotype to enzyme content. Microbiol. Genetics, vol. 10, Symp. Soc. gen. Microbiol. Cambridge 1960a, p. 181—207.
— Complementation among histidine mutants of *Neurospora crassa*. Proc. roy. Soc. B **153**, 179—194 (1960b).
— Functional structure of genes. The scientific basis of Medicine annual Rev. 1962, p. 140—151.
— Gene action and interaction. Biol. J. **2**, 35—47 (1964).
—, and A. OVERTON: Complementation between alleles in heterocaryons. Cold Spr. Harb. Symp. quant. Biol. **23**, 137—140 (1958).

CAVALLIERI, L. F., and B. H. ROSENBERG: Nucleic acids: Molecular biology of DNA. Ann. Rev. Biochem. 31, 247—270 (1963).

CHAMBERLIN, M., and P. BERG: Deoxyribonucleic acid-directed synthesis ribonucleic acid by an enzyme from Escherichia coli. Proc. nat. Acad. Sci. (Wash.) 48, 81—94 (1962).

CHAMPE, S. P., and S. BENZER: An active cistron fragment. J. molec. Biol. 4, 288—292 (1962).

CHANTRENNE, H.: Aspects of the biosynthesis of enzymes. In: F. F. NORD (edit.), Advances in enzymology and related subjects of biochemistry, vol. 24, p. 1—34. New York and London 1962.

COHN, M., and A. M. TORRIANI: Immunological studies with the β-galacto-sidase and structurally related proteins of Escherichia coli. J. Immunol. 69, 471—491 (1952).

— — The relationship in biosynthesis of the β-galactosidase- and Pz-proteins in Escherichia coli. Biochim. biophys. Acta (Amst.) 10, 280—289 (1953).

COLBURN, R. W., and E. L. TATUM: Studies of a phenylalanine-tyrosine re-quiring mutant of Neurospora crassa. Biochim. biophys. Acta (Amst.) 97, 442—448 (1965).

COMBÉPINE, G., et G. TURIAN: Recherches sur la biosynthèse de la glycine chez Neurospora crassa, type sauvage et mutants. Path. Microbiol. 28, 1018—1030 (1965).

COSTELLO, W. P., and E. A. BEVAN: Complementation between ad 5/7 alleles in yeast. Genetics 50, 1219—1230 (1964).

COTTON, R. G. H., and F. GIBSON: The biosynthesis of phenylalanine and tyrosine; enzymes converting chorismic acid into prephenic acid and their relationships to prephenate dehydratase and prephenate dehydrogenase. Biochim. biophys. Acta (Amst.) 100, 76—88 (1965).

COVE, D. J., and J. A. PATEMAN: Independently segregating genetic loci concerned with nitrate reductase activity in Aspergillus nidulans. Nature (Lond.) 198, 262—263 (1963).

CRAWFORD, I. P., and C. YANOFSKY: On the separation of tryptophan synthetase of Escherichia coli into two protein components. Proc. nat. Acad. Sci. (Wash.) 44, 1161—1170 (1958).

— — The formation of a new enzymatically active protein as a result of suppression. Proc. nat. Acad. Sci. (Wash.) 45, 1280—1288 (1959).

CRICK, F. H. C.: The recent excitement in the coding problem. Progr. in Nucl. Ac. Res. 1, 163—217 (1963).

— L. BARNETT, S. BRENNER, and R. J. WATTS-TOBIN: General nature of the genetic code for proteins. Nature (Lond.) 192, 1227—1232 (1961).

DANNEEL, R.: Die Wirkungsweise der Grundfaktoren für Haarfärbung beim Kaninchen. Naturwissenschaften 26, 505 (1938).

DAVIS, B. D.: Aromatic biosynthesis. I. The role of shikimic acid. J. biol. Chem. 191, 315—325 (1951).

— Biosynthesis of the aromatic acids. In: W. D. MCELROY and B. GLASS (edits.), Amino acid metabolism, p. 799—811. Baltimore 1955.

—, and E. S. MINGIOLI: Aromatic biosynthesis. VII. Accumulation of two derivatives of shikimic acid by bacterial mutants. J. Bact. 66, 129 (1953).

DAVIS, R. H.: An enzymatic difference among pyr-3 mutants of Neurospora crassa. Proc. nat. Acad. Sci. (Wash.) 46, 677—682 (1960).

— Suppressor of pyrimidine-3 mutants of Neurospora and it relation to arginine synthesis. Science 134, 470—471 (1961).

— Consequences of a suppressor gene effect with pyrimidine and proline mutants of Neurospora. Genetics 47, 351—360 (1962a).

— A mutant form of ornithine transcarbamylase found in a strain of Neurospora carrying a pyrimidine-proline suppressor gene. Arch. Bio-chem. 97, 185—191 (1962b).

DAVIS, R. H.: *Neurospora* mutant lacking an arginine-specific carbamyl phosphokinase. Science 142, 1652—1654 (1963).
—, and L. M. THWAITES: Structural gene for ornithine transcarbamylase in *Neurospora*. Genetics 48, 1551—1558 (1963).
—, and V. W. WOODWARD: The relationship between gene suppression and aspartate transcarbamylase activity in *pyr-3* mutants of *Neurospora*. Genetics 47, 1075—1083 (1962).
DAY, P. R.: The structure of the *A* mating type locus in *Coprinus lagopus*. Genetics 45, 641—650 (1960).
— The structure of the *A* mating type factor in *Coprinus lagopus* wild alleles. Genet. Res. 4, 323—325 (1963).
DE BUSK, A. G., and R. P. WAGNER: p-Hydroxyphenylpyruvic acid function in *Neurospora crassa*. J. Amer. chem. Soc. 75, 5131 (1953).
DE DEKEN, R. H.: Pathway of arginine biosynthesis in yeast. Biochem. biophys. Res. Commun. 8, 462—466 (1962).
DELBRÜCK, M.: Die Vererbungschemie. Naturwiss. Rdsch. 16, 85—89 (1963).
DEMEREC, M., and P. E. HARTMAN: Complex loci in microorganisms. Ann. Rev. Microbiol. 13, 377—406 (1959).
DE MOSS, J. A.: Studies on the mechanism of the tryptophan synthetase reaction. Biochim. biophys. Acta (Amst.) 62, 279—293 (1962).
— The conversion of shikimic acid to anthranillic acid by extracts of *Neurospora crassa*. J. biol. Chem. 240, 1231—1235 (1965).
— Biochemical diversity in the tryptophan pathway. Biochem. and Biophys. Res. Comm. 18, 850 (1965).
—, and D. M. BONNER: Studies on normal and genetically altered tryptophan synthetase from *Neurospora crassa*. Proc. nat. Acad. Sci. (Wash.) 45, 1405—1412 (1959).
— M. IMAI, and D. M. BONNER: Studies on tryptophan biosynthesis in *Neurospora crassa*. Bact. Proc. 112 (1958).
—, and WEGMAN: An enzyme aggregate in the tryptophan pathway of *Neurospora crassa*. Proc. nat. Acad. Sci. (Wash.) 54, 241—247 (1965).
DINTZIS, H. M.: Assembly of the peptide chains of hemoglobin. Proc. nat. Acad. Sci. (Wash.) 47, 247—261 (1961).
DORFMAN, B.: Allelic complementation at the *ad* 5/7 locus in yeast. Genetics 50, 1231—1243 (1964).
DOUGLAS, H. C., and D. C. HAWTHORNE: Enzymatic expression and genetic linkage of genes controlling galactose utilization in *Saccharomyces*. Genetics 49, 837—844 (1964).
EBERHART, B., D. F. CROSS, and L. R. CHASE: β-Glucosidase system of *Neurospora crassa*. I. β-Glucosidase and cellulase activities of mutant and wild type strains. J. Bact. 87, 761—770 (1964).
EBERHART, B. M., and E. L. TATUM: Thiamine metabolism in wild-type and mutant strains of *Neurospora crassa*. Arch. Biochem. 101, 378—387 (1963).
EDMONDS, M., A. M. DELLUVA, and D. W. WILSON: The metabolism of purines and pyrimidines by growing yeast. J. biol. Chem. 197, 251—259 (1952).
EDWARDS, J. M., and L. M. JACKMAN: Chorismic acid. A branch point intermediate in aromatic biosynthesis. Aust. J. Chem. 18, 1227—1239 (1965).
EGELHAAF, A.: Genphysiologie: Biochemische Genwirkungen. Fortschr. Zool. 15, 378—423 (1962).
EHRENSTEIN, G. v., and F. LIPMAN: Experiments on hemoglobin biosynthesis. Proc. nat. Acad. Sci. (Wash.) 47, 941—950 (1961).
EHRENSVÄRD, G.: Metabolism of amino acids and proteins. Ann. Rev. Biochem. 24, 275—310 (1955).
— L. REIO, E. SALUSTE, and R. STJERNHOLM: Acetic acid metabolism in *Torulopsis utilis*. III. Metabolic connection between acetic acid and various amino acids. J. biol. Chem. 189, 93—108 (1951).
— E. SPERBER, E. SALUSTE, L. REIO, and R. STJERNHOLM: Metabolic connection between proline and glycine in the amino acid utilization of *Torulopsis utilis*. J. biol. Chem. 169, 759—760 (1947).

EL-ANI, A. S.: Self-sterile auxotrophs and their relation to heterothallism in *Sordaria fimicola*. Science **145**, 1067—1068 (1964).
— L. S. OLIVE, and Y. KITANI: Genetics of *Sordaria fimicola*. IV. Linkage group I. Amer. J. Bot. **48**, 716—723 (1961).
ELLINGBOE, A. H., and J. R. RAPER: Somatic recombination in *Schizophyllum commune*. Genetics **47**, 85—98 (1962).
EPHRUSSI, B.: Chemistry of "eye color hormones" of *Drosophila*. Quart. Rev. Biol. **17**, 327—338 (1942).
ESSER, K.: Quantitatively and qualitatively altered phenoloxidases in *Podospora anserina*, due to mutations at non-linked loci. Proc. of the XI. internat. Congr. of Genetics, vol. 1, p. 51—52. The Hague 1963.
— Die Phenoloxydasen des Ascomyceten *Podospora anserina*. III. Quantitative und qualitative Enzymunterschiede nach Mutation an nicht gekoppelten Loci. Z.Vererbungsl. **97**, 327—344 (1966).
— J. A. DeMoss, and D. M. BONNER: Reverse mutations and enzyme heterogeneity. Z. Vererbungsl. **91**, 291—299 (1960).
FINCHAM, J. R. S.: Transaminases in *Neurospora crassa*. Nature (Lond.) **168**, 957—958 (1951a).
— The occurrence of glutamic dehydrogenase in *Neurospora* and its apparent absence in certain mutant strains. J. gen. Microbiol. **5**, 793—806 (1951b).
— Ornithine transaminase in *Neurospora* and its relation to the biosynthesis of proline. Biochem. J. **53**, 313—320 (1953).
— Effects of gene mutation in *Neurospora crassa* relating to glutamic dehydrogenase formation. J. gen. Microbiol. **11**, 236—246 (1954).
— A modified glutamic acid dehydrogenase as a result of gene mutation in *Neurospora crassa*. Biochem. J. **65**, 721—728 (1957).
— The biochemistry of genetic factors. Ann. Rev. Biochem. **28**, 343—364 (1959a).
— On the nature of glutamic dehydrogenase produced by interallele complementation at the *am* locus of *Neurospora crassa*. J. gen. Microbiol. **21**, 600—611 (1959b).
— The role of chromosomal loci in enzyme formation. Proc. X. Internat. Congr. of Genetics, vol. I, p. 335—363, Montreal 1958. University of Toronto Press 1959c.
— Genetically controlled differences in enzyme activity. Advanc. Enzymol. **22**, 1—43 (1960).
— Genes and enzymes in micro-organisms. Brit. med. Bull. **18**, 14—18 (1962a).
— Genetically determined multiple forms of glutamic dehydrogenase in *Neurospora crassa*. J. molec. Biol. **4**, 257—274 (1962b).
—, and P. A. BOND: A further genetic variety of glutamic acid dehydrogenase in *Neurospora crassa*. Biochem. J. **77**, 96—105 (1960).
—, and A. B. BOULTER: Effects of amino acids on transaminase production in *Neurospora crassa*: Evidence for four different enzymes. Biochem. J. **62**, 72—77 (1956).
—, and J. B. BOYLEN: A block in arginine synthesis in *Neurospora crassa*, due to gene mutation. Biochem. J. **61** (Proc. Biochem. Soc.) XXIII—XXIV (1955).
—, and A. CODDINGTON: Complementation at the *am* locus of *Neurospora crassa*: A reaction between different mutant forms of glutamate dehydrogenase. J. molec. Biol. **6**, 361—373 (1963a).
— — The mechanism of complementation between *am* mutants of *Neurospora crassa*. Cold Spr. Harb. Symp. quant. Biol. **28**, 517—527 (1963b).
—, and P. R. DAY: Fungal genetics. Oxford: Blackwell 1963.
—, and J. A. PATEMAN: A new allele at the *am* locus in *Neurospora crassa*. J. Genet. **55**, 456—466 (1957a).
— — Formation of an enzyme through complementary action of mutant "alleles" in separate nuclei in a heterocaryon. Nature (Lond.) **179**, 741—742 (1957b).

FINK, G. R.: Gene-enzyme in histidine biosynthesis in yeast. Science 146, 525—527 (1964).

FISCHER, G. A.: Genetic and biochemical studies of the cysteine-methionine series of mutants of *Neurospora crassa*. Thesis. Pasadena: California Institute of Technology 1954.

— The cleavage and synthesis of cystathionine in wild type and mutant strains of *Neurospora crassa*. Biochim. biophys. Acta (Amst.) 25, 50—55 (1957).

FISHER, K. W.: Regulation of bacterial metabolism. Brit. med. Bull. 18, 19—23 (1962).

FLAVIN, M., and C. SLAUGHTER: Purification and properties of threonine synthetase of *Neurospora*. J. biol. Chem. 235, 1103—1108 (1960).

FLING, M., and N. H. HOROWITZ: Threonine and homoserine in extracts of a methionineless mutant of *Neurospora*. J. biol. Chem. 190, 277—285 (1951).

— — and S. F. HEINEMANN: The isolation and properties of crystalline tyrosinase from *Neurospora*. J. biol. Chem. 238, 2045—2053 (1963).

FOX, A. S., and J. B. BURNETT: Tyrosinases of diverse thermostabilities and their interconversion in *Neurospora crassa*. Biochim. biophys. Acta (Amst.) 61, 108—120 (1962).

— — and M. S. FUCHS: Tyrosinase as a model for genetic control of protein synthesis. Ann. N.Y. Acad. Sci. 100, 840—856 (1963).

FRIES, N.: Experiments with different methods of isolating physiological mutations of filamentous fungi. Nature (Lond.) 159, 199 (1947).

—, and B. KIHLMAN: Fungal mutations obtained with methyl xanthins. Nature (Lond.) 162, 573—574 (1948).

GARDNER, R. S., A. J. WAHBA, C. BASILIO, R. S. MILLER, P. LENGYEL, and J. F. SPEYER: Synthetic polynucleotides and the amino acid code. VII. Proc. nat. Acad. Sci. (Wash.) 48, 2087—2094 (1962).

GAREN, A.: Genetic control of the specificity of the bacterial enzyme, alkaline phosphatase. In: W. HAYES and R. C. CLOWES (edits.), Microbiol Genetics, p. 239—247. London 1960.

GARRICK, M. D., and S. R. SUSKIND: Trypsin treated *Neurospora* tryptophan synthetase. I. Enzymic properties. J. molec. Biol. 9, 70—82 (1964a).

— — Trypsin treated *Neurospora* tryptophan synthetase. II. Antigenic properties. J. molec. Biol. 9, 83—99 (1964b).

GARROD, A. E.: Inborn errors of metabolism, 1st edit. London: Oxford University Press 1909.

— Inborn errors of metabolism, 2nd edit., London: Oxford University Press 1923.

GEIDUSCHEK, E. P.: "Reversible" DNA. Proc. nat. Acad. Sci. (Wash.) 47, 950—955 (1961).

— J. W. MOOHR, and S. B. WEISS: The secondary structure of complementary RNA. Proc. nat. Acad. Sci. (Wash.) 48, 1078—1086 (1962).

— T. NAKAMOTO, and S. B. WEISS: The enzymatic synthesis of RNA: complementary interaction with DNA. Proc. nat. Acad. Sci. (Wash.) 47, 1405—1415 (1961).

GIERER, A.: Molekulare Grundlagen der Vererbung. Naturwissenschaften 48, 283—289 (1961).

GILBERT, W., and B. MÜLLER-HILL: Isolation of the *lac* repressor. Proc. nat. Acad. Sci. (Wash.) 56, 1891—1898 (1966).

GILES, N. H.: Studies on the mechanism of reversion in biochemical mutants of *Neurospora crassa*. Cold Spr. Harb. Symp. quant. Biol. 16, 283—313 (1951).

— Studies on reverse mutation in *Neurospora crassa*. Trans. N.Y. Acad. Sci., Ser. II, 15, 251—253 (1953).

— Mutations at specific loci in *Neurospora*. Proc. X. Internat. Congr. of Genetics, vol. 1, p. 261—279. Montreal 1958.

— Genetic fine structure in relation to function in *Neurospora*. Proc. XI. Intern. Congr. of Genetics, vol. 2, p. 17—30. The Hague 1964.

GILES, N. H., and E. Z. LEDERBERG: Induced reversion of biochemical mutants in *Neurospora crassa*. Amer. J. Bot. **35**, 150—157 (1948).
—, and C. W. H. PARTRIDGE: The effect of a suppressor on allelic inositoleless mutants in *Neurospora crassa*. Proc. nat. Acad. Sci. (Wash.) **39**, 479—488 (1953).
— C. W. H. PARTRIDGE, and N. J. NELSON: The genetic control of adenylosuccinase in *Neurospora crassa*. Proc. nat. Acad. Sci. (Wash.) **43**, 305—317 (1957a).
— — — Genetic control of adenylosuccinase in *Neurospora crassa*. Proc. Internat. Genetics Symp. Cytologia (Tokyo), Suppl. Vol., 543—546 (1957b).
GILLILAND, R. B.: Identification of the genes for maltose fermentation in *Saccharomyces distaticus*. Nature (Lond.) **173**, 409 (1954).
GLASSMAN, E., and H. K. MITCHELL: Mutants of *Drosophila melanogaster* deficient in xanthine dehydrogenase. Genetics **44**, 153—162 (1959).
GOOD, N., R. HEILBRONNER, and H. K. MITCHELL: ε-Hydroxynorleucine as a substitute for lysine for *Neurospora*. Arch. Biochem. **28**, 264—265 (1950).
GORDON, M., F. A. HASKINS, and H. K. MITCHELL: The growth-promoting properties of quinic acid. Proc. nat. Acad. Sci. (Wash.) **36**, 427—430 (1950).
GOTS, J. S., and E. G. GOLLUB: Sequential blockade in adenine biosynthesis by genetic loss of an apparent bifunctional deacylase. Proc. nat. Acad. Sci. (Wash.) **43**, 826—834 (1957).
GREENBERG, D. M.: Metabolic pathways. New York and London: Academic Press, vol. I 1960, vol. II 1961.
GRIFFIN, A. C., and M. A. O'NEAL: Effect of polyuridylic acid upon incorporation in vitro of ($^{14}$C) phenylalanine by ascites tumor components. Biochim. biophys. Acta (Amst.) **61**, 469—471 (1962).
GROSS, S. R.: The enzymatic conversion of 5-dehydroshikimic acid to protocatechuic acid. J. biol. Chem. **233**, 1146—1151 (1958).
— On the mechanism of complementation at the *leu-2* locus of *Neurospora*. Proc. nat. Acad. Sci. (Wash.) **48**, 922—930 (1962).
—, and A. FEIN: Linkage and function in *Neurospora*. Genetics **45**, 885—904 (1960).
HALVORSON, H. O., S. WINDERMAN, and J. GORMAN: Comparison of the glucosidases of *Saccharomyces* produced in response to five non-allelic maltose genes. Biochim. biophys. Acta (Amst.) **67**, 42—53 (1963).
HARTMAN, P. E., Z. HARTMAN, D. SERMAN, and J. C. LOPER: Genetic complementarity in histidineless *Salmonella typhimurium*. Proc. X. internat. Congr. of Genetics, vol. 2, p. 115. Montral 1958.
HASKINS, F. A., and H. K. MITCHELL: Evidence for a tryptophane cycle in *Neurospora*. Proc. nat. Acad. Sci. (Wash.) **35**, 500—506 (1949).
HATANAKA, M., E. A. WHITE, K. HORIBATA, and I. P. CRAWFORD: A study of catalytic properties of *Escherichia coli* tryptophan synthetase, a two component enzyme. Arch. Biochem. **97**, 596—606 (1962).
HAWTHORNE, D. C., and R. K. MORTIMER: Supersuppressors in yeast. Genetics **48**, 716—620 (1963).
HAYES, W.: The genetics of bacteria and their viruses. Oxford 1964.
HELINSKI, D. R., and C. YANOFSKY: Correspondence between genetic data on the position of amino acid alteration in a protein. Proc. nat. Acad. Sci. (Wash.) **48**, 173—182 (1962a).
— — Peptide pattern studies on the wild protein of the tryptophan synthetase of *Escherichia coli*. Biochim. biophys. Acta (Amst.) **63**, 10—19 (1962b).
— — A genetic and biochemical analysis of second site reversion. J. biol. Chem. **238**, 1043—1048 (1963).
HELLMANN, H., u. F. LINGENS: Aufklärung biologischer Syntheseketten an Mikroorganismen. Angew. Chem. **73**, 107—113 (1961).

HENDERSON, L. M.: Quinolinic acid excretion by the rat receiving tryptophan. J. biol. Chem. 178, 1005—1006 (1949).

HENNING, U., D. R. HELINSKI, F. C. CHAO, and C. YANOFSKY: The A protein
of the tryptophan synthetase in E. coli. J. biol. Chem. 237, 1523—1530
(1962).

—, and C. YANOFSKY: An alteration in the primary structure of a protein
predicted on the basis of genetic recombination data. Proc. nat. Acad.
Sci. (Wash.) 48, 183—190 (1962a).

— — Amino acid replacements associated with reversion and recombination within the A gene. Proc. nat. Acad. Sci. (Wash.) 48, 1497—1504
(1962b).

HESLOT, H.: Schizosaccharomyces pombe: un nouvel organisme pour l'étude
de la mutagénèse chimique. Abh. dtsch. Akad. Wiss., Berlin, Kl. Medizin
1, 98—105 (1960).

— Etude quantitative de réversions biochemiques induites chez la levure
Schizosaccharomyces pombe par des radiations et des substances radio-
métriques. Abh. dtsch. Akad. Wiss., Berlin, Kl. Medizin 1, 192—228
(1962).

HIRS, C. H. W., S. MOORE, and W. H. STEIN: The sequence of amino acid
residues in performic acid-oxidized ribonuclease. J. biol. Chem. 235,
633—647 (1960).

HOGNESS, D. S., and H. K. MITCHELL: Genetic factors influencing the activity of tryptophan desmolase in Neurospora crassa. J. gen. Microbiol.
11, 401—411 (1954).

HOLLIDAY, R.: The genetics of Ustilago maydis. Genet. Res. 2, 204—230 (1961).

HOROWITZ, N. H.: The isolation and identification of a natural precursor
of choline. J. biol. Chem. 162, 413—419 (1946).

— Methionine synthesis in Neurospora. The isolation of cystathionine.
J. biol. Chem. 171, 255—264 (1947).

— Biochemical genetics of Neurospora. Advanc. Genet. 3, 33—71 (1950).

— Genetic and non-genetic factors in the production of enzymes by
Neurospora. Growth Symp. 10, 47—62 (1951).

— D. M. BONNER, and M. B. HOULAHAN: The utilization of choline analogs
by cholineless mutants of Neurospora. J. biol. Chem. 159, 145—151
(1945).

—, and M. FLING: Genetic determination of tyrosinase thermostability in
Neurospora. Genetics 4, 360—374 (1953).

— — Studies of tyrosinase production by a heterocaryon of Neurospora.
Proc. nat. Acad. Sci. (Wash.) 42, 498—501 (1956).

—, M. FLING, H. L. MACLEOD, and N. SUEOKA: Genetic determination
and enzymatic induction of tyrosinase in Neurospora. J. molec. Biol.
2, 96—104 (1960).

— — — A genetic study of two new structural forms of tyrosinase
in Neurospora. Genetics 46, 1015—1024 (1961a).

— — and Y. WATANABE: Structural and regulative genes controlling
tyrosinase synthesis in Neurospora. Cold Spr. Harb. Symp. quant. Biol.
26, 233—238 (1961b).

—, and U. LEUPOLD: Some recent studies bearing on the one gene one
enzyme hypothesis. Cold Spr. Harb. Symp. quant. Biol. 16, 65—74 (1951).

—, and R. L. METZENBERG: Biochemical aspects of genetics. Ann. Rev.
Biochem. 34, 527—564 (1965).

—, and S. C. SHEN: Neurospora tyrosinase. J. biol. Chem. 197, 513—520
(1952).

HOULAHAN, M. B., and H. K. MITCHELL: A suppressor in Neurospora and
its use as evidence for allelism. Proc. nat. Acad. Sci. (Wash.) 33, 223—229
(1947).

— — Evidence for an interrelation in the metabolism of lysine, arginine
and pyrimidine in Neurospora. Proc. nat. Acad. Sci. (Wash.) 34, 465—470
(1948).

HUANG, R. C., N. MAHESWARI, and J. BONNER: Enzymatic synthesis of RNA. Biochem. biophys. Res. Commun. **3**, 689—694 (1960).

INGRAM, V.: Hemoglobin and its abnormalities. Springfield (Ill.): Ch. C. Thomas 1961.

INGRAM, V. M.: The hemoglobins in genetics and evolution. New York and London 1963.

ISHIKAWA, T.: Complementation and genetic maps of the *ad-8* locus in *Neurospora crassa*. Genetics **45**, 993 (1960).

— Genetic studies of *ad-8* mutants in *Neurospora crassa*. I. Genetic fine structure of the *ad-8* locus. Genetics **47**, 1147—1161 (1962a).

— Genetic studies of *ad-8* mutants in *Neurospora crassa*. II. Interallelic complementation at the *ad-8* locus. Genetics **47**, 1755—1770 (1962b).

JACOB, F., and J. MONOD: Genetic regulatory mechanism in the synthesis of proteins. J. molec. Biol. **3**, 318—356 (1961a).

— — On the regulation of gene action. Cold Spr. Harb. Symp. quant. Biol. **26**, 193—211 (1961b).

JAKOBY, W. B.: Kynurenine formamidase from *Neurospora*. J. biol. Chem. **207**, 657—663 (1954).

— An interrelationship between tryptophan, tyrosine and phenylalanine in *Neurospora*. In: W. D. MCELROY and B. GLASS (edits.), Amino acid metabolism, p. 909—913. Baltimore 1955.

—, and D. M. BONNER: Kynureninase from *Neurospora:* Purification and properties. J. biol. Chem. **205**, 699—707 (1953a).

— — Kynureninase from *Neurospora:* Interaction of enzyme with substrates, coenzyme, and amines. J. biol. Chem. **205**, 709—715 (1953b).

JOLY, P.: Données récentes sur la génétique des champignons supérieurs (Ascomycètes et Basidiomycètes). Rev. Mycol. (Paris) **29**, 115—186 (1964).

JONES, E. E., and H. P. BROQUIST: Saccharopine, an intermediate of the aminoadipic acid pathway of lysine biosynthesis. J. biol. Chem. **240**, 2531—2536 (1965).

JONES, M. E.: Carbamyl phosphate. Many forms of life use this molecule to synthesize arginine, uracil, and adenosine triphosphate. Science **140**, 1373—1379 (1963).

JONES jr., O. W., and M. W. NIRENBERG: Qualitative survey of RNA codewords. Proc. nat. Acad. Sci. (Wash.) **48**, 2115—2123 (1962).

JUKES, T. H.: Possible base sequences in the amino acid code. Biochem. biophys. Res. Commun. **7**, 497—502 (1962).

—, and A. C. DORNBUSH: Growth stimulation of *Neurospora* cholineless mutant by dimethylaminoethanol. Proc. Soc. exp. Biol. (N.Y.) **58**, 142—143 (1945).

JUNGWIRTH, C., S. R. GROSS, P. MARGOLIN, and H. E. UMBARGER: The biosynthesis of leucine. I. The accumulation of $\beta$-carboxy-$\beta$-hydroxyisocaproate by leucine auxotrophs of *Salmonella typhimurium* and *Neurospora crassa*. Biochemistry **2**, 1—6 (1963).

KÄGI, J. H. R., and B. L. VALLEE: The role of zinc in alcohol dehydrogenase. V. The effect of metal binding agents on the structure of yeast alcohol dehydrogenase molecule. J. biol. Chem. **235**, 3188—3192 (1960).

KANO-SUEOKA, T., and S. SPIEGELMAN: Evidence for a nonrandom reading of the genome. Proc. nat. Acad. Sci. (Wash.) **48**, 1942—1949 (1962).

KAPLAN, M. M., and M. FLAVIN: Threonine biosynthesis. On the pathway in fungi and bacteria and the mechanism of the isomerization reaction. J. biol. Chem. **240**, 3928—3933 (1965).

KAPLAN, S., S. ENSIGN, D. M. BONNER, and S. E. MILLS: Gene products of CRM-mutants at the *td* locus. Proc. nat. Acad. Sci. (Wash.) **51**, 372—378 (1964a).

— ST. E. MILLS, ST. ENSIGN, and D. M. BONNER: Genetic determination of the antigenic specificity of tryptophan synthetase. J. molec. Biol. **8**, 801—813 (1964b).

— Y. SUYAMA, and D. M. BONNER: Fine structure analysis at the *td* locus of *Neurospora crassa*. Genetics **49**, 145—158 (1964c).

KAPULER, A. M., and H. BERNSTEIN: A molecular model for an enzyme based on a correlation between genetic and complementation maps of the locus specifying enzyme. J. molec. Biol. 6, 443—451 (1963).

KARLSON, P.: Biochemische Wirkungen der Gene. Ergebn. Enzymforsch. 13, 85—206 (1954).

KASHA, M., and B. PULLMAN (edits.): Horizons in biochemistry. New York and London 1962.

KAUDEWITZ, F.: Ausgewählte Beispiele biochemisch genetischer Forschung. Z. menschl. Vererb.- u. Konstit.-Lehre 36, 242—257 (1962).

KHORANA, H. G., H. BÜCHI, H. GHOSH, N. GUPTA, T. M. JACOB, H. KÖSSEL, R. MORGAN, S. A. NARANG, E. OHTSUKA and R. D. WELLS: Polynucleotide synthesis and the genetic code. Cold Spr. Harb. Symp. quant. Biol. 31, 39—49 (1966).

KIRITANI, K. S., S. NARISE, and R. P. WAGNER: The dihydroxy dehydratase of Neurospora crassa. J. biol. Chem. 241, 2042—2046 (1966a).

— — — The reductoisomerase of Neurospora crassa. J. biol. Chem. 241, 2047—2051 (1966b).

KLOPOTOWSKI, T., and D. HULANICKA: Imidazol-glycerol accumulation by yeast resulting from inhibition of histidine biosynthesis by 3-amino-1,2,4-triacole. Acta biochim. pol. 10, 209—218 (1963).

KØLMARK, G., and M. WESTERGAARD: Further studies on chemically induced reversions at the adenine locus of Neurospora. Hereditas (Lund) 39, 209—224 (1953).

KÜHN, A.: Über eine Gen-Wirkkette der Pigmentbildung bei Insekten. Nachr. Akad. Wiss. Göttingen, Math.-physik. Kl. 1941 231—261.

— Neue Mutationen und Phänogenetik bei Tieren. In: Naturforschung und Medizin in Deutschland 1939—1946, E. BÜNNING u. A. KÜHN (Hrsg.), Bd. 53, S. 77—93. Wiesbaden 1948.

KURAHASHI, K.: Enzyme formation in galactose negative mutants of Escherichia coli. Science 125, 114—116 (1957).

LACY, A. M., and D. M. BONNER: Complementarity between alleles at the td locus in Neurospora crassa. Proc. X. Internat. Congr. of Genet., vol. 2, p. 157. Montreal 1958.

— — Complementation between alleles of the td locus in Neurospora crassa. Proc. nat. Acad. Sci. (Wash.) 47, 72—77 (1961).

LAMEY, H. A., D. M. BOONE, and G. W. KEITT: Venturia inaequalis (CKE.) WINT. Growth responses of biochemical mutants. Amer. J. Bot. 43, 828—834 (1956).

LANDMAN, O. E.: Formation of lactose in mutants and parental strains of Neurospora. Genetics 35, 673—674 (1950).

LANNI, F.: Biological validity of amino acid codes deduced with synthetic ribonucleotide polymers. Proc. nat. Acad. Sci. (Wash.) 48, 1623—1630 (1962).

LEDERBERG, J., E. M. LEDERBERG, N. ZINDER, and E. LIVELY: Recombination analysis of bacterial heredity. Cold Spr. Harb. Symp. quant. Biol. 16, 413—443 (1951).

LESTER, G.: Some aspects of tryptophan synthetase formation in Neurospora crassa. J. Bact. 81, 964—973 (1961a).

— Repression and inhibition of indole synthesizing activity in Neurospora crassa. J. Bact. 82, 215—223 (1961b).

— Regulation of early reactions in the biosynthesis of tryptophan in Neurospora crassa. J. Bact. 85, 468—475 (1963).

LEUPOLD, U.: Physiologisch-genetische Studien an adenin-abhängigen Mutanten von Schizosaccharomyces pombe. Schweiz. Z. Path. Bakt. 20, 535—544 (1957).

— Intragene Rekombination und allele Komplementierung. Arch. Klaus-Stift. Vererb.-Forsch. 36, 89—117 (1961).

LEVINTHAL, C., and P. F. DAVIDSON: Biochemistry of genetic factors. Amer. Rev. Biochem. 30, 641—668 (1961).

LEWIS, D.: Genetical analysis of methionine suppressors in *Coprinus*. Genet. Res. **2**, 141—155 (1961).

LEWIS, R. W.: Mutants of *Neurospora* requiring succinic acid or a biochemically related acid for growth. Amer. J. Bot. **35**, 292—295 (1948).

LIEBERMANN, I., A. KORNBERG, and E. S. SIMMS: Enzymatic synthesis of pyrimidine nucleotides. Orotidine-5-phosphate and uridine-5-phosphate. J. biol. Chem. **215**, 403—415 (1955).

LINDEGREN, C. C.: The yeast cell, its genetics and cytology. St. Louis (Missouri): Educational publishers 1949.

— Gene control of fermentation in *Saccharomyces* without control of permeability. J. Bact. **74**, 689—690 (1957).

— The biological function of deoxyribonucleic acid. J. theor. Biol. **1**, 107—119 (1961).

—, and G. LINDEGREN: Asci in *Saccharomyces* with more than four spores. Genetics **38**, 73—78 (1953).

— — Eight genes controlling the presence or absence of carbohydrate fermentation in *Saccharomyces*. J. gen. Microbiol. **15**, 19—28 (1956).

— M. A. WILLIAMS, and D. O. McCLARY: The distribution of chromatin in budding yeast cells. Antonie v. Leeuwenhoek **22**, 1—20 (1956).

LINGENS, F., u. W. GOEBEL: Untersuchungen an biochemischen Mangelmutanten von *Saccharomyces cerevisiae* mit genetischem Block hinter einer Verzweigungsstelle in der Biosynthese der aromatischen Aminosäuren. Hoppe-Seylers Z. physiol. Chem. **342**, 1—12 (1965).

— — u. H. UESSELER: Regulation der Biosynthese der aromatischen Aminosäuren in *Saccharomyces cerevisiae*. I. Hemmung der Enzymaktivitäten (Feedback-Wirkung). Biochem. Z. **346**, 357—367 (1966).

—, u. H. HELLMANN: Isolierung von Shikimisäure aus dem Medium einer *Saccharomyces cerevisiae*-Mutante. Z. Naturforsch. **13b**, 462—463 (1958).

—, u. W. LÜCK: Über die Biosynthese des Tryptophans in *Saccharomyces cerevisiae*. Hoppe-Seylers Z. physiol. Chem. **333**, 190—198 (1963).

— — u. G. MÜLLER: Über die Wirkung von 5-Oxo-6-diazonorleucin und Albizziin auf die Biosynthese der Anthranilsäure in *Saccharomyces cerevisiae*. Hoppe-Seylers Z. physiol. Chem. **343**, 282—289 (1966).

— B. SPRÖSSLER u. W. GOEBEL: Zur Biosynthese der Anthranilsäure in *Saccharomyces cerevisiae*. Biochim. biophys. Acta (Amst.) **121**, 164—166 (1966).

—, u. P. VOLLPRECHT: Zur Biosynthese der Nicotinsäure in Streptomyceten, Algen, Phycomyceten und Hefe. Hoppe-Seylers Z. physiol. Chem. **339**, 64—74 (1964).

LORING, H. S., and J. L. FAIRLEY: Growth-promoting activity of guanine for the purine-deficient *Neurospora* 28610. J. biol. Chem. **172**, 843—844 (1948).

MAAS, W. K., and B. D. DAVIS: Production of an altered panthothenate-synthesizing enzyme by a temperature sensitive mutant of *Escherichia coli*. Proc. nat. Acad. Sci. (Wash.) **38**, 785—797 (1952).

MADSEN, N. B., and F. R. N. GURD: The interaction of muscle phosphorylase with p-chloromercuribenzoate. III. The reversible dissociation of phosphorylase. J. biol. Chem. **223**, 1055—1065 (1956)

MARCKER, K.: The formation of N-formyl-methionyl-sRNA. J. mol. Biol. **14**, 63—70 (1965).

MARKERT, C. L.: The effects of genetic changes on tyrosinase activity in *Glomerella*. Genetics **35**, 60—75 (1950).

— Radiation-induced nutritional and morphological mutants of *Glomerella*. Genetics **37**, 339—352 (1952).

—, and R. D. OWEN: Immunogenetic studies of tyrosinase specificity. Genetics **39**, 818—835 (1954).

MATCHETT, W. D., and J. A. DeMOSS: Factors affecting increased production of tryptophan synthetase by a *td* mutant of *Neurospora crassa*. J. Bact. **83**, 1294—1300 (1962).

MATTHAEI, J. H., O. W. JONES, R. G. MARTIN, and M. W. NIRENBERG: Characteristics and composition of RNA coding units. Proc. nat. Acad. Sci. (Wash.) **48**, 666—677 (1962).

MATTHAEI, J. H., H. P. VOIGT, G. HELLER, R. NETH, G. SCHÖCH, H. KÜBLER, F. AMELUNXEN, G. SANDER, and A. PARMEGGIANI: Specific interactions of ribosomes in decoding. Cold Spr. Harb. Symp. quant. Biol. **31**, 25—38 (1966).

MAXWELL, E. S.: Stimulation of amino acid incorporation into protein by natural and synthetic polyribonucleotides in a mammalian cell-free system. Proc. nat. Acad. Sci. (Wash.) **48**, 1639—1643 (1962).

McELROY, W. D., and B. GLASS (edits.): Amino acid metabolism. Baltimore 1955.

— — — The chemical basis of heredity. Baltimore 1957.

—, and H. K. MITCHELL: Enzyme studies on a temperature sensitive mutant of *Neurospora*. Fed. Proc. **5**, 376—379 (1946).

—, and D. SPENCER: Normal pathways of assimilation of nitrate and nitrite. In: W. D. McELROY and B. GLASS (edits.), Inorganic nitrogen metabolism, p. 137—152. Baltimore 1956.

McMANUS, I. R.: The biosynthesis of valine by *Saccharomyces cerevisiae*. J. biol. Chem. **208**, 639—644 (1954).

MEDVEDEN, Z. A.: A hypothesis concerning the way of coding interaction between transfer RNA and messenger RNA at the later stages of protein synthesis. Nature (Lond.) **195**, 38—39 (1962).

MEGNET, R.: Untersuchungen über die Biosynthese von Uracil bei *Schizosaccharomyces pombe*. Arch. Klaus-Stift. Vererb.-Forsch. **33**, 299—334 (1959).

MEISTER, A., A. N. RADHAKRISHNAN, and S. D. BUCKLEY: Enzymatic synthesis of L-pipecolic acid and l-proline. J. biol. Chem. **229**, 789—800 (1958).

MELCHERS, G.: Viruses and genetics. Plant Virology. Proc. 5th Conf. Czech. Plant Virologists, p. 101—109. Prague 1962.

METZENBERG, R. L.: A gene affecting the repression of invertase and trehalase in *Neurospora*. Arch. Biochem. **96**, 468—474 (1962).

—, and H. K. MITCHELL: Isolation of prephenic acid from *Neurospora*. Arch. Biochem. **64**, 51—56 (1956).

MEYERS, J. W., and E. A. ADELBERG: The biosynthesis of isoleucine and valine. I. Enzymatic transformation of the dihydroxy acid precursors to the keto acid precursors. Proc. nat. Acad. Sci. (Wash.) **40**, 493—499 (1954).

MICHELSON, M., W. DRELL, and H. K. MITCHELL: A new ribose nucleoside from *Neurospora:* "Orotidine". Proc. nat. Acad. Sci. (Wash.) **37**, 396—399 (1951).

MIDDELHOVEN, W. J.: The ornithine pathway in the yeast *Candida utilis*. Biochim. biophys. Acta (Amst.) **77**, 152—154 (1963).

MITCHELL, H. K., and M. B. HOULAHAN: Adenine requiring mutants of *Neurospora crassa*. Fed. Proc. **5**, 370—375 (1946a).

— — *Neurospora*. IV. A temperature-sensitive riboflavinless mutant. Amer. J. Bot. **33**, 31—35 (1946b).

— — Investigations on the biosynthesis of pyrimidine nucleosides in *Neurospora*. Fed. Proc. **6**, 506—509 (1947).

— — An intermediate in the biosynthesis of lysine in *Neurospora*. J. biol. Chem. **174**, 883—887 (1948).

— — and J. F. NYC: The accumulation of orotic acid by a pyrimidineless mutant of *Neurospora*. J. biol. Chem. **172**, 525—529 (1948).

—, and J. LEIN: A *Neurospora* mutant deficient in the enzymatic synthesis of tryptophan. J. biol. Chem. **175**, 481—482 (1948).

—, and J. F. NYC: Hydroxyanthranilic acid as a precursor of nicotinic acid in *Neurospora*. Proc. nat. Acad. Sci. (Wash.) **34**, 1—5 (1948).

MITCHELL, M. B., and H. K. MITCHELL: Observations on the behavior of suppressors in *Neurospora*. Proc. nat. Acad. Sci. (Wash.) **38**, 205—214 (1952).

— — Test for non-allelism at the pyrimidine-3 locus of *Neurospora*. Genetics **41**, 319—326 (1956).

MOHLER, W. C., and S. R. SUSKIND: The similar properties of tryptophan synthetase and a mutationally altered enzyme in *Neurospora crassa*. Biochim. biophys. Acta (Amst.) **43**, 288—299 (1960).

MONOD, J., and M. COHN: La biosynthèse induite des enzymes (adaption enzymatique). Advanc. Enzymol. **13**, 67—119 (1952).

—, and F. JACOB: Telenomic mechanism in cellular metabolism, growth and differentiation. Cold Spr. Harb. Symp. quant. Biol. **26**, 389—411 (1961).

MORROW, J.: Dispensable and indispensable genes in *Neurospora*. Science **144**, 307—308 (1964).

MURRAY, N. E.: Complementation and recombination between methionine-2 alleles in *Neurospora crassa*. Heredity **15**, 207—217 (1960).

NEWMEYER, D.: Arginine synthesis in *Neurospora crassa*: Genetic studies. J. gen. Microbiol. **16**, 449—462 (1957).

— Genes influencing the conversion of citrulline to arginino-succinate in *Neurospora crassa*. J. gen. Microbiol. **28**, 215—230 (1962).

NEWTON, W. A., and E. E. SNELL: An inducible tryptophan synthetase in tryptophan auxotrophs of *Escherichia coli*. Proc. nat. Acad. Sci. (Wash.) **48**, 1431—1439 (1962).

NIRENBERG, M. W., and O. W. JONES jr.: The current status of the RNA code. In: H. J. VOGEL, V. BRYSON and J. O. LAMPEN (edits.), Informational Macromolecules, p. 451—465. New York and London 1963.

—, T. CASKEY, R. MARSHALL, R. BRIMACOMBE, D. KELLOGG, B. DOCTOR, D. HATFIELD, J. LEVIN, F. ROTTMAN, S. PESTKA, M. WILCOX and F. ANDERSON: The RNA code and protein synthesis. Cold Spr. Harb. Symp. quant. Biol. **31**, 11—24 (1966).

NOVELLI, G. D.: Protein synthesis in microorganisms. Ann. Rev. Microbiol. **14**, 65—82 (1960).

NULTSCH, W.: Allgemeine Botanik. Stuttgart 1964.

NYC, J. F., H K MITCHELL, E LEIFER, and W. H. LANGHAM: Use of isotopic carbon in a study of the metabolism of anthranilic acid in *Neurospora*. J. biol. Chem. **179**, 783—787 (1949).

OCHOA, S.: Synthetic polynucleotides and the genetic code. In: H. J. VOGEL, V. BRYSON and J. O. LAMPEN (edits.), Informational Macromolecules, p. 437—449. New York and London 1963.

OHNISHI, E., H. MACLEOD, and N. H. HOROWITZ: Mutants of *Neurospora crassa* deficient in D-amino acid oxidase. J. biol. Chem. **237**, 138—142 (1962).

OWEN, R. D., and C. L. MARKERT: Effects of antisera on tyrosinase in *Glomerella* extracts. J. Immunol. **74**, 257—269 (1955).

PAIGEN, K.: On the regulation of DNA transcription. J. theor. Biol. **3**, 268—282 (1962).

PALLERONI, N. J., and C. C. LINDEGREN: A single adaptive enzyme in *Saccharomyces* elicited by several related substrates. J. Bact. **65**, 122—130 (1953).

PARTRIDGE, C. W. H.: Altered properties of the enzyme, adenylosuccinase, produced by interallelic complementation at the *ad-4* locus in *Neurospora crassa*. Biochem. biophys. Res. Commun. **3**, 613—619 (1960).

— D. M. BONNER, and C. YANOFSKY: A quantitative study of the relationship between tryptophan and niacin in *Neurospora*. J. biol. Chem. **194**, 269—278 (1952).

—, and N. H. GILES: Identification of major accumulation products of adenine-specific mutants of *Neurospora*. Arch. Biochem. **67**, 237—258 (1957).

PATEMAN, J. A.: Back-mutation studies at the *am*-locus in *Neurospora crassa*. J. Genet. **55**, 444—455 (1957).

— Inter-relationship of alleles at the *am* locus in *Neurospora crassa*. J. gen. Microbiol. **23**, 393—399 (1960).

— D. J. COVE, B. M. REVER, and D. B. ROBERTS: A common co-factor for nitrate reductase and xanthine dehydrogenase which also regulates the synthesis of nitrate reductase. Nature (Lond.) **201**, 58—60 (1964).

PATEMAN, J. A., and J. R. S. FINCHAM: Gene-enzyme relationship at the *am* locus in *Neurospora crassa*. Heredity **12**, 317—332 (1958).

PERKINS, D. D.: Biochemical mutants in the smut fungus *Ustilago maydis*. Genetics **34**, 607—626 (1949).

PERUTZ, M. F.: Proteins and nucleic acids. Structure and function. Amsterdam-London-New York 1962.

PIERCE, J. G., and H. S. LORING: Growth requirements of a purine deficient strain of *Neurospora*. J. biol. Chem. **160**, 409—415 (1945).

POMPER, S., and P. R. BURKHOLDER: Studies on the biochemical genetics of yeast. Proc. nat. Acad. Sci. (Wash.) **35**, 456—464 (1949).

PONTECORVO, G.: The genetics of *Aspergillus nidulans*. Advanc. Genet. **5**, 142—239 (1953).

— Trends in genetic analysis. New York 1958.

RACHMELER, M., and C. YANOFSKY: Biochemical and genetic studies with a new *td* mutant type in *Neurospora crassa*. Bact. Proc. **30** (1959).

— — Biochemical, immunological and genetic studies with a new type tryptophan synthetase mutant of *Neurospora crassa*. J. Bact. **81**, 955—963 (1961).

RADHAKRISHNAN, A. N., R. P. WAGNER, and E. E. SNELL: Biosynthesis of valine and isoleucine. III. α-Keto-β-hydroxy acid reductase and α-hydroxy-β-keto- acid reductoisomerase. J. biol. Chem. **235**, 2322—2331 (1960).

RAPER, J. R., and P. G. MILES: The genetics of *Schizophyllum commune*. Genetics **43**, 530—546 (1958).

RATNER, S.: Arginine metabolism and interrelationships between the citric acid and urea cycles. In: W. D. McELROY and B. GLASS (edits.), Amino acid metabolism, p. 231—257. Baltimore 1955.

REGNERY, D. C.: A leucineless mutant strain of *Neurospora crassa*. J. biol. Chem. **154**, 151—160 (1944).

REICHARD, P., and G. HANSHOFF: Aspartate carbamyl transferase from *Escherichia coli*. Acta chem. Scand. **10**, 548—566 (1956).

REISSIG, J. L.: Forward and back mutation in the *pyr-3* region of *Neurospora*. I. Mutations from arginine dependence to prototrophy. Genet. Res. **1**, 356—374 (1960).

RHINESMITH, H. S., W. A. SCHROEDER, and N. J. MARTIN: The N-terminal sequence of the β chain of normal adult human hemoglobin. J. Amer. chem. Soc. **80**, 3358—3361 (1958).

RILEY, M., and A. B. PARDEE: Gene expression: its specificity and regulation. Ann. Rev. Microbiol. **16**, 1—34 (1962).

ROBERTSON, J. J., and H. O. HALVORSON: The components of maltozymase in yeast and their behavior during deadaption. J. Bact. **73**, 186—198 (1957).

ROBICHON-SZULMAJSTER, H. DE: Induction of enzymes of the galactose pathway in mutants of *Saccharomyces cerevisiae*. Science (Lancaster) **127**, 28—29 (1958).

ROMAN, H.: Studies of gene mutation in *Saccharomyces*. Cold Spr. Harb. Symp. quant. Biol. **21**, 175—185 (1956).

— Sur les récombinaisons nonréciproques chez *Saccharomyces cerevisiae* et sur les problèmes posés par ces phénomènes. Ann. Génét. **1**, 11—17(1958).

ROSEN, R.: An hypothesis of FREESE and the DNA-protein coding problem. Bull. math. Biophys. **23**, 305—318 (1961).

ROTHMAN, F., and R. BYRNE: Fingerprint analysis of alkaline phosphatase of *Escherichia coli K 12*. J. molec. Biol. **6**, 330—340 (1963).

RUDERT, F., and H. O. HALVORSON: The effect of gene dosage on the level of α-glucosidase in yeast. Bull. Res. Coun. Israel A 4, **11**, 337—344 (1963).

SAGISAKA, S., and K. SHIMURA: Enzymic reduction of α-aminoadipic acid by yeast enzyme. Nature (Lond.) **184**, 1709—1710 (1959).

SAKAMI, W.: The biochemical relationship between glycine and serine. In: W. D. McELROY and B. GLASS (edits.), Amino acid metabolism, p. 658—683. Baltimore 1955.

SANGER, F., and L. F. SMITH: The structure of insulin. Endeavour 16, 48—53 (1957).

SANWAL, B. D., and M. LATA: Glutamic dehydrogenase in single-gene mutants of Neurospora crassa deficient in amination. Nature (Lond.) 190, 286—287 (1961).

SCHAEFFER, P.: A black mutant of Neurospora crassa. Mode of action of the mutant allele and action of light on melanogenesis. Arch. Biochem. 47, 359—379 (1953).

SCHLESINGER, M. J., and C. LEVINTHAL: Hybrid protein formation of E. coli alkaline phosphatase leading to in vitro complementation. J. molec. Biol. 7, 1—12 (1963).

SCHULMAN, H. M., and D. M. BONNER: A naturally occurring DNA-RNA complex from Neurospora crassa. Proc. nat. Acad. Sci. (Wash.) 48, 53—63 (1962).

SEARASHI, T.: Genetical and biochemical studies on amylase in Aspergillus oryzae. Jap. J. Genet. 37, 10—23 (1962).

SERRES, F. J. DE: Studies with purple adenin mutants in Neurospora crassa. I. Structural and functional complexity in the ad-3 region. Genetics 41, 668—676 (1956).

— Heterokaryon-incompatibility factor interaction tests between Neurospora mutants. Science 138, 1342—1343 (1962).

— Studies with purple adenine mutants in Neurospora crassa. V. Evidence for allelic complementation among ad-3 B mutants. Genetics 48, 351—360 (1963).

SILVER, W. S., and W. D. McELROY: Enzyme studies on nitrate and nitrite mutants of Neurospora. Arch. Biochem. 51, 379—394 (1954).

SPEYER, J. F., P. LENGYEL, C. BASILIO, and S. OCHOA: Synthetic polynucleotides and the amino acid code. IV. Proc. nat. Acad. Sci. (Wash.) 48, 441—448 (1962).

SPIEGELMAN, S.: The relation of information RNA to DNA. Cold Spr. Harb. Symp. quant. Biol. 26, 75—90 (1961).

— Information transfer from the genome. Fed. Proc. 22, 36—54 (1963).

SRB, A. M.:, and N. H. HOROWITZ The ornithine cycle in Neurospora and its genetic control. J. biol. Chem. 154, 129—139 (1944).

STADLER, J., and C. YANOFSKY: Studies on a series of tryptophan-independent strains derived from a tryptophan requiring mutant of Escherichia coli. Genetics 44, 105—123 (1959).

STARLINGER, P.: Die genetische Regulation der Enzymsynthese. Angew. Chem. 75, 71—77 (1963).

STRASSMAN, M., A. J. THOMAS, L. A. LOCKE, and S. WEINHOUSE: Intramolecular migration and isoleucine biosynthesis. J. Amer. chem. Soc. 76, 4241—4242 (1954).

— — — — A study of leucine biosynthesis in Torulopsis utilis. J. Amer. chem. Soc. 78, 1599—1602 (1956).

— — and S. WEINHOUSE: Valine biosynthesis in Torulopsis utilis. J. Amer. chem. Soc. 75, 5135 (1953).

—, and S. WEINHOUSE: Biosynthetic pathways. III. The biosynthesis of lysine by Torulopsis utilis. J. Amer. chem. Soc. 75, 1680—1684 (1953).

— — Isotope studies on biosynthesis of valine and isoleucine. In: W. D. McELROY and B. GLASS (edits.), Amino acid metabolism, p. 452—457. Baltimore 1955.

STRAUSS, B. S.: Properties of mutants of Neurospora crassa with low pyruvic carboxylase activity. Arch. Biochem. 44, 200—210 (1953).

— Oxalacetic carboxylase deficiency of the succinate-requiring mutants of Neurospora crassa. J. biol. Chem. 225, 535—544 (1957).

—, and S. PIEROG: Gene interaction: The mode of action of the suppressor of acetate requiring mutants of Neurospora crassa. J. gen. Microbiol. 10, 221—235 (1954).

STUBBE, H. (Hrsg.): Struktur und Funktion des genetischen Materials. Erwin-Baur-Gedächtnisvorlesungen III, 1963. Abh. dtsch. Akad. Wiss. Berlin, Kl. Medizin 4, Berlin 1964.

SUEOKA, N.: Compositional correlation between deoxyribonucleic acid and protein. Cold Spr. Harb. Symp. quant. Biol. 26, 35—43 (1961).

—, and T. YAMANE: Fractionation of amino acyl-acceptor RNA on a methylated albumin column. Proc. nat. Acad. Sci. (Wash.) 48, 1454—1461 (1962).

SUSKIND, S. R.: Properties of a protein antigenically related to tryptophan synthetase in Neurospora crassa. J. Bact. 74, 308—318 (1957).

—, and E. JORDAN: Enzymatic activity of a genetically altered tryptophan synthetase in Neurospora crassa. Science 129, 1614—1615 (1959).

—, and L. I. KUREK: On a mechanism of suppressor gene regulation of tryptophan synthetase activity in Neurospora crassa. Proc. nat. Acad. Sci. (Wash.) 45, 193—196 (1959).

— C. YANOFSKY, and D. M. BONNER: Allelic strains of Neurospora lacking tryptophan synthetase: A preliminary immuno-chemical characterization. Proc. nat. Acad. Sci. (Wash.) 41, 577—582 (1955).

SUSSMAN, A. S.: A comparison of the properties of two forms of tyrosinase from Neurospora crassa. Arch. Biochem. 95, 407—415 (1961).

— P. COUGHEY, and J. C. STRAIN: Effect of environmental conditions upon tyrosinase activity in Glomerella cingulata. Amer. J. Bot. 42, 810—815 (1955).

—, and C. L. MARKERT: The development of tyrosinase and cytochrome oxidase activity in mutants of Glomerella cingulata. Arch. Biochem. 45, 31—40 (1953).

SUTTON, H. E.: Genetics. Genetic information and the control of protein structure and function. New York 1960.

SUYAMA, Y.: In vitro complementation in the tryptophan synthetase system of Neurospora. Biophys. biochem. Res. Commun. 10, 144—149 (1963).

—, and D. M. BONNER: Complementation between tryptophan synthetase mutants of Neurospora crassa. Biochim. biophys. Acta (Amst.) 81, 565—575 (1964).

— A. M. LACY, and D. M. BONNER: A genetic map of the td locus in Neurospora crassa. Genetics 49, 135—144 (1964).

— K. D. MUNKERS, and V. W. WOODWARD: Genetic analysis of the pyr-3 locus of Neurospora crassa. Genetics 30, 293—311 (1959).

TATUM, E. L.: Amino acid metabolism in mutant strains of microorganisms. Fed. Proc. 8, 511—517 (1949).

— Genetic aspects of growth responses in fungi. In: F. SKOOG (edit.), Plant growth substances, p. 447—461. Madison: Univ. Wisconsin Press 1951.

— A case history in biological research. Chance and the exchange of ideas played roles in the discovery that genes control biochemical events. Science 129, 1711—1715 (1959).

— R. W. BARRATT, N. FRIES, and D. M. BONNER: Biochemical mutant strains of Neurospora produced by physical and chemical treatment. Amer. J. Bot. 37, 38—46 (1950).

—, and G. W. BEADLE: Genetic control of biochemical reactions in Neurospora. An "aminobenzoicless" mutant. Proc. nat. Acad. Sci. (Wash.) 28, 234—243 (1942).

— — Biochemical genetics of Neurospora. Ann. Missouri Botan. Garden 32, 125—129 (1945).

—, and T. T. BELL: Neurospora. III. Biosynthesis of thiamin. Amer. J. Bot. 33, 15—20 (1946).

—, and D. M. BONNER: Synthesis of tryptophan from indole and serine by Neurospora. J. biol. Chem. 151, 349 (1943).

— — Indole and serine in the biosynthesis and breakdown of tryptophan. Proc. nat. Acad. Sci. (Wash.) 30, 30—37 (1944).

— — and G. W. BEADLE: Anthranilic acid and the biosynthesis of indole and tryptophan by Neurospora. Arch. Biochem. 3, 477—478 (1944).

TATUM, E. L., and S. R. GROSS: Incorporation of carbon atoms 1 and 6 of glucose into protocatechuic acid by *Neurospora*. J. biol. Chem. **219**, 797—807 (1956).
— — G. EHRENSVÄRD, and L. GARNJOBST: Synthesis of aromatic compounds by *Neurospora*. Proc. nat. Acad. Sci. (Wash.) **40**, 271—276 (1954).
—, and D. D. PERKINS: Genetics of microorganisms. Ann. Rev. Microbiol. **4**, 129—150 (1950).
—, and D. SHEMIN: Mechanism of tryptophan synthesis in *Neurospora*. J. biol. Chem. **209**, 671—675 (1954).
TAVLITZKI, J.: Sur la réalisation, chez une souche de *Saccharomyces cerevisiae*, du caractère «besoin en thiamine». C. R. Acad. Sci. (Paris) **238**, 2016—2018 (1954).
TAYLOR, J. H. (edit.): Molecular genetics. Part 1. New York and London 1963.
TEAS, H. J., N. H. HOROWITZ, and M. FLING: Homoserine as a precursor of threonine and methionine in *Neurospora*. J. biol. Chem. **172**, 651—658 (1948).
TINLINE, R. D.: *Cochliobolus sativus*. V. Heterokaryosis and parasexuality. Canad. J. Bot. **40**, 425—437 (1962).
TRUPIN, J. S., and H. P. BROQUIST: Saccharopine, an Intermediate ov the aminoadipic acid pathway of lysine biosynthesis. J. biol. Chem. **240**, 2524—2530 (1965).
TSUGITA, A., and H. FRAENKEL-CONRAT: The composition of proteins of chemically evoked mutants of TMV RNA. J. molec. Biol. **4**, 73—82 (1962).
UMBREIT, W. W., W. A. WOODWARD, and I. C. GUNSALUS: The activity of pyridoxal phosphate in tryptophan formation by cell-free enzyme preparations. J. biol. Chem. **165**, 731—732 (1946).
VOGEL, H. J.: On the glutamate-proline-ornithine interrelation in various microorganisms. In: W. D. McELROY and B. GLASS (edits.), Amino acid metabolism, p. 335—346. Baltimore 1955.
—, and D. M. BONNER: On the glutamate-proline-ornithine interrelation in *Neurospora crassa*. Proc. nat. Acad. Sci. (Wash.) **40**, 688—694 (1954).
— — The use of mutants in the study of metabolism. In: W. RUHLAND (Hrsg.), Handbuch der Pflanzenphysiologie, vol. XI, p. 1—32. Berlin-Göttingen-Heidelberg: Springer 1958.
—, and B. D. DAVIS: Glutamatic gamma-semialdehyde and delta-1-pyrroline-5-carboxylic acid, intermediates in the biosynthesis of proline. J. Amer. chem. Soc. **74**, 109—112 (1952).
VOGEL, R. H., and M. J. KOPAC: Glutamic-$\gamma$-semialdehyde in arginine and proline synthesis in *Neurospora*. A mutant-tracer analysis. Biochim. biophys. Acta (Amst.) **36**, 505—510 (1959).
— — Some properties of ornithine-transaminase from *Neurospora*. Biochim. biophys. Acta (Amst.) **37**, 539—540 (1960).
—, and H. J. VOGEL: Evidence for acetylated intermediates of arginine synthesis in *Neurospora crassa*. Genetics **48**, 914 (1963).
VOLKIN, E.: Biosynthesis of RNA in relation to genetic coding problems. In: J. H. TAYLOR, Molecular Genetics, part I, p. 271—289. New York and London 1963.
WAGNER, R. P.: The in vitro synthesis of pantothenic acid by pantothenicless wild type *Neurospora*. Proc. nat. Acad. Sci. (Wash.) **35**, 185—189 (1949).
—, and A. BERGQUIST: Synthesis of valine and isoleucine in the presence of a particulate cell fraction of *Neurospora*. Proc. nat. Acad. Sci. (Wash.) **49**, 892—897 (1963).
— — T. BARBEE, and K. KIRITANI: Genetic blocks in the isoleucine-valine pathway of *Neurospora crassa*. Genetics **49**, 865—882 (1964).
—, and B. M. GUIRARD: A gene-controlled reaction in *Neurospora* involving the synthesis of pantothenic acid. Proc. nat. Acad. Sci. (Wash.) **34**, 398—402 (1948).

WAGNER, R. P., and C. H. HADDOX: A further analysis of the pantothenicless mutants of *Neurospora*. Amer. Naturalist **85**, 319—330 (1951).
—, and H. K. MITCHELL: Genetics and metabolism, 2. edit. New York 1964.
— C. E. SOMERS, and A. BERGQUIST: Gene structure and function in *Neurospora*. Proc. nat. Acad. Sci. (Wash.) **46**, 708—717 (1960).
WAHBA, A. J., C. BASILIO, J. F. SPEYER, P. LENGYEL, R. S. MILLER, and S. OCHOA: Synthetic polynucleotides and the amino acid code. VI. Proc. nat. Acad. Sci. (Wash.) **48**, 1683—1686 (1962).
WAINWRIGHT, S. D.: On the development of increased tryptophan synthetase enzyme activity by cell-free extracts of *Neurospora crassa*. Canad. J. Biochem. **37**, 1417—1430 (1959).
— On the formation of tryptophan synthetase enzyme by cell-free extracts of mycelium of *Neurospora crassa*. Canad. J. Biochem. **41**, 1327—1329 (1963).
—, and E. S. MCFARLANE: Partial purification of the "messenger RNA" of *Neurospora crassa* controlling formation of tryptophan synthetase enzyme. Biophys. biochem. Res. Commun. **9**, 529—533 (1962).
WEBBER, B. B.: Genetical and biochemical studies of histidine-requiring mutants of *Neurospora crassa*. II. Evidence concerning heterogeneity among *hist-3* mutants. Genetics **45**, 1617—1625 (1960).
—, and M. E. CASE: Genetical and biochemical studies of histidine-requiring mutants of *Neurospora crassa*. I. Classification of mutants and characterization of mutant groups. Genetics **45**, 1605—1615 (1960).
WEGMAN, J., and J. A. DEMOSS: The enzymatic conversion of anthranilate to indolylglycerol phosphate in Neurospora crassa. J. biol. Chem. **240**, 3781—3788 (1965).
WEINSTEIN, I. B., and A. N. SCHECHTER: Polyuridylic acid stimulation of phenylalanine incorporation in animal cell extracts. Proc. nat. Acad. Sci. (Wash.) **48**, 1686—1691 (1962).
WEISBLUM, B., S. BENZER, and R. W. HOLLEY: A physical basis for degeneracy in the amino acid code. Proc. nat. Acad. Sci. (Wash.) **48**, 1449—1454 (1962).
WEISS, S. B., and L. GLADSTONE: A mammalian system for the incorporation of cytidine triphosphate into ribonucleic acid. J. Amer. Chem. Soc. **81**, 4118—4119 (1959).
WEYGAND, F.: Anwendungen der stabilen und radioaktiven Isotope in der Biochemie. Angew. Chem. **61**, 285—296 (1949).
—, u. H. SIMON: Herstellung isotopenhaltiger organischer Verbindungen. In: HOUBEN-WEYL (E. MÜLLER Hrsg.), Methoden der organischen Chemie, Bd. 4/2, S. 539—727. Stuttgart 1955.
WHEELER, H. E.: Linkage groups in *Glomerella*. Amer. J. Bot. **43**, 1—6 (1956).
WHELDALE 1903: Zit. bei BEADLE 1959a.
WINGE, Ö., and C. ROBERTS: Inheritance of enzymatic characters in yeast and the phenomenon of longterm adaption. C. R. Lab. Carlsberg, Sér. physiol. **24**, 263—315 (1948).
— — The polymeric genes for maltose fermentation in yeasts and their mutability. C. R. Lab. Carlsberg, Sér. Physiol. **25**, 35—83 (1950).
WINKLER, U., u. R. W. KAPLAN: Genetik der Mikroorganismen: Phänogenetik. Fortschr. Bot. **25**, 341—363 (1963).
WITTMANN, H. G.: Comparison of the tryptic peptides of chemically induced and spontaneous mutants of tobacco mosaic virus. Virology **12**, 609—612 (1960).
— Ansätze zur Entschlüsselung des genetischen Codes. Naturwissenschaften **48**, 729—734 (1961).
— Proteinuntersuchungen an Mutanten des Tabakmosaikvirus als Beitrag zum Problem des genetischen Codes. Z. Vererbungsl. **93**, 491—530 (1962).
— Übertragung der genetischen Information. Naturwissenschaften **50**, 76—88 (1963).

WITTMANN, H. G., and B. WITTMANN-LIEBOLD: Tobacco mosaic virus mutants and the genetic coding problem. Cold Spr. Harb. Symp. quant. Biol. **28**, 589—595 (1963).

— — Untersuchungen über Mutanten und Stämme des Tabakmosaikvirus. Abh. dtsch. Akad. Wiss. Berlin, Kl. Med. **4**, 141—146 (1964).

WITTMANN-LIEBOLD, B., u. H. G. WITTMANN: Die primäre Proteinstruktur von Stämmen des Tabakmosaikvirus. Aminosäuresequenzen des Proteins des Tabakmosaikvirusstammes *dahlemense*. Teil III. Z. Vererbungsl. **94**, 427—435 (1963).

— — Die primäre Proteinstruktur von Stämmen des Tabakmosaikvirus. Aminosäuresequenzen des Proteins des Tabakmosaikvirusstammes *dahlemense*. Teil I. Hoppe-Seylers Z. physiol. Chem. **335**, 69—116 (1964).

WOESE, C. R.: Nature of the biological code. Nature (Lond.) **194**, 1114—1115 (1962).

WOOD, B. W., and P. BERG: The effect of enzymatically synthesized ribonucleic acid on amino acid incorporation by a soluble protein-ribosome system from *Escherichia coli*. Proc. nat. Acad. Sci. (Wash.) **48**, 94—104 (1962).

WOODWARD, D. O.: Enzyme complementation in vitro between adenylosuccinaseless mutants of *Neurospora crassa*. Proc. nat. Acad. Sci. (Wash.) **45**, 846—850 (1959).

— A gene concept based on genetic and chemical studies in *Neurospora*. Quart. Rev. Biol. **35**, 313—323 (1960).

— C. W. H. PARTRIDGE, and N. H. GILES: Complementation at the *ad-4* locus in *Neurospora crassa*. Proc. nat. Acad. Sci. (Wash.) **44**, 1237—1244 (1958).

— — — Studies of adenylosuccinase in mutants and revertants of *Neurospora crassa*. Genetics **45**, 535—554 (1960).

WOODWARD, V. W.: Complementation and recombination among *pyr-3* hetero-alleles of *Neurospora crassa*. Proc. nat. Acad. Sci. (Wash.) **48**, 348—356 (1962).

—, and R. H. DAVIS: Co-ordinate changes in complementation, suppression and enzyme phenotypes of a *pyr-3* mutant of *Neurospora crassa*. Heredity **18**, 21—25 (1963).

—, and P. SCHWARZ: *Neurospora* mutants lacking ornithine transcarbamylase. Genetics **49**, 845—853 (1964).

WORK, E.: Some comparative aspects of lysine metabolism. In: W. D. McELROY and B. GLASS (edits.), Amino acid metabolism, p. 462—492. Baltimore 1955.

WUST, C. J.: Inactivation of tryptophan synthetase from *Neurospora crassa* during dialysis. Biochim. biophys. Res. Commun. **5**, 35—39 (1961).

YANOFSKY, C.: The effect of gene change on tryptophan desmolase formation. Proc. nat. Acad. Sci. (Wash.) **38**, 215—226 (1952a).

— Tryptophan desmolase of *Neurospora*. Partial purification and properties J. biol. Chem. **194**, 279—286 (1952b).

— Tryptophan and niacin synthesis in various organisms. In: W. D. McELROY and B. GLASS (edits.), Amino acid metabolism, p. 930—939. Baltimore 1955.

— The enzymatic conversion of anthranilic acid to indole. J. biol. Chem. **223**, 171—184 (1956).

— Enzymatic studies with a series of tryptophan auxotrophs of *Escherichia coli*. J. biol. Chem. **224**, 783—792 (1957).

— Restoration of tryptophan synthetase activity in *Escherichia coli* by suppressor mutations. Science **128**, 843 (1958).

— The tryptophan synthetase system. Bact. Rev. **24**, 221—245 (1960).

—, and D. M. BONNER: Evidence for the participation of kynurenine as a normal intermediate in the biosynthesis of niacin in *Neurospora*. Proc. nat. Acad. Sci. (Wash.) **36**, 167—176 (1950).

YANOFSKY, C., and D. M. BONNER: Studies on the conversion of 3-hydroxy-anthranilic acid to niacin in *Neurospora*. J. biol. Chem. **190**, 211—218 (1951).
— — Gene interaction in tryptophan synthetase formation. Genetics **40**, 761—769 (1955a).
— — Non-allelic suppressor genes affecting a single *td*-allele. Genetics **40**, 602 (1955b).
—, and I. P. CRAWFORD: The effect of deletions, point mutations, reversions and suppressor mutations on the two components of tryptophan syn-thetase in *Escherichia coli*. Proc. nat. Acad. Sci. (Wash.) **45**, 1016—1026 (1959).
—, and P. ST. LAWRENCE: Gene action. Ann. Rev. Microbiol. **14**, 311—340 (1960).
— U. HENNING, D. HELINSKI, and B. CARLTON: Mutational alteration of protein structure. Fed. Proc. **22**, 75—79 (1963).
—, and C. RACHMELER: The exclusion of free indole as an intermediate in biosynthesis of tryptophan in *Neurospora crassa*. Biochim. biophys. Acta (Amst.) **40**, 640—641 (1958)'
—, and J. L. REISSIG: L-Serine dehydrase of *Neurospora*. J. biol. Chem. **202**, 567—577 (1953).
YCAS, M.: The coding hypothesis. Int. Rev. Cytol. **13**, 1—34 (1962).
YURA, T.: Genetic alteration of pyrroline-5-carboxylate reductase in *Neuro-spora crassa*. Proc. nat. Acad. Sci. (Wash.) **45**, 197—204 (1959).
—, and H. J. VOGEL: On the biosynthesis of proline in *Neurospora crassa*: enzymatic reduction of $\Delta^1$-pyrroline-5-carboxylate. Biochim. biophys. Acta (Amst.) **17**, 582 (1955).
YU-SUN, C.: Nutritional studies of *Ascobolus immersus*. Amer. J. Bot. **51**, 231—237 (1964).
ZINDER, N. D.: The information content of an RNA-containing bacterio-phage. In: H. J. VOGEL, V. BRYSON and J. O. LAMPEN (edits.), Infor-mational Macromolecules, p. 229—237. New York and London 1963.

# Kapitel VII

# Extrachromosomale Vererbung

Seite

A. Vorbemerkungen . . . . . . . . . . . . . . . . . . . . 445

B. Mitochondrien als Erbträger . . . . . . . . . . . . . . 448
   I. Kleinkolonie-Mutante der Hefe . . . . . . . . . . . . 448
   II. *Poky*-Mutanten von *Neurospora* . . . . . . . . . . . 452

C. Infektiöse Partikel als Erbträger . . . . . . . . . . . 453
   I. Barrage-Phänomen . . . . . . . . . . . . . . . . . . 453
   II. Seneszenz-Syndrom . . . . . . . . . . . . . . . . . 457
   III. Morphogenetische Mutanten . . . . . . . . . . . . . 459

D. Erbträger unbekannter Art . . . . . . . . . . . . . . . 463
   I. Rekombination zwischen Genom und Plasmon . . . . . . 463
   II. Störung der Meiosis durch mutative Veränderung des Plasmons 465
   III. Variabilität nach Entfernung von Kernen aus dikaryotischen Myzelien . . . . . . . . . . . . . . . . . . . . . . . 465
   IV. Weitere Hinweise auf extrachromosomale Vererbung bei Pilzen 467

E. Schlußbemerkungen . . . . . . . . . . . . . . . . . . . 468
   Literatur . . . . . . . . . . . . . . . . . . . . . . . 469

## A. Vorbemerkungen

Bereits im Jahre 1909 erkannte CARL CORRENS, einer der Wiederentdecker der Mendelschen Gesetze, daß die Zellkerne keine Monopolstellung in der Vererbung einnehmen. Er konnte nachweisen, daß auch das *Zytoplasma Erbträger enthält*. In der Folgezeit wurden bei Pflanzen und Tieren viele solcher extrachromosomalen Vererbungserscheinungen beschrieben. Es wurde klar, daß diese außerhalb der Chromosomen lokalisierten Erbträger sowohl die Fähigkeit zur *Autoreduplikation* besitzen, als auch mittels *sexueller oder asexueller Vermehrung vererbt werden können*. Die Manifestation der durch extrachromosomale Erbträger bedingten Phäne ist in manchen Fällen allerdings vom Genom abhängig. Die Determinanten der extrachromosomalen Vererbung können entweder in den Plastiden oder in den übrigen Bestandteilen des Zytoplasmas ihren Sitz haben. In Analogie zu dem Ausdruck Genom, welcher die Gesamtheit der auf den Chromosomen liegenden Erbeinheiten umfaßt, unterteilt man die Gesamtheit der extrachromosomalen Erbfaktoren in *Plastom* (Erbträger in den Plastiden) und *Plasmon* (Erbträger im restlichen Zytoplasma). Da die Pilze keine Plastiden besitzen, werden wir uns im folgenden mit dem Plasmon zu beschäftigen haben.

Neben dem Ausdruck „extrachromosomale Vererbung" werden in der Literatur vielfach die Begriffe „zytoplasmatische Vererbung" und „außerkaryotische Vererbung" verwendet. Wir bevorzugen den Terminus „extrachromosomale Vererbung", um damit deutlich zu machen, daß die Determinanten dieses Erbmodus nicht in den Chromosomen liegen, sondern in *jedem* anderen Zellbestandteil isoliert sein können (also auch z. B. im Karyoplasma).

*Im Gegensatz zur chromosomalen Vererbung führt ein extrachromosomaler Erbgang niemals zu einer typischen Mendel-Spaltung.* Dies läßt sich auf folgende Weise erklären: Bei den meisten Pflanzen und Tieren überwiegt bei der Befruchtung der Plasmaanteil der Eizelle gegenüber

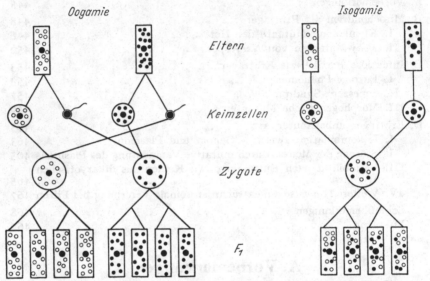

Abb. VII-1. Schema der extrachromosomalen Vererbung bei Haplonten. Die Plasmon-Differenz der beiden Kreuzungspartner ist durch unterschiedliche Punktierung hervorgehoben. Erläuterungen s. Text

dem Anteil der männlichen Keimzelle *(Oogamie)*. Der männliche Kreuzungspartner liefert nur wenig oder gar kein Plasma. Dies ist auch bei den Ascomycetes (mit Ausnahme der Hefen) und den Uredinales der Fall. (Bei den Hymenomycetes und Ustilaginales ist es ungewiß, ob und inwieweit bei der Somatogamie mit dem Kernaustausch ein Plasmaaustausch verbunden ist.) Man spricht in solchen Fällen auch von „mütterlicher Vererbung". **Dieser** Erbmodus führt zu *Reziproken-Unterschieden in der Nachkommenschaft* von Kreuzungen zwischen zwittrigen Organismen, die sowohl bei Haplonten als auch bei Diplonten schon in der $F_1$-Generation erkannt werden können (Abb. VII-1, links).

Bei *Isogamie* ist der Plasmaanteil der männlichen und weiblichen Keimzellen bei der Zygotenbildung gleich (z. B. bei der Hefe). Man erhält im Gegensatz zur Oogamie keine Reziproken-Unterschiede. Die verschiedenen Plasmone der beiden Eltern vermischen sich im Verlauf der Zygotenbildung und werden als Mischung auf die Nachkommen weitergegeben. Diese enthalten alle das gleiche Plasma und sind somit uniform (Abb. VII-1, rechts). Bei Haplonten kann das Fehlen von Aufspaltungen schon in der $F_1$, bei Diplonten aber erst in der $F_2$ erkannt werden.

Diese Reziproken-Kriterien reichen nur dann aus, um eine Vererbungserscheinung eindeutig als extrachromosomal zu identifizieren, wenn die Kreuzungspartner isogen sind. Um Fehldeutungen auszuschließen, sollte man noch folgende Punkte berücksichtigen:

1. Die Kerne der reziproken Hybriden müssen nicht nur identisch, sondern auch äquivalent sein. Durch die Rennerschen Untersuchungen an komplexheterozygoten Oenotheren weiß man nämlich, daß bestimmte Gametentypen nur durch Pollen, andere nur durch Eizellen fortgepflanzt werden können.

2. Durch Dauermodifikation oder Prädetermination kann das Zytoplasma vorübergehend verändert werden.

3. Selektive Befruchtung, unterschiedliche Lebensfähigkeit der Gameten, rezessive Letalitätsfaktoren, Chromosomen-Eliminationen und Chromosomen-Anomalien können extrachromosomale Vererbung vortäuschen.

*Die Mendelschen Regeln gelten also nicht für extrachromosomal bedingte Vererbungserscheinungen.* Infolge dieses Fehlens von Aufspaltungen galt das Plasmon lange Zeit als ein unteilbares Ganzes. Faßbare Komponenten des Plasmons, entsprechend den Genen des Genoms, waren nicht nachzuweisen. So ist es zu verstehen, daß sich das Augenmerk des Genetikers primär auf die Erforschung der spaltenden, in den Chromosomen lokalisierten Erbfaktoren richtete. Die extrachromosomale Vererbung, die zwar bekannt war und gelegentlich durch neue Beispiele belegt wurde, blieb bezüglich ihrer Komponenten in einem nahezu mystischen Dunkel.

Es kommt noch hinzu, daß vielfach Kreuzungsergebnisse, die nicht eindeutig mendelistisch zu interpretieren waren, nicht weiter verfolgt und nicht auf eine vielleicht vorhandene extrachromosomale Grundlage hin geprüft wurden. Ferner können extrachromosomale Erbträger durch Selektion verlorengehen, während alle Merkmale, die durch die Chromosomen vererbt werden, mit großer Genauigkeit und Regelmäßigkeit unter den Nachkommen reproduziert werden.

Umfangreiche Untersuchungen, die in den letzten zwanzig Jahren vor allem an Pilzen durchgeführt wurden, haben erkennen lassen, daß *im Zytoplasma bestimmte Strukturen als Erbträger der extrachromosomalen Vererbung* angesehen werden können. Es handelt sich dabei in erster Linie um die mikroskopisch erkennbaren *Mitochondrien.* Andererseits kommen auch *autoreduplikative, infektiöse Plasma-Partikel* als Erbträger in Frage (S. 453). Für die Existenz dieser Partikel, deren Natur noch völlig unbekannt ist, liegen allerdings nur genetische und zytologische Indizienbeweise vor. In anderen Fällen ist man noch völlig im unklaren über die Determinanten der extrachromosomalen Vererbung.

Zusammenfassende Darstellungen über die extrachromosomale Vererbung

Allgemein: RENNER (1934), CORRENS (1937), v. WETTSTEIN (1937), CASPARI (1948), EPHRUSSI (1951, 1953), OEHLKERS (1952, 1953), RHOADES (1955), LINDEGREN (1957), NANNEY (1957), MATHER (1958), CATCHESIDE (1958, 1959), L'HÉRITIER (1962), HAGEMANN (1964, 1966).

Speziell (außer bei Pilzen): L'HÉRITIER (1951), MICHAELIS (1951, 1961), BEALE (1954), SONNEBORN (1959).

Speziell (bei Pilzen): EPHRUSSI und HOTTINGUER (1951), EPHRUSSI (1952, 1956), WINDISCH (1958), RIZET et al. (1958), JINKS (1958), JOLY (1964).

**Zusammenfassung**

1. Die extrachromosomale Vererbung führt bei Oogamie zu Reziproken-Unterschieden, die sowohl bei Haplonten als auch bei Diplonten schon in der $F_1$ erkannt werden können.

2. Bei Isogamie ist die $F_1$ uniform. Man kann in diesem Fall dann auf einen extrachromosomalen Vererbungsmodus schließen, wenn bei Haplonten Aufspaltungen in der $F_1$ und bei Diplonten solche in der $F_2$ fehlen.

3. In jedem Fall muß sichergestellt werden, daß eine extrachromosomale Vererbung nicht durch andere genotypische und phänotypische Veränderungen vorgetäuscht wird.

# B. Mitochondrien als Erbträger

## I. Kleinkolonie-Mutanten der Hefe

Eines der bekanntesten Beispiele für extrachromosomale Vererbung ist die Vererbung der *Atmungsdefekte* bei *Saccharomyces cerevisiae*, die von EPHRUSSI und seinen Mitarbeitern bearbeitet wurde (zusammenfassende Darstellungen: EPHRUSSI 1951, 1952, 1953, 1956, EPHRUSSI und HOTTINGUER 1951).

Wenn man haploide oder diploide Einzelzellen von *S. cerevisiae* auf ein festes Nährmedium bringt, das als wuchsbegrenzenden Faktor Glukose enthält, entstehen mit einer Häufigkeit von etwa 1% Kolonien, welche sich deutlich durch ihre geringe Größe von den übrigen unterscheiden. Aus allen Zellen solcher Kleinkolonien (petites colonies) bilden sich bei weiterer vegetativer Vermehrung wieder ausschließlich kleine Kolonien. Die einzelnen Zellen einer Normalkolonie dagegen liefern unter denselben Bedingungen wieder 99% normale und 1% kleine Kolonien. Zellen aus kleinen und aus normal großen Kolonien weisen keine morphologischen Unterschiede auf. Die geringe Größe der kleinen Kolonien ist durch eine herabgesetzte Teilungsrate ihrer Einzelzellen bedingt. Die verminderte Wuchsgeschwindigkeit beruht darauf, daß diese die Glukose nicht veratmen, sondern nur vergären können (EPHRUSSI et al. 1949a, b, SLONIMSKI 1949a, SLONIMSKI und EPHRUSSI 1949, TAVLITZKI 1949).

Die Hefen sind im allgemeinen in der Lage, ihren Energiebedarf entweder durch Veratmung oder durch Vergärung von Glukose zu gewinnen. Wenn die Atmung durch endogene oder exogene Faktoren (z.B. anaerobe Kultur) unterdrückt wird, ist damit nicht die Lebensfähigkeit der Hefezellen beeinträchtigt. Diese können sich weiter vegetativ vermehren, aber infolge der geringeren Energieausbeute der Gärung ist ihre Teilungsrate wesentlich verlangsamt.

Der *Atmungsdefekt* der Kleinkolonie-Zellen, die auch *vegetative Mutanten* genannt werden, ist durch einen *veränderten Bestand an Atmungsfermenten bedingt*, der nur etwa 3—5% der normalen Atmung ermöglicht. Damit scheidet die Atmung praktisch als Energielieferant aus. Die Fähigkeit zur Vergärung ist von diesen Veränderungen nicht betroffen (SLONIMSKI 1949b, 1950, 1952, EPHRUSSI und SLONIMSKI 1950).

Den vegetativen Mutanten fehlen mindestens vier Enzyme vollständig: Cytochromoxydase, Succino-cytochrom-c-Reductase, Coenzym-I-Cytochrom-c-Reductase und α-Glyzerinphosphat-Dehydrogenase. Es konnte weiter nachgewiesen werden, daß sich die mutative Veränderung nicht auf die prosthetischen Gruppen der Enzyme, sondern auf die Apoenzyme, eine gemeinsame Vorstufe derselben oder auf deren zytoplasmatische Träger erstreckt (SLONIMSKI und HIRSCH 1952). Als Konsequenz dieser Enzymänderungen fehlen in den mutierten Zellen Cytochrom *a* und *b*. Mehrere andere, weniger einschneidende Veränderungen sind mit diesen Defekten verbunden, z.B. verminderter Gehalt an Apfelsäure-Dehydrogenase, die mit dem Coenzym I verbunden ist, erhöhter Gehalt an Alkohol-Dehydrogenase und Cytochrom *c*. Sie können als sekundäre Wirkungen der Enzymdefekte angesehen werden.

Kreuzt man die vegetative Mutante mit dem Wildstamm, so verschwindet das Merkmal ,,kleine Kolonie = Atmungsdefekt". Es tritt weder in den diploiden Generationen, noch unter den haploiden Nachkommen von Asci, noch nach verschiedenen Rückkreuzungen mit vegetativen Mutanten wieder in Erscheinung (ausgenommen die üblichen 1 %). Dies deutet klar darauf hin, daß der Atmungsdefekt nicht durch Gene des Kerns bedingt sein kann. Sein *Steuerungszentrum* muß also *extrachromosomal* gesucht werden.

Die Mutationshäufigkeit vom Wildstamm zur vegetativen Mutante kann durch Behandlung der Zellen mit Chemikalien (Akriflavinfarbstoffen [z.B. BULDER 1964], Tetrazoliumchlorid) oder Veränderung der physikalischen Bedingungen (UV, Hitze) erheblich heraufgesetzt werden (Literatur bei WINDISCH 1958).

Vegetative Mutanten lassen sich auch auf andere Weise künstlich herstellen. GRENSON (1963) fand nämlich, daß nach Kreuzung von einer für Glutaminsäure auxotrophen Mutante mit dem Wildstamm unter den Nachkommen regelmäßig Klein-Kolonie-Mutanten auftreten.

Die spontan oder durch Induktion entstandenen vegetativen Mutanten stimmen in ihren chemischen Eigenschaften weitgehend überein. In ihrem genetischen Verhalten zeigen sich jedoch Unterschiede, die zu einer Unterteilung dieses Mutantentyps in neutrale (die bisher besprochenen) und suppressive vegetative Mutanten führte (EPHRUSSI et al. 1954, 1955). Die suppressiven Mutanten verhalten sich nämlich bei Kreuzungen mit dem Wildstamm genau umgekehrt wie die neutralen, denn ihr Charakter bestimmt die gesamte Nachkommenschaft, die demnach nur aus atmungsdefekten Zellen besteht. Allerdings mutieren nach kürzerer vegetativer Vermehrung die suppressiven Mutanten zu neutralen. Eine Mutation von neutral zu suppressiv konnte noch nicht beobachtet werden.

Wenn man die Frage beantworten will, ob bestimmte Partikel des Zytoplasmas für die Atmungsdefekte der vegetativen Mutanten verantwortlich gemacht und somit als extrachromosomale Erbträger angesprochen werden können, kann man auf folgende Befunde zurückgreifen:

1. Bei den beiden vegetativen Mutantentypen sind nur die vier Enzymsysteme der Atmung ausgefallen, die an abzentrifugierbare Grana des Plasmas gebunden sind (SLONIMSKI und HIRSCH 1952).

2. Die Mitochondrien enthalten die Cytochromoxydase.

3. In den atmungsdefekten Mutanten wird zwar keine Cytochromoxydase gebildet, Mitochondrien sind jedoch vorhanden. Sie weisen eine veränderte Feinstruktur auf (EPHRUSSI und SLONIMSKI 1955, YOTSUYANAGI 1955, 1962, SCHATZ et al. 1963).

Auf Grund dieser und weiterer hier im einzelnen nicht diskutierter Beobachtungen sind EPHRUSSI und seine Mitarbeiter zu dem Schluß gekommen, daß wahrscheinlich die *Mitochondrien als extrachromosomale Erbträger angesehen* werden können.

Die vegetativen Mutanten unterscheiden sich demnach vom Wildstamm durch den Besitz von inaktiven Mitochondrien, die nicht zur Synthese der Atmungsfermente fähig sind. Bei Kreuzung beider Typen werden aktive und inaktive Mitochondrien vermischt, die Zelle ist atmungsfähig. Da Mitochondrien autoreduplikativ sind, erhalten auch alle Tochterzellen genügend aktive Mitochondrien. *Das spontane Auftreten von vegetativen Mutanten* kann auf eine *Entmischung* von aktiven und inaktiven Mitochondrien zurückgeführt werden. Inaktive Mitochondrien können aus aktiven Mitochondrien durch spontane irreversible Mutationen entstehen.

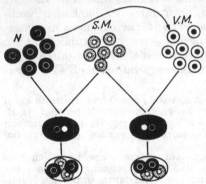

Es wird vermutet, daß die inaktiven Mitochondrien der vegetativen Mutanten des suppressiven Typus auch funktionsfähige Mitochondrien des Wildstammes inaktivieren können. Infolge ihrer hohen Mutationshäufigkeit zum neutralen Typus geht dieser Effekt schon nach mehreren Zellgenerationen verloren.

Einen äußerst wichtigen *Hinweis für den funktionellen Zusammenhang zwischen extrachromosomalen und chromosomalen Erbträgern* bezüglich des Merkmals „Atmung" hat die genetische Analyse einer anderen Kleinkolonie-Mutante erbracht. Der Atmungsdefekt dieses Mutanten-Typus entspricht physiologisch der vegeta-

Abb. VII-2. Schematische Darstellung der Kreuzung zwischen einer Spaltungs-Mutante (*S.M.*) und einer normalen Hefe (*N*) bzw. einer vegetativen Mutante (*V.M.*). Die Kerne und das Plasmon des Normalstammes sind schwarz und die mutierten Kerne der *S.M.* bzw. das mutierte Plasmon der *V.M.* sind weiß gezeichnet. Das nichtmutierte, aber funktionsunfähige Plasmon der *S.M.* ist durch Punktierung charakterisiert. Der Pfeil weist auf die relativ hohe Mutationshäufigkeit von *N* zu *V.M.* hin. (Aus EPHRUSSI 1956)

tiven Mutante, genetisch wird er jedoch durch ein Kern-Gen bestimmt. Diese sog. Spaltungs-Mutante ergibt in Kreuzungen mit dem Wildstamm eine 2:2-Aufspaltung in den Asci. Die diploiden Zellen, die durch vegetative Vermehrung der Zygote gebildet werden, sind normal. Kreuzungen mit der vegetativen Mutante führen zu normalen diploiden Zellen und in den Asci zu 2:2-Aufspaltungen für normal : defekt (Abb. VII-2).

Diese Resultate lassen sich durch die Annahme erklären, daß die Spaltungs-Mutante ein rezessives Gen trägt, in dessen Gegenwart die normalen Mitochondrien nicht physiologisch aktiv sein können. Die *vegetative Mutante* dagegen besitzt das *dominante Allel R dieses Gens, aber keine normalen, funktionsfähigen Mitochondrien.* Die dem Wildstamm entsprechende Wuchsrate der diploiden Zellen ist demnach bedingt durch die Kombination von physiologisch inaktiven, aber potentiell normalen Mitochondrien von der Spaltungsmutante einerseits und dem dominanten Allel des Kerns der vegetativen Mutante andererseits. Die inaktiven Partikel gewinnen auf diese Weise in Gegenwart des dominanten Allels ihre volle Aktivität (Abb. VII-2). Nach Aufspaltung des heterozygoten diploiden Kerns im Verlaufe der Ascusbildung verlieren sie jedoch wieder zur Hälfte diese Aktivität (Abb. VII-2).

Aus Versuchen mit *S. cerevisiae* geht folgendes hervor: 1. *Die Bildung der Atmungsfermente ist durch ein Zusammenspiel zwischen chromosomalen und extrachromosomalen Erbfaktoren bedingt.* 2. *Die extrachromosomalen Erbfaktoren sind in diesem Fall wahrscheinlich distinkte, autoreduplikative Partikel des Zytoplasmas, die Mitochondrien.*

Die Untersuchungen der Ephrussi-Gruppe an atmungsdefekten Hefen sind von einer Anzahl anderer Autoren reproduziert und erweitert worden: BAUTZ (1954a, b, 1955), BAUTZ und MARQUARDT (1953a, b, 1954), BOGEN und KRAEPELIN (1964), HARTMAN und LIU (1954), KRAEPELIN (1964), MARQUARDT (1952), MARQUARDT und BAUTZ (1954), RAUT (1951, 1953, 1954), SHERMAN (1963, 1964), YCAS und STARR (1953).

Durch zytologische Untersuchungen an normalen und atmungsdefekten Hefen wurde nachgewiesen, daß distinkte Strukturen des Zytoplasmas „Grana mit Mitochondrienfunktion" (BAUTZ und MARQUARDT), „Mitochondrien" (HARTMAN und LIU), als Träger des Cytochromsystems fungieren.

RAUT fand nach UV-Bestrahlung eine Kleinkolonie-Mutante, die in ihrem Kreuzungsverhalten mit der Spaltungsmutante identisch ist. Der Atmungsverlust dieser Mutante wird ebenfalls durch ein Gen bedingt, das aber kein Allel von *R* ist und auch physiologisch anders wirkt. Zwar fehlen dieser Mutante *W-1* die Cytochrome *a* und *b*, der Gehalt an Cytochrom *c* ist aber nicht erhöht, sondern stark vermindert. Je nach den äußeren Bedingungen ist die Katalaseaktivität dieser Mutante wesentlich reduziert oder gar nicht vorhanden (YCAS und STARR). Diese Autoren wiesen ferner nach, daß die Mutante an Glycinmangel leidet, der durch Zugabe dieser Substanz aufgehoben werden kann. Aus diesen und weiteren Experimenten wurde geschlossen, daß durch das für den Atmungsdefekt der Mutante *W-1* verantwortliche Gen ein anderer Bestandteil des cytochrombildenden Systems der Hefe gestört wird, nämlich die Synthese der prosthetischen Gruppen einiger Atmungsfermente.

Durch UV- oder Nitritbehandlung erhielt SHERMAN 13 verschiedene Mutanten mit partiellen Cytochrom-Defekten, die 6 Genorten zugeordnet werden konnten. Phänotypisch gleichen diese Mutanten den vegetativen Kleinkolonie-Typen. Aus Hybriden, die durch Kreuzung von einer dieser Mutanten mit dem Wildstamm erhalten wurden, entstanden sowohl nach mitotischen als auch nach meiotischen Teilungen in ungewöhnlich hohem Maße „echte" Kleinkoloniezellen mit mutiertem Plasmon. Nach der Auffassung von SHERMAN ist es möglich, daß die obengenannten Gene die Synthese und Übertragung „eines zytoplasmatischen Faktors" kontrollieren.

BOGEN und KRAEPELIN untersuchten den Mechanismus für die Auslösung von Atmungsdefektmutanten durch Acridinorange. Sie fanden, daß dieser Farbstoff nur in gewissen Entwicklungsstadien der Hefezelle mutagen wirkt. Rückmutationen können bei bestimmten Kulturbedingungen induziert werden.

In diesem Zusammenhang ist noch zu erwähnen, daß Cytochrom-Unterschiede zwischen Bäckerhefen und Brauereihefen schon von FINK (1932), FINK und BERWALD (1933) beschrieben wurden. Die Brauereihefen können die Glukose nur vergären, sie entsprechen physiologisch den Kleinkolonie-Mutanten. Durch Veränderung der Kulturbedingungen gelang es FINK, Bäckereihefen in Brauereihefen und umgekehrt umzuzüchten. Leider fehlen diesen Experimenten die genetischen Grundlagen.

## II. *Poky*-Mutanten von *Neurospora*

In Verbindung mit den Mitochondrien scheinen auch die extrachromosomalen Vererbungserscheinungen bei *Neurospora crassa* zu stehen, die unter dem Namen „*poky*" bekannt geworden sind (MITCHELL und MITCHELL 1952, MITCHELL et al. 1953, HASKINS et al. 1953, HARDESTY und MITCHELL 1963). Auch in diesem Falle scheint ein *nucleo-zytoplasmatischer Zusammenhang* zu bestehen, denn der *poky*-Phänotyp kann durch das Gen *f* supprimiert werden. Genaueres über diese Plasmon-Genom-Relation ist noch nicht bekannt (SILAGI 1963).

*Poky*-Mutanten sind, wie schon der Name sagt, durch ein langsames Wachstum der Myzelien ausgezeichnet. Dieses Phän wird nur mütterlich vererbt, d.h. alle Sporen, die aus dem Perithezium eines *poky*-Stammes entstehen, führen zu *poky*-Myzelien. Werden jedoch *poky*-Konidien zur Befruchtung von Wildstamm-Protoperithezien verwendet, entstehen ausschließlich Wildmyzelien aus den Ascosporen. Das *poky*-Merkmal wird nicht durch infektiöse Partikel (S. 453 ff.) bestimmt, denn es läßt sich über Anastomosenbildung nicht auf Wildhyphen übertragen. Biochemisch sind die *poky*-Stämme durch eine veränderte Ausrüstung an Cytochromen und an Atmungsenzymen gegenüber dem Wildstamm charakterisiert.

Sie bilden größere Mengen von Cytochrom *c*. In jungen *poky*-Kulturen sind keine oder nur geringe Mengen von Cytochrom *a* und *b* vorhanden, die in den älteren Myzelien jedoch nur etwa 2% der vom Wildstamm gebildeten Cytochrommenge erreichen. Eine Analyse der partikulären Fraktion zellfreier Enzymextrakte ergab, daß den jungen *poky*-Kulturen die Atmungsenzyme Succino-Oxydase und Cytochrom-Oxydase fehlen. Mit zunehmendem Alter der *poky*-Kultur erreicht allerdings die Succino-Oxydase-Aktivität das Niveau des Wildstammes, während die Aktivität der Cytochrom-Oxydase weit unter dem normalen Stand bleibt. In den *poky*-Stämmen ließ sich jedoch ein cytochrom-abbauendes Enzym (Cytochromase) nachweisen, das beim Wildstamm nicht vorhanden war. Der hohe Cytochromgehalt von *poky* ist nur möglich, weil gleichzeitig noch ein anderes unbekanntes System vorhanden ist, das die Cytochromase-Wirkung hemmt.

Von der Mitchell-Gruppe konnte noch eine zweite Plasmon-Mutante mit ähnlichen Wuchseigenschaften und ähnlichen Differenzen im Cytochromgehalt wie *poky* isoliert werden. Es handelt sich dabei um die Mutante *mi-3*. *Poky* und *mi-3* unterscheiden sich morphologisch und in ihren Wuchsraten. Diese Differenz zeigt sich auch in den reziproken Kreuzungen zwischen *poky* und *mi-3*. Eine Komplementation der beiden Defekte im Heterokaryon, wie dies bei Gen-Mutanten im allgemeinen der Fall ist, war nicht möglich (GOWDRIDGE 1956). Die Kombination von *poky* und *mi-3* mit ähnlichen, aber genbestimmten Wuchsmutanten *(C 115* und *C 117)* zeigte, daß die durch den Kern vererbten Charaktere nicht mit den extrachromosomal vererbten Merkmalen korreliert sind.

Aus diesen Befunden ist zu entnehmen, daß die *Zytoplasmen von poky und mi-3 ein verändertes Cytochrom-System* besitzen, das sich von Generation zu Generation vermehrt, ohne von den Genen der Zellkerne modifiziert zu werden. Da die Cytochrome und die Atmungsenzyme jedoch, wie schon oben für die Atmungsdefekt-Mutanten bei der Hefe ausgeführt wurde, mit den Mitochondrien assoziiert sind, kann man vermuten, daß sowohl *poky* als auch *mi-3* mutativ veränderte Mitochondrien erhalten. Es kann weiter angenommen werden, daß diese mutierten *Mitochondrien* eine genetische Kontinuität haben und in gleicher Weise wie bei den „petites colonies" der Hefe *die Erbträger dieser extrachromosomalen Vererbungserscheinungen sind.*

### Zusammenfassung

1. Das Merkmal „Atmung" wird bei *Saccharomyces cerevisiae* durch ein Zusammenspiel von Genom und Plasmon bestimmt. Sowohl durch mutative Veränderungen des Plasmons als auch durch monogene Mutationen im Genom wird die Bildung von essentiellen Enzymen des cytochrom-bildenden Systems unterbunden und damit die Atmung praktisch ausgeschaltet. Die im Plasmon lokalisierte Potenz zur Atmung kann nur realisiert werden, wenn das entsprechende Gen des Kerns nicht mutiert ist.

2. Durch die Plasmon-Mutation sind distinkte, autoreduplikative Partikel des Zytoplasmas betroffen, die mit großer Wahrscheinlichkeit mit Mitochondrien assoziiert sind.

3. Von *Neurospora crassa* sind Plasmon-Mutanten bekannt, bei denen ebenfalls die Cytochrome und Atmungsfermente verändert sind. Ein nucleo-zytoplasmatischer Zusammenhang scheint vorzuliegen. Man kann vermuten, daß auch bei *Neurospora* die Mitochondrien als Determinanten der extrachromosomalen Vererbung in Frage kommen.

# C. Infektiöse Partikel als Erbträger

## I. Barrage-Phänomen

Wenn man zwei Pilzstämme der gleichen Art auf ein Agarmedium bringt, wachsen im allgemeinen die beiden Myzelien in der Kontaktzone ineinander und bilden zahlreiche Anastomosen. Nach einiger Zeit ist die Grenzlinie zwischen beiden Stämmen kaum mehr zu erkennen. Im Gegensatz zu dieser Erscheinung des normalen Kontaktes sind eine Reihe von Fällen bekannt, in denen zwei Myzelien in der Kontaktzone einen Antagonismus zeigen. Die beiden Hyphenarten bilden anormale, vielfach letale Anastomosen. An ihren Spitzen entstehen zahlreiche Verzweigungen. Mit zunehmendem Alter der Kultur zeigt sich in der Kontaktzone eine deutliche Trennlinie. Diese Erscheinung wurde zuerst in hemi-compatiblen Kreuzungen (mit gemeinsamem *B*-Faktor) tetrapolar incompatibler Basidiomycetes beobachtet und von VANDENDRIES (1932) „Barrage" genannt (S. 58).

Wie wir schon bei der Besprechung der heterogenischen Incompatibilität (S. 71 f.) erwähnt haben, entsteht auch stets zwischen Stämmen verschiedener Rassen des Ascomyceten *Podospora anserina* eine Barrage. (RIZET 1952, 1953a, ESSER 1959). Myzelien der gleichen Rasse reagieren mit normalem Kontakt. Durch die Barrage wird die sexuelle Verträglichkeit von zwei Myzelien nur dann beeinflußt, wenn dieser Hyphenantagonismus in Verbindung mit heterogenischer Incompatibilität auftritt. Das Barrage-Phänomen selbst beruht auf einer vegetativen Incompatibilität (S. 105). Ähnliche

Barrage-Bildungen wie bei *Podospora* konnten auch bei einem anderen Ascomyceten, *Gelasinospora tetrasperma*, beobachtet werden (DOWDING und BAKERSPIGEL 1956).

Im allgemeinen wird die *Entstehung einer Barrage durch Gene ausgelöst.* Bei den Basidiomycetes ist sie der Ausdruck einer homogenischen Incompatibilität gleicher *B*-Faktoren. *Podospora* und *Gelasinospora* dagegen reagieren nur mit Barrage, wenn zwei Myzelien verschiedene Gene tragen. Hier ist der Mechanismus also heterogenisch. Für *P. anserina* sind eine Anzahl von Loci bekannt, deren Allele schon bei monogener Differenz diese Erscheinung hervorrufen. Eine *Ausnahme* bilden lediglich die Stämme *S* und *s*, bei denen neben einem einfachen Genunterschied auch *Plasmondifferenzen für die Barrage-Reaktion* verantwortlich sind (RIZET 1952, SCHECROUN 1958a, b, 1959, RIZET und SCHECROUN 1959, BEISSON-SCHECROUN 1962). Bevor wir auf diese nucleo-zytoplasmatischen Zusammenhänge eingehen, wollen wir Entstehung und Habitus der *Podospora*-Barrage kurz beschreiben.

Die Barrage ist in der Kontaktzone zweier Myzelien makroskopisch als eine mehrere Millimeter breite, pigmentfreie Zone zu erkennen (s. Abb. II-6). Im Gegensatz zu den übrigen Myzelteilen bilden die Hyphenspitzen der beiden Partner in dieser Region keine Melaninpigmente aus. Das Ausbleiben der Farbstoffbildung ist eine Folge der vegetativen Incompatibilität, deren Erscheinungsbild das gleiche ist wie bei *N. crassa* (S. 103f.): Durch die in der Barrage-Region entstehenden Anastomosen erfolgt ein Plasmaaustausch, der schon nach kurzer Zeit zum Absterben der an dieser Reaktion beteiligten Hyphensepten führt. Die noch lebenden, den Plasmabrücken benachbarten Septen bilden Verzweigungen aus, welche wiederum mit dem Partner anastomosieren. Auf diese Weise kommt es in der Barrage-Region zu einem schon bei geringer Vergrößerung zu erkennenden Hyphenwulst.

Die Barrage ist demnach der makroskopisch erkennbare Ausdruck einer vegetativen Incompatibilität zwischen *S* und *s*. Eine Vorstellung über die Wirkungsweise der für diese Hyphenletalität verantwortlichen Genome und Plasmone erbrachten genetische Analysen und zytologische Experimente.

*1. Genetische Konstitution des Stammes s.* Die Stämme *S* und *s* unterscheiden sich durch ein Gen. In der $F_1$ von $S \times s$ findet man allerdings nicht — wie zu erwarten — eine Aufspaltung in *S*- und *s*-Myzelien, sondern in *S* und in einen modifizierten Stamm *s*, der $s^S$ genannt wurde. Dieser gibt nämlich weder Barrage-Reaktion mit *S* noch mit *s*. Durch entsprechende Rückkreuzungen konnte nachgewiesen werden, daß die $s^S$-Myzelien zwar das Gen *s* unverändert tragen, aber daß ihr Phänotyp durch eine zytoplasmatische Veränderung bestimmt wird (Abb. VII-3). Diese ,,Plasmon-Mutation" entsteht offenbar unter dem Einfluß des Gens *S* in der Zygote. Sie zeigt einen typisch mütterlichen Erbgang und bleibt auch nach mehrfacher sexueller Vermehrung der $s^S$-Stämme untereinander erhalten.

Bei längerer vegetativer Vermehrung von $s^S$ kann man jedoch mit einer Häufigkeit von etwa $10^{-7}$/Zellseptum eine Reversion zu *s* beobachten. Sie breitet sich wie eine Infektion mit einer Geschwindigkeit von etwa 7 cm/Tag im Myzel aus. Eine Reversion kann auch durch plasmatischen Kontakt mit *s* (Anastomosenbildung) ausgelöst werden.

Zur Induktion einer Reversion genügt eine einzige Anastomose zwischen einem $sS$- und einem $s$-Myzel. Unter dem Mikroskop ist deutlich der Austausch von Zytoplasma zu erkennen. Kerne wandern nicht durch die Kontaktstelle, wie durch Verwendung von Gen-Marken bewiesen wurde. Wenn man die Plasmabrücke nach einigen Stunden wieder trennt, wächst aus der $sS$-Hyphe ein stabiles $s$-Myzel aus.

Mutationen in umgekehrter Richtung von $s$ nach $sS$ finden nicht statt. Man ist also in der Lage, sowohl die Auslösung der Plasmonmutation von $s$ nach $sS$ (durch Kreuzung von $s$ mit $S$) als auch ihre Reversion im Experiment beliebig oft vornehmen zu können.

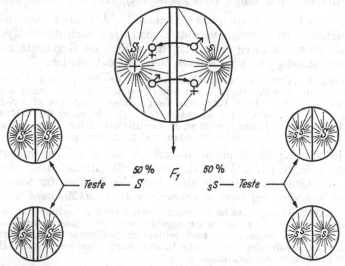

Abb. VII-3. Schema der Analyse einer Kreuzung zwischen den Stämmen $S$ und $s$ von *Podospora anserina*. Durch die Kreise sind Petrischalen symbolisiert, die an zwei Stellen mit Myzelstückchen beimpft wurden. Zwei senkrechte Striche bedeuten Barrage, ein senkrechter Strich normalen Kontakt. Die in der $F_1$ auftretenden Stämme $S$ und $sS$ wurden durch Teste gegen die Eltern $S$ und $s$ identifiziert. Fehlen der Barrage zwischen $sS$ und $S$ (kleine Petrischale rechts oben) beweist Plasmonänderung

Bei der Interpretation dieser Befunde gingen Rizet und seine Mitarbeiter von der Tatsache aus, daß die induzierte Reversion nur nach einem plasmatischen Kontakt erfolgt, bei dem zwar Plasmateile, aber keine Kerne von einem Myzel ins andere wandern. Sie nahmen daher an, daß die induzierte Reversion durch distinkte Partikel hervorgerufen wird, die aus dem $s$-Zytoplasma in das $sS$-Plasma einwandern. Da die Kerne von $s$- und $sS$-Hyphen identisch sind, besteht demnach die Plasmondifferenz der beiden Stämme im Vorhandensein bzw. Fehlen solcher infektiösen Partikel. Die regelmäßig eintretenden spontanen Reversionen können auf Grund dieser Experimente durch spontane Aktivierung von zwar vorhandenen, aber inaktiven Partikeln, oder durch eine de novo-Entstehung neuer Partikel erklärt werden.

Für die Neuentstehung von Partikeln führte die Rizet-Gruppe eine Modellvorstellung an, die den Befunden über die Lysogenie der Phagen und die Episomie der Bakterien entspricht (Jacob et al. 1960). Die $s$-Kerne sollen eine Propartikel enthalten, die analog den Prophagen spontan in das Plasma übertreten kann und sich dort als infektiöse Partikel vermehrt. Die Plasmonpartikel würden demnach in zwei verschiedenen Zuständen existieren: einmal als integrierte Bestandteile des Genoms und zum anderen als infektiöse Partikel im Zytoplasma.

Zusammenfassend kann man sagen: Der *Phänotyp s* (Barrage mit *S*) wird *durch das Gen s und durch distinkte infektiöse Plasmonpartikel bestimmt.* Durch das *Gen S* können diese *Partikel eliminiert oder inaktiviert* werden (in den Zygoten *s* × *S* oder in künstlich hergestellten Heterokaryen). Auf diese Weise *entsteht der Phänotyp s$^S$* (keine Barrage mit *S*), der sich nur durch eine *Plasmondifferenz von s* unterscheidet.

*2. Genetische Konstitution des Stammes S.* Auf Grund von mikrochirurgischen Experimenten vermutet man, daß auch die *S*-Myzelien infektiöse Plasmafaktoren enthalten, die jedoch im Gegensatz zu den *s*-Partikeln ständig von den Kernen neu gebildet werden.

Dies geht aus den Reziproken-Unterschieden der Kreuzung *s* × *S* hervor. In beiden reziproken Kombinationen liefert der männliche Partner nur den Kern. Wenn der männliche Kern das Gen *S* trägt, enthalten alle *S*-Nachkommen die *S*-Faktoren. Im umgekehrten Falle besitzen die *s*-Myzelien keine *s*-Partikel. Ihr Phänotyp ist zu *s$^S$* modifiziert. Eine Plasmonmutante von *S*, die mit *s$^S$* zu vergleichen wäre, existiert aber nicht.

Da jedoch hier die Möglichkeit besteht, daß die *S*-Plasmafaktoren keine autoreduplikativen Partikel, sondern als diffundierbare Genprodukte des *S*-Gens anzusprechen sind, kann *die Reaktion des Stammes S nicht mit Sicherheit auf extrachromosomaler Basis erklärt werden.*

Eine Entscheidung zwischen diesen alternativen Annahmen zugunsten der partikulären Determination wäre gegeben, wenn es gelänge, eine Plasmon-Mutante mit dem Genotyp *S* und fehlenden *S*-Plasma-Faktoren zu bekommen und diese durch plasmatische Infektion mit einer normalen *S*-Hyphe zu deren Phänotyp umzustimmen.

*3. Wechselwirkungen zwischen den Genomen und Plasmonen der Stämme s und S.* Unter dem Einfluß der Gene *s* und *S* entstehen in homokaryotischen Myzelien distinkte Plasmapartikel bzw. Plasmon-Faktoren unbekannter Art mit typischem Verhalten. Aus genetischen und mikrochirurgischen Experimenten geht hervor, daß sich diese Determinanten antagonistisch verhalten. Dies führt zu der als Barrage-Bildung erkennbaren vegetativen Incompatibilität. Der Antagonismus ist aber nicht nur auf die Plasmone untereinander beschränkt, sondern schließt auch die Genome mit ein.

Folgende Kombinationen mögen als Beispiel dienen: 1. Plasmon *s*/Gen *S*: Es werden sowohl die Bildung der Plasma-Faktoren *S* als auch die Vermehrung der *S*-Kerne gehemmt. 2. Plasmon *S*/Gen *s*: Die Synthese der Plasmapartikel *s* wird gehemmt. Die Teilungsrate der *s*-Kerne wird nicht beeinflußt.

Alle diese Wechselwirkungen sind von der Quantität der einzelnen Komponenten abhängig. Sie treten nicht oder nur unvollständig ein, wenn eine der beiden Komponenten überwiegt. Die in der *Barrage-Bildung* zum Ausdruck kommende vegetative Incompatibilität genetisch verschiedener Myzelien beruht also auf einer *Unverträglichkeit verschiedener Plasmen.*

Ausgehend von der Tatsache, daß die plasmatischen Faktoren des Stammes S nicht mit Sicherheit als Partikel angesprochen, sondern mit dem gleichen Grad an Wahrscheinlichkeit als nichtpartikuläre Genprodukte von S aufgefaßt werden können, hat vor kurzem BEISSON-SCHECROUN (1962) in Anlehnung an eine von L'HÉRITIER (1962) vorgenommene theoretische Analyse der extrachromosomalen Vererbung eine andere *Erklärungsmöglichkeit des Barrage-Phänomens* vorgeschlagen, die im Gegensatz zu der bisher von der Rizet-Gruppe vertretenen Auffassung steht (z. B. RIZET et al. 1958).

BEISSON-SCHECROUN nimmt an, daß nicht nur die *Plasmon-Determinanten von S, sondern auch die von s Genprodukte der Allele S bzw. s sind. Bestimmte zytoplasmatische Bedingungen*, etwa im Sinne eines Fließgleichgewichtes (DELBRÜCK 1949), *würden die Aktivität der Gene S und s ermöglichen oder hemmen.* Diese hier nicht näher zu erläuternde Modellvorstellung kann allerdings infolge des Fehlens von biochemischen Untersuchungen nur als eine Arbeitshypothese für weitere Untersuchungen angesehen werden.

## II. Seneszenz-Syndrom

Alterungserscheinungen, die bei höheren Pflanzen und Tieren regelmäßig auftreten, kommen auch bei Pilzen vor. Seit langem ist bekannt, daß Pilzstämme, die in Mykotheken durch Myzelübertragungen erhalten werden, nach einiger Zeit seneszent werden. Sie verlieren in der Regel zunächst die Fähigkeit zur sexuellen Vermehrung bzw. bei pathogenen Pilzen die Infektionsfähigkeit. Daran schließt sich vielfach eine Degeneration des Myzels an, die zu einer vollkommenen Sistierung des Hyphenwachstums führen kann. Derartige Seneszenz-Syndrome hat man früher meist als spontane mutative Veränderungen des Genoms gedeutet. Diese Erklärung von Alterungserscheinungen trifft jedoch nicht allgemein zu, da bei manchen Pilzen eine Degeneration durch Plasmogamie (sexuelle Vermehrung oder Heterokaryotisierung mit noch juvenilen Stämmen) rückgängig gemacht werden kann. Eine definitive Vorstellung über den Mechanismus der Seneszenz haben die Untersuchungen von RIZET und seinen Mitarbeitern an *Podospora anserina* erbracht (RIZET 1953 b, c, 1957, RIZET und MARCOU 1954, MARCOU 1954a, b, 1957, 1958, 1961, MARCOU und SCHECROUN 1959). Ihnen gelang der Nachweis, daß die *Seneszenz* bei diesem Ascomyceten *durch eine Plasmon-Mutation bestimmt wird*.

Alle Wildstämme von *P. anserina* zeigen nach längerer vegetativer Vermehrung Alterungserscheinungen: Die Wuchsrate nimmt ab, die Hyphen werden dünner und wellenartig gebogen. Die Hyphenspitzen vakuolisieren, schwellen an und platzen teilweise. Auf dieses Seneszenz-Syndrom folgt schon nach wenigen Tagen ein völliger Wachstumsstillstand und ein Absterben der Myzelien. Der Zeitpunkt für den Beginn der Seneszenz ist vom Genotyp und von Umweltbedingungen abhängig. Bei dem für den größten Teil der Untersuchungen benutzten Wildstamm beginnt die Alterung bei einer Temperatur von 24° C nach etwa 40 Tagen.

Schon ein einfacher Gen-Unterschied genügt, um die juvenile Phase zu verlängern oder zu verkürzen. Eine Erniedrigung der normalerweise bei *P. anserina* verwendeten Kultivierungstemperatur von 24⁰ C auf 16⁰ C verlängert ebenfalls die Lebensdauer. Bei Temperaturen von 3⁰ C bleiben die Myzelien über Jahre juvenil. Höhere Temperaturen beschleunigen die Alterungsprozesse. Das Auftreten von Seneszenz wird durch Licht und optimale Nährstoffbedingungen gefördert.

Durch das Seneszenz-Syndrom wird die sexuelle Fortpflanzung der gealterten *Podospora*-Stämme nicht gestört. Bei Kreuzung von seneszenten Stämmen mit ihrem noch juvenilen Ausgangsstamm, der bei 4⁰ C gehalten wurde, traten Reziproken-Unterschiede auf (vgl. Abb. VII-1).

Aus den Ascogonen des juvenilen Stammes, die mit Spermatien des seneszenten Stammes befruchtet werden, entstehen Perithezien, deren Asci ausschließlich Sporen enthalten, die zu normal wachsenden Myzelien auskeimen. Die reziproke Kreuzung (♀ seneszent × ♂ juvenil) ergibt bis zu 90% Perithezien mit „seneszenten Sporen".

Die *Seneszenz* wird demnach *mütterlich vererbt*. Der Seneszenzstatus bestimmt den Alterungsgrad aller im Perithezium gebildeten Sporen. Da durch die Kreuzungsexperimente ferner gezeigt werden konnte, daß Gene zwar für den Beginn der Alterung, jedoch nicht für die Seneszenz selbst verantwortlich sind, dürfte die extrachromosomale Vererbung dieser Merkmalskombination erwiesen sein.

Durch ähnliche mikrochirurgische Experimente wie bei der Analyse des Barrage-Phänomens ließ sich zeigen, daß das Seneszenz-Syndrom durch die Plasmabrücke einer Anastomose von einer seneszenten auf eine juvenile Hyphe „übertragen" werden kann. Ein Übertritt von Kernen konnte auch hier ausgeschlossen werden. Aus diesen Befunden schließen RIZET und seine Mitarbeiter, daß die *Seneszenz durch infektiöse, partikuläre Bestandteile des Zytoplasmas bestimmt wird*. Diese Partikel, deren Natur vorläufig noch unbekannt ist, müssen *autoreduplikativ* sein, denn sie vermehren sich im Zytoplasma des juvenilen Stammes und wandern durch die Hyphensepten. Eine einmal vorgenommene Infektion eines juvenilen Stammes führt schon nach kurzer Zeit zu einer völligen Seneszenz des betreffenden Myzeliums. Da sich in jedem Wildstamm und in jeder Mutante nach kürzerer oder längerer Zeit das Seneszenz-Syndrom einstellt, muß man annehmen, daß jeder Stamm zumindest Vorstufen der Partikel oder inaktive Partikel enthält, die nach entsprechend langer vegetativer Vermehrung des Myzeliums erst ihren aktiven infektiösen Charakter gewinnen. Ob und inwieweit solche Propartikel mit dem Genom korreliert sind, läßt sich noch nicht sagen. Ein nucleo-zytoplasmatischer Zusammenhang scheint für die Seneszenz jedoch darin zu bestehen, daß durch das Genom der Zeitpunkt für den Eintritt des Syndroms mit bestimmt wird.

Seneszenz-Stämme lassen sich durch verschiedene Methoden wieder verjüngen (mehrmonatige Lagerung der Kulturen bei 3⁰ C oder unter Paraffinöl, Kultur auf einem wuchshemmenden Medium, Austrocknung). Die Verjüngung führt in allen Fällen bei genügend langer Anwendung dieser Methoden zu Myzelien mit normaler Lebensdauer. Sie läßt sich bei den gleichen Stämmen mehrfach wiederholen. Als Erklärungsmöglichkeit für die *Reversion seneszent→juvenil* kann man entweder annehmen, daß durch die Behandlungsmethoden die Partikel zerstört werden, oder daß nur die Hyphen weiterwachsen, die keine Partikel enthalten.

Eine nicht einheitliche Verteilung der Partikel im Myzel geht aus den Ergebnissen der Kreuzung ♀ seneszent × ♂ juvenil (s. oben) hervor, denn bis zu 10% der Ascogone brachten nach Befruchtung nur juvenile Nachkommen hervor. Dies kann nur darauf zurückgeführt werden, daß die betreffenden Ascogone keine „Seneszenz-Partikel" enthalten haben. Die inäquale Verteilung der Plasmon-Determinanten geht auch noch aus einer anderen Versuchsserie hervor: Wenn man ein seneszentes Myzel in einem Mixer in Bruchstücke zerkleinert und diese in geeigneter Verdünnung ausplattiert, entstehen mit Regelmäßigkeit auch juvenile Stämme.

Extrachromosomal vererbte Seneszenz-Syndrome sind auch bei einer Reihe von anderen Pilzen bekannt: *Podospora setosa* (RIZET 1953a), *Aspergillus glaucus* (JINKS 1957, SHARPE 1958), *Helminthosporium victoriae* (LINDBERG 1959), *Pestalozzia annulata* (CHEVAUGEON und DIGBEU 1960).) Infektiöse Plasmonpartikel als Determinanten der Seneszenz ließen sich bei *P. setosa*, *A. glaucus* (nur in der Arbeit von SHARPE) und *P. annulata* nachweisen. Der Mechanismus der extrachromosomalen Vererbung der Seneszenz bei den übrigen Objekten bedarf noch einer genaueren Untersuchung.

## III. Morphogenetische Mutanten

*Plasmon-Mutationen*, welche den *Habitus des Pilzthallus verändern*, können häufig in Petrischalenkulturen zu einer *Bildung von Sektoren* führen. Diese unterscheiden sich vom ursprünglichen Myzel durch Wuchsform der Hyphen, Ausbleiben der Konidienbildung, Dichte der Konidiophoren, Anzahl der Fruchtkörper oder durch ähnliche, makroskopisch erkennbare Merkmale. Für die Entstehung solcher Sektoren kann aber nur dann eine mutative Veränderung des Plasmons in Betracht gezogen werden, wenn diese sich mit einer Häufigkeit bilden, welche die Frequenz einer Genmutation bei weitem übersteigt. Dies trifft zu für die Sektor-Bildung bei *Aspergillus glaucus* (SHARPE 1958), *Pestalozzia annulata* (CHEVAUGEON und LEFORT 1960) und *Curvullaria pallescens* (CUZIN 1961). Wenn man von den entwicklungsgeschichtlichen Unterschieden dieser drei Arten absieht (*P. annulata* und *C. pallescens* sind imperfekt), haben die Untersuchungen über die Sektorbildung an den drei Objekten zu den prinzipiell gleichen Resultaten geführt:

1. In jeder Kultur entstehen regelmäßig Sektoren, die das gleiche Syndrom aufweisen. Die Bildung der Sektoren ist nicht vom Genom abhängig.

Verschiedene morphologische Gen-Mutanten der beiden imperfekten Pilze bilden mit der gleichen Regelmäßigkeit Sektoren, die im Habitus denen des Wildstammes entsprechen.

2. Die Myzelmodifikation geht bei vegetativer Vermehrung nicht verloren.

Die beiden imperfekten Pilze können die Modifikation nur durch Hyphen und nicht durch Konidien übertragen. Bei *A. glaucus* kann sie nur dann durch beide Arten der vegetativen Vermehrung fortgepflanzt werden, wenn man größere Mengen von Konidien oder größere Myzelstücke verwendet. Nach sexueller Vermehrung gerät die Variante stets in Verlust.

3. Die Myzelmodifikation kann durch plasmatischen Kontakt (Anastomose) auf normal wachsende Stämme übertragen werden.

In den Hyphen des Wildstammes von *P. annulata* breitet sich die Myzelmodifikation nach der Infektion mit einer Geschwindigkeit aus, welche die Wuchsrate um das Zehnfache überschreitet.

Aus diesen Versuchsergebnissen ist zu entnehmen, daß es sich bei der als *Sektor-Bildung erkennbaren Myzelmodifikation mit großer Wahrscheinlichkeit um eine Plasmon-Mutation handelt, deren Determination autoreduplikative, infektiöse Partikel sind.* Die Manifestation der Plasmon-Mutation scheint von einer bestimmten Konzentration der Partikel abhängig zu sein.

Wenn man nämlich von einem Hyphenstück ausgeht, das nur wenige Septen umfaßt, kann man aus jedem mutierten Sektor wieder normal wachsende Myzelien erhalten.

Man kann weiter annehmen, daß die Konzentration für jeden Stamm spezifisch ist. Sie ist z.B. größer bei den beiden imperfekten Pilzen als bei *A. glaucus*, denn die ersteren können die Partikel nicht durch die in den Konidien vorhandenen geringen Plasmamengen übertragen. Bei *A. glaucus* dagegen ist eine Weitergabe der Plasmon-Mutation durch die Konidien in begrenztem Umfang möglich.

Die gleiche Beobachtung hat auch ARLETT (1957, 1960) gemacht. Sowohl durch Selektion als auch durch UV-Bestrahlung und durch Einwirkung von Acriflavin hatte sie morphologische Plasmon-Mutanten von *Aspergillus nidulans* hergestellt. Eine Vererbung der Merkmale der stabilen Mutanten durch Konidien gelang jedoch nicht in allen Fällen. Bei zwei genauer untersuchten Varianten scheint dies durch den heteroplasmonischen Zustand bedingt zu sein. Das mutierte Plasmon ist nämlich nur zusammen mit dem Wildplasmon lebensfähig (ARLETT et al. 1962, FAULKNER und ARLETT 1964). Es scheint aus homologen Untereinheiten zu bestehen, die unabhängig voneinander vererbt werden können (GRINDLE 1964).

Die Tatsache, daß in jedem Stamm (Wildstamm bzw. Mutante) die phänotypisch gleiche Plasmon-Mutation nicht nur regelmäßig auftritt, sondern auch nach Verlust durch sexuelle oder asexuelle Vermehrung mit der gleichen Regelmäßigkeit wieder eintritt, führt zu dem folgenden Schluß: In jedem Myzel muß eine Matrix für die Bildung oder Aktivierung infektiöser Plasmonpartikel vorhanden sein. Liegt diese Potenz im Genom oder an anderer Stelle? Dieselbe Frage stellten wir auch bei der Besprechung der Seneszenz-Syndrome im vorigen Abschnitt; hier wie da können wir sie nicht beantworten. Die beiden Fälle von Plasmon-Mutation, die Seneszenz und die Bildung morphologisch veränderter Myzelsektoren, haben allem Anschein nach die gleichen genetischen Grundlagen: die spontane Entstehung oder Aktivierung infektiöser Plasma-Partikel.

Einen Hinweis auf eine *nucleo-zytoplasmatische Wechselwirkung* bei der Realisierung von morphogenetischen Plasmon-Mutanten liefern die Untersuchungen von ROPER (1958) und von MAHONY und WILKIE (1962) an *Aspergillus nidulans*.

ROPER erhielt von drei genotypisch verschiedenen Stämmen nach fortlaufenden Kulturpassagen auf einem Acriflavin enthaltenden Medium stabile morphologische Varianten. Alle modifizierten Stämme hatten die Fähigkeit zur Konidienbildung und zur sexuellen Vermehrung verloren. Nach Heterokaryonbildung mit dem Wildstamm konnten sie ihre Merkmale auf diesen übertragen. Eine „Infektion" der Varianten durch den Wildstamm war nicht möglich. Die Ascusanalyse der sich an den Heterokaryen bildenden Fruchtkörper ergab stets eine 3:1-Aufspaltung für Variante : Wildstamm. Die F₁-Wildstämme waren jedoch in der Lage, andere Wildstämme mit den Variantenmerkmalen zu infizieren. Das 3:1-Verhältnis wird durch eine Aufspaltung von Genen bedingt, die auf die Myzelvarianten epistatisch wirken. Einer dieser Faktoren konnte lokalisiert werden. Die Entstehung der stabilen morphologischen Varianten kann demnach auf Plasmon-Mutationen zurückgeführt werden, deren Determinanten infektiöse Partikel sind.

MAHONY und WILKIE fanden drei Allele, welche für die unterschiedliche Häufigkeit der Bildung steriler Plasmonvarianten aus verschiedenen Wildrassen verantwortlich sind. Dieser Defekt kann jedoch in Heterokaryen mit sterilen Genmutanten kompensiert werden, da der eine Partner ein nichtmutiertes Genom und der andere ein nichtmutiertes Plasmon liefert.

Aus diesen Experimenten ist zu ersehen, daß *Plasmon-Mutationen*, die zu morphologischen Veränderungen führen, *nur dann ihre Wirkung entfalten können, wenn eine entsprechende genetische Information im Kern vorliegt*. Die Parallelität zwischen dieser Genom-Plasmon-Relation und den bei den Atmungsdefekt-Mutanten der Hefe und der Barrage-Bildung von *Podospora* vorliegenden Verhältnissen läßt immer deutlicher werden, daß eine Wechselwirkung zwischen Genom und Plasmon wahrscheinlich ein allgemein verbreitetes biologisches Grundphänomen ist.

Im folgenden wollen wir noch auf einige Versuche über extrachromosomale Vererbung morphogenetischer Merkmale eingehen, die ebenfalls an *Aspergillaceae* durchgeführt wurden (JINKS 1954, 1956, 1957; Zusammenfassung 1958). Obwohl ein infektiöser Charakter der für die Plasmon-Mutationen verantwortlichen Partikel nicht nachgewiesen werden konnte, zeigt ihr Erbmodus eine weitgehende Übereinstimmung mit den bisher besprochenen Fällen.

Durch fortlaufende Übertragung von isolierten Hyphenspitzen oder von Konidien gelang es JINKS, aus Homokaryen und Heterokaryen von *Penicillium cyclopium, Aspergillus nidulans* und *A. glaucus* Myzelien mit verändertem Phänotyp zu erhalten. Diese Varianten unterscheiden sich untereinander und gegenüber den Wildtypen durch Keimrate der Sporen, Wuchsrate der Myzelien, Seneszenz, Pigmentbildung und Fruchtkörperbildung. Von allen Varianten ließen sich durch Rückselektion nach einiger Zeit wieder Myzelien mit dem Phänotyp der ursprünglichen Stämme herstellen. Die extrachromosomale Natur dieser Modifikation konnte durch zwei verschiedene Methoden nachgewiesen werden:

1. *Verwendung von Gen-Marken.* Nach sexueller Vermehrung der homokaryotischen oder heterokaryotischen Varianten zeigten sich nur Aufspaltungen für die Markierungsgene, aber niemals für die im Verlauf der Selektion erworbenen Thallusmerkmale.

2. *Heterokaryontest.* Nach Heterokaryonbildung zwischen Varianten und Wildstamm konnte unter den Konidien und Ascosporen eine Aufspaltung der Marken festgestellt werden. Die Variantenmerkmale traten jedoch nicht auf. Da entsprechende mikrochirurgische Versuche wie bei *Podospora* (S. 454) nicht durchgeführt wurden, kann nicht entschieden werden, ob etwa die Wildstämme infektiöse Partikel enthalten, welche nach plasmatischem Kontakt in die Varianten einwandern und diese zu einer Reversion veranlassen könnten. Eine solche Möglichkeit steht jedenfalls in keinem Widerspruch zu der Deutung, die JINKS den von ihm beobachteten extrachromosomalen Vererbungserscheinungen gibt.

Nach Auffassung von JINKS kann die Entstehung der Plasmon-Mutanten auf eine quantitative Verringerung von plasmatischen Partikeln im Verlauf der Selektion zurückgeführt werden. Das auf diese Weise gestörte Gleichgewicht zytoplasmatischer Bestandteile läßt sich durch erneute Anreicherung (Rückselektion) wiederherstellen.

Auf die gleiche Weise kann man auch die unterschiedliche Expressivität des Phänotyps einer durch zwei rezessive Gene bedingten weiblich sterilen Mutante von *Neurospora crassa* erklären (FITZGERALD 1963). Allerdings ist nicht eindeutig nachgewiesen, daß diese Variabilität durch Zytoplasmapartikel bedingt ist. Sie kann auch auf einer verschiedenen Aktivität der beiden Gene beruhen, welche sich nach dem jeweiligen physiologischen Status der Zelle richten.

Der Vollständigkeit halber möchten wir noch kurz eine Arbeit von MAHONY und WILKIE (1958) erwähnen, die im Zusammenhang mit den bisher besprochenen Untersuchungen über die extrachromosomale Vererbung an Aspergillaceae veröffentlicht wurde. Die Autoren erhielten durch Selektion aus einem selbstfertilen Stamm von *Aspergillus nidulans* sterile Varianten, die sich nur durch Konidien vegetativ vermehren können. Nach Kreuzung zwischen fertilen und sterilen Stämmen, die mit Markierungsgenen gekennzeichnet waren, entstanden folgende drei Kategorien von Perithezien: solche, die entweder nur Sporen des einen oder anderen Elterntyps enthielten und solche, in denen sich nur Kreuzungsasci mit Sporen beider Eltern (bzw. deren Rekombinanten) bildeten. Auf Grund dieser und ähnlicher Kreuzungsergebnisse weisen die Autoren auf die Möglichkeit hin, daß die Entstehung der asexuellen Stämme durch den Verlust eines zytoplasmatischen Faktors hervorgerufen sein könnte. Diese Annahme scheint jedoch nicht zuzutreffen, denn das Kreuzungsverhalten der sterilen Stämme entspricht vollständig dem Verhalten entsprechender Mutanten von *Sordaria* (S. 43 f.). Auch hier bilden sich nach Kreuzung die gleichen drei Typen von Fruchtkörpern, und zwar infolge einer Induktionswirkung, die durch Kompensation nichtalleler Gen-Mutationen bedingt ist.

Eine zusammenfassende Betrachtung der vorwiegend an Aspergillaceae durchgeführten Untersuchungen über die extrachromosomale Vererbung morphologischer Merkmale (zu denen wir auch die Seneszenz-Syndrome rechnen wollen) erlaubt gewisse Verallgemeinerungen. Vor allem wird klar, *daß die Rolle des Zytoplasmas in der Morphogenese nicht ausschließlich darauf beschränkt ist, bestimmte Differenzierungsschritte zu verwirklichen, deren genetische Information in den Zellkernen liegt. Ihm kann durchaus eine gewisse Selbständigkeit bei der Steuerung morphogenetischer Prozesse zugesprochen werden. Das Plasma selbst kann der Träger von genetischer Information sein, welche als autoreduplikative Partikel morphogenetisch wirksam ist. Dem Genom kommt in diesen Fällen lediglich eine epistatisch wirkende Kontrollfunktion zu.*

## Zusammenfassung

1. Bei einer Reihe von Ascomycetes und diesen nahestehenden imperfekten Pilzen werden mit sehr großer Wahrscheinlichkeit Erscheinungen der extrachromosomalen Vererbung durch autoreduplikative Plasmapartikel bestimmt. Diese Partikel, deren Natur noch unbekannt ist, besitzen infektiösen Charakter. Sie können nach plasmatischem Kontakt (Anastomosenbildung) in andere Myzelien einwandern, sich dort vermehren und sich als Plasmon-Mutation manifestieren.

2. Diese Plasmonpartikel sind als autonome Träger von genetischer Information anzusehen. Der in einigen Fällen erwiesene nucleo-zytoplasmatische Zusammenhang besteht lediglich darin, daß dem Genom eine Kontrollfunktion zukommt. Es kann als ein übergeordnetes Steuerungszentrum die Realisierung der Plasmonmerkmale erlauben oder verhindern.

3. Als Beispiele für diesen Erbmechanismus werden das Barrage-Phänomen von *Podospora anserina*, die bei Ascomycetes und imperfekten Pilzen weit verbreiteten Seneszenz-Syndrome und die plasmon-bedingten morphologischen Mutanten der Aspergillaceae besprochen.

# D. Erbträger unbekannter Art

In den vorhergehenden Abschnitten haben wir nur solche Phänomene der extrachromosomalen Vererbung erwähnt, bei denen mit mehr oder minder großer Sicherheit distinkte Partikel des Zytoplasmas als Erbträger des Plasmons nachgewiesen werden konnten. In diesem Abschnitt wollen wir alle übrigen bei Pilzen beschriebenen Fälle von extrachromosomaler Vererbung zusammenfassen, über deren Plasmon-Determinanten man bisher keine Vorstellung hat. Da diese Vererbungserscheinungen sowohl unterschiedliche Merkmale betreffen als auch bei verschiedenen Organismen vorkommen, ist eine begriffliche Zusammenfassung nach gemeinsamen Gesichtspunkten nicht möglich. Wir werden aus diesem Grunde die einzelnen Versuchsergebnisse in zusammenhangloser Folge darstellen.

## I. Rekombination zwischen Genom und Plasmon

Ebenso wie die Ausprägung extrachromosomal vererbter Merkmale vom Genom abhängig sein kann, ist es möglich, daß Gene des Genoms sich nur in Gegenwart bestimmter Plasmon-Typen manifestieren können. Derartige nucleo-zytoplasmatische Zusammenhänge sind mehrfach im Verlauf der Studien über extrachromosomale Vererbung sowohl an Pilzen als auch an Blütenpflanzen beobachtet worden (Literaturübersichten von CASPARI 1948 und RHOADES 1955, zusammenfassende Darstellungen von MICHAELIS 1954 und STUBBE 1959).

Vor allem aus den sehr ausführlichen Untersuchungen von MICHAELIS an der Gattung *Epilobium* und von STUBBE an komplexheterozygoten Oenotheren geht hervor, daß der Phänotyp nicht nur das Produkt von Genotyp und Umwelt ist, sondern daß die Merkmalbildung auch weitgehend von Wechselwirkungen zwischen Genom und Plasmon (bzw. Plastom) abhängig ist. Beide Autoren haben zeigen können, daß die gegenseitige Abhängigkeit von chromosomaler und extrachromosomaler genetischer Information innerhalb der Evolution ein wesentlicher Faktor für den Artbildungsprozeß ist.

SRB (1958) hat den Versuch unternommen, in Analogie zu den an *Epilobium* und *Oenothera* durchgeführten Untersuchungen, *Beziehungen*

*zwischen Genom und Plasmon innerhalb der Gattung Neurospora nachzu-
weisen,* und zwar durch Rekombination zwischen Plasmon und Genom
von verschiedenen Arten und Rassen.

Er verwendete zu seinen Untersuchungen die *Neurospora*-Arten *crassa,
intermedia* und *sitophila.* Von *N. crassa* standen drei Rassen von verschiedener geographischer Herkunft zur Verfügung. Nach Acriflavinbehandlung
der US-Rasse von *N. crassa* konnte eine langsam wachsende Plasmon-
Mutante (*SG*) isoliert werden.

In der Absicht, das Genom *SG* durch ein anderes zu ersetzen, wurden
10 aufeinanderfolgende Rückkreuzungen zwischen *SG* und Wildstamm von
*N. sitophila* unternommen. Als mütterlicher Elter wurde stets ein *SG*-
Stamm aus der Nachkommenschaft der vorangegangenen Kreuzungen und
als väterlicher Elter der gleiche Wildstamm von *N. sitophila* gewählt.
Ein weitgehender Ersatz des *crassa*-Genoms durch das *sitophila*-Genom
kann vor allem dadurch bewiesen werden, daß schon nach der achten
Generation eine Verschiebung der Postreduktionsfrequenz der Kreuzungs-
typmarke zu dem für *sitophila* typischen Wert auftritt. In ähnlicher Weise
wurde das *SG*-Plasmon mit dem Genom von *N. intermedia* und dem der
beiden anderen *crassa*-Rassen kombiniert. In allen Fällen blieb der *SG*-
Charakter erhalten.

Im Gegensatz zu dieser offenbar vom Genom nicht beeinflußten Manifestierung eines plasmon-bedingten Mutantencharakters zeigte sich, daß
die Realisierung von zwei anderen Merkmalen, die durch Gene des Kerns
bestimmt werden, weitgehend vom Plasmon abhängig sind.

Das Gen *ac* (geringe Konidienbildung) kann nur im *sitophila*-Plasmon
und nicht im *crassa*-Plasmon seine Wirkung entfalten. In ähnlicher Weise
führt das Gen *S* nur dann zur Entstehung von kleineren Kolonien, wenn
es mit dem Plusmon von einer der drei *crassa*-Rassen kombiniert wird.

Völlig anders in ihrem Erbverhalten ist eine Variante, die in einer
weiteren Versuchsserie nach Acriflavinbehandlung auftrat (MUNETA und
SRB 1959). Dieser durch eine sehr geringe Wuchsrate ausgezeichnete
Stamm läßt sich unverändert vegetativ vermehren. Nach sexueller
Vermehrung mit dem Wildstamm tritt er unter den Nachkommen der
beiden reziproken Kreuzungen nicht mehr auf. Kreuzt man diese Variante
jedoch mit der Plasmon-Mutante *SG*, so erhält man Reziproken-Unterschiede, und zwar findet man ausschließlich langsam wachsende Stämme
nur in den Kombinationen ♀ *SG* × ♂ *Variante.* Sobald jedoch *SG* der Spender des männlichen Kerns ist, treten vorwiegend *SG*-Stämme und nur
wenige Stämme mit dem Phänotyp der Variante auf. Soweit die Versuchsergebnisse in der bisher nur veröffentlichten kurzen Mitteilung
dargestellt sind, wäre dies der *erste Fall von einer väterlichen Vererbung
bei Pilzen*[1]. Die Bildung einer Modellvorstellung für diese Erscheinung
sollte jedoch von weiteren experimentellen Befunden abhängig gemacht
werden.

Die Tatsache, daß SRB in seinen Untersuchungen bisher nur eine
Abhängigkeit des Genoms vom Plasmon bei der Manifestation von Merkmalen feststellen konnte, schließt natürlich nicht aus, daß nach einer
Analyse für weitere Plasmon-Mutanten auch eine Abhängigkeit im umgekehrten Sinne gefunden werden könnte. Die Bedeutung dieser Experi-

---

[1] Väterliche Plastidenvererbung bei Blütenpflanzen ist schon länger
bekannt (Literatur bei STUBBE 1963).

mente, die (wie SRB selbst schreibt) nur als der Beginn einer ausgedehnten Genom-Plasmon-Analyse angesehen werden können, liegt vor allem darin, gezeigt zu haben, daß nicht nur Blütenpflanzen, sondern auch Pilze für solche Studien geeignet sind. Man kann also bei einer weiteren Erforschung dieses für die Evolution so bedeutsamen Teilgebietes der extrachromosomalen Vererbung sich die Vorteile zunutze machen, welche die Pilze gegenüber den Blütenpflanzen in dieser Hinsicht bieten: Kurze Generationsdauer, Tetradenanalyse, Unabhängigkeit von der Jahreszeit.

## II. Störung der Meiosis durch mutative Veränderung des Plasmons

Nach Kreuzung von zwei Monokaryen von *Coprinus lagopus* konnte DAY (1959) Reziproken-Unterschiede bezüglich der Zahl der pro Basidie entstandenen Sporen feststellen. Wenn der *Stamm 68* als Plasmalieferant verwendet wurde, besaßen alle Basidien vier Sporen. In der Reziproken-Kombination (*Stamm 54* wird mit Kernen von *68* dikaryotisiert) schwankte die Zahl der von den Basidien abgeschnürten Sporen zwischen zwei und sechs. Auch nach Entfernung von einer Kernkomponente aus den normal und anormal reagierenden Dikaryen (s. unten) behielten diese, wenn sie in weiteren Kreuzungen als Kern-Akzeptor verwendet wurden, ihre Reaktionsnorm bei. Damit ist der extrachromosomale Charakter dieser Basidienanomalie eindeutig bewiesen. Zytologische Untersuchungen ergaben, daß durch diese Plasmon-Mutation Unregelmäßigkeiten im Verlauf der Meiosis ausgelöst werden. Durch diese Störungen (Ausbleiben der Meiosis II, Brückenbildungen zwischen Chromosomen, Entstehung von Mikronuclei etc.) bildet sich in den Basidien eine unterschiedliche Anzahl von funktionsfähigen Kernen.

## III. Variabilität nach Entfernung von Kernen aus dikaryotischen Myzelien

Bereits vor 37 Jahren hat HARDER (1927a) den Versuch unternommen, das Verhalten eines Zellkernes im Zytoplasma einer anderen Zelle zu prüfen. Er hoffte, auf diese Weise zwischen den Wirkungen von Genom und Plasmon bei der Merkmalsausprägung unterscheiden zu können. Als Objekte wählte er dikaryotische Myzelien der Basidiomycetes *Pholiota mutabilis* und *Schizophyllum commune*. Mit Hilfe einer mikrochirurgischen Operation (HARDER 1927b) gelang es, an den Hyphenspitzen von Dikaryen einkernige Zellen herzustellen und die aus solchen „Operationszellen" auswachsenden monokaryotischen Myzelien zu isolieren. Diese „Neo-Monokaryen" verloren meist schon nach wenigen Zellgenerationen das typische Dikaryonmerkmal, die Schnallen, und waren in dieser Beziehung nicht von ihren monokaryotischen Ausgangsstämmen zu unterscheiden. Unter den Neo-Monokaryen fand man eine äußerst große Variabilität. Von dieser Art waren nämlich zur Herstellung des Dikaryons zwei morphologisch unterscheidbare Rassen verwendet worden. Die durch Entfernung der einen Kernkomponente erhaltenen

Stämme wiesen alle Übergänge zwischen den Wuchsformen der beiden Eltern auf und behielten diese Merkmale auch nach vegetativer Vermehrung. Merkwürdigerweise waren nur die Stämme lebensfähig, welche die Kernart von einem bestimmten Elter besaßen. Sowohl nach Rückkreuzungen eines Neo-Monokaryons mit dem anderen Elter als auch nach Kreuzungen der beiden Ausgangsstämme untereinander trat keine Aufspaltung der Myzelmerkmale auf. In beiden Fällen entstanden (genau wie nach der operativen Entfernung einer Kernkomponente aus dem Myzel) nur wieder alle möglichen Intermediärformen der Parentaltypen.

Bei der Deutung seiner Befunde ging HARDER von der Annahme aus, daß bei der Dikaryonbildung sich auch die Zytoplasmen der beiden Partner vermischen. Die Variabilität, die sowohl innerhalb der experimentell hergestellten Monokaryen als auch innerhalb der durch sexuelle Vermehrung erzeugten Myzelien auftritt, ist nach seiner Meinung auf einen unterschiedlichen Mischungsgrad der beiden elterlichen Zytoplasmen zurückzuführen, die damit als Erbträger angesehen werden müssen.

Die von HARDER aufgeworfene Problematik wurde erst viel später von anderen Autoren wieder aufgenommen. Unter Verwendung der Harderschen Technik gelangten ASCHAN (1952), ASCHAN-ÅBERG (1960) an *Collybia velutipes*, FRIES und ASCHAN (1952) an *Polyporus abietinus* und PAPAZIAN (1955) an *Schizophyllum commune* zu ähnlichen Ergebnissen. Entsprechend der weiteren Entwicklung der Pilzgenetik konnten diese Autoren ihre Ausgangsstämme mit Genen markieren und auf diese Weise die in Neo-Monokaryen vorhandenen Kerne mit größerer Sicherheit identifizieren. Ferner konnte ASCHAN auch unter den aus einkernigen Oidien der Dikaryen auskeimenden Myzelien, die man als auf natürlichem Wege entstandene Neo-Monokaryen ansehen kann, eine gewisse Variabilität beobachten. Diese war aber wesentlich geringer als bei den experimentell hergestellten Neo-Monokaryen.

*Die Erscheinung, daß ein dikaryotisches Myzel nach Entfernung der einen Kernkomponente einen zu den morphologischen Charakteristika seiner Ausgangsstämme intermediären Habitus annimmt, kann man nach dem gegenwärtigen Stand der Genetik nicht mehr als ein sicheres Kriterium für extrachromosomale Vererbung ansehen* (ASCHAN-ÅBERG 1960). *Folgende Bedenken können erhoben werden:*

1. Es ist sehr unwahrscheinlich, daß das Zytoplasma eines Dikaryons eine Mischung aus den Plasmen der beiden monokaryotischen Kreuzungspartner ist.

Wie schon oben erwähnt (S. 57), entsteht ein Dikaryon im allgemeinen durch einen reziproken Kernaustausch zwischen zwei miteinander sexuell verträglichen Monokaryen. Der Wanderkern löst meist die Schnallenbildung erst aus, wenn er von der Fusionsstelle durch mehrere Zellsepten bis zur Peripherie des Myzels gewandert ist. Ihm etwa anhaftende Plasmabestandteile aus seinem ursprünglichen Myzel geraten höchstwahrscheinlich im Verlauf der Wanderung in Verlust.

Das Plasma des Dikaryons kann sich daher höchstens von dem des Monokaryons durch plasmatische Faktoren unterscheiden, die de novo nach der Dikaryotisierung entstanden sind.

2. Kreuzungsergebnisse mit klaren Resultaten fehlen.

Die von ASCHAN-ÅBERG (1960) durchgeführten Kreuzungen haben zwar für die Markierungs-Gene eine Mendelspaltung erkennen lassen, aber keinen Reziproken-Unterschied für die morphologischen Merkmale erbracht. Dies ist um so mehr verwunderlich, da in diesen Experimenten mit ziemlicher Sicherheit Wanderkern und Akzeptor-Plasma identifiziert werden konnten.

3. Die Variabilität tritt in Myzelien aus Oidien oder Cystidien, die auf natürliche Weise eine Kernkomponente verloren haben, nur in viel geringerem Maße oder gar nicht auf (*Coprinus lagopus:* PAPAZIAN 1956). Daraus schließen FRIES und ASCHAN und auch PAPAZIAN (1958), daß die morphologische Veränderung an den Neo-Monokaryen die Folge eines traumatischen Reizes sein könnte.

4. Mitotische Rekombinationen und Spontanmutationen können nicht ausgeschlossen werden.

Aus diesen Einwänden geht hervor, daß *es zur Zeit ungewiß ist, ob die veränderten Merkmale neo-karyotischer Myzelien extrachromosomal bedingt sind.* Um diese Frage zu entscheiden, ist es notwendig, zwischen morphologisch verschiedenen Stämmen, die ausreichend genetisch markiert sind, reziproke Kreuzungen vorzunehmen und deren Nachkommen genetisch zu analysieren. Wie aus den Experimenten von DAY (S. 463) hervorgeht, besteht auch dazu bei Basidiomycetes eine Möglichkeit. Es ist zu bedauern, daß gerade die erste Versuchskonzeption, bei Pilzen einen Einblick in die Funktion des Plasmons zu erhalten, bisher zu keinen nennenswerten Ergebnissen gelangt ist.

# IV. Weitere Hinweise auf extrachromosomale Vererbung bei Pilzen

In Kreuzungen zwischen verschiedenen Rassen des Rostpilzes *Puccinia graminis* konnte JOHNSON (1946) Reziproken-Unterschiede bezüglich der Pathogenität beobachten. Diese Merkmale wurden über mehrere Generationen unverändert vererbt. Aus Kreuzungsanalysen geht hervor, daß Genom-Differenzen für diese Merkmalsänderung nicht in Frage kommen.

Nach Aussaat von Basidiosporen von *Coprinus lagopus* erhielten QUINTANILHA und BALLE (1940) infolge von Plasmon-Mutationen sehr häufig Myzelien mit Zwergwuchs.

Der wollige Wuchs der Mutante „*fluffy*" von *Coprinus macrorhizus* (DICKSON 1936) scheint ebenfalls durch eine mutative Veränderung des Plasmons bestimmt zu sein. Durch eine Serie von Kreuzungen zwischen compatiblen Monokaryen und Dikaryen (s. S. 65) von *Coprinus macrorhizus* konnte KIMURA (1954) wahrscheinlich machen, daß die Kreuzungsreaktion durch autonome zytoplasmatische Determinanten beeinflußt wird.

## Zusammenfassung

1. Rekombination zwischen Genom und Plasmon verschiedener Rassen und Arten von *Neurospora* zeigten, daß innerhalb dieser Gattung für die Manifestation bestimmter Merkmale eine Zusammenarbeit

zwischen chromosomalem und extrachromosomalem genetischen Material notwendig ist.

2. Bei dem Basidiomyceten *C. lagopus* ist das Plasmon für den normalen Ablauf der Meiosis mitverantwortlich.

3. Die von mehreren Autoren beobachtete Variabilität neo-monokaryotischer Myzelien, die nach der Entfernung einer Kernkomponente aus einem Dikaryon bei Basidiomycetes entstehen, kann nicht mit Sicherheit auf eine mutative Veränderung des Plasmons zurückgeführt werden.

4. Weitere, weniger genau analysierte Beispiele für extrachromosomale Vererbung werden kurz beschrieben.

# E. Schlußbemerkungen

Das Studium von Erscheinungen der extrachromosomalen Vererbung bei Pilzen hat nicht nur weitere Beispiele für diesen bei höheren Pflanzen und Tieren schon länger bekannten Erbmodus geliefert, sondern vor allem wesentliche Beiträge für eine Vorstellung über den Mechanismus der Plasmonwirkung erbracht. Wenn man die bisher bekannten und genauer analysierten Beispiele überschaut, erkennt man, daß sich *zwei generelle Gesichtspunkte abzeichnen:* 1. *Die genetische Information des Plasmons scheint an partikuläre, autoreduplikative Erbträger gebunden zu sein.* 2. *Zwischen Genom und Plasmon besteht eine Wechselwirkung.*

Während in zwei Fällen *Mitochondrien als Determinanten des Plasmons* angesprochen werden konnten, ist jedoch für alle anderen Beispiele die Natur der Plasmonpartikel unbekannt. Ihr vielfach nachgewiesener infektiöser Charakter, der einerseits an die bei *Paramaecium (kappa*-Partikel: SONNEBORN 1959) und bei *Drosophila* ($CO_2$-Empfindlichkeit: L'HÉRITIER 1951) entdeckten virusartigen extrachromosomalen Erbträger erinnert, läßt sich aber andererseits auch mit einem aus der Bakteriengenetik entliehenen „Lysogenie-" oder „Episomie-Modell" (JACOB et al. 1960) erklären. Nach dieser von RIZET und seinen Mitarbeitern (1958) vorgeschlagenen Arbeitshypothese können die *Plasmonpartikel* in zwei verschiedenen Zustandsarten existieren: einmal als *aktive, infektiöse, autoreduplikative Bestandteile des Zytoplasmas* und zum anderen als *inaktive, nichtinfektiöse, vermehrungsunfähige Propartikel.* Es spricht vieles dafür, daß diese Propartikel ähnlich wie die lysogenen Phagen im Genom integriert sein können. In das Episomie-Modell läßt sich ein Teil der bei Pilzen bekannten experimentellen Daten einordnen. Auf diese Weise können Vererbungserscheinungen von Organismen mit echten Zellkernen und solchen mit Kernäquivalenten auf den gleichen Nenner gebracht und als der Ausdruck von gleichen genetischen Grund-Phänomenen angesehen werden. Wir müssen uns allerdings darüber klar sein, daß die Existenz infektiöser Partikel nur auf genetischen Indizienbeweisen beruht. Die Gültigkeit und Verallgemeinerung dieser Modellvorstellung hängt demnach in entscheidendem Maße davon ab, ob es in Zukunft gelingt, solche partikulären Erbträger zu identifizieren und ihre Konstitution aufzuklären. Es ist denkbar, daß Infektionsversuche mit isolierter Zytoplasma-RNS weiterhelfen könnten.

Der mehrfach eindeutig nachgewiesene *nucleo-zytoplasmatische Zusammenhang* besteht nicht in einer einseitigen Abhängigkeit des Plasmons vom Genom; denn auch das Genom kann seine Potenzen nur realisieren, wenn es die genetische Information des Plasmons erlaubt. Die *Realisierung eines Merkmals* erfolgt nur dann, *wenn die beiden hinsichtlich ihrer Determinanten autonomen Systeme harmonisch zusammenarbeiten.* Mutative Veränderungen in einem der beiden Systeme können entweder die Merkmalsausprägung völlig unterdrücken oder zu verschiedenen Abnormalitäten führen. Diese aus dem Studium der extrachromosomalen Vererbung erworbene Erkenntnis ist von grundlegender *Bedeutung für die Ontogenese.* Man nimmt allgemein an, daß alle Zellkerne eines Individuums genetisch gleich sind, unabhängig davon, ob sie sich in undifferenzierten oder differenzierten Geweben befinden. Die unterschiedlichen Merkmale und Eigenschaften, welche die somatischen Zellen im Verlauf der Entwicklung erwerben, können daher zumindest teilweise als Veränderungen ihres Plasmons angesehen werden. Diese Auffassung wird bestätigt durch die Tatsache, daß solche Änderungen bei längerer vegetativer Vermehrung in Gewebekulturen unbegrenzt erhalten werden können. Es ist daher zu erwarten, daß eine weitere Analyse der extrachromosomalen Vererbung an den relativ einfach organisierten Pilzen zu einem Modell führen wird, das als Basis für entsprechende Experimente über die Differenzierung bei höheren Organismen herangezogen werden kann.

## Literatur

ARLETT, C. F.: Induction of cytoplasmic mutations in *Aspergillus nidulans.* Nature (Lond.) **179**, 1250—1251 (1957).
— A system of cytoplasmic variation in *Aspergillus nidulans.* Heredity **15**, 377—388 (1960).
— M. GRINDLE, and J. L. JINKS: The "red" cytoplasmic variant of *Aspergillus nidulans.* Heredity **17**, 197—209 (1962).
ASCHAN, K.: Studies on dediploidisation mycelia of the basidiomycete *Collybia velutipes.* Svensk bot. T. **46**, 366—392 (1952).
ASCHAN-ÅBERG, K.: Studies on dedikaryotization mycelia and of $F_1$ variants in *Collybia velutipes.* Svensk bot. T. **54**, 311—328 (1960).
BAUTZ, E.: Beeinflussung der Indophenolblaubildung (Nadi-Reaktion) in Hefezellen durch Röntgenstrahlen. Naturwissenschaften **41**, 375—376 (1954a).
— Untersuchungen über die Mitochondrien von Hefen. Ber. dtsch. bot. Ges. **67**, 281—288 (1954b).
— Mitochondrienfärbung mit Janusgrün bei Hefen. Naturwissenschaften **42**, 49—50 (1955).
—, u. H. MARQUARDT: Die Grana mit Mitochondrienfunktion in Hefezellen. Naturwissenschaften **40**, 531 (1953a).
— — Das Verhalten oxydierender Fermente in den Grana mit Mitochondrienfunktion der Hefezellen. Naturwissenschaften **40**, 531—532 (1953b).
— — Sprunghafte Änderungen des Verhaltens der Mitochondrien von Hefezellen gegenüber dem Nadi-Reagens. Naturwissenschaften **41**, 121—122 (1954).
BEALE, G. H.: The genetics of *Paramecium aurelia.* Cambridge (Engl.) 1954.
BEISSON-SCHECROUN, J.: Incompatibilité cellulaire et interactions nucleoplasmiques dans les phénomènes de «barrage» chez le *Podospora anserina.* Ann. Génét. **4**, 4—50 (1962).

BOGEN, H. J., u. G. KRAEPELIN: Induktion atmungsdefekter Mutanten bei *Saccharomyces cerevisiae* mit asynchroner und synchronisierter Sprossung. Arch. Mikrobiol. **48**, 291—298 (1964).

BULDER, C. J. E. A.: Induction of petite mutation and inhibition of synthesis of respiratory enzymes in various yeasts. Antonie v. Leeuwenhoek **30**, 1—9 (1964).

CASPARI, E.: Cytoplasmic inheritance. Advanc. Genet. **2**, 1—66 (1948).

CATCHESIDE, D. G.: Introduction to a discussion on the cytoplasm in variation and development. Proc. roy. Soc. B **148**, 285—290 (1958).

— Cytoplasmic inheritance. Nature (Lond.) **184**, 1012—1015 (1959).

CHEVAUGEON, J., et S. DIGBEU: Un second facteur cytoplasmique infectant chez *Pestalozzia annulata*. C. R. Acad. Sci. (Paris) **251**, 3043—3045 (1960).

—, et CH. LEFORT: Sur l'apparition réguliere d'un «mutant» infectant chez un champignon du genre *Pestalozzia*. C. R. Acad. Sci. (Paris) **250**, 2247—2249 (1960).

CORRENS, C.: Zur Kenntnis der Rolle von Kern und Plasma bei der Vererbung. Z. indukt. Abstamm.- u. Vererb.-L. **2**, 331—340 (1909).

— Nichtmendelnde Vererbung. In: E. BAUER u. M. HARTMANN (Hrsg.), Handbuch der Vererbungswissenschaft, Bd. II, S. 1—159. Berlin 1937.

CUZIN, F.: Apparition réguliere chez *Curvularia pallescenz*, d'une variation sectorielle contagieuse, non transmissible par les thallospores. C. R. Acad. Sci. (Paris) **252**, 1656—1658 (1961).

DAY, P. R.: A cytoplasmatically controlled abnormality of the tetrades of *Coprinus lagopus*. Heredity **13**, 81—87 (1959).

DELBRÜCK, M.: In: Unités biologiques douées de continuité génétique: Colloques internat. du CNRS, vol. 7, p. 33, Paris 1949.

DICKSON, H.: Observations of inheritance in *Coprinus macrorhizus* (PERS.) REA. Ann. Bot. **50**, 719—733 (1936).

DOWDING, E. S., and A. BAKERSPIGEL: Poor fruiters and barrage mutants in *Gelasinospora*. Canad. J. Bot. **34**, 231—240 (1956).

EPHRUSSI, B.: Quelques problèmes de la génétique des microorganismes. Arch. Klaus-Stift. Vererb.-Forsch. **26**, 403—425 (1951).

— The interplay of heredity and environment in the synthesis of respiratory enzymes in yeast. Harvey Lect. Series **46**, 45—67 (1952).

— Nucleo-cytoplasmic relations in microorganisms. Oxford (Engl.) 1953.

— Die Bestandteile des cytochrombildenden Systems der Hefe. Naturwissenschaften **43**, 505—511 (1956).

—, and H. HOTTINGUER: Cytoplasmic constituents of heredity. Cold Spr. Harb. Symp. quant. Biol. **16**, 75—85 (1951).

— — et A. M. CHIMÈNES: Actions de l'acriflavine sur les levures. I. La mutation «petite colonie». Ann. Inst. Pasteur **76**, 351—364 (1949a).

— — et H. ROMAN: Sur le comportement des mutants a déficience respiratoire de la levure dans les croisements. Caryologia Vol. Suppl. 1112—1113 (1954).

— — — Supressiveness: A new factor in the genetic determinism of the synthesis of respiratory enzymes in yeast. Proc. nat. Acad. Sci. (Wash.) **41**, 1065—1071 (1955).

— — et J. TAVLITZKI: Action de l'acriflavine sur les levures. II. Etude génétique du mutant «petite colonie». Ann. Inst. Pasteur **76**, 419—450 (1949b).

—, et P. P. SLONIMSKI: La synthèse adaptive des cytochromes chez la levure de boulangerie. Biochim. biophys. Acta (Amst.) **6**, 256—267 (1950).

— — Yeast mitochondria, subcellular units involved in the synthesis of respiratory enzymes in yeast. Nature (Lond.) **176**, 1207—1209 (1955).

ESSER, K.: Die Incompatibilitätsbeziehungen zwischen geographischen Rassen von *Podospora anserina (Ces.) Rehm*. II. Die Wirkungsweise der Incompatibilitätsgene. Z. Vererbungsl. **90**, 29—52 (1959).

FAULKNER, B. M., and C. F. ARLETT: The "minute" cytoplasmic variant of *Aspergillus nidulans*. Heredity **19**, 63—73 (1964).

FINK, H.: Klassifizierung von Kulturhefen mit Hilfe des Cytochromspektrums. Hoppe-Seylers Z. physiol. Chem. **210**, 197—219 (1932).
—, u. E. BERWALD: Über die Umwandlung des Cytochromspektrums in Bierhefen. Biochem. Z. **258**, 141—153 (1933).
FITZGERALD, P. H.: Genetic and epigenetic factors controlling female sterility in *Neurospora crassa*. Heredity **18**, 47—62 (1963).
FRIES, N., and K. ASCHAN: The physiological heterogeneity of the dikaryotic mycelium of *Polyporus abietinus* investigated with the aid of micrurgical technique. Svensk bot. T. **46**, 429—445 (1952).
GOWDRIDGE, B. M.: Heterocaryons between strains of *Neurospora crassa* with different cytoplasms. Genetics **41**, 780—789 (1956).
GRENSON, M.: A gene-induced cytoplasmic mutation in yeast. Proc. XI. intern. Congr. of Genetics, vol. 1, p. 202, The Hague 1963.
GRINDLE, M.: Nucleo-cytoplasmic interactions in the "red" cytoplasmic variant of *Aspergillus nidulans*. Heredity **19**, 75—95 (1964).
HAGEMANN, R.: Extrachromosomale Vererbung. In: BÜNNING, E. et al. (Hrsg.): Fortschritte der Botanik, Springer: Berlin-Heidelberg-New York 1966, pp. 202—216.
— Plasmatische Vererbung. Jena 1964.
HARDER, R.: Zur Frage nach der Rolle von Kern und Protoplasma im Zellgeschehen und bei der Übertragung von Eigenschaften. Z. Bot. **19**, 337—407 (1927a).
— Über mikrochirurgische Operationen an Hymenomyceten. Z. wiss. Mikr. **44**, 173—182 (1927b).
HARDESTY, B. A., and H. K. MITCHELL: The accumulation of free fatty acids in poky, a maternal inherited mutant of *Neurospora* crassa. Arch. Biochem. 100, 330—334 (1963).
HARTMAN, P. E., and C. J. LIU: Comparative cytology of wild type *Saccharomyces* and a respirationally deficient mutant. J. Bact. **67**, 77—85 (1954).
HASKINS, F. A., A. TISSIÈRES, H. K. MITCHELL, and M. B. MITCHELL: Cytochromes and the succinic acid oxidase system of poky strains of *Neurospora*. J. biol. Chem. **200**, 819—826 (1953).
JACOB, F., P. SCHAEFFER, and E. L. WOLLMAN: Episomic elements in bacteria. Microbiol. Genetics, X. Symp., pp. 67—91, London 1960.
JINKS, J. L.: Somatic selection in fungi. Nature (Lond.) **174**, 409—410 (1954).
— Naturally occurring cytoplasmic changes in fungi. C. R. Lab. Carlsberg, Sér. Physiol. **26**, 183—203 (1956).
— Selection for cytoplasmic differences. Proc. roy. Soc. B **146**, 527—540 (1957).
— Cytoplasmic differentiation in fungi. Proc. roy. Soc. B **148**, 314—321 (1958).
JOHNSON, T.: Variation and the inheritance of certain characters in rust fungi. Cold Spr. Harb. Symp. quant. Biol. **11**, 85—93 (1946).
JOLY, P.: Données récentes sur la génétique des champignons supérieurs (Ascomycètes et Basidiomycètes). Rev. Mycol. (Paris) **29**, 115—186 (1964).
KIMURA, K.: On the diploidization by the double compatible diploid mycelium in the hymenomycetes. Bot. Mag. (Tokyo) **67**, 238—242 (1954).
KRAEPELIN, G.: Normalisierung des Atmungsdefektes bei Hefe. Rückführung stabilisierter *RD*-Mutanten in voll atmungsfähige Normalzellen. Arch. Mikrobiol. **48**, 299—305 (1964).
L'HÉRITIER, P.: The $CO_2$ sensitivity problem in *Drosophila*. Cold Spr. Harb. Symp. quant. Biol. **16**, 99—112 (1951).
— Le problème de l'hérédité non chromosomique. Ann. Biol. **1**, 3—34 (1962).
LINDBERG, G. D.: A transmissible disease of *Helminthosporium victoriae*. Phytopathology **49**, 29—32 (1959).
LINDEGREN, C. C.: Cytoplasmic inheritance. Ann. N.Y. Acad. Sci. **68**, 366—379 (1957).
MAHONY, M., and D. WILKIE: An instance of cytoplasmic inheritance in *Aspergillus nidulans*. Proc. roy. Soc. B **148**, 359—361 (1958).
— — Nucleo-cytoplasmic control of perithecial formation in *Aspergillus nidulans*. Proc. ryo. Soc. B **156**, 524—532 (1962).

Marcou, D.: Sur la longévité des souches de *Podospora anserina* cultivées à divers températures. C. R. Acad. Sci. (Paris) **239**, 895—897 (1954a).
— Sur le rajeunissement par le friod des souches de *Podospora anserina*. C. R. Acad. Sci. (Paris) **239**, 1153—1155 (1954b).
— Rajeunissement et arrêt de croissance chez *Podospora anserina*. C. R. Acad. Sci. (Paris) **244**, 661—663 (1957).
— Sur la déterminisme de la sénescence observée chez l'ascomycète *Podospora anserina*. Proc. X. intern. Congr. of Genetics, vol. II, p. 179, Montreal 1958.
— Notion de longévité et nature cytoplasmique de déterminent de la sénescence. Ann. Sci. nat. Bot. **2**, 653—764 (1961).
—, et J. Schecroun: La sénescence chez *Podospora anserina* pourrait être due à des particules cytoplasmiques infectantes. C. R. Acad. Sci. (Paris) **248**, 280—283 (1959).
Marquardt, H.: Die Natur der Erbträger im Zytoplasma. Ber. dtsch. bot. Ges. **65**, 198—217 (1952).
—, u. E. Bautz: Die Wirkung einiger Atmungsgifte auf das Verhalten von Hefe-Mitochondrien gegenüber der Nadi-Reaktion. Naturwissenschaften **41**, 361—362 (1954).
Mather, K.: Nucleus and cytoplasm in heredity and development. Proc. roy. Soc. B **148**, 362—369 (1958).
Michaelis, P.: Interactions between genes and cytoplasm in *Epilobium*. Cold Spr. Harb. Symp. quant. Biol. **16**, 121—129 (1951).
— Cytoplasmic inheritance in *Epilobium* and its theoretical significance. Advanc. Genet. **6**, 287—401 (1954).
— Genetical interactions between nucleus and cytoplasmic cell constituents. Path. et Biol. **9**, 769—772 (1961).
Mitchell, M. B., and H. K. Mitchell: A case of "maternal" inheritance in *Neurospora crassa*. Proc. nat. Acad. Sci. (Wash.) **38**, 442—449 (1952).
— —, and A. Tissières: Mendelian and non-Mendelian factors affecting the cytochrome system in *Neurospora crassa*. Proc. nat. Acad. Sci. (Wash.) **39**, 606—613 (1953).
Muneta, J., and A. M. Srb: Paternal transmission of extra-chromosomal properties in *Neurospora*. IX. Intern. Bot. Congr., vol. II, p. 274, Montreal (Canada) 1959.
Nanney, D. L.: The role of cytoplasm in heredity. In: W. D. McElroy and B. Glass (edits.), The chemical basis of heredity, pp. 134—166. Baltimore 1957.
Oehlkers, F.: Neue Überlegungen zum Problem der außerkaryotischen Vererbung. Z. indukt. Abstamm.- u. Vererb.-L. **84**, 213—250 (1952).
— Außerkaryotische Vererbung. Naturwissenschaften **40**, 78—85 (1953).
Papzian, H. P.: Sectoring variants in *Schizophyllum*. Amer. J. Bot. **42**, 394—400 (1955).
— Sex and cytoplasm in the fungi. Trans. N. Y. Acad. Sci. **18**, 388—397 (1956).
— The genetics of basidiomycetes. Advanc. Genet. **9**, 41—69 (1958).
Quintanilha, A., et S. Balle: Etude génétique des phénomènes de nanisme chez les hymenomycètes. Boll. Soc. Brot. **14**, 17—46 (1940).
Raut, C.: Cytochrome deficient yeast strains. Genetics **36**, 572 (1951).
— A cytochrome deficient mutant of *Saccharomyces cerevisiae*. Exp. Cell Res. **4**, 295—305 (1953).
— Heritable non-genic changes induced in yeast by ultraviolet light. J. cell. comp. Physiol. **44**, 463—475 (1954).
Renner, O.: Die pflanzlichen Plastiden als selbständige Elemente der genetischen Konstitution. Ber. sächs. Akad. Wiss. Leipzig, math.-physik. Kl. **86**, 241—266 (1934).
Rhoades, M. M.: Interaction of genic and non-genic hereditary units and the physiology of non-genic inheritance. In: W. Ruhland (Hrsg.), Handbuch der Pflanzenphysiologie, Bd. I, S. 19—57. Berlin-Göttingen-Heidelberg 1955.

RIZET, G.: Les phénomènes de barrage chez *Podospora anserina*. I. Analyse génétique des barrages entre souches S et s. Rev. Cytol. Biol. végét. **13**, 51—92 (1952).
— Sur la multiplicité des mécanismes génétiques conduisant à des barrages chez *Podospora anserina*. C. R. Acad. Sci. (Paris) **237**, 666—668 (1953a).
— Sur l'impossibilité d'obtenir la multiplication végétative interrompue et illimitée de l'ascomycète *Podospora anserina*. C. R. Acad. Sci. (Paris) **237**, 838 —840 (1953b).
— Sur la longévité des souches de *Podospora anserina*. C. R. Acad. Sci. (Paris) **237**, 1106—1109 (1953c).
— Les modifications qui conduisent à la sénescence chez *Podospora* sont-elles de nature cytoplasmique ? C. R. Acad. Sci. (Paris) **244**, 663—665 (1957).
—, et D. MARCOU: Longévité et sénescence chez l'acsomycète *Podospora anserina*. Compt. rend. VIII. Congr. intern. Bot. Sect., vol. 10, pp. 121—128, Paris 1954.
— — et J. SCHECROUN: Deux phénomènes d'héridité cytoplasmique chez l'ascomycète *Podospora anserina*. Bull. Soc. Franc. physiol. végét. **4**, 136—149 (1958).
—, et J. SCHECROUN: Sur les facteurs cytoplasmiques associés ou couple des gènes S—s chez *Podospora anserina*. C. R. Acad. Sci. (Paris) **249**, 2392—2394 (1959).
ROPER, J. A.: Nucleo-cytoplasmic interactions in *Aspergillus nidulans*. Cold Spr. Harb. Symp. quant. Biol. **23**, 141—154 (1958).
SCHATZ, G., H. TUPPY u. J. KLIMA: Trennung und Charakterisierung cyto-plasmatischer Partikel aus normaler und atmungsdefekter Bäckerhefe. Ein Beitrag zur Frage der genetischen Kontinuität der Mitochondrien von *Saccharomyces cerevisiae*. Z. Naturforsch. **18**b, 145—153 (1963).
SCHECROUN, J.: Sur la réversion provoquée des souches sS en souches s chez *Podospora anserina*. C. R. Acad. Sci. (Paris) **246**, 1268—1270 (1958a).
— Sur la réversion provoquée d'une modification cytoplasmique chez *Podospora anserina*. Proc. X. intern. Congr. Genetics, vol. II, pp. 252—253, Montrale (Canada) 1958b.
— Sur la nature de la différence cytoplasmique entre souches s et sS de *Podospora anserina*. C. R. Acad. Sci. (Paris) **248**, 1394—1397 (1959).
SHARPE, S.: A closed system of cytoplasmic variation in *Aspergillus glaucus*. Proc. roy. Soc. B **148**, 355—359 (1958).
SHERMAN, F.: Respiration-deficient mutants of yeast. I. Genetics. Gene-tics **48**, 375—385 (1963).
— Mutants of yeast deficient in cytochrome C. Genetics **49**, 39—48 (1964).
SILAGI, S.: Interactions between a cytoplasmic factor and nuclear genes in *Neurospora crassa*. Proc. XI. intern. Congr. Genetics, vol. 1, pp. 202, The Hague 1963.
SLONIMSKI, P. P.: Action de l'acriflavine sur les levures. IV. Mode d'utili-sation de glucose par les mutants «petite colonie». Ann. Inst. Pasteur **76**, 510—530 (1949a).
— Action de l'acriflavine sur les levures. VII. Sur l'activité catalytique du cytochrome C des mutants «petite colonie» de la levure. Ann. Inst. Pasteur **77**, 774—777 (1949b).
— Effèt de l'oxygène sur la formation de quelques enzymes chez le mutant «petite colonie» de *Saccharomyces cerevisiae*. C. R. Acad. Sci. (Paris) **231**, 375—376 (1950).
— Recherches sur la formation des enzymes réspiratoires chez la levure. Thèse, Fac. des Sci. Paris 1952.
—, et B. EPHRUSSI: Action de l'acriflavines sur les levures. V. Le système de cytochromes des mutants «petite colonie». Ann. Inst. Pasteur **77**, 47—63 (1949).
— et H. M. HIRSCH: Nouvelles données sur la constitution enzymatique du mutant «petite colonie» de *Saccharomyces cerevisiae*. C. R. Acad. Sci. (Paris) **235**, 741—743 (1952).

SONNEBORN, T. M.: Kappa and related particles in *Paramecium*. Advanc. Virus Res. **6**, 231—356 (1959).

SRB, A. M.: Some consequences of nuclear cytoplasmic recombinations among various *Neurosporas*. Cold Spr. Harb. Symp. quant. Biol. **23**, 269—277 (1958).

STUBBE, W.: Genetische Analyse des Zusammenwirkens von Genom und Plasmon bei *Oenothera*. Z. Vererbungsl. **90**, 288—298 (1959).

— Extrem disharmonische Genom-Plastom-Kombinationen und väterliche Plastidenvererbung bei *Oenothera*. Z. Vererbungsl. **94**, 392—411 (1963).

TAVLITZKI, J.: Action de l'acriflavine sur les levures. III. Etude de la croissance des mutants «petite colonie». Ann. Inst. Pasteur **76**, 497—509 (1949).

VANDENDRIES, R.: La tétrapolarité sexuelle de *Pleurotus colombinus*. Cellule **41**, 267—278 (1932).

WETTSTEIN, F. v.: Die genetische und entwicklungsphysiologische Bedeutung des Cytoplasmas. Z. indukt. Abstamm.- u. Vererb.-L. **73**, 349—366 (1937).

WINDISCH, S.: Über Bildung und Bedeutung plasmatischer Mutanten von Kulturhefen. Brauerei, Wiss. Beil. **11**, 3—7 (1958).

YCAS, M., and T. J. STARR: The effect of glycine and protoporphyrin on a cytochrome deficient yeast. J. Bact. **65**, 83 —88 (1953).

YOTSUYANAGI, Y.: Mitochondria and refractive granules in the yeast cells. Nature (Lond.) **176**, 1209 (1955).

— Études sur le chondriome de la levure. II. Chondriomes des mutants à déficience respiratoire. J. Ultrastruct. Res. **7**, 141—158 (1962).

Zu Seite 378: Tabelle VI-2 (Fortsetzung)

EDWARDS und JACKMAN 1965). Auch für *N. crassa* und
*S. cerevisiae* wahrscheinlich (COLBURN und TATUM 1965,
bzw. LINGENS und GOEBEL 1965, LINGENS et al. 1966b, c).

4-Hydroxyphenylbrenztraubensäure

Als Intermediärprodukt (wie bei Bakterien) wahrscheinlich (COLBURN und TATUM 1965, LINGENS und GOEBEL
1965, LINGENS et al. 1966b, c).

Tyrosin

5-Dehydrochinasäure
    bis         s. Tyrosinsynthese
Prephensäure

Syntheseschritt in Bakterien nachgewiesen, Anhaltspunkte für diesen Reaktionsschritt auch bei Pilzen
(Referenz s. Tyrosinsynthese).

Phenylbrenztraubensäure

Syntheseschritt in Bakterien nachgewiesen, für Pilze
wahrscheinlich (Referenz s. Tyrosinsynthese).

Phenylalanin

## 2. Biosynthese eines Vitamins
Nicotinsäure

Tryptophan

Wiederherstellung der Lebensfähigkeit von einigen
nicotinsäure-auxotrophen Mutanten nach Zugabe von
Tryptophan (BONNER und BEADLE 1946, BEADLE et al.
1947). Nachweis durch Verwendung radioaktiv markierter Substanzen, daß Tryptophan Vorstufe der
Nicotinsäure ist (PARTRIDGE et al. 1952, BONNER et al.
1952). Nachweis eines Enzyms (Kynurenin-Form-
amidase), das den Syntheseschritt von Tryptophan
nach Kynurenin katalysiert (JAKOBY 1954). Auch bei
*S. cerevisiae* als Vorstufe der Nicotinsäure nachgewiesen
(LINGENS und VOLLPRECHT 1964).

Kynurenin

Wiederherstellung der Lebensfähigkeit bei nicotinsäure-
auxotrophen Mutanten durch Zugabe von Kynurenin
(BEADLE et al. 1947). Akkumulation von α-N-Acetyl-
kynurenin, ein Stoff, der vermutlich aus dem Kynurenin
entsteht (YANOFSKY und BONNER 1950, 1951). Nachweis mit Hilfe von Wuchs- und Akkumulierungsver-
suchen, daß Kynurenin über 3-Hydroxykynurenin in
3-Hydroxy-anthranilsäure umgewandelt wird (BONNER
1948, YANOFSKY und BONNER 1950).

3-Hydroxy-kynurenin

Wiederherstellung der Lebensfähigkeit von nicotinsäure-
auxotrophen Mutanten nach Zugabe von 3-Hydroxy-
kynurenin (HASKINS und MITCHELL 1949). Akkumulation dieser Verbindung (YANOFSKY und BONNER 1950).
Nachweis eines Enzyms (Kynureninase), welches die
Bildung von 3-Hydroxy-anthranilsäure aus 3-Hydroxy-
kynurenin katalysiert (JAKOBY und BONNER 1953a, b,
JAKOBY 1955).

# Autorenverzeichnis

Seitenhinweise für die Literaturverzeichnisse *kursiv*

Abbot 174
Abel 356, *423*
Abelson 370, 371, 372, 373, 374, 375, *423*
Abrams 358, *423*
Adams 11, *30*
Adelberg 96, *119*, 358, 364, 367, 372, 373, 374, 383, *423, 436*
Ahmad 67, 90, *111*, 365, 399, 401, *423*
Alexander 286, *331*
Alexopoulos 5, *30*
Allen 26, *30*, 56, *111*, 129, *135, 136*, 415, *423*
Alper 292, *331*
Altenburger 286, 291, *332*
Amelunxen *436*
Ames, B. N. 358, 361, 376, 382, 383, 386, *423, 436*
Ames, L. M. 19, *30*, 56, *111*
Anagnostopoulos *426*
Anderer 352, *424*
Anderson, F. *437*
Anderson, G. E. 210, *259*, 284, *333*
Andersson-Kottö 373, *424*
Apirion 152, *257*, 287, 297, *331*
Aranoff 362, *424*
Arber 134, *135*
Arditti 285, *331*
Ark 40, *127*
Arlett 460, *469, 470*
Arnaudow 84, *111*
Arnold 293, *340*
Arnstein 356, *424*
Aronescu 16, *31*, 40, *111*
v. Arx 15, *34*
Aschan 80, 82, *111, 117*, 466, 467, *469, 471*
Aschan-Aberg 466, 467, *469*
Ashby 84, *111*
Atwood 278, 290, 316, *331, 341*, 417, *424*
Auerbach 275, 287, 295, 305, 310, 311, 312, 316, *331*

Avery 129, 130, *135*

**B**ackus 16, *31*, 40, 56, *111, 126*
Bacq 286, *331*
Bakerspigel 20, *32*, 67, *115*, 156, *259*, 454, *470*
Balbinder 307, 311, *333, 342*
Balle 39, *123*, 467, *472*
Banbury 93, 94, *111*
Barbee *441*
Barbesgaard 40, 45, *111*
Barksdale 41, *111*
Barnes 39, *111*
Barnett 38, *120*, 297, 314, 315, 316, *331, 332, 427*
Barratt 39, *111*, 169, 173, 174, 188, 193, 204, 205, 207, 208, 210, *257, 344*, 388, *423, 424, 440*
Barret 84, *111*
Barron 9S, *111*, 215, *257*, 359, *424*
de Bary 2, 15, *31*
Basilio *430, 439, 442*
Bauch 60, 61, 67, 74, 102, *111*, 326, 328, 329, 330, *331*
Bautz 302, *331, 334*, 451, *469, 472*
Bautz-Freese 302, *331,334*
Baxter *124, 267*
Beadle 3, *3*, 16, *31*, 38, 44, 103, *112*, 174, *257, 261*, 279, 280, 287, 311, *331*, 357, 358, 370, 379, 381, 388, 396, 423, *424, 425, 440*, 475
Beale 447, *469*
Beam 290, 293, *332*
Becker, E. *426*
Becker, T. 30, *31*
Beckmann *337*
Beisson-Schecroun 19, *31*, 105, *112*, 454, 457, *469*
Bell 174, *270*, 370, *440*

Belling 245, *257*
Bendigkeit 304, *338*
Benjamin 84, *112*
Bennet 159, *258*
Bensaude 54, *112*
Benzer 218, 229, *258*, 305, 307, 311, *332*, 354, 355, 356, *425, 427, 442*
Beraha *126*, 287, *332*
Berends 294, *332*
Berg 349, *427, 443*
Bergner *112*
Bergquist 367, *441, 442*
Bernet 73, 105, 110, *112*
Bernstein 139, 241, 249, *258*, 364, 367, 398, 401, 405, 421, *425, 434*
Berrie *333*
Berwald 451, *471*
Bessey 5, *31*
Beukers 294, *332*
Bevan 182, *264*, 325, *332*, 398, 401, *425, 427*
Beyerink 12, *31*
Binnington *343*
Bishop, H. 84, *112*
Bishop, J. 354, *425*
Bistis 22, *31*, 41, 56, 78, *112*, 145, 146, 152, 176, 177, 180, 196, *258*
Björling *31*
Black 358, 372, *425*
Blakeslee 2, *3*, 8, *31*, 38, 39, 40, 47, 48, 88, 89, 91, 94, 102, *112, 125*
Blau 286, 291, *332*
Blomstrand *333*
Bloom *266*
Bock 1
Böhme 286, 292, 324, *341*
Bogen 451, *470*
Bohn 143, *258*
Bole-Gowda 188, *258*
Bollum 134, *135*
Bond 388, 415, *429*
Bonner, D. M. 241, *270*, *344*, 349, 358, 359, 370, 371, 374, 378, 379, 381, 383, 390,

391, 392, 399, 400, 402,
405, 406, 407, 409, 417,
*423, 425, 428, 432, 433,
434, 437, 438, 439, 440,
441, 442, 443, 475*
Bonner, J. *433*
Bonnier 289, *332*
Boone 173, 198, 207, 210,
*258, 259, 262,* 282, 288,
311, *332, 338, 434*
v. Borsel *339*
Boulter, A. B. 373, 374,
375, *429*
Boulter, M. E. 68, *113*
Boylen 371, 372, 382, *429*
Bradley 96, *112*
Braunitzer 47, 93, *122*,
352, *425*
Brawner 104, *122*
Brefeld 15, *31*
Brehme 201, *258*
Brenes-Pomales *263*
Brenner 302, *332, 340,*
354, 402, *426, 427*
Bresch 129, *135,* 139, 175,
180, 199, 226, 231, 243,
246, 247, 248, *258,* 275,
*332,* 349, 355, *426*
Bridgemon 99, *112*
Bridges 201, *258*
Brieger 38, 47, *112,* 142, *258*
Brimacombe *437*
Brock 94, 95, *112*
Brockman 298, *332*
Broda 362, *426*
Brodie 57, 58, *113, 127,*
329, *339*
Brody 411, *426*
Brown, C. A. 26, *31*
Brown, G. L. 348, *426*
Broquist *433, 441*
Brucker 92, *113*
Brunswick 58, 59, *113,*
143, 231, *258*
Bruyn 84, *113*
Buchanan 389, *426*
Buckley *436*
Buddenhagen 39, *113*
Büchi *434*
Bürk 418, *426*
Bufton *122, 267, 341*
Bulder 449, *470*
Buller 24, *31,* 38, 56, 57,
64, 66, *113*
Burgeff 2, *3,* 9, *31,* 38, 39,
41, 47, 87, 88, 89, 91,
92, 93, 94, *113,* 231, *258*
Burger 40, *113*
Burkholder 359, *438*
Burnett, J. B. 384, *430*

Burnett, J. H. 38, 49, 67,
68, 91, 92, 108, *113*
de Busk 378, *428*
Buss 173, 194, *258*
Butenandt 3, 357, *426*
Buxton 98, *113,* 288, 290,
*332*
Byrne 404, *438*

**C**abet 359, 390, *426*
Cain 18, *31*
Cairns 129, 134, *135*
Caldas 290, *332*
Caldwell 99, *127*
Calhoun *261*
Callen 89, *113*
Campa *128*
Campbell, J. J. 358, *426*
Campbell, W. L. *333*
de Candolle 2
Canter 84, *113*
Cantino 10, *31,* 44, *121*
Canzanelli *343*
Capecchi *426*
Carlton 406, *426, 444*
Carr 21, *31,* 40, 41, 44, 53,
101, *114*
Carter 189, 204, *258*
Cartledge 89, 102, *112*
Case 219, 221, 222, 225,
226, 228, 233, 237, 238,
*258,* 365, 398, 404, 417,
*426, 442*
Caskey *437*
Caspari 447, 463, *470*
Catcheside 169, 222, *258,*
283, *332,* 365, 376, 381,
382, 386, 397, 398, 399,
400, 401, 402, 403, 417,
*423, 426, 447, 470*
Cavallieri 348, *427*
Cayley 38, *114*
Chamberlin 349, *427*
Champe 354, 355, *425, 427*
Chantrenne 348, *427*
Chao *432*
Chargaff 133, *135*
Chase, L. R. *428*
Chase, M. 130, *135,* 224, *259*
Chen 181, *262,* 287, *336*
Chena 39, *114*
Chevaugeon 105, *114,*
459, *470*
Chilton 21, 41, *114, 115,*
*121,* 174
Chimenes *470*
Chodat 39, 40, *114*
Chow 66, *114*
Clarke 288, 297, 310, *332*
Claussen 84, *114*

Cochrane 38, *114*
Coddington 388, 399, *429*
Coghill *124*
Cohn 391, 394, 419, 427, *436*
Coker 84, *114*
Colburn *427,* 475
Collins 87, *114*
Colson 67, *114,* 156, *259*
Combépine 375, *427*
Constantin 290, *332*
Coonradt 44, 103, *112,*
396, *424*
Correns 49, *114,* 445, 447,
*470*
Costello 288, *332,* 398,
401, *427*
Cotton 378, *427*
Couch 84, 85, 101, *114*
Coughey *440*
Coughlin *423*
Coulson 314, *338*
Cove 382, *427, 437*
Cox, B. S. 325, *332*
Cox, R. A. *424*
Coy 39, 98. *114, 127*
Coyle 212, *267*
Craigie 26, *31,* 38, 52, *114*
Crawford 390, 402, 407,
409, *427, 431, 443*
Crick 132, 133, *136, 332,*
348, 349, 353, 355, *427*
Cross *428*
Crowe 65, 66, 97, 99, *114*
Cushing 174, *259, 339*
Cuzin 459, *470*

**D**angeard 15, *31*
Daniels *122*
Danneel 357, *427*
Darlington 46, *114,* 243, *259*
Davidson, D. 317, *333*
Davidson, P. F. 348, *434*
Davis, B. D. 358, 362,
370, 414, *427, 435, 441*
Davis, R. H. 368, 370,
371, 377, 379, 383, 398,
408, 409, 411, 412, 418,
*427, 443*
Dawid 93, *122*
Day 3, *4,* 6, *32,* 57, 58, 64,
*114, 126,* 173, 188, 207,
210, 227, *259,* 260, 284,
327, *333, 334,* 359, 367,
*428, 429,* 465, 467, *470*
Dee 87, *115*
de Deken 371, *428*
Delay 28, *32*
Delbrück 314, *339, 345,*
348, *428,* 457, *470*
Delluva *428*

Dellweg *345*
Demerec 139, *259*, 275, 289, 298, 322, 323, 324, *333*, *342*, 420, *428*
Demoss 365, 377, 378, 383, 390, 392, 395, *425*, *428*, *435*, *442*
Denffer *118*
Dengler 21, *32*
Derjugin *426*
Desborough 146, 148, 149, 158, 159, 172, 173, 187, 188, 198, 210, *259*, *264*, *269*
Dessauer 286, 291, *333*
Dick 39, 75, *115*, 314, *333*
Dickinson 231, *259*
Dickson 66, *115*, 467, *470*
Digbeu 459, *470*
Dimock 84, *115*
Dintzis 354, *428*
Ditlevsen 11, *33*
Dobzhansky 286, *345*
Doctor *437*
Dodge 1, 3, *4*, 16, 19, 22, *32*, 35, 38, 40, 41, 54, 55, 67, 77, 103, *115*, 156, *259*
Doermann 173, 224, *259*
Dorfman 398, 401, *428*
Dornbush 370, *433*
Doudney 292, *333*, *335*, *336*
Douglas *124*, *268*, *342*, 382, 421, *428*
Dowding 19, 20, 22, *32*, 56, 67, *115*, 156, *259*, 454, *470*
Draculic 292, *333*
Drayton 84, *115*
Drell *436*
Driver 44, *115*, *128*, 152, *271*
Drysdale *263*
Dulbecco 292, *333*
Dunn 293, *333*
Dupin 287, 288, 290, *333*
Durkee *126*
Dussoix 134, *135*
Dutta 96, *115*

Eberhart, B. 383, *428*
Eberhart, B. M. 370, *428*
Ebersold 189, 190, 198, *259*, *263*
Edgerton 2, *4*, 21, *32*, 53, *114*, *115*, *121*
Edmonds 379, *428*
Edwards 377, 378, *428*, 475

Egelhaaf 348, *428*
Eggertson 62, *115*
Ehrenstein 356, *428*
Ehrensvärd 358, 359, 375, *424*, *428*, *440*
Eidam 15, *32*
El-Ani 40, 85, 108, *115*, 198, 210, 231, 237, 238, *259*, *262*, *266*, 359, *428*
Ellingboe 65, 66, 97, 99, *115*, *124*, 211, 215, *259*, 359, *428*
Elliott 177, 180, 215, 224, *259*
Emerson 139, 174, *259*, 325, 330, *333*
Emmons 286, 293, *335*
Engelmann 19, *35*, 39, 67, *124*, 152, 155, 156, 169, 177, 178, 198, 205, *268*
Ensign *433*
Ephrussi 3, 290, *338*, 357, *424*, *428*, 447, 448, 449, 450, *470*, *473*
Errera 275, 292, *333*, *336*
van Esenbeck 2
Esser 5, 18, 19, 21, *32*, 38, 39, 40, 41, 42, 44, 49, 52, 53, 59, 69, 70, 71, 72, 75, 77, 79, 80, 82, 101, 102, 107, 108, 110, *112*, *116*, *124*, 152, 156, 209, 210, *259*, *260*, 287, 320, *334*, 382, 383, 414, 418, *429*, 453, *470*
Evans 317, *334*
Eversole 188, 198, *260*

Fahmy, M. J. 312, *334*
Fahmy, O. G. 312, *334*
Fairley 370, *435*
Falconer 204, *258*
Faulkner 460, *470*
Faull *260*
Fein 366, 377, 382, 398, 422, *431*
Fetherston *333*
Fillippov 286, *340*
Fincham 3, *4*, 173, 174, 175, 188, 198, 227, *260*, 327, *334*, 348, 367, 370, 371, 372, 373, 374, 375, 381, 382, 388, 393, 397, 398, 399, 402, 403, 415, *429*, 438
Fink, G. R. 376, *430*
Fink, H. 451, *471*
Firbas *118*
Fischer, G. A. 372, 383, *430*

Fischer, G. W. 30, *32*
Fisher, K. W. 419, *430*
Fisher, R. A. 159, 204, *260*
Fitzgerald 40, *116*, 462, *471*
Flaks *426*
Flavin 372, 383, *430*, *433*
Fling *118*, 372, 383, 384, 387, *430*, *432*, *441*
Fogel 181, 182, 213, 215, 242, *260*, *262*
Forbes *122*, 228, *260*
Fowell 11, *32*
Fox 78, *116*, 383, 384, *430*
Fraenkel-Conrat 348, 354, 394, *441*
Fram *333*
Franke 19, *32*, 55, 67, *116*, 155, 207, *260*, 326, 328, 330, *334*
Franklin 229, *270*
Fratello 181, *260*
Freese 221, 228, 249, 250, *260*, 302, 307, *331*, *332*, *334*
Fried *342*
Fries 2, 62, 82, *116*, 279, 283, 284, 287, 297, 315, *334*, *344*, *346*, 359, *430*, *440*, 466, 467, *471*
Fritz-Niggli 286, 300, *334*
Frost 173, 174, 175, *260*, *264*
Fuchs *430*
Fuerst 285, *334*
Fuller 39, 40, *117*
Fulton 57, 58, *117*

Gäumann 5, 25, *32*
Gaither *337*
Galinsky *333*
Gans 60, 66, 98, *117*, *123*, *426*
Garber 96, 98, *115*, *126*, *127*, 215, *270*, *332*
Gardner 353, 355, *430*
Garen 414, *430*
Garnjobst 39, 103, 104, 105, 111, *117*, *128*, 174, *257*, *260*, *441*
Garrick 390, *430*
Garrod 357, 358, *430*
Garton 92, *117*
Gehring-Müller *425*
Geiduschek 349, *430*
Ghosh *434*
Gibson 378, *427*
Gierer 130, *135*, 299, *340*, 348, *430*

Giesy 6, *32*
Gilbert 420, *430*
Giles 188, 219, 221, 222,
　225, 226, 228, 232, 233,
　237, 238, *258, 260,* 285,
　287, 288, 289, 295, 298,
　307, 308, 309, 310, 315,
　322, *334, 337,* 382, 389,
　398, 404, 409, 413, 417,
　422, *426, 430, 437, 443*
Gilliland 385, *431*
Girbardt 6, *33*
Gladstone 349, *442*
Glass 129, *136,* 139, *264,*
　275, 292, *334, 339,* 349,
　358, *435, 436*
Glassey *266*
Glassman 418, *431*
Glover 295, *334*
Goebel 378, *435,* 475
Goldschmidt 142, *260,*
　275, *334*
Gollub 389, *431*
Good 373, *431*
Goodwin 92, *117*
Gordon 108, *117,* 328,
　*334,* 376, *431*
Gorman *431*
Gorodkowa 11, *33*
Gots 389, *431*
Gowans 196, *260*
Gowdridge 452, *471*
Gowen 194, *260*
Graham 11, *33*
Grasso 74, *117*
Graubard 175, *261*
Gray, N. M. 372, *425*
Gray, W. D. 78, *116*
Greenberg 358, *431*
Greer 293, 294, *335, 346*
Greis 5, 13, 20, *33,* 53, 83,
　100, 102, *117*
Grenson 449, *471*
Griffin 356, *431*
Griffith 96, *117*
Grigg 40, *117,* 285, 323,
　*335*
Grindle 105, *117, 119,*
　460, *469, 471*
Gross 104, *117,* 284, *338,*
　366, 375, 376, 377, 382,
　383, 398, 401, 402, 422,
　*431, 433, 441*
Groves 84, *115*
Guglielminetti *339*
Guilliermond 11, 12, *33,*
　89, *117*
Guirard 370, 393, *441*
Gunkel 292, *337*
Gunsalus *441*

Gupta *434*
Gurd 352, *435*
Gutz 281, 287, 297, 305,
　306, 307, *335*

Haagen-Smit 85, *117, 124*
Haas 292, *333, 335, 336*
Haddox 393, *442*
Haefner 288, 290, *335,*
　*338*
Haenicks 39, 40, *117*
Hagemann 447, *471*
Hainz 293, *335*
Haldane 146, 204, *261,*
　*271*
Haldeman 39, 40, *117*
v. Haller 2
Hallmann 357, *426*
Halvorson 382, 385, 386,
　*431, 438*
Hanna 26, *33,* 231, *261*
Hansen 40, 85, *118*
Hanshoff 379, *438*
Hanson *333*
Harder 5, *33,* 48, 58, 77,
　82, 84, *118,* 465, 466,
　*471*
Hardesty 452, *471*
Harm 9, *33,* 88, 89, 291,
　*335*
Harold 292, *335*
Harris 286, 328, *335, 342*
Hartelins 11, *33*
Hartman, P. E. 396, 420,
　*428, 431,* 451, *471*
Hartman, S. C. *426*
Hartman, Z. *431*
Hartmann, M. 38, 46, 49,
　61, 100, 101, *118*
Hartshorne 196
Haskins *431,* 452, *471,*
　475
Hastie 98, *118,* 288, 290,
　*332*
Hastings 11, *33,* 255, 256,
　*261, 271*
Hatanaka 406, *431*
Hatfield *437*
Hawker 38, 94, *118*
Hawthorne 11, *33,* 90,
　*118, 124,* 146, 188, 198,
　210, *261, 265, 268,* 323,
　*335, 342,* 382, 412, 421,
　*428, 431*
Hayes 129, *135,* 139, *261,*
　275, *335,* 349, *431*
Heagy 228, 229, *261,* 326,
　328, *335*
Heilbronner *431*
Heilinger *120*

Heinemann *430*
Helinski 406, 415, *431,*
　*432, 444*
Heller *436*
Hellmann 358, 362, *431,*
　*435*
Hemmerly *333*
Hemmons *122, 267, 341*
Henderson 379, *432*
Henning 354, 406, *432,*
　*444*
Henrici 11, *33*
Hepden 94, *118*
Hershey 130, *135,* 247,
　*261*
Heslot 40, 41, 53, 101,
　*118,* 140, 152, 169, 176,
　177, 179, 188, 198, 210,
　*261,* 287, 288, 289, 297,
　298, 299, 307, 310, 312,
　315, 318, 320, 322, 330,
　*335,* 359, *432*
Hesseltine 9, *33,* 91, *118*
Hillschmann *425*
Hilse *425*
Hingorani 39, *114*
Hirs 352, *432*
Hirsch 45, 85, *118, 127,*
　174, *261,* 449, *473*
Hobam *425*
Högström *424*
Hogness 393, *432*
Hollaender *124,* 286, 287,
　289, 293, *335, 342, 343,*
　*346*
Holley *442*
Holliday 99, *118,* 181,
　182, 198, 210, 211, 212,
　213, 215, 217, 249, 256,
　*261,* 281, 288, 315, 326,
　*335,* 359, *432*
Holloway 104, *118,* 173,
　174, *261*
Holmes *340*
Holton 56, *118*
Horecker 376, 383, *424*
Horibata *431*
Horowitz 40, 45, 78, *118,*
　228, *261,* 297, 312, *336,*
　358, 370, 371, 372, 381,
　383, 384, 387, 417, 418,
　419, 421, *430, 432, 437,*
　*439, 441*
Hottinguer 231, *263,* 447,
　448, *470*
Houlahan 173, 188, *261,*
　*336, 338,* 370, 373, 379,
　411, *432, 436*
Howard-Flanders 292,
　293, *331, 336*

Howe 156, 186, 188, 194, 198, *261*, 285, 287, *336*
Hüttig 21, *33*, 101, *118*, 176, 177, 180, 181, 196, 198, *261*
Huang 349, *433*
Hughes *263*, 270
Hulanicka 376, *434*
Hungate *336*
Hunt *424*
Huong 105, *114*
Hurst 181, 182, 213, 215, 242, *260*, *262*
Hutchins *333*
Hwang 210, *262*, *264*

Ihler 246, *262*
Ijlstra *332*
Ikeda 98, *118*, *119*, *126*, 181, *262*, *336*
Imai *428*
Ingold 5, *33*
Ingram, V. 394, *433*
Ingram, V. M. 354, *433*
Ishidsu *333*
Ishikawa 222, 228, *262*, 287, 298, 305, 307, 323, *336*, 382, 398, 402, 404, *433*
Ishitani 98, *118*, 181, 188, 210, *262*, *267*, 326, 328, 329, *336*
Ito 53, 78, 79, *119*, 152, *262*

Jackman 377, 378, *428*, 475
Jacob, F. 96, *119*, 181, 241, *268*, 394, 395, 413, 418, 419, 420, 421, *433*, *437*, 455, 468, *471*
Jacob, T. M. *434*
Jagger 292, *336*
Jakoby *433*, 475
James 181, *262*
Janczewski 22, *33*
Janssens 243, *262*
Jensen 295, 315, *336*
Jessop *258*
Jinks 105, *119*, 447, 459, 461, 462, *469*, *471*
Johannes 9, *33*
Johnson 467, *471*
Joly 38, *119*, 139, *262*, *433*
Jones, E. E. *433*
Jones, M. E. 412, *433*
Jones, O. W. 355, *433*, *435*, *437*
Jordan 392, 409, *440*
Josse *136*
Jost 47, *119*

Joussen 176, 177, 188, 193, 194, 207, *262*
Jürgens 40, *119*
Jukes 348, 370, *433*
Jungwirth 375, *433*

Kada 292, *336*
Käfer 97, 98, *119*, 149, 150, 152, 181, 188, 210, 211, 212, 213, 214, 215, 216, 217, *262*, *267*, 285, 287, 320, 325, 330, *336*, *342*, *344*
Kägi 402, *433*
Kakar 221, *262*, 315, *336*
Kanazir 292, *336*
Kano-Sueoka 354, *433*
Kaplan, C. 293, *337*
Kaplan, M. M. 372, *433*
Kaplan, R. W. 139, *262*, 275, 286, 289, 291, 292, 293, 294, 304, 305, 311, 313, *335*, *336*, *337*, 348, 392, 395, 406, 419, *442*
Kaplan, S. 405, *433*
Kapuler 398, 401, 405, *434*
Karlson 348, *426*, *434*
Kasha 129, *135*, 349, *434*
Kater 11, *33*
Kaudewitz 322, *337*, 348, *434*
Kavanagh 9, *35*
Keene 9, *33*
Keeping 28
Kehl 93, *119*
Keitt 15, *33*, 173, 198, 207, 210, *258*, *259*, *262*, *332*, *338*, *434*
Kellenberger 246, *262*
Kellogg *437*
Kelner 292, *337*
Kemper 176, 177, 178, 179, 180, 193, 194, 198, 204, 207, 210, *262*
Khalil *423*
Khan *423*
Khorana *434*
Kihlman 317, *337*, 359, 430
Kikkawa 194, 195, *262*
Kilbey 287, 293, 295, 297, *331*, *337*
Killian 15, *33*
Kimball 292, *337*
Kimura 57, 65, 66, 82, 98, *119*, 467, *471*
Kiritani 303, 316, *342*, 373, *434*, *441*
Kirk *336*

Kitani 231, 237, 238, 239, 240, *259*, *262*, *266*, *342*, *428*
Kleiner 292, *337*
Klima *473*
Klopotowski 376, *434*
Knapp 186, 190, 196, 198, *262*, *263*, 286, 293, *337*
Kniep 2, 5, *33*, 38, 49, 54, 57, 61, 62, 84, 87, 88, *119*, 231, *263*, 325, 330, *337*
Köhler 16, *33*, 91, 92, 93, *119*
Kølmark 281, 287, 290, 295, 298, 307, 309, 310, 315, *331*, *336*, *337*, *343*, 413, *434*
Kössel *434*
Kopac 370, 393, 412, *441*
Korf 49, *119*
Kornberg 129, 134, *136*, *435*
Kosambi 192, 204, *263*
Kostoff 328, *337*
Kraepelin 451, *470*, *471*
Krafczyk 92, *119*
Kribben *120*
Krongelb 40, 43, *124*
Kubitschek 304, *337*
Kübler *436*
Kuenen 145, 152, 154, 156, 165, 166, 169, 176, 177, 188, 192, 193, 194, 198, 204, 205, 206, 207, 209, 210, *263*
Kühn 3, 357, *434*
Kuhner 68, 74, *119*
Kulkarni 26, *33*
Kurahashi 418, *434*
Kurek 383, 392, 409, *440*
Kuwana 78, *120*

Labrum *333*
Lacy 399, 400, 402, *434*, *440*
Lahr *333*
Laibach 40, *120*
Lamb 26, *33*, 56, *120*
Lamey 359, *434*
Lamoure 68, *120*
Landman 292, *345*, 383, 418, *434*
Lange, I. 56, *120*
Lange, M. 67, *120*
Langham *437*
Lanni 348, *434*
Laskowski 11, 28, *36*, 275, 288, 290, 307, 312, *335*, *338*, *344*
Lata 388, *437*

Latarjet 290, *338*
Laustsen 11, *36*, 89, *128*, 279, *345*
Laven 70, *120*
Lea 286, 314, *338*
Leahy *425*
Leben 285, *338*
Lederberg, E. M. 279, 281, *338*, *434*
Lederberg, E. Z. 413, *430*
Lederberg, J. 96, *126*, *128*, 144, 245, *263*, 279, 281, *338*, *418*, *434*
Ledingham 84, *127*
Lee-Whiting 181, *262*
Lefort 459, *470*
Leifer *437*
Lein 282, *338*, 378, 381, *436*
Leitner 84, *114*
Lengyel *430*, *439*, *441*
Leonian 39, 40, 84, *120*
Lerman 302, 304, *338*
Lester, G. 377, 390, 419, *434*
Lester, H. E. 284, *338*
Leupold 12, 28, *33*, *34*, 90, 91, *120*, 196, 210, 228, 231, *263*, 281, 288, 305, 306, 327, 329, *338*, 397, 398, 403, 404, 417, *432*, *434*
Levenberg *426*
Levi 94, 95, *120*
Levin *437*
Levine 189, 190, 198, *259*, *263*
Levinthal 348, 404, *434*, *439*
Lewis, D. 38, 49, 77, 79, 98, *120*, *128*, 181, 182, 210, 211, *263*, *271*, 359, 409, *435*
Lewis, R. W. 370, *435*
L'Héritier 447, 457, 468, *471*
Lieb 292, *338*
Liebermann 380, *435*
Lijinski 92, *117*
Lilly 38, *120*
Lindberg 459, *471*
Lindegren, C. C. 3, *4*, 11, 16, *34*, 38, 39, 40, 55, 74, 89, 90, 91, *120*, 139, 142, 143, 144, 145, 146, 148, 149, 156, 158, 159, 172, 173, 174, 187, 188, 194, 204, 207, 210, 231, *259*, *262*, *263*, *264*, *266*, *269*, 277, 287, 327,

329, *338*, *340*, *341*, 348, 359, 382, 386, *435*, *437*, 447, *471*
Lindegren, G. 16, *34*, 39, 40, 89, 90, 91, 120, 187, 231, *262*, *263*, *266*, 277, 287, 327, 329, *338*, *340*, 386, *435*
Linder 24, *34*
Lindfors 68, *121*
Lindner 12, *34*
Ling 87, *114*
Lingens 358, 362, 377, 378, *431*, *435*, 475
Linné 1, 2
Lipman 356, *428*
Lissouba 156, 227, 228, 233, 234, 235, 238, *264*, *268*, 277, *339*, *341*
Liu 451, *471*
Lively *434*
Locke *439*
Lodemann *345*
Löwenthal 84, *121*
Loper *431*
Loprieno 297, *339*
Loring 370, *435*, *438*
Lorkiewicz 286, 294, *339*, *344*
Lovett 44, *121*
Lowry *126*
Lu 329, *339*
Lucas 21, *34*, 41, 53, *114*, *115*, *121*
Lucke 290, *339*, *342*
Ludwig 139, 144, 171, 179, 189, 190, 194, 198, 204, *264*
Lück 377, *435*
Lüning 289, *332*
Luig 99, *127*
Lukens *426*
Luria 247, *264*, 314, *339*
Luzzati 133, *136*
Lwoff 96, *121*
Lyon *260*

Maas 414, *435*
MacDonald *122*, *267*, *341*
MacLeod *118*, 228, *261*, *432*, *436*
Mack *333*
Mackey *333*
Mackintosh 282, *339*
Macleod, C. M. *135*
MacLeod, H. L. *432*, *437*
Macneill 98, *111*
Macrae *121*
Madsen 352, *435*
Magni 315, *339*

Maheswari *433*
Mahler *333*
Mahony 40, *121*, 460, 461, 462, *471*
Makarewicz 236, *264*
Maling 188, 210, *264*, 282, *339*
Malling 287, 295, 307, 310, 315, *339*
Manney 224, *264*
Marcker *435*
Marcou 20, *34*, *112*, 152, 279, *339*, 457, *471*, *473*
Margolin *433*
Markert 21, *34*, 41, *121*, 287, 289, 291, *339*, 359, 382, 384, 385, 418, *435*, *437*, *440*
Marquardt 297, 313, *339*, 451, *469*, *472*
Marshall *437*
Martens 11, *34*
Martin, F. L. *343*
Martin, N. J. *438*
Martin, P. G. 55, *121*
Martin, R. G. *435*
Matchett 395, *435*
Mather 38, *121*, 193, *264*, 447, *472*
Mathieson 146, *264*
Matthaei 353, 355, *435*
Maxwell 356, *436*
McCarty *135*
McClary 340, *435*
McClintock 16, *34*, 139, 153, 207, *264*, 320, *339*
McCurdy jr. 44, *121*
McElroy 129, *136*, 139, *264*, 275, 297, *339*, 349, 358, 370, 383, 393, *436*, *439*
McFarlane 349, *442*
McGahen 21, 22, *34*, 40, 41, *121*, *128*
McGregor 289, *340*
McKee *122*
McKehnie 328, *334*
McManus 374, *436*
McNelly *264*
Medveden 348, 350, *436*
Megnet 379, *436*
Meister 388, *436*
Melchers 348, *436*
Melrose *343*
Meselson 133, 134, *136*, 246, *262*, *264*
Mettler 292, *334*
Metzenberg 419, *432*, *436*
Metzger 293, *339*

Meyers 364, 367, 373, 374, 383, *436*
Michaelis 312, 317, *341*, 447, 463, *472*
Michel *339*
Michelson 379, *436*
Michie 147, 149, *264*
Middelhoven 371, *436*
Middleton 82, *121*, *124*, 211, *264*, *267*
Miles 24, *35*, 63, 102, *124*, 210, *267*, 359, *438*
Miller, A. 364, 367, 398, 401, 421, *425*
Miller, H. *339*
Miller, J. J. 11, *36*
Miller, M. W. 182, *264*, *332*
Miller, R. S. *430*, *442*
Mills *433*
Miltenburger *339*
Minckler *266*, *340*
Mingioli 362, *427*
Mitchell, H. K. 173, 210, 241, *264*, *265*, 284, *338*, *340*, 348, 361, 370, 371, 373, 376, 378, 379, 381, 393, 396, 411, 418, *424*, *431*, *432*, *434*, *437*, *442*, 452, *471*, *472*, 475
Mitchell, J. S. 286, *340*
Mitchell, M. B. 39, *121*, 146, 173, 210, 212, 231, 232, 233, 247, *265*, 284, *340*, 371, 396, 411, *424*, *436*, 452, *471*, *472*
Mitter 26, *34*, 56, *121*
Miyake *333*
Mizobuchi *333*
Möbius 2, *4*
Möller 192, 198, 199, *263*, *265*
Mohler 383, 390, 392, *437*
Monnot 177, 178, 188, 198, *265*
Monod 394, 395, 413, 418, 419, 420, 421, *433*, *437*
Monsees *333*
Moohr *430*
Moore *432*
Moreau 16, 19, *34*, 74, *121*
Morgan, L. V. 190, *265*
Morgan, R. *434*
Morgan, T. H. 201, 202, 204, 207, *265*
Morpurgo 150, 181, 213, *260*, *265*, 285, *340*
Morris 330, *344*
Morrison 74, *121*
Morrow 278, *340*, 418, *437*

Mortimer 146, 188, 198, 210, 224, *261*, *264*, *265*, 290, *332*, *340*, 412, *431*
Moruzi 16, *34*, 74, *121*
Mousseau *264*, *268*, *339*, *341*
Mozmadar *423*
Mrak 11, *34*
Müller, E. 15, *34*
Müller, G. *435*
Müller-Hill 420, *430*
Mukai 278, 316, *331*, 417, *424*
Muller 96, *121*, 224, *265*, 286, *340*
Mullins 41, 86, *121*
Mundkur 231, *265*
Mundry 299, *340*
Muneta 464, *472*
Munkers *270*, *344*, *440*
Murray 39, 40, 43, *121*, 210, 221, 228, 250, 253, *265*, *267*, 398, 404, *437*
Mylroie 297, *344*

Nadson 286, *340*
Nagai 297, *340*
Nagata *342*
Nakada 293, 303, *340*, *342*
Nakamoto *430*
Nakamura *118*, 152, 173, 174, 175, *262*, *265*
Nanney 447, *472*
Narang *434*
Nelson 62, *121*, *260*, *430*
Neth *436*
Newcombe 289, *340*
Newmeyer *257*, 370, 372, 382, 417, *437*
Newton 407, *437*
Nirenberg 355, *433*, *435*, *437*
Noble 66, *121*
Nobles 52, *121*
Norman 290, *340*
Novelli 348, *437*
Nowakowski 84, *121*
Nultsch 351, *437*
Nyc 362, 377, 379, *424*, *436*, *437*

Ochoa 353, 354, *437*, *439*, *442*
Oehlkers 175, *265*, 447, *472*
Oettinger 60, 82, *124*
Ogata 208, *257*
Ogg *346*
Ogur 228, *266*, 293, 326, 329, *340*
Ohnishi 383, *437*

Ohtsuka *434*
Oikawa 66, 68, *121*
Olive 5, 15, 21, 22, 28, *34*, 40, 41, 44, 53, 70, 101, 108, 109, *114*, *115*, *121*, 152, 176, 177, 179, 231, 238, 239, 241, *258*, *259*, *262*, *266*, *428*
O'Neal 356, *431*
Oort 9, *34*, 58, *122*
Oppenoorth 300, *340*
Orban 9, *34*, 47, 88, 89, *122*
Orgel 302, *332*, *340*
Oster 293, *340*, *341*
Osterbind 278, *343*
Osterwalder 12, *34*
Overton 398, *426*
Owen, A. R. G. 189, 194, 204, *260*, *266*
Owen, R. D. 382, 385, *435*, *437*

Pätau 194, *266*
Paigen 419, *437*
Palleroni 382, 386, *437*
Palmitter 15, *33*
Papazian 24, *34*, 38, 39, 57, 62, 63, 65, 66, 75, 80, 82, *122*, 156, 158, 159, 173, 194, 204, 205, 210, 226, *266*, 466, 467, *472*
Parag 57, 58, 59, 81, 99, *122*, 211, *266*
Pardee 348, *438*
Parmeggiani *436*
Parsons 198, *266*
Partridge *260*, 362, 377, 389, 397, 409, *425*, *430*, *437*, *443*, 475
Paszewski 146, 149, *270*
Pateman 221, 228, *266*, 382, 388, 398, 415, 418, *426*, *427*, *429*, *437*
Pazonyi 11, *34*
Payne 204, *266*
Peerson 2
Perham 359
Perkins 144, 158, 162, 165, 169, 170, 173, 175, 186, 188, 194, 196, 198, 204, 207, 210, *257*, *258*, *266*, *267*, *270*, 359, 362, 363, 377, *438*, *441*
Perutz 129, *136*, 348 *438*
Pestka *437*
Pfitzner 84, *122*
Phaff 11, *34*
Phillips *124*, *342*

Pierce 370, *438*
Pierog 409, *439*
Pinte-Lopes 38, 52, *123*
Pittenger 104, *122*, 212, 267
Pittman 288, 298, *341*
Plempel 41, 47, 89, 93, 94, *113, 122*
Plinius 1
Plough 175, *267*
Pomper 91, *122*, 290, *341*, 359, *438*
Pond *343*
Ponta 1
Pontecorvo 15, *34, 35*, 96, 98, *122*, 139, 149, 152, 174, 210, 211, 212, 213, 214, 215, 216, 217, 227, 228, 229, *267*, 279, 281, 284, 326, 327, 328, 330, *341*, 359, 421, *438*
Porphyrius 1
Prakash 145, 146, 181, 182, 188, 190, *267*
Presley 40, *122*
Prévost 24, 25, *35*, 39, 57, 65, 66, *122*, 210, *267*
Pritchard 139, 211, 221, 224, 226, 227, 228, 250, *267, 268*, 282, *339*
Prud'homme 60, 66, 98, *117, 123*, 149, *267*
Pullman 129, *135*, 349, *434*
Putrament 236, 250, 253, 269

Quintanilha 38, 39, 52, 58, 65, 66, 102, *123*, 198, *267*, 467, *472*

Rachmeler 390, 392, *438*, 444
Radhakrishnan 364, 367, 373, 374, *438*
Rademacher 204, *267*
Rajewsky 286, *341*
Ramlow 22, *35*
Randall 133, *136*
Ranganathan 328, 329, 330, *341, 344*
Raper, C. A. 58, *123*
Raper, J. R. 5, 10, 15, 24, 28, *35*, 38, 39, 40, 41, 43, 56, 57, 58, 59, 62, 63, 64, 65, 66, 75, 78, 80, 82, 83, 84, 85, 86, 90, 97, 99, 101, 102, 109, *112, 115, 116, 121, 122, 123, 125*, 173, 210, 211, *259, 267*, 314, *333*, 359, *428, 438*

Raper, K. B. 15, *36*, 39, 40, *124, 127*
Ratner 358, *438*
Raut 451, *472*
Rawitscher 30, *35*, 68, *124*
Reaume 279, 282, 297, *341*
Regnery 173, *268*, 375, *438*
Reichard 379, *438*
Reimann-Philipp 232, 268
Reio *424, 428*
Reissig 282, 284, 287, 297, *341*, 372, 411, *438*, 444
Renner 447, *472*
Reuss *337*
Revell 312, *341*
Rever *437*
Rhinesmith 352, *438*
Rhoades 447, 463, *472*
Rieger 286, 292, 312, 317, 324, 325, *341*
Rifaat 173, 174, 175, 179, 268
Riley 348, *438*
Risse *337*
Ritchie 21, *35*
Ritter 91, *124*
Rizet 19, 22, *35*, 39, 67, 72, 105, *124*, 152, 155, 156, 169, 177, 178, 198, 205, 235, 236, 238, 240, 242, 251, *264, 268*, 277, *339, 341*, 447, 453, 454, 455, 457, 458, 459, 468, *472, 473*
Robbins 9, *35*
Roberts, C. 90, 91, *128*, 231, *272*, 279, 282, *341*, 385, *442*
Roberts, D. B. *437*
Roberts, J. W. 40, *124*
Robertson, A. 204, *258*
Robertson, J. J. 386, *438*
de Robichon-Szulmajster 382, 386, *438*
Röbbelen 275, 317, 325, *341*
Romagnesi *120*
Roman, H. (bzw. H. D.) 91, *124*, 139, 181, 218, 224, 231, 232, 241, 246, *268, 269*, 284, 327. *342*, 398, 401, *438, 470*
Roman, W. 11, *35*
Ronsdorf 93, *124*
Roper 96, 98, *122, 125*, 149, 211, 214, 228, 229,

*261, 267, 268*, 285, 326, 327, 328, *335, 341, 342*, 460, *473*
Rosen 304, *342*, 348, 355, *438*
Rosenberg 348, *427*
Roshal 62, *125*
Roshanmanesh *341*
Rossi *344*
Rossignol 235, 236, *264, 268, 339*
Rothman 404, *438*
Rottman *437*
Rowell 60, 61, *125*
Royes 278, *342*
Rudert 385, *438*
Rudloff *425*
Rudner 303, 307, 311, *340, 342*
Rüger *337*
Rupert 294, *342*
Ryan 18, *35*, 129, *136*, 144, *268*, 275, 279, 303, 314, 316, 317, *340, 342*

Sager 129, *136*, 275, *342*
Sagisaka 373, *438*
Saito *126*
Sakaguchi *119, 336*
Sakami 358, 375, *438*
Saluste *424, 428*
Sams 289, *333*
San Antonio 39, 57, 80, *124*
Sander *436*
Sands *124, 342*
Sanger 352, *439*
Sansome 16, 17, *35*, 39, 103, *125*, 287, 289, 326, 327, 328, 329, 330, *342*
Sanwal 388, *439*
Sarachek 290, 293, *339, 342*
Sartoris 30, *35*
Sass 68, *125*
Satina 48, 91, *125*
Savile 26, *35*
Schaeffer 2
Schaeffer, P. 384, *439*, 471
Schatz 449, *473*
Schechter 356, *442*
Schecroun *112*, 454, 457, 473
Schiemann 40, *125*
Schlesinger 404, *439*
Schlossberger *426*
Schneider *342*
Schöch *436*
Schönfeldt 16, *35*

Scholes 294, *342*
Schopfer 91, *114*, *125*
Schramm 130, *135*, *424*
Schreiber 286, 293, *337*
Schroeder *438*
Schull 275, 313, *342*
Schulman 349, *439*
Schumacher *118*
Schuster 303, *343*, *345*
Schwaier *339*
Schwartz 39, *125*, 190, 268, *342*
Schwarz 371, 409, *443*
Schweet *425*
Schweitzer 190, *268*
Schweizer 22, *35*
Scott 298, *343*
Searashi 382, *439*
Sergeant 323, *335*
Serman *431*
Sermonti 15, *35*, 98, *122*, *125*, 149, 181, *260*, *265*, *267*, *268*, 285, *331*, *344*
de Serres 104, *125*, 173, 174, 225, 227, 232, *268*, *269*, 278, 281, 287, 297, 298, 314, 315, 316, 323, *331*, *332*, *343*, 397, 398, *439*
Seybold 9, *31*, 91, *113*
Seydoux 44, *127*
Seyfert 27, *35*
Shamoian 300, *343*
Shanor 84, *112*
Sharma, A. 317, *343*
Sharma, A. K. 317, *343*
Sharpe 459, *473*
Shatkin 6, *35*
Shaw 146, *269*
Shay 198, *271*
Shear 3, *4*, 16, 22, *35*
Shemin 378, *441*
Shen 78, *118*, 384, *432*
Sherman 224, 246, *269*, 451, *473*
Shimura 373, *438*
Shockley 300, *343*
Shult 139, 146, 148, 158, 159, 187, 188, 194, 207, 210, *259*, *264*, *269*, *341*
Siddiqi 221, 228, 236, 250, 253, *269*, 297, 303, *343*
Silagi 452, *473*
Silver 383, 393, *439*
Simms *435*
Simon 362, *441*
Singer 24, *35*
Singleton 16, *36*, 139, 153, 174, 207, *269*, 322, *343*

Sinsheimer 129, *136*
Sirks 47, *125*
Sjöwall 9, *36*, 88, *125*
Skellenger 285, *334*
Skolko 68, *125*
Skovstedt 328, *343*
Skupienski 87, *125*
Slaughter 383, *430*
Slonimski 448, 449, *470*, 473
Smith, B. R. *258*
Smith, C. L. *340*
Smith, F. H. 175, *269*
Smith, H. H. 297, *343*
Smith, L. F. 352, *439*
Snell 407, *435*, *437*, *438*
Snider 57, 82, *125*
Snyder 40, 85, *118*
Sörgel 84, *118*, 325, 330, *343*
Somers 16, *36*, *442*
Sommermeyer 286, *343*
Sonneborn 447, 468, *473*
Sora *339*
Sost 325, 326, 328, 330, *343*
Sparrow, A. H. 286, *343*
Sparrow, F. K. 325, *343*
Spencer 289, *343*, 383, *436*
Sperber *428*
Speyer 353, 355, *430*, *439*, 442
Spiegelman 204, *269*, 348, 349, 354, *433*, *439*
Spiltoir 84, *126*
Sprössler *435*
Srb 39, 40, 43, *121*, *126*, 173, *269*, 297, *343*, *345*, *371*, *439*, 463, 464, 465, *472*, *473*
Stadler 39, *126*, 145, 146, 152, 173, 174, 175, 176, 177, 179, 188, 194, 210, 221, 228, 233, 237, 238, 241, 242, 249, 250, 251, 252, 253, 255, *269*, *270*, 293, *343*, 414, *439*
Stahl 129, 133, *136*, 139, 250, *270*, 275, *343*
Stahmann *258*, *332*
Stapleton 287, 289, 293, *343*
Starlinger 395, 419, *439*
Starr 451, *474*
Staufer, J. R. 40, *126*
Stauffer, J. F. *258*, *332*
Stein, W. 290, 291, 312, *335*, *338*, *344*
Stein, W. H. *432*
Steiner 70, *126*
Stelling-Dekker 11, 12, *36*

Stent 139, *270*, 275, *344*
Stern 96, *126*, 175, 211, *270*, 289, *343*
Stevens 39, *126*, 297, *344*
Stjernholm *428*
St. Lawrence 174, 221, 241, *270*, 348, 381, 393, *444*
Stokes *136*
Stout 47, *126*
Strassman 359, 373, 374, 375, *439*
Straub 21, *32*, 40, 41, 42, 44, 53, 77, 101, 107, *116*, *126*, 152, *260*, 275, 317, 320, 325, 326, *334*, *344*
Strauss 275, *344*, 382, 383, 409, *439*
Strain *440*
Streisinger 229, *270*
Strelzoff 303, *340*, *344*
Strickland 156, 186, 188, 210, 231, *258*, *270*, 388, *424*
Strigini 289, *344*
Strømnaes 98, *126*, 215, *270*, *332*
Stubbe 275, 286, 295, *344*, 349, *440*, 463, 464, *474*
Stumm 10, *36*, 40, *126*
Subramaniam 91, *126*, 328, 329, 330, *341*, *344*
Sueoka *118*, 134, *136*, 355, 356, *432*, *440*
Surzycki 146, 149, *270*
Suskind 383, 390, 391, 392, 409, *430*, *437*, *440*
Sussman 39, *126*, 384, 385, 388, *440*
Sutton 348, *440*
Suyama 228, *270*, 323, *344*, 398, 399, 405, *425*, *433*, *440*
Swanson 275, *344*
Swiezynski 57, 58, 65, 66, 98, *126*, 149, *270*
Szybalski 286, 294, *339*, *344*

Takahashi 90, *126*, 281, 284, *344*
Takemaru 64, 66, *126*
Tatum 3, 6, 38, 39, 40, *117*, *126*, *128*, 174, 188, 198, *257*, *260*, *270*, 277, 279, 282, 287, 297, 300, 312, 314, *331*, *341*, *343*, *344*, 358, 362, 363, 370, 374, 375, 376, 377, 378,

388, 423, *423*, *424*, *425*, *427*, *428*, *440*, 475
Tavlitzki 381, 382, *441*, 448, *470*, *474*
Taylor 129, 134, *136*, 190, *270*, 349, *441*
Teas 173, *270*, 372, *441*
Tector 320, *344*
Terakawa 64, *126*
Terra 57, 66, *127*
Terry 285, 287, *336*
Tessman 324, *344*
Thaxter 84, *127*
Thaysen 330, *344*
Theophrast 1
Thom 15, *36*, 39, 40, *127*
Thomas *439*
Threlkeld, 146, 233, *270*
Thren 30, *36*
Thwaites 370, 412, *427*
Timofeeff-Ressovsky 286, *345*
Tinline 98, *127*, 359, *441*
Tissières *471*, *472*
Tobias 290, *332*, *346*
Tomlin *121*
Tompkins 40, *127*
Torriani 391, *427*
Towe 173, 174, 175, 177, 179, 221, 228, 233, 237, 238, 242, 249, 250, 251, 252, 253, 255, *269*, 270
Trautner 356, *423*
Tremaine 11, *36*
Troll 5, *36*
Trolle 62, *116*
Trupin *441*
Tsugita 348, 354, 394, *441*
Tulasne 2
Tuppy *473*
Turian 44, *127*, 375, *427*
Tuttle 380
Tuveson 39, 98, *114*, *127*

Uber 293, *343*
Uesseler *435*
Uhlig *424*
Umbarger *433*
Umbreit 378, 390, *441*
Utiger 92, *127*

**V**aharu 287, 292, 300, *345*
Vakili 63, 99, *127*
Vallee 402, *433*
Vandendries 38, 58, 59, 74, *127*, 453, *474*
Vanterpool 84, *127*

Veatch *270*
Verkaik 93, *127*
Vielmetter 303, *345*
Voerkelius 290, *345*
Vogel, H. J. 358, 370, 371, 372, 373, 374, 375, 388, *423*, *441*, *444*
Vogel, R. H. 370, 371, 393, 412, *441*
Voigt *436*
Volkin 348, *441*
Vollprecht *435*, 475

**W**acker 294, *345*
Wagner, R. P. *336*, 348, 364, 367, 370, 373, 374, 378, 383, 393, 421, *427*, *438*, *441*
Wagner, S. 40, 45, *111*
Wahba 353, 354, *430*, *442*
Wainwright 349, 390, *442*
Wakefield 24, *36*
Wallace 147, 149, 204, *271*, 286, *345*
Walter 8, 14, 24, 26, 27, *36*
Wang 30, *36*
Warren *426*
Warshaw 290, *345*
Watanabe *432*
Watson 99, *127*, 132, 133, *136*
Watts-Tobin *427*
Weatherwax 292, *345*
Webber 365, 382, 386, 387, 398, 417, *442*
Weber *424*
Wegman 365, 377, 378, *428*, *442*
Weichert *426*
Weidel *426*
Weigle 134, *136*, 246, *264*
Weijer 233, *271*
Weinblum *345*
Weinfurtner 290, *345*
Weinhouse 359, 373, 374, *439*
Weinstein, A. 192, *271*
Weinstein, I. B. 356, *442*
Weisblum 355, 356, *425*, *442*
Weiss, J. 294, *342*
Weiss, S. B. 349, *430*, *440*
Welch *112*
Wells *434*
Welsford 22, *36*
Welshon 190, *271*
Wesendonck 9, *36*, 47, *127*
Westergaard 45, *128*, 139, 241, 249, *271*, 287, 295,

296, 298, 305, 308, 310, 311, 312, 313, 315, *331*, *336*, *337*, *339*, *345*, 413, *434*
Western 30, *36*
Weston 84, *128*
von Wettstein 231, *271*, 447, *474*
Weygand 362, *442*
Wheeler 21, 22, 28, *36*, 40, 41, 44, 53, 101, *115*, *121*, *128*, 152, 196, 198, 210, *271*, 359, *442*
Wheldale 357, 358, *442*
White *431*
Whitehouse 24, *36*, 38, 46, 49, 52, 60, 61, 62, 84, 87, 108, *128*, 146, 157, 158, 165, 170, 174, 184, 186, 188, 189, 198, 247, 249, 253, 254, 255, 256, *261*, *271*
Wilcox 16, *36*, *437*, 475
Wilkie 40, 98, *121*, *128*, 181, 182, 211, *271*, 288, 293, 294, *345*, 460, 461, 462, *471*
Wilkins 133, *136*
Williams, M. A. *435*
Williams, E. B. 198, *271*
Willmer 92, *117*
Wilson, C. M. 325, 330, *333*, *345*
Wilson, D. A. 407
Wilson, D. W. *428*
Wilson, H. R. *136*
Wilson, J. F. 103, 104, *117*, *128*
Wilson, S. M. *337*
Winderman *431*
Windisch 11, *36*, 447, 449, *474*
Winge 11, *36*, 89, 90, 91, *128*, 231, *272*, 279, *345*, 385, *442*
Winkler, H. 231, *272*
Winkler, U. 305, 311, *345*, 348, 395, 419, *442*
Witkin 292, *333*, *345*
Wittmann 348, 349, 353, 354, 355, 394, *442*, *443*
Wittmann-Liebold 349, *425*, *443*
Woese 348, *443*
Wolf, F. A. 5, *36*
Wolf, F. T. 5, *36*
Wolfe *332*
Wolff 190, *272*, 286, 317, *345*
Wollman 96, *119*, *471*

Wood 349, *443*
Woods *270*, 398, *425*
Woodward, D.O. 397,
  398, 399, 401, 413, *443*
Woodward, V.W. *270*,
  283, 314, *344*, *345*, 371,
  383, 404, 408, 409, 411,
  415, 418, *427*, *440*, *443*
Woodward, W.A. *441*
Work 358, *443*
Woronin 15, *31*
Wright, B. *336*
Wright, N.G. 358, 372,
  *425*
Wülker 16, *36*, 40, *128*,
  144, 173, 176, 177, 188,
  231, *272*
Wust 392, *443*

Yamane 355, *440*
Yanofsky 348, 354, 358,
  372, 378, 379, 381, 383,
  390, 391, 392, 393, 394,
  402, 406, 409, 410, 411,
  414, 415, *423*, *425*, *426*,
  *427*, *431*, *432*, *437*, *439*,
  *440*, *443*, *444*, 475
Ycas 348, *444*, 451, *474*
Yen *120*
Yoshida *259*
Yotsuyanagi 449, *474*
Young 91, *128*
Yura 370, 383, 388, *444*
Yu-Sun 359, *444*

Zamenhof 129, *136*, 275,
  293, 294, 302, *335*, *346*

Zelle 292, *346*
Zetterberg 287, 293, 297,
  312, 315, *339*, *346*
de Zeuw *345*
Zickler 19, *36*, 40, 56, 77,
  78, 107, *128*, 176, 231,
  *272*
Zillig *426*
Zimmer 286, 291, *339*,
  *345*, *346*
Zimmerman, S.B. *136*
Zimmermann, F.K. *336*,
  *339*
Zinder 96, *128*, 355, *434*,
  *444*
Ziporin 292, *335*
Zirkle 290, *346*
Zopf 84, *128*

# Sachverzeichnis

Hinweise auf Definitionen einzelner Begriffe sind durch *kursiv* gedruckte
Seitenzahlen gekennzeichnet

*Absidia glauca* 48
Acenaphthen, Auslösung von Poly-
    ploidie 327, 328, 330
*Achlya*, Polyploidie 328
— *ambisexualis* 10, 84, 85, 86, 87, 101
— —, Physiologie des Sexualvor-
    ganges 41, 85
— *bisexualis* 84
— *regularis* 84
Adenin 132, 256, 301, 350, 351
—, Strukturformel 131
Adenylosuccinase, qualitative Ver-
    änderungen 389
—, Rückmutationen 413—414
Äthyläthansulfonat, Mutagen 302
Äthylmethansulfonat, Mutagen 296,
    301, 302, 308
Aezidiosporen *26*
Affinität 146—149, *147*
Affinitätsstelle *147*
α-Alanin, Synthese 374
*Aleurodiscus polygonius*, abnorme
    Tetraden 231
Allel *218*
*Allomyces*, morphogenetische Mutan-
    ten 40
— *arbuscula* 10, 44
— —, Alloploidie 325
— —, Generationswechsel 330
— —, Polyploidie 325—330
— *javanicus*, Alloploidie 325
— —, Generationswechsel 330
— *macrogynus* 44
Alloploidie *325*
*Alternaria*, morphogenetische Mu-
    tanten 40
p-Aminobenzoesäure, Synthese 365,
    366, 376—378
2-Aminopurin, Mutagen 298, 302, 303
Aminosäuren, Biosynthese 370—380
—, Festlegung der Sequenz im Pro-
    tein 351—353
*Amorphomyces falagriae*, morpholo-
    gische Diözie 84
Anaphase *140*
—, Brückenbildung 320
*Ancylistes closterii*, morphologische
    Diözie 84
Aneuploidie *325*

Aneuploidie, mitotische Rekombina-
    tion 149, 150, 212
*Antirrhinum* 357
Apandrie *7*
Apothezium *13*, 22
Arginin, Synthese 367—372
*Ascobolus carbonarius* 77
— *immersus* 227
— —, Affinität 146, 149
— —, DNS-Gehalt 228
— —, Eigenschaften und Merkmale
    29
— —, Isolierung ungeordneter Te-
    traden 156
— —, Mangelmutanten 359
— —, morphogenetische Mutanten
    152
— —, nichtreziproke Rekombina-
    tion 230—240, 251, 252
— —, Ontogenese 22
— *magnificus* 41, 55
— *stercorarius* 41, 54, 56
— —, Abhängigkeit der Postreduk-
    tionsfrequenz von der Tempera-
    tur 177
— —, Eigenschaften und Merkmale
    29
— —, Incompatibilitätsreaktion 78
— —, Ontogenese 22
— —, polarisierte Verteilung homo-
    loger Chromosomen 145, 146
Ascogon *16*
Ascomycetes 11—22
—, bipolarer Incompatibilitäts-
    Mechanismus 55
—, Genphysiologie der heterogeni-
    schen Incompatibilität 79—83
—, — der homogenischen Incompa-
    tibilität 77—79
—, geordnete Tetraden 152
—, heterogenische Incompatibilität
    69—73
—, homogenische Incompatibilität
    54—56
—, Ontogenese 11—22
—, Pseudocompatibilität 67
—, somatische Rekombination 98
*Ascophaera apis*, morphologische
    Diözie 84

Ascosporen *11*
Ascus *10*
Asparaginsäure 369, 371, 372, 379
Aspartat-Transcarbamylase, Suppressor-Gene 411—412
*Aspergillus*, morphologische Mutanten 39, 40
— , Ontogenese 14
— *fumigatus*, somatische Rekombination 98, 215
— *glaucus*, morphogenetisch bedingte Plasmon-Mutanten 459—462
— —, Seneszenz-Syndrom 459
— *nidulans* 15, 174, 227, 229
— —, Aneuploidie 325
— —, Beeinflußbarkeit der Rekombinationshäufigkeit 177, 180, 181
— —, chemische Mutagenese 297, 303
— —, Chromatiden-Interferenz 186, 187, 189
— —, Chromosomen-Interferenz 195, 197, 198
— —, Chromosomenkarten 210, 216, 217
— —, DNS-Gehalt 228, 229, 326
— —, DNS und Rekombination 229
— —, Eigenschaften und Merkmale 28
— —, enzymatische Veränderungen nach Mutation 382
— —, Häufigkeit spontaner Mutationen 314
— —, intragenische Rekombination 220, 221, 228, 250, 253
— —, Isolierung von Mutanten 281, 282, 284, 285
— —, Koppelungsgruppen 214—215
— —, Mangelmutanten 359
— —, mitotisches crossing over 211, 213, 214
— —, morphogenetisch bedingte Plasmon-Mutanten 459—462
— —, morphogenetische Mutanten 152, 277
— —, Mutationsauslösung durch Strahlen 287, 289, 293
— —, negative Interferenz 224
— —, nichtreziproke Rekombination 231, 236, 237
— —, parasexueller Zyklus 96
— —, Polyploidie 326—328
— —, Segmentmutationen 320
— —, somatische Reduktion 330
— —, — Rekombination 96—97, 149, 150, 212
— —, vegetative Incompatibilität 105

*Aspergillus niger* 14
— —, parasexueller Zyklus 97
— —, somatische Rekombination 98
— *oryzae*, enzymatische Veränderungen nach Mutation 382
— —, Polyploidie 328, 329
— —, somatische Rekombination 98
— *sojae*, Beeinflußbarkeit der Rekombinationshäufigkeit 181
— —, DNS-Gehalt 326
— —, Polyploidie 326, 328, 329
— —, somatische Rekombination 98
— *terreus*, Mutationsauslösung durch Röntgenstrahlen 287
außerkaryotische Vererbung s. extrachromosomale Vererbung
Austauschmodus *200*
Autoduplikation s. Replikation
Autogamie *7*
Autoploidie *325*
Auxanographie *281*
Auxotrophie (s. auch Mutanten) *276*, 358

*Bacillus subtilis*, genetischer Code 356
Bakteriophagen, Aminosäuresequenz 353
— , Blockmutationen 323
— , DNS und Rekombination 229
— , Infektion 130
— , intergenische Elektivität 311
— , intragenische Elektivität 305, 307
— , nichtreziproke Rekombination 231
— , partielle Replikation 247
— , semikonservative Replikation 133
Barrage (s. auch Incompatibilität) 58, 71, *453*—459
Basen der DNS, aperiodische Sequenz 133
— , Ausfall bzw. Einschub 304
— , Austausch 302
— , chemische Veränderung 303
Basenanaloga, Einbau in DNS 302—303
— , Mutagene 130, 298, 299
Basidie *11*, *23*
Basidiomycetes, bipolarer Incompatibilitäts-Mechanismus 56
— , heterogenische Incompatibilität 74
— , homogenische Incompatibilität 54—61
— , Genphysiologie der homogenischen Incompatibilität 80—83

Basidiomycetes, Ontogenese 22—30
—, Pseudocompatibilität 68
—, somatische Rekombination 98
—, tetrapolarer Incompatibilitäts-
    mechanismus 57—61
—, ungeordnete Tetraden 156
Basidiosporen 23
Befruchtung, autogam 21
Bernsteinsäure, Synthese 370
Blastocladiella emersonii 10, 44
— variabilis, morphologische Diözie
    84
Block, genetischer 360—364
Blockmutation 323
Bombardia, morphogenetische Mu-
    tanten 40
— lunata 56, 77
— —, abnorme Tetraden 231
— —, Ascosporenbildung 155
— —, Eigenschaften und Merkmale
    28
— —, Incompatibilitätsreaktion 78
— —, Ontogenese 18—20
— —, polarisierte Verteilung homo-
    loger Chromosomen 146
Brandsporen 30
5-Bromuracil, Mutagen 295, 301—
    303
Bruch-Fusions-Mechanismus 151,
    243—245
Bruch von Chromatidensträngen
    202—205, 243—245
Buller-Phänomen 65—66

Centromer 139, 140, 152—156, 183
—, anormale Verteilung 146
—, Lokalisierung 158
—, Präreduktion 143, 160
—, Verteilung in Meiosis 144
Centromer-Markierer 158, 161
Centrosom 140
Cephalosporium mycophyllum, soma-
    tische Rekombination 98
Chemikalien, Beeinflussung der Re-
    kombinationshäufigkeit 180, 181
—, carcinogene, Auslösung von Poly-
    ploidie 327, 329
—, mutagene 295—300, 323
Chiasma 140, 199, 243
Chlamydomonas 188
— eugametos, Chromosomen-Inter-
    ferenz 196
— reinhardi, Chromatiden-Inter-
    ferenz 189, 190
— —, Chromosomen-Interferenz
    196, 198
—, semikonservative Replikation
    133
Chlamydosporen 6
Cholin, Synthese 370

Chromatiden, acentrische 320, 321
—, dicentrische 320, 321
Chromatiden-Interferenz 183, 184—
    192, 199—200
—, Beeinflußbarkeit durch chemi-
    sche Agenzien 182, 188, 190
—, Bestimmungsmethoden 184—
    186, 191
—, gegensinnige 186
—, innerhalb eines Chromosomen-
    schenkels 160, 188—190
—, negative 183, 186—189, 246
—, positive 183
—, Reichweite 184
— über das Centromer 160, 186—
    188
Chromosomen, DNS-haltige Erbträ-
    ger 130
—, identische Verdoppelung 134
—, polarisierte Verteilung 144—149
—, Synapse 140
—, Untereinheiten 134, 238
—, Verteilung in der Meiosis 140—
    149, 160, 240
—, Verteilungsmechanismus 140—
    142
—, Zahl im haploiden Satz 28, 29,
    172
Chromosomen-Interferenz 183,
    192—200
—, absolute (totale) 192, 204
—, Beeinflussung durch die Tempe-
    ratur 179—180
—, Bestimmungsmethoden 192
— innerhalb eines Chromosomen-
    schenkels 160, 196—199
—, negative 183, 192—193
—, positive 183, 192—199
—, Reichweite 198
— über das Centromer 160, 194—
    196
Chromosomenkarten, genetische 201,
    207—210, 216
—, mitotische 214—217, 216
Cintracta montagnei 68
cis/trans-Test 235
Cistron 218
Citrullin, Synthese 368, 371
Clitocybe lituus 68
Cochliobolus sativus, Mangelmutan-
    ten 359
— —, somatische Rekombination
    98
Code, genetischer 133, 304, 350,
    352—356
—, —, Degeneration 355
—, —, Universalität 355—356
Codierungseinheit s. Codon
Codon 353
Coenocyt 6

Coffein, Mutagen 297, 304
Colchicin, Auslösung von Polyploidie
   327—330
Colletotrichum, morphogenetische
   Mutanten 39, 40
— coccodes, chemische Mutagenese
   297
— lagenarium 96
Collybia 24
— velutipes 64, 65
Coprinus, morphogenetische Mutanten 39
—, Ontogenese 25
— cinereus 25
— fimetarius 25, 54, 58, 59, 65, 66,
   174
— —, abnorme Tetraden 231
— —, Chromosomen-Interferenz
   198
— —, somatische Rekombination 98
— funarium 25
— lagopus 25, 59, 64, 65, 68
— —, Chromatiden-Interferenz 187
— —, Chromosomenkarten 210
— —, extrachromosomal bedingte
   Basidienanomalien 465
— —, Isolierung auxotropher Mutanten 284
— —, Mangelmutanten 359
— —, mitotische Rekombination
   149
— —, Neo-Monokaryen 467
— —, Plasmon-Mutationen 467
— —, somatische Rekombination 98
— —, unterschiedliche Rekombinationsfrequenzen 173
— macrorhizus 25, 65
— —, Plasmon-Mutationen 467
— —, somatische Rekombination
   98
— micaceus 74
— radiatus 25, 65
— —, Eigenschaften und Merkmale
   29
— —, Mangelmutanten 359
— —, mitotische Rekombination
   149
— —, Tryptophan-Mangelmutanten 390
— sphaerosporus 25, 64
— stercorarius 25
copy choice 244, 245—247
crossing over 143, 151, 163, 223,
   231—235, 241—243, 254—255
— —, Häufigkeit 167—168, 200,
   213, 216, 217
— —, mitotisches 211, 213, 216, 217
— —, Reziprozität 231—234, 240—
   245
Culex pipiens 70

Curvullaria pallescens, Plasmon-Mu-
   tanten 459—462
Cyathus stercoreus, Polyploidie 329
Cystein, Synthese 375
cytoplasmatische Vererbung s. extra-
   chromosomale Vererbung
Cytosin 132, 256, 301, 350, 351
—, Strukturformel 131

Dangeardia mammillata, morphologische Diözie 84
Defektmutanten s. Mutanten
—, morphogenetische 38—45
Deletion 322, 322—324
Desoxyribonucleinsäure (DNS), Bio-
   synthese 133, 134
—, Doppelhelix 133, 254
—, Gehalt pro Kern 130, 229, 326
—, genetischer Code 350—356
—, heterokatalytische Funktion 347,
   348
—, hybride 253—256
—, identische Verdoppelung 134
—, Mutation 293, 294
—, Struktur 131—133
—, Träger der genetischen Informa-
   tion 129—130
—, Übertragung der genetischen In-
   formation 349
—, UV-Absorptionsmaximum 130,
   293
—, Watson-Crick-Modell 132
Desoxyribose 131, 132
Diäthylsulfat, Mutagen 130, 296,
   302, 308
Diakinese 140
Dicranospora 48
Dictyuchus monosporus 101
— —, morphologische Diözie 84
Didymium, physiologische Diözie 87
Diepoxybutan, Mutagen 296, 308
Differenzierung, sexuelle 46
Dikaryon 56
—, Variabilität nach Entfernung
   von Kernen 465—467
Dikaryotisierung 22
dikaryotische Phase 7
Dimethylsulfat, Mutagen 296, 308
Diözie 46, 49—52
—, Fortpflanzungssysteme 83—95
—, morphologische 50, 83—87
—, physiologische 7, 50, 87—95
Diplont 7
Diplotän 140
DNS s. Desoxyribonucleinsäure
Doppel-crossing-over 163—165, 167,
   202
— bei Inversionen 321
—, Chromatiden-Interferenz 184—
   191

Doppel-crossing-over, Chromosomen-Interferenz 192, 193
Dosis-Effekt-Kurve *288*—290
—, ionisierende Strahlen 289
—, UV-Strahlen 289, 290
Dreistrang-Doppel-crossing-over s. Doppel-crossing-over
*Drosophila* 151, 196, 201, 418
—, Beeinflussung der Rekombinationshäufigkeit 175, 179
—, Chromatiden-Interferenz 189, 195
—, Chromosomen-Interferenz 194, 198
—, Chromosomenkarten 201, 202
—, Genfunktion 357
—, intergenische Elektivität 312
—, Schwesterstrangaustausch 190, 199
—, somatische Rekombination 96, 211

Ein-Gen-ein-Enzym-Hypothese *358*, 417—419
—, modifizierte Formulierung *419*
Eintrefferkurve *291*, 293, 298
Einzelsporen 159
Einzelstranganalyse *159*, 162, 170—171, 200, 204
Elektivität, intergenische *311*—312
—, intragenische *305*—311
Entwicklung, apandrische 21
enzymatische Veränderungen nach Genmutation, indirekte Wirkungen 382, 393—395
— — —, qualitative Wirkungen 387—393
— — —, quantitative Wirkungen 381—387
Enzymbildung, genetische Kontrolle 417—423
Enzyme *360*
—, Ausfall bzw. Inaktivierung 362—364
—, Eingreifen in morphogenetische Vorgänge 44
*Ephestia*, Genfunktion 357
*Epilobium* 463
Episomie-Modell *455*, 456
*Erysiphe cichoreacearum*
*Escherichia coli* 316, 348, 417, 419
— —, chemische Mutagenese 295, 304
— —, DNS-Replikation 134
— —, Eintrefferkurven 298
— —, genetischer Code 356
— —, Spontanmutation 303
— —, Suppressor-Gene 411
— —, Tryptophan-Synthetase 353, 393, 406—407

Euploidie *324*
*Eurotium* 39
Evolution, Bedeutung der Incompatibilität und Diözie 109—111
— der Fortpflanzungssysteme 108
—, heterogenische Incompatibilität 110
—, homogenische Incompatibilität 109
—, Pseudocompatibilität 109
—, Reduktion der Geschlechtsorgane 107—109
Expression, phänogenetische *347*
extrachromosomale Vererbung 445—469, *446*
— —, Kriterien 446—447
— —, Modellvorstellungen 468—469

Fortpflanzung, sexuelle *46*
—, Systeme der sexuellen 46—95
Fortpflanzungs-Systeme, Einteilung 50
*Funaria hygrometrica*, abnorme Tetraden 231
fungi imperfecti 6, 97, 150
Funktion, autokatalytische 132—134, *347*
—, heterokatalytische *347*
*Fusarium oxysporum*, somatische Rekombination 98
— *sambucinum* 108
Fusion von Chromatidensträngen 243—245

Gametangiogamie 7, 14, 21, 55
Gametogamie *6*
Gametophyt 10
*Gelasinospora tetrasperma* 21
— —, Ascosporenbildung 155, 156
— —, Eigenschaften und Merkmale 29
— —, Ontogenese 20
— —, Pseudocompatibilität 67—68
— —, Somatogamie 56
Gemmen *6*
Gen *422*
—, Eingreifen in morphogenetische Prozesse 38
—, Feinstruktur 218—224, 228—229, 306
—, Funktionsbereiche 405—408
—, Funktionseinheit 217, 218
—, Kartenlänge 227
—, pleiotrope Wirkung in der Morphogenese 39
Gene, gekoppelte 162
— und Enzyme 380—423
—, ungekoppelte 162
—, Zahl pro Genom 227
Generationswechsel 7, 10, 328

genetische Information 133, *352*
— —, Ablesen 353—355
— —, Übertragung 348—356
Genfeinstruktur und Funktion 405—
    408
Genfunktion, Mechanismus 358
Genkarten *218*, 218—224
Genmutation und Enzymspezifität
    381—396
Genom, Kartenlänge 227
—, Rekombination 138
— und Plasmon, Rekombination
    463—465
Genommutationen s. Mutationen
Genprodukte, morphogenetisch
    wirksame 38—45, 85—87, 91—94
Genstruktur und Enzymspezifität
    396—417
*Gibberella cyanogena* 108
*Glomerella* 2, 16, 39, 40, 41
—, Ontogenese 21—22
— *cingulata* 21, 41, 44, 101, 418
— —, Chromosomen-Interferenz
    196, 198
— —, Dosis-Effekt-Kurve 289, 291
— —, Eigenschaften und Merkmale
    29
— —, enzymatische Veränderungen
    nach Mutation 382
— —, Kartierung genetischer Mar-
    ken 210
— —, Mangelmutanten 359
— —, morphogenetische Mutanten
    152
— —, Mutationsauslösung durch
    Strahlen 287, 289
— —, Tyrosinase 384, 385
— *lycopersici* 22, 101
α-Glukomelizitase, quantitative Ver-
    änderungen 385, 386
α-Glukosidase, quantitative Verän-
    derungen 385
Glutaminsäure 367, 368, 370, 371
Glutaminsäure-Dehydrogenase,
    qualitative Veränderungen 388—
    389
—, Rückmutationen 415
Glycin, Synthese 375
Guanin 132, 256, 301, 350, 351
—, Strukturformel 131

Hakenbildung *13*, 17
*Hansenula wingei*, Sexualreaktion 95
Haplont *7*
Hefen s. auch *Saccharomyces* und
    *Schizosaccharomyces*
—, Aneuploidie 325
—, Inaktivierung 290
—, intergenische Elektivität 312
—, Kartierung alleler Marken 224

Hefen, Mutationsauslösung durch
    Strahlen 290
—, Polyploidie 328, 329
—, Spontanmutationen 314
—, ungeordnete Tetraden 156
*Helminthosporium*, morphogeneti-
    sche Mutanten 39
— *victoriae*, Seneszenz-Syndrom 459
Heteroallele *218*
Heterokaryon, Komplementation 43,
    100—102, 396
—, Incompatibilität 58—61, 64—66,
    73
Heterothallie *48*
Hinmutationen s. Mutationen
Histidin, Synthese 364, 365, 376
—, —, quantitative Veränderungen
    der Enzyme 386—387
Histidinol-Dehydrogenase 386
Holobasidiomycetes, Incompatibili-
    tät, Genetik 56—59
—, —, Physiologie 80—82
Homoserin 372
Homothallie *47*
hot spot *305*, 309, 310, 311, 316, 324
Hybrid-DNS-Hypothese *253—256*
*p*-Hydroxybenzoesäure, Synthese
    378
Hydroxylamin, Mutagen 303
Hymenium *23*
Hyphe *6*
*Hypomyces* 40
— *solani*, morphogenetische Mutan-
    ten 85
Hypoxanthin 301

Incompatibilität 7, 27, *47*
—, Barrage *58*
—, Bedeutung für Inzucht und Out-
    breeding 109—111
—, Genphysiologie 76—83
—, hemi-compatibel *58*
—, heterogenische *53*, *69*, 70—75
—, homogenische *53*, *54*
—, —, bipolarer Mechanismus 55—
    56
—, —, Kriterien 56
—, —, tetrapolarer Mechanismus
    57—61
—, komplementärer Mechanismus 77
—, Mutabilität 75—76
—, oppositioneller Mechanismus 77
—, Pseudocompatibilität 66—68
—, Semi- *71*
—, vegetative 103—106
—, Verbreitung 54
Incompatibilitäts-Faktoren, mul-
    tiple Allele 61—62
—, Mutabilität 75
—, Struktur 62—64

Induktion der Enzymbildung *419*
Induktionsphänomen bei morpho-
    genetischen Mutanten *44*
Inkorporationsfehler 301, *302*
interallele Komplementation s.
    intragenische Komplementation
Interferenz, negative (s. auch Chroma-
    tiden- und Chromosomen-Inter-
    ferenz) 160, *224*—226, 237—239
Interferenzmodelle 193, *203*—207
Interferenzwert *192*
Intermediärprodukte, Akkumulation
    360, 361
—, Markierung durch Isotope 362
Interphase *140*
intragenische Komplementation 386,
    *396*—405
— —, Eigenschaften der durch
    Komplementation entstandenen
    Enzyme 397—399
— —, Interpretation 401—405
— —, Komplementationsgruppen
    399—401
— —, Komplementationskarten
    *399*—401
— —, Reaktion in vitro 399
Inversion *320*, 320—322
—, paracentrische 320—322
—, pericentrische 322
Isoleucin, Synthese 367, 372, 373

Kampfer, Auslösung von Polyploidie
    327—330
Kartenabstand 143, 171, 179—180,
    *201*—203, 216—217, 227
—, Additivität 202, 219
— zwischen Allelen 218, 227
— zwischen Centromer und Gen
    143, 204—207
Kartierungseinheit 201—203, *202*
Kartierungsfunktion *203*—207
Kartierung von Allelen 219—224
— von Genen 201—210, 215, 216
Karyogamie 7
Kernphasenwechsel 8
Kleistothezium *13*
Koinzidenzwert *192*, 196, 197
—, intragenische Rekombination
    221, *225, 226*
Komplementation 219, 359, 396
—, intragenische *396*—405
—, morphogenetische Mutanten *44*
Komplementationskarten und Re-
    kombinationskarten 404, 405
Komplementationstest 219, 396
Konidien *6*
Konversion 223, *232*, 231—235,
    240—244
— zwischen Halbchromatiden
    238—240

Koppelung 160, *162*—163, 165, 169,
    171—172, 214—215
—, Kriterien 165, 166, 169, 171
—, Nachweismethoden 165—171,
    214—215
Koppelung, partielle *163*
—, Quasi- *147*, 148, 158, *166*, 172
—, reverse *147*, 148, 159, *166*, 172
—, totale *163*
Koppelungsgruppen *162*, 171—172,
    207—210
—, mitotische Rekombination 214—
    215
—, Unabhängigkeitsnachweis 171—
    172
—, Zahl 172
Kreuzungsperithezium *44*
Kreuzungstypen 7, *48*
KRM-Test *391*
Kynurenin 475

*Laboulbenium formicarum,* morpho-
    logische Diözie 84
*Lagena radicola,* morphologische
    Diözie 84
*Lagenidium rabenhorstii,* morphologi-
    sche Diözie 84
*Lentinus* 24
— *edodes* 64
Leptotän *140*
Letalmutanten s. Mutanten
Leucin, Synthese 374, 375
Lokalisation von Centromeren 160
— von Genmarken 160
Lysin, Synthese 373

Makrokonidien *16*
Mangelmutanten s. Mutanten
Marke, genetische *139*
Material, genetisches 129—130,
    138—139, 274, 347—348
—, —, Rekombinierbarkeit 226—
    229
Matrize 134, 244—253, 349—351
Matrizenwechsel 244—253
Mehrfach-crossing-over *163*
—, Bedeutung für den Nachweis von
    Chromatiden-Interferenz 184,200
—, — — von Chromosomen-Inter-
    ferenz 192—194, 200
Mehrtrefferkurve *291*, 293, 298
Meiosis 7, *139—140*
—, Störung 324, 328, 465
Methionin, Synthese 372
Mikrokonidien *16*
Miktohaplont *18*, 20, *67*
Mitochondrien als Erbträger 448—
    453
Mitose, postmeiotische *140*, 153,
    155—156

*Monilia* 16
Monoauxotrophie (s. auch Mutanten)
     *360—362*
Monözie *46, 49—52*
—, Fortpflanzungs-Systeme 52—83
Morphogenese 38—45
— und Plasmon 459—462
*Mucor*, morphogenetische Mutanten
     39, 40
— *mucedo* 45, 50
— —, Ontogenese 10
— —, Physiologie der Sexualreak-
     tion 41, 92—94
— —, Sexualstoffe 93
Mutabilität, elektive *305—312*
—, Incompatibilität 75—76
Mutagene *274*
—, chemische 130, 295—298, 306—
     308, 327—330
—, natürliche 313
—, Strahlen 130, 286—288, 306—
     308, 327—330
Mutagenese, chemische 295—312
—, —, Deutung 300—304
—, strahleninduzierte 286—294,
     305—312
—, —, Deutung 291—294
Mutantenspektrum 306, 307
Mutanten s. auch Mutationen
—, auxotrophe *276*, 358—364
—, —, Isolierung und Charakterisie-
     rung 279—284
—, biochemische *276, 287, 288*
—, —, Isolierung und Charakterisie-
     rung 279—285
—, Farbsporen 152
—, Letal- *275*
—, —, Isolierung und Charakterisie-
     rung 278—279
—, monoauxotrophe *360—362*
—, morphogenetische *275, 287,*
     288
—, —, Isolierung und Charakterisie-
     rung 276, 277
—, polyauxotrophe *363—364*
—, Punkt- *274*
—, —, Methoden zur Isolierung und
     Charakterisierung 276—285
—, Resistenz- *276*
—, —, Isolierung 285
Mutationen (s. auch Mutanten) *274,*
     274—330
—, dominante 277
—, Einleitungsphase *292*
—, Fehlsinn- *394*
—, Genom- *274*, 324—330
—, Hin- *276, 287, 288*
—, —, intragenische Elektivität
     305—307
—, —, Mutationsraten 313—314

Mutationen, induzierte 274
—, Letal-, dominante 290
—, —, rezessive 290, 323
—, Nichtsinn- *355*, 395
—, Perfektierungsphase *293*
—, Prämutationsphase *292*
—, Punkt- *274*, 275—317
—, rezessive 277, 278, 290, 323
—, Rück- 219, 274, *276*, 287—288
—, —, intragenische Elektivität
     307—311
—, —, spontane, Mutationsraten
     314—316
—, —, und Enzymaktivität, Inter-
     pretation 414, 416
—, —, und Enzymspezifität *413—*
     417
—, Segment- *274*, 317—324
—, Sinn- *355*
—, spontane 274, *313*, 313—317
Mutationsrate *288*, 295, 313—316
—, spontane, Hinmutation 313—314
—, —, Rückmutation 314—316
Mutationsstellen *218—224*, 227—
     230, 233—234, *274*, 305—311
—, Zahl pro Gen 227
—, — pro Genom 229
*Mycocalia denudata* 68
Myxomycetes, physiologische Diözie
     87
Myzelium *6*


**N**eo-Monokaryen *465*
*Neurospora* 1 ff.
—, Ontogenese 16—18
—, vegetative Incompatibilität
     103—105
— *crassa* 1 ff.
— —, α-Alaninsynthese 374
— —, Adenylosuccinase-Mutanten
     389
— —, Affinität 146
— —, p-Aminobenzoesäuresynthese
     366, 376—378
— —, Argininsynthese 369—370,
     370—372
— —, *arom*-Mutanten 364, 422
— —, Ascosporenbildung 152, 153
— —, Aufhebung der Incompatibi-
     lität 55
— —, Beeinflussung der Rekombi-
     nationshäufigkeit 173, 175, 177,
     179, 181
— —, Blockmutationen 323
— —, Chromatiden-Interferenz
     182, 187, 188, 189, 190
— —, Chromosomen-Interferenz
     194, 195, 197, 198
— —, Chromosomenkarten 208, 210

*Neurospora crassa*, Chromosomen und Koppelungsgruppen 207, 208
— —, Cysteinsynthese 375
— —, DNS-Gehalt 228
— —, Dosis-Effekt-Kurven 289, 308, 309
— —, Eigenschaften und Merkmale 28
— —, enzymatische Veränderungen nach Mutation 382—383
— —, Genkarte 219, 222, 223
— —, geordnete Tetraden 152
— —, Glutaminsäure-Dehydrogenase-Mutanten 388—389
— —, Glycinsynthese 375
— —, Häufigkeit spontaner Mutationen 314, 315, 316
— —, Histidin-Mangelmutanten 386—387
— —, Histidinsynthese 361, 364, 365, 376
— —, Incompatibilitätsreaktion 78
— —, intragenische Elektivität 305, 307, 308, 309, 310
— —, — Komplementation 398—399
— —, — Rekombination 220, 221, 228, 231, 232, 233, 237, 250, 252, 253
— —, Isoleucinsynthese 367, 372, 373
— —, Isolierung auxotropher Mutanten 279, 280, 281, 282, 283, 284
— —, — ungeordneter Tetraden 156
— —, — von Resistenz-Mutanten 285
— —, Kernverteilung 140
— —, Klassifizierung der Tryptophan-Synthetase-Mutanten 391—393
— —, Konversion zwischen Halbchromatiden 238
— —, KRM-Mutanten 389—393, 405—408
— —, Letalmutanten 278, 279
— —, Leucinsynthese 374, 375
— —, Lysinsynthese 373
— —, Mangelmutanten 358
— —, Mehrtrefferkurven 298
— —, Methioninsynthese 372
— —, morphogenetische Genom-Mutanten 39—40, 152, 277
— —, — Plasmon-Mutanten 462
— —, Mutationsauslösung durch chemische Agenzien 295, 296, 297, 298, 309
— —, — durch Strahlen 287, 288, 290, 308, 309

*Neurospora crassa*, Mutationsraten 308
— —, Mutationsvorgang 316
— —, negative Interferenz 224, 225, 237
— —, nichtreziproke Rekombination 231, 232, 233, 237, 241
— —, Phenylalaninsynthese 365, 366, 376—378, 475
— —, *Poky-* und ähnliche Mutanten 452—453
— —, polarisierte, nichtreziproke Rekombination 235, 236
— —, —, Verteilung homologer Chromosomen 145, 146
— —, polyauxotrophe Mutanten 364
— —, Polyploidie 328
— —, Prämutation 292, 316, 317
— —, Prolinsynthese 368, 370
— —, Pyrrolin-5-carbonsäure-Reductase-Mutanten 388
— —, Segmentmutationen 320, 322
— —, somatische Reduktion 330
— —, — Rekombination 212
— —, Spontanmutation 314
— —, Suppressor-Mutation 285
— —, Synthesen von Aminosäuren 362, 370—380
— —, Transformation 300
— —, Tryptophan-Mangelmutanten, Klassifizierung 391—393
— —, Tryptophansynthese 365, 366, 376—377
— —, Tryptophan-Synthetase 389—393, 405—408
— —, Tyrosinase-Mangelmutanten 384—385, 387—388
— —, Tyrosinase und Morphogenese 45
— —, Tyrosinsynthese 365, 366, 376—378, 475
— —, Übertragung der genetischen Information 349
— —, Ursprung der Wildstämme 174
— —, Valinsynthese 367, 374
— *sitophila* 16, 56, 74
— —, Ascosporenbildung 155
— —, Beeinflussung der Rekombinationshäufigkeit 173, 175, 177
— —, Chromatiden-Interferenz 187
— —, Chromosomen-Interferenz 198
— —, Eigenschaften und Merkmale 28, 174
— —, nichtreziproke Rekombination 231
— —, polarisierte Verteilung homologer Chromosomen 146
— *tetrasperma* 16, 68

*Neurospora tetrasperma*, Ascosporen-
bildung 155, 156
— —, Chromosomen-Interferenz
198
— —, Eigenschaften und Merkmale
28
— —, Pseudocompatibilität 67
Nichtkoppelung, Kriterium 166, 171
Nicotinsäure, Synthese 379, 475
non-disjunction 149—150, 325
Nucleinsäuren, Bedeutung für Pro-
teinsynthese 349—352
—, Struktur 131—133
Nucleosid *133*
Nucleotid *131*, 352
Nucleotide, Sequenz 131—134,
349—354
Nucleotidpaare, Zahl pro Gen 229
—, — zwischen benachbarten Muta-
tionsstellen 230
Nucleotid-Triplett 304, *350—355*
nucleo-zytoplasmatischer Zusam-
menhang s. extrachromosomale
Vererbung

Ökotyp 74
*Oenothera* 70, 463
Oidiosporen *6*
*Olpidiopsis saprolegniae*, morphologi-
sche Diözie 84
Ontogenese der Pilze 5—30
Oogamie *7*, 16
—, Dikaryotisierung 56
—, Spermatisierung 55
Operator-Gen *420*
Operon *420*
*Ophiostoma multiannulatum*, chemi-
sche Mutagenese 297
— —, intergenische Elektivität 311,
312
— —, Isolierung auxotropher Mu-
tanten 283, 284
— —, Mangelmutanten 359
— —, Mutationsauslösung durch
Strahlen 287, 293
— —, spontane Rückmutationen
315
Ornithin, Synthese 368, 371
— -Transcarbamylase, Suppressor-
Gene 412

**P**aarung, Beeinflussung durch Temperatur 178
—, effektive 175, *226*
— zwischen komplementären Basen
der DNS 131—134, 253—256,
300—304, 349—350
Pachytän *140*
Pantothensäure, Synthese 370
Parasexualität *96*

parasexueller Zyklus *96*, 149
Parental-Dityp 154, *157*—159, 167—
170
Partikel, infektiöse, als Erbträger
453—463
*Penicillium* 14, 39, 40
—, Polyploidie 328
—, somatische Rekombination
149, 211
— *chrysogenum* 14
— —, Beeinflussung der Rekombinationshäufigkeit 181
— —, intergenische Elektivität 312
— —, Isolierung von Resistenz-Mutanten 285
— —, Mangelmutanten 359
— —, Mutationsauslösung durch
UV-Strahlen 287
— —, parasexueller Zyklus 97
— —, somatische Rekombination
98
— *digitatum*, Mutationsauslösung
durch UV-Strahlen 287
— *expansum*, somatische Rekombination 98, 215
— —, Mangelmutanten 359
— *italicum*, Mutationsauslösung
durch UV-Strahlen 287
— —, somatische Rekombination 98
— *notatum*, Mangelmutanten 359
— —, Polyploidie 326—330
Peptidkette 351—352
Perithezium *13*
*Pestalozzia annulata*, morphogenetische Plasmon-Mutanten 459—462
— —, Seneszenz-Syndrom 459
— —, vegetative Incompatibilität
105
Phenylalanin, Synthese 364, 366,
376—378, 475
*Pholiota mutabilis*, Neo-Monokaryen
465
*Phoma*, morphogenetische Mutanten
39, 40
Photoreversion *292*, 294
*Phycomyces*, morphogenetische Mutanten 39
— *blakesleeanus*, abnorme Tetraden
231
— —, Eigenschaften und Merkmale
28
— —, Karotinbildung 91
— —, Kernverteilung 140
— —, Ontogenese 8—10
— —, physiologische Diözie 87—89,
94
— —, Sexualstoffe 94
— *nitens* 88
*Phycomycetes*, Einzelstranganalyse
159

*Physarum polycephalum*, physiologische Diözie 87
*Phytophthora*, morphogenetische Mutanten 39, 40
— *cactorum*, Polyploidie 328
— *palmivora*, somatische Rekombination 84
*Pilobolus crystallinus* 92
Plasmogamie 6
Plasmon *445*
Plastom *445*
Plectenchym 6
*Pleurotus* 24
— *ostreatus* 64, 65
— *spodoleucus* 64
*Podospora*, morphogenetische Mutanten 39, 40
— *anserina* 41, 48, 56, 69, 74, 76, 79, 108, 110, 144, 418
— —, Ascosporenbildung 155
— —, Aufhebung der Incompatibilität 55
— —, Barrage-Phänomen 71, 453—459
— —, Beeinflussung der Postreduktionsfrequenz 176—177
— —, Eigenschaften und Merkmale 28
— —, Chromatiden-Interferenz 187, 189, 190
— —, Chromosomen-Interferenz 194, 195, 197, 198
— —, Chromosomenkarten 209, 210
— —, Chromosomen und Koppelungsgruppen 207, 209
— —, enzymatische Veränderungen nach Mutation 382
— —, geordnete Tetraden 152
— —, heterogenische Incompatibilität 69, 70-73, 79—80
— —, Kartenabstand und Interferenzwert 179, 180
— —, Koppelung 168, 169
— —, Letalmutanten 278, 279
— —, Mangelmutanten 359
— —, morphogenetische Mutanten 152, 277
— —, Mutabilität der Incompatibilitäts-Faktoren 75
— —, Mutationsauslösung durch Röntgenstrahlen 287
— —, Ontogenese 18—20
— —, Polyploidie 326, 328, 330
— —, Pseudocompatibilität 67
— —, Seneszenz-Syndrom 457—459
— —, somatische Reduktion 330
— —, Temperaturkurve 178
— —, vegetative Incompatibilität 105
— *setosa*, Seneszenz-Syndrom 459

Poisson-Verteilung *193*
Polarität, gegenläufige, der DNS-Einzelstränge *133*
Polaron *235*, 242, 251, 253
Polaron-Hypothese *251*
—, modifizierte *251—253*
Polspindel *140*, 146, 151, 324, 328
Polyauxotrophie (s. auch Mutanten) *363—364*
Polymerasen 134
Polynucleotid *131*
*Polyphagus euglenae*, morphologische Diözie 84
Polyploidie *324*
—, Nachweismethoden 325—327
—, induzierte 327—330
—, spontane 327, 330
*Polyporus obtusus* 62
Postreduktion *142—144*
—, Frequenz, Berechnung 153—156, 158
—, — größer als $^2/_3$ 193, 196, 198
—, Typen 144, 145
—, Veränderung 172—182
Prämutation *292—293*, 302, 304, 316—317
Prämutationsphase *292—293*
Präreduktion *142—144*
— des Centromers 143, 160
—, Typen 144, 145
Prolin, Synthese 367—370
Prophase *140*
Protein, Determination der Struktur 348
—, Struktur 352
—, Synthese 349—352
Protoperithezium *17*
*Psalliota campestris* f. *bispora* 48
Pseudocompatibilität 18, 67—69
*Puccinia arenariae* 68
— *graminis*, Ontogenese 25—27
— —, Plasmon-Mutationen 467
— —, somatische Rekombination 99, 211
— *recondita*, somatische Rekombination 99
Punktmutationen s. Mutanten und Mutationen
Purin, Synthese 370
Pyknidium *26*
Pyknosporen *26*
Pyrimidin, Synthese 367—369, 379—380
Pyrrolin-5-carbonsäure-Reductase, qualitative Veränderungen 388
*Pythium debaryanum*, Polyploidie 328

**R**egulator-Gene *394*, 419
Rekombination 137—257, *138*

Rekombination im Vierstrangstadium 143, 160, 212
—, interchromosomale *139*, 139—150
—, intergenische 151—217, *218*,
   240—243
Rekombination, intrachromosomale
   *139*, 151—257
—, intragenische 160, 217—257, *218*
—, —, Häufigkeit 224—226
—, mitotische, interchromosomale
   96, *139*, 149—150
—, —, intrachromosomale 96, *139*,
   180—182, 211—217
—, nichtreziproke 160, 230—257,
   *231*
—, —, polarisierte *235*—237, 251—
   253
—, Reziprozität 140, 151, 160, 231—
   234, 240—256
—, somatische 96, *138*, 139, 210—217
Rekombinations-Dityp 154, *157*,
   167, 170
Rekombinationshäufigkeit, Unterschiede 172—182
Rekombinationsmechanismus 241—
   249
Rekombinationsmodelle 249—256
Replika 223, 239, 244, *245*—248
Replikation *129*, 129—134
—, konservative *134*, 252, 253
—, Mechanismus 133, 134
—, partielle 244, *247*—*249*
—, polarisierte 131, *133*, 237, 251
—, semikonservative *133*, 132—134,
   252, 256
Replikationsfehler *302*
Repression der Enzymbildung 419
Repressor *420*
*Rhizophydium columaris*, morpholo-
   gische Diözie 84
*Rhizopus*, Sexualstoffe 94
— *nigricans* 47, 94
— *sexualis* 94
Riboflavin, Synthese 370
Ribonucleinsäure (RNS), Boten-
   *349*—353
—, genetischer Code 352—353
—, Struktur 132
—, Transfer- *349*—353
Ribosom, Proteinsynthese 349—351
Röntgenstrahlen s. Strahlen
Rückmutationen s. Mutationen

*Saccharomyces*, Kreuzungstypen 55
—, α-Glukomelizitase 385, 386
—, α-Glukosidase 385
— *cerevisiae* 50, 90, 423
— —, Affinität 146, 148, 149
— —, anormales Kreuzungsverhalten 90—91

*Saccharomyces cerevisiae*, Atmungs-
   defekt-Mutanten s. Kleinkolonie-
   Mutanten
— —, Auslösung von Kleinkolonie-
   Mutanten 451
— —, Beeinflußbarkeit der Rekom-
   binationshäufigkeit 173, 181, 182
— —, Chromatiden-Interferenz
   187, 189
— —, Chromosomen-Interferenz
   194, 195, 197, 198
— —, DNS-Gehalt 228, 326
— —, DNS-Replikation 182
— —, Dosis-Effekt-Kurven 293
— —, Eigenschaften und Merkmale
   28
— —, enzymatische Veränderungen
   nach Mutation 382
— —, Häufigkeit spontaner Rück-
   mutationen 315
— —, intragenische Komplementation 398
— —, Isolierung auxotropher Mutanten 281, 284
— —, Koppelungsgruppen und
   Chromosomenkarten 172, 210,
   215
— —, Kernverteilung 140
— —, Kleinkolonie-Mutanten
   448—451
— —, Komplementation 396
— —, Mangelmutanten 359
— —, Mitochondrien und Atmungsdefekte 448—451
— —, mitotisches crossing over 213
— —, Mutationsauslösung durch
   chemische Agenzien 297
— —, — durch Strahlen 287, 290,
   293
— —, negative Interferenz 224
— —, nichtreziproke Rekombination 231, 232
— —, Ontogenese 11
— —, physiologische Diözie 89—91,
   94—95
— —, Polyploidie 326, 327, 328, 329
— —, Sexualreaktion 94
— —, somatische Rekombination
   98, 211
— —, Synthese von Aminosäuren
   362
— —, Transformation 300
— —, Zellform 326
— *chevalieri* 90
— *ludwigii*, Letalmutanten 279
*Salmonella*, Blockmutationen 323
salpetrige Säure, Mutagen 130, 297,
   301, 303
*Salpiglossis*, nichtreziproke Rekombination 232

*Sapromyces reinschii*, morphologische Diözie 84

*Schizophyllum* 23, 39, 40
— *commune* 43, 54, 57, 58, 59, 62, 64, 65, 66, 76, 80, 102
— —, Eigenschaften und Merkmale 29
— —, Genphysiologie der Incompatibilitäts-Faktoren 82
— —, Häufigkeit spontaner Hinmutationen 314
— —, Isolierung ungeordneter Tetraden 156
— —, Kartierung genetischer Marken 210
— —, Kernverteilung 140
— —, Mangelmutanten 359
— —, mitotische Rekombination 215
— —, Mutabilität der Incompatibilitäts-Faktoren 75
— —, Neo-Monokaryen 465—467
— —, Ontogenese 24
— —, somatische Rekombination 99, 211
— —, Struktur der Incompatibilitäts-Faktoren 63
— —, unterschiedliche Rekombinationsfrequenzen 173

*Schizosaccharomyces pombe* 90, 312
— —, Chromosomen-Interferenz 196
— —, DNS-Gehalt 228
— —, Dosis-Effekt-Kurven 289
— —, Eigenschaften und Merkmale 28
— —, Häufigkeit spontaner Rückmutationen 315
— —, intragenische Elektivität 305, 306, 307, 310
— —, — Komplementation 397, 398
— —, — Rekombination 228
— —, Isolierung auxotropher Mutanten 281
— —, Kartierung genetischer Marken 210
— —, Mangelmutanten 359
— —, Mutationsauslösung durch chemische Agenzien 297, 299
— —, durch Strahlen 287
— —, Ontogenese 12
— —, Polyploidie 327, 329
— —, Transformation 300

Schnallenbildung 23
Schwesterstrangaustausch 183—185, 190—192, 199—200
Selbststerilität (s. auch Incompatibilität) 47
Selbstungsperithezium 44

Semi-Incompatibilität s. Incompatibilität
Sexualität, relative 100—102
Sexualitätstheorie 100
Sexualstoffe, diffundierbare 10, 85—87, 91—94
sexuelle Unverträglichkeit (s. Incompatibilität) 7
*Solenia anomale* 102
Somatogamie 7, 11, 16, 23, 56
*Sordaria*, geordnete Tetraden 152
—, heterogenische Incompatibilität 70
—, morphogenetische Mutanten 39, 40, 42—43
—, Ontogenese 20—21, 42—43
— *brevicollis*, polarisierte Verteilung homologer Chromosomen 146
— *fimicola* 41, 44, 53, 70, 108, 110, 182
— —, Ascosporenbildung 155
— —, Beeinflussung der Postreduktionsfrequenz 176—177, 179
— —, Chromatiden-Interferenz 187, 189
— —, Chromosomen-Interferenz 195, 197, 198
— —, Eigenschaften und Merkmale 29
— —, Kartierung genetischer Marken 210
— —, Konversion zwischen Halbchromatiden 238—239
— —, Mangelmutanten 359
— —, morphogenetische Mutanten 152
— —, negative Interferenz 237
— —, nichtreziproke Rekombination 231, 238, 239, 240
— —, relative Sexualität 100
— *macrospora* 41, 44, 53, 70, 100
— —, Ascosporenbildung 155
— —, Beeinflussung der Postreduktionsfrequenz 176—177, 179
— —, Chromatiden-Interferenz 187
— —, Chromosomen-Interferenz 194, 195, 197, 198
— —, Chromosomenkarten 210
— —, Eigenschaften und Merkmale 29
— —, Kartenabstand und Interferenzwert 179, 180
— —, Koppelung 168, 169
— —, morphogenetische Mutanten 152, 277
— —, Mutationsauslösung durch Röntgenstrahlen 287
— —, nichtreziproke Rekombination 232

*Sordaria macrospora*, polarisierte
  Verteilung homologer Chromo-
  somen 145
— —, Polyploidie 330
— —, Segmentmutationen 320
— —, Temperaturkurve 178
Spermatien *18*
Spermatisierung *18*
Spermogonium *18*
*Sphaerocarpus*, Chromosomen-Inter-
  ferenz 194
— *donellii*, Chromatiden-Inter-
  ferenz 186, 190
— —, Chromosomen-Interferenz
  196, 198
Spindelapparat *140*—142, 151, 324
Spindelfasern *140*, 324, 329
Sporangiosporen 6
Sporidien *30*
Sporophyt 10
Sproßmyzel 30
Sprossung *11*
Stickstofflost, Mutagen 296, 297,
  311
Strahlen, γ-, Beeinflussung der Re-
  kombinationshäufigkeit 181—
  182
—, ionisierende 286—290
—, Röntgen-, Beeinflussung der Re-
  kombinationshäufigkeit 181—
  182
—, —, Mutagen 287—290, 308, 310,
  311, 323, 324
—, UV-, Auslösung von Polyploidie
  327, 329
—, —, Beeinflussung der Rekombi-
  nationshäufigkeit 181—182
—, —, Mutagen 130, 286—290,
  292—294, 308, 311, 327—329
*Stromatinia narcissi*, morphologische
  Diözie 83—84
Struktur-Gene *394*
Suppressor-Gene 276, *408*—413
—, Interpretation der Wirkung 412,
  413
—, Wirkung auf Enzymaktivität bei
  Auxotrophen 409—410
Suppressor-Wirkung, Mechanismus
  410—413
Suspensor 9
Switch-Hypothese *249*—250
—, modifizierte *250*

Tabakmosaikvirus, genetischer Code
  353, 355
—, Protein 352
—, RNS als Erbträger 130
Telophase *140*
Temperatur, Einfluß auf Mutation
  293

Temperatur, Einfluß auf Rekombi-
  nation 175—180, 241
Teleutosporen *27*
Tetraden *140*
—, aberrante s. Rekombination,
  nichtreziproke
Tetraden, geordnete 13, 145, *151*,
  151—156, 200
—, —, Kartierungsfunktion 205
—, —, Koppelungsnachweis 165—
  167
—, —, Kreuzungsanalyse 163—167
—, ungeordnete 148, *151*, 156—159,
  200
—, —, Kartierungsfunktion 205
—, —, Koppelungsnachweis 169—
  170
—, —, Kreuzungsanalyse 167—169
Tetradenanalyse 151—159
—, Nachweis von Chromatiden-
  Interferenz 183
—, — von Inversionen 320—322
—, — von nichtreziproker Rekom-
  bination 231—233
—, — von Polyploidie 326—327
—, — von Translokationen 318—
  319
Tetradentypen s. Tetraden
Tetradenverteilung 151—159, 170,
  200
Tetratypen *142*, 154, *157*, 167
—, Häufigkeit 170, 193
Thiamin, Synthese 370
Threonin 372
Thymin 132, 301, 350, 351
—, Strukturformel 131
*Tilletia tritici*, Ontogenese 30
*Torulopsis utilis*, Mangelmutanten
  359
Transformation, Bakterien *130*,
  300
—, Pilze 300
Translokation *317*, 317—320
—, reziproke *318*, 319
Treffertheorie *291*
Trichogyne *17*
Tryptophan, Synthese 365, 366,
  376—378
Tryptophan-Synthetase, Kartierung
  der Mutanten 405—408
—, Klassifizierung der Mutanten
  391—393
—, qualitative Veränderungen 389—
  393
—, Rückmutationen 414—415
—, Suppressor-Gene 410
Tyrosinase, qualitative Veränderun-
  gen 387—388
—, quantitative Veränderungen
  384—385

Tyrosin, Synthese 366, 376—378, 475

Uracil 132, 350, 351
Uredinales, bipolare Incompatibilität 56
Uredosporen 27
Uridylsäure, Synthese 367—369, 379—380
Ustilaginales, tetrapolare Incompatibilität 59—61
*Ustilago*, Beeinflussung der Postreduktionsfrequenz 176, 177
—, Chromosomen-Interferenz 196
— *avenae* 74
— —, Beeinflussung der Rekombinationshäufigkeit 181
— — Chromosomen-Interferenz 198
— *decipiens*, Beeinflußbarkeit der Rekombinationshäufigkeit 181
— —, Chromosomen-Interferenz 198
— *hordei*, Beeinflußbarkeit der Rekombinationshäufigkeit 181
— —, Chromosomen-Interferenz 198
— *levis* 74
— —, abnorme Tetraden 231
— *longissima* 61
— *maydis*, Beeinflußbarkeit der Rekombinationshäufigkeit 181
— —, Chromosomen-Interferenz 198
— —, Chromosomenkarten 210, 217
— —, DNS-Gehalt 326
— —, DNS-Replikation 182
— —, Häufigkeit spontaner Rückmutationen 315
— —, Isolierung auxotropher Mutanten 281
— —, Koppelungsgruppen 214—215
— —, Mangelmutanten 359
— —, mitotisches crossing over 211, 213
— —, Mutationsauslösung durch UV-Strahlen 288
— —, Polyploidie 326
— —, somatische Rekombination 97, 99, 212
— *tritici* 30
— —, Ontogenese 27, 30
— *violaceae* 74
— *zeae* 61
— —, abnorme Tetraden 231
UV-Strahlen s. Strahlen

Valin, Synthese 366, 374
Variabilitätstheorie *291*
*Venturia inaequalis* 311
— —, Chromosomen-Interferenz 198
— —, Chromosomen und Koppelungsgruppen 207
— —, Isolierung auxotropher Mutanten 282
— —, — von Resistenz-Mutanten 285
— —, Kartierung genetischer Marken 210
— —, Mangelmutanten 359
— —, Mutationsauslösung durch UV-Strahlen 288
— —, Ontogenese 15
— —, unterschiedliche Rekombinationsfrequenzen 173
Vererbung, mütterliche s. extrachromosomale Vererbung
—, väterliche *464*
*Verticillium* 40
— *albo-atrum*, Mutationsauslösung durch UV-Strahlen 288
— —, somatische Rekombination 98
*Vicia faba* 312
— —, Replikation von Chromosomen 134
Vierstrang-Doppel-crossing-over s. Doppel-crossing-over
Vitamine, Synthese 379, 475

Watson-Crick-Modell *132—134*, 254—256, 300—304
Wildtyp *276*
Wuchsstoffe, Auslösung von Polyploidie 327, 329

Zoophagus insidians 84
Zoosporen *6*
Zufallsverteilung 144, 146, 163, 166, 183—185, 192
Zweistrang-Doppel-crossing-over s. Doppel-crossing-over
*Zygorhizidium willei* 84
*Zygorhynchus heterogamus* 48
— *moelleri* 48
Zygosporangium *9*
Zygosporen *9*
Zygotän *140*
Zygotosporen *9*